WebGL 3D 开发实战详解 第2版

吴亚峰　于复兴　索依娜◎编著

人民邮电出版社

北京

图书在版编目（CIP）数据

WebGL 3D开发实战详解 / 吴亚峰，于复兴，索依娜编著. -- 2版. -- 北京 : 人民邮电出版社，2020.2（2022.12重印）
ISBN 978-7-115-51936-8

Ⅰ. ①W… Ⅱ. ①吴… ②于… ③索… Ⅲ. ①网页制作工具－程序设计 Ⅳ. ①TP393.092.2

中国版本图书馆CIP数据核字(2019)第188252号

内 容 提 要

本书系统地介绍了HTML5的基本知识和新特性、WebGL的基本知识，并引导读者完成了WebGL的基础案例。同时，本书也对在WebGL中实现可编程渲染管线着色器的语言进行了系统介绍，为读者进行着色器的高级开发打下坚实的基础。另外，本书介绍了3D开发的多种投影、变换原理及实现，以及点、线段、三角形的绘制方式。

本书适合程序开发人员、游戏开发人员和虚拟现实开发者阅读，也可作为大专院校相关专业师生的学习用书，以及培训学校的教材。

◆ 编　　著　吴亚峰　于复兴　索依娜
责任编辑　张　涛
责任印制　王　郁　焦志炜
◆ 人民邮电出版社出版发行　　北京市丰台区成寿寺路11号
邮编　100164　　电子邮件　315@ptpress.com.cn
网址　http://www.ptpress.com.cn
北京七彩京通数码快印有限公司印刷
◆ 开本：787×1092　1/16
印张：32.25　　2020年2月第2版
字数：833千字　　2022年12月北京第8次印刷

定价：108.00元

读者服务热线：(010)81055410　印装质量热线：(010)81055316
反盗版热线：(010)81055315
广告经营许可证：京东市监广登字20170147号

前　言

写作本书的目的

随着各大浏览器先后支持 WebGL 以及 HTML5 的兴起，越来越多的开发者与公司开始将目标转向 WebGL 的开发。网页游戏市场的火热发展也催生了很多优秀的引擎诞生，像白鹭的 egret3D、LayaBox 的 LayaAir 引擎在这块“蓝海”上已经抢占了先机。与市场的火热不相称的是学习资料的匮乏，国内专门系统介绍 WebGL 开发的图书和资料很少，不能满足初学者学习需要。根据这种情况，作者结合多年从事游戏应用开发经验编写了本书。

了解 WebGL 的技术人员可能知道，WebGL 是一种通过统一标准的跨平台的 OpenGL ES 接口实现的，用在浏览器中绘制、显示三维计算机图形的技术。该技术的优势在于同一个程序能够通过浏览器运行在多种设备上，避免了程序在各个平台的兼容与适配问题。

随着 HTML5 和微信等平台的兴起，使得 WebGL 项目推广的难度大大降低。越来越多的读者希望深入学习 WebGL 技术。通过 JavaScript 语言来开发 HTML5 与 WebGL 3D 应用，就能在页面中呈现出酷炫的 3D 画面，可以说是“海阔凭鱼跃，天高任鸟飞”。目前，WebGL 有 1.0 和 2.0 两个版本，本书将着重介绍 WebGL 2.0。

本书特点

- 内容丰富，由浅入深。

本书内容组织上本着“起点低，终点高”的原则，覆盖了从最基础的与 HTML5 相关的知识到学习 WebGL 2.0 3D 应用开发必知必会的基础知识，再到基于 Three.js 引擎和 Babylon.js 引擎实现各种高级特效。同时，本书还详细介绍了如何结合 3D 物理引擎 Bullet 的 JavaScript 版本 Ammo 进行开发。为了让读者不但能掌握好基础知识，而且还能学习到一些实际项目的开发经验，本书最后还给出了一个具体案例。

这样的组织形式使得初入网页 3D 开发的读者可以一步一步成长为 WebGL 2.0 的开发达人，这符合绝大部分想学习页面 3D 游戏和应用开发的学生、软件开发人员以及相关技术人员的需求。

- 结构清晰，讲解到位。

本书配合每个需要讲解的知识点给出了丰富的插图与完整的案例，使得初学者易于上手，有一定基础的读者便于深入。书中所有的案例均是结合作者多年的开发心得进行设计，结构清晰明朗，便于读者学习。同时书中还给出了很多作者多年来积累的编程技巧与心得，希望对读者有一定的参考价值。

- 既可作为自学读物，也适合作为教材。

本书的内容组织及安排既考虑了读者自学的需要，也考虑了作为高等院校相关专业课程教材的需要，最后一章的案例可以作为课程设计的参考案例。

内容导读

本书共分为 15 章，内容按照由浅入深的原则进行安排。第 1 章主要介绍了 HTML5 开发的基础知识；第 2～7 章为 WebGL 2.0 开发中必知必会的基础知识；第 8～10 章为 WebGL 2.0 开发中的一些高级知识；第 11～12 章介绍了对 WebGL 封装比较好的 Three.js 引擎；第 13 章介绍支持 WebGL 1.0 和 2.0 两个版本的 Babylon.js 引擎；第 14 章介绍了 3D 物理引擎 Bullet 的 JavaScript 版本——Ammo；第 15 章给出了一个完整的项目实战案例——在线 3D 模型交互式编辑系统。主要内容介绍如下表所示。

章 名	主 要 内 容
第 1 章 HTML5 开发基础——进入 WebGL 世界的第一道坎	主要介绍 HTML 的起源、发展历程，包括 HTML5 的基础开发，标签的使用和常见标签的开发、属性的使用以及样式表的开发
第 2 章 初识 WebGL 2.0	主要介绍 WebGL 2.0 的一些基本知识，内容包括着色器与渲染管线，通过一个完整的案例展示了 WebGL 程序是如何开发的
第 3 章 着色语言	对于实现 WebGL 2.0 可编程渲染管线着色器的着色语言进行了系统介绍
第 4 章 必知必会的 3D 开发知识——投影及各种变换	介绍 3D 开发中投影、各种变换原理与实现，同时还介绍几种不同的绘制方式
第 5 章 光照效果	介绍 WebGL 2.0 中光照的基本原理与实现、点法向量与面法向量的区别以及光照中每顶点计算与每片元计算的差别
第 6 章 纹理映射	介绍纹理映射的基本原理与使用，同时还介绍不同的纹理拉伸与采样方式、多重过程纹理技术以及压缩纹理
第 7 章 3D 模型加载	介绍如何使用自定义的加载工具类直接加载使用 3ds Max 创建的 3D 立体物体
第 8 章 混合与雾	主要介绍混合以及雾的基本原理与使用
第 9 章 常见的 3D 开发技巧	主要介绍一些常见的 3D 开发技巧，包括标志板、天空盒与天空穹、镜像技术、灰度图地形、高真实感地形等
第 10 章 渲染出更加酷炫的 3D 场景——几种剪裁与测试	主要介绍在 WebGL 2.0 中经常使用的几种剪裁与测试，包括剪裁测试、模板测试以及任意剪裁平面等
第 11 章 Three.js 引擎基础	主要介绍对 WebGL 封装比较好的 Three.js 引擎，包括创建场景、摄像机、基本形状物体、加载模型等
第 12 章 Three.js 引擎进阶	介绍在 Three.js 中一些高级效果的实现，包括粒子系统、渲染到纹理、雾与混合效果的开发、音频处理、任意剪裁平面等一些比较高级的内容
第 13 章 Babylon.js 引擎	主要介绍支持 WebGL1.0 和 2.0 两个版本的 Babylon.js 引擎，包括基本组件、加载模型、纹理贴图、物理引擎，以及一些比较高级的内容
第 14 章 Ammo 物理引擎	主要介绍 Ammo 物理引擎，它是 Bullet 物理引擎的 JavaScript 版本，包括刚体、软体等的创建与使用
第 15 章 在线 3D 模型交互式编辑系统	在线 3D 模型交互式编辑系统是基于 WebGL 技术并结合 Three.js 3D 引擎开发的一款基于浏览器的软件。案例中综合运用了前面多章的知识，适合在学习完本书前面所有介绍的具体技术后进行学习

读者对象

本书内容丰富，从基础知识到高级特效再到 Ammo 物理引擎，从简单的应用程序到完整的项目实战案例，适合不同需求、不同水平层次的各类读者。

❑ 具有一定 OpenGL/OpenGL ES 基础的编程人员

WebGL 与 OpenGL/OpenGL ES 十分相似，且 WebGL 通过统一标准的跨平台 OpenGL ES 接口实现的，免去了开发人员学习不同接口的麻烦。本书可帮助此类读者迅速熟悉 WebGL

的开发。

- 有一定 HTML5 基础并且希望学习 WebGL 技术的读者

传统 HTML5 的开发人员在网页开发中已有了相当丰富的经验，但部分人员希望在网页开发中加入酷炫的 3D 场景，但因为未能掌握 WebGL 技术而苦恼。此类读者通过对本书的学习，并结合自己的开发经验能够快速地提高 3D 开发水平。

- 具有少量 HTML5 经验与图形学知识的开发人员

虽然此类开发人员具有一定的编程基础，但缺乏此方面的开发经验，在实际的项目开发中往往感到吃力。本书既对项目开发中所需要的 HTML5 开发基础进行了详细介绍，又结合作者的开发经验对 WebGL 2.0 的整体开发框架和技巧进行细致讲解。该类读者通过本书的学习可快速掌握相关的开发技巧，了解详细的开发流程，进一步提升编程开发能力。

- 致力于学习 WebGL 的计算机及相关专业的学生

由于此类读者在学校学习的知识偏重理论基础，因此实际操作与开发能力较弱。本书既有基础知识介绍又有完整的案例。读者可以在学习基础知识的同时，结合案例进行分析，使学习过程更高效。

- 具有一定 WebGL 开发基础并希望进一步学习 WebGL 2.0 高级开发技术的读者

此类读者具有一定的 WebGL 3D 开发基础，并且希望学习最新的 WebGL 2.0 技术以提升开发能力。本书主要介绍 WebGL 2.0 技术，结合具体案例帮助读者学习 WebGL 2.0 的特性。

本书作者

吴亚峰，毕业于北京邮电大学，后留学澳大利亚卧龙岗大学取得硕士学位。1998 年开始从事 Java 应用的开发，具有十多年的 Java 开发与培训经验。主要的研究方向为 Vulkan、OpenGL ES、手机游戏，以及 VR/AR。同时，他是 3D 游戏、VR/AR 独立软件工程师，并兼任百纳科技软件培训中心首席培训师。近十年来为数十家著名企业培养了上千名高级软件开发人员，曾编写过《OpenGL ES 3x 游戏开发》（上下卷）、《Unity 案例开发大全》（第 1～2 版）、《VR 与 AR 开发高级教程——基于 Unity》《H5 和 WebGL 3D 开发实战详解》《Android 应用案例开发大全》（第 1～4 版）、《Android 游戏开发大全》（第 1～4 版）等畅销技术图书。2008 年年初开始关注 Android 平台下的 3D 应用开发，并开发出一系列优秀的 Android 应用程序与 3D 游戏。

于复兴，北京科技大学硕士，从业于计算机软件领域十余年，在软件开发和计算机教学方面有着丰富的经验。工作期间曾主持科研项目“PSP 流量可视化检测系统研究与实现”，主持研发了多项省市级项目，同时为多家单位设计开发了管理信息系统，并在各种科技刊物上发表了多篇相关论文。2012 年开始关注 HTML5 平台下的应用开发，参与开发了多款手机娱乐、游戏应用。

索依娜，毕业于燕山大学，现任职于华北理工大学。2003 年开始从事计算机领域教学及软件开发工作，曾参与编写《Android 核心技术与实例详解》《Android 平板电脑开发实战详解和典型案例》等技术图书。近几年曾主持市级科研项目一项，发表论文 8 篇，拥有多项软件著作权，多项发明及实用新型专利。同时多次指导学生参加国家级、省级计算机设计大赛并获奖。

本书在编写过程中得到了华北理工大学以升大学生创新实验中心移动及互联网软件工作室的大力支持，同时王琛、刘亚飞、夏新园、宋润坤、张争、苏瑞梦、杨明、忽文龙以及作者的家人为本书的编写提供了很多帮助，在此表示衷心感谢！

由于作者水平和学识有限，且书中涉及的知识较多，难免有疏漏之处，敬请广大读者批评指正，并提宝贵意见，本书责任编辑的联系邮箱为 zhangtao@ptpress.com.cn。

作　者

资源与支持

本书由异步社区出品，社区（https://www.epubit.com/）为您提供相关资源和后续服务。

配套资源

本书提供如下资源：

- 本书源代码；
- 书中彩图文件。

要获得以上配套资源，请在异步社区本书页面中单击 配套资源 ，跳转到下载界面，按提示进行操作即可。注意，为保证购书读者的权益，该操作会给出相关提示，要求输入提取码进行验证。

如果您是教师，希望获得教学配套资源，请在社区本书页面中直接联系本书的责任编辑。

提交勘误

作者和编辑尽最大努力来确保书中内容的准确性，但难免会存在疏漏。欢迎您将发现的问题反馈给我们，帮助我们提升图书的质量。

当您发现错误时，请登录异步社区，按书名搜索，进入本书页面，单击“提交勘误”，输入勘误信息，单击“提交”按钮即可（见下图）。本书的作者和编辑会对您提交的勘误进行审核，确认并接受后，您将获赠异步社区的 100 积分。积分可用于在异步社区兑换优惠券、样书或奖品。

详细信息　写书评　提交勘误

页码：　页内位置（行数）：　勘误印次：

字数统计

提交

扫码关注本书

扫描下方二维码，您将会在异步社区微信服务号中看到本书信息及相关的服务提示。

与我们联系

我们的联系邮箱是 contact@epubit.com.cn。

如果您对本书有任何疑问或建议，请您发邮件给我们，并请在邮件标题中注明本书书名，以便我们更高效地做出反馈。

如果您有兴趣出版图书、录制教学视频，或者参与图书翻译、技术审校等工作，可以发邮件给我们；有意出版图书的作者也可以到异步社区在线提交投稿（直接访问 www.epubit.com/selfpublish/submission 即可）。

如果您所在学校、培训机构或企业想批量购买本书或异步社区出版的其他图书，也可以发邮件给我们。

如果您在网上发现有针对异步社区出品图书的各种形式的盗版行为，包括对图书全部或部分内容的非授权传播，请您将怀疑有侵权行为的链接发邮件给我们。您的这一举动是对作者权益的保护，也是我们持续为您提供有价值的内容的动力之源。

关于异步社区和异步图书

“异步社区”是人民邮电出版社旗下 IT 专业图书社区，致力于出版精品 IT 技术图书和相关学习产品，为作译者提供优质出版服务。异步社区创办于 2015 年 8 月，提供大量精品 IT 技术图书和电子书，以及高品质技术文章和视频课程。更多详情请访问异步社区官网 https://www.epubit.com。

“异步图书”是由异步社区编辑团队策划出版的精品 IT 专业图书的品牌，依托于人民邮电出版社近 30 年的计算机图书出版积累和专业编辑团队，相关图书在封面上印有异步图书的 LOGO。异步图书的出版领域包括软件开发、大数据、AI、测试、前端、网络技术等。

异步社区

微信服务号

目　录

第1章　HTML5开发基础——进入WebGL世界的第一道坎

本书主要介绍 WebGL 技术，但在进入 WebGL 世界之前，我们首先需要迈过 HTML 的门槛，因为这是通向 WebGL 的必经通道。

到底何为 HTML 呢？HTML（Hypertext Markup Language，超文本标记语言）诞生于 20 世纪 90 年代初，其为标准通用标记语言下的一个应用。其中“超文本”是指页面内可以包含图片、链接、程序等非文字元素，其结构由“头”与“主体”两部分组成。大家先来看一下 HTML 的发展背景。

1.1　HTML 的发展简史

1.1.1　HTML 的由来

一个组织或者个人在万维网上放置的用户打开浏览器时默认打开的页面称为主页，主页中通常包括指向其他相关页面的超级链接，所谓超级链接，就是一种统一资源定位器（URL）指针，通过激活它，可使浏览器方便地获取新的网页。这也是 HTML 能获得广泛应用的最重要原因之一。

在逻辑上将一个整体的一系列页面的有机集合称为网站。超级文本标记语言（HTML）是为“网页创建和其他可在网页浏览器中看到的信息”设计的一种标记语言。网页的本质就是超级文本标记语言，结合使用其他的 Web 技术（如脚本语言、公共网关接口等），创造出功能强大的网页。

1.1.2　HTML 的历史

现在业界常习惯于用数字来描述 HTML 的版本（如 HTML5），但是最初的时候并没有 HTML1，而是 1993 年 IETF 团队的一个草案，但这并不是成型的标准。在 1995 年 HTML 有了第二版，即 HTML2.0，当时它是作为 RFC1866 来发布的。

有了以上的两个历史版本，HTML 的发展可谓突飞猛进。1997 年 HTML3.2 成为 W3C 推荐标准。2000 年基于 HTML4.01 的 ISO HTML 成为国际标准化组织和国际电工委员会的标准。

在 2008 年 1 月 22 日，第一份 HTML5 正式草案被发布。HTML5 草案的前身名为 Web Applications 1.0，于 2004 年被 WHATWG 提出，于 2007 年被 W3C 接纳，并成立了新的 HTML 工作团队。2014 年 10 月 28 日，发布了 HTML5 正式的推荐标准。

2016 年 3 月 11 日，HTML5.1 标准工作草案发布。2016 年 8 月 18 日，公开 HTML5.2 工作草案。2016 年 11 月 1 日，HTML5.1 正式推荐标准发布。2017 年 12 月 14 日，HTML5.2

正式推荐标准发布。W3C HTML 规范和时间线如表 1-1 所示。

表 1-1　W3C HTML 规范和时间线

规　范	时 间 线
HTML 3.2	1997 年 1 月 14 日
HTML 4.0	1998 年 5 月 24 日
HTML 4.01	1999 年 12 月 24 日
HTML5（草案）	2010 年 6 月 24 日
HTML5（正式推荐标准）	2014 年 10 月 28 日
HTML5.1（草案）	2016 年 3 月 11 日
HTML5.2（草案）	2016 年 8 月 18 日
HTML5.1（正式推荐标准）	2016 年 11 月 1 日
HTML5.2（正式推荐标准）	2017 年 12 月 14 日

说明　上面简述了 HTML 的发展历史，在其诞生至今已过 20 多年，如此短的篇幅是不够完全介绍的，这里只是简单介绍一下，在很多专门介绍 HTML 的书或者网站上都会对此有详细的介绍。由于本书重点并不是这些，所以简单地一带而过。

1.2 HTML5 简介

HTML5 不仅是 HTML 规范的最新版本，它还是一系列用来制作现代丰富 Web 内容的相关技术的总称。其中最重要的三项技术分别是 HTML5 核心规范、CSS（Cascading Style Sheets，层叠样式表）和 JavaScript。

HTML5 核心规范定义用于标记内容的元素，并明确其含义。CSS 可控制标记过的内容呈现在用户面前的外貌。JavaScript 则可以用来操作 HTML 文档的内容以及响应用户的操作，此外如果要想使用 HTML5 中一些为编程目的设计的新增元素，那么也需要用到 JavaScript。

提示　看不懂上面所说的东西不要紧，在下面几节中会较为详细地介绍 HTML 元素、CSS 和 JavaScript。

1.2.1　HTML5 的新标准

为了应对漫长的标准化过程以及标准落后于常见用法的情况，HTML5 及其相关技术是作为一系列小标准而指定的，其中一些标准只有几页，涉及的只是高度细化的一个方面。当然，一些标准会有几百页，几乎包含了相关功能的所有方面。

这样做有利也有弊，好处是可以加快标准制定的步伐。主要的弊端在于难以全面掌握制定中的各个标准的情况以及这些标准之间的关系，技术规范的质量也会有所下降。有些标准中存在的一些歧义会使在浏览器实现中出现了不一致的情况。

最大的不足之处可能是没有一条可评估 HTML5 是否达标的基准线。虽然现在还处于初始阶段，但是用户所用到的所有浏览器不可能都实现了要用的特性。W3C 公布过一个正式的

HTML5 徽标，如图 1-1 所示，但是它并不代表对 HTML5 标准及相关技术的全面支持。

▲图 1-1　W3C 公布的正式的 HTML5 徽标

1.2.2　HTML5 引入的新特性

“我们想做的事情已经不再是通过浏览器观看视频或收听音频，或者在一部手机上运行浏览器。而是希望通过不同的设备，在任何地方，都能够共享照片、网上购物、阅读新闻，以及查找信息。虽然大多数用户对 HTML5 和开放的 Web 平台并不熟悉，但是它们正在不断改进用户体验。”

上述是 2014 年 10 月 28 日 W3C 的 HTML 工作组在发布 HTML5 的正式推荐标准（W3C Recommendation）时万维网联盟创始人 Tim Berners-Lee 所说的一段话，这意味着新标准带来的改变是巨大的，我们来看一下 HTML5 中引入的新特性。

- HTML5 的一大改进就是在浏览器中支持直接播放视频和音频文件。这是 W3C 对插件风靡现象的一种反应，原生多媒体的支持再结合其他 HTML 特性可望大有作为。
- HTML5 最大的变化之一是添加了 Canvas 元素，这个元素是对插件现象的另一反应。它提供了一个绘图平面，开发人员可以用它来完成一些绘制。使用 Canvas 就必须用到 JavaScript。
- HTML5 引入了一些用来分开元素含义和内容呈现方式的特性和规则。这是 HTML5 中的一个重要概念，它反映出制作和使用 HTML 内容时方式的多样性。同时也给开发者带来一些负担，这是因为开发者需要先标记内容然后再定义其呈现方式。

1.2.3　HTML5 现状

HTML5 正式推荐标准虽然已经推出，但仍在继续改动中，虽然其中有一些调整，但是变化不大。这意味着本书现在所讲的标准与今后新出的标准可能会有出入，标准正式出炉还需要等好些年，最终版本与现在版本的差别应该不会很大。

浏览器支持是决定 HTML5 命运的一项至关重要的因素。各浏览器越快统一对标准的支持，HTML5 标准落到实处也就越快，从 2012 年开始，全球各大浏览器逐步加大对 HTML5 的支持。

最流行的浏览器基本都已实现了许多 HTML 特性。本书示例演示效果时所用的浏览器是 Google 的 Chrome 或者 Mozilla 的 Firefox。从国际形式来看，通过对比各独立内核浏览器（IE、Firefox、Chrome、Safari、Opera），可知各大浏览器对标准的支持都有显著的提高。

移动平台上主流的浏览器（iOS Safari 6.0，Android Browser 4.1，Opera Mobile 12.1，Chrome for Android 18.0，Firefox for Android 15.0）目前对标准的支持度均高于 60%，其中表现居首的是 Chrome for Android，而支持度相对较低的 Android Browser 也在 60%以上，如图 1-2 所示。

上述内容虽然不是很详细，但是对于 HTML 的基本内容都已介绍。限于篇幅，只是大概介绍一部分。若有读者想详细了解这些内容，那么可以找一些专门讲解 HTML 的资料或者云网站查阅。

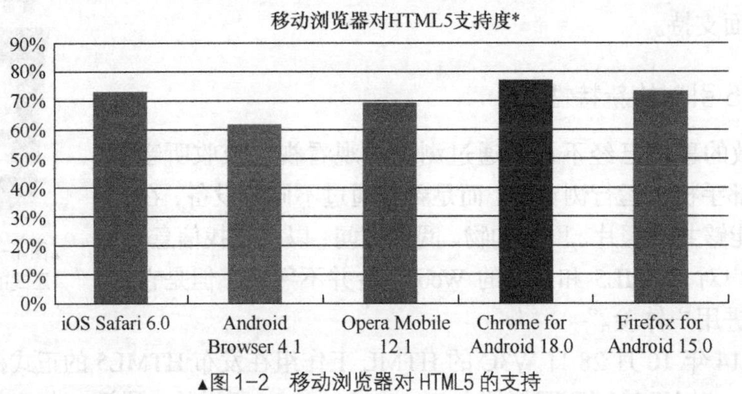

▲图 1-2　移动浏览器对 HTML5 的支持

1.3 初识 HTML5

如果想要掌握 WebGL，那么开发人员还需要了解一些关于 HTML 的内容。HTML 是 WebGL 的基础，因为 WebGL 是在网页里展示的，所以其必然是基于 HTML 开发的。在正式讲述 WebGL 之前先来给大家介绍一下 HTML 的基本内容。

HTML 是一种标记语言，其标记以应用文档内容（例如文本）的元素为存在形式，现在 HTML 的标准为 HTML5。下面在介绍各种 HTML5 的标签时我们会按照其作用进行划分，读者阅读时会更有条理性。在讲解一些比较重要的标签时都会有相应的小案例供大家参考。

1.3.1　HTML5 标签简介

HTML5 中的一大主要变化是基本理念方面的：将元素对其内容呈现结果的影响和其语义分开。从原理上讲这的确合乎情理，HTML 元素负责文档内容的结构和含义，内容的呈现则由应用于元素上的 CSS 样式来控制。

元素由三部分组成，其中有两部分是开始标签和结束标签，夹在两个标签之间的是元素内容，两个标签与它们之间的内容构成了一个元素。从本节开始介绍各个标签的作用，并结合案例来介绍用法与注意事项。

1.3.2　基础标签

在介绍标签时，我们知道标签由开始标签与结束标签组成。例如<html>为开始标签，</html>为结束标签。在标签之间写的是需要发挥的部分（即元素的内容部分），开始标签中有时会有一些属性，这些属性声明了标签的个体属性。下面如果有特别需要注意的局部属性，我们都会标注出来。

与局部属性相对应的就是全局属性，这部分内容在下面小节中会有详细介绍，每段都会有详细的代码与注释以供读者参考。接下来先来看标签中的基础标签都有哪些，在表 1-2～表 1-10 中列出了这些标签及其作用，以及一些标签中的局部属性。

表 1-2　　　　基础标签及其作用

标　签	描　述	标　签	描　述
<!DOCTYPE>	定义文档类型	<html>	定义 HTML 文档
<title>	定义文档标题	<body>	定义文档主体
<h1>-<h6>	定义文本标题	<p>	定义段落
 	定义简单的折行，即换行	<hr>	定义水平线
<!--..-->	定义注释	</..>	结束标签

表 1-2 所示为基础标签的描述，接下来我们将这些标签全部应用到一个案例中，这个案例仅为展示这些标签的基本应用，其中还有一些标签会有其特有的属性，在这里并没有具体列出来，这些属性的应用相当简单，读者可以自行查阅资料更改这些代码进行验证。

代码位置：随书源代码/第 1 章目录下的 HTML5/Sample1_1.html。

```
1   <!DOCTYPE html>
2   <html><head><title>这里为标题，      Sample1_1 案例</title></head>
3   <body>
4   此处为主体部分
5   <h1>这里为文本标题 1</h1>
6   <h2>这里为文本标题 2</h2>
7   <h3>这里为文本标题 3</h3>
8   <h4>这里为文本标题 4</h4>
9   <h5>这里为文本标题 5</h5>
10  <h6>这里为文本标题 6</h6>
11  <p>这里为段落，本例主要向读者展示先前介绍的标签用法，这些标签为基本标签
12  <hr></br>这里演示在段落中的换行<hr></br>是接着上面的段落。</p><!--此处为 html 文档注释
13  本案例介绍了基础标签的一些内容-->
14  此处主体结束
15  </body></html>
```

- 第 1～2 行给出了浏览器关于页面使用哪个 HTML 版本进行编写的指令，并声明了标题。其中<!DOCTYPE html>声明必须位于 html 文档的第 1 行。
- 第 5～10 行为文本标题示例，类似文档中的分级标题，看下面的效果图理解会更加深刻。
- 第 3～15 行为 html 文档的主体部分，其中向大家展示了标题<h1>～<h6>、段落标签<p>、换行标签与下划线标签
和<hr>的基本用法。

下面来看一下案例效果，本案例以及本书中的案例都是在 Google Chrome 浏览器或者 Firefox 浏览器上运行的，读者也可以自行选择合适的浏览器运行案例，选择时需要注意浏览器是否支持 HTML5 特性。图 1-3 所示为本案例的效果。

1.3.3　格式标签

对基础标签有了基本认识后，那么剩下的在标签用法上与其并无差异，只是在功能上有所不同。下面来看一下格式标签及其作用，如表 1-3 所示，表中列出了格式标签以及它们的描述。

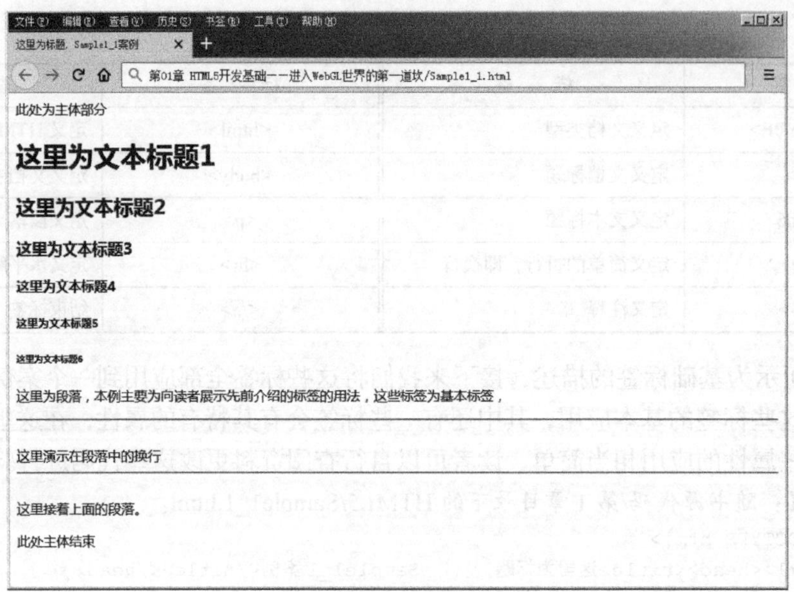

▲图 1-3　Sample1_1 基础标签案例效果

表 1-3　　　　格式标签及作用

标　签	描　述	标　签	描　述
<abbr>	定义缩写	<address>	定义文档作者的联系信息
<b>	定义粗体文本	<bdi>	定义文本的文本方向
<bdo>	定义文字方向	<biq>	定义大号文本
<blockquote>	定义长的引用	<center>	定义居中文本
<cite>	定义引用	<code>	定义计算机代码文本
<del>	定义被删除文本	<dfn>	定义项目
<em>	定义被强调文本	<i>	定义斜体文本
<ins>	定义被插入文本	<kbd>	定义键盘文本
<mark>	定义有记号的文本	<meter>	定义预定义范围内的文本
<pre>	定义预格式文本	<progress>	定义任何类型的任务进度
<q>	定义短的引用	<rt>	定义 ruby 注释的解释
<ruby>	定义 ruby 的注释	<s>	定义加删除线的文本
<samp>	定义计算机代码样本	<small>	定义小号文本
<strike>	定义加删除线文本	<sup>	定义上标文本
<sub>	定义下标文本	<time>	定义日期
<tt>	定义打字机文本	<u>	定义下划线文本
<var>	定义文本的变量部分	<wbr>	规定换行
<font>		定义文本的字体、尺寸和颜色	
<rp>		定义不支持 ruby 元素的浏览器显示的内容	
<strong>		定义语气更加强烈的强调文本	

由于上面列出的这些格式标签在平时用到比较多，所以每个标签都有一个小案例介绍如

何使用。但是这些案例仅是向读者展示了最基本的用法，由于还没有讲到属性，所以只能介绍最简单的部分，现在只需将每个标签的基本作用记住即可。

接下来我们先来看一下格式标签中一些比较简单的标签用法，由于每个标签的案例都比较简短，在主体部分每个都是几行代码，所以下面的案例是将几个标签合在一起编写的一个简单案例，读者在阅读时注意区分。

代码位置：随书源代码/第 1 章目录下的 HTML5/Sample1_2.html。

```
1    <!DOCTYPE HTML>
2    <!--本案例演示了格式标签中使用一部分标签的小案例，剩下一部分会在下面给出-->
3    <html><body>
4    这里演示的为缩写示例：The <abbr title="World Wide Web Consortium">W3C</abbr>
5    was founded in 1994.
6    <p>这里演示加粗文本示例 <b>此处加粗</b>.</p>
7    <!--根据 H5 规范，粗体为最后选择，没有其他标签适用时才会
8    选择，应先从标题、被强调文本、标记文本等标签中进行选择-->
9    <ul>
10   <!--此处为 bdi 标签，设置一段文本使其脱离父元素的文本方向设置-->
11    <li>User <bdi>Bob</bdi>: 60 points</li>
12    <li>User <bdi>Jerry</bdi>: 80 points</li>
13    <li>User <bdi>Tom</bdi>: 90 points</li>
14   </ul>
15   <p>接下来显示的为 bdo 标签，其中可以定义 dir 属性来覆盖默认的文本方向</p>
16   <bdo dir="rtl"><!--dir 的值有 rtl 从右向左与 ltr 从左向右两种值-->
17   现在展示的是从右向左的文本方向
18   </bdo><br/>
19   <!--下面几个标签一般还会搭配 id、class 等一些属性来使用，这些属性在下面会有介绍-->
20   <big>这里演示 big 标签示例</big><br/>
21   <em>这里演示 em 标签示例</em><br/>
22   <i>这里演示倾斜标签 i 示例</i><br/>
23   <small>这里演示 small 标签</small><br/>
24   此处将演示下标标签的用法
25   <sub>subscript</sub><br/>
26   此处将演示上标标签的用法
27   <sup>superscript</sup><br/>
28   </body></html>
```

- 第 4～5 行为缩写标签的用法示例，在网页上鼠标悬停到缩写部分会显示出其全称。
- 第 6～8 行为加粗文本示例。一般在使用这个标签之前，我们应该先将 6 个标题标签、强调标签、标记标签与<strong>标签选中，<b>是在以上标签不适用的情况下最后才使用这个标签。
- 第 10～14 行为<bdi>标签示例，其中的<ul>与<li>标签是无序列表与定义列表项目标签，在后面会有介绍。在发布用户评论或其他无法完全控制的内容时，该标签很有用。
- 第 15～18 行为设置文本方向的标签，其中的 dir 属性与<bdi>标签中的 dir 属性一样都有 ltr 与 rtl 两种值，<bdi>标签的默认值为 auto，但该标签没有此值。
- 第 19～28 行示例的几个标签用法与之前介绍的类似，它们一般使用的时候都会搭配一些属性使用，这样才会有多样的效果。

看完一些标签的使用方法后，我们还需要看一下效果图，毕竟用文字表达不如图像表达直观且更容易使人接受与记住。图 1-4 所示为上述程序的运行效果。

对于上述标签，在外观上能够区分清楚是什么标签，这也便于读者理解记忆。下面我们来看看另外一些格式标签的效果图与开发，本部分除了介绍标签之外也介绍了一些标签中相应的属性，图 1-5 所示为表格中剩下一些标签的使用效果。

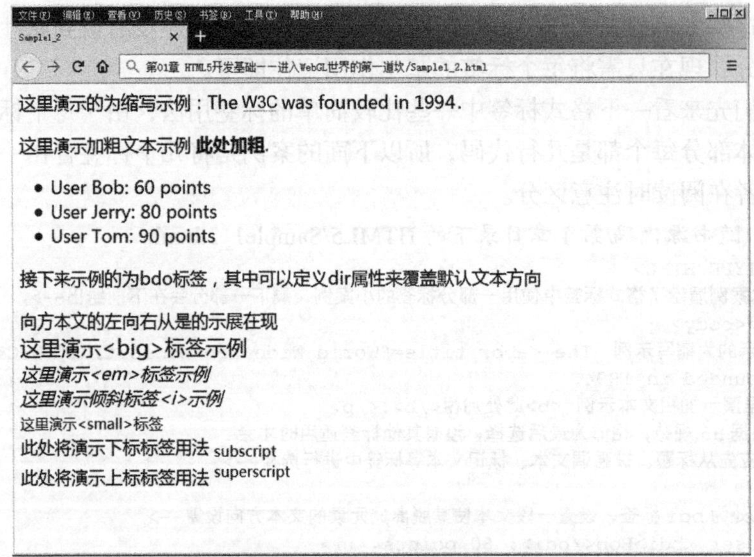

▲图 1-4　Sample1_2 格式标签案例效果

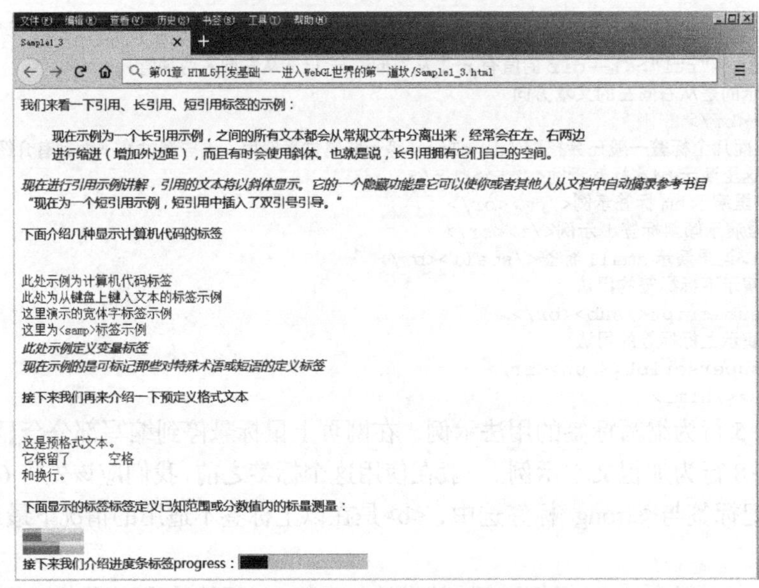

▲图 1-5　Sample1_3 格式标签案例效果

对于图 1-4 与图 1-5 中所示文本样式，如果只是想要样式，则可以用 CSS 制作出更好和更多的效果，在后续知识点中会介绍这方面的知识。接下来看一下 Sample1_3 案例的开发过程，本案例也是格式类中的一部分标签。

代码位置：随书源代码/第 1 章目录下的 HTML5/Sample1_3.html。

```
<html><body>
我们来看一下长引用、引用、短引用的标签示例。
<blockquote>
现在示例为一个长引用示例，之间的所有文本都会从常规文本中分离出来，经常会在左、右两边<br/>
缩进（增加外边距），而且有时会使用斜体。也就是说，长引用拥有自己的空间
</blockquote>
<!--<cite> 标签通常表示它所包含的文本对某个参考文献的引用，把指向其他文档的引用分离出来，
尤其是分离传统媒体中的文档，如书籍、杂志、期刊等。如果引用的这些文档有联机版本，
还应该把引用包括在一个 <a> 标签中，从而把一个超链接指向该联机版本。-->
<cite>
现在进行引用示例讲解，引用的文本将以斜体来显示。它的一个隐藏功能是
```

```
12  可以使人从文档中自动摘录参考书目
13  </cite><br/>
14  <!--长引用与短引用可以用 cite 属性定义出引用的来源-->
15  <q>现在为一个短引用示例，短引用中插入了双引号引导。</q>
16  <!--短引用与长引用是一样的，它们在显示上有所不同。如果需要从文本中
17  分离出比较长的内容就用长引用。-->
18  <p>下面介绍显示计算机代码的几种标签</p><br/>
19  <code>此处示例为计算机代码标签</code><br />
20  <!--编程的朋友都习惯计算机代码与文本的格式是不同的，这样方便读者寻找计算机代码片段-->
21  <kbd>此处为从键盘上键入文本的标签示例</kbd><br />
22  <!--该标签用来表示文本是从键盘上键入的。浏览器通常用等宽字体来显示该标签中包含的文本。-->
23  <tt>这里演示宽体字标签示例</tt><br />
24  <samp>这里为 samp 标签示例</samp><br />
25  <!--该标签并不经常使用。只有从正常的上下文中将某些短字符序列提取出来，
26  并对它们加以强调的极少情况下，
27  才使用这个标签。-->
28  <var>此处示例定义变量标签</var><br />
29  <!--本标签是计算机文档应用中的另一个小窍门，这个标签经常与 <code> 和 <pre> 标签一起使用，
30  用来显示计算机编程代码范例及类似方面的特定元素。-->
31  <dfn>现在的示例可标记对特殊术语或短语进行定义的标签</dfn></br>
32  <!--本标签尽量少用为妙。作为一种通用样式，尤其在技术文档中，应该将它们与普通文本分开，这样
33  读者可以更好地理解文章当前的主题，此后就不要再对这个术语进行任何标记了。-->
34  <p>接下来再来介绍一下预定义格式文本</p>
35  <pre><!--该标签很适合显示计算机代码，本标签经常与 code 标签一起使用。
36  其中的 width 属性定义了每行最大字符数，一般为 40、80、132。-->
37  这是预格式文本。
38  它保留了空格
39  和换行。
40  </pre>
41  <!--需要注意的是，制表符（tab）在 <pre> 标签定义块中可以起到应有的作用，每个制表符占据
42   8 个字符位置。但是我们不推荐使用它，因为在不同的浏览器中，Tab 的实现各不相同。在用
43  <pre> 标签格式化的文档段中使用空格可以确保文本处于正确的水平位置。-->
44  <p>下面显示的标签定义了已知范围或分数值内的标量测量：</p>
45  <meter value="3" min="0" max="10">3/10</meter><br>
46  <meter value="0.6">60%</meter><br/>
47  <!--该标签一般用于查询磁盘用量、查询结果的相关性，不应用于指示进度（在进度条中）。标记进度条
48  应使用 <progress> 标签。IE 不支持 meter 标签。-->
49  接下来介绍进度条标签 progress：<progress value="22" max="100">
50  </progress><!--该标签中的 max 属性表示任务一共需要多少工作，value 表示已经完成了多少任务。-->
51  <!—IE 10, Firefox, Opera, Chrome 以及 Safari 6 支持 <progress> 标签。-->
52  </body></html>
```

- 第 1～17 行为引用与长短引用的示例。本质上长引用与短引用是一样的，它们只是在显示形式上有所不同。而引用标签中的内容一般以斜体显示，如果引用的文档有联机版本，那么还应该有一个链接标签<a>把超链接指向该文本。
- 第 18～30 行为一些计算机代码显示的几种标签示例。有时我们在网上想找一些代码时会发现，如果代码与文本是同一种格式，那么看起来是相当麻烦的，代码格式一般来说应与其他文本有所不同，这几个标签在表现形式上能够区分出来。
- 第 34～43 行为<pre>标签示例。由于该标签保留了空格与换行，所以经常与<code>标签一起使用。但是需要注意的是在定义计算机源代码（比如 HTML 源代码），请使用符号实体来表示特殊字符，比如 "<" 代表 "<"，">" 代表 ">"，"&" 代表 "&"。
- 第 44～52 行中的<meter>与<progress>标签显示的都是进度条类型，但它们还是有一些区别的。需要标记进度条时应该使用<progress>标签，<meter>中有一些属性我们将在下面介绍。

上面在介绍<pre>标签时说到了符号实体，在 HTML 中不能使用小于号（<）和大于号（>），这是因为浏览器会误认为它们是标签。如果希望正确地显示预留字符，则必须在 HTML 源代

码中使用字符实体（character entities）。表 1-4 所示为部分符号实体。

表 1-4　　　　符号实体及对应编号

显示结果	描　述	实体名称	实体编号
	空格		
<	小于号	<	<
>	大于号	>	>
&	和号	&	&
"	引号	"	"
'	撇号	&qpos;（IE 不支持）	'
¢	分	¢	¢
£	镑	£	£
€	欧元	€	€
§	小节	§	§
©	版权	©	©
®	注册商标	®	®
	商标	™	™
×	乘号	×	×
÷	除号	÷	÷

需要注意的是，实体名称区分大小写，HTML 中的常用字符实体是不间断空格（ ）。浏览器总是会截断 HTML 页面中的空格。如果在文本中写 10 个空格，则在显示该页面之前，浏览器会删除它们中的 9 个。如需在页面中增加空格的数量，需要使用 字符实体。

简要介绍了符号实体后，我们会在上个程序的<meter>标签中看到了几种属性，但是当时并没有讲解，在接下来的表 1-5 中将看到该标签中的属性介绍。

表 1-5　　　　< meter>标签属性列表

属　性	值	描　述
form	form_id	本元素所属的一个或多个表单
high	number	规定被视作高值的范围
low	number	规定被视作低值的范围
max	number	规定范围的最大值
min	number	规定范围的最小值
optimum	number	规定度量的优化值
value	number	必需属性，规定度量的当前值

需要注意的是，在 form 属性的值 id 中规定此值必须为同一文档中<form>元素的属性值。high 属性必须小于 max 属性值，且必须大于 low 和 min 属性值。low 属性必须大于 min 属性值，且必须小于 high 和 max 属性值。

1.3.4 表单标签

通过 Sample1_2 与 Sample1_3 两个例子我们掌握了大部分格式标签的基本用法，接下来便介绍剩下没有提到的标签用法与一部分表单标签。首先来看一下本部分程序的效果图，图 1-6 所示为表单标签使用效果。

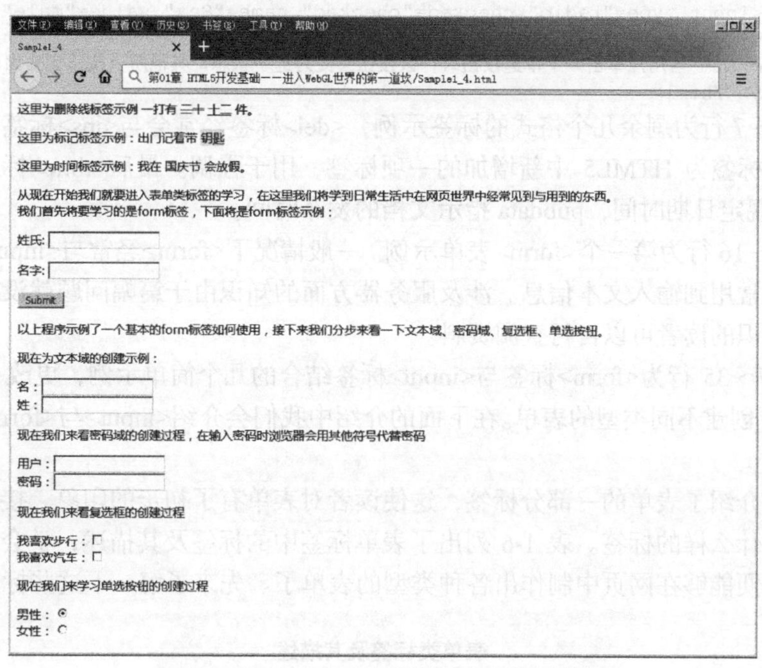

▲图 1-6　Sample1_4 格式标签案例与表单标签效果

看完效果图以后不难发现，这些标签同之前讲的标签在外观表示形式上有所差别，这样便于大家的理解记忆。通过接下来的学习我们将学会如何在网页中制作出基础表单与多种多样的特效形式。

代码位置：随书源代码/第 1 章目录下的 HTML5/Sample1_4.html。

```
<html><body>
<p>这里为删除线标签示例"一打有 <del>二十</del> <ins>十二</ins> 件"。</p>
<!--大多数浏览器会改写为删除文本和下画线文本，一些老式的浏览器会
    把删除文本和下画线文本显示为普通文本。-->
<p>这里为标记标签示例：出门记着带 <mark>钥匙</mark></p><!--此标签为 H5 新加的标签-->
<p>这里为时间标签示例：我在 <time datetime="2016-10-01">国庆节</time> 会放假。</p>
<!--本标签定义公历的时间（24 小时制）或日期，时间和时区偏移是可选的。-->
<p>从现在开始就要进入表单类标签的学习，在这里将学到在网页世界中
    经常见到与用到的东西。<br/>
首先将要学习的是 form 标签，下面将是 form 标签示例：</p>
<form action="/example/html/form_action.asp" method="get">
  <p>姓氏：<input type="text" name="姓氏" /></p>
  <p>名字：<input type="text" name="名字" /></p>
  <input type="submit" value="Submit" />
</form><!--由于本部分涉及服务器方面的知识，但是这里只介绍关于 HTML 的基础内容，所以
便不叙述服务器方面知识，想了解此方面内容的读者应当阅读相关书籍或资料。-->
<p>以上程序显示了基本的 form 标签如何使用，接下来分步来看一下文本域、密码域、
复选框、单选按钮。</p>
<form><p>现在为文本域创建示例：</p>
名：<input type="text" name="名"><br />
姓：<input type="text" name="姓">
</form><!--同上面程序，input 标签的 type 属性为 text 时，即为文本域-->
<form><p>现在来看密码域的创建过程，在输入密码时浏览器会将用其他符号代替密码</p>
```

```
24  用户：<input type="text" name="用户"><br />
25  密码：<input type="password" name="密码">
26  </form><!--与文本域类似，将 input 标签的 type 属性改为 password，即建立了一个密码域-->
27  <form><p>现在来看复选框的创建过程</p>
28  我喜欢步行：<input type="checkbox" name="步行"><br />
29  我喜欢汽车：<input type="checkbox" name="汽车">
30  </form><!—将 input 标签的 type 属性中改为 checkbox，即为复选框的创建-->
31  <form><p>现在来学习单选按钮的创建过程</p>
32  男性：<input type="radio" checked="checked" name="Sex" value="male" /><br />
33  女性：<input type="radio" name="Sex" value="female" />
34  </form><!--当用户单击一个单选按钮时，该按钮会变为选中状态，其他所有按钮会变为非选中状态-->
35  </body></html>
```

- 第 1～7 行为剩余几个格式的标签示例，<del>标签经常会与<ins>标签一起使用以改正错误。标记标签为 HTML5 中新增加的一项标签，用于强调。最后<time>标签的两个属性中，datatime 规定日期时间，pubdata 指示文档的发布时间。
- 第 8～16 行为第一个<form>表单示例。一般情况下<form>经常与<input>标签结合使用，因为会经常用到输入文本信息。涉及服务器方面的知识由于篇幅问题就没有介绍，要想了解此方面知识的读者可以自行查阅资料。
- 第 17～35 行为<form>标签与<input>标签结合的几个简单示例，更改<input>标签中的 type 属性可创建不同类型的表单。在下面的介绍中我们会介绍<input>与<form>两个标签中的其他属性。

上述程序介绍了表单的一部分标签，这使读者对表单有了初步的印象。接下来看一下表单标签中都有什么样的标签。表 1-6 列出了表单标签中的标签及其描述，学会其中所列这些标签后，我们便能够在网页中制作出各种类型的表单了。先来了解一下这些标签。

表 1-6　　表单类标签及其描述

标　　签	描　　述	标　　签	描　　述
<optqroup>	定义选择列表中相关选项的组合	<input>	定义输入控件
<output>	定义输出的一些类型	<keyqen>	定义生成密钥
<form>	定义供用户输入的 HTML 表单	<textarea>	定义多行的文本输入控件
<leqend>	定义 fieldset 元素的标题	<button>	定义按钮
<fieldset>	定义围绕表单中元素的边框	<select>	定义选择列表（下拉列表）
<label>	定义 input 元素的标注	<datalist>	定义下拉列表
<option>	定义选择列表中的选项		

看了上一个程序中表单标签的基本用法再结合表 1-6 列出的标签，读者应该有更深刻的体会，下面我们将介绍剩下的标签用法。由于本部分的标签都会有几个自己的属性，所以在程序中只介绍用到的属性用法，下面我们会将剩下的属性进行介绍。

现在首先来看一下表单标签中未介绍标签的开发过程，图 1-7 所示为表单标签制作出来后基础版的效果。因为本案例需要对多个标签进行介绍，所以在视觉上会感觉有些杂乱，读者在阅读时应该将每个标签与图对应，这样效果会更好。

看完了效果图后不难发现，上面所介绍的是在生活中常用的一些控件。相信读者心中肯定想要掌握这些控件的实现技术，现在就来介绍这些控件的开发过程。其实它们的原理与上面介绍过的标签开发无异，开发起来并不困难。

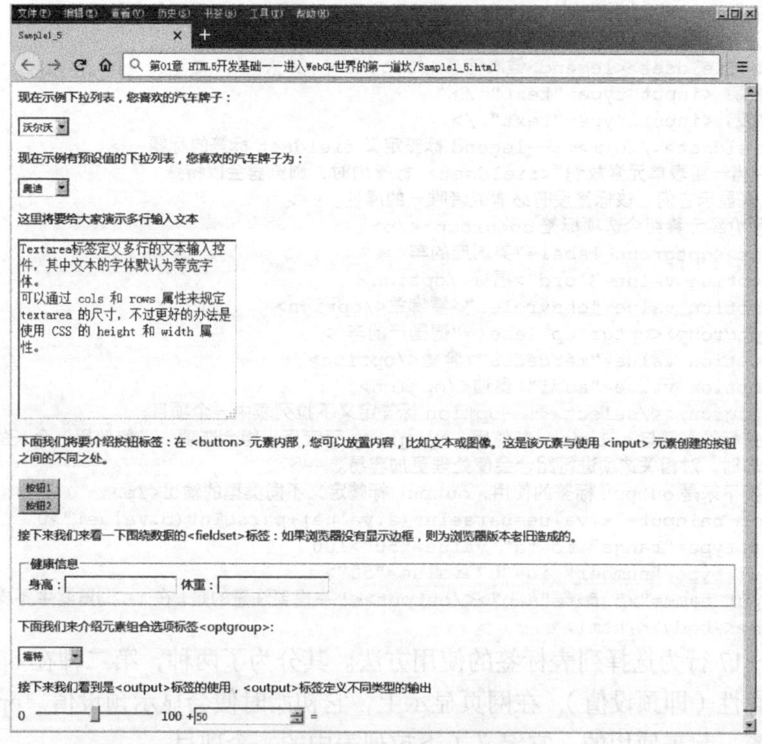

▲图 1-7　Sample1_5 表单标签效果

代码位置：随书源代码/第 1 章目录下的 HTML5/Sample1_5.html。

```
<html><body>
<p>现在示例为下拉列表，您喜欢的汽车牌子：
<form><select name="汽车">
<option value="沃尔沃">沃尔沃</option>
<option value="奔驰">奔驰</option>
<option value="菲亚特">菲亚特</option>
<option value="奥迪">奥迪</option>
</select></form></p>
<p>现在示例为有预设值的下拉列表，您喜欢的汽车牌子为：
<form><select name="汽车">
<option value="沃尔沃">沃尔沃</option>
<option value="奔驰">奔驰</option>
<option value="菲亚特">菲亚特</option>
<option value="奥迪" selected="selected">奥迪</option>
</select></form></p>
<!--上面为大家演示了两种下拉列表，第一种没有预设值，
第二种多了一个 selected 属性即有预设值-->
<p>这里给大家演示多行输入文本</p>
<textarea rows="10" cols="30">
textarea 标签定义多行的文本输入控件，其中文本的字体默认为等宽字体。
可以通过 cols 和 rows 属性来规定 textarea 的尺寸，不过更好的办法是
使用 CSS 的 height 和 width 属性。</textarea>
<!--在文本输入区内的文本行间，用 "%OD%OA" （回车/换行）进行分隔。
可以通过 wrap 属性设置文本输入区内的换行模式-->
<p>下面介绍按钮标签：在 button 元素内部，您可以放置内容，
比如文本或图像。这是该元素与使用 input 元素创建按钮的不同之处。</p>
<button type="button">按钮 1</button>
<form><input type="button" value="按钮 2" /></form>
<!--需要注意的是，请始终为按钮规定 type 属性。IE 的默认类型是 "button",
而其他浏览器中（包括 W3C 规范）的默认值是 "submit"。-->
<!--如果在 HTML 表单中使用 button 元素，则不同的浏览器会提交不同的值。IE
将提交 <button> 与 <button/> 之间的文本，而其他浏览器将提交 value 属性的内容。
请在 HTML 表单中使用 input 元素来创建按钮。-->
```

```
34   <p>接下来看一下围绕数据的 fieldset 标签。如果
35   浏览器没有显示边框，则为浏览器版本老旧造成的。</p>
36   <form><fieldset><legend>健康信息</legend>
37       身高：<input type="text" />
38       体重：<input type="text" />
39     </fieldset></form><!--legend 标签定义 fieldset 标签的标题-->
40     <!--当一组表单元素放到 <fieldset> 标签内时，浏览器会以特殊
41     方式来显示它们，该标签没有必需或者唯一的属性。-->
42   <p>下面介绍元素组合选项标签 optgroup:</p>
43   <select><optgroup label="美国产的车">
44       <option value="ford">福特</option>
45       <option value="chevrolet">雪佛兰</option>
46     </optgroup><optgroup label="德国产的车">
47       <option value="mercedes">奔驰</option>
48       <option value="audi">奥迪</option>
49     </optgroup></select><!--option 标签定义下拉列表中一个项目，
50   没有结束标签，常与 select 一起使用。optgroup 元素用于组合选项。当您使用一个长的
51   选项列表时，对相关选项进行组合会使处理更加容易。-->
52     <p>接下来是 output 标签的使用，output 标签定义不同类型的输出</p>
53     <form oninput="x.value=parseInt(a.value)+parseInt(b.value)">0
54   <input type="range" id="a" value="50">100
55   +<input type="number" id="b" value="50">
56   =<output name="x" for="a b"></output><!--需要注意的是，在 IE 浏览器中不支持这个标签。-->
57   </form></body></html>
```

- 第 1～17 行为选择列表标签的使用方法。其分为了两种，第二种在 option 标签中加上了 selected 属性（即预设值），在网页显示上，它初始时便会显示预设值。option 标签经常是与 select 标签一起来使用的，它定义了下拉列表中的一个项目。
- 第 18～33 行为多行文本标签<textarea>与按钮标签的使用示例。其中多行文本的默认字体为等宽字体。在示例中按钮的实现方式有两种，button 标签提供了更为强大的功能和更丰富的内容，但是禁止使用的元素是图像映射。
- 第 34～51 行为<fieldset>标签与组合选项标签<optgroup>的使用方法。<fieldset>标签的使用方法比较简单，并且显示也很特殊，读者容易接受。组合选项标签使用时要注意选项标签的分类，这也是十分简单的。
- 第 52～57 行中看到的不只是 output 如何输出，也学到了<input>标签 type 属性中的另外两个属性值。

至此，表单标签基本讲解完毕，但只有这些还是远远不够的，因为这些标签中还有许多元素没有讲述。这些标签只有在各种属性的配合使用下才会有更好的效果，下面就来看一下这些标签的属性及其用法，如表 1-7 所示。

表 1-7　<form>标签的属性值及其描述

属　性	值	描　述
accept-charset	charset_list	规定服务器可处理的表单数据字符集
action	URL	当提交表单时向何处发送表单数据
autocomplete	on/off	规定是否用表单的自动完成功能
enctype	下面会有介绍	规定在发送表单数据之前如何对其编码
method	get/post	规定发送 form-data 的 HTTP 方法
name	form_name	规定表单的名称
novalidata	novalidata	如果使用该属性，则提交表单时不进行验证
target	_blank/_self/_parent/_top/framename	规定在何处打开 action URL

说明 上面表 1-7 介绍了<form>标签在 HTML5 中的属性，但是这部分要结合服务器来使用。由于篇幅问题并没有讲述服务器，有兴趣的读者可以自己查阅这方面的资料，结合本节介绍的属性来实践。属性是在开始标签中使用的，上面的每个例子中都有标签属性的使用。

表 1-7 中在介绍<enctype>标签时，并没有介绍其值，现在我们来看一下它。application/x-www-form-urlen coded 为在发送前编码所有字符为该属性默认值；multipart/form-data 为在使用包含文件上传控件的表单时，必须使用该值；text/plain 在编码时将空格转换为“+”号不对特殊字符编码。

通过对前面的案例学习，我们发现<input>标签及其属性的用法很多，并且那只是使用一个 type 属性所带来的效果，接下来看一下<input>标签的其余属性，表 1-8 所示为<input>标签的属性值及其描述。

表 1-8　<input>标签的属性值及其描述

属　性	值	描　述
accept	mime_type	规定通过文件上传来提交的文件类型
alt	text	定义图像输入的替代文本
autocomplete	on/off	规定是否使用输入字段的自动完成功能
autofocus	autofocus	规定输入字段在页面加载时是否获得焦点
checked	checked	规定 input 元素首次加载时应当被选中
disabled	disabled	当加载 input 元素时禁用此元素
form	formname	规定输入字段所属的一个或多个表单
formation	URL	覆盖表单的 action 属性
formenctype	下面有介绍	覆盖表单的 enctype 属性
formmethod	get/post	覆盖表单的 method 属性
formnovalidata	formnovalidata	覆盖表单的 novalidata 属性
formtarget	同表单的 target 属性值	覆盖表单的 target 属性
height	pixel/%	定义 input 字段的高度
list	datalist-id	引用包含输入字段的预定义选项的 datalist
max	number/data	规定输入字段的最大值
maxlength	number	规定输入字段中字符的最大长度
min	number/data	规定输入字段的最小值
multiple	multiple	如果使用该属性则允许使用一个以上的值
name	field_name	定义 input 元素的名称
pattern	regexp_pattern	规定输入字段的值的模式或格式
placeholder	text	规定帮助用户填写输入字段的提示
readonly	readonly	规定输入字段为只读
required	required	指示输入字段的值是必需的
size	number_of_char	规定输入字段的宽度

续表

属　性	值	描　述
src	URL	定义以提交按钮形式显示图像的 URL
step	number	规定输入字的合法数字间隔
type	之前的示例中已包含全部的值	规定 input 元素的类型
value	value	规定 input 元素的值
width	pixel/%	规定 input 字段的宽度

表 1-8 所示的这些属性为 input 元素的属性，其中包含了 HTML5 中新增的许多属性，接下来我们便来看一下这些属性的应用效果。图 1-8 所示为 input 元素属性应用案例效果，由于之前已经讲述了 type 属性，所以在这里便没有再叙述这部分知识。

▲图 1-8　Sample1_6 input 元素属性应用案例效果

看完了案例生成的效果图，就来看一下案例的开发过程。一如前面案例开发过程所示，本案例中大部分标签与属性的使用方法大家应该已经掌握了，现在来具体学一下 input 元素的局部属性的应用，其与大部分属性应用是相同的，读者学起来会很快。

代码位置：随书源代码/第 1 章目录下的 HTML5/Sample1_6.html。

```
<html><body>
<p>单击此图像即为提交，这里用图片代替按钮，alt 属性只能与 type="image"配合使用。
它为图像输入规定的替代文本。</p><form>
  <p>姓：<input type="text" name="姓" /></p>
  <p>名：<input type="text" name="名" /></p>
  <input type="image" src="back.png" alt="Submit" width="64" height="64"/></form>
<!--即使 alt 属性不是必需的属性，但是当输入类型为 image 时，仍然应该设置该属性。如果
不使用该属性，则有可能对文本浏览器或非可视的浏览器造成使用障碍。除了 Safari 之外，所有
主流的浏览器都支持 "alt" 属性。height 属性只适用于 <input type="image">，它规定 image
input 的高度。其属性 pixel 以像素为单位，%为百分比为单位。-->
<p>这里是表单的自动完成功能测试，填写并提交表单，然后再输入一遍相同的数据来体
```

```
12  验一下自动完成功能。</p><form autocomplete="on">
13  姓:<input type="text" name="姓" /><br />
14  名: <input type="text" name="名" /><br />
15  <input type="submit" /></form><p></p>
16  <!--自动完成功能允许浏览器预测输入的字段。当用户在开始键入字段时，浏览器基于之前键入的值，
17  应该显示出在字段中填写的选项。autocomplete 属性适用于 <form>，以及下面的 <input> 类型：
18  text, search, url, telephone, email, password, datepickers, range 以及 color。-->
19  <p>这里显示加载时自动获得焦点与禁用输入字段示例，使用该属性的 input 元素获得焦点。</p>
20  <form>
21    姓: <input type="text" name="姓" autofocus><br>
22    名: <input type="text" name="名" disabled="disabled"><br>
23    <input type="submit"></form>
24  <!--被禁用的 input 元素既不可用，也不可单击。可以设置 disabled 属性，直到满足某些其他的
25  条件为止（比如选择一个复选框等）。然后，需要通过 JavaScript 来删除 disabled 值，
26  将 input 元素的值切换为可用。-->
27  <p>这里显示 max 与 min 属性示例，max 属性与 min 属性配合使用，
28  可创建合法值范围。</p><form>
29  输入数量: <input type="number" name="输入数量" min="0" max="10" />
30  <input type="submit" /></form>
31  <!--max 和 min 属性适用于以下 <input> 类型：number, range, date, datetime, datetime-local,
32   month, time 以及 week。-->
33  <p>这里为输入段字符最大长度属性示例：</p><form>
34    <p>姓: <input type="text" name="姓" maxlength="85" /></p>
35    <p>名: <input type="text" name="名" maxlength="55" /></p>
36    <input type="submit" value="Submit" />
37    <!--maxlength 属性规定输入字段的最大长度，以字符个数计。
38  maxlength 属性与 <input type="text"> 或 <input type="password"> 配合使用。-->
39  </form><p>此处示例为可接受多个值的上传字段，请尝试在浏览文件时选取一个以上的文件。
40  </p><form>选择图片：<input type="file" name="img" multiple="multiple" />
41  <input type="submit" /></form>
42  <p>这里 pattern 属性规定验证输入字段的模式，输入时请按要求输入 3 个字母的国家代码：
43  </p><form>国家代码：<input type="text" name="country_code" pattern="[A-z]{3}"
44  title="3 个字母的国家代码" />
45  <input type="submit" /></form>
46  <!--模式指的是正则表达式，pattern 属性适用于以下 <input> 类型：text, search,
47  url, telephone, email 以及 password。pattern 属性规定用于验证输入字段的模式。-->
48  <p>接下来演示输入字段预期值的属性，提供可描述输入字段预期值的提示信息，
49  该提示会在输入字段为空时显示，并会在字段获得焦点时消失。</p><form>
50  <input type="search" name="user_search" placeholder="输入字段预期值" />
51  <input type="submit" /></form>
52  <!--placeholder 属性适用于以下的 <input> 类型：text, search, url,  password 等。-->
53  <p>接下来我们演示的为 required 与 size 属性，required 属性规定必须在提交之前填写输入字段。
54  如果不填写任何内容，则会有提示出现。</p><form>
55  姓名: <input type="text" name="usr_name" required="required" size="35"/>
56  <input type="submit" value="提交" /></form>
57  <!--required 属性适用于以下 <input> 类型：text, search, url, telephone, email,
58   password, date pickers, number, checkbox, radio 以及 file。-->
59  </body></html>
```

- 第 2～10 行 image 属性应用案例。在使用该属性时需要注意的是图片的位置放置，需将图片放到与 html 文件同一个文件夹下，如果还有上层文件，那么在路径上增加上层文件。alt 属性为用户由于某些原因无法查看图像时提供了备选信息。

- 第 11～26 行自动完成与获得焦点属性应用。在平时浏览网页时我们登录一些账号输入开头的字母或数字后便会给出提示，这便是 autocomplete 属性开启的原因。有了 autofoucs 属性，我们会发现网页打开后焦点自动会获得到该 input 元素上。

- 第 27～41 行为 max 与 maxlength 属性的应用。应用这几个属性时只需规定好相应的数值即可。max 与 min 一起使用规定了一段范围，maxlength 一般用在有字数限制的文本输入 input 元素时。

- 第 42～59 行为验证输入字段属性、字段预期值属性与 required 属性的应用。这些在

我们日常上网时都会遇到。验证输入字段与 required 属性在不满足条件时都会弹出提示，字段预期值在初始加载进界面后会显示预期设置的值。

目前为止我们便将表单标签的基础内容学习完毕，本节的内容有些繁杂，知识点零碎且每点都比较容易接受。

1.3.5　图像、链接、列表标签

下面来看一下图像类、链接类与列表类的标签介绍，表 1-9 所示为图像链接列表标签及其描述，我们先来总体学习一下这些标签。

表 1-9　　　　图像链接列表标签及其描述

标　签	描　述	标　签	描　述
<img>	定义图像	<area>	定义图像地图内部的区域
<map>	定义图像映射	<command>	定义命令按钮
<figcaption>	定义 figure 元素的标题	<a>	定义超链接
<link>	定义文档与外部资源的关系	<nav>	定义导航链接
<ul>	定义无序列表	<ol>	定义有序列表
<li>	定义列表的项目	<dl>	定义列表
<dt>	定义列表中的项目	<dd>	定义列表中项目的描述
<menu>	定义命令的菜单/列表	<figure>	定义媒介内容的分组，以及它们的标题
<menuitem>	定义用户可以从弹出菜单中调用的命令/菜单项目	<canvas>	定义图形，在 1.6 节中会专门讲这部分的内容

看完这些标签的类型与描述后，先来看一下由这些标签制作出来的网页效果，通过观察这些标签效果，我们再来深究一下它们的具体用法。图 1-9 所示为图像链接列表标签应用实例。图中有一个图片加载失败信息，这是故意写错路径名进而显示 alt 属性的。

▲图 1-9　Sample1_7 图像链接列表标签应用案例效果

本部分标签因为篇幅问题分成了两部分，我们刚才看到的效果图为第一部分标签案例的示意图。本部分标签为图像标签与一部分列表标签的示例，表 1-9 列出的 Canvas 标签由于是本书的重点内容，所以放到了 1.6 节进行细致的讲述，先来看一下 Sample1_7 的案例开发过程。

代码位置：随书源代码/第 1 章目录下的 HTML5/Sample1_7.html。

```
1   <html><head><title>Sample1_7</title></head><body>
2   <p>这里演示 img 标签及其属性的用法，本标签创建的是被引用图像的占位空间。</p>
3   <img src="pic/H5.jpg"  alt="W3C 的正式 HTML5 徽标" height="128" width="128" />
4   <img src="pic/H523.jpg"  alt="W3C 的正式 HTML5 徽标" height="128" width="128" />
5   <!--src 和 alt 为该标签的必需属性，在 HTML 中 img 标签没有结束标签，
6   第二个 img 标签演示如果图像不能显示，则显示 alt 属性。-->
7   <p>接下来演示的是为设置背景图片，如果图片小于页面那么图片会重复。</p>
8   <body background="pic/background1.png">
9   <p>接下来演示的是设置图像的对齐方式。</p>
10  <h2>未设置对齐方式的图像：</h2>
11  <p>图像 <img src ="pic/back.png"> 在文本中</p>
12  <h2>已设置对齐方式的图像：</h2>
13  <p>图像 <img src="pic/back.png" align="bottom"> 在文本中的对齐方式为 bottom</p>
14  <p>图像 <img src ="pic/back.png" align="middle"> 在文本中的对齐方式为 middle</p>
15  <p>图像 <img src ="pic/back.png" align="top"> 在文本中的对齐方式为 top</p>
16  <!--其中 bottom 对齐方式是默认的对齐方式-->
17  <p>现在把图像作为链接来使用：
18  <a href="Sample1_6.html">
19  <img border="0" src="pic/back.png" /></a></p>
20  <p>现在演示带有可供单击区域的图像地图，其中每个区域都是一个超链接，
21  请单击图像上的星球，把它们放大。</p>
22  <img src="pic/xingqiu.jpg" border="0" usemap="#planetmap" alt="星球" />
23  <map name="planetmap" id="planetmap">
24  <area shape="circle" coords="180,139,14" href ="pic/jinxing.png"
25      target ="_blank" alt="金星" />
26  <area shape="circle" coords="129,161,10" href ="pic/shuixing.png"
27      target ="_blank" alt="水星" />
28  <area shape="rect" coords="0,0,110,260" href ="pic/sun.jpg"
29      target ="_blank" alt="太阳" /></map>
30  <!--area 标签定义图像映射中的区域，它总会嵌套在 map 中，shape 属性定义了区域形状，coords
31  为区域的坐标值，一般 4 个坐标值为矩形的左上角与右下角的坐标值 x，y；3 个值为圆形
32  的原点坐标与半径；多边形 poly 的坐标为 x1，y1，x2，y2，..，xn，yn。-->
33  <!--img 元素中的 "usemap" 属性引用 map 元素中的 "id" 或 "name" 属性（根据浏览器而定），
34  所以应同时向 map 元素添加"id" 和 "name" 属性。以上几个例子在涉及 href 属性时
35  给出的是路径位置，这里也可以给 URL。target 属性值 blank 为在新链接中打开。-->
36  <p>接下来演示一下无序列表的使用，首先看到的是不同类型的无序列表：</p>
37  <h4>Disc 项目符号列表：</h4>
38  <ul type="disc">
39   <li>苹果</li><li>香蕉</li><li>柠檬</li><li>橘子</li>
40  </ul><h4>Circle 项目符号列表：</h4>
41  <ul type="circle">
42   <li>苹果</li><li>香蕉</li><li>柠檬</li><li>橘子</li>
43  </ul><h4>Square 项目符号列表：</h4>
44  <ul type="square">
45   <li>苹果</li><li>香蕉</li><li>柠檬</li><li>橘子</li></ul>
46  <p>下面将看到嵌套类型的无序列表：</p>
47  <h4>一个嵌套列表：</h4><ul>
48    <li>咖啡</li><li>茶
49      <ul><li>红茶</li><li>绿茶</li></ul>
50    </li><li>牛奶</li></ul>
51    <!--标签 li 定义列表项目，无序列表标签 ul 常与有序列表标签 ol 一起使用。-->
52  </body></html>
```

- 第 2～6 行为<img>标签的示例。在 HTML 中本标签没有结束标签，src 与 alt 属性为必需属性。src 指示出图片的路径，alt 是提示属性。有的浏览器不支持<img>标签或者由于路径传错没有图片，这时 alt 的内容便会显示出来本案例中演示了在路径错误时显示 alt 信息的用法。
- 第 7～16 行为设置背景图片与设置图像对齐方式示例。设置背景图片时，如果图片

小于页面，则默认设置为重复贴图。在下面的案例中我们会介绍背景图片的一些放置位置以及重复方式的用法。其对齐方式读者可以自行观察运行图并进行实验。

- 第 17～35 行中介绍了如何将图片作为链接或者图片的局部作为链接使用。其中<area>标签配合 shape、coords 属性指定局部区域的形状与位置。具体的用法已在注释中给出，target 属性是打开链接的方式。
- 第 36～52 行为一部分列表标签的应用。在这里演示了不同类型的无序列表的应用，标签<li>定义了列表项目，常与列表标签一起使用。列表中也可以嵌套列表，在本案例中对此也有介绍，一般的列表类型都为上面介绍的几种。

看完前一部分的标签开发过程后，我们来学习剩下一部分的标签开发。在本案例中用到的几个链接统一规定将 Sample1_4.html 作为主页，在跳转主页时都跳转到此页上。另外对于图片路径，我们统一放到了 pic 目录下，读者练习时注意一下这些问题。

接下来看一下案例的开发过程。如果有读者在运行过程中加载不出图片，则应该是在设置路径时出现了一些问题。应该仔细确认图片的位置，然后再根据图片所在位置更改 URL，之后再进行实验。

代码位置：随书源代码/第 1 章目录下的 HTML5/Sample1_8.html。

```
<html><head><title>Sample1_8</title></head><body>
<p>接下来看一下有序列表的使用，我们看到的是不同类型的有序列表：</p>
<h4>数字列表：</h4>
<ol><li>苹果</li><li>香蕉</li><li>柠檬</li><li>橘子</li></ol>
<h4>字母列表：</h4>
<ol type="A">
 <li>苹果</li><li>香蕉</li><li>柠檬</li><li>橘子</li></ol>
<h4>小写字母列表：</h4>
<ol type="a">
 <li>苹果</li><li>香蕉</li><li>柠檬</li><li>橘子</li></ol>
<h4>罗马字母列表：</h4>
<ol type="I">
 <li>苹果</li><li>香蕉</li><li>柠檬</li><li>橘子</li></ol>
<h4>小写罗马字母列表：</h4>
<ol type="i">
<li>苹果</li><li>香蕉</li><li>柠檬</li><li>橘子</li>
</ol><!--有序列表的默认类型为阿拉伯数字，其余还有字母、小写字母、罗马字母等。-->
<p>接下来看一下定义列表标签 dl 的用法：</p>
<h2>一个定义列表：</h2>
<dl>
    <dt>计算机</dt>
    <dd>用来计算的仪器 ... ...</dd>
    <dt>显示屏</dt>
    <dd>以视觉方式显示信息的装置 ... ...</dd>
</dl>
<!--<dl> 标签用于结合 <dt>（定义列表中的项目）和 <dd>（描述列表中的项目）-->
<!--<menu>与<command>两个标签在各大主流浏览器中都不支持，由于<menuitem>只有 Firefox 浏览器
    支持，所以这 3 个标签在这里不介绍。-->
<p>现在看一下超链接标签 a 的用法：</p>
<a href="http://www.baidu.com">Baidu</a>
<!--<a>用于从一个页面链接到另一个页面，在用于样式表时，<link> 标签得到了几乎
所有浏览器的支持，但是几乎没有浏览器支持其他方面的应用，所以在此便不再介绍 link 标签-->
<p>现在看一下 HTML5 标准中新增的标签 nav 的用法，本例中暂定案例 1_4 为主页：</p>
<nav><a href="Sample1_4.html">主页</a>
<a href="Sample1_3.html">前一页</a>
<a href="Sample1_5.html">后一页</a></nav>
<!--<nav> 标签定义导航链接的部分，IE 8 以及之前的版本不支持本标签，其余的主流
浏览器都支持本标签。-->
<p>接下来看一下同一页面内的跳转：<br/>
<a href="#C4">查看章节 4。</a></p>
<h2>章节 1</h2>
<p>这里是章节内容</p>
```

```
43    <h2>章节 2</h2>
44    <p>这里是章节内容</p>
45    <h2>章节 3</h2>
46    <p>这里是章节内容</p>
47    <h2><a name="C4">章节 4</a></h2>
48    <p>这里是章节内容</p>
49    //……这里省略了部分代码，读者可以自行查阅随书源代码来查看
50    <p>被锁在框架中了吗？</p>
51    <a href="Sample1_4.html" target="_top">请单击这里！</a>
52    <!--target 属性设置为_top，这个目标使得文档载入包含这个超链接的窗口，用 _top 目标将会清除所有被
53          包含的框架并将文档载入整个浏览器窗口。-->
54    </body></html>
```

- 第2～17行为有序列表的标签应用。在上一个案例中我们介绍了无序列表标签的使用，有序列表与无序列表在显示时一个是有顺序的排列，而另一个没有顺序排列。有序列表想要按顺序排列一般应在列表项目前面加上表明顺序的数字字母等，就是有序列表的不同种类。
- 第 18～26 行定义了列表标签<dl>的用法。它经常会与<dt>（定义列表中的项目标签）、<dd>（描述列表中的项目标签）一起来定义列表，读者看着运行图学习即可。
- 第 27～38 行演示了链接标签的用法。在 HTML5 中新增的<nav>标签定义导航链接的部分，在平时浏览网页时不会单纯在一个页面浏览肯定会单击链接等切换页面，其中上一页、下一页、主页等链接便是由此标签定义的。
- 第 39～54 行为在同一页面下跳转。除了不同页面切换，有时我们浏览一个网页到最下面部分时想回到顶部，如果没有回到顶部这个按钮，那么只能拖拉滚动条来实现。这个示例便是在同一页面的某处添加信息，本页中如有需要跳转到该部分单击链接即可。

目前为止，图像、链接、列表标签的开发已完毕，本部分标签不多，但是每个标签的属性都不少，读者在学习时应将注意力放到各属性上。幸运的是，不少属性的作用与前面标签中的属性是一样的，读者学起来不会太难。

1.3.6　表格、元信息等标签

到目前为止需要学的主要标签将要介绍完毕，接下来介绍一下剩下的标签。这部分的标签表格与元信息我们会详细介绍，剩下部分的标签因为用到次数较少便不再赘述其开发过程，表 1-10 所示为表格、元信息等标签及其描述。

表 1-10　　表格、元信息等标签及其描述

标　签	描　述	标　签	描　述
<param>	定义对象的参数	<table>	定义表格
<object>	定义嵌入对象	<caption>	定义表格标题
<embed>	为外部应用程序定义容器	<th>	定义表格中的表头单元格
<script>	定义客户端脚本	<tr>	定义表格中的行
<vido>	定义视频	<td>	定义表格中的单元
<source>	定义媒介源	<thead>	定义表格中的表头内容
<audio>	定义声音内容	<tbody>	定义表格中的主体内容
<head>	定义关于文档的信息	<tfoot>	定义表格中的表注内容
<meta>	定义关于 HTML 文档的元信息	<colgroup>	定义表格中供格式化的列组
<base>	定义页面中所有链接的默认地址或默认目标	<col>	定义表格中一个或多个列的属性值
<noscript>	定义在脚本未能执行时的替代内容	<track>	定义用在媒体播放器中的文本轨道

表格标签<table>定义了 HTML 表格，简单的表格由 table 及一个或多个 tr、th 或 td 组成。复杂的 HTML 表格可能会包括 caption、col、colgroup、thead、tfoot 以及 tbody 元素。我们现在来看一下第一个表格类程序，图 1-10 所示为表格标签的案例效果。

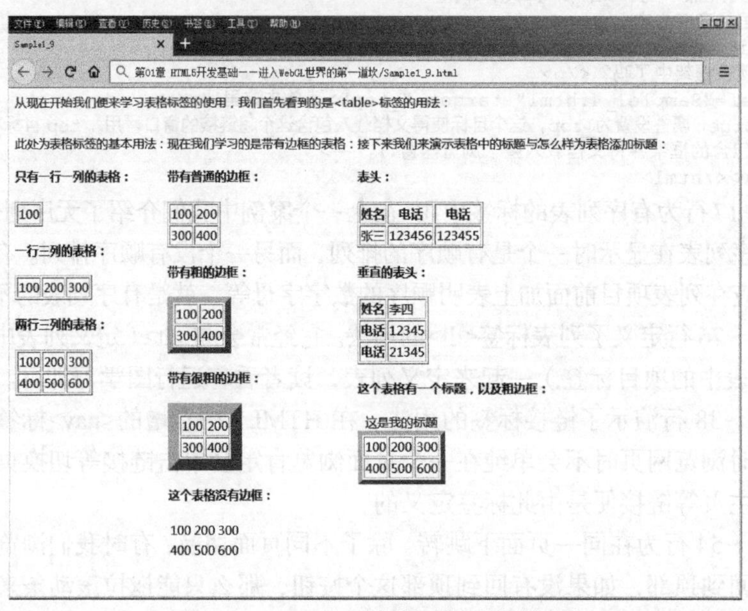

▲图 1-10　Sample1_9 表格标签应用案例效果

本案例是本章的第一个表格类案例，通过案例运行效果图与标签介绍，我们便可以使用本部分介绍的表格标签案例创造出各种样式的且在日常生活中需要的类型表格，现在就来看一下案例 Sample1_9 的开发过程。

代码位置：随书源代码/第 1 章目录下的 HTML5/Sample1_9.html。

```
<html><head><title>Sample1_9</title></head><body>
<p>从现在开始学习表格标签的使用，首先看到的是 table 标签的用法：</p>
<h4>只有一行一列的表格：</h4>
<table border="1"><tr>
  <td>100</td>
</tr></table>
<h4>一行三列的表格：</h4>
<table border="1"><tr>
  <td>100</td><td>200</td><td>300</td>
</tr></table>
<h4>两行三列的表格：</h4>
<table border="1">
  <tr><td>100</td><td>200</td><td>300</td></tr>
  <tr><td>400</td><td>500</td><td>600</td></tr></table>
<!--每个表格由 table 标签开始，表格行由 tr 标签开始，每个数据由 td 标签开始。-->
<p>现在学习的是带有边框的表格：</p>
<h4>带有普通的边框：</h4>
<table border="1"><tr>
  <td>100</td><td>200</td></tr>
  <tr><td>300</td><td>400</td></tr></table>
<h4>带有粗的边框：</h4>
<table border="8"><tr>
  <td>100</td><td>200</td></tr>
  <tr><td>300</td><td>400</td></tr></table>
<h4>带有很粗的边框：</h4>
<table border="15">
  <tr><td>100</td><td>200</td></tr>
  <tr><td>300</td><td>400</td></tr></table>
<h4>这个表格没有边框：</h4>
<table><tr>
```

```
31    <td>100</td><td>200</td><td>300</td></tr>
32    <tr><td>400</td><td>500</td><td>600</td>
33  </tr></table>
34  <!--上面演示的均为边框示例，其中没边框时可以不加 border 属性，也可以使其值为 0。
35  border 属性为边框的宽度。-->
36  <p>接下来演示表格中的标题与如何为表格添加标题：</p>
37  <h4>表头：</h4>
38  <table border="1">
39    <tr><th>姓名</th><th>电话</th><th>电话</th></tr>
40    <tr><td>张三</td><td>123456</td><td>123455</td>
41  </tr></table>
42  <h4>垂直的表头：</h4>
43  <table border="1"><tr><th>姓名</th><td>李四</td>
44  </tr><tr><th>电话</th><td>12345</td>
45  </tr><tr><th>电话</th><td>21345</td></tr></table>
46  <h4>这个表格有一个标题，以及粗边框：</h4>
47  <table border="6">
48  <caption>这是标题</caption><tr>
49    <td>100</td><td>200</td><td>300</td></tr>
50    <tr><td>400</td><td>500</td><td>600</td></tr></table>
51  <!--表格的属性，行用 tr 来表示，td 表示列，th 相当于表头，table 表示表格，
52  这几个标签构成表单最基本的形式。th 为表格中的表头，caption 为表格的标题。-->
53  </body></html>
```

- 第 2～15 行演示了基础的表格标签的使用方法。我们都知道表格中有行与列，所以在 HTML 中它们都有相应的标签，tr 标签表示表格的一行，td 标签表示表格每行中的一项数据，在一般情况下<table>会经常与<tr><td>一起使用。
- 第 16～35 行为表格的边框效果示例。表格标签中的 border 属性为边框的宽度属性，不设置这个属性时默认为 0。在设置边框宽度时应该本着合适的原则，一般情况下设置 border 值为 1 或者不设置。
- 第 36～53 行为表格标题的示例。由于表格标签中 th 属性为表格中的表头，设计表格时即为第 1 行内容，所以 th 为表格内部的内容。而 caption 为表格的标题，其位置是在表格的外部。我们看本案例的运行效果时可以看到这些的区别。

由于篇幅有限，所以本节的标签分为三部分进行介绍，它们其实可以组合成为一个程序，但是这样代码有些长不利于读者学习。上面的示例为第一部分，接下来看一下第二部分的案例运行图，图 1-11 所示为部分表格标签效果。

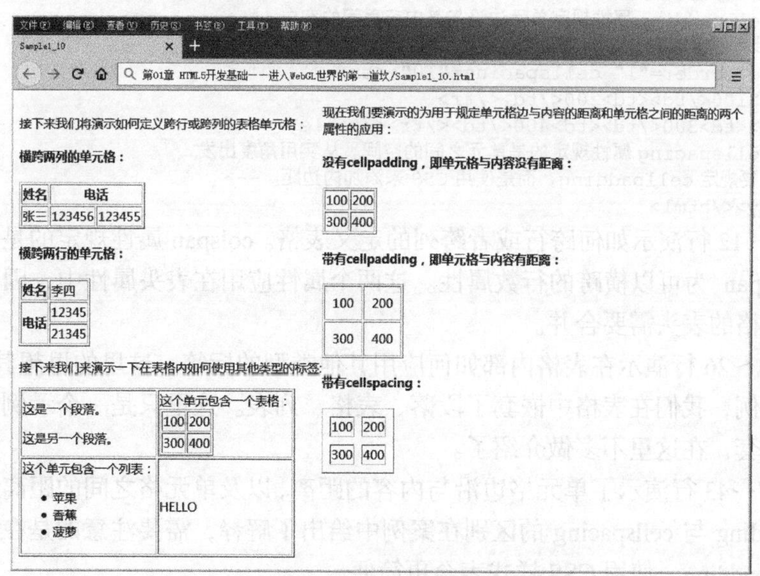

▲图 1-11　Sample1_10 表格标签应用案例效果

本部分案例主要讲述了表格中各种边框的显示形式与表格的嵌套形式。这些形式在 CSS 中也可以进行设置，程序中会具体分析在什么情况下用到哪种形式，有时层叠样式表比本节演示的要简单，有时不如本节演示的简单，我们来看一下具体的案例开发。

代码位置：随书源代码/第 1 章目录下的 HTML5/Sample1_10.html。

```
1   <html><head><title>Sample1_10</title></head><body>
2   <p>接下来演示如何定义跨行或跨列的表格单元格：</p>
3   <h4>横跨两列的单元格：</h4>
4   <table border="1"><tr>
5     <th>姓名</th><th colspan="2">电话</th></tr>
6     <tr><td>张三</td><td>123456</td><td>123455</td></tr></table>
7   <h4>横跨两行的单元格：</h4>
8   <table border="1"><tr>
9     <th>姓名</th><td>李四</td></tr>
10    <tr><th rowspan="2">电话</th><td>12345</td></tr>
11    <tr><td>21345</td></tr></table>
12  <!--colspan 属性规定表头单元格可横跨的列数,rowspan 属性规定表头单元格可横跨的行数。-->
13  <p>接下来演示一下在表格内如何使用其他类型的标签</p>
14  <table border="1"><tr><td>
15     <p>这是一个段落。</p><p>这是另一个段落。</p>
16    </td><td>这个单元包含一个表格:
17     <table border="1"><tr>
18       <td>100</td><td>200</td></tr>
19       <tr><td>300</td><td>400</td></tr>
20     </tr></table></td>
21  </tr><tr>
22    <td>这个单元包含一个列表:
23     <ul><li>苹果</li><li>香蕉</li><li>菠萝</li>
24     </ul></td><td>HELLO</td>
25  </tr></table>
26  <!–从本部分可以看出，如果想在表格内部嵌套一些其他标签，则直接在 td 标签内部继续添加标签即可。-->
27  <p>现在我们要演示单元格边沿与内容的距离，以及单元格之间的距离这两个属性的应用：</p>
28  <h4>没有 cellpadding，即单元格与内容之间没有距离：</h4>
29  <table border="1"><tr>
30    <td>100</td><td>200</td></tr>
31    <tr><td>300</td><td>400</td></tr></table>
32  <h4>带有 cellpadding，即单元格与内容之间有距离：</h4>
33  <table border="1" cellpadding="10"><tr>
34    <td>100</td><td>200</td></tr>
35    <tr><td>300</td><td>400</td></tr></table>
36  <!--cellpadding 属性规定单元边沿与其内容之间的空白。-->
37  <h4>带有 cellspacing：</h4>
38  <table border="1" cellspacing="10"><tr>
39    <td>100</td><td>200</td></tr>
40    <tr><td>300</td><td>400</td></tr></table>
41  <!--cellspacing 属性规定的是单元之间的空间。从实用角度出发，
42  最好不要规定 cellpadding，而是使用 CSS 来添加内边距。-->
43  </body></html>
```

- 第 2～12 行演示如何跨行或者跨列的定义表格。colspan 属性规定的是可以横跨列数的属性，rowspan 为可以横跨的行数属性。这两个属性应用在表头属性中，因为在平时制定表格时只有表格的表头需要合并。

- 第 13～26 行演示在表格内部如何应用其他类型的标签。这里的思想其实就是嵌套，对于上面的案例，我们在表格中嵌套了段落、表格、列表。这里只是一个示例，其他还有很多标签可以嵌套，在这里不多做介绍了。

- 第 27～43 行演示了单元格边沿与内容的距离，以及单元格之间的距离这两个属性的应用。cellpadding 与 cellspacing 的区别在案例中给出了解释，需要注意的是在真正开发中最好不要用 cellpadding，使用 CSS 样式表会更简便。

到目前为止，剩下了为数不多的几个标签没有介绍，其中还包括一些今后开发中不常用的一些标签。由于在 WebGL 的开发中不常用，所以在此不再赘述。我们先来看一下图 1-12 所示的剩下的一些标签的案例运行效果。

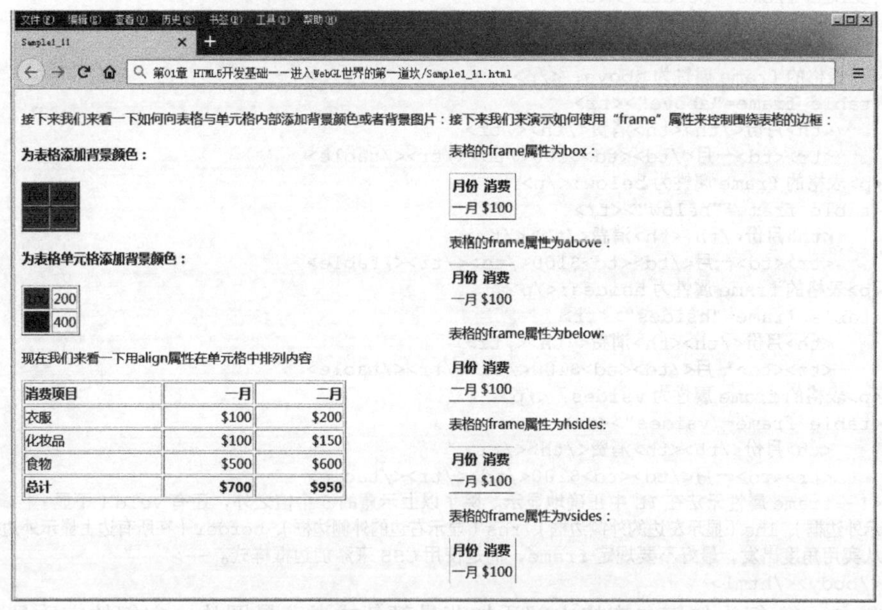

▲图 1-12 Sample1_11 表格标签应用案例效果

看了这些标签案例的示意图后，不难发现与上一个案例的内容其实是很相近的。所以本部分的标签也是在讲述表格标签的格式与样式。使用过 Excel 表格的读者都知道表格的排版其实也挺麻烦的，在之前与将要介绍的案例中会包含用得最多的一些格式，现在来看一下案例的开发过程。

代码位置：随书源代码/第 1 章目录下的 HTML5/Sample1_11.html。

```
<html><head><title>Sample1_11</title></head><body>
<p>接下来看一下如何向表格与单元格内部添加背景颜色或者背景图片：</p>
<h4>为表格添加背景颜色：</h4>
<table border="1" bgcolor="red">
<tr><td>100</td><td>200</td></tr>
  <tr><td>300</td><td>400</td></tr></table>
<h4>为表格单元添加背景颜色：</h4>
<table border="1"><tr>
  <td bgcolor="red">100</td><td>200</td></tr>
  <tr><td bgcolor="blue">300</td><td>400</td></tr></table>
<p>现在用 align 属性在单元格中排列内容</p>
<table width="400" border="1"><tr>
  <th align="left">消费项目....</th>
  <th align="right">一月</th>
  <th align="right">二月</th></tr>
  <tr><td align="left">衣服</td>
  <td align="right">$100</td>
  <td align="right">$200</td></tr>
  <tr><td align="left">化妆品</td>
  <td align="right">$100</td>
  <td align="right">$150</td></tr>
  <tr><td align="left">食物</td>
  <td align="right">$500</td>
  <td align="right">$600</td></tr>
  <tr><th align="left">总计</th>
  <th align="right">$700</th>
```

```
27     <th align="right">$950</th></tr></table>
28     <!--align 属性规定单元格内容的水平对齐方式。其值除了 left、right 之外还有 center（居中对齐）、
29     justify（对行进行伸展），这样每行都可以有相等的长度，char 将内容对准指定字符。-->
30     <p>接下来演示如何使用 "frame" 属性来控制围绕表格的边框：</p>
31    <p>表格的 frame 属性为 box：</p>
32    <table frame="border"><tr>
33        <th>月份</th><th>消费</th></tr>
34        <tr><td>一月</td><td>$100</td></tr></table>
35    <p>表格的 frame 属性为 above：</p>
36    <table frame="above"><tr>
37        <th>月份</th><th>消费</th></tr>
38        <tr><td>一月</td><td>$100</td></tr></table>
39    <p>表格的 frame 属性为 below:</p>
40    <table frame="below"><tr>
41        <th>月份</th><th>消费</th></tr>
42        <tr><td>一月</td><td>$100</td></tr></table>
43    <p>表格的 frame 属性为 hsides:</p>
44    <table frame="hsides"><tr>
45        <th>月份</th><th>消费</th></tr>
46        <tr><td>一月</td><td>$100</td></tr></table>
47    <p>表格的 frame 属性为 vsides：</p>
48    <table frame="vsides"><tr>
49        <th>月份</th><th>消费</th></tr>
50        <tr><td>一月</td><td>$100</td></tr></table>
51    <!--frame 属性无法在 IE 中正确地显示。除了以上示意的 5 个值之外，还有 void（不显
52    示外边框）、lhs（显示左边的外侧边框）、rhs（显示右边的外侧边框）、border（在所有边上显示外边框）。不过
53    从实用角度出发，最好不要规定 frame，而是使用 CSS 来添加边框样式。-->
54    </body></html>
```

- 第 2～10 行为如何向表格内部添加背景颜色或者背景图片。它们的实质是一样的，我们这里只介绍了背景颜色的添加，图片的添加过程与之前添加图片的步骤是一致的。只需将程序中的 bgcolor 去掉再增加图片位置即可。
- 第 11～29 行为 align 属性的介绍。该属性定义了单元格中内容的排列。其值除了 left、right 之外还有 center、justify、char，它们分别表示居中、对行进行伸展、内容对准指定字符。
- 第 30～54 行展示的是 frame 属性的应用。这个属性是控制围绕表格边框的，读者在学习这个属性时需要将每个属性值对应的效果记清楚。因为这个属性值有很多可选项，这里只列了其中一部分，读者可以全部试一下，其值在注释中已经列出。

到此为止我们介绍完了 HTML 中的标签，因为本书的主体部分并不是 HTML，所以介绍的这些标签省略了一部分，但是这些足以应付在今后开发 WebGL 时遇到的问题。我们在此只是介绍了其中的基础用法，所以在今后的开发中我们还应该多学习此方面的更多知识。

1.3.7 HTML5 中的全局属性

在上面介绍标签时就不止一遍地说过局部属性与全局属性，局部属性在介绍标签时我们已经介绍过局部属性中比较重要的一部分了，剩下的一些不常用的局部属性不再介绍。现在讲述一下 HTML 中的全局属性，如表 1-11 所示。

表 1-11　　HTML 全局属性

属　性	描　述	属　性	描　述
contenteditable	规定元素内容是否可以编辑	accesskey	规定激活元素的快捷键
dir	规定元素内容的文本方向	draggable	规定元素是否可拖动
hidden	规定元素仍未或不再相关	id	规定元素的唯一 id
data-*	用于存储页面或应用程序的私有定制数据	contextmenu	规定元素的上下文菜单。上下文菜单在用户单击元素时显示

续表

属　性	描　述	属　性	描　述
Lang	规定元素内容的语言	spellcheck	规定是否对元素进行拼写和语法检查
style	规定元素的行内 CSS 样式	tabindex	规定元素的 Tab 键次序
title	规定有关元素的额外信息	translate	规定是否应该翻译元素内容
class	规定元素的一个或多个类名（引用样式表中的类）	dropzone	规定在拖动或被拖动数据时是否进行复制、移动或链接

全局属性适用于 HTML 中的各种标签，因为这些属性在平时开发的时候会经常用到，所以我们在本节中将其集中起来，然后将每个属性详细地介绍给大家，其中有一两个没介绍是因为主流浏览器并未支持该属性。现在先来看一下图 1-13 所示的部分全局属性示例。

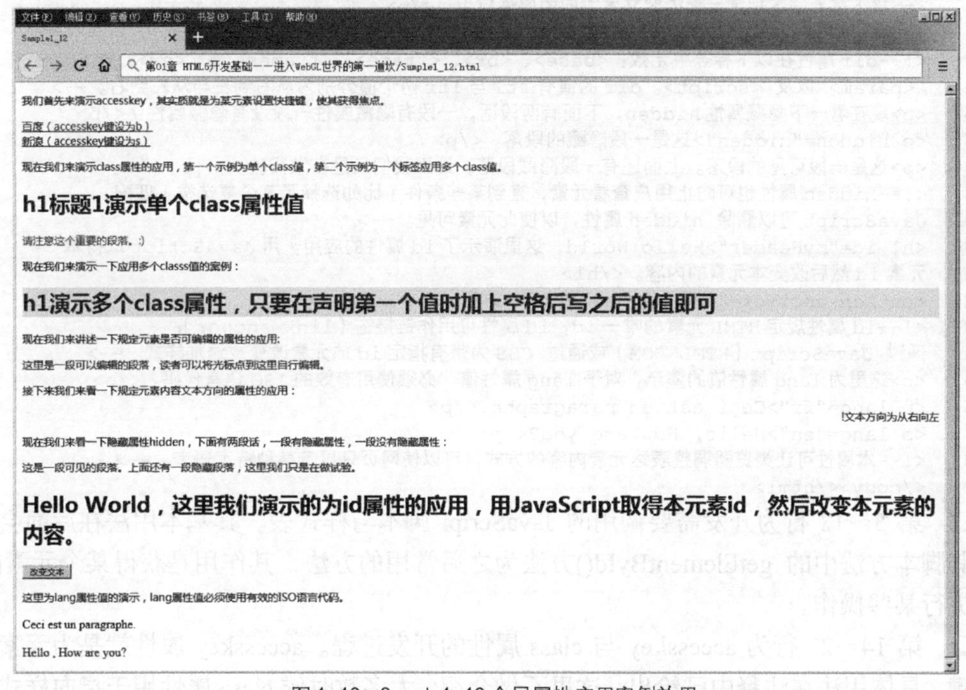

▲图 1-13　Sample1_12 全局属性应用案例效果

在本例中演示了全局属性中的一部分，因为这些属性可以在支持全局属性的标签中使用，基本为全部的标签，所以这里只是演示了其中几种标签的全局变量的使用方法，在应用时读者也可以使用别的标签进行试验。下面我们来看一下程序的开发过程。

代码位置：随书源代码/第 1 章目录下的 HTML5/Sample1_12.html。

```
<!DOCTYPE html>
<html><head><title>Sample1_12</title>
<script type="text/javascript">
function change_header(){
document.getElementById("myHeader").innerHTML="Nice day!";}</script>
<style type="text/css">
h1.intro {color:blue;}
p.important {color:red;}</style>
<!--此处为样式表内容，在后面对此会有介绍，这里不进行详细介绍。-->
<style type="text/css">
h1.intro1{color:blue;}
.important1{background-color:yellow;}</style></head>
<body>
```

```
14  <p>首先来演示 accesskey，其实质就是为某元素设置快捷键，使其获得焦点。</p>
15  <a href="http://www.baidu.com" accesskey="b">百度（accesskey 键设为 b）</a><br />
16  <a href="http://www.sina.com" accesskey="s">新浪（accesskey 键设为 s）</a>
17  <!--请使用 Alt+accesskey 或者 Shift+Alt+accesskey 来访问带有指定快捷键的元素，一般
18  这个属性用在<a>、<area>、button>、<input>、<label>、<legend>等标签中。-->
19  <p>现在演示 class 属性的应用，第一个示例为单个 class 值，
20  第二个示例为一个标签应用多个 class 值</p>
21  <h1 class="intro">h1 标题 1 演示单个 class 属性值</h1>
22  <p class="important">请注意这个重要的段落。:)</p>
23  <p>现在演示一下应用多个 classs 值的案例：</p>
24  <h1 class="intro1 important1">h1 演示多个 class 属性，只要在声明第一个值时加上空
25  格，之后再写入值即可</h1>
26  <!--class 属性大多数时候用于指向样式表中的类（class）。不过，也可以利用它通过
27  JavaScript 来改变带有指定 class 的 HTML 元素。-->
28  <p>现在来讲述一下规定元素是否可编辑的属性应用:</p>
29  <p contenteditable="true">这里是一段可以编辑的段落，读者可以将光标点到这里自行编辑。</p>
30  <!--需要注意的是，元素中如果未设置 contenteditable，则本元素会继承其父类元素。-->
31  <p>接下来看一下规定元素内容文本方向的属性应用：</p>
32  <p dir="rtl">文本方向为从右向左!</p>
33  <!--dir 属性在以下标签中无效：<base>、<br>、<frame>、<frameset>、<hr>、<iframe>,
34   <param> 以及 <script>。dir 的值有 rtl 与 ltr 两个值分别为从右到左与从左到右。-->
35  <p>现在看一下隐藏属性 hidden，下面有两段话，一段有隐藏属性一段没有隐藏属性：</p>
36  <p hidden="hidden">这是一段隐藏的段落。</p>
37  <p>这是一段可见的段落。上面还有一段隐藏段落，这里我们只是在做实验。</p>
38  <!--hidden 属性也可防止用户查看元素，直到某些条件（比如选择了某个复选框）匹配。
39  JavaScript 可以删除 hidden 属性，以使此元素可见。-->
40  <h1 id="myHeader">Hello World，这里演示了 id 属性的应用，用 JavaScript 取得本
41  元素 id 然后改变本元素的内容。</h1>
42  <button onclick="change_header()">改变文本</button>
43  <!--id 属性规定 HTML 元素的唯一 id，id 属性可用作链接锚（link anchor），
44  通过 JavaScript（HTML DOM）或通过 CSS 为带有指定 id 的元素改变或添加样式。-->
45  <p>这里为 lang 属性值的演示，对于 lang 属性值，必须使用有效的 ISO 语言代码。</p>
46  <p lang="fr">Ceci est un paragraphe.</p>
47  <p lang="en">Hello, How are you?</p>
48  <!--本属性可让浏览器调整表达元素内容的方式，可以使网页只显示某种特定语言。-->
49  </body></html>
```

- 第 3～12 行为开发需要调用的 JavaScript 脚本与样式表。其基本用法在后面会有介绍，其脚本方法中的 getElementById()方法为之后常用的方法，其作用是获得某个元素的 id 以便进行某些操作。
- 第 14～27 行为 accesskey 与 class 属性的开发过程。accesskey 属性就是为元素设置快捷键，具体用法在注释中已给出，这里不做介绍。大多数时候 class 属性用于指向样式表中的类，在前面样式表中我们规定了相应的 class 的样式，可以通过 JavaScript 改变 class 值以实现一些功能。
- 第 28～49 行为 contenteditable、dir、hidden、lang 属性的用法。这几个属性都比较简单，所以放到了一个案例中。读者可以自己看案例代码进行学习。需要注意的是 hidden 隐藏属性，我们可运用程序在某些条件下可将其改为可视的这些小技巧。

上面案例为全局属性中的一部分，下面我们来介绍剩下一部分属性。在开发时或多或少都会用到样式表与开发的一些 JavaScript 脚本，读者在看这些部分时不必着急，因为在下面的章节中会讲到 CSS。至于 JavaScript，本书开发的重点就是这部分，在以后的章节中我们会介绍这些内容。

图 1-14 所示为剩下的属性代码运行效果，看完了图后我们便发现本部分案例的内容并不多，但是这部分内容中的脚本有点繁杂，在开发时不进行重点讲述，因为这些东西会在下面的章节中专门介绍。读者看到这部分时可先跳过，主要看属性的开发。

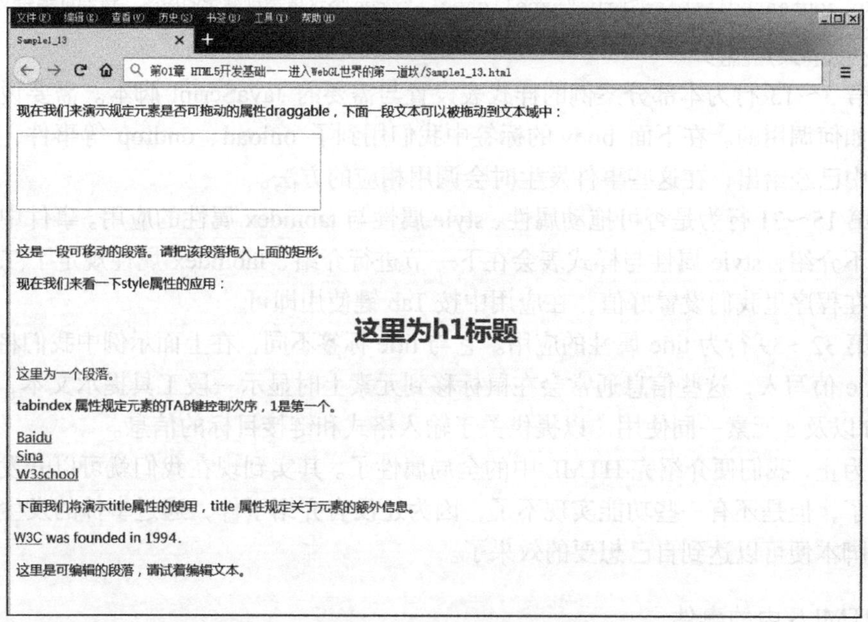

▲图 1-14　Sample1_13 全局属性应用案例效果

代码位置：随书源代码/第 1 章目录下的 HTML5/Sample1_13.html。

```
<!DOCTYPE html>
<html><head><title>Sample1_13</title></head>
<style type="text/css">
#div1 {width:350px;height:70px;padding:10px;border:1px solid #aaaaaa;}
</style><script type="text/javascript">
function allowDrop(ev){
ev.preventDefault();}
function drag(ev){
ev.dataTransfer.setData("Text",ev.target.id);}
function drop(ev){
var data=ev.dataTransfer.getData("Text");
ev.target.appendChild(document.getElementById(data));
ev.preventDefault();}</script>
<body>
 <p>现在演示元素是否可拖动的属性 draggable，下面一段话可以拖动到文本域中：</p>
<div id="div1" ondrop="drop(event)" ondragover="allowDrop(event)"></div><br />
<p id="drag1" draggable="true" ondragstart="drag(event)">
这是一段可移动的段落。请把该段落拖入上面的矩形内。</p>
<!--在 head 部分定义了 div 的样式，在下一节中会有专门的关于层叠样式表的讲述。
ondrop、ondragover、ondragstart 为标签中的事件属性，它们表示元素被拖动时运行的脚本、当元素在
有效拖放目标上正在被拖动时运行的脚本、在拖动操作开端运行的脚本。这些事件属性表示当触发
这些事件时，会调用相应的 JavaScript 脚本方法，这些方法在 head 部分中已经写好。-->
<p>现在看一下 style 属性的应用：</p>
<h1 style="color:blue;text-align:center">这里为 h1 标题</h1>
<p style="color:red">这里为一个段落</p>
<!--style 属性规定元素的行内样式（inline style），style 属性将覆盖任何全局样式的设定，-->
<p>tabindex 属性规定元素的 Tab 键控制次序，1 是第一个</p>
<a href="http://www.baidu.com" tabindex="2">Baidu</a><br />
<a href="http://www.sina.com" tabindex="1">Sina</a><br />
<a href="http://www.w3school.com.cn/" tabindex="3">W3school</a>
<!--请尝试使用键盘上的 "Tab" 键在链接之间进行导航。-->
<p>下面将演示 title 属性的使用，title 属性规定了元素的额外信息。</p>
<abbr title="World Wide Web Consortium">W3C</abbr> was founded in 1994.
<!--这些信息通常会在鼠标移到元素上时显示一段工具提示文本，title 属性常与 form
以及 a 元素一同使用，以提供关于输入格式和链接目标的信息。同时它也是 abbr 和
```

```
36    acronym 元素的必需属性。-->
37    <p contenteditable="true" spellcheck="true">这里是可编辑的段落，请尝试编辑文本。</p>
38    <!--spellcheck 属性规定是否对元素进行拼写和语法检查。-->
39    </body></html>
```

- 第 3～13 行为本部分案例的样式表设置与需要的 JavaScript 脚本。需要说明一下脚本方法是如何调用的。在下面 body 的标签中我们用到了 onload、ondrop 等事件，它们的意思在注释中已经给出，在这些事件发生时会调用相应的方法。
- 第 15～31 行为是否可拖动属性、style 属性与 tabindex 属性的应用。事件中调用的方法在这里不介绍，style 属性与样式表会在下一节进行介绍、tabindex 属性规定了 Tab 键的控制顺序，在程序里我们设置好值，在应用中按 Tab 键使用即可。
- 第 32～39 行为 title 属性的应用。它与 title 标签不同，在上面示例中我们将简写的内容作为 title 值写入，这些信息通常会在鼠标移到元素上时显示一段工具提示文本，title 属性常与 form 以及 a 元素一同使用，以提供关于输入格式和链接目标的信息。

到此为止，我们便介绍完 HTML 中的全局属性了。其实到现在我们就可以开发出界面精美的网页了，但是还有一些功能实现不了，因为还没有介绍事件，通过事件的发生来调用自行开发的脚本便可以达到自己想要的效果了。

1.3.8　HTML5 中的事件

在 HTML 4 中增加了使事件在浏览器中触发动作的功能，比如用户单击元素时启动 JavaScript，页面加载完毕后需要执行哪段代码，元素失去焦点时运行哪段脚本，鼠标单击或者移动时运行什么脚本等。在 HTML5 中又新加了不少新的事件，我们来看一下这些事件。

表 1-12 所示为部分事件及其描述，接下来先看一下这些事件的案例开发效果图，如图 1-15 所示。因为本部分案例是在某些事件发生时才会触发的，所以效果图中不能显现出所有事件的运行效果，读者可自己去验证这些事件。

表 1-12　　HTML5 中的事件

事　件	描　述	事　件	描　述
onafterprint	文档打印后运行的脚本	onbeforeprint	文档打印前运行的脚本
onload	页面加载介绍后运行的脚本	onresize	当浏览器窗口被调整大小时触发
onunload	一旦页面已下载则触发	onblur	元素失去焦点时运行的脚本
onchange	元素值被改变时运行的脚本	onfocus	当元素失去焦点时运行的脚本
onselect	当元素中文本被选中后触发	onsubmit	在提交表单时触发
onkeydown	在用户按下按键时触发	onkeypress	在用户敲击按钮时触发
onkeyup	在用户释放按键时触发	onclick	在元素上发生鼠标单击时触发
ondblclick	元素上发生鼠标双击时触发	onmousedown	在元素上按下鼠标按钮时触发
onmousemove	当鼠标指针移动到元素上时触发	onmouseup	在元素上释放鼠标按钮时触发
onmouseout	当鼠标指针移出元素时触发	onmouseover	当鼠标指针移动到元素上时触发

我们这里只演示一小部分事件，意在向读者介绍事件的基本用法，读者在日后的开发中肯定会遇到其他事件或者应用到其他事件。这里的示例仅为冰山一角，大家还需要自行查阅一些资料以了解事件属性。接下来看一下图 1-15 所示的案例开发过程。

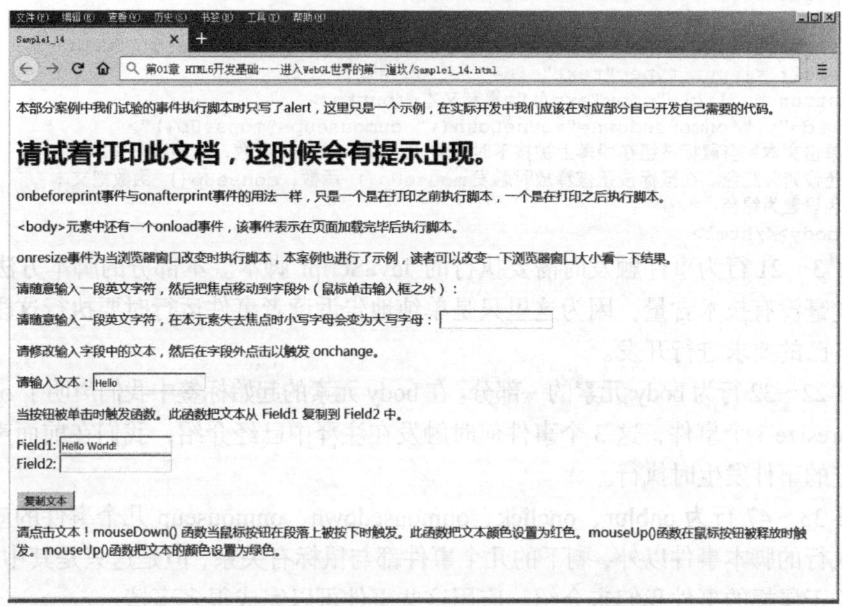

▲图 1-15 Sample1_14 全局属性应用案例效果

代码位置：随书源代码/第 1 章目录下的 HTML5/Sample1_14.html。

```
<!DOCTYPE html>
<html><head><title>Sample1_14</title>
<script>
function printmsg(){                        //文档打印之后执行的脚本方法
alert("此文档现在正在打印！");}
function load(){                            //页面加载完成后需要执行的脚本方法
alert("页面已加载！");}
function showMsg(){                         //浏览器窗口尺寸发生改变时执行的脚本方法
alert("您已改变浏览器窗口的尺寸！");}
function upperCase(){                       //元素失去焦点时执行的脚本方法
var x=document.getElementById("fname").value;
document.getElementById("fname").value=x.toUpperCase();}
function checkField(val){                   //在元素值改变时执行的脚本
alert("输入值已更改。新值是：" + val);}
function copyText(){                        //单击鼠标时执行的脚本
document.getElementById("field2").value=document.getElementById("field1").value;}
function mouseDown(){                       //鼠标按下时执行的脚本
document.getElementById("p1").style.color="red";}
function mouseUp(){                         //鼠标抬起时执行的脚本
document.getElementById("p1").style.color="green";}
</script></head>
<body onafterprint="printmsg()" onload="load()" onresize="showMsg()">
<p>在本部分案例中实验事件执行脚本时只写了 alert，这里只是一个示例，
在实际开发中应该在对应部分开发出需要的代码。</p>
<h1>请尝试打印此文档，这时候会有提示出现。</h1>
<p>onbeforeprint 事件与 onafterprint 事件的用法一样，一个是在打印之
前执行脚本，一个是在打印之后执行脚本。</p>
<!--IE 和 Firefox 支持 onafterprint 属性。在 IE 中，
onafterprint 属性在打印对话框出现之前而不是之后。-->
<p>body 元素中还有一个 onload 事件，该事件是在页面加载完毕后执行脚本。</p>
<p>onresize 事件为当浏览器窗口改变时执行的脚本，本案例也进行了演示，
读者可以改变浏览器窗口大小看一下结果。</p>
<p>请随意输入一段英文字符，然后把焦点移动到字段外(鼠标单击输入框之外)：</p>
请随意输入一段英文字符，在本元素失去焦点时小写字母会变为大写字母：
<input type="text" name="fname" id="fname" onblur="upperCase()">
<p>请修改输入字段中的文本，然后在字段外单击以触发 onChange。</p>
请输入文本：<input type="text" name="txt" value="Hello"
```

```
38          onchange="checkField(this.value)">
39      <p>当按钮被单击时触发函数。此函数把文本从 Field1 复制到 Field2 中。</p>
40      Field1: <input type="text" id="field1" value="Hello World!"></br>
41      Field2: <input type="text" id="field2"><br><br>
42      <button onclick="copyText()">复制文本</button>
43      <p id="p1" onmousedown="mouseDown()" onmouseup="mouseUp()">
44      请单击文本！当鼠标按钮在段落上被按下时触发 mouseDown() 函数，此函数把文本
45      颜色设置为红色。在鼠标按钮被释放时触发 mouseUp() 函数，mouseUp() 函数把文本
46      颜色设置为绿色。</p>
47      </body></html>
```

- 第 3～21 行为事件触发时需要执行的 JavaScript 脚本。本部分的脚本方法只有 alert 一句话，丝毫没有技术含量，因为这里只是单纯地告诉读者事件运行时要执行这段代码，读者可根据自己的要求进行开发。
- 第 22～32 行为 body 元素的一部分。在 body 元素的起始标签中我们声明了 onafterprint、onload、onresize 3 个事件，这 3 个事件何时触发在注释中已经介绍，我们在前面声明的脚本方法在相应的事件发生时执行。
- 第 33～47 行为 onblur、onclick、onmousedown、onmouseup 几个事件的应用。除失去焦点时执行的脚本事件以外，剩下的几个事件都与鼠标有关系，但是这只是其中一小部分，还有很多关于鼠标的事件我们未介绍，应用这些事件可以完成很多事情。

到此为止，HTML 事件便介绍完毕了。因为篇幅有限，所以很多事件没有列出来也没有进行用法解释，读者若是需要这方面的内容，则可以在网上查找相关资料。事件部分并不困难，它的精髓在于 JavaScript 脚本的开发过程，我们在后面的章节中会将其介绍给大家。

1.4 初识 CSS

CSS（层叠样式表）用来规定 HTML 文档的呈现形式和格式编排，本节会向读者简要介绍 CSS。此部分不是我们开发的重点，讲解如何创建和应用 CSS 样式等以为将来的开发打下基础。把样式添加到 HTML 中是为了解决内容与表现分离的问题。

HTML 标签原本被设计用于定义文档内容，同时文档布局由浏览器来完成，而不使用任何的格式化标签。由于 HTML 标签与属性不断被添加到 HTML 的规范中，创建文档内容使其清晰地独立于文档表现层的站点会变得越来越困难，所以 W3C 在 HTML 4.0 之外创造出样式。

1.4.1 CSS 简介

样式表定义如何显示 HTML 元素，样式通常保存在外部的.CSS 文件中。通过编辑一个简单的 CSS 文档，外部样式表使你有能力同时改变站点中所有页面的布局和外观。由于它允许同时控制多重页面的样式和布局，所以 CSS 可以称得上 Web 设计领域的一个突破。

作为开发者可以为每个元素定义好样式，并将其应用到不同的页面中。也可以进行全局布置，只需要简单地改变样式，然后网站中的所有元素均会自动更新。这样的工作方式大大减少了开发时间，提高了开发效率。

```
h1 {color:red; font-size:14px;}
```

上述代码为 CSS 的基本定义，并且代码中定义了多种样式信息。样式规定可以在单个的 HTML 元素中，在 HTML 页的头元素中，或在一个外部的 CSS 文件中，甚至可以在同一个 HTML 文档内部引用多个外部样式表。

注意

一般而言，所有样式会根据下面的规则层叠于一个新的虚拟样式表中，其中数字 4 拥有最高优先权。

1. 浏览器默认设置。
2. 外部样式表。
3. 内部样式表（位于 <head> 标签内部）。
4. 内联样式（在 HTML 元素内部）。

内联样式（在 HTML 元素内部）拥有最高优先权，这意味着它将优先于以下的样式声明：<head> 标签中的样式声明，外部样式表中的样式声明，浏览器中的样式声明（默认值）。

1.4.2 CSS 基础语法

CSS 规则由两个主要的部分构成，分别是选择器和一条或多条声明。选择器通常是需要改变样式的 HTML 元素，每条声明由一个属性与一个值构成，如果有多条属性即有多条声明，那么就用分号分开。声明中的属性为我们需要改变的样式属性，在下面的小节中我们会重点讲述它们。

声明样式时需要用大括号（花括号）包围声明，我们来看一下图 1-16，所示代码为上一节介绍的那行代码，以此为例我们来看一下选择器部分为 h1 元素并且后面花括号中为两条声明，它们分别包含着属性与各自需要的值。

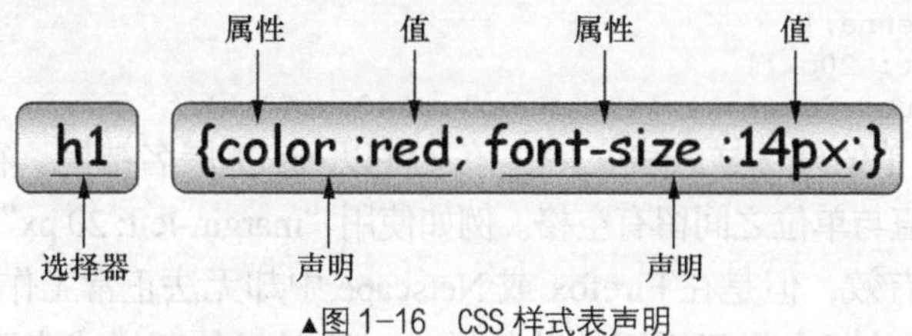

▲图 1-16　CSS 样式表声明

如果要定义多个声明，则需要用分号将每个声明分开。最后一条规则是不需要加分号的，因为分号在英语中是一个分隔符号，不是结束符号。然而，平时有经验的人都会在每条声明的末尾加上分号，这样的好处是，当从现有的规则中增减声明时，会尽可能地减少出错的可能性。

由于大多数样式表中不止有一条声明，所以在编辑时适时使用空格会使样式表更容易编辑。是否包含空格不会影响 CSS 在浏览器中的工作效果，但是加上空格后不论是自己还是其他人都会比较容易理解代码的结构。

```
h1,h2,h3,h4,h5,h6 { color: green;}
```

上述代码演示的为选择器的分组，在开发过程常会遇到多个选择器需要的样式是一样的，此时我们便会像上述代码一样编写而不是每个选择器写一遍。用逗号将选择器分开，这样这些选择器便会享有同样的声明。

在 CSS 中子元素继承父元素的属性，但是它并不总按照此方式工作。我们来看一下下面一行代码，根据继承原则来看，站点的 body 元素将使用 Verdana 字体。通过继承规则所有的子元素都会继承父元素（body）的属性，事实上也是这么回事。

```
body {font-family: Verdana, sans-serif;}
```

在浏览器大战的年代里，这种情况则未必会发生，那时候对标准的支持并不是企业的优先选择。比方说，Netscape 4 就不支持继承，它不仅忽略继承，而且也忽略应用于 body 元素的规则。从 IE/Windows 直到 IE6 还存在相关的问题，表格内的字体样式会被忽略。

那么此时我们该怎么办呢？幸运的是，可以使用名为"Be Kind to Netscape 4" 的冗余法则来处理旧式浏览器无法理解的继承问题。IE4 浏览器无法理解继承，不过它们可以理解组选择器。这么做虽然会浪费一些用户的带宽，但是如果需要对 Netscape 4 用户进行支持，就不必这么做。

```
body  {font-family: Verdana, sans-serif;}
p, td, ul, ol, li, dl, dt, dd  {font-family: Verdana, sans-serif;}
```

如果希望父元素中的某些元素不继承父类的属性，这时也可以像上述代码一样在声明完 body 元素的样式以后，单独声明一下与父类元素不同的元素样式，这样也就巧妙地避开了所有的子元素都必须继承父元素的问题。

1.4.3 如何插入样式表

当读到一个样式表时，浏览器会根据它来格式化 HTML 文档。插入样式表的方法有 3 种，外部样式表、内部样式表、内联样式。

当样式需要应用于很多页面时，外部样式表为首选。在使用外部样式表的情况下，可以通过改变一个文件来改变整个站点的外观。每个页面使用 <link> 标签链接到样式表。<link> 标签在（文档的）头部。下面代码就是如何引入外部样式表的示例。

```
<head><link rel="stylesheet" type="text/css" href="mystyle.css" /></head>
```

浏览器会从文件 mystyle.css 中读到样式声明，并根据它来格式化文档。外部样式表可以在任何文本编辑器中进行编辑，文件不能包含任何的 html 标签，样式表应该以 .css 扩展名进行保存。下面是一个样式表文件的例子。

```
hr {color: sienna;}
p {margin-left: 20px;}
body {background-image: url("images/back40.gif");}
```

上述内容为一个简单的外部样式表文件，该文件以.css 扩展名结尾。在编写这部分文件时需要注意，不要在属性值与单位之间留有空格。例如使用“margin-left: 20 px”而不是“margin-left: 20px”，它仅在 IE 6 中有效，但是在 Firefox 或 Netscape 中却无法正常工作。

有时候会遇到单独的某个界面需要特殊的样式，这时候外部样式表不再方便，我们会用其他的方法代替外部样式表，它就是内部样式表。内部样式表中使用<style>标签在文档头部定义内部样式表，其用法与其余标签并无多大差别，我们来看一下下面这个例子。

```
<html><head>
<style type="text/css">
h1 {color: red}
p {color: blue}
</style></head>
<body><h1>header 1</h1>
<p>A paragraph.</p>
</body></html>
```

说明 本段代码单纯表示了<style>标签的用法，在 style 中，可以规定在浏览器中如何呈现 HTML 文档。type 属性是必需的，它定义 style 元素的内容。唯一可能的值是 "text/css"。style 元素位于 head 部分中。

除了上述两种插入样式表的方法外，还有内联样式，由于要将表现和内容混杂在一起，所以内联样式会损失掉样式表的许多优势。请慎用这种方法，要想使用内联样式，你需要在相关的标签内使用样式的 style 属性。style 属性可以包含任何 CSS 属性。

```
<p style="color: sienna; margin-left: 20px">
This is a paragraph</p>
```

上述代码展示了如何改变段落的颜色和左外边距，在段落标签中使用了<style>属性。使用<style>属性比起前两种方法来说，当页面需要的样式比较多时，这会相当麻烦，这便损失了样式表的优势。

1.4.4 使用 CSS 样式

本节我们会就 CSS 的某些样式（比如背景、文本、字体、链接等）来详细讲解其用法，会有翔实的代码与运行效果图来帮助我们理解这些样式。本节介绍的都是 CSS 的基础样式，许多 CSS 的高级应用我们并没有讲述由于篇幅限制，有兴趣读者可以自己查找资料学习。

1. CSS 背景应用

CSS 允许应用纯色作为背景，也允许使用背景图像创建相当复杂的效果。CSS 在这方面的能力远在 HTML 之上。本节在应用各种背景案例时也会将 CSS 背景的属性介绍给大家，读者在学习的同时也应注意这方面内容。

图 1-17 所示为 CSS 背景属性应用。本案例中的背景图片是放置在中间并且当滚动条被拖动时背景图片不会改变位置，始终在 center 位置。本部分内容除了书中讲述的以外，读者还需注意代码内容，段落标签与注释中的很多内容说明了该属性的注意事项，现在看一下案例的开发过程。

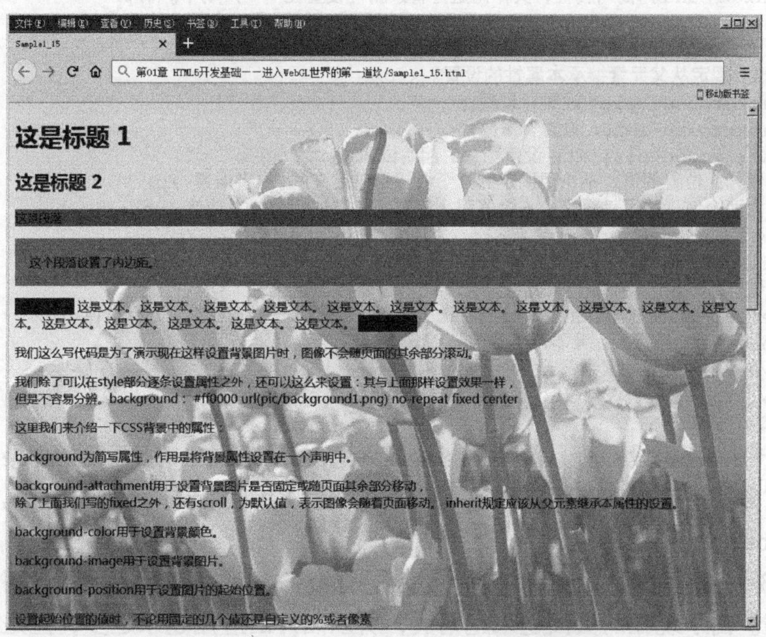

▲图 1-17 Sample1_15 背景属性应用案例效果

代码位置：随书源代码/第 1 章目录下的 HTML5/Sample1_15.html。

```
<!DOCTYPE html>
<html><head><title>Sample1_15</title>
<style type="text/css">
body {background-image:url(pic/background1.png);
background-repeat: no-repeat;
background-attachment:fixed;
background-position:center;}
<!--背景图片的重复方式，此时为在不设置重复方式。x 为在水平方向上重复，
不加 x 或者 y 时为水平方向与垂直方向上都重复。no-repeat 为不重复只显示一张图片。
attachment 属性设置为 fixed 才能保证 position 属性在 Firefox 与 Opera 中正常工作。
对于设置位置，除了规定的几个值之外，我们还可以自定%与像素值，并用两个百分数
代替 center。-->
h1 {background-color: #00ff00}
```

```
14  h2 {background-color: transparent}
15  p.no1{background-color: rgb(250,0,255)}
16  p.no2 {background-color: gray; padding: 20px;}
17  span.highlight{
18  background-color:blue}
19  <!--background-color 后跟的颜色值为设置的背景颜色，因为本例设置了背
20  景图片，所以就没有设置背景颜色，若想设置主体的背景颜色，则直接将
21  background-image 改为 color 即可。若想在具体的某些元素中应用背景，那么直接在
22  样式表中相应元素的位置下设置 background color 或者 image 即可，这里演示了设置背景颜色
23  的方式，背景图片与其类似，不再演示。-->
24  </style></head>
25  <body>
26  <h1>这是标题 1</h1><h2>这是标题 2</h2>
27  <p class="no1">这是段落</p>
28  <p class="no2">这个段落设置了内边距。</p>
29  <p><span class="highlight">这是文本。</span> 这是文本。 这是文本。 这是文本。
30   这是文本。 这是文本。 这是文本。 这是文本。 这是文本。这是文本。这是文本。
31   这是文本。 这是文本。 这是文本。 这是文本。 这是文本。 这是文本。
32   <span class="highlight">这是文本。</span></p>
33  <p>如此编写代码是为了演示在这样设置背景图片时，图像不会随页面的其余部分滚动。</p>
34  <p>我们除了可以在 style 部分逐条设置属性之外，还可以这样设置，其与上面那样设置效果一样，</br>
35  但是不容易分辨。background:  #ff0000 url(pic/background1.png) no-repeat fixed center</p>
36  <p>现在介绍一下 CSS 背景中的属性：</p>
37  <p>background 为简写属性，其作用是将背景属性设置在一个声明中。</p>
38  <p>background-attachment 为背景图片是否固定或随页面其余部分移动，</br>
39  除了上面的 fixed 之外还有 scroll，它为默认值图像会随着页面移动。
40  inherit 规定从父元素继承本属性的设置。</p>
41  <p>background-color 设置背景颜色</p>
42  <p>background-image 设置背景图片</p>
43  <p>background-position 设置图片的起始位置</p>
44  <p>设置起始位置的值，不论用固定的几个值还是自定义的%或者像素</p>
45  <p>都为两个值，如果只规定了一个值那么第二个值默认会为 50%或者 center</p>
46  <p>top、bottom、center 会与 left、right、center 搭配。</p>
47  <p>background-repeat 设置背景图片的重复方式</p>
48  <p>其值有 no-repeat（不重复），repeat-x（水平方向重复）</p>
49  <p>repeat-y（垂直方向重复），repeat（水平方向与垂直方向都重复）默认值</p>
50  <p>inherit 为继承父元素本属性的值。</p>
51  <p>图像不会随页面的其余部分滚动。</p>
52  ……//此处省略一些同类代码，读者可以自行查阅随书源代码。
53  </body></html>
```

- 第 4～12 行为设置背景图片的各个属性的样式表，在一般开发中如果不设置重复方式，则默认重复方式为纵向与横向重复，如果不设置 background-attachment 属性，那么在一些浏览器中 position 无法工作。
- 第 13～24 行为给页面中的文本标签设置的样式表。一般情况下背景图片与背景颜色可以互相顶替。由于现在的页面越来越精美，所以图片的应用越来越多，但是背景颜色也是不可或缺的一部分，在日后的开发中读者应该根据需求来选择。
- 第 25～40 行为前面设置的样式表的相应文本标签的应用。在此部分中设置了 class 值，读者可以根据相应的 class 值来对应样式表来学习样式表的开发。CSS 部分的代码主要在上面的部分，body 中的标签应用我们在之前已经讲过。
- 第 41～53 行主要讲述了设置位置的方法。一般在 HTML 开发中涉及位置的应用时都会有用像素设置或者用百分数设置，两种方式都可以，百分数设置可以使位置更加形象以让开发者改变。

CSS 背景应用基础属性的讲解到这里已经结束，虽然案例中的讲述十分简单，但是我们可以看到页面背景的一大部分。结合本节所学用的一些技巧，我们可以开发出很多精美的页面，读者学到这些基本内容后应该勤加练习才能掌握开发精美界面的技巧。

2. CSS 文本应用

在日常浏览网页时不难发现，页面中的大部分内容是各种文本，所以文本的排版应用在HTML 开发中占有很重要的地位。比起在每段文本标签中都加入文本样式，用统一的样式表来设置这些文本会更加简便。

图 1-18 所示为 CSS 文本案例应用效果，CSS 文本属性可定义文本的外观。通过文本属性，可以改变文本的颜色、字符间距，以及对齐文本、装饰文本和对文本进行缩进等。在本案例中这些属性全部应用了，现在来看一下开发过程。

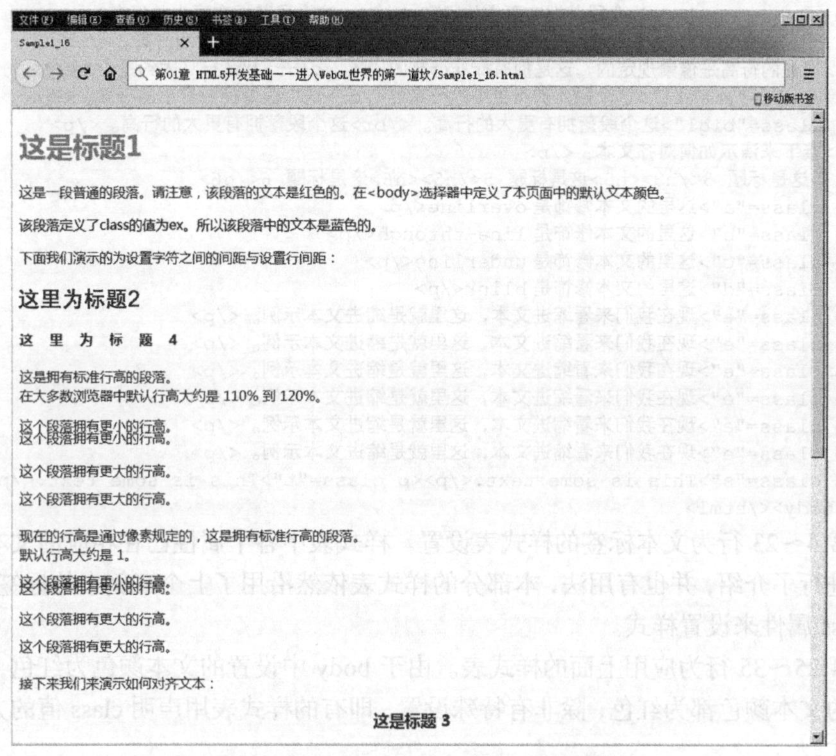

▲图 1-18　Sample1_16 全局属性应用案例效果

代码位置：随书源代码/第 1 章目录下的 HTML5/Sample1_16.html。

```
<!DOCTYPE html>
<html><head><title>Sample1_16</title>
<style type="text/css">
body {color:red}
h1 {color:#00ff00}
p.ex {color:rgb(0,0,255)}
h2 {letter-spacing: -0.5em}
h4 {letter-spacing: 20px}
p.small {line-height: 90%}
p.big {line-height: 200%}
p.small1{line-height: 0.5}
p.big1{line-height: 2}
h3 {text-align: center}
h5 {text-align: left}
h6 {text-align: right}
p.a{text-decoration: overline}
p.b{text-decoration: line-through}
p.c{text-decoration: underline}
p.d{text-decoration: blink}
p.e{text-indent: 1cm}
```

```
21  p.s{word-spacing: 90px;}
22  p.t{word-spacing: -0.5em;}
23  </style></head>
24  <body>
25  <h1>这是标题 1</h1>
26  <p>这是一段普通的段落。请注意，该段落的文本颜色是红色的。在 body
27  选择器中定义了本页面默认的文本颜色。</p>
28  <p class="ex">该段落定义 class 的值为 ex。所以该段落中的文本是蓝色的。</p>
29  <p>下面为设置字符之间的间距与行间距：</p>
30  <h2>这里为标题 2</h2><h4>这里为标题 4</h4>
31  <p>这是拥有标准行高的段落。</br>
32  在大多数浏览器中默认行高是 110%～120%。</br></p>
33  <p class="small">这个段落拥有更小的行高。</br>这个段落拥有更小的行高。</p>
34  <p class="big">这个段落拥有更大的行高。</br>这个段落拥有更大的行高。</p>
35  <p>现在的行高是像素规定的，这是拥有标准行高的段落。</br>默认行高大约是 1。</p>
36  <p class="small1">这个段落拥有更小的行高。</br>这个段落拥有更小的行高。</p>
37  <p class="big1">这个段落拥有更大的行高。</br>这个段落拥有更大的行高。</p>
38  <p>接下来演示如何对齐文本：</p>
39  <h3>这是标题 3</h3><h5>这是标题 5</h5><h6>这是标题 6</h6>
40  <p class="a">这里的文本修饰是 overline</p>
41  <p class="b">这里的文本修饰是 line-through</p>
42  <p class="c">这里的文本修饰是 underline</p>
43  <p class="d">这里的文本修饰是 blink</p>
44  <p class="e">现在我们来看缩进文本，这里就是缩进文本示例。</p>
45  <p class="e">现在我们来看缩进文本，这里就是缩进文本示例。</p>
46  <p class="e">现在我们来看缩进文本，这里就是缩进文本示例。</p>
47  <p class="e">现在我们来看缩进文本，这里就是缩进文本示例。</p>
48  <p class="e">现在我们来看缩进文本，这里就是缩进文本示例。</p>
49  <p class="e">现在我们来看缩进文本，这里就是缩进文本示例。</p>
50  <p class="s">This is some text.</p><p class="t">This is some text.</p>
51  </body></html>
```

- 第 4～23 行为文本标签的样式表设置。样式表中各个属性已在相应的文本标签内容与注释中进行了介绍，并也有用法，本部分的样式表依然沿用了上个案例中的标签设置方法，即使用 class 属性来设置样式。
- 第 25～35 行为应用上面的样式表。由于 body 中设置的文本颜色为红色，所以本案例主体中的文本颜色都为红色，除非有特殊设置，即有的样式表用声明 class 值的方法改变了自己的样式。
- 第 36～51 行为行高属性、文本修饰、缩进文本属性的应用。在案例中使用两种方式来设置行高。读者对照着段落标签声明的 class 值去学习文本修饰即可，最后我们还演示了在增加单词之间的间距时应注意为单词之间添加空格。

页面中的文本是 HTML 开发中有多种变化的一部分。由于在开发时需要每部分文本设置不同的文本样式，所以本部分介绍的属性读者应该熟练掌握，并且勤加练习。在练习的时候可以更改不同的值以达到学以致用的目的。

3. CSS 字体应用

上一节介绍了页面中文本样式表的设置方法，本节我们来细化这个问题。设置好文本样式后，我们来设置一下组成文本的字体样式，CSS 字体属性定义文本的字体系列、大小、加粗、风格（如斜体）和变形（如小型大写字母）。

图 1-19 所示为 CSS 字体案例应用效果。在平时生活中我们会经常接触 Word 文档，在文档里面会经常设置字体的大小、类型、颜色、加粗、倾斜等一系列形式。这就是我们现在所讲述的问题，即如何开发 CSS 字体，现在来看一下开发代码。

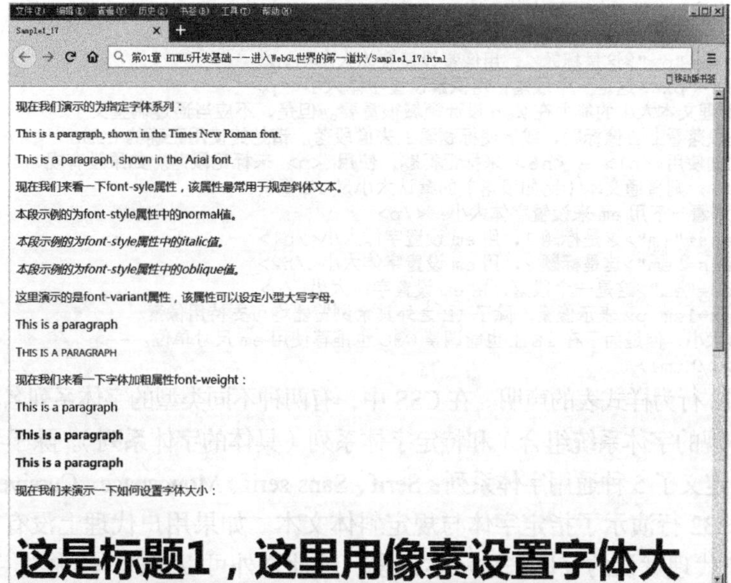

▲图 1-19 Sample1_17 全局属性应用案例效果

代码位置：随书源代码/第 1 章目录下的 HTML5/Sample1_17.html。

```
<!DOCTYPE html><html><head><title>Sample1_17</title>
<style type="text/css">
p.serif{font-family:"Times New Roman",Georgia,Serif}
p.sansserif{font-family:Arial,Verdana,Sans-serif}
p.normal {font-style:normal}
p.italic {font-style:italic}
p.oblique {font-style:oblique}
p.varnormal {font-variant: normal}
p.varsmall {font-variant: small-caps}
p.wenormal {font-weight: normal}
p.wethick {font-weight: bold}
p.wethicker {font-weight: 900}
h1.px {font-size:60px;}
h2.px {font-size:40px;}
p.px {font-size:14px;}
h1.em {font-size:3.75em;}h2.em {font-size:2.5em;}
p.em {font-size:0.875em;}</style></head>
<body>
<p>现在演示的是指定字体系列：</p>
<p class="serif">This is a paragraph, shown in the Times New Roman font.</p>
<p class="sansserif">This is a paragraph, shown in the Arial font.</p>
<!--建议在所有 font-family 规则中都提供一个通用字体系列，这样就提供了一个候选
在用户代理无法提供与规则匹配的特定字体时，就可以选择一个候选字体。需要
注意的是，只有当字体名中有一个或多个空格（比如 New York），或者字体名包括
# 或 $ 之类的符号，才需要在 font-family 声明中加引号。-->
<p>现在来看一下 font-style 属性，该属性最常用于规定斜体文本。</p>
<p class="normal">本段示例规定为 font-style 属性中的 normal 值。</p>
<p class="italic">本段示例规定为 font-style 属性中的 italic 值。</p>
<p class="oblique">本段示例规定为 font-style 属性中的 oblique 值。</p>
<!--font-style 的值为上面演示的 3 个，斜体（italic）是一种简单的字体风格，
它对每个字母结构有一些小改动以反映变化的外观。与此不同，倾斜（oblique）
文本则是正常竖直文本的一个倾斜版本。在浏览器中我们看到两者没有差别。-->
<p>这里演示的是 font-variant 属性，该属性可以设定大小写字母。</p>
<p class="varnormal">This is a paragraph</p>
<p class="varsmall">This is a paragraph</p>
<p>现在来看一下字体加粗属性 font-weight：</p>
<p class="wenormal">This is a paragraph</p>
<p class="wethick">This is a paragraph</p>
<p class="wethicker">This is a paragraph</p>
<!--100 ~ 900 为字体指定了 9 级加粗度，100 对应最细的字体变形，900 对应
最粗的字体变形。数字 400 等价于 normal，而 700 等价于 bold。-->
```

```
42  <p>现在来演示一下如何设置字体大小：</p>
43  <h1 class="px">这是标题 1，用像素设置字体大小</h1>
44  <h2 class="px">这是标题 2，用像素设置字体大小</h2>
45  <p class="px">这是一个段落，用像素设置字体大小</p>
46  <!--有管理文本大小的能力在 Web 设计领域很重要。但是，不应当通过调整文
47  本大小使段落看上去像标题，或者使标题看上去像段落。请始终使用正确的 HTML
48  标题，比如使用 <h1> - <h6> 来标记标题，使用 <p> 来标记段落。如果没有规
49  定字体大小，则普通文本（比如段落）的默认大小是 16 像素-->
50  <p>现在来看一下用 em 来设置字体大小：</p>
51  <h1 class="em">这是标题 1，用 em 设置字体大小</h1>
52  <h2 class="em">这是标题 2，用 em 设置字体大小</h2>
53  <p class="em">这是一个段落，用 em 设置字体大小</p>
54  <!--16px=1em px 表示像素。除了 IE 之外其余浏览器均可支持用像素
55  调整字体大小，但是为了在 IE 上也能调整 W3C 也推荐使用 em 尺寸单位。-->
56  </body></html>
```

- 第 2～18 行为样式表的声明。在 CSS 中，有两种不同类型的字体系列名称：通用字体系列（拥有相似外观的字体系统组合）和特定字体系列（具体的字体系列）。除了各种特定的字体系列外，CSS 还定义了 5 种通用字体系列：Serif、Sans-serif、Monospace、Cursive、Fantasy 字体。
- 第 19～32 行演示了指定字体与规定斜体文本。如果用户代理上没有安装指定字体，就只能使用用户代理默认的字体来显示本元素。除此之外可以选择一个候选字体，本案例就是这么操作的。斜体文本的区别在注释中已经介绍，这里便不在介绍了。
- 第 33～56 行为字体加粗与设置文本的字体大小。HTML 中的粗度有 9 级，分别是 100～900,100 为最细粗度，900 为最粗粗度，400 等价于 font-weight 值中的 normal，700 等价于 bold。在设置文本字体大小时 W3C 推荐使用 em 尺寸单位，因为有些浏览器不支持像素大小。

CSS 字体样式表的本质就是通过 font-family、size、stretch、style、variant、weight 这些属性来设置字体的系列、尺寸、拉伸、字体风格、小型大写字体或者正常字体以显示文本、字体粗细。通过设置一系列的字体属性达到与文本样式表的匹配进而实现精美界面。

4. CSS 链接与表格应用

本节为 CSS 部分的最后一节，将要讲述 CSS 链接与表格的属性应用。由于篇幅限制这里省略了列表属性的应用，尽管不是描述性文本中的任何内容都可以认为是列表，但是 CSS 中列表样式不太丰富而且应用比较简单，所以便没有介绍它。

图 1-20 所示为 CSS 链接和表格案例应用效果。介绍链接属性之前我们来介绍一下链接的 4 种状态：link、visited、hover、active，它们分别代表未访问的链接、用户已经访问、鼠标直接位于链接上方、链接被单击的时刻，现在来看一下开发过程。

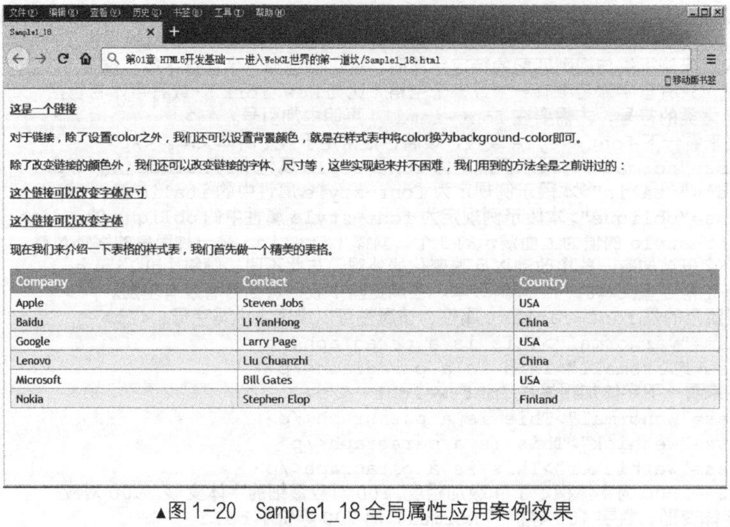

▲图 1-20　Sample1_18 全局属性应用案例效果

代码位置：随书源代码/第 1 章目录下的 HTML5/Sample1_18.html。

```
1   <!DOCTYPE html>
2   <html><head><title>Sample1_18</title>
3   <style type="text/css">
4   a:link {color:#FF0000;}<!--未被访问的链接-->
5   a:visited {color:#00FF00;}<!--已被访问的链接-->
6   a:hover {color:#FF00FF;}<!--鼠标移动到链接上-->
7   a:active {color:#0000FF;}<!--正在被单击的链接-->
8   a.one:link {color:#ff0000;}
9   a.one:visited {color:#0000ff;}
10  a.one:hover {font-size:150%;}
11  a.two:link {color:#ff0000;}
12  a.two:visited {color:#0000ff;}
13  a.two:hover {font-family:'微软雅黑';}
14  #customers{
15    font-family:"Trebuchet MS", Arial, Helvetica, sans-serif;
16    width:100%;border-collapse:collapse;}
17  #customers td, #customers th{
18    font-size:1em;border:1px solid #98bf21;
19    padding:3px 7px 2px 7px;}
20  #customers th {
21    font-size:1.1em;text-align:left;padding-top:5px;
22    padding-bottom:4px;background-color:#A7C942;color:#ffffff;}
23  #customers tr.alt td {
24    color:#000000;background-color:#EAF2D3;}
25  </style></head>
26  <body>
27  <p><b><a href="Sample1_1.html" target="_blank">
28  这是一个链接</a></b></p>
29  <!--为了使定义生效，a:hover 必须位于 a:link 和 a:visited 之后，
30  a:active 必须位于 a:hover 之后-->
31  <p>链接除了设置 color 之外还可以设置背景颜色，
32  就是在样式表中将 color 换为 background-color。</p>
33  <p>除了基本改变链接的颜色外，还可以改变链接字体、尺寸等，
34  这些实现起来并不困难，用到的方法全是之前讲述过的：</p>
35  <p><b><a class="one" href="Sample1_1.html" target="_blank">
36  这个链接可以改变字体尺寸</a></b></p>
37  <p><b><a class="two" href="Sample1_1.html" target="_blank">
38  这个链接可以改变字体</a></b></p>
39  <p>现在介绍一下表格的样式表，首先制作一个精美的表格。</p>
40  <table id="customers"><tr>
41  <th>Company</th><th>Contact</th><th>Country</th></tr>
42  <tr><td>Apple</td><td>Steven Jobs</td><td>USA</td></tr>
43  <tr class="alt"><td>Baidu</td><td>Li YanHong</td><td>China</td></tr>
44  <tr><td>Google</td><td>Larry Page</td><td>USA</td></tr>
45  <tr class="alt"><td>Lenovo</td><td>Liu Chuanzhi</td><td>China</td></tr>
46  <tr><td>Microsoft</td><td>Bill Gates</td><td>USA</td></tr>
47  <tr class="alt"><td>Nokia</td><td>Stephen Elop</td><td>Finland</td></tr></table>
48  </body></html>
```

- 第 4～24 行声明了样式表。需要注意的是，在设置连接部分时为了使定义生效，a:hover 必须位于 a:link 和 a:visited 之后，a:active 必须位于 a:hover 之后。读者需要自己体验一下 4 种链接方式的区别。

- 第 27～38 行为设置链接标签属性示例。我们在将鼠标移动到链接部分时会发现链接的字体大小、粗细、字体、颜色都会有不同程度的变化，这就是不同链接属性起到的作用。读者对应内容提示可以自行实验一下。

- 第 39～48 行制作了一个表格。通过声明表格的样式表我们在主体部分只构建了一个表格，但计算机通过样式表绘制出来的表格是一个全新的表格。这个表格的样式表属性用法比较全面而且会经常使用，所以在此介绍了。

在案例中只开发了一个表格，没有应用全部的表格属性，剩余的部分在之前讲述表格标签时已介绍过，但是应用到 CSS 时会有点差别。若有读者想了解这方面的知识，那么可以上网查询 CSS 表格应用属性，里面会有比较详细的介绍。

到此为止已将 CSS 介绍完毕，短短十几页的内容肯定不能将 CSS 的全部内容介绍完毕，但是已尽力将最常用与精髓部分进行介绍了。读者在应用时应该自己多查阅一些资料，勤加练习，多改一些内容，这样会学得更加充实。

1.5 初识 JavaScript

JavaScript 是面向 Web 的编程语言。绝大多数现代网站都是用了 JavaScript，并且所有的现代 Web 浏览器——基于桌面系统、游戏机、平板电脑和智能手机的浏览器——均包含了 JavaScript 解释器。这使得 JavaScript 可称为史上使用广泛的编程语言。

“JavaScript”这个名字经常被误解。除了语法看起来和 Java 类似之外，JavaScript 与 Java 是完全不同的两种编程语言。JavaScript 早已超出了“脚本语言”本身的范畴，而成为一种集健壮性、高效性和通用性为一身的编程语言。

1.5.1 JavaScript 的名字和版本

JavaScript 是由 Web 发展初期的网景（Netscape）公司创建的，“JavaScript”是 Sun Microsystem 公司（Oracle）的注册商标，用来特指网景（Mozilla）对这门语言的实现。网景将这门语言作为标准提交给了 ECMA（欧洲计算机制造协会），由于商标上的冲突，所以这门语言的标准版本改为“ECMAScript”。

当提到这门语言时，通常所指的语言版本是 ECMAScript 3 和 ECMAScript 5，有时会看到 JavaScript 的版本号，这些是 Mozilla 的版本号：版本 1.5 基本上就是 ECMAScript 3，JavaScript 解释器也有版本号，现在为 3.0。

1.5.2 准备使用 JavaScript

本节中关注的是 Web 编程需要核心 JavaScript 特性。这里不会将全部的 JavaScript 内容讲述清楚，因为若是想完成这些工作本书的厚度是不够的。如果读者想要深入学习这方面的知识，则可以在网上选购几本这方面的书来提升自己的能力。

在 HTML 文档中定义脚本时有几种方法可供选择，既可以定义内嵌脚本（即脚本是 HTML 文档的一部分，用<script>标签可实现），也可以定义外部脚本（脚本包含在另一个文件中，通过一个 URL 引用）。这两种方法都用到了 script 元素。

```
<!DOCTYPE HTML>
<html><head><title>Example</title></head>
<body><script type="text/javascript">
document.writeln("Hello");</script>                    //输出语句
</body></html>
```

本段脚本的作用是在文档中加入单词 Hello。script 元素位于文档中其他内容之后，这样在脚本执行之前浏览器就已经对其他元素进行了解析，读者可以自行将本段代码输入到 html 文件中，并在网页中运行以查看效果。

上述代码为一个简单的 JavaScript 案例应用，并且定义 HTML 文档为内嵌脚本。在 WebGL 的开发中，除了在一些 html 文件中定义了 stat 方法外，剩下的脚本使用的都是通过 URL 来调用外部脚本。但是在本节介绍 JavaScript 基础时，我们会用内嵌脚本方式示例。

1.5.3 使用语句

JavaScript 的基本元素是语句，一条语句代表一条命令，通常以分号结尾。实际上分号也可以不用，不过加上分号可让代码更易阅读，并且可以在一行书写几条语句。下面我们来看一下使用输出语句与定义一些函数的案例。

代码位置：随书源代码/第 1 章目录下的 HTML5/Sample1_19.html。

```
<!DOCTYPE html>
<html><head><title>Sample1_19</title>
</head><body>
<style type="text/javascript">
    document.writeln("输出一句话。");                    //输出语句
    document.writeln("输出另一句话。");
    function myFun(){                                    //定义一个函数，用于输出一句话
        document.writeln("调用方法输出一句话。);};
    myFun();                                             //调用定义的函数
    function mayFun1(name,weather){                      //定义一个带参数的函数
        document.writeln("Hello"+name+".");
        document.writeln("It is"+weather+"today.");};
    myFun1("Tom","Sunny");                               //调用带参数的函数
    function myFun2(name){                               //定义一个带返回结果的函数
        return("Hello"+name+".");}
    document.writeln(myFun2("Tom"));
</script></body></html>
```

说明 上面代码内嵌在脚本中演示了语句如何使用。JavaScript 的基本元素是语句。有时候可以将几条语句包含在一个函数中，浏览器只有遇到调用该函数的语句时才会执行它。函数所含语句被包围在一对大括号之间，成为代码块。

前面讲述的 HTML 事件，一般情况下大家在日后的开发中会结合某些事件来调用 JavaScript 函数。另外需要注意的是，在调用有参函数时，参数个数可以比定义的少，此时缺少的参数值便会默认为 undefined。如果多出参数，那么多出的会被忽略。

熟悉 Java 开发的读者知道，在 Java 开发中大家可以开发函数名相同但是参数个数不同的函数，这在 JavaScript 中是万万不可的。如果有两个相同名字的函数但参数个数不同，那么第二个定义将会取代第一个。

1.5.4 使用变量和类型

使用关键字 var 定义变量，在定义同时还可以像在一条单独语句中那样为其赋值。定义在函数中的变量为局部变量，只能在该函数范围内使用。直接在 script 元素中定义的变量称为全局变量，可以在任何地方使用（包括在其他脚本中）。

代码位置：随书源代码/第 1 章目录下的 HTML5/Sample1_20.html。

```
<!DOCTYPE html>
<html><head><title>Sample1_20</title>
</head><body>
<script type="text/javascript">
    var myglobalvar="apple";                  //定义全局变量
    function myFun(){                         //声明一个方法
        var mylocalvar="sunny";               //定义局部变量
return("Hello"+name+".Today is"+mylocalvar+".");};
    document.writeln(myFun("Tom"));
    document.writeln("I like"+myglobalvar+".");
    var string1="This is a string.";          //使用 JavaScript 的基本类型——字符串变量
    var string2="This is a string.";
    var bool1=true;                           //使用 JavaScript 的基本类型——布尔变量
```

```
14      var bool2=false;
15      var daysinweek=7;                      //使用 JavaScript 的基本类型——数值变量
16      var pi=3.14;                           //JavaScript 中的整数、浮点数都用 var 来声明
17      var hexValue=0xFFFF;                   //十六进制制数
18      var mydata=new Object();               //创建对象
19      mydata.name="Tom";                     //为对象属性赋值
20      mydata.weather="sunny";
21      document.writeln("Hello"+mydata.name+".");
22      document.writeln("Today is "+ mydata.weather+".");
23      var mydata1={                          //使用对象字面变量
24          name:"Tom",                        //为对象属性赋值
25          weather:"Sunny"};
26      document.writeln("Hello"+mydata1.name+".");          //使用对象属性
27      document.writeln("Today is"+mydata1.weather+".");
28      var mydata2={                          //为对象添加方法
29          name:"Tom",                        //为对象属性赋值
30          weather:"Sunny",
31          printMessages: function(){         //给对象属性声明一个方法
32              document.writeln("Hello"+mydata2.name+".");
33              document.writeln("Today is "+ mydata2.weather+".");}};
34      mydata2.printMessages();               //读取和修改对象属性值
35      var mydata3={
36          name:"Tom";                        //为对象属性赋值
37          weather:"Sunny";};
38      mydata3.name="Jerry";                  //修改对象属性值
39      mydata3["weather"]="raining";
40      document.writeln("Hello"+mydata3.name+".");          //读取对象属性值
41      document.writeln("Today is "+ mydata3.weather+".");
42  </script></body></html>
```

□ 第 5～10 行为使用局部变量与全局变量。JavaScript 是一种弱类型语言，但这不代表它没有类型，而是指它不用明确声明变量的类型即可随心所欲地用同一变量表示不同类型的值。

□ 第 11～17 行为声明各种基本类型。字符串可以用夹在一对双括号或单引号之间的一串字符来表示。布尔类型有两个值：true 和 false。整数和浮点数都用 number 类型来表示，定义数值变量时不必声明所用的是哪种数值，只需写清楚值即可。

□ 第 18～41 行创建对象的一些代码。JavaScript 支持对象概念，有多种方法可以创建对象，可以用对象字面量的方式定义一个对象及其属性，也可以在声明完对象后添加属性。在创建好对象后，还可以修改对象的属性值。

使用对象的时候还可以枚举对象属性，可以用 for…in 语句枚举对象属性。for…in 循环代码块中的语句会对对象的每一个属性执行一次。在每一次迭代过程中，所需要处理的属性名会被赋值给变量。大家看看下面这个简短的例子。

```
<!DOCTYPE HTML>
<html><head><title>Example</title></head>
<body><script type="text/javascript">
    var mydata={                                          //声明一个对象
        name:"Tom",                                       //为对象的属性赋值
        weather:"Sunny",
        printMessages:function(){                         //为对象添加方法
        document.writeln("Hello"+mydata.name+".");        //读取对象的属性值
        document.writeln("Today is "+ mydata.weather+".");}};
    for(var prop in mydata){                              //枚举对象的属性值
        document.writeln("Name" + prop + "Value:" + mydata[prop]);}
</script></body></html>
```

图 1-21 所示为这段代码的运行效果，从中可以看到，作为方法定义的函数也被枚举出来了。JavaScript 在处理函数方面非常灵活，方法本身也被视为对象的属性，这就是其结果。除了枚举对象属性，还有增删属性等。

```
NamenameValue:Tom NameweatherValue:Sunny NameprintMessagesValue:function (){ document.writeln("Hello"+mydata.name+"."); document.writeln("Today is "+ mydata.weather+".");}
```

▲图 1-21 案例运行效果

在日后的开发中会经常用到对象，不论是内嵌在 JavaScript 脚本中创建的对象，还是外部定义的要通过 URL 引用 JavaScript 的脚本，大家可以通过创建对象引用来实现相应功能，这些在后面的开发中要多留心观察。

1.5.5 JavaScript 运算符

有编程经验的读者都明白，不论是什么语言都会经常用到运算符，JavaScript 当然也不会例外。幸运的是，JavaScript 的运算符与一般编程语言中的运算符没有多大的差别，所以这里简单介绍一下，表 1-13 所示为 JavaScript 运算符及其描述。

表 1-13　　JavaScript 运算符

运算符	描述	运算符	描述
+	加法运算符	−	减法运算符
*	乘法运算符	/	除法运算符
%	求模，保留整数	++	累加运算
—	递减	=	赋值运算
+=	x+=y 等价于 x=x+y	−=	x−=y 等价于 x=x−y
*=	x*=y 等价于 x=x*y	/=	x/=y 等价于 x=x/y
%=	x%=y 等价于 x=x%y		

通过浏览表 1-13 大家不难发现这些运算符在入门学习任何一门编程语言时都会有详尽的介绍，所以这里便不再赘述了。表中描述的 x、y 假设均为已经声明好的变量旨在帮助读者理解运算符。

1.5.6 使用数组

JavaScript 数组的工作方式与大多数编程语言中的数组类似，一般在枚举数组时都会使用{}，但在 JavaScript 中声明数组使用[]而不是用花括号。下面来看一下如何用 JavaScript 创建数组，以及使用数组对象。

代码位置：随书源代码/第 1 章目录下的 HTML5/Sample1_21.html。

```
<!DOCTYPE HTML>
<html><head><title>Sample1_21</title></head>
<body><script type="text/javascript">
    var myarray=new Array();                          //创建与填充数组
    myarray[0]=100;                                   //为数组赋值
    myarray[1]="Tom";
    myarray[2]=true;
    var myarray1=[100,"Tom",true];                    //使用数组字面量创建数组
    var myarray2=[100,"Tom",true];                    //读取指定索引位置的数组元素值
    document.writeln("Index 0" + myarray2[0]);
    var myarray3=[100,"Tom",true];                    //修改数组内容
    myarray3[0]="Tuesday";
    document.writeln("Index 0" + myarray3[0]);
    var myarray4=[100,"Tom",true];                    //枚举数组内容
    for(var i=0;i<myarray4.length;i++){               //myarray4.length 为数组的长度
        document.writeln("Index 0" + myarray4[0]);}
</script></body></html>
```

- 第 4～7 行为调用 new Array()创建一个新的数组。这是一个空数组，它被赋给变量 myarray，后面的语句是给数组中的几个索引位置赋值。
- 第 8～16 行为数组的基本应用，包括通过数组字面量创建数组，读取指定索引位置的数组元素值，通过索引值来改变数组内容，遍历数组元素内容。我们在学习基础的编程语言时都已经学到这些基本的操作，这里的用法与之相差不大。

此例需要注意两点，第一点是在创建数组的时候不需要声明数组中的元素个数，JavaScript 数组会自动调整大小以便容纳所有元素。第二点是不必声明数组所含数据的类型，JavaScript 数组可以包含各种类型的数据。

有编程经验的读者知道除了上面所讲的数组基础用法外还应知道一些数组方法，下面我们便来看一下表 1-14 所列出的常用数组方法。由于篇幅有限所以这些方法的应用不再过多介绍了，读者可以对照着说明自行试验。

表 1-14　　常用数组方法

方　法	说　明	返　回
concat（<otherArray>）	将数组和参数所指的数组内容合并为一个新数组。可指定多个数组	数组
join（<separator>）	将所有数组元素连接为一个字符串，各元素内容用参数指定的字符进行分隔	字符串
pop()	把数组当作栈来使用，删除并返回数组的最后一个元素	对象
push（<item>）	把数组当作栈来使用，将指定的数据添加到数组中	void
reverse()	就地反转数组元素的次序	数组
shift()	类似 pop，但操作的是数组中的第一个元素	对象
slice（<start>,<end>）	返回一个子数组	数组
sort()	就地对数组元素进行排序	数组
unshift（<item>）	类似 push，但新元素被插到数组的开头位置	void

讲完数组后，JavaScript 的基础内容基本结束了，JavaScript 与 Java 类似也有处理错误。这里的处理错误也是用 try…catch 语句来实现，如果有错误发生，那么 try 子句中语句的执行将立即被停止，控制权转移到 catch 子句中。发生的错误由一个 Error 对象描述，它会传递给 catch 子句。

1.5.7　创建自己的 JavaScript 对象

在 JavaScript 中，不但可以使用系统提供的对象，还可以创建自己的对象，相当于把 Java 中类的声明和对象的创建合二为一了。由于创建对象时对象不止只有一个属性，所以属性与属性之间用逗号分隔，其余的声明规则与 Java 类似。其简略语法如下

```
<引用名>={<属性名>:<属性值>,{<属性名>:<属性值>……}}
```

在 JavaScript 中，对象实际上可以看作数组，因此对象的成员不仅可以用“<引用>.<属性>”的方式来访问，还可以用“<引用>[<属性>]”像数组一样来使用。如果希望对象可以重用，也可以像 Java 那样先声明类再 new 对象，其语法如下：

```
function<类名>([构造函数参数列表]) {
this.<属性名 1>=<构造函数参数>;
……
this.<属性名 n>=<构造函数参数>;
}
```

实际上类的声明就是一个函数的声明，只是在函数中多了“this.<属性名>”，这既是属性的声明同时又进行了初始化。大家都知道一个类不但可以有属性，还可以有方法，给类添加

方法的语法如下：

```
function<类名>([构造函数参数列表]){
this.<方法名 1>=<函数名 1>;//函数可以是在任意地方声明的函数
……
this.<方法名 n>=<函数名 n>;
}
```

实际上方法的声明就是把已经写好的函数分配给一个属性。前面说过由于对象可以看作一个数组，所以可以对对象的属性进行遍历。在 JavaScript 中，可以方便地利用下面形式的 for 语句对指定对象的所有属性进行遍历：

```
for(var<变量>in<对象引用>){
//语句序列
}
```

对象操作的基本方法就这么多，用操作符“new”创建对象，释放（删除）对象时使用“delete”操作符。由于 JavaScript 是弱类型语言，所以在下一节中会看到无论声明什么类型的变量都会为 var 字符。有时判断变量的类型，这就要使用“typeof”操作符，如表 1-15 所示。

表 1-15　　typeof 操作符的应用

(typeof "aa")=="string"	(typeof 20)=="number"	(typeof ma)=="object"
(typeof nothing)=="undefined"	(typeof true)=="boolean"	

“typeof”操作返回的是一个字符串。从表 1-15 可以看到 typeof 返回了一个 undefined。在 JavaScript 中不但 true/false 布尔类变量可以参与逻辑计算，undefined 和 null 都可以当作逻辑 false 来使用。JavaScript 支持原型，使用原型可以向已有对象类型注射新的方法、属性。

代码位置：随书源代码/第 1 章目录下的 HTML5/Sample1_22.html。

```
<!DOCTYPE html>
<html><head><title>Sample1_22</title>
</head><body>
<script type="text/javascript">
    tom={name:"Tom",age:21};                          //创建自己的对象
    document.write("Name:"+tom.name+"<br>");          //读取对象的属性值
    document.write("Age:"+tom.age+"<br>");
    //对象可以看作数组，用数组形式访问对象，下面的例子便演示了如何用数组形式访问对象
    tom={name:"Tom",age:21};
    document.write("Name:"+tom["name"]+"<br>");       //用数组形式访问对象
    document.write("Age:"+tom["age"]+"<br>");
        //对象的重用，可以像 Java 那样先声明类再 new 对象
        function Student(sno,sname,sage,sclass){      //声明 student 类
        this.sno=sno;                                 //为 student 类添加属性
        this.sname=sname;                             //为属性添加属性值
        this.sage=sage;
        this.sclass=sclass;}
        tom=new Student("10001","Tom",21,"97002");    //创建 Student 对象
        document.write(tom.sname+"<br>");
        //给类添加方法，即为类中的属性添加方法
        function Student1(sno,sname,sage,sclass){     //声明 student1
         this.sno=sno;                  //将 student 类声明中传入的参数赋值给属性
         this.sname=sname;              //为 sname 属性赋值
         this.sage=sage;                //为 sage 属性赋值
         this.sclass=sclass;            //为 sclass 属性赋值
         this.toString=toString;}       //把 toString 方法挂接到 Student
    function toString(){                //声明 toString 方法
        var result="";                  //声明一个空白字符串
        result+="学号: "+this.sno+"<br>";                 //为字符串添加学号内容
        result+="姓名: "+this.sname+"<br>";               //为字符串添加姓名内容
        result+="年龄: "+this.sage+"<br>";                //为字符串添加年龄内容
```

```
32            result+="班级: "+this.sclass+"<br>";          //为字符串添加班级内容中
33            return result;}                                //将最终所得字符串返回
34            tom=new Student1("10001","Tom",21,"97002"); //创建 Student1 对象
35            document.write(tom.toString());
36        tom={name:"Tom",age:21,no:10001};                  //对对象的属性进行遍历
37            for(var i in tom){                             //对象属性用循环进行遍历
38                   document.write(i+":"+tom[i]+"<br>");}
39        function toWyfString(){    //用原型给已有对象注射新方法、新属性
40                 var ss=this.wyfTime+this.toGMTString();  //得到系统时间
41                 return ss;}                               //将字符串返回
42            function toGMTString(){
43                 return "HaHa!!!";
44            }                              //使用原型可以向已有的对象类型注射新方法、属性
45                                           //对对象的功能进行扩展，同时也能覆盖原有的方法
46        Date.prototype.wyfTime="WYF: ";                   //拓展对象属性
47        Date.prototype.toWyfString = toWyfString;         //覆盖原有的方法
48        d=new Date();
49        document.write(d.toWyfString()+"<br>");
50        document.write(d.toGMTString()+"<br>");
51        Date.prototype.toGMTString = toGMTString;         //覆盖原有的方法
52        document.write(d.toGMTString()+"<br>");
53    </script></body></html>
```

- 第 5～19 行为创建自己的对象与对象的重用。这一部分的内容与 Java 没有太大的差异。在创建自己的对象时，相当于将类的声明和对象的创建合二为一了，对象的声明实际上就是函数的声明，只不过在函数体中多了 this.<属性名>。
- 第 20～38 行为类添加方法与对对象属性进行遍历。实际上添加方法就是把已经写好的函数分配给一个属性。用 var 变量 in 对象引用的方式对对象属性进行遍历。本例是将每个属性输出了一遍。
- 第 39～53 行为使用原型给已有对象注射新方法、新属性。示例中对对象的属性进行了拓展，之后用自己写的方法通过原型覆盖了已有类中的原有方法，之后通过前后对比向读者展示了如何用原型拓展对象功能。

上面代码为本节中所讲述内容的应用。前面已经讲述了创建对象与数组，本节讲述的是如何开发自己的类，以及声明自己的对象和对象的一些用法。这些内容与 Java 有些类似，有 Java 开发经验的读者肯定不会陌生。

1.5.8　常用的 JavaScript 工具

有很多工具可简化 JavaScript 的编程工作，我们在调试程序时必不可少的一个环节便是调错。由于开发 JavaScript 不像开发其他语言有强大的编译环境，所以调错时不是很方便。幸运的是，现在的浏览器都会有内置的调试器，图 1-22 所示为 Firefox 浏览器的 firebug 插件。

用其他浏览器中的调试器也是可以的，作者在开发时习惯使用 Google 浏览器的内置调试器，遇到的一般情况都可以解决。但是有时有一些特别错误解决不了，这时 firebug 的强大能力便体现出来了，它可以设置断点、探查错误和逐句执行脚本。

使用 JavaScript 最简便的方式是使用某种 JavaScript 工具包或库。这种工具包多如牛毛，其中非常流行的且开发非常活跃并具有许多有用特性的是 jQuery，它与配套程序库 jQueryUI 非常流行。有了它，JavaScript 开发工作要变得轻松许多。

到此为止便将 JavaScript 部分的基础内容介绍完毕了。还是用之前说过的一句话，本部分内容不可能是这么几页就能够解决的，WebGL 的开发没有这些基础又不行，所以其目的就是简要介绍一下。

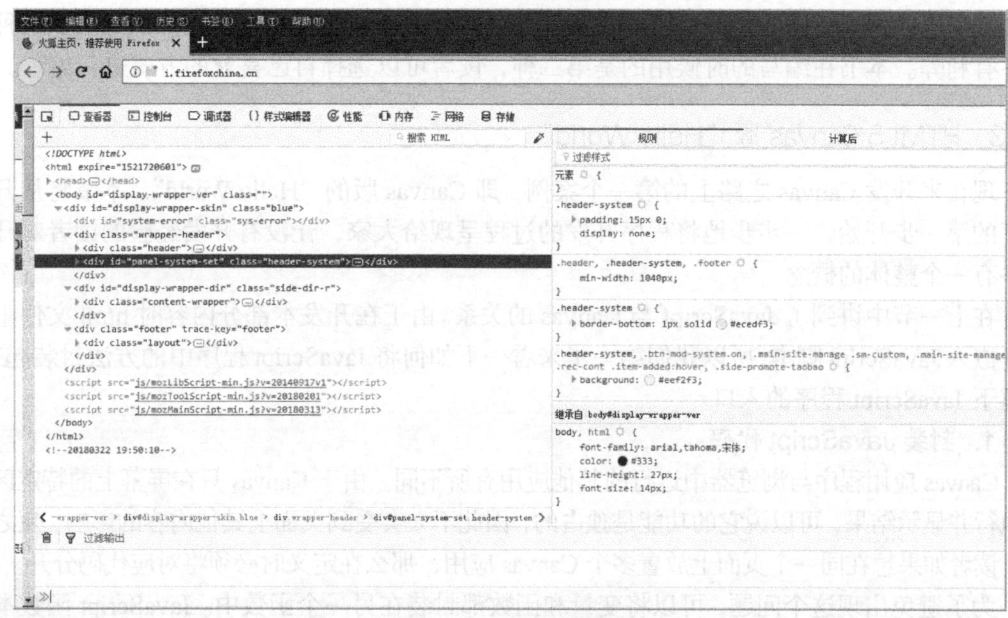

▲图 1-22 firebug 插件调试

1.6 HTML5 Canvas 简介

HTML5 Canvas 是屏幕上由 JavaScript 控制的即时模式位图区域。即时模式是指在画布上呈现像素的方式，HTML Canvas 通过 JavaScript 调用 Canvas API，在每一帧中完全重绘屏幕上的位图。开人员需要做的就是在每一帧渲染之前设置屏幕的内容显示。

1.6.1 文档对象模型和 Canvas

文档对象模型（DOM）代表了 HTML 页面上的所有对象，它是语言中立且平台中立的。它允许页面的内容和样式被 Web 浏览器渲染之后再次更新。用户可以通过 JavaScript 访问 DOM。现在 DOM 已经成为 JavaScript、DHTML 和 CSS 开发中最重要的一部分。

画布元素本身可以通过 DOM 在 Web 浏览器中经由 Canvas 2D 环境访问。但是，在 Canvas 中创建的单个图形元素是不能通过 DOM 来访问的。正如本章前面讲到的，画布工作在即时模式，它并不保存自己的对象，只是说明在单个帧里绘制什么。

- 在使用 Canvas 之前大家需要了解两个 DOM 对象，其中一个对象为 document，它包含所有在 HTML 页面的 HTML 标签上。
- 另一个对象 window 是 DOM 的最高一级，需要检测这个对象来确保在开始使用 Canvas 应用程序之前，已经加载了所有的资源和代码。

1.6.2 JavaScript 与 Canvas

用 JavaScript 来创建 Canvas 应用程序，程序能在现有的任何 Web 浏览器中运行。在使用 JavaScript 为 Canvas 编程时会有一个问题，在创建的页面中哪里为 JavaScript 程序的起点？有两种方式，一种为放在<head>标签中，另一种为放在<body>标签中。

- 将起点放在<head>元素中意味着整个 HTML 页面要加载完 JavaScript 才能配合 HTML 运行，在运行该程序前就必须检查 HTML 页面是否已经加载完毕。
- 另一种将起点放在<body>元素内的好处是，它可确保 JavaScript 运行时整个页面已经加载完毕。由于在运行 Canvas 程序前需要使用 JavaScript 测试页面是否加载，所以两种方法各有利弊。本书在编写的时候用的是第二种，读者可以选择自己喜欢的方式进行编程。

1.6.3 HTML5 Canvas 版“Hello World”

现在来开发 Canvas 之路上的第一个案例，即 Canvas 版的“Hello World”。本节将从开发程序的第一步开始，一步步地将程序开发的过程呈现给大家，让没有开发经验的读者对开发程序有一个整体的概念。

在上一节中讲到了 JavaScript 与 Canvas 的关系。由于在开发本部分内容时 html 文件中难免会嵌入 JavaScript 脚本，所以我们第一步来看一下如何将 JavaScript 程序中的方法封装起来，并留下 JavaScript 程序的入口。

1. 封装 JavaScript 代码

Canvas 应用程序与浏览器中运行的其他应用有所不同。由于 Canvas 只在屏幕上的特定区域内执行并显示结果，可以说它的功能是独占的，因此不太会受到页面上其他内容的影响，反之亦然。读者如果想在同一个页面上放置多个 Canvas 应用，那么在定义时必须将对应代码分开。

为了避免出现这个问题，可以将变量和函数都封装在另一个函数中。JavaScript 函数本身就是对象，JavaScript 对象既可以有属性也可以有方法。将一个函数放到另一个函数中，读者可以使第二个函数只在第一个函数的局部作用域中。

```
function eventWindowLoaded(){canvasApp();}    //JavaScript 程序在 Canvas 中的入口函数
function canvasApp(){                         //入口函数需要调用的函数
    drawScreen();                             //绘制场景函数
    ......
    function drawScreen(){......              //绘制函数，本程序中的重点
}}
```

上述代码讲解了如何将 JavaScript 代码封装起来，封装好的方法只留下 eventWindowLoaded() 方法。在下一节中还将绘制不同图形的方法并放到外部文件中，在<head>标签部分加载这些文件，待到需要绘制时直接调用相应的方法即可。

2. 将 Canvas 添加到 HTML 页面中

在 HTML 的<body>标签中添加一个<Canvas>标签时，可以参考下述代码。<canvas>标签有 3 个主要属性。大家都知道在 HTML 中，属性被设置在相应的标签中，id、width、height 这 3 个属性分别代表 JavaScript 代码中用来指示特定<canvas>标签的名字、画布的宽度与高度。

```
<canvas id="canvasOne" width="500" height="300">
若看到这个文字，则说明浏览器不支持 WebGL!</canvas>
```

在开始标签和结束标签中可以添加文本，一旦浏览器在执行 HTML 页面时不支持 Canvas，就会显示这些文字。以本章的 Canvas 应用程序为例，这里使用的是“若看到这个文字，则说明浏览器不支持 WebGL”。事实上此处可以随意放置文字。

接下来用 DOM 引用 HTML 中定义的<canvas>标签。document 对象加载后可以引用 HTML 页面的任何元素。需要一个 Canvas 对象的引用，这样就能够知道当 JavaScript 调用 Canvas API 时其结果在哪里显示了。

```
var  theCanvas=document.getElementById("canvasOne");
```

首先定义一个名为 theCanvas 的新变量，以保存 Canvas 对象的引用。接下来，通过调用 document 的 getElementById()函数得到 canvasOne 的引用。canvasOne 是在 HTML 页面中为创建的<canvas>标签定义的名字。

3. 检测浏览器是否支持 Canvas

现在已经得到了在 HTML 页面上定义的 Canvas 元素的引用，下面检测它是否包含环境。

Canvas 环境是指支持由 Canvas 的浏览器定义的绘图界面。简单地说，如果环境不存在，那么画布也不会存在。有多种方式可以对此进行验证。

这里使用的是 modernizr.js 库中的 Modernizr，它是一个易用并且轻量级的库，可以检测各种 Web 技术的支持情况。Modernizr 创建一组静态的布尔值，可以检测是否支持 Canvas。在程序中已经包含 modernizr.js，读者不用再自行下载了。

```
1    <script src="modernizr.js"></script>
2    function canvasSupport(){
3        return Modernizr.canvas;}
```

上面代码第 1 行为将外部.js 文件导入到 HTML 文件中，下面的代码是为了检测是否支持 Canvas，而将 canvasSupport()函数进行修改。这里将要使用 modernizr.js 方法，因此它提供了测试 Web 浏览器是否支持 Canvas 的最佳途径。

4.获得 2D 环境

```
var context =theCanvas.getContext("2d");
```

最后需要得到 2D 环境的引用才能操作它。HTML5 Canvas 被设计为可以与多个环境工作，包含一个建议的 3D 环境。不过这里只用到了 2D 环境。通过 getContex()方法取得 context，然后在之后的绘制函数中大家便可以用 context 来设置各个属性了。

5. 绘制函数

现在可以创建实际的 Canvas API 代码了。在 Canvas 上运行的各种操作都要通过 context 对象，因为它引用了 HTML 页面上的对象。大家在案例中所看见的“屏幕”就是定义画布的绘图区域。首先应清空绘图区域。

```
context.fillStyle="#ffffaa";
context.fillRect(0,0,500,300);
```

上面的两行代码在屏幕上绘制出一个与画布大小相同的黄色方块。fillStyle()设置颜色，fillRect()创建一个矩形，并把它放到了屏幕上。在清空完绘图区域后，看一下绘制函数 drawScreen()是如何开发的。

```
1  function drawScreen(){
2              context.fillStyle="#ffffaa";                    //背景
3              context.fillRect(0,0,500,300);                  //创建一个矩形
4              context.fillStyle="#000000";                    //文字
5              context.font="20px Sans-Serif";                 //设置字体的大小和字号
6              context.textBaseline="top";                     //设置字体的垂直对齐方式
7              context.fillText("Hello World!",195,80);        //将测试文本显示到屏幕上
8              var helloWorldImage=new Image();                //添加 2D 图像
9              helloWorldImage.onload=function(){
10                 context.drawImage(helloWorldImage,155,110);}
11             helloWorldImage.src="pic/helloworld.png";
12             context.strokeStyle="#000000";                  //设置边框
13             context.strokeRect(5,5,490,290);
14             }
```

- 第 2～7 行设置了背景颜色与形状，之后声明了文字的颜色、大小和字号并设置了字体的垂直对齐方式，最后将测试文本显示到屏幕上。
- 第 8～13 行为添加图形。为了将图像显示到画布上，需要创建一个 Image()对象实例，并且将 Image.src 属性设为将要加载的图像名字。在显示图像之前，需要等待图像加载完毕。设置 Image 对象的 onload 函数可以为 Imageload 创建一个回调函数。

由于上面几节已将本例中的重点代码介绍了，所以就不再将全部代码在这里重写一遍了，读者可以查阅随书资源中的 Sample1_23 案例进行学习。下面来看一下第一个 Canvas 程序的运行效果，如图 1-23 所示。

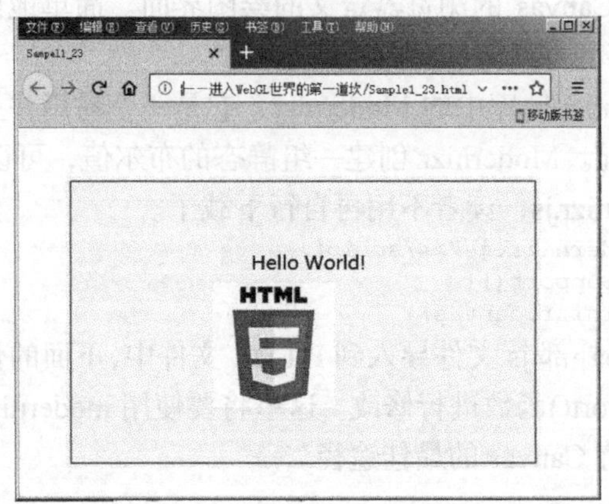

▲图 1-23 案例 Sample1_23 效果

读者在第一次开发时肯定会遇到一些问题，还会有调试程序的步骤。但是这里不会将可能的错误全部罗列出，读者在开发中遇到问题时可以用前面提到的浏览器自带调试器或者 firebug 进行调试。

学完 Canvas 版 “Hello World” 的开发过程后，大家来进一步深入学习一下 Canvas 提供的一些绘制基本图形的 API。看完这些内容后读者就可以开发一些 2D 的内容了，这里提供的为系统的 API，读者只要认真学习都可以掌握。

1.6.4 Canvas 中的基础图形

在看完第一个 Canvas 程序后大家对它已有了基本认识，HTML5 Canvas 的使用是以强大的绘图、着色和基本二维形状变换为基础的。然而，可供选择的内建形状相对有限，程序员可以通过一组称作路径的线段来绘制出想要的形状。

现在学习一下新的内容，在 Canvas 上绘制一些基本图形。绘制这些图形基本上都会有相应的 API，本案例中不同的图形会在不同的 JavaScript 文件中，相应的 API 在里边都会有所体现。读者阅读时结合着注释便能够轻松学会，现在看一下这部分的开发过程。

代码位置：随书源代码/第 1 章目录下的 HTML5/Sample1_24.html。

```
<!DOCTYPE HTML>
<html><head><title>Sample1_24</title>
<script src="js/modernizr.js"></script>     //导入 js 文件夹下的 modernizr.js 文件
<script src="js/arc.js"></script>           //导入 js 文件夹下的 arc.js 文件
<script src="js/bezier.js"></script>        //导入 js 文件夹下的 bezier.js 文件
<script src="js/line.js"></script>          //导入 js 文件夹下的 line.js 文件
<script src="js/linejoin.js"></script>      //导入 js 文件夹下的 linejoin.js 文件
<script src="js/rect.js"></script>          //导入 js 文件夹下的 rect.js 文件
<script type="text/javascript">     //前面导入的为外部 JavaScript 文件，
这里为内嵌的 JavaScript 文件
var context;
function eventWindowLoaded(){canvasApp();} //封装加载 JavaScript 的方法
function canvasSupport(){                  //检测浏览器版本是否支持 Canvas
  return Modernizr.canvas;}
function canvasApp(){                      //实际 JavaScript 的入口方法
    if(!canvasSupport()){return;}else{
          var theCanvas = document.getElementById("canvas");
          context=theCanvas.getContext("2d");}
          drawScreen();     //绘制场景，不同的图形有不同的绘制方法，这里省略了其余的方法
          function drawScreen(){                //绘制 2D 图形的方法
          //画布背景色为白色，这不利于辨识，填充一个有颜色的区域便于标识
          context.fillStyle="#aaaaaa";          //设置背景样式
```

```
22            context.fillRect(0,0,500,500);      //创建一个矩形
23            context.fillStyle='#000000';          //文字
24            context.font='20px _sans';            //文字的大小和字号
25            context.textBaseline='top';           //设置文本垂直对齐方式
26            context.fillText("Canvas!",0,0);}}    //将测试文本显示到屏幕上
27      </script></head>
28      <body onload="eventWindowLoaded();">
29      <div style="position: absolute; top: 50px;left:50px;">
30      <canvas id="canvas" width="500" height="500">
31      若看到这个文字，则说明浏览器不支持 WebGL!</canvas></div>
32      </body></html>
```

- 第 2～8 行引入了各图形的 JavaScript 文件。每个图形的绘制方法都封装在了不同的文件中，在绘制时调用不同的绘制方法即可。读者在测试本案例时只需将 drawScreen()方法替换掉便能测试不同的图形了。
- 第 9～26 行为内嵌的 JavaScript 脚本。这部分是 Canvas 程序的入口，其中 Canvas 的 id 通过 context 来设置一些属性，并且将绘图区域清屏并设置了一个与画布等大的矩形以显示 Canvas 画布。
- 第 28～32 行为创建 Canvas 的过程。具体过程在前面几节中已分别介绍了，onload 在页面加载完毕后调用 JavaScript 脚本，Canvas 设置好其 3 个属性。

在程序中调用 drawScreen()方法时需要注意的是，在程序开头导入的几个 JavaScript 文件，这些文件包含绘制圆、直线、曲线的一些图形 API，读者可以自行查阅这些代码进行学习，其中的解释和注意事项在注释中都有详细介绍，这里便不再赘述。

HTML5 Canvas 这里便介绍完毕，读者千万别以为就已经掌握了 Canvas，Canvas 是 HTML5 新增的元素，可以干的事情还有很多。本章只介绍了 2D 环境下的绘制图形，以后的章节才是 Canvas 的真正应用。

1.7 本章小结

到此为止便结束了 HTML 之旅，但是 HTML 的内容远不止于此。本章介绍了 HTML5 标签、CSS、JavaScript、Canvas 这些内容，这些中的每项自成一本书都没有问题，这里只是讲述了之后开发中需要的部分。

读者在日后的开发中除了本章介绍的基础理论知识外，肯定还会需要更多知识来填补不足。只阅读这些是远远不够的，这里也仅是 WebGL 的起步而已，接下来便进入 WebGL 的世界。

第2章 初识WebGL 2.0

第 1 章介绍的都是 HTML5 的开发技术，相信读者已经对 HTML5 有了一定的认识。本章将向读者简要介绍最近在移动端大放异彩的 WebGL 2.0，掌握了这部分内容后，读者可以在更广阔的领域开发自己的 3D 项目。

2.1 WebGL 2.0 概述

随着 OpenGL ES 版本的发展，WebGL 的版本也由原先的 WebGL 1.0 升级为 WebGL 2.0。WebGL 2.0 是一种 3D 绘图标准，这种绘图技术标准允许把 JavaScript 和 OpenGL ES 3.0 结合在一起。通过增加 OpenGL ES 3.0 的一个 JavaScript 绑定，WebGL 2.0 可以为 HTML5 Canvas 提供硬件 3D 加速渲染，这样 Web 开发人员就可以借助系统显卡在浏览器里更流畅地展示 3D 场景和模型了，还能创建复杂的导航和数据视觉化。

WebGL 2.0 标准已出现在 Mozilla Firefox、Apple Safari 及开发者预览版 Google Chrome 等浏览器中，这项技术支持 Web 开发人员借助系统显示芯片在浏览器中展示各种 3D 模型和场景。随着 HTML5 的兴起，WebGL 2.0 的前景不可估量。

2.1.1 WebGL 2.0 简介

WebGL 2.0 和 3D 图形规范 OpenGL、通用计算规范 OpenCL 都来自 Khronos Group，同样免费开放。WebGL 2.0 标准工作组的成员包括 AMD、爱立信、Google、Mozilla、英伟达以及 Opera 等，这些成员与 Khronos 公司通力合作，创建了一种多平台环境可用的 WebGL 2.0 标准。

WebGL 2.0 完美地解决了现有的 Web 交互式三维动画的 3 个问题。

- 通过 HTML 脚本本身实现 Web 交互式三维动画的制作，无须任何特定浏览器插件的支持。
- 利用底层图形硬件的加速功能进行 3D 图形渲染，效率很高。
- 通过统一、标准、跨平台的 OpenGL ES 接口来实现，免去了开发人员多次学习不同编程接口的麻烦。

> **说明** 同样可以用于网页 3D 渲染的技术还有 Adobe Flash Player 11、微软 Silverlight 3.0 等，但它们都是私有、不透明的。因此，作者认为采用开放、免费策略的 WebGL 2.0 在当下这个时代将更有发展前途。

WebGL 目前有两个版本的标准，具体情况如下。

- WebGL 1.0。其提供的是 JavaScript 与 OpenGL ES 2.0 的绑定，目前除了微软的 IE

之外，大部分浏览器都能很好地支持它。

- WebGL 2.0。其提供的是 JavaScript 与 OpenGL ES 3.0 的绑定，目前已经发展完善，除了微软的 IE 之外，大部分浏览器都能很好地支持它。

> **说明** 从上述内容可以看出，随着 WebGL 2.0 的完善，它开始逐渐取代 WebGL 1.0，因此本章也是基于 OpenGL ES 3.0 来介绍 WebGL 2.0 的。好在 OpenGL ES 3.0 与 OpenGL ES 2.0 是兼容的，大部分知识可以直接使用，只是着色语言的一些语法细节有变化，读者不用担心。

随着 HTML5 的兴起，大量优秀的网页涌现出来。作为 HTML5 官方的 Web 3D 解决方案，WebGL 2.0 立刻受到无数开发人员的追捧。由于其以网页形式进行展示，所以可以不受平台的限制，这也省去了在各种平台上移植的步骤。

随着微信平台兼容性的快速发展，进一步降低 WebGL 2.0 的推广成本。微信平台中，只需要单击项目所在链接即可运行，操作步骤十分简便。也省去了传统游戏安装客户端的麻烦，同时保证了项目代码不被泄露。相信在不久的将来，WebGL 2.0 将会凸显出更大的优势和能力。

2.1.2 WebGL 2.0 效果展示

2.1.1 节介绍了 WebGL 2.0 的基本知识，相信读者已经对其有了一定的了解。随着 HTML5 标准的不断完善，为 HTML 5 Canvas 提供硬件 3D 加速渲染的 WebGL 2.0 已经被越来越多的开发人员所接受。市面上采用 WebGL 2.0 的网络游戏如雨后春笋般涌现出来。下面的几幅图（见图 2-1、图 2-2）就是作者看到的使用 WebGL 2.0 技术制作的精美网页截图。

▲图 2-1　纹理贴图立方体

▲图 2-2　行星动画

从图 2-1、图 2-2 中可以看出，使用 WebGL 2.0 技术渲染出的 3D 场景与直接使用 OpenGL ES 技术在移动设备上开发出的场景效果基本是一致的。读者通过对前面章节的学习，再结合本章内容便可在 Web 端开发出与移动端一样绚丽流畅的 3D 场景。

2.2 初识 WebGL 2.0 应用

2.1 节简单介绍了 3D 绘图标准 WebGL 2.0，相信读者已经对 WebGL 2.0 的发展历程和作用有了一定的了解。上面的介绍偏重基础，读者无法深入学习具体编程技巧。为了使读者能够保持学习热情，在实践中提升编程能力，本章将给出一个 WebGL 2.0 的基础案例并对相关的运行步骤进行详细介绍。

2.2.1 WebGL 2.0 应用案例部署步骤

由于 WebGL 2.0 应用程序是以浏览器为平台进行工作的，因此一般情况下开发完毕后都需要将应用部署到 Web 服务器上以供浏览器访问。在具体开发各个案例之前，本节先简要介绍一下如何在 Tomcat 上部署 WebGL 2.0 应用，具体步骤如下。

（1）登录 Tomcat 的官方网站下载 Tomcat 的压缩包（如“apache-tomcat-6.0.14.zip”），然后解压缩到本地磁盘。解压完成后对环境变量中的 JAVA_HOME 进行配置。

（2）找到解压后 apache-tomcat-6.0.14 目录下 bin 子目录中的 startup.bat 文件，双击此文件启动 Tomcat 服务器，如图 2-3 所示。

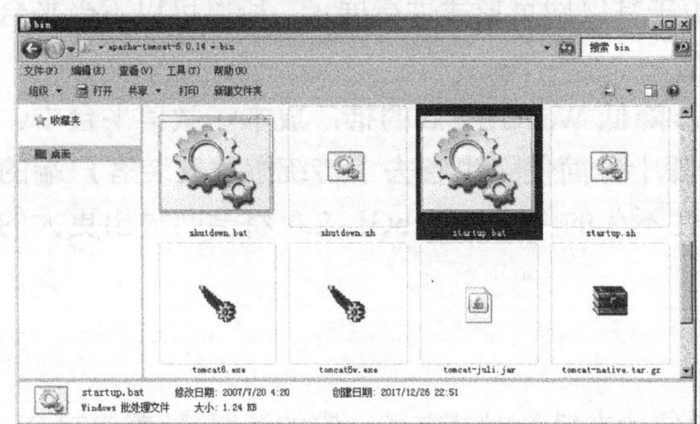

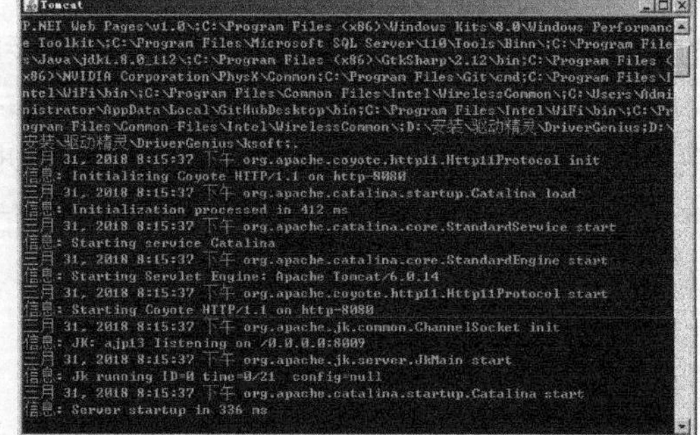

▲图 2-3 打开 Tomcat 服务器

提示 Tomcat 的配置过程难度较小。本书篇幅有限，对于 Tomcat 的配置过程不再赘述。不熟悉的读者可以参考其他的书籍或资料。

（3）将开发完毕的 WebGL 2.0 案例（如 Sample2_1）复制到解压后的 apache-tomcat-6.0.14 目录下的 webapps 子目录中，如图 2-4 所示。

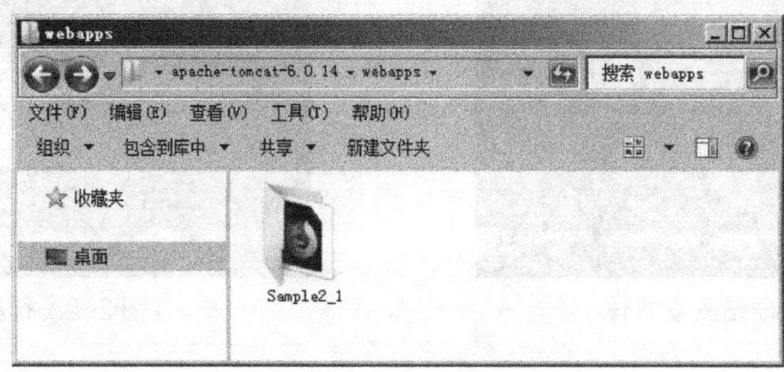

▲图 2-4 WebGL 2.0 案例位置

（4）查找并记录本机的 IP 地址，然后打开 Firefox 等可以支持 WebGL 2.0 的浏览器，在地址栏中输入指定网址，按下回车键即可。例如运行案例 Sample2_1 时输入的网址为：

http://10.16.189.15:8080/Sample2_1/Sample2_1.html

说明 读者只需找到“:8080”前的 IP 地址并替换为自己机器的 IP 地址即可在自己的计算机上成功运行本案例。

提示 作者运行本章案例时使用的都是 Tomcat 服务器，读者也可以选择其他的 Web 服务器。作者运行本章案例时使用的是 Firefox 浏览器，读者也可以使用其他支持 WebGL 2.0 的浏览器(如 UC 浏览器、淘宝浏览器等)。

2.2.2 初识 WebGL 2.0 应用程序

2.2.1 节中简单地介绍了 WebGL 2.0 应用案例的运行步骤，读者可以参考给出的案例进行高效学习。接下来将通过一个旋转正方体的案例向读者介绍如何开发 3D 场景。具体运行效果如图 2-5、图 2-6 所示。

▲图 2-5 初始状态效果图

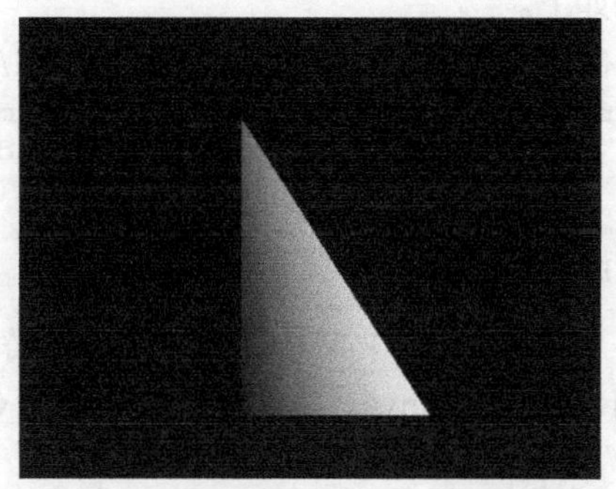
▲图 2-6 绕 y 轴旋转大约 120° 的效果图

前面给出了本案例的运行效果图，有兴趣的读者可在自己的设备上运行本案例。下面将通过本案例的详细代码讲解具体开发步骤。

在开发与本案例直接相关的类之前，首先需要介绍在网络端读取着色器（shader）脚本的工具类。此类读取着色器的方法主要分为几步：发送一个打开指定 URL 的请求，接收文本并进行切分，新建着色器对象并加载。具体代码如下。

代码位置：随书源代码/第 2 章/Sample2_1/js 目录下的 LoadShaderUtil.js 文件。

```
1    function shaderObject(typeIn,textIn){            //声明 shaderObject 类
2      this.type=typeIn;                               //初始化 type 成员变量
3      this.text=textIn;                               //初始化 text 成员变量
4    }
5    var shaderStrArray=["a","a"];                     //存储着色器数组
6    var shaderNumberCount=0;                          //数组索引值
7    var shaderTypeName=["vertex","fragment"];         //着色器名称数组
8    function processLoadShader(req,index){            //处理着色器脚本内容的回调函数
9      if (req.readyState == 4){                       //数据接收
10       var shaderStr = req.responseText;             //获取响应文本
11       //根据不同的数组索引值创建不同的着色器，并存入着色器数组
12       shaderStrArray[shaderNumberCount]=new
13       shaderObject(shaderTypeName[shaderNumberCount],shaderStr);
14       shaderNumberCount++;                          //数组索引值加 1
15       if(shaderNumberCount>1){                      //如果两个着色器内容均不为空，则
16         //加载着色器
17         shaderProgArray[index]=loadShaderSerial(gl,shaderStrArray[0], shaderStrArray[1]);
18       }
19   }}
20   function loadShaderFile(url,index){               //从服务器加载着色器脚本的函数
21     var req = new XMLHttpRequest();                 //创建 XMLHttpRequest 对象
22     req.onreadystatechange = function ()            //设置响应回调函数
23     { processLoadShader(req,index) };               //调用 processLoadShador 处理响应
24     req.open("GET", url, true);                     //用 GET 方式打开指定 URL
25     req.responseType = "text";                      //设置响应类型
26     req.send(null);                                 //发送 HTTP 请求
27   }
```

❑ 第 1～4 行声明了着色器类 shaderObject，其中有 type 和 text 两个成员变量，分别为着色器的类型和其中的内容文本。着色器类型又分为两种，“vertex”表示顶点着色器，“fragment”表示片元着色器。

- 第 5～19 行为处理着色器脚本内容的回调函数。程序接收到文本和数值后，根据数组索引值新建着色器对象并创建着色器程序，同时存入单独的数组中以供使用。
- 第 20～27 行为从指定地址读取着色器脚本并加载函数。

上文已经将网络端读取着色器的工具类介绍完毕，接下来介绍的是用于初始化 WebGL 2.0 Canvas 的 JavaScript 脚本文件——GLUtil.js，首先给出的是其中的 initWebGLCanvas 方法，具体代码如下。

代码位置：随书源代码/第 2 章/Sample2_1/js 目录下的 GLUtil.js 文件。

```
function initWebGLCanvas(canvasName) {                    //初始化 WebGL Canvas 的方法
 canvas = document.getElementById(canvasName);            //获取 Canvas 对象
 var context = canvas.getContext('webgl2', { antialias: true }); //获取 GL 上下文
 return context;                                          //返回 GL 上下文对象
}
```

说明　在渲染 WebGL 2.0 之前，必须进行 Canvas 的初始化工作。在本方法中首先通过 Canvas 的名字找到对应的 Canvas。然后获取 GL 上下文的操作，找到后返回上下文对象。

初始化 WebGL 2.0 Canvas 的方法已经介绍完毕。一般在较复杂的项目中为了实现更加酷炫的渲染效果需要多套着色器。为了使管理更加便捷，GLUtil.js 中还开发了对着色器进行管理的方法，具体代码如下。

代码位置：随书源代码/第 2 章/Sample2_1/js 目录下的 GLUtil.js 文件。

```
function loadSingleShader(ctx, shaderScript){             //加载单个着色器的方法
  if (shaderScript.type == "vertex")                      //若为顶点着色器
    var shaderType = ctx.VERTEX_SHADER;                   //顶点着色器类型
  else if (shaderScript.type == "fragment")               //若为片元着色器
    var shaderType = ctx.FRAGMENT_SHADER;                 //片元着色器类型
  else {                                                  //否则打印错误信息
    console.log("*** Error: shader script of undefined type '"+shaderScript.type+"'");
    return null;
  }
  var shader = ctx.createShader(shaderType);              //根据类型创建着色器程序
  ctx.shaderSource(shader, shaderScript.text);            //加载着色器脚本
  ctx.compileShader(shader);                              //编译着色器
  var compiled = ctx.getShaderParameter(shader, ctx.COMPILE_STATUS);//检查编译状态
  if (!compiled && !ctx.isContextLost()){                 //若编译出错
    var error = ctx.getShaderInfoLog(shader);             //获取错误信息
    console.log("*** Error compiling shader '"+shaderId+"':"+error);//打印错误信息
    ctx.deleteShader(shader);                             //删除着色器程序
    return null;                                          //返回空
  }
  return shader;                                          //返回着色器程序
}
function loadShaderSerial(gl, vshader, fshader){          //加载链接顶点、片元着色器的方法
  var vertexShader = loadSingleShader(gl, vshader);//加载顶点着色器
  var fragmentShader = loadSingleShader(gl, fshader);  //加载片元着色器
  var program = gl.createProgram();                       //创建着色器程序
  gl.attachShader (program, vertexShader);                //将顶点着色器添加到着色器程序中
  gl.attachShader (program, fragmentShader);              //将片元着色器添加到着色器程序中
  gl.linkProgram(program);                                //链接着色器程序
  var linked = gl.getProgramParameter(program, gl.LINK_STATUS);//检查链接是否成功
  if (!linked && !gl.isContextLost()){                    //若链接不成功
    var error = gl.getProgramInfoLog (program);           //获取错误信息
    console.log("Error in program linking:"+error);//打印错误信息
    gl.deleteProgram(program);                            //删除着色器程序
    gl.deleteProgram(fragmentShader);                     //删除片元着色器
    gl.deleteProgram(vertexShader);                       //删除顶点着色器
    return null;                                          //返回空
```

```
37        }                                              //返回着色器程序
38        gl.useProgram(program);                        //指明使用的着色器编号
39        gl.enable(gl.DEPTH_TEST);                      //打开深度检测
40        return program;                                //返回着色器程序
41    }
```

- 第 1～21 行为加载单个着色器的 loadSingleShader 方法。向此方法传入着色器类型，程序会新建一个同类型的着色器并加载着色器脚本。加载完成后，程序会对着色器进行编译。如果编译出错则打印错误信息。
- 第 22～41 行为对一套着色器进行加载和链接操作的 loadShaderSerial 方法。向此方法传入顶点着色器和片元着色器后，程序会分别加载顶点着色器和片元着色器并链接着色器程序。因为链接操作过程中可能会出现错误，所以此方法还进行链接检查。如果链接不成功则删除着色器及程序。如果链接成功则返回着色器程序。

上文已经详细介绍了着色器的操作、管理工具类和初始化上下文的相关方法，接下来将介绍经常使用的 MatrixState 工具类。此类的作用是对各种变换矩阵进行管理。在执行各种变换时，本类对矩阵进行计算，其具体代码如下。

代码位置：随书源代码/第 2 章/Sample2_1/js 目录下的 MatrixState.js 文件。

```
1   function MatrixState(){
2       this.mProjMatrix = new Array(16);              //投影矩阵
3       this.mVMatrix = new Array(16);                 //摄像机矩阵
4       this.currMatrix=new Array(16);                 //基本变换矩阵
5       this.mStack=new Array(100);                    //矩阵栈
6       this.setInitStack=function(){                  //初始化矩阵的方法
7           this.currMatrix=new Array(16);             //创建存储矩阵元素的数组
8           setIdentityM(this.currMatrix,0);           //将元素填充为单位阵的元素值
9       }
10      this.pushMatrix=function(){                    //保护变换矩阵，当前矩阵入栈
11          this.mStack.push(this.currMatrix.slice(0));
12      }
13      this.popMatrix=function(){                     //恢复变换矩阵，当前矩阵出栈
14          this.currMatrix=this.mStack.pop();
15      }
16      this.translate=function(x,y,z){                //平移变换
17          translateM(this.currMatrix, 0, x, y, z);   //将平移变换记录进矩阵
18      }
19      this.rotate=function(angle,x,y,z)      {       //旋转变换
20          rotateM(this.currMatrix,0,angle,x,y,z);    //将旋转变换记录进矩阵
21      }
22      ……//此处省略了部分方法，读者可参见随书源代码
23  }
```

- 第 2～5 行为对投影矩阵、摄像机矩阵、基本变换矩阵进行声明的相关代码。另外新建一个栈用来存储基本变换矩阵，在绘制时进行进栈和出栈的操作。
- 第 6～21 行为初始化矩阵、保护变换矩阵、恢复变换矩阵，以及进行平移旋转变换的相关代码。保护变换矩阵方法的实质是对当前变换矩阵执行入栈操作。恢复变换矩阵的方法的实质是对矩阵栈执行出栈操作，删除栈顶的矩阵。

> **提示** 此类中还有对投影矩阵、摄像机矩阵及变换矩阵操作的相关方法。本书篇幅有限，不再赘述，有兴趣的读者可自行查阅随书源代码。

上文已经将项目开发中常用的几个工具类全部介绍完毕。下面介绍与本案例直接相关的三角形绘制脚本 Triangle.js。此脚本中包含三角形顶点坐标信息和顶点颜色信息，在绘制时将这些信息传入渲染管线中。具体代码如下。

代码位置：随书源代码/第 2 章/Sample2_1/js 目录下的 Triangle.js 文件。

```
1    function Triangle(                                          //声明绘制物体对象所属类
2      gl,                                                       //GL 上下文
3      programIn                                                 //着色器程序 id
4    ){
5      this.vertexData= [3.0,0.0,0.0,  0.0,0.0,0.0,  0.0,3.0,0.0];
       //三角形顶点的 x、y、z 坐标
6      this.vcount=this.vertexData.length/3;                     //得到顶点数量
7      this.vertexBuffer=gl.createBuffer();                      //创建顶点坐标数据缓冲
8      gl.bindBuffer(gl.ARRAY_BUFFER,this.vertexBuffer); //绑定顶点坐标数据缓冲
9      //将顶点坐标数据送入缓冲
10     gl.bufferData(gl.ARRAY_BUFFER,new Float32Array(this.vertexData),gl.STATIC_DRAW);
11     this.colorsData=[1.0,1.0,1.0,1.0,  0.0,0.0,1.0,1.0,  0.0,1.0,0.0,1.0];
       //初始化顶点颜色数据
12     this.colorBuffer=gl.createBuffer();                       //创建颜色数据缓冲
13     gl.bindBuffer(gl.ARRAY_BUFFER,this.colorBuffer);          //绑定颜色数据缓冲
14     //将颜色数据送入缓冲
15     gl.bufferData(gl.ARRAY_BUFFER,new Float32Array(this.colorsData),gl.STATIC_DRAW);
16     this.program=programIn;                                   //初始化着色器程序 id
17     this.drawSelf=function(ms) {                              //绘制三角形的方法
18       gl.useProgram(this.program);                            //指定使用某套着色器程序
19       //获取总变换矩阵引用 id
20       var uMVPMatrixHandle=gl.getUniformLocation(this.program, "uMVPMatrix");
21       //将总变换矩阵送入渲染管线
22       gl.uniformMatrix4fv(uMVPMatrixHandle,false,new Float32Array(ms.getFinalMatrix()));
23       //启用顶点坐标数据
24       gl.enableVertexAttribArray(gl.getAttribLocation(this.program, "aPosition"));
25       gl.bindBuffer(gl.ARRAY_BUFFER, this.vertexBuffer);  //绑定顶点坐标数据缓冲
26       //给管线指定顶点坐标数据
27       gl.vertexAttribPointer(gl.getAttribLocation(this.program,"aPosition"),
         3,gl.FLOAT,false,0, 0);
28       //启用颜色坐标数据
29       gl.enableVertexAttribArray(gl.getAttribLocation(this.program, "aColor"));
30       gl.bindBuffer(gl.ARRAY_BUFFER, this.colorBuffer);   //绑定颜色数据缓冲
31       //给管线指定颜色数据
32       gl.vertexAttribPointer(gl.getAttribLocation(this.program,"aColor"),
         4,gl.FLOAT,false,0, 0);
33       gl.drawArrays(gl.TRIANGLES, 0, this.vcount);           //用顶点法绘制物体
34   }}
```

- 第 5 行为初始化三角形坐标。数组中每 3 个数为一组，分别代表顶点的 x、y、z 坐标。
- 第 6～10 行为创建并绑定顶点坐标数据缓冲。在绑定完成之后，将顶点坐标数据送入缓冲中，为之后的绘制做好准备。
- 第 11 行为初始化顶点颜色数据。数组与顶点坐标数组不同，每 4 个数为一组，分别代表每个顶点的 R、G、B、A 数据。
- 第 17～34 行为绘制三角形。主要将总变换矩阵、顶点和颜色数据传给渲染管线。

上文已经详细介绍了三角形类的相关代码。可能读者看到绘制三角形方法中的 uMVPMatrix、aPosition 等变量会感到疑惑，实际上这些变量是着色器中定义的相关变量。接下来将会对本案例中与着色器相关的代码进行简要介绍，首先来看顶点着色器的相关代码。

代码位置：随书源代码/第 2 章/Sample2_1/shader 目录下的 vtrtex.bns 文件。

```
#version 300 es                                      //使用 WebGL2.0 着色器
uniform mat4 uMVPMatrix;                             //总变换矩阵
layout (location = 0) in vec3 aPosition;             //顶点位置
layout (location = 1) in vec4 aColor;                //顶点颜色
out  vec4 vColor;                                    //传递给片元着色器的变量
void main(){
   gl_Position = uMVPMatrix * vec4(aPosition,1); //根据总变换矩阵计算此次绘制的顶点位置
   vColor = aColor;                                  //将接收的颜色传递给片元着色器
}
```

> **说明** 第 1～9 行为顶点着色器的相关代码。顶点着色器的主要作用是执行顶点变换、纹理坐标变换等与顶点相关的操作。此顶点着色器只计算了绘制点的位置并将接收到的颜色数据传入片元着色器。

前面已经详细介绍了顶点着色器的相关代码。可以看到顶点着色器需要传值给片元着色器，下面来对片元着色器的相关代码进行简要介绍。

代码位置：随书源代码/第 2 章/Sample2_1/shader 目录下的 fragment.bns 文件。

```
1   #version 300 es                              //使用 WebGL2.0 着色器
2   precision mediump float;                     //使用默认精度
3   in vec4 vColor;                              //接收从顶点着色器传过来的参数
4   out vec4 fragColor;                          //输出到片元颜色
5   void main(){
6     fragColor = vColor;                        //给此片元颜色赋值
7   }
```

第 1～7 行为片元着色器的相关代码。片元着色器的作用为执行纹理访问、颜色汇总和雾效等操作。此片元着色器的作用是将接收到的颜色数据作为此顶点的颜色。

> **说明** 可能有些读者这时对着色器的认识还是一头雾水。其实不必担心，后面的章节中会对着色语言以及着色器的逻辑和作用进行详细讲解。读者只需要对以上代码有基本的认识即可。

所有基础开发工作都已经结束，接下来将详细介绍呈现 3D 场景的网页的相关代码。此网页中的代码主要作用为初始化上下文及相关参数，为绘制工作做好准备，并且使用 setInterval()函数对绘制方法进行定时调用。具体代码如下。

代码位置：随书源代码/第 2 章/Sample2_1 目录下的 Sample2_1.html 文件。

```
<html>
    <head>
    <meta http-equiv="Content-Type" content="text/html; charset=utf-8" />
    <title>Triangle</title> <!--标题-->
    <script type="text/javascript" src="js/Matrix.js"></script>
    ……//此处省略了导入其他 JavaScript 脚本文件的代码，读者可自行查阅随书源代码
    <script>
        var gl;                                     //GL 上下文
        var ms=new MatrixState();                   //变换矩阵管理类对象
        var ooTri;                                  //要绘制的三角形
        var shaderProgArray=new Array();            //着色器程序列表，集中管理
        var currentAngle;                           //旋转角度
        var incAngle;                               //旋转角度增量
        var canvas;                                 //图形容器
        function start(){                           //初始化的方法
          gl = initWebGLCanvas("bncanvas");         //获取 GL 上下文
          if (!gl){                                 //若获取 GL 上下文失败
            alert("创建 GLES 上下文失败，不支持 WebGL2.0!");      //显示错误提示信息
            return;
          }
          gl.viewport(0, 0, canvas.width, canvas.height); //设置视口大小
          gl.clearColor(0.0,0.0,0.0,1.0);              //设置屏幕背景色 R、G、B、A
          ms.setInitStack();                           //初始化变换矩阵
          ms.setCamera(0,0,-5,0,0,0,0,1,0);            //设置摄像机
          ms.setProjectFrustum(-1.5,1.5,-1,1,1,100); //设置投影参数
          gl.enable(gl.DEPTH_TEST);                    //开启深度检测
          loadShaderFile("shader/vtrtex.bns",0);       //加载顶点着色器程序
          loadShaderFile("shader/fragment.bns",0);     //加载片元着色器程序
          if(shaderProgArray[0]){                      //如果着色器已加载完毕
            ooTri=new Triangle(gl,shaderProgArray[0]);    //则创建三角形绘制对象
          }else{
```

```
32              //休息 10ms 后再创建三角形绘制对象
33              setTimeout(function(){ooTri=new Triangle(gl,shaderProgArray[0]);},10);
34            }
35            currentAngle = 0;                              //初始化旋转角度
36            incAngle = 0.4;                                //初始化角度步进值
37            setInterval("drawFrame();",16.6);              //定时绘制画面
38          }
39          function drawFrame(){                            //绘制一帧画面的方法
40            if(!ooTri){                                    //如果三角形没有加载成功
41              console.log("加载未完成！");                   //则提示信息
42              return;
43            }
44            //清除着色缓冲与深度缓冲
45            gl.clear(gl.COLOR_BUFFER_BIT | gl.DEPTH_BUFFER_BIT);
46            ms.pushMatrix();                               //保护现场
47            ms.rotate(currentAngle,0,1,0);                 //执行旋转
48            ooTri.drawSelf(ms);                            //绘制物体
49            ms.popMatrix();                                //恢复现场
50            currentAngle += incAngle;                      //修改旋转角度
51            if (currentAngle > 360){currentAngle -= 360; } //保证角度范围不超过 360°
52          }
53      </script>
54      </head>
55      <body onload="start();">
56      <canvas height="800" width="1200" id="bncanvas">
57          若看到这个文字，则说明浏览器不支持 WebGL！
58      </canvas>
59      </body>
60  </html>
```

- 第 1～7 行为常用的一些标签。它设置了本页面的名称、内容类型以及编码格式等。另外，第 5 行为引入外部脚本文件的代码，在此处将本案例需要的脚本文件都引入了操作。
- 第 8～14 行为声明多个全局变量的相关代码。其中包括 GLES 上下文、变换矩阵管理、三角形的绘制、着色器程序列表、旋转角度、旋转角度增量、图形容器。这些变量在后面的程序中会多次使用。
- 第 15～38 行为对绘制工作进行初始化的相关代码。首先获取上下文。如果获取上下文失败则显示错误信息。接下来设置视口大小、屏幕背景色、摄像机、投影参数等基本信息。最后进行着色器的加载并以定时回调的方式进行绘制。
- 第 39～52 行为绘制每一帧的方法。在进行绘制之前要先检查三角形的绘制是否完成。若没有加载完成，则弹出错误信息。接下来清除着色缓冲和深度缓冲。前面的工作完成后进行三角形的绘制。

项目中的 Matrix.js 文件是作者针对项目而开发的一个工具文件。此文件已经进行了加密操作，所以此处不进行深入介绍。MatrixState 类中对矩阵执行操作的各种方法就是基于此文件进行开发的。

2.3 着色器与渲染管线

2.2 节已经通过三角形的案例为读者介绍了如何使用 WebGL 2.0 进行 3D 场景的开发，相信读者已经对开发步骤有了初步的了解，但是要想真正地掌握 WebGL 2.0，必须要了解着色器和渲染管线的相关知识，本节将向读者详细介绍这方面的内容。

2.3.1 WebGL 2.0 的渲染管线

渲染管线有时也称为渲染流水线，一般是由显示芯片（GPU）内部处理图形信号的并行

处理单元组成。这些并行处理单元之间是相互独立的，不同型号的硬件上独立处理单元的数量也有很大的差异。一般越高端的硬件，独立处理单元的数量也就越多。

WebGL 2.0 中渲染管线实质上指的是一系列的绘制过程。向程序中输入待渲染 3D 物体的相关描述信息数据，经过渲染管线处理后，输出的是一帧想要的图像。WebGL 2.0 中的渲染管线如图 2-7 所示。

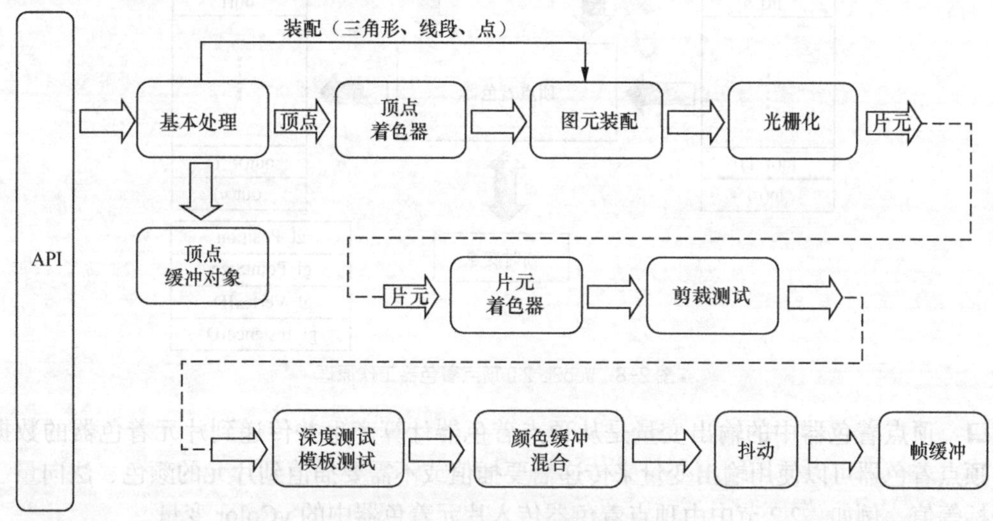

▲图 2-7 WebGL 2.0 渲染管线

1. 基本处理

该阶段设定 3D 空间中物体的顶点坐标、顶点对应的颜色、顶点的纹理坐标等属性，并且指定绘制方式，如点绘制、线段绘制或者三角形绘制等。

2. 顶点缓冲对象

对于在整个场景中顶点基本数据不变的情况，这部分在程序中是可选的。可以在初始化阶段将顶点数据经过基本处理后送入顶点缓冲对象，这样在绘制每一帧想要的图像时就省去了输入/输出顶点数据的麻烦，直接从顶点缓冲对象中获得顶点数据即可。相比于每次绘制时单独将顶点数据送入 GPU 的方式，它可以一定程度上节省 GPU 的 I/O 带宽，提高渲染效率。

3. 顶点着色器

顶点着色器是一个可编程的处理单元，功能为执行顶点的变换、光照、材质的应用与计算等与顶点相关的操作，每个顶点执行一次。其工作过程为首先将顶点的原始几何信息及其他属性传送到顶点着色器中，顶点着色器处理后产生相应的纹理坐标、颜色、点位置等后继流程需要的各项顶点属性信息，然后将其传递给图元装配阶段。

开发人员可以在开发过程中根据实际需求自行开发顶点变换、光照等功能，这大大增加了程序的灵活性。但凡事有利皆有弊，增加灵活性的同时也增加了开发的难度。在 WebGL 2.0 中顶点着色器的工作原理如图 2-8 所示。

- 顶点着色器的输入主要为与待处理顶点相对应的输入变量、Uniforms（一致）变量、采样器以及临时变量，输出主要为经过顶点着色器后生成的输出变量及一些内建输出变量。
- 顶点着色器中的输入变量指的是 3D 物体中每个顶点不同信息所属的变量，一般顶点的位置、颜色、法向量等不同的信息都是以输入变量的方式传入顶点着色器的。例如，2.2 节中顶点着色器里的 aPosition（顶点位置）和 aColor（顶点颜色）变量等。
- Uniforms 变量指的是对于由同一组顶点组成的单个 3D 物体中所有顶点都相同的量，

一般为场景中当前的光源位置、当前的摄像机位置、投影系列矩阵等。例如，2.2 节中顶点着色器里的 uMVPMatrix（总变换矩阵）变量等。

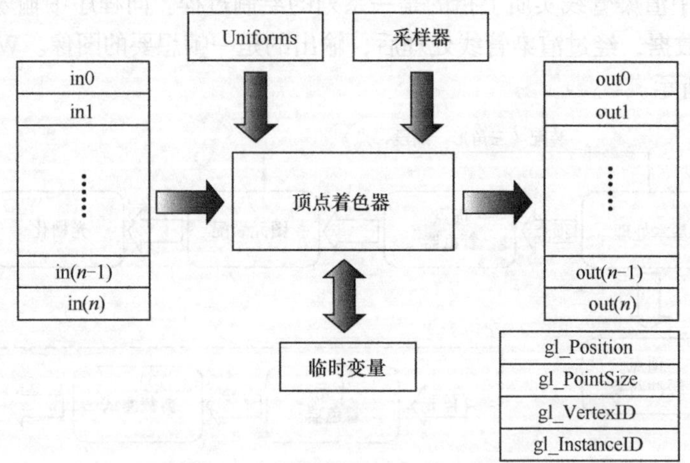

▲图 2-8　WebGL 2.0 顶点着色器工作原理

- 顶点着色器中的输出变量是从顶点着色器计算产生并传递到片元着色器的数据变量。顶点着色器可以使用输出变量来传递需要插值或不需要插值到片元的颜色、法向量、纹理坐标等值。例如，2.2 节中由顶点着色器传入片元着色器中的 vColor 变量。
- 对于内建输出变量 gl_Position、gl_PointSize 以及内建输入变量 gl_VertexID、gl_InstanceID 来说，gl_Position 是经过矩阵变换、投影后的顶点最终位置；gl_PointSize 指的是点的大小；gl_VertexID 用来记录顶点的整数索引；gl_InstanceID 是指实例 ID，它只在顶点着色器中使用，对于指定的每一组图元，该 ID 相应递增。

输出变量在顶点着色器赋值后并不是直接将值传递到后继片元着色器对应的输入变量中，在此存在两种情况。

- 如果 out 限定符之前含有 smooth 限定符或者不含任何限定符，则传递到与后继片元着色器对应输入变量的值是在光栅化阶段产生。产生时由管线根据片元所属图元各个顶点对应的顶点着色器对此输出变量的赋值情况及片元与各顶点的位置关系插值产生，图 2-9 说明了这个问题。

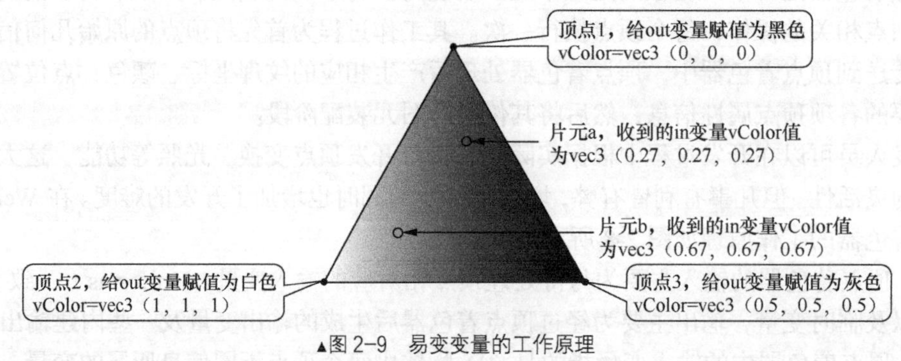

▲图 2-9　易变变量的工作原理

- 如果 out 限定符之前含有 flat 限定符，则传递到与后继片元着色器对应的输入变量的值不是在光栅化阶段插值产生的，而是由图元最后一个顶点对应的顶点着色器对此输出变量赋值来决定的，此种情况下图元中每个片元的值均相同。

说明 有一定数学知识的读者可能会想到一个问题，对每个片元进行一次插值计算将会非常耗时，严重影响性能。幸运的是，WebGL 2.0 的设计者也考虑到了这个问题，这些插值操作都是由 GPU 中的专用硬件来实现的，因此速度很快，不影响性能。

4. 图元装配

在这个阶段主要有两个任务，一个是图元组装，另一个是图元处理。所谓图元组装是指顶点数据根据设置的绘制方式被结合成完整的图元。例如，在点绘制方式下每个图元仅需要一个单独的顶点，在此方式下每个顶点为一个图元；在线段绘制方式每个图元则需要两个顶点，在此方式下每两个顶点构成一个图元；在三角形绘制方式下需要 3 个顶点构成一个图元。

图元处理最重要的工作是剪裁，其任务是消除位于半空间（half-space）之外的部分几何图元，这个半空间是由一个剪裁平面定义的。例如，点剪裁就是简单地接受或者拒绝顶点，线段或多边形剪裁可能需要增加额外的顶点，这具体取决于直线或多边形与剪裁平面之间的位置关系，如图 2-10 所示。

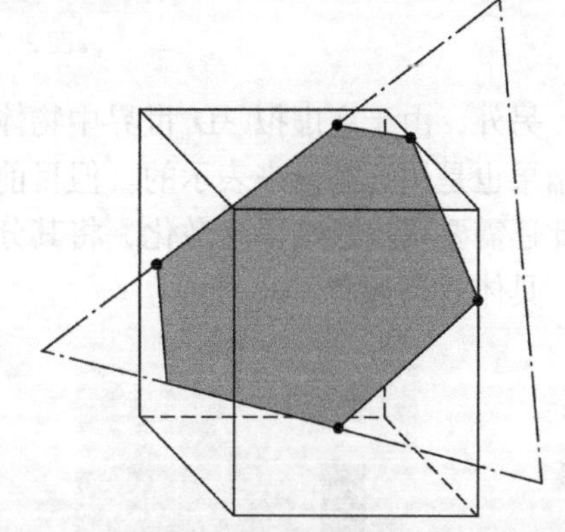

▲图 2-10 剪裁三角形 3 个顶点生成 6 个新的顶点

说明 图 2-10 给出了一个三角形图元（图中为点划线绘制）被 4 个剪裁平面剪裁的情况。4 个剪裁平面分别为：上面、左侧面、右侧面、后面。

要进行剪裁是因为随着观察位置、角度的不同，不能总看到（这里可以简单地理解为显示到设备屏幕上）特定 3D 物体上某个图元的全部。例如，当观察一个正四面体但它离某个三角形面很近时，可能只能看到此面的一部分，这时在屏幕上显示的就不再是三角形了，而是经过裁剪后形成的多边形，如图 2-11 所示。

▲图 2-11 从不同角度、距离观察正四面体

剪裁时，若图元完全位于视景体以及自定义剪裁平面的内部，则将图元传递到后续步骤进行处理；如果其完全位于视景体或者自定义剪裁平面的外部，则丢弃该图元；如果其有一部分位于内部，另一部分位于外部，则需要剪裁该图元。

提示 关于视景体剪裁的问题会在介绍投影的部分进行详细介绍，这里简单了解即可。

5. 光栅化

虽然虚拟 3D 世界中的几何信息是三维的，但由于目前用于显示的设备都是二维的，因此在真正执行光栅化工作之前，需要将虚拟 3D 世界中的物体投影到视平面上。需要注意的是，由于观察位置的不同，同一个 3D 场景中的物体投影到视平面上时可能会产生不同的效果，如图 2-12 所示。

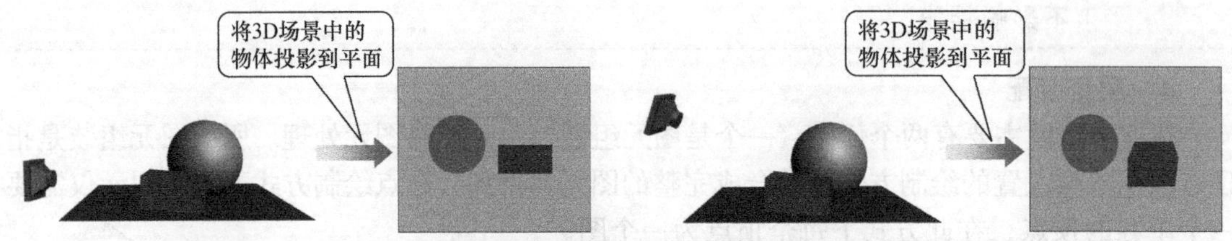

▲图 2-12　光栅化阶段投影到视口

另外，由于在虚拟 3D 世界中物体的几何信息一般采用连续的量来表示，因此投影的平面结果也是用连续量来表示的。但目前显示设备屏幕都是离散化的（由一个个的像素组成），因此还需要将投影结果离散化，将其分解为一个个离散化的小单元，这些小单元一般称为片元，具体效果如图 2-13 所示。

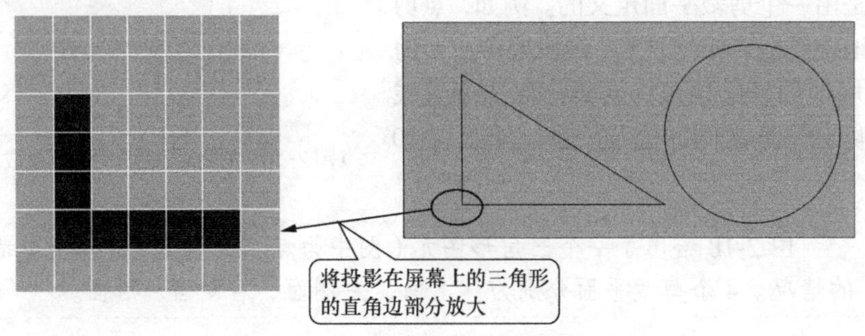

▲图 2-13　投影后图元离散化

其实每个片元都对应于帧缓冲中的一个像素，之所以不直接称为像素是因为 3D 空间中的物体是可以相互遮挡的。一个 3D 场景最终显示到屏幕上虽然是一个整体，但每个 3D 物体的每个图元都是独立处理的。这就可能出现以下情况，系统先处理的是位于离观察点较远的图元，其光栅化成为一组片元，暂时送入帧缓冲的对应位置。但在后面继续处理离观察点较近的图元时也光栅化出了一组片元，两组片元又对应到帧缓冲中同一个位置，这时距离近的片元将覆盖距离远的片元（如何检测覆盖是在深度检测阶段完成的）。因此某个片元就不一定能成为最终屏幕上的像素，这样称为像素就不准确了，可以将其理解为候选像素。

提示　每个片元包含对应的顶点坐标、顶点颜色、顶点纹理坐标以及顶点深度等信息，这些信息是系统根据投影前此片元对应 3D 空间中的位置及与此片元相关的图元中各顶点信息进行插值计算而生成的。

6. 片元着色器

片元着色器是处理片元值及相关数据的可编程单元，可以执行纹理采样、颜色汇总、计算雾颜色等操作，每个片元执行一次。片元着色器的主要功能为通过重复执行（每个片元一次），将 3D 物体中的图元光栅化后每个片元产生的颜色等属性计算出来并送入后继阶段，如剪裁测试、深度测试及模板测试等。

WebGL 2.0 中的片元着色器与顶点着色器类似，需要开发人员用着色器语言编程。这在提高灵活性的同时也增加了开发的难度。其基本工作原理如图 2-14 所示。

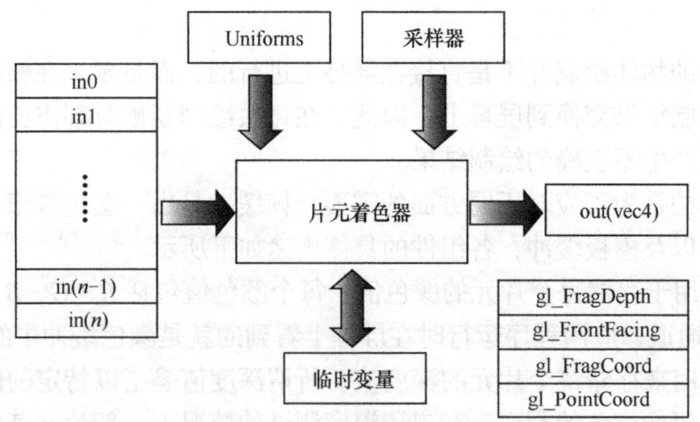

▲图 2-14 片元着色器工作原理

- in0～in(*n*)指的是从顶点着色器传递到片元着色器的变量。如前面所述，它由系统在顶点着色器后的光栅化阶段自动产生，其个数不定，取决于具体的需要。例如，2.2 节中片元着色器里的 vColor 变量。
- 输出变量一般指的是由片元着色器计算完成的片元颜色值的变量。在片元着色器的最后都需要对其进行赋值，最后将其送入渲染管线的后继阶段以进行处理。例如，2.2 节中片元着色器里创建的 fragColor 变量。

> **提示** 原来在 WebGL 1.0 中片元着色器的内建输出变量 gl_FragColor 在 WebGL 2.0 中不存在了，如果需要输出颜色值，则需要声明 out（类型为 vec4）变量，用声明的变量替代 gl_FragColor。在开发中，应尽量减少片元着色器的运算量，可以将一些复杂运算放在顶点着色器中执行。

7. 剪裁测试

如果程序中启用了剪裁测试，则程序会检查每个片元在帧缓冲中的对应位置。若对应位置在剪裁窗口中则将此片元送入下一阶段，否则丢弃此片元。

8. 深度测试和模板测试

- 深度测试是指将输入片元的深度值与帧缓冲中存储的对应片元位置的深度值进行比较，若输入片元的深度值小，则将输入片元送入下一阶段，准备覆盖帧缓冲中的原片元或与帧缓冲中的原片元进行混合，否则丢弃输入片元。
- 模板测试的主要功能为将绘制区域限定在一定范围内。它一般用在湖面倒影、镜像等场合，后面的章节会详细介绍。

9. 颜色缓冲混合

若程序中开启了 Alpha 混合，则根据混合因子会将上一阶段送来的片元与帧缓冲中对应位置的片元进行 Alpha 混合；否则送入的片元将覆盖帧缓冲中对应位置的片元。

10. 抖动

抖动是一种简单的操作，允许使用少量的颜色模拟出更宽的颜色显示范围，从而使颜色视觉效果更加丰富。例如，可以使用白色以及黑色模拟出一种过渡的灰色。

但使用抖动也是有缺点的，那就是会损失一部分分辨率，因此对于主流原生颜色已经很丰富的显示设备来说，一般是不需要启用抖动的。

> **提示** 一些系统虽然在 API 方面支持开启抖动，但这仅仅是为了 API 的兼容，可能根本不会执行事实上的抖动操作。

11. 帧缓冲

WebGL 2.0 中的物体绘制并不是直接在屏幕上进行的，而是预先在帧缓冲中进行绘制，每绘制完一帧将绘制结果交换到屏幕上。因此，在每次绘制新帧时都需要清除缓冲中的相关数据，否则有可能产生不正确的绘制结果。

同时需要了解的是为了应对不同方面的需要，帧缓冲是由一套组件组成的，主要包括颜色缓冲、深度缓冲以及模板缓冲，各组件的具体用途如下所示。

- 颜色缓冲用于存储每个片元的颜色值，每个颜色值包括 *R*、*G*、*B*、*A*（红、绿、蓝、透明度）4 个色彩通道，应用程序运行时在屏幕上看到的就是颜色缓冲中的内容。
- 深度缓冲用来存储每个片元的深度值。所谓深度值是指以特定的内部格式表示的从片元处到观察点（摄像机）的距离。在启用深度测试的情况下，新片元若想进入帧缓冲则需要将自己的深度值与帧缓冲中对应位置片元的深度值进行比较，若结果为小则有可能进入缓冲，否则被丢弃。
- 模板缓冲用来存储每个片元的模板值，供模板测试使用。模板测试是几种测试中最为灵活和复杂的一种，后面将由专门的章节进行介绍。

> **提示**　本节只是对渲染管线中的每一个模块进行了简单的介绍，更为具体的内容会在后继章节进行更为详细的讨论，读者只要在概念上有个整体的把握即可。

2.3.2 WebGL 2.0 中立体物体的构建

前面向读者介绍了 WebGL 2.0 的渲染管线，同时也给出了一个非常简单的旋转三角形案例。到目前为止，读者可能还是不太清楚虚拟 3D 世界中的立体物体是如何搭建出来的。其实这与现实世界搭建建筑物并没有本质区别，请读者观察图 2-15 和图 2-16 中国家大剧院远景和近景的照片。

▲图 2-15　国家大剧院的远景

▲图 2-16　国家大剧院的近景

从两幅照片可以对比出，现实世界中的某些建筑物远看是平滑的曲面，近看则是由一个个的小平面组成的。3D 虚拟世界中的物体也是如此，任何立体物体都是由多个小平面搭建而成的。这些小平面切分得越小，越细致，搭建出来的物体就越平滑。

当然 WebGL 2.0 的虚拟世界与现实世界还是有区别的，现实世界中可以用任意形状的多边形来搭建建筑物，例如，图 2-15 中的国家大剧院就是用四边形搭建的，而 WebGL 2.0 中仅允许采用三角形来搭建物体。这从构造能力上来说并没有区别，因为任何多边形都可以拆分为多个三角形，只需开发时稍微注意一下即可。

图 2-17 更加具体地说明了在 WebGL 2.0 中如何采用三角形来构建立体物体。

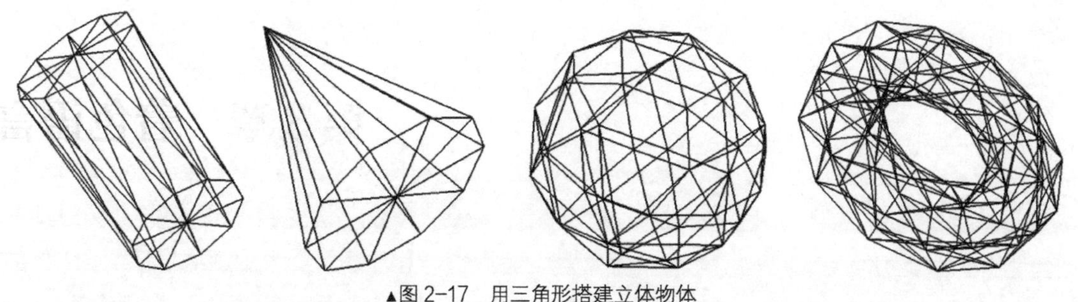

▲图 2-17 用三角形搭建立体物体

说明 从图 2-17 中可以看出用三角形可以搭建出任意形状的立体物体，这里仅给出了几个简单的例子，后继章节中还有很多其他形状的立体物体。

了解了 WebGL 2.0 中立体物体的搭建方式后，下面就需要了解 WebGL 2.0 中的坐标系了。WebGL 2.0 采用的是三维笛卡儿坐标系，如图 2-18 所示。

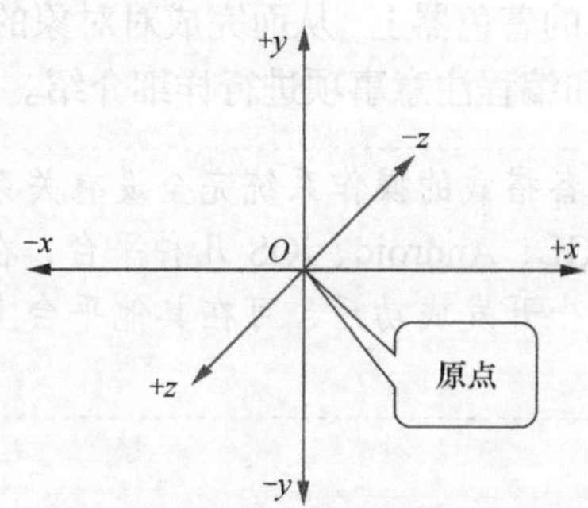

▲图 2-18 WebGL 2.0 中的坐标系

从图 2-18 中可以看出，WebGL 2.0 采用的是右手标架坐标系。一般来说，初始情况下 y 轴平行于屏幕的竖边，x 轴平行于屏幕的横边，z 轴垂直于屏幕平面。

提示 空间解析几何中有左手标架和右手标架两种坐标系标架。本书并非讨论空间解析几何的专门书籍，因此关于标架的问题不予详述，需要的读者可以参考空间解析几何的书籍或资料。

2.4 本章小结

通过对本章的学习，读者应该对 WebGL 2.0 的基本情况有了大概的了解。本章对市面上基于 WebGL 2.0 的应用和游戏进行了介绍，使读者感受到画面的精美和渲染能力的强大，这为以后自行开发酷炫的应用和游戏打下了坚实的基础。

第3章　着色语言

虽然现在 WebGL 2.0 的项目还比较少，但是对于 3D 开发人员来说，应该具备使用可编程图形硬件的能力，而各种可编程图形硬件一般都有着色器供以开发人员使用，因此，着色语言在 WebGL 项目开发中具有不可撼动的地位。

WebGL 2.0 调用了 OpenGL ES 3.0 的 API，并使用 GLSL（OpenGL Shading Language）来编写片段程序并执行于 GPU 的着色器上，从而完成对对象的渲染。在演示其他相关技术之前，将对这种着色语言的语法和编程注意事项进行详细介绍。

> **提示**　本章内容与设备搭载的操作系统完全没有关系。对于当前市面上十分流行的 Windows、WebGL、Android、iOS 几种平台，在着色语言开发方面是完全通用的。在一种平台上开发成功后，可在其他平台上直接使用，省去了开发时的移植问题。

3.1　着色语言概述

着色语言是一种高级图形编程语言，其源自应用广泛的 C 语言，同时具有 RenderMan 以及其他着色语言的一些优良特性，易于被开发人员掌握，被称为图形编程领域中最重要的新型开发技术。

与传统通用编程语言有很大不同的是，其提供了更加丰富的原生类型，如向量、矩阵等。这些新特性的加入使得着色语言在处理 3D 图形方面更加高效。简单来说，着色语言主要包括以下一些特性。

- 着色语言是一种高级过程语言（注意，不是面向对象的）。
- 对顶点着色器、片元着色器使用的是相同的语言，不进行区分。
- 基于 C/C++的语法及流程控制。
- 完美支持向量与矩阵的各种操作。
- 通过类型限定符来管理输入与输出。
- 拥有大量的内置函数来提供丰富的功能。

总之，着色语言是一种易于实现、功能强大、便于使用、完美支持硬件，并且可以高度并行处理、性能优良的高级图形编程语言。其可以帮助开发人员在不浪费大量时间的情况下，轻松地为用户带来更完美的视觉体验，开发出更加酷炫的 3D 场景与特效。

对于 3D 游戏开发人员来说，掌握这门语言尤为重要。本章将从多方面介绍着色语言的基本知识，使得读者初步了解着色语言，为以后深入学习打下坚实的基础。

3.2 着色语言基础

着色语言虽然是基于C/C++语法的语言，但其与C/C++之间还是有很多区别的。如着色语言不支持双精度浮点型（double）、字节型（byte）、短整型（short）、长整型（long），并且取消了C中的联合体（union）及枚举类型（enum）等特性。

3.2.1 数据类型概述

着色语言与很多语言相似，支持多种原生数据类型以及构建数据类型。比如着色语言对浮点型（float）、布尔型（bool）、整型（int）、矩阵型（matrix）以及向量型（vec2、vec3 等）都能很好地支持。在数据类型方面，着色语言可以支持标量、向量、采样器、结构体和数组等。这里将对这些数据类型的基本使用方法进行系统介绍。

> **提示** 在新版GLSL着色语言中，支持32位整型和浮点型数据以及操作，之前版本的着色语言只支持精度更低的16位数据类型。这样虽然能够加快计算速度，所需的资源也更少，但当着色器计算复杂度的增加，由于计算精度不够而引发的错误也随之增加。

1. 标量

标量与向量相比，只有大小没有方向，所以也被称为"无向量"。标量使用的范畴比较大，如质量、密度、时间和温度等。在使用标量进行运算时，只需要遵循简单的代数运算法则即可。着色语言支持的标量有布尔型、整型和浮点型，基本用法如下。

- 布尔型——bool

布尔型用来声明一个单独的布尔数。着色语言中布尔型只有true和false两个值。一般情况下，布尔类型的值由关系运算和逻辑运算产生。与C语言不同，在着色语言的流程控制中只能将布尔类型的值作为表达式。基本用法如下所示。

```
bool b;          //声明一个布尔型变量
```

- 有符号整型/无符号整型——int/uint

整型分为无符号和有符号两种类型，在默认情况下声明的整型变量都是有符号类型，用int来表示。整型用来声明一个单独的整数，其值可以为正数、负数和0，而无符号整型则不能用来声明负数。着色语言中的整型较为特殊的方面是其应保证最少支持32位精度。实际开发时要注意，运算不要超出正常范围，否则很有可能产生溢出，产生不可预测的错误。

着色语言中的整数也可以像C语言中的那样，不仅可以用十进制表示，有时为了使表达更加便捷还可以使用八进制或者十六进制等不同进制来表示，基本用法如下所示。

```
int a = 7;              //用十进制表示的整型
uint b=3u;              //无符号十进制
int b = 034;            //以0开头的字面常量为八进制，代表十进制的28
int c = 0x3C;           //以0x开头的字面常量为十六进制，代表十六进制的57
```

- 浮点数——float

着色语言中的浮点型用来声明一个单独的浮点数。由于着色语言并不没有像C/C++那样提供多种不同精度的浮点数，所以在代码中赋值浮点数部分时只要给出具体值即可。系统会将所有浮点数的都视为浮点型进行处理，无须再使用后缀来说明精度。

```
float f;                //声明一个浮点型的变量
float g = 3.0;          //在声明变量的同时为变量赋初值
float h, I;             //同时声明多个变量
```

```
float j, k = 3.12, l;  //声明多个变量时，可以为其中某些变量赋初值
float s=3e2;           //声明变量，并赋予指数形式的值，表示 3 乘以 10 的平方
```

需要注意的是，由于 WebGL 的着色语言没有采用 C/C++语言的方式来提供多种不同精度的浮点数，因此代码中的字面常量就不需要使用后缀来说明精度了，只要给出值即可。

2．向量

着色语言中，向量可以看作由同样类型的标量组成的数据类型。其中标量的基本类型也分为 bool、int 及 float 型 3 种。每个向量由两个、3 个或 4 个相同的标量组成，具体情况如表 3-1 所示。

表 3-1　　各向量类型及说明

向量类型	说　明	向量类型	说　明
vec2	包含两个浮点数的向量	bvec2	包含两个布尔数的向量
vec3	包含 3 个浮点数的向量	bvec3	包含 3 个布尔数的向量
vec4	包含 4 个浮点数的向量	bvec4	包含 4 个布尔数的向量
ivec2	包含两个整数的向量	uvec2	包含了两个无符号整数的向量
ivec3	包含 3 个整数的向量	uvec3	包含了两个无符号整数的向量
ivec4	包含 4 个整数的向量	uvec4	包含了两个无符号整数的向量

声明向量类型变量的基本语法如下。

```
vec2 v2;          //声明一个包含两个浮点数的向量
ivec3 v3;         //声明一个包含 3 个整数的向量
uvec3 vu3   ;     //声明一个包含 3 个无符号整数的向量
bvec4 v4;         //声明一个包含 4 个布尔数的向量
```

向量在着色器的开发中占有不可撼动的地位。向量可以很方便地对颜色、位置、纹理坐标等由多个分量组成的量进行操作。有时需要对其中的某一个分量进行操作，向量也可以完美地解决此问题。基本语法为“<向量名>.<分量名>”。主要用法如下。

- 用一个向量表示颜色信息时，可以使用 *r*、*g*、*b*、*a* 这 4 个分量名，其分别代表红、绿、蓝、透明度 4 个色彩通道。对某个分量进行操作时，只需要用上述语法指明向量的分量再进行操作即可。具体用法如下。

```
aColor.r = 0.5;      //给向量 aColor 的红色通道分量赋值
aColor.g = 0.7;      //给向量 aColor 的绿色通道分量赋值
```

提示　如果进行操作的向量为四维的，则可以使用的分量名为 *r*、*g*、*b*、*a*；如果向量为三维的，则可以使用的分量名为 *r*、*g*、*b*。如果向量为二维的，则仅可以使用 *r*、*g* 两个分量。

- 如果用向量来表示物体的位置坐标时，可以使用此向量的 *x*、*y*、*z*、*w* 这 4 个分量名，其分别代表 *x* 轴、*y* 轴、*z* 轴分量及 *w* 值。若要对其进行赋值，则用“=”连接分量和数值即可，具体用法如下。

```
aPosition.x = 57.1;      //给向量 aPosition 的 x 轴分量赋值
aPosition.z = 32.8;      //给向量 aPosition 的 z 轴分量赋值
```

提示　若向量是四维的，则可以使用的分量名为 *x*、*y*、*z*、*w*；若向量为三维的，则可以使用的分量名为 *x*、*y*、*z*；若为二维的，则可以使用 *x*、*y*。另外，一般只有在四维齐次坐标的情况下才会同时使用到 *x*、*y*、*z*、*w* 这 4 个分量。有兴趣的读者可自行查阅资料，这里不再赘述。

- 当将一个向量看作纹理坐标时，可以使用 s、t、p、q 这 4 个分量名，其分别代表纹理坐标的不同分量。若向量是四维的，则可以使用的分量名为 s、t、p、q；若向量为三维的，则可以使用的分量名为 s、t、p；若为二维的，则可以使用 s、t 两个分量。其具体用法如下。

```
aTexCoor.s = 0.24;                    //给向量 aTexCoor 的 s 分量赋值
aTexCoor.t = 0.71;                    //给向量 aTexCoor 的 t 分量赋值
```

在访问向量中的各个分量时不但可以采用“.”加上不同分量名的方法，还可以将向量看作一个数组，指明向量名称并找出对应下标作为后缀来进行访问。具体用法如下。

```
aColor[0]=0.6;                        //给向量 aColor 的红色通道分量赋值
aPosition[2]=48.3;                    //给向量 aPosition 的 z 轴分量赋值
aTexCoor[1]=0.34;                     //给向量 aTexCoor 的 t 分量赋值
```

提示 可能很多读者之前没有接触过纹理坐标，对纹理坐标的 s、t 分量表示的实际意义不是很了解。不必担心，之后章节会对纹理坐标进行详细的介绍。

接触过 C 语言的读者都知道，在 C 语言中开发者可以根据需要自行构建结构体。如果用构建结构体的方式来进行向量计算，则在程序运行时 CPU 会将每个分量顺序计算，效率很低。但是着色器中的向量则大大不同，其由硬件直接支持，多个分量并行计算，效率大大提高。

3. 矩阵

在 3D 场景的开发过程中，每个物体都要经过移位、旋转、缩放等变换。实质上这些变换是矩阵的运算。因此在 3D 场景的开发中，对矩阵的操作会很频繁。为了使用矩阵更加便捷，着色语言提供了对矩阵类型的支持，免去了构建矩阵的过程。

矩阵按尺寸分为 2×2 矩阵、3×3 矩阵以及 4×4 矩阵，具体情况如表 3-2 所示。

表 3-2　矩阵的类型及说明

矩阵类型	说明	矩阵类型	说明
mat2	2×2 的浮点数矩阵	mat2×2	2×2 的浮点数矩阵
mat3	3×3 的浮点数矩阵	mat2×3	2×3 的浮点数矩阵
mat4	4×4 的浮点数矩阵	mat2×4	2×4 的浮点数矩阵
mat3×2	3×2 的浮点数矩阵	mat4×2	4×2 的浮点数矩阵
mat3×3	3×3 的浮点数矩阵	mat4×3	4×3 的浮点数矩阵
mat3×4	3×4 的浮点数矩阵	mat4×4	4×4 的浮点数矩阵

矩阵类型的基本用法如下。

```
mat2 m2;                              //声明一个 mat2 类型的矩阵
mat3 m3;                              //声明一个 mat3 类型的矩阵
mat4 m4;                              //声明一个 mat4 类型的矩阵
mat3x2 m5;                            //声明一个 mat3x2 类型的矩阵
```

在本书使用的着色语言版本中，矩阵是按照列顺序组织的，也就是矩阵可以看作由几个列向量组成。例如，mat3 可以看作由 3 个 vec3 组成。另外，mat2 和 mat2×2、mat3 和 mat3×3、mat4 和 mat4×4 是 3 组两两各自完全相同的类型，只是类型的名称不同而已。

着色语言的矩阵类型是由多个向量按照列顺序进行组织的。在对矩阵进行访问时，可以将矩阵视为列向量的数组。例如：matrix 为一个 mat4 类型的矩阵，matrix[2]代表该矩阵的第 3 列，其为一个 vec4；matrix[2][2]指的是第 3 列向量中的第 3 个分量。

提示　从数学上讲，每个矩阵都可以看作向量的两种组合，将矩阵看作由多个行向量组成或由多个列向量组成。虽然功能相同，但在进行计算时是有很大区别的，因此了解着色语言的选择方式是非常重要的。有兴趣的读者可以参看线性代数方面的资料。

4. 采样器

采样器是着色语言中一种特殊的基本数据类型，专门用来执行纹理采样的相关操作。在片元着色器中，采样函数需要通过采样器变量来访问纹理单元。一般情况下，一个采样器变量代表一幅或一套纹理贴图，其具体情况如表 3-3 所示。

表 3-3　采样器基本类型及说明

采样器类型	说　明	采样器类型	说　明
sampler2D	用于访问二维纹理	isampler3D	用于访问立方贴图纹理
sampler3D	用于访问三维纹理	isamplerCube	用于访问整型的立方贴图纹理
samplerCube	用于访问浮点型的立方贴图纹理	isampler2DArray	用于访问整型的二维纹理数组
samplerCubeShadow	用于访问浮点型的立方阴影纹理	usampler2D	用于访问无符号整型的二维纹理
sampler2DShadow	用于访问浮点型的二维阴影纹理	usampler3D	用于访问无符号整型的三维纹理
sampler2DArray	用于访问浮点型的二维纹理数组	usamplerCube	用于访问无符号整型的立方贴图纹理
sampler2DArrayShadow	用于访问浮点型的二维阴影纹理数组	usampler2DArray	用于访问无符号整型的二维纹理数组
isampler2D	用于访问整型的二维纹理		

需要注意的是，与前面介绍的几类变量不同，采样器变量不能在着色器中进行初始化。一般情况下采样器变量都用 uniform 限定符来修饰，从宿主语言（如 C++、Java）接收传递至着色器的值。此外，采样器变量也可以用作函数的参数，但是作为函数参数时不可以使用 out 或 inout 修饰符来修饰。

5. 结构体

在着色语言中为了给开发人员更多的开发空间，还提供了类似 C 语言中的用户自定义结构体。同样也是使用 struct 关键字进行声明，基本用法如下所示。

```
struct info{                          //对名称为 info 的结构体进行声明
    vec3 color;                       //代表颜色的向量
     vec3 position;                   //代表位置的向量
    vec2 textureCoor;                 //纹理坐标的向量
}
```

自定义结构体声明完成后，如果开发人员需要使用此结构体，则同使用内建数据类型那样直接声明即可。具体用法如下面代码所示。

```
info CubeInfo;                        //声明了一个 info 类型的变量 CubeInfo
```

提示　在着色语言中，结构体的其他用法与 C 语言中的结构体相同，对此不了解的读者可以自行查阅 C 语言相关资料中的结构体部分。本书篇幅有限，不再赘述。

6. 数组

相信很大一部分读者通过前文对向量的介绍可以感觉到，着色语言是支持数组的。着色语言允许开发人员声明任何类型的数组。对数组进行声明的方法主要有两种，具体代码如下。

（1）声明数组的同时指定数组的大小。

```
vec3 position[20];                    //声明了一个包含 20 个 vec3 的数组，索引从 0 开始。
```

（2）在声明数组时，也可以不指定数组的大小，但是这时必须符合下列两种情况之一。

- 引用数组之前，要再次对数组进行声明，并指定数组的大小。具体代码如下所示。

```
vec3 color[];                         //声明了一个大小不定的 vec3 型数组
vec3 color[3];                        //再次声明该数组，并且指定大小
```

- 代码中访问数组的下标是常量，编译器会自动创建适当大小的数组，使得数组足够存储编译器看到的最大索引值对应的元素，代码如下。

```
vec3 position[];                      //声明了一个大小不定的 vec3 型数组
position[4] = vec3(4.0);              //position 需要为一个大小为 5 的数组
position[16] = vec3(3.0);             //position 需要为一个大小为 17 的数组
```

7. 空类型

空类型使用 void 来表示，仅用来声明没有任何返回值的函数。例如在顶点着色器以及片元着色器中必须存在的 main 函数就是一个返回值为空类型的函数，代码如下所示。

```
void main()                           //声明一个空返回值类型的 main 方法
{  //函数的具体操作略  }
```

3.2.2 数据类型的基本使用

前面详细介绍了着色语言中的各个数据类型，相信读者已经基本掌握了这些数据类型的知识。本节将为读者简单地介绍这些数据类型的声明、作用域以及初始化。

1. 声明、作用域及初始化

变量的声明与 C++语法类似，可以在任何需要的位置声明变量，同时其作用域也与 C++类似，分为局部变量与全局变量。请读者观察如下代码片段。

```
1    int a,b;                                  //声明了全局变量 a 及 b
2    vec3 aPosition=vec3(1.0,2.0,3.3);         //声明了全局变量 aPosition 并赋初值
3    void myFunction(){
4        int c=14;                             //声明了局部变量 c 并赋初值
5        a=4;                                  //给全局变量 a 赋值
6        b=a+c;                                //给全局变量 b 赋值
7    }
```

- 第 1 行声明了全局变量 *a*、*b*，其作用域为整个着色器。
- 第 4 行声明了局部变量 *c*，其作用域为自声明开始到 myFunction 函数结束。

> **提示** 着色语言还有一点特殊的地方，就是在一些着色语言的实现中不可以在 if 语句中声明新变量，这时为了简化变量而在 else 子句上作用域实现。作者目前使用的 Web 平台中的各种实现基本都支持在 if 语句中声明变量，但也不排除有特殊情况出现，读者了解这一点即可。

在着色器中变量的命名很自由，仅要求变量名称由字母、数字与下划线组成，且必须以字母或者下划线开头。开发人员在开发程序时，有一个良好的命名习惯将大大提高代码的可维护性。因此，作者建议在着色语言中，变量应该按照下面的规则进行命名。

- 由于系统中有很多内建变量都是以"gl_"作为开头的，因此用户自定义的变量不允许使用"gl_"作为开头，从而将自定义变量和内建变量区分出来。
- 为自已的函数或变量命名时尽量采用有意义的拼写，除了一些局部变量外不要采用 *a*、*b*、*c* 等名称。若一个单词不足以描述变量的用途，则可以用多个单词的组合，除第一个单词全小写外，其他每个单词的第一个字母大写。

实际开发中对着色语言变量进行初始化时有一些灵活的技巧。开发人员掌握这些技巧后能够使代码更加清晰、简洁。下面的代码片段说明了这个问题。

```
1    float a=56.3;           //声明了浮点变量 a 并赋初值
2    float b=23.4;           //声明了浮点变量 b 并赋初值
3    vec2 va=vec2(6.3,4.5);//声明了二维向量 va 并赋初值
4    vec2 vb=vec2(a,b);      //声明了二维向量 vb 并赋初值
5    vec3 vc=vec3(vb,95.5);//声明了三维向量 vc 并赋初值
6    vec4 vd=vec4(va,vb);  //声明了四维向量 vd 并赋初值
7    vec4 ve=vec4(3.2);      //声明了四维向量 ve 并赋初值，相当于 vec4(3.2,3.2,3.2,3.2)
8    vec3 vf=vec3(ve);       //声明 vf 并初始化，相当于 ve3（3.2,3.2,3.2）舍弃了 ve 的第 4 个分量
```

提示　从上述代码中可以看出，初始化时向量的各个分量既可以使用字面常量，也可以使用变量，还可以从其他向量中直接获取。同时，若向量各分量的值相同，还可以采用如第 7 行所示的代码简化语法。若声明向量的维数小于构造器中向量的维数，也可以采用如第 8 行所示的代码，舍弃构造器中的相应分量。实际开发中，读者可以根据具体情况灵活选用。

初始化矩阵也有一些灵活的技巧，具体分为如下几种规则。

（1）初始化时矩阵的各个元素既可以使用字面常量，也可以使用变量，还可以从其他向量中直接获取。

（2）初始化时若矩阵只有对角线上有值且相同，则可以通过给出 1 个字面常量初始化矩阵。

（3）当初始化时若矩阵 ***M*1** 的行列数（$N\times N$）小于构造器中矩阵 ***M*2** 的行列数（$M\times M$）时（即 $N<M$），则矩阵 ***M*1** 的元素值为矩阵 ***M*2** 左上角 $N\times N$ 个对应元素的值。

（4）初始化时若矩阵 ***M*1** 的行列数（$N\times M$）与构造器中矩阵 ***M*2** 的行列数（$P\times Q$）不同，且 P 和 Q 之间的最大值大于 N 和 M 之间的最大值（假设 ***M*1** 为 mat2×3、***M*2** 为 mat4×2），则矩阵 ***M*1** 左上角 $N\times N$ 个元素值为矩阵 ***M*2** 左上角 $N\times N$ 个元素的值，矩阵 ***M*1** 的其他行元素值为 0。

（5）初始化时若矩阵 ***M*1** 的行列数（$N\times N$）大于构造器中矩阵 ***M*2** 的行列数（$M\times M$）（即 $N>M$），则矩阵 ***M*1** 左上角 $M\times M$ 个元素值为矩阵 ***M*2** 的对应元素值，矩阵 ***M*1** 右下角剩余对角线元素的值为 1，矩阵 ***M*1** 剩余其他元素值为 0。

下面的代码片段说明了上述的问题。

```
1    float a=6.3;                                    //声明了浮点变量 a 并赋初值
2    float b=11.4;                                   //声明了浮点变量 b 并赋初值
3    float c=12.5;                                   //声明了浮点变量 c 并赋初值
4    vec3 va=vec3(2.3,2.5,3.8);
5    vec3 vb=vec3(a,b,c);
6    vec3 vc=vec3(vb.x,va.y,14.4);
7    mat3 ma=mat3(1.0,2.0,3.0,4.0,5.0,6.0,7.0,8.0,c);//用 9 个字面常量初始化 3×3 矩阵
8    mat3 mb=mat3(va,vb,vc);                   //用 3 个向量初始化 3×3 矩阵
9    mat3 mc=mat3(va,vb,1.0,2.0,3.0);        //给出多个向量和字面常量以初始化 3×3 矩阵
10   mat3 md=mat3(2.0) ;                        //给出 1 个字面常量以初始化 3×3 矩阵
11   mat4x4 me=mat4x4(3.0);//等价于 mat4x4(3.0,0.0,0.0,0.0,0.0,3.0,0.0,0.0,0.0,0.0,
     3.0,0.0,0.0,0.0,0.0,3.0)
12   mat3x3 mf=mat3x3(me);//等价于 mat3x3(3.0,0.0,0.0,0.0,3.0,0.0,0.0,0.0,3.0)
13   vec2 vd=vec2(a,b);
14   mat4x2 mg=mat4x2(vd,vd,vd,vd);
15   mat2x3 mh=mat2x3(mg);//等价于 mat2x3(6.3,11.4,0.0, 6.3,11.4,0.0)
16   mat4x4 mj=mat4x4(mf);//等价于 mat4×4(3.0,0.0,0.0,0.0,0.0,3.0,0.0,0.0,0.0,0.0,
     3.0,0.0, 0.0,0.0,0.0,1.0)
```

说明　从上述代码中可以看出，第 7～9 行的代码遵循了第 1 条规则，第 10～11 行代码遵循了第 2 条规则，第 12 行的代码遵循了第 3 条规则，第 15 行的代码遵循了第 4 条规则，第 16 行代码遵循了第 5 条规则。在实际开发中，读者可以根据具体情况灵活选用。

2. 变量初始化的规则

由于着色语言中的变量初始化规则基本承袭自 C 语言，所以 C 语言中的大部分语法规则在着色语言中同样适用，但是也有一些不同，基本规则如下所示。

- 常用初始化方式：变量可以在声明的时候就进行初始化。

```
int a=5,b=6,c;               //声明了整型变量 a、b 与 c，同时为 a 与 b 变量赋初值
```

- 用 const 限定符修饰的变量必须在声明的时候进行初始化。

```
const float k=3.0;            //在声明的时候初始化
```

- 全局的输入变量、一致变量以及输出变量在声明的时候一定不能进行初始化。

```
in float angleSpan;      //不可对全局输入变量进行初始化
uniform int k;           //不可对一致变量进行初始化
out vec3 position;       //不可对全局输出变量进行初始化
```

> **提示** 为了防止重复计算，在着色器中应少使用字面常量，而用常量代替，如有多个 1.0、0.0。可以声明常量，并重复使用。关于输入变量、一致变量以及输出变量的细节在后面会进行详细介绍，这里简单了解语法规则即可。

3.2.3 运算符

前两节为读者详细介绍了使用着色语言进行开发时各种数据类型及其用法，本节将介绍如何对各种数据执行操作，这在开发中是十分重要的。

与大多数编程语言类似，常见的运算符都可以在该语言中使用。下面按照优先级顺序列出了着色语言中可以使用的运算符，如表 3-4 所示。

表 3-4 运算符列表（按照优先级顺序排列）

<table>
<tr><th>运 算 符</th><th>说　明</th><th>运 算 符</th><th>说　明</th></tr>
<tr><td>( )</td><td>括号分组</td><td>[]</td><td>用于索引</td></tr>
<tr><td>( )</td><td>函数调用和构造函数结构</td><td>.</td><td>用于成员选择与混合</td></tr>
<tr><td>++ --</td><td>自加 1 与自减 1 后缀</td><td>++ --</td><td>自加 1 与自减 1 前缀</td></tr>
<tr><td>+ - ~ !</td><td>一元运算符</td><td>* / %</td><td>乘法、除法与取余</td></tr>
<tr><td>+ -</td><td>加法与减法</td><td><< >></td><td>逐位左移和右移</td></tr>
<tr><td><> <= >=</td><td>关系运算符</td><td>== !=</td><td>等于以及不等于</td></tr>
<tr><td>&</td><td>逐位与</td><td>^</td><td>逐位异或</td></tr>
<tr><td>|</td><td>逐位或</td><td>&&</td><td>逻辑与</td></tr>
<tr><td>^^</td><td>逻辑异或</td><td>||</td><td>逻辑或</td></tr>
<tr><td>?:</td><td>选择</td><td>= += -= *= /=</td><td>赋值运算符</td></tr>
<tr><td>%= <<= >>= &= ^=|=</td><td>赋值运算符</td><td>,</td><td>按顺序排列</td></tr>
</table>

> **说明** 表 3-4 所示运算符列表中各个运算符的优先级是按照从左到右，再从上到下的顺序进行排列的。读者在进行实际开发时一定要注意运算符的优先级，否则会出现难以预料的后果。

看完上面的介绍后，相信读者对运算符的优先级有了基本的认识。为了使读者对运算符的了解更加深刻，下面将对在开发中经常使用的运算符进行详细介绍。

1. 索引

从表 3-4 中可以发现，着色语言中的索引表示方法与 C 语言中的是完全相同的，用“[ ]”

来表示，其中的数字代表索引值。在着色语言中索引的起始下标也为 0。

索引经常用在数组、向量或者矩阵的操作中。通过索引进行操作，开发者可以很方便地获取数组、向量或者矩阵中的元素，具体的使用方法如下代码片段所示。

```
float array[10];            //声明一个长度为 10 的浮点型数组
array[2]=1.0;               //通过索引找到下标为 2 的数，并且给其赋值为 1.0
vec3 position=vec3(2.3,5.0,0.2);     //声明一个 vec3 类型的向量，并且进行初始化
float temp=position[1];  //通过索引对 position 向量进行操作，并将第二个值 5.0 并赋给 temp
mat4 matrix=mat4(1.0);    //声明一个 mat4 类型的矩阵，并进行初始化
vec4 tempV=matrix[1];     //通过索引在 matrix 矩阵中找到向量(0.0,1.0,0.0,0.0)并将其赋值给
tempV
```

2. 混合选择

通过运算符“.”可以进行混合选择操作，在运算符“.”之后列出一个向量中需要的各个分量的名称，然后选择并重新排列这些分量。下面的代码片段说明了这个问题。

```
vec4 color= vec4(0.7,0.1,0.5,1.0); //声明一个 vec4 类型的向量 color
vec3 temp=color.agb;               //将一个向量(1.0,0.1,0.5)赋值给 temp
vec4 tempL=color.aabb;             //将一个向量(1.0,1.0,0.5,0.5)赋值给 tempL
vec3 tempLL;                       //声明了一个三维向量 tempLL
tempLL.grb=color.aab;              //对向量 tempLL 的 3 个分量赋值
```

- 一次混合最多只能列出 4 个分量的名称，且同一次出现的分量名称必须来自同一名称组。3 个名称组分别为 xyzw、rgba、stpq。如“color.xa”就是错误的，因为分量名称没有来自同一个组。
- 各分量名称在进行混合时可以改变顺序以重新排列。
- 以赋值表达式中的“=”为界，其左侧称为 L 值（要写入的表达式），右侧称为 R 值（所读取的表达式）。混合时，R 值可以使用一个向量的各个分量任意地进行组合或重复使用，而 L 值不能有重复分量，但可以改变分量顺序。

3. 算术运算符

自加“++”以及自减运算符“--”执行的操作与 C 语言中的相同，既可以用于整数也可以用于浮点数。若在向量以及矩阵中使用它们，则向量或矩阵的每个元素都会执行加 1 或者减 1 的操作。

对标量而言，加减乘除运算与 C 语言中的基本没有区别。但若是对矩阵执行运算，则进行的是线性代数中的相关运算。如在矩阵上执行乘法时，不再是简单的算术运算，而是线性代数的乘法。下面的代码片段说明了这些特殊情况。

```
vec3 va=vec3(0.5,0.5,0.5);           //声明了一个 vec3 向量 va
vec3 vb=vec3(2.0,1.0,4.0);           //声明了一个 vec3 向量 vb
vec3 vc=va*vb;                       //两个向量执行乘法，加减与之类似
mat3 ma=mat3(1,2,3,4,5,6,7,8,9);     //声明了一个 mat3 矩阵 ma
mat3 mb=mat3(9,8,7,6,5,4,3,2,1);     //声明了一个 mat3 矩阵 mb
vec3 vd=va*ma;                       //执行向量与矩阵的乘法，需满足线性代数的定义
mat3 mc=ma*mb;                       //执行矩阵乘法，需满足线性代数的定义
```

- 用算术运算符对向量执行运算时，执行的是各分量的算术运算。如将两个向量用“+”来相加，实际执行的是向量中各分量相加以得到一个新向量。
- 向量与矩阵以及矩阵与矩阵的乘法执行的都是满足线性代数定义的运算。

4. 其他运算符

- 关系运算符（<、>、<= 、>=）只能用在浮点数或整数标量的操作中，通过关系运算符执行的运算将产生一个布尔型的值。如果想要比较两个向量中的每一个元素的大小，则可以调用内置函数 lessThan、lessThanEqual、greaterThan 和 greaterThanEqual。
- 等于运算符（==、!=）可以用在任何数据类型的操作中，在等于操作中会对左右两个操作数的每一个分量进行比较，然后得出一个布尔型的值，从而说明左右两个操作数是否

完全相等。如果想要得到两个向量中的每一个元素是否相等，则可以调用内置函数 equal 和 notEqual。

- 逻辑运算符包括与（&&）、或（||）、非（!）以及异或（^^）这 4 种操作类型，这些操作只可以用在类型为布尔标量的表达式中，不可以用在矩阵中。
- 选择运算符（?:）的使用方法也与 C 语言中的相同，可以用在除数组之外的任何类型中。但是要注意，第二个以及第三个表达式必须是相同的类型。计算第一个逻辑表达式可以得到一个布尔类型的值，若其为 true 则只计算第二个表达式，若为 false 则只计算第三个表达式。
- 位运算符包括取反（~）、左移（<<）、右移（>>）、与（&）、或（|）和异或（^）6 种操作类型，这些操作符只适用于有符号或者无符号的整型标量或者整型向量。其中后 3 种位运算符要求左右两边的操作数必须是有相同长度的整型量。
- 赋值运算符中最常用的“=”在操作时，要求符号两边的操作数类型必须完全相同。这一点很特殊，与 C/C++以及 Java 等通用编程语言不同，着色语言的赋值没有自动类型转换或提升功能。例如“float a=1;”就是错的，因为左侧的 a 是浮点型，右侧的 1 是整型。

3.2.4 构造函数

构造函数的使用可以看作函数调用，函数名称是某一个基本类型，回调结果是得到指定类型的实例。构造函数还可以用来转换数据类型，这将在下一节进行简单介绍。本节主要对向量的构造函数、矩阵的构造函数、结构体的构造函数和数组的构造函数进行介绍。

1. 向量的构造函数

向量的构造函数可以用来创建指定类型向量的实例，其入口参数一般为基本类型的字面常量、变量或其他向量，主要有如下两种基本形式。

- 如果向量的构造函数内只有一个标量值，那么该向量的所有分量都等于该值。
- 如果向量的构造函数内有多个标量或者向量参数，那么向量的分量则由左向右依次被赋值。在这种情况下，参数的分量和向量的分量至少要一样多。

下面的代码片段对向量的构造函数进行了简单的说明。

```
vec4 myVec4 = vec4(1.0);              //myVec4 中的每一个分量值都是 1.0
vec3 myVec3 = vec3(1.0,0.0,0.5);  //myVec3 的分量值分别为 1.0、0.0、0.5
vec3 temp = vec3(myVec3);             //temp 中各个分量值等于 myVec3 中各个分量值
vec2 myVec2 = vec2(myVec3);           //myVec2 中的分量值分别为 1.0、0.0
myVec4 = vec4(myVec2, temp);          //myVec4 中的分量值分别为 1.0、0.0、1.0、0.0
```

> **提示** 如果向量构造函数的参数与声明向量的类型不相符，则应选择数据类型转换方式转换参数类型，从而与向量类型匹配。

2. 矩阵的构造函数

相比向量的构造函数，矩阵的构造函数更加灵活一些。矩阵的构造函数共有 3 种基本形式。

- 如果矩阵的构造函数内只有一个标量值，那么矩阵对角线上的分量都等于该值，其余值为 0。
- 矩阵可以由许多向量构造而成。比如说，一个 mat2 矩阵可以由两个 vec2 构成。
- 矩阵还可以由大量的标量值构成，矩阵中的分量由左向右依次被赋值。

只要提供了足够多的参数，矩阵甚至可以由任意的标量值和向量值合并构成，下面的代码片段对矩阵构造函数的使用进行了简单的说明。

```
1    vec2 d=vec2(1.0,2.0);  //d 的分量值分别为 1.0、2.0
2    mat2 e=mat2(d,d);      //e 的第 1 列和第 2 列均为（1.0、2.0）
3    mat3 f=mat3(e);        //将矩阵 e 放到矩阵 f 的左上角，右下角剩余对角线元素的值为 1，其余为 0
4    mat4x2 g=mat4x2(d,d,d,d);  //声明一个 mat4*2 矩阵
5    mat2x3 h=mat2x3(g); //将矩阵 g 左上角的 2×2 个元素值赋值给 h 中的对应元素，h 矩阵的最后一行为 0,0
6    mat3 myMat3 = mat3(1.0, 0.0, 0.0,       //矩阵 myMat3 第 1 列的值
7                       0.0, 1.0, 0.0,       //矩阵 myMat3 第 2 列的值
8                       0.0, 1.0, 1.0);      //矩阵 myMat3 第 3 列的值
```

提示　在着色器语言中矩阵元素的存储顺序以列为主，即矩阵由列向量组成。因此，当使用矩阵的构造函数时，矩阵元素将会按照矩阵中列的顺序依次被参数赋值。这一点在上述代码片段的第 5 行中有所体现。

3. 结构体的构造函数

如果一个结构体被定义并且赋予了一个类型名，则可用该类型名去构造该结构体的实例。下面的代码片段说明了这个问题。

```
struct light{              //定义结构体 light
float intensity;           //声明浮点型成员
vec3 position;             //声明 vec3 型成员
};
light lightVar=light(2.0,vec3(1.0,2.0,3.0));    //创建 light 结构体的实例
```

说明　构造函数内的每一个值都会按顺序赋给结构体内的相应成员，这时要求每一个值的类型都要与结构体内的成员类型相匹配。结构体的构造函数同样适用于初始化或者表达式。

4. 数组的构造函数

数组类型同样可以作为构造函数的名称，该构造函数同样适用于初始化或者表达式，具体情况如下面的代码片段所示。

```
const float i[3]=float[3](1.0,2.0,3.0);  //声明一个长度为 3 的浮点型数组
const float j[3]=float[](1.0,2.0,3.0);   //声明一个长度为 3 的浮点型数组
float k=1.0;                             //声明一个变量
float m[3];                              //定义一个一维数组
m=float[3](k,k+1.0,k+2.0);               //给数组赋值
```

说明　在使用数组的构造函数时，需要保证参数的个数与定义的数组长度相同。数组的索引值从 0 开始，并且每个参数的类型与定义数组的类型必须一致。

3.2.5　类型转换

着色语言没有提供类型的自动提升功能，并且对类型的匹配要求十分严格。例如前面介绍过的，赋值表达式中的两个操作数类型必须完全相同，调用函数时的形参以及实参的类型也必须相同。读者在学习和开发时要注意类型问题。

虽然着色语言对数据类型有很高的要求，但却没有提供数据类型的强制转换功能。开发者只能使用构造函数来完成类型转换，下面的代码片段说明了这个问题。

```
float f=1.0;           //声明一个浮点数 f 并赋值
bool b=bool(f);        //将浮点数转换成布尔类型，该构造函数将非 0 的数字转为 true，0 转为 false
float f1=float(b);     //将布尔值转变为浮点数，true 转换为 1.0，false 转换为 0.0
int c=int(f1);         //将浮点数直接去掉小数部分以转换成有符号或者无符号整型
```

虽然这样的类型转换设计相比其他高级语言来说不是很方便，但是却可以避免某些类型转换带来的性能和复杂性的缺陷，简化了硬件实现，可以说是利大于弊的。由于着色语言中并不存在类型转换功能，因此一些 Java 中熟悉的写法在着色语言中就是错误的。

```
float f0=1;              //声明一个浮点数并赋值
```

说明 若在着色语言中如此声明浮点数，则会产生编译错误。这也是一个着色器编程初学者常犯的错误。读者要多注意赋值操作的操作数的类型是否一致。

3.2.6 限定符

与其他编程语言一样，着色器对变量也有很多可选的限定符。这些限定符中的大部分只能用来修饰全局变量，常用的限定符及作用如表 3-5 所示。

表 3-5　　4 种限定符及说明

限 定 符	说 明
const	用于声明常量
in/centroid in	一般用于声明着色器的输入变量，如在顶点着色器中用来接收顶点位置、颜色等数据变量，centroid in 变量与插值类型有关
out/centroid out	一般用来声明着色器的输出变量，如从顶点着色器向片元着色器传递的顶点位置等数据变量，centroid out 变量与插值类型有关
uniform	一般用于对由同一组顶点组成的单个 3D 物体中所有顶点都相同的量，如当前的光源位置

下面给出了使用上述 4 种限定符的代码片段。

```
uniform mat4 uMVPMatrix;          //声明一个用 uniform 修饰的 mat4 类型的矩阵
in vec3 aPosition;                //声明一个用 in 修饰的 vec3 类型的向量
out vec4 aaColor;                 //声明一个用 out 修饰的 vec4 类型的向量
const int lightsCount = 4;        //声明一个用 const 修饰的整型的常量
```

限定符在使用时应该放在变量类型之前，且使用 in、uniform 以及 out 限定符来修饰的变量必须为全局变量。同时要注意的是，着色语言中没有默认的限定符，因此如果有需要，则必须为全局变量明确指定需要的限定符。

下面对几种限定符进行更为详细的介绍，具体内容如下所示。

1. in/centroid in 限定符

in/centroid in 限定符修饰的全局变量又称为输入变量，形成当前着色器与渲染管线前驱阶段的动态输入接口。输入变量的值是在着色器开始执行时由渲染管线的前一阶段送入。在着色器程序执行过程中，变量不可以被重新赋值。in/centroid in 限定符的使用分为如下两种情况。

（1）顶点着色器的输入变量。

在顶点着色器中只能使用 in 限定符来修饰全局变量，不能使用 centroid in 限定符和 interpolation 限定符。在顶点着色器中使用 in 限定符修饰的变量可接收渲染管线传递给顶点着色器的当前待处理的顶点的各种属性值。这些属性值各自拥有独立的副本，用于描述顶点的各项特征，如顶点坐标、法向量、颜色、纹理坐标等。

提示 关于 interpolation 限定符的细节在后面会进行详细介绍，这里简单了解即可。

在顶点着色器中用 in 限定符修饰的变量实质是由宿主程序（本书中为 Java、C++）批量传入渲染管线的，管线进行基本处理后再传递给顶点着色器（参考图 3-24）。数据中有多少个顶点，管线就调用多少次顶点着色器，每次将一个顶点的各种属性数据传递给与顶点着色器对应的 in 变量。因此，顶点着色器每次执行都会完成一个顶点各项属性数据的处理。

在顶点着色器中，in 限定符只能用来修饰浮点数标量、浮点数向量、矩阵变量以及有符号或无符号的整型标量或整型向量，不能用来修饰其他类型的变量。下面的代码片段给出了在顶点着色器中正确使用 in 限定符的情况。

```
in vec3 aPosition;  //顶点位置
in vec3 aNormal;    //顶点法向量
```

> **提示** 从上述介绍可以看出，若需要渲染的 3D 物体中有很多顶点，则顶点着色器就需要执行很多次，这很耗费时间。另外，由于顶点着色器每次仅处理一个独立顶点的相关数据，因此可见顶点着色器的多次执行之间并没有什么逻辑依赖性。当今主流的 GPU 都配备了不止一套的顶点着色器硬件，数量从几套到几百套不等。这些顶点着色器的并发执行可以提高渲染速度。

前面已经提过，对于用 in/centroid in 限定符修饰的变量来说，其值是由宿主程序批量传入渲染管线的。相关代码如下。

```
1   this.vertexData= [3.0,0.0,0.0,0.0,0.0,0.0,3.0,0.0];      //初始化顶点坐标数据
2   this.vertexBuffer=gl.createBuffer();                     //创建顶点坐标数据缓冲
3   gl.bindBuffer(gl.ARRAY_BUFFER,this.vertexBuffer);        //绑定顶点坐标数据缓冲
4   //将顶点坐标数据送入缓冲
5   gl.bufferData(gl.ARRAY_BUFFER,new Float32Array(this.vertexData),gl.STATIC_DRAW);
6   //启用顶点坐标数据
7   gl.enableVertexAttribArray(gl.getAttribLocation(this.program, "aPosition"));
8   //给管线指定顶点坐标数据
9   gl.vertexAttribPointer(
10  gl.getAttribLocation(this.program,"aPosition"),          //获得 aPosition 的位置
11  3,                                                       //每组数据中的分量个数
12  gl.FLOAT,false,0,0);
```

- 第 1 行为初始化顶点坐标数据的代码。在 vertexData 数组中每 3 个数据为一组，分别为顶点的 *x*、*y*、*z* 坐标。此数组中的数据没有特殊性，读者可以更改。
- 第 2～3 行为创建和绑定顶点坐标数据缓冲的相关代码，它为上传数据做好了准备。
- 第 4～7 行为将顶点坐标数据送入缓冲并启用的代码。gl.bufferData()为将数据传入缓冲对象中的方法。
- 第 8～12 行使用 gl.vertexAttribPointer()方法为管线指定了顶点坐标的数据。此方法参数较多，较为复杂。第一个参数为变量 a_Position 在着色器中的地址，通常用 gl.getAttribLocation 方法进行查询。

> **提示** 从上述代码中可以看出，主要工作分为 3 步，即创建缓冲、绑定缓冲、将数据传入缓冲中。上述工作往往不是在一个方法中完成的，具体情况可以参考第 2 章 Sample1_1 中的 Triangle 类。

（2）片元着色器的输入变量。

片元着色器中可以使用 in 或 centroid in 限定符来修饰全局变量，该变量用于接收来自顶点着色器的相关数据，最典型的是接收根据顶点着色器的顶点数据插值产生的片元数据。

在片元着色器中，in/centroid in 限定符可以修饰的类型包括有符号或无符号的整型标量、整型向量、浮点数标量、浮点数向量、矩阵变量、数组变量或结构体变量。然而，当片元着色器中 in/centroid in 变量的类型为有符号或无符号整型标量或整型向量时，变量必须使用 flat 限定符来修饰。

> **提示** flat 限定符是 interpolation 限定符中的一种，其具体细节在后面会详细介绍。

下面的代码片段给出了在片元着色器中正确使用 in 限定符的示例。

```
in vec3 vPosition;                //接收从顶点着色器传递过来的顶点位置数据
centroid in vec2 vTexCoord;       //接收从顶点着色器传递过来的纹理坐标数据
flat in vec3 vColor;              //接收从顶点着色器传递过来的颜色数据
```

提示 顶点着色器的 in 变量不可以声明数组，同样输入变量也不可以声明结构体对象。此外，顶点着色器的 in 变量不像一致变量一样能通过打包传送数据，因此最好使用 vec4 的整数倍进行送入，以提高效率。

2. uniform 限定符

uniform 为一致变量限定符，一致变量指的是在由同一组顶点组成的单个 3D 物体中所有顶点都是相同的量。uniform 变量可以用在顶点着色器或片元着色器中，用来修饰所有的基本数据类型。与 in 变量类似，一致变量的值也是从宿主程序传入的。

下面的代码片段给出了在顶点或片元着色器中正确使用 uniform 限定符的情况。

```
uniform mat4 uMVPMatrix;                //总变换矩阵
uniform mat4 uMMatrix;                  //基本变换矩阵
uniform vec3 uLightLocation;            //光源位置
uniform vec3 uCamera;                   //摄像机位置
```

将一致变量的值从宿主程序（本书中为 JavaScript）传入渲染管线的相关代码如下。

```
var uMVPMatrixHandle;      //总变换矩阵一致变量的引用
//获取着色器程序中总变换矩阵一致变量的引用
muMVPMatrixHandle =gl. getUniformLocation (this.program, "uMVPMatrix");
//通过一致变量的引用将一致变量值传入渲染管线
gl.uniformMatrix4fv(uMVPMatrixHandle,false,new Float32Array(ms.getFinalMatrix()));
```

说明 从上述代码中可以看出，将一致变量的值送入渲染管线比较简单，主要包括两个步骤，分别为获取着色器程序中一致变量的引用以及调用 uniformMatrix4fv 等方法将对应一致变量的值送入渲染管线。

3. out/centroid out 限定符

out/centroid out 限定符修饰的全局变量又称为输出变量，形成当前着色器与渲染管线后继阶段的动态输出接口。通常在当前着色器程序执行完毕时，输出变量的值才被送入后继阶段进行处理。因此，不能在着色器中声明同时起到输入和输出作用的 in/out 全局变量，out/centroid out 限定符的使用分为如下两种情况。

（1）顶点着色器的输出变量。

在顶点着色器中可以使用 out 或 centroid out 限定符修饰全局变量，以向渲染管线后继阶段传递当前顶点的数据。

在顶点着色器中，out/centroid out 限定符只能用来修饰浮点型标量、浮点型向量、矩阵变量、有符号或无符号的整型标量或整型向量、数组变量及结构体变量。当顶点着色器中 out/centroid out 变量的类型为有符号或无符号的整型标量或整型向量时，变量也必须使用 flat 限定符来修饰。

图 3-1 给出了默认情况下 out 变量的工作原理。

从图 3-1 中可以看出，在默认情况下，顶点着色器在每个顶点上都对 out 变量 vPosition 进行赋值。接着在片元着色器中接收 in 变量 vPosition 的值时得到的并不是由某个顶点赋予的特定值，而是根据片元所在位置及图元中各个顶点的位置进行插值计算产生的值。

图 3-1 中顶点 1、2、3 的 vPosition 值分别为 vec3（0.0,7.0,0.0）、vec3（-5.0,0.0,0.0）、vec3（5.0,0.0,0.0），插值后片元 a 的 vPosition 值为 vec3（1.27,5.27,0.0）。这个值是根据 3 个顶点对应的着色器给 vPosition 赋的值、3 个顶点位置及此片元位置由管线插值计算而得到的。

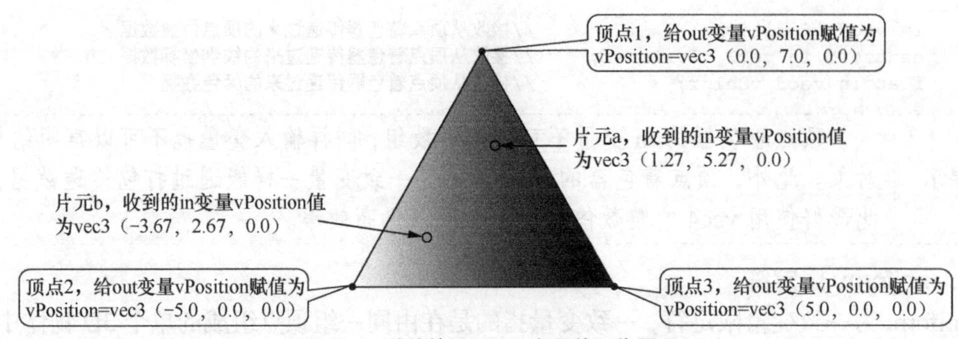

▲图 3-1　默认情况下 out 变量的工作原理

从上述介绍中可以看出，光栅化后产生了多少个片元，就会插值计算出多少套 in 变量。同时，渲染管线就会调用多少次片元着色器。一般情况下在对一个 3D 物体进行渲染时，片元着色器执行的次数会大大超过顶点着色器。因此，GPU 硬件中配置的片元着色器的硬件数量往往多于顶点着色器的硬件数量。这些硬件单元的并行执行可以提高渲染速度。

提示　从上述介绍中可以看出，这就是 GPU 在图形处理性能上远远超过同时代、同档次 CPU 的原因，CPU 中没有这么多的并行硬件处理单元。

下面的代码片段给出了在顶点着色器中正确使用 out/centroid out 限定符的情况。

```
out vec4 ambient;                       //环境光 out 变量
out vec4 diffuse;                       //散射光 out 变量
centroid out vec2 texCoor;              //纹理坐标 out 变量
invariant centroid out vec4 color;      //颜色值 out 变量
```

（2）片元着色器的输出变量。

在片元着色器中只能使用 out 限定符来修饰全局变量，而不能使用 centroid out 限定符。片元着色器中的 out 变量一般指的是由片元着色器写入计算片元颜色值的变量，一般需要在片元着色器的最后对其进行赋值，并将其送入渲染管线的后继阶段进行处理。

在片元着色器中，out 限定符只能用来修饰浮点型标量、浮点型向量、有符号或无符号的整型量或整型向量及数组变量，不能用来修饰其他类型的变量。下面的代码片段给出了在片元着色器中正确使用 out 限定符的情况。

```
out vec4 fragColor;     //输出的片元颜色
out uint luminosity;
```

提示　对于顶点着色器而言，一般是既声明 out 变量，又对 out 变量进行赋值以传递给片元着色器。而片元着色器中声明 in 变量以接收顶点着色器传过来的值，是不可以对 in 变量进行赋值的。并且 WebGL 2.0 中片元着色器的内建输出变量 gl_FragColor（此内建变量在 WebGL 1.0 中几乎总要用到）已不存在，需要自己声明 out（vec4）变量，用声明的 out 变量替代 gl_FragColor 内建变量。本书中所有的案例皆是如此，读者可以慢慢体会。

4. const 限定符

用 const 限定符修饰的变量值是不可以变的，也就是常量，又称为编译时常量。编译时常量在声明的时候必须进行初始化，同时这些常量在着色器外部是完全不可见的。下面的代码片段给出了如何在着色器中通过 const 限定符声明常量。

```
const int tempx=1;
```

需要读者注意的是，结构体内的成员变量不可以用 const 限定符修饰，而结构体类型的变量可以使用其进行修饰。用 const 限定符修饰的结构体变量需要在声明时通过构造器进行初始化，后期不可以再赋值。

> **提示** 用 const 限定符修饰的变量在编译时，编译器不需要向其分配任何运行时资源，恰当使用它可以在一定程度上提高设备的运行效率，节约资源。

3.2.7 插值限定符

插值（interpolation）限定符主要用于控制顶点着色器传递到片元着色器的数据的插值方式。插值限定符包含 smooth、flat 两种，具体含义如表 3-6 所示。

表 3-6 两种限定符及说明

限 定 符	说 明
smooth	默认的插值类型，表示以平滑方式插值到片元输入变量
flat	表示不对片元输入变量进行插值，直接使用特定值来代替

> **说明** 若使用插值限定符，则该限定符应该在 in、centroid in、out 或 centroid out 之前使用，且只能用来修饰顶点着色器的 out 变量与片元着色器中对应的 in 变量。当未使用任何插值限定符时，默认的插值方式为 smooth。

下面对两种插值限定符进行更为详细介绍，具体内容如下。

1. smooth 限定符

如果在顶点着色器中 out 变量之前含有 smooth 限定符或者不含有任何限定符，则传递到后继片元着色器对应的 in 变量的值，是在光栅化阶段由管线根据片元所属图元各个顶点对应的顶点着色器对此 out 变量的赋值情况，及片元与各顶点的位置关系插值产生，图 3-2 以颜色值为例，说明了这个问题。

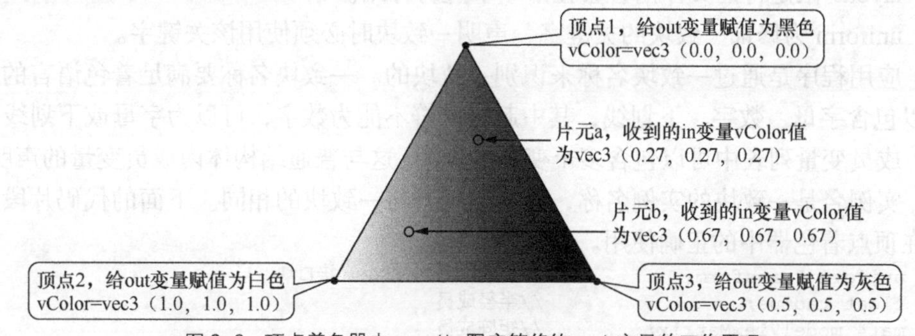

▲图 3-2 顶点着色器中 smooth 限定符修饰 out 变量的工作原理

从图 3-2 中可以看出，当顶点着色器中的 out 变量被 smooth 限定符修饰时，顶点着色器在每个顶点都对 out 变量 vColor 进行了赋值，然而在片元着色器接收 in 变量 vColor 的值时得到的并不是某个顶点赋予的特定值，而是根据片元位置、图元中各个顶点的位置与各个顶点赋值的情况进行插值计算而产生的值。

图 3-2 中顶点 1、2、3 的 vColor 值分别为 vec3（0.0,0.0,0.0）、vec3（1.0,1.0,1.0）、vec3（0.5,0.5,0.5），插值后片元 a 的 vColor 值为 vec3（0.27,0.27,0.27）。这个值是根据 3 个顶点对应的着色器给 vColor 赋的值、3 个顶点位置及此片元位置由管线插值计算得到的。

下面的代码片段给出了在顶点着色器中正确使用 smooth 限定符的情况。

```
smooth out vec3 normal;     // 顶点着色器 out 变量
```

下面的代码片段给出了在片元着色器中正确使用 smooth 限定符的情况。

```
smooth in vec3 normal;      //片元着色器 in 变量
```

2. flat 限定符

如果在顶点着色器的 out 变量之前含有 flat 限定符，则传递到后继片元着色器中对应 in 变量的值不是在光栅化阶段插值产生的，一般是由图元中与最后一个顶点对应的顶点着色器对此 out 变量所赋的值来决定的。此时，图元中每个片元的此项值均相同。

若顶点着色器中输出变量的类型为整型标量或整型向量，则变量必须使用 flat 限定符来修饰。与之对应，若片元着色器中输入变量的类型为整型标量或整型向量，变量必须使用 flat 限定符来修饰。

下面的代码片段给出了在顶点着色器中正确使用 flat 限定符的情况。

```
flat out vec4 vColor;      //传递给片元着色器的变量
```

下面的代码片段给出了在片元着色器中正确使用 flat 限定符的情况。

```
flat in vec4 vColor;      //接收来自顶点着色器的变量
```

> **提示**　无论顶点着色器中的 out 全局变量被哪种插值限定符所修饰，在后继片元着色器中必须含有与之对应的由修饰符修饰的 in 全局变量。

3.2.8　一致块

多个一致变量的声明可以通过类似结构体形式的接口块来实现，该形式的接口块又称为一致块（uniform　block）。一致块的数据是通过缓冲对象送入渲染管线的，以一致块形式批量传送数据比单个传送效率高，其基本语法为：

```
[<layout 限定符>] uniform 一致块名称 {<成员变量列表>} [<实例名>]
```

从上述语法中可以看出，声明一致块时可能包含 5 个组成部分，分别是“layout 限定符”“uniform 修饰符”“一致块名称”“成员变量列表”“实例名”。

- layout 限定符的具体内容会在下一节进行介绍。
- uniform 为修饰一致块的关键字，声明一致块时必须使用该关键字。
- 应用程序是通过一致块名称来识别一致块的。一致块名称要满足着色语言的命名规定，可以包含字母、数字、下划线，其中起始字符不能为数字，可以为字母或下划线。
- 成员变量列表中可以包含多个变量的声明，这与普通结构体内成员变量的声明类似。
- 实例名是一致块的实例名称，其命名规则与一致块的相同。下面的代码片段给出了一致块在顶点着色器中的正确使用。

```
uniform Transform{              //声明一个 uniform 接口块
float radius;                   //半径成员
mat4 modelViewMatrix;           //矩阵成员
uniform mat3 normalMatrix;      //矩阵成员
} block_Transform;
```

> **提示**　上述代码片段创建了一个名称为“Transform”的一致块，包含 3 个成员变量。需要注意的是，一致块内不允许声明 in 或 out 变量和采样器类型的变量，也不能定义结构体类型。另外，内建变量、数组变量及定义结构体类型的变量可以作为一致块的成员变量，其用法与块外的用法相同。

创建一致块时，可以声明实例名，也可以不声明实例名。下面分两种情况进行介绍。

- 未声明实例名

如果在创建一致块时未声明实例名，则一致块内的成员变量与在块外的一样。其作用域是全局的，宿主语言既可以直接通过一致块的成员变量名称访问对应变量，也可以通过“<一致块名称>.<成员变量名>”的形式访问一致块的成员变量。

- 声明实例名

如果在创建一致块时声明了实例名，则一致块内成员变量的作用域为从声明开始到一致块结束，宿主语言通过“<一致块名称>.<成员变量名>”访问成员变量，而着色器则需要通过“<实例名>.<成员变量名>”访问一致块的成员变量。

下面的代码片段说明了在已声明实例名的情况下，顶点着色器如何正确访问一致块成员变量。

```
1    uniform MatrixBlock{                          //一致块
2    mat4 uMVPMatrix;                              //块成员变量
3    } mb;
4    gl_Position = mb.uMVPMatrix * vec4(aPosition,1);//根据总变换矩阵计算此次绘制的顶点位置
```

说明 上述代码的第 1～3 行创建了名为“MatrixBlock”的一致块，其实例名为“mb”。第 4 行通过“mb. UMVPMatrix”访问一致块的成员变量 uMVPMatrix。

3.2.9 layout 限定符

layout 限定符是从 WebGL 2.0 开始出现的，主要用于设置变量的存储索引（即引用）值，声明有几种不同的形式。

- 可以作为接口块定义的一部分或者接口块的成员。
- 也可以仅修饰 uniform，以成为其他一致变量声明的参照，语法如下。

```
<layout 限定符> uniform
```

- 还可以修饰被接口限定符修饰的单独变量，语法如下。

```
<layout 限定符> <接口限定符> <变量声明>
```

说明 上述着色器中的 layout 限定符必须在存储（storage）限定符之前使用，且由 layout 限定符修饰的变量或接口块的作用域必须是全局的。

接口限定符有 in、out、uniform 这 3 种，layout 限定符修饰接口限定符的内容将在下面进行介绍，具体内容如下。

1. layout 输入限定符

顶点着色器允许 layout 输入限定符修饰输入变量的声明。下面的代码片段说明了这种形式。

```
layout (location=0) in vec3 aPosition; // aPosition 输入变量的引用值为 0
layout (location=1) in vec4 aColor;    // aColor 输入变量的引用值为 1
```

提示 请读者注意，片元着色器内不允许有 layout 输入限定符。

2. layout 输出限定符

在片元着色器中，layout 限定符通过 location 值将输出变量和指定编号的绘制缓冲绑定起来。每一个输出变量的索引（引用）值都会对应一个相应编号的绘制缓冲，而这个输出变量的值将写入相应缓冲。

提示 layout 限定符的 location 值是有范围的，其范围为[0,MAX_DRAW_BUFFERS-1]。不同浏览器的范围有可能不同，最基本的范围是[0,3]。

下面的代码片段说明了这种形式。

```
layout (location=0) out vec4 fragColor;     //此输出变量写入到 0 号绘制缓冲
layout (location=1) out vec4 colors[2];     //此输出变量写入到 1 号绘制缓冲
```

提示　顶点着色器不允许有 layout 输出限定符。如果在片元着色器中只有一个输出变量，则不需要用 layout 修饰符说明其对应的绘制缓冲，在这种情况下，默认值为 0。如果片元着色器中有多个输出变量，则不允许重复使用相同的 location 值。

3. 一致块 layout 限定符

一致块可以使用 layout 限定符进行修饰，但是，声明单独一致变量时不能使用它。可供一致块使用的 layout 限定符主要有 5 种情况，下面对其进行简单介绍。

- shared：shared 限定符重写了 std140 和 packed，其他限定符是被继承的。编译器/链接器必须要保证在许多着色器或者程序中一致块的内存是共享的。如果使用了 shared 限定符，则定义的 row_major/column_major 的值必须完全相同。这样将允许不同程序中的相同块使用相同的缓冲。
- packed：packed 限定符重写了 std140 和 shared，其他限定符是被继承的。编译器可以优化一致块的内存。使用这个限定符时必须查询偏移量的位置，并且一致块在顶点着色器/片元着色器或者程序中不能共享。
- std140：std140 限定符重写了 packed 和 shared，其他限定符被继承。它主要强调了一致块的布局是基于一系列标准的。
- row_major：row_major 限定符只重写了 column_major，其他限定符被继承。它只影响矩阵的布局，矩阵的各个元素在内存中将按照行优先顺序存放。
- column_major：column_major 限定符只重写了 row_major，其他限定符被继承。它同样只影响矩阵的布局，矩阵的各个元素在内存中按照列优先顺序存放，这是默认的。

下面的代码片段对上面介绍的情况进行了简要说明。

```
layout (std140,row_major) uniform MatrixBlock{  //块的布局是 std140,行优先
mat4 M1;      //该矩阵变量的布局是行优先
layout (column_major) mat4 uMVPMatrix;          //该矩阵变量的布局是列优先
mat4 M2;      //该矩阵变量的布局是行优先
};
```

3.2.10　流程控制

前面已经介绍了着色语言中的数据类型、数据类型的操作以及限定符的使用，而在实际开发中，这是远远不够的。还需要进行流程控制才能写出有完整功能的程序，本节将介绍着色语言中与流程控制相关的内容。

着色语言提供了 5 种流程控制方式，分别由 if-else 条件语句、switch-case-default 条件语句、while（do-while）循环语句、for 循环语句以及 break 与 continue 循环控制语句来实现。下面简单介绍这 5 种流程控制方式的使用，具体情况如下所示。

1. if-else 条件语句

该流程控制方式的基本语法有两种，如下所示。

- if(<表达式>) {语句序列}

下面的代码片段说明了这种流程控制方式的使用情况。

```
int tempx=1;
if(tempx==0){
    //执行处理逻辑
}
```

- if(<表达式>) {返回为 true 时执行的语句序列} else {返回为 false 时执行的语句序列}

下面的代码片段说明了这种流程控制方式的使用情况。

```
int tempx=1;
if(tempx==0){
    //执行处理逻辑
}else{
    //执行处理逻辑
}
```

提示 需要注意的是，虽然这很像C语言，但“<表达式>”的返回值必须为布尔类型的标量，不能像C语言那样随意地使用浮点数或整数。

2. switch-case-default 条件语句

该流程控制方式的基本语法如下所示。

```
switch(<初始表达式>){语句序列}
```

下面的代码片段说明了这种流程控制方式的使用情况。

```
int a=1;    //声明一个浮点型变量
switch(a){
case 0:     //a 值为 0 的分支
//执行 a 值为 0 时的处理逻辑
break;      //退出 switch
case 1:     //a 值为 1 的分支
//执行 a 值为 1 时的处理逻辑
break;      //退出 switch
default:    //所有 case 都不匹配时的分支
//执行所有 case 都不匹配时的处理逻辑
break;      //退出 switch
}
```

说明 switch 语句中的<初始表达式>必须是一个整型标量值。如果 switch 语句内有多个 default 语句或者重复使用相同值的 case 分支，则都会引发语法错误。在 switch 语句中，如果符合某种情况时使用了 break 语句，则执行完该语句后，其他 switch 分支将不再执行。

3. while/do-while 循环

开发中经常需要在满足某些条件时重复执行某些特定的代码，此时就可以使用 while 或 do-while 循环，具体情况如下所示。

- while 循环

while 循环语句的基本语法为：while（<条件表达式>）{语句序列}。

下面的代码片段说明了 while 循环的使用情况。

```
int tempx=1;
while(tempx>=0)
{
    //执行处理逻辑
}
```

说明 while 循环适用于不知道代码需要重复执行多少次，但却有明确终止条件的循环流程。只要条件表达式判断为 true，后面的语句就将重复执行，直到条件表达式为 false 为止。对于 while 循环而言，如果第一次判断条件表达式就返回 false，则循环一次都不执行。

- do-while 循环

do-while 循环语句的基本语法为：do{语句序列} while（<条件表达式>）。

下面的代码片段说明了 do-while 循环的使用情况。

```
int tempx=1;
do{
    //执行处理逻辑
}while(tempx<=0);
```

说明 do-while 循环与 while 循环基本相同，先执行语句序列再判断条件表达式，直到表达式返回值为 false。这样 do 后面的语句将至少执行一次，这是与 while 循环最大的不同。

4. for 循环

若明确知道循环的执行次数，则应该使用 for 循环，for 循环语句的基本语法为：

```
for(初始化表达式;条件表达式;更新语句列表) {语句序列}
```

- 初始化表达式用来声明并初始化一个或者多个相同类型的变量，一般用以控制循环次数。
- 条件表达式只能有一个，且条件表达式的返回值必须为布尔类型。若不写条件表达式，则相当于其值永远为 true。
- 更新语句列表在每次循环之后才执行，一般用于改变循环控制变量的值。这里可以写多个语句也可以不写语句。写多个语句时，语句间用“,”隔开。

下面的代码片段说明了 for 循环的具体使用情况。

```
for(int i=0;i<13;i++){
    //执行处理逻辑
}
```

说明 for 循环首先初始化循环控制变量，然后计算条件表达式，若返回为 true 则执行循环体一次。执行完循环体后执行更新语句列表，然后再判断条件表达式是否为 true，若为 true 则再次执行以上流程，若为 false 则结束循环。

5. break 与 continue 循环控制

与 C 语言类似，在循环体中，同样可以使用 break 与 continue 跳出循环，具体情况如下所示。

- break 语句在循环控制中用于中断循环。如果在循环体中执行了 break 语句，则循环中断并退出。要注意的是，在使用多层嵌套的循环中，使用 break 语句跳出的是离其最近的一层循环。
- continue 语句在循环控制中用于跳过本次循环进入下一次循环。如果在循环体中执行了 continue 语句，则本次循环结束，转而执行条件表达式，若条件表达式为 true 则继续执行下一次循环。

提示 要特别注意的是，着色语言中没有包含 C/C++中常用的 switch 语句，需要时可以使用 if-else 嵌套语句来实现。

3.2.11 函数的声明与使用

与 C 语言相同，着色语言也可以开发自定义函数，基本语法如下。

```
<返回类型> 函数名称 ([<参数序列>]){ /*函数体*/}
```

从上述语法中可以看出，声明函数时要包含 4 个组成部分，分别是“返回类型”“函数名称”“参数序列”“函数体”。

- 返回类型可以是前面 2.2.1 节中介绍的除采样器之外的任何类型。
- 函数名称要满足着色语言的命名规定，可以包含字母、数字、下划线，其中起始字符不能为数字，可以为字母或下划线。

- 参数序列放在一对圆括号中，若没有则为空。
- 函数体包含在一对花括号中，包含完成函数功能所需要的语句。

另外，参数序列中的参数除了可以指定类型外，还可以指定用途。具体方法为使用参数用途修饰符对其进行修饰，常用的参数用途修饰符如下所示。

- “in”修饰符，用其修饰的参数为输入参数，仅使函数接收外界传入的值。若某个参数没有明确给出用途修饰符，则等同于使用了“in”修饰符。
- “out”修饰符，用其修饰的参数为输出参数，在函数体中对输出参数赋值可以将值传递到调用它的外界变量中。对于输出参数，要注意的是在调用时不可以使用字面常量。
- “inout”修饰符，用其修饰的参数为输入/输出参数，它们具有输入与输出两种参数的功能。

提示 从上述用途修饰符的讲解中可以看出，在着色语言中函数返回信息的渠道除了返回值外还有输出参数。在需要的时候恰当使用它们可以增加开发的灵活性。

另外，与C语言相同，着色器也可以重载用户自定义的函数。对于名称相同的函数，只要参数序列中的参数类型或参数个数不同即可，基本用法如下所示。

```
void pointLight(in vec4 x,out vec4 y){}
void pointLight(in vec4 x,out ivec4 y){}          //参数类型不同
void pointLight(in vec4 x,out vec4 y,out vec4 z){}  //参数个数不同
```

提示 着色器内只能重载用户自定义的函数，不可以重写或重载内建函数。

3.2.12 片元着色器中浮点变量精度的指定

片元着色器在使用浮点相关类型的变量时与顶点着色器中的有所不同，在顶点着色器中直接声明然后使用即可，而在片元着色器中必须指定精度，若不指定精度，则可能会引起编译错误。指定精度的方法如下面的代码片段所示。

```
lowp float color;              //指定名称为color的浮点型变量精度为lowp
varying mediump vec2 Coord;    //指定名称为Coord的vec2型变量精度为mediump
highp mat4 m;                  //指定名称为m的mat4型变量精度为highp
```

精度共有lowp、mediump及highp 3种选择。这3种选择分别代表低、中、高精度等级，在不同的硬件中实现可能会有所不同。一般情况下，使用mediump即可。另外，还可以看出浮点相关类型不仅包括标量类型的浮点数，还包括与之对应的向量类型vec2、vec3、vec4，以及与之对应的矩阵类型mat2、mat3、mat4。

如果在开发中同一个片元着色器的浮点相关类型的变量都选用同一种精度，则可以指定整个着色器的浮点相关类型的默认精度，具体语法如下。

```
precision <精度> <类型>;
```

- 精度可以选择lowp、mediump及highp中的一个。
- 类型一般为float，这不仅表示为浮点标量类型float指定了精度，还表示对浮点类型相关的向量、矩阵也指定了默认精度。因此一般开发中经常将片元着色器的第一句写为“precision mediump float;”，本书中的大部分案例也是如此。

提示 类型不但可以是float，还可以是int或任何采样器类型。由于整型相关类型和采样器类型并不一定要求指定精度，因此用得不多。

3.2.13　程序的基本结构

前面介绍了着色语言中很多独立的基本知识，本节将介绍着色器程序的基本结构。着色器程序一般由 3 部分组成，主要包括全局变量声明、自定义函数、main 函数。下面的代码片段给出了一个完整的顶点着色器程序。

```
1   #version 300 es
2   uniform mat4 uMVPMatrix;                          //总变换矩阵
3   layout (location = 3) in vec3 aPosition;  //顶点位置
4   layout (location = 2) in vec4 aColor;     //顶点颜色
5   out vec4 vColor;                                  //传递给片元着色器的输出变量
6   void positionShift(){                             //根据总变换矩阵计算此次绘制顶点位置的方法
7   gl_Position = uMVPMatrix * vec4(aPosition,1);
8   }
9   void main(){                                      //主函数
10  positionShift();                                  //根据总变换矩阵计算此次绘制的顶点位置
11  vColor = aColor;                                  //将接收的颜色传递给片元着色器
12  }
```

- 第 1 行声明使用的着色语言为 3.0 版本，每个着色器开始都必须使用该语句来声明着色语言版本。
- 第 2～5 行为全局变量的声明，根据具体情况，代码可能会有增加或减少。
- 第 6～8 行为自定义的函数，这一部分根据需要可能没有，也可能有很多不同的函数。
- 第 7 行的 gl_Position 是顶点着色器中的内建变量，这部分内容在下一节将进行详细介绍。
- 第 9～12 行为主函数 main，这是每个着色器里面都必须有的部分。

提示：每个着色器都必须在着色器程序的第 1 行通过“#version 300 es”语句声明使用 3.0 版的着色语言。如果没有该语句，则表示着色语言的版本是 2.0。另外，与很多高级语言不同，着色器程序要求被调用的函数必须在调用之前声明，且在自己开发的着色器中自己开发的函数不可以递归调用。如上述代码中首先在第 6 行声明了 positionShift 函数，然后在第 10 行进行调用。这也是初学者易犯的一个错误，读者在开发中要多留心。

3.3　特殊的内建变量

着色器代码的开发中会用到很多变量，其中大部分可能是由开发人员根据需求自定义的，着色器中也提供了一些用来满足特定需求的内建变量。这些内建变量不需要声明即可使用，一般用来实现渲染管线固定功能部分与自定义顶点或片元着色器之间的信息交互。

内建变量根据信息传递的方向可以分为输入与输出变量两类。输入变量负责将渲染管线中固定功能部分产生的信息传递给着色器，输出变量负责将着色器产生的信息传递给渲染管线中固定功能部分。

3.3.1　顶点着色器中的内建变量

1. 内建输入变量

顶点着色器中的内建输入变量主要有 gl_VertexID 以及 gl_InstanceID。这两个变量分别为顶点整数索引和实例 ID，都只在顶点着色器中使用，其具体含义如下。

❑ gl_VertexID

gl_VertexID 是顶点着色器的一个内建输入变量，类型为“highp int”，主要用来记录顶点的整数索引。此内建变量是 WebGL 2.0 新增的，通过其可以很方便地实现一些 1.0 很难实现的功能。

❑ gl_InstanceID

gl_InstanceID 是顶点着色器的另一个内建输入变量，类型为“highp int”，其用来记录在采用实例绘制时当前图元对应的实例号。如果当前图元不是来自实例绘制，则 gl_InstanceID 的值为 0。

2. 内建输出变量

顶点着色器中的内建输出变量主要有 gl_Position 和 gl_PointSize。这两个变量分别用来存放处理后的顶点位置和顶点大小，都只能在顶点着色器中使用，其具体含义如下。

❑ gl_Position

顶点着色器从渲染管线中获得原始的顶点位置，它们在顶点着色器中经过平移、旋转、缩放等数学变换后，生成新的顶点位置。新的顶点位置通过在顶点着色器中写入 gl_Position 内建变量中以传递到渲染管线的后继阶段继续处理。

gl_Position 的类型是 vec4，写入的顶点位置数据也必须与此类型一致。几乎在所有的顶点着色器中都必须对 gl_Position 写入适当的值，否则后继阶段的处理结果将是不确定的。

❑ gl_PointSize

顶点着色器可以计算一个点的大小（单位为像素），并将其赋值给 gl_PointSize（标量浮点型）以传递给渲染管线。如果没有明确赋值，就会采用默认值 1。一般只有在采用了点绘制方式之后，gl_PointSize 的值才有意义。关于绘制方式的问题在后面的章节会进行详细介绍。

3.3.2　片元着色器中的内建变量

片元着色器的内建变量分为输入和输出变量，其中输入变量包括 gl_FragCoord、gl_FrontFacing 以及 gl_PointCoord。

关于几个内建变量的具体含义如下所列。

❑ gl_FragCoord

如图 3-3 所示，内建变量 gl_FragCoord 中含有当前片元相对于窗口位置的坐标值 x、y、z 与 $1/w$。其中 x 与 y 分别为片元相对于窗口的二维坐标。如果窗口的大小为 800×480（单位为像素），那么 x 的取值范围为 0～800，y 的取值范围为 0～480，z 部分为该片元的深度值。

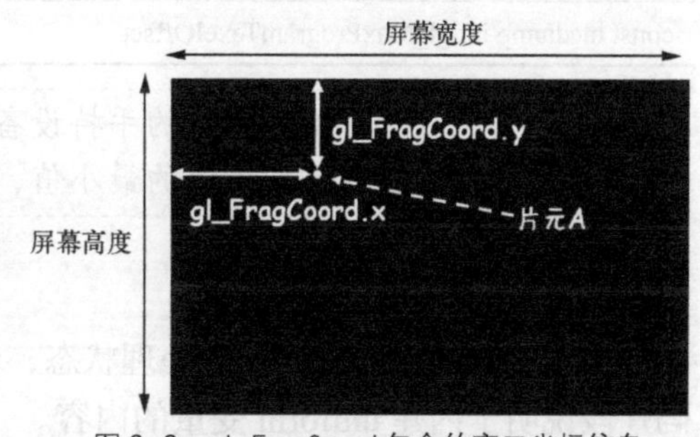

▲图 3-3　gl_FragCoord 包含的窗口坐标信息

> **提示**　通过使用该内建变量可以很方便地开发出某些与窗口位置相关的特效，例如仅绘制窗口中某一指定区域的内容等。

❑ gl_FrontFacing

gl_FrontFacing 是一个布尔型的内建变量。通过其值可判断正在处理的片元是否属于在光栅化阶段此片元生成的对应图元的正面。若属于正面，则 gl_FrontFacing 的值为 true，反之为 false。其一般用于开发与双面光照功能相关的应用程序中。

> **提示** 像点、线段等是没有正反面之分的图元，其生成的片元都会被默认为是正面。对于三角形图元来说，其正反面取决于程序对卷绕的设置及图元中顶点的具体卷绕情况。关于卷绕问题，后面的章节中会有详细介绍，读者简单了解即可。

❑ gl_PointCoord

gl_PointCoord 是 vec2 类型的内建变量，当启用点精灵时，gl_PointCoord 的值表示当前图元中片元的纹理坐标，其值范围为 0.0～1.0。如果当前图元不是一个点或者未启用点精灵，则 gl_PointCoord 的值是不确定的。

3.3.3 内建常量

本节介绍的内建常量适用于所有着色器，这些内建常量用来限制每种属性变量的数量，也就是用来规定每种自定义变量数量的最大值，具体含义如表 3-7 所示。

表 3-7　　内建变量及说明

内 建 常 量	默认值	说　明
const mediump int gl_MaxVertexAttribs	16	顶点着色器输入变量数量的最大值
const mediump int gl_MaxVertexUniformVectors	256	顶点着色器由 uniform 修饰的 vec4 变量数量的最大值
const mediump int gl_MaxVertexOutputVectors	16	顶点着色器由 out 修饰的 vec4 变量数量的最大值
const mediump int gl_MaxVertexTextureImageUnits	16	顶点着色器中可利用的纹理单元数量的最大值
const mediump int gl_MaxCombinedTextureImageUnits	32	顶点着色器和片元着色器中可利用的纹理单元数量的最大值的总和
const mediump int gl_MaxTextureImageUnits	16	片元着色器中可利用的纹理图像单元数量的最大值
const mediump int gl_MaxFragmentInputVectors	15	片元着色器输入变量数量的最大值
const mediump int gl_MaxFragmentUniformVectors	224	片元着色器由 uniform 修饰的 vec4 变量数量的最大值
const mediump int gl_MaxDrawBuffers	4	片元着色器中多重渲染目标数量的最大值
const mediump int gl_MinProgramTexelOffset	−8	片元着色器中纹素最小偏移量
const mediump int gl_MaxProgramTexelOffset	7	片元着色器中纹素最大偏移量

> **提示** 对于不同品牌的手持设备，以上内建常量的默认值各不相同，表 3-7 给出的是各设备默认值的最小值，如有其他需求请自行查看此设备的默认值。

3.3.4 内建 uniform 变量

为了能够访问渲染管线的处理状态，着色器语言中加入了 uniform 内建变量。下面的代码片段说明了内建 uniform 变量的内容。

```
struct gl_DepthRangeParameters{
highp float near;          //near 值，关联于透视中的 near 值
highp float far;           //far 值，关联于透视中的 far 值
highp float diff;          //far-near 值
};
uniform gl_DepthRangeParameters gl_DepthRange;
```

> **提示** 可以认为上面的代码片段是着色语言本身内建的，如果想要访问 gl_DepthRangeParameters 结构体内的内容，则直接通过 uniform 的内建变量 gl_DepthRange 进行访问即可。

3.4 着色语言的内置函数

与其他高级语言类似，为了方便开发，着色语言也提供了很多内置函数。这些函数大都已被重载，一般具有 4 种变体，分别用来接收和返回 genType、genIType、genUType 及 genBType 类型的值。此 4 种变体的具体情况如表 3-8 所示。

表 3-8　4 种变体及说明

变体类型	说　明	变体类型	说　明
genType	float，vec2，vec3，vec4	genUType	uint，uvec2，uvec3，uvec4
genIType	int，ivec2，ivec3，ivec4	genBType	bool，bvec2，bvec3，bvec4

说明　从表 3-8 中可以看出，genType、genIType、genUType 和 genBType 分别代表的是浮点型系列、整型系列、无符号整型系列和布尔型系列。这是为了后面讲解函数时方便，否则需要每种具体类型都列出，过于烦琐。

这些内置函数通常是以最优方式来实现的，部分函数甚至由硬件直接支持，这提高了执行效率。大部分内置函数同时适用于顶点着色器与片元着色器，但是也有部分内置函数只适用于顶点着色器或者片元着色器。内置函数按照设计目的可以分为 3 个类别。

- 提供独特硬件功能的访问接口（如纹理采样系列函数），这些函数用户是无法自己开发的。着色语言通过提供特定内置函数对这些硬件功能进行封装，建立用户调用这些硬件功能的接口。
- 简单的数学函数，如 abs（求绝对值）、floor（下取整）等，这些数学函数本身非常简单，开发人员也可以自己开发，但可能由于对底层硬件不了解，采用的实现方式很低效。而内置函数是厂商根据硬件特点用最高效的方式实现的。调用内置函数来完成这些简单的操作不但可以提高开发效率，还可以提高执行效率。
- 一些复杂的函数（如三角函数等），用户可以自己编写，但是编写过程特别烦琐，要用到很多高等数学的知识。不仅开发烦琐，效率也会很低。而当下的主流硬件往往都有执行这些计算的指令，因此，对这些操作也提供了高效的内置函数。

3.4.1 角度转换与三角函数

角度转换与三角函数同时适用于顶点着色器与片元着色器，并且每个角度转换与三角函数都有 4 种重载变体，具体情况如表 3-9 所示。

表 3-9　角度转换与三角函数

内置函数签名	说　明
genType radians (genType degrees)	此函数功能为将角度转换为弧度，返回值 result=(π/180) * degrees。 degrees 参数表示需要转换的角度
genType degrees (genType radians)	此函数功能为将弧度转换为角度，返回值 result=(180/π)* radians。 radians 参数表示需要转换的弧度
genType sin (genType angle)	此函数为标准的正弦函数，返回值范围是[-1,1]。 radians 为正弦函数的参数（以弧度为单位）
genType cos (genType angle)	此函数为标准的余弦函数，返回值范围是[-1,1]。 radians 为余弦函数的参数（以弧度为单位）

续表

内置函数签名	说　明
genType tan (genType angle)	此函数为标准的正切函数，radians 为正切函数的参数（以弧度为单位）
genType asin (genType x)	此函数为标准的反正弦函数，返回值范围是[−π/2, π/2]。 x 为反正弦函数的参数，取值范围是[−1,1]。 如果 x 的绝对值大于 1，那么结果不确定
genType acos (genType x)	此函数为标准的反余弦函数，返回值范围是[0, π]。 x 为反余弦函数的参数，取值范围是[−1,1]。 如果 x 的绝对值大于 1，那么结果不确定
genType atan (genType y, genType x)	此函数为标准的反正切函数，返回值范围是[−π, π]。 x 与 y 为反正切函数的参数，而实际传入的是 y/x 的值，通过 x 与 y 的符号来确定角度所在的象限。如果 x 与 y 的值全为零，那么返回值不确定
genType atan (genType y_over_x)	此函数为反正切函数，返回值范围是[−π/2, π/2]。 y_over_x 为反正切函数的参数，不存在范围限制
genType sinh (genType x)	此函数为双曲正弦函数，其返回值为（e^x-e^{-x}）/2，x 为双曲正弦函数的参数，不存在范围限制
genType cosh (genType x)	此函数为双曲余弦函数，其返回值为（e^x+e^{-x}）/2，x 为双曲余弦函数的参数，不存在范围限制
genType tanh (genType x)	此函数为双曲正切函数，其返回值为 sinh（x）/cosh（x），双曲正切函数由双曲正弦函数和双曲余弦函数推导出
genType asinh (genType x)	此函数为反双曲正弦函数，也就是双曲正弦函数的反函数
genType acosh (genType x)	此函数为反双曲余弦函数，也就是双曲余弦函数的反函数，返回值为其非负部分。如果参数 x<1，则返回值是不确定的
genType atanh (genType x)	此函数为反双曲正切函数，也就是双曲正切函数的反函数，若|x|≥1 则其返回值是不确定的

说明　在表 3-9 中，genType 代表的数据类型有 float、vec2、vec3 以及 vec4。其中 float 指的是浮点数标量，vec2 指的是二维的浮点数向量，vec3 指的是三维的浮点数向量，vec4 指的是四维的浮点数向量。有关数据类型的详细内容，请读者参考 3.2.1 节。

由于 sin（正弦函数）与 cos（余弦函数）是周期性平滑变化的函数（如图 3-4 所示），因此除了可以作为三角函数之外，还有很多使用方式。例如，可以它们用来模拟水波纹效果，只需要选择其中的一个函数，然后进行周期性变换即可，后面的章节会有这方面的案例。

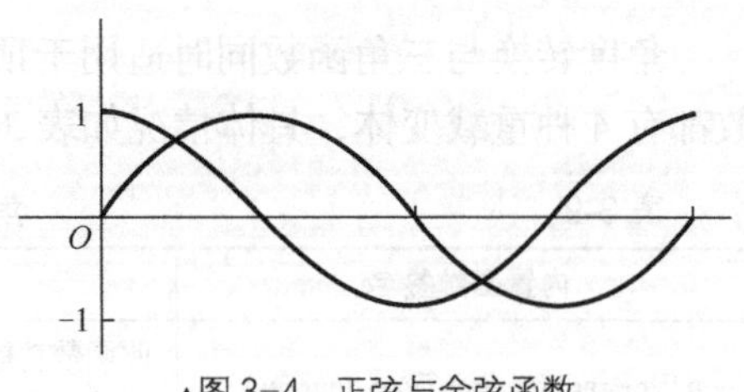

▲图 3-4　正弦与余弦函数

3.4.2　指数函数

3.4.1 节介绍了角度转换与三角函数，接下来将介绍指数函数。指数函数同时适用于顶点着色器与片元着色器，具体情况如表 3-10 所示。

表 3-10 指数函数

内置函数签名	说 明
genType pow (genType x, genType y)	此函数返回 x 的 y 次方，即 x^y。x 与 y 分别为本函数的两个参数，其中 x 为指数函数的底数，y 为指数函数的指数。如果 x 值小于 0，那么返回值不确定。如果 x 等于零，并且 y 值小于等于 0，那么返回值不确定
genType exp (genType x)	此函数返回 e（数学常数，值近似等于 2.718281828）的 x 次方，即 e^x。x 为本函数的参数，代表指数
genType log (genType x)	此函数返回以 e 为底的 x 的对数，即 $\log_e(x)$。也就是说，如果返回值为 y，那么满足方程 $x=e^y$。x 为本函数的参数。如果 x 值小于等于 0，那么返回值不确定
genType exp2 (genType x)	此函数返回 2 的 x 次方，即 2^x。x 为本函数的参数，不存在范围限制
genType log2 (genType x)	此函数返回以 2 为底的 x 的对数，即 $\log_2(x)$。也就是说，如果返回值为 y，那么满足方程 $x=2^y$。x 为本函数的参数。如果 x 值小于等于 0，那么返回值不确定
genType sqrt (genType x)	此函数返回 x 的平方根，即 $\sqrt{x}$。x 为本函数的参数，如果 x 值小于 0，那么结果不确定
genType inversesqrt (genType x)	此函数返回 x 正平方根的倒数，即 $\frac{1}{\sqrt{x}}$。x 为本函数的参数。如果 x 值小于等于 0，那么结果不确定

说明 在表 3-10 中，genType 代表的数据类型有 float、vec2、vec3 以及 vec4。

3.4.3 常见函数

介绍完指数函数后，接下来介绍着色语言中的常见函数。这些函数可同时用于顶点着色器与片元着色器，具体情况如表 3-11 所示。

表 3-11 常见函数

内置函数签名	说 明
genType abs (genType x)	此函数的功能为求绝对值。x 为本函数的参数，如果 $x\geqslant 0$，那么返回值为 x，如果 $x<0$，那么返回值为 $-x$
genType sign (genType x)	此函数的功能是与 0 进行比较，并返回相应的值。x 为本函数的参数。如果 $x>0$，则返回 1.0；如果 $x=0$，则返回 0；如果 $x<0$，则返回 −1.0
genType floor (genType x)	此函数的功能为返回小于或者等于 x 的最大整数值。x 为本函数的参数，不存在取值范围限制
genType trunc (genType x)	此函数的功能为截取并返回 x 的整数部分，也就是截尾取整
genType round (genType x)	此函数的功能为对 x 进行普通的四舍五入，返回四舍五入后得到的整数值
genType roundEven (genType x)	此函数功能为对 x 进行偶四舍五入，返回四舍五入后得到的整数值。例如，若 x 为 3.5 或 4.5 都将返回 4.0
genType ceil (genType x)	此函数功能为返回大于或者等于 x 的最小整数值。x 为本函数的参数，不存在取值范围限制
genType fract (genType x)	此函数功能为返回 $x-$ floor (x)的值。x 为本函数的参数，不存在取值范围限制
genType mod (genType x, float y)	此函数的功能是进行取模运算，相当于 Java 语言中的"x%y"。对于 x 中的各组成元素，使用浮点数 y，最后返回 $x-y$*floor(x/y)
genType mod (genType x, genType y)	此函数的功能是进行取模运算，相当于 Java 语言中的"x%y"。对于 x 中的各组成元素，使用 y 中对应的组成元素，最后返回 $x-y$*floor(x/y)
genType modf (genType x, out genType i)	此函数的功能为返回 x 的小数部分，并将 x 的整数部分存入输出变量 i。返回值以及输出变量 i 的符号与 x 相同

续表

内置函数签名	说 明
genType min (genType x, genType y) genType min (genType x, float y)	此函数的功能是获得最小值。x 与 y 为本函数的两个参数，如果 x 与 y 中的组成元素满足 y<x，则返回 y，否则返回 x
genType max (genType x, genType y) genType max (genType x, float y)	此函数的功能是获得最大值。x 与 y 为本函数的两个参数，如果 x 与 y 中的组成元素满足 y<x，则返回 x，否则返回 y
genType clamp (genType x,genType minVal, genType maxVal) genType clamp (genType x,float minVal,float maxVal)	此函数主要返回 min (max (x, minVal), maxVal)x、minVal 与 maxVal 为本函数的 3 个参数，如果 minVal>maxVal，则返回值不确定
genType mix (genType x,genType y,genType a) genType mix (genType x,genType y,float a)	此函数主要功能为使用因子 a 对 x 与 y 执行线性混合，即返回 x*(1−a)+y*a
genType mix (genType x,genType y,genBType a)	此函数主要功能为使用参数 a 的布尔值选择返回参数 x 或 y 的值。若参数 a 的值或分量值为 false，则返回 x 相应的值或分量值；若参数 a 的值或分量值为 true，则返回 y 相应的值或分量值
genType step (genType edge, genType x) genType step (float edge, genType x)	此函数通过 x 与 edge 比较返回相应的值。edge 与 x 为本函数的两个参数，不存在范围限制。如果 x<edge，则返回 0.0，否则返回 1.0
genType smoothstep (genType edge0, genType edge1,genType x) genType smoothstep (float edge0,float edge1,genType x)	此函数功能是通过 x 与 edge0、edge1 进行比较返回相应的值。edge0、edge1 与 x 为本函数的两个参数，不存在范围限制。如果 x≤edge0，则返回 0；如果 x≥edge1，则返回 1.0，当 edge0<x<edge1 时，本函数则返回 0 与 1 之间平滑的 Hermite 插值。关于 Hermite 插值有兴趣的读者可以查阅相关的数学资料
genBType isnan (genType x)	此函数功能为判断参数 x 是否为 NaN，若 x 为 NaN 返回 true，否则返回 false
genBType isinf (genType x)	此函数主要功能为判断参数 x 是否为正无穷或负无穷。若 x 为正无穷或负无穷则返回 true，否则返回 false
genIType floatBitsToInt (genType value) genUType floatBitsToUint (genType value)	此函数功能为将表示浮点数的位序列看作表示整数的位序列，并将对应的整数值返回
genType intBitsToFloat (genIType value) genType uintBitsToFloat (genUType value)	此函数功能为将表示整数的位序列看作表示浮点数的位序列，并将对应的浮点值返回。若参数为无效数值或无穷大，则返回值是不确定的

说明 在表 3-11 中，genType 代表的数据类型有 float、vec2、vec3 以及 vec4，genIType 代表的数据类型是 int、ivec2、ivec3 或 ivec4，genUType 代表的数据类型是 uint、uvec2、uvec3 或 uvec4。

了解了常见函数的基本情况后，下面再对一些几何函数进行更为详细的介绍。

- abs 函数

abs 函数不会产生负值，可以在一个平滑函数中引入间断，此函数的图形如图 3-5 所示。

- sign 函数

sign 函数可能返回的结果有−1、0 以及 1，该返回值是由传入的参数值决定的。其为不连续函数，图形如图 3-6 所示。

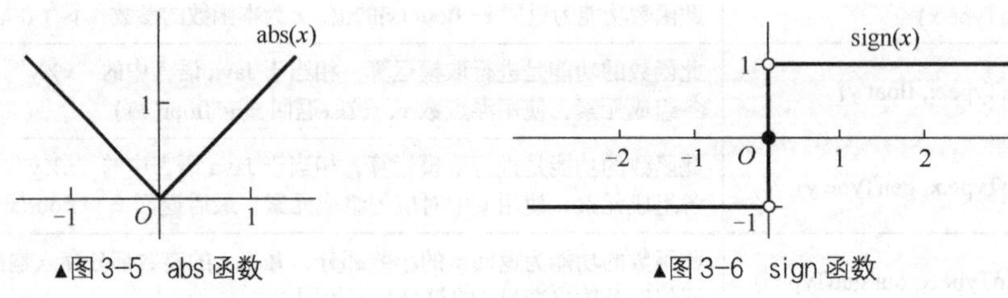

▲图 3-5 abs 函数 ▲图 3-6 sign 函数

❑　floor 函数

floor 函数也是一种不连续函数，图形如图 3-7 所示。此函数会根据参数值返回小于或者等于该值的最大整数。也就是将参数值的分数部分丢弃，只取整数部分。

❑　ceil 函数

ceil 函数与 floor 函数相似，也是不连续函数，只是 ceil 函数总是返回大于或者等于参数值的最小整数，其图形如图 3-8 所示。

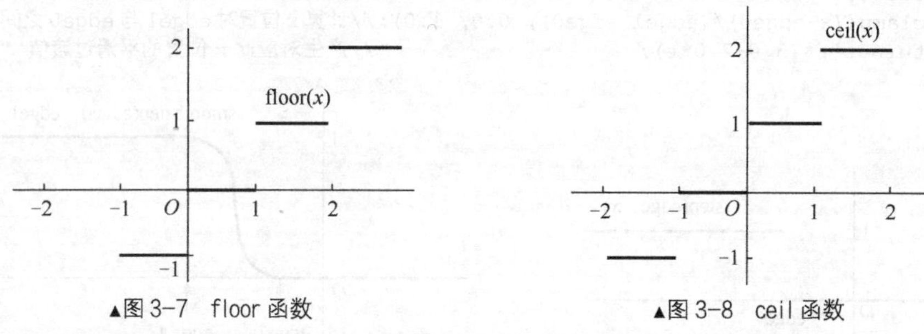

▲图 3-7　floor 函数　　▲图 3-8　ceil 函数

> **提示**　通过对图 3-7 和图 3-8 的比较，读者可以发现，只需要将 floor 函数向左移动一个单位即可获得 ceil 函数。

❑　fract 函数

fract 函数也是不连续的，其中每段的斜率均为 1，图形如图 3-9 所示。

❑　min 函数

min 函数的返回值是根据传入的两个参数的大小而定的。如果两个参数 x 与 y 满足 $y<x$，那么返回 y，否则返回 x，其图形如图 3-10 所示。

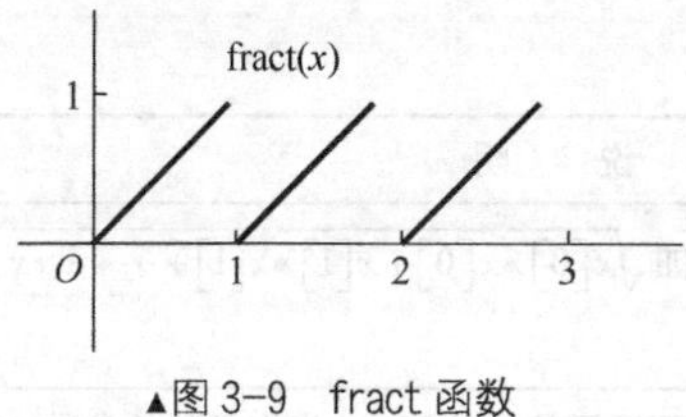

▲图 3-9　fract 函数

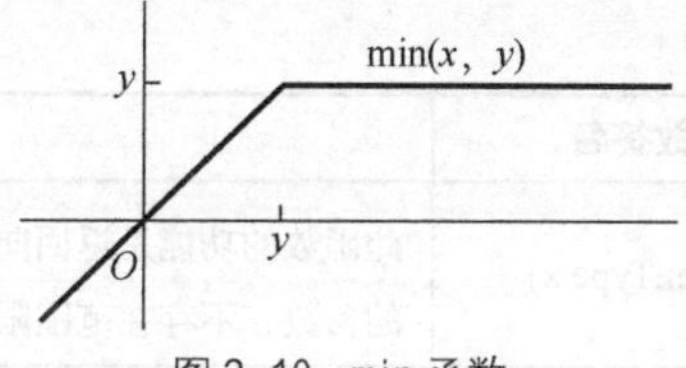

▲图 3-10　min 函数

❑　max 函数

max 函数与 min 函数相似，其返回值也是根据传入的两个参数的大小而定的。如果两个参数 x 与 y 满足 $y<x$，那么返回 x，否则返回 y，其图形如图 3-11 所示。

❑　clamp 函数

clamp 函数是连续函数，其图形如图 3-12 所示。该函数会根据传入的 x 值、minVal 值以及 maxVal 值确定返回值。它要求传入的 minVal 值必须小于 maxVal 值，否则返回值不确定。

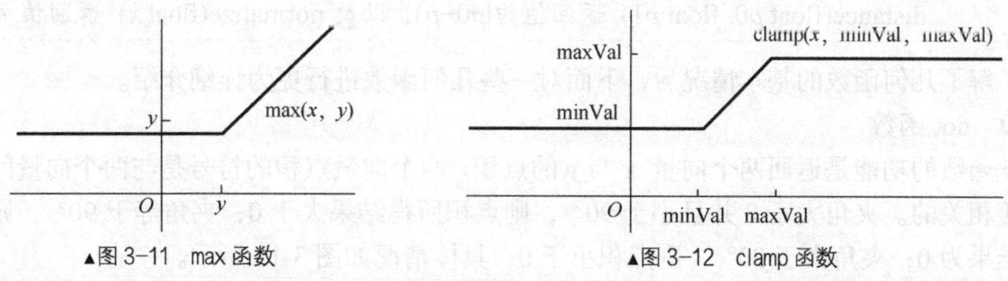

▲图 3-11　max 函数　　▲图 3-12　clamp 函数

❑ step 函数

step 函数是不连续函数，其图形如图 3-13 所示。该函数主要是根据传入的参数 edge 与 *x* 来确定返回值，如果 *x*<edge，则返回 0.0，否则返回 1.0。

❑ smoothstep 函数

smoothstep 为连续函数，其图形如图 3-14 所示。此函数主要用来在两个值之间（0～1）进行平滑过渡，具体计算方法如下面的代码片段所示。

```
float t;                                          //声明变量 t 以存储平滑过渡中的值
t=clamp((x-edge0)/(edge1-edge0), 0.0, 1.0);//计算 x 位置对 edge1 与 edge0 之间的线性插值
return t*t*(3.0-2.0*t);                           //产生对应此 x 位置的平滑过渡值
```

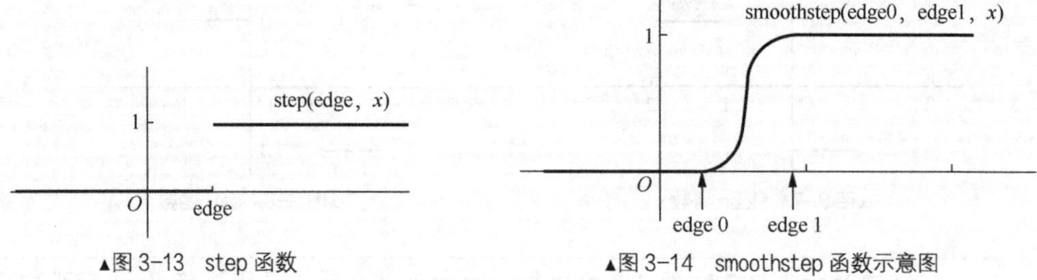

▲图 3-13　step 函数

▲图 3-14　smoothstep 函数示意图

> **提示**　在介绍 smoothstep 函数的计算方法时只使用了浮点数标量，对于 vec2、vec3 以及 vec4 的情况可以依此类推，也就是对每个分量都进行相同方式的计算。

3.4.4　几何函数

3.4.3 节介绍了常见函数，接下来介绍几何函数。几何函数同时适用于顶点着色器与片元着色器，主要对向量进行操作，具体情况如表 3-12 所示。

表 3-12　几何函数

内置函数签名	说　明
float length (genType x)	此函数的功能是返回向量 ***x*** 的长度，即 $\sqrt{x[0]*x[0]+x[1]*x[1]+\cdots+x*x}$ 。***x*** 为本函数的参数，不存在范围限制
genType sign (genType x)	此函数的功能比较 ***x*** 与 0 的大小，进而返回相应的值。***x*** 为本函数的参数，如果 *x*>0，则返回 1.0；如果 *x*=0，则返回 0；如果 *x*<0，则返回−1.0
genType floor (genType x)	此函数功能为返回小于或者等于 *x* 的最大整数值。*x* 为本函数的参数，不存在取值范围限制
genType trunc (genType x)	此函数功能为截取并返回 *x* 的整数部分，也就是截尾取整

> **提示**　在表 3-12 中，genType 代表的数据类型有 float、vec2、vec3 以及 vec4。这对于只有 float 参数的 length、distance 与 normalize 函数并不是非常有用，但考虑到着色语言的完整性，这些函数也被定义。length(float *x*) 返回值为|*x*|、distance(float *p*0, float *p*1) 返回值为|*p*0−*p*1| 以及 normalize(float *x*) 返回值为 1。

了解了几何函数的基本情况后，下面对一些几何函数进行更为详细介绍。

❑ dot 函数

此函数的功能是返回两个向量 ***x*** 与 ***y*** 的点积。两个向量点积的符号是与两个向量间的夹角直接相关的。夹角大于 0 并且小于 90°，则点积所得结果大于 0；夹角等于 90°，则点积所得结果为 0；夹角大于 90°，则点积小于 0；具体情况如图 3-15 所示。

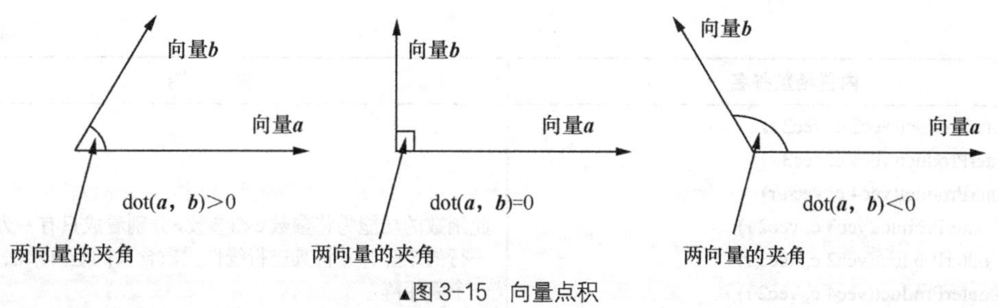

▲图 3-15　向量点积

- cross 函数

此函数的功能是返回两个向量 ***x*** 与 ***y*** 的叉积，两个向量叉积的绝对值为这两个向量所在四边形的面积，效果如图 3-16 所示。

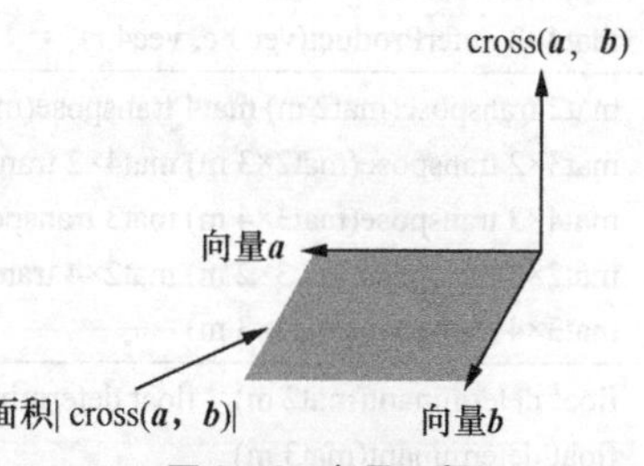

▲图 3-16　向量叉积

- reflect 函数

此函数功能是根据传入的入射向量 ***I*** 以及表面法向量 ***N***，返回反射方向的向量，如图 3-17 所示。

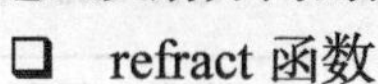

- refract 函数

此函数功能是根据传入的入射向量 ***I***、表面法向量 ***N*** 以及折射系数 eta，返回折射向量，如图 3-18 所示。此函数的具体计算方法如下面的代码片段所示。

```
k= 1.0 - eta * eta *(1.0 - dot(N, I) * dot(N, I));        //计算判断系数 k2
if (k < 0.0){
return genType(0.0);     //若符合全反射则无折射向量
}else{return eta * I - (eta *dot(N, I) + sqrt(k)) * N;}//若不符合全反射根据斯涅尔定律计算折射向量
```

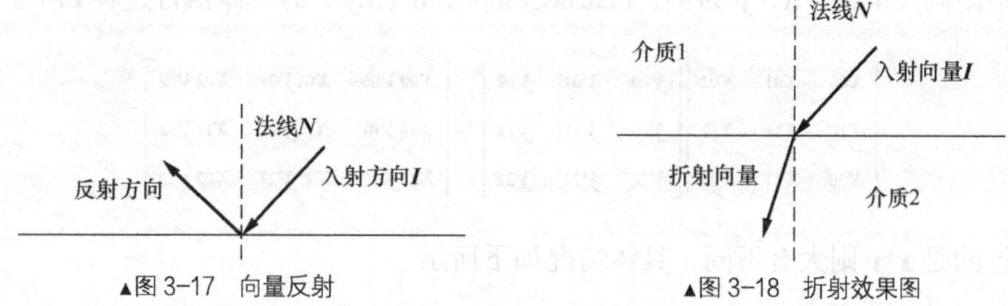

▲图 3-17　向量反射　　▲图 3-18　折射效果图

> **说明**　折射系数 eta 和介质 1 与介质 2 的折射率有关，介质 1 的折射率除以介质 2 的折射率即为折射系数。这里只是对反射以及折射函数进行简单介绍，后面会有具体的章节介绍使用反射与折射函数实现酷炫的效果。

3.4.5　矩阵函数

3.4.4 节介绍了几何函数，接下来介绍矩阵函数。矩阵函数同时适用于顶点着色器与片元着色器，主要包括生成矩阵、矩阵转置、求矩阵的行列式以及求逆矩阵等有关矩阵的操作，具体情况如表 3-13 所示。

表 3-13　矩阵函数

内置函数签名	说　明
mat matrixCompMult（mat x, mat y）	此函数按各部分将矩阵 ***x*** 与矩阵 ***y*** 相乘，即返回值 result[*i*][*j*]是 *x*[*i*][*j*]与 *y*[*i*][*j*]标量的乘积

续表

内置函数签名	说 明
mat2 outerProduct(vec2 c, vec2 r) mat3 outerProduct(vec3 c, vec3 r) mat4 outerProduct(vec4 c, vec4 r) mat2×3 outerProduct(vec3 c, vec2 r) mat3×2 outerProduct(vec2 c, vec3 r) mat2×4 outerProduct(vec4 c, vec2 r) mat4×2 outerProduct(vec2 c, vec4 r) mat3×4 outerProduct(vec4 c, vec3 r) mat4×3 outerProduct(vec3 c, vec4 r)	此函数的功能为将参数 ***c*** 和参数 ***r*** 分别看成只有一列和只有一行的矩阵，并将其进行线性代数含义的矩阵乘法，产生一个新矩阵
mat2 transpose(mat2 m) mat4 transpose(mat4 m) mat3×2 transpose(mat2×3 m) mat4×2 transpose(mat2×4 m) mat4×3 transpose(mat3×4 m) mat3 transpose(mat3 m) mat2×3 transpose(mat3×2 m) mat2×4 transpose(mat4×2 m) mat3×4 transpose(mat4×3 m)	此函数的主要功能为返回参数矩阵 ***m*** 的行列式
float determinant(mat2 m) float determinant(mat4 m) float determinant(mat3 m)	此函数功能为截取并返回 ***x*** 的整数部分，也就是截尾取整
mat2 inverse(mat2 m) mat4 inverse(mat4 m) mat3 inverse(mat3 m)	此函数的主要功能为返回参数矩阵 ***m*** 的逆矩阵，经由此函数计算后原始参数矩阵 ***m*** 不变

说明 在表 3-13 中，mat 代表的数据类型有 mat2、mat2 以及 mat3。matrixCompMult 函数实现的是矩阵的标量乘法，若希望执行线性代数中定义的矩阵乘法则需要使用乘法运算符(*)。

以三维矩阵（mat3）***x***、***y*** 为例，matrixCompMult（***x,y***）的具体执行过程如下。

$$\begin{bmatrix} x_{00} & x_{01} & x_{02} \\ x_{10} & x_{11} & x_{12} \\ x_{20} & x_{21} & x_{22} \end{bmatrix}\begin{bmatrix} y_{00} & y_{01} & y_{02} \\ y_{10} & y_{11} & y_{12} \\ y_{20} & y_{21} & y_{22} \end{bmatrix}=\begin{bmatrix} x_{00}y_{00} & x_{01}y_{01} & x_{02}y_{02} \\ x_{10}y_{10} & x_{11}y_{11} & x_{12}y_{12} \\ x_{20}y_{20} & x_{21}y_{21} & x_{22}y_{22} \end{bmatrix}$$

若执行的是 ***x*y*** 则大有不同，具体情况如下所示。

$$\begin{bmatrix} x_{00} & x_{01} & x_{02} \\ x_{10} & x_{11} & x_{12} \\ x_{20} & x_{21} & x_{22} \end{bmatrix} * \begin{bmatrix} y_{00} & y_{01} & y_{02} \\ y_{10} & y_{11} & y_{12} \\ y_{20} & y_{21} & y_{22} \end{bmatrix}=$$

$$\begin{bmatrix} x_{00}y_{00}+x_{01}y_{10}+x_{02}y_{20} & x_{00}y_{01}+x_{01}y_{11}+x_{02}y_{21} & x_{00}y_{02}+x_{01}y_{12}+x_{02}y_{22} \\ x_{10}y_{00}+x_{11}y_{10}+x_{12}y_{20} & x_{10}y_{01}+x_{11}y_{11}+x_{12}y_{21} & x_{10}y_{02}+x_{11}y_{12}+x_{12}y_{22} \\ x_{20}y_{00}+x_{21}y_{10}+x_{22}y_{20} & x_{20}y_{01}+x_{21}y_{11}+x_{12}y_{21} & x_{20}y_{02}+x_{21}y_{12}+x_{22}y_{22} \end{bmatrix}$$

3.4.6 向量关系函数

向量关系函数的主要功能为将向量中的各分量进行关系比较运算(<、<=、>、>=、==、!=)，生成向量的布尔值结果，具体情况如表 3-14 所示。

表 3-14 向量相关函数

内置函数签名	说　明
bvec lessThan(vec x, vec y) bvec lessThan(ivec x, ivec y) bvec lessThan(uvec x, uvec y)	此函数功能是返回向量 *x* 与 *y* 中各个分量执行 $x<y$ 的结果
bvec lessThanEqual(vec x, vec y) bvec lessThanEqual(ivec x, ivec y) bvec lessThanEqual(uvec x, uvec y)	此函数功能是返回向量 *x* 与 *y* 中各个分量执行 $x<=y$ 的结果
bvec greaterThan(vec x, vec y) bvec greaterThan(ivec x, ivec y) bvec greaterThan(uvec x, uvec y)	此函数功能是返回向量 *x* 与 *y* 中各个分量执行 $x>y$ 的结果
bvec equal(vec x, vec y) bvec equal(ivec x, ivec y) bvec equal(bvec x, bvec y) bvec equal(uvec x, uvec y)	此函数功能是返回向量 *x* 与 *y* 中各个分量执行 $x==y$ 的结果
bvec notEqual(vec x, vec y) bvec notEqual(ivec x, ivec y) bvec notEqual(bvec x, bvec y) bvec notEqual(uvec x, uvec y)	此函数功能是返回向量 *x* 与 *y* 中各个部分执行 $x!=y$ 的结果
bool any(bvec x)	如果 *x* 中任何一个分量为 true，则返回 true
bool all(bvec x)	*x* 中的所有组成元素都为 true，则返回 true
bvec not(bvec x)	对于 *x* 的各个分量执行的逻辑非运算

说明 在表 3-14 中，vec 代表的数据类型有 vec2、vec3 以及 vec4；ivec 代表的数据类型有 ivec2、ivec 以及 ivec4；bvec 代表的数据类型有 bvec2、bvec3 以及 bvec4；uvec 代表的数据类型有 uvec2、uvec3 以及 uvec4。

3.4.7 纹理采样函数

纹理采样函数根据指定的纹理坐标从采样器对应的纹理中进行采样，返回得到的颜色值。大部分纹理采样函数既可以用于顶点着色器也可以用于片元着色器，但有个别的仅适用于片元着色器，具体情况如表 3-15 所示。

表 3-15 纹理采样函数

内置函数签名	说　明
highp vec2 textureSize (gsampler2D sampler, int lod) highp vec3 textureSize (gsampler3D sampler, int lod) highp vec2 textureSize (gsamplerCube sampler, int lod) highp vec2 textureSize (sampler2DShadow sampler, int lod) highp vec2 textureSize (samplerCubeShadow sampler, int lod) highp vec3 textureSize (gsampler2DArray sampler, int lod) highp vec3 textureSize (sampler2DArrayShadow sampler, int lod)	此系列函数的功能为返回纹理的尺寸。对于 2D 系列纹理返回值包括宽和高，对于 3D 纹理返回值包括宽、高以及深度。对于 2D 纹理数组，返回的前两个值为宽和高，最后一个值为纹理数组的层数。其中 sampler 参数为指定纹理的采样器，lod 参数为细节级别
gvec4 texture (gsampler2D sampler, vec2 P [, float bias]) gvec4 texture (gsampler3D sampler, vec3 P [, float bias]) gvec4 texture (gsamplerCube sampler, vec3 P [, float bias]) gvec4 texture (gsampler2DArray sampler, vec3 P [, float bias])	此系列函数的功能为使用纹理坐标 *P* 在由 sampler 参数指定的纹理中执行纹理采样，返回值为采样得到的颜色值。其中 sampler 为指定纹理的采样器，*P* 为纹理坐标，bias 为距离参数
float texture (sampler2DShadow sampler, vec3 P [, float bias]) float texture (samplerCubeShadow sampler, vec4 P [, float bias]) float texture (sampler2DArrayShadow sampler, vec4 P)	此系列函数的功能为执行阴影类型纹理采样，返回值为采样得到的阴影值。其中 sampler 为阴影类型纹理的采样器，*P* 为纹理坐标，bias 为距离参数

续表

内置函数签名	说 明
gvec4 textureProj (gsampler2D sampler, vec3 P [, float bias]) gvec4 textureProj (gsampler2D sampler, vec4 P [, float bias]) gvec4 textureProj (gsampler3D sampler, vec4 P [, float bias]) float textureProj (sampler2DShadow sampler, vec4 P[, float bias])	此系列函数的功能为执行投影纹理采样。其中 sampler 为指定纹理的采样器，*P* 为纹理坐标，bias 为距离参数。采样时的纹理坐标为 *P* 参数的前几个分量（不含最后一个分量）分别除以最后一个分量所得
gvec4 textureLod (gsampler2D sampler, vec2 P, float lod) gvec4 textureLod (gsampler3D sampler, vec3 P, float lod) gvec4 textureLod (gsamplerCube sampler, vec3 P, float lod) float textureLod (sampler2DShadow sampler, vec3 P, float lod) gvec4 textureLod (gsampler2DArray sampler, vec3 P, float lod)	此系列函数的功能为进行指定细节级别的纹理采样，其中参数 sampler 为待采样纹理的采样器，参数 *P* 为纹理坐标，lod 为细节级别
gvec4 textureOffset (gsampler2D sampler, vec2 P, ivec2 offset [, float bias]) gvec4 textureOffset (gsampler3D sampler, vec3 P, ivec3 offset [, float bias]) float textureOffset (sampler2DShadow sampler, vec3 P, ivec2 offset [, float bias]) gvec4 textureOffset (gsampler2DArray sampler, vec3 P, ivec2 offset [, float bias])	此系列函数的功能为使用偏移纹理坐标进行纹理采样。实际纹理坐标由参数 offset 与参数 *P* 相加获得，其中 sampler 为指定纹理的采样器，参数 offset 为偏移距离，*P* 为纹理坐标，bias 为距离参数
gvec4 texelFetch (gsampler2D sampler, ivec2 P, int lod) gvec4 texelFetch (gsampler3D sampler, ivec3 P, int lod) gvec4 texelFetch (gsampler2DArray sampler, ivec3 P, int lod)	此系列函数的功能为使用整型纹理坐标 *P* 在由 sampler 参数指定的纹理中获取对应坐标处的纹素。其中 sampler 为指定纹理的采样器，*P* 为纹理坐标，lod 为细节级别
gvec4 texelFetchOffset (gsampler2D sampler, ivec2 P, int lod, ivec2 offset) gvec4 texelFetchOffset (gsampler3D sampler, ivec3 P, int lod, ivec3 offset) gvec4 texelFetchOffset (gsampler2DArray sampler, ivec3 P, int lod,ivec2 offset)	此系列函数的功能为使用整型偏移纹理坐标在由 sampler 参数指定的纹理中获取对应坐标处的纹素。其中整型偏移纹理坐标由偏移参数 offset 与整型纹理坐标参数 *P* 相加获取，lod 为细节级别
gvec4 textureProjOffset (gsampler2D sampler, vec3 P, ivec2 offset [, float bias]) gvec4 textureProjOffset (gsampler2D sampler, vec4 P, ivec2 offset [, float bias]) gvec4 textureProjOffset (gsampler3D sampler, vec4 P, ivec3 offset [, float bias]) float textureProjOffset (sampler2DShadow sampler, vec4 P, ivec2 offset [, float bias])	此系列函数的功能为执行投影偏移纹理采样，其中投影采样功能与函数 textureProj 相同，偏移采样功能与函数 textureOffset 相同
gvec4 textureLodOffset (gsampler2D sampler, vec2 P,float lod, ivec2 offset) gvec4 textureLodOffset (gsampler3D sampler, vec3 P,float lod, ivec3 offset) float textureLodOffset (sampler2DShadow sampler, vec3 P,float lod, ivec2 offset) gvec4 textureLodOffset (gsampler2DArray sampler, vec3 P,float lod, ivec2 offset)	此系列函数的功能为执行指定细节级别的纹理偏移采样，其中指定纹理细节级别功能与函数 textureLod 相同，偏移采样功能与函数 textureOffset 相同
gvec4 textureProjLod (gsampler2D sampler, vec3 P, float lod) gvec4 textureProjLod (gsampler2D sampler, vec4 P, float lod) gvec4 textureProjLod (gsampler3D sampler, vec4 P, float lod) float textureProjLod (sampler2DShadow sampler, vec4 P, float lod)	此系列函数的功能为执行指定细节级别的投影纹理采样，其中投影采样功能与函数 textureProj 相同，指定细节级别纹理采样功能与函数 textureLod 相同
gvec4 textureProjLodOffset (gsampler2D sampler, vec3 P,float lod, ivec2 offset) gvec4 textureProjLodOffset (gsampler2D sampler, vec4 P,float lod, ivec2 offset) gvec4 textureProjLodOffset (gsampler3D sampler, vec4 P,float lod, ivec3 offset) float textureProjLodOffset (sampler2DShadow sampler, vec4 P, float lod, ivec2 offset)	此系列函数的功能为执行指定细节级别的投影偏移纹理采样，其中投影采样功能与函数 textureProj 相同，指定纹理细节级别功能与函数 textureLod 相同，偏移采样功能与函数 textureOffset 相同

续表

内置函数签名	说　明
gvec4 textureGrad (gsampler2D sampler, vec2 P,vec2 dPdx, vec2 dPdy) gvec4 textureGrad (gsampler3D sampler, vec3 P,vec3 dPdx, vec3 dPdy) gvec4 textureGrad (gsamplerCube sampler, vec3 P,vec3 dPdx, vec3 dPdy) gvec4 textureGrad (gsampler2DArray sampler, vec3 P,vec2 dPdx, vec2 dPdy)	此系列函数的功能为执行纹理渐变采样。其中参数 *P* 为纹理坐标，sampler 为指定纹理的采样器，dPdx 为 *P* 对窗口 *x* 坐标的偏导数，dPdy 为 P 对窗口 *y* 坐标的偏导数。此外，对于 Cube 类型的纹理，假定投影到 Cube 纹理中的恰当面
float textureGrad (sampler2DShadow sampler, vec3 P,vec2 dPdx, vec2 dPdy) float textureGrad (samplerCubeShadow sampler, vec4 P,vec3 dPdx, vec3 dPdy) float textureGrad (sampler2DArrayShadow sampler, vec4 P,vec2 dPdx, vec2 dPdy)	此系列函数的功能为执行阴影类型纹理渐变采样。其中参数 *P* 为纹理坐标，sampler 为指定纹理的采样器，dPdx 为 *P* 对窗口 *x* 坐标的偏导数，dPdy 为 *P* 对窗口 *y* 坐标的偏导数。此外，对于 Cube 类型的纹理，假定投影到 Cube 纹理中的恰当面
gvec4 textureGradOffset (gsampler2D sampler, vec2 P, vec2 dPdx, vec2 dPdy, ivec2 offset) gvec4 textureGradOffset (gsampler3D sampler, vec3 P, vec3 dPdx, vec3 dPdy, ivec3 offset) float textureGradOffset (sampler2DShadow sampler, vec3 P, vec2 dPdx, vec2 dPdy, ivec2 offset) gvec4 textureGradOffset (gsampler2DArray sampler, vec3 P, vec2 dPdx, vec2 dPdy, ivec2 offset) float textureGradOffset (sampler2DArrayShadow sampler, vec4 P, vec2 dPdx, vec2 dPdy, ivec2 offset)	此系列函数的功能为执行纹理渐变偏移采样，其中渐变采样功能与函数 textureGrad 相同，偏移采样功能与函数 textureOffset 相同
gvec4 textureProjGrad (gsampler2D sampler, vec3 P, vec2 dPdx, vec2 dPdy) gvec4 textureProjGrad (gsampler2D sampler, vec4 P, vec2 dPdx, vec2 dPdy) gvec4 textureProjGrad (gsampler3D sampler, vec4 P, vec3 dPdx, vec3 dPdy) float textureProjGrad (sampler2DShadow sampler, vec4 P, vec2 dPdx, vec2 dPdy)	此系列函数的功能为执行投影纹理渐变采样，其中渐变采样功能与函数 textureGrad 相同，投影采样功能与函数 textureProj 相同
gvec4 textureProjGradOffset (gsampler2D sampler, vec3 P, vec2 dPdx, vec2 dPdy, ivec2 offset) gvec4 textureProjGradOffset (gsampler2D sampler, vec4 P, vec2 dPdx, vec2 dPdy, ivec2 offset) gvec4 textureProjGradOffset (gsampler3D sampler, vec4 P, vec3 dPdx, vec3 dPdy, ivec3 offset) float textureProjGradOffset (sampler2DShadow sampler, vec4 P, vec2 dPdx, vec2 dPdy, ivec2 offset)	此系列函数的功能为执行投影纹理渐变偏移采样，其中投影采样功能与函数 textureProj 相同，且假定偏导数 dPdx、dPdy 是经过投影计算的，渐变采样功能与函数 textureGrad 相同，偏移采样功能与函数 textureOffset 相同

说明 在表 3-15 中，返回值类型 gvec4 中的“g”为占位符，其中 gvec4 表示 vec4、ivec4 或 uvec4、以上 3 种类型分别对应浮点数、有符号整型以及无符号整型类型。请读者根据具体情况匹配参数类型和返回值类型。

关于表 3-15 中的一些内容还需要进行更为详细的讨论，具体如下所示。

1. bias 参数

含有 bias 参数的纹理采样函数只能在片元着色器中调用，且此参数仅对 sampler 为 Mipmap 类型的纹理时才有意义。

- 若提供了 bias 参数，且 sampler 对应的纹理为 Mipmap 类型，则 bias 参数会参与计算细节级别，产生细节级别后再到对应细节级别的 Mipmap 纹理中执行采样。
- 若没有提供 bias 参数，且 sampler 对应的纹理为 Mipmap 类型，则将由系统自动计算细节级别，产生细节级别后再到对应细节级别的 Mipmap 纹理中执行采样。
- 若 sampler 对应的纹理不是 Mipmap 类型，则直接采用原始纹理进行采样。

2. Lod 后缀系列

带有“Lod”后缀的纹理采样函数仅适用于顶点着色器，其中的 Lod（Level of detail 的缩写）参数将直接作为 Mipmap 纹理采样时的细节级别。因此，此系列函数也仅对 sampler 为 Mipmap 类型的纹理才有意义。

> **提示**　本节仅介绍了纹理采样函数的基本知识，纹理采样的相关知识很庞杂，在后继章节中将陆续进行详细的介绍。

3.4.8　微分函数

微分函数仅能用于片元着色器，是从 WebGL 2.0 开始在标准中正式支持的，具体情况，如表 3-16 所示。

表 3-16　微分函数

内置函数签名	说　明
genType dFdx (genType p)	此函数功能为计算参数 *p* 在 *x* 方向的偏导数，本质上就是计算参数 *p* 在视口 *x* 轴方向上的单位变化量（即在当前片元内的变化量）
genType dFdy (genType p)	此函数功能为计算参数 *p* 在 *y* 方向的偏导数，本质上就是计算参数 *p* 在视口 *y* 轴方向上的单位变化量（即在当前片元内的变化量）
genType fwidth (genType p)	此函数功能为计算参数 *p* 在 *x* 与 *y* 方向偏导数的绝对值之和，返回值为 abs (dFdx(*p*)) + abs (dFdy(*p*))，很多时候它用来计算梯度向量的幅度

> **说明**　在表 3-16 中，genType 代表的数据类型有 float、vec2、vec3 以及 vec4。另外，dFdx 与 dFdy 常用来估算过滤器的宽度以及实现抗锯齿等。

3.4.9　浮点数的打包与解包函数

本节将要介绍的是浮点数的打包和解包函数，主要包括 packSnorm2x16、unpackSnorm2x16、packUnorm2x16、unpackUnorm2x16、packHalf2x16 以及 unpackHalf2x16，具体情况如表 3-17 所示。

表 3-17　浮点数的打包与解包函数

内置函数签名	说　明
highp uint packSnorm2x16 (vec2 v)	此函数首先将二维向量 ***v*** 中的每个规格化浮点数分量转换为 16 位整数，然后两个 16 位整数被打包成一个 32 位的无符号整数并返回。将二维向量 ***v*** 中的每个浮点分量转化为定点整数时采用的方式为：“round（clamp（c, -1, +1）* 32767.0）”。二维向量中第一个浮点分量所转化的 16 位整数被写入到 32 位结果中的低位，而第二个浮点分量所转化的 16 位整数被写入到 32 位结果中的高位
highp vec2 unpackSnorm2x16(highp uint p)	将一个 32 位无符号整数 *p* 解包成一对 16 位的无符号整数，并将每一个分量转换成规格化浮点值，生成一个 vec2 并返回。它可以理解为是 packSnorm2x16 的逆操作
highp uint packUnorm2x16 (vec2 v)	此函数首先将二维向量 ***v*** 中的每个规格化浮点数分量转换为 16 位整数，然后两个 16 位整数被打包成一个 32 位的无符号整数并返回。将二维向量 ***v*** 中的每个浮点分量转化为定点整数时采用的方式为：“round（clamp（c, 0, +1）* 65535.0）”。二维向量中第一个浮点分量所转化的 16 位整数被写入到 32 位结果中的低位，而第二个浮点分量所转化的 16 位整数被写入到 32 位结果中的高位
highp vec2 unpackUnorm2x16(highp uint p)	将一个 32 位无符号的整数 ***p*** 解包成一对 16 位无符号整数，并将每一个分量转换成规格化浮点值，生成一个 vec2 并返回。它可以理解为是 packUnorm2x16 的逆操作

续表

内置函数签名	说　明
highp uint packHalf2x16 (medium vec2 v)	此函数首先将二维向量 *v* 中的每个浮点数分量转换为 16 位整数，然后两个 16 位整数被打包成一个 32 位的无符号整数并返回。将二维向量 *v* 中的每个浮点分量转化为定点整数时采用的方式为：“将 WebGL 中表示浮点数的 16 位序列看作表示整数的 16 位序列”。二维向量中第一个浮点分量所转化的 16 位整数被写入到 32 位结果中的低位，而第二个浮点分量所转化的 16 位整数被写入到 32 位结果中的高位
highp vec2 unpackHalf2x16 (highp uint v)	将一个 32 位无符号的整数 *p* 解包成一对 16 位无符号整数，并将每一个分量转换成浮点值，生成一个 vec2 并返回。它可以理解为是 packHalf2x16 的逆操作

3.5 用 invariant 修饰符避免值变问题

值变问题是指同样着色器程序多次运行时，同一个表达式在同样输入值的情况下多次运行，结果出现不精确一致的现象。在大部分情况下，这并不影响最终效果的正确性。

如果在某些特定情况下需要避免值变问题，则可以用 invariant 修饰符来修饰变量。采用 invariant 修饰符修饰变量主要有如下两种方式。

（1）在声明变量时加上 invariant 修饰符，具体如下代码。

```
invariant out vec3 color;
```

（2）对已经声明的变量补充使用 invariant 修饰符进行修饰，具体情况如下代码。

```
out vec3 color;
invariant color;
```

提示　若有多个已经声明的变量需要用 invariant 修饰符补充修饰，则可以在 invariant 修饰符后把这些变量名用逗号隔开，一次完成。另外，若用 invariant 修饰符补充修饰变量，则必须在变量第一次被使用前完成。

如果希望所有的输出变量都是由 invariant 修饰的，则可以采用如下的语句来完成。

```
#pragma STDGL invariant(all)
```

提示　要注意的是，上述代码应该添加在顶点着色器程序的最前面，且不能在片元着色器中使用。

需要注意的是，并不是所有的变量都可以用 invariant 修饰符来修饰，只有符合如下几种情况的变量可以用 invariant 修饰符修饰。

- 顶点着色器中的内建输出变量，如 gl_Position。
- 顶点着色器中声明的以 out 修饰符修饰的变量。
- 片元着色器中内建的输出变量。
- 片元着色器中声明的以 out 修饰符修饰的变量。

另外就是在使用时要注意，invariant 修饰符要放在其他修饰符之前。同时，invariant 修饰符只能用来修饰全局变量。

提示　若不是真正绝对需要同样的输入产生同样精确的输出，则应该避免使用 invariant 修饰符。因为使用此修饰符后着色器中的有些内部优化就无法进行了，这会对性能有一定的影响。在大部分情况下，一些误差对程序的正确性没有影响，因此，需要使用 invariant 修饰符的情况并不多。

3.6 预处理器

预处理器是在真正编译开始之前由编译器调用的独立程序。预处理器预处理编译过程中所需的源代码字符串。WebGL 着色语言的预处理器基本遵循标准 C++预处理器的规则，宏定义和条件测试等可以通过预处理指令来执行，具体内容如表 3-18 所示。

表 3-18　　预处理指令

预处理指令	说　明
#	用作预处理
#define	定义宏
#undef	用来删除事先定义的宏定义
#if	条件测试，若#if 指令后的表达式为真，则编译#if 到#else 之间的程序段
#ifdef	条件测试，检测指定的宏是否已定义，如果定义，则进行编译
#ifndef	条件测试，检测指定的宏是否未定义，如果未定义，则进行编译
#else	条件测试，若#if 指令后的表达式为假，则编译#else 到#endif 之间的程序段
#elif	条件测试，#else 和#if 的组合选项，表示否则
#endif	条件测试，结束编译块的控制
#error	将诊断信息保存到着色器对象的信息日志中
#pragma	允许依赖于实现的编译控制。#pragma 后面的符号不是预处理宏定义扩展的一部分。默认情况下，编译器开启着色器优化，关闭指令为#pragma optimize（off）。关闭着色器调试的指令为#pragma debug（off）
#extension	激活指定的扩展行为
#line	#line 后面是整型常量表达式，表示从其开始的起始行号

除了表 3-18 中列出的预处理指令外，着色语言还预定义了一些可直接使用的宏，如表 3-19 所示。

表 3-19　　预处理宏

预 处 理 宏	说　明
LINE	当前被编译的代码号，为十进制整数
FILE	当前被处理的源代码字符串序号，为十进制整数
VERSION	用来替代 WebGL 2.0 着色语言的版本号，如 WebGL 2.0 对应的版本号为整数 300
GL_ES	该宏用于着色器编译时测试使用，默认为 1，表示使用的是 WebGL 2.0 着色语言

> **提示**　所有以“GL_”（“GL”后面是一个下划线）为前缀的宏名和包含两个连续下划线“--”的宏名都是着色语言保留使用的。重定义内建宏名或预定义宏名是错误的，这一点读者需多加注意。

与 C++类似，如果定义了宏但是没有同时给出替代表达式，那么并不会默认替代表达式为“0”。这一点在宏用于预处理表达式时要特别注意。预处理表达式在编译时执行，其中可使用的操作符如表 3-20 所示。

表 3-20　　　　预处理表达式操作符

优　先　级	操作符类型	优　先　级	操作符类型
1（最高）		0	NA
2	一元操作符	defined +− ～ !	从右到左
3	乘、除、取余	*　/　%	从左到右
4	加、减	+　−	从左到右
5	位左/右移	<<　>>	从左到右
6	比较操作符	<　>　<=　>=	从左到右
7	等于/不等于操作符	==　!=	从左到右
8	位与	&	从左到右
9	位异或	^	从左到右
10	位或	|	从左到右
11	逻辑与	&&	从左到右
12（最低）	逻辑或	‖	从左到右

默认情况下，着色语言的编译器必须反馈不符合规范的编译时词法和语法错误。任何扩展行为都必须先启用，可以通过#extension 指令控制编译器扩展行为，其基本语法为：

```
#extension <扩展名>:<扩展行为>
```

扩展名为硬件厂商提供的有特殊扩展功能的名称，使用时读者需要查阅各厂商提供的资料。扩展行为主要包含表 3-21 中列出的几种类型。

表 3-21　　　　扩展行为

扩 展 行 为	说　明
require	说明指定扩展名的扩展，如果编译器不支持指定扩展名对应的扩展，或扩展名为 all，则反馈错误
enable	启用指定扩展名的扩展，如果编译器不支持指定扩展名对应的扩展，则给出警告。如果扩展名为 all，则反馈错误
Warn	检测是否使用了指定名称的扩展，如果使用了此扩展则给出警告。如果扩展名为 all，则检测是否使用了任何扩展，若使用了则给出警告。如果编译器不支持此扩展，则给出警告
disable	禁用指定扩展名的扩展，如果编译器不支持指定扩展名，则给出警告。如果扩展名为 all，则禁用所有使用的扩展，并恢复到默认核心版本

提示　编译器的初始状态为#extension all:disable，意味着编译器关闭任何扩展。

3.7 本章小结

本章简要介绍了与开发酷炫 3D 场景密切相关的着色语言，主要介绍了着色语言的基础知识、顶点与片元着色器中的内建变量、内置函数等。通过本章的学习，读者应该对着色语言有了一定的了解，为以后开发复杂的、真实的 3D 场景打下坚实的基础。

第 4 章　必知必会的 3D 开发知识——投影及各种变换

在 3D 应用程序开发中，一项很重要的工作就是对场景中的物体进行各种投影与变换。与 WebGL 1.0 一致，WebGL 2.0 在变换方面采取了开放模式，其 API 中不再提供完成各种变换的方法，变换所用的矩阵都由开发人员直接提供给渲染管线。

因此，基于 WebGL 2.0 进行投影与变换的开发时，可能需要了解更多的数学知识。虽然这增加了开发的难度，但大大提高了开发的灵活性，本章将对投影与变换相关的数学知识及具体的实现方法进行详细介绍。

4.1　矩阵数学计算工具脚本 Matrix

本书的案例中每一个 js 文件夹下都有一个 Matrix.js 脚本，其中包含了作者开发的用于矩阵数学计算的多个工具方法。调用其中的方法可以得到用于平移、旋转、缩放、投影及摄像机观察等方面的矩阵，表 4-1 中列出了其中的一些常用方法。

表 4-1　　Matrix 中的方法列表

方 法 描 述	方 法 解 释
setIdentityM(sm, smOffset)	参数 sm 为存放变换矩阵元素的数组，smOffset 为矩阵首元素在数组中的偏移量，实际使用时它应该传入 0。该方法功能为在指定的数组中填充单位矩阵中各个元素的值
translateM(m, mOffset, x, y, z)	参数 *m* 为存放变换矩阵元素的数组，mOffset 为矩阵首元素在数组中的偏移量，*x*、*y*、*z* 为相应坐标轴方向的平移量。该方法功能为将平移变换记录进矩阵
rotateM(m, mOffset, a, x, y, z)	参数 *m* 为存放变换矩阵元素的数组，mOffset 为矩阵首元素在数组中的偏移量，*a* 为旋转的角度，*x*、*y*、*z* 为旋转轴向量的 3 个分量。该方法功能为将旋转变换记录进矩阵
scaleM（m, mOffset, x, y, z）	参数 *m* 为存放变换矩阵元素的数组，mOffset 为矩阵首元素在数组中的偏移量，*x*、*y*、*z* 为相应坐标轴方向的缩放比。该方法功能为将缩放变换记录进矩阵
frustumM(m, mOffset, left, right, bottom, top, near, far)	参数 *m* 为存放变换矩阵元素的数组，mOffset 为矩阵首元素在数组中的偏移量，left、right、bottom、top、near、far 为进行透视投影时的相关 6 个参数（这些参数的含义在后面会进行详细介绍）。该方法功能为根据 6 个参数值得到对应的透视投影矩阵中各个元素的值
orthoM(m, mOffset, left, right, bottom, top, near, far)	参数 *m* 为存放变换矩阵元素的数组，mOffset 为矩阵首元素在数组中的偏移量，left、right、bottom、top、near、far 为进行平行投影时的相关 6 个参数（这些参数的含义在后面会进行详细介绍）。该方法功能为根据 6 个参数值得到对应的平行投影矩阵中各个元素的值
setLookAtM(m, mOffset, eyeX, eyeY, eyeZ, centerX, centerY, centerZ, upX, upY, upZ)	参数 *m* 为存放变换矩阵元素的数组，mOffset 为矩阵首元素在数组中的偏移量，eyeX、eyeY、eyeZ、centerX、centerY、centerZ、upX、upY、upZ 为摄像机相关 9 个参数（这些参数的含义在后面会进行详细介绍）。该方法功能为根据 9 个参数值得到对应的摄像机观察矩阵中各个元素的值

续表

方法描述	方法解释
multiplyMM(result, resultOffset, mlIn, lhsOffset, mrIn, rhsOffset)	参数 result 为存放结果矩阵元素的数组，参数 resultOffset 为结果矩阵首元素在数组中的偏移量，参数 mlIn 为存放左乘矩阵元素的数组，参数 lhsOffset 为左乘矩阵首元素在数组中的偏移量，参数 mrIn 为存放右乘矩阵元素的数组，参数 rhsOffset 为右乘矩阵首元素在数组中的偏移量。该方法功能为将左乘矩阵乘以右乘矩阵，得到结果矩阵

提示 表 4-1 中的功能方法在本书实际案例中一般不会直接使用，而是通过 MatrixState 封装类进行调用。这里对这些矩阵计算功能方法有一个基本的了解即可。

4.2 摄像机的设置

从日常生活中可以很容易地了解到，随着摄像机位置、姿态的不同，就是对同一个场景进行拍摄，得到的画面也是迥然不同的。因此摄像机的位置、姿态在 WebGL 2.0 应用程序的开发中显得非常重要，故在介绍两种投影与变换之前，首先介绍一下摄像机的设置方法。

对于摄像机的设置，需要给出 3 方面的信息，包括摄像机的位置（location）、观察的方向（direction）以及 up 方向，每个位置或方向都是由 x、y、z 这 3 个坐标组成，所以这 9 个坐标就构成了设置摄像机的 9 个参数，具体情况如图 4-1 所示。

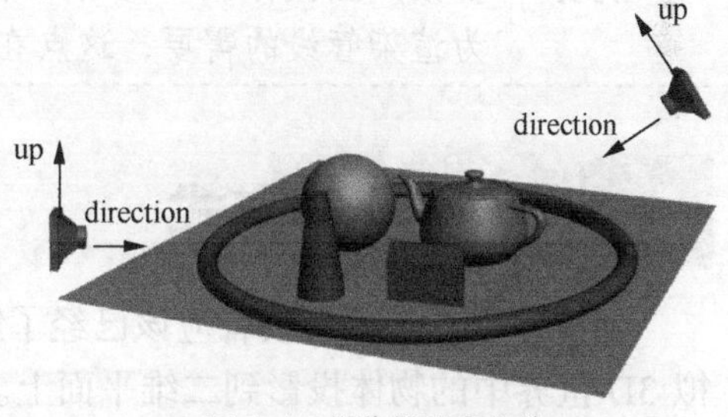

▲图 4-1 摄像机观察物体

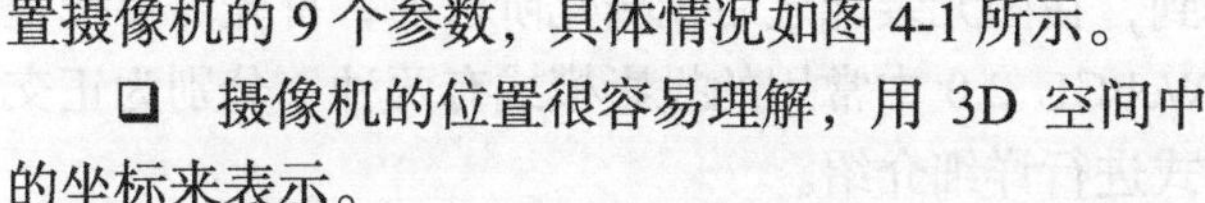

❑ 摄像机的位置很容易理解，用 3D 空间中的坐标来表示。

❑ 摄像机观察的方向可以理解为摄像机镜头的指向，用一个观察目标点来表示（通过摄像机位置与观察目标点可以确定一个向量，此向量代表了摄像机观察的方向）。

❑ 摄像机的 up 方向可以理解为摄像机顶端的指向，用一个向量来表示。

由于摄像机拍摄的场景与人眼观察的现实世界很类似，因此通过人眼对现实世界的观察可以帮助读者理解摄像机的各个参数。人眼的视线相当于摄像机的 direction，头顶的朝向相当于摄像机的 up 向量，如图 4-2 所示。

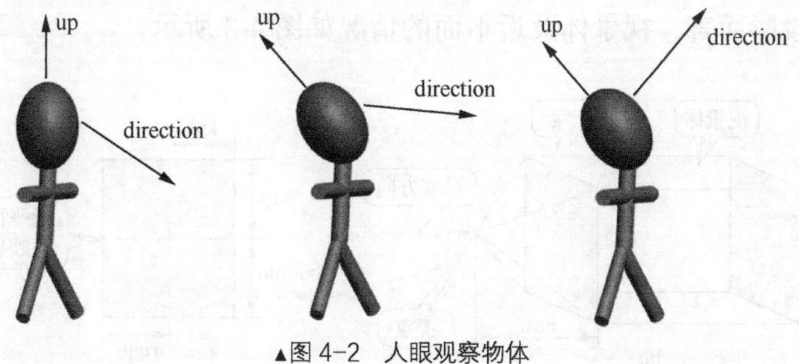

▲图 4-2 人眼观察物体

从图 4-2 中可以看出，摄像机的位置、朝向、up 方向可以有很多不同的组合。例如，同样的位置可以有不同的朝向、不同的 up 方向；不同的位置也可以具有相同的朝向、相同的

up 方向等。现实生活中在观察世界时也会有形形色色的观察方式，这与所给的组合基本上是一致的。

提示　从前面的介绍中可以看出，与矩阵相关的计算作者都封装进了 Matrix.js 中。为了程序开发的方便，本书案例中提供了一个工具类 MatrixState，它可通过调用 Matrix.js 中的功能方法完成各种基本变换、投影、摄像机观察等，从而进一步简化开发。

MatrixState 类通过调用 Matrix.js 中的 setLookAtM 方法来完成对摄像机的设置，基本代码如下。

```
setLookAtM(
    this.mVMatrix,          //存储生成矩阵元素的数组
    0,                      //填充起始偏移量
    cx,cy,cz,               //摄像机位置的 x、y、z 坐标
    tx,ty,tz,               //观察目标点的 x、y、z 坐标
    upx,upy,upz             //up 向量在 x、y、z 轴上的分量
);
```

说明　从上述代码中可以看出，setLookAtM 方法的功能是根据接收的 9 个摄像机参数产生摄像机的观察矩阵，并将矩阵元素填充到指定数组中。产生矩阵是因为渲染管线的需要，这点在前面已经提到。

4.3　两种投影方式

通过前面的学习，读者应该已经了解到，在图元装配之后光栅化阶段前，首先需要把虚拟 3D 世界中的物体投影到二维平面上。WebGL 2.0 中常用的投影模式有两种，分别为正交投影与透视投影，本节将对这两种投影方式进行详细介绍。

4.3.1　正交投影

在 WebGL 2.0 中，根据应用程序提供的投影矩阵，管线会确定一个可视空间区域，称为视景体。视景体是由 6 个平面确定的，这 6 个平面分别为上平面（up）、下平面（down）、左平面（left）、右平面（right）、远平面（far）、近平面（near）。

场景中处于视景体内的物体会被投影到近平面上（由于视景体外的物体将被裁剪掉，所以设置合理的投影方式对开发而言相当重要），然后将近平面上投影出的内容映射到屏幕的视口中。对于正交投影而言，视景体及近平面的情况如图 4-3 所示。

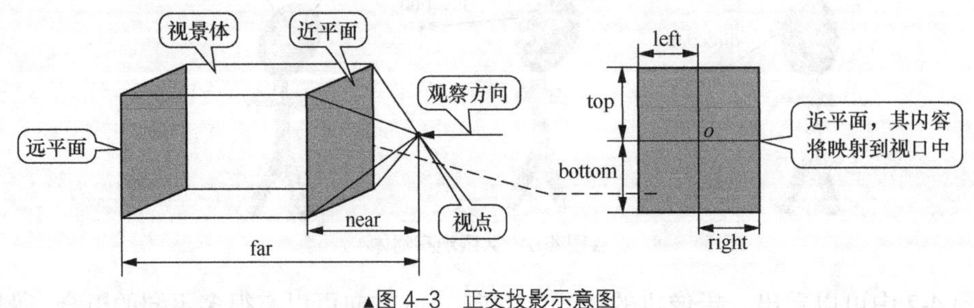

▲图 4-3　正交投影示意图

说明 视点为摄像机的位置。离视点较近，垂直于观察方向向量的平面为近平面；离视点较远，垂直于观察方向向量的平面为远平面。与观察向量平行，从上下左右 4 个方向约束视景体范围的 4 个平面，这 4 个平面与视景体中心轴线的距离分别为 top、bottom、left、right。

从图 4-3 中可以看出，由于正交投影是平行投影的一种，投影线（物体的顶点与近平面上投影点的连线）是平行的。故其视景体为长方体，投影到近平面上的图形不会产生真实世界中“近大远小”的效果，图 4-4 更清楚地说明了这个问题。

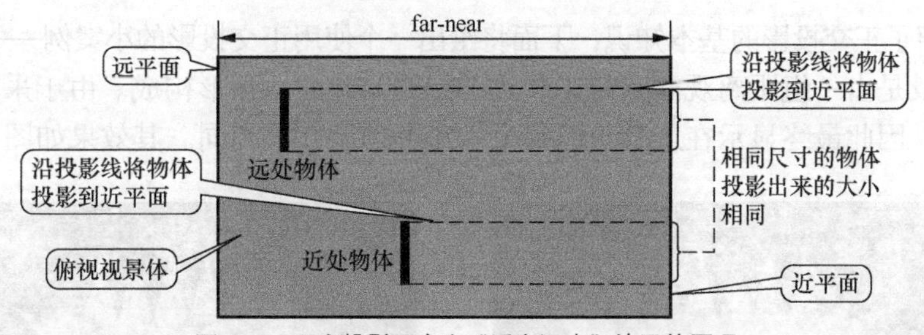

▲图 4-4 正交投影不产生“近大远小”效果的原理

本书案例在 MatrixState.js 中通过调用 Matrix.js 脚本中的 orthoM 方法对正交投影进行设置。MatrixState.js 将正交投影的设置封装成一个方法，在以后的开发中直接通过 MatrixState 调用相应的方法即可，其基本代码如下。

```
orthoM(
    this.mProjMatrix,          //存储生成矩阵元素的数组
    0,                         //填充起始偏移量
    left, right,               //近平面的 left、right
    bottom, top,               //近平面的 bottom、top
    near, far                  //近平面、远平面与视点的距离
);
```

- ❑ orthoM 方法的功能为根据接收到的 6 个正交投影参数产生正交投影矩阵，并将矩阵元素填充到指定的数组中。这个方法在 MatrixState 中已经封装好，调用时只需将 6 个参数给出即可。设置合理的投影方式可以使开发变得简便。
- ❑ 参数 left、right 为近平面左右侧边对应的 x 坐标，top、bottom 为近平面上下侧边对应的 y 坐标，它们分别用来确定左平面、右平面、上平面、下平面的位置。参数 near、far 分别为视景体近平面与远平面距视点的距离。

前面提到过，场景中的物体投影到近平面后，最终会映射到显示屏上的视口中。视口也就是显示屏上指定的矩形区域，通过如下代码进行设置。

```
gl.viewport(x, y, width, height);          //设置视口
```

上述代码中的参数 x、y 为视口矩形中左下侧点在视口屏幕坐标系内的坐标，width、height 为视口的宽度与高度，具体情况如图 4-5 所示。要注意的是，视口屏幕坐标系的原点并不在屏幕的左上角，而是位于屏幕的左下角。同时，在此坐标系中 x 轴向右，y 轴向上。

在 WebGL 2.0 中可视空间中的物体均由 HTML5 中提供的<canvas>来显示，前文已经详细介绍了<canvas>，在此便不再赘述。在程序中获得了<canvas>上下文后，需要设置在哪块区域绘制 WebGL，这就是视口（viewport）。

提示 从近平面到视口的映射是由渲染管线自动完成的。一般情况下，应该保证近平面的宽高比与视口的宽高比相同，即满足“(left+right)/(top+bottom) == width/height”，否则显示在屏幕上的图像会拉伸变形。

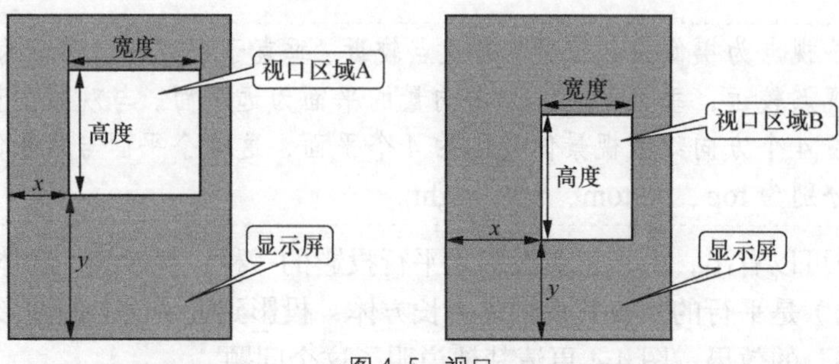

▲图 4-5　视口

前面介绍了正交投影的基本知识，下面将给出一个使用正交投影的小案例——Sample4_1，本案例的场景是由一组距离观察点越来越远的相同尺寸的六角形构成。由于采用的投影方式为正交投影，因此最终显示在屏幕上的每个六角形的尺寸都相同。其效果如图 4-6 所示。

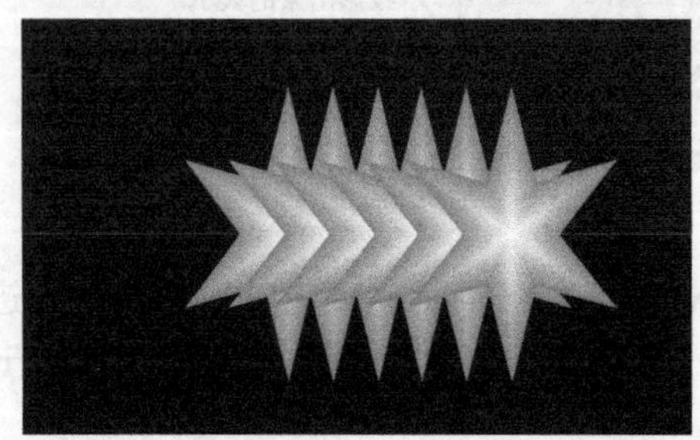
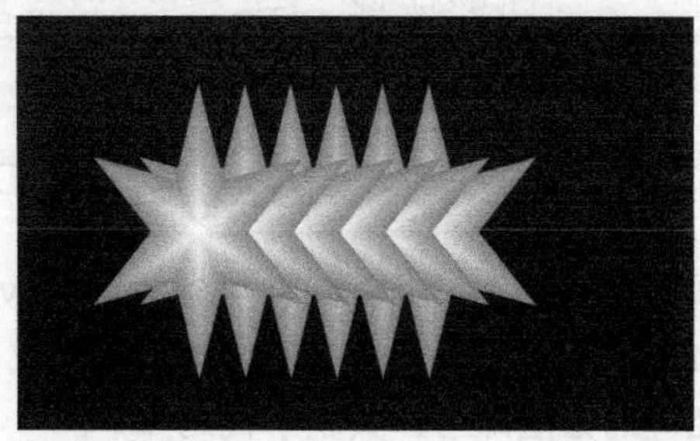

▲图 4-6　案例 Sample4_1 的运行效果

看到本案例的运行效果后，下面就可以进行代码开发了。本案例为正交投影的应用，读者在学习本案例的同时应该与下一节介绍的透视投影案例相对比进行学习或者自行改动参数以体会各部分参数代表的含义，具体步骤如下。

（1）与三角形案例相同，先来开发本案例的入口程序 ProjectOrth.html。本部分主要介绍了触控部分，在之后的案例中便会省略这部分的内容，这部分仅为 PC 端浏览器中的触控代码，移动端代码在前面几节中已经有介绍。

代码位置：随书源代码/第 4 章/Sample4_1 目录下的 ProjectOrth.html。

```
……//这里省略一些外部文件的代码和 HTML 文件的基础设置
var gl;                                          //GL 上下文
var ms=new MatrixState();                        //变换矩阵管理类对象
var ooTri=new Array(6);                          //要绘制的 3D 物体
var shaderProgArray=new Array();                 //着色器程序列表，集中管理
var currentYAngle=0;                             //绕 y 轴旋转一定角度
var currentXAngle=0;                             //绕 x 轴旋转一定角度
var incAngle=0.5;                                //旋转角度步长值
var lastClickX,lastClickY;                       //上次触控点的 x、y 坐标
var ismoved=false;                               //是否移动标志位
document.onmousedown=function(event){            //鼠标按下的监听
    var x=event.clientX;                         //获得鼠标的 x 坐标
    var y=event.clientY;                         //获得坐标的 y 坐标
    //如果鼠标在<canvas>内开始移动
    var rect= (event.target||event.srcElement).getBoundingClientRect();
    if(rect.left<=x&&x<rect.right&&rect.top<=y&&y<rect.bottom){
        ismoved=true;                            //鼠标移动时标志位 true
        lastClickX=x;lastClickY=y;}};            //记录 x、y 坐标
document.onmouseup=function(event){ismoved=false;};    //鼠标抬起的监听
document.onmousemove = function(event){          //鼠标移动时的监听
    var x=event.clientX,y=event.clientY;         //记录鼠标的 x、y 坐标
    if(ismoved){                                 //判断鼠标是否移动
```

```
23            //根据鼠标的 x 坐标的移动差值计算物体绕 y 轴旋转的角度
24            currentYAngle=currentYAngle+(x-lastClickX)*incAngle;
25            //根据鼠标的 y 坐标的移动差值计算物体绕 x 轴旋转的角度
26            currentXAngle=currentXAngle+(y-lastClickY)*incAngle;}
27      lastClickX=x;lastClickY=y;};                          //记录上一次的 x、y 坐标
28    ……//此处省略 start()方法与绘制方法，这些将在下面介绍
```

- 第 2～13 行声明了一些全局变量与类的对象，这些变量基本都是关于触控实现的变量。声明的类对象在下文中会用它们进行一些操作，例如声明了 GL 上下文之后，在创建六角形时会需要使用 GL 获取数据或将数据送到着色器中。
- 第 14～27 行为触控具体实现的方法。在鼠标单击时会先将鼠标的 *x*、*y* 坐标记录下来，之后判断鼠标是否移动。如果移动则再将鼠标移动后终点的 *x*、*y* 坐标记录下来，经过计算得到相应的差值，使差值与某个角度对应起来，在绘制时将旋转角度传过去便能使其转动。

（2）看完触控的实现后，来看一下真正的程序入口方法 start 与两个绘制方法的开发过程。这部分代码与三角形案例中的代码思想是一样的，都是在界面加载完毕后调用 start 方法，准备工作完成后定时调用绘制方法进行绘制，现在来看一下具体的开发过程。

代码位置：随书源代码/第 4 章/Sample4_1 目录下的 ProjectOrth.html。

```
1     function start(){                                          //初始化的方法
2        var canvas = document.getElementById('bncanvas');       //获取 Canvas 对象
3        gl = canvas.getContext('webgl2', { antialias: true });//获取 GL 上下文
4        if (!gl){                                               //若获取 GL 上下文失败
5           alert("创建 GLES 上下文失败，不支持 WebGL2.0!");        //显示错误提示信息
6           return;}
7        gl.viewport(0, 0, canvas.width, canvas.height);        //设置视口
8        gl.clearColor(0.0,0.0,0.0,1.0);                        //设置屏幕背景色
9        ms.setInitStack();                                     //初始化变换矩阵
10       ms.setCamera(0,0,-5,0,0,0,0,1,0);                      //设置摄像机
11       ms.setProjectOrtho(-1.5,1.5,-1,1,1,100);               //设置投影参数
12       gl.enable(gl.DEPTH_TEST);                              //开启深度检测
13       loadShaderFile("shader/vtrtex.bns",0);                 //加载顶点着色器的脚本内容
14       loadShaderFile("shader/fragment.bns",0);               //加载片元着色器的脚本内容
15       if(shaderProgArray[0]){                                //如果着色器已加载完毕
16          for(var i=0;i<6;i++){
17             ooTri[i]=new SixPointedStar(gl,shaderProgArray[0],-0.3*i);
               //则创建六角形绘制对象
18          }}else{
19          setTimeout(function(){
20             for(var i=0;i<6;i++){
21             ooTri[i]=new SixPointedStar(gl,shaderProgArray[0],-0.3*i);}
               //创建六角形绘制对象
22          },60);}                                             //休息 60ms 后再执行
23       setInterval("drawFrame();",20);}                       //20ms 执行一次 drawFrame()
24       function drawFrame(){                                  //主绘制方法
25          if(!ooTri[5]){
26          console.log("加载未完成！");                          //提示信息
27          return;}
28       gl.clear(gl.COLOR_BUFFER_BIT | gl.DEPTH_BUFFER_BIT); //清除着色缓冲与深度缓冲
29       ms.pushMatrix();                                       //保护现场
30       ms.translate(0,0,0);                                   //执行平移
31       ms.rotate(currentYAngle,0,1,0);                        //执行绕 y 轴的旋转
32       ms.rotate(currentXAngle,-1,0,0);                       //执行绕 x 轴的旋转
33       for(var j=0;j<6;j++){
34          ooTri[j].drawSelf(ms);}                             //绘制物体
35       ms.popMatrix();}                                       //恢复现场
36    ……//这里省略 html 文件中的一些标签，有兴趣的读者可以自行查阅随书源代码
```

- 第 1～23 行为本例的入口方法代码。其中设置了视口大小和屏幕背景颜色，初始化了变换矩阵，设置了摄像机位置。本节介绍的投影参数也是在这里声明的，开启了深度检测并加载了着色器，创建了需要绘制的对象。

- 第 24～35 行为主绘制方法。在进行绘制之前需要检查绘制对象是否创建完成，如果没有加载完毕，则本次不绘制；如果加载完成了便进行绘制。每帧绘制时首先清除颜色缓冲与深度缓冲，之后根据绘制物体需要的位置进行变换，最后才绘制物体。

> **注意**　观察上面的绘制方法不难发现，绘制方法其实有一套自己的流程。在绘制前清除缓冲，然后根据绘制物体的位置及自身的姿态进行相应的平移、旋转、缩放变换，而后进行绘制。在绘制每一个物体时都会有保护现场和恢复现场，如果有多个物体需要绘制，则这样的优势便会显现出来。

（3）看一个工具类——MatrixState 的开发。这个工具类在之后的每个案例中都会用到，其本质就是将 Matrix 脚本中的一些内容封装到了一个类中，使用时只需要调用相应的方法并给出设定参数便可以方便使用了。

代码位置：随书源代码/第 4 章/Sample4_1/js 目录下的 MatrixState.js。

```
1    function MatrixState(){
2        this.mProjMatrix = new Array(16);                //投影矩阵
3        this.mVMatrix = new Array(16);                   //摄像机矩阵
4        this.currMatrix=new Array(16);                   //基本变换矩阵
5        this.mStack=new Array(100);                      //矩阵栈
6        this.setInitStack=function(){                    //初始化矩阵的方法
7        this.currMatrix=new Array(16);                   //创建存储矩阵元素的数组
8        setIdentityM(this.currMatrix,0);}                //将元素填充进单位阵的元素值中
9        this.pushMatrix=function(){                      //保护变换矩阵，当前矩阵入栈
10       this.mStack.push(this.currMatrix.slice(0));}
11       this.popMatrix=function(){                       //恢复变换矩阵，当前矩阵出栈
12       this.currMatrix=this.mStack.pop();}
13       this.translate=function(x,y,z) {                 //执行平移变换，设置沿 x、y、z 轴移动
14       translateM(this.currMatrix, 0, x, y, z); }       //将平移变换记录进矩阵
15       this.rotate=function(angle,x,y,z){               //执行旋转变换，设置绕 x、y、z 轴移动
16       rotateM(this.currMatrix,0,angle,x,y,z); }        //将旋转变换记录进矩阵
17       this.scale=function(x,y,z){                      //执行缩放变换，设置绕 x、y、z 轴移动
18       scaleM(this.currMatrix,0,x,y,z)}                 //将缩放变换记录进矩阵
19       this.setCamera=function                          //设置摄像机
20               (cx,cy,cz,                               //摄像机位置的 x、y、z 坐标
21               tx, ty, tz,                              //摄像机目标点的 x、y、z 坐标
22               upx,upy,upz){                            //摄像机 up 向量的 x、y、z 分量
23           setLookAtM(
24                   this.mVMatrix,0,
25                   cx,cy,cz,                            //摄像机位置
26                   tx,ty,tz,                            //观察点位置
27                   upx,upy,upz                          //up 向量
28           );}
29       this.setProjectFrustum=function(                 //设置透视投影参数
30       left,right,bottom,top,near,far){                 //近平面的 left,right,bottom,top
31       frustumM(this.mProjMatrix, 0, left, right, bottom, top, near, far); }
32       this.setProjectOrtho=function(                   //设置正交投影参数
33       left,right,bottom,top,near,far){                 //近平面的 left,right,bottom,top
34       orthoM(this.mProjMatrix, 0, left, right, bottom, top, near, far);}
35       this.getFinalMatrix=function(){                  //获取具体物体的总变换矩阵
36       var mMVPMatrix=new Array(16);
37         multiplyMM(mMVPMatrix, 0, this.mVMatrix, 0, this.currMatrix, 0);
38               multiplyMM(mMVPMatrix, 0, this.mProjMatrix, 0, mMVPMatrix, 0);
39               return mMVPMatrix;}
40         this.getMMatrix=function(){                    //获取具体物体的变换矩阵
41               return this.currMatrix;}}
```

- 第 2～12 行声明了投影矩阵、摄像机矩阵、基本变换矩阵。封装了初始化矩阵的方法，保护变换矩阵与恢复变换矩阵。其中保护与恢复变换矩阵在绘制时会用到，在上一节介绍绘制物体时说过每个物体在绘制时都会执行这两个方法。

- ❑ 第 13～28 行封装了平移变换、旋转变换、缩放变换的方法。绘制物体时，我们经常会根据模型的大小位置来使用这几个方法，从而使其有合适的位置和姿态。设置摄像机的方法在前面讲摄像机时提到过，在调用时只需要将摄像机 9 个参数给出即可。
- ❑ 第 29～41 行为设置透视投影参数与正交投影参数。本节中讲述的正交投影便是调用的这个方法，读者在学完这两节之后便会明白两者的区别。除此之外还封装了获取具体物体的总变换矩阵与具体物体的变换矩阵的方法。

> **提示** MatrixState.js 类是本书中非常重要的一个类，几乎书中所有的案例都要使用到它，本章后继部分将不断对此类进行完善。开发此类是因为若将对矩阵执行的很多操作散落在各类代码中，会有很多缺点，如不易管理、代码不能有效重用等。这些读者在后面的进一步学习中会逐渐感觉到。

这里省略了六角形类的开发，因为这部分代码与在三角形中创建三角形类是一样的，两者的区别只是在于顶点位置、数量与颜色的不同，所以这里没有过多介绍。读者应该自行查阅随书源代码进行学习。

4.3.2 透视投影

在现实世界中，人眼观察物体时会有“近大远小”的效果，因此仅使用正交投影是远远不够的，这时可以采用透视投影。透视投影的投影线是不平行的，它们相交于视点。通过透视投影，可以产生现实世界中“近大远小”的效果。在透视投影中，视景体为锥台形区域，如图 4-7 所示。

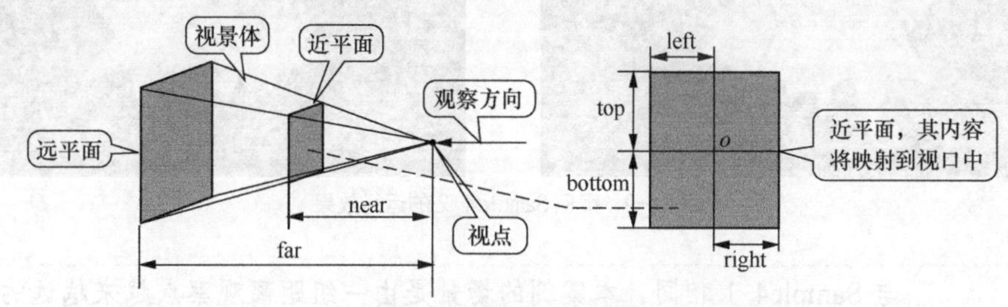

▲图 4-7 透视投影示意图

> **说明** 离视点较近，垂直于观察方向的平面为近平面；近平面左侧距中心的距离为 left，右侧为 right，上侧为 top，下侧为 bottom。由观察点与近平面的左上、左下、右上、右下 4 点连线与远平面的交点可以确定上、下、左、右 4 个斜面，这 4 个斜面及远近平面确定了视景体的范围。

从图 4-7 中可以看出，透视投影的投影线互不平行，都相交于视点。因此对于同样尺寸的物体，近处的投影大，远处的投影小，从而产生了现实世界中“近大远小”的效果，图 4-8 更清楚地说明了这个现象。

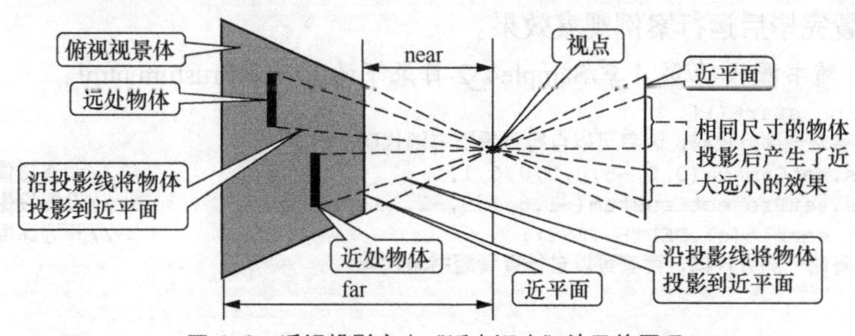

▲图 4-8 透视投影产生“近大远小”效果的原理

本书案例在 MatrixState.js 中通过调用 Matrix 脚本中的 frustumM 方法完成了对透视投影的设置。在 4.3.1 节的介绍中已经给出了 MatrixState.js 的代码，其中 frustumM 便为设置透视投影的方法，以后在设置透视投影时调用此方法即可，基本代码如下。

```
frustumM (
    mProjMatrix,                                //存储生成矩阵元素的数组
    0,                                          //填充起始偏移量
    left, right,                                //近平面的 left、right
    bottom, top,                                //近平面的 bottom、top
    near, far                                   //近平面、远平面与视点的距离
);
```

说明　从上述代码中可以看出，frustumM 方法的功能为根据接收到的 6 个透视投影参数产生透视投影矩阵，并将矩阵元素依次填充到指定的数组中。由于在 MatrixState.js 中已封装好了方法，所以只需将 letf、right、bottom、top、near、far 6 个参数传入即可。

前面介绍了透视投影的基本知识，下面将给出一个使用透视投影的小案例——Sample4_2。本例由几个尺寸相同的六角形叠加而成，每个六角形之间有一定间距，通过转动视角可以看出透视投影的效果，其运行效果如图 4-9 所示。

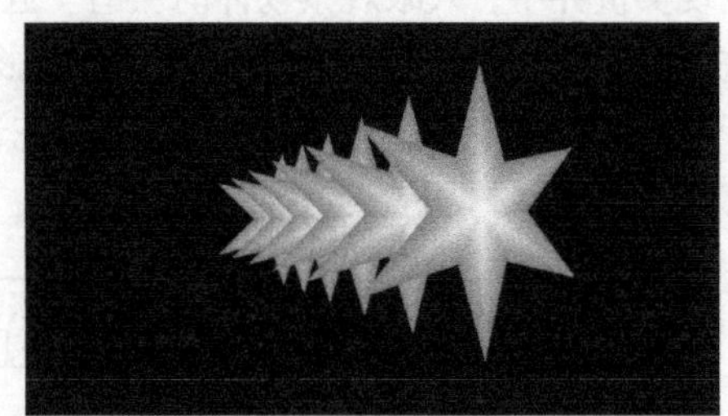

▲图 4-9　案例 Sample4_2 的运行效果

提示　与 Sample4_1 相同，本案例的场景是由一组距离观察点越来越远的相同尺寸的六角形构成的。由于采用的投影方式为透视投影，因此最终显示在屏幕上的多个六角形呈现近大远小的效果。而在正交投影中，几个六角形的大小是相同的。

看到本案例的运行效果后，下面就可以进行代码开发了。由于本案例中的大部分内容与 4.3.1 节的相同，所以这里未将全部代码放出来，只将其中重要的部分拿出来讲一下。这里将设置透视投影与参数，其具体步骤如下。

（1）在 ProjectFrustum.html 中首先将上个案例中设置投影的那段代码删掉，因为上节代码设置为正交投影，本节将其改为 ms.setProjectFrustum 以设置透视投影。两句代码只是在方法上不同，设置完毕后运行案例观察效果。

代码位置：随书源代码/第 4 章/Sample4_2 目录下的 ProjectFrustum.html。

```
function start(){
……//省略一部分代码，读者可以自行查看随书源代码
    ms.setCamera(0,0,-5,0,0,0,0,1,0);                    //设置摄像机
    ms.setProjectFrustum(-1.5,1.5,-1,1,1,100);           //设置投影参数
    gl.enable(gl.DEPTH_TEST);                            //开启深度检测
……//省略一部分代码，读者可以自行查看随书源代码
}
```

提示 第 4 行将 Sample4_1 中设置正交投影的语句替换成了设置透视投影的语句，其他基本没有变化。要注意的是，与前面的案例相同也要保持近平面与视口的宽高比一致，否则最终显示到屏幕上的物体会拉伸变形。

（2）在 ProjectFrustum.html 创建的六角形数组里，各个六角形对象还适当调整了其位置与大小。调整六角形大小是在 SixPointedStar.js 类中调整其顶点位置，从而使每个六角形的大小都是一样的。

代码位置：随书源代码/第 4 章/Sample4_2 目录下的 ProjectFrustum.html。

```
1    function start(){
2        ……//省略一部分代码，读者可以自行查看随书源代码
3        loadShaderFile("shader/vtrtex.bns",0);          //加载顶点着色器的脚本内容
4        loadShaderFile("shader/fragment.bns",0);        //加载片元着色器的脚本内容
5        if(shaderProgArray[0]){                         //如果着色器已加载完毕
6            for(var i=0;i<6;i++){
7                ooTri[i]=new SixPointedStar(gl,shaderProgArray[0],-0.6*i);}}}
                 //创建六角形绘制对象
8        ……//省略一部分代码，读者可以自行查看随书源代码
9    }
```

提示 第 4 行代码为在创建各个六角形对象时，将最后一个参数由之前的−0.3 换成了−1.0，以使每个六角形离视点更远，这使得近大远小的效果更加明显。另外要注意，只有位于视景体内部的物体才能被看见，将物体摆放得太近（位于近平面与视点之间）而看不见是初学者常犯的错误之一，读者要多加注意。

4.4 各种变换

4.3 节的六角形案例中已经用到了物体的平移及旋转，但没有进行详细介绍。本节将对 3 种基本变换（平移、旋转、缩放）的相关理论知识及具体开发过程进行介绍。同时这也会进一步贯穿本书，几乎所有案例都需要使用 MatrixState.js，为其增加实现各种变换的方法。

4.4.1 基本变换的数学知识

基本变换都是将表示点坐标的向量与特定变换矩阵相乘完成的，在进行基于矩阵的变换时，三维空间中点的位置需要表示成齐次坐标的形式。所谓齐次坐标形式也就是在 x、y、z 三个坐标值后面增加第四个量 w，未变换时 w 值一般为 1，如 $\boldsymbol{P}=(P_x,P_y,P_z,1)^{\mathrm{T}}$。

$\boldsymbol{P}$ 与特定变换矩阵 $\boldsymbol{M}$ 相乘可以完成一次基本变换，从而得到变换后点 $\boldsymbol{Q}$ 的齐次坐标向量，如 $\boldsymbol{Q}(Q_x,Q_y,Q_z,1)^{\mathrm{T}}$，具体情况如下所示。

$$\begin{pmatrix}Q_x\\Q_y\\Q_z\\1\end{pmatrix}=\begin{pmatrix}m_{11}&m_{12}&m_{13}&m_{14}\\m_{21}&m_{22}&m_{23}&m_{24}\\m_{31}&m_{32}&m_{33}&m_{34}\\0&0&0&1\end{pmatrix}\begin{pmatrix}P_x\\P_y\\P_z\\1\end{pmatrix}\quad\text{或简写为：}\boldsymbol{Q}=\boldsymbol{MP}$$

说明 在上述线性代数表达式中，最左侧为变换后 $\boldsymbol{Q}$ 点的齐次坐标，中间为 4×4 的变换矩阵，右侧为变换前 $\boldsymbol{P}$ 点的齐次坐标。

当矩阵 $\boldsymbol{M}$ 中的元素取适当值时，等式 $\boldsymbol{Q}=\boldsymbol{MP}$ 就会有其特殊的几何意义。例如，可以将

三维空间中的点 $\boldsymbol{P}$ 平移、旋转或缩放到点 $\boldsymbol{Q}$。由于这些变换的具体信息存放在矩阵 $\boldsymbol{M}$ 中，因此通常称矩阵 $\boldsymbol{M}$ 为变换矩阵。当需要连续执行一系列的变换时，依次将变换矩阵乘以表示点位置的齐次坐标向量即可。

提示　数学上，向量表示有行向量与列向量两种。这两种方式没有本质区别，选取哪种都可以，WebGL 2.0 中使用的是列向量。列向量和矩阵相乘以实现变换时，只能在列向量前面乘以矩阵，而行向量则反之，否则乘法没有意义，读者要注意这一点。

4.4.2　平移变换

前面已经介绍过，WebGL 2.0 中的基本变换都是通过变换矩阵来完成的，平移变换自然也是如此，其变换矩阵的基本格式如下。

$$\boldsymbol{M}=\begin{pmatrix} 1 & 0 & 0 & m_x \\ 0 & 1 & 0 & m_y \\ 0 & 0 & 1 & m_z \\ 0 & 0 & 0 & 1 \end{pmatrix}$$

上述矩阵中的 m_x、m_y、m_z 分别表示平移变换中沿 x、y、z 轴方向的位移。矩阵 $\boldsymbol{M}$ 乘以变换前 $\boldsymbol{P}$ 点的齐次坐标后确实相当于将 $\boldsymbol{P}$ 点沿 x、y、z 轴平移了 m_x、m_y、m_z 长度的距离，具体情况如下。

$$\boldsymbol{MP}=\begin{pmatrix} 1 & 0 & 0 & m_x \\ 0 & 1 & 0 & m_y \\ 0 & 0 & 1 & m_z \\ 0 & 0 & 0 & 1 \end{pmatrix}\begin{pmatrix} P_x \\ P_y \\ P_z \\ 1 \end{pmatrix}=\begin{pmatrix} P_x+m_x \\ P_y+m_y \\ P_z+m_z \\ 1 \end{pmatrix}，即\begin{pmatrix} Q_x \\ Q_y \\ Q_z \\ 1 \end{pmatrix}=\begin{pmatrix} P_x+m_x \\ P_y+m_y \\ P_z+m_z \\ 1 \end{pmatrix}$$

了解了平移变换矩阵的基本情况后，下面给出一个平移变换的简单案例——Sample4_3。案例中的 Cube.js 用于创建立方体，程序中用该引用绘制两遍立方体，在绘制时直接调用 translate 方法将其平移，其运行效果如图 4-10 所示。

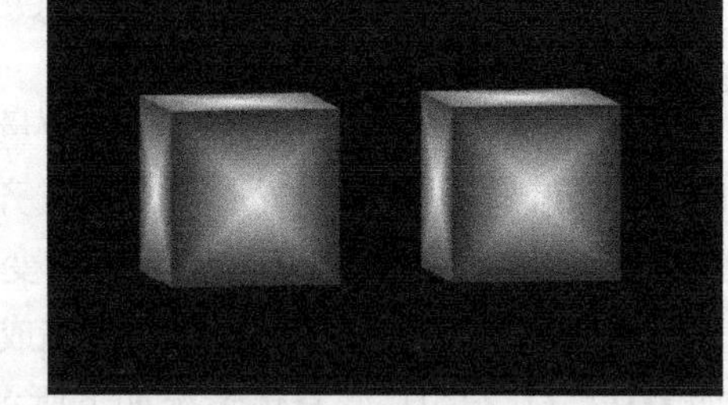

▲图 4-10　案例 Sample4_3 的运行效果

（1）看到本案例的运行效果后，就可以进行代码开发了。首先需要开发的是用于创建立方体的 Cube.js，由于它与创建三角形与六角形时类似，只是在顶点坐标与顶点颜色上的有差异，所以这里不再赘述，读者可查阅随书源代码进行学习。

（2）在创建完立方体的 Cube.js 后，开发本案例的主程序部分 Sample4_3.html。在上一个案例中我们介绍了触控部分，以后便不再介绍这部分了，因为代码是重复的，现在来看一下具体的开发过程。

代码位置：随书源代码/第 4 章/Sample4_3 目录下的 Sample4_3.html。

```
function start(){                                                  //初始化的方法
    ……//省略了判断 GL 上下文是否成功的代码
    gl.viewport(0, 0, canvas.width, canvas.height);                //设置视口
    gl.clearColor(0.0,0.0,0.0,1.0);                                //设置屏幕背景色
    ms.setInitStack();                                             //初始化变换矩阵
    ms.setCamera(-16,8,85,0,0,0,0,1.0,0.0);                        //设置摄像机
    ms.setProjectOrtho(-1.5,1.5,-1,1,1,100);                       //设置投影参数
    gl.enable(gl.DEPTH_TEST);                                      //开启深度检测
    loadShaderFile("shader/vtrtex.bns",0);                         //加载顶点着色器
```

```
10          loadShaderFile("shader/fragment.bns",0);              //加载片元着色器
11          if(shaderProgArray[0]){                               //如果着色器已加载完毕
12              ooTri=new Cube(gl,shaderProgArray[0]);            //创建绘制 3D 物体
13          }else{
14              setTimeout(function(){
15                  ooTri=new Cube(gl,shaderProgArray[0]);        //绘制 3D 物体
16              },60);}                                           //休息 60ms 后再执行
17          setInterval("drawFrame();",20);}                      //20ms 执行一次
18          function drawFrame(){                                 //主绘制方法
19              if(!ooTri){
20              console.log("加载未完成！");                        //提示信息
21              return;}
22          gl.clear(gl.COLOR_BUFFER_BIT | gl.DEPTH_BUFFER_BIT);  //清除着色缓冲与深度缓冲
23          ms.pushMatrix();                                      //保护现场
24          ms.translate(0.5,0,0);                                //执行平移
25          ms.rotate(currentYAngle,0,1,0);                       //执行绕 y 轴的旋转
26          ms.rotate(currentXAngle,1,0,0);                       //执行绕 x 轴的旋转
27          ooTri.drawSelf(ms);                                   //绘制物体
28          ms.popMatrix();                                       //恢复现场
29          ms.pushMatrix();                                      //保护现场
30          ms.translate(-0.5,0,0);                               //执行平移
31          ms.rotate(currentYAngle,0,1,0);                       //执行绕 y 轴的旋转
32          ms.rotate(currentXAngle,1,0,0);                       //执行绕 x 轴的旋转
33          ooTri.drawSelf(ms);                                   //绘制物体
34          ms.popMatrix();}                                      //恢复现场
35          ……//这里省略了 html 文件中的一些标签，有兴趣的读者可以自行查阅随书源代码
```

- 第 1～17 行为初始化的方法。这里设置了视口大小和屏幕背景色，初始化了变换矩阵，设置了摄像机与投影参数，之后在着色器加载完毕时创建需要绘制的 3D 物体，这些执行完毕后定时调用绘制方法进行绘制。
- 第 18～34 行为主绘制方法。该方法在绘制之前会检测绘制对象是否加载完毕，如果没有加载完毕则本次不绘制，加载完成后在每帧绘制时都会先清除颜色与深度缓冲，之后才会根据需要的位置与姿态进行相应的动作。

（3）4.4.2 节的代码介绍了 MatrixState.js，并已经讲述了本类中的全部内容，包括平移、旋转与缩放，这里便不再赘述。MatrixState.js 类在今后的开发中非常重要，其中封装了很多常用的方法，读者在每次用到此类时应该自行查阅代码进行细致的学习。

> **提示** 在开发中，使用此类时要首先调用 setInitStack 方法对当前变换矩阵进行初始化，否则可能会造成程序不能正常执行。本案例在 Sample4_3.html 的 start 方法中便执行了 ms.setInitStack 的初始化变换矩阵的方法。

4.4.3 旋转变换

介绍旋转变换的矩阵格式前，需要了解一下绕坐标轴或任意轴旋转的一些规定。在 WebGL 2.0 中，旋转角度的正负可以用右手螺旋定则来确定，具体情况如图 4-11 所示。右手螺旋定则是指右手握住旋转轴，使大拇指指向旋转轴的正方向，四指环绕的方向即为旋转的正方向，也就是旋转角度为正值。

$$
\boldsymbol{M}=\begin{pmatrix}
\cos\theta+(1-\cos\theta)u_x^2 & (1-\cos\theta)u_yu_x-\sin\theta u_z & (1-\cos\theta)u_zu_x+\sin\theta u_y & 0\\
(1-\cos\theta)u_xu_y+\sin\theta u_z & \cos\theta+(1-\cos\theta)u_y^2 & (1-\cos\theta)u_zu_y-\sin\theta u_x & 0\\
(1-\cos\theta)u_xu_z-\sin\theta u_y & (1-\cos\theta)u_yu_z+\sin\theta u_x & \cos\theta+(1-\cos\theta)u_z^2 & 0\\
0 & 0 & 0 & 1
\end{pmatrix}
$$

上述矩阵 $\boldsymbol{M}$ 表示将指定的点 $\boldsymbol{P}$ 绕轴向量 $\boldsymbol{u}$ 旋转 $\theta°$，其中 u_x、u_y、u_z 表示 $\boldsymbol{u}$ 向量在 x、

y、z 轴上的分量。由于本书不是专门讨论图形学的书籍，且旋转计算比较复杂，所以这里就不进行验证了，有兴趣的读者可以参考其他资料进行计算验证。

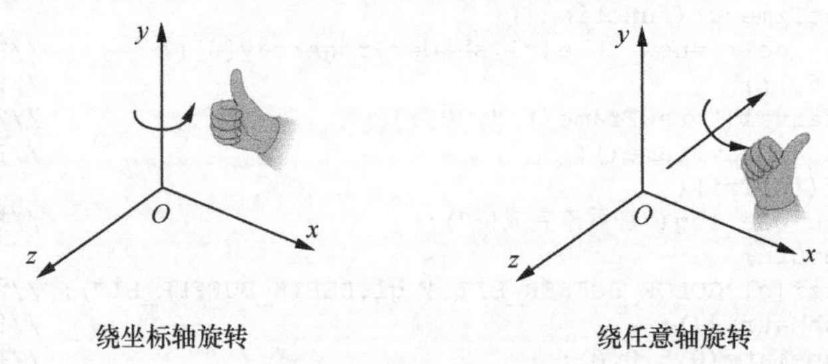

▲图 4-11　旋转正方向的确定

了解了旋转变换矩阵的基本情况后，下面给出一个旋转变换的简单案例——Sample4_4，其运行效果如图 4-12 所示。

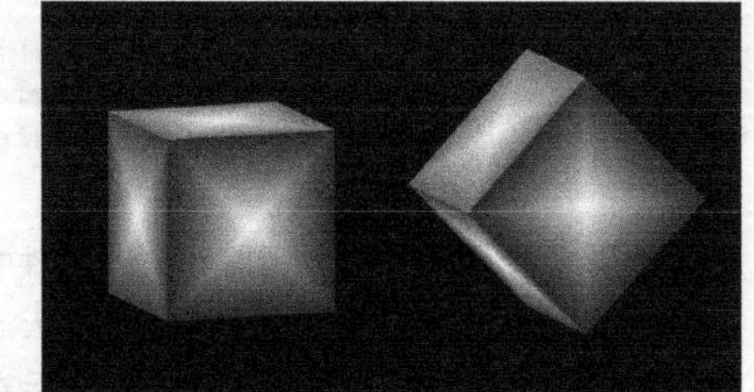

▲图 4-12　案例 Sample4_4 的运行效果

了解了本案例的运行效果后，下面就可以进行代码开发了。由于本案例仅是复制并修改了案例 Sample4_3，因此这里仅给出修改的步骤，即只给出绘制方法中添加的旋转部分，具体开发过程如下所示。

（1）修改 Sample4_4.html 中的 drawFrame 方法。本案例与上个案例的代码基本一致，只有在绘制时有些出入。前面已经提到，MatrixState 已经将这些方法封装好了，所以应用时会变得异常简单，这里仅显示应用过程。

代码位置：随书源代码/第 4 章/Sample4_4 目录下的 Sample4_4.html。

```
function drawFrame()
……//这里省略了部分代码，读者可以查阅随书源代码进行阅读
    ms.pushMatrix();                          //保护现场
    ms.translate(-0.6,0,0);                   //执行平移
    ms.rotate(currentYAngle,0,1,0);           //执行绕 y 轴的旋转
    ms.rotate(currentXAngle,1,0,0);           //执行绕 x 轴的旋转
    ooTri.drawSelf(ms);                       //绘制物体
    ms.popMatrix();                           //恢复现场
    ms.pushMatrix();                          //保护现场
    ms.translate(0.6,0,0)      ;              //执行平移
    ms.rotate(currentYAngle,0,1,0);           //执行绕 y 轴的旋转
    ms.rotate(currentXAngle,1,0,0);           //执行绕 x 轴的旋转
    ms.rotate(45,0,0,1);                      //执行绕 z 轴的旋转
    ooTri.drawSelf(ms);                       //绘制物体
    ms.popMatrix();                           //恢复现场
}
```

提示　此方法主要修改了绘制变换后立方体的代码，在原先的平移变换后增加了绕 z 轴旋转 45° 的旋转变换。实际效果就是两种变换的叠加，先平移再旋转。因此对于图 4-12 所示的运行效果图，在原立方体的右侧看到了经过平移、旋转变换后的另一个立方体。

（2）完成了 Sample4_4.html 的修改后，需要学习 MatrixState。前面虽然给出全部代码，但是这里讲述的是旋转，所以读者应该重点关注一下这部分的代码，即封装好 MatrixState 类中的旋转方法，这使以后在使用时会更加得心应手。

代码位置：随书源代码/第 4 章/Sample4_4/js 目录下的 MatrixState.js。

```
this.rotate=function(angle,x,y,z){                  //执行旋转变换，设置绕 x、y、z 轴移动
    rotateM(this.currMatrix,0,angle,x,y,z);         //将旋转变换记录进矩阵
}
```

- 参数 angle 为需要旋转的角度，参数 x、y、z 为旋转轴对应向量的 x、y、z 分量。例如，若 4 个参数值为 30、0、0、1，则表示绕 z 轴旋转 30°，4 个参数的值为 45、0.57735、0.57735、0.57735 则表示绕与向量[0.57735,0.57735,0.57735]方向相同的轴旋转 45°。
- 此方法与前面的 translate 方法类似，是通过调用 Matrix 脚本中的 rotateM 方法来实现的。具体功能是将指定旋转变换的矩阵乘以当前的变换矩阵，再将最终结果存储到当前变换矩阵中。

4.4.4 缩放变换

前面已经介绍过，WebGL 2.0 中的基本变换都是通过变换矩阵完成的，缩放变换自然也是如此，其变换矩阵的基本格式如下。

$$\boldsymbol{M}=\begin{pmatrix} s_x & 0 & 0 & 0 \\ 0 & s_y & 0 & 0 \\ 0 & 0 & s_z & 0 \\ 0 & 0 & 0 & 1 \end{pmatrix}$$

上述矩阵中的 s_x、s_y、s_z 分别表示缩放变换中沿 x、y、z 轴方向的缩放率。通过简单的线性代数计算可以验证，矩阵 $\boldsymbol{M}$ 乘以变换前 $\boldsymbol{P}$ 点的齐次坐标后得到了相当于将 $\boldsymbol{P}$ 点坐标沿 x、y、z 轴方向缩放 s_x、s_y、s_z 倍的效果，具体情况如下。

$$\boldsymbol{MP}=\begin{pmatrix} s_x & 0 & 0 & 0 \\ 0 & s_y & 0 & 0 \\ 0 & 0 & s_z & 0 \\ 0 & 0 & 0 & 1 \end{pmatrix}\begin{pmatrix} P_x \\ P_y \\ P_z \\ 1 \end{pmatrix}=\begin{pmatrix} s_xP_x \\ s_yP_y \\ s_zP_z \\ 1 \end{pmatrix}，即\begin{pmatrix} Q_x \\ Q_y \\ Q_z \\ 1 \end{pmatrix}=\begin{pmatrix} s_xP_x \\ s_yP_y \\ s_zP_z \\ 1 \end{pmatrix}$$

了解了缩放变换矩阵的基本情况后，下面给出一个缩放变换的简单案例——Sample4_5。本案例与上面两个案例类似，是在前两个的基础上再加一个缩放。第二个立方体在平移、旋转之后又添加了缩放，其运行效果如图 4-13 所示。

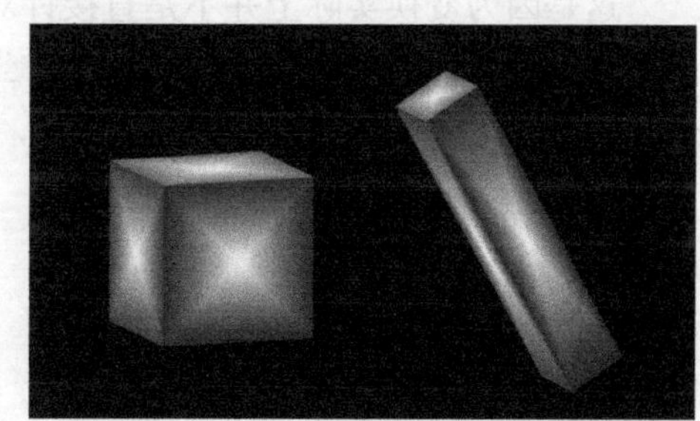

▲图 4-13 案例 Sample4_5 的运行效果

了解了本案例的运行效果后，下面就可以进行代码开发了。由于实际上本案例仅是复制并修改了案例 Sample4_4，因此这里仅给出修改的步骤，即只给出平移、旋转后添加的缩放操作，具体开发过程如下所示。

（1）修改 Sample4_5.html 中的 drawFrame 方法。这部分其实与前面两个案例中的 drawFrame 方法内容相同，只是在上一个基础上增加了一段缩放方法，具体代码如下。

代码位置：随书源代码/第 4 章/Sample4_5 目录下的 Sample4_5.html。

```
function drawFrame()
……//这里省略了部分代码，读者可以查阅随书源代码进行阅读
    ms.pushMatrix();                               //保护现场
    ms.translate(-0.6,0,0);                        //执行平移
    ms.rotate(currentYAngle,0,1,0);                //执行绕 y 轴的旋转
```

```
        ms.rotate(currentXAngle,1,0,0);                //执行绕 z 轴的旋转
        ooTri.drawSelf(ms);                            //绘制物体
        ms.popMatrix();                                //恢复现场
        ms.pushMatrix();                               //保护现场
        ms.translate(0.6,0,0)     ;                   //执行平移
        ms.rotate(currentYAngle,0,1,0);               //执行绕 y 轴的旋转
        ms.rotate(currentXAngle,1,0,0);               //执行绕 x 轴的旋转
        ms.rotate(30,0,0,1);                          //执行绕 z 轴的旋转
        ms.scale(0.4,2,0.6);                          //执行缩放
        ooTri.drawSelf(ms);                           //绘制物体
        ms.popMatrix();                               //恢复现场
    }
```

提示　此方法在原先的旋转变换后增加了沿 *x*、*y*、*z* 轴方向的缩放变换，缩放因子为 0.4、2、0.6。实际效果就是 3 种变换的叠加。因此对于图 4-13 的运行效果图来说，是在原立方体的右侧看到了平移、旋转、缩放变换后的另一个立方体，此时已经变成长方体了。

（2）完成 Sample4_5.html 修改后，学习 MatrixState 类中的缩放，增加了实现缩放变换的 scale 方法，并封装成只剩下 3 个参数的方法，*x*、*y*、*z* 分别表示在 *x*、*y*、*z* 坐标轴上进行缩放的比例因子，具体代码如下。

代码位置：随书源代码/第 4 章/Sample4_5/js 目录下的 MatrixState.js。

```
this.scale=function(x,y,z){                     //执行缩放变换，设置绕 x、y、z 轴移动
  scaleM(this.currMatrix,0,x,y,z)               //将缩放变换记录至矩阵中
}
```

提示　与前面的 translate、rotate 方法类似，该方法是通过调用 Matrix 脚本中的 scaleM 方法实现的。具体功能为将指定缩放变换的矩阵乘以当前变换矩阵，再将最终结果存储到当前变换矩阵中。

4.4.5　基本变换的实质

前面分别介绍了 3 种基本变换的实现方法，给读者的感觉应该是可通过矩阵直接实现对物体的变换。但在 WebGL 2.0 中这并不完全准确。在非常简单的情况下，这样理解可能没有问题，但在多个物体的组合变换中可能就会有问题了。

这是因为变换实际上并不是直接针对物体的，而是针对坐标系的。在 WebGL 2.0 中变换的实现机制可以理解为首先通过矩阵对坐标系进行变换，然后根据传入渲染管线的原始顶点坐标在最终变换结果坐标系中进行绘制，图 4-14 基于案例 Sample4_5 的场景说明了这个问题。

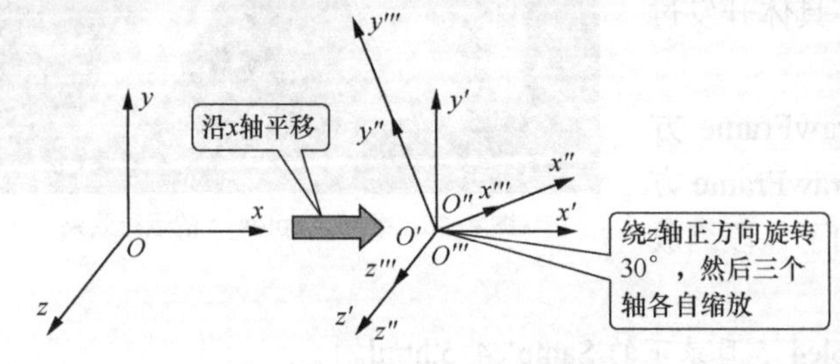

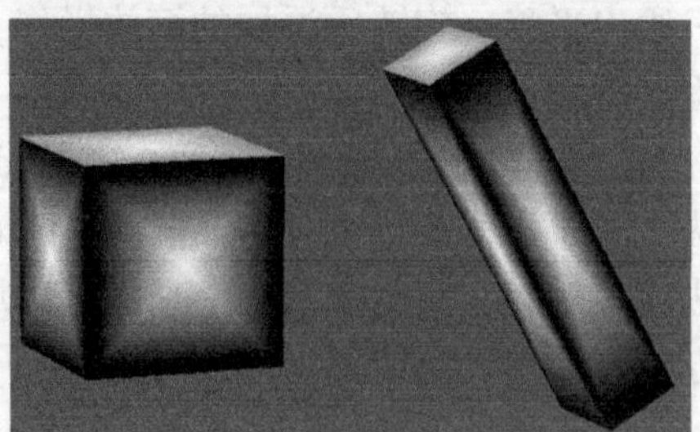

▲图 4-14　基本变换的实质

从图 4-14 中可以看出以下几种情形。

- 左侧是原始坐标系。原始坐标系首先向右沿 *x* 轴进行平移（得到上标为“'”的坐标

系），然后绕 z 轴旋转 30°（得到上标为“″”的坐标系），接着沿 x、y、z 轴按不同的缩放因子得到最终的结果坐标系（上标为“‴”）。

- 最后渲染管线按照物体的原始顶点坐标值在最终结果坐标系中进行绘制，这就得到了场景中右侧经过变换的立方体。此时图形看起来已经变为斜的长方体了，但对于绘制坐标系而言，它还是立方体，只是由于坐标系发生变化了才会产生这种效果。

场景中可能有很多物体，这些物体都需要经过一系列变换后才能绘制，其中有些变换对于几个物体是共用的。在这种情况下如果对每个物体都重新从原始坐标系开始进行变换就很烦琐，而且有一些不必要的重复计算。因此，系统最好有保存变换矩阵状态的功能，即 pushMatrix 与 popMatrix。

考察以下的绘制需求，一共绘制 3 个立方体，第一个沿 x 轴平移距离 D 后绘制，第二个在第一个的正上方距离 D' 的位置进行绘制，第三个在第一个的下方距离 D' 的位置进行绘制。实现方式有很多种，比较典型的两种如表 4-2 所示。

表 4-2 两种不同的实现方法

操作序号	第一种方法	第二种方法
1	生成无变换原始坐标系	生成无变换原始坐标系
2	将坐标系沿 x 轴平移距离 D	将坐标系沿 x 轴平移距离 D
3	绘制第一个立方体	绘制第一个立方体
4	将坐标系沿 y 轴平移距离 D'	pushMatrix 保护现场
5	绘制第二个立方体	将坐标系沿 y 轴平移距离 D'
6	生成无变换原始坐标系	绘制第二个立方体
7	将坐标系沿 x 轴平移距离 D	popMatrix 恢复现场
8	将坐标系沿 y 轴平移距离 D''	将坐标系沿 y 轴平移距离 D''
9	绘制第三个立方体	绘制第三个立方体

对表 4-2 中两种不同实现方式进行比较可以看出，虽然步骤一样多，但左侧的方式进行变换的次数多一些，右侧的则通过恰当的存储（保护现场）与取出（恢复现场）变换矩阵状态减少了变换次数，提高了效率。

> **提示** 保护与恢复现场的功能不但可以提高效率，而且在很多情况下可以将复杂问题简单化。例如在构建一个物体比较多的场景时，如果没有保护与恢复现场，那么在添加物体时计算量将会很大，在后面的学习中读者可慢慢体会到。

下面进一步解释上述各种变换所用的 4×4 变换矩阵中各个列向量的含义，具体情况如下所示。

- 前 3 列的前 3 个元素是方向向量，表示变换目标坐标系 x、y、z 轴的方向。在平移与旋转变换中 3 个方向向量的长度为 1，为规格化向量；在缩放变换中 3 个方向向量的长度分别为沿 3 个轴方向进行缩放的缩放因子。
- 在正常的平移、缩放、旋转变换中，这 3 个向量相互之间总呈 90°。这种情况如果用数学术语来描述就称为“正交”。如果 3 个方向向量的长度都为 1 就称为标准正交。
- 第 4 个列向量中包含的是变换目标坐标系原点的齐次坐标，也就是目标坐标系原点的 x、y、z 坐标值以及 1。

> **提示**　了解了每一个变换矩阵中列向量的含义后，再回看平移、旋转、缩放 3 种基本变换矩阵时就更容易理解了。同时读者也应该具有了根据需要构造特殊的 4×4 变换矩阵的能力。

4.5 所有变换的完整流程

通过前面的学习，读者应该已经发现，最终传入渲染管线的是由摄像机矩阵、投影矩阵、基本变换总矩阵相乘而得到的总变换矩阵。在顶点着色器程序中，着色器将接收到的原始顶点位置与传入的总变换矩阵相乘，以得到顶点最终的绘制位置，其基本代码如下。

```
gl_Position = uMVPMatrix * vec4(aPosition,1);
```

> **说明**　在上述代码中 uMVPMatrix 为传入渲染管线的总变换矩阵，aPosition 为需要计算的最终位置的顶点的原始位置，vec4 为包含 4 个浮点数的向量，gl_Position 为最终的顶点位置，这一句代码在前面所有的 3D 案例中都出现过。

到这里读者可能会有一个疑问："在传入的原始顶点位置 aPosition 中已经包含 *x*、*y*、*z* 坐标分量了，为什么与总变换矩阵相乘时还需要加上一个分量 1，变成四维坐标呢？"这在图形学中被称之为齐次坐标表示，所谓齐次坐标表示就是用 *N*+1 维坐标表示 *N* 维坐标。

齐次坐标还分为规范化的和非规范化的，规范化的四维齐次坐标要求在 *x*、*y*、*z* 分量后增加的那个分量值必须为 1。这个增加的分量一般称为 *w* 分量，后面介绍透视除法的相关知识时还会用到。

> **提示**　采用齐次坐标是由于很多在 *N* 维空间中难以解决的问题在 *N*+ 1 维空间中会变得比较简单。如规范化齐次坐标表示提供了用矩阵把空间中的一个点集从一个坐标系变换到另一个坐标系的简便途径，是 WebGL 2.0 中空间变换的基石。

对于简单的开发而言，了解到这里也就可以了。但是若需要进行更灵活、更深入的应用开发，还需要对上述 3 类矩阵（摄像机矩阵、投影矩阵、基本变换总矩阵）的变换作用进行更深层次的了解。

首先需要了解的是几种不同的空间，主要包括物体空间、世界空间、摄像机空间、剪裁空间、标准设备空间、实际窗口空间这 6 种。

- 物体空间

物体空间比较容易理解，就是需要绘制的 3D 物体所在的原始坐标系所代表的空间。例如在设计时，物体的几何中心是摆放到坐标系原点的，这个坐标系代表的就是物体空间。

- 世界空间

世界空间也不难理解，就是物体在最终 3D 场景中的摆放位置对应所属的坐标系的坐标代表的空间。比如，要在[10,3,5]位置摆放一个球，在[20,0,15]位置摆放一个圆锥，这里面[10,3,5]、[20,0,15]两组坐标所属的坐标系代表的就是世界空间。

- 摄像机空间

物体经摄像机观察后，进入摄像机空间。摄像机空间的理解稍微复杂一些，指的是以观察场景的摄像机为原点的一个特定坐标系所代表的空间。在这个坐标系中，摄像机位于原点，视线沿 *z* 轴负方向，*y* 轴方向与摄像机 up 向量方向一致，基本情况如图 4-15 所示。

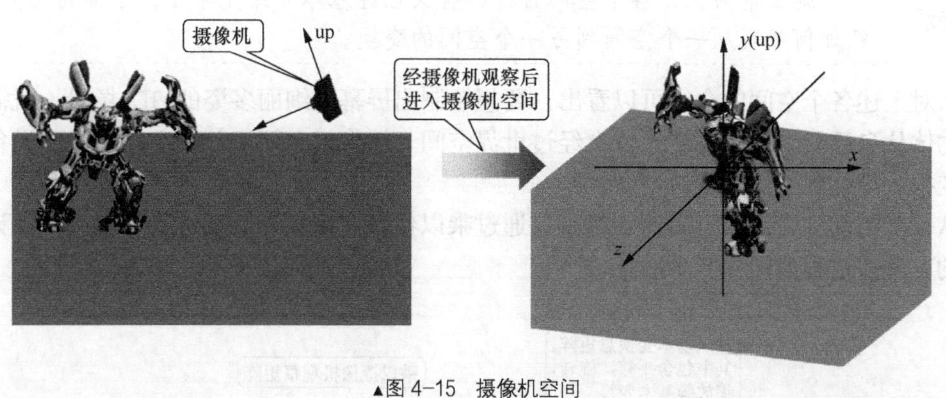

▲图 4-15 摄像机空间

要注意的是，在摄像机空间中，摄像机永远位于原点，视线一直沿 z 轴负方向，y 轴一直沿摄像机 up 向量方向。但是相对于世界坐标系，摄像机坐标系可能是歪的或斜的，如图 4-16 所示。

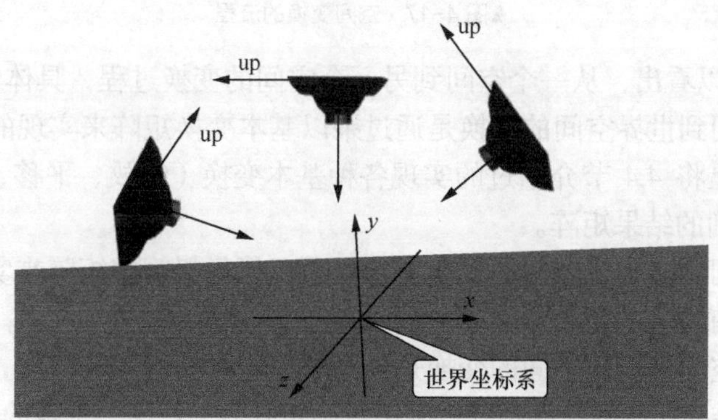

▲图 4-16 摄像机相对于世界坐标系可以是各种姿态

也就是说摄像机空间代表的是以摄像机为中心的一种坐标系。这就像人眼观察世界时若将头歪过来看，感觉是物体斜的，其实物体在世界坐标系中是正的。只是经过眼睛观察后进入眼睛（摄像机）坐标系，在这个坐标系里是歪的而已。

❑ 剪裁空间

学习了与投影相关知识的后应该已经了解到，只有在视景体里面的物体才能最终被用户观察到。也就是说并不是摄像机空间中所有的物体都能最终被观察到，只有在摄像机空间中位于视景体内的物体才能最终被观察到。因此，将处于摄像机空间内视景体内的部分独立出来经过处理后就成为剪裁空间。

❑ 标准设备空间

对剪裁空间执行透视除法后得到的就是标准设备空间。对于 WebGL 2.0 而言，标准设备空间 3 个轴的坐标范围都是−1.0～1.0。关于透视除法的问题后面会介绍。

❑ 实际窗口空间

实际窗口空间也很容易理解，一般代表的是设备屏幕上的一块矩形区域，其坐标以像素为单位，也就是前面介绍过的视口对应的空间。

提示　到目前为止，各个空间自身的含义已经基本介绍完毕了，下面将进一步介绍如何实现从一个空间到另一个空间的变换。

从对上述各个空间的介绍可以看出，要想绘制出屏幕上绚丽多姿的 3D 场景，就需要将每个物体从自己所属的物体空间依次经过世界空间、摄像机空间、剪裁空间、标准设备空间进行变换，最终到达实际窗口空间。

从一个空间到另一个空间的变换就是通过乘以各种变换矩阵以及进行一些必要的计算来完成的，具体过程如图 4-17 所示。

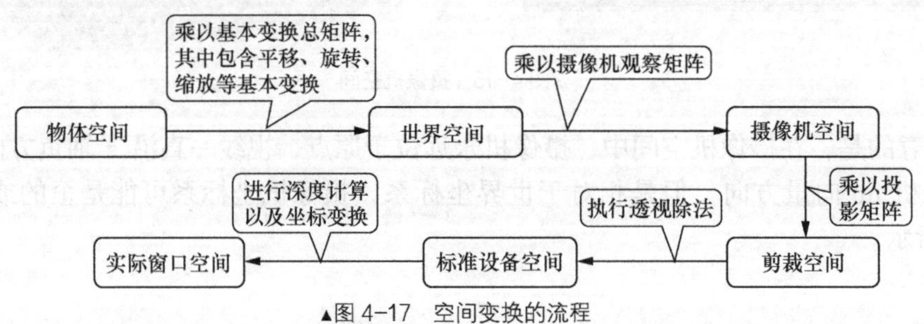

▲图 4-17　空间变换的流程

从图 4-17 中可以看出，从一个空间到另一个空间的变换过程，具体情况如下。

- 从物体空间到世界空间的变换是通过乘以基本变换矩阵来实现的，这比较容易理解。基本变换总矩阵就是将 4.4 节介绍过的实现各种基本变换（缩放、平移、旋转）的矩阵根据变换需要相乘而得到的结果矩阵。
- 从世界空间到摄像机空间的变换是通过乘以摄像机观察矩阵来实现的，其实现起来也很简单，这也没有很大的技术难度。
- 从摄像机空间到剪裁空间的变换是通过乘以投影矩阵来完成的，根据不同的需求可以选用正交投影或透视投影的变换矩阵。乘以投影矩阵后，任何一个点的坐标 $[x,y,z,w]$ 中的 x、y、z 分量都将在 $-w$～w 内。

提示　在本节最开始提到的“在顶点着色器程序中，着色器将接收到的原始顶点位置与传入的总变换矩阵相乘，以得到顶点最终的绘制位置”中的最终位置指的就是剪裁空间中的位置，其实这还不够“最终”。前面的介绍采用“最终”是指到达剪裁空间之后，变换就不归开发人员负责了，是由管线自动完成的。

- 从剪裁空间到标准设备空间的变换是通过透视除法来完成的。所谓透视除法其实很简单，就是将齐次坐标 $[x,y,z,w]$ 中的 4 个分量都除以 w，结果为 $[x/w,y/w,z/w,1]$，本质上就是对齐次坐标进行规范化。
- 从标准设备空间到实际窗口空间变换的主要工作是将执行透视除法后的 x、y 坐标分量转换为实际窗口的 x、y 像素坐标。主要思路是将标准设备空间的 xOy 平面对应到视口上，将 -1.0～1.0 范围内的 x、y 坐标折算到视口上的像素坐标，这个计算也很容易完成。

上述每一步都乘以不同矩阵，并进行了相应计算，具体效果如图 4-18 所示。

提示　结合前面的介绍与观察图 4-18，可以很好地理解从一个空间变换到另一个空间后的大致效果，这可加深对所有变换完整流程的理解。

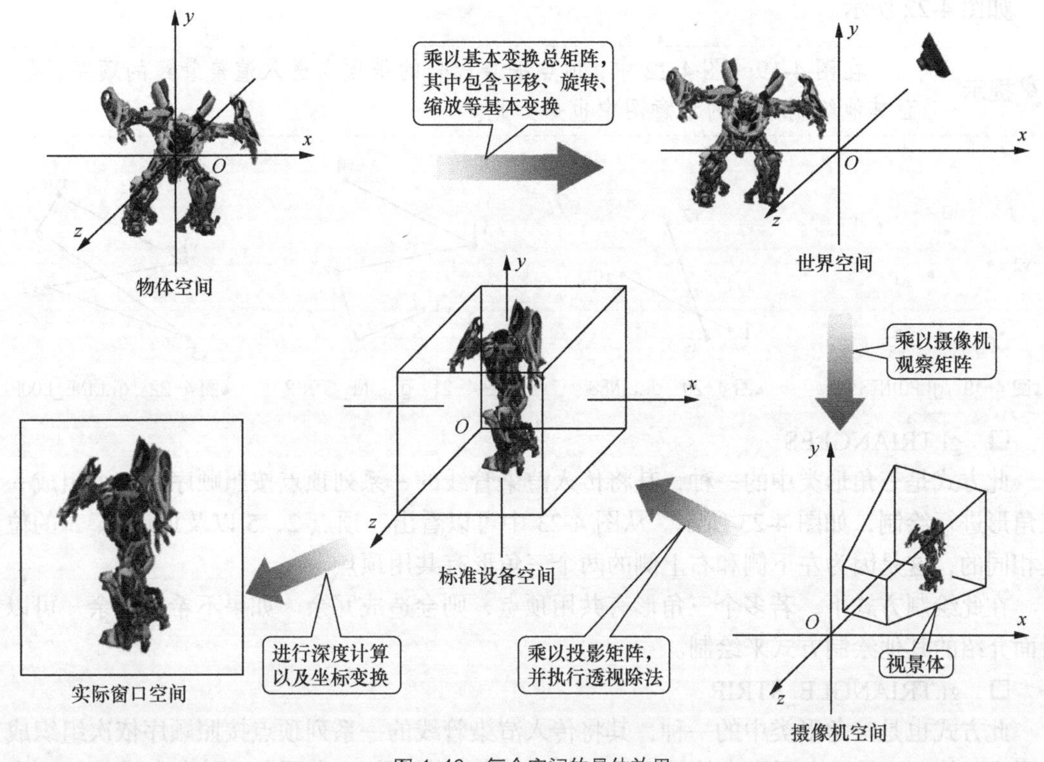

▲图 4-18　每个空间的具体效果

4.6 绘制方式

细心的读者会发现，对于本书前面的所有案例，最后在绘制物体时采用的都是同一种方式——gl.TRIANGLES。其实 WebGL 2.0 支持的绘制方式还有很多，如 gl.POINTS 、gl.LINES 等，本节将对各种绘制方式进行详细介绍。

4.6.1　几种绘制方式概述

WebGL 2.0 中支持的绘制方式大致分 3 类，包括点、线段、三角形，每类包括一种或多种具体的绘制方式，各种具体绘制方式的说明如下所示。

❑ gl.POINTS

此方式是点类下的唯一一个绘制方式，其将传入渲染管线的一系列顶点单独进行绘制，不组装成更高一级的图元（如线段、三角形等），如图 4-19 所示。

❑ gl.LINES

此方式是线段类的一种，其将传入渲染管线的一系列顶点按照顺序两两组成线段进行绘制，如图 4-20 所示。要注意的是，若顶点个数为奇数，则管线会自动忽略最后一个顶点。

❑ gl.LINE_STRIP

此方式也是线段类的一种，其将传入渲染管线的一系列顶点按照顺序依次组成线段进行绘制，如图 4-21 所示。

❑ gl.LINE_LOOP

此方式还是线段类的一种，其将传入渲染管线的一系列顶点按照顺序依次组成线段进行绘制。它与 gl.LINE_STRIP 方式的区别是，其将最后一个顶点与第一个顶点相连，形成线段环，如图 4-22 所示。

提示　在图 4-19～图 4-22 中，顶点编号代表的是顶点送入渲染管线的顺序，在后面其他绘制方式的示意图中也是如此。

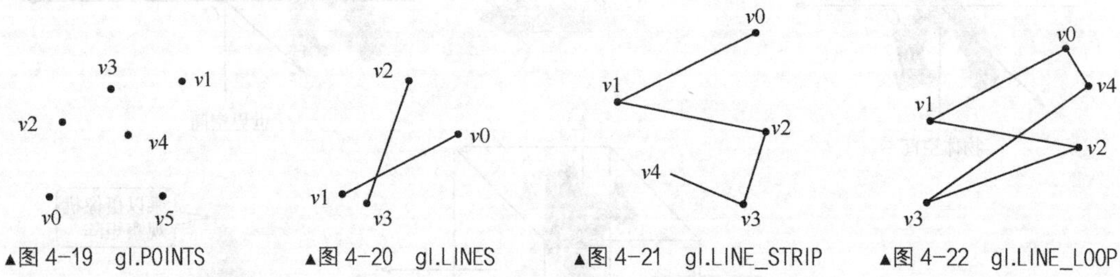

▲图 4-19　gl.POINTS　▲图 4-20　gl.LINES　▲图 4-21　gl.LINE_STRIP　▲图 4-22　gl.LINE_LOOP

- gl.TRIANGLES

此方式是三角形类中的一种，其将传入渲染管线的一系列顶点按照顺序每 3 个组成一个三角形进行绘制，如图 4-23 所示。从图 4-23 中可以看出，顶点 2、5 以及顶点 1、3 的位置是相同的，这是因为左下侧和右上侧的两个三角形有共用顶点。

在此绘制方式下，若多个三角形有共用顶点，则会造成冗余。如果不希望冗余，可以用后面介绍的其他绘制方式来绘制。

- gl.TRIANGLE_STRIP

此方式也是三角形类中的一种，其将传入渲染管线的一系列顶点按照顺序依次组织成三角形进行绘制，最后实际形成的是一个三角形条带。若共有 N 个顶点，则将绘制出 N–2 个三角形，如图 4-24 所示。通过比较可以发现，绘制同样的图形，此方式比 gl.TRIANGLES 方式节省顶点空间。

- gl.TRIANGLE_FAN

此方式还是三角形类中的一种，其将传入渲染管线的一系列顶点中的第一个顶点作为中心点，其他顶点作为边缘点绘制出一系列为扇形的相邻三角形，如图 4-25 所示。

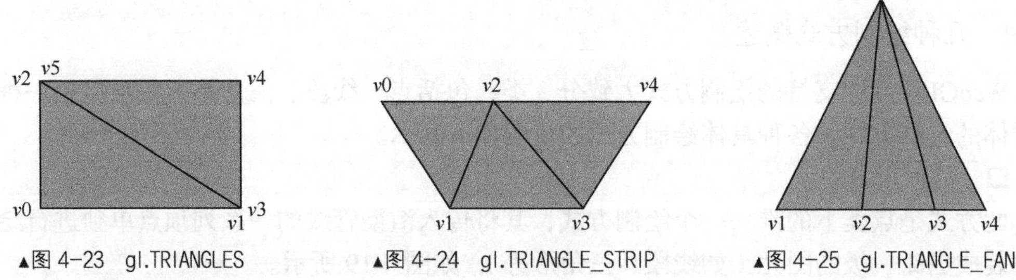

▲图 4-23　gl.TRIANGLES　▲图 4-24　gl.TRIANGLE_STRIP　▲图 4-25　gl.TRIANGLE_FAN

4.6.2　点与线段绘制方式

4.6.1 节介绍了各种绘制方式的基本情况，本节将通过一个简单的案例向读者详细介绍如何在开发中使用点及线段的绘制方式。案例中通过 4 个单选按钮来确定绘制方式，从而进行绘制，其运行效果如图 4-26 所示。

提示　图 4-26 所示为从左上到右下依次为用 gl.POINTS、gl.LINES、gl.LINE_STRIP 和 gl.LINE_LOOP 绘制方式绘制的效果图。需要注意的是，在本例运行时不同的浏览器效果有些不同，例如 Google 浏览器在刷新之后焦点会回到第一个按钮，但是在 Firefox 上不支持这个。

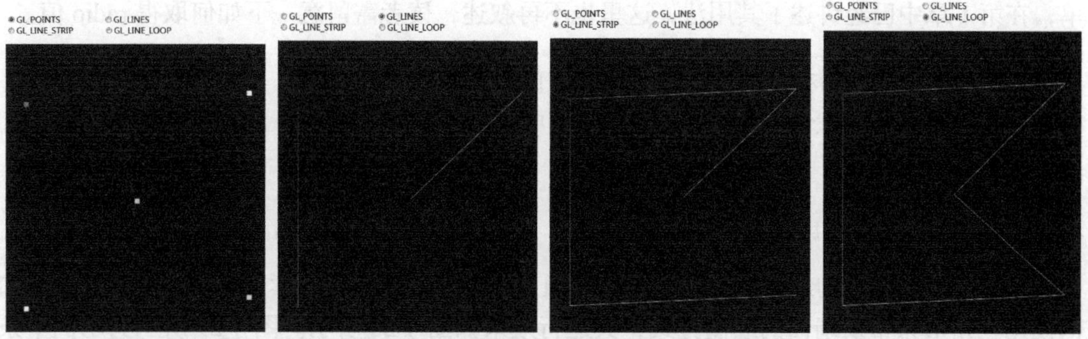

▲图 4-26　案例 Sample4_6 的运行效果图

看到本案例的运行效果后，就可以进行代码开发了。由于本案例中的大部分代码与前面案例中的非常相似，因此不再赘述，需要的读者请参考随书源代码。下面仅介绍与前面不同的采用点或线段绘制方式的 PointsOrLines 类，其代码如下。

代码位置：随书源代码/第 4 章/Sample4_6/js 目录下的 PointsOrLines.js。

```
1    this.drawSelf=function(ms,currentmode){                          //绘制物体的方法
2        gl.useProgram(this.program);                                 //指定使用某套着色器程序
3        //获取总变换矩阵引用的 id
4        var uMVPMatrixHandle=gl.getUniformLocation(this.program, "uMVPMatrix");
5        //将总变换矩阵送入渲染管线
6        gl.uniformMatrix4fv(uMVPMatrixHandle,false,new Float32Array
         (ms.getFinalMatrix()));
7        //启用顶点坐标数组
8        gl.enableVertexAttribArray(gl.getAttribLocation(this.program, "aPosition"));
9        gl.bindBuffer(gl.ARRAY_BUFFER, this.vertexBuffer);//绑定顶点坐标数据缓冲
10       //给管线指定顶点坐标数据
11       gl.vertexAttribPointer(gl.getAttribLocation(this.program,"aPosition"),
         3,gl.FLOAT,false,0, 0);
12       //启用顶点颜色坐标数组
13       gl.enableVertexAttribArray(gl.getAttribLocation(this.program, "aColor"));
14       gl.bindBuffer(gl.ARRAY_BUFFER, this.colorBuffer); //绑定顶点坐标数据缓冲
15       //给管线指定顶点坐标数据
16       gl.vertexAttribPointer(gl.getAttribLocation(this.program,"aColor"),4,
         gl.FLOAT,false,0, 0);
17       gl.lineWidth(10);                     //设置线的宽度
18       switch (currentmode) {                //switch 用的是全等===与 case 匹配
19           case '1':                         // GL_POINTS
20           gl.drawArrays(gl.POINTS, 0, 5);break;
21           case '2':                         // GL_LINES
22           gl.drawArrays(gl.LINES, 0, 5);break;
23           case '3':                         // GL_LINE_STRIP
24           gl.drawArrays(gl.LINE_STRIP, 0, 5);break;
25           case '4':                         // GL_LINE_LOOP
26           gl.drawArrays(gl.LINE_LOOP, 0, 5);break;
27   }}
```

- 第 1～17 行为在 PointsOrLines.js 中绘制物体的方法。首先指定着色器，获取总变换矩阵引用的 id，将总变换矩阵送入渲染管线中，之后启用顶点坐标数组和顶点颜色坐标数组，最后给管线指定顶点坐标数据，设置先绘制时线的宽度。
- 第 18～27 行为根据传入到绘制方法中的被选中 radio 的值设置具体的绘制方式。细心的读者不难发现 case 后面为'1'而不是数字 1，因为 switch 使用的匹配为全等（===）匹配，如果不想加单引号，则可以使用 if 语句进行判断。

另外，本案例中用到的顶点与片元着色器与第 4 章 Sample4_1 中的基本一致，主要变化就是在顶点着色器中加入了如下代码。还有一处不同就是在 Sample4_6.hmtl 中添加了 form 表

单，在第 1 章中已经讲述了其用法，这里也不再叙述，读者需留意一下如何取得 radio 值。

```
gl_PointSize=10.0;        //设置点的尺寸
```

上述代码的功能为在点绘制方式下设置点的大小，若没有进行设置，则管线采用默认值 1。另外，本案例中顶点的位置和顺序如图 4-27 所示。

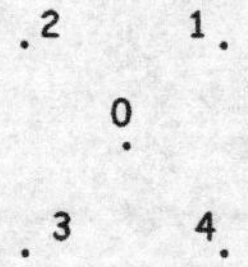

▲图 4-27　顶点的位置与顺序

4.6.3　三角形条带与扇面绘制方式

掌握了点与线段的绘制方式后，本节将通过一个简单的案例向读者详细介绍在开发中如何使用三角形条带及扇面的绘制方式，其运行效果如图 4-28 所示。图 4-29 所示为示例中条带各顶点的顺序，图 4-30 所示为案例中扇面各顶点的顺序。

▲图 4-28　案例 Sample4_7 的运行效果图

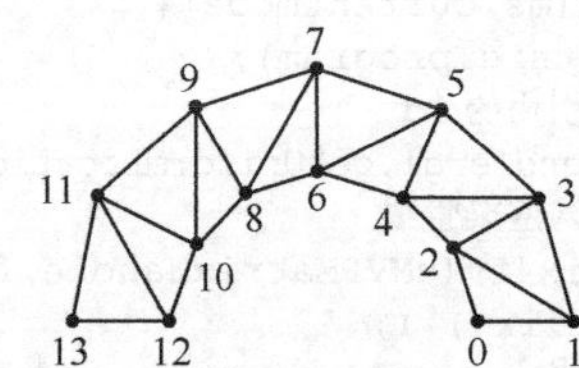

▲图 4-29　条带中各顶点的顺序

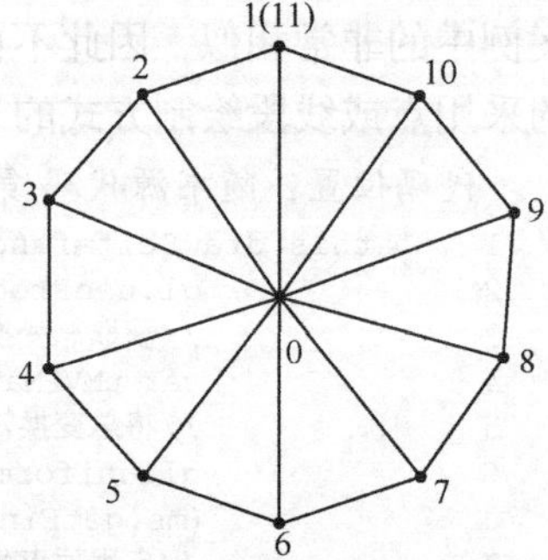

▲图 4-30　扇面中各顶点的顺序

看到本案例的运行效果后，就可以进行代码开发了。由于本案例中的大部分代码与前面案例中的非常相似，因此不再赘述，需要的读者请参考随书源代码。下面仅介绍与前面案例大不相同的几个类的开发，它们使用三角形条带及扇面绘制方式，具体如下所示。

（1）使用三角形条带（gl.TRIANGLE_STRIP）方式绘制 Belt 类。其实 Belt 实质上与之前讲述的物体类（例如三角形、六角形、立方体）无异，它们的本质都是给出顶点，通过不同的顶点与绘制方式来绘制出不同的效果，其具体代码如下。

代码位置：随书源代码/第 4 章/Sample4_7/js 目录下的 Belt.js。

```
function Belt(                                          //声明绘制物体对象的所属类
    gl,                                                 //GL 上下文
    programIn){                                         //着色器程序 id
        this.vcount=14;                                 //设置顶点数量
        var angdegBegin=-90;                            //角度起始值
        var angdegEnd=90;                               //角度终止值
        var angdegSpan=(angdegEnd-angdegBegin)/6;       //角度步长值
        var vertexarray=new Array();                    //声明顶点数组
        var colorarray=new Array();                     //声明颜色坐标数组
        var count=0;
        for(var i=angdegBegin;i<=angdegEnd;i+=angdegSpan){
            var angrad=i*Math.PI/180;                   //将角度转换成弧度
            vertexarray[count++]=-0.6*0.5*Math.sin(angrad); //当前点的 x 坐标
            vertexarray[count++]=0.6*0.5*Math.cos(angrad);   //当前点的 y 坐标
            vertexarray[count++]=0;                          //当前点的 z 坐标
            vertexarray[count++]=-0.5*Math.sin(angrad);      //下一个点的 x 坐标
            vertexarray[count++]=0.5*Math.cos(angrad);       //下一个点的 y 坐标
            vertexarray[count++]=0;}                         //下一个点的 z 坐标
    this.vertexData=vertexarray;                        //将顶点坐标数组传给 vertexData
    this.vertexBuffer=gl.createBuffer();                //创建顶点坐标数据缓冲
    gl.bindBuffer(gl.ARRAY_BUFFER,this.vertexBuffer);//绑定顶点坐标数据缓冲
    //将顶点坐标数据送入缓冲
```

```
23        gl.bufferData(gl.ARRAY_BUFFER,new Float32Array(this.vertexData),gl.STATIC_DRAW);
24        count = 0;
25           for(var i=0; i<56; i+=8){
26                colorarray[count++] = 1;      //当前点的R值
27                colorarray[count++] = 1;      //当前点的G值
28                colorarray[count++] = 1;      //当前点的B值
29                colorarray[count++] = 1.0;    //当前点的A值
30                colorarray[count++] = 0;      //下一个点的R值
31                colorarray[count++] = 1;      //下一个点的G值
32                colorarray[count++] = 1;      //下一个点的B值
33                colorarray[count++] = 1.0;}   //下一个点的A值
34        this.colorsData=colorarray;           //将顶点颜色坐标数组传给colorsData
35        this.colorBuffer=gl.createBuffer();   //创建颜色坐标缓冲
36        gl.bindBuffer(gl.ARRAY_BUFFER,this.colorBuffer);       //绑定颜色数据缓冲
37        //将颜色数据送入缓冲
38        gl.bufferData(gl.ARRAY_BUFFER,new Float32Array(this.colorsData),gl.STATIC_DRAW);
39        this.program=programIn;               //初始化着色器程序id
40        this.drawSelf=function(ms){           //绘制物体的方法
41           gl.useProgram(this.program);       //指定使用某套着色器程序
42           //获取总变换矩阵引用的id
43           var uMVPMatrixHandle=gl.getUniformLocation(this.program, "uMVPMatrix");
44           //将总变换矩阵送入渲染管线
45           gl.uniformMatrix4fv(uMVPMatrixHandle,false,new Float32Array
             (ms.getFinalMatrix()));
46           gl.enableVertexAttribArray(gl.getAttribLocation(this.program,
             "aPosition"));//启用顶点数组
47           gl.bindBuffer(gl.ARRAY_BUFFER, this.vertexBuffer); //绑定顶点坐标数据缓冲
48           //给管线指定顶点坐标数据
49           gl.vertexAttribPointer(gl.getAttribLocation(this.program,"aPosition"),
             3,gl.FLOAT,false,0, 0);
50           gl.enableVertexAttribArray(gl.getAttribLocation(this.program,
             "aColor"));//启用顶点数组
51           gl.bindBuffer(gl.ARRAY_BUFFER, this.colorBuffer); //绑定顶点坐标数据缓冲
52           //给管线指定顶点坐标数据
53           gl.vertexAttribPointer(gl.getAttribLocation(this.program,"aColor"),4,
             gl.FLOAT,false,0, 0);
54           gl.drawArrays(gl.TRIANGLE_STRIP, 0, this.vcount); //绘制条状物
55     }}
```

- 第 1~23 行为声明绘制物体对象的所属类，设置顶点数量，之后创建顶点坐标数组并为其赋值。其中通过所需绘制物体的特有角度进行赋值，获得顶点数组后为其创建顶点数据缓冲，绑定顶点数据缓冲，最后将顶点数据送入缓冲。
- 第 24~39 行为给顶点颜色数组赋值。每个顶点有 *R*、*G*、*B*、*A* 这 4 个值，赋值后将数组传给 colorsData，然后创建颜色坐标缓冲，绑定颜色数据缓冲，最后将颜色数据送入缓冲，初始化着色器程序 id。给顶点与顶点颜色数组赋值与之前案例的操作类似，读者需要自己设计。
- 第 40~55 行为绘制物体的方法。这与前面案例中绘制物体的方法无异，首先获取总变换矩阵引用的 id，将总变换矩阵送入渲染管线，启用顶点与顶点颜色数组，绑定顶点与颜色坐标数据缓冲，最后为管线指定顶点坐标数据与绘制方式。

（2）采用三角形条带方式绘制完 Belt 类后，下面将要开发的是采用三角形扇面方式绘制的 Circle 类。与 Belt 类似，Circle 中只有给出的顶点位置、顶点颜色与绘制方式不同，其余都是一样的，其代码如下。

代码位置：随书源代码/第 4 章/Sample4_7/js 目录下的 Circle.js。

```
function Circle(                             //声明绘制物体对象的所属类
     gl,                                     //GL上下文
     programIn                               //着色器程序id
     ){
     var angdegSpan=360/10;                  //设置角度变换的步长值
     var vertexarray=new Array();            //声明顶点数组
```

```
7        var colorarray=new Array();                 //声明颜色数组
8        var count=0;                                //坐标数据初始化
9        vertexarray[count++] = 0;                   //第一个点的 x 坐标
10       vertexarray[count++] = 0;                   //第一个点的 y 坐标
11       vertexarray[count++] = 0;                   //第一个点的 z 坐标
12       for(var i=0; Math.ceil(i)<=360; i+=angdegSpan) {
13           var angrad=i*Math.PI/180;               //当前弧度
14           vertexarray[count++]=0.5*Math.sin(angrad);          //当前点的 x 坐标
15           vertexarray[count++]=0.5*Math.cos(angrad);          //当前点的 y 坐标
16           vertexarray[count++]=0;}                //当前点的 z 坐标
17       this.vertexData=vertexarray;                //将顶点坐标数组传给 vertexData
18       this.vcount=12;                             //得到顶点数量
19       this.vertexBuffer=gl.createBuffer(); //创建顶点坐标数据缓冲
20       gl.bindBuffer(gl.ARRAY_BUFFER,this.vertexBuffer);     //绑定顶点坐标数据缓冲
21       //将顶点坐标数据送入缓冲
22       gl.bufferData(gl.ARRAY_BUFFER,new Float32Array(this.vertexData),gl.STATIC_DRAW);
23       count = 0;
24       colorarray[count++] = 1;               //第一个点的 R 值
25       colorarray[count++] = 1;               //第一个点的 G 值
26       colorarray[count++] = 1;               //第一个点的 B 值
27       colorarray[count++] = 1.0;             //第一个点的 A 值
28       for(var i=4; i<48; i+=4){
29       colorarray[count++] = 1;               //当前点的 R 值
30       colorarray[count++] = 1;               //当前点的 G 值
31       colorarray[count++] = 0;               //当前点的 B 值
32       colorarray[count++] = 1.0;}            //当前点的 A 值
33       this.colorsData=colorarray;                 //将顶点颜色数组传给 colorsData
34       this.colorBuffer=gl.createBuffer();  //创建颜色缓冲
35       gl.bindBuffer(gl.ARRAY_BUFFER,this.colorBuffer);          //绑定颜色数据缓冲
36       //将颜色数据送入缓冲
37       gl.bufferData(gl.ARRAY_BUFFER,new Float32Array(this.colorsData),gl.STATIC_DRAW);
38       this.program=programIn;                     //初始化着色器程序 id
39       this.drawSelf=function(ms)                  //绘制物体的方法
40           gl.useProgram(this.program);            //指定使用某套着色器程序
41           //获取总变换矩阵引用的 id
42           var uMVPMatrixHandle=gl.getUniformLocation(this.program, "uMVPMatrix");
43           //将总变换矩阵送入渲染管线
44           gl.uniformMatrix4fv(uMVPMatrixHandle,false,new Float32Array
             (ms.getFinalMatrix()));
45           gl.enableVertexAttribArray(gl.getAttribLocation(this.program, "aPosition"));
             //启用顶点数组
46           gl.bindBuffer(gl.ARRAY_BUFFER, this.vertexBuffer);//绑定顶点坐标数据缓冲
47           //给管线指定顶点坐标数据
48           gl.vertexAttribPointer(gl.getAttribLocation(this.program,"aPosition"),
             3,gl.FLOAT,false,0, 0);
49           gl.enableVertexAttribArray(gl.getAttribLocation(this.program, "aColor"));
             //启用顶点数组
50           gl.bindBuffer(gl.ARRAY_BUFFER, this.colorBuffer); //绑定顶点坐标数据缓冲
51           //给管线指定顶点坐标数据
52           gl.vertexAttribPointer(gl.getAttribLocation(this.program,"aColor"),
             4,gl.FLOAT,false,0, 0);
53           gl.drawArrays(gl.TRIANGLE_FAN, 0, this.vcount);    //绘制圆
54   }}
```

- 第 1～22 行为声明绘制物体对象的所属类，设置顶点数量，之后创建顶点坐标数组并为其赋值。其中通过所需绘制物体的特有角度进行赋值，获得顶点数组后为其创建顶点数据缓冲，绑定顶数据缓冲，最后将顶点数据送入缓冲。
- 第 23～38 行为给顶点颜色数组赋值。每个顶点有 *R*、*G*、*B*、*A* 这 4 个值，赋值后将数组传给 colorsData，然后创建颜色坐标缓冲，绑定颜色数据缓冲，最后将颜色数据送入缓冲，初始化着色器程序 id。为顶点与顶点颜色数组赋值与之前案例的操作类似，读者需要自己设计。

❑ 第 39～54 行为绘制物体的方法。这与前面案例中绘制物体的方法无异，首先获取总变换矩阵引用的 id，将总变换矩阵送入渲染管线，启用顶点与顶点颜色数组，绑定顶点与颜色坐标数据缓冲，最后为管线指定顶点坐标数据与绘制方式。

采用三角形条带或扇面方式绘制物体时，需要的顶点数量一般会比直接的三角形方式（gl.TRIANGLES）要少，因此在情况允许时应该尽量采用三角形条带或扇面方式。因为渲染管线在执行时对传入管线的每个顶点都将执行一次顶点着色器，所以需要的顶点越少绘制同样图形的速度就越快。

读者可能会觉得三角形条带方式虽然效率高，但只适合用来绘制由连续三角形构成的物体，若是由非连续三角形构成的物体就没有用武之地了。其实不然，由非连续三角形构成的物体同样可以使用三角形条带方式进行绘制，图 4-31 说明了这个问题。

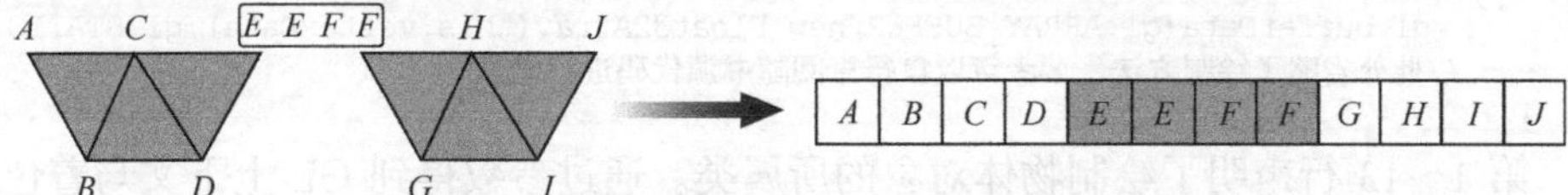

▲图 4-31 用三角形条带方式绘制由非连续三角形构成的物体

从图 4-31 中可以看出，使用三角形条带方式绘制由非连续三角形构成的物体时，只要将上批三角形的最后一个点和下批三角形的第一个点重复即可。图 4-31 中要绘制 6 个三角形，送入渲染管线的顶点序列为“*ABCDEEFFGHIJ*”，这比直接三角形方式节省了不少顶点，有助于渲染效率的提高。

了解了采用三角形条带方式绘制由非连续三角形构成物体的原理后，给出案例 Sample4_8，其运行效果如图 4-32 所示。本案例只是将案例 Sample4_7 复制了一份，把里面绘制扇面的代码修改为采用三角形条带绘制方式的 Belt 类。因此这里仅介绍修改后的 Belt 类，其代码如下。

▲图 4-32 案例 Sample4_8 的运行效果图

代码位置：随书源代码/第 4 章/Sample4_8/js 目录下的 Belt.js。

```
function Belt(                                        //声明绘制物体对象的所属类
    gl,                                               //GL 上下文
    programIn){                                       //着色器程序 id
        this.vcount=22;                               //设置顶点数量
        var angdegBegin=0;                            //角度起始值
        var angdegEnd=90;                             //角度终止值
        var angdegSpan=(angdegEnd-angdegBegin)/3;     //角度步长值
        var angdegBegin1=180;                         //第二段的起始值
        var angdegEnd1=270;                           //第二段的终止值
        var angdegSpan1=(angdegEnd1-angdegBegin1)/5;  //第二段的角度步长值
        var vertexarray=new Array();                  //声明顶点数组
        var colorarray=new Array();                   //声明颜色坐标数组
        var count=0;
        for(var i=angdegBegin;i<=angdegEnd;i+=angdegSpan){
            var angrad=i*Math.PI/180;                             //当前弧度
            vertexarray[count++]=-0.6*0.5*Math.sin(angrad);       //当前点的 x 坐标
            vertexarray[count++]=0.6*0.5*Math.cos(angrad);        //当前点的 y 坐标
            vertexarray[count++]=0;                               //当前点的 z 坐标
            vertexarray[count++]=-0.5*Math.sin(angrad);           //下一个点的 x 坐标
            vertexarray[count++]=0.5*Math.cos(angrad);            //下一个点的 y 坐标
            vertexarray[count++]=0;}                          //下一个点的 z 坐标
        vertexarray[count++]=vertexarray[count-4];            //重复第一条带的最后一个顶点
        vertexarray[count++]=vertexarray[count-4];            //最后一个顶点的 y 坐标
```

```
24        vertexarray[count++]=0;                          //最后一个顶点的 z 坐标
25        for(var j=angdegBegin1;j<=angdegEnd1;j+=angdegSpan1){
26            var angrad1=j*Math.PI/180;                   //当前弧度
27            if(j==angdegBegin1){                         //重复第二条带的第一个顶点
28                vertexarray[count++]=-0.6*0.5*Math.sin(angrad1); //第一个顶点的 x 坐标
29                vertexarray[count++]=0.6*0.5*Math.cos(angrad1);  //第一个顶点的 y 坐标
30                vertexarray[count++]=0;}                 //第一个顶点的 z 坐标
31            vertexarray[count++]=-0.6*0.5*Math.sin(angrad1); //大圆上的点的 x 坐标
32            vertexarray[count++]=0.6*0.5*Math.cos(angrad1);  //大圆上的点的 y 坐标
33            vertexarray[count++]=0;                          //大圆上的点的 z 坐标
34            vertexarray[count++]=-0.5*Math.sin(angrad1);     //当前点的 x 坐标
35            vertexarray[count++]=0.5*Math.cos(angrad1);      //当前点的 y 坐标
36            vertexarray[count++]=0;}                         //当前点的 z 坐标
37        this.vertexData=vertexarray;                  //将顶点坐标数组传给 vertexData
38        this.vertexBuffer=gl.createBuffer();          //创建顶点坐标数据缓冲
39        gl.bindBuffer(gl.ARRAY_BUFFER,this.vertexBuffer);    //绑定顶点坐标数据缓冲
40        //将顶点坐标数据送入缓冲
41        gl.bufferData(gl.ARRAY_BUFFER,new Float32Array(this.vertexData),gl.STATIC_DRAW);
42    ……//此处省略了绘制方法，读者可以自行查阅随书源代码进行学习
43    }
```

- 第 1～13 行声明了绘制物体对象的所属类。通过参数得到 GL 上下文与着色器程序 id，设置了顶点数量，根据所绘制的图形确定了绘制顶点时的起始角度与终止角度，给出每次循环时角度的步长值，声明了顶点数组与顶点颜色数组。
- 第 14～36 行为三角形条带绘制的由不连续三角形构成的物体顶点数组的赋值过程。绘制前面的连续部分时与之前例子的赋值过程是一样的，断开一部分后，第一条带的第一个顶点与上一条带的最后一个顶点重复。
- 第 37～43 行在为顶点数组赋值完毕后将顶点坐标数组传给 vertexData，之后创建顶点坐标数据缓冲，再绑定顶点坐标数据缓冲，最后将顶点坐标数据送入缓冲。

> **提示** 从上述代码中可以看出，相比于修改前，本段代码主要改变了顶点的位置。物体不再是由一批连续三角形组成，而是由两批连续三角形组成。第一批的最后一个顶点和第二批的第一个顶点在顶点序列中重复，各顶点的位置及顺序如图 4-33 所示。

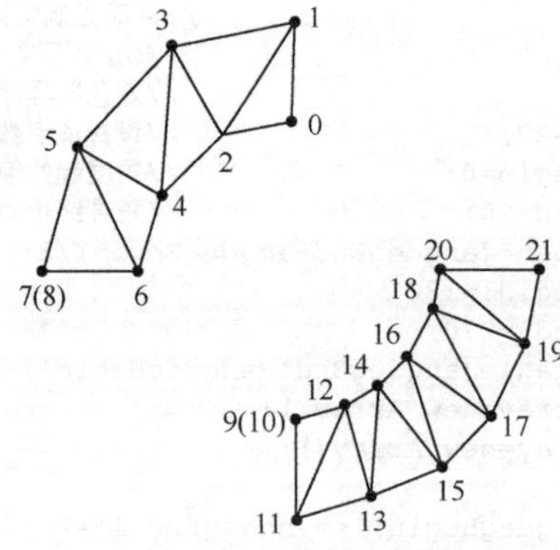

▲图 4-33　Belt 类中各顶点的顺序

4.7 设置合理的视角

使用过照相机的读者都知道，拍摄时根据不同的情况应当选用不同焦距的镜头，这些镜头的一个区别就是视角不同。在同样位置，视角大可以观察到更宽范围内的景物，但投影到照片

里的景物较小；视角小可以观察到的景物范围就窄一些，但投影到照片里的景物也大一些。

同样，在 WebGL 2.0 的虚拟世界中，摄像机也有视角大小的问题，具体情况如图 4-34 所示。

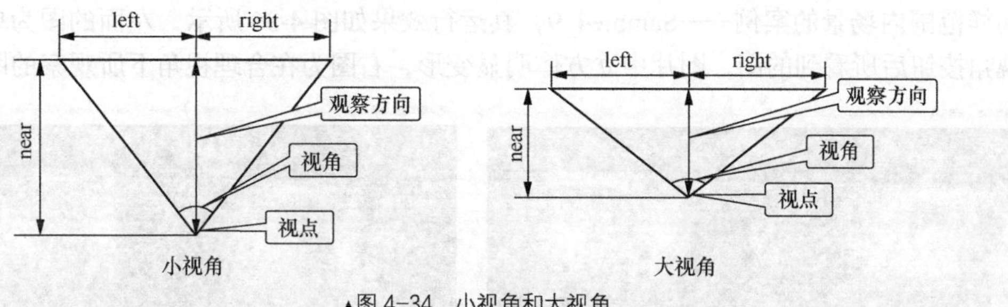

▲图 4-34　小视角和大视角

> **提示**　从图 4-34 中可以看出，在 WebGL 2.0 虚拟世界中摄像机左右视角的大小主要是由 left、right 及 near 值决定的，上下视角则由 top、bottom 及 near 值决定。这些值（left、right、top、bottom、near）都是生成投影矩阵时需要提供的参数。

视角的大小可以根据公式来计算，例如水平方向视角的计算公式如下：

$$\alpha=2\text{arctg}(\text{left}/\text{near})$$

而垂直方向的视角计算公式为：

$$\alpha=2\text{arctg}(\text{top}/\text{near})$$

> **提示**　上述两个公式是在左右或上下对称的（即 left 等于 right 或 top 等于 bottom）情况下推导出的，若左右或上下不对称，则两个半角要分别计算。

同时，还可以从上述介绍中总结出如下规律。

- 在 left、right、top、bottom 值不变的情况下，near 值越小，视角越大，反之视角越小。
- 在 near 值不变的情况下，left、right、top、bottom 值越大，视角越大，反之视角越小。

因此，在开发中当希望观察到同样范围的场景时有不止一种选择。可以将摄像机离得近一些，同时将视角设置得大一些；也可以将摄像机离得远一些，同时将视角设置得小一些。具体情况如图 4-35 所示。

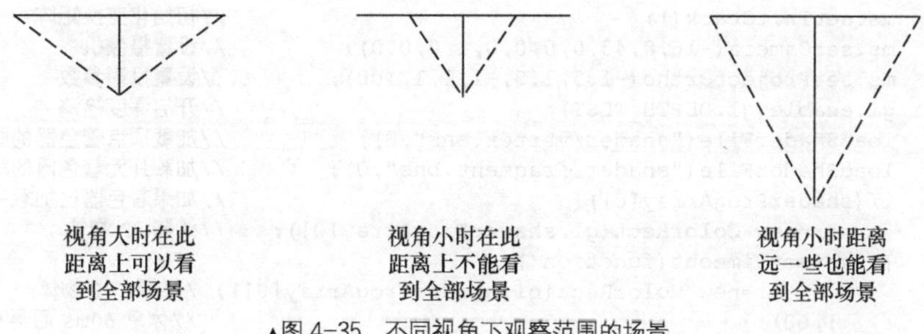

▲图 4-35　不同视角下观察范围的场景

经过上面的介绍读者可能会觉得，既然有多种选择，那么随意选择一种能看到全部场景的组合即可。事实不完全是这样的，因为不但有看不看到的问题，还有变不变形的问题。视角很大时，所看到的场景变形比较严重。因此要选择合理的组合，使得既能观察到指定范围内的场景，又能满足物体不变形的要求。

提示　在某些特定的应用程序中，需要出现变形的效果，这时采用可以出现合适变形效果的组合即可。

前面介绍了不同视角下观察场景的基本原理，下面给出一个用不同视角在不同距离上观察同样范围内场景的案例——Sample4_9，其运行效果如图 4-36 所示，左面的图为单击不合理视角按钮后所看到的图，图片中立方体明显变形，右图为在合理视角下所观察的图片。

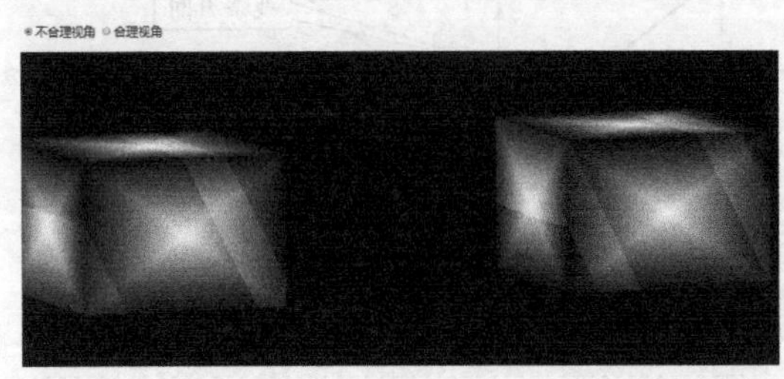
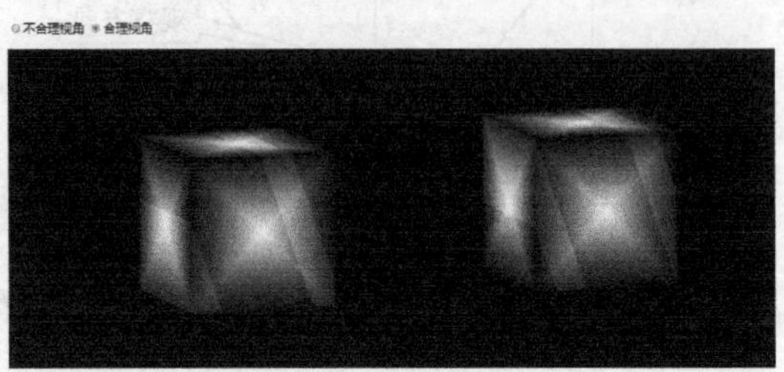

▲图 4-36　案例 Sample4_9 的运行效果

说明　左侧的效果图是摄像机离得近且采用大视角时的观察情况，右侧的是摄像机离得远且采用小视角时的观察情况。从左右两幅图的对比中可以看出，虽然在不同的距离上采用不同的视角可以观察到范围基本相同的场景，但大视角情况下变形较为严重，根本看不出来是两个立方体。

看到本案例的运行效果后，下面对本案例的具体开发过程进行详细介绍。由于本章代码有很多部分是一脉相承下来的，所以类似代码就不再赘述。本节中改动与添加的部分比较多，现在具体介绍一下开发时增加或更改的代码，步骤如下所示。

（1）开发本案例的主体部分 Sample4_9.html。通过学习前面的内容可以看到 html 文件往往是案例的入口程序，先来讲述这一部分代码也有助于读者的学习，其代码如下。

代码位置：随书源代码/第 4 章/Sample4_9 目录下的 Sample4_9.html。

```
function start(){                                            //初始化的方法
    var canvas = document.getElementById('bncanvas');        //获取 Canvas 对象
    gl = canvas.getContext('webgl2', { antialias: true });//获取 GL 上下文
    if (!gl){                                                //若获取 GL 上下文失败
        alert("创建 GLES 上下文失败，不支持 WebGL2.0!");      //显示错误提示信息
        return;}
    gl.viewport(0, 0, canvas.width, canvas.height);//设置视口
    gl.clearColor(0.0,0.0,0.0,1.0);                          //设置屏幕背景色
    ms.setInitStack();                                       //初始化变换矩阵
    ms.setCamera(-16,8,45,0,0,0,0,1.0,0.0);                  //设置摄像机
    ms.setProjectOrtho(-1.5,1.5,-1,1,1,100);                 //设置投影参数
    gl.enable(gl.DEPTH_TEST);                                //开启深度检测
    loadShaderFile("shader/vtrtex.bns",0);                   //加载顶点着色器的脚本内容
    loadShaderFile("shader/fragment.bns",0);                 //加载片元着色器的脚本内容
    if(shaderProgArray[0]){                                  //如果着色器已加载完毕
        cr=new ColorRect(gl,shaderProgArray[0]);             //绘制 3D 物体
    }else{setTimeout(function(){
            cr=new ColorRect(gl,shaderProgArray[0]);         //绘制 3D 物体
        },60);}                                              //休息 60ms 后再执行
    setInterval("drawFrame();",20);}                         //20ms 执行一次 drawFrame()
    function drawFrame(){                                    //主绘制方法
        if(!cr){
        console.log("加载未完成！");                          //提示信息
        return;}
    var radionum = document.getElementById("userlist").userid; //获得 radio 列表
    for(var i=0;i<radionum.length;i++){                      //遍历 radio 列表
    if(radionum[i].checked){                                 //判断 radio 是被选择
```

```
28         currentmode = radionum[i].value;}}          //获取被选中的radio值
29     switch(currentmode){
30         case '1':
31             ms.setProjectOrtho(-1.5*0.7,1.5*0.7,-1,1,1,100);
               //设置投影参数，不合理视角
32             break;
33         case '2':
34             ms.setProjectOrtho(-1.5,1.5,-1,1,1,100);      //设置投影参数,合理视角
35             break;}
36     gl.clear(gl.COLOR_BUFFER_BIT | gl.DEPTH_BUFFER_BIT); //清除着色缓冲与深度缓冲
37     ms.pushMatrix();                                     //保护现场
38     ms.translate(0.4,0.5,0);                             //执行平移
39     ms.rotate(currentYAngle,0,1,0);                      //执行绕y轴的旋转
40     ms.rotate(currentXAngle,1,0,0);                      //执行绕x轴的旋转
41     drawSelfCube(ms,cr);                                 //绘制物体
42     ms.popMatrix();                                      //恢复现场
43     ms.pushMatrix();                                     //保护现场
44     ms.translate(-0.8,0.5,0);                            //执行平移
45     ms.rotate(currentYAngle,0,1,0);                      //执行绕y轴的旋转
46     ms.rotate(currentXAngle,1,0,0);                      //执行绕x轴的旋转
47     drawSelfCube(ms,cr);                                 //绘制物体
48     ms.popMatrix();}                                     //恢复现场
```

- 第 1～20 行为初始化程序方法。本部分获取了 GL 上下文，并判断若获取上下文失败则有提示信息。然后获取 Canvas 设置视口与背景颜色，初始化变换矩阵，设置摄像机与投影参数，创建需要绘制的物体并加载着色器。
- 第 21～35 行为通过 getElementById 方法获得 radio 列表，之后遍历 radio 列表，选择被选中的 radio 以获得其值，然后通过获得的值来判断视角是否设置合理。
- 第 36～48 行为绘制方法中的绘制部分。首先清除颜色缓冲与深度缓冲，每次绘制物体前都要保护现场，之后再进行平移、旋转、缩放变换，然后绘制物体，最后恢复现场。

（2）完成 Sample4_9.html 类的开发后，就可以开发本案例中用于绘制立方体的 Cube 类了，其代码如下。

代码位置：随书源代码/第 4 章/Sample4_9/js 目录下的 Cube.js。

```
function drawSelfCube(ms,cr){                  //把一个颜色矩形旋转移位到立方体每个面上
    //参数cr为颜色矩形对象引用
        ms.pushMatrix();                       //保护现场
        ms.pushMatrix();                       //绘制前小面
        ms.translate(0, 0, 0.25);              //执行平移
        cr.drawSelf(ms);                       //绘制一个面
        ms.popMatrix();                        //恢复现场
……//此处省略了绘制其他5个面的代码，方法与绘制前小面的基本一致
        ms.popMatrix();                        //恢复现场
}
```

提示 从上述代码中可以看出，在本案例中 Cube 类的实现机制与前面案例中的 Cube 类不同。前面案例中的 Cube 类是通过给出立方体 6 个面中所有三角形的顶点来进行绘制的，而本案例中采用的是将一个颜色矩形平移、旋转到立方体 6 个面位置，绘制 6 个颜色矩形来搭建立方体。

（3）完成 Cube 类的开发后，需要开发的就是颜色矩形类——ColorRect。由于本部分代码中的初始化顶点与着色数据和前面案例的类似，因此这里只介绍区别较大的 drawSelf 方法，其代码如下。

代码位置：随书源代码/第 4 章/Sample4_9/js 目录下的 ColorRect.js。

```
this.drawSelf=function(ms){                          //绘制物体的方法
        gl.useProgram(this.program);                 //指定使用某套着色器程序
        //获取总变换矩阵引用的id
```

```
        var uMVPMatrixHandle=gl.getUniformLocation(this.program, "uMVPMatrix");
        //将总变换矩阵送入渲染管线
        gl.uniformMatrix4fv(uMVPMatrixHandle,false,new Float32Array
        (ms.getFinalMatrix()));
        //获取位置、旋转变换矩阵引用的 id
            var muMMatrixHandle = gl.getUniformLocation(this.program, "uMMatrix");
        //将位置、旋转变换矩阵传入 shader 程序
            gl.uniformMatrix4fv(muMMatrixHandle,false,new Float32Array
            (ms.getMMatrix()));
        //启用顶点坐标数组
        gl.enableVertexAttribArray(gl.getAttribLocation(this.program, "aPosition"));
        gl.bindBuffer(gl.ARRAY_BUFFER, this.vertexBuffer); //绑定顶点坐标数据缓冲
        //给管线指定顶点坐标数据
        gl.vertexAttribPointer(gl.getAttribLocation(this.program,"aPosition"),
        3,gl.FLOAT,false,0, 0);
        //启用顶点坐标数组
        gl.enableVertexAttribArray(gl.getAttribLocation(this.program, "aColor"));
        gl.bindBuffer(gl.ARRAY_BUFFER, this.colorBuffer); //绑定顶点坐标数据缓冲
        //给管线指定顶点坐标数据
        gl.vertexAttribPointer(gl.getAttribLocation(this.program,"aColor"),4,
        gl.FLOAT,false,0, 0);
        gl.drawArrays(gl.TRIANGLE_FAN, 0,this.vcount);}    //指定绘制方式
```

提示　从上述代码中可以看出，此方法与前面案例的最大区别是，它不但将最终变换矩阵传入了渲染管线，还将携带平移、旋转信息的变换矩阵传入了渲染管线。这样的目的是在着色器中实现特效服务，详细情况会在后面介绍。

（4）完成了本案例中 JavaScript 代码的开发后，就可以开发着色器了。在讲述第一个关于三角形的 3D 程序时介绍过着色器的基本构造，这里只讲述重要内容。本例是开始学习 WebGL 2.0 之后第一个用着色器做特效的案例，首先开发的是顶点着色器，其代码如下。

代码位置：随书源代码/第 4 章/ Sample4_9/sharder 目录下的 vertex.bns。

```
#version 300 es
uniform mat4 uMVPMatrix;                    //总变换矩阵
uniform mat4 uMMatrix;                      //变换矩阵
in vec3 aPosition;                          //顶点位置
in vec4 aColor;                             //顶点颜色
out vec4 vColor;                            //传递给片元着色器的颜色
out vec3 vPosition;                         //传递给片元着色器的顶点位置
void main(){
   gl_Position = uMVPMatrix * vec4(aPosition,1);//根据总变换矩阵计算此次绘制顶点的位置
   vColor = aColor;                              //将接收的颜色传递给片元着色器
   vPosition=(uMMatrix * vec4(aPosition,1)).xyz;
   //计算出此顶点变换后的位置，并传递给片元着色器
}
```

- 此顶点着色器的大部分代码与前面案例中的相同，主要区别就是增加了计算变换后的顶点位置，并将其通过输出变量传入片元着色器。
- 变换后的顶点位置是通过从渲染管线传入的变换矩阵（uMMatrix）与顶点位置（aPosition）共同计算生成的。

提示　读者可能产生这样的困扰："通过总变换矩阵与顶点位置不是已经计算出变换后的顶点位置了吗？"要注意的是，这两种顶点位置是大有区别的，由于总变换矩阵携带了摄像机、投影、普通变换的所有信息，因此，通过总变换矩阵与顶点位置计算出来的是，经过摄像机观察和投影以后已经位于近平面的位置。可以理解为这时候的顶点坐标已经是二维的了。而变换矩阵中携带了平移、旋转、缩放等普通变换的信息，因此，通过变换矩阵与顶点位置计算出来的是顶点变化后在 3D 空间中的位置。

（5）完成顶点着色器的开发后，进行片元着色器的开发。与前面案例相似，此片元着色器的功能也是计算出片元的最终颜色。不同的是，本案例需要根据片元的位置加上淡红色。片元着色器的具体代码如下。

代码位置：随书源代码/第 4 章/ Sample4_9/sharder 目录下的 fragment.bns。

```
1   #version 300 es
2   precision mediump float;
3   in vec4 vColor;                                  //接收从顶点着色器传过来的参数
4   in vec3 vPosition;                               //接收从顶点着色器传过来的顶点位置
5   out vec4 fragColor;                              //输出的片元颜色
6   void main() {
7     vec4 finalColor=vColor;
8     mat4 mm=mat4(0.9396926,-0.34202012,0.0,0.0,   0.34202012,0.9396926,0.0,0.0,
9             0.0,0.0,1.0,0.0,   0.0,0.0,0.0,1.0); //绕 z 轴转 20° 的旋转变换矩阵
10    vec4 tPosition=mm*vec4(vPosition,1);            //将顶点坐标绕 z 轴转 20°
11    if(mod(tPosition.x+100.0,0.4)>0.3) {            //计算是否在红光色带范围内
12      finalColor=vec4(0.4,0.0,0.0,1.0)+finalColor;  //给最终颜色加上淡红色
13    }
14    fragColor = finalColor;                         //给此片元颜色值
15  }
```

- 第 7～10 行首先声明一个绕 z 轴转 20°的旋转变换矩阵，然后将此矩阵与接收到的由渲染管线传入的片元位置进行计算，得到变换后的片元位置。
- 第 11～13 行根据片元变换后空间位置的 x 坐标是否位于一定的区间内来决定是否为最终颜色加上淡红色。

提示　之所以要绕 z 轴旋转 20°是要得到斜着的红色光带的效果，参见图 4-36。运行本案例后，读者若按下鼠标左键在屏幕上水平滑动，两个立方体会随着鼠标指针的滑动绕 y 轴旋转，但立方体上面的红色光带并不随着鼠标的滑动而改变，就像立方体被位于远处固定位置条纹灯的照射一样。

通过本案例，读者一方面应了解设置合理视角的重要性，另一方面也应逐渐体会到 WebGL 2.0 可编程渲染管线的强大之处，只要灵活运用它就可以开发出很多逼真的特效。本案例中仅用了几行着色器代码就轻松地实现了条纹灯效果，这也恰恰说明了可编程渲染管线的强大。

4.8 卷绕和背面剪裁

前面有些例子中调用“gl.enable（gl.CULL_FACE）;”，该语句打开了背面剪裁，到目前为止并没有对背面剪裁进行介绍，本节根据最后一个案例来讲解不同的卷绕方式与背面剪裁之间的关系。现在来看一下卷绕与背面剪裁的基本知识。

4.8.1 基本知识

所谓背面剪裁是指渲染管线在对构成立体物体的三角形图元进行绘制时，仅当摄像机观察点位于三角形正面的情况下才绘制三角形，若观察点位于背面则不进行绘制。在大部分情况下打开背面剪裁可以提高渲染效率，去除大量不必要的渲染工作，图 4-37 说明了这个问题。

从图 4-37 中可以看出，打开背面剪裁后正面朝向观察点的前面、上面、右面会被管线绘制，而反面朝向观察点的左面、后面、下面则不会被绘制。对于大部分封闭的立体物体而言，这可让管线不绘制被挡住的面，有助于提高渲染速度。

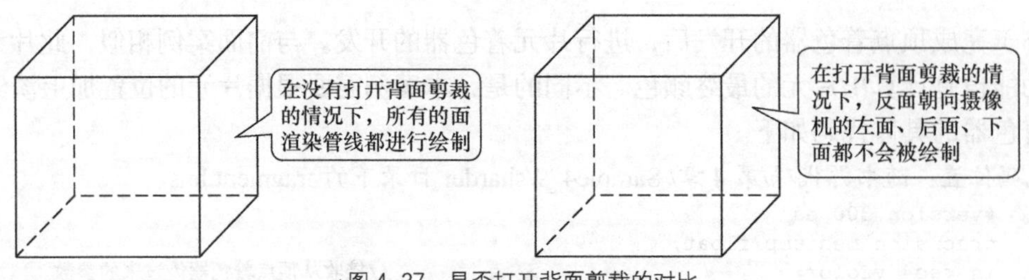

▲图 4-37　是否打开背面剪裁的对比

若不打开背面剪裁，则管线会对所有的面都绘制。遮挡面上的片元虽然被绘制了，但却会被遮挡面上的片元所覆盖，最终并不会出现在屏幕上，这导致很多绘制工作都白做了，宝贵的计算资源被浪费，同样情况下应用程序的帧速率（FPS）可能会下降很多。

提示　对于封闭立体物体的渲染，一般情况下应该打开背面剪裁。但如果绘制的是平面物体，希望在正面和反面观察时都能看到，就不应该打开背面剪裁了。在实际开发中，读者应该根据具体需要来决定。

背面剪裁中很重要的一点就是如何确定摄像机是位于一个面的正面还是反面。在没有进行特殊设置的情况下，WebGL 2.0 规定当摄像机观察一个三角形面时，若三角形中 3 个顶点的卷绕顺序是逆时针的，则摄像机观察其正面，反之摄像机观察其反面，图 4-38 说明了这个问题。

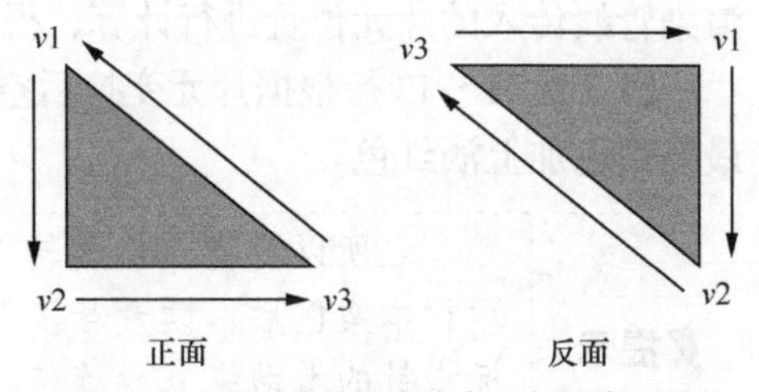

▲图 4-38　通过卷绕顺序确定三角形的正反面

开发人员也可以通过设置告知渲染管线以顺时针卷绕为正面，以逆时针卷绕为反面。下面将与背面剪裁及卷绕方式有关的语句列出，以供读者在开发中根据具体情况来选用。

- 打开背面剪裁的语句。

```
gl.enable(gl.CULL_FACE);                          //打开背面剪裁
```

- 关闭背面剪裁的语句。

```
gl.disable(gl.CULL_FACE);                         //关闭背面剪裁
```

- 设置逆时针卷绕为正面的语句。

```
gl.frontFace(gl.CCW);                             //这是默认的，因此一般不用明确设置
```

- 设置顺时针卷绕为正面的语句。

```
gl.frontFace(gl.CW);                              //设置顺时针卷绕为正面，非默认，需要时使用
```

4.8.2　简单的案例

了解了背面剪裁与卷绕的基本原理后，下面将通过简单的案例——Sample4_10 来进一步介绍。同前面案例讲述的绘制方式类似，本例是通过选择两组单选按钮进而达到开启和关闭背面剪裁与卷绕方式的，其运行效果如图 4-39 所示。

从图 4-39 中可以看出，在关闭背面剪裁的情况下，无论采用逆时针还是顺时针卷绕方式，两个三角形都将被绘制。在打开背面剪裁后，随着卷绕方式的改变，只有在当前卷绕方式下正面面对摄像机的三角形才会被绘制。

提示　此案例中左右两个三角形顶点的卷绕顺序是相反的，读者可以参考后面的代码。

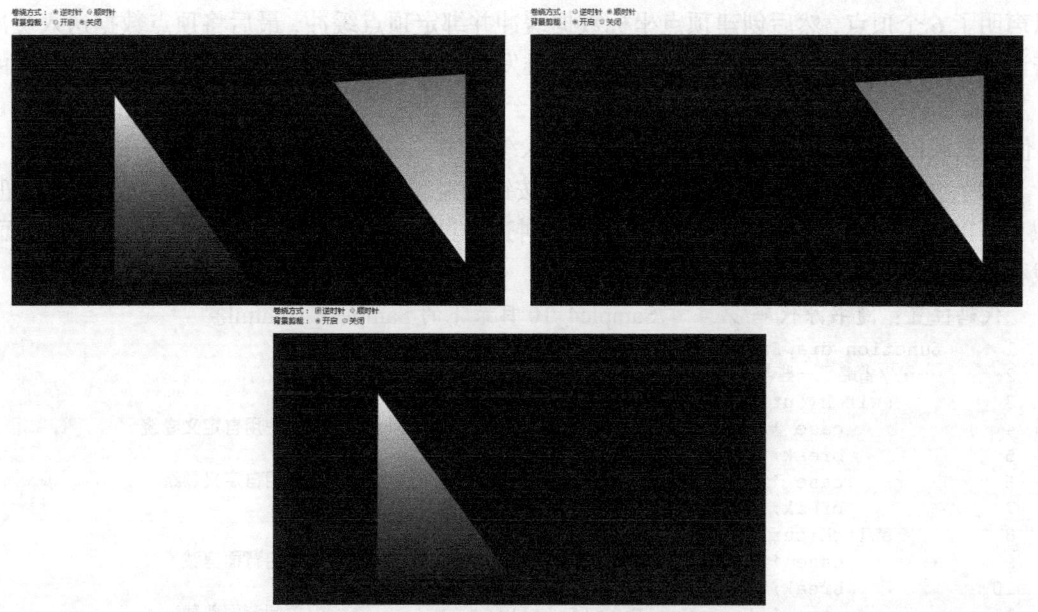

▲图 4-39 案例 Sample4_10 的运行效果

看到本案例的运行效果后，可以进行代码开发了。由于本案例中的大部分代码在前面案例中均已经出现过，因此这里只介绍重要且有明显区别的部分，即三角形顶点的顺序与主界面中两对单选按钮的逻辑，具体如下所示。

（1）介绍 TrianglePair（三角形对，代表两个三角形）类中负责初始化顶点坐标与着色数据的代码，与之前的初始化顶点坐标不同，这里两个三角形卷绕方式相反，而之前初始化顶点坐标时卷绕方式是相同的，其代码如下。

代码位置：随书源代码/第 4 章/Sample4_10/js 目录下的 TrianglePair.js。

```
1   function TrianglePair(                                   //声明绘制物体对象的所属类
2       gl,                                                  //GL 上下文
3       programIn){                                          //着色器程序 id
4       this.vertexData=[-8 * 0.125, 10 * 0.125, 0, //第一个三角形中的第一个顶点
5           -2 * 0.125, 2 * 0.125, 0,                        //第一个三角形中的第二个顶点
6           -8 * 0.125, 2 * 0.125, 0,                        //第一个三角形中的第三个顶点
7           8 * 0.125, 2 * 0.125, 0,                         //第二个三角形中的第一个顶点
8           8 * 0.125, 10 * 0.125, 0,                        //第二个三角形中的第二个顶点
9           2 * 0.125, 10 * 0.125, 0 ];                      //第二个三角形中的第三个顶点
10      this.vcount=6;                                       //得到顶点数量
11      this.vertexBuffer=gl.createBuffer();                 //创建顶点坐标数据缓冲
12      gl.bindBuffer(gl.ARRAY_BUFFER,this.vertexBuffer);        //绑定顶点坐标数据缓冲
13      //将顶点坐标数据送入缓冲
14      gl.bufferData(gl.ARRAY_BUFFER,new Float32Array(this.vertexData),gl.STATIC_DRAW);
15      this.colorsData=[1, 1, 1, 1.0,           //第一个三角形中的第一个顶点的颜色
16          0, 0, 1, 1.0,                        //第一个三角形中的第二个顶点的颜色
17          0, 0, 1, 1.0,                        //第一个三角形中的第三个顶点的颜色
18          1, 1, 1, 1.0,                        //第二个三角形中的第一个顶点的颜色
19          0, 1, 0, 1.0,                        //第二个三角形中的第二个顶点的颜色
20          0, 1, 0, 1.0 ];                      //第二个三角形中的第三个顶点的颜色
21      this.colorBuffer=gl.createBuffer(); //创建颜色缓冲
22      gl.bindBuffer(gl.ARRAY_BUFFER,this.colorBuffer);         //绑定颜色数据缓冲
23      //将颜色数据送入缓冲
24      gl.bufferData(gl.ARRAY_BUFFER,new Float32Array(this.colorsData),gl.STATIC_DRAW);
25      this.program=programIn;                  //初始化着色器程序 id
26  ……//省略了绘制方法，读者可以查阅随书源代码
27  }
```

- 第 4～14 行为初始化两个三角形的顶点坐标。由于两个三角形一共有 6 个顶点，所

以声明了 6 个顶点，然后创建顶点坐标数据缓冲并绑定顶点缓冲，最后将顶点数据送入缓冲。若读者有兴趣将这 6 个顶点勾勒一遍，则不难发现，这两个三角形的顶点卷绕方式是相反的。

- 第 15～27 行为初始化着色数据。由于有 6 个顶点，所以声明每个顶点的 *R*、*G*、*B*、*A* 值，然后创建缓冲并绑定缓冲，将颜色送入缓冲中，最后初始化着色器程序 id。

（2）介绍 Sample4_10.html 中两组单选按钮的逻辑代码。由于与之前讲述的单选按钮类似，所以省略了获取单选按钮值的代码，只讲述通过设置两个标志位来控制是否打开背面剪裁和卷绕方式，其代码如下。

代码位置：随书源代码/第 4 章/Sample4_10 目录下的 Sample4_10.html。

```
1       function drawFrame(){
2       ……//省略了一些与之前介绍类似的代码，读者可以查阅随书源代码
3           switch(currentmode){
4               case '1':setCwOrCcw(false);                 //不使用自定义卷绕
5               break;
6               case '2':setCwOrCcw(true);                  //使用自定义卷绕
7               break;}
8           switch(currentmode1){
9               case '3':setCullFace(true);                 //开启背面剪裁
10              break;
11              case '4':setCullFace(false);                //关闭背面剪裁
12              break;}
13          if(cullFaceFlag){                               //判断是否要打开背面剪裁
14                  gl.enable(gl.CULL_FACE);                //打开背面剪裁
15              }else{
16                  gl.disable(gl.CULL_FACE);}              //关闭背面剪裁
17          if(cwCcwFlag){                                  //判断是否需要打开自定义卷绕
18                  gl.frontFace(gl.CCW);                   //使用自定义卷绕
19              }else{
20                  gl.frontFace(gl.CW);}                   //不使用自定义卷绕
21      ……//省略了绘制物体的代码，读者可以自行查阅随书源代码
22      }
```

- 第 3～12 行为根据得到的 radio 值来为两个标志位赋值，它通过判断是否使用自定义卷绕与是否开启背面剪裁来赋值。
- 第 13～22 行为通过标志位的 true 或 false 来判断是否开启背面剪裁与确定卷绕方式，这段代码是通过单击两组单选按钮来获得对应动作逻辑的。

4.9 本章小结

本章向读者介绍了很多基于 WebGL 2.0 进行 3D 应用开发必知必会的基本知识。主要包括两种投影方式、3 种基本变换、7 种绘制方式，以及设置合理视角和设置合理的透视参数与背面剪裁。掌握这些知识后，读者进行 3D 应用程序开发的能力应该会得到提升，为继续学习更高级的内容打下坚实的基础。

第5章　光照效果

通过前面的学习，读者应可以自行开发出简单的 3D 场景了。前文中对于物体渲染使用的是直接给出颜色值的方法，视觉效果并不理想。开发场景时增加光照效果将大大提升画面的真实感，本章将对光照效果的实现进行详细介绍。

5.1 曲面物体的构建

前面已经介绍了 3D 物体的构建，案例中的 3D 物体都是由多个平面拼接而成的。对于演示光照效果来讲，曲面物体的效果更好。因此，在详细介绍光照效果的实现之前，本章将向读者简单介绍曲面物体的构建方法。

5.1.1 球体的构建原理

熟悉 3D 物体建模开发的读者都知道，任何 3D 物体都可以由三角形拼凑而成的。因此，要想构建一个复杂的曲面物体，首先要找到一种合适的策略，将其切分为多个三角形。渲染过程中，这些三角形是相互拼接的，从而呈现出对应的曲面物体。

下面将以球体为例介绍曲面物体的切分策略。切分球体最基本的策略是按照一定规则在行和列两个方向上进行切分，得到多个小四边形。然后将得到的每个小四边形切分为两个三角形。图 5-1 所示为基于此策略的球面切分图。

▲图 5-1　球体的切分策略图

从图 5-1 中可以看出，球面首先按照经度和纬度切分为很多个小四边形，每个四边形又被切分为两个小三角形。按照这种策略进行切分，三角形上的每一个顶点都可以用解析几何中的公式计算出来。具体情况如下所示。

$$x = R\cos\alpha\cos\beta \qquad y = R\cos\alpha\sin\beta \qquad z = R\sin\alpha$$

上述给出的是半径为 R 的球面，在纬度为 α、经度为 β 处顶点坐标的计算公式。将球体的中心放在坐标原点很容易将上面的公式推导出来。本书篇幅有限，不再赘述，有兴趣的读者可自行试验。

对曲面进行切分时，切分得越细，最终的绘制结果就越接近真实情况。图 5-2 所示为使用不同步长对球体进行切分产生的效果。从图中可以看出，切分时，相邻两条经线或纬线之间的差值越小，切分得到的顶点数越多，球面越平滑。

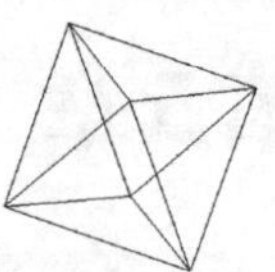
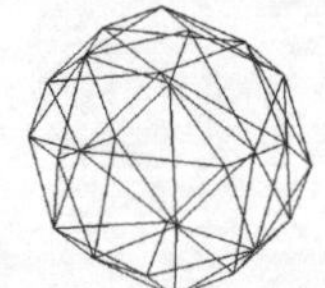
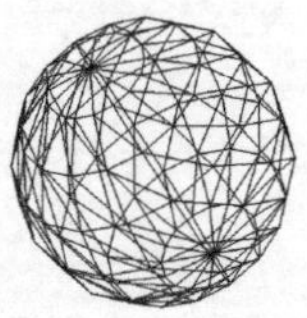
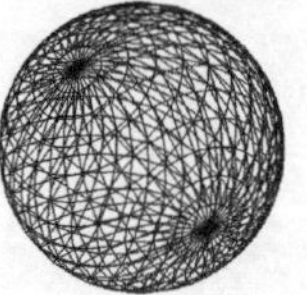

▲图 5-2　使用不同步长切分球体的效果

提示　在图 5-2 中从左至右切分的步长依次为 90°、45°、22.5°、11.25°。可以看出切分得越细，曲面越平滑。如果切分得太细就会造成顶点数量过多，渲染速度大大降低。因此读者要掌握好两者之间的平衡，兼顾速度与效果。

5.1.2　案例效果概述

5.1.1 节中已经对如何将球面切分为三角形进行了介绍，本节将使用球体的切分策略开发出绘制球体的案例 Sample5_1。在介绍本案例的详细代码之前，读者有必要先来了解一下本案例的运行效果，如图 5-3 所示。

▲图 5-3　案例 Sample5_1 运行效果

从图 5-3 中可以看出，本案例并没有使用直接指定单一颜色的方法进行渲染，而是使用了渲染效果更加绚丽的棋盘纹理着色器进行渲染的。棋盘纹理着色器的逻辑很简单，开发难度较小，在开发中时常用到。其原理如图 5-4 所示。

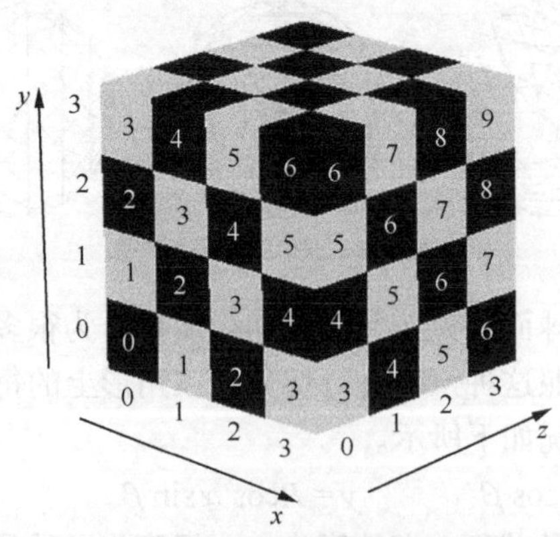

▲图 5-4　棋盘纹理着色器的原理

说明　图 5-4 中的立方体为球的外接立方体，球面上每个顶点都在此外接立方体之内。从图中可以看出，此外接立方体在 x、y、z 轴方向上被切分成了很多大小相同的小方块。

具体的着色策略为，首先计算出当前片元 x、y、z 坐标对应的行数、层数和列数，然后将行数、层数和列数相加。如果和为奇数，则说明此片元位于图 5-4 所示的黑色方块中，此片元为红色。若和为偶数，则此片元将被渲染为白色。

5.1.3　具体开发步骤

看到 Sample5_1 案例的运行效果和了解了棋盘着色器的基本原理之后，就可以对本项目的代码进行详细介绍了。由于本案例中很多类与前面案例中的类似，所以在这里只给出具有代表性的相关代码。具体的开发步骤如下所示。

（1）按照球体切分规则生成球面上的顶点坐标，并将顶点坐标信息和球体半径等着色器需要的变量传入渲染管线的 Ball 类。此类的代码框架如下所示。

代码位置：随书源代码/第 5 章/Sample5_1/js 目录下的 Ball.js。

```
1   function Ball(gl,programIn,BallR){
2       this.vertexData=new Array();                    //存储顶点坐标的数组
3       var r=BallR;                                    //球体的半径
4       this.initVertexData=function(){                 //初始化顶点坐标的方法
5       ……//此处省略了初始化顶点坐标方法的代码，它将在后面步骤中介绍
6       };
7       this.initVertexData();                          //初始化顶点坐标
8       this.vcount=this.vertexData.length/3;           //得到顶点数量
9       this.vertexBuffer=gl.createBuffer();            //创建顶点坐标数据缓冲
10      gl.bindBuffer(gl.ARRAY_BUFFER,this.vertexBuffer);     //绑定顶点坐标数据缓冲
11      gl.bufferData(gl.ARRAY_BUFFER,new Float32Array(this.vertexData),
12      gl.STATIC_DRAW);                                //将顶点坐标数据送入缓冲
13      this.program=programIn;                         //初始化着色器程序 id
14      this.drawSelf=function(ms){                     //绘制物体方法
15          gl.useProgram(this.program);                //指定使用某套着色器程序
16          var uMVPMatrixHandle=                       //获取总变换矩阵引用的 id
17              gl.getUniformLocation(this.program, "uMVPMatrix");
18          gl.uniformMatrix4fv(uMVPMatrixHandle,       //将总变换矩阵送入渲染管线
19              false,new Float32Array(ms.getFinalMatrix()));
20          gl.enableVertexAttribArray(                 //启用顶点坐标数组
21              gl.getAttribLocation(this.program, "aPosition"));
22          gl.bindBuffer(gl.ARRAY_BUFFER, this.vertexBuffer); //绑定顶点坐标数据缓冲
23          gl.vertexAttribPointer(gl.getAttribLocation(this.program,"aPosition"),
24              3, gl.FLOAT,false,0, 0);                //为管线指定顶点坐标数据
25          var muRHandle = gl.getUniformLocation(this.program, "uR"); //获取半径引用 id
26          gl.uniform1f(muRHandle,r);                  //将球体半径传入渲染管线
27          gl.drawArrays(gl.TRIANGLES, 0, this.vcount); //用三角形法绘制物体
28  }}
```

- 第 2～9 行声明了一些成员变量，其中大部分都与前面的类似。本案例与前面案例的最大区别是，它增添了代表球体半径的变量 r。当新建本类对象时，将对球体半径进行设置，并绘制时将其传入渲染管线。
- 第 14～28 行为绘制球体的 drawSelf 方法。本案例中此方法特殊的地方在于，它增加了着色器中球体半径参数的引用 muRHandle，以及将球体半径传入渲染管线的方法。

（2）完成上面的修改之后，将详细介绍上述类中省略的初始化顶点坐标的 initVertexData 方法。此方法的作用是根据球体半径 r 计算出此切分后的顶点坐标，并将其存储在顶点坐标数组内。其详细代码如下。

代码位置：随书源代码/第 5 章/Sample5_1/js 目录下的 Ball.js。

```
this.initVertexData=function(){
    var angleSpan=10;                                          //将球体进行单位分割的角度
    for(var vAngle=-90;vAngle<90;vAngle=vAngle+angleSpan){//竖直方向 angleSpan 度切一份
    for(var hAngle=0;hAngle<=360;hAngle=hAngle+angleSpan){//水平方向 angleSpan 度切一份
    var x0 = r * Math.cos(vAngle*Math.PI/180)                 //计算第一个顶点的 x 坐标
```

```
6             *Math.cos(hAngle*Math.PI/180);
7         var y0 = r * Math.cos(vAngle*Math.PI/180)        //计算第一个顶点的 y 坐标
8             *Math.sin(hAngle*Math.PI/180);
9         var z0 = r * Math.sin(vAngle*Math.PI/180);       //计算第一个顶点的 z 坐标
10        var x1 = r * Math.cos(vAngle*Math.PI/180)        //计算第二个顶点的 x 坐标
11             *Math.cos((hAngle+angleSpan)*Math.PI/180);
12        var y1 = r * Math.cos(vAngle*Math.PI/180)        //计算第二个顶点的 y 坐标
13            *Math.sin((hAngle+angleSpan)*Math.PI/180);
14        var z1 = r * Math.sin(vAngle*Math.PI/180);       //计算第二个顶点的 z 坐标
15        var x2 = r * Math.cos((vAngle+angleSpan)*Math.PI/180)//计算第三个顶点的 x 坐标
16            *Math.cos((hAngle+angleSpan)*Math.PI/180);
17        var y2 = r * Math.cos((vAngle+angleSpan)*Math.PI/180)//计算第三个顶点的 y 坐标
18            *Math.sin((hAngle+angleSpan)*Math.PI/180);
19        var z2 = r * Math.sin((vAngle + angleSpan)*Math.PI/180);//计算第三个顶点的 z 坐标
20        var x3 = r * Math.cos((vAngle+angleSpan)*Math.PI/180) //计算第四个顶点的 x 坐标
21            *Math.cos(hAngle*Math.PI/180);
22        var y3 = r * Math.cos((vAngle+angleSpan)*Math.PI/180) //计算第四个顶点的 y 坐标
23             *Math.sin(hAngle*Math.PI/180);
24        var z3 = r * Math.sin((vAngle + angleSpan)*Math.PI/180);//计算第四个顶点的 z 坐标
25        this.vertexData.push(x1,y1,z1);                 //保存第一个三角形的顶点坐标
26        this.vertexData.push(x3,y3,z3);
27        this.vertexData.push(x0,y0,z0);
28        this.vertexData.push(x1,y1,z1);                 //保存第二个三角形的顶点坐标
29        this.vertexData.push(x2,y2,z2);
30        this.vertexData.push(x3,y3,z3);
31    }}};
```

- 第 2 行中的变量 angleSpan 是对球体进行切分时经度和纬度的步长值。前文已经证明，此步长值越小，球体被切分得就越细，切分出来的顶点数量就越多。有兴趣的读者可以修改值，效果差别更为直观。
- 第 3~25 行为计算顶点坐标的相关代码。首先利用双层 for 循环按照一定步长角度沿经度、纬度方向进行切分。每到一个新角度时，应将对应顶点视为小四边形的左上侧点，并求出四边形中剩余 3 个顶点的坐标。
- 第 26~31 行为将上一步计算出的顶点坐标添加到数组的相关代码。需要注意的是，在存储顶点坐标时需要保证三角形的卷绕顺序，否则可能出现某些奇怪的效果。

（3）上面的步骤已经将代码中的 JavaScript 部分修改完毕，主要增加了球体顶点初始化和将球体半径传入渲染管线的部分。接下来对着色器部分的相关代码进行详细介绍。首先介绍的是顶点着色器，具体代码如下。

代码位置：随书源代码/第 5 章/Sample5_1/shader 目录下的 vertex.bns。

```
#version 300 es
uniform mat4 uMVPMatrix;                          //总变换矩阵
in vec3 aPosition;                                //顶点位置
out vec3 vPosition;                               //传递给片元着色器的顶点位置
void main(){                                      //主函数
    gl_Position = uMVPMatrix * vec4(aPosition,1);//根据总变换矩阵计算此次绘制顶点的位置
    vPosition = aPosition;                        //将原始顶点位置传递给片元着色器
}
```

> **说明**　上述顶点着色器的代码与前面案例中的基本一致，主要增加了将顶点位置通过输出变量 vPosition 传递给片元着色器的相关代码。

（4）完成顶点着色器的开发后，下面开发本案例中实现棋盘着色的片元着色器，具体代码如下。

代码位置：随书源代码/第 5 章/Sample5_1/shader 目录下的 fragment.bns。

```
#version 300 es
precision mediump float;
```

```
uniform float uR;                           //从宿主程序中传入球半径
in vec2 mcLongLat;                          //接收从顶点着色器传过来的参数
in vec3 vPosition;                          //接收从顶点着色器传过来的顶点位置
out vec4 fragColor;                         //输出片元颜色
void main(){                                //主函数
   vec3 color;                              //声明颜色变量
   float n = 8.0;                           //外接立方体上每个坐标轴方向切分的份数
   float span = 2.0*uR/n;                   //每一份的尺寸（小方块的边长）
   int i = int((vPosition.x + uR)/span);        //当前片元位置上小方块的行数
   int j = int((vPosition.y + uR)/span);        //当前片元位置上小方块的层数
   int k = int((vPosition.z + uR)/span);        //当前片元位置上小方块的列数
   int whichColor = int(mod(float(i+j+k),2.0));//计算当前片元的位置，以确定当前片元的颜色
   if(whichColor == 1) {                        //奇数时为红色
        color = vec3(0.678,0.231,0.129);        //红色
   }
   else {                                       //偶数时为白色
        color = vec3(1.0,1.0,1.0);              //白色
   }
   fragColor=vec4(color,1);                     //将计算出的颜色传递给管线
}
```

说明 上述片元着色器实现了图 5-4 所示的棋盘着色器，根据片元位置计算出片元所在小方块的行数、层数和列数，根据 3 个数之和的奇偶性确定片元所采用的颜色。

5.2 基本光照效果

5.1 节中已经对球体构建进行了详细的介绍，相信读者已经可以自行构建出满意的球体了。下面将基于此球体对光照部分的知识进行介绍。随着学习的深入，将为此球体逐步添加不同的光照效果。

5.2.1 光照的基本模型

大部分读者都知道，现实生活中照射在物体上的光线与很多因素都有关系。所以计算光照强度是很困难的事。本书中采用了简化的光照模型，将其分成 3 个通道，包括环境光、散射光以及镜面光。如图 5-5 所示。

▲图 5-5 光的 3 个通道

在实际开发中，为了使光照效果更加真实，3 个光照通道是分别采用不同数学模型独立计算的。着色器通过更改参数可以很方便地控制每种光照通道的强弱，使程序开发和维护更加简便。下面将对其进行详细介绍。

5.2.2 环境光

环境光（ambient）指的是从四面八方照射到物体上，全方位（360º）都均匀的光。其代

表的是经多次反射，各个方向基本均匀的光。环境光最大的特点是与光源位置没有任何关系，并且没有方向性，如图 5-6 所示。

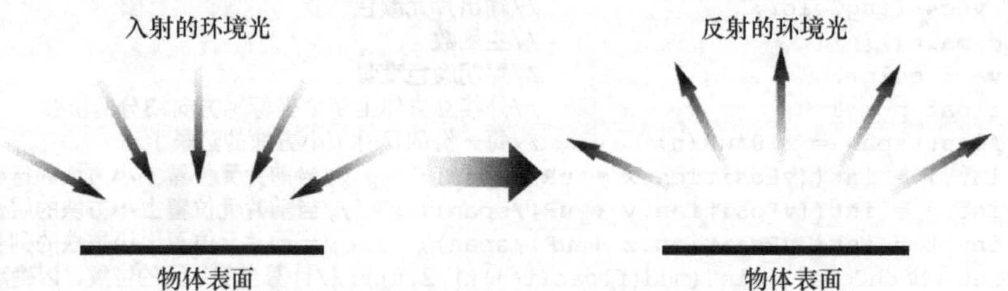

▲图 5-6　环境光的基本情况

从图 5-6 中可以看出，环境光不但入射是均匀的，反射也是各向均匀的。用于计算环境光的数学模型非常简单，具体公式如下。

环境光照射结果 = 材质的反射系数 × 环境光强度

了解了环境光的基本原理后，下面将通过一个简单的案例（Sample5_2）来介绍环境光效果，案例的运行效果如图 5-7 所示。

▲图 5-7　案例 Sample5_2 的运行效果

看到案例的运行效果后，就可以对本案例的相关代码进行介绍了。本案例主要是对 5.1 节中 Sample5_1 的升级，因此这里仅给出变化较大且具有代表性的部分。具体如下所示。

（1）修改 ProjectOrth.html 文件中的 drawFrame 绘制方法。为了更好地体现光照效果，需要将球体一左一右绘制两次。在此方法中应该增加对矩阵的操作以及增加球体的绘制次数。具体代码如下。

代码位置：随书源代码/第 5 章/Sample5_2/js 目录下的 ProjectOrth.html。

```
function drawFrame(){                                     //绘制方法
    if(!ball){
        alert("加载未完成！");                            //提示信息
        return;
    }
    //清除着色缓冲与深度缓冲
    gl.clear(gl.COLOR_BUFFER_BIT | gl.DEPTH_BUFFER_BIT);
    ms.pushMatrix();                                      //保护现场
    ms.pushMatrix();                                      //保护现场
    ms.translate(-0.6,0,0);                               //执行平移
    ms.rotate(currentYAngle,0,1,0);                       //执行绕 y 轴的旋转
    ms.rotate(currentXAngle,1,0,0);                       //执行绕 x 轴的旋转
    ball.drawSelf(ms);                                    //绘制球体
    ms.popMatrix();                                       //恢复现场
    ms.pushMatrix();                                      //保护现场
    ms.translate(0.6,0,0);                                //绘制球体
    ms.rotate(currentYAngle,0,1,0);                       //执行绕 y 轴的旋转
    ms.rotate(currentXAngle,1,0,0);                       //执行绕 x 轴的旋转
    ball.drawSelf(ms);                                    //绘制物体
    ms.popMatrix();                                       //恢复现场
    ms.popMatrix();                                       //恢复现场
}
```

❑ 第 2～7 行是为绘制准备的部分代码。主要包括检测球体是否创建成功以及清除缓冲。

❑ 第 8～22 行主要是对矩阵进行变换以及保护现场和恢复现场的代码。第 4 章已经对矩阵变换进行了详细介绍，此处不再赘述。平移操作完成后绘制球体。

（2）在 ProjectOrth.html 文件中添加了一个成员变量 lightLocationX，以表示光源位置的 *x* 轴坐标。同时在此文件中增加<input>标签，其功能是在用户调整拖拉条位置时，程序会对 lightLocationX 进行赋值。

提示 由于环境光与光源位置没有任何关系，所以在本案例中调整拖拉条时场景没有任何变化。但在后面的案例中，如果调整拖拉条的位置，则场景的渲染会发生明显的变化。

（3）到此为止已介绍完了对 JavaScript 部分的修改。接下来开发着色器部分的相关代码。首先介绍的是顶点着色器，其代码如下所示。

代码位置：随书源代码/第 5 章/Sample5_2/shader 目录下的 vertex.bns。

```
#version 300 es
uniform mat4 uMVPMatrix;                              //总变换矩阵
in vec3 aPosition;                                    //顶点位置
out vec3 vPosition;                                   //传递给片元着色器的顶点位置
out vec4 vAmbient;                                    //传递给片元着色器的环境光分量
void main(){                                          //主函数
   gl_Position = uMVPMatrix * vec4(aPosition,1);      //根据总变换矩阵计算顶点位置
   vPosition = aPosition;                             //将顶点原始位置传递给片元着色器
   vAmbient = vec4(0.35,0.35,0.35,1.0);               //将环境光强度传给片元着色器
}
```

提示 上述代码主要增加了将环境光强度传递给片元着色器的代码。本案例比较简单，环境光强度已固化在顶点着色器中，未来有需要可以改为由 JavaScript 程序传给顶点或片元着色器中的相关一致变量。

（4）完成顶点着色器的开发后，接下来开发片元着色器，其具体代码如下。

代码位置：随书源代码/第 5 章/Sample5_2/shader 目录下的 fragment.bns。

```
#version 300 es
precision mediump float;                   //指定浮点精度
uniform float uR;                          //从宿主程序中传入球半径
in vec3 vPosition;                         //接收从顶点着色器传过来的顶点位置
in vec4 vAmbient;                          //接收从顶点着色器传过来的环境光强度
out vec4 fragColor;                        //传递到后继阶段的片元颜色
void main(){                               //主函数
   vec3 color;                             //声明颜色向量
   ……//此处省略了按照棋盘着色器规则计算片元颜色值的代码，它与 Sample5_1 案例的相同
   vec4 finalColor=vec4(color,1.0);        //最终颜色
   fragColor=finalColor*vAmbient;          //根据环境光强度计算最终片元颜色值
}
```

说明 上述片元着色器的代码与前面案例的基本相同，主要增加了接受环境光强度，以及使用环境光强度与片元本身颜色值经加权计算产生的最终片元颜色值的相关代码。

5.2.3 散射光

5.2.2 节中仅使用环境光进行照射，渲染效果并不是很好。事实上，仅有环境光的场景效

果是很差的，因为环境光并不能体现出场景的层次感。为了提升真实感，本节将对散射光（diffuse）进行介绍，如图 5-8 所示。

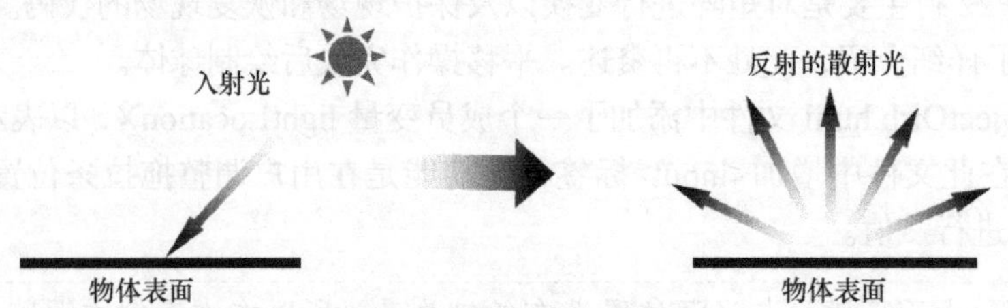

▲图 5-8　散射光的基本情况

散射光指的是从物体表面向全方位（360°）均匀反射的光。具体代表的是现实世界中粗糙物体表面被光照射时，反射光在各个方向上基本均匀（也被称为"漫反射"）的情况，如图 5-9 所示。

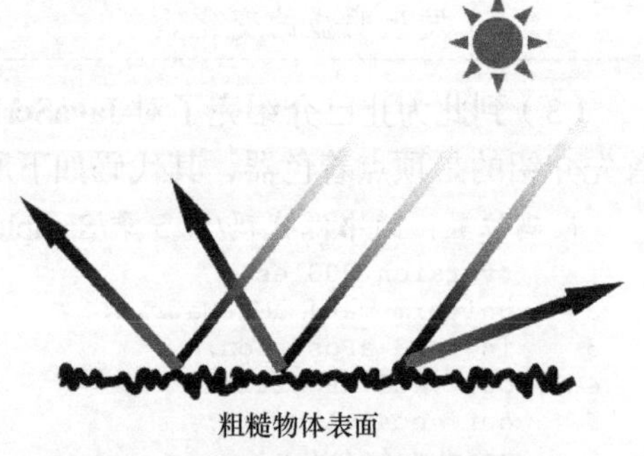

▲图 5-9　光在粗糙表面上发生漫反射

虽然反射后的散射光在各个方向是均匀的，但散射光的反射强度与入射光的强度以及入射角度密切相关。因此当光源位置发生变化时，散射光的效果会发生明显变化。主要体现为当光垂直照射到物体表面时比斜照时要亮，具体计算公式如下。

散射光照射结果=材质的反射系数×散射光强度×max(cos(入射角),0)

实际开发中往往分两步进行计算，此时公式被拆解为如下形式。

散射光最终强度=散射光强度×max(cos(入射角),0)

散射光照射结果=材质的反射系数×散射光最终强度

提示　材质的反射系数指的是物体被照射处的颜色，散射光强度指的是散射光中 *R*、*G*、*B*（红、绿、蓝）3 个色彩通道的强度。

将散射光的计算公式和环境光的进行比较，可以发现它们的区别为散射光中引入了最后一项"max(cos(入射角）,0)"。其含义是入射角越大，反射强度越弱。实际上，不需要调用三角函数来计算余弦值，只需将入射光向量与法向量规格化，再进行点积即可，如图 5-10 所示。

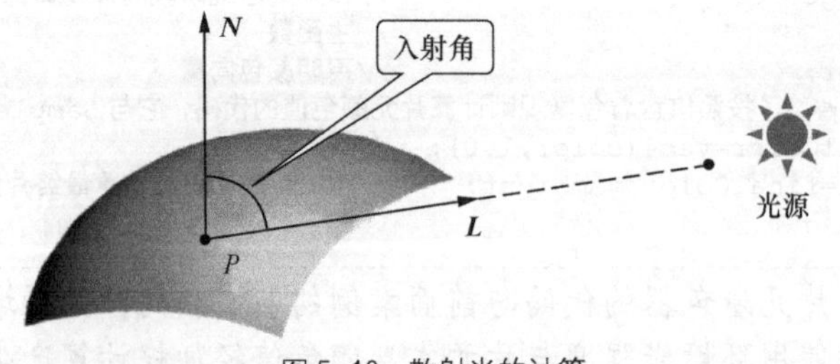

▲图 5-10　散射光的计算

图 5-10 中的 *P* 为被照射点，***N*** 代表 *P* 点的法向量，***L*** 为从 *P* 点到光源的向量。***N*** 与 ***L*** 间的夹角为入射角。在数学中，两个向量的点积为两个向量夹角的余弦值乘以两个向量的模。规格化后向量的模为 1，因此将向量规格化，再点积，结果为两个向量夹角的余弦值。

提示 由于篇幅有限，关于向量数学的相关问题不进行详细讨论，有兴趣的读者可以参考其他相关资料或书籍。

了解了散射光的基本原理后，下面给出一个仅使用散射光进行照射的案例 Sample5_3，其运行效果如图 5-11 所示。

▲图 5-11　案例 Sample5_3 的运行效果

说明 图 5-11 中左侧的图表示光源位于场景左侧并进行照射的情况，右侧的图表示光源位于右侧并进行照射的情况。从左右两幅效果图的对比中可以看出，正对光源（入射角小）的位置看起来较亮，而随着入射角的增大越来越暗，入射角大于 90° 后不能照亮物体。

了解了散射光的基本原理及案例的运行效果后，就可以进行案例开发了。由于本案例仅是复制并修改了案例 Sample5_2，因此这里仅给出修改的主要步骤，具体步骤如下所示。

（1）由于散射光的效果与光源的位置密切相关，因此需要将光源位置传递给着色器以进行光照计算。为了方便起见，首先增加一个 LightManager.js 文件，存储当前与光源位置相关的成员变量以及设置光源位置的方法，具体代码如下。

代码位置：随书源代码/第 5 章/Sample5_3/js 目录下的 LightManager.js。

```
1   function LightManager(lxIn,lyIn,lzIn){               //声明光源的管理类
2     this.lx=lxIn;                                      //新建光源管理时设置 x 坐标
3     this.ly=lyIn;                                      //新建光源管理时设置 y 坐标
4     this.lz=lzIn;                                      //新建光源管理时设置 z 坐标
5     this.setLightLocation=setLightLocationF;//设置光源位置的方法
6   }
7   function setLightLocationF(lxIn,lyIn,lzIn){
8     this.lx=lxIn;                  //改变光源的 x 坐标
9     this.ly=lyIn;                  //改变光源的 y 坐标
10    this.lz=lzIn;                  //改变光源的 z 坐标
11  }
```

❑ 第 2～4 行中的 *lx*、*ly*、*lz* 分别表示光源位置的 *x*、*y*、*z* 坐标。新建本类的对象时，在构造器中传入光源位置的坐标，程序将把参数值赋给成员变量。

❑ 第 7～11 行为改变光源位置的方法。向此方法中传入光源的新位置即可。

（2）对绘制球体的 Ball 类进行修改。主要是在初始化数据时增加对法向量数据的操作，以及将法向量数据传入渲染管线的相关代码，详细代码如下所示。

代码位置：随书源代码/第 5 章/Sample5_3/js 目录下的 Ball.js。

```
function Ball(gl,programIn,BallR){
  this.vertexData=new Array();                           //存储顶点坐标的数组
  var r=BallR;                                           //球体半径
  this.initVertexData=function(){
      //此处省略了初始化顶点数据部分代码，请读者自行查看随书源代码
  }
```

```
7    this.initVertexData();                              //初始化顶点坐标的方法
8    this.vcount=this.vertexData.length/3;               //得到顶点数量
9    this.vertexBuffer=gl.createBuffer();                //创建顶点坐标数据缓冲
10   gl.bindBuffer(gl.ARRAY_BUFFER,this.vertexBuffer);//绑定顶点坐标数据缓冲
11   gl.bufferData(gl.ARRAY_BUFFER,new Float32Array(this.vertexData),
12          gl.STATIC_DRAW);                       //将顶点坐标数据送入缓冲
13   this.normalData=this.vertexData;              //存储法向量的数组
14   this.normalBuffer=gl.createBuffer();          //创建顶点法向量数据缓冲
15   gl.bindBuffer(gl.ARRAY_BUFFER,this.normalBuffer);    //绑定顶点法向量缓冲
16   gl.bufferData(gl.ARRAY_BUFFER,new Float32Array(this.normalData),
17          gl.STATIC_DRAW);                       //将法向量数据送入缓冲
18   this.program=programIn;                       //初始化着色器程序 id
19   this.drawSelf=function(ms){                   //绘制物体的方法
20     //此处省略了部分代码，请读者自行查看随书源代码
21     //获得位置、旋转变换矩阵的引用
22     var uMMatrixHandle=gl.getUniformLocation(this.program, "uMMatrix");
23     //将位置、旋转变换矩阵送入渲染管线
24     gl.uniformMatrix4fv(uMMatrixHandle,false,new Float32Array(ms.getMMatrix()));
25     var uLightLocationHandle=gl.getUniformLocation(this.program,
26          "uLightLocation");                     //得到光源位置的引用
27      gl.uniform3fv(uLightLocationHandle,new Float32Array
28          ([lightManager.lx,lightManager.ly,lightManager.lz])); //传入光源位置
29     //启用法向量数组
30     gl.enableVertexAttribArray(gl.getAttribLocation(this.program, "aNormal"));
31     gl.bindBuffer(gl.ARRAY_BUFFER, this.normalBuffer); //绑定法向量数据缓冲
32     gl.vertexAttribPointer(gl.getAttribLocation(this.program,"aNormal"),
33          3,gl.FLOAT,false,0, 0);                //给管线指定法向量坐标数据
34     var muRHandle = gl.getUniformLocation(this.program, "uR");//得到半径的引用
35     gl.uniform1f(muRHandle,r);                  //将球体半径传入渲染管线
36     gl.drawArrays(gl.TRIANGLES, 0, this.vcount);   //用顶点法绘制物体
37   }}
```

- 第 13～17 行为对法向量数据初始化的相关代码。与初始化顶点坐标数据的方式完全相同，这里包括创建并绑定缓冲，并将法向量数据送入缓冲。本案例中球心位于坐标原点，这样可直接将顶点坐标作为顶点法向量来使用。
- 第 25～28 行为对光源位置数据进行相关操作的相关代码。首先获得光源位置的引用，然后将光源管理对象 LightManager 的成员变量 *x*、*y*、*z* 传入渲染管线中以进行计算。
- 第 29～37 行是在球体的绘制方法中增加了将法向量数据传进渲染管线的代码，同时也增加了启用顶点法向量数据的相关代码。

（3）完成上面的修改后，接下来对 ProjectOrth.html 文件中的 drawFrame 总绘制方法进行修改。主要增加的是对光源位置进行设置的相关代码，具体代码如下。

代码位置：随书源代码/第 5 章/Sample5_3/目录下的 ProjectOrth.html。

```
function drawFrame(){                                   //绘制方法
    if(!ball){
        alert("加载未完成！");                          //提示信息
        return;
        }
    var lightOffset = document.getElementById("myRange").value;//获得当前拖拉条的值
    lightManager.setLightLocation(lightOffset,0,-4);      //设置光源位置
    gl.clear(gl.COLOR_BUFFER_BIT | gl.DEPTH_BUFFER_BIT); //清除颜色缓冲和深度缓冲
    ms.pushMatrix();                                      //保护现场
    //此处省略了绘制两次球的代码，请读者自行查看随书源代码
    ms.popMatrix();                                       //恢复现场
}
```

说明　此方法并没有很大的变化，只是在绘制每帧画面之前，根据拖拉条的位置对光源位置进行设置。当用户改变拖拉条的位置后，绘制的画面就会随光源位置的改变而改变了。

（4）完成上述修改后，对 JavaScript 部分的修改基本就完成了。下面需要修改的是着色器的相关代码。增加代码的功能为根据光源位置、法向量等信息，计算出散射光的最终强度值。首先介绍的是顶点着色器，具体代码如下。

代码位置：随书源代码/第 5 章/Sample5_3/shader 目录下的 vertex.bns。

```
1   #version 300 es                              //声明着色器版本号
2   uniform mat4 uMVPMatrix;                     //总变换矩阵
3   uniform mat4 uMMatrix;                       //变换矩阵(包括平移、旋转、缩放)
4   uniform vec3 uLightLocation;                 //光源位置
5   in vec3 aPosition;                           //顶点位置
6   in vec3 aNormal;                             //顶点法向量
7   out vec3 vPosition;                          //传递给片元着色器的顶点位置
8   out vec4 vDiffuse;                           //传递给片元着色器的散射光分量
9   vec4 pointLight (                            //散射光光照计算的方法
10    in vec3 normal                             //法向量
11    in vec3 lightLocation,                     //光源位置
12    in vec4 lightDiffuse                       //散射光强度
13  ){
14    vec3 normalTarget=aPosition+normal;        //计算变换后的法向量
15    vec3 newNormal=(uMMatrix*vec4(normalTarget,1)).xyz
16                -(uMMatrix*vec4(aPosition,1)).xyz;
17    newNormal=normalize(newNormal);            //对法向量进行规格化
18    vec3 vp= normalize(lightLocation-
19        (uMMatrix*vec4(aPosition,1)).xyz);            //计算从表面点到光源位置的向量 vp
20    vp=normalize(vp);                                 //规格化 vp
21    float nDotViewPosition=max(0.0,dot(newNormal,vp));
      //求法向量与 vp 向量的点积和 0 之间的最大值
22    return lightDiffuse*nDotViewPosition;             //返回光照最终强度
23  }
24  void main(){                                        //主函数
25     gl_Position = uMVPMatrix * vec4(aPosition,1);
       //根据总变换矩阵计算此次绘制顶点的位置
26     vDiffuse=pointLight(normalize(aNormal),
27         uLightLocation, vec4(0.8,0.8,0.8,1.0));      //将散射光最终强度传给片元着色器
28     vPosition = aPosition;                           //将顶点位置传给片元着色器
29  }
```

- ❑ 第 1～7 行对顶点着色器中使用的全局变量进行了声明。主要增加了代表光源位置的变量 uLightLocation、代表法向量的 aNormal，以及传递给片元着色器的散射光最终强度值 vDiffuse。
- ❑ 第 8～23 行为根据前面介绍的公式计算散射光最终强度的 pointLight 方法。最重要的是，进行计算前在对顶点法向量进行变换时，需要将法向量变换到当前姿态下。
- ❑ 第 24～29 行为顶点着色器的 main 方法。首先增加了使用 pointLight 方法计算散射光最终强度的代码，也增加了将计算出的散射光最终强度值传递给片元着色器的相关代码。

（5）将顶点着色器的代码修改完毕后，就可以开始开发片元着色器部分了。其中增加了代表散射光最终强度的变量 vDiffuse，并且增加了将片元颜色值与散射光最终强度进行加权计算的过程。具体代码如下。

代码位置：随书源代码/第 5 章/Sample5_3/shader 目录下的 fragment.bns。

```
#version 300 es                              //声明着色器版本
precision mediump float;                     //指定浮点精度
uniform float uR;
in vec3 vPosition;                           //接收从顶点着色器传过来的顶点位置
in vec4 vDiffuse;                            //接收从顶点着色器传过来的散射光最终强度
out vec4 fragColor;                          //传递到后继阶段的片元颜色
void main(){                                 //主函数
   vec3 color;                               //声明颜色向量
```

```
9       //此处省略了计算片元颜色值的代码，这与前面的案例相同
10      vec4 finalColor=vec4(color,1.0)*vDiffuse;//最终颜色
11      fragColor=vec4(finalColor.xyz,1.0);        //根据散射光最终强度计算片元的最终颜色值
12    }
```

- 第 5 行增加了对变量 vDiffuse 的声明。其功能为接收从顶点着色器传递过来的散射光最终强度。
- 第 10 行的代码与前面介绍环境光的案例相似，功能为将上面计算出来的片元颜色与散射光的最终强度进行加权计算，并将结果作为此片元的最终颜色。

5.2.4　镜面光

案例中加入了散射光效果后，场景的真实感会大大提高，但这些并不是光照的全部。通过生活经验可以了解到，当物体的表面非常光滑时会有方向很集中的反射光，这就是镜面光（specular）。本节将详细介绍镜面光的计算模型。

与散射光不同，镜面光不仅依赖于入射光与照射点法向量间的夹角，还依赖于观察者的位置。如果从摄像机到照射点的向量不在反射光集中的范围内，则观察者将不会看到镜面光，图 5-12 说明了这个问题。

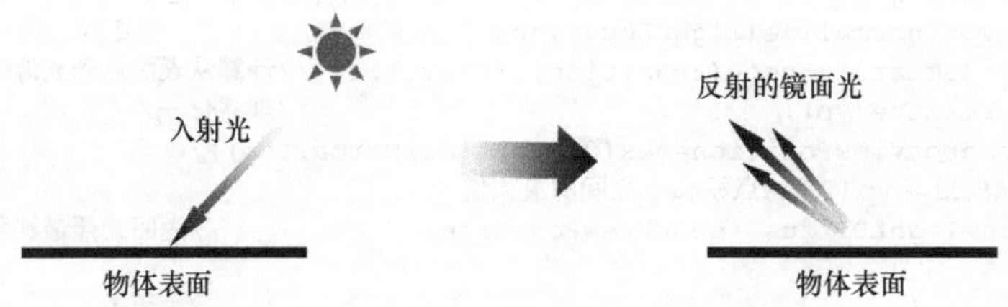

▲图 5-12　镜面光的基本情况

镜面光的计算模型比前面两种光都要复杂一些，具体公式如下。

镜面光照射结果=材质的反射系数×镜面光强度×max(0,(cos(半向量与法向量的夹角))^{粗糙度})

实际开发中往往分两步进行计算，此时公式被拆解为如下形式。

镜面光最终强度=镜面光强度×max(0,(cos(半向量与法向量的夹角))^{粗糙度})

镜面光照射结果=材质的反射系数×镜面光最终强度

提示　材质的反射系数指的是物体被照射处的颜色，镜面光强度指的是镜面光中 *R*、*G*、*B*（红、绿、蓝）3 个色彩通道的强度。

从上述公式可以看出，它与散射光的计算公式主要有两点区别。首先是计算余弦值的参数改为了半向量与法向量的夹角。半向量指的是从照射点到光源的向量与从照射点到观察点的向量间的平均向量。图 5-13 说明了半向量的含义。

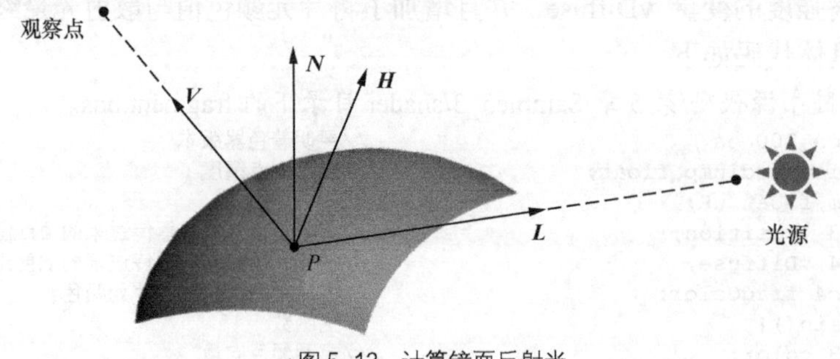

▲图 5-13　计算镜面反射光

说明 在图 5-13 中 ***V*** 为从照射点到观察点的向量，***N*** 为照射点表面的法向量，***H*** 为半向量，***L*** 为从照射点到光源的向量。

从图 5-13 中可以看出，半向量 ***H*** 与 ***V*** 和 ***L*** 共面，并且它与这两个向量的夹角相等。因此，将规格化后的 ***V*** 与 ***L*** 求和并再次规格化即可得到半向量 ***H***。最后将规格化后的法向量与半向量进行点积，结果为半向量与法向量夹角的余弦值。

除此之外，另一个区别就是还要将求得的余弦值对粗糙度进行乘方运算。这在进行计算和渲染时可以实现粗糙度越小，镜面光面积越大的效果，这与现实世界也是十分类似的。关于此公式的过程不再赘述，有兴趣的读者可查阅其他资料。

了解了镜面光的基本原理后，下面给出一个使用镜面光的案例 Sample5_4，其运行效果如图 5-14 所示。

▲图 5-14　案例 Sample5_4 的运行效果

说明 图 5-14 的左侧图为粗糙度值等于 25 时的情况，右侧图为粗糙度值等于 50 时的情况。从左右两侧效果图的对比中可以看出，粗糙度越小，镜面光面积越大，这也符合我们从现实世界中得到的经验。另外从图中还可以看出，镜面光也是随光源位置的变化而变化的。

了解了镜面光的基本原理及案例的运行效果后，就可以进行案例开发了。由于本案例仅是复制并修改了案例 Sample5_3，因此这里仅给出修改的主要步骤，具体如下所示。

（1）由于镜面光的计算不仅与光源位置有关，还与摄像机位置有关，故摄像机的位置也需要传入渲染管线。为了实现此目标，首先需要对 MatrixState 类中设置摄像机的方法进行升级并增加相关成员的变量，具体代码如下。

代码位置：随书源代码/第 5 章/Sample5_4/js 目录下的 MatrixState.js。

```
1   this.cameraFB=new Array(3);          //存储摄像机位置的数组
2   this.setCamera=function(             //设置摄像机参数的方法
3       cx,cy,cz,                        //摄像机位置的 x、y、z 坐标
4       tx,ty,tz,                        //观察目标点的 x、y、z 坐标
5       upx,upy,upz){                    //摄像机 up 向量 x、y、z 分量
6       setLookAtM(this.mVMatrix,0,cx,cy,cz,tx,ty,tz,upx,upy,upz);//产生摄像机观察矩阵
7       this.cameraFB[0]=cx;             //存储摄像机 x 坐标
8       this.cameraFB[1]=cy;             //存储摄像机 y 坐标
9       this.cameraFB[2]=cz;             //存储摄像机 z 坐标
10  }
```

- 第 1 行中增加了存储摄像机位置的数组 cameraFB。本案例中在对球体进行绘制时，绘制方法会将此数组传入渲染管线中。
- 第 2～10 行为设置摄像机的方法。与前面案例不同的是，这里在产生摄像机观察矩阵之后还将摄像机的 *x*、*y*、*z* 坐标存储到上面声明的 cameraFB 数组中。

（2）修改 Ball 类中的绘制方法。主要增加了获取摄像机位置一致变量的引用，以及将摄像机位置传送入渲染管线的相关代码，具体内容如下。

代码位置：随书源代码/第 5 章/Sample5_4/js 目录下的 Ball.js。

```
1  this.drawSelf=function(ms){                                    //绘制物体的方法
2    var uCameraHandle=gl.getUniformLocation(this.program, "uCamera");    //获取摄像机位置的引用
3    gl.uniform3fv(uCameraHandle,new Float32Array([ms.cameraFB[0],
4        ms.cameraFB[1],ms.cameraFB[2]]));                        //将摄像机位置传入渲染管线
5    ……//此处省略了部分代码，读者可自行查看随书源代码
6  }
```

- 第 2 行声明了变量 uCameraHandle，获得摄像机位置的引用并为其赋值。
- 第 4～5 行为将摄像机位置传入渲染管线的相关代码。程序根据得到的摄像机位置的引用 uCameraHandle，将存储摄像机位置的数组 cameraFB 传入渲染管线中。

（3）完成上述修改后，对 JavaScript 部分的修改就基本完成了。下面需要修改的就是着色器部分的代码。由于大部分的代码改动都在顶点着色器中，所以接下来要对顶点着色器中的代码进行介绍。具体代码如下。

代码位置：随书源代码/第 5 章/Sample5_4/shader 目录下的 vertex.bns。

```
1   #version 300 es
2   uniform mat4 uMVPMatrix;                      //总变换矩阵
3   uniform mat4 uMMatrix;                        //变换矩阵
4   uniform vec3 uLightLocation;                  //光源位置
5   uniform vec3 uCamera;                         //摄像机位置
6   in vec3 aPosition;                            //顶点位置
7   in vec3 aNormal;                              //法向量
8   out vec3 vPosition;                           //传递给片元着色器的顶点位置
9   out vec4 vSpecular;                           //传递给片元着色器的镜面光最终强度
10  vec4 pointLight(                              //镜面光光照计算的方法
11    in vec3 normal,                             //法向量
12    in vec3 lightLocation,                      //光源位置
13    in vec4 lightSpecular){
14    vec4 finalSpecular;                         //声明环境光向量的临时变量
15    vec3 normalTarget=aPosition+normal;         //计算变换后的法向量
16    vec3 newNormal=(uMMatrix*vec4(normalTarget,1)).xyz-(uMMatrix*vec4(aPosition,
      1)).xyz;
17    newNormal=normalize(newNormal);             //对法向量进行规格化
18    //计算从表面点到摄像机的向量
19    vec3 eye= normalize(uCamera-(uMMatrix*vec4(aPosition,1)).xyz);
20    //计算从表面点到光源位置的向量 vp
21    vec3 vp= normalize(lightLocation-(uMMatrix*vec4(aPosition,1)).xyz);
22    vp=normalize(vp);                           //格式化 vp
23    vec3 halfVector=normalize(vp+eye);          //求视线与光线的半向量
24    float shininess=25.0;                       //设置粗糙度，粗糙度越小越光滑
25    float nDotViewHalfVector=dot(newNormal,halfVector); //法线与半向量的点积
26    float powerFactor=max(0.0,pow(nDotViewHalfVector,shininess));//镜面反射光强度因子
27    finalSpecular = lightSpecular*powerFactor;            //最终的镜面光强度
28    return finalSpecular;                                 //返回最终的镜面光强度
29  }
30  void main()  {                                          //主函数
31     gl_Position = uMVPMatrix * vec4(aPosition,1);  //根据总变换矩阵计算此次绘制顶点的位置
32     vSpecular = pointLight(normalize(aNormal),
33      uLightLocation, vec4(0.9,0.9,0.9,1.0));             //计算镜面光并传递给片元着色器
34     vPosition = aPosition;                               //将顶点位置传给片元着色器
35  }
```

- 第 1～9 行为顶点着色器中全局变量的声明。主要增加了摄像机位置一致变量 uCamera、传递给片元着色器的镜面光最终强度变量 vSpecular。
- 第 10～29 行为根据前面介绍的公式计算镜面光最终强度的 pointLight 方法。
- 第 30～35 行为顶点着色器的 main 方法。首先调用 pointLight 方法，计算镜面光的最终强度，并将计算出的镜面光最终强度值传递给片元着色器。

（4）完成顶点着色器的开发后，就可以进行片元着色器部分的开发了。与散射光的案例相比，片元着色器基本没有变化。本案例中片元着色器的具体代码如下所示。

代码位置：随书源代码/第 5 章/Sample5_4/shader 目录下的 fragment.bns。

```
#version 300 es                                   //声明着色器版本
precision mediump float;                          //指定浮点精度
uniform float uR;                                 //接收宿主程序传递的球半径
in vec3 vPosition;                                //接收从顶点着色器传过来的顶点位置
in vec4 vSpecular;                                //接收从顶点着色器传过来的镜面反射光最终强度
out vec4 fragColor;                               //传递给后继阶段的片元颜色
void main() {                                     //主函数
   vec3 color;
   ……//此处省略了计算片元颜色值的代码，请读者自行查看随书源代码
   vec4 finalColor=vec4(color,1.0)*vSpecular;    //加权计算最终颜色
   fragColor=vec4(finalColor.xyz,1.0);           //确定此片元的最终颜色值
}
```

说明　上述片元着色器的代码与散射光的基本一致，只是将接收散射光最终强度并与片元颜色值加权计算换成了接收镜面光最终强度并与片元颜色值进行加权计算。

5.2.5　3 种光照通道的合成

前面案例中每个仅使用一种光照通道，所以画面还不够真实。现实生活中这 3 种光照通道都是同时作用的，因此本节将通过案例 Sample5_5 将环境光、散射光、镜面光的光照效果综合起来，其运行效果如图 5-15 所示。

▲图 5-15　案例 Sample5_5 的运行效果

看到案例的运行效果后，下面就可以对案例的开发过程进行介绍了。实际上，本案例仅将前面案例中顶点着色器和片元着色器计算光照的相关代码进行了综合，因此这里仅给出综合后最具有代表性的顶点着色器。其具体代码如下所示。

代码位置：随书源代码/第 5 章/Sample5_5/shader 目录下的 vertex.bns。

```
#version 300 es                          //声明着色器版本
uniform mat4 uMVPMatrix;                 //总变换矩阵
uniform mat4 uMMatrix;                   //变换矩阵
uniform vec3 uLightLocation;             //光源位置
uniform vec3 uCamera;                    //摄像机位置
in vec3 aPosition;                       //顶点位置
in vec3 aNormal;                         //法向量
out vec3 vPosition;                      //传递给片元着色器的顶点位置
out vec4 finalLight;                     //传递给片元着色器的最终光照强度
vec4 pointLight(                         //定位光光照计算的方法
  in vec3 normal,                        //法向量
  in vec3 lightLocation,                 //光源位置
  in vec4 lightAmbient,                  //环境光强度
  in vec4 lightDiffuse,                  //散射光强度
  in vec4 lightSpecular) {               //镜面光强度
```

```
16      vec4 ambient;                          //声明环境光向量
17      vec4 diffuse;                          //声明散射光向量
18      vec4 specular;                         //声明镜面光向量
19      ambient=lightAmbient;                  //直接得出环境光的最终强度
20      vec3 normalTarget=aPosition+normal;    //计算变换后的法向量
21      vec3 newNormal=(uMMatrix*vec4(normalTarget,1)).xyz-(uMMatrix*vec4(aPosition,
        1)).xyz;
22      newNormal=normalize(newNormal);  //对法向量进行规格化
23      //计算从表面点到摄像机的向量
24      vec3 eye= normalize(uCamera-(uMMatrix*vec4(aPosition,1)).xyz);
25      //计算从表面点到光源位置的向量 vp
26      vec3 vp= normalize(lightLocation-(uMMatrix*vec4(aPosition,1)).xyz);
27      vp=normalize(vp);                      //格式化 vp
28      vec3 halfVector=normalize(vp+eye);     //求视线与光线的半向量
29      float shininess=5.0;                   //粗糙度，越小越光滑
30      float nDotViewPosition=max(0.0,dot(newNormal,vp)); //求法向量与 vp 的点积和 0 间的
        最大值
31      diffuse=lightDiffuse*nDotViewPosition;          //计算散射光的最终强度
32      float nDotViewHalfVector=dot(newNormal,halfVector);//法线与半向量的点积
33      float powerFactor=max(0.0,pow(nDotViewHalfVector,shininess)); //镜面反射光强度因子
34      specular=lightSpecular*powerFactor;             //计算镜面光的最终强度
35      return ambient+diffuse+specular;
36    }
37    void main(){
38      gl_Position = uMVPMatrix * vec4(aPosition,1);    //根据总变换矩阵计算此次绘制
        的顶点位置
39      finalLight=pointLight(normalize(aNormal),uLightLocation, //将最终光照强度传递
        到片元着色器
40      vec4(0.15,0.15,0.15,1.0),vec4(0.8,0.8,0.8,1.0),vec4(0.7,0.7,0.7,1.0));
41      vPosition = aPosition;                           //将顶点位置传给片元着色器
42    }
```

说明　上述代码只是将环境光、散射光、镜面光 3 种通道的光照计算都综合到了 pointLight 方法中，并将最终的总光照强度传递给了片元着色器。另外要注意的是，上述代码中第 20～22 行采用的基于物体坐标系中的法向量计算世界坐标系中法向量的策略并不是效率最高的，这只是为了方便初学者的理解。这 3 行代码还可以替换为“vec3 newNormal=noemalize((uMMatrix*vec4(normal,0)).xyz);”。这样得到的结果也是相同的，但是效率更高，实际开发中读者也可以选用。

本节介绍的将物体坐标系中的法向量变换为世界坐标系中法向量的两套代码都具有相同的局限性，即其只能在基本变换中仅包含平移、旋转、3 个轴等比例缩放的情况下保证变换计算的正确性。

如果基本变换中包含了 3 个轴不等比例缩放的变换，则将物体坐标系中的法向量变换到世界坐标系中时计算要复杂一些。此时要使用基本变换矩阵的伴随矩阵的转置矩阵，具体的做法为将前面第 20～22 行的代码替换为如下代码。

```
1    mat3 baseM3=mat(uMMatrix[0].xyz,uMMatrix[1].xyz,uMMatrix[2].xyz);//求基本变换矩阵
     左上角的 3×3 子阵
2    mat3 adjointM=invers(baseM3)*determinant(baseM3);     //求子阵的伴随矩阵
3    mat3 TPM=tranpose(adjointM);                          //求伴随矩阵的转置矩阵
4    vec3 newNormal=normalize(TPM*normal);                 //求世界坐标系中的法向量
```

- 第 1 行求出基本变换矩阵中左上角的 3×3 子阵，此子阵中仅包含基本变换中的旋转与缩放，不包含平移。这是由于法向量的变换与平移无关，将 4×4 矩阵简化为 3×3 矩阵可以大大降低计算量。读者回顾一下第 4 章介绍过的平移、旋转、缩放等矩阵中各个元素的分布即可理解这些。

- 第 2～3 行先求出 3×3 子阵的逆矩阵，再求出子阵的行列式，接着根据线性代数公

式“逆矩阵=伴随矩阵/行列式”求出所需的伴随矩阵，最后将伴随矩阵转置。

- 第 4 行通过转置后的伴随矩阵将物体坐标系中的法向量转换为世界坐标系中，并对转换后的矩阵进行规格化。

> **提示** 在实际的数学学习中，一般是通过求伴随矩阵和行列式来求非奇异矩阵（行列式不为 0 的矩阵）的逆矩阵的。由于这里着色器语言直接提供了求行列式和逆矩阵的函数但是没有直接提供求伴随矩阵的函数，故逆向使用这个公式来求基本变换矩阵中左上角 3×3 子阵的伴随矩阵。另外，通过第 4 章的学习应该能够理解，基本变换矩阵中左上角的 3×3 子阵是可逆的（这是因为基本变换必然存在逆变换），因此它必然不是奇异矩阵，可知上述策略不会存在除以 0 的问题。

还需要注意的是，本节介绍的光照计算模型是比较常用的也是比较简单的，还有很多其他更为复杂的并可以取得更好效果的光照计算模型，读者可以进一步参考其他技术资料自行实现。

5.3 定位光与定向光

5.2 节中介绍的光照效果都是基于定位光光源的，定位光光源类似于现实生活中的白炽灯泡。其固定在某一个位置，发出的光向四周发散。定位光照射的一个明显特点就是，在给定光源位置的情况下，对于不同位置的物体产生的光照效果不同。

现实世界中并不是所有的光都是定位光。如照射到地面上的阳光，光线之间可视为平行的，这种光被称为定向光。定向光的明显特点是，给定光线方向后，不同位置的物体反映出的光照效果完全一致。两种光的比较如图 5-16 所示。

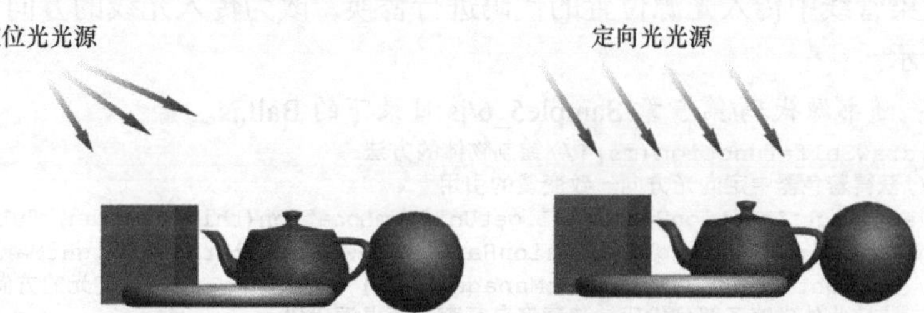

▲图 5-16 定位光和定向光

了解了定位光与定向光的区别之后，就可以进行相关案例的开发了。接下来将使用定向光的案例 Sample5_6 介绍定向光效果的实现过程。在介绍相关代码之前，首先了解本案例的运行效果，如图 5-17 所示。

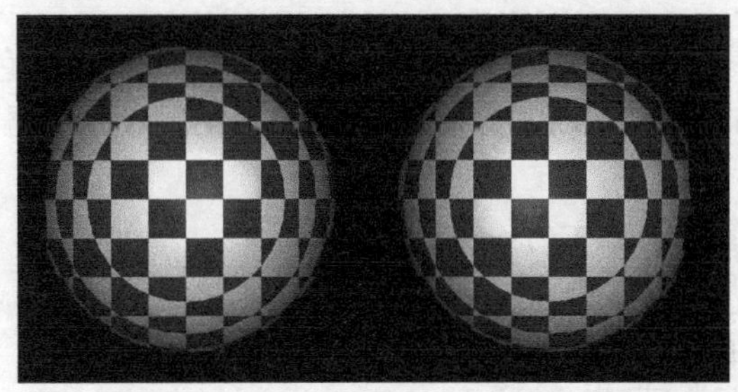
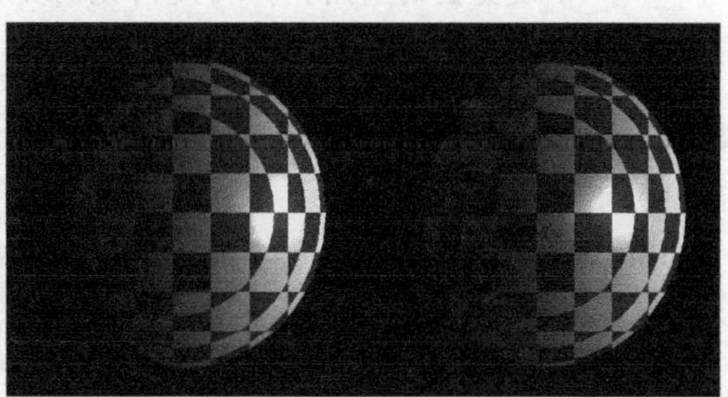

▲图 5-17 案例 Sample5_6 的运行效果

说明　图 5-17 左侧图表示定向光照射球体正面的情况，右侧图表示定向光从右向左照射的情况。从左右两幅效果图的对比中可以看出，在定向光方向确定的情况下，其对场景中任何位置的物体都产生相同的光照效果。

了解了定向光的基本原理及案例的运行效果后，就可以进行案例开发了。由于本案例仅是复制并修改了案例 Sample5_5，因此这里只给出修改的主要步骤。具体步骤如下所示。

（1）使用定向光时，需要将光线方向由 JavaScript 程序传入渲染管线。为了使开发过程更加简便，首先需要对 LightManager 类进行升级，在其中增加设置定向光方向并存入对应数组的相关代码。升级后的代码如下所示。

代码位置：随书源代码/第 5 章/Sample5_6/js 目录下的 LightManager.js。

```
1    function LightManager(lxIn,lyIn,lzIn){              //光照的管理类
2       this.lx=lxIn;                                      //定向光的 x 分量
3       this.ly=lyIn;                                      //定向光的 y 分量
4       this.lz=lzIn;                                      //定向光的 z 分量
5       this.setLightDirection=setLightDirectionF;          //改变定向光方向的方法
6    }
7    function setLightDirectionF(lxIn,lyIn,lzIn){//设置定向光方向的方法
8       this.lx=lxIn;                                      //定向光的 x 分量
9       this.ly=lyIn;                                      //定向光的 y 分量
10      this.lz=lzIn;                                      //定向光的 z 分量
11   }
```

❑ 第 1～6 行为关于光照管理类 LightManager 的相关代码。新建此类对象时，将光照方向的 x、y、z 分量作为参数传入构造器中。

❑ 第 7～11 行为设置定向光方向的方法。与前面使用定位光不同的是，向此方法传入的不是光源位置，而是光线的 x、y、z 分量。

（2）对光照的管理类修改完毕后，对负责绘制球体的 Ball 类进行修改。找到此类的绘制方法，将向渲染管线中传入光源位置的代码进行替换，改为传入光线的方向。此类绘制方法的代码如下所示。

代码位置：随书源代码/第 5 章/Sample5_6/js 目录下的 Ball.js。

```
1    this.drawSelf=function(ms){//绘制物体的方法
2        //获得着色器中定向光方向一致变量的引用
3        var uLightLocationHandle=gl.getUniformLocation(this.program, "uLightDirection");
4        gl.uniform3fv(uLightLocationHandle,newFloat32Array([lightManager.lx,
5           lightManager.ly,lightManager.lz]));          //将定向光的方向传入渲染管线中
6        ……//此处省略了部分代码，请读者自行查看随书源代码
7        gl.drawArrays(gl.TRIANGLES, 0, this.vcount);    //用顶点法绘制物体
8    }
```

提示　第 3～5 行为需要添加至绘制方法中的代码。在绘制定向光照射的球体时，着色器程序需要得到光线方向。这两行代码主要是获得着色器中定向光方向一致变量的引用，并将定向光的方向传入渲染管线中。

（3）完成对 Ball 类的修改后，修改 JavaScript 部分的代码就基本完成了。下面修改着色器的代码。由于本案例中的片元着色器与 Sample5_5 中的相同，因此这里仅介绍顶点着色器。其具体代码如下。

代码位置：随书源代码/第 5 章/Sample5_6/shader 目录下的 vertex.bns。

```
#version 300 es                       //声明着色器版本
uniform mat4 uMVPMatrix;              //总变换矩阵
uniform mat4 uMMatrix;                //变换矩阵
uniform vec3 uLightDirection;         //定向光方向
```

```
5     uniform vec3 uCamera;              //摄像机位置
6     in vec3 aPosition;                 //顶点位置
7     in vec3 aNormal;                   //法向量
8     out vec3 vPosition;                //传递给片元着色器的顶点位置
9     out vec4 finalLight;               //传递给片元着色器的最终光照强度
10    vec4 directionalLight(             //定向光光照计算的方法
11      in vec3 normal,                  //法向量
12      in vec3 lightDirection,          //定向光方向
13      in vec4 lightAmbient,            //环境光强度
14      in vec4 lightDiffuse,            //散射光强度
15      in vec4 lightSpecular ){         //镜面光强度
16      vec4 ambient;                    //环境光最终强度
17      vec4 diffuse;                    //散射光最终强度
18      vec4 specular;                   //镜面光最终强度
19      ambient=lightAmbient;            //直接得出环境光的最终强度
20      vec3 normalTarget=aPosition+normal;     //计算变换后的法向量
21      vec3 newNormal=(uMMatrix*vec4(normalTarget,1)).xyz-(uMMatrix*vec4(aPosition,1)).xyz;
22      newNormal=normalize(newNormal);         //对法向量进行规格化
23      //计算从表面点到摄像机的向量
24      vec3 eye= normalize(uCamera-(uMMatrix*vec4(aPosition,1)).xyz);
25      vec3 vp= normalize(lightDirection);     //规格化定向光方向向量
26      vec3 halfVector=normalize(vp+eye);      //求视线与光线的半向量
27      float shininess=50.0;                   //粗糙度，越小越光滑
28      float nDotViewPosition=max(0.0,dot(newNormal,vp)); //求法向量与 vp 的点积和 0 间的最大值
29      diffuse=lightDiffuse*nDotViewPosition;             //计算散射光的最终强度
30      float nDotViewHalfVector=dot(newNormal,halfVector);    //法线与半向量的点积
31      float powerFactor=max(0.0,pow(nDotViewHalfVector,shininess)); //镜面反射光强度因子
32      specular=lightSpecular*powerFactor;      //计算镜面光的最终强度
33      return ambient+diffuse+specular;         //返回最终的光照强度
34    }
35    void main(){                                         //主函数
36      gl_Position = uMVPMatrix * vec4(aPosition,1);  //根据总变换矩阵计算此次绘制的顶点位置
37      finalLight=directionalLight(normalize(aNormal),uLightDirection, //计算最终光照强度并传给片元着色器
38      vec4(0.15,0.15,0.15,1.0),vec4(0.8,0.8,0.8,1.0),vec4(0.7,0.7,0.7,1.0));
39      vPosition = aPosition;                         //将顶点位置传给片元着色器
40    }
```

- 第 4 行将定位光光源位置的一致变量的声明替换成了定向光方向一致变量的声明。
- 第 10～34 行将原来计算定位光光照的 pointLight 方法替换成了计算定向光光照的 DirectionalLight 方法。原来表示光源位置的参数被换成定向光的方向。另外，光方向向量直接由 uLightDirection 规格化得到。

5.4　点法向量和面法向量

本章前面的案例都是基于球面开发的，球面属于连续、平滑的曲面，因此面上的每个顶点都有确定的法向量。但在现实世界中物体表面并不都是连续、平滑的，此时对于面上某些点的法向量进行计算就不那么直观了，如图 5-18 所示。

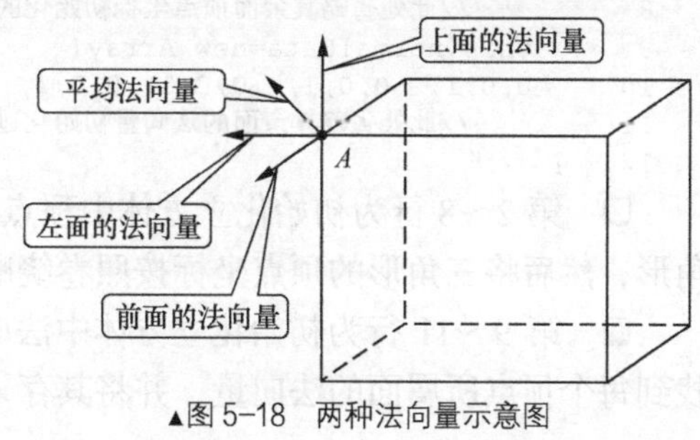

▲图 5-18　两种法向量示意图

从图 5-18 中可以看出，顶点 A 位于长方体左、上、前 3 个面的交界处，此处是不平滑的。在这种情况下，对于顶点 A 的法向量有两种处理

策略。具体的处理策略如下。

- 在顶点 A 的位置放置 3 个不同的顶点，每个顶点看作仅属于一个面。各个顶点的法向量为属于面的法向量，这种策略就是面法向量策略。进行实际项目开发时，棱角分明的物体适合使用这种策略。
- 顶点 A 的位置仅有一个顶点，其法向量取其所属所有面法向量的平均值。这种策略就是点法向量策略。进行实际项目开发时，如果需要将多个平面搭建为平滑曲面，则使用这种策略会取得不错的效果。

了解了点法向量和面法向量的基本知识后，下面将通过两个基本相同的绘制立方体的案例（Sample5_7 和 Sample5_8）对这两种策略进行比较。如图 5-19 所示，案例 Sample5_7 采用的是点法向量策略。如图 5-20 所示，案例 Sample5_8 采用的是面法向量策略。

▲图 5-19　案例 Sample5_7 的运行效果

▲图 5-20　案例 Sample5_8 的运行效果

> **说明**　从图 5-19 与图 5-20 的比较中可以看出，棱角分明的物体适合采用面法向量策略。若采用点法向量策略渲染则真实感就会差很多。实际开发中读者应该根据所绘制物体表面的特点来选用合适的策略。

看到两个案例的运行效果后，就可以进行案例开发了。由于这两个案例中大部分的代码与案例 Sample5_5 里的相同，区别在法向量初始化的部分。所以下面只给出初始化法向量部分的代码。具体内容如下。

（1）案例 Sample5_7 采用面法向量策略初始化立方体顶点及法向量数据 initVertexData 方法。此方法将立方体的顶点坐标和法向量按照卷绕顺序存入数组中。此方法的详细代码如下所示。

代码位置：随书源代码/第 5 章/Sample5_7/js 目录下的 Cube.js。

```
1   this.initVertexData=function(){
2     this.vertexData.push(r,r,r);                        //前面第一个三角形的顶点坐标
3     this.vertexData.push(-r,r,r);
4     this.vertexData.push(-r,-r,r);
5     this.vertexData.push(r,r,r);                        //前面第二个三角形的顶点坐标
6     this.vertexData.push(-r,-r,r);
7     this.vertexData.push(r,-r,r);
8     ……//此处省略其余面顶点坐标初始化的过程，请读者自行查看随书源代码
9     this.normalData=new Array(                    //存储法向量的数组
10    0,0,1,  0,0,1,  0,0,1, 0,0,1,  0,0,1,  0,0,1,       //前面 6 个顶点的法向量
11    ……//此处省略其余面的法向量初始化过程，请读者自行查看随书源代码
12  }
```

- 第 2～8 行为初始化立方体中顶点坐标的相关代码。将立方体的每个面拆分成两个三角形，然后将三角形的顶点坐标按照卷绕顺序存入数组中。
- 第 9～11 行为初始化立方体中法向量的相关代码。按照顶点坐标的添加顺序，依次找到每个顶点所属面的法向量，并将其存入数组中。

（2）案例 Sample5_8 采用法向量策略初始化立方体顶点及法向量数据。顶点坐标初始化完毕后，直接将顶点坐标作为此点的法向量。具体的代码如下所示。

代码位置：随书源代码/第 5 章/Sample5_8/js 目录下的 Cube.js。

```
function Cube(gl,programIn,cubeHalfLength){
  this.initVertexData=function(){
  ……//此处省略了初始化顶点坐标的代码，请读者自行查阅随书源代码
  }
  this.initVertexData();                                        //初始化立方体顶点坐标
  this.vcount=this.vertexData.length/3;                         //得到顶点数量
  this.vertexBuffer=gl.createBuffer();                          //创建顶点坐标数据缓冲
  gl.bindBuffer(gl.ARRAY_BUFFER,this.vertexBuffer); //绑定顶点坐标数据缓冲
  gl.bufferData(gl.ARRAY_BUFFER,new Float32Array(this.vertexData),
           gl.STATIC_DRAW);                                     //将顶点坐标数据送入缓冲
  this.normalData=this.vertexData;                              //将顶点坐标近似为法向量
  this.normalBuffer=gl.createBuffer();                          //创建法向量缓冲
  gl.bindBuffer(gl.ARRAY_BUFFER,this.normalBuffer); //绑定法向量缓冲
  gl.bufferData(gl.ARRAY_BUFFER,new Float32Array(this.normalData),
           gl.STATIC_DRAW);                                     //将法向量坐标数据送入缓冲
  ……//此处省略了此类的部分代码，请读者自行查阅随书源代码
}
```

提示 由于本案例在原始情况下将立方体的几何中心放在了坐标原点，因此每个顶点的平均法向量就没有必要进行精确计算了。本案例将顶点坐标近似作为法向量，但不是所有情况都可以进行简化，后面会给出需要精确计算的案例。

5.5 光照的每顶点计算与每片元计算

细心的读者会发现，本章前面案例中的光照计算都是在顶点着色器中进行的。这是因为顶点着色器对每个顶点进行光照计算后，将最终光照强度传入片元着色器来计算此片元的颜色，这样既能保持运行效率，又能保证光照效果。

由于这种计算方式插值的是基于计算后的光照强度，因此并不适用于所有的场景。若光源离被照射物体各个三角形面的距离与三角形尺寸相接近，这种计算策略形成的视觉就可能很不真实了，具体情况如图 5-21 所示。

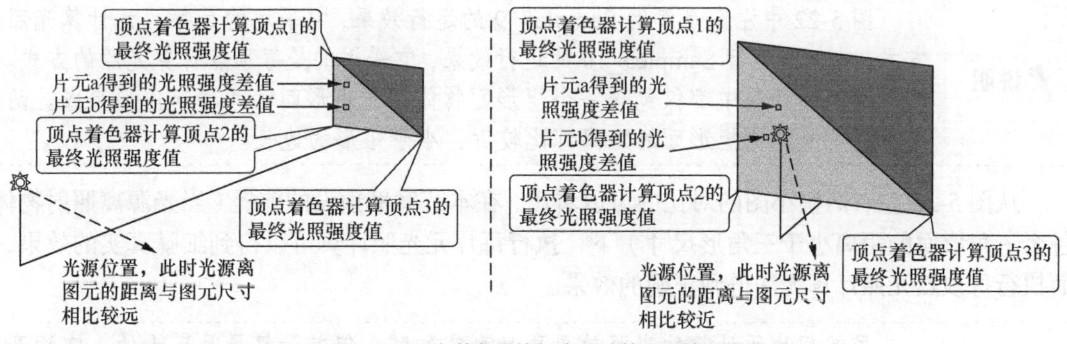

▲图 5-21　顶点着色器执行光照计算适用情况分析

从图 5-21 中可以看出以下情况。

- 当光源离照射物体各个三角形面的距离远大于三角形尺寸时，三角形图元中片元的实际光照强度与由图元 3 个顶点的光照强度插值得到的计算光照强度很接近，因此视觉

效果较好。

- 当光源离照射物体各个三角形面的距离与三角形尺寸接近（甚至小于）时，三角形图元中片元的实际光照强度与由图元 3 个顶点的光照强度插值得到的计算光照强度差距很大，因此视觉效果不好。可以想象，当一个光源离某三角形图元很近，且光源投影位置在三角形图元中央时，图元中间部分的片元应该较亮，边上的 3 个顶点应该较暗。这时若通过图元边上 3 个顶点的光照强度来插值计算中央区域片元的光照强度，显然不能得到期望的结果。

鉴于以上原因，为了应对光源离照射物体各个三角形面的距离与三角形尺寸接近（甚至小于）时的情况，本节将介绍另外一种光照计算的方式。这种新的光照计算方式也称为每片元光照，它可以在更多的场景中取得更为细腻、真实的光照效果。

提示　每顶点计算光照的方式在图形学中称为 Gouraud 着色，每片元计算光照的方式在图像学中称为 Phong 着色。了解这些名词后，当读者查阅相关技术资料时就方便多了。

每片元光照的具体流程为：首先在顶点着色器中进行法向量的变换，将法向量由物体坐标系变换到世界坐标中，然后再将变换后的世界坐标系中的法向量插值传入片元着色器，最后在片元着色器中进行光照计算。介绍具体的案例开发之前，首先了解一下本节两个案例（Sample5_9 和 Sample5_10）的运行效果，如图 5-22 所示。

▲图 5-22　案例 Sample5_9 和 Sample5_10 的运行效果对比

说明　图 5-22 中左侧是案例 Sample5_9 的运行效果，它采用的是每片元计算光照方式；右侧是案例 Sample5_10 的运行效果，它采用的是每顶点计算光照的方式。两个案例的场景中都仅包含一个矩形面物体，此矩形面由两个三角形组成。两个案例中光源离矩形面的距离都比较近，小于矩形的边长。

从图 5-22 左右两幅小图的对比中可以看出，在本节案例预设的前提（当光源离照射物体各个三角形面的距离小于三角形尺寸）下，执行每片元光照计算可以得到细腻真实的效果，而执行每顶点光照计算无法得到正确的效果。

提示　虽然每片元计算的光照效果更加真实细腻，但其计算量是巨大的，实际开发中应该在每片元和每顶点计算中合理选择。在本节的两个案例中，光源距离物体都比较近，此时采用每片元计算可以得到更好的光照效果。当光源距离物体较远时，采用每片元计算与每顶点计算的效果基本相同，这时采用每顶点计算就更加合适了。

看到本节两个案例的运行效果后，就可以进行实际的开发了。本节的两个案例主要是将前面 5.2.5 节中的案例 Sample5_5 复制并改动部分代码而完成的。其中案例 Sample5_10 主要修改了物体顶点数据和光源位置等相关代码，其他部分改动甚微，这里不再赘述。

而案例 Sample5_9 除了与 Sample5_10 一样也进行了 JavaScript 代码改动外，还对顶点着色器与片元着色器部分的代码进行了修改。经过修改后，顶点着色器中的相关代码量大大减少，计算部分放在片元着色器中。详细代码如下。

（1）介绍 Sample5_9 中修改后的顶点着色器。此着色器中不再进行光照最终强度的计算，只是将从 JavaScript 中接收过来的法向量数据传到片元着色器中。其具体代码如下。

代码位置：随书源代码/第 5 章/Sample5_9/shader 目录下的 vertex.bns。

```
#version 300 es
uniform mat4 uMVPMatrix;                        //总变换矩阵
in vec3 aPosition;                              //顶点位置
in vec3 aNormal;                                //法向量
out vec3 vPosition;                             //传递给片元着色器的顶点位置
out vec3 vNormal;                               //传递给片元着色器的顶点法向量
void main() {
   gl_Position = uMVPMatrix * vec4(aPosition,1);
   //根据总变换矩阵计算此次绘制的顶点位置
   vPosition = aPosition;                       //将顶点位置传递给片元着色器
   vNormal = aNormal;                           //将顶点法向量传递给片元着色器
}
```

提示 从上述代码中可以看出，顶点着色器的代码比改动前简单多了，没有了计算光照的大量代码，同时增加了将法向量通过输出变量 vNormal 传入片元着色器的代码。

（2）介绍完顶点着色器后，接着介绍改动后的片元着色器。经过修改的片元着色器负责接收顶点着色器传递过来的法向量，并且分别计算 3 种光通道的最终强度，最后进行加权计算。其具体代码如下。

代码位置：随书源代码/第 5 章/Sample5_9/shader 目录下的 fragment.bns。

```
#version 300 es
precision mediump float;                        //给出默认浮点精度
uniform vec3 uLightLocation;                    //光源位置
uniform mat4 uMMatrix;                          //变换矩阵
uniform vec3 uCamera;                           //摄像机位置
in vec3 vPosition;                              //接收从顶点着色器传过来的顶点位置
in vec3 vNormal;                                //接收从顶点着色器传递过来的法向量
out vec4 fragColor;                             //输出到后继阶段的片元颜色
vec4 pointLight(                                //定位光光照计算的方法
  in vec3 normal,                               //法向量
  in vec3 lightLocation,                        //光源位置
  in vec4 lightAmbient,                         //环境光强度
  in vec4 lightDiffuse,                         //散射光强度
  in vec4 lightSpecular   ){                    //镜面光强度
  vec4 ambient;                                 //环境光最终强度
  vec4 diffuse;                                 //散射光最终强度
  vec4 specular;                                //镜面光最终强度
  ambient=lightAmbient;                         //直接得出环境光的最终强度
  vec3 normalTarget=vPosition+normal;           //计算变换后的法向量
  vec3 newNormal=(uMMatrix*vec4(normalTarget,1)).xyz-(uMMatrix*vec4(vPosition,
  1)).xyz;
  newNormal=normalize(newNormal);               //对法向量进行规格化
  //计算从表面点到摄像机的向量
  vec3 eye= normalize(uCamera-(uMMatrix*vec4(vPosition,1)).xyz);
  //计算从表面点到光源位置的向量 vp
  vec3 vp= normalize(lightLocation-(uMMatrix*vec4(vPosition,1)).xyz);
```

```
    vp=normalize(vp);                                          //格式化 vp
    vec3 halfVector=normalize(vp+eye);                         //求视线与光线的半向量
    float shininess=50.0;                                      //粗糙度，越小越光滑
    float nDotViewPosition=max(0.0,dot(newNormal,vp));    //求法向量与 vp 的点积和 0 间的最大值
    diffuse=lightDiffuse*nDotViewPosition;                     //计算散射光的最终强度
    float nDotViewHalfVector=dot(newNormal,halfVector);   //法线与半向量的点积
    float powerFactor=max(0.0,pow(nDotViewHalfVector,shininess));//镜面反射光强度因子
    specular=lightSpecular*powerFactor;                        //计算镜面光的最终强度
    return ambient+diffuse+specular;                           //返回最终光照强度
}
void main(){
      vec4 finalLight;                                       //最终光照强度
      vec3 color;
      float n = 8.0;                                         //一个坐标分量分成的总份数
      float span = 2.0*2.0/n;                                //每一份的长度
      //每一维在立方体内的行列数
      int i = int((vPosition.x + 3.0)/span);
      int j = int((vPosition.y + 2.0)/span);
      //计算当点应位于白色块还是黑色块中
      int whichColor = int(mod(float(i+j),2.0));
      if(whichColor == 1) {                                  //奇数时为红色
          color = vec3(0.678,0.231,0.129);                   //红色
      }
      else {                                                 //偶数时为白色
          color = vec3(1.0,1.0,1.0);                         //白色
      }
      vec4 finalColor=vec4(color,1.0);                       //最终颜色
      finalLight=pointLight(normalize(vNormal),uLightLocation,//计算定位光各通道强度
      vec4(0.05,0.05,0.05,1.0),vec4(0.8,0.8,0.8,1.0),vec4(0.5,0.5,0.5,1.0));
      vec4 lightColor=finalColor*finalLight;
      //综合 3 个通道光的最终强度及片元颜色计算出最终的片元颜色并传递给管线
      fragColor=vec4(lightColor.xyz,1.0);
}
```

提示　读者应该发现，上述片元着色器中的很多代码都是在本章前面案例中多次出现过的，只不过前面案例中都是在顶点着色器中出现的，而这里挪到了片元着色器中。因此每片元计算光照与每顶点计算光照的算法并没有本质区别，只是代码执行的位置、效果与效率不同而已。实际开发中读者应该权衡速度、效果的要求，选用合适的计算策略。

5.6 本章小结

本章主要向读者介绍了 WebGL 中光照的基本知识，包括 3 种光通道的原理以及实现过程。另外，本章还介绍了曲面物体的构建方法，为读者创建曲面物体提供了思路。相信读者掌握了本章所介绍的技术后，开发能力会有较大提升。

第6章 纹理映射

前面已经介绍了变换、光照等方面的知识，通过这些知识可以渲染出具有一定真实感的场景。到目前为止，场景中的物体颜色还是比较单一的，相比于绚丽多彩的现实世界显得有些乏味，因此仅掌握上述技术是远远不够的。

想要绘制出更加真实、酷炫的 3D 物体，就需要用到纹理映射。本章将对纹理映射方面的知识进行详细介绍，主要包括纹理映射的基本原理、3 种不同的拉伸方式、两种不同的采样方式、Mipmap 纹理、多重纹理与过程纹理、压缩纹理等内容。

6.1 初识纹理映射

本节将首先向读者介绍纹理映射的基本原理，然后通过一个三角形纹理映射的简单案例来介绍 2D 纹理是如何映射到 3D 场景中的立体物体上的。

6.1.1 基本原理

启用纹理映射功能后，如果想把一幅纹理应用到相应的几何图元中，就必须告知渲染系统如何进行纹理映射。告知方式就是为图元中的顶点指定恰当的纹理坐标，纹理坐标用浮点数来表示，范围一般为 0.0～1.0。图 6-1 给出了纹理映射的基本原理。

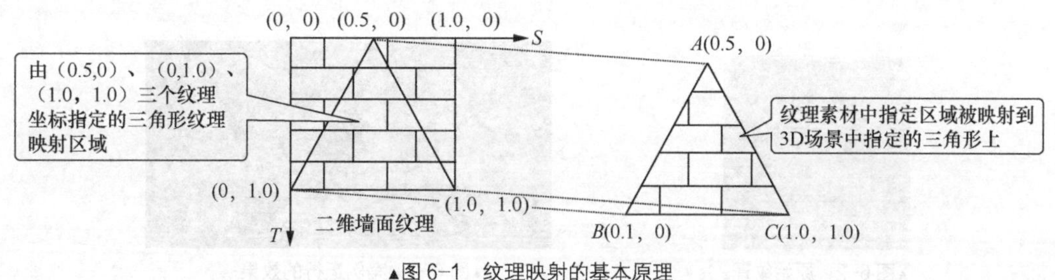

▲图 6-1 纹理映射的基本原理

从图 6-1 中可以看出以下内容。

- 纹理坐标系的原点在左上侧，向右为 *S* 轴，向下为 *T* 轴，两个轴的取值范围都是 0.0～1.0。也就是说其横向、纵向坐标的最大值都是 1。若实际图为 512×256 像素，则横边第 512 个像素对应的纹理坐标为 1，竖边第 256 个像素的对应纹理坐标为 1，其他情况依此类推。
- 右侧是一个三角形图元，其中 3 个顶点 *A*、*B*、*C* 都指定了纹理坐标，3 组纹理坐标正好在右侧的纹理图中确定了需要映射的三角形纹理区域。

> **提示**　本书采用的 WebGL 2.0 坐标系统，纹理坐标的原点位于纹理图的左上角，但也有一些 3D 系统采用的是以纹理图左下角为原点、*S* 轴向右、*T* 轴向上的纹理坐标系统。当应用本书案例时对 *T* 轴的坐标要进行变换，否则可能会显示不正常。变换很简单，采用"$T_{本书}=1.0-T_{左下角为原点}$"的公式即可。

从上述两点可以看出，纹理映射的基本思想就是首先为图元中的每个顶点指定恰当的纹理坐标，然后通过纹理坐标在纹理图中确定选中的纹理区域，最后将选中纹理区域中的内容根据纹理坐标映射到指定图元上。

回忆一下前面介绍过的渲染管线可知，最终用户看到的是显示在屏幕上的像素，而像素是由片元产生的。因此，纹理映射的过程实际上就是为右侧三角形图元中的每个片元着色，用于着色的颜色需要从左侧的纹理图中提取，具体过程如下。

- 首先图元中的每个顶点都需要在顶点着色器中通过输出变量将纹理坐标传入片元着色器。
- 经过顶点着色器后渲染管线的固有功能会根据情况进行插值计算，产生对应于每个片元的记录纹理坐标的输出变量值。
- 最后每个片元在片元着色器中根据接收到的记录纹理坐标到指定纹理图中提取出对应位置的颜色即可，提取颜色的过程一般称为纹理采样。

> **提示**　实际开发中建议读者采用宽和高（以像素为单位）都为 2 的 *n* 次方的纹理图，如 8×8、16×8、32×32、64×64、32×256 等，这在一般情况下有助于提高处理效率。同时也需要知道，从 WebGL 2.0 标准开始，已经允许使用宽与高为 2 的 *n* 次方的纹理图，在这之前的版本中并不是所有硬件都支持它。

6.1.2　简单的案例

介绍了纹理映射的基本原理后，将给出一个将砖墙纹理映射到 3D 空间中的三角形案例。本案例采用的原始纹理如图 6-2 所示，案例的具体运行效果如图 6-3 所示。

▲图 6-2　原始纹理

▲图 6-3　案例运行的效果

> **说明**　在图 6-3 中三角形的上面、左下、右下 3 个顶点的纹理坐标分别为(0.5,0)、(0,1)、(1,1)，左侧图是三角形的原始姿态，右侧是三角形旋转一定角度后的情况。

前面已经介绍了本案例的运行效果，接下来介绍本案例的具体开发步骤。

（1）开发用于绘制场景的 Sample6_1.html。其中包含 js 文件的导入和一些必要变量的声明，以及 PC 端鼠标的监听问题。当然 PC 端的监听并不是本案例监听的全部，后面会有更加详细的介绍，具体代码如下。

代码位置：随书源代码/第 6 章/Sample6_1 目录下的 Sample6_1.html。

```
1   <html>
2       <head>
3       <meta http-equiv="Content-Type" content="text/html; charset=utf-8" />
4       <title>Sample6_1</title>
5       ......//此处省略了引入相关 js 文件的代码，请读者自行查看随书源代码
6       <script>
7           'use strict';
8           var tr;                                  //声明三角形对象
9           var currentYAngle=0;                     //绕 y 轴旋转的角度
10          var currentXAngle=0;                     //绕 x 轴旋转的角度
11          var incAngle=0.5;                        //旋转角度的步长值
12          var lastClickX,lastClickY;               //上次触控点 x、y 坐标(PC 端)
13          var lastx,lasty;                         //上次触控点 x、y 坐标(移动端)
14          var ismoved=false;                       //是否移动标志位
15          document.onmousedown=function(event){    //鼠标按下时的监听
16              lastClickX=event.clientX;            //获取 x 坐标
17              lastClickY=event.clientY;            //获取 y 坐标
18              ismoved=true;                        //设为可移动状态
19          };
20          document.onmousemove = function(event){      //鼠标移动时的监听
21              var x=event.clientX,y=event.clientY;     //获取 x、y 坐标
22              if(ismoved){
23                  currentYAngle=currentYAngle+(x-lastClickX)*incAngle;    //计算当前 y 轴的旋转角度
24                  currentXAngle=currentXAngle+(y-lastClickY)*incAngle;    //计算当前 x 轴的旋转角度
25              }
26              lastClickX=x;                            //更新 x 坐标
27              lastClickY=y;                            //更新 y 坐标
28          };
29          document.onmouseup=function(event){          //鼠标抬起的监听
30              ismoved=false;                           //设为不可移动状态
31              lastClickX=event.clientX;                //更新 x 坐标
32              lastClickY=event.clientY;                //更新 y 坐标
33          };
34          ......//此处省略的相关方法将在下面详细介绍
35          </script>
36      </head>
37      <body onload="start();">
38          <canvas height="800" width="1200" id="bncanvas">
39          若看到这个文字，则说明浏览器不支持 WebGL 2.0!
40          </canvas>
41      </body>
42  </html>
```

- 第 3 行为浏览器是通过 Content-Type 标记来了解文件类型的，而不是扩展名。说明这是个 html 文件，charset=UTF-8 是编码方式，说明用的是 UTF-8 编码。
- 第 8～13 行声明了一些必要的变量，包括三角形的对象以及三角形的旋转角度，当然最重要的是在 PC 端和移动端触控点的坐标。
- 第 14～19 行为 PC 端的鼠标按下方法。当鼠标按下时分别获取 x 坐标与 y 坐标，并且设置为可移动状态，为后面的鼠标移动做准备。
- 第 20～28 行为 PC 端的鼠标移动监听。鼠标移动时获取 x 与 y 坐标，然后判断是否为可移动状态，若是则计算旋转角度，最后更新 x 与 y 坐标。
- 第 29～33 行为 PC 端的鼠标抬起，这里没有复杂的内容只是设为不可移动状态并更新 x 与 y 坐标。
- 第 38～40 行为画布的设置。设置了画布的宽度和高度以及画布的 id 值。

（2）开发完 PC 端的鼠标监听后，接着开发的是在移动端浏览器中的触控问题。前面已

经提及了本案例还有其他的监听，因为 WebGL 2.0 是由统一、标准、跨平台的 OpenGL ES 3.0 接口实现的，所以 PC 端和移动端均支持它，具体代码如下。

代码位置：随书源代码/第 6 章/Sample6_1 目录下的 Sample6_1.html。

```
1    function start(){                                              //初始化的方法
2        var canvas = document.getElementById('bncanvas');          //获取 Canvas
3        gl = canvas.getContext('webgl2', { antialias: true });//获取 GL 上下文
4        if (!gl){                                                  //若获取 GL 上下文失败
5            alert("创建 GLES 上下文失败，不支持 WebGL2.0!");          //显示错误提示信息
6            return;}
7        canvas.ontouchstart=function(e){                           //单击屏幕
8        var touch = e.touches[0];                                  //获取当前触控点的坐标
9         lastx = touch.clientX;                                    //获取当前 x 的坐标
10        lasty = touch.clientY;                                    //获取当前 y 的坐标
11       };
12       canvas.ontouchmove = function(e){                          //在屏幕上移动
13           e.preventDefault();
14           var touch = e.touches[0];                              //获取当前触控点的坐标
15           var x=touch.clientX;                                   //获取当前 x 的坐标
16           var y=touch.clientY;                                   //获取当前 y 的坐标
17           currentYAngle=currentYAngle+(x-lastx)*incAngle;        //计算当前 x 轴的旋转角度
18           currentXAngle=currentXAngle+(y-lasty)*incAngle;        //计算当前 y 轴的旋转角度
19       };
20       canvas.ontouchup = function(e){};
21       gl.viewport(0, 0, canvas.width, canvas.height);  //设置视口
22       gl.clearColor(0.0,0.0,0.0,1.0);                  //设置屏幕背景色
23       ms.setInitStack();                               //初始化变换矩阵
24       ms.setCamera(0,0,-2,0,0,0,0,1,0);                //设置摄像机
25       ms.setProjectFrustum(-1.5,1.5,-1,1,1,100);       //设置投影参数
26       gl.enable(gl.DEPTH_TEST);                        //开启深度检测
27       loadShaderFile("shader/vertex.bns",0,0);         //加载顶点着色器的脚本内容
28       loadShaderFile("shader/fragment.bns",0,1);       //加载片元着色器的脚本内容
29       if(shaderProgArray[0]){                          //如果着色器已加载完毕
30           tr=new Triangle(gl,shaderProgArray[0]);      //创建三角形绘制对象
31       }else{
32           setTimeout(function(){tr=new Triangle(gl,shaderProgArray[0]);},200);}
             //等待 200ms 后再执行
33       loadImageTexture(gl, "pic/wall.png","wall");     //加载纹理
34       setInterval("drawFrame();",20);                  //20ms 调用一次 drawFrame
35   }
```

- 第 2～6 行为获取 GL 上下文，然后对该操作进行判断，若获取 GL 上下文失败则弹出错误信息，不再向下进行。
- 第 7～20 行为移动端浏览器的触控方法。首先获取画布，然后进行移动端的触控设置，包括单击、移动和抬起，其内容类似于 PC 端的鼠标操作。
- 第 21～26 行首先设置视口和屏幕背景色，接着初始化变化矩阵，然后设置摄像机的 9 个参数和投影矩阵的参数，最后开启深度检测。
- 第 27～32 行首先加载本程序需要的着色器，然后对加载结果进行判断。若已经加载完毕则直接创建三角形绘制对象，否则等待 200ms 后再创建一次。
- 第 33～34 行为调用纹理加载方法加载对应纹理，然后每 20ms 调用一次本程序的绘制方法。

> **提示**　请读者注意，由于当前浏览器并未完全支持 WebGL 2.0，所以当弹出“创建 GLES 上下文失败!”信息时可刷新重试几次，若仍弹出错误信息则需要使用其他浏览器运行。

（3）PC 端和移动端的相关单击和触控问题都解决了之后，下面开发的是本案例的具体绘制过程。案例比较简单，代码也很简洁，具体代码如下。

代码位置：随书源代码/第 6 章/Sample6_1 目录下的 Sample6_1.html。

```
1    function drawFrame(){
2        if(!tr) { console.log("加载未完成！"); return; }          //提示信息
3        gl.clear(gl.COLOR_BUFFER_BIT | gl.DEPTH_BUFFER_BIT); //清除着色缓冲与深度缓冲
4        ms.pushMatrix();                                      //保护现场
5        ms.scale(0.3,0.3,0.3)                                 //进行缩放处理
6        tr.drawSelf(ms,texMap["wall"]);                       //绘制物体
7        ms.popMatrix();                                       //恢复现场
8    }
```

- 第 2 行首先判断加载对象是否加载完毕，若未加载完毕则打印提示信息。
- 第 3～7 行为绘制物体的具体过程。首先必须清除着色缓冲与深度缓冲，然后保护现场，对要绘制的物体进行缩放处理，接着绘制物体，最后恢复现场。

（4）至此用于绘制场景的 HTML 的开发已经结束，下面开发的是用于渲染的三角形的 Triangle.js，具体代码如下。

代码位置：随书源代码/第 6 章/Sample6_1/ js 目录下的 Triangle.js。

```
1    unction Triangle(                                       //声明绘制物体对象的所属类
2        gl,                                                 //GL 上下文
3        programIn){                                         //着色器程序 id
4        this.vertexData= [3.0,0.0,0.0,-3.0,0.0,0.0,0.0,3.0,0.0]; //初始化顶点坐标数据
5        this.vcount=this.vertexData.length/3;               //得到顶点数量
6        this.vertexBuffer=gl.createBuffer();                //创建顶点坐标数据缓冲
7        gl.bindBuffer(gl.ARRAY_BUFFER,this.vertexBuffer); //绑定顶点坐标数据缓冲
8        gl.bufferData(gl.ARRAY_BUFFER,
9            new Float32Array(this.vertexData),gl.STATIC_DRAW);//将顶点坐标数据送入缓冲
10       this.colorsData=[0,1,1,1,0.5,0];                    //初始化顶点纹理坐标
11       this.colorBuffer=gl.createBuffer();                 //创建顶点纹理坐标缓冲
12       gl.bindBuffer(gl.ARRAY_BUFFER,this.colorBuffer);    //绑定顶点纹理坐标缓冲
13       gl.bufferData(gl.ARRAY_BUFFER,
14           new Float32Array(this.colorsData),gl.STATIC_DRAW); //将顶点纹理坐标送入缓冲
15       this.program=programIn;                             //初始化着色器程序 id
16       ......//此处省略的绘制相关方法将在下面详细介绍
17   }
```

- 第 4～9 行为初始化顶点坐标数据。首先指定顶点坐标值，然后创建顶点坐标数据缓冲并绑定顶点坐标数据缓冲，最后将顶点坐标数据送入缓冲。
- 第 10～14 行为初始化顶点纹理坐标数据。首先指定纹理坐标值，然后创建顶点纹理坐标数据缓冲并绑定顶点纹理坐标数据缓冲，最后将顶点纹理坐标数据送入缓冲。
- 第 15 行为初始化本程序需要的着色器。

（5）完成上面的数据加载后，下面是将与着色器内容相关的数据传入着色器程序，从而实现着色器的可编程渲染管线功能，具体代码如下。

代码位置：随书源代码/第 6 章/Sample6_1/ js 目录下的 Triangle.js。

```
this.drawSelf=function(ms,texture){                      //绘制物体的方法
    gl.useProgram(this.program);                         //指定使用某套着色器程序
    ms.translate(0,0,0);                                 //执行平移
    ms.rotate(currentYAngle,0,1,0);                      //执行绕 y 轴的旋转
    ms.rotate(currentXAngle,1,0,0);                      //执行绕 x 轴的旋转
    var uMVPMatrixHandle=gl.getUniformLocation(
        this.program, "uMVPMatrix");                     //获取总变换矩阵引用的 id
    gl.uniformMatrix4fv(uMVPMatrixHandle,false,
        new Float32Array(ms.getFinalMatrix()));          //将总变换矩阵送入渲染管线
    gl.enableVertexAttribArray(gl.getAttribLocation(
        this.program, "aPosition"));                     //启用顶点坐标数据数组
    gl.bindBuffer(gl.ARRAY_BUFFER, this.vertexBuffer); //绑定顶点坐标数据缓冲
    gl.vertexAttribPointer(gl.getAttribLocation(this.program,
        "aPosition"),3,gl.FLOAT,false,0, 0);             //给管线指定顶点坐标数据
    gl.enableVertexAttribArray(gl.getAttribLocation(     //启用顶点纹理坐标数据
```

```
16          this.program, "aTexCoor"));
17      gl.bindBuffer(gl.ARRAY_BUFFER, this.colorBuffer);    //绑定顶点纹理坐标数据缓冲
18      gl.vertexAttribPointer(gl.getAttribLocation(this.program,
19          "aTexCoor"), 2, gl.FLOAT, false, 0, 0);          //给管线指定顶点纹理坐标数据
20      gl.activeTexture(gl.TEXTURE0);                       //设置使用的纹理编号0
21      gl.bindTexture(gl.TEXTURE_2D, texture);              //绑定纹理
22      gl.uniform1i(gl.getUniformLocation(this.program, "sTexture"), 0);//将纹理送入渲染管线
23      gl.drawArrays(gl.TRIANGLES, 0, this.vcount);         //用顶点法绘制物体
24  }
```

- 第2~9行指定需要的着色器程序，然后进行平移、旋转操作，接着获取总变换矩阵引用的id，最后将总变换矩阵送入渲染管线。
- 第10~14行启用顶点坐标数据，然后绑定到顶点坐标数据缓冲，将顶点位置数据传送入渲染管线。
- 第15~19行启用顶点纹理坐标数据，然后绑定到顶点纹理坐标数据缓冲，将顶点纹理坐标数据传送进渲染管线。
- 第20~23行设置纹理。首先设置纹理编号，然后绑定指定的纹理，最后将纹理送入渲染管线，这里采用三角形的方式进行填充。

（6）看到前面的运行效果图后，就可以知道本案例需要用到纹理图的加载。下面开发的是纹理图加载方法，具体代码如下。

代码位置：随书源代码/第6章/Sample6_1/ js/ util目录下的GLUtil.js。

```
1   function loadImageTexture(gl,url,texName){          //加载纹理图的方法
2       var texture = gl.createTexture();                //创建纹理id
3       var image = new Image();                         //创建图片对象
4       image.onload=function(){doLoadImageTexture(gl, image, texture)}
        //调用实际加载纹理的函数
5       image.src = url;                                 //返回指定纹理图的URL
6       texMap[texName]=texture;                         //返回纹理id
7   }
8   function doLoadImageTexture(gl, image, texture){          //实际加载纹理的函数
9       gl.bindTexture(gl.TEXTURE_2D, texture);               //绑定纹理id
10      gl.texImage2D(gl.TEXTURE_2D, 0, gl.RGBA, gl.RGBA,     //加载纹理进入缓冲
11          gl.UNSIGNED_BYTE, image);
12      gl.texParameteri(gl.TEXTURE_2D, gl.TEXTURE_MAG_FILTER, gl.LINEAR); //设置MAG采样方式
13      gl.texParameteri(gl.TEXTURE_2D, gl.TEXTURE_MIN_FILTER, gl.LINEAR); //设置MIN采样方式
14      gl.texParameteri(gl.TEXTURE_2D, gl.TEXTURE_WRAP_S, gl.REPEAT);   //设置S轴的拉伸方式
15      gl.texParameteri(gl.TEXTURE_2D, gl.TEXTURE_WRAP_T, gl.REPEAT);   //设置T轴的拉伸方式
16      gl.bindTexture(gl.TEXTURE_2D, null);         //纹理加载成功后释放纹理图
17  }
```

- 第2~6行加载纹理图。首先从系统获取分配的纹理id，接着创建图片对象，然后调用实际的加载函数并进行纹理加载，最后返回纹理id。
- 第9~16行为实际加载纹理的函数。首先绑定纹理id，然后加载纹理进入缓存并设置纹理的采样方式和拉伸方式，加载成功后释放纹理图。

（7）与前面案例相似的部分就不再过多的介绍了，需要的读者可自行查看随书源代码。下面开发的是本案例的着色器，首先是顶点着色器，具体代码如下。

代码位置：随书源代码/第6章Sample6_1/shader目录下的vertex.bns。

```
#version 300 es
uniform mat4 uMVPMatrix;                        //总变换矩阵
in vec3 aPosition;                              //顶点位置
in vec2 aTexCoor;                               //顶点纹理坐标
```

```
5     out vec2 vTextureCoord;                              //传递给片元着色器的输出变量
6     void main(){
7        gl_Position = uMVPMatrix * vec4(aPosition,1);//根据总变换矩阵计算此次绘制的顶点位置
8        vTextureCoord = aTexCoor;                         //将接收的纹理坐标传递给片元着色器
9     }
```

> **说明**　第 8 行将被处理的纹理坐标从输入变量 aTexCoor 中赋值给了输出变量 vTextureCoord，供管线固定功能部分在插值计算后传送给片元着色器来使用。

（8）完成顶点着色器的开发后，下面将要开发的是片元着色器，具体代码如下。

代码位置：随书源代码/第 6 章 Sample6_1/shader 目录下的 fragment.bns。

```
#version 300 es
precision mediump float;
uniform sampler2D sTexture;                    //纹理内容数据
in vec2 vTextureCoord;                         //接收从顶点着色器传过来的纹理坐标
out vec4 fragColor;
void main(){
   fragColor = texture(sTexture, vTextureCoord);        //进行纹理采样
}
```

- 此片元着色器的主要功能是接收来自顶点着色器记录纹理坐标的输出变量中的纹理坐标，调用纹理内建函数从采样器中进行纹理采样，得到此片元的颜色值。最后，将采样的颜色值传给输出变量，完成片元的着色。
- sampler2D 类型的 sTexture 代表的就是（5）中代码第 21 行绑定的指定编号纹理的内容。

6.2 纹理拉伸

6.1 节加载纹理的方法在进行纹理设置时对 *S* 轴与 *T* 轴的拉伸方式进行了设置，但没有对拉伸问题进行详细的介绍。本节将对纹理的两种不同拉伸方式进行详细介绍，其中包括重复方式和截取方式。

6.2.1 两种拉伸方式概述

6.1 节的案例中，无论是 *S* 轴还是 *T* 轴的纹理坐标都在 0.0～1.0 的范围内，这满足了大多数情况。但在特定情况下，也可以设置大于 1 的纹理坐标。当纹理坐标大于 1 以后，设置的拉伸方式才会起作用。下面对两种拉伸方式进行单独的介绍，具体内容如下所示。

1. 重复拉伸方式

若设置的拉伸方式为重复方式，当顶点纹理坐标大于 1 时，则实际起作用的纹理坐标为纹理坐标的小数部分。若纹理坐标为 3.3，则起作用的纹理坐标为 0.3。这种情况下会产生重复的效果，如图 6-4 和图 6-5 所示。

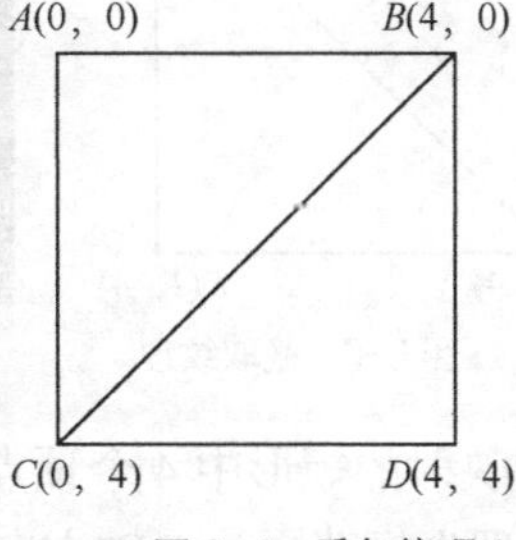

▲图 6-4　重复纹理 1

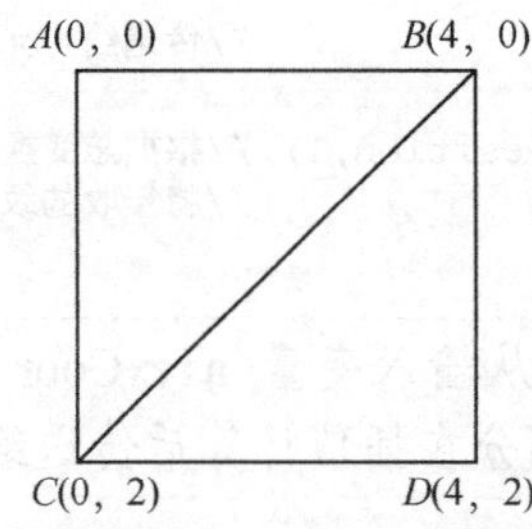

▲图 6-5　重复纹理 2

- 图 6-4 的中间表示需要进行纹理映射的几何结构，其由 4 个顶点组成，顶点的纹理坐标分别为(0,0)、(4,0)、(0,4)、(4,4)。可以看出矩形各片元的纹理坐标范围为 *S* 轴 0～4，*T* 轴 0～4，在 *S*、*T* 两个轴可产生重复 4 次的效果。右侧为纹理映射后的矩形，横向和纵向都产生了 4 次重复。
- 图 6-5 中的情况与图 6-4 类似，只是 4 个顶点的纹理坐标改为了(0,0)、(4,0)、(0,2)、(4,2)。因此矩形中各片元的纹理坐标范围为 *S* 轴方向 0～4，*T* 轴方向 0～2，在 *S* 轴方向重复 4 次，*T* 轴方向重复两次。右侧纹理映射后的情况也是如此。

在纹理加载过程中，设置纹理拉伸方式为重复方式的代码如下。

```
gl.texParameteri(gl.TEXTURE_2D, gl.TEXTURE_WRAP_S, gl.REPEAT); //设置 S 轴的拉伸方式为重复
gl.texParameteri(gl.TEXTURE_2D, gl.TEXTURE_WRAP_T, gl.REPEAT); //设置 T 轴的拉伸方式为重复
```

提示　请读者注意在开发中 *S* 与 *T* 两个轴的拉伸方式是独立设置的，在一般情况下两个轴都会设置同样的选项。

重复拉伸方式在很多大场景地形的纹理贴图中有很大作用，如将大块地面重复铺满草皮纹理、将大片水面重复铺满水波纹理等。如果没有设置重复拉伸方式，则开发人员只能将大块面积切割为一块块的小面积，对每一块矩形单独设置 0.0～1.0 内的纹理坐标。

这样的开发不但烦琐，而且大大增加了顶点的数量，程序运行效率也会受到很大的影响。因此开发中要注意重复拉伸方式的灵活运用，若可以使用重复拉伸方式就不要去无谓地增加顶点数量了。

2. 截取拉伸方式

在截取方式中当纹理坐标值大于 1 时都看作 1，因此会产生边缘被拉伸的效果，具体情况如图 6-6 所示。

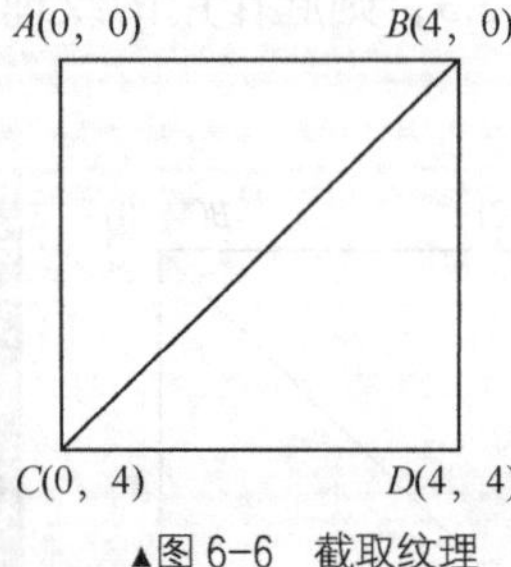

▲图 6-6　截取纹理

从图 6-6 中可以看出，在需要纹理映射的矩形中 4 个顶点的纹理坐标分别为(0,0)、(4,0)、(0,4)、(4,4)，因此矩形中各片元的纹理坐标范围为 *S* 轴方向 0～4，*T* 轴方向 0～4。由于在此种拉伸方式下，大于 1 的纹理坐标都看作 1，因此产生了纹理横向和纵向边缘被拉伸的效果。

在纹理加载过程中，设置纹理拉伸方式为截取方式的代码如下所示。

```
gl.texParameteri(gl.TEXTURE_2D, gl.TEXTURE_WRAP_S,
                        gl.CLAMP_TO_EDGE);              //设置 S 轴的拉伸方式为截取
gl.texParameteri(gl.TEXTURE_2D, gl.TEXTURE_WRAP_T,
                        gl.CLAMP_TO_EDGE);              //设置 T 轴的拉伸方式为截取
```

提示 纹理拉伸在 *S* 与 *T* 轴方向上是独立的，可以在 *S* 方向上使用重复，在 *T* 方向上使用截取，反之亦然，但此种情况并不多见。另外，在实际开发中，纹理坐标大于 1 并采用截取方式的情况并不多见，它往往仅用于需要边缘拉伸的特殊效果中。

6.2.2 不同拉伸方式的案例

介绍完纹理拉伸的基本知识后，下面通过一个简单的案例说明如何在开发中使用不同的纹理拉伸方式。此案例的功能为用不同拉伸方式、不同纹理坐标对一个矩形进行纹理映射，其运行效果如图 6-7～图 6-12 所示。

▲图 6-7　截取纹理 1

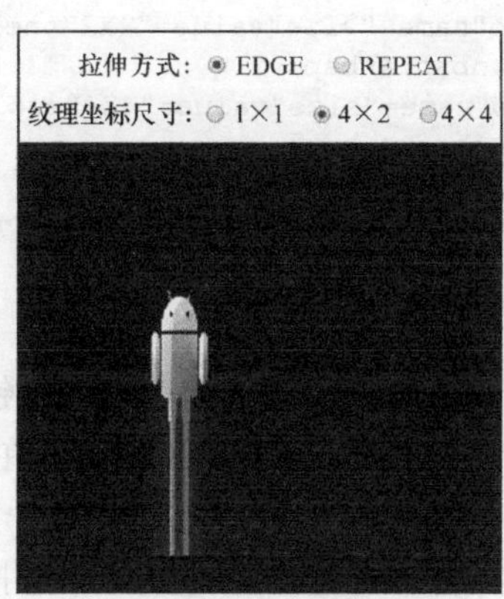

▲图 6-8　截取纹理 2

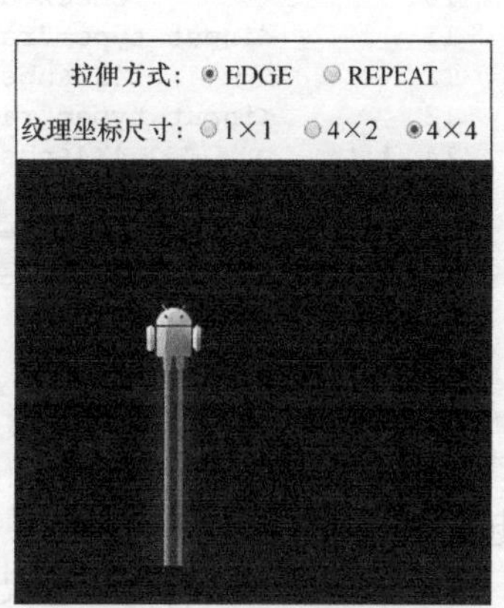

▲图 6-9　截取纹理 3

- 图 6-7、图 6-8、图 6-9 这 3 幅图是程序在截取拉伸方式下的截图，从左至右矩形纹理坐标的最大值分别为(1, 1)、(4, 2)、(4, 4)。从 3 幅图中可以看出，在截取纹理拉伸方式下，纹理坐标中所有大于 1.0 的值均被设置为 1.0，因此纹理边缘被拉伸。

▲图 6-10　重复纹理 1

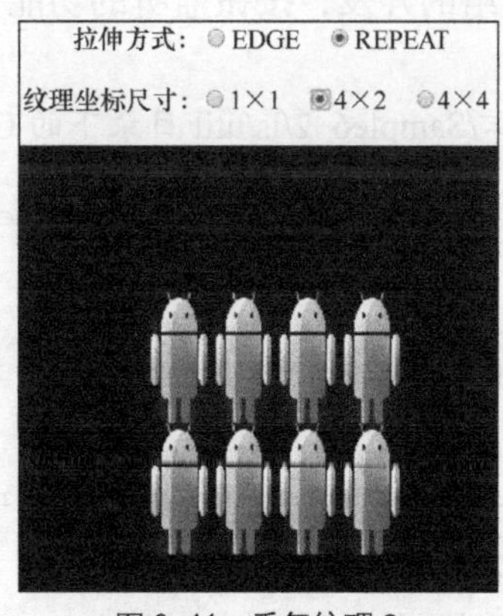

▲图 6-11　重复纹理 2

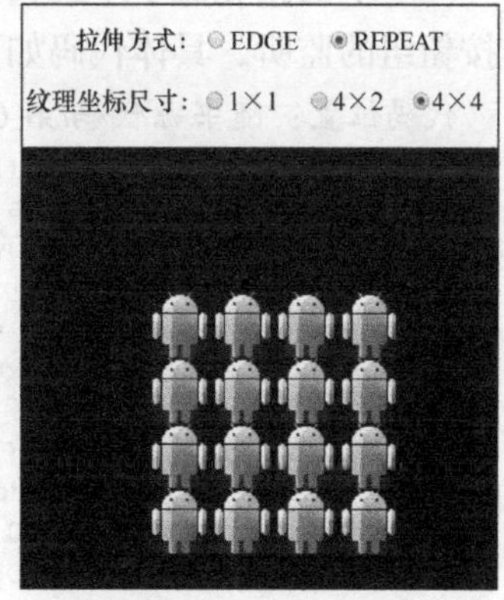

▲图 6-12　重复纹理 3

- 图 6-10、图 6-11、图 6-12 这 3 幅图是程序在重复拉伸方式下的截图，从左至右矩形纹理坐标的最大值分别为(1, 1)、(4, 2)、(4, 4)。从 3 幅图中可以看出，在重复纹理拉伸方式下，当纹理坐标大于 1 时，仅取其小数部分来使用，因此产生了重复的效果。

前面已经介绍了本案例的运行效果，接下来将介绍具体开发步骤。

（1）介绍绘制场景的 Sample6_2.html。其与 6.2.1 节的主要区别是添加了“拉伸方式”与“纹理坐标尺寸”两组单选按钮。下面就是如何添加单选按钮的代码，其余相似部分请读者自行参考随书源代码。

代码位置：随书源代码/第 6 章/Sample6_2 目录下的 Sample6_2.html。

```
1    <body onload="start();">
2        拉   伸   方   式：//单选按钮组
3        <input type="radio"name="stretching"value="EDGE"onclick="getRadio2()"
         //截取方式
4                checked="checked">EDGE    
5        <input type="radio"name="stretching"value="REPEAT"onclick="getRadio2()">
         //重复方式
6                REPEAT   
7        <br></br>
8        纹理 坐标 尺寸：                                    //单选按钮组
9        <input type="radio"name="size"value="1X1"onclick="getRadio1()" //1X1 尺寸
10               checked="checked">1X1   
11       <input type="radio"name="size"value="4X2"onclick="getRadio1()">//4X2 尺寸
12               4X2   
13       <input type="radio"name="size"value="4X4"onclick="getRadio1()">//4X4 尺寸
14               4X4   
15       <br></br>
16       <canvas height="800" width="1200" id="bncanvas">       //画布的尺寸和 id
17           若看到这个文字，说明浏览器不支持 WebGL 2.0!
18       </canvas>
19   </body>
```

- 第 2～6 行为拉伸方式单选按钮组。通过这个单选按钮组可以自由选择纹理的拉伸方式，默认值为截取拉伸方式，默认属性为 checked（默认值在 Chrome 上可以而在 Firefox 不起作用）。
- 第 8～14 行为纹理尺寸单选按钮组。通过这个单选按钮组可以自由选择纹理的坐标尺寸，默认值最大坐标为尺寸(1, 1)，默认属性为 checked。
- 第 16～18 行为画布的设置。设置了画布的宽度和高度以及画布的 id 值。

提示　对于上面没有详细介绍的部分，读者可自行查看随书源代码。

（2）上面仅完成了单选按钮组的开发，按钮监听的功能并未实现。下面将要开发的是单选按钮组的监听，具体代码如下。

代码位置：随书源代码/第 6 章/Sample6_2/js/util 目录下的 Onclick.js。

```
1     function getRadio1(){
2           var chkObjs = document.getElementsByName("size"); //拉伸方式下按钮的监听
3           for(var i=0;i<chkObjs.length;i++){                //对本组按钮进行遍历
4           if(chkObjs[i].checked){                           //判断按钮是否被选中
5                chk = i;                                     //获取按钮下标
6              trIndex=chk;                                   //执行拉伸方式
7              }}}
8     function getRadio2(){
9         var chkObjs = document.getElementsByName("stretching");//纹理坐标尺寸按钮的监听
10          for(var i=0;i<chkObjs.length;i++){                //对本组按钮进行遍历
11             if(chkObjs[i].checked){                        //判断按钮是否被选中
12                  chk = i;                                  //获取按钮下标
13                 if(chk==0) {currText=textId;}              //截取拉伸方式
14               else {currText=textIdD;}                     //重复拉伸方式
15          }}}
```

- 第 2 行使用了 getElementsByName()方法。该方法可以返回带有指定名称的对象集合，从而对该对象的集合进行操作。

- 第 3～7 行为对按钮组进行遍历，判断本组中那个按钮被选中并获取与该按钮对应的下标，然后设置纹理坐标尺寸。
- 第 8～15 行与上面方法类似，不过这个方法是用来设置拉伸方式的，这里不再赘述。

（3）单选按钮组的监听功能开发完毕。其功能的实现离不开一些对应的设置，下面将要开发的是与功能相对应的操作，具体代码如下。

代码位置：随书源代码/第 6 章/Sample6_2 目录下的 Sample6_2.html。

```
1    function textload(){
2        textsize[0]=new TextureRect(gl,shaderProgArray[0],1,1); //1X1 纹理坐标尺寸
3        textsize[1]=new TextureRect(gl,shaderProgArray[0],4,2); //4X2 纹理坐标尺寸
4        textsize[2]=new TextureRect(gl,shaderProgArray[0],4,4); //4X4 纹理坐标尺寸
5        trIndex=0;
6    }
7    textId=loadImageTexture(gl, "pic/robot.png",false);       //截取拉伸方式
8    textIdD=loadImageTexture(gl, "pic/robot.png",true);       //重复拉伸方式
9    currText=textId;
```

- 第 1～6 行为纹理坐标尺寸的设置。这里设置了 3 种纹理坐标尺寸对应的 3 个单选按钮，并且在初次加载时默认的最大坐标尺寸为(1, 1)。
- 第 7～9 行与上面方法类似，不过这个方法是用来设置纹理拉伸方式的，这里不再赘述。

> **提示** 本案例中的 TextureRect.js 与上个案例中的 Triangle.js 相比只改动了少许。本案例中的顶点着色器与片元着色器也与上个案例中的完全相同，因此这里不再赘述，需要的读者可自行查看随书源代码。

6.3 纹理采样

6.2 节介绍了纹理的两种不同拉伸方式，本节主要介绍两种不同的纹理采样方式，分别为最近点采样与线性采样。通过学习读者应该能够掌握两种不同纹理采样方式的原理，并能够根据具体情况选用恰当的纹理采样方式。

6.3.1 纹理采样概述

前面的章节也简单提到过，所谓纹理采样就是根据片元的纹理坐标到纹理图中提取对应位置颜色的过程。但被渲染图元中的片元数量与对应纹理区域中的像素数量并不一定相同，也就是说图元中的片元与纹理图中的像素并不总是一一对应的。

例如，将较小的纹理图映射到较大的图元或将较大的纹理图映射到较小的图元时，就会产生这种情况。通过纹理坐标并不一定能找到与之完全对应的像素，这时候就需要采用一些策略使纹理采样可以顺利进行下去。通常采用的策略有最近点采样、线性采样两种，下面将对此一一进行介绍。

6.3.2 最近点采样

最近点采样是最简单的一种采样算法，在各种采样算法中其速度也是最快的，本节将分基本原理与效果特点两个方面对其进行介绍。

1. 基本原理

最近点采样算法的基本原理如图 6-13 所示。

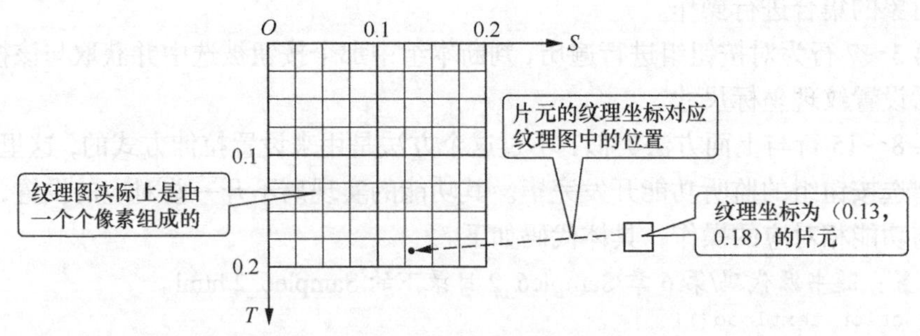

▲图 6-13　最近点采样的原理

从图 6-13 中可以看出以下两点。

- 纹理图的横边和竖边纹理坐标的范围都是 0～1，而纹理图本身是由一个个离散的像素组成的。若将每个像素看成一个小方块，则每个像素都占一定的纹理坐标。在图 6-13 中，纹理图最左上侧的像素纹理坐标的范围为：*S* 方向 0.0～0.025，*T* 方向 0.0～0.025。
- 根据片元的纹理坐标可以很容易地计算出片元对应的纹理坐标点位于纹理图中的哪个像素（小方格）中，最近点采样就直接取此像素的颜色值为采样值。

2. 效果特点

从前面的介绍中可以看出，最近点采样很简单，计算量也小。最近点采样也有一个明显的缺点，那就是若把较小的纹理图映射到较大的图元上，则容易产生很明显的锯齿，如图 6-14 所示。

▲图 6-14　最近点采样的效果

需要注意的是，将较大的纹理图映射到较小的图元时，也会有锯齿产生，但由于图元整体较小，所以视觉上就不那么明显了。

加载纹理时，采用最近点采样方式的代码如下。

```
gl.texParameteri(gl.TEXTURE_2D, gl.TEXTURE_MAG_FILTER,
                 gl.NEAREST);          //设置 MAG 时的最近点采样
gl.texParameteri(gl.TEXTURE_2D, gl.TEXTURE_MIN_FILTER,
                 gl.NEAREST);          //设置 MIN 时的最近点采样
```

提示　上述代码中的 gl.TEXTURE_MAG_FILTER 和 gl.TEXTURE_MIN_FILTER 的含义将在后面给出，这里读者简单了解即可。

6.3.3　线性纹理采样

从 6.3.2 节的介绍中可以看出，在某些情况下，最近点采样不能满足高视觉效果的要求，这时可以选用更复杂的线性纹理采样算法。本节将对线性纹理采样算法进行介绍，主要包括基本原理及效果特点两方面。

1. 基本原理

线性采样算法的原理如图 6-15 所示。

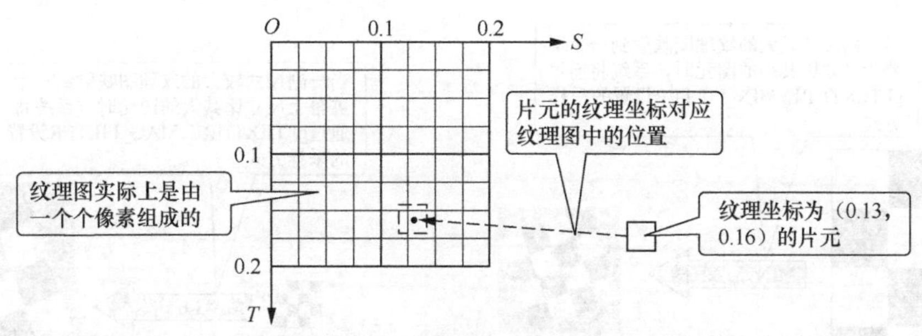

▲图 6-15 线性纹理采样的原理图

线性采样时结果颜色并不一定仅来自纹理图中的一个像素，在采样时它会考虑与片元对应的纹理坐标点附近的几个像素。如图 6-15 所示，右侧片元纹理坐标对应的纹理点在纹理图中是小黑点位置，此时可以认为纹理点位于采样范围的中央。

一般是根据涉及的像素在采样范围内的面积比例加权计算出最终的采样结果，但具体采样时使用的采样范围可能因厂商而有所不同，图 6-15 中的采样范围只是对原理的说明。

2. 效果特点

从线性采样基本原理的介绍中可以推导出，由于采样是对采样范围内的多个像素进行了加权平均，因此在将较小的纹理图映射到较大的图元上时，将不再出现锯齿现象，而是平滑过渡的，如图 6-16 所示。

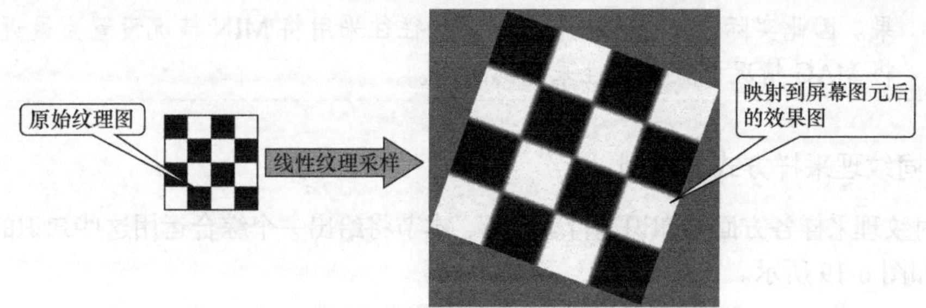

▲图 6-16 线性纹理采样的特点图

提示 平滑过渡解决了锯齿的问题，但有时线条边缘会很模糊，因此在实际开发中采用哪种采样策略，需要根据具体需求来确定。

在加载纹理时，设置线性采样方式的代码如下所示。

```
gl.texParameteri(gl.TEXTURE_2D, gl.TEXTURE_MAG_FILTER,
                      gl.LINEAR);                          //设置MAG时的线性采样
gl.texParameteri(gl.TEXTURE_2D, gl.TEXTURE_MIN_FILTER,
                      gl.LINEAR);                          //设置MIN时的线性采样
```

提示 上述代码中 gl.TEXTURE_MAG_FILTER 和 gl.TEXTURE_MIN_FILTER 的含义将在后面给出，这里读者简单了解即可。

6.3.4 MIN 与 MAG 采样

前面介绍了两种不同的纹理采样方式，读者应该已经注意到，无论采用哪种采样方式，都需要对 MIN（gl.TEXTURE_MIN_FILTER）与 MAG（gl.TEXTURE_MAG_FILTER）两种情况分别进行设置。本节将介绍 MIN 与 MAG 两种纹理采样的具体含义，其原理分别如图 6-17 和图 6-18 所示。

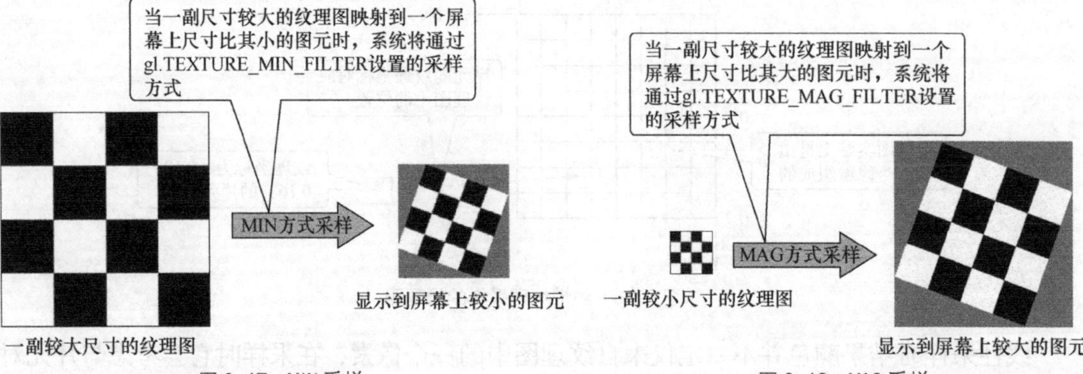

▲图 6-17　MIN 采样　　▲图 6-18　MAG 采样

从图 6-17 与图 6-18 中可以看出，当纹理图比需要映射的图元尺寸大时，系统采用 MIN 对应的纹理采样算法；而当纹理图比需要映射的图元尺寸小时，系统采用 MAG 对应的纹理采样算法。

以上是通俗的说法，更准确的定义应该是：当纹理图中的一个像素对应到待映射图元上的多个片元上时，应采用 MAG 采样；反之则采用 MIN 采样。

> **提示**　由于最近点采样的计算速度快，在 MIN 情况下一般锯齿也不明显，综合效益高；而在 MAG 方式下若采用最近点采样则锯齿会很明显，严重影响视觉效果。因此实际开发中在一般情况下，往往采用将 MIN 情况设置为最近点采样，将 MAG 情况设置为线性采样的组合。

6.3.5　不同纹理采样方式的案例

前面对纹理采样各方面的知识进行了介绍，本节将给出一个综合运用这些知识的案例，其运行效果如图 6-19 所示。

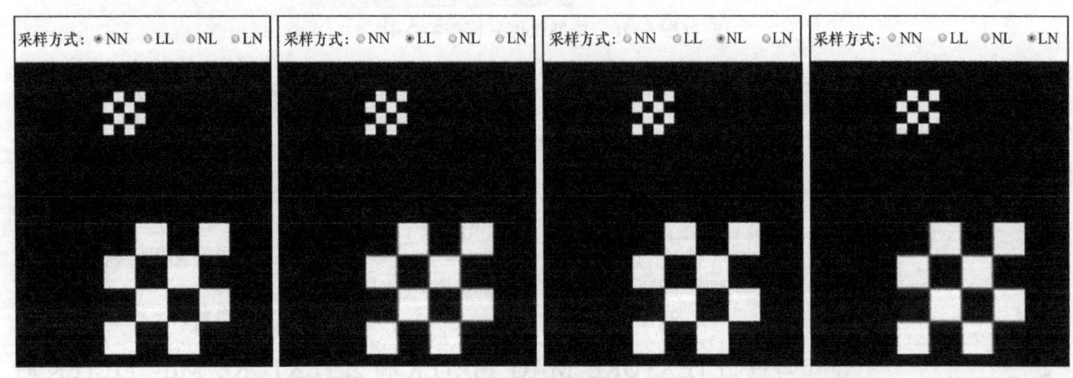

▲图 6-19　运行效果

- 在本案例中，上方较小的纹理矩形是用尺寸比其大的纹理图映射的，用来演示 MIN 情况；下方较大的纹理矩形是用尺寸比其小的纹理图映射的，用来演示 MAG 情况。
- 在最上面的采样方式中 4 个单选按钮由左至右依次代表 MIN 和 MAG 情况的不同采样方式组合。具体为：最近点采样与最近点采样组合（NN）、线性采样与线性采样组合（LL）、最近点采样与线性采样组合（NL）、线性采样与最近点采样组合（LN）。

- ❑ 最左侧的效果图为较大与较小的纹理矩形均采用最近点采样方式的运行效果。
- ❑ 左起第二幅效果图为较大与较小的纹理矩形均采用线性采样方式的运行效果。
- ❑ 左起第三幅效果图为较小的纹理矩形采用最近点采样方式，较大的纹理矩形采用线性采样方式的运行效果。
- ❑ 最右侧的效果图为较小的纹理矩形采用线性采样方式，较大的纹理矩形采用最近点采样方式的运行效果。

由于图片是缩小排版的，因此可能线条边缘的锯齿或模糊并不明显。下面将使用最近点采样的运行效果图部分进行放大，读者就可以很清楚地看到线条边缘的锯齿了，如图 6-20 所示。

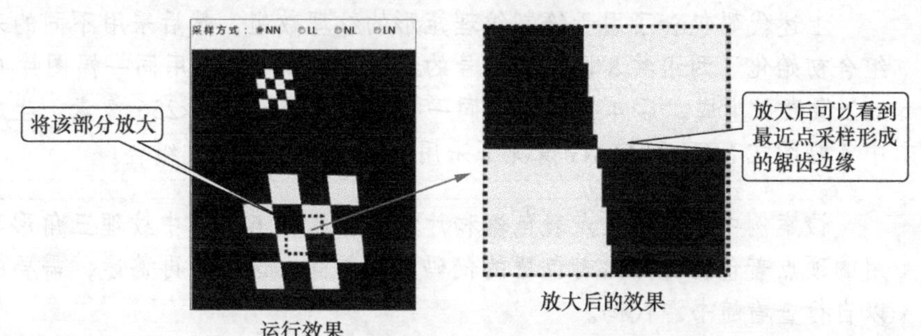

▲图 6-20　采用最近点采样后运行效果图中部分放大后的效果

也可以将线性采样的运行效果图进行部分放大，这时可以很清楚地看到线条的边缘是平滑过渡的，并没有锯齿现象，如图 6-21 所示。

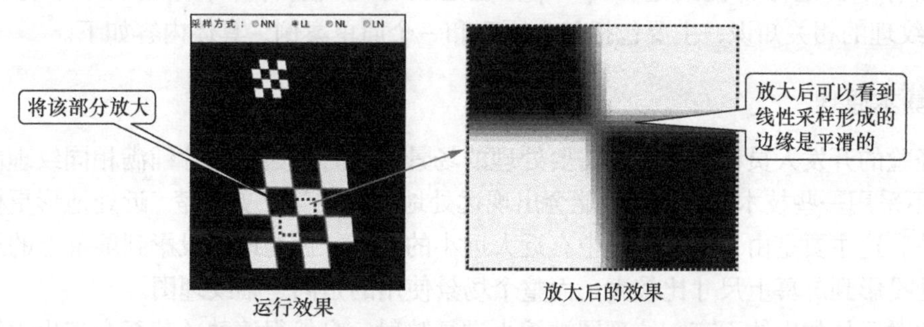

▲图 6-21　采用线性采样后运行效果图中部分放大后的效果

提示　从上述几幅图中可以看出，在 MAG 情况下，不同的采样方式有非常明显的区别；而在 MIN 情况下，两种采样方式的区别不大。因此从提高执行效率的角度出发，在 MIN 情况下，一般设置为最近点采样。另外，某些特殊情况可能不希望边缘模糊，此时 MAG 情况也会采用最近点采样。

看完本案例的运行效果后，下面介绍本案例的具体开发步骤。由于本案例和上一节的案例相似，因此相似部分不再赘述，需要的读者可自行查看随书源代码，下面仅介绍不同的主要部分，具体代码如下。

代码位置：随书源代码/第 6 章/Sample6_3 目录下的 Sample6_3.html。

```
textId32[0]=loadImageTexture(gl, "pic/bw32.png",gl.NEAREST,gl.NEAREST);
//最近点采样方式
textId32[1]=loadImageTexture(gl, "pic/bw32.png",gl.LINEAR,gl.LINEAR);
//线性采样方式
```

```
textId32[2]=loadImageTexture(gl, "pic/bw32.png",gl.NEAREST,gl.LINEAR);
//混合的采样方式
textId32[3]=loadImageTexture(gl, "pic/bw32.png",gl.LINEAR,gl.NEAREST);
//混合的采样方式
textId256[0]=loadImageTexture(gl, "pic/bw256.png",gl.NEAREST,gl.NEAREST);
//最近点采样方式
textId256[1]=loadImageTexture(gl, "pic/bw256.png",gl.LINEAR,gl.LINEAR);
//线性采样方式
textId256[2]=loadImageTexture(gl, "pic/bw256.png",gl.NEAREST,gl.LINEAR);
//混合的采样方式
textId256[3]=loadImageTexture(gl, "pic/bw256.png",gl.LINEAR,gl.NEAREST);
//混合的采样方式
currText32=textId32[0];                              //小像素纹理图默认值
currText256=textId256[0];                            //大像素纹理图默认值
```

说明　上述代码包含了用于绘制纹理矩形的纹理数组，然后采用不同的采样方式组合初始化了两组共 8 幅不同编号的纹理。前 4 幅纹理用同一幅图片（32 像素×32 像素）生成，后 4 幅纹理用同一幅图片（256 像素×256 像素）生成，每组中 4 幅图在 MIN 和 MAG 情况下采用了不同的采样方式组合。

提示　该案例中使用的顶点着色器和片元着色器与 6.1 节中纹理三角形案例中使用的顶点着色器与片元着色器的代码完全相同，这里不再赘述，需要的读者可以自行查看随书源代码。

6.4　Mipmap 纹理技术

前面有不少地方都提到过 Mipmap，但是没有对其进行详细介绍。本节将详细介绍 Mipmap 纹理的相关知识，主要包括基本原理和一个简单案例，具体内容如下。

6.4.1　基本原理

有经验的开发人员都知道，当需要处理的场景很大时（如一大片铺满相同纹理的丘陵地形），若不采用一些技术手段，则可能会出现远处地形在视觉上更清楚，近处地形更模糊的反真实现象。这主要是由于透视投影中有近大远小的效果，远处地形投影到屏幕上的尺寸比较小，近处投影到屏幕上尺寸比较大，而整个场景使用的是同一幅纹理图。

因此对远处的山体而言，纹理图被缩小进行映射，自然很清楚（甚至会产生由于过分缩小而大量纹理元素对应到同一个片元，同时纹理采样率不足造成失真的锯齿现象）；而对于近处的山体，可能纹理图需要被拉大进行映射，自然就发虚。聪明的读者可能会想到，应该对远处的地形采用尺寸较小且分辨率低的纹理，近处的采用尺寸较大且分辨率高的纹理，这其实就是 Mipmap 的基本思想。

提示　Mipmap 这个术语最早出现于 1983 年，由 Lance williams 在论文“Pyramidal Parametrics”中首次提出。mip 表示拉丁语“multum in parvo”，含义为“一块小地方有很多东西”，map 是 mapping 的缩写，表示纹理映射。

若要开发根据场景视觉大小自动选择恰当分辨率的纹理进行映射，那么这会非常复杂。幸运的是，Mipmap 仅需要在加载纹理时进行一些处理，然后根据所需纹理采样的细节级别（lod）进行纹理采样即可，其他工作是由渲染管线自动完成的。Mipmap 的基本工作原理如图 6-22 所示。

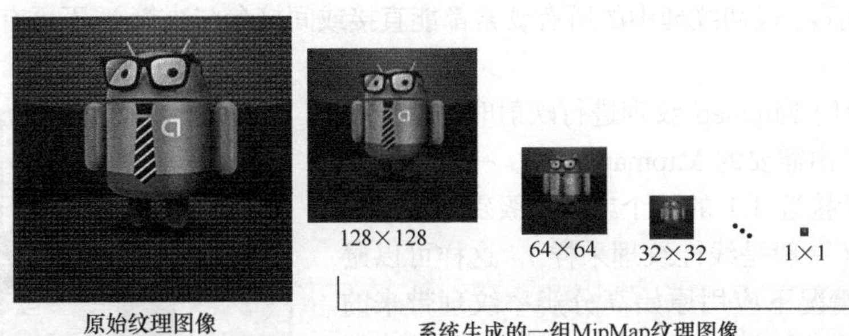

▲图 6-22 Mipmap 纹理图像

从图 6-22 中可以看出，只需要提供一幅原始纹理图，系统会在纹理加载时自动生成一系列由大到小的纹理图。每幅纹理图是前一幅尺寸的 1/2（面积的 1/4），直至纹理图的尺寸缩小到 1×1。在一系列纹理图中第一幅就是原始纹理图，因此可以轻松地计算出，一系列 Mipmap 纹理图占用的空间接近原始纹理图的 1.32 倍。

生成一系列的 Mipmap 纹理图后，当应用程序运行时，渲染管线会首先根据情况计算出细节级别，然后根据细节级别决定使用系列中哪一个分辨率的纹理图。开发中会将采样方式设置为 Mipmap 并自动生成一系列 Mipmap 纹理图的基本代码如下。

```
gl.texParameteri(gl.TEXTURE_2D,                //设置 MIN 情况为 Mipmap 最近点采样
          gl.TEXTURE_MIN_FILTER, gl.LINEAR_MIPMAP_NEAREST);
gl.generateMipmap(gl.TEXTURE_2D);              //自动生成 Mipmap 系列纹理
```

提示 关于 Mipmap 技术的具体使用，将会在介绍灰度图地形部分详细介绍，并给出案例，这里读者仅需要了解基本概念、思路即可。

开发中要使用 Mipmap 纹理并设置采样方式（确切的说这是在“TEXTURE_MIN_FILTER”上设置的，“TEXTURE_MAG_FILTER”上没有）。除了可以使用前面介绍过的最近点采样和线性采样，一般需要选用 Mipmap 专用的 4 种纹理采样方式，具体情况如表 6-1 所示。

表 6-1 Mipmap 专用的采样方式

采 样 方 式	说 明
gl.NEAREST_MIPMAP_NEAREST	选择最邻近的 mip 层，层内使用最近点采样
gl.NEAREST_MIPMAP_LINEAR	在 mip 层之间使用线性插值，层内使用最近点采样
gl.INEAR_MIPMAP_NEAREST	选择最邻近的 mip 层，层内使用线性采样
gl.LINEAR_MIPMAP_LINEAR	在 mip 层之间使用线性插值，层内也使用线性采样

从前面的介绍中可以看出，Mipmap 主要是为了应对 MIN 纹理采样时在某些情况下存在问题的。在进行 MIN 纹理采样时，若大量的纹素对应到同一个片元，哪怕是采用线性纹理采样，则能够参与决定片元最终颜色的纹素数量也仅占实际应参与纹素数量的一小部分。

这就会造成采样率不足，信号严重失真（也就是前面提到过的远处地形可能出现失真抗锯齿现象）。若采用 Mipmap 纹理，可以很好解决这个问题，具体原因分析如下。

- 当采用 Mipmap 纹理时，在设计人员提供了最初的最高分辨率的原始纹理后，可以通过程序来逐级生成下一 Mipmap 级的纹理，直至某个方向的纹理尺寸为 1。从上述对 Mipmap 的介绍中可以看到，上一级纹理尺寸是下一级的 2 倍，因此下一级纹理中每个纹素对应于上一级纹理中的 4 个纹素。在程序执行时，下一级纹理中的每个纹素通过上一级纹理中的 4 个纹素插值产生，逐级迭代。因此，无论哪一级的纹理中都携带了最初纹理中的大部分信息（即

对每一级纹理而言，最初纹理中的所有纹素都能直接或间接参与决策），不再有采样率不足的问题。

❑ 实际应用 Mipmap 纹理进行映射时，首先根据某些参数计算出需要的 Mipmap 级别，一般是找到映射片元与纹素接近 1:1 的一个或两个级别。然后再进行纹理采样（一般是线性纹理采样），这样可以避免直接在所有情况下应用原始高分辨率纹理带来的大量纹素对应于一个片元的情况，采样率不足造成的失真也就大大降低了。

6.4.2　简单的案例

6.4.1 节对 Mipmap 纹理的基本原理进行了介绍，本节将给出一个使用了 Mipmap 纹理的案例，其运行效果如图 6-23 所示。

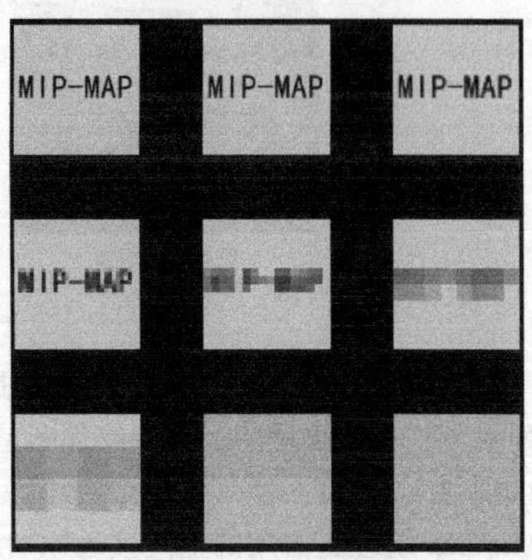

▲图 6-23　案例 Sample6_4 运行效果

说明　从图 6-23 中可以看出，从左至右，从上到下，绘制物体（正方形）上的纹理分辨率越来越低，最后的几个绘制物体甚至已经看不清楚纹理上的"MIP-MAP"字样了。其原因是在绘制过程中按照从左至右，从上到下的顺序，绘制物体使用的纹理采样细节级别逐渐增加，对应纹理的尺寸依次减半，但还是映射到同样尺寸的正方形上。本案例中这样做是为了帮助读者加深理解，在实际项目中面积相同（或近似）的图元不会采用细节级别相差甚大的纹理。另外，为了让读者更好地看到不同级别下 Mipmap 纹理分辨率的变化，本案例在进行正方形渲染时采用的纹理采样器使用的是 gl.NEAREST_MIPMAP_NEAREST。读者若有兴趣，也可以切换为其他 3 种 Mipmap 采样方式运行观察。

看到本案例的运行效果后，下面开发具有代表性的部分，具体内容如下。

（1）介绍在工具类 GLUtil 中纹理图的加载方法，此方法与以前的纹理图加载不同，其具体代码如下。

代码位置：随书源代码/第 6 章/Sample6_4/js/util 目录下的 GLUtil.js。

```
function loadImageTexture(gl, url){                        //加载纹理图的函数
    var texture = gl.createTexture();                       //创建纹理 id
    var image = new Image();                                //创建图片对象
    image.onload = function(){                              //调用加载纹理的方法
        doLoadImageTexture(gl, image, texture);}//调用实际加载纹理的函数
    image.src = url;                                        //指定纹理图的 URL
    return texture;                                         //返回纹理 id
}
function doLoadImageTexture(gl, image, texture){//实际加载纹理的函数
    gl.bindTexture(gl.TEXTURE_2D, texture);                 //绑定纹理 id
    gl.texImage2D(gl.TEXTURE_2D, 0, gl.RGBA, gl.RGBA,     //加载纹理进入缓冲
        gl.UNSIGNED_BYTE, image);
    gl.texParameteri(gl.TEXTURE_2D,                         //设置 MAG 采样方式
        gl.TEXTURE_MAG_FILTER, gl.LINEAR);
    gl.texParameteri(gl.TEXTURE_2D,               //设置 MIN 采样方式为 Mipmap 最近点采样
        gl.TEXTURE_MIN_FILTER, gl.NEAREST_MIPMAP_NEAREST);
    gl.generateMipmap(gl.TEXTURE_2D);              //自动生成 Mipmap 系列纹理
    gl.texParameteri(gl.TEXTURE_2D, gl.TEXTURE_WRAP_S, //设置 S 轴拉伸方式
        gl.CLAMP_TO_EDGE);
    gl.texParameteri(gl.TEXTURE_2D, gl.TEXTURE_WRAP_T, //设置 T 轴拉伸方式
        gl.CLAMP_TO_EDGE);
```

```
        gl.bindTexture(gl.TEXTURE_2D, null);       //纹理加载成功后释放纹理图
    }
```

说明 实际加载纹理的函数与前面案例不同的是 MIN 采样方式为 Mipmap 采样方式中的 gl.NEAREST_MIPMAP_NEAREST，并自动生成 Mipmap 系列纹理。自动生成的 Mipmap 系列纹理将被应用在不同纹理细节级别的纹理采样中。

（2）介绍 Sample6_4 中执行绘制的方法，此方法主要是绘制正方形，其中 9 个纹理采样细节级别是逐渐增加的，其具体代码如下。

代码位置：随书源代码/第 6 章/Sample6_4 目录下的 Sample6_4.html。

```
function drawFrame(){                                          //主绘制方法
  if(!textsize){                                               //如果物体加载未完成
  console.log("加载未完成！");                                  //打印提示信息
  return;}
  gl.clear(gl.COLOR_BUFFER_BIT | gl.DEPTH_BUFFER_BIT); //清除着色缓冲与深度缓冲
  var lodlevel=0.0;                                    //纹理采样细节级别
  var span=3;                                          //矩形间隔
  var startx=-span;                                    //x 坐标的初始值
  var starty=span;                                     //y 坐标的初始值
  for(var y=0;y<3;y++){                                //循环列
      for(var x=0;x<3;x++){                            //循环行
          ms.pushMatrix();                             //保护现场
          ms.translate(startx+x*span,starty-y*span,0); //执行平移
          ms.rotate(currentYAngle,0,1,0);              //执行绕 y 轴的旋转
          ms.rotate(currentXAngle,1,0,0);              //执行绕 x 轴的旋转
          textsize.drawSelf(ms,currTexture,lodlevel);  //绘制物体
          ms.popMatrix();                              //恢复现场
          lodlevel+=1;                                 //纹理采样细节级别增加 1
      }}}
```

说明 上述代码中最主要的是利用双层循环，绘制了三行三列共 9 个纹理正方形。在绘制这 9 个纹理正方形时，不但根据正方形所处行列使其平移到恰当的位置，还依次采用了不同的纹理采样细节级别（范围是 0～8），使最终画面能够呈现出图 6-23 所示的效果。

（3）上面介绍整个场景的主绘制方法，下面介绍 TextureRect 类的绘制物体方法，其具体代码如下。

代码位置：随书源代码/第 6 章/Sample6_4/js 目录下的 TextureRect.js。

```
1    this.drawSelf=function(ms,texture,lodLevel){                          //绘制物体的方法
2        ......//此部分代码省略了与本章第一个案例中相同的代码，需要的读者可自行查看随书源代码
3        var lod=gl.getUniformLocation(this.program, "lodLevel");//获取纹理采样细节级别
     引用 id
4        gl.uniform1f(lod,lodLevel);                          //将纹理采样细节级别送入渲染管线
5        gl.activeTexture(gl.TEXTURE0);                       //设置使用的纹理编号-0
6        gl.bindTexture(gl.TEXTURE_2D, texture);              //绑定纹理
7        gl.uniform1i(gl.getUniformLocation(this.program, "sTexture"), 0);    //将纹理
     送入渲染管线
8        gl.drawArrays(gl.TRIANGLES, 0, this.vcount);         //用顶点法绘制物体
9    }
```

说明 上述案例中绘制物体的方法与前面案例的相似，主要变化是在第 3～4 行，增加了将纹理采样细节级别送入渲染管线的代码。这是先获取纹理采样细节级别引用 id，然后将纹理采样细节级别送入渲染管线。

（4）介绍本案例中的片元着色器，其具体代码如下。

代码位置：随书源代码/第 6 章/Sample6_4/shader 目录下的 fragment.bns。

```
#version 300 es
precision mediump float;
uniform sampler2D sTexture;                  //纹理内容数据
uniform float lodLevel;                      //纹理采样细节级别（服务于 mipmap）
in vec2 vTextureCoord;                       //接收从顶点着色器传过来的顶点纹理坐标
out vec4 fragColor;                          //输出到管线的片元颜色
void main(){
    //根据纹理采样级别进行纹理采样以获得最终颜色值
    fragColor = textureLod(sTexture, vTextureCoord,lodLevel);
}
```

说明　上述代码的主要变化是增加了纹理采样细节级别，以及在调用 textureLod 方法进行纹理采样时使用了纹理采样细节级别。另外，与此片元着色器配套的顶点着色器与本章第一个案例中的相同，这里不再赘述。

本案例在片元着色器中进行纹理采样时，使用的纹理采样细节级别是由 JavaScript 传入渲染管线的固定值，这是为了案例演示的方便。实际开发中，采样时用到的细节级别值往往是通过计算动态产生的，比如根据片元位置与摄像机位置的距离进行折算等。

6.5　多重纹理与过程纹理

本节将通过一个案例向读者介绍 WebGL 2.0 已经支持的多重纹理与过程纹理这两个高级特性。有了这两个特性，场景的真实感会大大提高。本节将首先介绍多重纹理与过程纹理的基本知识，然后给出使用多重纹理与过程纹理的案例，具体内容如下。

6.5.1　案例概述

本章前面给出的所有案例中，对同一图元都只采用了一幅纹理图，这在有些情况下就显得不够强大了。本节将给出对同一图元采用多幅纹理图的案例，其运行效果如图 6-24 和图 6-25 所示。

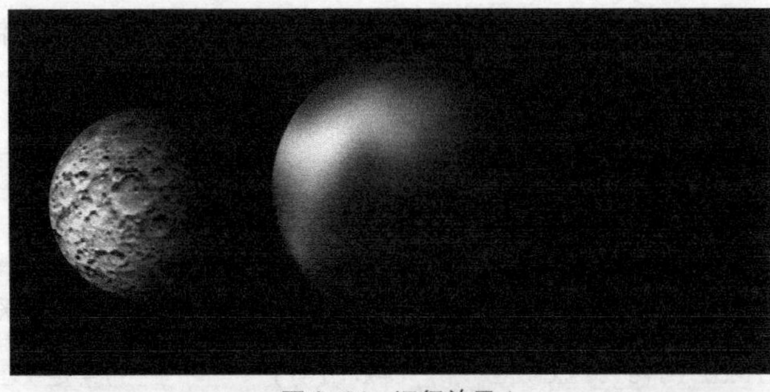

▲图 6-24　运行效果 1

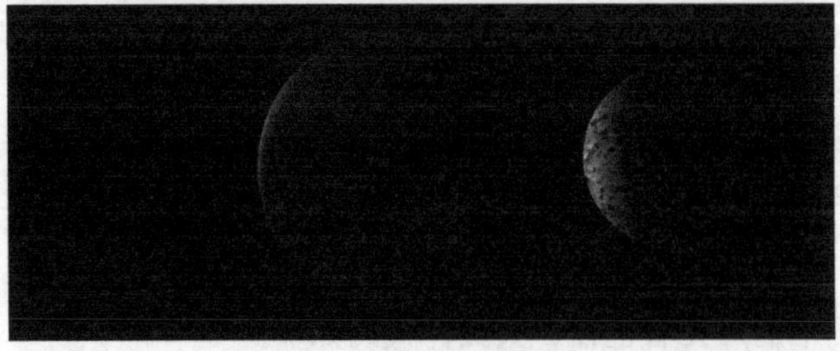

▲图 6-25　运行效果 2

从图 6-24 和图 6-25 中可以看出，整个案例展示的是地月系在星空中的场景，中间的地球与前面的案例不同，其纹理不是固定的。阳光照射到的区域使用的是白天的纹理（如图 6-26 所示），阳光没有照射到的区域使用的是夜晚万家灯火的纹理（如图 6-27 所示），在白天和黑夜的边缘是平滑过渡的。

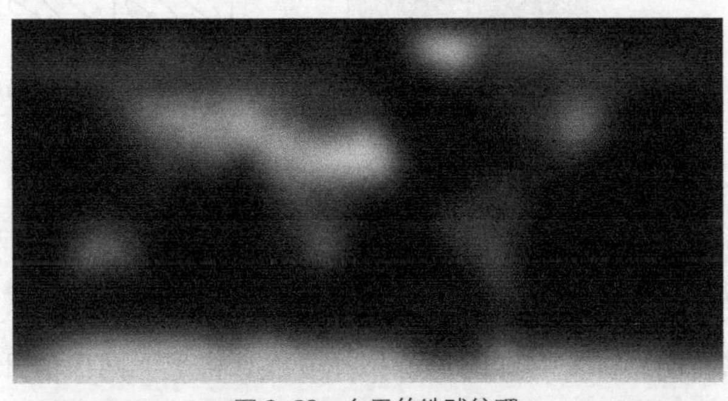

▲图 6-26 白天的地球纹理

▲图 6-27 黑夜的地球纹理

可以明显地感觉到，此案例场景的真实度比前面案例有了很大的提高。

- 对同一个图元采用多幅纹理图，这种技术称为多重纹理。
- 在多重纹理变化的边界根据某种规则进行平滑过渡，这种技术称为过程纹理。这种平滑过渡在很多情况下都会用到，如本案例中的白天纹理与黑夜纹理的过渡，丘陵地形中根据海拔不同进行的纹理过渡等。

> **提示** 由于单色灰度印刷的原因，效果图可能看起来不是很清楚。这时可以参考本书前面的彩页或在计算机上运行观察。同时，本案例中的阳光方向是可以随着手指在屏幕上的左右滑动而变化的。

6.5.2 将 2D 纹理映射到球面上的策略

本章前面给出的纹理映射的案例都是将 2D 平面纹理映射到 3D 空间的平面上，而从 6.5.1 节的运行效果图中可以看出本节的案例是将 2D 平面纹理映射到了三维球面上。通过第 5 章中的光照球体案例的学习，读者应该已经了解到 WebGL 3D 空间中的球面实际上是由一个个独立的三角形组成的。

因此在本案例中纹理映射的关键点就是如何产生这些小三角形中与每个顶点对应的纹理坐标，这就比从平面纹理映射到平面要复杂一些了。这种映射需要采用一些技术手段，基本思路如图 6-28 所示。

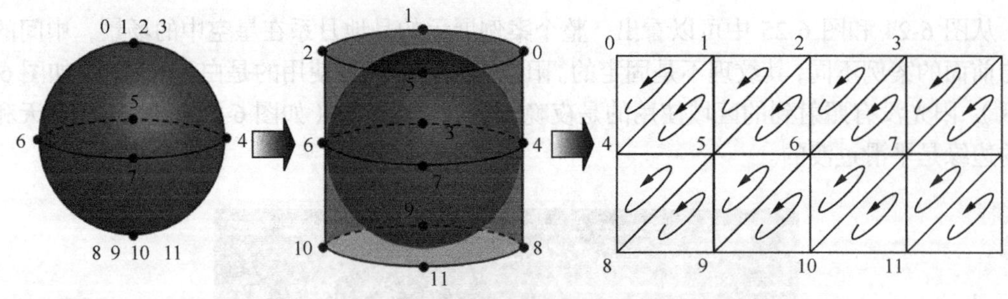

▲图 6-28　三维球面展开过程示意图

提示　图 6-28 为了示意方便，仅将球面在纬度方向切割成了两份，经度方向切割成了 4 份。实际开发中应该按照同样思路多分割几份，这样球面就较为平滑了。

从图 6-28 中可以看出，首先对球面进行拓扑变换，将上下两极破开，再像橡皮膜一样拉伸它就可以将球面变换为圆柱面。然后对圆柱面进行拓扑变换，将圆柱沿某一条竖直棱切开，并展开成一个矩形。由于球面原来的顶点组成了一个个的小三角形，因此展开的矩形也由一个个小三角形组成。

说明　拓扑变换是拓扑几何中的一种变换，拓扑变换前后的两个图形是拓扑全等的。简单来说，拓扑变换就是在不产生新顶点以及不改变顶点与顶点之间边的连接情况下，任意地移动顶点，这时连接这些顶点的边也可能被相应地拉伸、缩短、移位、旋转。

球面被展开成矩形后就很容易与 2D 的矩形纹理图进行匹配了，具体情况如图 6-29 所示。

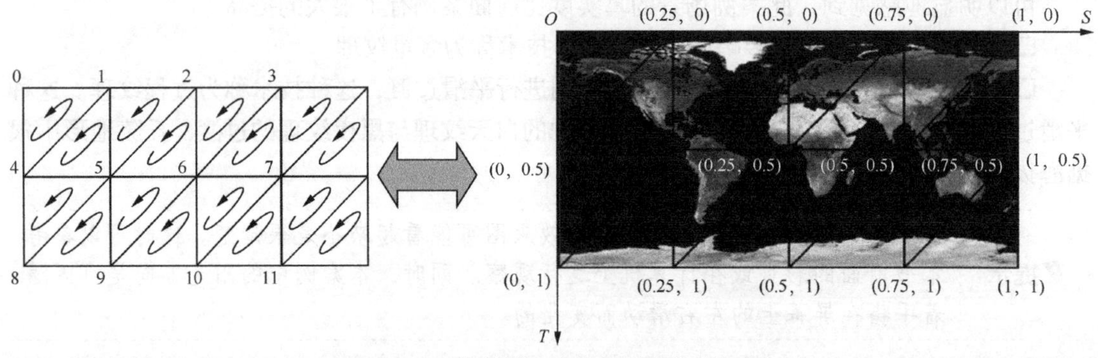

▲图 6-29　三维球面的顶点与 2D 纹理的对应关系

从图 6-29 中可以看出，根据矩形中每个顶点对应的 *S* 轴、*T* 轴的位置可以非常方便地计算出每个顶点的纹理坐标。而矩形里面的顶点都是球面上的顶点通过拓扑变换得到的，与球面上的顶点一一对应，因此球面上每个顶点的纹理坐标就很自然地可以计算出来了。

球面上每个顶点都有了对应的纹理坐标后，运行应用程序就可以在屏幕上渲染出图 6-24 与图 6-25 所示的具有逼真视觉效果的地月系场景了。

提示　将 2D 纹理映射到球面上可以采用本节介绍的策略，将 2D 纹理映射到其他立体物体的表面时也可以采用这种思维方式。

6.5.3 案例的场景结构

从图 6-24 与图 6-25 中可以看出，本案例展现的是一个地月系的场景。其中地球位于场景中央，月球绕地球公转，地球和月球都有自转。场景中的变换组合使用了基本变换中的平移与旋转变换，细节如下所示。

首先，在初始情况下地球与月球都是贴好纹理且球心位于坐标原点的球，如图 6-30 所示。

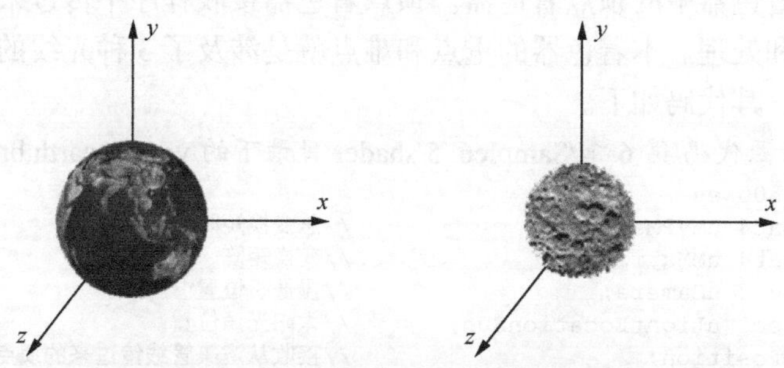

▲图 6-30 原始情况下的地球及月球

接着在绘制每一帧画面时，首先将坐标系绕 y 轴旋转一定的角度（这个角度是一个变量，绘制每一帧时都会有微小的变化，它代表地球的自转）后绘制地球。

然后将坐标系沿 x 轴正方向移动一定的距离 L（模拟地月间距）后，再将坐标系绕 y 轴旋转一定的角度（这个角度是一个变量，绘制每一帧时都会有微小的变化，它代表月球的自转）后绘制月球。

通过如上的顺序，可以变换坐标系和绘制地球、月球，就会产生期望的公转、自转效果，具体情况如图 6-31 所示。

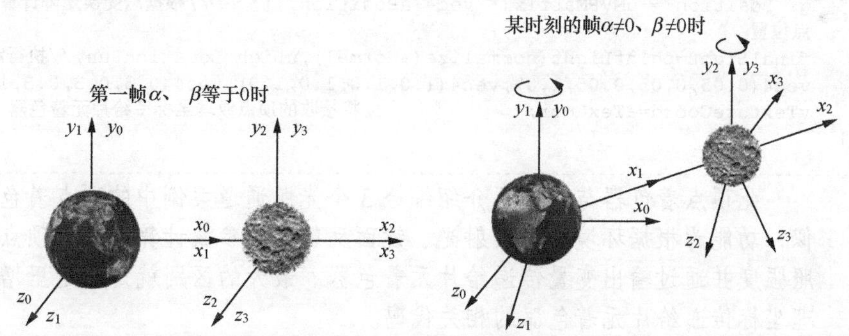

▲图 6-31 每帧画面涉及的变换

说明 图 6-31 中 0 号坐标系为原始坐标系。1 号坐标系为 0 号坐标系绕 y 轴旋转 α 后的坐标系，此时绘制地球。2 号坐标系为将 1 号坐标系沿 x 轴移动距离 L 后的坐标系。3 号坐标系为将 2 号坐标系绕 y 轴旋转 β 时的坐标系，此时绘制月球。最终，可实现地球自转，月球绕地球公转的同时自转。

6.5.4 开发过程

前面已经介绍了本案例的运行效果与基本思路，接下来将介绍本案例的具体开发过程。

案例中球形物体的开发并不重要，因为后面会有更简洁的方法，所以这里就不再赘述了。感兴趣的读者可以自行查看随书源代码，下面将要介绍的是本案例中着色器的开发，具体代码如下。

着色器的开发

本案例中的着色器一共有两套：月球着色器以及地球着色器。其中地球着色器较为复杂且与月球着色器相似，所以这里只介绍地球着色器的开发（对于月球着色器的开发，需要的读者可以自行查看随书的源代码），具体的开发步骤如下。

（1）介绍地球着色器中的顶点着色器。顶点着色器接收程序中传过来的数据，并对相应数据进行有关计算和处理。本着色器的重点和难点就是涉及了3种光线的计算方法，主要功能是实现光照效果，其代码如下。

代码位置：随书源代码/第6章/Sample6_5/shader目录下的vertex_earth.bns。

```
#version 300 es
uniform mat4 uMVPMatrix;                    //总变换矩阵
uniform mat4 uMMatrix;                      //变换矩阵
uniform vec3 uCamera;                       //摄像机位置
uniform vec3 uLightLocationSun;             //太阳光源位置
in vec3 aPosition;                          //接收从渲染管线传过来的顶点位置
in vec2 aTexCoor;                           //接收从渲染管线传过来的顶点纹理坐标
in vec3 aNormal;                            //接收从渲染管线传过来的顶点法向量
out vec2 vTextureCoord;                     //传递给片元着色器的顶点纹理坐标
out vec4 finalLight;                        //传递给片元着色器的最终光照强度
vec4 pointLight(                            //定位光光照计算的方法
  in vec3 normal,                           //法向量
  in vec3 lightLocation,                    //光源位置
  in vec4 lightAmbient,                     //环境光强度
  in vec4 lightDiffuse,                     //散射光强度
  in vec4 lightSpecular){                   //镜面光强度
   ....../该方法在前面章节已详细介绍，这里不再赘述，读者可以自行查看随书源代码
  }
void main(){
   gl_Position = uMVPMatrix * vec4(aPosition,1);    //根据总变换矩阵计算此次绘制的顶点位置
   finalLight=pointLight(normalize(aNormal),uLightLocationSun,//执行定位光照计算
   vec4(0.05,0.05,0.05,1.0),vec4(1.0,1.0,1.0,1.0),vec4(0.3,0.3,0.3,1.0));
   vTextureCoord=aTexCoor;                  //将接收的顶点纹理坐标传给片元着色器
}
```

说明 此顶点着色器与第5章介绍综合3个光照通道案例中的顶点着色器非常类似，功能为根据环境光、散射光、镜面反射光的参数计算出当前顶点的最终光照强度并通过输出变量传递给片元着色器。最大的区别就是，这里增加了将纹理坐标传递给片元着色器的相关代码。

（2）开发完绘制地球的顶点着色器后，下面接着要开发的是绘制地球的具有多重纹理、过程纹理功能的片元着色器，其代码如下。

代码位置：随书源代码/第6章/Sample6_5/shader目录下的fragment_earth.bns。

```
#version 300 es
precision mediump float;                    //给出浮点数默认精度
uniform sampler2D sTextureDay;              //白天纹理的内容数据
uniform sampler2D sTextureNight;            //黑夜纹理的内容数据
in vec2 vTextureCoord;                      //接收从顶点着色器传过来的顶点纹理坐标
in vec4 finalLight;                         //接受顶点着色器传过来的最终光照强度
out vec4 fragColor;                         //传递到渲染管线的片元颜色
void main(){
  vec4 finalColorDay;                       //从白天纹理中采样出颜色值
```

```
10      vec4 finalColorNight;                      //从夜晚纹理中采样出颜色值
11      finalColorDay= texture(sTextureDay, vTextureCoord);//采样出白天纹理的颜色值
12      finalColorDay = finalColorDay*finalLight; //计算出该片元的白天颜色值并结合光照强度
13      finalColorNight = texture(sTextureNight, vTextureCoord);//采样出夜晚纹理的颜色值
14      finalColorNight = finalColorNight*vec4(0.5,0.5,0.5,1.0); //计算出该片元的夜晚颜色值
15      if(finalLight.x>0.21){                          //当光照强度分量大于 0.21 时
16        fragColor=finalColorDay;}                     //采用白天颜色
17      else if(finalLight.x<0.05){                     //当光照强度分量小于 0.05 时
18         fragColor=finalColorNight;}                  //采用夜间颜色
19      else{              //当光照强度分量大于 0.05 小于 0.21 时，为白天夜间纹理的过渡阶段
20         float t=(finalLight.x-0.05)/0.16;            //计算白天纹理应占纹理过渡阶段的百分比
21         fragColor=t*finalColorDay+(1.0-t)*finalColorNight;//计算白天黑夜过渡阶段的颜色值
22      }}
```

- 第 2～3 行声明了两个 sampler2D 类型的变量，分别用来接收白天与黑夜的纹理，这是此片元着色器与本章其他案例中的片元着色器的不同点。
- 第 4～6 行声明了用来接收顶点着色器传过来的顶点纹理坐标和最终光照强度的代码。
- 第 11～12 行首先根据接收的纹理坐标对白天的纹理进行采样，然后根据接收的最终光照强度，计算出片元若为白天时的颜色值。
- 第 13～14 行首先根据接收的纹理坐标对黑夜的纹理进行采样，然后对黑夜的纹理亮度进行变化，之后得到片元若为黑夜时的颜色值。
- 第 15～22 行为根据此片元的光照强度将片元的最终颜色分 3 种情况进行计算，若光照强度大于 0.21，则此片元完全采用白天时的颜色值；若小于 0.05，则此片元完全采用黑夜时的颜色值；若在 0.05～0.21 之间，则根据亮度将白天与黑夜的颜色值进行加权计算并产生最终的片元颜色值。

> **提示** 本案例中还有其他一些 js 文件，如 GLUtil、LoadShaderUtil 等，其与前面很多案例中的基本一致。因篇幅有限，这些文件都不再赘述，需要的读者请参考随书源代码。

6.6 压缩纹理的使用

本章前面案例中使用的纹理图都是通用格式的图片，包括 png、jpg 等格式。采用这些格式通用性好，方便快捷。这对于纹理图数量不太多，每张纹理图尺寸不太大的应用程序足够了，也不会有什么问题。

但由于这种方式是把解码后的图片数据送入纹理缓冲的，因此相对来说数据量比较大。如果一个应用中的纹理图数量很多或尺寸很大，就会占用过多的内存，这一点从下面的计算中可以看出。

512×512 像素的纹理图所占内存=512×512×4/1024=1024KB=1MB

> **说明** 上述计算表达式计算的是尺寸为 512×512 像素的纹理图（每个像素 4 字节）送入纹理缓冲所占的内存，从计算结果可以看出，这一幅不太大的纹理图就占用了 1MB 的内存。

可以想象，一个大型游戏中可能会有数百幅不同大小的纹理图，如果都采用这种方式，就会产生占用内存过大的问题。为了解决这个问题，WebGL 2.0 也做了不少工作，主要采用的技术就是纹理压缩。

说明　所谓纹理压缩是指在游戏应用开发的准备阶段将各种格式的（png、jpg 等）纹理图采用特定的工具转化为特殊的压缩纹理格式，然后在应用程序运行时直接将压缩格式的纹理数据送入纹理缓冲以供纹理采样使用。

WebGL 应用一般设计为在跨平台情况下使用，而不同的平台支持的压缩纹理格式也不尽相同。例如在 Android 设备上 ETC 纹理压缩格式较为通用，在苹果设备上 PVRTC 纹理压缩格式较为通用，而在 PC 端的 Windows 下 DXT 纹理压缩格式较为通用。

说明　WebGL 1.0 支持 iOS 设备的 PVRTC 纹理压缩格式，而由于 WebGL 2.0 目前暂不支持 iOS 设备的 Safari 浏览器，所以 WebGL 2.0 暂不支持 iOS 设备的 PVRTC 纹理压缩格式。

为了满足不同平台的需要，一般要针对不同平台提供不同格式的压缩纹理。本节将对这两种较为通用的压缩纹理格式进行介绍，具体内容如下。

6.6.1　ETC 压缩纹理

ETC 是 Android 设备广泛支持的一类压缩纹理格式，到目前为止，它主要包括 ETC1 和 ETC2 两个版本。其中 ETC1 压缩格式占用的空间更少，但是不支持透明度色彩通道（仅支持 *R*、*G*、*B* 色彩通道）；而 ETC2 则可以同时支持 *R*、*G*、*B*、*A* 这 4 个色彩通道。

提示　OpenGL ES 3.0 支持带透明度色彩通道的纹理压缩格式 ETC2，但 WebGL 2.0 仅支持 ETC1 格式的压缩纹理。

应用程序在使用 ETC1 压缩纹理之前，开发人员需要首先使用工具将原始纹理图转换为 ETC1 压缩格式。转换工具就在 Android SDK 安装目录的 tools 目录（或 platform-tools 目录）下，名称为“etc1tool.exe”。此转换工具是基于命令行的软件，没有图形用户界面，需要转换时使用如下命令。

```
etc1tool bbt.png --encode
```

上述命令中的“bbt.png”为本案例中要转换为 ETC1 压缩格式的图片，其尺寸为 1024×1024 像素，文件本身的大小是 1.67MB。按照前面的公式计算出解码后所需的内存空间是 1024×1024×4/1024/1024=4MB，而变为 ETC1 格式后只占 512KB 的空间，这比不采用压缩格式缩减了 7/8 的空间。

提示　能够将图片压缩为 ETC1 格式的工具有不少，上面介绍的是由 Android SDK 中提供的。读者也可以选用其他工具进行压缩。比如 ARM 提供的 Mali Developer Tools 中的 Mali Texture Compression Tool。

准备完应用程序中需要使用的压缩纹理后，就可以进行案例 Sample6_6_ETC_PKM 的开发了。本节的案例是基于案例 Sample6_1 修改而来的，绝大部分代码完全相同。主要区别就是用于加载纹理的相关方法了，具体内容如下。

代码位置：随书源代码/第 6 章/Sample6_6_ETC_PKM/js/util 目录下的 BN_ETC1_Util.js。

```
function getExtension(gl, name){                          //获取并加载指定名称的 WebGL 拓展
    var vendorPrefixes = ["", "WEBKIT_", "MOZ_"]; //浏览器前缀
    var ext = null;
    for (var i in vendorPrefixes){
        ext = gl.getExtension(vendorPrefixes[i] + name);//加载指定名称的 WebGL 拓展
        if (ext){break;}}
```

```
7          return ext;
8      }
9      function fromBytesToShort(buff){                          //将字节数组转 4 字节整数
10         try{
11             var testArray = new Uint8Array(buff);            //获取此数组引用的 ArrayBuffer
12             return testArray[0]*256+testArray[1];            //返回 4 字节整数
13         }catch(err){
14             alert(err.message);                              //弹出错误信息
15             var testArray = new Uint8Array(buff);            //获取此数组引用的 ArrayBuffer
16             alert("err toint="+testArray[0]+","+testArray[1]);     //弹出具体错误信息
17     }}
18     function loadEtc1Texture(gl,url,texName){                 //分析数据并加载为纹理的方法
19         var texture = gl.createTexture();                     //创建纹理 id
20         var req = new XMLHttpRequest();                       //创建超文本传输请求对象
21         req.onreadystatechange = function (){ doLoadEtc1Texture(gl,req,texture,tex
           Name)};
22         req.open("GET", url, true);                           //打开文件
23         req.responseType = "arraybuffer";                 //响应实体的类型指定为 ArrayBuffer
24         req.send(null);                                   //无参数传递
25         texMap[texName]=texture;                          //加入纹理管理器
26     }
27     function doLoadEtc1Texture(gl,req,texture,texName){//处理 ETC1 压缩纹理 pkm 文件数据
       的方法
28         if (req.readyState == 4){                             //数据接收完毕
29             var arrayBuffer = req.response;                   //获取响应
30             if (arrayBuffer){
31                 var ext = getExtension(gl, "WEBGL_compressed_texture_etc1");
                   //加载 WebGL 拓展
32                 var ETC_PKM_HEADER_SIZE = 16;                 //文件长度偏移量
33                 var dataHeader = arrayBuffer.slice(0, ETC_PKM_HEADER_SIZE);
                   //获取文件头
34                 var width=fromBytesToShort(dataHeader.slice(12, 14)); //获取纹理宽度
35                 var height=fromBytesToShort(dataHeader.slice(14, 16));//获取纹理高度
36                 var texData=arrayBuffer.slice(ETC_PKM_HEADER_SIZE);    //获取纹理数据
37                 gl.bindTexture(gl.TEXTURE_2D, texture);               //绑定纹理
38                 gl.compressedTexImage2D(gl.TEXTURE_2D,0, //指明一个二维的压缩纹理图像
39                         ext.COMPRESSED_RGB_ETC1_WEBGL,       //将纹理数据加载进缓冲
40                         width,height,0,new Uint8Array(texData));
41                 ......//前面的章节已详细介绍过该部分，读者可以自行查看随书源代码
42         }}}
```

- 第 1～8 行用于获取并加载指定名称的 WebGL 扩展。首先获取浏览器引擎前缀(Vendor Prefix)，这些主要是各种浏览器用来试验或测试新出现的 CSS3 属性特征。
- 第 9～12 行将字节数组转 4 字节整数。首先获取数组引用的 ArrayBuffer，然后进行数学计算，最后将 4 字节整数返回。
- 第 13～16 行是异常捕获。若出现问题则弹出错误提示，然后获取具体的错误信息并将具体的错误信息也弹出来。
- 第 18～25 行分析数据并加载为纹理方法。首先创建纹理 id，接着创建超文本传输请求对象，然后调用处理纹路数据的方法，打开纹理指定响应类型，最后将纹理放入纹理管理器中。
- 第 28～30 行为当数据接收完毕并且获取了响应之后继续执行。
- 第 31～37 行为加载 WebGL 扩展，确定文件头长度偏移量，接着获取文件头、纹理宽度、纹理高度、纹理数据，最后绑定纹理。
- 第 38～40 行指明一个二维的压缩纹理图像。其参数依次为指定活动纹理单元的目标纹理、细节级别数、存储格式、纹理图像的宽度、纹理图像的高度、边框宽度、图像的大小和一个指向压缩图像数据内存的指针。

6.6.2 DXT5 压缩纹理

在 PC 端的 DirectX 中有一种名称为 DXT 的纹理压缩技术，目前这种技术被大部分显卡所支持。DXT 是一种 DirectDraw 接口界面，其以压缩形式存储图形数据，通过该接口界面可以节省大量的系统带宽和内存。即使不直接使用 DXT 表面渲染，也可以通过以 DXT 格式创建的纹理方法来节省存储空间。

> **提示** DTX 纹理压缩的具体标准有 5 种，分别为 DXT1～DXT5。每一种纹理压缩格式各有优缺点，感兴趣的读者可以自行查阅资料进一步学习，本节将介绍能力较为均衡的 DXT5 格式。

在应用程序使用 DXT5 压缩纹理之前，开发人员需要使用工具将原始纹理图转换为 DXT5 压缩格式。为了读者使用方便，作者提供了用于转换纹理图的脚本程序“zh.bat”，它位于随书源代码中本章目录下的“DXT5 纹理转换”子目录中。

> **提示** 在使用此脚本程序之前需要下载并安装 Microsoft DirectX SDK (June 2010)，在使用它时首先把原始纹理图放入“DXT5 纹理转换”文件夹内，然后把“zh.bat”文件中的 PATH 变量值改为自己机器上 Microsoft DirectX SDK (June 2010)安装路径中 x86 文件夹的路径，并将转换命令中的图片名“wl.jpg”替换为要转化的原始纹理图名称，保存脚本后直接双击“zh.bat”文件运行即可。

准备完应用程序中需要使用的压缩纹理后，就可以进行案例 Sample6_6_DXT5 的开发了。由于本案例与上一节的案例非常类似，因此这里仅介绍有明显区别的用于加载 DXT5 压缩纹理的脚本程序“BN_S3TC_DXT5_Util.js”，其具体代码如下。

代码位置：随书源代码/第 6 章/Sample6_6_DXT5/js/util 目录下的 BN_S3TC_DXT5_Util.js。

```
function textureLevelSizeS3tcDxt5(width, height){      //根据 DXT5 纹理的宽度和高度计算纹理数据的字节数
    return ((width + 3) >> 2) * ((height + 3) >> 2) * 16;}
function doLoadS3tcDxt5Texture(gl,req,texture,texName){ //处理 pkm 文件数据的方法
    var DDS_HEADER_LENGTH = 31;                          //dds 文件头长度
    var DDS_HEADER_HEIGHT = 3;                           //纹理宽度偏移量
    var DDS_HEADER_WIDTH = 4;                            //纹理高度偏移量
    var DDS_HEADER_SIZE = 1;                             //文件头长度偏移量
    var DDSD_MIPMAPCOUNT = 0x20000;                      //Mipmap 纹理数量标志掩码
    var DDS_HEADER_MIPMAPCOUNT = 7;                      //Mipmap 纹理数量偏移量
    var DDS_HEADER_FLAGS = 2;                            //dds 文件头标记偏移量
    if (req.readyState == 4){
        var arrayBuffer = req.response;
        if (arrayBuffer){
            var ext = getExtension(gl,
            "WEBGL_compressed_texture_s3tc");            //获取并加载 WebGL 拓展
            var header = new Int32Array(arrayBuffer, 0   //获取 dds 文件的文件头
                , DDS_HEADER_LENGTH);
            var width = header[DDS_HEADER_WIDTH];        //获取纹理宽度
            var height = header[DDS_HEADER_HEIGHT];      //获取纹理高度
            var levels = 1;                              //声明纹理层次的辅助变量
            if(header[DDS_HEADER_FLAGS] & DDSD_MIPMAPCOUNT){
              levels = Math.max(1,
                header[DDS_HEADER_MIPMAPCOUNT]);}//计算出实际 Mipmap 纹理层次的数量
            var dataOffset = header[DDS_HEADER_SIZE] + 4; //纹理数据的起始偏移量
            var dxtData = new Uint8Array(arrayBuffer, dataOffset);//获取纹理数据
            gl.bindTexture(gl.TEXTURE_2D, texture);      //绑定纹理
            var offset = 0;                              //声明每层纹理的数据字节偏移量
            for (var i = 0; i < levels; ++i){     //对每个 Mipmap 纹理层进行循环
```

```
29                  var levelSize = textureLevelSizeS3tcDxt5(width, height);  //计算纹理的数据字节数
30                  var dxtLevel = new Uint8Array(dxtData.buffer, //获取本层纹理的数据字节序列
31                      dxtData.byteOffset+offset, levelSize);
32                  gl.compressedTexImage2D(gl.TEXTURE_2D, i,//将纹理数据加载进显存
33                      ext.COMPRESSED_RGBA_S3TC_DXT5_EXT, width, height, 0, dxtLevel);
34                  width = width >> 1;                //计算下一层纹理的宽度
35                  height = height >> 1;              //计算下一层纹理的高度
36                  offset += levelSize;}              //计算新一层纹理的数据字节偏移量
37              ......//该部分前面的章节已详细介绍过，读者可以自行查看随书源代码
38          }}}
```

- 第 1～2 行是根据 DXT5 纹理的宽度和高度计算纹理数据字节数的函数 textureLevelSizeS3tcDxt5。
- 第 4～10 行声明并获取一些 DXT5 格式特有的数据，如文件头长度、纹理宽度偏移量、纹理高度偏移量、文件头长度偏移量以及一些与 Mipmap 相关的数据。
- 第 11～13 行保证程序当数据接收完毕并且获取响应之后才能继续执行。
- 第 14～20 行获取并加载 WEBGL_compressed_texture_s3tc 扩展，以支持 s3tc 类型的压缩纹理，然后获取 dds 文件的文件头、纹理宽度和高度。
- 第 21～23 行根据 Mipmap 纹理数量的偏移量计算出实际的 Mipmap 纹理层次数量。
- 第 25～36 行首先获取纹理数据，然后根据数据取得本层纹理的数据字节序列，进而将纹理数据加载进入显存，一直按此方法对每个 Mipmap 纹理层进行循环。

> **提示** 从上述代码中可以看出，在利用 DXT5 格式的压缩纹理单个文件中可以携带不同 Mipmap 纹理层的数据，从这一点来说提高了需要 Mipmap 纹理时的便捷性。

6.7 本章小结

本章主要介绍了 WebGL 2.0 各方面的相关知识，包括纹理映射的基本原理、纹理拉伸、纹理采样、Mipmap 纹理、多重纹理与过程纹理、压缩纹理等。通过本章的学习，读者应该能够从容应对实际开发中与纹理相关的需求，为后面高级知识的学习打下良好的基础。

第7章　3D模型加载

前面所有案例中的 3D 模型采用的都是直接给出顶点坐标值（如立方体）或基于数学公式用程序生成坐标值（如球体）的方式，这在一些简单的游戏场景中已经足够了。但如果要建立一些更复杂、逼真的游戏场景，则物体需要的几何形状可能会很复杂而且不能直接用数学公式来描述，如赛车游戏中的车、空战游戏中的战斗机等。

在这种情况下，一般首先用 3D 建模工具（如 3ds Max、Maya、Blender 等）建立物体模型，然后导出为特定格式的模型文件并在应用程序中加载渲染。常用的 3D 模型文件格式有 obj、3ds、fbx 等，本章主要介绍 obj 模型文件的加载。

7.1　obj 模型文件概述

介绍如何用程序加载 obj 模型文件之前，首先需要简单了解一下此类文件的格式及导出方式，本节将对这方面的内容进行简要的介绍。

7.1.1　obj 文件的格式

obj 文件是一种最简单的 3D 模型文件，其本质上就是文本文件，只是具有固定的格式而已。在 obj 文件中顶点坐标、三角形面、纹理坐标等信息以固定格式的文本字符串表示，下面给出了一个 obj 文件的片段。

```
# Max2Obj Version 4.0 Mar 10th, 2001
# Author wyf
#
v  -19.990179 -34.931675 -18.201921
v  20.111662 -34.931675 -18.201921
……
v  20.111662 27.748880 21.994425
# 8 vertices
vt  0.000000 0.000000 0.000000
vt  1.000000 0.000000 0.000000
……
vt  1.000000 1.000000 0.000000
# 12 texture vertices
vn  0.000000 0.000000 -1.570796
vn  0.000000 0.000000 -1.570796
……
vn  0.000000 0.000000 1.570796
# 8 vertex normals
g (null)
f 1/10/1 3/12/3 4/11/4
f 4/11/4 2/9/2 1/10/1
……
f 5/4/5 7/3/7 3/1/3
```

```
24    # 12 faces
25    g
```

从上述 obj 文件片段中可以看出，其内容是以行为基本单位进行组织的，每种以不同前缀开头的行有不同的含义，具体情况如下所示。

- 以“#”号开头的行为注释，在程序加载的过程中可以略过它。
- 以“v”开头的行用于存放顶点坐标，其后面的 3 个数值分别表示一个顶点的 *x*、*y*、*z* 坐标。
- 以“vt”开头的行用于存放顶点纹理坐标，其后面的 3 个数值分别表示纹理坐标的 *S*、*T*、*P* 分量。

> **提示** *S*、*T* 纹理坐标读者已经非常熟悉了，*P* 指的是深度纹理坐标，主要用于 3D 纹理的采样。

- 以“vn”开头的行用于存放顶点法向量，其后面的 3 个数值分别表示一个顶点的法向量在 *x* 轴、*y* 轴、*z* 轴上的分量。
- 以“g”开头的行表示一组的开始，后面的字符串为此组的名称。所谓组是指由顶点组成的一些面的集合。只包含“g”的行表示一组的结束，与以“g”开头的行对应。
- 以“f”开头的行表示组中的一个面，如果是三角形（由于 WebGL 仅支持三角形，故本书案例中采用的都是三角形）则后面有 3 组用空格分隔的数据，代表三角形的 3 个顶点。每组数据中包含 3 个数值，用“/”分隔，依次表示顶点坐标数据索引、顶点纹理坐标数据索引、顶点法向量数据索引。

> **说明** 例如有这样的一行“f 200/285/200 196/280/196 195/279/195”，其表示三角形中 3 个顶点的坐标来自 200、196、195 号以“v”开头的行，3 个顶点的纹理坐标来自 285、280、279 号以“vt”开头的行，3 个顶点的法向量来自 200、196、195 号以“vn”开头的行。计算行号时各种不同前缀是独立的，例如前面代码中第 5 行以“v”开头的 2 号行。

还有一点读者需要了解的是，在 obj 文件中一般顶点坐标与面的数据是必须选择的，而法向量与纹理数据是可选的。

7.1.2 用 3ds Max 设计 3D 模型

7.1.1 节介绍了 obj 文件的基本格式，从中可以看出虽然本质上 obj 是文本文件，但它不适合直接由人工录入各种内容。很多的 3D 模型设计工具都可以导出 obj 格式的模型文件，作者采用的是 3ds Max。3ds Max 是一款主流非常方便的 3D 建模软件，有着很高的市场占有率。用 3ds Max 设计完 3D 模型后，可以非常方便地导出成为各种格式的模型文件，当然也包括 obj 文件。

下面简要介绍一下如何用 3ds Max 导出 obj 模型文件，步骤如下所示。

（1）启动 3ds Max 软件，并用其设计一个 3D 模型，如图 7-1 所示。

（2）单击软件左上角的主菜单按钮，弹出下拉菜单后，单击“导出”选项。如图 7-2 所示。

（3）单击“导出”选项后，系统将弹出“选择要导出的文件”的对话框，输入期望的文件名，并将保存类型设置为“*.obj”，然后单击“保存”按钮，如图 7-3 所示。

（4）单击“保存”按钮后系统将弹出“OBJ 导出选项”对话框。首先选择面为“三角形”，然后选中纹理坐标选项，最后单击“确定”按钮，即可完成 obj 文件的导出，如图 7-4 所示。

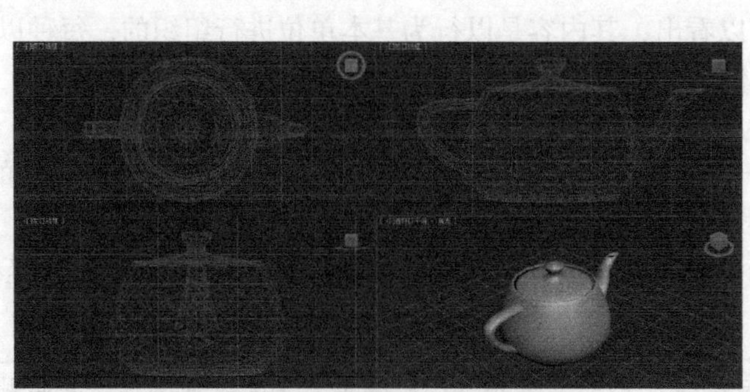

▲图 7-1　用 3ds Max 设计 3D 模型

▲图 7-2　选择“导出”选项

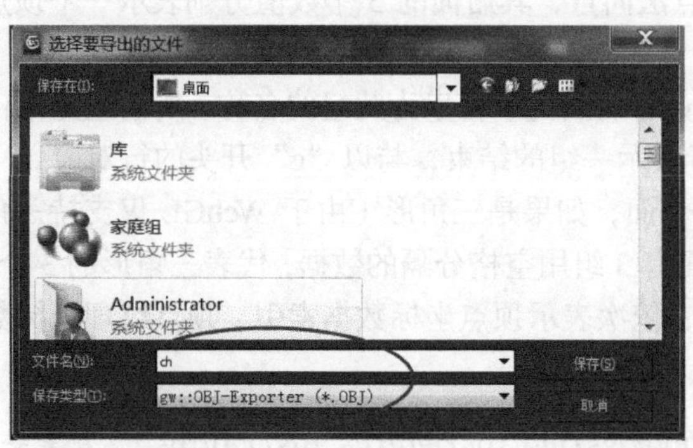

▲图 7-3　选择要导出的文件

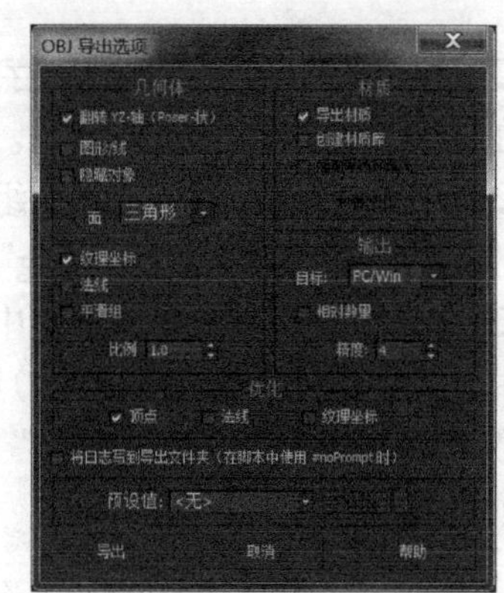

▲图 7-4　对象导出器

提示　面一定要设置为“三角形”，否则就不适合 WebGL 平台的应用程序来使用了。纹理坐标选项不一定要选中，需要根据渲染模型是否使用纹理映射来决定。

7.2 加载 obj 文件

7.1 节介绍了如何从 3ds Max 中导出 obj 文件，本节将通过几个具体的案例来介绍如何将 obj 文件中的数据加载进入应用程序中，并用 WebGL 渲染来呈现。

7.2.1　加载仅有顶点坐标与面数据的 obj 文件

本节将给出一个非常简单的加载 obj 文件的案例 Sample7_1，此案例中加载的 obj 文件仅有顶点坐标与面数据，其运行效果如图 7-5 所示。

▲图 7-5　案例 Sample7_1 的运行效果

说明 从图 7-5 中可以看出，本案例渲染的是一个茶壶。可知，直接用程序自动生成其顶点坐标是非常困难的，因此模型加载就成为 3D 应用程序开发人员必须掌握的技能。

看到本案例的运行效果后，下面就可以进行代码开发了。由于本案例与前面很多案例中的大部分代码是相同的，因此这里仅介绍新增且具有代表性的部分，具体如下所示。

（1）介绍加载后用于渲染物体的 ObjObject.js 文件，其代码如下。

代码位置：随书源代码/第 7 章/Sample7_1/js/util 目录下的 ObjObject.js。

```
function ObjObject(            //加载用于绘制的 3D 物体
  gl,                          //GL 上下文
  vertexDataIn,                //顶点坐标数组
  programIn                    //着色器程序对象
){
  this.vertexData=vertexDataIn;                    //接收顶点数据
  this.vcount=this.vertexData.length/3;            //得到顶点数量
  this.vertexBuffer=gl.createBuffer();             //创建顶点数据缓冲
  gl.bindBuffer(gl.ARRAY_BUFFER,this.vertexBuffer);  //将顶点数据送入缓冲
  gl.bufferData(gl.ARRAY_BUFFER,new Float32Array(this.vertexData),gl.STATIC_
  DRAW); //绑定数据
  this.program=programIn;                                    //接收着色器程序 id
  ……//此处省略了绘制物体的 drawSelf 方法，读者可自行查看随书源代码
}
```

提示 该类非常简单，它与前面章节中的物体类不同的是，其顶点的位置数据是由构造器参数传入的，而不是在该类中直接给出或计算出来的。

（2）开发完绘制加载物体的代码后，接下来将详细介绍发出读取 obj 文件请求并对接收的数据进行处理的 LoadBall.js 文件，其代码如下。

代码位置：随书源代码/第 7 章/Sample7_1/js 目录下的 LoadBall.js。

```
1   function loadObjFile(url){                          //请求读取 obj 文件的方法
2       var req = new XMLHttpRequest();                 //创建对服务器的请求
3       req.onreadystatechange = function () { processLoadObj(req) };
        //重写 onreadystatechange 事件
4       req.open("GET", url, true);                     //设置请求的类型和 obj 文件的路径
5       req.responseType = "text";                      //设置回应的类型
6       req.send(null);
7   }
8   function createObj(objDataIn){                      //用提取的数据创建绘制对象的方法
9       if(shaderProgArray[0]){                         //如果着色器已进行编译
10          ooTri=new ObjObject(gl,objDataIn.vertices,shaderProgArray[0]);//创建绘制
            用的物体
11      }else{                                          //如果着色器还未进行编译
12           setTimeout(function(){createObj(objDataIn);},10); //10ms 之后再次调用
13  }}
14  function processLoadObj(req){                       //重写后的 onreadystatechange 事件
15      if (req.readyState == 4) {                      //当接收到服务器传来的数据后
16           var objStr = req.responseText;             //得到 obj 文件的文本数据
17           var dataTemp=fromObjStrToObjectData(objStr);      //对数据进行处理和提取
18           createObj(dataTemp);                       //用提取的数据创建绘制对象
19  }}
```

- 第 1～7 行中的参数 url 为要加载的 obj 文件的路径及名称。此方法的主要作用是对请求的类型和 obj 文件的路径进行设置。
- 第 8～13 行为用提取的数据创建绘制对象的方法。需要注意的是，在此过程中需要检查着色器是否已经编译完成。如果没有完成，则需要延迟一段时间后再进行创建。

□ 第 14～19 行为触发 onreadystatechange 事件后调用的相关方法。当 readyState 的值为 4 时，说明数据接收完成。然后调用 fromObjStrToObjectData 方法在接收到的文本中提取相关的顶点和面信息，创建绘制对象。

（3）在对服务器的请求部分开发完毕之后，接下来将对提取顶点及面信息，并对其进行组织的 fromObjStrToObjectData 方法进行详细介绍，具体代码如下所示。

代码位置：随书源代码/第 7 章/Sample7_1/js 目录下的 LoadObjUtil.js。

```
1   function fromObjStrToObjectData(objStr){
2       var alv=new Array();                  //对于原始顶点坐标数组，直接从 obj 文件中加载
3       var alvResult=[];                     //对于结果顶点坐标数组，按面组织好
4       var lines = objStr.split("\n");//计算出的法向量坐标
5       for (var lineIndex in lines){  //遍历每一行的内容
6           var line = lines[lineIndex].replace(/[ \t]+/g, " ").replace(/\s\s*$/, "");   //替换空格
7           if (line[0] == "#"){          //此行以"#"开头
8               continue;                 //直接忽略此行
9           }
10          var array = line.split(" ");            //以空格为分隔符进行切分
11          if (array[0] == "v"){                   //如果此行以"v"开头
12              alv.push(parseFloat(array[1]));  //将此顶点的 x 坐标放入顶点数组中
13              alv.push(parseFloat(array[2]));  //将此顶点的 y 坐标放入顶点数组中
14              alv.push(parseFloat(array[3]));  //将此顶点的 z 坐标放入顶点数组中
15          }else if (array[0] == "f"){              //如果此行以"f"开头
16              if (array.length != 4){              //如果切分后得到的数组长度不为 4
17                  alert("array.length != 4");    //弹出警告
18                  continue;
19              }
20              for (var i = 1; i < 4; ++i){              //对切分后的数据进行遍历
21                  var tempArray=array[i].split("/");  //以"/"为分隔符进行分割
22                  var vIndex=tempArray[0]-1;           //得到顶点索引
23                  alvResult.push(alv[vIndex*3+0]); //将对应顶点的 x 坐标放入数组中
24                  alvResult.push(alv[vIndex*3+1]); //将对应顶点的 y 坐标放入数组中
25                  alvResult.push(alv[vIndex*3+2]); //将对应顶点的 z 坐标放入数组中
26      }}}
27      return new ObjectData(alvResult.length/3,alvResult);  //返回提取的数据
28  }
```

□ 第 2～14 行为遍历每一行后找到以"v"开头的相关数据，然后将顶点坐标放入 alv 数组中，以供后面的步骤中使用。

□ 第 15～26 行为找到以“f”为开头的顶点索引数据，然后找到相关顶点的坐标数据将其放入 alvResult 数组后返回。

（4）介绍完 JavaScript 代码后就应该介绍着色器了，首先是顶点着色器，其代码如下。

代码位置：随书源代码/第 7 章/Sample7_1/shader 目录下的 vertex.bns。

```
#version 300 es                     //着色器版本号
uniform mat4 uMVPMatrix;            //总变换矩阵
in vec3 aPosition;                  //从渲染管线上接收的顶点位置
out vec3 vPosition;                 //传递给片元着色器的顶点位置
void main() {                       //主函数
   gl_Position = uMVPMatrix * vec4(aPosition,1); //根据总变换矩阵计算此次绘制的顶点位置
   vPosition=aPosition; }           //将顶点位置传递给片元着色器
```

提示　此顶点着色器与一般案例中的基本没有区别，主要增加了通过易变变量 vPosition 将顶点位置传递给片元着色器的代码。

（5）介绍片元着色器，其代码如下。

代码位置：随书源代码/第 7 章/Sample7_1/shader 目录下的 shader.bns。

```
#version 300 es                          //着色器版本号
precision mediump float;                 //给出默认的浮点精度
```

```
in  vec3 vPosition;                          //从顶点着色器中接收的顶点位置
out vec4 fragColor;                          //最终的片元颜色
void main() {                                //主函数
    vec4 bColor=vec4(0.678,0.231,0.129,1.0);    //条纹的颜色(深红色)
    vec4 mColor=vec4(0.763,0.657,0.614,1.0);    //间隔区域的颜色(淡红色)
    float y=vPosition.y;                     //提取顶点的 y 坐标
    y=mod((y+100.0)*4.0,4.0);                //折算出区间值
    if(y>1.8) {                              //当区间值大于指定值时
      fragColor = bColor;                    //设置片元颜色为条纹的颜色
    } else {                                 //当区间值不大于指定值时
      fragColor = mColor; }}                 //设置片元颜色为间隔区域的颜色
```

提示 上述片元着色器主要是实现了条纹着色的效果（如图 7-5 所示），实现策略为根据片元 y 坐标所处的位置来决定片元是采用条纹颜色（深红色）还是间隔颜色（淡红色）进行着色。

7.2.2 加载后自动计算面法向量

前面案例中加载的茶壶仅采用了条纹着色策略，看起来效果不是很好，立体感不强。这是因为现实世界中的物体都是有光照的，有了光照以后层次感、立体感都会好很多。本节将给出一个根据加载顶点及三角形面的数据自动计算法向量并施加光照的案例，其运行效果如图 7-6 所示。

▲图 7-6 案例 Sample7_2 的运行效果

说明 从图 7-6 中可以看出，添加了光照效果后，茶壶的立体感增加了很多。因此实际开发中只要条件允许，一般都会采用光照效果。

看到本案例的运行效果后，下面就可以进行案例开发了。由于本案例仅是复制并修改了案例 Sample7_1，因此这里仅给出修改的步骤，具体如下所示。

（1）对定义绘制对象的 ObjObject.js 文件进行修改，添加存储法向量数据和将法向量传入渲染管线的相关代码，具体代码如下所示。

代码位置：随书源代码/第 7 章/Sample7_2/js/util 目录下的 ObjObject.js。

```
function ObjObject(        //加载用于绘制的 3D 物体
     gl,                   //GL上下文
     vertexDataIn,         //顶点坐标数组
     vertexNormalIn,       //顶点法向量数组
     programIn             //着色器程序对象
){
     ……//此处省略了接收顶点数据并送入缓冲的相关代码，读者可自行查看随书源代码
     this.vertexNormal=vertexNormalIn;                           //接收顶点法向量数据
     this.vertexNormalBuffer=gl.createBuffer();      //创建顶点法向量数据缓冲
     gl.bindBuffer(gl.ARRAY_BUFFER,this.vertexNormalBuffer);   //将顶点法向量数据送入缓冲
     gl.bufferData(gl.ARRAY_BUFFER,new Float32Array(this.vertexNormal),gl.STATIC_DRAW);
     //加载着色器程序
```

```
    this.program=programIn;
    this.drawSelf=function(ms){
        ……//此处省略了传入变换矩阵、顶点数据等相关代码，读者可自行查看随书源代码
        gl.enableVertexAttribArray(gl.getAttribLocation(this.program, "aNormal")); //启用法向量数据
        //将顶点法向量数据送入渲染管线
        gl.bindBuffer(gl.ARRAY_BUFFER, this.vertexNormalBuffer);
        gl.vertexAttribPointer(gl.getAttribLocation(this.program, "aNormal"),
        3, gl.FLOAT, false, 0, 0);
}}
```

提示　由于之前的案例中只使用了顶点位置的数据，所以在上面的代码中增加了接收顶点法向量数据、创建法向量缓冲、传入渲染管线的代码。由此可以发现，此部分与操作顶点位置的方式十分相似。

（2）对组织数据信息的 fromObjStrToObjectData 进行修改，增加计算面法向量的相关代码，具体情况如下所示。

代码位置：随书源代码/第 7 章/Sample7_2/js/util 目录下的 LoadObjUtil.js。

```
function fromObjStrToObjectData(objStr){
  var alv=new Array();              //对于原始顶点坐标数组，直接从 obj 文件中加载
  var alvResult=[];                 //对于结果顶点坐标数组，按面组织好
  var alnResult=[];                    //计算出的法向量坐标
  var lines = objStr.split("\n"); //根据换行符进行分割
  for (var lineIndex in lines) {  //遍历每一行的内容
    var line = lines[lineIndex].replace(/[ \t]+/g, " ").replace(/\s\s*$/, "");
    ……//此处省略了提取顶点坐标的相关代码，读者可自行查看随书源代码
    if (array[0] == "f"){                //如果当前行以"f"开头
      if (array.length != 4){            //如果数据长度不为 4
          alert("array.length != 4");    //弹出警告
          continue;
      }
      var tempArray=array[1].split("/"); //以"/"为分隔符进行分割
      var vIndex=tempArray[0]-1;           //得到第 1 个顶点索引
      vx0=alv[vIndex*3+0];       vy0=alv[vIndex*3+1];  vz0=alv[vIndex*3+2];
      //第 1 个顶点的位置
      alvResult.push(vx0);       alvResult.push(vy0);       alvResult.push(vz0);
      //存入此顶点的坐标
      var tempArray=array[2].split("/");    //以"/"为分隔符进行分割
      var vIndex=tempArray[0]-1;            //得到第 2 个顶点索引
      vx1=alv[vIndex*3+0];     vy1=alv[vIndex*3+1];  vz1=alv[vIndex*3+2];
      //第 2 个顶点的位置
      alvResult.push(vx1);  alvResult.push(vy1);  alvResult.push(vz1);
      //存入此顶点的坐标
      var tempArray=array[3].split("/");    //以"/"为分隔符进行分割
      var vIndex=tempArray[0]-1;            //得到第 3 个顶点索引
      vx2=alv[vIndex*3+0];      vy2=alv[vIndex*3+1]; vz2=alv[vIndex*3+2];
      //第 3 个顶点的位置
      alvResult.push(vx2);      alvResult.push(vy2); alvResult.push(vz2);
      //存入此顶点的坐标
      var vxa=vx1-vx0;      var vya=vy1-vy0; var vza=vz1-vz0;//第 1、2 顶点间的向量
      var vxb=vx2-vx0;      var vyb=vy2-vy0; var vzb=vz2-vz0;//第 1、3 顶点间的向量
      var vNormal=vectorNormal(getCrossProduct(vxa,vya,vza,vxb,vyb,vzb));
      //两向量叉积后规格化
      for(var i=0;i<3;i++){                       //将计算结果存储到法向量数组中
          alnResult.push(vNormal[0]); alnResult.push(vNormal[1]); alnResult.push
          (vNormal[2]);
  }}}
  return new ObjectData(alvResult.length/3,alvResult,alnResult);
}
```

```
34   function getCrossProduct( x1, y1, z1, x2, y2, z2){   //对两个向量求叉积的方法
35       var array=new Array();                            //存放结果的数组
36       // 求出两个向量叉积向量在 xyz 轴的分量 ABC
37       var A=y1*z2-y2*z1;    var B=z1*x2-z2*x1;    var C=x1*y2-x2*y1;
         //分别对分量进行计算
38       array.push(A,B,C);                                //将计算结果存储在数组中
39       return array;                                     //将数组返回
40   }
41   function vectorNormal(vector){                        //对向量进行规格化的方法
42       var module=Math.sqrt(vector[0]*vector[0]+vector[1]*vector[1]+vector[2]*
         vector[2]);                                       //求向量的模
43       return new Array(vector[0]/module,vector[1]/module,vector[2]/module);
         //进行规格化
44   }
```

- 第 4～31 行为计算面法向量的相关代码。其主要思路为在面信息数据中提取组成三角形面片的 3 个顶点索引，然后通过根据 3 个顶点的位置求得两个向量。最后对其进行叉积以得到三角形面片的法向量数据。
- 第 34～40 行为对两个向量求叉积的方法。叉积后得到的向量会垂直于由这两个向量所确定的平面，对此不太熟悉的读者可以自行查阅相关资料。
- 第 41～44 行为对向量进行规格化的相关方法。主要思路是首先运用数学公式求出此向量的模，然后将各个分量分别除以此向量的模，结果为规格化的向量。

7.2.3 加载后自动计算平均法向量

7.2.2 节的案例成功地为加载的物体添加了光照效果，但从图 7-6 中读者可能会发现，茶壶的表面不是平滑的，而是由很多的小平面组成的。这是因为 7.2.2 节采用的是面法向量，而绘制平滑曲面时应该采用点平均法向量。

提示 前面也介绍过点平均法向量是指当一个顶点属于多个平面时，其法向量应采用其所属的多个平面各自法向量的平均值。采用点平均法向量后，绘制出来的物体表面就平滑了。

本节将给出一个对加载物体采用点平均法向量进行光照渲染的案例 Sample7_3，其运行效果如图 7-7 所示。

▲图 7-7 案例 Sample7_3 的运行效果

看到本案例的运行效果后，下面就可以进行案例开发了。由于本案例仅是复制并修改了案例 Sample7_2，因此这里仅给出修改的步骤，具体如下所列。

说明 从图 7-7 中可以看出，采用点平均法向量绘制出来的茶壶又逼真了很多。但读者也不要认为点平均法向量就优于面法向量，关键取决于待绘制物体表面的性质，棱角分明的物体还应采用面法向量进行光照渲染的。

（1）为了进一步简化开发过程，首先定义一个向量类，它里面存储法向量的 x、y、z 坐标信息并与其他法向量进行比较的方法，具体代码如下所示。

代码位置：随书源代码/第 7 章/Sample7_3/js/util 目录下的 LoadObjUtil.js。

```
1   function Normal(nxIn,nyIn,nzIn){  //法向量类
2       this.nx=nxIn;                   //设置法向量的 x 分量
3       this.ny=nyIn;                   //设置法向量的 y 分量
4       this.nz=nzIn;                   //设置法向量的 z 分量
5       this.compareNormal=function(normal){      //与其他法向量进行比较的方法
6           var DIFF=0.000001;          //允许的误差
7           if((this.nx-normal.nx<DIFF)&&(this.ny-normal.ny<DIFF)&&(this.nz-normal.nz<DIFF)){
8               return false;           //如果 3 个分量的差值都在误差范围内则返回 false
9           }else{
10              return true;            //如果 3 个分量的差值不都在误差范围内则返回 true
11  }}}
```

提示　第 5～11 行为与其他法向量进行比较的方法。需要注意的是，由于计算机在进行浮点数运算时会有一定的误差，所以开发人员在比较两个向量是否相同时需要给出误差范围。

（2）开发完向量类后，接下来开发法向量的管理类。其功能为将同一顶点的不同法向量放置在一个数组内，以方便后面的计算。其具体代码如下所示。

代码位置：随书源代码/第 7 章/Sample7_3/js/util 目录下的 LoadObjUtil.js。

```
function SetOfNormal(){                             //法向量的管理类
  this.array=new Array();                           //声明存放法向量的数组，其长度与顶点数相同
  this.add=function(index,normal){                  //添加法向量的方法
    if(this.array[index]==null){                    //如果代表顶点的数组中没有法向量
      this.array[index]= new Array();               //新建一个存放法向量的数组
      this.array[index].push(normal);               //直接将对应的法向量存入
    }else{                                          //如果代表顶点的数组中已经有法向量
      var flag=true;                                //能否将当前法向量存入数组的标志位
      for(var j=0;j<this.array[index].length;j++){      //遍历对应数组，如果有相同的法向量，则不存入
      if(this.array[index][j].compareNormal(normal)==false){flag=false;}
    }
    if(flag=true){this.array[index].push(normal);}    //如果没有相同的，则将其存入
}}}
```

说明　如果不比较大小将所有的法向量直接放入对应数组中，那么在计算平均法向量时计算量会很大，影响运行效率。所以在添加法向量时需要对其进行比较，以提升程序的运行效率。

（3）对组织数据信息的 fromObjStrToObjectData 进行修改，增加计算平均法向量并将其组织后进行存储的相关代码，具体情况如下所示。

代码位置：随书源代码/第 7 章/Sample7_3/js/util 目录下的 LoadObjUtil.js。

```
function fromObjStrToObjectData(objStr){
  ……//此处省略了声明多个数组的相关代码，读者可自行查看随书源代码
  var aln=[];                          //存放平均法向量的数组
  var alnResult=[];                    //存放按照索引进行组织的法向量
  var alFaceIndex=[];                  //存放面索引的数组
  var setOfNormal=new SetOfNormal();           //新建法向量的管理对象
  var lines = objStr.split("\n");
  for (var lineIndex in lines){
    ……//此处省略处理注释和顶点坐标的相关代码，读者可自行查看随书源代码
   if (array[0] == "f") {
       var index=new Array(3);             //3 个顶点索引值的数组
       ……//此处省略提取顶点索引的相关代码，读者可自行查看随书源代码
```

```
            alFaceIndex.push(index[0], index[1], index[2]); //记录此面的顶点索引
            var vxa=vx1-vx0;    var vya=vy1-vy0; var vza=vz1-vz0;
            //计算第 1、2 顶点间的向量
            var vxb=vx2-vx0;    var vyb=vy2-vy0; var vzb=vz2-vz0;
            //计算第 1、3 顶点间的向量
            var vNormal= vectorNormal(getCrossProduct(vxa,vya,vza,vxb,vyb,vzb));
            //叉积后规格化
            setOfNormal.add(index[0],vNormal); //将此法向量存入代表第 1 个顶点的数组内
            setOfNormal.add(index[1],vNormal); //将此法向量存入代表第 2 个顶点的数组内
            setOfNormal.add(index[2],vNormal); //将此法向量存入代表第 3 个顶点的数组内
    }}
    for(i=0;i<setOfNormal.array.length;i++){          //对数组进行遍历
       var avernormal=new Array(0,0,0);               //新建一个代表平均法向量的数组
       if(setOfNormal.array[i]!=null){                //如果当前数组不为空
        for(j=0;j<setOfNormal.array[i].length;j++){             //对内部元素进行遍历
          avernormal[0]+=(setOfNormal.array[i][j]).nx;          //更新法向量和 x 分量
          avernormal[1]+=(setOfNormal.array[i][j]).ny;          //更新法向量和 y 分量
          avernormal[2]+=(setOfNormal.array[i][j]).nz;          //更新法向量和 z 分量
        }
        avernormal=vectorNormal(avernormal);                      //对法向量进行规格化
        aln.push(avernormal.nx,avernormal.ny,avernormal.nz);
        //将平均法向量存放到 aln 数组内
    }}
    for(i=0;i<alFaceIndex.length;i++){ //对索引数组进行遍历，将对应法向量存入 alnResult
    数组中
       alnResult.push(aln[alFaceIndex[i]*3],aln[alFaceIndex[i]*3+1],aln[alFaceIndex
       [i]*3+2]);
    }
    return new ObjectData(alvResult.length/3,alvResult,alnResult);
    //返回顶点坐标和平均法向量
}
```

说明 上述代码在计算出各个面的法向量后不是直接将结果送入法向量列表，而是将法向量记录到二维数组的对应位置中。当所有面的法向量计算结束后，再求出各个顶点的平均法向量，接着送入法向量数据数组中以供创建加载物体对象。

由于本案例中用到的着色器与上一个案例的完全相同，因此这里不再赘述。

7.2.4 加载纹理坐标

7.2.3 节已经给出了对加载后的物体采用点平均法向量实施光照的案例，效果已经很不错。但现实世界中的物体表面并不一定是纯色的，可能是有花纹的，如白瓷的手绘茶壶。本节将给出加载时也要加载纹理坐标信息的案例 Sample7_4，其运行效果如图 7-8 所示。

▲图 7-8 案例 Sample7_4 的运行效果

说明 从图 7-8 中可以看出，它在光照的基础上又增加了纹理映射，之后茶壶更漂亮了。

看到本案例的运行效果后，下面就可以进行案例开发了。由于本案例仅是复制并修改了案例 Sample7_3，因此这里仅给出修改的步骤，具体如下所示。

（1）对加载后用于渲染物理的 ObjObject.js 文件进行修改，增加了加载纹理坐标数据并送入渲染管线的相关代码，具体内容如下所示。

代码位置：随书源代码/第 7 章/Sample7_4/js/util 目录下的 ObjObject.js。

```
function ObjObject(                    //加载用于绘制的 3D 物体
    gl,                                //GL 上下文
    vertexDataIn,                      //顶点坐标数组
    vertexNormalIn,                    //顶点法向量数组
    vertexTexCoorIn,                   //顶点纹理坐标数组
    programIn                          //着色器程序对象
  ){
    ……//此处省略了部分代码，它与前面案例中的相同
    this.vertexTexCoor=vertexTexCoorIn;                //接收顶点纹理坐标数据
    this.vertexTexCoorBuffer=gl.createBuffer();        //创建顶点纹理坐标缓冲
    gl.bindBuffer(gl.ARRAY_BUFFER,this.vertexTexCoorBuffer);//绑定顶点纹理坐标缓冲
    gl.bufferData(gl.ARRAY_BUFFER,new Float32Array(this.vertexTexCoor),gl.STATIC_DRAW);
    this.program=programIn;                            //加载着色器程序
    gl.uniform1i(gl.getUniformLocation(this.program, "sTexture"), 0); //设置纹理
    this.drawSelf=function(ms,texture){
        ……//此处省略了部分代码，它与前面案例中的相同
        gl.enableVertexAttribArray(gl.getAttribLocation(this.program, "aTexCoor")); //启用纹理坐标
        //将顶点纹理坐标数据送入渲染管线
        gl.bindBuffer(gl.ARRAY_BUFFER, this.vertexTexCoorBuffer);
        gl.vertexAttribPointer(gl.getAttribLocation(this.program, "aTexCoor"), 2, gl.FLOAT, false, 0, 0);
        gl.bindTexture(gl.TEXTURE_2D, texture);            //绑定纹理
        gl.drawArrays(gl.TRIANGLES, 0, this.vcount);       //用顶点法绘制物体
    }}
```

提示　该类主要增加了接收纹理坐标数据并将其送入缓冲以备渲染管线使用的代码，以及绘制时将纹理坐标送入渲染管线与绑定纹理的相关代码，其他部分与上一案例中的基本相同。需要注意的是，drawSelf 方法中也增加了接收纹理 id 的入口参数 texture，这样在绘制时可以根据需要传入不同的纹理，增加了程序的灵活性。

（2）对组织数据信息的 fromObjStrToObjectData 方法进行修改，增加了提取纹理坐标并按照顺序组织后进行存储的相关代码，具体情况如下所示。

代码位置：随书源代码/第 7 章/Sample7_4/js/util 目录下的 LoadObjUtil.js。

```
function fromObjStrToObjectData(objStr){
  var alt=[];                        //原始顶点纹理坐标数组
  var altResult=[];                  //结果顶点纹理坐标数组，按面组织好
  ……//此处省略了部分代码，它与前面案例中的相同
  var lines = objStr.split("\n"); //以换行符为分隔符进行分割
  for (var lineIndex in lines) {  //遍历每一行的内容
      var line = lines[lineIndex].replace(/[ \t]+/g, " ").replace(/\s\s*$/, "");
      ……//此处省略了部分代码，它与前面案例中的相同
      if (array[0] == "vt"){                       //如果此行以"vt"开头
         alt.push(parseFloat(array[1]));           //存入 S 轴坐标
         alt.push(1.0-parseFloat(array[2]));       //存入 T 轴坐标
      }else if (array[0] == "f"){                  //如果此行以"f"开头
         var index=new Array(3);                   //3 个顶点索引值的数组
         var tempArray=array[1].split("/");        //以"/"为分隔符进行分割
         index[0]=tempArray[0]-1;                  //提取顶点坐标索引
         vx0=alv[index[0]*3+0];   vy0=alv[index[0]*3+1]; vz0=alv[index[0]*3+2]; //找到对应顶点坐标
         alvResult.push(vx0 ,vy0, vz0);            //存入对应顶点坐标
         altResult.push(alt[(tempArray[1]-1)*2+0]); //找到对应顶点的 S 轴纹理坐标并存入
```

```
            altResult.push(alt[(tempArray[1]-1)*2+1]);//找到对应顶点的 T 轴纹理坐标并存入
            alFaceIndex.push(index[0]);              //存入顶点索引
            ……//此处省略了求其他两个顶点位置的坐标和纹理坐标的代码，读者可自行查阅随书源代码
    }}
    ……//此处省略了部分代码，它与前面案例中的相同
    return new ObjectData(alvResult.length/3,alvResult,altResult,alnResult);
}
```

上述代码主要增加了从 obj 文件中加载顶点纹理坐标数据，并将纹理坐标数据存放到数组中以供创建加载对象使用的相关代码，其他部分与前面案例中的基本相同。

在 WebGL 坐标系统中，纹理坐标的原点是纹理图的左上角，但也有一些 3D 系统采用的是以纹理图左下角为原点、*S* 轴向右、*T* 轴向上的纹理坐标系统，obj 文件中的纹理坐标就是如此。所以上述代码中使用了"$T_{本书}$=1.0−$T_{左下角为原点}$"的公式进行 *T* 轴纹理坐标转换。

本案例中用到的着色器是在上一个案例中着色器的基础上增加了接收纹理坐标、纹理数据以及进行纹理采样的相关代码，其他部分没有变化。由于接收纹理坐标、纹理数据以及进行纹理采样的代码在第 6 章的案例中已经进行了详细介绍，故这里不再赘述，需要的读者请参考随书源代码。

7.2.5　加载顶点法向量

前面的案例都是加载 obj 文件后再根据顶点坐标计算法向量的，这样不仅提高了程序开发的工作量，还会降低运行速度。在导出 3D 模型时，在"OBJ 导出选项"中勾选法线选项，便可导出带有法向量的 obj 文件，加载时便可将法向量一起加载。本节将给出一个加载带有法向量的 obj 文件的案例 Sample7_5。

该案例实际上是复制案例 Sample7_4，并对从 obj 文件中读入数据并创建绘制类对象的 fromObjStrToObjectData 方法进行修改，因此，这里仅给出修改后的 fromObjStrToObjectData 方法，其具体代码如下。

> **提示**　从运行效果的角度来说，案例 Sample7_5 与案例 Sample7_4 是相同的，但 Sample7_5 的法向量数据是从 obj 文件中直接加载的，更方便些。

代码位置：随书源代码/第 7 章/Sample7_5/js/util 目录下的 LoadObjUtil.js。

```
function fromObjStrToObjectData(objStr){
    var alv=new Array();                    //对于原始顶点坐标数组，直接从 obj 文件中加载
    var alvResult=[];                       //对于结果顶点坐标数组，按面组织好
    var alt=new Array();                    //原始纹理坐标数组
    var altResult=[];                       //纹理坐标结果数组
    var aln=new Array();                    //原始法向量数组
    var alnResult=[];                       //法向量结果数组
    var lines = objStr.split("\n");         //以换行符为分隔符进行分割
    for (var lineIndex in lines) {          //遍历每一行的内容
     var line = lines[lineIndex].replace(/[ \t]+/g, " ").replace(/\s\s*$/, "");
     var array = line.split(" ");
     if (array[0] == "v") {                 //如果此行以"v"开头
        alv.push(parseFloat(array[1], array[2]), array[3])));  //存入顶点原始坐标
     }else if (array[0] == "vt") {          //如果此行以"v"开头
        alt.push(parseFloat(array[1]));//存入顶点 S 轴的纹理坐标
        alt.push(1.0-parseFloat(array[2]));        //存入顶点 T 轴的纹理坐标
     }else if (array[0] == "vn") {                 //如果此行以"vn"开头
        aln.push(parseFloat(array[1]));            //存入顶点法向量的 x 轴分量
        aln.push(parseFloat(array[2]));            //存入顶点法向量的 y 轴分量
        aln.push(parseFloat(array[3]));            //存入顶点法向量的 z 轴分量
     }else if (array[0] == "f"){                   //如果此行以"f"开头
        for (var i = 1; i < 4; ++i) {              //对索引内容进行遍历
```

```
23          var tempArray=array[i].split("/"); //以"/"为分隔符进行分割
24          var vIndex=tempArray[0]-1;          //提取顶点坐标索引
25          var tIndex=tempArray[1]-1;          //提取纹理坐标索引
26          var nIndex=tempArray[2]-1;          //提取法向量索引
27          alvResult.push(alv[vIndex*3+0], alv[vIndex*3+1], alv[vIndex*3+2]);
            //存入顶点坐标数组
28          altResult.push(alt[tIndex*2+0], alt[tIndex*2+1]); //存入纹理坐标数组
29          alnResult.push(aln[nIndex*3+0], aln[nIndex*3+1], aln[nIndex*3+2]);
            //存入法向量数组
30      }}}
31      return new ObjectData(alvResult.length/3,alvResult,altResult,alnResult);
        //返回相关数据
32  }
```

- 第 6～7 行声明了原始法向量数组和法向量结果数组。其中原始法向量数组存放的是从 obj 文件中读取的原始法向量，法向量结果数组存放的是各个三角形面对应顶点的相应法向量值。
- 第 12～20 行为从 obj 文件中读入顶点数据、纹理数据、法向量数据的相关代码。
- 第 21～31 行为读取 obj 文件中的面数据，并依照相关信息将顶点、纹理、法向量等数据依次组织到相应结果列表中，最终返回组织好的数据。

提示　由于本案例中用到的着色器与案例 Sample7_4 中的完全相同，因此这里不再赘述。

7.3 双面光照

由于前面介绍的 3D 茶壶是有盖的封闭物体，因此在顶点着色器中只进行了正面的光照计算，且在程序中打开了背面剪裁，这些都有助于提高程序的运行效率。但对于非封闭物体而言，若还继续采用上述策略，则在某些情况下会产生不正确的绘制效果。

以案例 Sample7_3 为例，若将加载的模型换成无盖的茶壶，则在某些角度进行观察时会看到不正确的绘制效果，如图 7-9 所示。

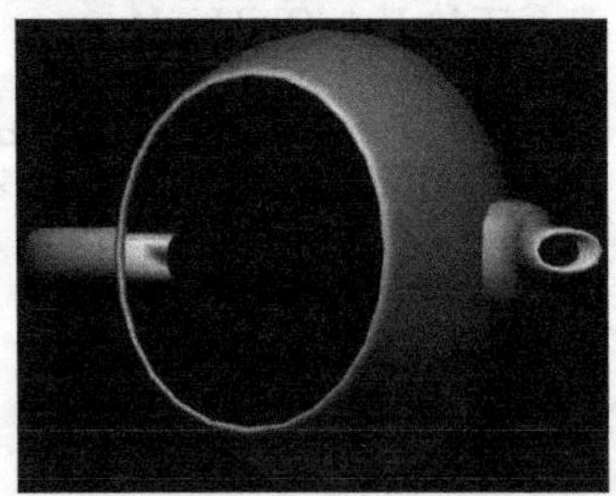

▲图 7-9　开启背面剪裁的无盖茶壶案例的运行效果

说明　从图 7-9 中可以看出，在对于无盖的 3D 茶壶（非封闭物体）进行渲染时，由于打开了背面剪裁，因此茶壶的内侧是不可见的。当观察内侧时就看到了不正确的绘制效果，例如透过内侧看到了外面的把手和壶嘴。

若此时关闭背面剪裁，也就是将案例 Sample7_3 中的“gl.enable（gl.CULL_FACE）”替换为“gl.disable（gl.CULL_FACE）”，则可以看到茶壶内侧，具体效果如图 7-10 所示。

▲图 7-10　关闭背面剪裁的无盖茶壶案例的运行效果

> **说明**
> 从图 7-10 中可以看出，虽然这时可以看到茶壶的背面，但由于没有使用双面光照，所以内侧只有环境光的效果。而环境光较暗，因此内侧看得不是很清楚。读者若是想看到上述图 7-9 与图 7-10 所示的运行效果只需要将案例 Sample7_3 中的"ch.obj"替换为 Sample7_6 中的"ch.obj"，并简单修改代码即可。

从上述讲解中可以看出，对于非封闭物体，想要得到正确的绘制效果，一方面需要关闭背面剪裁，另一方面需要采用双面光照。下面将给出一个使用双面光照的案例 Sample7_6，其具体开发步骤如下。

（1）复制案例 Sample7_3，将其重命名为 Sample7_6，并将其中的"ch.obj"文件替换为无盖茶壶的模型 obj 文件，再关闭背面剪裁。

（2）将顶点着色器修改为使用双面光照的版本，具体代码如下。

代码位置：随书源代码/第 7 章/Sample7_6/shader 目录下的 vertex.bns。

```
1    #version 300 es                          //版本号
2    uniform mat4 uMVPMatrix;                 //总变换矩阵
3    uniform mat4 uMMatrix;                   //变换矩阵
4    uniform vec3 uLightLocation;             //光源位置
5    uniform vec3 uCamera;                    //摄像机位置
6    in vec3 aPosition;                       //顶点位置
7    in vec3 aNormal;                         //顶点法向量
8    out vec4 finalLightZ;                    //传递给片元着色器的正面光最终强度
9    out vec4 finalLightF;                    //传递给片元着色器的反面光最终强度
10   ......//此处省略了定位光光照计算的方法，读者可自行查看随书源代码
11   void main(){                             //主函数
12   gl_Position=uMVPMatrix*vec4(aPosition,1); //根据总变换矩阵计算此次绘制的顶点位置
13   vec4 ambientTemp,diffuseTemp,specularTemp;//存放环境光、散射光、镜面反射光的临时变量
14   ......//此处省略了进行正面光照计算的代码，读者可自行查看随书源代码
15   //进行反面光照计算
16   pointLight(normalize(-aNormal),ambientTemp,diffuseTemp,specularTemp,uLightLocation,
17   vec4(0.1,0.1,0.1,1.0),vec4(0.7,0.7,0.7,1.0),vec4(0.3,0.3,0.3,1.0));
18   finalLightF=ambientTemp+diffuseTemp+specularTemp;     //计算反面光最终强度
19   }
```

> **提示**
> 此顶点着色器与介绍光照时案例中的基本相同，只是在该顶点着色器中增加了对 3D 物体反面进行光照计算的代码，以及声明了传递给片元着色器的物体反面光照的相关变量。同时请注意，第 16 行说明了进行反面光照计算时采用的法向量是正面法向量的负值。

（3）对顶点着色器进行修改后，下面将详细介绍对片元着色器的修改。该片元着色器与案例 Sample7_3 中片元着色器的不同之处是，它增加了对 3D 物体反面片元颜色计算的代码，其具体代码如下。

代码位置：随书源代码/第 7 章/Sample7_6/shader 目录下的 fragment.bns。

```
#version 300 es                              //版本号
precision mediump float;                     //设置浮点精度
in vec4 finalLightZ;                         //接收从顶点着色器传来的正面光最终强度
in vec4 finalLightF;                         //接收从顶点着色器传来的反面光最终强度
out vec4 fragColor;                          //输出的片元颜色
void main(){                                 //主函数
vec3 Color=vec3(0.9,0.9,0.9);                //片元的原始颜色
if(gl_FrontFacing){                          //判断是正面还是反面
     fragColor = vec4(finalLightZ.xyz*Color.xyz,1.0);//给此片元赋正面颜色值
 }else{                                      //如果是反面
      fragColor = vec4(finalLightF.xyz*Color.xyz,1.0);//给此片元赋反面颜色值
}}
```

提示　上述片元着色器主要实现了对 3D 物体的正反面进行最终片元颜色的计算。具体操作为根据内置变量 gl_FrontFacing 来判断当前处理的片元是物体的正面还是反面，并且进行相应的计算，以获得该片元的最终颜色值。

修改完成后，运行案例 Sample7_6，效果如图 7-11 所示。

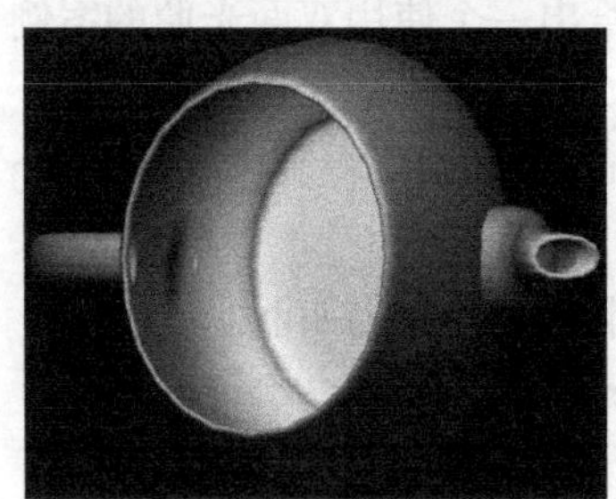

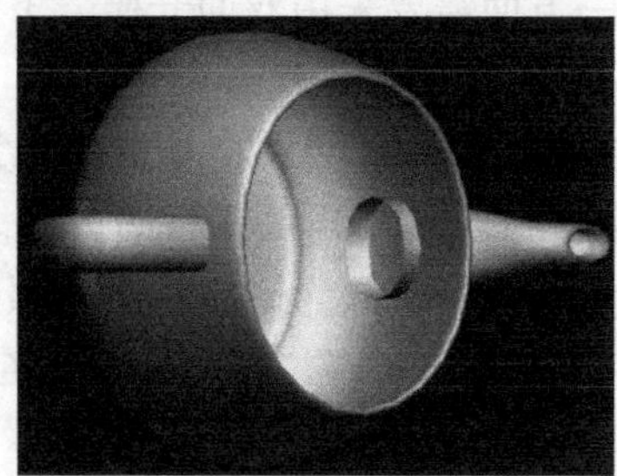

▲图 7-11　对无盖茶壶进行双面光照计算的运行结果

提示　从图 7-11 中可以看出，现在的无盖 3D 茶壶极为真实，无论是从外侧看还是从内侧看，茶壶的光照效果都是很正常的，不再有前面图 7-9、图 7-10 所示的那些问题。

从上述案例的介绍中可以看出，掌握了正面光照的计算后想升级为双面光照是很简单的。只需要增加反面光照计算相关的代码，并在片元着色器中根据内建变量 gl_FrontFacing 的值给片元赋值为正面或反面光照颜色。

7.4 本章小结

本章主要介绍了如何利用 3ds Max 软件导出 obj 模型文件，以及如何在应用程序中加载模型以进行渲染。有了加载模型的能力后，读者的开发能力应该有了质的飞跃，可以开发出有任意几何形状的 3D 物体了，这也为后面制作复杂的 3D 场景打下了良好的基础。

第8章　混合与雾

前面介绍了很多关于 WebGL 2.0 开发的基础知识，掌握了这些基础知识后已经具备了搭建一些简单场景的能力。本章将在这个基础上更上一层楼，向读者介绍两种独特的场景渲染技术，它们是混合与雾。

8.1 混合技术

到目前为止，本书案例中的物体都是不透明的，这在很多情况下能够满足需求。但现实世界中还有很多半透明的物体，如果希望在场景中真实再现此类物体，最常用的技术就是混合。本节将详细介绍混合各方面的知识，最后给出两个使用混合的小案例。

8.1.1　混合基本知识

顾名思义，混合技术就是将两个片元调和，主要通过各项测试将准备进入帧缓冲的片元（源片元）与帧缓冲中的原有片元（目标片元）按照设定的比例加权计算出最终片元的颜色值。也就是说在启用混合技术的情况下，新片元将不再直接覆盖缓冲区中的源片元，具体情况如图 8-1 所示。

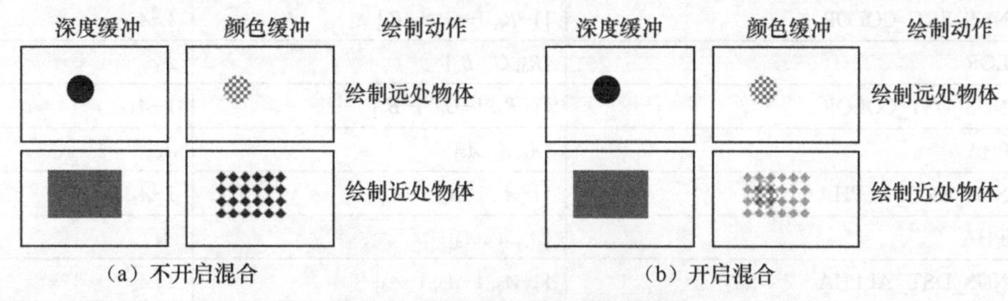

▲图 8-1　通过混合实现半透明的原理

> **说明**　从图 8-1 中可以看出，开启了混合以后，最终看到的场景是近处物体透出一些远处物体的内容。当然透过的比例取决于参数的设置，后面将详细介绍。另外，图 8-1 所示的深度缓冲中颜色越深表示深度越小，这是因为从灰度值的角度考虑，值越大颜色越浅。

从前面的介绍已经知道，混合前需要首先设定加权比例。WebGL 中是通过设置混合因子来指定两个片元的加权比例的，每次都需要给出两个混合因子，具体如下所示。

- 第一个是源因子，用于确定进入帧缓冲中的片元在最终片元中的比例。
- 第二个是目标因子，用于确定原帧缓冲中的片元在最终片元中的比例。

由于 WebGL 中的每个颜色值包括 4 个色彩通道，因此两种因子都有 4 个分量，分别对应一个色彩通道，具体的混合计算细节如下所示。

- 设源因子和目标因子分别为$[S_r, S_g, S_b, S_a]$和$[D_r, D_g, D_b, D_a]$，$\boldsymbol{S}$ 表示源因子，$\boldsymbol{D}$ 表示目标因子，下标 r、g、b、a 分别表示红、绿、蓝、透明度 4 个色彩通道。
- 设源片元与目标片元的颜色值分别为$[R_s, G_s, B_s, A_s]$和$[R_d, G_d, B_d, A_d]$，R、G、B、A 分别表示红、绿、蓝、透明度 4 个色彩通道，下标 s 表示源片元，下标 d 表示目标片元。
- 混合后最终片元颜色中各个色彩通道的值为$[R_sS_r+R_dD_r$，$G_sS_g+G_dD_g$，$B_sS_b+B_dD_b$，$A_sS_a+A_dD_a]$。

提示　经过加权计算后，最终片元的某些通道值可能会超过 1.0，此时渲染管线会自动执行截取操作，将大于 1.0 的通道值设置为 1.0。

8.1.2　源因子和目标因子

从 8.1.1 节的介绍中可以看出，运用混合技术时最重要的就是设置合适的混合因子。在其他一些 3D 渲染平台中，混合因子中 4 个通道的值可以由开发人员自由设置，如 OpenGL、DirectX 等。

出于简化的考虑，WebGL 不允许开发人员任意设置混合因子的值，只允许开发人员根据需要从系统预置的因子值（可选的因子值在 WebGL 中作为 WebGL 上下文对象的属性来提供）中选取，常用的混合因子值如表 8-1 所示。

表 8-1　　系统提供的源因子和目标因子

常　量　名	R、G、B 混合因子	A 混合因子
ZERO	[0, 0, 0]	0
ONE	[1, 1, 1]	1
SRC_COLOR	$[R_s, G_s, B_s]$	A_s
ONE_MINUS_SRC_COLOR	$[1-R_s, 1-G_s, 1-B_s]$	$1-A_s$
DST_COLOR	$[R_d, G_d, B_d]$	A_d
ONE_MINUS_DST_COLOR	$[1-R_d, 1-G_d, 1-B_d]$	$1-A_d$
SRC_ALPHA	$[A_s, A_s, A_s]$	A_s
ONE_MINUS_SRC_ALPHA	$[1-A_s, 1-A_s, 1-A_s]$	$1-A_s$
DST_ALPHA	$[A_d, A_d, A_d]$	A_d
ONE_MINUS_DST_ALPHA	$[1-A_d, 1-A_d, 1-A_d]$	$1-A_d$
SRC_ALPHA_SATURATE	$[f, f, f]$　f=min$(A_s, 1-A_d)$	1
CONSTANT_COLOR	$[R_c, G_c, B_c]$	A_c
ONE_MINUS_CONSTANT_COLOR	$[1-R_c, 1-G_c, 1-B_c]$	$1-A_c$
CONSTANT_ALPHA	$[A_c, A_c, A_c]$	A_c
ONE_MINUS_CONSTANT_ALPHA	$[1-A_c, 1-A_c, 1-A_c]$	$1-A_c$

提示　常量名称中 SRC 代表的各通道值来自源片元，DST 代表的各通道值来自目标片元，另外 SRC_ALPHA_SATURATE 只能用作源因子。

在表 8-1 中每行右侧的两列给出了此行混合因子 R、G、B、A 通道的值。执行混合时，渲染管线将采用这些值依照 8.1.1 节给出的计算方法进行计算。读者可以根据混合需求选择不同的源因子与目标因子进行组合，恰当的组合可以产生很好的效果。

下面给出两种常用的组合，具体情况如下所示。

- 源因子为 SRC_ALPHA，目标因子为 ONE_MINUS_SRC_ALPHA，即源因子和目标因子分别为[A_s, A_s, A_s, A_s]和[1−A_s, 1−A_s, 1−A_s, 1−A_s]。若源片元是透明的，则根据透明度透过后面的内容；若源片元不透明，则仅能看到源片元。
- 源因子为 SRC_COLOR，目标因子为 ONE_MINUS_SRC_COLOR，即源因子和目标因子分别为[R_s, G_s, B_s, A_s]和[1−R_s, 1−G_s, 1−B_s, 1−A_s]。此组合可以实现滤光镜效果，也就是平时透过有色眼镜或玻璃窗观察事物的感觉。

8.1.3 简单混合效果的案例

8.1.2 节中介绍了两种常用的混合因子组合，本节将通过两个简单的案例来说明这两种混合因子组合的使用。首先介绍的是采用滤光镜效果因子组合的案例 Sample8_1，其运行效果如图 8-2 所示。

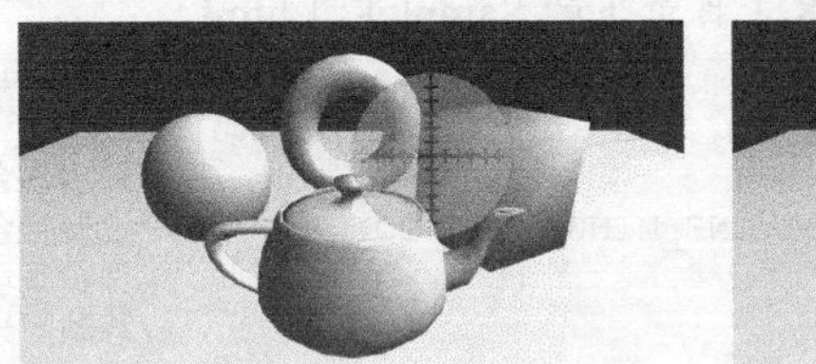
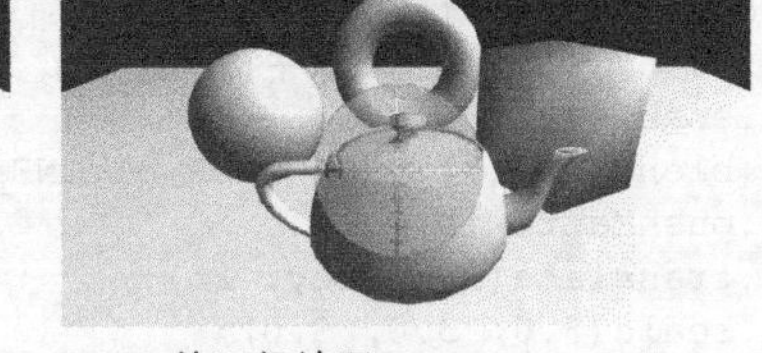

▲图 8-2 案例 Sample8_1 的运行效果

> **提示** 从图 8-2 中可以看出，场景中有一个可以移动的类似瞄准镜的圆形，透过此圆形可以看到后面的物体。另外，案例运行时用手指触摸屏幕的左右两侧，滤光镜圆形会左右移动。用手指触摸屏幕中间的上下两侧，滤光镜会上下移动，如图 8-3 所示。

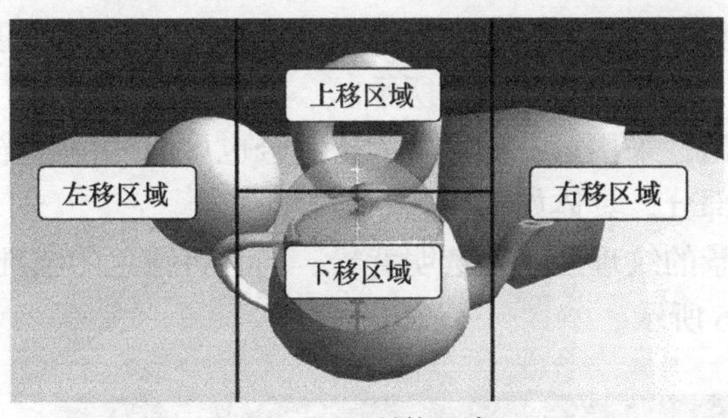

▲图 8-3 触控区域

了解了案例的运行效果及操控方式后，介绍案例的开发步骤，具体如下。

（1）用 3ds Max 生成 5 个基本物体（平面、圆环、茶壶、立方体、圆球），导出生成 obj 文件并放入项目的 obj 目录中待用。

（2）开发出搭建场景的基本代码，包括加载物体、摆放物体、计算光照等。这些代码与前面许多案例中的代码基本套路完全一致，因此这里不再赘述。

（3）开发一个关于纹理矩形的 TextureRect.js 文件，用来呈现滤光镜。此类在前面很多案例中已经出现过，这里也不再赘述。

（4）准备好本案例中需要用到的滤光镜纹理图片（lgq.png），其内容如图 8-4 所示。

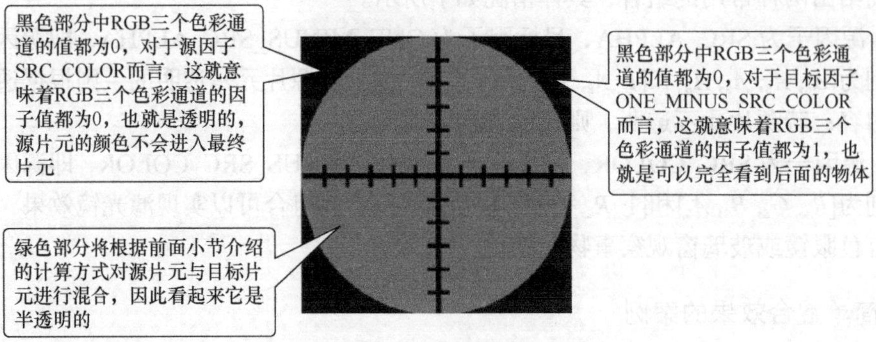

黑色部分中RGB三个色彩通道的值都为0，对于源因子SRC_COLOR而言，这就意味着RGB三个色彩通道的因子值都为0，也就是透明的，源片元的颜色不会进入最终片元

黑色部分中RGB三个色彩通道的值都为0，对于目标因子ONE_MINUS_SRC_COLOR而言，这就意味着RGB三个色彩通道的因子值都为1，也就是可以完全看到后面的物体

绿色部分将根据前面小节介绍的计算方式对源片元与目标片元进行混合，因此看起来它是半透明的

▲图 8-4　滤光镜纹理

（5）在渲染场景的 Sample8_1.html 文件的 drawFrame 方法内添加启用混合模式并绘制滤光镜的代码，具体内容如下。

代码位置：随书源代码/第 8 章/Sample8_1 目录下的 Sample8_1.html。

```
function drawFrame(){
    ……//此处省略了绘制场景中物体的代码，读者可自行查看随书源代码
    gl.enable(gl.BLEND);                                    //开启混合
    gl.blendFunc(gl.SRC_COLOR,gl.ONE_MINUS_SRC_COLOR);      //设置混合因子
    ms.pushMatrix();                                        //保护现场
    ms.translate(rex, rey, 25);                             //移动滤光镜
    ms.scale(3.0, 3.0, 3.0);                                //进行缩放
    tex.drawSelf(ms,earthTex);                              //绘制滤光镜
    ms.popMatrix();                                         //恢复现场
    gl.disable(gl.BLEND);                                   //关闭混合
}
```

说明　上述代码在绘制滤光镜时首先启用了混合，然后设置了滤光镜因子组合，最后绘制了滤光镜纹理矩形并关闭了混合。

要想实现半透明的滤光镜效果不但可以采用滤光镜因子组合，还可以采用 8.1.2 节介绍的第一种因子组合。下面将案例 Sample8_1 复制，并进行简单修改以得到采用第一种因子组合的案例 Sample8_1a，其运行效果如图 8-5 所示。

从图 8-5 中可以看出，采用第一种混合因子组合也可以产生滤光镜效果。下面简要介绍一下案例中需要修改的部分，具体如下所示。

（1）将原来黑色背景的纹理图改为透明背景，同时将绿色的瞄准镜圆形设置为半透明，改动后的纹理图如图 8-6 所示。

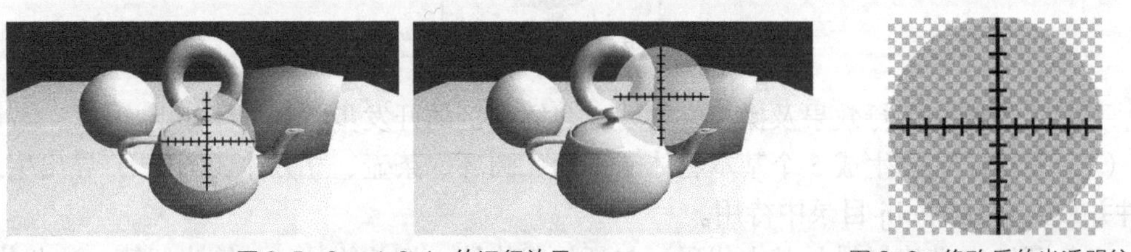

▲图 8-5　Sample8_1a 的运行效果　　▲图 8-6　修改后的半透明纹理

提示　图 8-6 中灰白相间的格子表示透明背景，这种表示方式是约定俗成的。

（2）将 Sample8_1a.html 文件中的混合因子修改为第一种组合，其余部分皆不变，这里

不再赘述，有兴趣的读者可自行查看随书源代码，具体代码如下。

代码位置：随书源代码/第 8 章/Sample8_1a 目录下的 Sample8_1a.html。

```
1   function drawFrame(){
2       ……//此处省略了绘制场景中物体的代码，读者可自行查看随书源代码
3       gl.enable(gl.BLEND);                                  //开启混合
4       gl.blendFunc(gl.SRC_ALPHA,gl.ONE_MINUS_SRC_ALPHA);    //设置混合因子
5       ms.pushMatrix();                                      //保护现场
6       ms.translate(rex, rey, 25);                           //移动滤光镜
7       ms.scale(3.0, 3.0, 3.0);                              //进行缩放
8       tex.drawSelf(ms,earthTex);                            //绘制滤光镜
9       ms.popMatrix();                                       //恢复现场
10      gl.disable(gl.BLEND);                                 //关闭混合
11  }
```

说明　这里主要修改了第 4 行中的源因子与目标因子，将原来的 SRC_COLOR 与 ONE_MINUS_SRC_COLOR 修改为 SRC_ALPHA 与 ONE_MINUS_SRC_ALPHA。

本节通过案例介绍了两种常用混合因子组合的使用情况，有兴趣的读者还可以尝试其他的组合，可能会产生意想不到的效果。

8.2　地月系云层效果的实现

前面曾经介绍过一个地月系场景的案例，本节将使用混合技术对其升级（升级后的案例为 Sample8_2），为地月系场景中的地球添加云层。升级后案例的运行效果如图 8-7 所示。

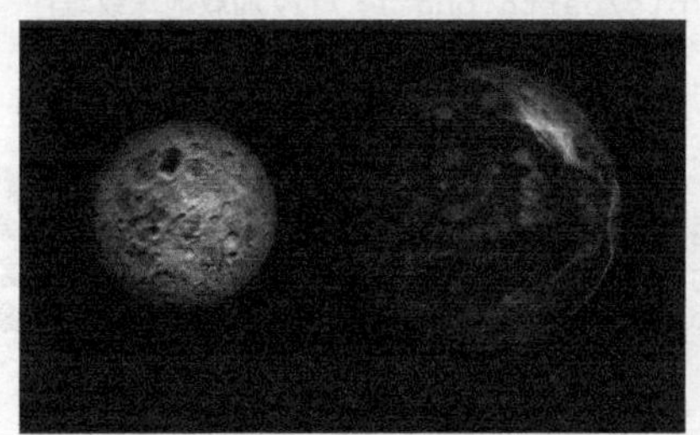

▲图 8-7　案例 Sample8_2 的运行效果

从图 8-7 中可以看出，添加云层后地球更加真实了。下面请读者首先了解一下本案例中云层的纹理图 cloud.jpg，其内容如图 8-8 所示。

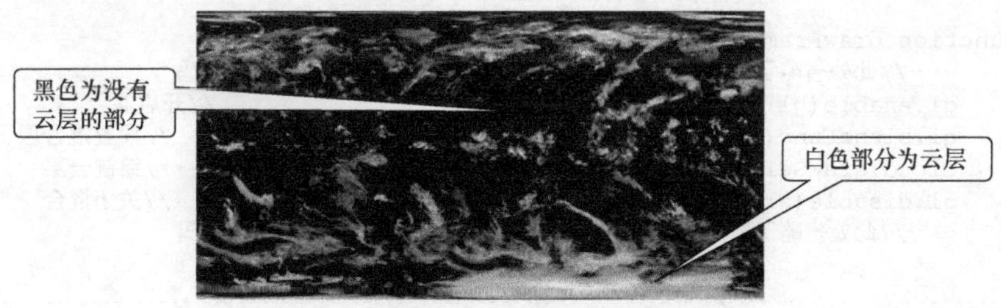

▲图 8-8　云层纹理图

从图 8-8 中可以看出，此纹理图并不是透明的，因此读者一定以为本案例将采用第二种因子组合。其实则不然，由于本书介绍的是功能强大的 WebGL 2.0，因此本案例还可以继续采用第一种因子组合，不过需要在片元着色器中根据纹理采样值的灰度设置片元的透明度。

了解了云层纹理图的基本使用策略和案例的运行效果后，就可以进行案例开发了。由于

本案例仅是将前面的案例复制并修改了，因此这里仅给出修改的主要步骤，具体如下。

（1）在案例的 Ball.js 文件中加入一个新的 drawSelfcloud 方法。此方法实际上是一个绘制纹理球方法，它与绘制地球、月球没太大区别，主要的不同之处是采用了一套特殊的着色器。

提示　由于 drawSelfcloud 方法与月球绘制中的基本相同，故这里不再赘述，需要的读者请自行参考随书源代码。

（2）在 Sample8_2.html 文件中增加创建云层对象和绘制云层的代码。云层的绘制是比较独特的，因为它使用了混合技术，具体内容如下。

代码位置：随书源代码/第 8 章/Sample8_2 目录下的 Sample8_2.html。

```
var gl;                                          //GL 上下文
var moon;                                        //月球绘制对象
var ball;                                        //地球绘制对象
var cloud;                                       //云层绘制对象
……//此处省略了部分变量，读者可自行查看随书源代码
var cloudTex;                                    //云层纹理图
……//此处省略了部分与修改前一致的代码，需要时请参考随书源代码
function start(){
    ……//此处省略了部分与修改前一致的代码，需要时请参考随书源代码
    loadShaderFile("shader/vtrtex_earth.bns",0,0);      //加载地球顶点着色器
    loadShaderFile("shader/fragment_earth.bns",0,1);    //加载地球片元着色器
    loadShaderFile("shader/vtrtex_moon.bns",1,0);       //加载月球顶点着色器
    loadShaderFile("shader/fragment_moon.bns",1,1);     //加载月球片元着色器
    loadShaderFile("shader/vtrtex_cloud.bns",2,0);      //加载云层顶点着色器
    loadShaderFile("shader/fragment_cloud.bns",2,1);    //加载云层片元着色器
    currentAngle = 0;             //初始化旋转角度
    earthTex=loadImageTexture(gl, "pic/earth.png");     //加载地球纹理图
    earthTex1=loadImageTexture(gl, "pic/earthn.png");//加载地球纹理图
    cloudTex=loadImageTexture(gl, "pic/cloud.jpg");     //加载云层纹理图
    moonTex=loadImageTexture(gl, "pic/moon.png");       //加载月球纹理图
    if(shaderProgArray[2]) {                            //如果着色器已加载完毕
        ball=new Ball(gl,shaderProgArray[0],7);         //创建地球绘制对象
        moon=new Ball(gl,shaderProgArray[1],4);         //创建月球绘制对象
        cloud=new Ball(gl,shaderProgArray[2],7.005);    //创建云层绘制对象
    }else{
        setTimeout(function(){
        moon=new Ball(gl,shaderProgArray[1],4);         //创建月球绘制对象
        ball=new Ball(gl,shaderProgArray[0],7);         //创建地球绘制对象
        cloud=new Ball(gl,shaderProgArray[2],7.005);    //创建云层绘制对象
        },10);                                          //休息 10ms 后再执行
    }
    setInterval("drawFrame();",30);                     //定时绘制画面
}
function drawFrame(){
    ……//此处省略了部分与修改前一致的代码，需要时请参考随书源代码
    gl.enable(gl.BLEND);                                //开启混合
    gl.blendFunc(gl.SRC_ALPHA,gl.ONE_MINUS_SRC_ALPHA);  //设置混合因子
    cloud.drawSelf(ms,cloudTex);                        //绘制云层
    gl.disable(gl.BLEND);                               //关闭混合
    ……//此处省略了部分与修改前一致的代码，需要时请参考随书源代码
}
```

说明　上述代码主要是在原来基础上增加了加载云层着色器、云层纹理和创建云层对象以及绘制云层的相关代码。需要注意的是，绘制云层时采用的混合因子组合为 SRC_ALPHA 和 ONE_MINUS_SRC_ALPHA。由于此组合需要源片元是透明的才有效，因此后面会在片元着色器中通过程序根据片元灰度来设置片元透明度。

（3）修改了渲染场景的 Sample8_2.html 文件后，就可以开发绘制云层的专用着色器了。首先是顶点着色器。由于绘制云层的顶点着色器与绘制月球的基本一致，因此这里不再赘述，需要的读者请参考随书源代码。

（4）开发绘制云层的片元着色器，其代码如下。

代码位置：随书源代码/第 8 章/Sample8_2/shader 目录下的 fragment_cloud.bns。

```
1    #version 300 es                          //声明使用 WebGL2.0 着色器
2    precision mediump float;                 //给出默认的浮点精度
3    in vec2 vTextureCoord;                   //接收从顶点着色器传过来的纹理坐标
4    in vec4 finalLight;                      //接收从顶点着色器传过来的最终光照强度
5    uniform sampler2D sTexture;              //纹理内容数据
6    out vec4 fragColor;                      //输出的片元颜色
7    void main(){
8         vec4 finalColor = texture(sTexture, vTextureCoord); //对此片元从纹理中采样出颜色值
9         finalColor.a=(finalColor.r+finalColor.g+finalColor.b)/3.0;//根据颜色值计算透明度
10        finalColor=finalColor*finalLight;   //计算光照因素
11        fragColor = finalColor;             //给此片元颜色值
12   }
```

提示　上述片元着色器代码的最大特点就是第 9 行根据采样出的颜色值灰度计算出了此片元的透明度。具体方法为从纹理图中采样出颜色值的 *R*、*G*、*B* 通道值求取平均值，再将平均值作为透明度。由于透明度的取值范围与颜色一样都是在 0.0～1.0 之间，其中 0.0 为完全透明，1.0 为完全不透明，这样最终达到的效果就是纹理图中越黑的位置透明度越高。

8.3 雾

前面给出了不少真实场景的案例，这些案例中的物体无论远近看起来都一样清晰。虽然这样也不错，但并不完全符合现实世界的情况。现实世界中由于有大气、灰尘、雾等的影响，随着距离的加大物体将越来越不清晰，最终彻底融入背景中。

本节将向读者介绍如何通过 WebGL 2.0 实现类似于雾的效果，主要包括雾的原理与优势、雾的简单实现两部分内容。

8.3.1 雾的原理与优势

本节所指的雾是一个通用术语，不仅是现实世界中的雾，还包括实现烟雾和污染等大气效果。使用雾效果可以使距离摄像机较远的物体融入雾中。很多流行的 3D 游戏场景都是用了雾效果，如非常著名的《巫师 3》，其场景效果如图 8-9 所示。

▲图 8-9　《巫师 3》游戏场景效果

> **提示**　在场景中使用雾不但可以提高真实感，在特定情况下还能优化性能。具体是指当物体离摄像机足够远时，雾就足够浓，此时只能看到雾而看不到物体，也就不必对物体的着色进行详细计算了，这样可以大大提高渲染效率。

有很多数学模型可以实现雾效果。首先介绍最为简单的线性模型，此模型的计算公式如下。

$$f = \max(\min((end-dist)/(end-start),1.0),0.0)$$

- f 为雾化因子，取值范围为 0.0～1.0。当雾化因子的值为 0 时表示雾很浓，只看见雾，看不见物体。反之当雾化因子的值为 1 时，表示雾淡得已经看不见了，这时可以清晰地看到物体。
- dist 为当前要绘制的片元离摄像机的距离。
- end 表示一个特定的距离值，当片元距摄像机的距离超过 end 时，雾化因子为 0。
- start 也表示一个特定的距离值，当片元距摄像机的距离小于 start 时，雾化因子为 1。

根据上述公式计算的雾化因子值与距离值之间的函数关系如图 8-10 所示。

从图 8-10 中可以看出，雾化因子在 start 到 end 的范围内是线性变化的。但现实世界中的雾不完全是线性变化的，若希望模拟出更真实的雾，可以采用如下非线性的计算公式。

$$f = 1.0 - smoothstep(start,end,dist)$$

根据上述公式计算的雾化因子值与距离值之间的函数关系如图 8-11 所示，一般情况下采用此公式进行计算可以取得比线性公式更好的效果。

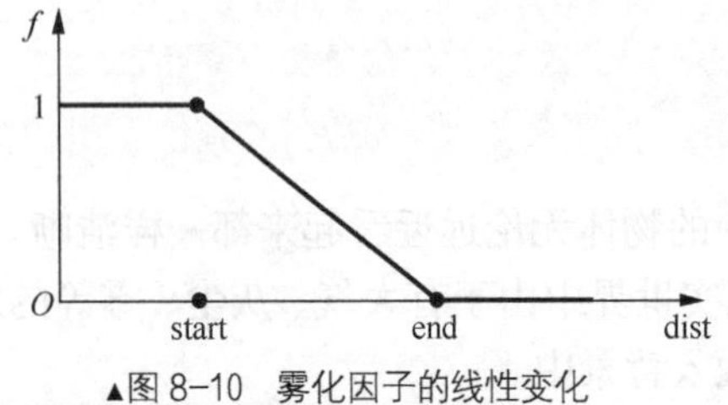

▲图 8-10　雾化因子的线性变化

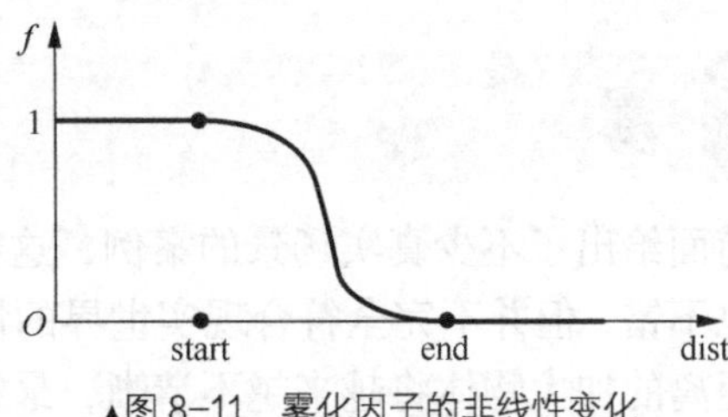

▲图 8-11　雾化因子的非线性变化

8.3.2　雾的简单实现

了解了雾的原理与优势后，本节将通过两个案例来向读者介绍如何在场景中应用雾。第一个案例（Sample8_3）采用的是线性计算模型，其运行效果如图 8-12 所示。

▲图 8-12　案例 Sample8_3 的运行效果

> **提示**　从图 8-12 中可以看出，随着距离的增加物体逐渐融入到雾中。由于本案例中的雾为黄色，所以经过灰度印刷后可能效果就不是很明显了，读者可以自行运行本案例进行观察。运行本案例时，若用手指在屏幕上左右滑动，可左右移动摄像机以变换视角进行观察。

看到本案例的运行效果后，下面就可以进行具体开发了。由于本案例仅是复制案例 Sample8_1 后去掉了滤光镜，并适当调整了场景中的物体和摄像机以及修改了着色器，因此这里仅介绍修改后着色器的代码，其他部分请读者参考随书源代码。

（1）介绍着色器中支持线性雾计算模型的顶点着色器。由于本部分与前面的着色器有相似部分，因此省略了小部分内容，其代码如下。

代码位置：随书源代码/第 8 章/Sample8_3/shader 目录下的 vtrtex.bns。

```
1   #version 300 es                              //声明使用 WebGL2.0 着色器
2   uniform mat4 uMVPMatrix;                     //总变换矩阵
3   uniform mat4 uMMatrix;                       //变换矩阵
4   uniform vec3 uLightLocation;                 //光源位置
5   uniform vec3 uCamera;                        //摄像机位置
6   in vec3 aPosition;                           //顶点位置
7   in vec3 aNormal;                             //顶点法向量
8   out vec4 finalLight;                         //传递给片元着色器的最终光照强度
9   out float vFogFactor;                        //传递给片元着色器的雾化因子
10  ...//此处省略了计算光照的 pointLight 方法，读者可自行查看随书源代码
11  float computeFogFactor(){                    //计算雾化因子的方法
12      float tmpFactor;                         //定义雾化因子
13      float fogDistance = length(uCamera-(uMMatrix*vec4(aPosition,1)).xyz);
        //顶点到摄像机的距离
14      const float end = 450.0;                 //雾结束位置
15      const float start = 350.0;               //雾开始位置
16      tmpFactor = max(min((end- fogDistance)/(end-start),1.0),0.0);
        //用雾公式计算雾化因子
17      return tmpFactor;                        //返回雾化因子
18  }
19  void main(){
20      gl_Position = uMVPMatrix * vec4(aPosition,1);     //根据总变换矩阵计算此次绘制的
        顶点位置
21      finalLight = pointLight(normalize(aNormal),uLightLocation,
22      vec4(0.4,0.4,0.4,1.0),vec4(0.7,0.7,0.7,1.0),vec4(0.3,0.3,0.3,1.0));
        //计算光照强度
23      vFogFactor = computeFogFactor();                  //计算雾化因子
24  }
```

说明 上述顶点着色器的代码与原来案例中的大部分一致，主要增加了第 11～18 行的雾化因子计算方法 computeFogFactor，此方法根据 8.3.1 节介绍的线性计算公式计算雾化因子的值。

（2）介绍完着色器的顶点着色器后，下面介绍着色器中的片元着色器部分。这部分与前面的着色器思想类似，不同的是这里以雾化因子作为片元颜色分类的标准，其代码如下。

代码位置：随书源代码/第 8 章/Sample8_3/shader 目录下的 fragment.bns。

```
#version 300 es                                  //声明使用 WebGL2.0 着色器
precision mediump float;                         //给出默认的浮点精度
in vec4 finalLight;                              //接收顶点着色器传过来的最终光照强度
in float vFogFactor;                             //从顶点着色器传递过来的雾化因子
out vec4 fragColor;                              //输出片元颜色
void main(){
    vec4 objectColor=vec4(0.95,0.95,0.95,1.0);   //物体颜色
    vec4 fogColor = vec4(0.97,0.76,0.03,1.0);    //雾的颜色
    if(vFogFactor != 0.0){                       //如果雾化因子为 0，不必计算光照
        objectColor = objectColor*finalLight;    //计算光照之后的物体颜色
        //物体颜色和雾颜色进行插值计算最终颜色
        fragColor = objectColor*vFogFactor + fogColor*(1.0-vFogFactor);
    }else{
        //如果雾化因子为 0，不必计算光照，不必加权，直接使用雾颜色作为片元颜色
        fragColor=fogColor;
```

```
    }
}
```

提示 上述片元着色器在收到雾化因子后，首先判断雾化因子是否为 0，若为 0 则直接应用雾颜色作为最终片元颜色，不进行任何附加计算，这样可以提高性能。另外，由于本案例使用的是每顶点光照，因此采用了雾以后没有将光照计算完全优化掉；若采用的是每片元光照，则可以在雾化因子为 0 时完全不进行光照计算，性能会优化更多。

采用线性雾计算模型完成 Sample8_3 以后，只要将其复制并修改雾化因子的计算方法 computeFogFactor，就可得到采用非线性计算模型的案例 Sample8_3a，其运行效果如图 8-13 所示。

▲图 8-13　案例 Sample8_3a 的运行效果

提示 若细致比对两种不同雾计算模型的运行效果会发现，非线性模型更加接近现实世界，但两种区别不会很大。

看到本案例的运行效果后，就可以进行具体开发了。只要修改顶点着色器中的 computeFogFactor 方法即可，修改后的代码如下。

代码位置：随书源代码/第 8 章/Sample8_3a/shader 目录下的 vtrtex.bns。

```
1    float computeFogFactor(){
2        float tmpFactor;         //定义雾化因子
3        float fogDistance = length(uCamera-(uMMatrix*vec4(aPosition,1)).xyz);
         //顶点到摄像机的距离
4        const float end = 490.0;        //雾结束位置
5        const float start = 350.0;      //雾开始位置
6        tmpFactor = 1.0-smoothstep(start,end,fogDistance);   //计算雾化因子
7        return tmpFactor;               //返回雾化因子
8    }
```

说明 上述 computeFogFactor 方法仅是将第 6 行的线性计算公式替换为了非线性计算公式，其他基本一致，没有太大变化。

本节通过两个案例介绍了两种简单的雾计算模型，其实还有很多更复杂的雾计算模型，如 $f=e^{-(density\times dist)}$ 或 $f=e^{-(density\times dist)^2}$ 等。这两个公式中的 dist 为待绘制片元到摄像机的距离，density 为雾的浓度。有兴趣的读者也可以自行开发程序进行尝试。

8.4 本章小结

本章主要介绍了 WebGL 中混合与雾的相关知识。通过本章的学习，读者可以根据需求开发出各种半透明效果，并使用雾效果为场景增加真实感。

第 9 章　常用的 3D 开发技巧

第 7～8 章介绍了如何搭建各种形状的立体物体的方法，掌握了这些知识后读者可以搭建出不少较为真实的场景。但要想更真实地模拟现实世界，还需要使用很多其他技术。本章将介绍实际开发中很常用的开发技巧，主要包括标志板、灰度图地形、天空盒、天空穹、简单镜像效果、非真实感绘制等。

9.1 标志板

模拟现实世界的场景时经常需要放置一些植物，如乔木、灌木等。由于这些植物的外形是十分复杂的几何形状，若直接使用三角形进行构建将需要海量的顶点，现在主流的硬件配置是难以支撑的，因此，构建场景中的植物时需要其他成本更为低廉的技术。本节介绍的标志板技术就是一个非常不错的选择。

9.1.1　案例效果与基本原理

标志板技术的基本原理非常简单，其使用纹理矩形来绘制植物。每棵植物仅需要一个纹理矩形即可描绘，其基本原理如图 9-1 所示。

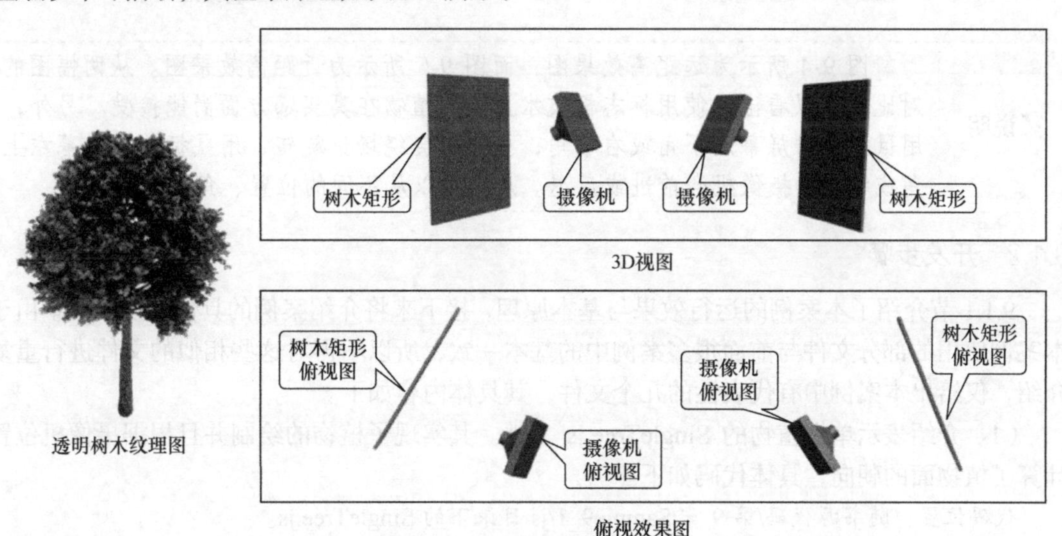

▲图 9-1　标志板原理

从图 9-1 中可以看出，标志板技术的关键点如下。

❑　每棵植物用一个纹理矩形进行绘制，纹理矩形上采用内容为植物的透明背景纹理图。绘制纹理矩形时要采用恰当的混合因子，以使植物产生正确的遮挡效果。

- 纹理矩形的朝向要根据当前摄像机的位置动态决定，永远正对摄像机。

> **提示** 由于基于标志板实现的植物实际是旋转的纹理矩形，因此它适合用来呈现左右对称的植物，对于非左右对称的植物可能会给人虚假的感觉。同时也正是由于每棵植物仅需一个纹理矩形（若采用 TRIANGLES 绘制方式仅需要 6 个顶点），所以此技术需要的系统资源非常少，效率很高。

由于标志板技术可以以非常低廉的成本呈现出较为真实的效果，因此在很多脍炙人口的游戏中都有它的身影，如图 9-2 和图 9-3 所示。

▲图 9-2 Driving Zone:Russia

▲图 9-3 变形汽车酷跑

了解了标志板技术的基本原理后，就可以进行案例 Sample9_1 的开发了。开发前首先应该了解本案例的运行效果，如图 9-4 和图 9-5 所示。

▲图 9-4 远距离效果

▲图 9-5 近距离效果

> **说明** 图 9-4 所示为远距离效果图，而图 9-5 所示为近距离效果图。从两幅图的对比中可以看出，使用标志板技术呈现的植物在真实感方面尚能接受。另外，用鼠标单击屏幕左下角或右下角，摄像机会绕场景旋转，用鼠标单击屏幕左上角或右上角摄像机会前进或后退。从而可以从不同的位置、角度来观察。

9.1.2 开发步骤

9.1.1 节介绍了本案例的运行效果与基本原理，接下来将介绍案例的具体开发步骤。由于本案例使用的部分文件与前面很多案例中的基本一致，所以不再对这些相似的文件进行重复介绍，仅给出本案例中有代表性的几个文件，其具体内容如下。

（1）介绍表示单棵植物的 SingleTree.js 文件。其实现了植物的绘制并且根据摄像机位置计算了植物面的朝向，具体代码如下。

代码位置：随书源代码/第 9 章/Sample9_1/js 目录下的 SingleTree.js。

```
function SingleTree (x,z,yAngle,tg) {
        tg=new TreeGroup();                         //获取植物的数组引用
        this.x=x;                                   //该植物的 x 位置
        this.z=z;                                   //该植物的 y 位置
        this.yAngle=yAngle;                         //植物纹理图的旋转角度
        this.tg=tg;
    this.drawSelf=function(ms,texture) {
```

```
8           ms.pushMatrix();                       //保护现场
9           ms.translate(x, 0, z);                 //将植物平移到对应位置
10          ms.rotate(yAngle, 0, 1, 0);            //将纹理图旋转到对应角度
11          tfd.drawSelf(ms,texture);              //树的绘制
12          ms.popMatrix();                        //恢复现场
13      }
14      this.calculateBillboardDirection=function(){ //根据摄像机位置计算树木面的朝向
15          var xspan=x-cx;          //计算从植物位置到摄像机位置的 x 分量
16          var zspan=z-cz;          //计算从植物位置到摄像机位置的 z 分量
17          if(zspan<=0) {           //根据向量中的两个分量计算出纹理矩形绕 y 轴旋转的角度
18              yAngle=180/Math.PI *(Math.atan(xspan/zspan));
19          } else{
20              yAngle=180+180/Math.PI *(Math.atan(xspan/zspan));
21          }}}
```

❑ 第 2～6 行获取一些必要的引用和变量，包括植物的 x 坐标、z 坐标、绕 y 轴的旋转角度以及所属 TreeGroup 的引用。

❑ 第 7～13 行为绘制植物的方法。此方法首先将坐标系平移、旋转到指定姿态，然后调用呈现植物纹理矩形的对象进行绘制。

❑ 第 14～21 行为计算植物纹理矩形朝向的 calculateBillboardDirection 方法。该方法根据植物的位置及当前摄像机的位置计算出植物纹理矩形需要绕 y 轴旋转的角度。

（2）介绍表示一组植物的 TreeGroup 文件。其中包含植物的位置以及每个植物的朝向和绘制，其代码如下。

代码位置：随书源代码/第 9 章/Sample9_1/js 目录下的 TreeGroup.js。

```
1   function TreeGroup(gl) {
2       this.treeGroupadd=function(gl) {                         //向数组中添加植物的位置
3           alist.push(new SingleTree(0,0,0,this));             //植物的位置
4           alist.push(new SingleTree(8,0,10,this));            //植物的位置
5           alist.push(new SingleTree(5.7,5.7,0,this));         //植物的位置
6           alist.push(new SingleTree(0,-8,0,this));            //植物的位置
7           alist.push(new SingleTree(-5.7,5.7,0,this));        //植物的位置
8           alist.push(new SingleTree(-8,0,0,this));            //植物的位置
9           alist.push(new SingleTree(-5.7,-5.7,0,this));//植物的位置
10          alist.push(new SingleTree(0,8,0,this));             //植物的位置
11          alist.push(new SingleTree(5.7,-5.7,0,this));        //植物的位置
12      }
13      this.calculateBillboardDirection=function(){  //计算列表中每个树木的朝向
14          for(var i=0;i<alist.length;i++){          //循环遍历数组中的元素
15              alist[i].calculateBillboardDirection(); //计算每个植物纹理矩形的朝向
16          }
17      }
18      this.drawSelf=function(ms,texture) {              //绘制列表中的每个树木
19          for(var i=0;i<alist.length;i++){              //循环遍历数组中的元素
20              alist[i].drawSelf(ms,texture);            //调用 drawSelf 方法绘制植物
21          }}}
```

❑ 第 2～12 行为向数组中添加多个位于不同位置的 SingleTree 对象，每个 SingleTree 对象代表场景中的一株植物。

❑ 第 13～17 行为计算数组中每株植物对应纹理矩形朝向的 calculateBillboardDirection 方法。其通过遍历植物（SingleTree 对象）数组，调用每个 SingleTree 对象的 calculateBillboardDirection 方法来完成计算。

❑ 第 18～21 行为绘制植物数组中所有植物的 drawSelf 方法。其通过遍历植物（SingleTree 对象）数组，调用每个 SingleTree 对象的 drawSelf 方法来完成绘制。

提示 Tree 文件其实就是一个普通的纹理矩形，它与前面很多案例中的基本一致，这里不再赘述，需要的读者请参考随书源代码。

（3）介绍绘制整个场景的 Sample9_1.html 文件。它实现了根据触控区域的不同位置对摄像机位置进行不同的变换，还将植物数组内的植物按照离摄像机的距离由远及近地排序，并且在绘制过程中使用了混合特效，其代码如下。

代码位置：随书源代码/第 9 章/Sample9_1 目录下的 Sample9_1.html。

```
1   ……//省略了一些变量的声明，需要的读者请参考随书源代码
2   function dianji(){
3       document.onmousedown = function(event) {
4           down=true;                  //按下鼠标
5           mPreviousX=event.pageX;     //获取触控点的 x 坐标
6           mPreviousY=event.pageY;     //获取触控点的 y 坐标
7       }
8       document.onmousemove = function(event) {}  //鼠标移动
9       document.onmouseup = function(event) {     //抬起鼠标
10          down=false };                           //将鼠标按下标志位置反
11      if(down) {                                  //在鼠标按下时
12          if(mPreviousX<canvas.width/2&&mPreviousY<canvas.height/2)
13              {Offset=Offset-0.5;}                //摄像机前进
14          else if(mPreviousX>canvas.width/2&&mPreviousY<canvas.height/2)
15              {Offset=Offset+0.5;}                //摄像机后退
16          else if(mPreviousX<canvas.width/2&&mPreviousY>canvas.height/2)
17              {direction=direction+DEGREE_SPAN;} //摄像机右转
18          else if(mPreviousX>canvas.width/2&&mPreviousY>canvas.height/2)
19              {direction=direction-DEGREE_SPAN;} //摄像机左转
20      }
21  }
22  ……//省略了移动端的单击和初始化方法，需要的读者请参考随书源代码
23  function drawFrame(){
24      dianji();                               //PC 端的触控事件处理方法
25      dianji1();                              //移动端的触控事件处理方法
26      cx=(Math.sin(direction)*Offset);        //计算新的摄像机 x 坐标
27      cz=(Math.cos(direction)*Offset);        //计算新的摄像机 z 坐标
28      tg.calculateBillboardDirection();
29      ms.setCamera(cx,1,cz,0,0,0,0,1,0);      //设置摄像机的位置
30      if((!tg)||(!tfd)||(!tr)||(!texMap["tree"])){ alert("加载未完成!"); return; }
31      if(alist.length==0) {tg.treeGroupadd(gl);}  //向数组中添加植物位置
32      alist.sort(function compare(a,b) {     //重写的比较两个树木离摄像机距离的方法
33          var xs=a.x-cx;                      //计算从本植物位置到摄像机位置的 x 分量
34          var zs=a.z-cz;                      //计算从本植物位置到摄像机位置的 z 分量
35          var xo=b.x-cx;                      //计算从另一植物位置到摄像机位置的 x 分量
36          var zo=b.z-cz;                      //计算从另一植物位置到摄像机位置的 z 分量
37          var disA=Math.sqrt(xs*xs+zs*zs);   //计算当前植物到摄像机的距离
38          var disB=Math.sqrt(xo*xo+zo*zo);   //计算另一植物到摄像机的距离
39          return ((disA-disB)==0)?0:((disA-disB)>0)?-1:1;   });//根据距离决定方法返回值
40      gl.clear(gl.COLOR_BUFFER_BIT | gl.DEPTH_BUFFER_BIT);  //清除着色缓冲与深度缓冲
41          ……//省略了添加方法，需要的读者请参考随书源代码
42  }
```

❑ 第 2～21 行为重写的触控事件处理方法。该方法根据触控区域的不同对摄像机位置进行了不同的变换，产生新的摄像机位置。

❑ 第 31～35 行为首先向数组中添加植物位置，然后根据数组中的植物距新摄像机的距离将列表中的植物由远及近地进行排序。

❑ 第 36～42 行为本案例的主要绘制方法。首先绘制表示沙漠的纹理矩形，接着在混合模式下绘制列表中所有的植物。要采用混合是因为植物是用纹理矩形呈现的，但植物对后面物体的遮挡不应该是整个矩形，而应该是在没有植物的位置透出后面的物体。

> **提示** 本案例中用到的着色器与前面的普通纹理映射着色器完全相同，这里不再赘述，需要的读者请参考随书源代码。

本案例中每次摄像机位置变化后，都需要对列表中的植物按照离摄像机的远近重新排序，这是因为绘制植物时采用了混合技术。采用混合时若想达到部分透明的效果，则必须先绘制被遮挡的物体，后绘制部分透明的遮挡面，不能像绘制真正的立体物体那样仅依赖深度检测而不关心绘制顺序了。

若不将需要绘制的植物由远及近地进行排序，以随意顺序绘制，则在某些情况下就会产生不正确遮挡的视觉效果，如图 9-6 和图 9-7 所示。

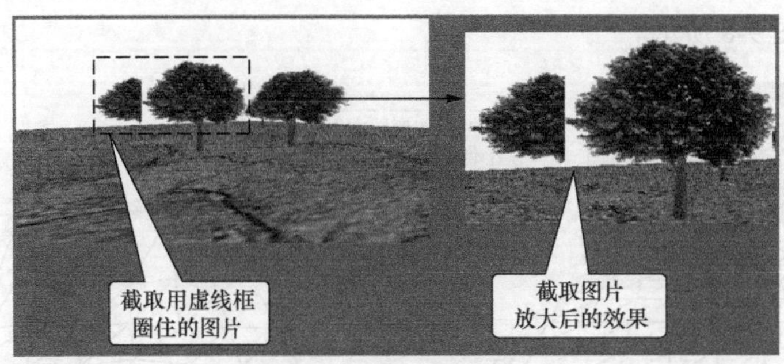

▲图 9-6　未排序的错误效果 1

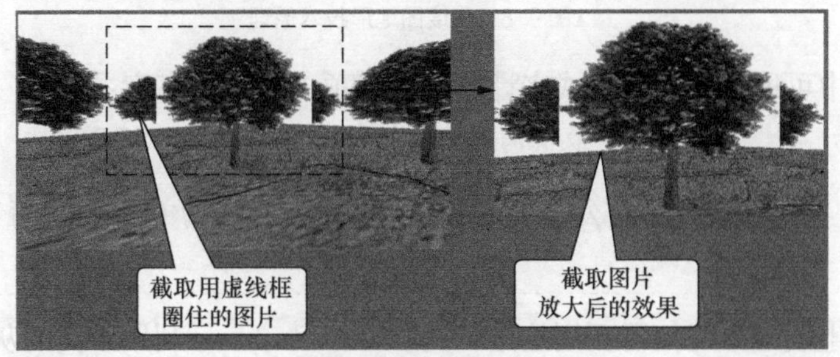

▲图 9-7　未排序的错误效果 2

产生图 9-6 与图 9-7 所示的不正确遮挡视觉效果的原因是，离摄像机近的纹理矩形先被绘制了，并且此纹理矩形中的片元对应的深度缓冲已经记录了较小的深度值，绘制距离远的植物对应的纹理矩形时，与距离近的重叠部分的片元深度检测就不会通过，从而被丢弃。

正确的情况下，首先应该绘制远处的植物，此时在深度缓冲中记录的是较大的深度值。在绘制近处植物时由于深度较浅，所以深度检测可以顺利通过，近处植物对应纹理矩形中的片元将与原有片元混合。在正确设置了混合因子的情况下，透明片元处就透出了后面的内容，产生了正确的遮挡效果。

提示　在视觉质量要求很高的场景中，当绘制植物时仅采用标志板不能完全满足需要，但全部植物都采用真实的 3D 模型进行绘制成本又太高。此时可以采用混合的绘制策略，当植物距离摄像机较近时采用真实的 3D 模型进行绘制，当距离摄像机较远时采用标志板进行绘制。

9.2 灰度图地形

模拟现实世界的很多游戏场景中都需要用到地形，而自然界的地形非常复杂。直接由开发人员手工给出构成地形的每个三角形的顶点位置几乎是不可能的，甚至采用 3ds Max 等设计工具也难以做到。因此，3D 开发领域的技术高人发明了各种各样的地形生成技术，本节将要介绍的灰度图地形就是其中最为简便和常用的一种。

9.2.1　基本原理

灰度图地形生成技术的基本思想是用网格表示地形，同时提供一幅对应尺寸的灰度图。根据灰度图中每个像素的灰度来确定网格中顶点的海拔，黑色像素（*R*、*G*、*B* 色彩通道的值为 0）代表海拔最低的位置，白色像素（*R*、*G*、*B* 色彩通道的值为 255）代表海拔最高的位置，具体情况如图 9-8 所示。

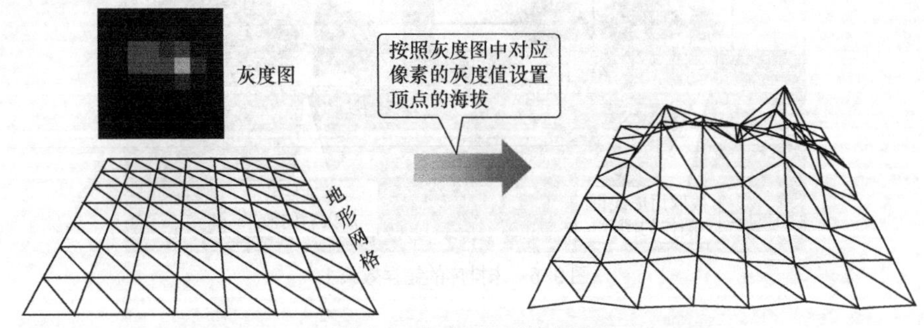

▲图 9-8　灰度图地形技术原理

在具体开发中可以采用如下公式来计算某像素顶点的海拔高度：

实际海拔=最低海拔+最大高差×像素值/255.0

> **提示**　要注意的是，此公式中像素颜色的取值范围为 0～255，而不是着色器中的 0.0～1.0。

基于此技术生成地形时只需要用绘图工具（如 Photoshop）利用不同的灰度绘制出地形的海拔即可，它非常简便与高效。图 9-9 就给出了本案例中采用的一幅地形灰度图。

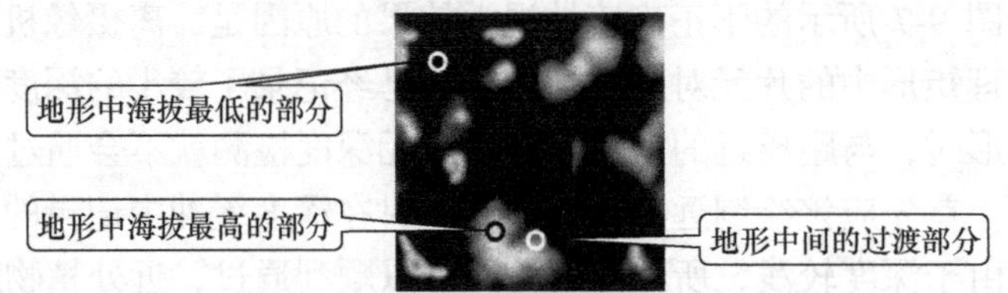

▲图 9-9　本案例中采用的地形灰度图

9.2.2　普通灰度图地形

9.2.1 节介绍了灰度图地形技术的基本原理，本节将给出一个通过灰度图技术实现山地地形的案例 Sample9_2，其运行效果如图 9-10 所示。

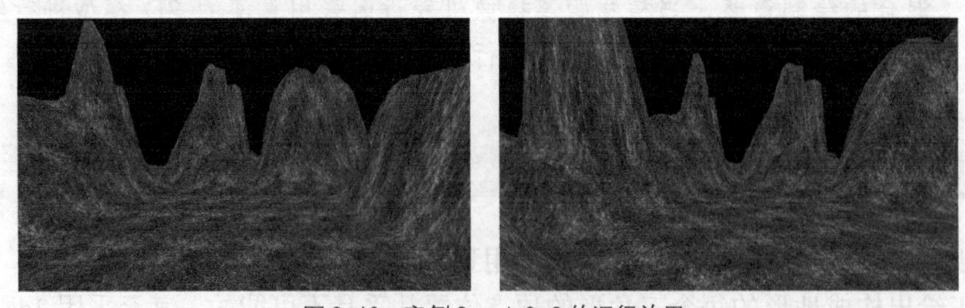

▲图 9-10　案例 Sample9_2 的运行效果

> **提示** 鼠标单击屏幕的左下角或右下角，摄像机会绕场景旋转；鼠标单击屏幕的左上角或右上角，摄像机会前进或后退，从而可以从不同的位置、角度观察场景。

由于本案例中使用的一些文件与前面很多案例中的基本一致，所以在这里不再对这些文件进行重复介绍，仅给出本节案例中具有代表性的几个文件，其具体内容如下。

（1）本案例的重点在于灰度图，下面将要介绍如何加载灰度图并根据灰度图中各个像素的灰度值来计算对应顶点海拔高度的方法，其具体代码如下。

代码位置：随书源代码/第 9 章/Sample9_2 目录下的 Sample9_2.html。

```
1   <canvas id="canvas1" width="600" height="600">
2       您的浏览器不支持 Canvas 标签
3   </canvas>
4   <script type="text/javascript">
5     var LAND_HIGHEST=20;                        //陆地最大高差
6     var LAND_HIGH_ADJUST=-2;                    //陆地的高度调整值
7     var result = new Array();                   //存储地形顶点高度的数组
8     var result1 = new Array();                  //存储地形顶点高度的数组
9     var j=0;
10    var k=0;
11    var canvas1 = document.getElementById('canvas1'); //获取当前画布
12    var ctx1 = canvas1.getContext('2d');              //画布设为 2D
13    image = new Image();                              //创建图片对象
14    image.src = "pic/land.png"                        //指定纹理图的 URL
15    var colsPlusOne;                                  //声明网格的宽度
16    var rowsPlusOne;                                  //声明网格的高度
17    image.onload=function(){                          //图片加载后执行的方法
18       colsPlusOne=image.width;                       //获取图片的宽度
19       rowsPlusOne=image.height;                      //获取图片的高度
20       ctx1.drawImage(image,0,0,colsPlusOne,rowsPlusOne); //绘制图片
21       getgray();                                     //调用获取灰度的方法
22       for(var i=0;i<rowsPlusOne;i++){                //对二维数组进行赋值
23          result[i] = new Array();
24          for(var j=0;j<colsPlusOne;j++)
25             {result[i][j]=result1[k++];}
26       }
27       start();                                       //开始 3D 画布的绘制
28       ctx1.clearRect(0,0,colsPlusOne,rowsPlusOne);   //清除当前的 2D 画布
29       return result;                                 //返回二维数组
30    }
31    function getgray(){
32       var imageData = ctx1.getImageData(0,0,colsPlusOne,rowsPlusOne);
         //获得图像数据
33       for(var i=0;i<imageData.data.length;i+=4){     //遍历获取的数据
34          var r=imageData.data[i];                    //获取该像素红色通道上的值
35          var g=imageData.data[i+1];                  //获取该像素绿色通道上的值
36          var b=imageData.data[i+2];                  //获取该像素蓝色通道上的值
37          imageData.data[i+3]=255;
38          var h=(r+g+b)/3;                            //3 个色彩通道求平均值
39          result1[j]=h*LAND_HIGHEST/255+LAND_HIGH_ADJUST; //按公式计算顶点海拔
40          j++;
41       }}
42  </script>
```

- 第 1～3 行为画布的设置。这个画布主要作用是获取灰度图上的像素值，目前主要在画布上获取图片像素值。
- 第 5～12 行声明了陆地最大高差及高度调整值，并且将需要的数组列出来了，最后将画布设置为 2D 以用于绘制灰度图。
- 第 13～16 行为创建图片对象，并加载对应的图片。

❑ 第 17～30 行为当图片加载后进行的操作。首先获取图片的宽和高，然后将图片绘制到画布中，接着调用获取灰度的方法，将获取的数组变化为二维数组，最后清除画布并返回数组。

❑ 第 31～41 行为获取灰度图中各个像素的灰度值，并进行计算以得出对应顶点的海拔高度，最终将计算出的顶点海拔以数组形式来返回。

（2）介绍完灰度图的加载和灰度值的获取后，下面介绍用来绘制山地地形的 Momnet 文件，其具体代码如下。

代码位置：随书源代码/第 9 章/Sample9_2/js 目录下的 Momnet.js。

```
1   function Momnet(
2       gl,                                         //GL 上下文
3       programIn   ){                              //着色器程序 id
4       var vertices=new Array();
5       this.initVertexData=function(){
6           var count=0;
7           for(var j=0;j<rowsPlusOne-1;j++){               //遍历地形网格的行
8               for(var i=0;i<colsPlusOne-1;i++){   //遍历地形网格的列
9                   var zsx=-1*colsPlusOne/2+i*1;   //计算当前小格子左上侧点的 x 坐标
10                  var zsz=-1*rowsPlusOne/2+j*1;   //计算当前小格子左上侧点的 z 坐标
11              //将当前行列对应的小格子中的顶点坐标按照卷绕成两个三角形的顺序存入顶点坐标数组
12                  vertices[count++]=zsx;
13                  vertices[count++]=result[j][i];
14                  vertices[count++]=zsz;
15                  ……//此处省略了一些将顶点坐标存入数组的代码，这与上面的类似
16              }
17          }
18      };
19      this.initVertexData();
20      this.vcount=vertices.length/3;
21      ……//此处省略了创建顶点和法向量数据缓冲区的代码，读者可以自行查阅随书源代码
22      this.result=new Array();
23      this.ColorsD=function(){
24              var sizew=16/rowsPlusOne;                   //网格列数
25              var sizeh=16/colsPlusOne;                   //网格行数
26              var c=0;
27              for(var i=0;i<colsPlusOne;i++){
28                  for(var j=0;j<rowsPlusOne;j++){
29                      var s=j*sizew; //每行或列有一个矩形，由两个三角形构成，共 6 个点，12 个纹理坐标
30                      var t=i*sizeh;
31                      this.result[c++]=s;                 //左上角的顶点纹理坐标
32                      this.result[c++]=t;
33                      this.result[c++]=s;                 //左下角的顶点纹理坐标
34                      this.result[c++]=t+sizeh;
35                      this.result[c++]=s+sizew;           //右上角的顶点纹理坐标
36                      this.result[c++]=t;
37                      this.result[c++]=s+sizew;           //右上角的顶点纹理坐标
38                      this.result[c++]=t;
39                      this.result[c++]=s;                 //左下角的顶点纹理坐标
40                      this.result[c++]=t+sizeh;
41                      this.result[c++]=s+sizew;           //右下角的顶点纹理坐标
42                      this.result[c++]=t+sizeh; }}}
43      this.ColorsD();
44      this.colorsData=this.result;                        //初始化顶点颜色数据
45      this.colorBuffer=gl.createBuffer();
46      gl.bindBuffer(gl.ARRAY_BUFFER,this.colorBuffer);          //绑定颜色数据缓冲
47      gl.bufferData(gl.ARRAY_BUFFER,
48              new Float32Array(this.colorsData),gl.STATIC_DRAW);//将颜色数据送入缓冲
49      ……//此处省略了初始化着色器的方法，读者可以自行查阅随书源代码
50  }
```

❑ 第 5～18 行为获得地形网格中各个顶点的坐标，并根据卷绕的三角形将顶点坐标存

入顶点坐标数组。顶点的 x、z 坐标是根据顶点所处的行、列以及每个格子的长度值计算得出的，而顶点的 y 坐标是根据顶点所处的行、列从数组中获取的。

- 第 19～21 行为创建顶点坐标数据缓冲并将顶点坐标数据送入缓冲，创建法向量坐标数据缓冲并将法向量坐标数据送入缓冲。
- 第 23～42 行为根据地形网格的行列数自动产生纹理坐标数组的方法。该方法根据地形网格的行、列以及最大纹理值计算出与每个顶点对应的纹理坐标。
- 第 43～50 行为创建顶点颜色数据缓冲并将顶点颜色数据送入缓冲。

> **提示** 在本案例中纹理坐标 S 轴与 T 轴的最大值都是 16，这意味着纹理将在整个山体中被重复 16 次。当然想达到重复 16 次还需要在加载纹理时将纹理的拉伸方式设置为 GL_REPEAT。本案例中用到的着色器与前面案例中的着色器完全相同，这里不再赘述，需要的读者请参考随书源代码。

9.2.3 过程纹理地形

9.2.2 节的案例通过灰度图地形呈现了一个山地地形的场景，从运行效果中可以看出，呈现的地形还是比较真实的。但有一个明显的不足，场景中的山体从上到下都是一种外观，不符合现实世界的情况。

现实世界中的山体一般有海拔不同、外观不同的规律，因此本节将对 9.2.2 节的案例进行升级，对山体采用过程纹理技术进行渲染。升级后的案例为 Sample9_3，其运行效果如图 9-11 所示。

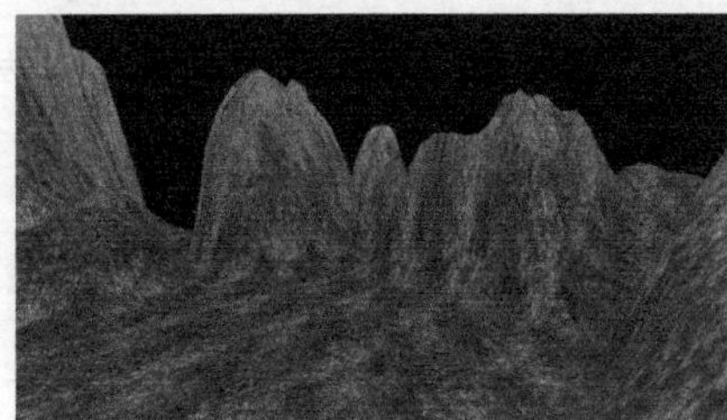
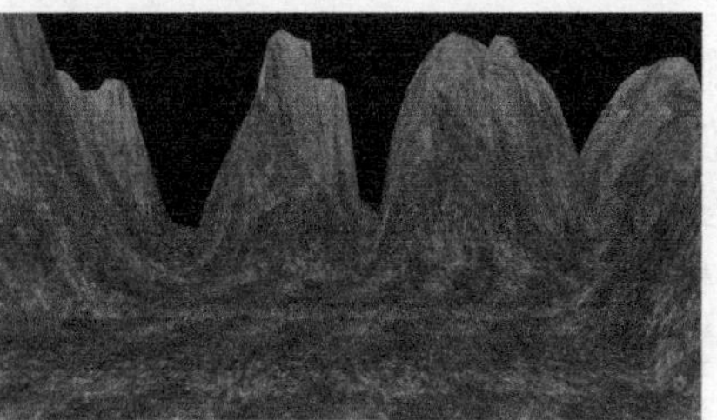

▲图 9-11 使用过程纹理的灰度图地形

> **提示** 由于本书中的插图采用灰度印刷，因此可能看不出过程纹理的效果，请读者自行运行程序观察。

看到本案例的运行效果后，下面就可以进行代码开发了。由于本案例仅是复制并修改了案例 Sample9_2，因此这里仅给出主要的修改步骤，具体如下所示。

（1）修改山地地形 Momnet 文件，其具体代码如下。

代码位置：随书源代码/第 9 章/Sample9_3/js 目录下的 Momnet.js。

```
gl.activeTexture(gl.TEXTURE0);                    //设置使用的纹理编号为 0
gl.bindTexture(gl.TEXTURE_2D, texture0);          //绑定草皮纹理
gl.activeTexture(gl.TEXTURE1);                    //设置使用的纹理编号为 1
gl.bindTexture(gl.TEXTURE_2D, texture1);          //绑定岩石纹理
gl.uniform1f(gl.getUniformLocation(this.program, "landStartY"), 0);
//传送过程纹理起始的 y 坐标
gl.uniform1f(gl.getUniformLocation(this.program, "landYSpan"), 20);
//传送过程纹理跨度
gl.uniform1i(gl.getUniformLocation(this.program, "sTextureGrass"), 0);
//将草皮纹理送入渲染管线
```

```
8    gl.uniform1i(gl.getUniformLocation(this.program, "sTextureRock"), 1);
     //岩石将纹理送入渲染管线
```

❑ 第 1～8 行为过程纹理能够实现的根本，其中涉及绑定岩石纹理和草皮纹理、为纹理分配编号、传送过程纹理起始的 y 坐标进入渲染管线、传送过程纹理跨度进入渲染管线的相关代码。

> **提示**　还需要在 Sample9_3.html 文件中增加加载岩石纹理、绘制时传递岩石纹理 id 给 Mountion.js 文件中的 drawSelf 方法的相关代码。这些代码非常简单，有需要的读者请参考随书源代码。

（2）完成上述修改后，下面修改着色器。首先介绍的是着色器中的顶点着色器，其具体代码如下。

代码位置：随书源代码/第 9 章/Sample9_3/ shader 目录下的 vertex.bns。

```
#version 300 es                          //版本号
uniform mat4 uMVPMatrix;                 //总变换矩阵
in vec3 aPosition;                       //顶点位置
in vec2 aTexCoor;                        //顶点纹理坐标
out vec2 vTextureCoord;                  //传递给片元着色器的纹理坐标
out float currY;                         //传递给片元着色器的 y 坐标
void main(){                             //主函数
   gl_Position = uMVPMatrix * vec4(aPosition,1);//根据总变换矩阵计算此次绘制的顶点位置
   vTextureCoord = aTexCoor;             //将接收的纹理坐标传递给片元着色器
   currY=aPosition.y;                    //将顶点的 y 坐标传递给片元着色器
}
```

> **说明**　在上述顶点着色器中主要增加了将顶点 y 坐标通过易变变量传递给片元着色器的代码。

（3）修改着色器中的片元着色器，它同时使用两种纹理图对山体进行着色。两种纹理图按一定比例在山体上呈现，其代码如下。

代码位置：随书源代码/第 9 章/Sample9_3/ shader 目录下的 fragment.bns。

```
#version 300 es                            //版本号
precision mediump float;                   //给出默认的浮点精度
in vec2 vTextureCoord;                     //接收从顶点着色器传过来的纹理坐标
in float currY;                            //接收从顶点着色器传过来的 y 坐标
uniform sampler2D sTextureGrass;           //纹理内容数据（草皮）
uniform sampler2D sTextureRock;            //纹理内容数据（岩石）
uniform float landStartY;                  //过程纹理起始的 y 坐标
uniform float landYSpan;                   //过程纹理跨度
out vec4 fragColor;                        //输出的片元颜色
void main(){                               //主函数
   vec4 gColor=texture(sTextureGrass, vTextureCoord);  //从草皮纹理中采样出颜色
   vec4 rColor=texture(sTextureRock, vTextureCoord);   //从岩石纹理中采样出颜色
   vec4 finalColor;                        //最终颜色
   if(currY<landStartY){
      finalColor=gColor;        //当片元 y 坐标小于过程纹理起始 y 坐标时采用草皮纹理
}else if(currY>landStartY+landYSpan){
      finalColor=rColor;        //当片元 y 坐标大于过程纹理起始 y 坐标加跨度时采用岩石纹理
   }else{
   float currYRatio=(currY-landStartY)/landYSpan;   //计算岩石纹理所占的百分比
   finalColor= currYRatio*rColor+(1.0- currYRatio)*gColor;}//将岩石、草皮纹理颜色
   按比例进行混合
     fragColor = finalColor;}                             //给此片元赋最终颜色值
```

❑ 上述片元着色器不再是仅采用草皮纹理对山体进行着色，同时也采用了两幅纹理。

❑ 当片元 y 坐标小于过程纹理起始 y 坐标时用草皮纹理着色，大于过程纹理起始 y 坐标加跨度时采用岩石纹理着色。当片元 y 坐标位于两者之间时将草皮纹理、岩石纹理按照计

算的比例进行混合，混合规则为片元 y 坐标越大，岩石纹理所占百分比越大。

> **提示** 本案例中对同一物体根据不同情况应用不同的纹理进行着色，这种技术就是过程纹理技术。过程纹理技术更多的是一种解决问题的策略，不是一成不变的，实际开发中读者可以设计更多、更好的过程纹理计算模型。

9.2.4 Mipmap 地形

经过 9.2.3 节的升级后，山地地形场景的真实感增加了不少，但还有一个明显的瑕疵。那就是远处的地形会比近处的更清楚，这显然不符合观察现实世界的实际情况。造成这种现象的原因是案例中采用的纹理图仅有一套，即无论山体远近都采用同一套纹理图进行纹理映射。

- 同样面积的山体从远处投影到屏幕上所占的面积小，近处的投影到屏幕上所占的面积大。近处的山体进行纹理采样时会采用 MAG 方式（纹理图会被拉大），远处的山体进行纹理采样时会采用 MIN 方式（纹理图会被缩小）。
- 同样的纹理图在拉大后清晰度就差些，缩小后就显得很锐利。

想改善这种不真实感非常简单，只要采用前面介绍过的 Mipmap 纹理技术就可以了。本节将进一步对 9.2.3 节的案例进行升级，升级后的案例 Sample9_4 的运行效果如图 9-12 所示。

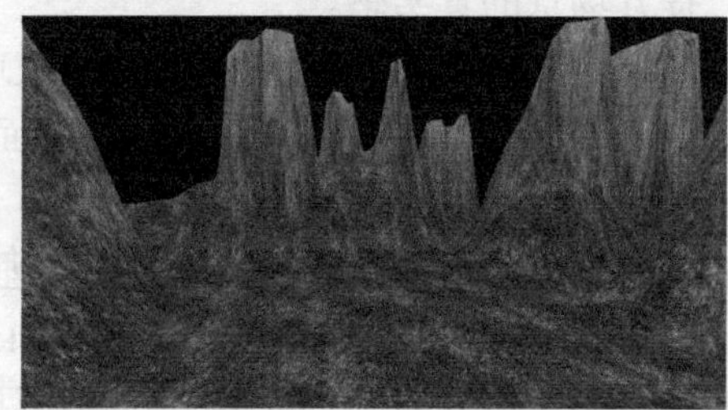

▲图 9-12　使用 Mipmap 纹理的灰度图地形

从图 9-12 和图 9-11 的对比中可以看出，远处山体比近处山体更加清晰的问题得到了很大程度上的改善。若由于印刷的问题使比对效果不明显，读者可以自行运行案例进行观察。

> **提示** 采用 Mipmap 纹理不但可以改善地形中远处山体比近处山体更加清晰的问题，还可以提升性能，但需要的纹理空间接近普通纹理的两倍。

由于本案例仅是对 9.2.3 节案例的升级，因此对于很多同样的代码不再赘述，这里仅给出需要修改的部分。那就是 GLUtil.js 文件中加载纹理的 loadImageTexture 方法，其具体代码如下。

代码位置：随书源代码/第 9 章/Sample9_4/js 目录下的 GLUtil.js。

```
1    gl.texParameteri(gl.TEXTURE_2D, gl.TEXTURE_MIN_FILTER,
2              gl.LINEAR_MIPMAP_LINEAR);                 //使用 Mipmap 线性纹理采样
3    gl.texParameteri(gl.TEXTURE_2D, gl.TEXTURE_MIN_FILTER,
4              gl.LINEAR_MIPMAP_NEAREST);                //使用 Mipmap 最近点纹理采样
5    gl.texParameteri(gl.TEXTURE_2D, gl.TEXTURE_WRAP_S, gl.REPEAT); //S 轴拉伸
6    gl.texParameteri(gl.TEXTURE_2D, gl.TEXTURE_WRAP_T, gl.REPEAT); //T 轴拉伸
7    gl.generateMipmap(gl.TEXTURE_2D);                  //自动生成 Mipmap 系列纹理
```

- 第 1～4 行是纹理采样方式的设置，将原来的普通纹理采样方式修改成了 Mipmap 纹理采样方式。要注意的是，Mipmap 纹理采样本身也分线性采样与最近点采样，读者可以在实际开发中根据需要选用。
- 第 7 行是新增的自动生成 Mipmap 系列纹理图的代码。

> **提示**　请读者特别注意，现阶段 WebGL 仅支持 MIN 方式，有些浏览器要求 Mipmap 纹理图必须长宽相等，否则不能正确显示。因此，强烈建议读者采用长宽相等的纹理图进行 Mipmap 纹理映射。

9.3 高真实感地形

前面介绍过灰度图地形技术，通过这种技术可以生成较为真实的山地地形。9.2 节中给出的具体实现有两个明显的缺憾：第一是山地没有光照效果，层次感、立体感不够好；第二是山地的各个方向上视觉效果没有差异。因此，本节将对灰度图地形进行升级，给出效果更好的解决方案。

9.3.1　基本思路

在给出具体的案例之前，首先介绍本案例相对于 9.2 节中灰度图地形案例中具体升级细节，详细内容如下。

- 通过灰度图生成地形对应的顶点时，不仅计算每个顶点的位置，还计算每个顶点的法向量。这样就可以为整个地形加上光照效果，提升场景的真实感。
- 地形的纹理贴图不再是 2 幅，而是 6 幅。其中有 1 幅作为地形的基础颜色纹理贴图，如图 9-13 所示；有 4 幅是不同外观的细节纹理，包括灰色岩石、硬泥土、大岩石表面、绿草皮，具体情况如图 9-14 所示。
- 另外一幅纹理图不直接贴在地形表面进行外观渲染，而是作为一张过程纹理图，其 *R*、*G*、*B*、*A* 色彩通道分别记录了地形上每个位置的细节纹理系数，具体情况如图 9-15 所示。由于本书是灰度印刷，因此读者可能看不到真实效果，请读者打开 Sample9_5\pic 目录下的 default_d.png 文件并使用专业的图片工具进行观察。

▲图 9-13　基础颜色纹理

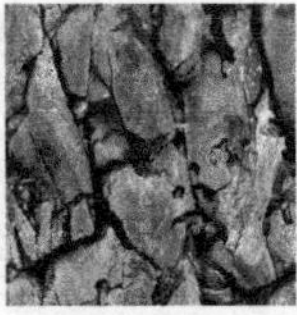

▲图 9-14　案例中的 4 幅细节纹理

▲图 9-15　过程纹理

了解了灰度图地形升级的基本思路后，下面简要介绍上述 6 幅有两种用途的纹理图的使用策略。过程纹理贴图中 *R*（红色）、*G*（绿色）、*B*（蓝色）、*A*（透明度）4 个通道的值分别代表灰色岩石、硬泥土、大岩石表面、绿草皮的取色系数，取值范围都为 0.0～1.0。

实际运行时，先通过地形纹理坐标的对应值从地形过程纹理贴图中取出一个含 *R*、*G*、*B*、*A* 这 4 个通道的颜色值，接着将 *R*、*G*、*B*、*A* 分量分别与 4 张细节纹理中取出的颜色值相乘，然后将 4 个结果相加，再与从基础颜色纹理中取出的颜色值相加，最后减去 0.5 以调整整体颜色，从而得到此处的外观颜色。具体的计算公式如下。

外观颜色=R×灰色岩石颜色+G×硬泥土+B×大岩石表面+A×绿草皮颜色+基础纹理颜色−0.5

可以想象，采用上述策略对灰度图地形进行升级后，可以人为控制贴图中各个色彩通道的值来自定义地形外观的细节效果，这样真实感会增加很多。

9.3.2 地形设计工具 EarthSculptor 的使用

9.3.1 节介绍了本节案例中实现高真实感地形的基本思路，其中用到了基础颜色纹理、过程纹理和 4 幅细节纹理。很显然，完全靠直接绘图方式对这些纹理进行设计、修改会是一项特别困难的工作。

因此在开发本节的案例时，使用了可以实时显示地形设计效果，并能自动导出地形灰度图、基础颜色纹理和过程纹理图的地形设计工具——EarthSculptor，下面将简单介绍该工具。

1. 下载及安装软件

EarthSculptor 是一款制作与着色高度图的软件，它主要运用于艺术项目、地理信息可视化、游戏开发等领域。

在其官网下载完成后将得到一个运行程序，如“EarthSculptor 1.11 Setup.exe”，双击运行该程序，根据程序提示完成安装，安装过程比较简单，在此就不再详细介绍。

2. 设计自己的地形

前面介绍了 EarthSculptor 软件的下载及安装流程，下面将介绍如何使用该软件设计自己的地形，具体内容如下。

（1）打开 EarthSculptor，首次打开软件时它会展示其中自带的示例地形，读者可以选择界面左上角“File”菜单下的“New”来新建以开始设计自己的地形，具体情况如图 9-16 所示。

（2）选择上一步的“New”后，将进入新建地形的设置界面，设置完成后单击“OK”即可进入软件主界面，具体情况如图 9-17 所示。

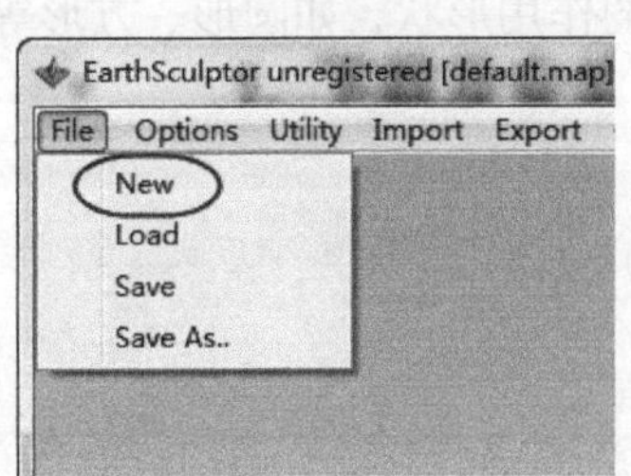

▲图 9-16　新建文件

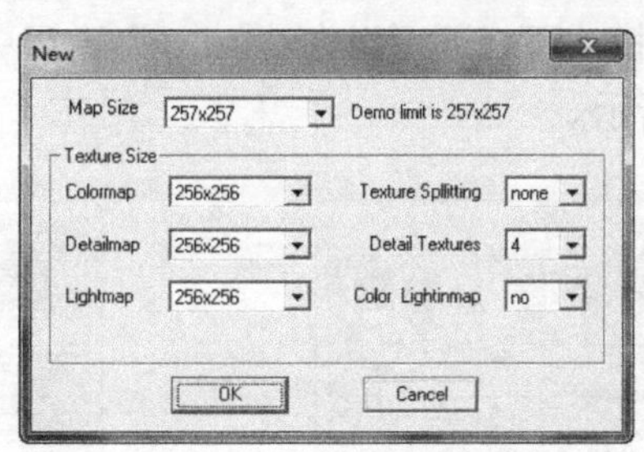

▲图 9-17　新建地形的信息设置界面

说明　图 9-17 中的 Map Size 表示将要创建地形所对应的灰度图尺寸；Texture Size 栏中 Colormap 表示上面提到的基础颜色纹理；DetailMap 表示过程纹理；Detail Textures 则代表细节纹理的数量，它提供了 4 和 8 两个选项，若选中 8 将会生成两张过程纹理图，其两张过程纹理图的 *R*、*G*、*B*、*A* 通道值分别对应前 4 张与后 4 张细节纹理的取色系数，若地形细节比较复杂，则可以选择该项。

（3）进入软件主界面后可开始设计自己的地形。开发人员可以在主界面的“Toolbar”窗口中选择不同的编辑模式，它们可分别对软件中的显示模式、形状、基础颜色纹理、过程和细节纹理进行编辑，如图 9-18 所示。

（4）“Toolbar”窗口默认选中左上角一项，在该模式下可以通过“Terrain”窗口对地形显示进行设置，例如选择是否显示颜色纹理或细节纹理等。需要特别注意的是，“Color Mode”一栏需选择为“add minus half”，这样才能与上一节介绍的外观颜色计算公式相对应，具体如图 9-19 所示。

（5）当选中“Toolbar”窗口的右上角一项时，弹出“Terraform”窗口。该窗口提供了多种改变地形形状的方式（如升高、降低地形等），并提供了各种方式下的细节设置（如作用半径、作用强度等）。如图 9-20 所示，选择合适的方式后便可使用鼠标对地形进行修改了。

▲图 9-18　“Toolbar”窗口

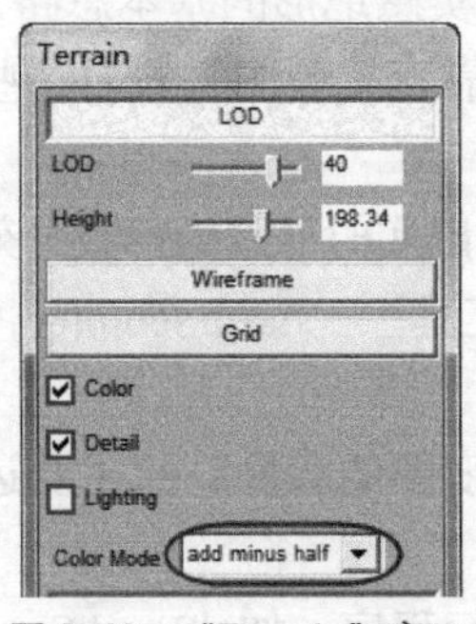

▲图 9-19　“Terrain”窗口

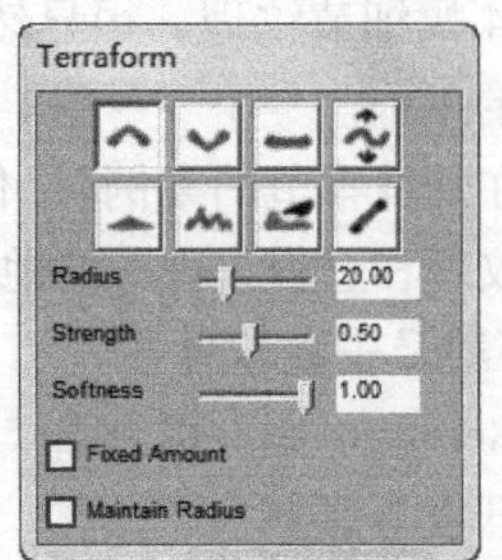

▲图 9-20　“Terraform”窗口

（6）当选中“Toolbar”窗口第 2 行左边一项时，弹出“Color”窗口，如图 9-21 所示。在该窗口可以选择需要的颜色，并设置合适的作用半径、作用强度、作用高度范围等。从而可在地形上喷涂颜色，这一步操作将直接反映到基础颜色纹理上。

（7）当选中“Toolbar”窗口第 2 行右边一项时，弹出“Detail”窗口，如图 9-22 所示。在该窗口可以通过单击“Set Detail Texture”按钮来选择需要用到的 4 幅细节纹理，同样可以设置作用半径、作用强度、作用高度范围等。从而在地形上喷涂细节纹理，这一步操作将直接影响最终生成的过程纹理。

（8）上面已经详细介绍了如何使用软件 EarthSculptor 创建地形、喷涂颜色及纹理。在这几种操作模式下，还可以在“Brush”窗口中选择具体的作用形状，如圆形、方形等，具体如图 9-23 所示。

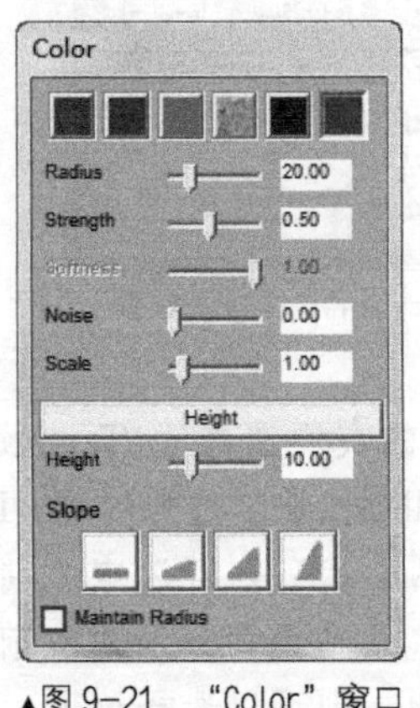

▲图 9-21　“Color”窗口

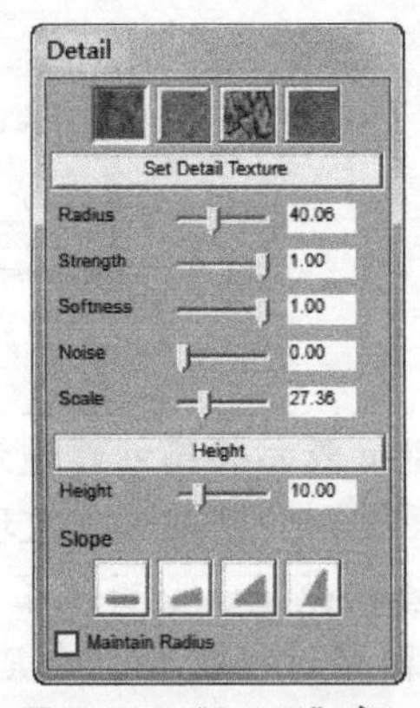

▲图 9-22　“Detail”窗口

▲图 9-23　“Brush”窗口

> **提示**　图 9-21 所示的“Color”窗口仅提供了少数的几种颜色，显然这不能满足用户的实际需求。实际上，软件中还提供了“Palette”窗口和“Material”窗口，通过这两个窗口可以选择更多颜色。需要注意的是，上面几个窗口中 Radius 和 Scale 后面的数值均是以像素为单位的。

（9）灵活运用上面介绍的方法，开发人员就可以利用 EarthSculptor 设计出满足自己需求的高真实感地形。接下来最重要的就是导出在 WebGL 2.0 中渲染地形所需要的一系列图片文件，这一步比较简单，直接在“File”菜单选择保存，并根据提示保存到合适的目录即可。

导出成功后，便可在刚刚选择的目录中找到程序需要的图片文件，下面介绍每个图片的含义及用途。

- mapName.png：这是一幅灰度图，在程序中可以根据该图所给信息计算地形高度。
- mapName_l.png：这是地形的光照贴图，在本案例中没有使用。
- mapName_c.png：这是地形的颜色图，即前面提到的基础颜色纹理。
- mapName_d.png：这幅图对应于前面提到的过程纹理，R、G、B、A 每个通道分别代表 4 个细节纹理中的取色系数。

除上述的 4 幅图片外，可以在第（7）步介绍喷涂细节纹理时选择图片文件的目录以直接获取 4 幅细节纹理。

9.3.3 简单的案例

了解了本案例的基本思路和地形设计工具 EarthSculptor 的使用方法后。开发之前有必要先了解本节案例 Sample9_5 的运行效果，如图 9-24 所示。

▲图 9-24 案例 Sample9_5 运行效果

> **提示** 从图 9-24 中可以看出，在增加了光照与地形外观控制后，场景真实感相比 9.2 节的案例有了很大的提升。建议读者自行运行本案例并观察体会。

看到本节案例的运行效果后，下面就可以进行案例开发了。实际上本案例是对上一节案例 Sample9_4 的升级，故有很多代码与升级前的相同。因此这里仅给出本案例中有代表性的部分，具体内容如下。

（1）给出通过灰度图计算顶点坐标时计算顶点法向量的相关代码，具体内容如下。

代码位置：随书源代码/第 9 章/Sample9_5/js 目录下的 NorMal.js。

```
function caleNormalVector(yArray) {                    //根据灰度图高度数组计算顶点法向量
    var verticess = new Array( yArray.length);         //存放山地顶点位置的数组
    for(var i = 0; i < yArray.length; i++){             //遍历顶点数组
        verticess[i] = new Array(yArray[0].length); //将顶点数组拓展到二维数组
        for(var j = 0; j <yArray[0].length; j++){      //遍历顶点二维数组
            verticess[i][j] = new Array(3);}}          //将顶点数组拓展到三维数组
    var normals = new Array(yArray.length);             //存放山地顶点法向量的三维数组
    ......//此处省略创建与存放山地顶点法向量的三维数组的代码，读者可自行查看随书源代码
    for(var i=0;i<yArray.length;i++) {                //对高度数组进行遍历，计算顶点位置坐标
        for(var j=0;j<yArray[0].length;j++){
            var zsx=-1*yArray.length/2+i*1;   //计算当前格了左上侧点的 x 坐标
            var zsz=-1*yArray[0].length/2+j*1;   //计算当前格子左上侧点的 z 坐标
            verticess[i][j][0]=zsx;                  //顶点的 x 坐标
            verticess[i][j][1]=yArray[i][j];         //顶点的 y 坐标
            verticess[i][j][2]=zsz;                  //顶点的 z 坐标
        }}
    var norVectorManage=new SetOfNormal();             //创建法向量管理对象
    var rows=yArray.length-1;                         //地形网格的行数
    var cols=yArray[0].length-1;                      //地形网格的列数
```

```
20          for(var i=0;i<rows;i++) {                    //对地形网格进行遍历
21              for(var j=0;j<cols;j++) {
22                  var index=new Array();               //创建存放当前网格 4 个顶点索引的数组
23                  index[0]=i*(cols+1)+j;               //网格中 0 号点的索引   0------------1
24                  index[1]=index[0]+1;                 //网格中 1 号点的索引   |     /      |
25                  index[2]=index[0]+cols+1;            //网格中 2 号点的索引   |   /        |
26                  index[3]=index[1]+cols+1;            //网格中 3 号点的索引   2------------3
27                  ......//此处省略计算当前地形网格中左上三角形面的法向量的代码，读者可自行查看随
                    书源代码
28                  for(var k=0;k<3;k++){                //将法向量对象存入法向量管理对象数组
29                      norVectorManage.add(index[k],nolVector);}
30                  ......//此处省略计算当前地形网格中右上三角形面的法向量的代码，读者可自行查看随
                    书源代码
31                  for(var k=1;k<4;k++){                //将法向量对象存入法向量管理对象数组
32                      norVectorManage.add(index[k],nolVector);}}}
33                  for(var i=0;i<yArray.length;i++) {//遍历顶点数组，计算每个顶点的平均法向量
34                      for(var j=0;j<yArray[0].length;j++){
35                          var index=i*(cols+1)+j;  //计算顶点索引
36                          var nolVector=norVectorManage.array[index];
                            //获取该顶点的法向量数组
37                          var tn=getAverage(nolVector);  //求出平均法向量
38                          normals[i][j]=tn;
                            //将计算出的平均法向量数组存到法向量数组中
39                      }}
40                  return normals;      }                          //返回法向量数组
41      function getAverage(normalSet) {                            //求法向量平均值的方法
42          var result = new Array(0,0,0);                          //定义存放向量相加的结果数组
43          normalSet.forEach(function (normal){                    //遍历法向量数组
44              result[0]+=normal.nx;                               //向量中的 x 分量相加
45              result[1]+=normal.ny;                               //向量中的 y 分量相加
46              result[2]+=normal.nz;})                             //向量中的 z 分量相加
47          return vectorNormal(result);}                           //返回规格化的法向量数组
```

- 第 1～16 行为创建存放山地顶点位置的三维数组和存放山地顶点法向量的三维数组，并对高度数组进行遍历,计算顶点位置坐标并存入山地顶点位置的三维数组。
- 第 17～32 行的功能为创建法向量管理对象，按照行列遍历每个地形网格，遍历到一个地形网格后分左上和右下两个三角形计算它们的法向量，并创建法向量对象，然后将法向量对象按照顶点索引存入法向量管理对象数组中。
- 第 33～44 行的功能为遍历每个顶点,求出顶点对应的法向量管理对象中法向量的平均值，并将它作为此顶点的法向量存入结果数组中。
- 第 41～47 行的功能为遍历法向量数组，分别将法向量的 x 分量、y 分量和 z 分量进行相加并存入结果数组中，然后将结果数组规范化并返回。

> **提示**　第 17～32 行中在计算三角形面的法向量时采用的是站在一个顶点上,求出此顶点到另外两个顶点的向量，然后将这两个向量求叉积（向量积）。这种方法的计算非常简单，作者很喜欢采用。

（2）介绍完计算顶点法向量的方法后，下面根据地形过程纹理贴图的 R、G、B、A 值及对应的细节纹理介绍着色工作的片元着色器了，其具体代码如下。

代码位置：随书源代码/第 9 章/Sample9_5/shader 目录下的 fragment.bns。

```
#version 300 es
precision highp float;                      //给出默认的浮点精度
uniform sampler2D texC;                     //纹理采样器（基础颜色纹理）
uniform sampler2D texD;                     //纹理内容数据（过程纹理）
uniform sampler2D texD1;                    //纹理采样器（细节纹理 1）
uniform sampler2D texD2;                    //纹理采样器（细节纹理 2）
uniform sampler2D texD3;                    //纹理采样器（细节纹理 3）
```

```
8      uniform sampler2D texD4;              //纹理采样器(细节纹理 4)
9      in vec2 vTextureCoord;                //接收从顶点着色器传过来的纹理坐标
10     out vec4 outColor;                    //输出的片元颜色
11     in vec4 finalLight;                   //接收从顶点着色器传过来的最终光照强度
12     void main(){
13       float dtScale1=27.36;               //细节纹理 1 的缩放系数
14       float dtScale2=20.00;               //细节纹理 2 的缩放系数
15       float dtScale3=32.34;               //细节纹理 3 的缩放系数
16       float dtScale4=22.39;               //细节纹理 4 的缩放系数
17       float ctSize=257.00;                //地形灰度图的尺寸(以像素为单位)
18       float factor1=ctSize/dtScale1;      //细节纹理 1 的纹理坐标缩放系数
19       float factor2=ctSize/dtScale2;      //细节纹理 2 的纹理坐标缩放系数
20       float factor3=ctSize/dtScale3;      //细节纹理 3 的纹理坐标缩放系数
21       float factor4=ctSize/dtScale4;      //细节纹理 4 的纹理坐标缩放系数
22       vec4 cT = texture(texC,vTextureCoord);                    //从基础颜色纹理中采样
23       vec4 dT = texture(texD,vTextureCoord);                    //从过程纹理中采样
24       vec4 dT1 = texture(texD1,vTextureCoord*factor1);          //从细节纹理 1 中采样
25       vec4 dT2 = texture(texD2,vTextureCoord*factor2);          //从细节纹理 2 中采样
26       vec4 dT3 = texture(texD3,vTextureCoord*factor3);          //从细节纹理 3 中采样
27       vec4 dT4 = texture(texD4,vTextureCoord*factor4);          //从细节纹理 4 中采样
28       outColor = dT1*dT.r+dT2*dT.g+dT3*dT.b+dT4*dT.a;           //叠加细节纹理的颜色值
29       outColor = outColor + cT;                                 //叠加基础颜色值
30       outColor = outColor - 0.5;                                //调整整体颜色
31       outColor=finalLight*outColor;                             //计算最终输出颜色值
32     }
```

- 第 2～11 行声明了几个采样器及输入/输出变量。它们包括基础颜色纹理采样器、过程纹理采样器和细节纹理采样器，还有用于接收纹理坐标、最终光照强度和输出最终颜色的变量等。
- 第 13～21 行初始化了 4 幅细节纹理的缩放系数及对应的纹理坐标缩放系数，其中细节纹理的缩放系数是在使用 EarthSculptor 设计地形时进行设置的。需要注意的是，纹理坐标的值是有可能大于 1.0 的，由于本案例中使用的纹理拉伸方式为重复方式，因此可以正常工作。
- 第 22～31 行的功能为首先从 6 个采样器中进行采样，然后根据之前介绍的外观颜色计算公式计算当前片元的外观颜色，最后乘以最终光照强度以得到最终颜色值。

提示 读者若希望基于本案例使用自己设计的地形，一方面需要导出本案例所需的 1 幅灰度图、6 幅服务于外观的纹理图，还需要将设计地形时使用的 4 幅细节纹理的缩放系数记录下来并更新到片元着色器中。同时，还需要将设计地形时选定的灰度图尺寸（本案例中为 257×257 像素）也更新到着色器中。

9.4 天空盒与天空穹

前面通过灰度图地形、过程纹理、Mipmap 纹理等技术构建了非常真实的地形场景，但场景中的天空黑茫茫一片，成为一个明显的瑕疵。本节将向读者介绍两种用于实现天空效果的技术，即天空盒与天空穹。采用这两种技术可以为场景添加真实的天空效果，大大增加场景的真实感。

9.4.1 天空盒

天空盒技术的思路非常简单，具体说就是将场景放置在一个很大的立方体中，立方体的每个面是一个纹理正方形，如图 9-25 所示。

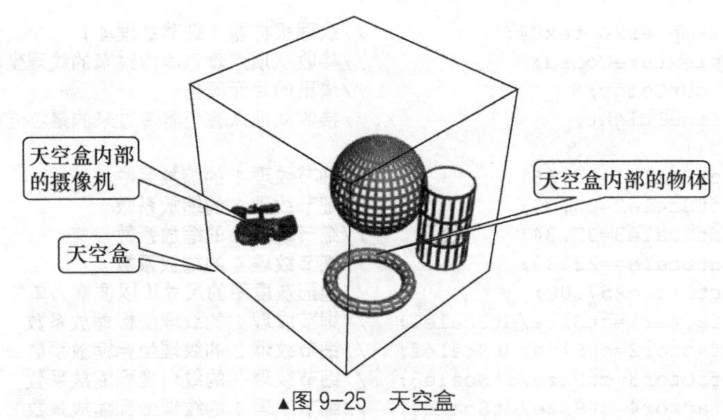

▲图 9-25　天空盒

提示　使用天空盒时需要注意，用于观察场景的摄像机需要放置在天空盒立方体的内部，如图 9-25 所示。

为了在观察位于天空盒内部的场景时有真实天空背景的效果，组成天空盒的 6 个纹理正方形需要各自映射一幅正方形的天空纹理图。这 6 幅纹理图是可以无缝拼接的，如图 9-26 所示。

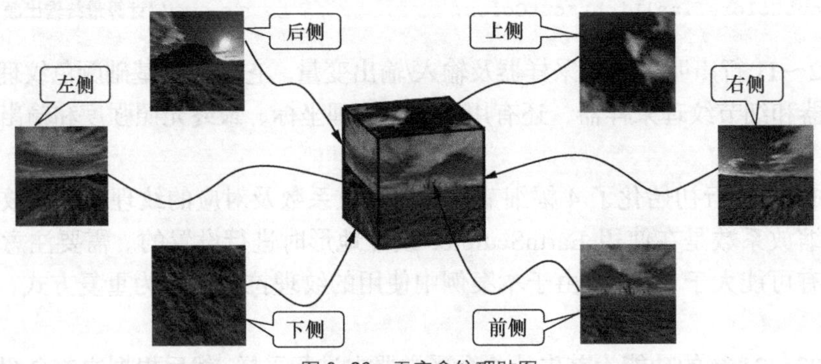

▲图 9-26　天空盒纹理贴图

了解了天空盒的原理后，就可以进行案例 Sample9_6 的开发了。在介绍开发步骤之前请读者先了解一下本案例的运行效果，如图 9-27 所示。

▲图 9-27　天空盒案例效果

说明　图 9-27 中的左右两幅图分别为摄像机在天空盒中向不同方向观察时看到的天空情况。运行本案例时手指在屏幕上左右滑动时摄像机绕场景转动，手指在屏幕上上下滑动时摄像机上升或下降。

通过前面的介绍读者已经知道，天空盒实际上是由 6 个纹理正方形（正方形为矩形的特殊情况）组成的。前面介绍纹理的相关知识时已经对纹理矩形的开发进行了详细介绍，因此这里仅给出将 6 个纹理矩形组装成天空盒的相关代码。

代码位置：随书源代码/第 9 章/Sample9_6 目录下的 Sample9_6.html。

```
gl.clear(gl.COLOR_BUFFER_BIT | gl.DEPTH_BUFFER_BIT); //清除着色缓冲与深度缓冲
ms.pushMatrix();                                       //保护现场
ms.translate(0, 0, -28+0.35);                          //将物体平移
tr.drawSelf(ms,texMap['back']);                        //绘制物体
ms.popMatrix();                                        //恢复现场
ms.pushMatrix();                                       //绘制天空盒的前面
ms.translate(0, 0, 28-0.35);                           //将物体平移
ms.rotate(180, 0, 1, 0);                               //将物体旋转
tr.drawSelf(ms,texMap['front']);                       //绘制物体
ms.popMatrix();                                        //恢复现场
ms.pushMatrix();                                       //绘制天空盒的左面
ms.translate(-28+0.35, 0, 0);                          //将物体平移
ms.rotate(90, 0, 1, 0);                                //将物体旋转
tr.drawSelf(ms,texMap['left']);                        //绘制物体
ms.popMatrix();                                        //恢复现场
ms.pushMatrix();                                       //绘制天空盒的右面
ms.translate(28-0.35, 0, 0);                           //将物体平移
ms.rotate(-90, 0, 1, 0);                               //将物体旋转
tr.drawSelf(ms,texMap['right']);                       //绘制物体
ms.popMatrix();                                        //恢复现场
ms.pushMatrix();                                       //绘制天空盒的下面
ms.translate(0, -28+0.35, 0);                          //将物体平移
ms.rotate(-90, 1, 0, 0);                               //将物体旋转
tr.drawSelf(ms,texMap['down']);                        //绘制物体
ms.popMatrix();                                        //恢复现场
ms.pushMatrix();                                       //绘制天空盒的上面
ms.translate(0, 28-0.35, 0);                           //将物体平移
ms.rotate(90, 1, 0, 0);                                //将物体旋转
tr.drawSelf(ms,texMap['up']);                          //绘制物体
ms.popMatrix();                                        //恢复现场
```

说明 从上述代码中可以看出，使用 6 个纹理正方形组装天空盒是非常简单的，只要将一个纹理正方形对象通过平移、旋转等变换移动到指定的位置，再应用不同的纹理进行绘制即可。在实际的开发中，建议读者将天空盒的相关代码写到一个单独文件中。

9.4.2 天空穹

细心的读者可能会发现，从大部分角度观察天空盒都是比较真实的，但当观察天空盒任何两个面的接缝处时真实感就差很多。这是因为构成接缝的两个面呈 90°，不是平滑的。这个问题是天空盒技术所固有的，很难彻底解决，因此很多游戏场景会采用另一种天空效果实现技术——天空穹。

天空穹技术中不再使用立方体模拟天空，而是用一个半球面模拟天空，此半球面需要贴上对应天空的纹理图，具体情况如图 9-28 所示。

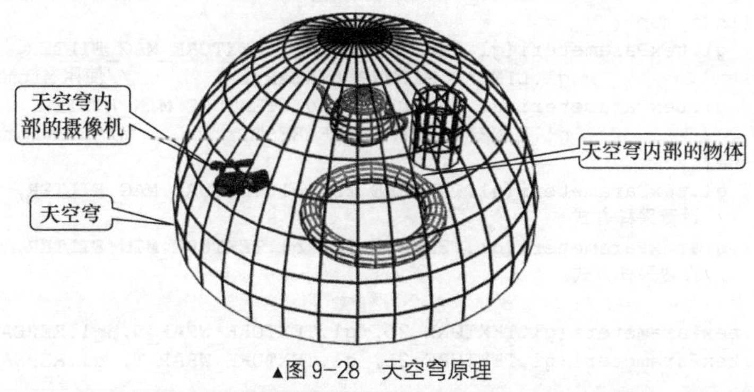

▲图 9-28 天空穹原理

提示　从图 9-28 中可以看出，用于模拟天空的半球面切分得越细效果就会越好。但实际开发中出于对性能的考量，切分得不宜过细。

了解了天空穹的原理后，就可以进行案例 Sample9_7 的开发了。在介绍开发步骤之前请读者先了解一下本案例的运行效果，如图 9-29 所示。

▲图 9-29　天空穹案例效果

提示　从天空穹与天空盒效果图的对比中可以看出，天空穹的效果会更好一些。另外与 Sample9_4 相同，按住屏幕左下角或右下角，摄像机会绕场景旋转；按住屏幕左上角或右上角，摄像机会前进或后退，从而可以不同的位置、角度观察场景。

从图 9-29 中可以看出，本案例实际是对案例 Sample9_4 的升级，因此这里对相同的代码不再赘述，仅给出升级的主要步骤，具体如下所示。

（1）在案例中增加绘制天空穹的 Sky.js 文件。此文件其实就是一个半球面，大部分代码与前面一些案例中的纹理球面文件（如前面案例中的地球或月球）基本相同，这里不再赘述，需要的读者可以参考随书源代码。

（2）由于本案例中应用于天空穹的纹理不是正方形（1024×256），同时升级前的纹理加载方法仅将纹理采样方式设置为 Mipmap 系列，因此为了保证能够顺利地运行本案例，需要对加载纹理的方法进行修改，修改后的代码如下。

代码位置：随书源代码/第 9 章/Sample9_7/js 目录下的 GLUtil.js。

```
function loadImageTexture(gl,url,texName,isMipmap) {
    var texture = gl.createTexture();                         //创建纹理 id
    var image = new Image();                                  //创建图片对象
    image.onload = function() { doLoadImageTexture(gl, image, texture,isMipmap) }//加载纹理的函数
    image.src = url;                                          //指定纹理图的 URL
    texMap[texName]=texture;                                  //返回纹理 id
}
function doLoadImageTexture(gl, image, texture,isMipmap) {
    gl.bindTexture(gl.TEXTURE_2D, texture);                   //绑定纹理 id
    gl.texImage2D(gl.TEXTURE_2D, 0, gl.RGBA, gl.RGBA,
            gl.UNSIGNED_BYTE, image);                         //加载纹理进入显存
    if(isMipmap){
        gl.texParameteri(gl.TEXTURE_2D, gl.TEXTURE_MAG_FILTER,
                gl.LINEAR_MIPMAP_LINEAR);                     //使用 Mipmap 线性纹理采样
        gl.texParameteri(gl.TEXTURE_2D,gl.TEXTURE_MIN_FILTER,
                gl.LINEAR_MIPMAP_NEAREST);                    //使用 Mipmap 最近点纹理采样
    }else{
        gl.texParameteri(gl.TEXTURE_2D, gl.TEXTURE_MAG_FILTER, gl.LINEAR);
        //设置采样方式
        gl.texParameteri(gl.TEXTURE_2D, gl.TEXTURE_MIN_FILTER, gl.LINEAR);
        //设置采样方式
    }
    gl.texParameteri(gl.TEXTURE_2D, gl.TEXTURE_WRAP_S, gl.REPEAT); //S轴拉伸
    gl.texParameteri(gl.TEXTURE_2D, gl.TEXTURE_WRAP_T, gl.REPEAT); //T轴拉伸
```

```
        if(isMipmap){ gl.generateMipmap(gl.TEXTURE_2D); }  //自动生成Mipmap系列纹理
        gl.bindTexture(gl.TEXTURE_2D, null);               //纹理加载成功后释放纹理图
    }
```

说明 上述代码主要增加了 isMipmap 参数，根据此参数值可将纹理采样方式设置为 Mipmap 系列或普通系列。同时，还应根据此参数值决定是否自动生成 Mipmap 系列纹理。

（3）在 Sample9_7.html 文件中增加了加载天空穹纹理和绘制天空穹的相关代码。这些代码与前面很多案例的方法完全相同，这里不再赘述，需要的读者请参考随书源代码。

9.4.3 天空盒与天空穹的使用技巧

前面给出的两个案例中，第一个仅包含天空盒本身，第二个用天空穹罩住了不太大的山地地形。但在很多实际应用中场景非常大，若使用足以包含整个场景的天空盒或天空穹，那么效果就不是很好。因此在实际开发时经常随着摄像机的移动，天空盒或天空穹也跟着一起移动，具体情况如图 9-30 所示。

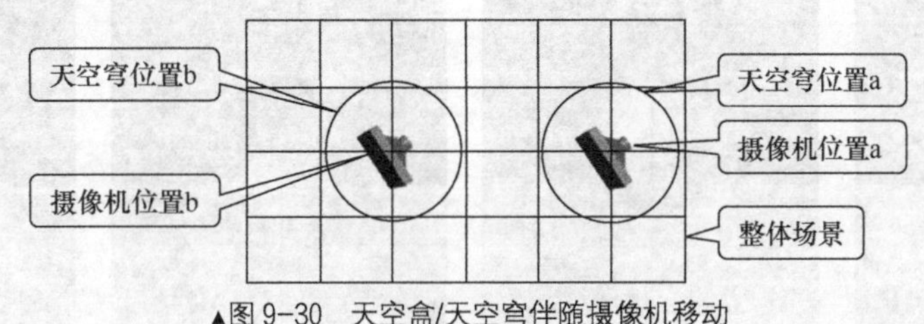

▲图 9-30 天空盒/天空穹伴随摄像机移动

采用这种天空盒或天空穹使用技巧的游戏有很多，如大名鼎鼎的《极品飞车》《都市赛车》等。读者可以在玩这些游戏时细致观察一下就能感觉到。

9.5 简单镜像

现实世界中，水边的树木、山体经水面反射后会形成倒影，这种效果在物理学中称为镜像。不但水面可以形成镜像，一切表面光滑且能良好反射光线的物体都可以形成镜像。因此，在开发很多模拟现实世界的 3D 场景中，若能够真实地再现镜像，则它的吸引力将大大增加。本节将向读者介绍一种实现镜像的技术，主要包括此技术的原理及一个篮球被地板反射形成镜像的案例。

9.5.1 镜像基本原理

在物理学中大家都学到过，形成镜像的原因是反射，经过反射形成的图像与其对应的实体相对于反射面是对称的。因此，在 WebGL 中开发镜像效果时，最为关键的一步是根据实体位置及反射面位置和朝向计算出图像的位置，如图 9-31 所示。

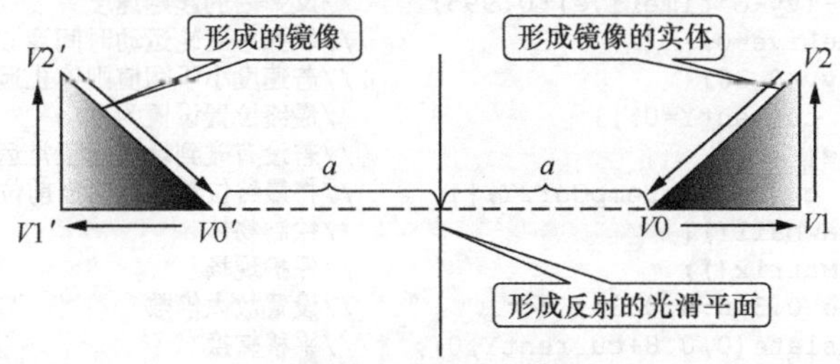

▲图 9-31 镜像效果原理

> **提示**　从图 9-31 中可以看出，在 WebGL 中绘制实体时，采用的是系统默认的逆时针卷绕方式（*v*0,*v*1,*v*2）；而在绘制镜像时，由于该镜像和实体是关于反射面对称的，这使得原来的逆时针卷绕变成顺时针卷绕（*v*0', *v*1', *v*2'），所以绘制镜像时应先将卷绕方式设定为顺时针卷绕，再进行绘制。当然，在绘制完镜像后，应将卷绕方式还原，即设置为逆时针卷绕，以避免影响下一次实体的绘制。同时，在开发中如果情况允许应该尽量让反射面平行于某个坐标平面（如 *xOy* 平面、*xOz* 平面、*yOz* 平面），这样镜像位置的计算就非常简单了。

9.5.2　基本效果案例

9.5.1 节介绍了镜像效果的基本原理，本节将给出一个简单的实现镜像效果的案例 Sample9_8，其运行效果如图 9-32 所示。

▲图 9-32　运行效果

> **提示**　图 9-32 中呈现的是篮球被光滑木地板反射形成镜像的场景，从左至右依次为篮球开始下落、篮球继续下落、篮球碰到地板的几种情况。

看到案例的运行效果后，就可以进行案例开发了。由于本案例中用到的很多类与前面许多案例的基本一致，因此，这里仅介绍本案例中有特色的部分。它们主要包括绘制场景的代码，以及完成篮球自由下落与反弹物理计算的 run 方法，具体内容如下所示。

（1）介绍完成篮球自由下落与反弹物理计算的 run 方法，其具体代码如下。

代码位置：随书源代码/第 9 章/Sample9_8/目录下的 Sample9_8.html。

```
function run(){
    timeLive+=TIME_SPAN;                   //此轮运动时间增加
    var tempCurrY=startY-0.5*G*timeLive*timeLive+vy*timeLive;
    //根据此轮起始数据计算当前位置
    if(tempCurrY<=0.0){                    //若当前位置低于地面则碰到地面反弹
        startY=0;                          //反弹后的起始位置为 0
        vy=-(vy-G*timeLive)*0.995;         //反弹后的起始速度
        timeLive=0;                        //反弹后此轮运动时间清 0
        if(vy<0.35){                       //若速度小于阈值则停止运动
            currentY=0;}}                  //最终位置设置为 0
        else{                              //若没有碰到地面则正常运动
            currentY=tempCurrY;}}          //将最终位置设置为当前位置
function drawball(){                       //绘制物体
    ms.pushMatrix();                       //保护现场
    ms.scale(0.3,0.3,0.3);                 //设置放大倍数
    ms.translate(0,0.8+currentY,0);        //平移转换
    ball.drawSelf(ms,texMap["ball"]);      //绘制篮球
```

```
17         ms.popMatrix();}                              //恢复现场
18     function drawmirror(){                            //绘制镜像体
19         ms.pushMatrix();                              //保护现场
20         ms.scale(0.3,0.3,0.3);                        //设置放大倍数
21         ms.translate(0,-0.8-currentY,0);              //平移转换
22          ball.drawSelf(ms,texMap["ball"]);            //绘制篮球
23         ms.popMatrix();}                              //恢复现场
```

❑ 第 1～11 行主要实现了上抛运动，其中第 6 行中的 0.995 为恢复系数，其代表每次篮球碰撞地面后还能保存的动能占碰撞前动能的比例。

❑ 第 12～17 行为绘制实体的 drawSelf 方法，在该方法中根据篮球当前的 *y* 坐标绘制篮球。

❑ 第 18～23 行为绘制镜像体的 drawmirror 方法，在该方法中根据篮球当前的 *y* 坐标和反射木地板的 *y* 坐标来绘制镜像体篮球。

（2）介绍绘制整体场景的具体代码，代码如下所示。

代码位置：随书源代码/第 9 章/Sample9_8/目录下的 Sample9_8.html。

```
1      function drawFrame(){                                  //绘制一帧的方法
2          if(!rectdb||!ball){                                //如果地板或者篮球没有加载完成
3                  console.log("加载未完成！");                //提示信息
4                  return;}                                   //返回
5          gl.clear(gl.COLOR_BUFFER_BIT | gl.DEPTH_BUFFER_BIT); //清除着色缓冲与深度缓冲
6          gl.clear(gl.STENCIL_BUFFER_BIT);                   //清除模板缓冲
7          gl.disable(gl.DEPTH_TEST);                         //关闭深度检测
8          ms.pushMatrix();                                   //保护现场
9          ms.scale(0.3,0.3,0.3);                             //设置缩放
10         rectdb.drawSelf(ms,texMap["db"]);                  //绘制反射面地板
11         ms.popMatrix();                                    //恢复现场
12         drawmirror();                                      //绘制镜像体
13         gl.disable(gl.STENCIL_TEST);                       //禁用模板测试
14         gl.enable(gl.BLEND);                               //开启混合
15         gl.blendFunc(gl.SRC_ALPHA, gl.ONE_MINUS_SRC_ALPHA);//设置混合因子
16         ms.pushMatrix();                                   //保护现场
17         ms.scale(0.3,0.3,0.3);                             //设置缩放系数
18         ms.popMatrix();                                    //恢复现场
19         gl.enable(gl.DEPTH_TEST);                          //开启深度检测
20         gl.disable(gl.BLEND);                              //关闭混合
21         drawball();                                        //绘制实际物体
22     }
```

❑ 第 1～22 行为绘制一帧画面的 drawFrame 方法。首先绘制了木地板（反射面），该木地板的 *y* 坐标为 0.8，因此该数可以为 0，也可以为其他数；然后绘制镜像体与实际物体。关于镜像体与实际物体位置的计算是由 run 方法完成的，前面步骤中已经介绍过。

> **提示** 实现镜像效果时，除了需要计算出镜像位置，最关键的就是需要关闭深度检测。若绘制镜像时不关闭深度检测，则距离摄像机较近的反射面就会挡住镜像体，如图 9-33 所示，这点也请读者在开发中特别注意。

打开深度检测看不见镜像体的原因如下。

❑ 若先绘制镜像体，则镜像体片元的位置深度缓冲区中会记录较大的深度，再绘制距离较近的反射面时，其片元对应的深度较小，深度检测通过，因此将覆盖原有的片元，如图 9-34（a）所示。

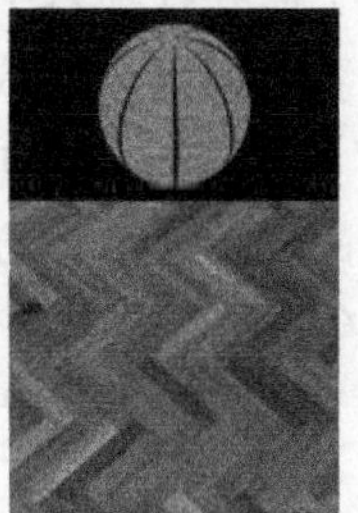

▲图 9-33　打开深度检测的效果

❑ 若先绘制反射面，则反射面片元的位置深度缓冲区中会记录较小的深度，再绘制距离较远的镜像体时，其片元

对应的深度大，深度检测失败，片元将被丢弃，如图 9-34（b）所示。

> **提示** 在图 9-34 中颜色越深表示深度越小，这是因为从灰度值的角度考虑，值越大颜色越浅。最后需要读者注意的是，即使关闭了深度检测，绘制顺序也不是任意的，必须先绘制反射面，再绘制镜像体。

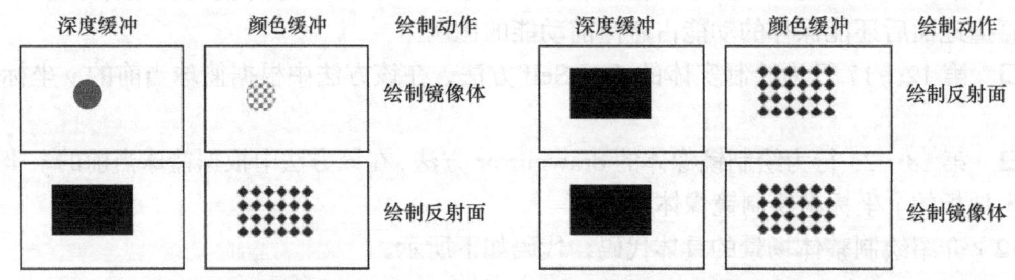

▲图 9-34　绘制镜像体时需要关闭深度检测的原因

9.5.3 升级效果的案例

从图 9-35 中可以看出，镜像上隐约映射出了反射面的内容，真实感比升级前提高了不少。实现思路也很简单，只需要绘制完镜像体之后，再采用混合模式绘制一个半透明的反射面即可。

▲图 9-35　升级后的运行效果

> **提示** 由于本书中的插图采用灰度印刷，可能看不出透明效果，因此请读者自行运行程序观察。

了解了实现思路后，就可以进行案例开发了。由于本案例仅是复制并修改了案例 Sample9_8，因此这里仅给出修改的主要步骤。

（1）需要在项目中增加一幅半透明的木地板纹理图 mdbtm.png，其内容与原有不透明的木地板纹理图完全一致。

（2）在 Sample9_9.html 中增加加载半透明纹理以及绘制半透明反射面的代码，修改后绘制场景的 drawFrame 方法如下所示。

代码位置：随书源代码/第 9 章/Sample9_9/目录下的 Sample9_9.html。

```
function drawFrame(){                                         //绘制一帧的方法
    if(!rectdb||!ball){                                       //如果地板或者篮球没有加载完成
            console.log("加载未完成！");                        //提示信息
            return;}                                          //返回
    gl.clear(gl.COLOR_BUFFER_BIT | gl.DEPTH_BUFFER_BIT);      //清除着色缓冲与深度缓冲
```

```
        gl.clear(gl.STENCIL_BUFFER_BIT);                          //清除模板缓冲
        gl.disable(gl.DEPTH_TEST);                                //关闭深度检测
        ms.pushMatrix();                                          //保护现场
        ms.scale(0.3,0.3,0.3);                                    //设置缩放
        rectdb.drawSelf(ms,texMap["db"]);                         //绘制反射面地板
        ms.popMatrix();                                           //恢复现场
        drawmirror();                                             //绘制镜像体
        gl.disable(gl.STENCIL_TEST);                              //禁用模板测试
        gl.enable(gl.BLEND);                                      //开启混合
        gl.blendFunc(gl.SRC_ALPHA, gl.ONE_MINUS_SRC_ALPHA);//设置混合因子
        ms.pushMatrix();                                          //保护现场
        ms.scale(0.3,0.3,0.3);                                    //设置缩放系数
        rectdb.drawSelf(ms,texMap["tm"]);                         //添加半透明地板
        ms.popMatrix();                                           //恢复现场
        gl.enable(gl.DEPTH_TEST);                                 //开启深度检测
        gl.disable(gl.BLEND);                                     //关闭混合
        drawball();                                               //绘制实际物体
    }
```

说明 读者要特别注意绘制顺序，先绘制不透明反射面，接着绘制镜像体，再绘制半透明反射面，最后绘制实际物体，不正确的顺序可能产生不正确的效果。

9.6 非真实感绘制

到目前为止，本书所给出的案例都是以逼真为最高要求的，但这仅是一个方面。有时希望程序能够绘制出不太真实的效果，如水彩画、水粉画、油画效果等。这就是所谓的非真实感绘制，本节将通过一个案例带领读者简单了解一下非真实感绘制效果的开发过程。

9.6.1 基本原理与案例效果

本节主要是利用非真实感绘制技术来实现水粉画效果。非真实感绘制有时也称为卡通着色，一般是将一个色块纹理贴图作为查询表（调色板），使用色块纹理贴图中的纯色进行填充，通过减少颜色的变化来达到非真实感的效果。

下面介绍一下真实感绘制与非真实感绘制的主要区别。

- 真实感绘制

真实感绘制实际上是模拟现实世界中真实物体的各种光影效果，主要包括物体的颜色以及光照情况等。在这种情况下，一般会尽量使用较多的色数，以达到视觉上连续渐变的真实效果。

- 非真实感绘制

非真实感绘制实际上是指模拟手绘方式下颜色数比较少的非真实绘制效果。因为手绘效果的颜色数比较少，是人为给定的几种，并且是离散的，所以人眼可以明显分辨。从数学角度来说，就是将颜色的取值从连续函数转化为离散函数。

通过上述介绍已经了解了非真实感绘制的基本思路，下面介绍一下本节的实现策略，主要内容如下。

- 首先对物体进行普通的光照计算，得到物体各区域中光照强度结果（取值范围在0.0～1.0），将其作为后继步骤中的色块纹理采样 S 坐标。
- 提供一幅横向排列的色块纹理如图 9-24 所示，同时注意，由于图像是灰度印刷，所以可能看不清楚，请读者查看随书原图。将纹理的采样方式设置为 GL_NEAREST，然后用上面计算所得的光照强度作为 S 纹理坐标，同时采用固定的 T 纹理坐标（如 0.5）进行纹

理采样。

> **说明**　从上述步骤以及图 9-36 中可以看出，由于纹理图是以色块方式横向排列的，因此，一个区间内的结果光照强度将对应同一个颜色。比如当 S 纹理坐标在 0.0～0.25 内会获得同一个颜色值，当 S 纹理坐标在 0.25～0.5 内会获得另一个颜色值，以此类推。通过这样的策略，就将普通光照计算中的连续渐变结果光照强度对应到了非连续色块中，很高效地达到了目的。

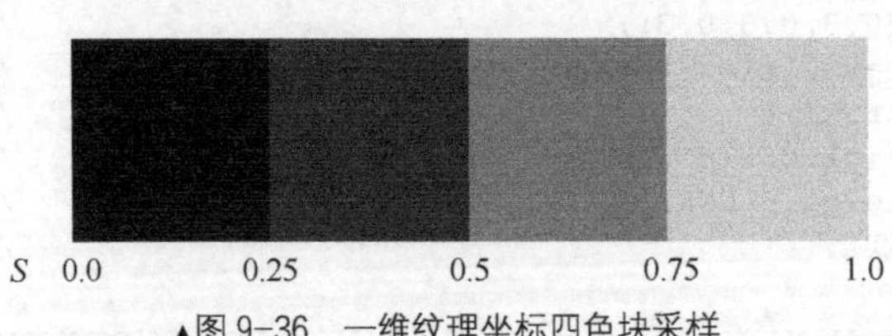

▲图 9-36　一维纹理坐标四色块采样

除了上述工作，非真实感绘制还有一项很重要的工作就是对物体边缘进行描绘（通常采用黑色）。而描绘边缘前，最重要的就是要确定当前着色的片元是否处于边缘位置。

本节判断片元是否处于边缘的策略非常简单，那就是考量视线向量与此片元处法向量的夹角，若夹角大于一定值则认为是边缘。实际开发时只需要通过两个向量的点积值进行判断即可。

> **说明**　上述简单的描绘边缘的策略并不能保证在所有情况下都工作得很好，若想得到更好的边缘描绘效果，读者可以参考后面专门介绍描边效果的内容。

从前面的介绍已经知道，当色块纹理图中有 4 个色块时，根据光照强度的不同一共可以采样出 4 种不同的颜色，经过片元着色器的绘制就出现了非真实感的绘制效果。下面给出色块纹理图为四色块时的运行效果（Sample9_10），如图 9-37 所示。

▲图 9-37　非真实感绘制案例的运行效果 1

> **说明**　由于插图是灰度印刷，可能效果不是很清楚，建议读者采用真机运行本节案例进行观察，效果更好。

图 9-37 给出的是四色块的运行效果图，如果觉得色数太少，还可以增加色块数，其效果还是非真实感的手绘效果，只不过是效果相比于四色块的更加真实一些。例如，可以将四色块图替换为八色块图，如图 9-38 所示。

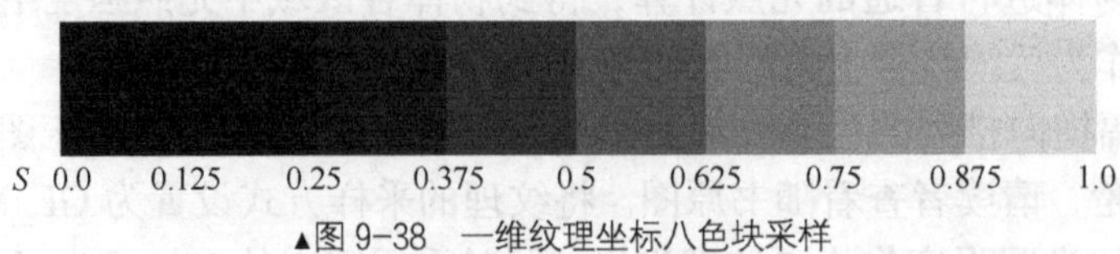

▲图 9-38　一维纹理坐标八色块采样

> **说明** 与前面四色块的纹理图一致，根据光照强度的不同折算为不同的 *S* 纹理坐标。当 *S* 纹理坐标在 0.0～0.125 内会获得同一个颜色值，当 *S* 纹理坐标在 0.125～0.25 内会获得另一个颜色值，以此类推。一共可以采样得到 8 种不同颜色值，相比于四色块的绘制效果更加真实。

接着给出色块纹理图为八色块时的运行效果（Sample9_10），如图 9-39 所示。

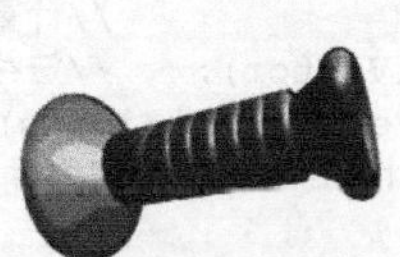

▲图 9-39　非真实感绘制案例的运行效果 2

> **提示** 从图 9-39 与图 9-37 的对比中可以看出，色块增加后，真实感增强了。因此，在实际开发中，读者可以根据具体需要控制色块图中的色数，以达到需要的效果。

9.6.2 具体开发步骤

9.6.1 节介绍了本节案例的基本原理与运行效果，下面将介绍色块纹理图为四色块的具体开发步骤，内容如下所示。

（1）用 3ds Max 设计图 9-39 所示的模型并导出为 obj 文件，将其放入项目的 assets 目录中待用。

（2）开发出搭建场景的基本代码。其中加载物体、摆放物体、计算光照等代码与前面许多案例中的基本一致，这里不再赘述。

（3）本案例中的初始化纹理方法将 MIN、MAG 采样方式设置为 GL_NEAREST。GL_NEAREST 表示使用纹理坐标中最接近的一个纹素颜色作为采样的结果颜色，颜色不会自动插值过渡，这很符合非真实感绘制的需要。

（4）开发为非真实感绘制服务的两个特色着色器，首先是顶点着色器，其具体代码如下。

代码位置：随书源代码/第 9 章/ Sample9_10/shader 目录下的 vertex.bhs。

```
#version 300 es
uniform mat4 uMVPMatrix;                    //总变换矩阵
uniform mat4 uMMatrix;                      //变换矩阵
uniform vec3 uLightLocation;                //光源位置
uniform vec3 uCamera;                       //摄像机位置
in vec3 aPosition;                          //顶点位置
in vec3 aNormal;                            //顶点法向量
out float vEdge;                            //描边系数
out vec2 vTextureCoord;                     //根据光照强度折算的纹理坐标
void pointLight(                            //定位光光照计算的方法
in vec3 normal,                             //法向量
out float diffuse,                          //散射光最终强度
out float specular,                         //镜面光最终强度
out float edge,                             //描边系数
in vec3 lightLocation,                      //光源位置
in float lightDiffuse,                      //散射光强度
in float lightSpecular                      //镜面光强度
){
vec3 normalTarget=aPosition+normal;//计算变换后的法向量
vec3 newNormal=(uMMatrix*vec4(normalTarget,1)).xyz-(uMMatrix*vec4 (aPosition,1)).
xyz;
```

```
newNormal=normalize(newNormal);     //规格化法向量
//计算从表面点到摄像机的向量
vec3 eye= normalize(uCamera-(uMMatrix*vec4(aPosition,1)).xyz);
edge = max(0.0,dot(newNormal,eye));//计算描边系数
//计算从表面点到光源位置的向量 vp
vec3 vp= normalize(lightLocation-(uMMatrix*vec4(aPosition,1)).xyz);
vp=normalize(vp);                   //规格化 vp
vec3 halfVector=normalize(vp+eye); //求视线与光线的半向量
float shininess=50.0;               //粗糙度，越小越光滑
//求法向量与 vp 的点积和 0 间的最大值
float nDotViewPosition=max(0.0,dot(newNormal,vp));
diffuse=lightDiffuse*nDotViewPosition;                  //计算散射光的最终强度
float nDotViewHalfVector=dot(newNormal,halfVector);    //法线与半向量的点积
float powerFactor=max(0.0,pow(nDotViewHalfVector,shininess));//镜面反射光强度因子
specular=lightSpecular*powerFactor;          //计算镜面光的最终强度
}
void main(){                                  //主函数
//根据总变换矩阵计算此次绘制的顶点位置
gl_Position = uMVPMatrix * vec4(aPosition,1);
float diffuse;                                //散射光的最终强度
float specular;                               //镜面光的最终强度
//进行光照计算
pointLight(normalize(aNormal),diffuse,specular,vEdge,uLightLocation, 0.8,0.9);
float s=diffuse+specular;                     //将散射光的最终强度与镜面光的最终强度相加
vTextureCoord=vec2(s,0.5);                    //相加后的值作为 S 纹理坐标传给片元着色器
}
```

说明　从上述顶点着色器的代码中可以看出，它与普通的光照着色器基本相同，主要区别是将散射光强度、镜面光强度的变量声明从 vec3 变为浮点型，将散射光的最终强度与镜面光的最终强度相加作为 *S* 纹理坐标，*T* 纹理坐标为固定值 0.5，并将 *S*、*T* 纹理坐标二维向量传入片元着色器。

（5）开发完顶点着色器后，就可以开发片元着色器了，其代码如下。

代码位置：随书源代码/第 9 章/ Sample9_10/shader 目录下的 fragment.bhs。

```
#version 300 es
precision mediump float;                     //给出默认的浮点精度
uniform sampler2D sTexture;                  //纹理内容数据
in float vEdge;                              //描边系数
in vec2 vTextureCoord;                       //纹理坐标
out vec4 fragColor;                          //输出的片元颜色
void main(){                                 //主函数
vec4 finalColor=texture(sTexture, vTextureCoord);        //从纹理中采样出颜色值
const vec4 edgeColor=vec4(0.0);              //描边的颜色（黑色）
float mbFactor=step(0.2,vEdge);              //计算此片元是否进行描边的因子
//如果不是边缘像素，则用纹理采样颜色；如果为边缘像素，则用描边颜色
fragColor=(1.0-mbFactor)*vec4(0.0)+mbFactor*finalColor; //计算最后的颜色
}
```

说明　在上述片元着色器代码中有代表性的是，接收根据光照计算结果组成的二维向量作为纹理坐标，通过采样器获取颜色值，并调用 step 方法判断此片元是否是描边片元，最后计算输出到片元的颜色。它实现了上一节中介绍的非真实感绘制策略，其他部分与普通的光照着色器基本相同。

9.7 描边效果的实现

在 3D 游戏和应用开发中有时需要对 3D 场景中的物体进行描边操作，本节将对这方面的

知识进行详细介绍，同时还会给出几个不同的实现案例。掌握这种技术后，读者可以在需要的场合使用以满足特殊需要。

9.7.1 沿法线挤出轮廓

最简单的描边方法是，将物体沿法线挤出一些，用需要描边的纯色进行绘制，然后用正常的方式绘制物体本身，从而形成一个轮廓。本节将首先给出一个采用这种描边方式的案例 Sample9_11，其运行效果如图 9-40 所示。

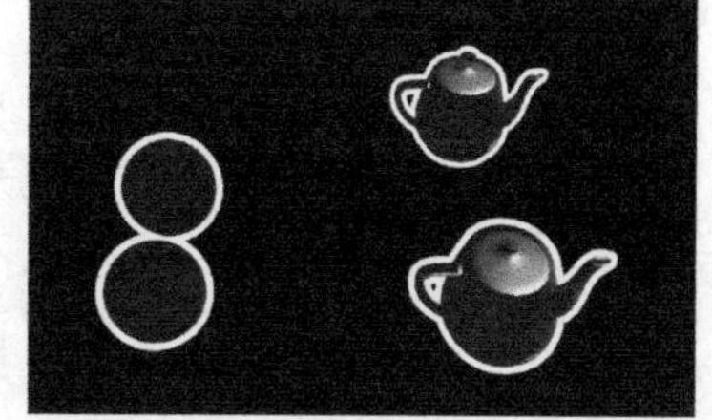

▲图 9-40　Sample9_11 运行效果

> **说明**　从图 9-40 中可以看出，此案例场景中有 4 个物体，分别是一远一近的两个茶壶和相互遮挡的一远一近的两个球体。每个物体在绘制时都可以看到明显的描边。由于插图是灰度印刷的，可能导致不很清楚，请读者采用真机运行观察。

前面已经介绍了本案例的基本实现策略和运行效果，接下来将介绍本案例的具体开发步骤，内容如下。

（1）开发用于绘制场景的 drawFrame 方法。因此，这里仅给出 drawFrame 方法的代码，具体内容如下。

代码位置：随书源代码/第 9 章/ Sample9_11/目录下的 Sample9_11.html。

```
function drawFrame(){ //绘制一帧画面的方法
        if((!masss)||(!masss1)||(!masss2)||(!masss3))       //如果没有物体存在
            {return;}                                      //则返回
        gl.viewport(0, 0, canvas.width, canvas.height);  //设置视口
        gl.clearColor(0.0,0.0,0.0,1.0);                   //设置屏幕背景色
        ms.setInitStack();                                //初始化变换矩阵
        ms.setCamera(0,50,50,0,0,0,0,1,0);                //设置摄像机
        ms.setProjectFrustum(-1.5,1.5,-1,1,2,200);               //设置投影
        gl.clear(gl.COLOR_BUFFER_BIT | gl.DEPTH_BUFFER_BIT); //清除着色缓冲与深度缓冲
        ms.pushMatrix();                                //保护现场
        ms.pushMatrix();                                //保护现场
        gl.enable(gl.DEPTH_TEST);                       //开启深度检测
        ms.translate(15,0,-25);                         //设置位置
        masss2.drawSelf(ms);                            //绘制描边物体
        gl.disable(gl.DEPTH_TEST);                      //关闭深度检测
        masss.drawSelf(ms);                             //绘制原物体
        ms.popMatrix();                                 //恢复现场
        ms.pushMatrix();                                //保护现场
        gl.enable(gl.DEPTH_TEST);                       //开启深度检测
        ms.translate(15,0,5);                           //设置位置
        masss2.drawSelf(ms);                            //绘制描边物体
        gl.disable(gl.DEPTH_TEST);                      //关闭深度检测
        masss.drawSelf(ms);                             //绘制原物体
        ms.popMatrix();                                 //恢复现场
        ms.pushMatrix();                                //保护现场
        gl.enable(gl.DEPTH_TEST);                       //开启深度检测
        ms.translate(-15,0,8);                          //设置位置
        masss3.drawSelf(ms);                            //绘制描边物体
        gl.disable(gl.DEPTH_TEST);                      //关闭深度检测
        masss1.drawSelf(ms);                            //绘制原物体
        ms.popMatrix();                                 //恢复现场
        ms.pushMatrix();                                //保护现场
        gl.enable(gl.DEPTH_TEST);                       //开启深度检测
        ms.translate(-15,3,-2);                         //设置位置
        masss3.drawSelf(ms);                            //绘制描边物体
        gl.disable(gl.DEPTH_TEST);                      //关闭深度检测
        masss1.drawSelf(ms);                            //绘制原物体
```

```
        ms.popMatrix();                                    //恢复现场
        ms.popMatrix();                                    //恢复现场
    }
```

说明　从上述代码中可以看出，绘制部分的大部分代码与前面很多案例中的基本一致。比较新的就是，在绘制描边前关闭了深度缓冲写入，在绘制正常物体时再打开它。这样既不影响正常绘制时物体间的相互遮挡，又能使沿法线挤出的描边物体不会遮挡正常物体。

（2）介绍本案例中着色器的开发。由于绘制物体本身和描边使用的不是一套着色器，而绘制物体本身的着色器在前面很多案例中已经使用过，因此这里不再赘述。下面直接给出绘制描边的顶点着色器，具体代码如下。

代码位置：随书源代码/第 9 章/ Sample9_11/shader 目录下的 vertexEdge.bhs。

```
1    #version 300 es                                    //版本号
2    uniform mat4 uuMVPMatrix;                          //总变换矩阵
3    in vec3 aPosition;                                 //顶点位置
4    in vec3 aNormal;                                   //顶点法向量
5    void main(){                                       //主函数
6        vec3 tempPosition=aPosition;                   //建立位置变量
7        tempPosition.xyz+=aNormal*0.6;                 //计算描边厚度
8        gl_Position = uuMVPMatrix*vec4(tempPosition.xyz,1); //根据总变换矩阵计算此次绘制的顶点位置
9    }
```

说明　上述顶点着色器代码中第 7 行实现的是将物体沿法线方向挤出的功能，0.6 为控制描边粗细的函数，读者可根据需要改变该值来实现不同粗细的描边效果。

（3）了解了可以控制描边粗细的顶点着色器后，接下来介绍可以控制描边颜色的片元着色器，其具体代码如下。

代码位置：随书源代码/第 9 章/ Sample9_11/shader 目录下的 fragmentEdge.bhs。

```
1    #version 300 es                                    //版本号
2    precision mediump float;                           //设置浮点默认精度
3    out vec4 fragColor;                                //输出的片元颜色
4    void main(){                                       //主函数
5        fragColor=vec4(0,1.0,0,0.0);                   //物体颜色
6    }
```

说明　上述片元着色器代码中第 5 行为描边颜色值的设定。在本案例中，为了与物体本身明显区分开来，把描边设置为绿色，读者可任意改变该值来实现不同颜色的描边效果。

如果仅看上述案例场景中的茶壶，读者一定会觉得效果不错。但如果细致观察场景左侧两个相互遮挡的球体就会发现有两个问题，具体内容如下。

第一，在两个物体的重叠区域，描边没有出现。这是因为在绘制描边时关闭了深度缓冲的写入，再绘制物体时将前面的描边挡住了，从而描边没有出现。

第二个问题不太明显，但如果用鼠标在屏幕上滑动的话，则会发现物体描边的粗细并不是一个常量，而是一个和摄像机远近相关的量，距离越远描边越细，距离越近描边越粗。就像场景中的茶壶那样，远处小茶壶的描边要比近处的细。

第二个问题在要求不太高的情况下可以忽略，但第一个问题由于会影响描边与普通物体的正确遮挡，所以必须解决。解决方法很简单，在绘制描边时也正常写入深度缓冲，但仅绘制其背面。采用这种策略修改后的案例，运行效果就比较正确了，如图 9-41 所示。

> **说明** 从图 9-41 中可以看出，场景左侧的两个球体都带有描边特效，且不存在描边被后面物体遮挡的问题。

了解了前面案例存在的问题以及解决策略后，就可以进行案例修改了。只需要对 drawFrame 方法进行简单的修改即可，具体代码如下。

代码位置：随书源代码/第 9 章/ Sample9_12/目录下的 Sample9_12.html。

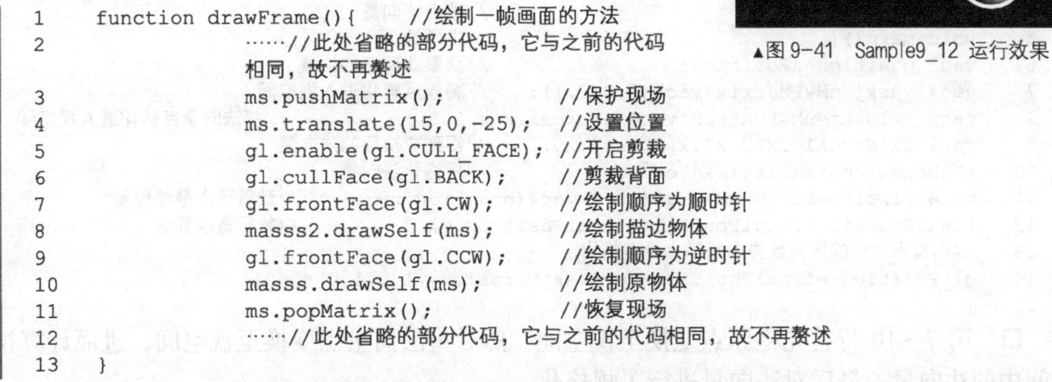

▲图 9-41　Sample9_12 运行效果

```
function drawFrame(){      //绘制一帧画面的方法
            ……//此处省略的部分代码，它与之前的代码相同，故不再赘述
            ms.pushMatrix();                //保护现场
            ms.translate(15,0,-25);         //设置位置
            gl.enable(gl.CULL_FACE);        //开启剪裁
            gl.cullFace(gl.BACK);           //剪裁背面
            gl.frontFace(gl.CW);            //绘制顺序为顺时针
            masss2.drawSelf(ms);            //绘制描边物体
            gl.frontFace(gl.CCW);           //绘制顺序为逆时针
            masss.drawSelf(ms);             //绘制原物体
            ms.popMatrix();                 //恢复现场
            ……//此处省略的部分代码，它与之前的代码相同，故不再赘述
}
```

> **说明** 上述代码与案例 Sample9_11 中不同的是，无论是绘制物体本身还是绘制描边，它一直都是写入深度缓冲的，没有关闭深度缓冲写入的代码。只是在绘制描边时，将卷绕方向置反（顺时针为正面）以达到在开启背面剪裁的情况下仅绘制物体的背面。而在绘制物体本身时，则将卷绕方向设置为逆时针，使得在开启背面剪裁的情况下可以正确绘制出物体的正面。

9.7.2 在视空间中挤出

9.7.1 节的第二个案例已经解决了描边和物体本身遮挡的问题，但描边的粗细会明显随着距离摄像机的远近而发生变化的问题还没有解决。本节将给出其中一种策略，它可以在很大程度上改善这个问题，具体内容如下。

首先将顶点坐标以及法向量通过乘以最终变换矩阵的方式变换到视空间中。

然后将变换后的视空间中的顶点坐标沿变换后视空间中的法向量挤出。

从上述说明可以看出，此策略实质上就是将 9.7.1 节中沿物体坐标系法线直接挤出的方式更改为沿变换后视空间中的法线挤出。

了解了在视空间中挤出的基本策略后，下面来了解一下使用此策略的案例 Sample9_13，其运行效果如图 9-42 所示。

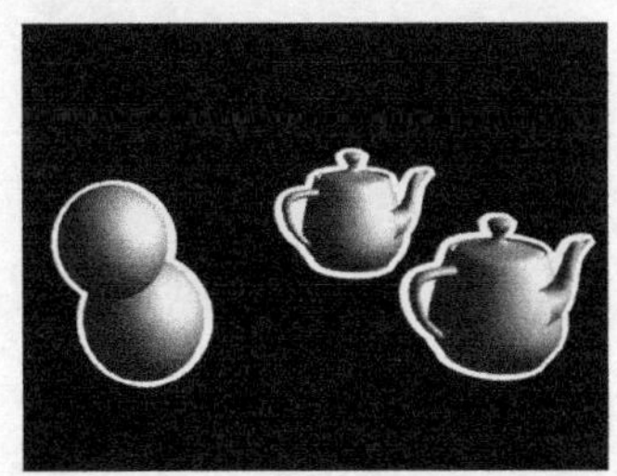

▲图 9-42　Sample9_13 运行效果

从图 9-42 中可以看出，不论物体离摄像机距离远近如何，其描边的粗细基本都是相同的。它与前面两个案例运行的效果不太一样，这样，描边粗细随远近变化的问题就基本得到了解决。

由于案例中的大部分代码与前面案例中的相同，因此，这里仅介绍具有较大变化的描边顶点着色器，其具体代码如下。

代码位置：随书源代码/第 9 章/ Sample9_13/shader 目录下的 vertexEdge.bhs。

```
1    #version 300 es                                    //版本号
2    uniform mat4 uMVPMatrix;                           //最终变换矩阵
3    in vec3 aPosition;                                 //顶点位置
4    in vec3 aNormal;                                   //顶点法向量
5    void main(){                                       //主函数
6    vec3 position=aPosition;                           //获取此顶点的位置
7    vec4 ydskj=uMVPMatrix*vec4(0,0,0,1);               //将原点转化进入视空间
8    vec4 fxldskj=uMVPMatrix*vec4(aNormal.xyz,1.0);     //将法向量点转化进入视空间
9    vec2 skjNormal=fxldskj.xy-ydskj.xy;                //得到变换后的法向量
10   skjNormal=normalize(skjNormal);                    //规格化法向量
11   vec4 finalPosition=uMVPMatrix * vec4(position.xyz,1); //计算顶点最终位置
12   finalPosition=finalPosition/finalPosition.w;       //执行透视除法
13   //沿视空间中的法向量方向将顶点位置挤出
14   gl_Position =finalPosition+vec4(skjNormal.xy,1.0,1.0)*0.01;
15   }
```

- 第 7～10 行首先将原点变换至视空间，然后将法向量点变换至视空间，进而计算视空间中的法向量，最后对法向量进行了规格化。
- 第 11～12 行为根据最终变换矩阵计算视空间中顶点的位置，并执行透视除法。
- 第 14 行为将顶点沿视空间中的法向量挤出，得到挤出后视空间中的顶点位置，其中“0.01”是用来控制描边粗细的，读者可以根据需要自行修改。

提示：到这里为止在所有案例中，除了案例 Sample9_13 以外，基本都没有在顶点着色器中执行过透视除法。这是因为将齐次坐标传入渲染管线后，管线会自动执行透视除法。由于 *W* 值随物体远近的不同会有不同（距离越远，*W* 值越大），而本案例中希望描边的粗细不随远近而变化，故需提早执行透视除法，以消除 *W* 值不同造成对描边粗细的影响。当管线再自动执行透视除法时，*W* 值已经为 1，这样既不会造成管线计算错误，也不会影响描边粗细了。

9.8 本章小结

本章主要介绍了一些常用的 3D 场景开发技巧，主要包括标志板、灰度图地形、天空盒、天空穹等。掌握了这些技术以后，读者开发 3D 场景的能力应该大大增强了，可以开发出更加完美的应用。

第 10 章　渲染出更加酷炫的 3D 场景——几种剪裁与测试

玩过游戏的读者可能知道，很多游戏在运行时，屏幕上不仅显示主视角游戏场景，还可能会显示仪表板或次视角游戏场景。要想满足这样的需求仅采用前面介绍的技术几乎是不可能的，因此，本章将向读者介绍一些能满足特殊需要的剪裁与测试方面的知识，主要内容包括剪裁测试、模板测试与任意剪裁平面。

10.1 剪裁测试

剪裁测试主要在渲染场景时限制绘制区域，用它可以方便地实现同时在屏幕上绘制主视角与次视角场景的功能。本节将首先介绍剪裁测试的基本原理，然后再给出一个具体的案例 Sample10_1。

10.1.1　基本原理与核心代码

前面已经提过，剪裁测试可以在渲染时限制绘制区域，通过此技术可以在屏幕（帧缓冲）上指定一个矩形区域。启用剪裁测试后，绘制将不会像前面介绍过的案例一样在整个屏幕（帧缓冲）中进行，而是仅在指定的矩形区域中进行。

不在此矩形区域内的片元将被丢弃，只有在此矩形区域内的片元才有机会最终进入帧缓冲。因此，实际的效果就是在屏幕上开辟一个小窗口，在其中进行特定内容的绘制。

提示　很多读者可能玩过《魔兽争霸 3》这款游戏，玩游戏时如果选中一个士兵，则屏幕下方的一个小方框内就会出现该士兵的动态立体头像。为了保证该头像无论如何都不会因越界而覆盖到外面的内容，此时就可以使用剪裁测试。

使用剪裁测试所需要的核心代码如下所示。

```
1    gl.enable(gl.SCISSOR_TEST);                       //启用剪裁测试
2    gl.scissor(0,0,100,200);                          //设置区域
3    gl.disable(gl.SCISSOR_TEST);                      //禁用剪裁测试
```

提示　第 2 行的 glScissor 方法中的前两个参数为剪裁区域左下角的 x、y 坐标，后两个参数为剪裁区域的宽度和高度，单位为像素。需要注意的是，剪裁区域左下角的 x、y 坐标所采用的坐标系是以视口矩形区域的左下角为原点，x 轴向右，y 轴向上的坐标系，这与前面介绍的定位视口时所采用的坐标系类似。

10.1.2　主次视角的简单案例

10.1.1 节介绍了剪裁测试的基本原理与核心代码，本节将通过一个简单的案例来介绍剪裁测试在实际开发中的应用，其运行效果如图 10-1 所示。本例加载了一个带纹理的茶壶，开

启剪裁测试来实现主次视角。

▲图 10-1 案例 Sample10_1 的运行效果

看到本案例的运行效果后，下面将详细介绍它的开发。由于本案例中的大部分代码与前面加载模型中的代码相同，因此这里仅给出有代表性的通过剪裁测试在屏幕上同时绘制主次视角场景的代码，具体内容如下。

代码位置：随书源代码/第 10 章/Sample10_1 目录下的 Sample10_1.html。

```
1    ……//前面省略了部分介绍过的代码，这里只列出本例中最重要的部分
2    function drawFrame(){
3    ……//此处省略了判断模型是否加载完毕部分，读者可以查阅随书源代码进行学习
4        gl.clearColor(0.0,0.0,0.0,1.0);                 //设置屏幕背景色
5        //清除颜色缓冲与深度缓冲
6        gl.clear(gl.COLOR_BUFFER_BIT | gl.DEPTH_BUFFER_BIT);
7        ms.setProjectOrtho(-1.5,1.5,-1,1,1,300);        //设置投影参数
8        ms.setCamera(0,0,0,0,0,-1,0,1,0);               //设置摄像机
9        ms.pushMatrix();                                //保护现场
10       ms.translate(0,-0.4,-25);                       //执行平移
11       ms.scale(0.025,0.025,0.025);                    //执行缩放
12       ms.rotate(currentYAngle,0,1,0);                 //执行绕 y 轴的旋转
13       ms.rotate(currentXAngle,1,0,0);                 //执行绕 x 轴的旋转
14       ooTri.drawSelf(ms,texMap["ghxp"]);              //绘制物体
15       gl.enable(gl.SCISSOR_TEST);                     //启用剪裁测试，绘制次视角场景
16       gl.scissor(0,1080-300,350,300);                 //设置区域
17       gl.clearColor(0.7,0.7,0.7,1.0);                 //设置屏幕背景色
18       //清除颜色缓冲与深度缓冲
19       gl.clear(gl.COLOR_BUFFER_BIT | gl.DEPTH_BUFFER_BIT);
20       //调用此方法计算产生投影参数
21       ms.setProjectOrtho(-0.17*1.5, 1.83*1.5, -1.7, 0.30, 2, 100);
22       //调用此方法产生摄像机九参数位置矩阵
23       ms.setCamera(0, 60, -25,0, -0.4, -25,0,0.0,-1.0);
24       ms.scale(0.25,0.25,0.25);                       //设置物体缩放比例
25       ooTri.drawSelf(ms,texMap["ghxp"]);              //绘制物体
26       gl.disable(gl.SCISSOR_TEST);                    //禁用剪裁测试
27       ms.popMatrix();     }                           //恢复现场
```

- 第 2～14 行为案例中主场景的绘制代码。本部分代码与之前所绘制的主场景是一样的，首先清除缓冲然后设置投影与摄像机参数，再执行茶壶的绘制。由于本案例中的茶壶需要旋转来观察次视角，所以添加了单击茶壶旋转的代码。
- 第 15～27 行为使用剪裁测试来绘制次场景的代码。通过开启剪裁测试设置剪裁区域的位置与大小，设置剪裁区域的背景色，最后设置投影与摄像机参数来绘制俯视的茶壶，绘制完后需要关闭剪裁测试。

说明 从上述代码中可以看出，当希望同时在屏幕上绘制两个不同视角的场景时，可以先绘制主视角场景，再启用剪裁测试设置好剪裁窗口，然后绘制次视角场景，整体实现非常简单。

10.2 模板测试

本节将介绍管线固定功能部分所提供的最为灵活的一个测试——模板测试，它主要包含两方面的内容模板测试的基本原理以及一个简单的案例。

10.2.1 基本原理

10.1 节已经介绍了剪裁测试，通过其应用程序可以很方便地将绘制限定在一个矩形区域内。但如果需要把绘制限定在一个任意形状的区域内，剪裁测试就无能为力了，此时就需要使用模板测试了。模板测试也称为蒙板测试，其用途非常广泛。

例如，需要绘制一个不规则形状的池塘及周围树木在池塘中倒影的场景。现实生活中看到的倒影在不规则的池塘里边，为了保证倒影被正确地绘制在池塘表面而不会越界，可以使用模板测试，具体情况如图 10-2 所示。

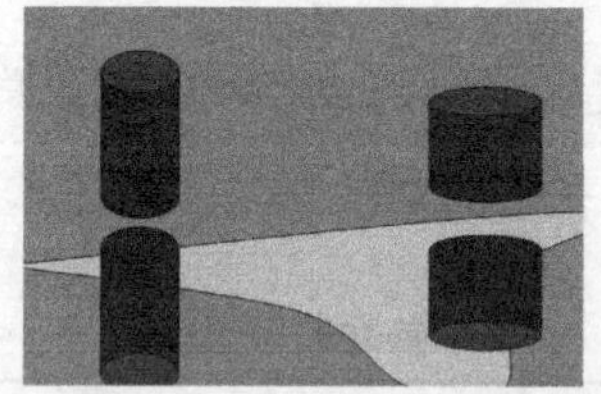
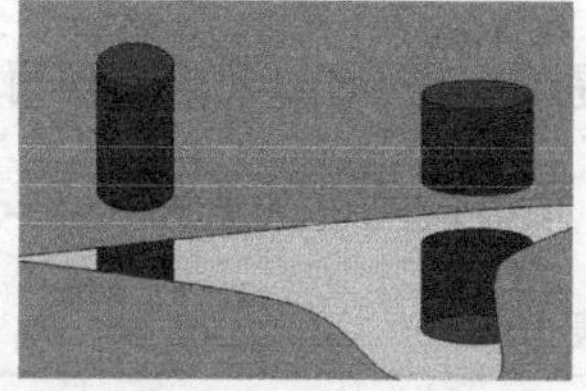

▲图 10-2　模板测试功能示意图

提示　图 10-2 中的左侧为关于池塘倒影的真实场景的照片，中间为不使用模板测试时绘制的示意图，右侧为开启模板测试后绘制的示意图。从中间与右侧示意图的对比中可以看出，模板测试可以将绘制限制在特定的任意形状区域内以得到正确的视觉效果。

模板测试是通过模板缓冲中记录的模板信息来完成的。具体来说就是渲染管线在模板缓冲区中为每个位置的片元保存一个“模板值”，当像素需要进行模板测试时，将设定的模板参考值与该片元对应位置的模板值进行比较，符合条件的片元通过测试，不符合条件的则被丢弃不进行渲染。

模板测试所需的核心代码如下所示。

```
gl.clear(gl.STENCIL_BUFFER_BIT);                 //清除模板缓冲
gl.enable(gl.STENCIL_TEST);                      //允许模板测试
gl.stencilFunc(gl.ALWAYS, 1, 1);                 //设置模板测试参数
gl.stencilOp(gl.KEEP, gl.KEEP, gl.REPLACE);      //设置模板测试后的操作
gl.disable(gl.STENCIL_TEST);                     //禁用模板测试
```

在设置模板测试参数的方法 gl.stencilFunc 中的第一个参数为比较模式，第二个参数为参考值，第三个参数为掩码（mask）。比较模式包括 8 种，如表 10-1 所示。

表 10-1　模板测试的 8 种比较模式

比较模式	含　义
gl.NEVER	从不通过模板测试
gl.ALWAYS	总是通过模板测试
gl.LESS	只有参考值<(模板缓冲中的值&mask) 时才通过
gl.LEQUAL	只有参考值<=(模板缓冲中的值&mask) 时才通过

续表

比较模式	含　义
gl.EQUAL	只有参考值=(模板缓冲中的值&mask) 时才通过
gl.GEQUAL	只有参考值>=(模板缓冲中的值&mask) 时才通过
gl.GREATER	只有参考值>(模板缓冲中的值&mask) 时才通过
gl.NOTEQUAL	只有参考值!=(模板缓冲中的值&mask) 时才通过

提示　表 10-1 中的“&”表示的是位与操作，其功能为将模板缓冲中的值与掩码值按位执行与操作。

设置模板测试，在方法 gl.stencilOp 中 3 个参数的含义分别如下所示。

第一个参数表示模板测试未通过时，此片元对应的模板值该如何变化。

第二个参数表示模板测试通过，但深度测试未通过时，此片元对应的模板值该如何变化。

第三个参数表示模板测试和深度测均通过时，此片元对应的模板值该如何变化。

提示　如果没有启用深度测试，则认为深度测试总是通过。

3 个参数的可选值如表 10-2 所示。

表 10-2　　3 个参数的可选值

参　数　值	模板值变化情况
gl.KEEP	不改变
gl.ZERO	回零
gl.REPLACE	使用测试条件中的设定值来代替当前模板值
gl.INCR	增加 1，但如果已经是最大值，则保持不变
gl.INCR_WRAP	增加 1，但如果已经是最大值，则从零开始
gl.DECR	减少 1，但如果已经是零，则保持不变
gl.DECR_WRAP	减少 1，但如果已经是零，则重新设置为最大值
gl.INVERT	按位取反

提示　假定模板缓冲中每个像素为 n 位，则模板值的取值范围为 $0 \sim 2^n-1$。

实际开发中，要根据具体的需求灵活组合使用表 10-2 中列出的操作。前面提到的绘制池塘中倒影的情况应该包括下列操作步骤。

（1）关闭模板测试，绘制地面和树木。

（2）开启模板测试，使用 gl.clear 方法设置所有片元位置的模板值为 0。

（3）设置下列参数组合后，绘制池塘水面。

```
gl.stencilFunc(gl.ALWAYS, 1, 1);                  //设置模板测试参数
gl.stencilOp(gl.KEEP, gl.KEEP,gl.REPLACE);        //设置模板测试后的操作
```

提示　完成池塘水面的绘制后，模板缓冲中有池塘水面片元的位置模板值为 1，否则为 0。

（4）设置下列参数组合后绘制倒影。

```
gl.stencilFunc(gl.EQUAL, 1, 1);                 //设置模板测试参数
gl.stencilOp(gl.KEEP, gl.KEEP, gl.KEEP);        //设置模板测试后的操作
```

> **提示** 这样，只有对应位置模板值为 1 的片元才会被绘制，也就是只有“水面”中的片元才有可能被倒影的片元所替换，而其他片元则保持不变。

10.2.2 简单的案例

10.2.1 节介绍了模板测试的基本原理，本节将给出一个使用了模板测试的案例——Sample10_2，其运行效果如图 10-3 所示。同时，为了对比没有启用模板测试时的情况，图 10-4 给出了关闭了模板测试后，案例 Sample10_2 的运行情况。

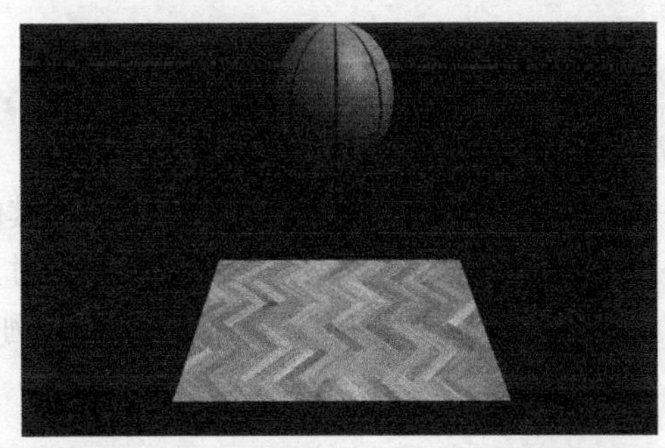

▲图 10-3　案例 Sample10_2 的运行效果

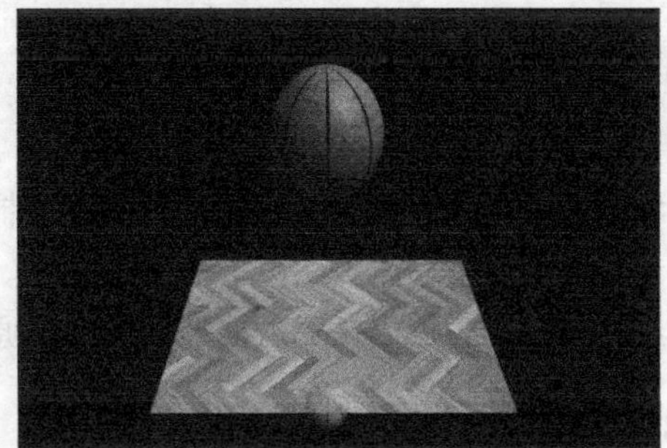

▲图 10-4　禁止模板测试后的运行效果

> **提示** 从图 10-3 和图 10-4 的对比中可以看出，此案例中使用模板测试的作用是使篮球的镜像体不能绘制到地板以外的区域。

看到案例的运行效果后，接下来将对具体开发过程进行介绍。由于本案例主要是对前面镜像绘制的升级，因此在这里仅给出本案例中特殊且具有代表性的部分（即使用模板测试绘制的部分），具体内容如下。

代码位置：随书源代码/第 10 章/Sample10_2 目录下的 Sample10_2.html。

```
……//前面省略了部分介绍过的代码，这里只列出本例中最重要的部分
function drawFrame()
……//此处省略了判断模型是否加载完毕部分，读者可以查阅随书源代码进行学习
    gl.clear(gl.COLOR_BUFFER_BIT | gl.DEPTH_BUFFER_BIT);//清除深度缓冲和颜色缓冲
    gl.clear(gl.STENCIL_BUFFER_BIT);                    //清除模板缓冲
    gl.disable(gl.DEPTH_TEST);                          //关闭深度检测
    gl.enable(gl.STENCIL_TEST);                         //允许模板测试
    gl.stencilFunc(gl.ALWAYS, 1, 1);                    //设置模板测试参数
    gl.stencilOp(gl.KEEP, gl.KEEP, gl.REPLACE);         //设置模板测试后的操作
    ms.pushMatrix();                                    //保护现场
    ms.scale(0.3,0.3,0.3);                              //执行缩放
    rectdb.drawSelf(ms,texMap["db"]);                   //绘制反射面地板
    ms.popMatrix();                                     //恢复现场
    gl.stencilFunc(gl.EQUAL,1, 1);                      //设置模板测试参数
    gl.stencilOp(gl.KEEP, gl.KEEP, gl.KEEP);            //设置模板测试后的操作
    drawmirror();                                       //绘制镜像体
    gl.disable(gl.STENCIL_TEST);                        //禁用模板测试
    gl.enable(gl.BLEND);                                //开启混合
    gl.blendFunc(gl.SRC_ALPHA, gl.ONE_MINUS_SRC_ALPHA); //设置混合因子
    ms.pushMatrix();                                    //保护现场
    ms.scale(0.3,0.3,0.3);                              //执行缩放
    rectdb.drawSelf(ms,texMap["tm"]);                   //绘制半透明反射面地板
    ms.popMatrix();                                     //恢复现场
    gl.enable(gl.DEPTH_TEST);                           //开启深度检测
    gl.disable(gl.BLEND);                               //关闭混合
    drawball();}                                        //绘制实际物体
```

❑ 第 2～20 行为本例关键，通过模板测试将对镜像体的绘制仅限制于特定的区域内。设置模板测试时除了需要注意各绘制物体的顺序问题以外，还需要注意模板测试参数需要设置两次，只有这样镜像体才可以正确绘制到相应位置。

❑ 模板测试一般需要绘制两次，第一次产生存储特殊区域信息模板值的模板缓冲，第二次利用模板缓冲中的值进行测试，使得绘制仅限制在特定的区域内。

注意　完成上述代码开发后，在网页中会看出来模板测试并没有实现，其原因是只设置 gl.enable(gl.STENCIL_TEST)是不够的，在获取 WebGL 的上下文时还需要额外设置参数才能开启模板缓冲功能：context = canvas.getContext(names[ii],{stencil: true});

10.3 任意剪裁平面

实际开发中偶尔会有这样的需求，仅绘制某一特定平面需要确定的半空间中的物体，其他部分不予绘制，就像物体被切掉了一部分一样。此时就可以使用任意剪裁平面技术，本节将对其进行详细介绍。首先给出任意剪裁平面的基本原理，接下来给出一个使用任意剪裁平面的案例。

10.3.1 基本原理

除了视景体的 6 个剪裁平面（左、右、底、顶、近和远）之外，用户还可以再指定其他任意平面以进行剪裁。剪裁平面可以删除场景中无关的物体，例如显示物体的剖面视图。WebGL 使用剪裁平面时只给出所用剪裁平面的参数即可。

下面给出了在 WebGL 中实现任意剪裁平面所需的工作，这需要开发人员在片元着色器中通过编程来实现，具体步骤如下所示。

（1）给出定义剪裁平面的 4 个参数 A、B、C、D，这 4 个参数分别是平面解析方程 $Ax+By+Cz+D=0$ 中的 4 个系数。

（2）将剪裁平面的 4 个参数传入渲染管线，以备着色器使用。

（3）在顶点着色器中判断顶点是否在平面的某一侧，具体方法为：将顶点位置（x_0,y_0,z_0）代入平面方程 $Ax+By+Cz+D=0$，完成计算后将得到的值传入片元着色器。

（4）在片元着色器中根据接收到的表达式 $Ax_0+By_0+Cz_0+D$ 的值与 0 之间的关系来得出顶点与剪裁平面之间的位置关系，以决定是否丢弃片元。

提示　若 $Ax_0+By_0+Cz_0+D>0$，则顶点在平面的一侧，反之在平面的另一侧。

10.3.2 茶壶被任意平面剪裁的案例

10.3.1 节介绍了剪裁平面的基本原理，本节通过一个案例（Sample10_3）来介绍任意剪裁平面的使用，其运行效果如图 10-5 所示。

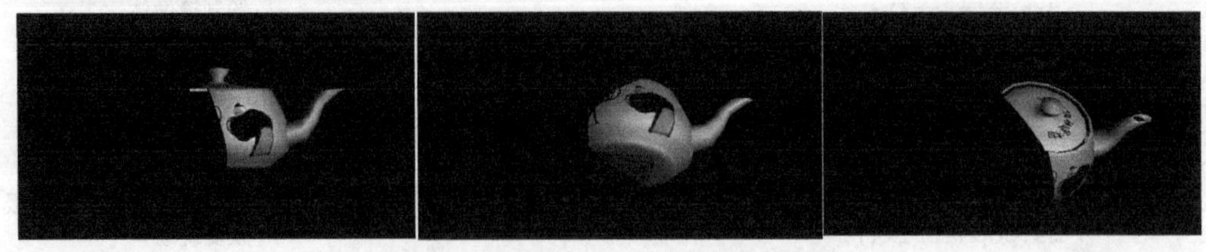

▲图 10-5　案例 Sample10_3 的运行效果

说明 图 10-5 从左至右给出了一个茶壶被 3 个不同参数的剪裁平面所剪裁的情况。

看到案例的运行效果后，接下来将对具体开发过程进行介绍。由于本案例主要是对前面加载模型案例的升级，因此在这里仅给出本案例中特殊的、有代表性的部分，具体内容如下。

（1）介绍主绘制场景的方法。其中讲述的内容与它的主绘制方法类似，只是增加了动态更新截面位置，所以本节代码也十分简单，具体代码如下。

代码位置：随书源代码/第 10 章/Sample10_3 目录下的 Sample10_3.html。

```
1   function drawFrame()
2   ……//此处省略了判断物体是否加载完毕的代码，读者可以查阅随书源代码进行查看
3       if (countE >= 2) {spanE = -0.01;                         //跨度设为负值
4       } else if (countE <= 0) {spanE = 0.01;}                  //剪裁面参数跨度
5       countE = countE + spanE;                                 //修改剪裁面参数
6       var e=[1.0, countE - 1.0, -countE + 1.0, 0.0];           //定义剪裁平面
7       gl.clearColor(0.0,0.0,0.0,1.0);                          //设置屏幕背景色
8       gl.clear(gl.COLOR_BUFFER_BIT | gl.DEPTH_BUFFER_BIT); //清除着色缓冲与深度缓冲
9       ms.setProjectOrtho(-1.5,1.5,-1,1,1,300);                    //设置投影参数
10      ms.setCamera(0,0,0,0,0,-1,0,1,0);                           //设置摄像机
11      ms.pushMatrix();                                            //保护现场
12      ms.translate(0,-0.4,-25);                                   //执行平移
13      ms.scale(0.025,0.025,0.025);                                //执行缩放
14      ms.rotate(currentYAngle,0,1,0);                             //执行绕 y 轴的旋转
15      ms.rotate(currentXAngle,1,0,0);                             //执行绕 x 轴的旋转
16      ooTri.drawSelf(ms,texMap["ghxp"],e);                        //绘制物体
17      ms.popMatrix();     }                                       //恢复现场
```

- 本段代码中主要部分是第 3～6 行动态更新剪裁平面的参数。通过每帧刷新时比较参考值的大小来修改参数的增量，从而改变剪裁面的参数。每帧都会有一个剪裁平面，将这个剪裁面传到着色器中进行剪裁。
- 第 7～17 行为设置背景颜色，清除颜色与深度缓冲，设置投影参数、摄像机参数，最后绘制物体。这一系列流程与前面案例类似，需要注意的就是在绘制物体时需要每帧将剪裁平面传到着色器中。

说明 上述代码中主要增加了在绘制每一帧画面前对平面解析方程中的参数进行微调的代码，并将平面解析方程的参数数组传递给绘制方法 drawSelf 的代码，其他部分基本没有变化。

（2）有变化的就是在物体类 ObjObject 中增加了将平面解析方程的参数数组传递给渲染管线的方法。此部分代码与将矩阵管理对象传递给渲染管线的方式完全相同，这里不再赘述，需要的读者请自行查阅随书源代码。

（3）完成了 JavaScript 代码的介绍后，下面介绍实现任意剪裁平面的着色器。首先看一下顶点着色器，其代码如下。

代码位置：随书源代码/第 10 章/Sample10_3/shader 目录下的 vertex.bns。

```
#version 300 es                          //声明着色器版本号
uniform mat4 uMVPMatrix;                 //总变换矩阵
uniform mat4 uMMatrix;                   //变换矩阵
uniform vec3 uLightLocation;             //光源位置
uniform vec3 uCamera;                    //摄像机位置
in vec3 aPosition;                       //顶点位置
in vec3 aNormal;                         //顶点法向量
in vec2 aTexCoor;                        //顶点纹理坐标
uniform vec4 u_clipPlane;                //剪裁平面
out vec4 finalLight;                     //传递给片元着色器的最终光照强度
out vec2 vTextureCoord;                  //传递给片元着色器的顶点纹理坐标
out float u_clipDist;                    //传递给片元着色器的剪裁信息
```

```
    ……//此处省略了计算光照的 pointLight 方法，读者可自行查看随书源代码
    void main(){
        gl_Position = uMVPMatrix * vec4(aPosition,1);
        //根据总变换矩阵计算此次绘制的顶点位置
        finalLight=pointLight(normalize(aNormal),uLightLocation,vec4(0.1,0.1,0.1,1.0),
                vec4(0.7,0.7,0.7,1.0),vec4(0.3,0.3,0.3,1.0));
        vTextureCoord = aTexCoor;                    //将接收的纹理坐标传递给片元着色器
        //将顶点位置(x0, y0, z0)代入平面方程 Ax+By+Cz+D=0,
        //若 Ax0+By0+Cz0+D>0，则顶点在平面的上侧，反之在平面的下侧
        u_clipDist = dot(aPosition.xyz, u_clipPlane.xyz) +u_clipPlane.w;
    }
```

提示 上述顶点着色器的代码中主要增加了将顶点位置代入平面解析方程，并将计算结果通过输出变量传递给片元着色器的代码。

（4）介绍完顶点着色器后，接下来介绍片元着色器，其代码如下。

代码位置：随书源代码/第 10 章/Sample10_3/shader 目录下的 fragment.bns。

```
1   #version 300 es
2   precision mediump float;                      //给出默认的浮点精度
3   uniform sampler2D sTexture;                   //纹理内容数据
4   in float u_clipDist;                          //接收从顶点着色器传过来的参数
5   in vec4 finalLight;                           //接收最终光照强度
6   in vec2 vTextureCoord;                        //接收顶点纹理坐标
7   out vec4 fragColor;                           //输出的片元颜色
8   void main(){
9       if(u_clipDist < 0.0) discard;             //将计算出的颜色赋值给此片元
10      vec4 finalColor=texture(sTexture, vTextureCoord);    //获取纹路内容
11      fragColor=finalColor*finalLight;          //给此片元赋颜色值
12  }
```

提示 从上述片元着色器的代码中可以看出，最主要的就是第 9 行增加的根据接收的剪裁信息值是否小于 0 来决定是否丢弃片元的代码，其他部分基本没有变化。

10.4 本章小结

本章主要介绍了几种常用的测试，包括剪裁测试、模板测试及任意剪裁平面，这些技巧的使用频率并不是很高，但是巧妙地使用它们可以使整个应用或者游戏更加吸引人。

由于 3D 场景中可以看到各个方位的视角，所以在同一界面通过不同剪裁效果实现这些视角后不仅使 3D 场景更加真实，还可以增强使用者的体验感。通过本章的学习，读者可以利用这些知识在实际开发中渲染出更加酷炫的 3D 场景。

第 11 章　Three.js 引擎基础

前面章节中已经对 WebGL 开发中需要掌握的知识和技巧进行了详细介绍，相信读者已经对 WebGL 的开发步骤和技巧有了深入的了解。本章将向读者详细介绍 Three.js 引擎。此库提供了基于 WebGL 的 API，它会大大降低开发难度。

11.1 Three.js 概述

Three.js 是使用 JavaScript 语言编写的一款运行在浏览器中的 3D 引擎。与 WebGL 不同，开发人员在使用 Three.js 进行开发时，无须掌握高深的图形学知识，只需使用少量 JavaScript 代码即可创建出一个 3D 场景。可以说，Three.js 的出现对 3D 开发领域产生了巨大的推动作用。

11.1.1　Three.js 简介

从前面的介绍中，读者可以了解到 WebGL 的封装度很低，开发人员需要使用 JavaScript 调用 WebGL 中各种底层的 API，过程十分烦琐，出错率极高。为了解决这一问题，Three.js 3D 引擎被开发出来，其功能如下。

- 根据开发人员的需求方便快捷地创建出 3D 图形。
- 为物体的渲染提供多种类型的纹理和材质。
- 自带阴影计算功能，可实现逼真的阴影效果。
- 支持多种格式的 3D 物体和骨骼动画，使 3D 场景更加丰富。
- 引擎中带有多种着色器，可实现多种逼真效果。

Three.js 是 Github 上的一个开源项目，自从其诞生之日起就受到无数开发人员的追捧，任何有能力的人都可以对其进行完善，所以发展极其迅速。到目前为止，Three.js 已经成为一个较为完善的 3D 引擎，被国内外开发人员广泛使用。

在正式学习 Three.js 的代码开发之前，读者有必要先了解开发前的准备工作。

登录相关网站下载整个 Three.js 项目。build 目录存储着 Three.js、Three.min.js 和 Three.module.js 这 3 个文件。three.js 没有进行代码压缩，适合调试使用。Three.min.js 进行了压缩，但是调试比较烦琐，适合用于最终发布，本书开发时使用的是 Three.js 文件。

下载完成后，在 HTML 中将 Three.js 文件作为外部文件来引入，通过全局变量 THREE 对库中所有变量和方法进行操作，引入的代码如下。

```
<script type="text/javascript" src="three.js"></script>  //引入 Three.js
```

> **提示**　在进行 Three.js 开发时，选择一款合适的浏览器也是非常重要的。当前市面上 Google Chrome 的兼容性是最好的，完全可以满足开发和测试需要。Firefox、Opera、Safari、Microsoft Edge 等主流浏览器基本上都支持 Three.js。IE 浏览器的兼容性较差，不推荐使用。

11.1.2　Three.js 效果展示

11.1.1 节中已经对 Three.js 的基本情况进行了介绍，相信读者对其已经有了一定的了解。为了使读者能够更加直观地感受到 Three.js 的强大之处，本节将对现在市面上使用此引擎开发的优秀作品进行简单介绍。

下面的几幅图（见图 11-1～图 11-3）就是作者看到的一些使用 Three.js3D 引擎制作的精美网页的截图。

▲图 11-1　VR 汽车

▲图 11-2　星际飞车

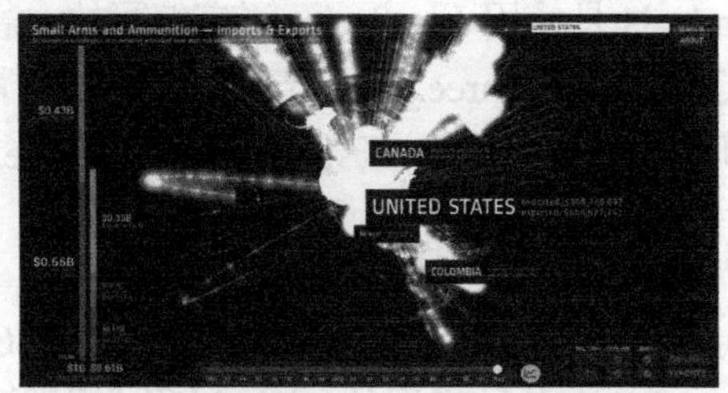

▲图 11-3　武器地球仪

通过上面的截图可以看出，使用 Three.js 可以开发出酷炫、逼真的 3D 场景，给用户带来强烈的视觉冲击。另一方面，Three.js 又具有封装度高、开发难度低等优势。相信在不久的将来，Three.js 会迸发出更大的能量。

提示　可能仅通过上面的插图难以体验到画面的精美，有兴趣的读者可以登录 Three.js 的官方网站体验各类优秀的作品。

11.2　初识 Three.js 应用

11.1 节中已经简单介绍了 Three.js 的基本情况，相信读者已经对其有了一定的认识。本节将给出一个简单的案例，详细介绍使用 Three.js 进行开发的基本步骤，进一步提高读者对程序开发的理解。此案例的运行效果如图 11-4 所示。

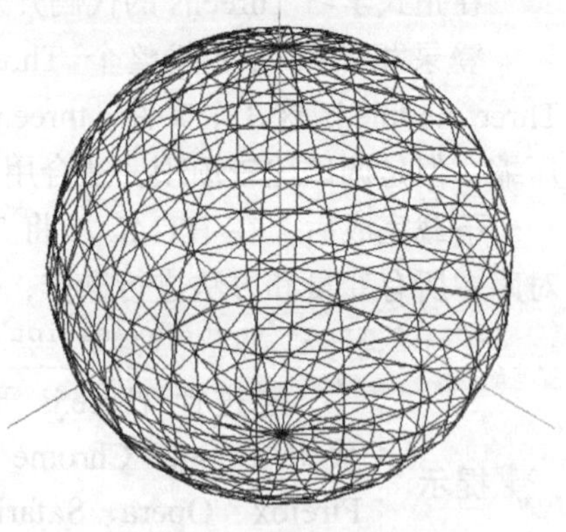

▲图 11-4　案例运行效果

前面给出了本案例的运行效果图，有兴趣的读者可在自己的设备上运行本案例。下面将通过本案例的详细代码讲解具体开发步骤。

（1）在进行 Three.js 的代码开发之前，需要将下载的 Three.js 文件复制到项目目录中，本案例将 Three.js

文件复制到名称为 util 的文件夹中以备开发使用。

（2）复制完成后就可以开始进行代码的编写了。主要的思路为新建一个 html 文件，将 Three.js 文件作为外部文件引入，之后通过编写 JavaScript 代码对整个项目进行操作。具体的代码如下。

代码位置：随书源代码/第 11 章/Sample11_1 目录下的 Sample11_1.html。

```
1  <!DOCTYPE html>
2  <html>
3  <head>
4      <title> Sample11_1</title>
5      <script type="text/javascript" src="util/three.js"></script>
6      <style>body{margin: 0;overflow: hidden;}</style>
7  </head>
8  <body>
9  <div id="WebGL-output"></div>
10 <script type="text/javascript">
11   //当网页加载完成后，运行的 JavaScript 方法
12   function init() {
13     var scene = new THREE.Scene();                          //新建场景
14     var camera = new THREE.PerspectiveCamera(45, window.innerWidth
15         /window.innerHeight, 0.1, 1000);                    //新建摄像机位置
16     var renderer = new THREE.WebGLRenderer();               //新建渲染器
17     renderer.setClearColor(new THREE.Color(0xffffff));              //设置背景颜色
18     renderer.setSize(window.innerWidth, window.innerHeight); //设置渲染窗口的大小
19     var axes = new THREE.AxesHelper (6);                            //新建坐标辅助工具
20     scene.add(axes);                                        //将坐标辅助工具添加到场景中
21     var sphereGeometry = new THREE.SphereGeometry(4, 20, 20);//创建几何对象
22     var sphereMaterial = new THREE.MeshBasicMaterial(
23         {color: 0x7777ff, wireframe: true});                        //创建基本材质
24     var sphere = new THREE.Mesh(sphereGeometry, sphereMaterial); //新建网格对象
25     sphere.position.x = 0;                                          //设置球体位置
26     sphere.position.y = 0;
27     sphere.position.z = 0;
28     scene.add(sphere);                                      //将球体添加到场景中
29     camera.position.x = 10;                                 //设置摄像机位置
30     camera.position.y = 10;
31     camera.position.z = 10;
32     camera.lookAt(scene.position);                          //设置摄像机焦点
33     //将渲染结果添加到网页的元素中
34     document.getElementById("WebGL-output").appendChild(renderer.domElement);
35     renderScene();                                          //绘制方法
36     function renderScene() {
37       sphere.rotation.y += 0.02;                            //更新球体的旋转角度
38       requestAnimationFrame(renderScene);                   //请求绘制下一帧
39       renderer.render(scene, camera);                       //绘制当前画面
40 }}
41  window.onload = init;                                      //加载完成后执行 init 方法
42  </script>
43  </body>
44  </html>
```

- 第 1～10 行为网页开发中经常使用的一些标签。其功能为设置标题和页面的全屏显示，并将 util 目录下的 Three.js 作为外部文件引入案例中。
- 第 13～18 行为新建场景、摄像机、渲染器的相关代码，为后面的渲染工作做好准备。这些都是 Three.js 项目开发中必不可少的组件，后文对此将会进行详细介绍。
- 第 19～35 行为创建坐标辅助工具、球体和设置摄像机位置的代码。坐标辅助工具相当于 3D 空间中的坐标轴，这样开发人员便可方便地调整物体的位置了。
- 第 36～40 行为调用绘制方法。绘制下帧之前改变球体的旋转角度。
- 第 37 行为利用 onload 事件进行初始化的相关代码，此事件会在页面加载完成后立

即发生。

11.3 Three.js 基本组件

11.2 节通过一个案例详细介绍了使用 Three.js 进行开发的主要框架，可能一部分读者会对案例中的具体代码感到疑惑。为了使读者的理解更加深入，本节分别对场景、摄像机、渲染器等基本组件进行详细介绍。

11.3.1　场景

在前面的案例中，摄像机、网格对象和坐标辅助对象等组件都被添加到 THREE.Scene（场景）中。从中可以看出，场景就像是其他组件的容器。任何物体都必须添加到场景中才有可能被绘制。对场景进行操作的主要函数如表 11-1 所示。

表 11-1　　对场景进行操作的函数

函 数 名 称	函数的作用
Scene.add()	将物体添加到场景中
Scene.remove()	将物体从场景中移除
Scene.children()	获取场景中所有子对象
Scene.getChildByName()	根据 name 属性获取场景中的特定物体
Scene.overrideMaterial()	覆盖该场景中所有物体的材质
Scene.background()	设置该场景的背景颜色

除了上述操作外，开发人员还可以直接对场景对象的 fog 属性进行设置，从而为整个画面添加真实的雾化效果，操作十分简便。举个例子，如果需要在场景中添加一种白色的雾化效果，则要在场景完毕后添加如下代码。

```
scene.fog = new Three.fog(0xffffff,1,100);
```

上面代码中的 0xffffff 使用的是颜色的十六进制表示法，代表白色。1 代表的是 near（近处）属性值，100 代表的是 far（远处）属性值。这两个属性确定了雾化效果的起始位置以及浓度加深的程度。

前面介绍了与场景相关的基本知识，下面将给出一个完整案例对此进行进一步的探讨和研究。运行此案例时，用户可通过右上角的操作界面执行添加和移除正方体的操作。Sample11_2 的具体运行效果如图 11-5 所示，关闭雾化效果后的效果图如图 11-6 所示。

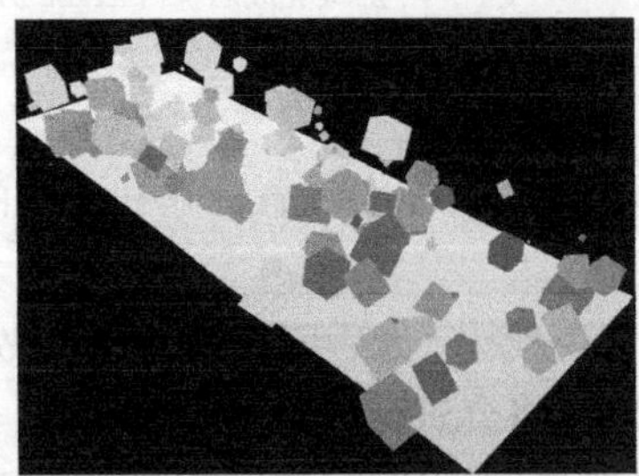

▲图 11-5　开启雾化效果后的运行效果

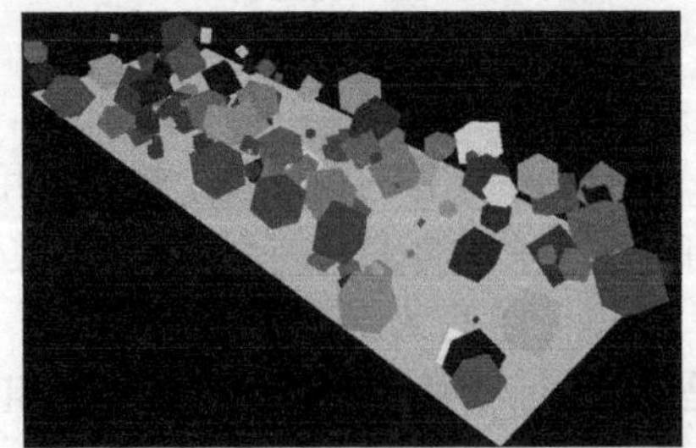

▲图 11-6　关闭雾化效果后的效果

说明　关闭雾化效果也十分简单，只需找到案例中的代码 scene.fog = new Three.fog(0xffffff,1,100)并将其去掉即可，读者可按照上述方法自行修改。

由于本案例需要通过单击按钮来实现对场景的操作，直接使用网页上的按钮标签会影响整个网页的美观性，所以本案例选取 Google 公司开发的 dat.GUI 开源库进行开发（后文称其为可视化操作界面）。下面将对整个案例的开发过程进行详细介绍。

（1）下载库文件 dat.gui.js 或者将从 Three.js 官网下载的文件导入 examples/js/libs 下的 dat.gui.min.js 文件中。为了使整个项目文件的部署更加清晰，将此文件放置在 util 文件夹下并在 html 文件中使用标签将其引入。官方的库文件不支持中文，为了解决这一问题作者对其代码进行了修改，读者直接使用即可。

（2）进行代码部分的开发。首先要执行初始化摄像机、新建渲染器、设置渲染窗口等基本工作，并新建一个长方形平面，将其添加到场景中。下面将给出此部分的具体代码。

代码位置：随书源代码/第 11 章/Sample11_2 目录下的 Sample11_2.html。

```
1   function init(){//当网页加载完成后，运行 JavaScript 方法
2       var scene = new THREE.Scene();                          //新建场景
3       var camera = new THREE.PerspectiveCamera(45, window.innerWidth /
4           window.innerHeight, 0.1, 1000);                     //新建摄像机
5       var renderer = new THREE.WebGLRenderer();               //新建渲染器
6       renderer.setClearColor(new THREE.Color(0x000000));//设置背景颜色
7       renderer.setSize(window.innerWidth, window.innerHeight); //设置渲染窗口的大小
8       var planeGeometry = new THREE.PlaneGeometry(60, 20);    //新建长方形平面
9       //新建平面使用的材质
10      var planeMaterial = new THREE.MeshBasicMaterial({color: 0xcccccc});
11      var plane = new THREE.Mesh(planeGeometry, planeMaterial);     //新建网格对象
12      plane.rotation.x = -0.5 * Math.PI;                      //设置平面的旋转角度
13      plane.position.x = -10;                                 //设置长方形平面的位置
14      plane.position.y = 0;
15      plane.position.z = 0;
16      scene.add(plane);                                       //将长方形平面添加到场景中
17      scene.fog = new THREE.Fog(0xffffff,1,100);              //开启雾化效果
18      camera.position.x = 30;                                 //设置摄像机位置
19      camera.position.y = 30;
20      camera.position.z = 30;
21      camera.lookAt(scene.position);                          //设置摄像机焦点
22      ……//此处省略了使用 dat.GUI 库和渲染方法的详细代码，下文会详细介绍
23  }
```

- 第 2～7 行为新建场景、摄像机、渲染器等对象的相关代码，它对渲染进行初始化。
- 第 8～16 行为创建长方形平面并设置位置和旋转角度的相关代码。在平面网格对象的构造函数 THREE.PlaneGeometry 中，两个参数分别为平面的长和宽。创建完成后，长方形位于 x 轴、y 轴所在平面上，要对其进行旋转。
- 第 17 行为开启雾化效果的代码。若要关闭雾化效果，则应直接删除此句代码。

（3）对渲染部分进行初始化后，开始使用 dat.GUI 库对可视化操作界面的外观和业务逻辑进行设置。大体的思路是定义一个 JavaScript 对象，以保存需要通过 dat.GUI 执行的方法和修改的变量。具体代码如下所示。

代码位置：随书源代码/第 11 章/Sample11_2 目录下的 Sample11_2.html。

```
function init() {
  ……//此处省略了对渲染工作进行初始化的相关代码，前文已经对其进行了详细介绍
  var controls = new function (){                      //可视化操作界面的控制方法
    this.addCube = function (){                        //将正方体加入场景的方法
     var cubeSize = Math.random() * 3;
     var cubeGeometry = new THREE.BoxGeometry(cubeSize,
         cubeSize, cubeSize);                          //新建正方体的几何对象
     var cubeMaterial = new THREE.MeshBasicMaterial({
         color: Math.random() * 0xffffff});            //新建材质
     var cube = new THREE.Mesh(cubeGeometry, cubeMaterial); //新建网格对象
     cube.position.x =  Math.random() * planeGeometry.parameters.width-
```

```
12              planeGeometry.parameters.width/2-10;            //随机确定正方体位置
13          cube.position.y = Math.round((Math.random() * 5));  //使其高度不超过 5
14          cube.position.z = Math.random() * planeGeometry.parameters.height-
15             planeGeometry.parameters.height/2;
16          scene.add(cube);                                    //将正方体添加到场景中
17        };
18        this.removeCube = function (){                        //将正方体从场景移除的方法
19          var childrenOfScene = scene.children;               //得到场景中的所有子对象
20          var lastObject = childrenOfScene[childrenOfScene.length - 1];
            //最后添加的对象
21          //如果此对象是网格对象，且不是长方体平面
22          if (lastObject instanceof THREE.Mesh&& lastObject != plane) {
23            scene.remove(lastObject);                         //将此对象移除
24        }}};
25      var gui = new dat.GUI();                                //新建可视化操作界面
26      gui.add(controls, 'addCube', "添加正方体");               //添加将正方体加入场景的方法
27      gui.add(controls, 'removeCube', "删除正方体");            //添加将正方体从场景中移除的方法
28      //将渲染结果添加到网页元素中
29      document.getElementById("WebGL-output").appendChild(renderer.domElement);
30      renderScene();                                         //渲染画面
31      function renderScene() {
32        scene.traverse(function (e) {                         //如果对象为网格对象且不是长方形平面
33          if (e instanceof THREE.Mesh && e != plane){
34            e.rotation.x += 0.02;                             //不断改变正方体的旋转角度
35            e.rotation.y += 0.02;
36            e.rotation.z += 0.02;
37        }});
38        requestAnimationFrame(renderScene);                   //请求绘制下一帧
39        renderer.render(scene, camera);                       //渲染当前画面
40    }}
41    window.onload = init;                                     //当网页加载后执行 init 方法
```

- 第 4～16 行为向场景中添加正方体的相关代码。首先随机确定正方体的边长和材质信息，然后创建网格对象，确定位置后使用 scene.add()函数将其添加到场景中。
- 第 19～23 行为从场景中移除正方体的相关代码。由于 scene.children 代表此场景中由所有子对象组成的数组，所以找到数组末尾的对象并使用 scene.remove()移除即可。
- 第 25～27 行为使用 dat.GUI 库创建可视化操作界面的相关代码。首先新建 dat.GUI 类的 gui 对象，接着使用 gui.add()函数添加具体的按钮和功能。
- 第 31～37 行为实现正方体不断旋转的相关代码。在此过程中会将一个回调函数传入 scene.traverse 方法()，以此来实现对场景子对象的操作和管理。

11.3.2　几何对象

通过前面的学习，读者应该已经认识到在 WebGL 中创建球体、正方体等几何体时需要自行给出顶点位置或者从外部加载，过程比较烦琐。Three.js 作为一款功能强大的 3D 开发引擎，自带了多种类型的几何对象。开发人员只需要调用对应的 API 即可快速创建几何体。

为了使读者对几何对象有更加深入的认识和理解。下面将对 Three.js 中自带的主要几何对象的构造函数及参数进行详细说明，具体情况如表 11-2 所示。

表 11-2　　主要几何对象的构造函数及参数说明

几何对象	构 造 函 数	参数说明
长方体	THREE.CubeGeometry(width,height,depth,widthSegments,heightSegments,depthSegments)	前 3 个参数分别为长方体 x、y、z 轴上的长度。后 3 个参数为 x、y、z 方向的分段数，默认值为 1
平面	THREE.PlaneGeometry(width,height,widthSegments,heightSegments)	前两个参数分别为 x、y 轴上的长度。后两个参数分别代表 x、y 方向上的分段数

续表

几何对象	构造函数	参数说明
球体	THREE.SphereGeometry(radius,segmentsWidth,segmentsHeight,phiStart,phiLength,thetaStart,thetaLength)	radius 代表球体半径，第二个和第三个参数分别代表经度和纬度上的切片数。最后 4 个参数代表经度开始的弧度、经度跨过的弧度、纬度开始的弧度、纬度跨过的弧度
圆形	THREE.CircleGeometry(radius,segments,thetaStart,thetaLength)	radius 代表半径，segments 代表分段数，后两个参数代表起始的弧度和跨过的弧度
圆柱体	THREE.CylinderGeometry(radiusTop,radiusBottom,height,radiusSegments,heightSegments,openEnded)	radiusTop,radiusBottom 代表顶面和底面的半径，height 代表圆柱高度，radiusSegments 与 heightSegments 为分段数，openEnded 表示是否有顶面和底面
正四面体	THREE.TetrahedronGeometry(radius,detail)	radius 代表边长，dctail 是细节层次的层数，一般这个值可以缺省
正八面体	THREE.OctahedronGeometry(radius,detail)	其参数说明与正四面体相同
二十面体	THREE.IcosahedronGeometry(radius,detail)	其参数说明与正四面体相同
圆环	THREE.TorusGeometry(radius,tube,radialSegments,tubularSegments, arc)	radius 指圆环半径，tube 指管道半径，radialSegments 与 tubularSegments 指横向和纵向的分段数，arc 指圆环面弧度
圆环结	THREE.TorusKnotGeometry(radius,tube,radialSegments,tubularSegments,p,q, heightScale)	前 4 个参数的说明同圆环面，p 和 q 是控制样式的参数，一般可缺省。heightScale 是在 z 轴方向上的缩放值

提示 对于圆形、圆柱体、球体等几何图形来说，分段数越多，图形表面就显得更加平滑，更加有真实感。其他一些不常用的几何图形（如圆台、梯台等）不再详细介绍，有兴趣的读者可自行实验。

仅通过上面的表格，读者很难熟练创建需要的几何对象。下面将通过一个简单的案例 Sample11_3 对各种几何对象的创建进行详细介绍。在介绍代码部分之前，首先展示本案例的运行效果，其具体运行效果如图 11-8 所示。

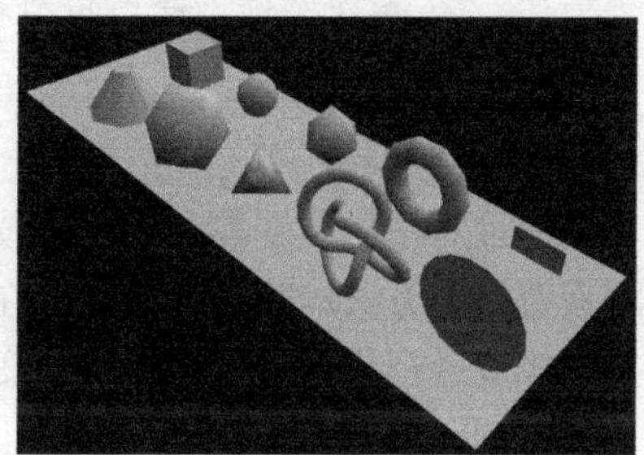

▲图 11-7 各种几何对象的外观

从图 11-7 中可以看出，利用 Three.js 引擎可以创建出多种几何对象，而且灵活性非常高。本案例的开发思路是保留 Sample11_2 中初始化渲染工作的相关代码，并把以多种几何体为基础创建的网格对象添加到场景中，具体代码如下。

代码位置：随书源代码/第 11 章/Sample11_3 目录下的 Sample11_3.html。

```
function init(){//当网页加载完成后，运行的 JavaScript 方法
  ……//此处省略了对渲染进行初始化的代码，读者可自行查阅随书源代码
    function addGeometry(){                              //添加几何对象的方法
      var geometryArray=[];                              //存储几何对象的数组
      geometryArray.push(new THREE.BoxGeometry(4, 4, 4));        //新建正方体
      geometryArray.push(new THREE.CylinderGeometry(1, 4, 4));//新建圆台
      geometryArray.push(new THREE.SphereGeometry(2));          //新建球体
      geometryArray.push(new THREE.IcosahedronGeometry(4));     //新建正二十面体
      geometryArray.push(new THREE.OctahedronGeometry(3));      //新建正八面体
      geometryArray.push(new THREE.TetrahedronGeometry(3));     //新建正四面体
      geometryArray.push(new THREE.TorusGeometry(3, 1, 10, 10));     //新建圆环
      geometryArray.push(new THREE.TorusKnotGeometry(3, 0.5, 50, 20));//新建圆环结
      geometryArray.push(new THREE.PlaneGeometry(4,2));        //新建长方形平面
      geometryArray.push(new THREE.CircleGeometry(4,18));      //新建圆面
      var material=new THREE.MeshNormalMaterial();             //创建法向量材质
      for(var i=0;i<geometryArray.length;i++){                 //遍历几何对象
```

```
17          var mesh=new THREE.Mesh(geometryArray[i], material);    //创建网格对象
18          mesh.position.x=-24+Math.floor(i/2)*10;                 //确定网格对象的位置
19          mesh.position.y=0;
20          mesh.position.z=(i%2==0)?-4:4;
21          scene.add(mesh);                                        //将网格对象添加到场景中
22      }}
23      addGeometry();                                              //添加几何对象
24      //将渲染结果添加到网页的元素中
25      document.getElementById("WebGL-output").appendChild(renderer.domElement);
26      renderScene();//渲染画面
27      function renderScene() {
28        requestAnimationFrame(renderScene);                       //请求绘制下一帧
29        renderer.render(scene, camera);                           //渲染当前画面
30    }}
31    window.onload = init;                                         //当网页加载后执行 init 方法
```

- 第 4～14 行为新建多种几何对象的相关代码，包括圆台、球体、正二十面体等。为了使添加材质和创建网格体更加简便，此处将创建好的几何体都放在数组 geometryArray 中进行管理。
- 第 15 行为创建法向量材质的代码。使用法向量材质创建的网格对象中，各个区域会根据法向量的不同显示出不同的颜色，渲染效果更佳。读者只需要对其有一个大概的了解即可，下面的章节将对材质和网格对象进行详细介绍。
- 第 16～21 行为创建多种网格对象并将其添加到场景中的相关代码。首先对数组 geometryArray 进行遍历，以每一种几何对象为基础，创建网格对象。根据数组下标的不同，确定网格对象所在的位置，并将其添加到场景中。

> **提示**　需要注意的是，几何对象不能直接添加到场景中。开发人员必须以几何对象为基础创建网格对象，再将其添加到场景中才可以正常显示。

11.3.3　摄像机

通过对投影及变换的学习，读者已经了解到正交投影和透视投影的特点。在 Three.js 中将设置投影方式的相关代码封装在摄像机部分的相关代码中。开发人员可通过新建正交投影摄像机或透视投影摄像机，来改变投影方式。下面将对两者进行介绍。

1. 正交投影摄像机

前面中已经对正交投影的特点进行了详细介绍，此处不再赘述。下面将重点介绍如何创建正交投影摄像机并选取合适的参数，在 Three.js 中创建正交投影摄像机的方法如下。

```
var camera = new THREE.OrthographicCamera(left, right,top,bottom.near,far);
```

对于正交投影摄像机来说，长宽比和视角等值都是不必要的，开发者只需要定义一个长方体渲染区域，并使用数据进行创建即可。图 11-8 所示为正交投影摄像机的视景体。

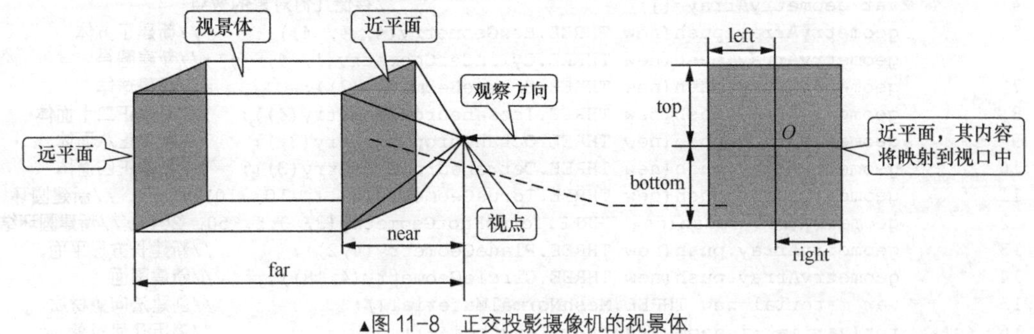

▲图 11-8　正交投影摄像机的视景体

> **说明** 此部分与前面投影及变换部分中介绍的内容非常相似，对此不太了解的读者可以自行查阅相关章节进行学习。

通过观察图 11-8，读者可以对正交投影摄像机的视景体有了基本的了解。可能部分读者对传入的参数及含义感到疑惑，下面将通过表 11-3 对此问题进行介绍。

表 11-3　　创建正交投影摄像机时的参数及描述

参　数	描　述
left	代表可渲染部分的左侧边界，此边界左边的物体将不会被绘制
right	代表可渲染部分的右侧边界，此边界右边的物体将不会被绘制
top	代表可渲染部分的顶部边界
bottom	代表可渲染部分的底部边界
near	根据摄像机所在位置和 near 值来确定近面位置，从此处开始渲染场景
far	根据摄像机所在位置和 far 值来确定远面位置，之后的物体不会被绘制

前面已经介绍到，使用正交投影摄像机渲染出的场景不会出现"近大远小"的效果。因而它在渲染大型 3D 场景时非常不方便，画面缺乏层次感和立体感，整体效果不尽人意。在项目开发时较少使用它。

2. 透视投影摄像机

相比于正交投影摄像机，使用透视投影摄像机渲染出的画面真实感更强，更贴近人对现实生活的感知，但使用方式也稍微复杂一些。在 Three.js 中创建透视投影摄像机的方法如下。

```
var camera = new THREE.PerspectiveCamera(fov, aspect, near, far);
```

对于透视投影摄像机来说，由于其视景体为锥台形区域，所以构建更为复杂。为了使读者对 Three.js 中的透视投影摄像机有更为深入的了解，下面将通过图 11-9 所示内容对其视景体进行介绍。

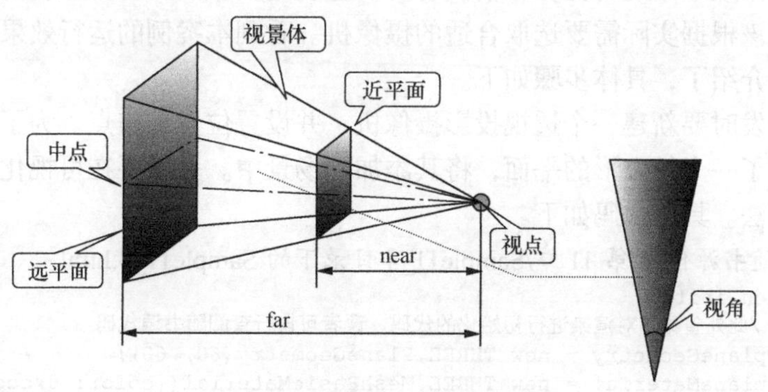

▲图 11-9　透视投影摄像机的视景体

从图 11-9 可以看出，使用透视投影摄像机时，视景体不能仅由简单的几个平面来确定，而是要由视角、长宽比、近面和远面来确定的。表 11-4 将对各个参数的具体含义进行说明，并对如何选取合适的值给出了建议。

表 11-4　　创建透视投影摄像机时的参数及描述

参　数	描　述
fov（视角）	fov 指从摄像机位置观察物体的视角，此值越大，可以看到的范围越大。人类的视角大约为 180°，但是计算机显示屏不能完全显示出所能看到的场景，所以一般会选择 45°～90° 的视角进行渲染

续表

参　　数	描　　述
aspect（长宽比）	此值为渲染结果输出区的横向长度和纵向长度的比值。如果长宽比设置得不合适，会出现图像拉伸变形的现象
near（近平面）	near 属性设置从摄像机多远的距离开始绘制场景。为了使距离较近的物体都可以显示出来，near 值通常都被设置得很小
far（远平面）	far 属性指摄像机可以观察到的最远距离。如果此值太小，则远处的场景将不会被渲染。如果此值太大，则将影响渲染效率

上面已经对两种摄像机的使用方式和各个参数的含义进行了详细的介绍。实际项目开发中，为了使渲染的范围更加准确，无论使用哪种摄像机都要对其位置以及聚焦点进行设置，具体代码如下所示。

```
camera.position.x = 0;                          //设置摄像机的 x 轴坐标
camera.position.y = 0;                          //设置摄像机的 y 轴坐标
camera.position.z = 0;                          //设置摄像机的 z 轴坐标
camera.lookAt(new THREE.Vector3(x,y,z));        //设置摄像机的聚焦点位置
```

关于摄像机设置的基本知识已经介绍完毕，下面将通过一个案例 Sample11_4 对两种摄像机的创建方式和切换方法进行深入介绍。介绍具体的开发步骤之前，先来观察本案例的运行效果图。图 11-10 和图 11-11 为分别使用透视投影摄像机、正交投影摄像机所渲染出的画面。

▲图 11-10　使用透视投影摄像机的画面

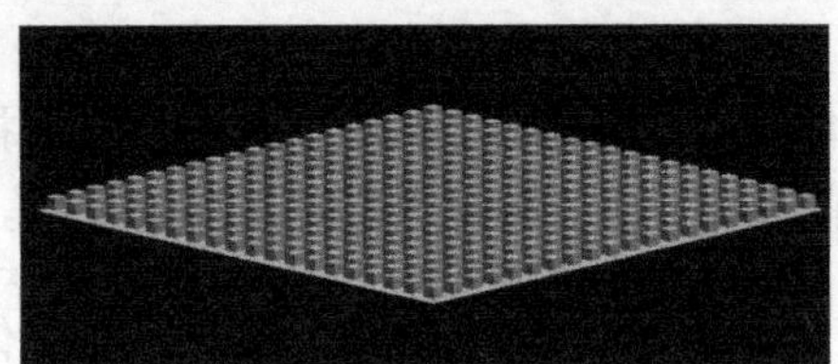

▲图 11-11　使用正交投影摄像机的画面

通过上面两张效果图的对比，相信读者可以直观地认识到两种摄像机的区别。实际开发中，开发人员应该根据实际需要选取合适的摄像机。看到本案例的运行效果后，就可以对代码部分进行详细介绍了，具体步骤如下。

（1）正式开发时要新建一个透视投影摄像机，并设置位置和焦点。为了使整个案例更有层次感，又增加了一个长方形的平面，将其添加到场景中。另外要在可视化操作界面中添加切换摄像机的方法。具体代码如下。

代码位置：随书源代码/第 11 章/Sample11_4 目录下的 Sample11_4.html。

```
function init(){
  ……//此处省略了对渲染进行初始化的代码，读者可自行查阅随书源代码
  var planeGeometry = new THREE.PlaneGeometry(60, 60);       //新建正方形
  var planeMaterial = new THREE.MeshBasicMaterial({color: 0xcccccc});//基本材质
  var plane = new THREE.Mesh(planeGeometry, planeMaterial); //网格对象
  plane.rotation.x = -0.5 * Math.PI;                  //设置正方形平面的旋转角度
  plane.position.x = -10;                             //设置正方形平面的 x 轴坐标
  plane.position.y = -5;                              //设置正方形平面的 y 轴坐标
  plane.position.z = -2;                              //设置正方形平面的 z 轴坐标
  scene.add(plane);                                   //将正方形平面添加到场景中
  var camera = new THREE.PerspectiveCamera(45, window.innerWidth
    /window.innerHeight, 0.1, 1000);                  //新建透视投影摄像机
  camera.position.x = 50;                             //设置摄像机 x 轴坐标
  camera.position.y = 20;                             //设置摄像机 y 轴坐标
  camera.position.z = 50;                             //设置摄像机 z 轴坐标
  camera.lookAt(scene.position);                      //设置摄像机焦点
  function addBox(length,translateX,translateY,translateZ){
```

```
18          ……//此处省略了向场景中添加若干正方体的相关代码，后文将进行详细介绍
19      }
20      var controls = new function () {
21          ……//此处省略了切换摄像机的相关代码，后文将进行详细介绍。
22      };
23      var gui = new dat.GUI();                              //新建可视化操作界面
24      gui.add(controls, 'changeCamera',"切换摄像机");          //切换摄像机的方法
25      gui.add(controls, 'currentCamera',"当前摄像机类型").listen();//获取当前摄像机类型
26      addBox(60,plane.position.x,plane.position.y,plane.position.z); //添加正方体
27      //将渲染结果添加到网页的元素中
28      document.getElementById("WebGL-output").appendChild(renderer.domElement);
29      renderScene();                                        //渲染画面
30  }
```

❑ 第 3～10 行为新建正方形平面的相关代码。创建完成后调整位置和姿态，使其能够水平位于屏幕中间，最后将其添加到场景中。

❑ 第 11～16 行为新建并设置透视投影摄像机的相关代码。首先在创建摄像机时传入视角、长宽比等相关参数，创建完成后设置位置和焦点。在实际的项目开发中，一般把焦点放在场景中心。

❑ 第 23～26 行为将若干正方体添加到场景中正方形平面上，并创建可视化操作界面以改变摄像机类型，下文将对其进行详细介绍。

（2）对将若干正方体添加在正方形平面上的 addBox()方法进行介绍。主要的思路是将正方形的边长传入此方法中，计算出每行每列可以放置的正方体个数，最后使用 for 循环将其依次添加到场景中。具体代码如下所示。

代码位置：随书源代码/第 11 章/Sample11_4 目录下的 Sample11_4.html。

```
1   function addBox(length,translateX,translateY,translateZ){   //添加几何对象的方法
2     var boxlength=1.5;                                       //正方体边长
3     //新建正方体几何对象
4     var boxGeometry = new THREE.BoxGeometry(boxlength, boxlength, boxlength);
5     var material=new THREE.MeshNormalMaterial();             //创建法向量材质
6     var rolTotal=Math.floor(length/2/boxlength);             //计算出总共可以放置的行数
7     for(var i=0;i<rolTotal;i++){                             //遍历所有可能的行数
8       for(var j=0;j< rolTotal;j++){                          //遍历所有可能的列数
9         var mesh=new THREE.Mesh(boxGeometry, material);//创建网格对象
10        //确定正方体网格对象的位置
11        mesh.position.x=-length/2+boxlength/2+2*i*boxlength+translateX;
12        mesh.position.y=boxlength/2+translateY;
13        mesh.position.z=-length/2+boxlength/2+2*j*boxlength+translateZ;
14        scene.add(mesh);                                     //将正方体添加到场景中
15  }}}
```

❑ 第 2～5 行为创建正方体几何对象和材质的代码，它为创建正方体网格对象做准备。

❑ 第 6～14 行为在场景中添加若干正方体网格对象的相关代码。首先计算出每行可以放置的正方体个数，接着使用双层 for 循环依次计算出每个正方体的位置，最后将正方体添加到场景中。

（3）进行可视化操作界面的开发。通过此界面可以在正交投影摄像机和透视投影摄像机之间进行切换，并且显示当前摄像机的类型。具体代码如下所示。

代码位置：随书源代码/第 11 章/Sample11_4 目录下的 Sample11_4.html。

```
var controls = new function () {
  this.currentCamera = "透视投影摄像机";          //当前摄像机类型
  this.changeCamera = function () {              //切换摄像机类型的方法
  if (camera instanceof THREE.PerspectiveCamera) {//如果使用透视投影摄像机
    //新建正交投影摄像机
  camera = new THREE.OrthographicCamera(window.innerWidth / -16, window.
      innerWidth/16, window.innerHeight/16,window.innerHeight/-16,-200,500);
  camera.position.x = 50;                        //设置摄像机位置的 x 坐标
```

```
9          camera.position.y = 20;                          //设置摄像机位置的 y 坐标
10         camera.position.z = 50;                          //设置摄像机位置的 z 坐标
11         camera.lookAt(scene.position);                   //将场景中心设置为摄像机焦点
12         this.currentCamera ="正交投影摄像机";            //将显示类型改为正交投影摄像机
13       }else{
14         camera = new THREE.PerspectiveCamera(45, window.innerWidth /
15             window.innerHeight, 0.1, 1000);              //新建透视投影摄像机
16         camera.position.x = 50;                          //设置摄像机位置的 x 坐标
17         camera.position.y = 20;                          //设置摄像机位置的 y 坐标
18         camera.position.z = 50;                          //设置摄像机位置的 z 坐标
19         camera.lookAt(scene.position);                   //将场景中心设置为摄像机焦点
20         this.currentCamera = "透视投影摄像机";           //将显示类型改为透视投影摄像机
21     }};};
```

- 第 2 行中的 currentCamera 代表当前摄像机类型，其内容随着摄像机的改变而改变。
- 第 3～21 行中的 changeCamera()为切换摄像机类型的方法。首先判断当前摄像机是否属于 THREE.PerspectiveCamera 类型，来识别当前摄像机的种类，然后新建另一种类型的摄像机并设置位置和焦点。

11.3.4 摄像机数组

通过 11.3.3 节对正交投影摄像机和透视投影摄像机的介绍，读者已经了解到两种摄像机的详细特点。众所周知，现在随着 VR 技术的大热，WebVR 也在不断发展。在 WebVR 进行渲染时，摄像机是重复参数传递。为了避免增加代码的冗余度，Three.js 中出现了摄像机数组的概念，下面对摄像机数组进行介绍。在 Three.js 中想要初始化摄像机数组，那么操作十分简单，具体代码如下所示。

```
var    camera = new THREE.ArrayCamera( cameras );        //新建一个摄像机数组变量
```

初始化摄像机数组后，随后便可向摄像机数组中添加所需的各个摄像机，其中包含摄像机的类型、位置和摄像机的观察点等信息。添加完成后，如果还有对摄像机进行的处理，那么就变成对整个摄像机数组进行的操作。下面是该部分的代码实现。

```
var subCamera=new THREE.PerspectiveCamera(45,ratio,0.1,100);//建立正交投影摄像机
subCamera.bounds=new THREE.Vector4(i/count,j/count,size,size);//设置相对位置
subCamera.position.x=(j/count)-0.5;                 //设置当前摄像机的 x 坐标
subCamera.position.y=0.5-(i/count);                 //设置当前摄像机的 y 坐标
subCamera.position.z=3.5;                           //设置当前摄像机的 z 坐标
subCamera.lookAt( new THREE.Vector3() );            //设置摄像机的观察点为原点
subCamera.updateMatrixWorld();                      //不同的摄像机需要更新位置信息
cameras.push( subCamera );                          //将当前摄像机添加至摄像机数组
```

下面将通过一个使用摄像机数组的案例 Sample11_5，介绍如何在场景中创建一个完整的摄像机数组。详细介绍代码之前，先展示本案例的运行效果。具体情况如图 11-12 所示。

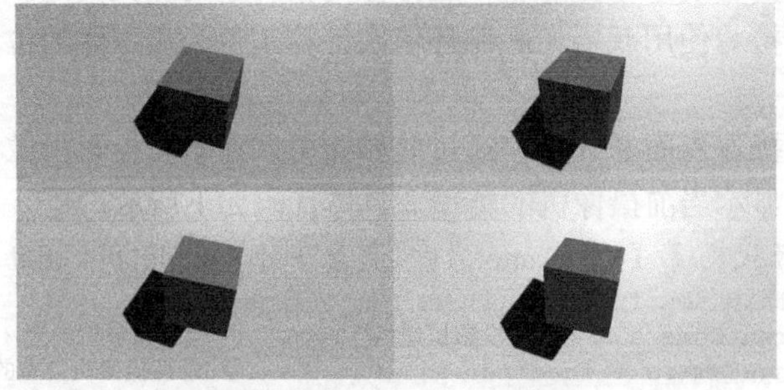

▲图 11-12 Sample11_5 的效果

图 11-12 中的摄像机数组中包含了 4 个正交投影摄像机，从各个摄像机的背景中可以看出（图 11-12 中的对比可能不明显，读者可以运行该案例进行查看）4 个摄像机分别从 4 个

不同的位置观察场景中的正方体模型。下面对该案例的具体代码进行详细介绍。

代码位置：随书源代码/第 11 章/Sample11_5 目录下的 Sample11_5.html。

```
1   function init() {
2           ......此处省略了场景的初始化，具体请查看随书源代码
3           var boxlength=1.0;                              //正方体边长
4           var boxGeometry = new THREE.BoxGeometry(boxlength, boxlength, boxlength);
5           var material = new THREE.MeshPhongMaterial( { color: 0x00ffff } );
            //设置材质及颜色
6           mesh=new THREE.Mesh(boxGeometry, material);     //创建网格对象
7           mesh.castShadow = true;                         //物体产生阴影
8           scene.add(mesh);                                //将网格对象添加到场景中
9           var count=2;                                    //设置摄像机组的行宽和列宽
10          var size=1/count;                               //设置摄像机投影区域的大小
11          var ratio=window.innerWidth/window.innerHeight; //设置缩放比
12          var cameras=[];                                 //建立摄像机数组
13          for(var i=0;i<count;i++) {
14              for(var j=0;j<count;j++){
15                  ......此处省略摄像机的设置，具体请查看相关代码
16              } }
17          camera = new THREE.ArrayCamera( cameras );      //新建摄像机数组
18          window.addEventListener( 'resize', onWindowResize, false );
            //设置屏幕变化监听
19          renderScene();                                  //开始渲染
20  }
```

- 第 2～8 行为建立一个长、宽、高均为 1.0 的正方体，设置其材质为 Phong 材质并设置为蓝色，最后将其添加到场景中。
- 第 9～19 行为摄像机数组及摄像机的初始化设置，其中摄像机分为两行两列共 4 个，分别添加到摄像机数组中。

> **提示** 如果想对场景中的摄像机进行操作，则要对整个摄像机数组进行相关的操作。前面仅介绍了与摄像机数组相关的代码，其他代码请查看随书案例。

11.3.5 光源

通过前面的介绍，相信大部分读者已经基本掌握了创建几何对象和设置摄像机的相关方法，但是仅会这些基础操作是不够的。在实际的项目开发过程中，光照是提升画面整体品质的一个重要因素。本节将详细介绍 Three.js 中多种光源的使用方法。

前面已经介绍过，若想要在 WebGL 中加入光照效果，则需要在着色器中加入一系列的计算过程，过程十分复杂。幸运的是，Three.js 引擎中自带多种光源类型。开发人员可根据实际需要，选择合适的光源类型添加到场景中即可。表 11-5 为光源的类型和描述。

表 11-5　Three.js 提供的光源类型及描述

光源名称	描述
PointLight（点光源）	此光源被放置在空间中的某一点，它会向所有方向发射光线
AmbientLight（环境光）	此光源为基础光源，其颜色值会被添加到整个场景的当前颜色上
SpotLight（聚光灯光源）	此光源类似于手电筒和台灯等，会产生聚光效果
DirectionalLight（平行光）	此光源发出的光线可以近似认为是平行的
HemisphereLight（半球光）	此光源比较特殊，通常用来创建更加自然的室外光线，模拟反光面和光线微弱的天空
AreaLight（面光源）	使用它时可以指定散发光线的平面，其同样比较特殊

> **说明** 表格中前 4 种光源比较基础，只需进行很少的设置就能模拟出不错的光照效果。半球光、面光源具有很大局限性，只有在特定情况下才会使用到。本书篇幅有限，只对前 4 种光源进行介绍。

1. 点光源

Three.js 引擎中的 PointLight（点光源）可以看作一个向所有方向发射光线的点。使用时只需要对点光源的位置和光线的颜色等进行设置，操作十分简便，并且渲染效果较为真实，因此在项目开发中它的使用频率很高。

在使用 Three.js 引擎中的点光源进行项目开发时，不仅可以对光线颜色和光源位置等基本属性进行设置，还可以根据具体需要对光照强度和照射距离等参数进行调整。表 11-6 给出了点光源的相关属性及对应描述。

表 11-6　点光源的相关属性及描述

属　性	描　述
color（颜色）	点光源照射出的光线颜色
intensity（强度）	光照的强度，默认值为 1
distance（距离）	光源能够照射到的最大距离
position（位置）	光源所在的位置
visible（是否可见）	如果此值为 true，则该光源就会开启，否则该光源就会关闭

点光源的基本知识已经介绍完毕，但是如何为这些属性选取合适的值，以此搭配出满意的效果仍是一个比较困难的问题。下面将通过一个简单的案例 Sample11_6 对点光源的使用及属性设置进行说明，其运行效果如图 11-13 所示。

▲图 11-13　使用点光源的渲染效果

（1）为了简化开发步骤，本案例在案例 Sample11_3 的基础上进行升级。开发时首先要增加一个设置光源属性并将光源添加到场景中的方法。为了使取值更加方便，还要对可视化操作界面进行设置。通过它可以完成对多种属性的修改，具体代码如下。

代码位置：随书源代码/第 11 章/Sample11_6 目录下的 Sample11_6.html。

```
function addLightAndGUI(){
  var pointColor = "#ccffcc";                          //点光源的颜色值
  pointLight = new THREE.PointLight(pointColor);       //创建点光源
  pointLight.position.x =0;                            //设置点光源的 x 坐标
  pointLight.position.y =30;                           //设置点光源的 y 坐标
  pointLight.position.z =0;                            //设置点光源的 z 坐标
  scene.add(pointLight);                               //将点光源添加到场景中
  var controls = new function () {
    this.pointColor = pointColor;                      //点光源的颜色
    this.intensity = 1;                                //点光源的照射强度
    this.distance = 100;                               //点光源照射的最大距离
```

```
12     this.invisible= false;                          //是否关闭点光源
13   };
14   var gui = new dat.GUI();                          //新建可视化操作界面
15   //通过界面对颜色进行改变时调用的方法
16   gui.addColor(controls, 'pointColor',"点光源颜色").onChange(function (e) {
17     pointLight.color = new THREE.Color(e); });      //将当前颜色作为光源颜色
18   gui.add(controls, 'intensity', 0, 3,"光照强度").onChange(function (e) {
19     pointLight.intensity = e;});                    //改变光源的照射强度
20   gui.add(controls, 'distance', 0, 200,"照射的最大距离").onChange(function (e) {
21     pointLight.distance = e;});                     //改变光源能够照射的最大距离
22   gui.add(controls, 'invisible',"是否关闭光源").onChange(function (e) {
23     pointLight.visible = !e;                        //控制点光源是否关闭
24 });}
```

- 第 2～7 行为设置点光源的颜色和位置，并添加到场景中的相关代码。从中可以看出，创建点光源时只需向相关方法中传入颜色值即可，操作十分简便。设置位置和添加到场景的代码与其他组件相同，不再赘述。
- 第 8～26 行为开发可视化操作界面的相关代码。主要目的是用户可通过界面对光源的各种属性进行设置。需要说明的是，gui.addColor()函数的作用是创建一个图形化的颜色选择框，它有很高的实用性。

（2）由于案例 Sample11_3 中使用的法向量材质并不会考虑光照的影响，所以要对使用的材质进行更改。可以选择的材质有 MeshLambertMaterial 和 MeshPhongMaterial 两种，本案例使用前者作为平面和几何体的材质。更改材质后创建平面网格对象的代码如下。

代码位置：随书源代码/第 11 章/Sample11_6 目录下的 Sample11_6.html。

```
var planeGeometry = new THREE.PlaneGeometry(60, 20);          //新建长方形平面
//新建平面使用的是 MeshPhongMaterial 材质
var planeMaterial = new THREE.MeshPhongMaterial({color: 0xffffff});
var plane = new THREE.Mesh(planeGeometry, planeMaterial);     //新建网格对象
```

提示 可能读者对上面提到的两种材质感到非常陌生，不知道如何在项目中选择适合的材质。其实不必担心，后面会对 Three.js 引擎中带有的材质进行详细介绍。

（3）如果光源固定在一个位置，那么读者很难观察到光照位置对场景渲染效果的影响。所以，本案例将场景中心作为光源所在圆形轨道的圆心，并设置半径，使其在绘制过程中不断移动，具体的代码如下所示。

代码位置：随书源代码/第 11 章/Sample11_6 目录下的 Sample11_6.html 文件。

```
function renderScene() {                         //绘制画面调用的方法
  pointLightAngle+=1;                            //更改当前光源的旋转角度
  pointLight.position.x =radius*Math.sin(pointLightAngle/180*Math.PI);//光源的 x 坐标
  pointLight.position.z =radius*Math.cos(pointLightAngle/180*Math.PI);//光源的 z 坐标
  requestAnimationFrame(renderScene);            //请求绘制下一帧
  renderer.render(scene, camera);                //渲染当前画面
}
```

说明 radius 为光源所在圆形轨道的半径，pointLightAngle 指当前光源已经旋转的角度。在绘制时它以一定步长更新角度值，使光源不断移动，并通过三角函数得到光源的坐标。

2. 环境光

Three.js 引擎中的环境光（ambientLight）的颜色会影响整个场景，其光线没有特定来源，并且不会影响阴影的生成（后面章节会对此进行介绍）。需要注意的是，不要将环境光作为场景中唯一的光源，通常要和其他光源配合使用，否则场景的渲染效果会比较差。

向场景中添加环境光的方法与点光源非常类似，但是使用环境光时一般不会设置位置和

其他属性，只将十六进制的颜色值传入构造函数中即可。添加环境光的具体代码如下。

```
var ambiColor = "#0c0c0c";                                    //新建一个十六进制的颜色值
var ambientLight = new THREE.AmbientLight(ambiColor);         //创建环境光
  scene.add(ambientLight);                                    //将环境光添加到场景中
```

为了使读者能够更加直观地体验到环境光的作用，下面将通过案例 Sample11_7 详细介绍环境光对整体场景的影响。此案例是在案例 Sample11_6 的基础上进行开发的，具体的运行效果如图 11-14 所示。

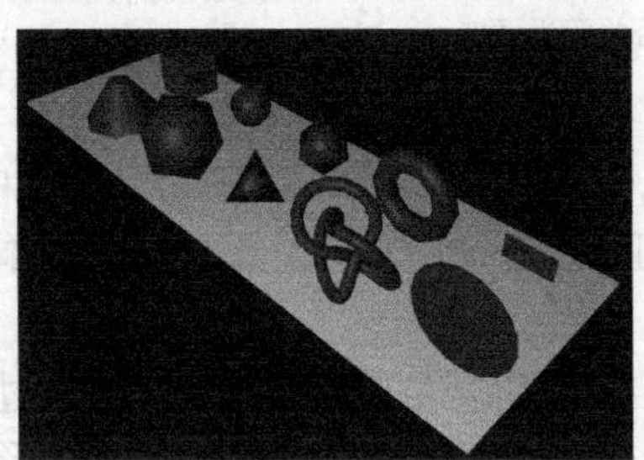

▲图 11-14　点光源与环境光搭配的渲染效果

提示　可能仅通过上面的运行效果图，难以观察到环境光对场景效果的整体影响。有兴趣的读者可以将本案例在真机上运行，对比环境光开启和关闭下的画面，这样感觉会更加直观。

通过上面的运行效果图读者可以发现，在加入环境光后，原本场景中颜色比较暗淡的部分会变得稍微明亮一些，整个场景的画面质量有一定的提升。看完本案例的运行效果后，下面将对修改方法进行详细介绍。

这里只对案例 Sample11_6 中添加光源和设置可视化操作界面的 addLightAndGUI()方法进行修改，主要的改动是增加创建环境光以及控制环境光颜色的相关代码，具体代码如下所示。

代码位置：随书源代码/第 11 章/Sample11_7 目录下的 Sample11_7.html。

```
1   function addLightAndGUI(){                          //添加光源和设置可视化操作界面的方法
2     var ambiColor = "#88b3ca";                         //新建环境光的颜色
3     var ambientLight = new THREE.AmbientLight(ambiColor);      //创建环境光
4     scene.add(ambientLight);                           //将环境光添加到场景
5     ……//此处省略了设置点光源的代码，有兴趣的读者可自行查阅随书源代码
6     var controls = new function () {
7       ……//此处省略了点光源用到的属性，有兴趣的读者可自行查阅随书源代码
8       this.ambiColor = ambiColor;                      //环境光的颜色
9       this.closeAmbientLight= false;                   //是否关闭环境光
10    };
11    var gui = new dat.GUI();                           //新建可视化操作界面
12    ……//此处省略了修改点光源属性的代码，有兴趣的读者可自行查阅随书源代码
13    gui.addColor(controls, 'ambiColor',"环境光颜色").onChange(function (e) {
14      ambientLight.color = new THREE.Color(e);                 //改变环境光的颜色值
15    });
16    gui.add(controls, 'closeAmbientLight',"是否关闭环境光").onChange(function (e) {
17       ambientLight.visible=!e;                                //切换环境光的状态
18  });}
```

- 第 2～4 行为新建环境光并将其添加到场景中的相关代码。需要注意的是，环境光的颜色不要太明亮，否则整个画面的颜色会显得非常饱和，失去真实性。
- 第 6～18 行为在可视化操作界面中增加控制环境光颜色和是否可见的相关代码。与点光源相同，开发人员可以将其 visible 属性设为 false，从而使环境光关闭。

3. 聚光灯光源及阴影

Three.js 引擎中的聚光灯光源（spotLight）是一种较为高级的光源，其可以发出锥形的光线，并且可通过一些设置形成阴影，效果类似于生活中的手电筒和吊灯等。项目开发时使用聚光灯光源和阴影将极大地提高整个画面的立体感和真实性。

创建聚光灯光源的方法非常简单，开发人员只需指定聚光灯光线的颜色，设置光源位置和目标点位置，最后添加到场景中即可。创建聚光灯光源的具体代码如下所示。

```
var spotLightColor = "#ffffff"                         //设置聚光灯光源的颜色
var spotLight = new THREE.SpotLight(spotLightColor);   //创建聚光灯光源
spotLight.position.set(30,30,30);                      //设置光源位置
scene.add(spotLight);                                  //将光源添加到场景中
```

> **提示** 从上面给出的代码中可以看出，创建聚光灯光源的方法与其他光源十分相似。但是在实际使用时为了有很好的渲染效果，通常会对聚光灯光源的其他属性进行设置，后面对此将会进行详细介绍。

读者需要了解的是，阴影效果是 3D 场景开发中必不可少的部分，由于聚光灯光源可以支持阴影的投射，所以它的使用频率很高。如果开发人员需要在使用聚光灯光源时增加阴影效果，则需要对渲染器、投射和接受阴影的物体、光源等进行设置。需要增加的代码如下。

```
renderer.shadowMap.enabled = true;       //开启渲染器的投影效果
cube.castShadow = true;                  //设置投射的物体
plane.receiveShadow = true;              //设置接受阴影的物体
spotLight.castShadow = true;             //使聚光灯可以投射阴影
```

通过上面的介绍，读者已经可以完成聚光灯光源及阴影部分的基本设置了。但是在实际的项目开发中，仅完成上面的设置很难达到令人满意的渲染效果，所以下面将对聚光灯光源的额外属性进行介绍，具体情况如表 11-7 所示。

表 11-7　聚光灯光源的相关属性及描述

属　性	描　述
castShadow（投影）	如果其值为 true，则此光源会产生阴影效果
shadow.camera.near（投影近点）	设置从距离光源多远的位置开始可以生成阴影
shadow.camera.far（投影远点）	设置从距离光源多远的位置之后不再生成阴影
shadow.camera.fov（投影视场）	生成阴影的视场大小
target（目标）	决定光照的方向
shadowBias（阴影偏移）	使阴影的位置发生偏移
angle（角度）	光源射出的光柱宽度，默认值是 Math.PI/3
exponent（光强衰减指数）	此值决定了光线随着距离增加而衰减的速度
shadow.mapSize.width（阴影映射宽度）	此值决定了阴影贴图中横向的像素个数。如果阴影边缘不平滑，则可以通过增加此值来解决
shadow.mapSize.height（阴影映射高度）	此值决定了阴影贴图中纵向的像素个数。如果阴影边缘不平滑，则可以通过增加此值来解决

关于聚光灯光源的基础知识已经介绍完毕。下面将通过一个使用聚光灯光源并产生阴影的案例 Sample11_8 详细介绍使用聚光灯光源的具体实现过程。在介绍具体代码之前，先对本案例的运行效果进行展示，如图 11-15 所示。

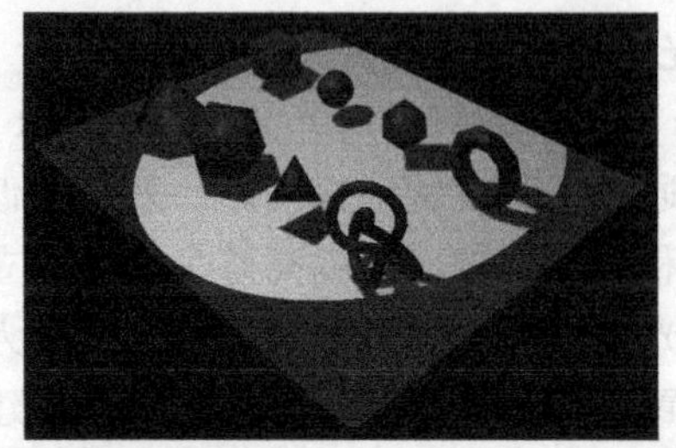

▲图 11–15　加入聚光灯光源后的渲染效果

从上面的效果图中可以看出，3D 场景中加入聚光灯光源和阴影效果后，画面质量和真实感有较大的提升，并且在一定情况下，将聚光灯光源和其他光源配合使用会有更好的效果。下面将对本案例的开发步骤进行详细介绍。

（1）本案例主要对添加光源和设置可视化操作界面的 addLightAndGUI()方法进行了修改。此方法完成的工作主要包括创建并添加点光源，设置聚光灯光源的属性，对可视化操作界面的功能进行升级，详细代码如下所示。

代码位置：随书源代码/第 11 章/Sample11_8 目录下的 Sample11_8.html。

```
1   function addLightAndGUI(){
2       var ambiColor = "#383845";                          //设置环境光颜色
3       var ambientLight = new THREE.AmbientLight(ambiColor);//创建环境光光源
4       scene.add(ambientLight);                            //将环境光光源添加到场景中
5       var spotLightColor = "#8ba98b";                     //聚光灯的颜色值
6       spotLight = new THREE.SpotLight(spotLightColor);        //创建聚光灯光源
7       spotLight.position.set(0,40,0);                     //设置光源位置
8       spotLight.target = plane;                           //设置聚光灯的目标对象
9       spotLight.castShadow = true;                        //开启阴影效果
10      spotLight.shadow.mapSize.width=2048;                //阴影贴图中宽度设置为 2048 像素
11      spotLight.shadow.mapSize.height=2048;               //阴影贴图中高度设置为 2048 像素
12      spotLight.shadow.camera.near=0.1;                   //设置投影近点
13      spotLight.shadow.camera.far=100;                    //设置投影远点
14      spotLight.shadow.camera.fov=60;                     //设置投影视场
15      spotLight.angle = 0.4;                              //设置光柱的宽度
16      scene.add(spotLight);                               //将光源添加到场景中
17      //观察聚光灯投影方式的辅助工具
18      var cameraHelper=new THREE.CameraHelper(spotLight.shadow.camera);
19      scene.add(cameraHelper);                            //将其添加到场景中
20      ……//此处省略了设置可视化操作界面的部分代码，下面将详细介绍
21  }
```

❑ 第 5～16 行为设置聚光灯光源并将其添加到场景中的相关代码。需要了解的是，在 Three.js 引擎中投射阴影的范围为锥台形，由于它与透视投影摄像机的视景体十分类似，所以开发人员要注意为其选取合适的参数。

❑ 第 17～19 行为创建辅助工具的相关代码。通过此工具，开发人员可以直观地观察到光源的位置以及阴影的投射范围，这极大地缩短了调试参数的时间。

（2）在设置聚光灯光源部分的相关代码开发完毕后，就可以开发可视化操作界面了。为了使读者方便地观察到各个参数的作用效果，本案例在此界面中增加了许多功能，包括调整聚光灯的颜色和光柱宽度，显示投影及范围的开关等，具体代码如下。

代码位置：随书源代码/第 11 章/Sample11_8 目录下的 Sample11_8.html。

```
function addLightAndGUI(){                          //添加灯光以及设置可视化操作界面的方法
    ……//此处省略了设置聚光灯的部分代码，上面已经对其进行了详细介绍
  var controls = new function (){                   //可视化操作界面使用的对象
    this.ambiColor = ambiColor;                     //环境光颜色
    this.spotLightColor = spotLightColor;           //聚光灯颜色
    this.castShadow = true;                         //开启阴影效果
```

```
7        this.cameraHelperVisible = false;          //使辅助工具不可见
8        this.angle=spotLight.angle;                //光柱的宽度
9      };
10     var gui = new dat.GUI();                     //新建可视化操作界面
11     gui.addColor(controls, 'ambiColor',"环境光颜色").onChange(function (e) {
12        ambientLight.color = new THREE.Color(e);  //改变环境光颜色
13     });
14     gui.addColor(controls, 'spotLightColor',"聚光灯颜色").onChange(function (e) {
15         spotLight.color = new THREE.Color(e);    //改变聚光灯颜色
16     });
17     gui.add(controls, 'castShadow',"是否关闭阴影").onChange(function (e) {
18         spotLight.castShadow = e;                //切换阴影效果是否开启
19     });
20     gui.add(controls, 'cameraHelperVisible',"投影范围可见").onChange(function (e) {
21       cameraHelper.visible = e;                  //切换投影范围是否可见
22     });
23     gui.add(controls, 'angle',0,1,"光柱宽度").onChange(function (e) {
24       spotLight.angle = e;                       //改变聚光灯的光柱宽度
25   });}
```

- 第 3～9 行中的 controls 为可视化操作界面中使用到的对象。其中包括多个变量，分别代表聚光灯颜色、光柱宽度、阴影效果是否开启等。需要提及的是，如果读者想关闭辅助工具的显示，只需将 cameraHelper.visible 置为 false 即可。
- 第 11～25 行为向可视化界面中增加监听的相关代码。当用户改变其中某个属性值时，系统会自动调用写在 onChange()内部的方法。

（3）由于阴影部分的计算和显示是一件十分耗费资源的事情，所以 Three.js 引擎中的渲染器和 3D 物体在默认情况下不进行阴影计算。完成上述步骤后，要增加对渲染器和 3D 物体进行设置的代码。具体代码在前文已经进行了介绍，此处不再赘述。

4．平行光

Three.js 引擎中的平行光（DirectionalLight）可模拟距离很远的光源，其发出的光线都是相互平行的，并且也支持阴影的生成，效果类似于生活中的阳光。平行光与聚光灯最大的区别在于平行光照射的所有位置光照强度都相同。

平行光中只能根据 direction（方向）、color（颜色）和 intensity（强度）计算颜色和阴影。除此之外，平行光与聚光灯有很多相同的属性，比如 position、target、distance、castShadow 等，上文对此已经进行了详细介绍，此处不再赘述。

> **提示** 由于平行光的投影范围为长方体，所以如果读者需要对其投影范围进行修改，则需要自行改变 DirectionalLight.shadow.camera 下面的 near、far、left、right、top、bottom 属性，这与规定正交投影摄像机视景体的过程十分相似。

平行光的设置过程较为复杂，下面将通过一个使用平行光和环境光的案例 Sample11_9 对其进行详细介绍。在介绍具体的开发步骤之前，首先对本案例的运行效果进行展示，如图 11-16 所示。

▲图 11-16　加入平行光后的渲染效果

通过上面的效果图可以发现，所有物体接受的光照强度几乎没有差别，整个画面显得更加自然。案例的运行效果展示完毕后，下面就可以对开发步骤进行详细介绍了。具体步骤如下所示。

（1）与聚光灯类似，如果想使用平行光产生阴影效果，则首先要开启渲染器的阴影显示功能，并指定投射和接收投影的物体。此部分内容在上一节中已经进行了详细介绍，不明白的读者可自行查阅，此处不再赘述。

（2）对添加平行光和设置可视化操作界面的 addLightAndGUI()方法进行开发。此方法中完成的工作包括创建平行光、设置平行光光源位置、规定投射阴影范围等，具体代码如下所示。

代码位置：随书源代码/第 11 章/Sample11_9 目录下的 Sample11_9.html。

```
1    function addLightAndGUI(){
2      var ambiColor = "#383845";                              //环境光颜色
3      var ambientLight = new THREE.AmbientLight(ambiColor);      //创建环境光
4      scene.add(ambientLight);                                //将环境光添加到场景中
5      var directionalLightColor = "#ffffff";                  //平行光颜色
6      directionalLight = new THREE.DirectionalLight(directionalLightColor); //创建平行光
7      directionalLight.castShadow = true;                     //开启阴影
8      directionalLight.shadow.camera.near = 2;   //设置投影范围的近面
9      directionalLight.shadow.camera.far = 200;  //设置投影范围的远面
10     directionalLight.shadow.camera.left = -50; //设置投影范围的左侧
11     directionalLight.shadow.camera.right = 50; //设置投影范围的右侧
12     directionalLight.shadow.camera.top = 50;   //设置投影范围的顶部
13     directionalLight.shadow.camera.bottom = -50;  //设置投影范围的底部
14     directionalLight.target=plane;                   //设置投影的目标点
15     directionalLight.intensity = 0.6;                //设置平行光的强度
16     directionalLight.shadow.mapSize.height = 1024;//阴影贴图的高度设置为1024像素
17     directionalLight.shadow.mapSize.width = 1024; //阴影贴图的宽度设置为1024像素
18     scene.add(directionalLight);                     //将平行光添加到场景中
19     ……//此处省略了设置操作界面的方法，有兴趣的读者可查阅随书源代码
20   }
```

- 第 5～13 行为创建平行光并设置阴影投射范围的相关代码。通过设置 near、far、left、right、top、bottom 可确定长方体形状的阴影投射范围，只有在此范围内的物体才可以产生阴影。
- 第 15～18 行为设置平行光的目标点、光照强度的相关代码。利用投影方式的辅助工具可以发现，此目标点始终处在阴影投射范围横截面的正中心。

5. 区域光

Three.js 引擎中的区域光（RectAreaLight）区别于其他的光源，一方面，由于面积光源有一定大小，所以它能够像场景中的普通物体一样被看到；另一个方面，区域光作为光源可以为场景中的其他物体提供光照，可以模拟明亮的窗户及灯管的照明情况等。

若向场景中添加区域光，需要 4 个参数，分别为灯光颜色、灯光亮度、区域光宽度和区域光高度。新建区域光的具体代码如下所示。

```
var rectLight = new THREE.RectAreaLight(0xffffff,1000,20,20);          //新建区域光
```

区域光的背景知识已经介绍完毕，下面通过一个使用区域光的相关案例 Sample11_10 来介绍区域光的具体实现过程。在介绍具体的开发步骤之前，先对本案例的运行效果进行展示，效果如图 11-17 所示。

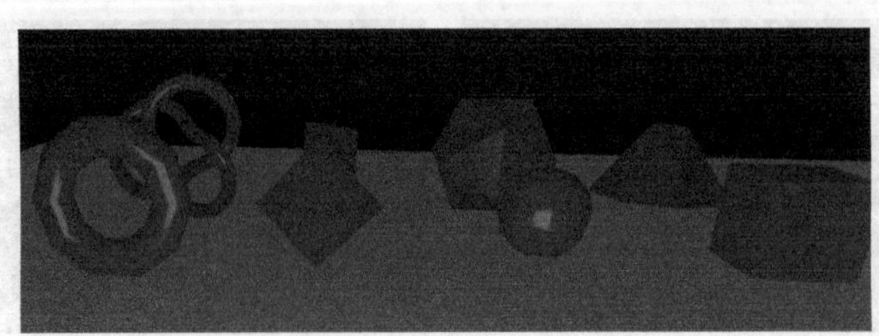

▲图 11-17　Sample11_10 的运行效果

通过上面的效果图可以发现，区域光照射出的光线类似于平行光。但是从图片中球体表面的倒影可以看出它是一个正方形光源，这说明照射的光是从一个区域发出的。下面将对案例的开发过程进行详细介绍，具体步骤如下。

（1）区域光的添加和其他灯光的添加类似，整体思路是在案例 Sample11_6 的基础上添加了区域光光源，去除 Sample11_6 中的阴影部分。并添加可操作界面 addGUI()。下面将对添加区域光光源的代码进行详细介绍，具体代码如下。

代码位置：随书源代码/第 11 章/Sample11_10 目录下的 Sample11_10.html。

```
function addLight(){                                        //添加灯光
        var ambiColor = "#cccccc";                          //环境光颜色
        ambientLight = new THREE.AmbientLight(ambiColor);       //新建环境光
        scene.add(ambientLight);                            //添加环境光
        rectLight = new THREE.RectAreaLight("#ffffff",1000,20,20);
        //创建区域灯光源
        rectLight.position.set(-10,5,-10);                  //设置光源位置
        rectLight.rotation.x=-Math.PI;                      //使光源对着物体
        scene.add(rectLight);}                              //添加区域光
```

提示　由于区域光是 Three.js 引擎中最近刚添加的新特性，功能及效果并不全面，所以在本案例中去除了物体的阴影部分。

（2）对设置可视化操作界面的 addGUI ()方法进行开发。此方法中要完成的工作包括设置与光源相关的各种参数及将各种参数与场景中的物体进行连接等，具体代码如下所示。

代码位置：随书源代码/第 11 章/Sample11_10 目录下的 Sample11_10.html。

```
1   function addGUI() {
2           var gui = new dat.GUI( { width: 300 } ); //设置宽度
3           gui.open();                              //设置开启
4           param={                                  //设置参数数组
5               '光源宽度': rectLight.width,          //光源宽度
6               '光源高度': rectLight.height,         //光源高度
7               '光源颜色': rectLight.color.getHex(), //光源颜色
8               '光源强度': rectLight.intensity,      //光源强度
9               '环境光强度': ambientLight.intensity, //环境光强度
10              '平滑度': material.roughness,         //粗糙度
11              '金属光泽': material.metalness };     //金属光泽
12          var lightFolder = gui.addFolder( '光源设置' );   //光源设置
13          lightFolder.add( param, '光源宽度', 0.1, 50).onChange( function ( val ) {
14              rectLight.width = val;               //设置关联
15          } );
16          .....此处省略其他参数的设置
17      }
```

- 第 1～11 行为对可视化操作界面的参数进行设置，其中有光源的宽度、高度、颜色、强度以及物体的平滑度等。
- 第 12～17 行为截取光源宽度的关联设置，此处省略了其他参数的关联设置，感兴趣的读者可以查看随书源代码。

提示　由于区域光与其他光源有所不同，所以区域光想要产生对应的阴影需要有特殊的材质，材质文件位于 Sample11_10 目录下的 util/RectAreaLightUniformsLib.js 文件中。

11.3.6　材质

通过前面的案例读者可以发现，几何对象必须结合材质才可以构成网格对象，从而在场景中显示。几何对象决定了此物体的形状和大小，而材质决定了此物体的颜色、透明度等外

观信息。本节将对多种材质的属性和使用方法进行详细介绍。

为了进一步简化开发步骤，Three.js 引擎中自带了多种类型的材质，开发人员根据需要选择合适的材质并调用对应的方法。下面将对 Three.js 中自带的材质进行简要介绍，具体材质名称及描述情况如表 11-8 所示。

表 11-8　自带的材质名称及描述

材 质 名 称	描 述
MeshBasicMaterial（网格基础材质）	基础材质，可以赋予几何对象一种简单的颜色或者显示几何对象的线框
MeshDepthMaterial（网格深度材质）	根据网格对象到摄像机的距离决定其颜色值
MeshNormalMaterial（网格法向材质）	根据网格对象表面的法向量决定其颜色值
MeshFaceMaterial（网格面材质）	可以为网格对象的各个表面指定不同的颜色值
MeshLambertMaterial（网格朗伯材质）	此材质考虑光照影响，适合创建颜色暗淡的物体
MeshPhongMaterial（网格 Phong 材质）	此材质考虑光照影响，适合创建颜色明亮的物体
ShaderMaterial（着色器材质）	此材质允许使用自定义的着色程序，直接控制顶点的放置方式及像素的着色方式

提示　相信读者看完上面的表格后，仍然会对部分材质感到疑惑和陌生。其实不应担心，后面将通过具体的案例对材质的共同属性以及各种材质的特点进行介绍，此处读者只需要建立起基本的认识即可。

1. 网格基础材质

Three.js 引擎中自带的网格基础材质（MeshBasicMaterial）是一种非常简单的材质。使用此材质创建网格对象时不必考虑光照的影响，并且看起来像是一些颜色块。但是由于其操作简单，所以常常被初学者使用。其具有的属性如表 11-9 所示。

表 11-9　网格基础材质的部分属性

名 称	描 述
color（颜色）	可通过此属性设置材质的颜色
wireframe（线框）	若此值为 true，则网格对象将被渲染成线框
wireframeLinewidth（线框宽度）	若 wireframe 值为 true，则此属性可改变线框中线的宽度
shading（着色）	此属性决定如何着色，可选值有 THREE.SmoothShading 和 THREE.FlatShading
vertexColors（顶点颜色）	可通过此属性为每一个顶点定义不同的颜色
fog（雾化）	此属性决定该材质是否会受到雾化效果的影响

下面将通过一个使用网格基础材质的案例 Sample11_11，具体介绍各种属性的设置方法。在详细介绍代码部分之前，先展示本案例的运行效果，具体的情况如图 11-18 所示。

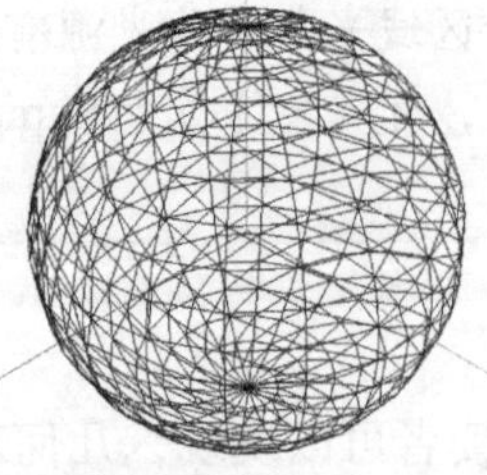

▲图 11-18　使用网格基础材质的球体

图 11-18 中左侧 wireframe 的值为 false 时，球体的渲染效果。从中可以发现，画面中的球体没有丝毫立体感，像是一个平面的圆形色块（由于本书采用灰度印刷，具体效果读者可自己运行代码查看）。当 wireframe 的值为 true 时，渲染画面如图 11-18 的右侧所示，其中的线条十分平滑，效果较好。看到运行效果后，下面将介绍本案例的开发步骤。

（1）整体思路是在 Sample11_1 的基础上进行改进，增加设置材质的各种属性及可视化操作界面的 addMaterialAndGUI()方法。下面将对在此方法中创建球体、设置材质属性的相关代码进行详细介绍，具体情况如下。

代码位置：随书源代码/第 11 章/Sample11_11 目录下的 Sample11_11.html。

```
1   function addMaterialAndGUI(){                          //添加材质和可视化界面的方法
2     var sphereGeometry = new THREE.SphereGeometry(10, 20, 20);//创建球体
3     var sphereMaterial = new THREE.MeshBasicMaterial({color: 0x000000,
4           wireframe: true});                              //创建网格基础材质
5     sphere = new THREE.Mesh(sphereGeometry, sphereMaterial); //创建球体的网格对象
6     sphere.transparent = false;                          //设置球体是否透明
7     sphere.opacity = 1;                                  //设置球体的不透明度
8     sphere.wireframeLinewidth=2;                         //设置球体的线宽
9     sphere.shading = THREE.FlatShading;                  //设置着色方式
10    scene.add(sphere);                                   //将球体添加到场景中
11    ……//此处省略了设置操作界面的方法，下面将会进行详细介绍
12  }
```

- 第 2～5 行为新建球体网格对象的代码。前面章节对此已经进行了介绍，此处不再赘述。
- 第 6～9 行为设置材质透明度和线宽的相关代码。需要注意的是，只有 transparent 的值为 true 时，设置的 opacity 值才会对渲染产生影响。

（2）对可视化操作界面部分进行开发。前面仅介绍了使用可视化操作界面修改颜色和数值属性的方法，而在本案例中要对透明度、线宽、着色方式进行修改，所以要创建一个单选框风格的控件。此部分的具体代码如下。

代码位置：随书源代码/第 11 章/Sample11_11 目录下的 Sample11_11.html。

```
function addMaterialAndGUI(){                              //添加材质和可视化界面的方法
  ……//此处省略了创建球体的相关代码，上文已经对其进行了详细介绍
  var controls = new function () {                        //此类中包含需要修改的属性
    this.color=sphereMaterial.color.getStyle();           //材质的颜色
    this.wireframe = sphereMaterial.wireframe;            //是否绘制线框
    this.wireframeLinewidth=sphereMaterial.wireframeLinewidth;    //设置线宽
    this.shading=THREE.SmoothShading;                     //设置着色方式
    this.transparent=false;                               //设置是否透明
    this.opacity=1;                                       //设置不透明度
    this.side = THREE.FrontSide;                          //设置应用材质的面
  };
  ……//此处省略了部分设置可操作界面的代码，有兴趣的读者可查阅随书源代码
  gui.add(controls, 'side', ["front", "back", "double"],"材质应用的面").onChange(
    function (e) {                                        //当用户选择单选框之后触发的方法
      switch (e) {                                        //对单击对象进行选择
        case "front":                                     //如果用户选择材质应用于物体前面
            sphereMaterial.side = THREE.FrontSide;//使物体前面应用材质
        break;
        case "back":                                      //如果用户选择材质应用于物体后面
            sphereMaterial.side = THREE.BackSide; //使物体后面应用材质
        break;
        case "double":                                    //如果用户选择物体两面都应用材质
            sphereMaterial.side = THREE.DoubleSide;      //使物体两面都应用材质
        break;
      }
      sphereMaterial.needsUpdate = true;                  //更新材质信息
  });}
```

- 第 4～10 行为可以修改的材质属性，其中应该包含可视化操作界面中的所有属性。如果 shading 属性为 THREE.SmoothShading，则代表渲染时使用顶点法向量；如果其为 THREE.FlatShading，则代表平面法向量，整个面上的法向量都相等。
- 第 13 行为创建单选框界面的相关代码。其中不同的地方在于 gui.add()函数中的第三个参数要使用“[]”来包含所有选项。
- 第 16～24 行为改变材质应用方式的代码。需要注意的是，如果对此修改了属性，则要将 needsUpdate 属性置为 true，程序将更新相关缓冲。

2．深度着色材质

Three.js 引擎中自带的深度着色材质（MeshDepthMaterial）是一种比较特殊的材质，其外观不是由光照或者某个材质属性决定的，而是由物体到摄像机的距离决定的。使用这种材质很容易创建出逐渐消失的效果。

该材质中只有 wireframe、wireframeLinewidth 两个属性，在实际的开发过程中很少用到它。如果开发人员想要控制物体的外观，则可以对摄像机的 near 值和 far 属性进行设置，从而控制物体消失的速度。下面将通过案例 Sample11_12 对此进行介绍，其运行效果如图 11-19 所示。

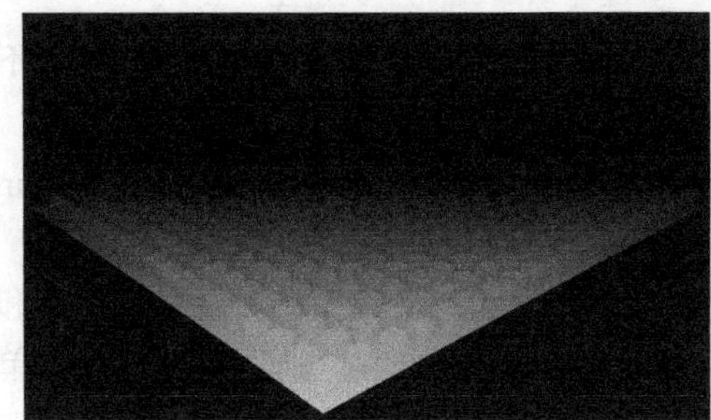
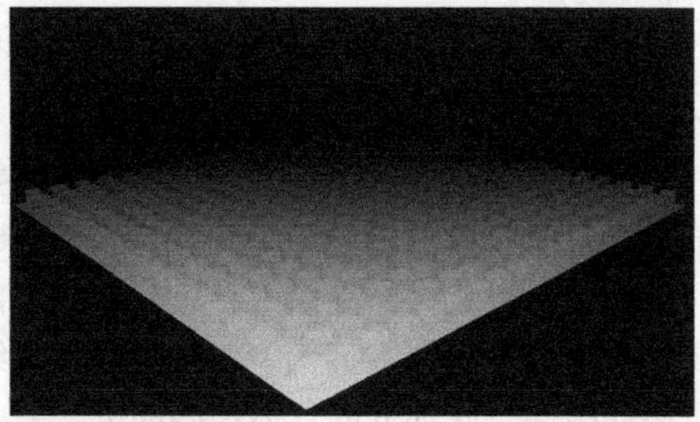

▲图 11-19　不同 near 值下的渲染画面

> **说明**　图 11-19 分别为摄像机的 near 值为 100 和 120 时，场景的渲染结果。从中可以看出摄像机的 near 和 far 之差越大，物体变暗的速度越慢，如果差值非常小，则效果将非常明显，有兴趣的读者可自行试验。

看完本案例的运行效果后，就可以介绍代码部分的开发方法了。本案例是在 Sample11_4 的基础上，将场景中所有物体都应用了深度着色材质。需要添加的代码如下。

```
scene.overrideMaterial = new THREE.MeshDepthMaterial();           //全部使用深度着色材质
```

> **提示**　读者也可以在创建小正方体的网格对象时，将材质设置为深度着色材质，只是上面的方法较为简便。在以后的开发过程中可根据实际需要，对这两种设置材质的方法进行选择使用。

3．法向量材质

Three.js 引擎中自带的法向量材质（MeshNormalMaterial）是一种比较简单的材质。程序在渲染时会根据此处的法向量选择对应的颜色，所以在使用此种材质的物体中，对于法向量不同的地方，颜色也会有较大的区别，它特别适合调试时使用。

对于法向量材质来讲，只有 wireframe、wireframeLinewidth、shading 这 3 种属性可以进行设置。在前面已经对这些属性代表的意义及作用进行了详细介绍，此处不再赘述。下面将通过案例 Sample11_13 对法向量材质的效果进行展示，具体情况如图 11-20 所示。

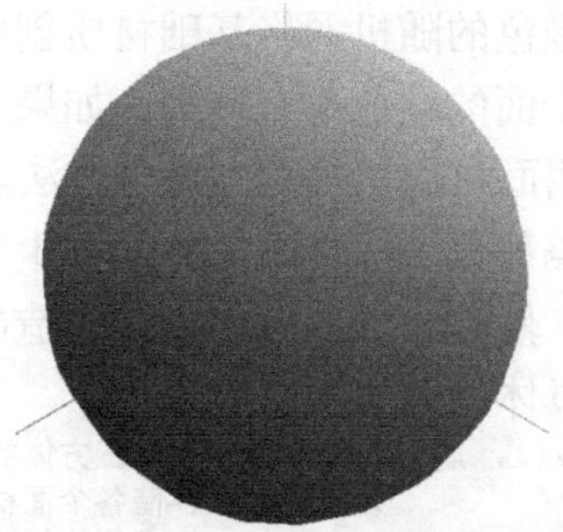
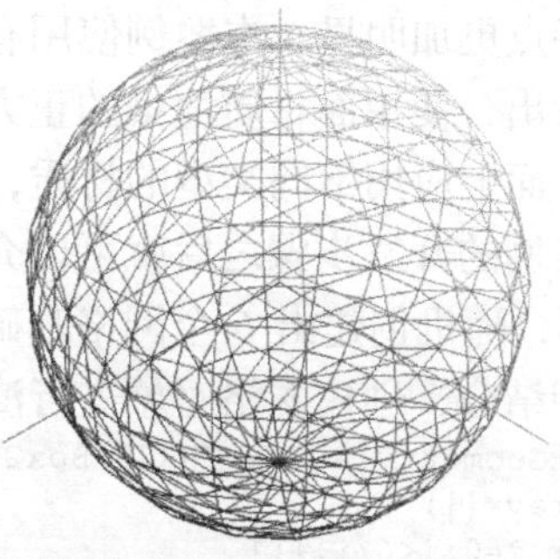

▲图 11-20　使用法向量材质的球体

在本案例中球体一直在绕着 y 轴不停旋转，但是通过图 11-20 可以看出，球的颜色并不会发生变化。产生上面效果是因为在使用法向量的物体中，每个面的颜色都是根据此面的法向量计算出来的。而球体在旋转过程中，各个位置的法向量不发生改变，所以颜色也不变。

提示　读者可将案例中的球体替换为其他形状的几何对象，之后便可以发现物体的颜色会在旋转过程中不断改变。创建各种几何对象的方法在前面已经进行了详细介绍，此处不再赘述。

介绍完本案例的运行效果后，就可以开始介绍代码部分的开发了。本案例是在 Sample11_11 的基础上进行修改而成的。这里只需要将球体材质设置为法向量材质即可，具体代码如下所示。

```
var sphereGeometry = new THREE.SphereGeometry(4, 20, 20); //创建球体几何对象
var sphereMaterial = new THREE.MeshNormalMaterial();      //创建法向量材质
sphere = new THREE.Mesh(sphereGeometry, sphereMaterial);  //创建网格对象
scene.add(sphere);                                         //将球体添加到场景中
```

说明　上面的代码只是创建球体的几何对象和法向量的相关代码，读者应该对此比较熟悉。需要提及的是，创建法向量材质时可将对应的属性作为参数来传入。例如上面新建材质语句可写成 var sphereMaterial = new THREE.MeshNormalMaterial ({wireframe: true});

4. 网格面材质

顾名思义，网格面材质（MeshFaceMaterial）是一种以面为单位进行渲染的“材质”。不能将其称为完整意义上的材质是因为面材质并不能直接使用，必须使用其他材质进行“填充”，所以大家更愿意将其视为一种容器。

面材质的使用方法稍微有些复杂。首先开发人员需要新建一个数组，并将每个面应用的材质放进数组中，接下来将此数组作为参数来创建面材质，最后将几何对象和材质相结合创建网格对象。下面将通过案例 Sample11_14 对其进行详细介绍，运行效果如图 11-21 所示。

▲图 11-21　使用面材质的正方体

为了使其特点更加明显，本案例使用有 6 种颜色的随机网格基础材质创建面材质。通过图 11-21 可以看出，使用面材质渲染的正方体各个面的颜色都有差别。如果开发人员需要在一个物体的各个面上应用不同类型的材质，则使用面材质是较为方便的方法。

了解了本案例的开发步骤之后就可以介绍代码部分了。本案例的开发十分简单，首先使用一个 for 循环，随机创建出 6 个网格基础材质，然后添加到数组中，构造出的面材质与正方体几何对象相结合，创建网格对象进行渲染。具体代码如下所示。

```
var boxGeometry = new THREE.BoxGeometry(4, 4, 4);        //创建正方体的几何体
var array=[];                                            //存储各个面材质的数组
for(var i=0;i<6;i++){                                    //指定创建材质的数量
    //使用 Math.random()函数随机生成各个面的材质颜色值
    array.push(new THREE.MeshBasicMaterial({color:0xffffff*Math.random()}));
}
var sphereMaterial = new THREE.MeshFaceMaterial(array); //创建面材质
sphere = new THREE.Mesh(boxGeometry, sphereMaterial);   //创建正方体网格对象
scene.add(sphere);                                       //将正方体添加到场景中
```

说明　虽然在 Three.js 未来的计划中将会删除面材质，但在实际应用中它的使用还是非常广泛的，所以在此给出面材质的案例。需要注意的是，如果数组中的材质数小于几何对象的面数，程序将发生错误。所以面材质通常不在面数非常多的几何对象上使用。

5. 网格朗伯材质

前面介绍的几种材质都不会考虑光照的影响，渲染出的画面效果还是差强人意。Three.js 引擎中自带的材质中只有网格朗伯材质（MeshLambertMaterial）和网格 Phong 材质（MeshPhongMaterial）会受到光源的影响，本节将对网格朗伯材质进行详细介绍。

在实际的开发过程中，由于应用朗伯材质的物体受光照的影响较小，表面显得不是非常光亮，所以朗伯材质经常用来创建颜色暗淡的物体。此材质可设置的属性较多，其中大部分已经在前面章节中进行了介绍，下面将对两种重要的属性进行介绍，详情如表 11-10 所示。

表 11-10　朗伯材质的部分属性

名　称	描　述
ambient（环境色）	如果它和 AmbentLight 光源一起使用，则此颜色值会和 AmbentLight 光源的颜色值相乘，默认值为白色
emissive（发射）	此属性代表材质发射的颜色。此颜色不受光照的影响，默认为黑色

可能部分读者对表 11-10 中的描述感到疑惑和陌生，下面将通过一个使用朗伯材质正方体的案例 Sample11_15，展示其渲染效果并介绍朗伯材质的创建方法。运行效果如图 11-22 所示。

▲图 11-22　使用朗伯材质的正方体

> **提示** 通过图 11-22 可以看出，在使用朗伯材质的正方体中，只有正对光源的面反射出较为明亮的光，整体画面显得十分昏暗。所以表面粗糙的物体应用此材质会显得非常真实，比如树木、岩石、山体等。

看完本案例的运行效果后，就可以介绍代码部分的开发了。本案例是在 Sample11_14 的基础上进行修改而成的。只需要将正方体的材质设置为朗伯向量材质即可，创建朗伯材质的方法与前面几种的方法十分相似，代码如下。

```
var boxMaterial = new THREE.MeshLambertMaterial({color: 0x182793});  //创建朗伯材质
```

6. 网格 Phong 材质

前面已经介绍了适合创建颜色暗淡物体的朗伯材质，但是如果使用它创建颜色明亮、表面光滑的物体，则很难出现高光效果，所以真实感很差。为了解决这一问题，Three.js 引擎中还自带了 Phong 材质（MeshPhongMaterial），它可以较为真实地表现出物体的光泽。

Phong 材质属于一种较为高级的材质，其中不仅包括 color、opacity、shading、wireframe、wireframeLinewidth 等基础属性，还包括 ambient、emissive、specular、shininess 等较为复杂的属性，具体情况如表 11-11 所示。

表 11-11　　Phong 材质的部分属性

名　称	描　述
specular	该属性指定材质的光亮程度以及高光部分的颜色
shininess	该属性指定高光部分的亮度及范围，默认值是 30

> **提示** specular 是一种非常有用的属性，开发人员可以通过改变此属性的值改变材质的质感。例如，如果将其设置为 color 属性的值，则绘制出的物体将具有很强的金属质感。如果将其设置为灰色，则物体看起来更像是塑料。

在创建详细代码之前，先通过一个 Phong 材质球体的案例 Sample11_16，对此材质的渲染效果进行了解，具体的运行效果如图 11-23 所示。

 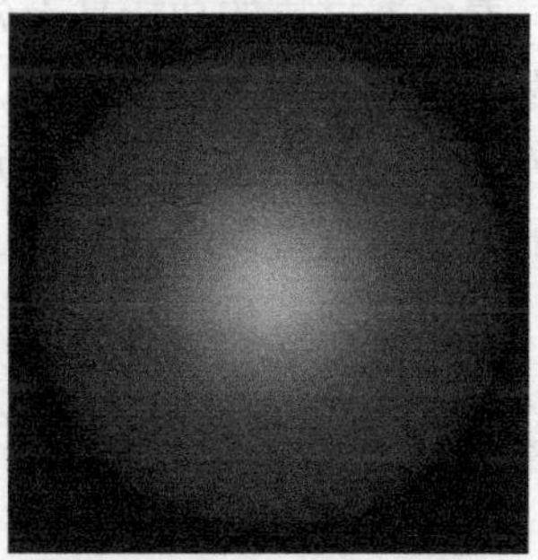

▲图 11-23　使用 Phong 材质的球体

通过图 11-23 可以发现，使用 Phong 材质的球体表面有明显的强光区域，可较为真实地模拟现实生活中表面光滑的物体。了解了 Phong 材质的渲染效果之后，就可以介绍创建部分的代码了。此部分也非常简单，代码如下所示。

```
var sphereMaterial = new THREE.MeshPhongMaterial();  //创建基本材质
```

7. 着色器材质

为了进一步提升程序开发的灵活性，Three.js 引擎中自带了着色器材质（ShaderMaterial），它允许开发人员使用自定义的着色器进行渲染。通过该材质可以开发出很多酷炫的特效，它对画面的提升有巨大作用。

着色器材质中可以进行修改的属性也比较多，除了 wireframe、shading、fog 等基础属性之外，还有 vertexShader、fragmentShader、lights 等比较复杂的高级属性。下面将对其进行详细介绍，具体情况如表 11-12 所示。

表 11-12　着色器材质的部分属性

名　称	描　述
vertexShader	此属性代表顶点着色器，可对顶点位置进行修改
fragmentShader	此属性代表片元着色器，主要功能为完成片元颜色的计算
uniform	通过此属性，开发人员可将 JavaScript 中的变量传入着色器程序中
defines	该属性可转换成 vertexShader 和 fragmentShader 中的#define 代码
attribute	通常用它来传递位置和法向量数据
lights	该属性定义光照数据是否要传递给着色器

下面将通过案例 Sample11_17 详细介绍着色器材质的使用方法。在介绍详细的开发步骤之前，先来展示本案例的运行效果，具体情况如图 11-24 所示。

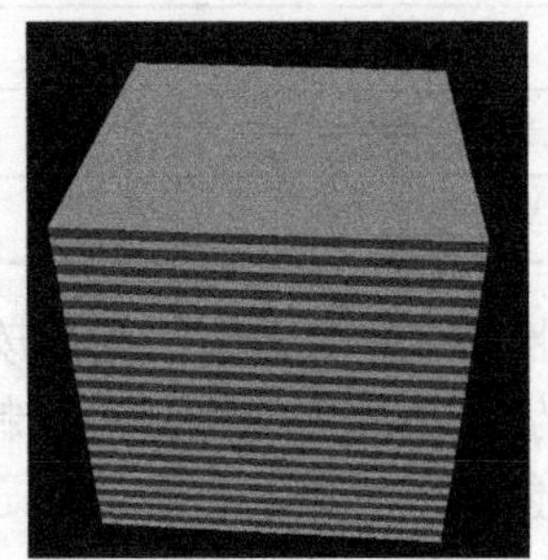
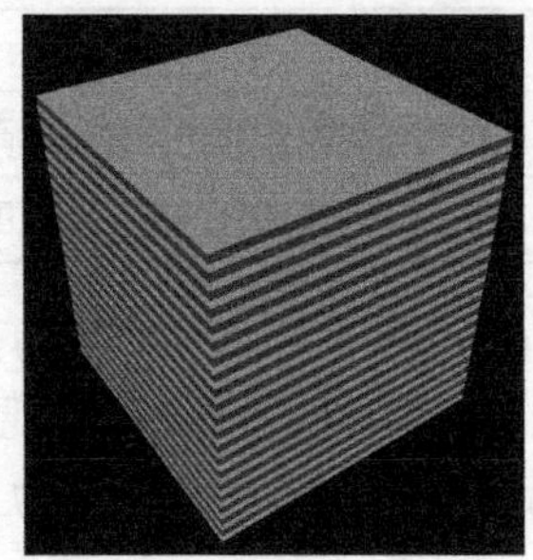

▲图 11-24　使用着色器材质的正方体

通过图 11-24 可以看出，使用了着色器材质的正方体侧面出现了条纹效果，画面更加生动活泼。由此可见，着色器材质的功能是十分强大的。看到案例的运行效果后，就可以详细介绍代码部分的开发了，具体情况如下。

（1）在 html 文件中增加顶点着色器和片元着色器的代码部分。需要注意的是，在 Three.js 引擎中编写着色器的方法与直接使用 WebGL 开发的基本相同，对此部分比较陌生的读者可自行查阅前面章节。本案例中着色器部分的代码如下所示。

代码位置：随书源代码/第 11 章/Sample11_17 目录下的 Sample11_17.html。

```
<script id="vertex-shader" type="x-shader/x-vertex">      <!--定义顶点着色器-->
  varying vec3 vPosition;                               //传递给片元着色器的顶点位置
     void main(){
    //根据投影矩阵和变换矩阵计算顶点位置
    gl_Position = projectionMatrix * modelViewMatrix * vec4(position,1.0);
    vPosition=position.xyz;                             //将顶点的原始位置传递给片元着色器
    }
</script>
<script id="fragment-shader" type="x-shader/x-fragment">   <!--定义片元着色器-->
  precision mediump float;                              //设置默认的浮点精度
  varying vec3 vPosition;                               //接收从顶点着色器传过来的顶点位置
  void main(){
    vec4 bColor=vec4(0.678,0.231,0.129,1.0);   //确定条纹的颜色
    vec4 mColor=vec4(0.763,0.657,0.614,1.0);   //确定间隔的颜色
    float y=vPosition.y;                       //顶点的 y 坐标
```

```
16        y=mod((y+100.0)*4.0,4.0);                          //计算区间值
17        if(y>1.8){                                         //当区间值大于指定值时
18          gl_FragColor = bColor;                           //给此片元颜色赋值
19        }else{                                             //当区间值不大于指定值时
20          gl_FragColor = mColor;                           //给此片元颜色赋值
21      }}
22    </script>
```

- 第 1～8 行为定义顶点着色器的相关代码。此部分的逻辑非常简单，主要思路是得到物体顶点的坐标，然后与投影矩阵和变换矩阵相乘，得到顶点的最终位置。
- 第 9～22 行为定义片元着色器的相关代码。此着色器可产生条纹效果，主要思路是接收从顶点着色器传来的 varying 类型的变量 vPosition，然后对其取余，根据结果选择颜色值以进行渲染。

（2）编写完着色器部分的代码后，就可以创建着色器材质了。为了使用起来更加简便，本案例开发了创建着色器材质的 createMaterial()方法。主要思路是根据顶点着色器和片元着色器的 id 读取对应代码，并将其他相关属性传入 new THREE.ShaderMaterial()方法中。

代码位置：随书源代码/第 11 章/Sample11_17 目录下的 Sample11_17.html。

```
function createMaterial(vertexShader, fragmentShader) {       //创建着色器材质的方法
  var meshMaterial = new THREE.ShaderMaterial({
    uniforms: {},                       //如果着色器中有uniforms类型的变量，则可在此处传入
    attributes: {},                     //如果着色器中有attributes类型的变量，则可在此处传入
    //读取自定义顶点着色器部分的代码
    vertexShader:document.getElementById(vertexShader).innerHTML,
    //读取自定义片元着色器部分的代码
    fragmentShader:document.getElementById(fragmentShader).innerHTML,
    transparent: true                   //开启透明
  });
  return meshMaterial;                  //返回创建好的材质
}
```

说明　本案例中着色器并没有使用 uniforms 和 attributes 类型的变量，如果开发人员有需要，则在对应位置进行赋值即可。另外，在创建着色器材质时还可以直接对 transparent、shading 等基础属性进行设置，十分方便。

11.4　模型加载

大家已经学会通过 Three.js 中自带 API 创建一些形状的方法，但是在现实开发中仅使用这些是远远不够的。读者若是玩过一些 3D 游戏就会发现游戏中的模型大多数为具有不规则顶点的相当复杂的模型，这时便需要从外部资源中加载模型了。

本节便来学习如何加载这些复杂的模型与如何使加载模型动起来，即骨骼动画的加载。从外部加载进来的模型文件一般都是使用比较广泛的三维文件格式，其中包括顶点、法向量、纹理信息等。

11.4.1　Three.js 中支持的模型文件格式

一般的三维文件格式文件中所含的内容都大同小异，有的文件只包含顶点信息，有的除了顶点之外还会包含材质信息，表 11-13 中所示为 Three.js 可以读取的几种三维文件的描述。

表 11-13 Three.js 支持的几种三维文件及其描述

格 式	描 述
JSON	Three.js 有自己的 JSON 文件格式，可以用它以声明的方式定义几何体和场景。但它并不是一种正式的格式。它容易使用，当想要复用复杂的几何体或场景时，它非常有用
OBJ 和 MTL	OBJ 是一种简单的三维文件格式，由 Wavefront 科技公司创立。它是使用最广泛的三维文件格式，用来定义对象的几何体。MTL 文件常同 OBJ 一起使用，在一个 MTL 文件中，对象材质定义在 OBJ 文件中
Collada	Collada 是一种用来定义 XML 类文件中数字内容的格式。这也是一种使用广泛的格式，差不多所有的三维软件和渲染引擎都支持这种格式
GLTF	GLTF 模型（文件拓展名是".gltf"）是一种非常通用的用于定义场景、模型以及动画的文件格式。在 GLTF 模型中不仅定义了基本的几何体和材质，还定义了静态模型、骨骼模型以及动画数据，甚至还可以定义着色器文件
STL	STL 是 StereoLithography（立体成型术）的缩写，广泛用于快速成型。例如三维打印机的模型文件通常都是 STL 文件格式
CTM	CTM 是由 openCTM 创建的文件格式。用来压缩存储表示三维网格的三角形面片
VTK	VTK 是由 Visualization Toolkit 定义的文件格式，用来制动顶点和面。VTK 有两种格式，Three.js 支持旧的，即 ASCII 格式
PDB	这是一种非常特别的格式，由 Protein Databank（蛋白质数据银行）创建，用来定义蛋白质的形状。Three.js 可以加载并显示用这种格式描述的蛋白质
PLY	该格式全称是多边形（polygon）文件格式。通常用来保存三维扫描仪中的数据

表 11-13 介绍的这些格式在下面会有介绍，其中某些格式与 MD2 格式会在下面讲解动画时介绍。现在将从表 11-13 中的第一种格式，Three.js 独有的格式——JSON，来开始学习。

1. 以 JSON 格式文件的保存和加载

一般情况下可以在两种情形下使用 Three.js 的 JSON 文件格式。可以用它来保存和加载某个几何体，也可以用它来保存和加载整个场景。图 11-25 所示为用 JSON 文件格式加载几何体和加载场景的效果。

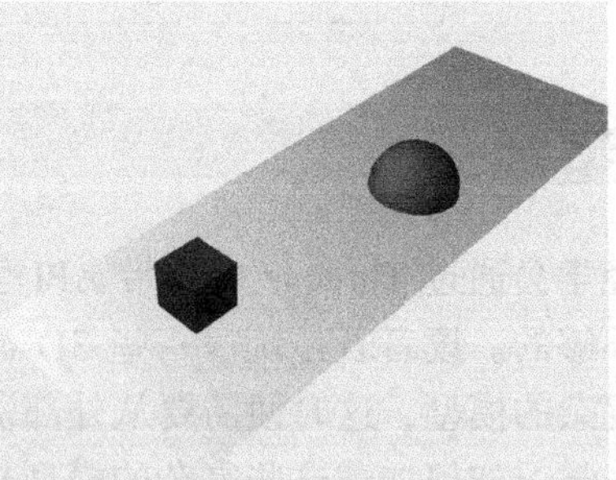

▲图 11-25 加载几何体和场景的效果

（1）图 11-25 中的两幅图分别加载了几何体与保存场景，先来看一下如何加载几何体的。运行案例后会发现右上角控制器中有 save 与 load 标签，它们的作用是保存与加载几何体，首先单击 save 保存当前状态下的几何体，再单击 load 便会在左侧加载出已保存的几何体。具体代码如下。

代码位置：随书源代码/第 11 章/Sample11_18 目录下的 Sample11_18_a.html。

```
var knot = createMesh(new THREE.TorusKnotGeometry(10, 1, 64, 8, 2, 3, 1)); //创建扭结
scene.add(knot);                         //将创建的扭结添加到场景中
this.save = function () {         //控制保存的监听方法
```

```
4       var result = knot.toJSON();                       //获得扭结的解析结果
5       localStorage.setItem("json", JSON.stringify(result));//将解析结果转换为 JSON 数据
6       };
7    this.load = function () {                          //加载监听方法
8       scene.remove(loadedMesh);                       //清除场景中临时加载的模型
9       var json = localStorage.getItem("json");       //获取保存的扭结 JSON 数据
10      if (json) {                                     //如果 JSON 数据不为空
11         var loadedGeometry = JSON.parse(json); //将字符串转换为原来的对象
12         var loader = new THREE.ObjectLoader(); //创建加载器对象
13         loadedMesh = loader.parse(loadedGeometry);   //获取临时加载的几何体
14         loadedMesh.position.x -= 50;                 //设置几何体位置
15         scene.add(loadedMesh);                       //将几何体添加进场景
16      } }
```

- 第 1～6 行为创建环形扭结，之后创建控制器中保存的监听方法。案例中单击保存再加载时会加载出保存时的几何体，所以监听首先会获得当前状态下几何体对象的 JSON 解析结果，然后将结果转换成字符串。
- 第 7～16 行为加载的监听方法。在保存文件后会得到几何体在一个状态下 JSON 解析结果的字符串，加载之前将场景中的模型移除，然后获得几何体，经过转换后将保存的结果加载到场景中。

> **提示** Three.js 保存的是原始几何体，要想保存这些信息，调用的 localStorage.setItem 函数有两个参数，第一个为键值 json，第二个为对应的数据。根据保存时指定的名称从存储中获取几何体，调用 localStorage.getItem 函数将前面存储的内容取出。之后将字符串转换成原来的 JavaScript 对象，之后将对象转换成一个几何体。

（2）前面讲述了保存与加载几何体的方法，如果是加载场景也可以使用上面的方法。本案例中控制器有 3 个选项，分别为导出场景、清除场景、导入场景。要想测试导入功能首先需要导出场景。本案例所用到的导出器在 Three.js 的导出包中有，具体代码如下。

代码位置：随书源代码/第 11 章/Sample11_18 目录下的 Sample11_18_b.html。

```
1    <script type="text/javascript" src="libs/SceneLoader.js"></script>
2    <script type="text/javascript" src="libs/SceneExporter.js"></script>
3    <!--这两个导出器在 Three.js 发布包中的 example/js/exports 目录下可以找到-->
4    var controls = new function () {                   //控制器监听方法
5       this.exportScene = function () {                //导出场景方法
6          var exporter = new THREE.SceneExporter();    //创建场景导出对象
7          //将导出对象解析结果转成字符串
8          var sceneJson = JSON.stringify(exporter.parse(scene));
9          localStorage.setItem('scene', sceneJson);    //将场景信息保存至本地
10      };
11      this.clearScene = function () {                 //清空场景的方法
12         scene = new THREE.Scene();                   //创建一个新的创景对象
13      };
14      this.importScene = function () {                //导入场景的方法
15         var json = (localStorage.getItem('scene'));//获取保存的场景信息
16         var sceneLoader = new THREE.SceneLoader(); //创建场景加载对象
17         sceneLoader.parse(JSON.parse(json), function (e) {
18         scene = e.scene;                             //获得加载好的场景
19   }, '.');}};
```

- 第 1～10 行为导入两个导出器，创建控制器的监听方法。其中第 6～10 行为导出场景的方法，这与上一个例子类似，创建导出对象，通过 JSON.stringify()方法将对象转换成字符串，之后保存场景信息。
- 第 11～19 行为清空与导入场景的方法，导入场景时通过 localStorage.getItem 函数获

得保存好的场景信息，通过创建的场景加载对象导入场景。

> **提示**　无论是本案例还是上一个案例都省略了许多代码，省略的代码都为之前讲述过的，所以没有给出。与上一个案例不同的是，场景相对于几何体来说，本导出器创建的 JSON 文件明确描述了物体、光源、材质以及场景中的其他数据，而不是对象的原始信息。加载时只按照其导出时的定义重新创建。

相信读者已经掌握了 3ds Max 的基本使用方法，但是它体量比较大用起来比较麻烦。现在有一个流行的开源软件 Blender，其作用与 3ds Max、Maya 相似且为轻量级应用。下面会介绍 Blender 的用法，及使用它导出 Three.js 的 JSON 格式文件。

2. Blender 的基本用法

Blender 的下载安装过程这里不再介绍了，这里主要介绍如何安装 Three.js 导出器与使用 Blender 加载和导出模型。在讲述这些之前先来看一下图 11-26 所示的 Sample11_19 案例的运行效果，即使用 Three.js 导出器导出的 Blender 模型并在 Three.js 中加载展示的效果。

▲图 11-26　加载 Blender 模型

图 11-26 所示案例在下面会有介绍，这里读者可以体会一下可达到的效果。现在来看一下在 Blender 中安装 Three.js 导出器的过程。在安装导出器前需要在自己计算机中安装好 Blender 与 Three.js 发布包，学习到现在相信读者已经下载好后者，前者读者自行安装即可。

（1）由于作者的计算机为 Windows 系统，所以下面所讲为在 Windows 下如何安装 Three.js 导出器。在其他系统下的安装过程都大同小异，只要找到插件所需放置的目录就可以安装，即首先找到 Blender 安装目录下的 addons 文件夹。图 11-27 所示为作者计算机下的目录。

```
C:\Program Files (x86)\Blender Foundation\Blender\2.78\scripts\addons
```

▲图 11-27　Blender 安装目录下的 addons 文件夹所在位置

（2）找到 addons 文件夹后，接下来要找到 Three.js 安装包中的 io_mesh_threejs 文件夹。这个文件所在目录为 utils\exporters\blender\addons，不同版本发布包的位置有所出入，读者不必非按这个目录去寻找，但是大致按照这个位置是可以找到的。

（3）找到 io_mesh_threejs 文件夹后，将这个文件夹放到之前找到 Blender 目录的 addons 下。这些操作完成后打开 Blender，激活导出器，如图 11-28 所示打开 Blender User Preferences（File|User Preferences 即用户设置）。之后找到 Addons（即插件）选项卡，然后搜索 three。

▲图 11-28　Blender User Preferences 界面

（4）现在便找到了 Three.js 插件，但是它并没有激活。选择右面的复选框，鼠标左击打钩即可。单击保存设置完成安装 Three.js 导出器的工作。验证一下安装是否正确，单击文件中的导出项（File|Export）如图 11-29 所示，发现 Three.js 出现在菜单中，安装成功。

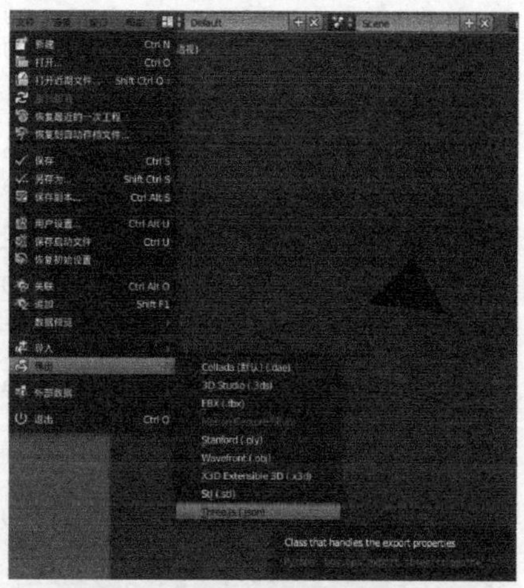

▲图 11-29　Blender User Preferences 界面

安装完插件后便可以加载第一个 Blender 模型了，图 11-30 所示为使用 Blender 加载的模型，加载完毕后使用 Three.js 导出器导出为 JSON 文件以便在下面加载此模型。该模型在本书所带源码中的 Sampleblender\assets\models 目录下 misc_chair01.blend。

▲图 11-30　使用 Blender 加载 Blender 模型

将模型加载进 Blender 以后将这个模型用 Three.js 导出器导出，导出的文件 misc_chair01 与模型在同一目录下。现在来看一下 Three.js 能够理解的 JSON 文件，文件的代码如下所示。

```
   {
  "metadata" :
  {
      "formatVersion" : 3.1,
      "generatedBy"   : "Blender 2.65 Exporter",
      "vertices"      : 208,
      "faces"         : 124,
      "normals"       : 115,
      "colors"        : 0,
      "uvs"           : [270,151],
      "materials"     : 1,
      "morphTargets"  : 0,
      "bones"         : 0
  },
  "scale" : 1.000000,
  "materials" : [  {
      "DbgColor" : 15658734,
      "DbgIndex" : 0,
      "DbgName" : "misc_chair01",
      "blending" : "NormalBlending",
```

```
            "colorAmbient" : [0.5313261151313782, 0.2507416307926178,……],
            "colorDiffuse" : [0.5313261151313782, 0.2507416307926178, ……],
            "colorSpecular" : [0.0, 0.0, 0.0],
            "depthTest" : true,
            "depthWrite" : true,
            "mapDiffuse" : "misc_chair01_col.jpg",
            "mapDiffuseWrap" : ["repeat", "repeat"],
            "shading" : "Lambert",
            "specularCoef" : 50,
            "transparency" : 1.0,
            "transparent" : false,
            "vertexColors" : false
        }],
        "vertices" : [0.386016,0.797883,0.533366……],
        "morphTargets" : [],
        "normals" : [0.577349,0.494613,……],
        "colors" : [],
        "faces" : [43,6,2,……],
        "bones" : [],
        "skinIndices" : [],
        "skinWeights" : [],
        "animation" : {}
    }
```

提示　这里展示的模型为 JSON 格式，其中包含几何信息与材质信息。需要的主要材质在图片中的位置均为相对位置，本案例中材质所需的木纹图片与模型的 JSON 文件在一个文件夹下。这里提供的文件大都省略了顶点与面的数据，读者需要自行查阅这个文件。

有了模型 JSON 文件之后便可以将其加载进 Three.js 中了，案例 Sample11_17 的运行效果在本节伊始便已给出，本案例是通过 JSON 的 Loader 类加载 JSON 文件来实现的。现在来看一下具体的加载过程。

代码位置：随书源代码/第 11 章/ Sample11_19 目录下的 Sample11_19.html。

```
var loader = new THREE.ObjectLoader();                //创建 JSON 加载类
loader.load('assets/models/misc_chair01.json', function (obj) { //加载 JSON 模型
    mesh = obj;                                        //创建网格对象
    mesh.scale.x = 15;                                 //设置 mesh 的 x 坐标
    mesh.scale.y = 15;                                 //设置 mesh 的 y 坐标
    mesh.scale.z = 15;                                 //设置 mesh 的 z 坐标
    scene.add(mesh);                                   //向场景中添加网格
});                                                    //声明模型所用图片路径
```

- 本段代码中通过 ObjectLoader 类中提供的 load 方法加载 JSON 文件，其中第一个参数为指定想要加载的 URL（指向导出的 JSON 文件），第二个参数指定加载后的回调函数。
- 这个回调函数的参数为加载的模型。模型为 THREE.Mesh 实例，包含了模型与材质。直接设置其大小、位置，添加进场景即可。

使用 Three.js 导出器导出 JSON 文件并加载进 Three.js，这并不是唯一的方法。Three.js 可以理解多种三维文件格式，使用 Blender 或者 3ds Max 等三维建模软件也可以将这些文件导出，加载时也十分方便，下一节便介绍这些格式文件的加载。

11.4.2　导入三维格式文件

本章开头给出的 Three.js 可以支持三维格式文件，本节便来看一下如何在 Three.js 中加载这些文件。需要注意的是，这些格式都需要引入一个额外的 JavaScript 文件。读者可以在自己的 Three.js 发布包的 examples/js/loaders 目录下找到这些文件。

1. 加载 OBJ 格式

先来看一下最经典的 OBJ 模型。OBJ 经常会与 MTL 配合使用，其中 OBJ 文件定义了几何体的格式，而 MTL 文件定义了所用的材质。OBJ 和 MTL 都是文本格式，读者可以打开这些文件看一下它们的内容。

在 Blender 中可以导入 OBJ 来查看模型，也可以在 Blender 中将模型导出为 OBJ 样式。作为 JSON 格式文件的替代方案，在 Three.js 中加载 OBJ 与 MTL 也有两套加载器。现在先来看一下单纯加载 OBJ 模型的方式，图 11-31 所示为加载 OBJ 模型。

▲图 11-31 在 Three.js 中加载 OBJ 模型

这里只有 OBJ 模型没有材质，所以只用到了 OBJLoader.js。一般情况下，若只需要加载模型且没有材质时就使用这里介绍的方法。与上面案例一样，本案例模型也在 assets/models 目录下，现在来看一下如何加载 OBJ 模型。具体代码如下所示。

代码位置：随书源代码/第 11 章/Sample11_20 目录下的 Sample11_20_a.html。

```
1   <!--导入 OBJLoader 导出器-->
2   <script type="text/javascript" src="libs/OBJLoader.js"></script>
3   var loader = new THREE.OBJLoader();                    //创建 OBJ 加载器对象
4   loader.load('assets/models/pinecone.obj', function (loadedMesh) { //加载 OBJ 模型
5       var material = new THREE.MeshLambertMaterial({color: 0x5C3A21});//创建材质
6       loadedMesh.children.forEach(function (child) {     //遍历模型节点
7           child.material = material;                     //获得模型材质
8           child.geometry.computeFaceNormals();           //计算面法向量
9           child.geometry.computeVertexNormals();         //计算点法向量
10      });
11      mesh = loadedMesh;                                 //获得网格对象
12      loadedMesh.scale.set(100, 100, 100);               //模型中的每个轴放大 100 倍
13      loadedMesh.rotation.x = -0.3;                      //模型绕 x 轴旋转
14      scene.add(loadedMesh);                             //向场景中添加模型
15  });
```

- ❑ 本段代码中首先加载了 OBJLoader 导出器，然后加载模型。其中省略了一些初始化场景的过程，这里只列出了比较重要的加载模型部分。
- ❑ 第 3～17 行为加载模型的代码。其中 load 方法与前面讲的类似，第一个参数为需要加载的 OBJ 模型的位置，后面为加载的回调函数。因为本案例没有加载 MTL，所以案例中创建了模型的材质信息。最后设置模型的一些信息以将模型添加至场景中。

2. 加载 OBJ 与 MTL 模型

只加载模型而不加载 MTL 看起来还是不尽人意，现在将 OBJ 与 MTL 一起加载进 Three.js 中来看一下效果。图 11-32 所示为加载了 OBJ 与 MTL 的模型，加载 MTL 后再与上一个案例进行比较不难发现，加载了 MTL 的模型更加形象。

▲图 11-32 在 Three.js 中加载了 OBJ 和 MTL 的模型

在建模软件中将模型的材质制作好，然后将材质导出为 MTL 文件，这比在程序中设置材质信息来达到图 1-32 所示效果要简便得多。设想一下如果真是由程序给出材质信息而达到这个效果，想必大家肯定会望而生畏的。具体代码如下。

代码位置：随书源代码/第 11 章/ Sample11_20 目录下的 Sample11_20_b.html。

```
1    <!--加载 OBJ 与 MTL 导出器-->
2      <script type="text/javascript" src="libs/OBJMTLLoader.js"></script>
3    var loader = new THREE.OBJMTLLoader();          //创建模型加载对象
4    loader.load('assets/models/butterfly.obj','      //加载 OBJ 与 MTL
5    assets/models/butterfly.mtl',function (object) {
6         var wing2 = object.children[5].children[0]; //获取翅膀模型的信息
7         var wing1 = object.children[4].children[0]; //获取翅膀模型的信息
8         wing1.material.opacity = 0.6;               //设置透明度
9         wing1.material.transparent = true;          //设置材质为透明色
10        wing1.material.depthTest = false;           //关闭深度检测
11        wing1.material.side = THREE.DoubleSide;     //双面绘制
12        wing2.material.opacity = 0.6;               //设置翅膀 2 的透明度
13        wing2.material.depthTest = false;           //设置材质为透明色
14        wing2.material.transparent = true;          //关闭翅膀 2 的深度检测
15        wing2.material.side = THREE.DoubleSide;     //双面绘制
16        object.scale.set(140, 140, 140);            //模型放大
17        mesh = object;                              //获得模型
18        scene.add(mesh);                            //向场景中添加模型
19     });
```

❑ 与上一个案例类似，首先加载了 OBJMTLLoader 导出器，之后创建了模型加载对象。使用加载器中的 load 方法，其中前两个参数为 OBJ 与 MTL 文件的地址，后面的参数为回调函数。

❑ 由于本案例中蝴蝶翅膀模型加载不出来，所以在回调函数中还要改一下两个翅膀的材质属性。因为在原文件中蝴蝶翅膀的透明度设置得不对，所以看不到翅膀，就是第 6～17 行的内容。

> **提示**　在 MTL 中引用纹理文件时必须注意其路径，MTL 中应用相对路径引用纹理文件而不是绝对路径。在使用复杂模型时必须检查材质的定义，并修改一些属性。

3. 加载 Collada 模型

Collada 模型（文件拓展名是.dae）是另外一种非常通用的用于定义场景和模型（以及动画，下一章会讲述）的文件格式。Collada 模型中不仅定义了几何体，也定义了材质，甚至还可以定义光源。加载 Collada 模型的运行效果如图 11-33 所示。

▲图 11-33　在 Three.js 中加载 Collada 模型

与加载 OBJ 和 MTL 一样，加载 Collada 模型时，首先需要导入 ColladaLoader 加载器，加载方法也为 load。主要区别为 result 对象会传递给回调函数，下面给出加载 Collada 模型代码与 result 对象的结构。

代码位置：随书源代码/第 11 章/ Sample11_21 目录下的 Sample11_21.html。

```
<script type="text/javascript" src="libs/ColladaLoader.js"></script>
//导入加载器文件
var loader = new THREE.ColladaLoader();          //创建 Collada 加载器
     var mesh;                                   //创建网格
     loader.load("assets/models/dae/Truck_dae.dae", function (result) {
     //加载 Collada 模型
          mesh = result.scene.children[0].children[0].clone(); //获取模型对象
          mesh.scale.set(4, 4, 4);              //设置模型缩放大小
          scene.add(mesh);                      //将模型添加进场景中
```

```
        });
//result 对象的结构，该部分内容在模型加载器文件中
var result = {                                          //结果对象
    scene: scene,                                       //场景信息
    morphs: morphs,
    skins: skins,                                       //蒙皮信息
    animations: animData,                               //动作信息
    kinematics: kinematics,
    dae: {                                              //模型信息
    ……
}};
```

- 与前面案例一样，首先导入模型加载器，之后使用加载器中的加载方法加载模型。加载方法中的第一个参数为模型地址，第二个参数为回调函数，其中 result 为加载模型的结果对象。
- 在加载对象的结构中，有一个参数为 scene，在初期测试时将这个参数打印到控制台，以锁定感兴趣的网格位置。之后需要做的就是将其缩放到合适尺寸，最后添加到场景中。

> **提示** 需要注意的是，第一次加载这个模型时材质不能正确渲染，因为材质上的纹理是 TGA 格式的，而 WebGL 并不支持该格式。为了纠正这个问题，不得不将其换为 PNG 文件，并修改.dae 模型文件中的 XML 元素，使它指向转换后的 PNG 文件。

加载复杂模型时，总会遇到一些问题，这时就需要在加载方法的回调函数中打印模型信息以便进行查看。这两节都遇到了一些问题，读者遇到的问题不会只有这些，所以掌握方法之后遇到问题就可以解决了。

4. 加载 GLTF 模型

GLTF 模型（文件拓展名是“.gltf”）是一种非常通用的用于定义场景、模型以及动画的文件格式。GLTF 模型中不仅定义了基本的几何体和材质，还定义了静态模型、骨骼模型以及动画数据，甚至还可以定义着色器文件。加载 GLTF 模型的运行效果如图 11-34 所示。

▲图 11-34 在 Three.js 中加载 GLTF 模型

与加载 Collada 模型一样，加载 GLTF 模型首先需要导入 GLTFLoader 加载器，加载方法也为 load。主要区别为 GLTF 文件的数据存储格式为 Scene Graph（译为“场景图”），即将场景中的对象按照一定的规则（通常是空间关系）组织成一棵树，树上每个节点代表场景中的一个对象。所以在加载 GLTF 模型后，需要遍历场景图，获取模型并添加到场景中。具体代码如下。

代码位置：随书源代码/第 11 章/Sample11_22 目录下的 Sample11_22.html。

```
<!--导入 GLTF 加载器-->
<script type="text/javascript" src="util/GLTFLoader.js "></script>
function addMaterial(){                              //添加材质和可视化界面的方法
        var loader = new THREE.GLTFLoader();         //新建 GLTF 加载器
        loader.load( 'gltf/AnimatedMorphSphere.gltf', function ( gltf ) {
        //设置加载地址
```

```
6          gltf.scene.traverse( function ( node ) {          //遍历所有模型
7              if ( node.isMesh ) {
8                  mesh = node;                              //获得 GLTF 数据
9              }} );
10         scene.add( mesh );                                //添加进场景
11     });}
```

- 第 1～2 行是导入 GLTF 加载器。
- 第 3～11 行是调用加载器中的加载方法来加载模型。加载方法中的第一个参数为模型地址，第二个参数为回调函数，其中 GLTF 为加载模型的结果对象。遍历场景图，将获取到的模型添加进场景中。

5. 加载 VTK、STL、CTM 模型

看过前面几种加载模型的方法后，不难发现其中有一定的规律，没有错。一般的加载模型都有类似的方法。由于篇幅有限，剩下的模型加载便不再详解了。现在先来看一下它们之间遵守的同样的原则：

- 在网页中都包含相应模型的加载文件（[NameOfFormat]Loader.js 文件）;
- 使用加载函数（[NameOfFormat]Loader.load（））从 URL 中加载;
- 检查传递给回调函数的返回结果，并对它进行渲染。

VTK、STL、CTM 这几种类型的模型加载都有案例，表 11-14 列出了这 3 种模型的加载案例。它们的加载过程并没有给出，读者一定要在表中所给出的位置，打开相应的代码进行学习。

表 11-14　　加载 VTK、STL、CTM 模型的示例

格式	示例位置	屏幕截图	格式	示例位置	屏幕截图
STL	Sample11_23/Sample11_23.html		VTK	Sample11_25/Sample11_25.html	
CTM	Sample11_24/Sample11_24.html				

到现在为止，大部分的模型加载已经讲完了，它们只有静态模型，没有动画，不会四处移动，也不会变形。下一节将会学习使模型动起来的方法，赋予它们生命，即通过加载骨骼动画来达到目的。

11.4.3 骨骼动画的加载

已经见过了 Three.js 可以支持的几种外部文件格式。本章会对此进一步探讨，看看如何从外部文件中加载动画。通常有两种主要的定义动画的方式：变形动画和骨骼动画。

- 变形动画

通过变形目标，可以定义网格经过变形后的版本，或者说是关键位置。对于这个变形目标，所有顶点位置都会被存储下来。要想让图形动起来，需要做的只是将顶点移动到另一个位置，并重复该过程。

❑ 骨骼动画

通过骨骼动画可以定义骨骼（即网格的骨头），并把顶点绑定到特定的骨头上。当移动一块骨头时，任何相连的骨头都会有相应的移动，骨头上绑定的顶点也会随之移动。

Three.js 都支持这两种模式，不过一般来讲，使用变形目标可以得到更好的效果。骨骼动画的主要问题是如何从 Blender 等三维程序中比较好地导出数据，从而在 Three.js 中制作出动画。现在来看一下用骨骼和蒙皮来制作动画的过程。

> **提示** 变形动画非常直白，Three.js 可知所有目标顶点的位置，它要做的只是将每个顶点从一个位置迁移到下一个位置。在 Three.js 发布包中的案例包含了使用变形动画制作动画的例子，这里便不再介绍了。

1. 用骨骼和蒙皮来制作动画

使用骨骼和蒙皮制作动画要比变形动画复杂一些。当使用骨骼制作动画时，要移动骨骼，而 Three.js 必须决定如何迁移附着在骨骼上的皮肤。其案例运行效果如图 11-35 所示，本案例使用了一个从 Blender 中导出的 Three.js 格式的模型。

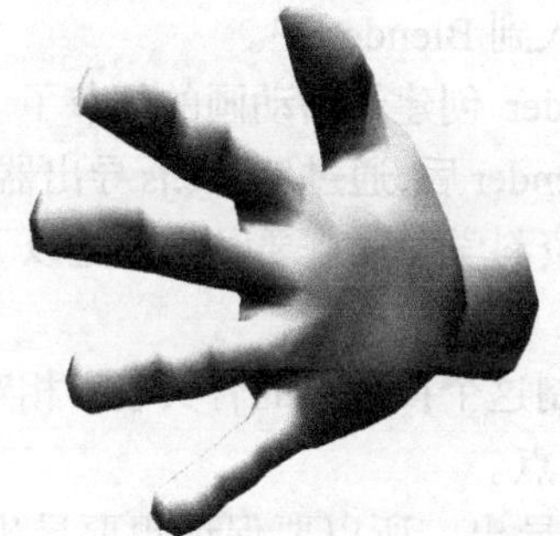
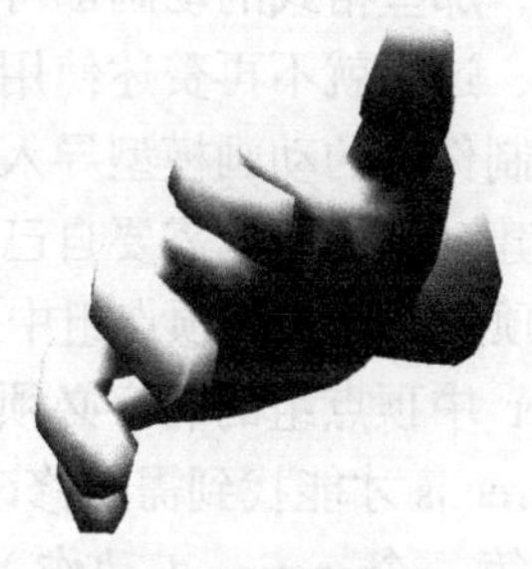

▲图 11-35　在 Three.js 中加载 Three.js 格式的骨骼动画模型

本案例加载了一个手的模型，上面带有几块骨头。通过移动这几块儿骨头，就可以让整个模型动起来。加载骨骼动画与前面所讲的加载模型并没有什么区别，只要指定一个带骨骼的模型文件然后进行加载即可，具体代码如下。

代码位置：随书源代码/第 11 章/ Sample11_26 目录下的 Sample11_26.html。

```
1   var loader = new THREE.JSONLoader();                    //创建加载器对象
2       loader.load('assets/models/hand-1.js', function (geometry, mat) {
        //加载模型
3       var mat = new THREE.MeshLambertMaterial({color: 0xF0C8C9, skinning: true});
        //创建模型材质
4       mesh = new THREE.SkinnedMesh(geometry, mat);                    //获取模型对象
5       mesh.rotation.x = 0.5 * Math.PI;          //旋转模型
6       mesh.rotation.z = 0.7 * Math.PI;          //旋转模型
7       scene.add(mesh);                          //将模型添加进场景
8       tween.start();                            //以固定时间调用更新方法
9     }, 'assets/models');
10  var onUpdate = function () {                  //更新骨骼动画方法
11      var pos = this.pos;                       //获取旋转角度
12      mesh.skeleton.bones[5].rotation.set(0, 0, pos);    //设置骨头节点的旋转信息
13      mesh.skeleton.bones[6].rotation.set(0, 0, pos);    //设置骨头节点的旋转信息
14      ……//省略了一些骨头的旋转信息，读者可查阅随书源代码进行学习
15    };
```

❑ 第 1～9 行为创建加载对象，用加载对象中提供的加载方法加载模型至 Three.js 中。模型加载完毕后，设置材质模型的几何信息，最后将模型添加到场景中。加载方法中的最后

一个参数为指定模型所在位置。

- 第 10～15 行为每帧需要更新的方法。由于在初期需要调试，所以将骨骼信息打印到控制台去分析。得到骨骼信息后通过设置旋转分量来设置每帧中骨骼的旋转角度，进而达到使整体模型动起来的效果。

> **注意** Three.js 也提供了一个带有蒙皮的网格对象 THREE.SkinnedMesh。这时要保证模型所用材质的 skinning 属性为 true。最后将所有骨头的 useQuaternion 属性设为 false。如果不这么做就需要用四元数来表示旋转，将其设置为 false 便可以用一般表示方法来表示旋转了。

使用骨骼动画其实可以做很多事情，本案例中通过旋转骨骼来实现动画效果，还可以通过改变位置或缩放比例来实现这些。但这些终归是要动手计算实现的，所以下一节来学习如何加载外部骨骼动画模型，这次的动画是在模型中预定义好的动画，不需要手工移动。

2. 用 Blender 导出骨骼动画

本节来看一下在 Blender 加载骨骼动画之后使用 Three.js 导出器将模型导出并加载的方法。使用 Blender 可以制作一个骨骼动画模型，也可以加载外部动画。前面已经提到过，Blender 支持多种格式类型，那些格式的动画都可以导入到 Blender 中。

由于篇幅有限，这里就不再赘述使用 Blender 创建骨骼动画的细节了。这里只是看一下从外部下载好或者制作好的动画模型导入到 Blender 后，通过 Three.js 导出器导出模型的过程。如果读者想学习创建动画，那么需要自己搜罗资料学习，需要注意的是以下几点。

- 模型中的顶点要在一个顶点组中。
- 在 Blender 中顶点组的名字必须跟控制这个顶点组的骨头名字相对应。只有这样，当移动骨头时，Three.js 才能找到需要修改的顶点。
- 由于只有第一个 action（动作）可以导出，所以要保证想要导出的动画是第一个 action。
- 创建 keyframes（关键帧）时，最好选择所有骨骼，即便它们没有变化。
- 导出模型时，需要保证模型处于静止状态，如果不是这样，那么看到的动画模型将会相当乱。

本案例为一个制作好的手模型在 Blender 中使用 Three.js 导出器导出为 Three.js 格式的动画模型，加载到 Three.js 后，向大家讲述如何使用 Blender 导出骨骼动画模型。此案例运行效果如图 11-36 所示。

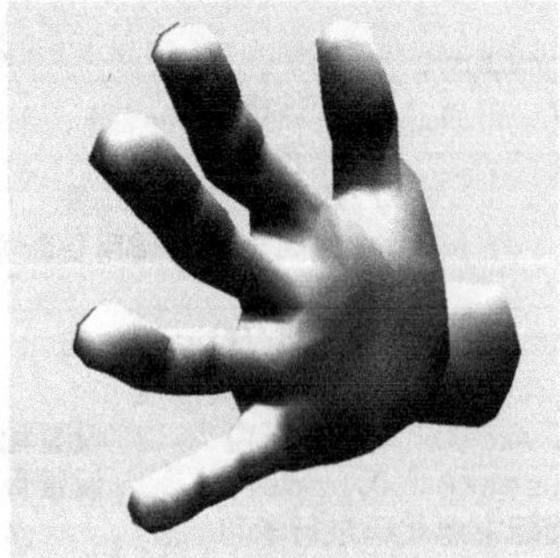
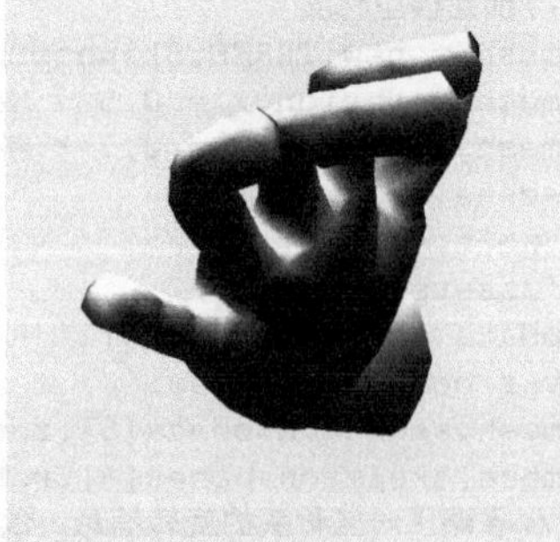

▲图 11-36　通过 Blender 导出骨骼动画的效果

需要注意的是，导出骨骼动画与导出静态模型不同，导出骨骼动画时需要在导出器中勾选与骨骼动画相对应的属性，例如 bones、skinning 等。在设置完导出选项后，一定要记着保存自己的设置，否则导出模型为设置之前的属性，具体代码如下。

代码位置：随书源代码/第 11 章/ Sample11_27 目录下的 Sample11_27.html。

```
1   var animation = new THREE.AnimationMixer(scene);        //创建动画矩阵对象
2           var loader = new THREE.JSONLoader();            //创建加载器对象
3           loader.load('assets/models/hand-2.js', function (model, mat) {
            //加载动画模型
4               var mat = new THREE.MeshLambertMaterial({color: 0xF0C8C9,
                skinning: true});//创建材质
5               mesh = new THREE.SkinnedMesh(model, mat);   //创建骨骼动画模型
6               mesh.rotation.x = 0.5 * Math.PI;            //设置模型角度
7               mesh.rotation.z = 0.7 * Math.PI;            //设置模型角度
8               scene.add(mesh);                            //将模型添加进场景
9               animation.clipAction(model.animations[0],mesh)     //获取骨骼动画
10                  .setDuration(1)                         //设置第一帧动画
11                  .startAt(-Math.random())                //设置起始时间
12                  .play();                                //播放时间
13              helper = new THREE.SkeletonHelper(mesh);    //创建骨骼动画的辅助对象
14              helper.material.linewidth = 2;              //设置辅助对象的线宽
15              helper.visible = false;                     //设置辅助线可见性
16              scene.add(helper);                          //将辅助对象添加进场景
17      });
18  function render() {                                     //渲染方法
19          stats.update();                                 //更新监听状态
20              var delta = clock.getDelta();               //创建时间对象
21              if (mesh) {                                 //骨骼对象加载成功
22                  helper.update();                        //更新辅助线
23                  animation.update(delta);}               //更新动画
24              requestAnimationFrame(render);              //请求渲染场景
25              webGLRenderer.render(scene, camera);        //渲染场景
26          }
```

- 第 1～12 行为创建加载对象，用加载对象中提供的加载方法将模型加载进 Three.js 中。模型加载完毕后，设置材质模型的几何信息，最后将模型添加到场景中。加载方法中的最后一个参数为指定模型所在位置。
- 第 13～26 行中首先创建了骨骼对象，这就是案例控制器中 showHelper 勾选后出来的骨骼，其默认是不可视的。更新动画调用的是 THREE.AnimationHandler.update()方法。其余部分与之前讲过的模型加载没有什么区别。

3. 从 Collada 模型中加载动画

前面在加载 Collada 静态模型时便介绍到 Collada 文件不仅可以包含模型，还可以保存整个场景，包括相机、光源、动画等。使用该模型最好的方式是将加载函数的调用结果输出到控制台，然后再决定使用哪些组件。加载 Collada 模型动画的运行效果如图 11-37 所示。

▲图 11-37　加载 Collada 动画模型的效果

本案例加载了一个带有骨骼的 Collada 模型。通过 ColladaLoader 导入了模型，这与之前

讲的加载静态模型无异，这里只是多出了骨骼属性。案例在渲染循环中更新了骨骼数据使模型动起来，具体代码如下。

代码位置：随书源代码/第 11 章/ Sample11_28 目录下的 Sample11_28.html。

```
<script type="text/javascript" src="libs/ColladaLoader.js"></script>//导入加载器
var loader = new THREE.ColladaLoader();                    //创建加载器对象
    loader.load('assets/models/monster.dae', function (collada) {//加载模型
        var child = collada.skins[0];                      //获取模型对象
        scene.add(child);                                  //添加进场景
        var animation = new THREE.Animation(child, child.geometry.animation);
        //创建动画对象
        animation.play();                                  //播放动画
        child.scale.set(0.1, 0.1, 0.1);                    //设置模型缩放比例
        child.rotation.x = -0.5 * Math.PI;                 //设置模型旋转角度
        child.position.x = -100;                           //设置模型位置
        child.position.y = -60;                            //设置模型位置
    });
function render() {                                        //渲染方法
        stats.update();                                    //更新监视状态
        var delta = clock.getDelta();                      //获取动画渲染时间间隔
        THREE.AnimationHandler.update(delta); //添加动画辅助对象
        requestAnimationFrame(render);                     //请求渲染
        webGLRenderer.render(scene, camera);  //渲染场景
    }
```

- 加载方法中的参数含义与之前讲述的没有什么区别，只不过在得到模型后还需要创建动画对象，它是由模型与其几何信息的动画属性来创建的。设置好这些后，再通过控制台打印出的信息来设置模型的尺寸与位置。
- 在渲染循环方法中使用 THREE.AnimationHandler.update()来更新每帧动画。另外需要注意的是，在本节开头提到将模型输出到控制台是为了在调试程序时加载模型位置等信息，回调方法中所设置的内容便是通过输出信息来设置的。

4. 从 FBX 模型中加载动画

有过 3D 程序开发经验的读者肯定会对 FBX 模型十分熟悉，这个模型在市面上应用十分广泛。正因为如此，在各大模型网站中 FBX 格式的模型也是最多与最好找的。在开发 WebGL 时，Three.js 同样也不会丢掉这块大蛋糕，所以 Three.js 支持 FBX 模型的加载。

本案例是通过 FBXLoader 加载器将 FBX 模型加载进 Three.js 中的。相信大家在学习前面各种模型加载器时都已经学会如何使用加载方法了，本案例中提供的加载器与前面学到的十分类似，加载 FBX 动画模型的效果如图 11-38 所示。

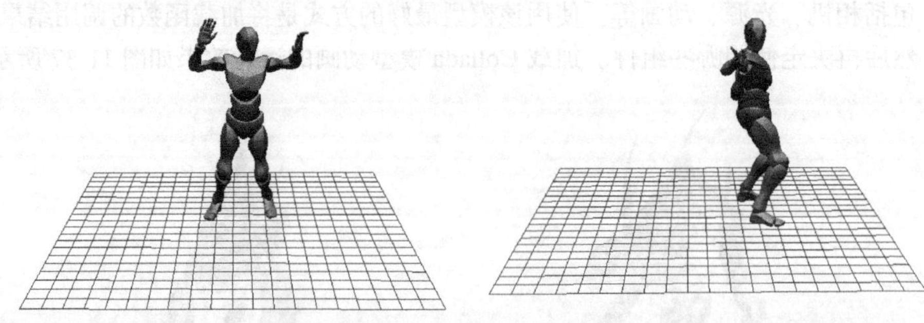

▲图 11-38　加载 FBX 动画模型的效果

本案例演示了如何加载 FBX 骨骼动画。前面也说到通过将加载对象打印到控制台可以使调试程序设置对象的一些属性，最后看到的代码是调试好的属性，读者在加载动画时需要自行打印调试，具体代码如下。

代码位置：随书源代码/第 11 章/ Sample11_29 目录下的 Sample11_29.html。

```
<script src="js/FBXLoader.js"></script>                    //导入模型加载器
var loader = new THREE.FBXLoader( manager );               //创建模型加载对象
loader.load( 'models/fbx/xsi_man_skinning.fbx', function( object ) {//加载方法
  object.traverse( function( child ) {                     //回调函数方法
    if ( child instanceof THREE.Mesh ) {}
    if ( child instanceof THREE.SkinnedMesh ) {            //判断 child 是否为网格类型
      if ( child.geometry.animations !== undefined ||  //判断 child 是否有动画
      child.geometry.morphAnimations !== undefined ) {
        child.mixer = new THREE.AnimationMixer( child ); //创建动画混合对象
        mixers.push( child.mixer );                         //将动画添加到动画数组
        var action = child.mixer.clipAction( child.geometry.animations[ 0 ] );
        //获得动画
        action.play();                                      //开始播放动画
  }}});
    scene.add( object );}, onProgress, onError );           //向场景中添加模型
function animate() {                                        //动画播放方法
    requestAnimationFrame( animate );                       //通过调用方法来更新动画
    if ( mixers.length > 0 ) {                              //判断动画数组长度
      for ( var i = 0; i < mixers.length; i ++ ) {          //遍历动画混合数组
          mixers[ i ].update( clock.getDelta() );           //更新动画数组
      }}
    stats.update();                                         //更新帧速率
    render();                                               //开始渲染场景
}
```

❑ 加载 FBX 模型与加载其他模型类似，需要一个加载器。第一个参数为模型所在位置，将模型加载进来后，通过回调方法可以设置模型的一些属性。

❑ 本案例中最主要的便是加载模型的骨骼动画。由于将 object 打印到控制台可以看见模型动画信息在 children[0]的 mixer 属性中，所以获得动画信息后便可得到 mixer 中的内容。得到动画后和播放动画时的过程与之前所讲的没有什么区别，这里不再赘述。

注意 在加载 FBX 时如果模型加载不出来，需要看一下控制台的信息。FBXLoader 现在只支持 ASCII 格式的 FBX 文件并且最低版本为 7100，作者 3ds Max 版本为 2014，导出时可选选项比较多。这些内容都是在导出 FBX 文件时需要注意的问题。

5. 从 Assimp 库中加载动画

Assimp 是 Open Asset Import Library 的缩写，Assimp 是一个非常流行的模型导入库。Assimp 能够导入很多种不同模型的文件格式，并且能够导出部分格式，它会将所有的模型数据加载至 Assimp 的通用数据结构中。当获取到 Assimp 模型后，便可以使用 AssimpLoader 来加载场景及模型了。加载 Assimp 模型的效果如图 11-39 所示。

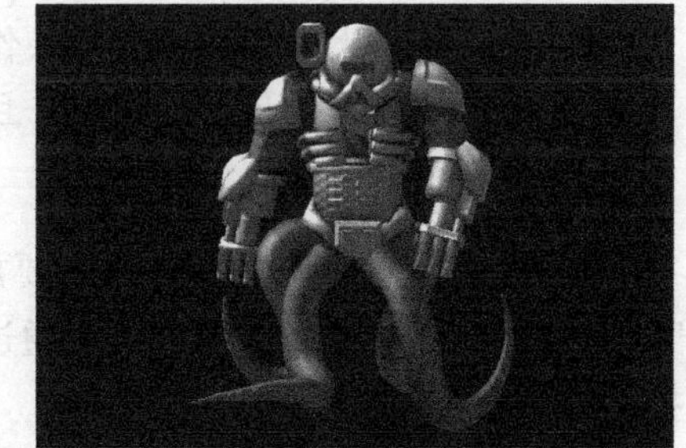

▲图 11-39　从 Assimp 库中加载动画

本案例加载了一个带有动画的 Assimp 模型。通过 AssimpLoader 导入模型，这与之前讲的加载 Collada 模型相似，也需要在渲染循环中更新骨骼数据使模型动起来。具体代码如下。

代码位置：随书源代码/第 11 章/Sample11_30 目录下的 Sample11_30.html。

```
<!--导入模型加载器-->
<script type="text/javascript" src="util/AssimpLoader.js "></script>
function addMaterial(){                   //添加材质和可视化界面的方法
        var loader = new THREE.AssimpLoader();          //Assimp 加载器
```

```
5          loader.load( 'assimp/Octaminator.assimp', function ( assimp ) {
           //设置加载模型的地址
6              mesh=assimp.object;                        //获得模型
7              mesh.position.x=-100;                      //设置模型的位置
8              mesh.position.y = 0;                       //设置模型的位置
9              mesh.rotation.x = Math.PI / 2;             //设置模型的角度
10             mesh.rotation.y = -Math.PI / 2;            //设置模型的角度
11             mesh.rotation.z = Math.PI / 2;             //设置模型的角度
12             mesh.scale.set(0.5,0.5,0.5);               //设置模型的缩放比
13             animation=assimp.animation;                //获得模型动画
14             scene.add( mesh );                         //添加进场景
15     });}
16     function renderScene() {                           //渲染方法
17         renderer.render( scene, camera );              //渲染场景
18         if(animation) {                                //如果有动画
19             animation.setTime(Date.now() / 1000 );     //设置动画更新间隔
20         }
21         requestAnimationFrame(renderScene); }          //请求系统调用
```

- 第 1～15 行是导入 Assimp 加载器。调用 AssimpLoader 方法加载 Assimp 模型，该加载方法的第一个参数为模型地址，第二个参数为回调方法。通过回调方法，获取模型，设置其属性，添加到场景中。
- 第 16～21 行是在渲染循环中调用 animation.setTime 方法设置动画更新时间间隔。

本节中讲到了使用 Blender 导出不同格式的静态模型与骨骼动画，再将其加载到 Three.js 中的方法。这部分内容十分重要，因为在日后开发中不会只是简单地用到几何体，所以加载模型与动画肯定是程序中十分重要的一环，希望读者一定要结合源码细致学习。

11.5 贴图的使用

前面已经对 Three.js 引擎中自带的几何对象和材质进行了详细介绍，但是由于在项目开发中往往对物体的外观有较高的要求，所以开发人员一般需要加载贴图，增加对物体细节部分的展示。本节将详细介绍使用贴图的方法及技巧。

1. 使用纹理贴图

通过前面的学习读者应该认识到，材质决定了物体的颜色及质感，而纹理贴图的实质是一系列颜色值。所以如果需要在 Three.js 中使用纹理贴图，则只需将读取后的信息嵌入到材质中，再将此材质应用到几何对象即可。

> **提示**　大部分图片都可以作为纹理贴图来使用，但是为了保证渲染效果，一般都使用正方形的图片。并且图片的长和宽应该是 2 的整数次方，否则可能会出现难以预料的情况。

由于纹理在进行渲染时都需要放大或者缩小，所以要选择合适的纹理采样方式。在 Three.js 引擎中，开发人员可直接通过 magFilter 和 minFiler 属性对采样方式进行设置，可选择的值如表 11-15 所示。

表 11-15　magFilter 和 minFiler 可选的属性

名　称	描　述
THREE.NearestFilter	线性采样方式。为了提高执行效率，minFiler 属性一般设置为此值。
THREE.LinearFilter	最近点采样方式，如果不希望边缘模糊，则 magFilter 属性可设置为此值

续表

名　称	描　述
THREE.NearMipmapNearestFilter	程序选择合适大小的 Mipmap，并使用最近点采样方式
THREE.NearMipmapLinearFilter	程序选择最相近的两个 Mipmap，使用最近点采样方式获取两个中间值，最后使用线性采样方式得到结果
THREE.LinearMipmapNearestFilter	程序选择合适大小的 Mipmap，并使用线性采样方式
THREE.LinearMipmapLinearFilter	程序选择最相近的两个 Mipmap，使用线性采样方式获取两个中间值，最后使用线性采样方式得到结果

提示 前面已经对上面几种采样方式的渲染效果和区别进行了详细介绍，此处篇幅有限，不再赘述，有兴趣的读者可自行实验，细致观察其区别。

下面将通过案例 Sample11_31 详细介绍纹理贴图的使用方法。本案例首先新建了一个正方体，然后使用一张 256×256 的图片作为纹理贴图，渲染出一个十分真实的木质箱子，具体情况如图 11-40 所示。

▲图 11-40　使用纹理贴图的正方体

通过图 11-40 可以看出，使用了纹理贴图的正方体表现出了木质质感，细节展示更为细致。由此可见，使用纹理贴图可在很大程度上提高画面质量。看到本案例的运行效果后，就可以详细介绍本案例的开发步骤了，具体步骤如下。

（1）为了使文件部署更加清晰，本案例新建了名称为“textures”的文件夹以存放纹理贴图。然后将名称为“box.jpg”的正方形纹理贴图存放在此目录下，以供后面使用。

（2）文件部署完毕后，接下来进行代码部分的开发。本案例主要增加了加载纹理贴图的 withTextureMesh()方法。向此方法中传入几何对象和纹理贴图的名称，即可得到带有纹理贴图的网格对象。具体代码如下所示。

代码位置：随书源代码/第 11 章/Sample11_31 目录下的 Sample11_31.html。

```
function withTextureMesh(geometry, imageName){                    //创建带有纹理的网格对象
    var texture = THREE.ImageUtils.loadTexture("textures/" +imageName);
    //读取纹理贴图的数据
    var mat = new THREE.MeshPhongMaterial();                      //新建 Phong 材质
    mat.map = texture;                                            //将数据赋值给材质的 map 属性
    var mesh = new THREE.Mesh(geometry, mat);                     //将材质应用到几何对象
    return mesh;                                                  //返回网格对象
}
```

提示 THREE.ImageUtils.loadTexture()为 Three.js 中加载纹理贴图的方法，只需要向其中传入纹理贴图的路径即可。由于本案例将纹理图放在 textures 目录下，所以要在参数部分增加“textures/”字段。读者在开发和学习时，要注意读取纹理贴图的路径是正确的。

（3）完成上面的开发后，新建合适大小的正方体几何对象并调用 withTextureMesh()方法即可得到带有纹理贴图的网格对象。最后将其添加到场景中即可，此处不再赘述，有兴趣的读者可自行查阅随书源代码。

2. 使用法向贴图

法向贴图中包含的不是颜色值，而是法向量数据。实际开发中，如果模型的精度不够理想，则可以制作法向贴图应用到物体上，这样可以渲染出很多细节。通过与光源的合理搭配，它可以极大提升画面的真实感。

> **提示**　纹理贴图一般对图片的精度有较高的要求，非专业人员很难制作出高质量的图片。不过不用担心，现在市面上有很多 3D 模型共享网站提供法向贴图的下载服务，有兴趣的读者可以自行搜索下载试验。

下面将通过案例 Sample11_32 详细介绍法向贴图的使用方法。本案例加载了一个 OBJ 格式的 3D 模型，并应用纹理贴图和法向贴图，配合光源渲染出一个逼真的恐龙。图 11-41 中的左侧和右侧图分别为使用法向贴图前后的运行效果图。

▲图 11-41　使用法向贴图的 3D 模型

通过图 11-41 可以看出，使用法向贴图的模型表现出了动物皮肤的质感，凹凸处对光的反射尤为细腻。可能仅通过上面的图片不能细致地表现出渲染效果，有兴趣的读者可使用真机运行。看到本案例的运行效果后，就可以详细介绍本案例的开发了，具体步骤如下。

（1）完成外部资源的准备。此部分包括将恐龙的 OBJ 模型放置在 model 目录下，将名为“konglong.jpg”的纹理贴图和名为“konglongn.jpg”的法向贴图放在 textures 目录下。图 11-42 展示了本案例中的纹理贴图和法向贴图。

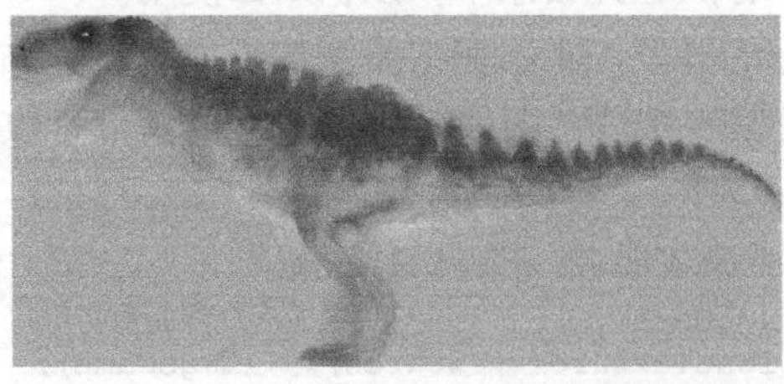
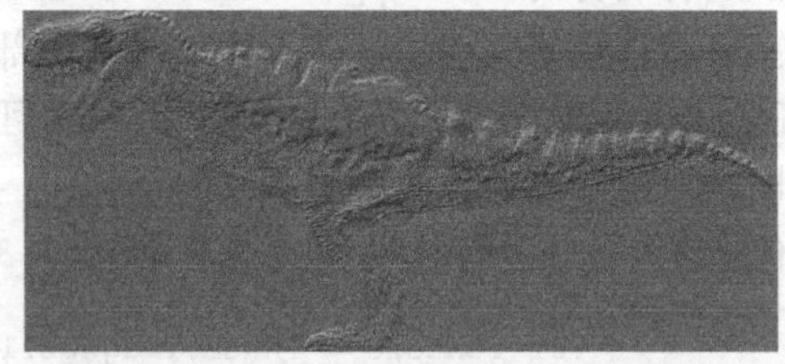

▲图 11-42　纹理贴图和法向贴图

（2）进行代码部分的开发。本案例中主要增加了加载纹理贴图和法向量贴图的 getNormalTextureMaterial()方法。只需要向此方法中传入纹理贴图和法向贴图的名称即可得到对应的材质，具体代码如下。

代码位置：随书源代码/第 11 章/Sample11_32 目录下的 Sample11_32.html。

```
function getNormalTextureMaterial(imageName,normalName){         //创建综合材质的方法
  var texture = THREE.ImageUtils.loadTexture("textures/" + imageName);//加载纹理贴图
  var normal = THREE.ImageUtils.loadTexture("textures/" + normalName);
  //加载法向量贴图
```

```
    var mat = new THREE.MeshPhongMaterial();      //新建 Phong 材质
    mat.map = texture;                          //将读取的纹理数据赋值给 map 属性
    mat.normalMap = normal;                     //将读取的法向数据赋值给材质的 normalMap 属性
    return mat;                                 //返回材质
}
```

提示 通过上面的代码可以发现，法向贴图的使用方法与纹理贴图的十分相似，只需要读取法向贴图中的相关数据，并赋值给材质对象的 normalMap 属性即可，操作十分简便。

（3）开发模型加载部分的代码。在进行代码开发之前，需要打开 Three.js 项目包的 three.js-master，找到\examples\js\loaders 目录下的 OBJLoader.js 文件并导入。完成之后新建 obj 格式的加载器，使用其 load()方法读取模型数据。具体代码如下。

代码位置：随书源代码/第 11 章/Sample11_32 目录下的 Sample11_32.html。

```
1   var model;                                           //控制模型的变量
2   var loader = new THREE.OBJLoader();                  //新建 obj 的加载器
3   loader.load('model/konglong.obj', function (loadedMesh){      //加载 OBJ 模型
4       var material = getNormalTextureMaterial("konglong.jpg","konglongn.jpg");
        //新建材质
5       loadedMesh.children.forEach(function (child) {          //遍历模型中的所有子对象
6           child.material = material;                          //将材质应用到模型中
7       });
8       model = loadedMesh;                                 //将读取的模型赋值给 model 变量
9       loadedMesh.scale.set(0.7, 0.7, 0.7);                //设置放大系数
10      loadedMesh.rotation.y=Math.PI*0.25;                 //设置模型的旋转角度
11      scene.add(loadedMesh);                              //将模型添加到场景中
12      });
```

- 第 2～3 行为新建加载器并读取 OBJ 模型的相关代码。load()方法中的第一个参数为 OBJ 模型的参数，第二个参数为模型读取完成后所需执行的操作。
- 第 8 行为将读取的模型赋值给 model 变量的代码。因为 load()方法结束后，将不能对模型进行操作，所以需要新建一个变量，以存储模型的读取信息。

3. 使用凹凸贴图

在项目开发过程中，如果需要渲染的物体表面比较粗糙，则设计其 3D 模型时其顶点数量会非常多，而且制作难度很大。幸运的是，使用凹凸贴图可以在网格对象表面创建出真实的粗糙效果，并且操作十分简便，下面将对其进行详细介绍。

凹凸贴图一般为灰度图，其中像素越密集的地方代表凸出的地方越明显。与法向贴图不同的是，凹凸贴图中只有相对高度信息，而不包括坡面方向，所以其表现效果较为有限。下面将通过案例 Sample11_33 展示使用凹凸贴图后的画面效果，具体情况如图 11-43 所示。

▲图 11-43 使用凹凸贴图的墙面

图 11-44 的左侧为只使用了纹理贴图的墙体，右侧为加入了凹凸贴图后的渲染效果。通过图 11-44 可以发现，右侧墙体表面的凹凸感和细节渲染都很到位，画面的真实感有质的提升。看到本案例的运行效果后，下面对开发步骤进行介绍。

（1）将名为“qiang .jpg”的纹理贴图和名为“qiangat .jpg”的凹凸贴图放在 textures 目录下，其中凹凸贴图是将纹理贴图去掉色彩值并调整对比度后得到的，有兴趣的读者可自行实验。图 11-44 展示了本案例中的纹理贴图和凹凸贴图。

▲图 11-44　纹理贴图和凹凸贴图

（2）对本案例的代码部分进行介绍。本案例主要增加了加载纹理贴图和凹凸贴图的 getBumpTextureMaterial ()方法。开发人员只需要传入纹理贴图和凹凸贴图的名称即可得到对应的材质，具体代码如下。

代码位置：随书源代码/第 11 章/Sample11_33 目录下的 Sample11_33.html。

```
1   function getBumpTextureMaterial(imageName,bumpName){     //创建带有凹凸贴图的材质
2       var texture = THREE.ImageUtils.loadTexture("textures/" + imageName);
        //读取纹理贴图的数据
3       var bump = THREE.ImageUtils.loadTexture("textures/" + bumpName);
        //读取法向贴图的数据
4       var mat = new THREE.MeshPhongMaterial(); //新建 Phong 材质
5       mat.map = texture;                //将读取的纹理数据赋值给材质的 map 属性
6       mat.bumpMap = bump;               //将读取的凹凸数据赋值给材质的 bump 属性
7       mat.bumpScale=0.15;               //设置凹凸的高度
8       return mat;                       //返回网格对象
9   }
```

❑ 第 2～6 行为读取凹凸贴图并赋值给材质的 bumpMap 属性的代码，这与前面的方法十分相似。

❑ 第 7 行为通过 bumpScale 属性设置凹凸高度的代码。需要注意的是，如果此值为负数，则代表的是凹陷深度值。

（3）完成上面的步骤后，就可以新建正方体的几何对象，并与上一步得到的材质相结合，创建出网格对象添加到场景中。为了体现出墙面的凹凸感，最后要添加光源。前面已经对此部分进行了详细介绍，此处不再赘述，读者可自行查阅随书源代码。

4．使用光照贴图制作静态阴影

物体的阴影计算是一项计算量非常大的工作，如果不能进行高度优化，则很可能使画面产生严重卡顿的现象。幸运的是，Three.js 引擎可使用光照贴图创建出解析度很高的静态阴影，这在很大程度上减小了硬件的工作量。

光照贴图使用平展开的一套 *UV*，如同普通贴图所需的。可以灵活设置光照贴图的尺寸

（比如 64×64），这种方式提供了每像素的光照数据。本案例中采用的是 512×512。一般来说，贴图尺寸越大，光照效果越细致。

> **提示** 光照贴图的制作也非常简单，有兴趣的读者可下载安装 3ds Max 后，“烘焙”出需要的光照贴图。若对渲染效果不满意，还可以根据需要在 Photoshop 软件中对贴图进行优化。

接下来了解一下本案例 Sample11_34 的运行效果，这有利于读者对光照贴图有一个基本认识，如图 11-45 所示。

通过图 11-45 可以看出，茶壶与使用光照贴图生成的静态阴影十分吻合，真实感极强。并且在程序运行过程中也只是将光照贴图映射在地板上，省去了阴影的实时计算。看到本案例的运行效果后，接下来将详细介绍开发步骤，具体情况如下。

（1）在 3ds Max 中“烘焙”出光照贴图，然后将其和纹理贴图放在 textures 目录下，以供后面使用。图 11-46 展示了本案例中的光照贴图。

▲图 11-45　使用光照贴图制作出的静态阴影

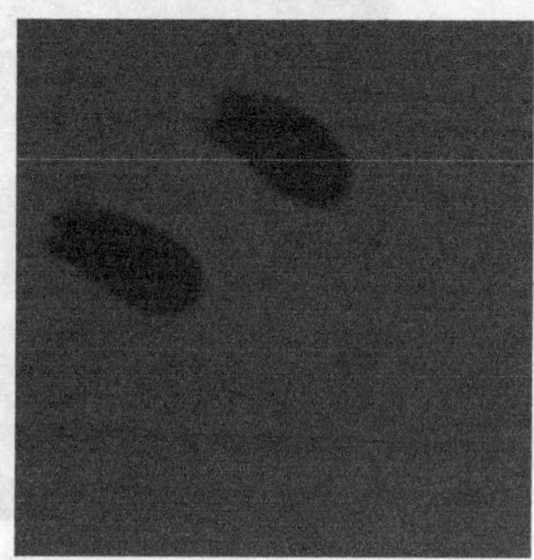

▲图 11-46　光照贴图

（2）介绍本案例中创建地面的 createGround()方法。此方法中主要增加了读取光照贴图并设置材质中 lightMap 属性的相关代码，最后指定光照贴图使用到的 *UV* 数据，具体代码如下所示。

代码位置：随书源代码/第 11 章/Sample11_34 目录下的 Sample11_34.html。

```
1    function createGround(){                                    //创建带光照贴图的地面
2      var groundGeom = new THREE.PlaneGeometry(40, 40, 1, 1);   //创建平面
3      var lm = THREE.ImageUtils.loadTexture('textures/pm.png'); //读取光照贴图
4      var wood = THREE.ImageUtils.loadTexture('textures/floor-wood.jpg');
       //读取地板的纹理贴图
5      var groundMaterial = new THREE.MeshBasicMaterial( {
6          color: 0xffffff,                                      //设置地板颜色
7          lightMap: lm,                                         //设置光照贴图
8          map: wood                                             //设置贴图
9      });
10    groundGeom.faceVertexUvs[1] = groundGeom.faceVertexUvs[0];//设置光照贴图的UV数据
11    var groundMesh = new THREE.Mesh(groundGeom, groundMaterial); //创建地板网格对象
12    groundMesh.rotation.x = -Math.PI / 2;                      //设置地板网格对象的旋转角度
13    groundMesh.position.y = 0;                                 //设置地板位置
14    scene.add(groundMesh);                                     //将地板添加进场景中
15   }
```

- 第 1～9 行为读取光照贴图和纹理贴图，并创建相应材质的相关代码。
- 第 10 行为将光照贴图使用到 *UV* 数据的相关代码。本案例中纹理贴图和光照贴图使用的都是由 Three.js 自动生成的 *UV* 数据，开发人员也可直接指定 faceVertexUvs 数组中的值

对数据进行修改。

（3）地面创建完成后，就可以进行茶壶的摆放了。首先加载茶壶的 OBJ 模型和纹理，创建网格对象，之后对其执行平移、旋转操作，最后放置到阴影对应的位置。

5. 使用高光贴图

现实生活中有很多物体在光的照射下会表现出特别明显的高亮区，而有些部分却几乎不反光。如果开发人员要在程序中呈现这种物体，则可以使用一种特别简单、有效的方法——增加高光贴图，下面将对其进行详细介绍。

一般来说，高光贴图中像素的颜色值越大（黑色最小、白色最大），物体表面对光线的反射能力就越强。项目开发时，高光贴图通常与法线贴图一起使用，渲染出的物体将十分真实。另外，还可以对材质的 specular 属性进行设置，指定高光区的颜色。高光贴图案例的运行效果图如图 11-47 所示。

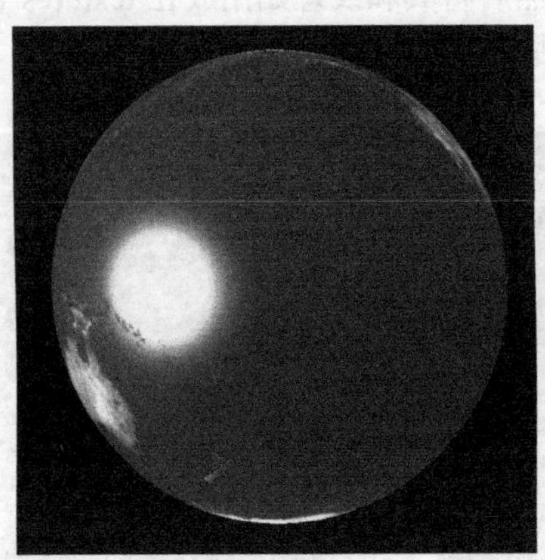
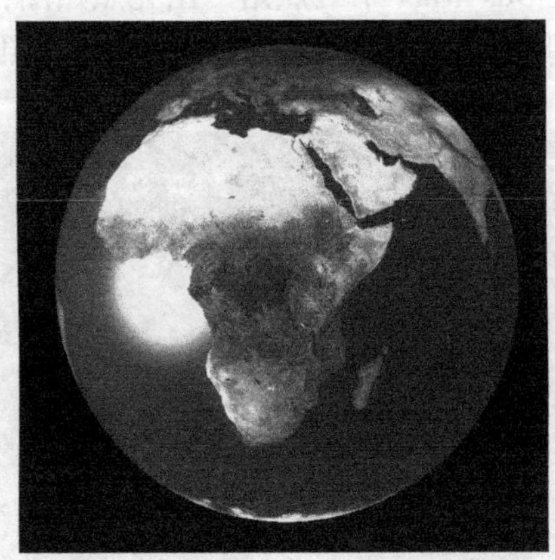

▲图 11-47　使用高光贴图制作出的地球模型

通过图 11-47 可以看出，在地球模型中海洋部分的色彩比较明亮，对光线的反射能力很强，有明显的高光区；而陆地部分的颜色较为暗淡，几乎不反光，这非常贴近现实生活。看到本案例的运行效果后，接下来将详细介绍开发步骤，具体情况如下。

（1）将地球模型的纹理贴图、法向贴图和高光贴图放置在 textures 目录下，以供后面使用。

（2）介绍本案例中创建地球模型的 createEarth ()方法。此方法中主要增加了读取高光贴图并设置材质中 specularMap 属性的相关代码，最后指定材质的 specular 和 shininess 的属性值，具体代码如下所示。

代码位置：随书源代码/第 11 章/Sample11_35 目录下的 Sample11_35.html。

```
function createEarth(){                                        //创建地球模型的方法
    var Sphere = new THREE.SphereGeometry(10, 40, 40); //新建球体的几何对象
    var planetTexture = THREE.ImageUtils.loadTexture("textures/Earth.png");
    //读取地球的纹理贴图
    var specularTexture = THREE.ImageUtils.loadTexture("textures/EarthSpec.
    png");//读取高光贴图
    var normalTexture = THREE.ImageUtils.loadTexture("textures/EarthNormal.
    png");//读取法线贴图
    var planetMaterial = new THREE.MeshPhongMaterial();   //新建 Phong 材质
    planetMaterial.specularMap = specularTexture;         //设置高光贴图
    planetMaterial.specular = new THREE.Color(0xffffff); //设置高光部分的颜色
    planetMaterial.map = planetTexture;                   //设置纹理贴图
    planetMaterial.normalMap = normalTexture;             //设置法线贴图
```

```
11        planetMaterial.shininess = 40;                      //高光部分的亮度及范围
12        var sphere = new THREE.Mesh(Sphere,planetMaterial);  //新建网格对象
13        scene.add(sphere);                   //将网格对象添加到场景中
14        earth=sphere;                        //给地球对象赋值
15    }
```

- ❑ 第 2～10 行为读取模型的高光贴图、法线贴图和纹理贴图并创建材质的相关代码。
- ❑ 第 11～14 行为设置材质的 specular 和 shininess 属性的相关代码。其中 shininess 的值越大，高光区的范围越小，亮度越高。

6. 模型贴花

前面介绍了使用高光贴图制作的地球模型，这里介绍模型贴花。当使用鼠标单击模型时，模型表面被单击的位置便会贴上一幅纹理图，贴花纹理图的网格几何对象便是 DecalsGeometry。模型贴花的效果如图 11-48 所示。

▲图 11-48　模型贴花效果

DecalsGeometry 译为贴花几何对象，其含有 4 个参数，分别为 mesh、position、orientation 和 size，即为网格对象、贴花位置、贴花欧拉角以及贴花大小。本案例运行效果为在场景中添加一个茶壶，当鼠标单击茶壶表面时，程序会在响应位置的茶壶表面贴图。具体代码如下。

代码位置：随书源代码/第 11 章/Sample11_36 目录下的 Sample11_36.html。

```
function checkIntersection() {                              //检测鼠标与模型是否交叉
    if(!mesh[0]) {
        return;
    }else{
        ray=new THREE.Raycaster();                    //创建射线对象
        ray.setFromCamera(mousePoint,camera); //将射线起点与对应摄像机传给射线对象
        var interSection=ray.intersectObjects(mesh,true);
        //获取射线与模型相交的信息列表
        if(interSection.length>0) {                   //射线与模型存在交点
            meshPoint=interSection[0].point;   //获得单击点的坐标
            var p = interSection[ 0 ].point;
            mouseHelper.position.copy( p );
            declasParams.declasInterSectionPoint.copy( p );//将相交点传给贴花坐标点
            var n = interSection[ 0 ].face.normal.clone();
            //获取相交点所处面的法向量
            n.transformDirection(mesh[0].matrixWorld);
            //将物体法向量由物体坐标系转换至世界坐标系
            n.multiplyScalar( 10 );          //将世界坐标系下的物体法向量转换为标准格式
            n.add( interSection[ 0 ].point );  //将物体相交点添加进法向量数据中
            declasParams.declasInterSectionNoraml.
                copy(interSection[ 0 ].face.normal.clone());
                //将法向量数据传给贴花数组
            mouseHelper.lookAt(n);          //相交点的面法向量
            declasParams.declasInterSectionFlag = true;//设置贴花标志为true
        }else {
            declasParams.declasInterSectionFlag=false; //更改贴花标志位为 false
```

```
23          }}}
24      function declasOnObj() {                              //添加贴花方法
25          declasPoint.copy(declasParams.declasInterSectionPoint);
            //获取贴花世界坐标系下的坐标点
26          var scale = guiParams.guiMinScale + Math.random()
27              * ( guiParams.guiMaxScale - guiParams.guiMinScale );//随机生成贴花大小
28          declasSize.set(scale,scale,scale);                //设置贴花的缩放比
29          decalsDrection.copy( mouseHelper.rotation );      //获取贴花的欧拉角
30          var material = declasMaterial.clone();            //获取贴花材质
31          var m = new THREE.Mesh(                           //创建贴花网格对象
32            new THREE.DecalGeometry( mesh[0], declasPoint,decalsDrection,
              declasSize ), material );
33          decals.push( m );                                 //将当前贴花存入列表
34          scene.add( m );                                   //将当前贴花添加进场景中
35      }
```

- 第 1～23 行是根据鼠标单击屏幕的位置生成射线，判断是否与茶壶存在相交点。若存在相交点，便保存相交点在世界坐标系下的坐标位置、相交点的面法向量，并更改贴花标志位。
- 第 24～35 行是根据相交点获取到的贴花数据，创建贴花网格对象进行贴花，并将贴花对象存入贴花数组。当清除贴花时，获取贴花对象并从场景中清除贴花。

7．在线纹理编辑

通过前面的学习读者应该认识到，材质中添加纹理贴图会极大地增加渲染效果，但不管是纹理贴图还是法向量贴图，或者是凹凸贴图，纹理贴图中的图片都是静态图片。本节将使用 Canvas 实现在线纹理编辑效果，案例 Sample11_37 的运行效果如图 11-49 所示。

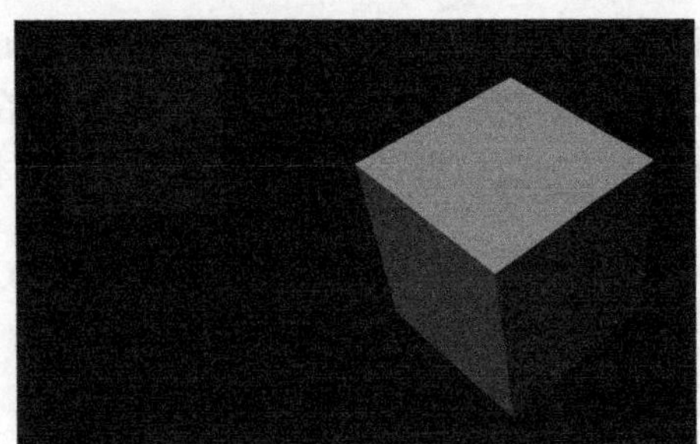
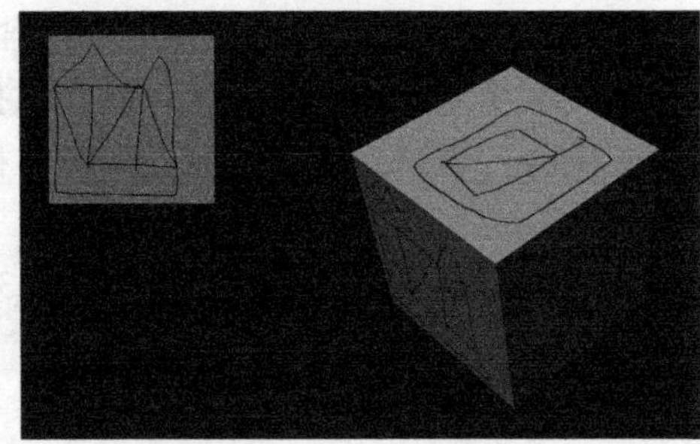

▲图 11-49　在线纹理编辑效果

通过图 11-49 可以看出，控制鼠标在左上角的 Canvas 面板中绘制图画，在几何体的对应面上便会展示绘图效果，该案例是通过 Canvas 绘图，并将绘图效果作为纹理图实时渲染在几何体对应面上的。具体代码如下。

代码位置：随书源代码/第 11 章/Sample11_37 目录下的 Sample11_37.html。

```
function canvasDrawing() {                                //设置 Canvas 贴图
    for(var i=0;i<6;i++) {
        drawingCanvas[i] = document.getElementById( 'canvas'+i );
        //获取 Canvas 元素
        canvas[i]= drawingCanvas[i].getContext( '2d' );//设置 Canvas 上下文对象
        canvas[i].fillStyle = rgbVector3Array[i];          //设置 Canvas 背景颜色
        canvas[i].fillRect( 0, 0, 256, 256 );              //设置 Canvas 填充矩形
        material[i].map = new THREE.Texture( drawingCanvas[i] );
        //将 Canvas 结果设置为贴图
        material[i].map.needsUpdate = true;                //更新几何体贴图效果
    }}
  function draw(drawContext, x, y,i) {                     //Canvas 绘制方法
      drawContext.moveTo( startPosition.x, startPosition.y );   //开始位置
      drawContext.strokeStyle = '#000000';                      //画笔颜色
```

```
13          drawContext.lineTo( x, y );                       //终止位置
14          drawContext.stroke();                             //完成绘制
15          startPosition.set( x, y );                        //更新位置
16          material[i].map.needsUpdate = true;               //更新纹理
17      }
```

- 第 1～9 行是设置 Canvas 的一些基本属性，包括颜色、形状等，并将 Canvas 绘制效果渲染至几何体对应的面。
- 第 10～17 行是 Canvas 的绘制方法，通过控制鼠标在 Canvas 面板上绘制图形，来更新纹理效果图。

8. 纹理实时平移旋转

通过前面的学习读者应该认识到，不论是静态贴图还是动态贴图，模型纹理图的 *UV* 坐标在渲染过程中都是固定的，即每个顶点对应的纹理坐标是固定不变的，其本质为纹理坐标的坐标系是固定不变的。本节将通过改变纹理坐标系来实现纹理实时平移旋转，案例运行效果如图 11-50 所示。

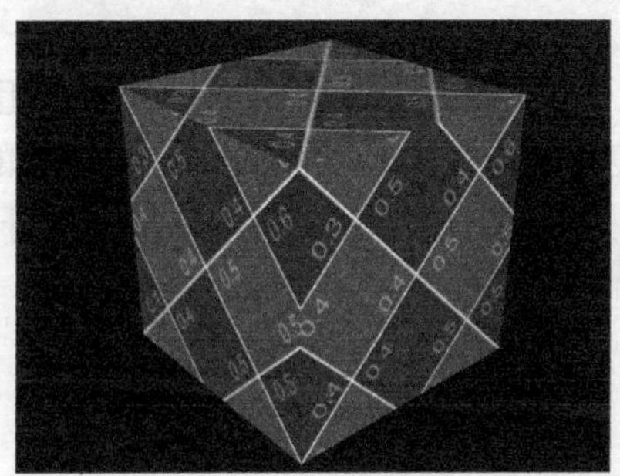
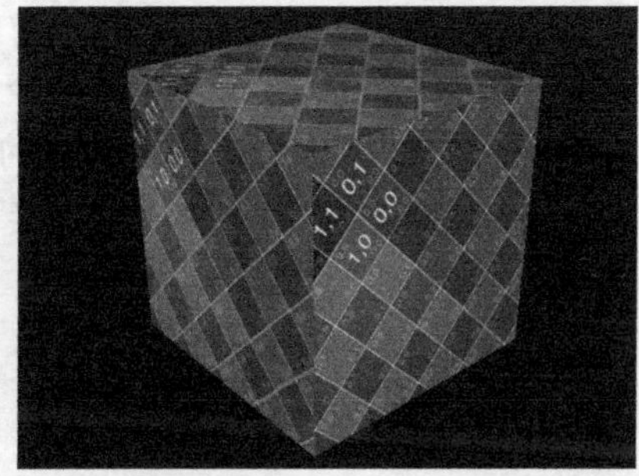

▲图 11-50　纹理实时平移、旋转效果

通过图 11-50 可以看出，通过更改控制面板中对应的属性，场景中的几何体纹理也会实时改变。在此过程中，模型中各个顶点对应的纹理坐标并未改变，而是通过改变纹理坐标系的状态（比如 *x* 偏移量、*y* 偏移量、*x* 轴和 *y* 轴重复量等）来改变纹理坐标所对应的 *R*、*G*、*B* 颜色值，进而实现纹理实时平移、旋转等效果。具体代码如下。

代码位置：随书源代码/第 11 章/Sample11_38 目录下的 Sample11_38.html。

```
function addGUI() {                                            //添加控制面板方法
      var gui = new dat.GUI( { width: 300 } );                 //初始化控制面板
      gui.open();                                              //默认开启控制面板
      var myTitle=gui.addFolder('设置');                       //添加控制面板控制属性
      myTitle.add( GuiParams, 'offsetX', 0.0, 1.0 ). //添加控制属性的 x 偏移量
         name( 'x 偏移量' ).onChange( updateUvTransform );
      myTitle.add( GuiParams, 'offsetY', 0.0, 1.0 ).   //添加控制属性的 y 偏移量
         name( 'y 偏移量' ).onChange( updateUvTransform );
      myTitle.add( GuiParams, 'repeatX', 0.25, 2.0 ).  //添加控制属性的 x 轴重复
         name( 'x 轴重复' ).onChange( updateUvTransform );
      myTitle.add( GuiParams, 'repeatY', 0.25, 2.0 ). //添加控制属性的 y 轴重复
         name( 'y 轴重复' ).onChange( updateUvTransform );
      myTitle.add( GuiParams, 'rotation', - 2.0, 2.0 ). //添加控制属性纹理旋转
         name( '纹理旋转' ).onChange( updateUvTransform );
      myTitle.add( GuiParams, 'centerX', 0.0, 1.0 ). //添加控制属性的 x 轴中心点
         name( 'x 轴中心点').onChange( updateUvTransform );
      myTitle.add( GuiParams, 'centerY', 0.0, 1.0 ). //添加控制属性的 y 轴中心点
         name( 'y 轴中心点' ).onChange( updateUvTransform );
      renderScene();                                           //进行渲染
  }
  function updateUvTransform() {                               //更新纹理坐标系方法
      var texture = mesh.material.map;                         //获取纹理图
```

```
23            if ( texture.matrixAutoUpdate === true ) {          //判断更新状态
24                texture.offset.set( GuiParams.offsetX, GuiParams.offsetY );
                  //设置纹理属性
25                texture.repeat.set( GuiParams.repeatX, GuiParams.repeatY );
26                texture.center.set( GuiParams.centerX, GuiParams.centerY );
27                texture.rotation = GuiParams.rotation;  //设置纹理旋转角度
28            } else {                                        //更新纹理 UV 矩阵，更新纹理
29                texture.matrix.setUvTransform( GuiParams.offsetX, GuiParams.offsetY,
30                    GuiParams.repeatX,GuiParams.repeatY, GuiParams.rotation,
31                    GuiParams.centerX, GuiParams.centerY );
32        }}
```

- 第 1～20 行是添加控制面板的方法。通过 GUI 组件，添加纹理坐标系的控制属性，并进行渲染。
- 第 21～32 行是更新纹理坐标的方法。获取模型材质的贴图，并根据更新状态位更新纹理坐标系的属性，实现实时纹理平移、旋转的效果。

11.6 本章小结

本章主要介绍了 Three.js 引擎的基础部分及一些高级开发。基础部分如基本组件、光源、材质等，高级开发部分有模型的加载及贴图的使用。通过对这些基础知识及案例的介绍相信读者已经对 Three.js 引擎有了初步的认识，接下来将介绍 Three.js 中的其他高级开发部分。

第 12 章　Three.js 引擎进阶

第 11 章已经对 Three.js 引擎的部分知识和技巧进行了详细的介绍，相信读者已经对 Three.js 引擎的开发和技巧有了详细的了解。本章将向读者详细介绍 Three.js 的高级开发技巧，相信这些能给读者在 Three.js 的学习中带来很大的帮助。

12.1 粒子系统

粒子系统是 3D 开发中不可或缺的一部分，通常在程序中模拟一些特定的模糊现象，而这些现象用传统的渲染不能很好地表现出物理场景。经常使用粒子系统模拟的现象有火焰、爆炸、烟尘、一些发光物体的尾部轨迹等。

在游戏中，粒子系统的应用更是普遍，图 12-1 所示为游戏最后一炮中烟尘与爆炸的效果，从图中可以看出有了粒子系统游戏效果会更加真实。本节中便来介绍一下在 Three.js 中如何开发粒子系统。我们首先从最基础的粒子系统开始学习。

▲图 12-1　游戏中烟尘与爆炸效果的粒子系统

12.1.1　Sprite 粒子系统

Three.js 引擎提供了很多粒子系统的构建，其中一种是 Sprite 粒子，多个 Sprite 粒子的组合与变换能构建出不同的特效。例如常见的下雨、下雪和烟花效果等。在游戏开发中，灵活地使用 Sprite 粒子将会产生各种酷炫的特效。

在使用 Sprite 粒子的过程中，往往需要结合 Sprite 粒子的基本材质 SpriteMaterial 来使用，其过程代码如下所示。

```
var material = new THREE.SpriteMaterial();          //创建 SpriteMaterial 材质
var sprite = new THREE.Sprite(material);            //创建 Sprite 粒子
```

如果想要改变粒子的属性，使粒子显示的效果更加酷炫逼真，则可以通过更改 SpriteMaterial 材质的参数来实现。在表 12-1 中，列举出了 SpriteMaterial 材质的一些常见参数，合理地设置这些参数将会带来不一样的效果。

表 12-1 SpriteMaterial 材质的参数属性和描述

属 性	描 述
color	粒子的颜色
map	粒子的纹理
sizeAnnutation	相机的远近是否影响粒子的大小
opacity	透明度
transparent	是否透明

在了解了 Sprite 粒子的基础知识后，接下来了解案例 Sample12_1 的运行效果，这将对读者认识 Sprite 粒子有一定的帮助。此案例的效果是一些分布在球面范围的粒子逐渐朝着球心的位置收缩，具体效果如图 12-2 所示。

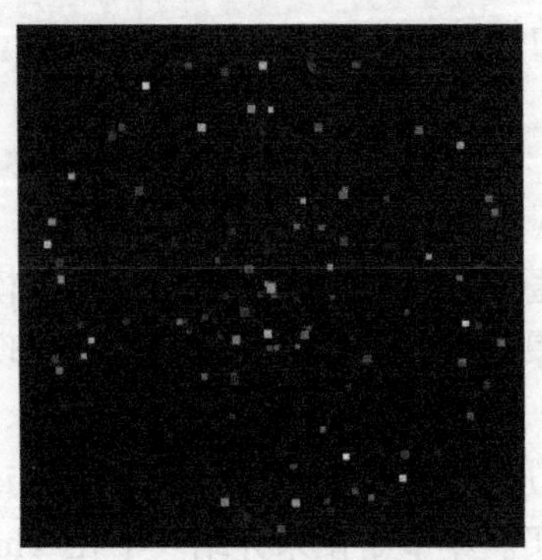
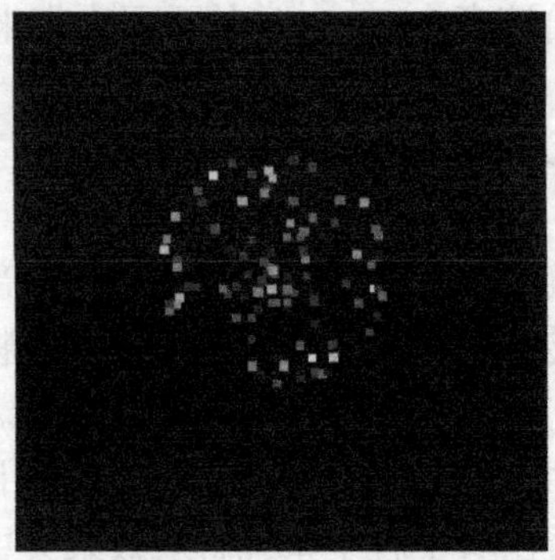

▲图 12-2 球面粒子朝着球心收缩

看到本案例的效果后，我们接下来了解此案例的具体开发过程。由于案例中的大部分代码已经在前面的小节中介绍过，所以这里不再详细介绍。这里将详细介绍粒子和粒子材质的创建，以及粒子移动效果的实现。具体的代码如下所示。

代码位置：随书源代码/第 12 章/Sample12_1 目录下的 Sample12_1.html。

```
1   function createSprites(){                                   //创建粒子
2       for (var x = -5; x < 5; x++) {                          //创建 10×10 个粒子
3           for (var y = -5; y < 5; y++) {
4               var material = new THREE.SpriteMaterial({color:0xff0000*Math.
                random()});//创建粒子材质
5               var sprite = new THREE.Sprite(material);                //创建粒子
6               let ad = Math.PI / 180 * (360 * Math.random());    //设置球坐标的角度
7               let bd = Math.PI / 180 * (360 * Math.random());    //设置球坐标的角度
8               sprite.position.set(40 * Math.cos(ad)*Math.cos(bd), 40 *
                //设置粒子的位置
9               Math.cos(ad)*Math.sin(bd), 40 * Math.sin(ad));
10              pointmove(0,0,0,sprite);                          //启动平移滑动
11              scene.add(sprite);                                //将粒子添加进场景中
12  }}}
13  function pointmove( mx, my, mz, point) {                     //平滑移动动画
14      tween = new TWEEN.Tween( point.position ).to( {          //创建 Tween 动画对象
15          x: mx,                                               //设置移动目标点的 x 坐标
16          y: my,                                               //设置移动目标点的 y 坐标
17          z: mz }, 3000 )//设置移动目标点的 z 坐标和动画时间
18          .easing( TWEEN.Easing.Linear.None).start();          //播放动画
19      tween.repeat(Infinity);                                  //设置动画播放方式为重复
20  }
```

- 第 1～12 行为创建粒子的方法。在该方法中通过 for 循环创建了 100 个粒子，在创建每个粒子的时候，让粒子材质的颜色随机生成，粒子位置用球面坐标公式来创建，因此使

所有粒子随机分布在一个球表面。

- 第 13～20 行为粒子平移滑动的方法。此方法接收粒子平移最终位置点的 *x*、*y*、*z* 坐标参数和粒子对象参数，然后创建 Tween 动画对象，给出指定的参数（如移动目标是粒子对象），移动终点是该方法接收的 3 个坐标值。

12.1.2 PointCloud 粒子系统

当大量使用粒子时，如果每个粒子的材质属性相同，则当需要修改每一个粒子的属性时，我们并不需要通过循环的方式来对每一个粒子进行修改，在 Three.js 引擎中提供了另一种方式来处理大量粒子，那就是使用 THREE.PointCloud 粒子系统。

通过 THREE.PointCloud，不再需要管理大量的单个 THREE.Sprite 对象，只需管理 THREE.PointCloud 实例。PointClound 粒子系统也有对应的材质 PointCloundMaterial，它可以设置所有粒子的大小、颜色、顶点颜色、透明度等属性。PointCloundMaterial 材质的参数如表 12-2 所示。

表 12-2　PointCloundMaterial 材质的参数属性和描述

属　性	描　述
color	PointClound 中所有粒子的颜色都相同，除非设置了 vertexColors 且该几何体的 colors 属性不为空，才会使用 colors 颜色，否则都使用该属性
map	在粒子上应用某种材质
size	粒子的大小
sizeAnnutation	设置粒子离相机是否近大远小
vetexColors	粒子应用粒子系统的材质颜色
opacity	透明度
transparent	是否透明
blending	渲染粒子时的融合模式
fog	是否受场景雾化的影响

在认识 PointCloud 粒子系统后，下面通过案例介绍粒子系统。案例 Sample12_2 的运行效果如图 12-3 所示，可以看到本案例由成千上万个粒子来模拟飞舞的雪花，并且还能通过右上角的选项栏来改变粒子的大小、颜色等属性。

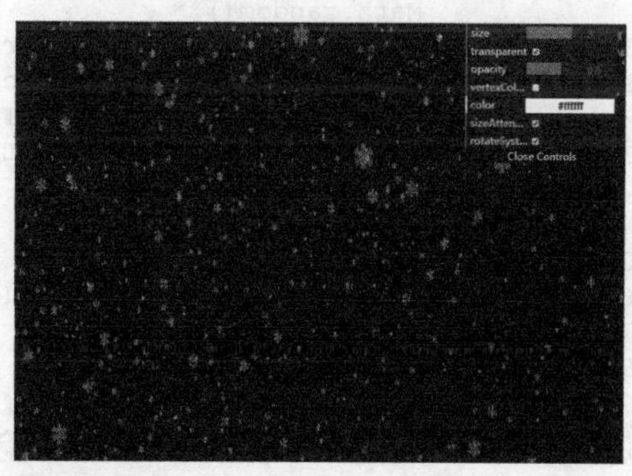

▲图 12-3　雪花飞舞的模拟场景

在看到本案例的效果后，我们接下来了解本案例的具体开发过程。本案例将所有的粒子添加进粒子系统中，并通过粒子系统来管理每一个粒子。由于案例中的大部分代码已经在前面的小节中介绍过，这里不再详细介绍。具体的代码如下所示。

代码位置：随书源代码/第 12 章/Sample12_2 目录下的 Sample12_2.html。

```
1  var controls = new function () {                          //利用 GUI 标签属性设置监听
2      this.size = 4;                                        //设置所有粒子的大小
3      map: THREE.ImageUtils.loadTexture('pic/star.png'), //设置雪花纹理
4      this.transparent = true;                              //设置所有粒子透明
5      this.opacity = 0.6;                                   //设置所有粒子的透明度
6      this.vertexColors = true;                             //所有粒子应用粒子系统颜色
7      this.color = 0xffffff;                                //设置粒子系统颜色
8      this.sizeAttenuation = true;                          //设置所有粒子近大远小
9      this.rotateSystem = true;                             //设置所有粒子是否旋转
10     this.redraw = function () {                           //创建粒子系统
11         if (scene.getObjectByName("particles")) {         //如果场景中有粒子系统存在
12             scene.remove(scene.getObjectByName("particles")); //移除场景中的粒子系统
13         }
14         createParticles(controls.size, controls.transparent, controls.opacity,
           //创建新的粒子系统
15         controls.vertexColors, controls.sizeAttenuation, controls.color);
16 }}
17 var gui = new dat.GUI();                                         //创建 GUI 标签
18 gui.add(controls, 'size', 0, 10).onChange(controls.redraw);      //所有粒子的尺寸
19 gui.add(controls, 'transparent').onChange(controls.redraw);      //所有粒子是否透明
20 gui.add(controls, 'opacity', 0, 1).onChange(controls.redraw);//所有粒子的透明度
21 gui.add(controls, 'vertexColors').onChange(controls.redraw); //所有粒子是否应用
粒子系统颜色
22 gui.addColor(controls, 'color').onChange(controls.redraw);      //粒子系统颜色
23 gui.add(controls, 'sizeAttenuation').onChange(controls.redraw); //所有粒子是否
近大远小
24 gui.add(controls, 'rotateSystem');                         //所有粒子是否旋转
25 controls.redraw();                                         //创建粒子系统
26 render();                                                  //启动渲染
27 function createParticles(size, transparent, opacity, vertexColors,
sizeAttenuation, color) {//创建粒子系统
28     var geom = new THREE.Geometry();                       //创建几何体
29     var material = new THREE.PointCloudMaterial({          //创建粒子系统材质
30         size: size,                                        //设置所有粒子的尺寸
31         transparent: transparent,                          //所有粒子是否透明
32         opacity: opacity,                                  //所有粒子的透明度
33         vertexColors: vertexColors,                        //所有粒子应用粒子系统颜色
34         sizeAttenuation: sizeAttenuation,                  //所有粒子近大远小
35         color: color                                       //粒子系统颜色
36     });
37     var range = 500;                                       //粒子分布范围
38     for (var i = 0; i < 15000; i++) {                      //创建 15000 个粒子
39         var particle = new THREE.Vector3(Math.random() * range - range / 2,
           Math.random() *
40         range - range / 2, Math.random() * range - range / 2);//随机生成粒子坐标
41         geom.vertices.push(particle);                      //设置粒子位置坐标
42         var color = new THREE.Color(0x00ff00);             //创建颜色值
43         color.setHSL(color.getHSL().h, color.getHSL().s, Math.random() *
           color.getHSL().l);
44         geom.colors.push(color);                           //设置粒子颜色
45     }
46     cloud = new THREE.PointCloud(geom, material);          //创建粒子系统
47     cloud.name = "particles";                              //命名粒子系统
48     scene.add(cloud);                                      //将粒子系统添加进场景
49 }
```

- 第 1～25 行定义了粒子系统属性和创建了粒子系统的对象，然后创建了 GUI 标签。当 GUI 标签属性设置栏发生变化时会更新粒子系统的属性，再移除场景中已经存在的粒子系统，最后重新创建新的粒子系统再添加进场景中。

- 第 27～48 行为创建粒子系统的方法，将一个几何体对象设置为不同的位置和颜色，

以绘制上万个几何体粒子，最后将几何体粒子添加进粒子系统中。这样可实现通过粒子系统来管理大量单个粒子的功能。

注意 PointClound 粒子系统可以管理大量的粒子，它通过修改 PointCloundMaterial 材质属性可以改变所有粒子的属性，但是粒子系统常用于管理粒子的共同属性。若是所有粒子需要改变的属性各不相同，那么就无法通过改变粒子系统材质的属性来进行修改了。

12.1.3 火焰粒子特效

粒了系统就是通过创建一堆粒子，在绘制每帧时通过程序控制将粒子的位置渐变到不同位置进而达到期望的效果。通过程序控制粒子位置的方法需要程序员有高超的编程技巧，想要大众能够掌握这些不现实。在这里将介绍 ParticlesSystem.js 粒子库。

ParticlesSystem.js 是基于 JavaScript 实现的 JS 三维图形库，并且它是一个通用可扩展的粒子系统。ParticlesSystem 对象可以自定义粒子修改器来控制粒子系统中粒子的属性，粒子修改器可以设置粒子系统中每个粒子的典型物理属性，如位置、速度、加速度、颜色、纹理尺寸等。

本案例便是借用 ParticlesSystem.js 粒子库的方法来开发出火焰的，通过图 12-4 所示内容可以看出本案例开发的火焰燃烧效果相当逼真。图中的火焰就是通过创建一个纹理集，将火焰从无到燃烧的每帧画面制作成一幅序列图，将序列图加载进入纹理集中，再将纹理集作为 ParticlesSystem 粒子修改器的纹理参数。

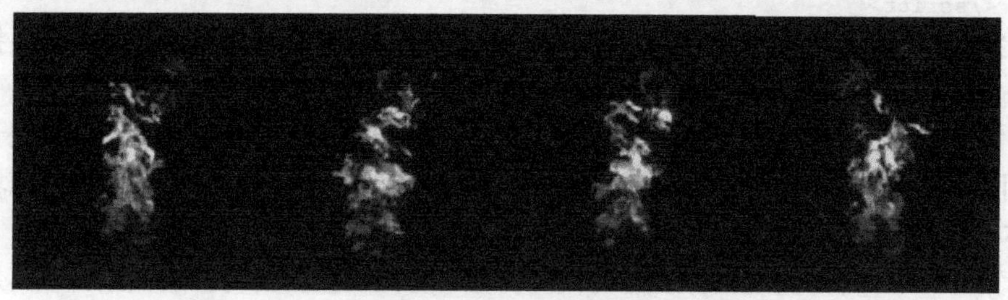

▲图 12-4 粒子系统的效果

看完逼真的火焰燃烧效果之后，下边来看一下开发过程。火焰粒子系统的原理在前面已经介绍过，本案例就是通过一张有 64 种火焰形态的火焰序列图来逐帧绘制燃烧的火焰。其详细的开发过程如下。

（1）本案例中主体文件为 index.html，案例中的场景与逻辑都在其中。按照以往惯例先来看一下场景的初始化过程并且声明一些全局变量，这些全局变量包括粒子系统 id、渲染器、摄像机、灯光等常用的场景组件，其代码如下。

代码位置：随书源代码/第 12 章/Sample12_3 目录下的 Sample12_3.html。

```
……//此处省略了 html 文件的一些标签，读者可以自行查阅随书源代码进行查看
<script>                                          //JavaScript 代码部分
    var ParticleSystemIDs = Object.freeze({       //声明各粒子系统 id
            Smoke1: 1,                            //基本类型烟雾 id
            Smoke2: 2,                            //动画类型烟雾 id
            Flame: 3,                             //火焰 id
            FlameEmbers: 4} );                    //火星 id
    var ParticleEnvironmentIDs = Object.freeze({ //声明粒子环境 id
        Campfire: 1} );
    var rendererContainer;                        //声明渲染器
```

```
11    var screenWidth, screenHeight;                    //声明屏幕的宽度和高度变量
12    var pointLight, ambientLight;                     //声明点光源与环境光对象
13    var particleSystems, loadingManager;              //声明粒子系统对象，加载管理对象
14    var scene, camera, renderer, controls, stats, clock;  //声明场景、摄像机、
      控制器等对象
15    var currentEnvironmentID;                         //声明当前环境 id
16    var smokeActive, smokeType;                       //声明烟雾存活状态和类型
17    var particleSystemsParent;                        //声明粒子系统父类对象
18    //添加监听，网页加载完毕后调用初始化场景方法
19    window.addEventListener( "load", function load( event ) {
20        window.removeEventListener( "load", load, false );
21        init();}, false );                            //初始化场景
22    function init() {                                 //初始化场景方法
23        getScreenDimensions();                        //获得场景规模方法
24        initScene();                                  //初始化场景方法
25        initGUI();                                    //初始化 GUI 方法
26        initListeners();                              //初始化监听器方法
27        initLights();                                 //初始化灯光方法
28        PHOTONS.Util.initializeLoadingManager();      //初始化加载管理器
29        initSceneGeometry( function() {               //初始化场景的几何信息
30            initParticleSystems();                    //初始化粒子系统
31            //粒子系统开启方法
32            startParticleSystemEnvironment ( ParticleEnvironmentIDs.Campfire );
33            initRenderer();                           //初始化渲染器
34            initControls();                           //初始化控制器
35            initStats();                              //初始化 Stats
36            animate();                                //更新动画方法
37    } );}
38  ……//此处省略了初始化粒子系统、GUI、渲染器、灯光、更新粒子系统、初始化场景、
39    //更新烟雾类型、控制粒子系统开关与开启粒子系统的方法，它们在下文会有详细介绍
40  ……//此处省略了初始化烟雾粒子系统等一些方法，读者可以自行查阅随书源代码
41  </script>
```

- 第 3～17 行声明了一些全局变量。其中包括各类型粒子系统的 id 从而方便控制它们的开关，同时包括渲染器、场景、摄像机、光源等对象。
- 第 18～37 行为初始化场景的方法。其中第 18～21 行中添加的监听是在网页加载完毕后调用初始化方法 init()进行一系列初始化场景的方法。本节中只介绍了初始化场景的方法，具体代码将会在下面给出介绍。
- 第 38～41 行为实现具体功能的代码。有一些比较重要的将在后面给出，其余一些重复的或者读者可以自行理解的方法便不再介绍。

（2）看完本案例的基本调用方法后，接下来看一下具体实现功能的代码。首先学习初始化 ParticleSystems 粒子系统的方法，其中封装了初始化烟雾与火焰的方法。先看一下火焰是如何开发的，其具体代码如下。

代码位置：随书源代码/第 12 章/ Sample12_3 目录下的 Sample12_3.html。

```
function initParticleSystems() {                    //初始化粒子系统的方法
    particleSystems = {};                           //粒子系统对象
    initializeFlameSystem();                        //初始化火焰粒子系统的方法
    initializeSmokeSystem();}                       //初始化烟雾粒子系统的方法
function initializeFlameSystem() {                  //初始化火焰粒子系统
    var _TPSV = PHOTONS.SingularVector;             //单个顶点
    var textureLoader = new THREE.TextureLoader();  //创建纹理加载对象
    var flameMaterial = PHOTONS.ParticleSystem.createMaterial();//创建火焰材质
    flameMaterial.blending = THREE.AdditiveBlending;//设置材质为混合 blending
    var particleSystemParams = {                    //设置粒子系统的属性
        material: flameMaterial,                    //将火焰材质赋给粒子系统材质
    particleAtlas : PHOTONS.Atlas.createGridAtlas(textureLoader    //创建网格集
    .load('textures/campfire/fireloop3.jpg' ), 0.0, 1.0, 1.0, 0.0, 8.0, 8.0,
    false, true ),
    particleReleaseRate : 3,                        //设置粒子重复率
```

```
15       particleLifeSpan : 3,                                   //设置粒子存活时间
16       lifespan : 0.0};                                        //存活时间
17       var particleSystem = new PHOTONS.ParticleSystem();  //创建粒子系统对象
18       particleSystem.initialize( camera, scene, particleSystemParams );//初始化粒子系统
19       particleSystem.bindModifier(                        //绑定粒子系统纹理集修改器
20       "atlas", new PHOTONS.EvenIntervalIndexModifier ( 64 ) );
21       //绑定粒子系统尺寸修改器
22       particleSystem.bindModifier( "size", new PHOTONS.FrameSetModifier(
23           new PHOTONS.FrameSet(                              //在帧数范围内设置粒子的尺寸
24           [ 0, 3 ],[ new THREE.Vector3( 20, 25 ),
25           new THREE.Vector3( 20, 25 ) ],false )) );
26       //在一系列关键帧中创建不透明度调节器
27       particleSystem.bindModifier( "alpha", new PHOTONS.FrameSetModifier(
28           new PHOTONS.FrameSet([ 0, 0.2, 1.2, 2.0, 3 ],[ new _TPSV( 0 ),
29       new _TPSV( .3 ), new _TPSV( 1 ), new _TPSV( 1 ), new _TPSV( 0 ) ],
30       true )) );
31       //在一系列关键帧中创建颜色调节器
32       particleSystem.bindModifier( "color", new PHOTONS.FrameSetModifier(
33           new PHOTONS.FrameSet([ 0, 3 ],
34           [ new THREE.Vector3( 1.4, 1.4, 1.4 ),
35           new THREE.Vector3( 1.4, 1.4, 1.4 ) ],false )) );
36       //在一系列关键帧中创建粒子位置调节器
37       particleSystem.bindInitializer( 'position', new PHOTONS.RandomModifier({
38           offset: new THREE.Vector3( 0, 0, 0 ),
39           range: new THREE.Vector3( 0, 0, 0 ),
40       rangeEdgeClamp: false,rangeType: PHOTONS.RangeType.Sphere} ) );
41       //在一系列关键帧中创建粒子速度调节器
42       particleSystem.bindInitializer( 'velocity', new PHOTONS.RandomModifier({
43           offset: new THREE.Vector3( 0, 25, 0 ),
44           range: new THREE.Vector3( 10, 2, 10 ),//10.2.10
45       rangeEdgeClamp: false,rangeType: PHOTONS.RangeType.Sphere} ) );
46       //将设置好的属性赋给火焰
47       particleSystems[ ParticleSystemIDs.Flame ] = particleSystem;
48       //向粒子系统父类对象中添加火焰粒子系统
49       particleSystemsParent.add ( particleSystems[ ParticleSystemIDs.Flame ] );
50       ……//此处省略了烟雾粒子初始化过程，读者可以自行查阅随书源代码
51   }
```

- 第1～4行为初始化粒子系统封装的方法。其中调用了初始化火焰粒子系统和烟雾粒子系统的方法，通过这两个方法可为粒子系统对象增加属性。
- 第5～18行为初始化火焰粒子系统，创建粒子系统的加载管理对象和火焰材质，声明源像素与目标像素的混合。通过加载火焰序列图创建纹理集，最后创建粒子系统对象，并初始化粒子系统。
- 第19～51行创建了粒子尺寸、透明度、颜色、位置、速度调节器。通过这些可以改变粒子的自身属性，设置完这些属性后将这些属性赋给id为火焰粒子系统的对象。最后将火焰粒子系统添加进粒子系统的父类对象中。

> **注意** 还有一个烟雾粒子系统的初始化方法本节没有介绍，这是因为本案例中的烟雾效果有两种，一种为基础效果，另一种为动画类型。其中动画类型与火焰的粒子系统原理相同，基础效果比较简单，所以这里便省略了烟雾粒子系统的开发。

（3）看了粒子系统的初始化后，再来看一下案例中右上角显示的控制器的部分逻辑。读者若是运行过本案例的话，就会发现单击控制器的相应开关会有不同的粒子系统的组合。这些逻辑是如何实现的，我们来看一下它的代码开发，其具体代码如下。

代码位置：随书源代码/第12章/Sample12_3目录下的Sample12_3.html。

```
function updateSmokeType() {                                           //更新烟雾类型
  particleSystems[ ParticleSystemIDs.Smoke1 ].deactivate(); //关闭烟雾1
```

```
3       particleSystems[ ParticleSystemIDs.Smoke2 ].deactivate();      //关闭烟雾 2
4       if ( smokeActive ) {                                          //如果烟雾标志位为 true
5         particleSystems[ smokeType ].activate();}}  //开启相应类型的烟雾
6     function toggleParticleSystem( id ) {                           //粒子系统开关方法
7       if ( particleSystems[ id ]){                                  //如果粒子系统对象不为空
8         if ( particleSystems[ id ].isActive){         //粒子系统播放标志位为 false
9           particleSystems[ id ].deactivate();} else {    //关闭该粒子系统
10            particleSystems[ id ].activate();            //播放粒子系统
11          }}}
12    function startParticleSystemEnvironment( id ) {                 //粒子系统的开启方法
13        resetCamera();                                              //重置摄像机
14        Object.keys( particleSystems ).forEach( function( key){//遍历粒子系统对象
15          var system = particleSystems[ key ];      //将粒子系统对象赋给一个临时变量
16          system.deactivate();                      //相应粒子系统关闭
17        });
18        currentEnvironmentID = id;                                  //获得当前环境 id
19        if ( id == ParticleEnvironmentIDs.Campfire){//如果当前环境 id 为粒子系统环境 id
20        smokeActive = true;                                         //烟雾标志位置位为 true
21        particleSystems[ParticleSystemIDs.Flame ].activate(); //火焰粒子系统开启
22        particleSystems[ParticleSystemIDs.FlameEmbers].activate();
          //火星粒子系统开启
23        updateSmokeType();                                          //更新烟雾类型
24        pointLight.distance = 300;                                  //点光源距离
25        pointLight.intensity = 6;                                   //点光源强度
26        pointLight.color.setRGB( 1, .8, .4 );                       //点光源颜色
27        pointLight.decay = 2;                                       //点光源衰减程度
28        pointLight.position.set( 0, 40, 0 );                        //点光源位置
29        ambientLight.color.setRGB( .08, .08, .08 );//环境光颜色
30    } else {return;}}
```

❑ 第 1～5 行为更新烟雾类型的方法。在本案例运行时右上角控制器中有一个烟雾类型的选项，该方法就是通过粒子系统中两种烟雾类型的标志位来判断哪种类型的烟雾开启或者关闭。

❑ 第 6～11 行为粒子系统的开关方法。它与烟雾粒子系统的开启方法类似，通过传入的 id 参数来判断该粒子系统是否开启。

❑ 第 12～30 行为先重置摄像机，之后遍历粒子系统对象并声明一个临时变量以存放粒子系统对象，然后将其关闭。之后将火焰火星的粒子系统开启，最后更新烟雾类型，设置点光源与环境光属性。

注意　这里介绍的代码不是控制器的全部逻辑，只介绍了通过每个粒子系统的标志位来控制粒子系统是否开启的方法，而改变标志位部分的代码比较简单，所以这里没有介绍，读者可以自己查阅源代码学习。

（4）经过前面几步粒子系统的主体代码已经介绍完毕，还有一些具体的初始化的方法没有介绍。这些方法完成了场景的初始化，包括初始化渲染器、灯光、摄像机等。这里便来介绍一下这些方法，具体代码如下。

代码位置：随书源代码/第 12 章/ Sample12_3 目录下的 Sample12_3.html。

```
function initRenderer() {                                       //初始化渲染器
    renderer = new THREE.WebGLRenderer();                       //创建 WebGL 渲染器
    renderer.setSize( screenWidth, screenHeight );              //设置渲染器尺寸
    renderer.setClearColor( 0x000000 );                         //设置背景颜色
    renderer.shadowMap.enabled = true;                          //渲染器开启阴影图
    //设置 shadowMap 样式为基础类型
    renderer.shadowMap.type = THREE.BasicShadowMap;
    //获得渲染器 id
    rendererContainer = document.getElementById( 'renderingContainer' );
    rendererContainer.appendChild( renderer.domElement );}       //添加子节点
```

```
11      function initLights() {                                          //初始化灯光
12          ambientLight = new THREE.AmbientLight( 0x101010 );   //创建环境光
13          scene.add( ambientLight );                                   //向场景中添加环境光
14          pointLight = new THREE.PointLight( 0xffffff, 2, 1000, 1 );     //创建点光源
15          pointLight.position.set( 0, 40, 0 );                         //设置点光源位置
16          ointLight.castShadow = true;                                 //启用光线投影
17          pointLight.shadow.camera.near = 1;                           //摄像机投影近平面距离
18          pointLight.shadow.camera.far = 1000;                         //远平面距离
19          pointLight.shadow.mapSize.width = 4096;
20          pointLight.shadow.mapSize.height = 2048;
21          pointLight.shadow.bias = 0.01;                               //设置阴影贴图的偏移量
22          scene.add( pointLight );}                                    //向场景中添加点光源
23      function resetCamera() {                                         //重置摄像机方法
24          getScreenDimensions();                                       //获得屏幕尺寸
25          camera.aspect = screenWidth / screenHeight;                  //设置长宽比
26          camera.updateProjectionMatrix();                             //更新摄像机投影矩阵
27          camera.position.set( 0, 200, 400 );                          //设置摄像机位置
28          camera.lookAt( scene.position );}                            //设置摄像机目标点位置
29      function update(){                                               //更新数据方法
30          controls.update();                                           //控制器更新
31          stats.update();                                              //stats 更新
32          updateParticleSystems();                                     //更新粒子系统
33      }
```

- 第 1～10 行为初始化渲染器的方法。其中创建了 WebGL 渲染器，并设置了渲染器的尺寸和背景颜色。之后开启阴影图并设置了 shadowMap 样式，其有 3 个值，范围为 0～2，最后获得了渲染器 id 并为渲染器添加子节点。
- 第 11～22 行为初始化灯光的方法。其中创建了环境光与点光源，然后设置了点光源的位置，并启用光源投影。之后又设置了关于投影的一系列参数，最后设置偏移量并将两种光照添加到场景中。
- 第 23～33 行为重置摄像机方法与更新数据方法。其中获得了屏幕的尺寸，设置了摄像机长宽比、位置与目标点位置，更新了摄像机的投影矩阵。更新数据方法为更新控制器与粒子系统的方法。

经过前面的学习，相信读者可以开发出一个效果真实的粒子系统了，除了火焰之外本节开头所说的爆炸等效果也不在话下。这里介绍的开发粒子系统的方法能节省不少时间，读者若是认真学习了便可以随心所欲地开发出自己想要的粒子系统。

12.2 混合与雾

12.1 节对 Three.js 渲染到纹理技术进行了详细的介绍，在本节将对 Three.js 引擎中的混合与雾这两种场景渲染技术进行详细介绍。混合与雾在游戏中有些广泛的应用，其混合技术常用于绘制半透明的物体，而雾能实现烟雾、灰尘等高级效果。

12.2.1 混合

WebGL 混合技术的基本知识在前面已经介绍过了，本节将向大家介绍如何利用 Three.js 引擎实现混合效果。在介绍利用 Three.js 引擎开发混合效果之前，需要回顾混合计算的基本知识，具体如下所示。

- 设源因子和目标因子分别为[S_r，S_g，S_b，S_a]和[D_r，D_g，D_b，D_a]，S 表示源因子，D 表示目标因子，下标 r、g、b、a 分别表示红、绿、蓝、透明度 4 个色彩通道。
- 设源片元和目标片元的颜色值为[R_s，G_s，B_s，A_s]和[R_d，G_d，B_d，A_d]，R、G、B、A

分别为红、绿、蓝、透明度 4 个色彩通道，s 下标代表源片元，d 下标代表目标片元。

- 混合后最终片元的颜色由混合方程计算确定。若最终片元的某些通道值可能超过 1.0，则此时渲染管线会自动执行截取操作，将大于 1 的值设置为 1。

在 Three.js 引擎中，实现混合效果的关键就是选择合适的混合方程和设置合适的混合因子。首先，了解 Three.js 引擎中提供的混合方程，具体信息如表 12-3 所示。

表 12-3　Three.js 引擎中提供的混合方程

常　量	*R*、*G*、*B* 分量	*A* 分量
THREE.AddEquation	$R=R_sS_r+R_dD_r$，$G=G_sS_g+G_dD_g$，$B=B_sS_b+B_dD_b$	$A=A_sS_a+A_dD_a$
THREE.SubtractEquation	$R=R_sS_r-R_dD_r$，$G=G_sS_g-G_dD_g$，$B=B_sS_b-B_dD_b$	$A= A_sS_a-A_dD_a$
THREE.ReverseSubtractEquation	$R=R_dD_r-R_sS_r$，$G=G_dD_g-G_sS_g$，$B=B_dD_b-B_sS_b$	$A= A_dD_a-A_dS_a$
THREE.MinEquation	$R=\min(R_s,R_d)$，$G=\min(G_s,G_d)$，$B=\min(B_s,B_d)$	$A=\min(A_s,A_d)$
THREE.MaxEquation	$R=\max(R_s,R_d)$，$Gr=\max(G_s,G_d)$，$B=\max(B_s,B_d)$	$A=\max(A_s,A_d)$

表 12-3 中每行右侧的两列给出了混合方程计算 *R*、*G*、*B*、*A* 分量值的方式。WebGL 不允许开发人员任意设置混合因子的值，只允许开发人员根据需要从系统预制的因子值中选取。接下来，了解一下 Three.js 引擎中提供的混合因子常量及其对应的混合因子值，具体信息如表 12-4 所示。

表 12-4　Three.js 引擎提供的源因子和目标因子

常　量　名	*R*、*G*、*B* 混合因子	*A* 混合因子
THREE.ZeroFactor	[0,0,0]	0
THREE.OneFactor	[1,1,1]	1
THREE.SrcColorFactor	$[R_s,G_s,B_s]$	A_s
THREE.OneMinusSrcColorFactor	$[1-R_s,1-G_s,1-B_s]$	$1-A_s$
THREE.SrcAlphaFactor	$[A_s,A_s,A_s]$	A_s
THREE.OneMinusSrcAlphaFactor	$[1-A_s,1-A_s,1-A_s]$	$1-A_s$
THREE.DstAlphaFactor	$[A_d,A_d,A_d]$	A_d
THREE.OneMinusDstAlphaFactor	$[1-A_d,1-A_d,1-A_d]$	$1-A_d$
THREE.DstColorFactor	$[R_d,G_d,B_d]$	A_d
THREE.OneMinusDstColorFactor	$[1-R_d,1-G_d,1-B_d]$	$1-A_d$
THREE.SrcAlphaSaturateFactor	$[f,f,f]$ $f=\min(A_s,1-A_d)$	1

提示　常量名称中 Src 代表的是各通道值来自源片元，Dst 代表各通道值来自目标片元。另外，THREE.SrcAlphaSaturateFactor 只能用作源因子。

表 12-4 中每行右侧的两列给出了此行混合因子 *R*、*G*、*B*、*A* 这 4 个通道的值。执行混合时，渲染管线将采用这些值依照表 12-3 中提供的混合方程进行计算。读者可以根据所需的混合效果选择合适的混合方程和不同的源因子与目标因子组合，恰当的组合可以产生很好的效果。

在了解了 Three.js 引擎中混合的基础知识后，将通过一个简单的案例（Sample12_4）向读者讲解 Three.js 中混合效果的实现，案例运行效果图如图 12-5 所示。

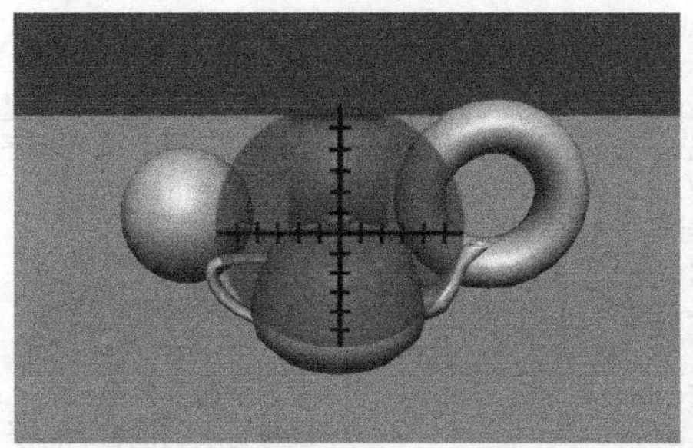
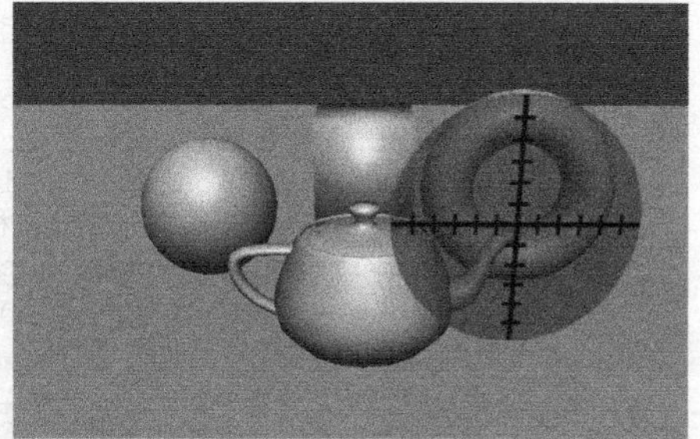

▲图 12-5 Sample12_4 运行效果

提示 从图 12-5 中可以看出，场景中有一个可以移动的类似瞄准镜的圆形，透过圆形可以看到后面的物体。本案例默认采用混合方程 THREE.AddEquation 与源因子 THREE .SrcAlphaFactor 和目标因子 THREE.OneMinusSrcAlphaFactor 进行组合。

在看到本案例的运行效果后，我们接下来介绍本案例开发的核心部分，包括声明混合方式变量、混合方程数组、源因子数组和目标因子数组以及添加滤光镜，设置混合方程、混合因子和通过 GUI 控制进行改变，其具体实现代码如下。

代码位置：随书源代码/第 12 章/Sample12_4 目录下的 Sample12_4.html 文件。

```
var blendEquation=["AddEquation","SubtractEquation",
    "ReverseSubtractEquation","MinEquation","MaxEquation"];  //混合方程
var src = [ "ZeroFactor", "OneFactor", "SrcColorFactor",
    "OneMinusSrcColorFactor", "SrcAlphaFactor","OneMinusSrcAlphaFactor",
    "DstAlphaFactor","OneMinusDstAlphaFactor", "DstColorFactor",
    "OneMinusDstColorFactor", "SrcAlphaSaturateFactor" ];    //源因子
var dst = [ "ZeroFactor", "OneFactor", "SrcColorFactor",
    "OneMinusSrcColorFactor", "SrcAlphaFactor", "OneMinusSrcAlphaFactor",
    "DstAlphaFactor", "OneMinusDstAlphaFactor", "DstColorFactor",
    "OneMinusDstColorFactor" ];                           //目标因子
var blending = "CustomBlending";                          //混合方式
function addMesh(){                                       //向场景中添加物体
    var texture1 = new THREE.TextureLoader().load( "img/lgq.png");
    //加载滤光镜纹理
    material = new THREE.MeshLambertMaterial( {           //创建材质
        map:texture1,                                     //设置纹理
        transparent: true,                                //开启透明
        blending:THREE[blending],                         //设置混合方式
        blendSrc:THREE[src[4]],                           //设置源因子
        blendDst:THREE[dst[5]],                           //设置目标因子
        blendEquation: THREE.AddEquation,                 //设置混合方程
        side:THREE.DoubleSide                             //设置纹理两面可见
    });
    var geometry = new THREE.PlaneGeometry(10,10);//创建矩形
    mesh = new THREE.Mesh(geometry,material);             //创建滤光镜网格对象
    mesh.position.y=10;                                   //物体的 y 位置
    mesh.position.z=20;                                   //物体的 z 位置
    scene.add(mesh);                                      //向场景中添加滤光镜
    ......//此处省略向场景中添加其他物体的代码，读者可自行查看随书源代码
}
function addGui() {                                       //添加 GUI 控制
    var gui=new dat.GUI({width:300});                     //新建 GUI 控制面板变量
    gui.open();                                           //打开控制面板
    var myTitle=gui.addFolder('混合设置');                //新建选项
    var controls = new function (e) {
        this.srcType = src[4]                             //设置源因子属性
        this.dstType = dst[5]                             //设置目标因子属性
```

```
37          this.blendEquation=blendEquation[0]          //设置混合方程
38      };
39      var srcType=myTitle.add(controls, 'srcType',src);  //添加源因子选项
40      var dstType=myTitle.add(controls, 'dstType',dst);  //添加目标因子选项
41      var blendEquationType=myTitle.add(controls, 'blendEquation',
        blendEquation);//添加混合方程选项
42      blendEquationType.onChange(function (e) {    //混合方程改变监听
43          material.blendEquation=THREE[e]           //设置材质的混合方程
44      });
45      srcType.onChange(function (e) {               //源因子改变监听
46        material.blendSrc=THREE[e];                 //设置材质的混合源因子
47      })
48      dstType.onChange(function (e) {               //目标因子改变监听
49          material.blendDst=THREE[e];               //设置材质的混合目标因子
50      })}
```

- 第 1~11 行主要为声明程序所需的混合方式数组、混合方程数组、源因子数组、目标因子数组。混合方程数组包含所有 Three.js 引擎提供的所有混合方程，源因子数组和目标因子数组包含 Three.js 引擎提供的混合因子。
- 第 12~29 行为创建滤光镜网格对象，设置材质的混合相关属性和将滤光镜添加到场景中。实现混合效果的关键在于合理设置材质的 transparent、blending、blendSrc、blendDst、blendEquation 属性，恰当组合可以产生很好的效果。
- 第 30~50 行为添加 GUI 控制面板。首先新建 GUI 控制面板变量和添加混合设置选项，然后在混合设置选项下，添加源因子、目标因子和混合方程选项并对应添加选项改变监听。当选项改变时，更新材质对应的属性。

> **提示**　本案例中为方便读者学习和体验不同混合方程和混合因子的组合效果，开发了 GUI 控制面板。读者可在案例运行后，直接更改 GUI 设置进行观察和学习。

12.2.2　雾

在第 11 章已经简单介绍了 Three.js 中雾的使用，在本节我们将详细介绍 Three.js 引擎中的两种雾的使用方式，一种是随着距离增大而线性增大的雾，一种是随着距离增大而呈指数密集增长的雾。Three.js 引擎中提供雾的类型和描述如表 12-5 所示。

表 12-5　Three.js 引擎中雾的类型和描述

类　型	描　述
THREE.Fog	线性雾，随着距离的增大而线性增长
THREE.FogExp2	指数雾，随着距离的增大而呈指数密集增长

在了解了 Three.js 引擎中雾的基本知识后，读者可能并不能直观地体会到两种雾的渲染效果，接下来对 Sample12_5 的运行效果进行展示，具体如图 12-6 和图 12-7 所示。

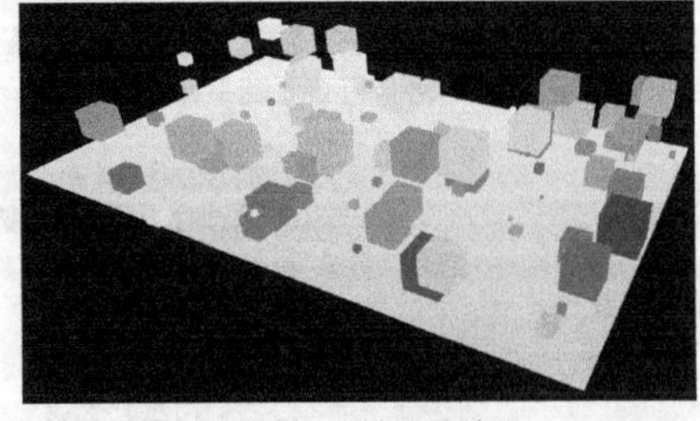

▲图 12-6　线性雾的效果

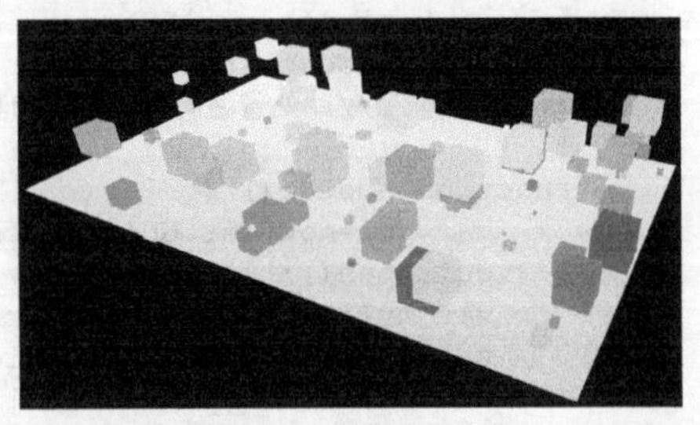

▲图 12-7　指数雾的效果

> **说明** 从图 12-6 和图 12-7 中可以看出两种雾的明显差别，线性雾看起来并不是很自然，而指数雾看起来更加自然，雾的效果更加真实。这是因为现实世界中的雾并不完全是线性变化的，而指数雾则能模拟出更加真实的效果。经灰度印刷后可能效果不是很明显，读者可自行运行本案例进行观察。

看到本案例的运行效果后，我们来看一下两种雾化效果的具体实现方法。在 Three.js 引擎中实现雾效果是非常简单的，具体的代码如下。

代码位置：随书源代码/第 12 章/Sample12_5 目录下的 Sample12_5.html 文件。

```
function fogSelect(type){                                    //选择雾的类型
    if(type.fog){                                            //如果选择线性雾
        scene.fog = new THREE.Fog(0x00cccc,50,120); //将场景中的雾指定为线性雾
    }
    if(type.fogExp2){                                        //如果选择指数雾
        scene.fog = new THREE.FogExp2(0x00cccc,0.007); //将场景中的雾指定为指数雾
    }
}
```

> **说明** 上面的代码是根据选择的雾类型的不同，来指定场景中的雾的。创建线性雾方法时第一个参数为颜色值，颜色采取十六进制，后两个参数是雾化效果近处属性值和远处属性值，这两个参数确定了雾的起始位置以及浓度的加深程度。创建指数雾时第一个参数为颜色值，第二个参数为雾的浓密程度。读者可通过修改 GUI 设置来切换雾的类型进行观察。

12.3 渲染到纹理

Three.js 引擎中还自带了效果组合器和多种后期处理通道，开发人员利用渲染到纹理的技术很方便地在渲染出的画面中添加各种特效。本节将对效果组合器和典型的后期处理通道进行详细介绍。

12.3.1 效果组合器

效果组合器（EffectComposer）是一个非常重要的组件。如果需要实现渲染到纹理，只需要创建渲染效果对应的通道，并将其添加到效果组合器对象中即可。创建效果组合器需要在 Three.js 发布包中添加如下文件。

- EffectComposer.js：可以提供效果组合器对象，方便添加后期处理通道。
- CopyShader.js、MaskPass.js、ShaderPass.js：效果组合器内部使用的文件。
- RenderPass.js：此文件可以用来在效果组合器对象上添加渲染通道。

> **提示** CopyShader.js 文件可以在 Three.js 发布包的 example/js/shaders 目录下找到，而其他文件则都存储在 example/js/postprocessing 目录下，读者找到后将其复制，并粘贴到项目目录中即可。

引入上面的文件之后，接下来创建和配置效果组合器并添加通道，代码如下所示。

```
var composer = new THREE.EffectComposer(webGLRenderer);   //新建效果混合器
var renderPass = new THREE.RenderPass(scene,camera);      //新建处理通道
composer.addPass(renderPass);                             //添加处理通道
```

说明 每个处理通道都会按照被添加到效果组合器的顺序来执行。RenderPass 处理通道的作用为得到原始画面的数据。由于它不能直接将渲染结果输出到屏幕上，所以必须与其他处理通道配合使用。

之前的案例一直在 render()方法中直接使用渲染器进行画面的渲染。进行画面的渲染到纹理方法时，应该使用效果组合器提供的渲染方法。具体的代码如下所示。

```
var clock = new THREE.Clock();                    //新建时钟对象
function render() {                               //使用渲染到纹理的渲染方法
  var delta = clock.getDelta();                   //得到两次调用之间的时间间隔
  composer.render(delta);                         //效果组合器的渲染方法
  requestAnimationFrame(render);                  //请求绘制下一帧
}
```

说明 效果组合器提供的渲染方法比较特殊的地方在于，需要向其中传入两次调用之间的时间间隔。而 Three.js 中提供了时钟对象，只需调用 getDelta()方法即可，非常方便。

12.3.2 FilmPass 通道

FilmPass 是渲染到纹理技术中使用频率很高的一种通道，其可以为画面添加颗粒效果和扫描线等，从而模拟出老式电影的感觉。可以说，使用此通道渲染出的画面将具有浓厚的艺术气息和年代感。

如果想要得到满意的画面效果，必须根据具体需要对此通道的多个属性赋予合适的值。FilmPass 通道中的属性及其代表的含义如表 12-6 所示。

表 12-6　FilmPass 通道中的属性和描述

属　性	描　述
noiseIntensity	通过该属性可以控制屏幕的颗粒程度
scanlinesIntensity	FilmPass 会在屏幕上添加若干条扫描线，通过该属性可以指定扫描线的显著程度
scanlinesCount	该属性可以控制显示的扫描线数量
grayscale	如果该值设为 true，则输出结果将会转换为灰度图

了解了 FilmPass 通道的基础知识后，接下来了解一下案例 Sample12_6 的运行效果，这有利于读者对此通道的渲染效果建立起基本的印象，具体如图 12-8 所示。

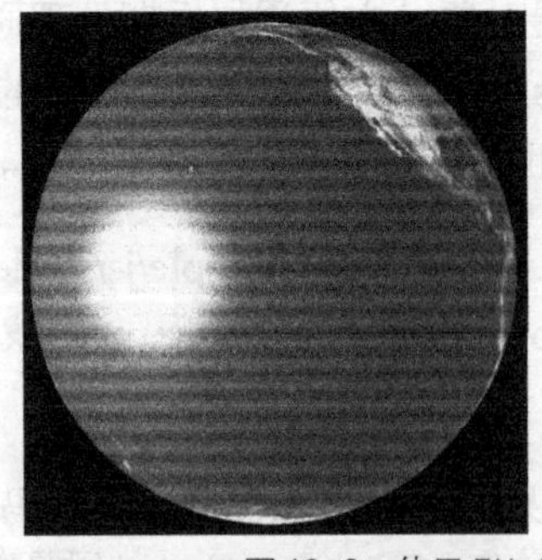
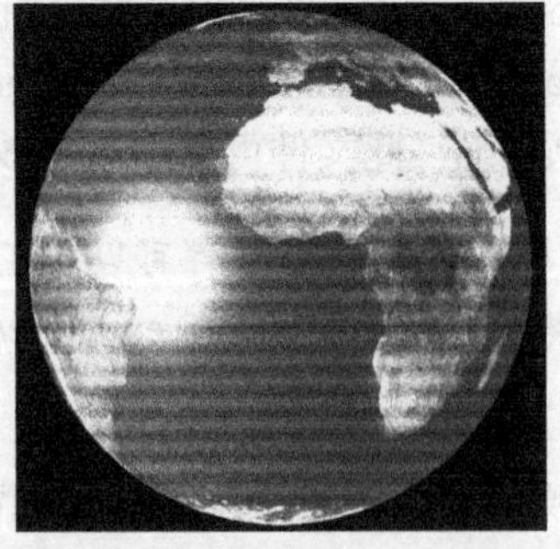

▲图 12-8　使用 FilmPass 通道渲染出的地球模型

通过图 12-8 可以看出，使用 FilmPass 通道渲染出的地球模型的整体效果就像它是在老式电视上显示出来的一样。但是由于此通道会对画面进行颗粒化处理，对物体的细节表现会有一定影响，所以不适合需要进行精细绘制的情况。本案例的具体开发步骤如下所示。

（1）找到 Three.js 发布包中 example/js/postprocessing 目录下的 FilePass.js 和 example/js/shaders 目录下的 FilmShader.js 文件，将其复制、粘贴到项目的 util 目录下，并在 html 文件中将其引入。

（2）引入上述文件后，开发新建 FilmPass 通道并添加到效果组合器中的 addFilmPass()方法。需要注意的是，要想使渲染结果呈现在屏幕上，必须将此通道的 renderToScreen 属性置为 true，具体代码如下。

代码位置：随书源代码/第 12 章/Sample12_6 目录下的 Sample12_6.html 文件。

```
function addFilmPass(){                                      //新建并添加 FilmPass 通道的方法
    var renderPass = new THREE.RenderPass(scene, camera);     //新建 RenderPass 通道
    var effectFilm = new THREE.FilmPass(0.8, 0.325, 256, false);//新建 FilmPass 通道
    effcctFilm.renderToScreen = true;                        //渲染到屏幕上
    composer = new THREE.EffectComposer(webGLRenderer);       //新建效果组合器
    composer.addPass(renderPass);                            //添加 RenderPass 通道
    composer.addPass(effectFilm);                            //添加 FilmPass 通道
}
```

提示 上面的代码中只增加了创建 FilmPass 通道和将其添加到效果组合对象的相关代码，可见通道的使用方法非常简便。

12.3.3 BloomPass 通道

如果在项目开发中需要渲染出较为明亮的场景，则除了调整光源的光照强度之外，还可以使用 Three.js 中自带的 BloomPass 通道对画面进行处理。处理后的画面中明亮区域将会变得更加明显，而较暗区域的亮度也会有很大的提升。

同样，创建 BloomPass 通道时也需要向其中传入合适的值才能渲染出满意的画面。BloomPass 通道中可以设置的属性有 Strength、kernelSize、sigma、Resolution 等，对各个属性的描述如表 12-7 所示。

表 12-7　BloomPass 通道中的属性和描述

属　性	描　述
Strength	该属性定义的是泛光效果的强度。其值越高，明亮的区域越明显，较暗区域的亮度也会越高
kernelSize	该属性控制的是泛光效果的偏移量
sigma	通过该属性可以控制泛光效果的锐利程度。其值越高，泛光越模糊
Resolution	该属性定义的是泛光效果的解析图。如果该值太低，则方块化将会很严重

了解了 BloomPass 通道的基础知识后，接下来了解一下案例 Sample12_7 的运行效果，这将对读者了解此通道的渲染效果有一定帮助，具体如图 12-9 所示。

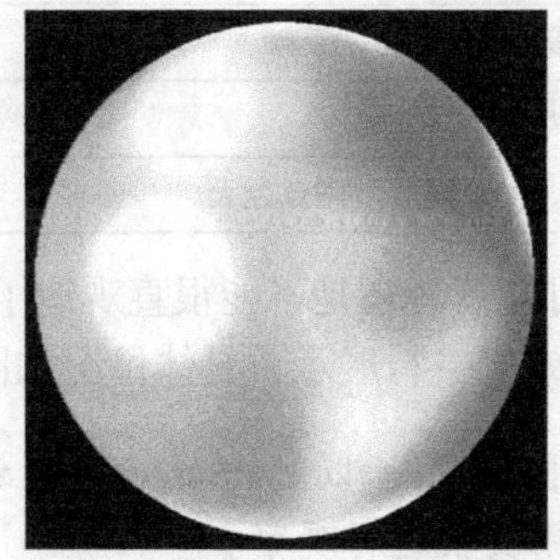
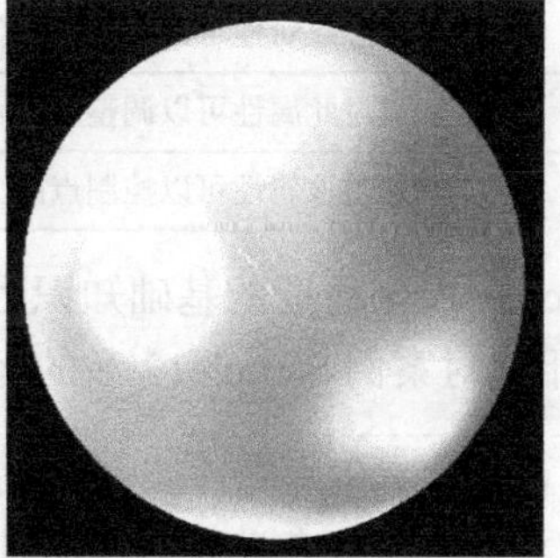

▲图 12-9　使用 BloomPass 通道渲染出的地球模型

说明　通过图 12-9 可以看出，使用了 BloomPass 通道渲染出的画面较之前相比更加欢快、明亮，并且画面会经过一定程度的模糊处理，让人有一种朦胧感。由于印刷问题可能这看起来不是很清楚，因此请读者采用真机运行观察。

看到本案例的运行效果之后，接下来将对本案例的开发步骤进行详细介绍，具体情况如下所示。

（1）找到 Three.js 发布包中 example/js/postprocessing 目录下的 BloomPass.js 和 example/js/shaders 目录下的 ConvolutionShader.js 文件，将其复制、粘贴到项目的 util 目录下，并在 html 文件中将其引入。

（2）引入上述文件之后，就可以对 BloomPass 通道创建和设置的 addBloomPass()方法进行详细介绍了。此方法中的方式与前文介绍的有些细微差别，具体代码如下所示。

代码位置：随书源代码/第 12 章/Sample12_7 目录下的 Sample12_7html 文件。

```
function addBloomPass(){
  var renderPass = new THREE.RenderPass(scene, camera);   //新建 RenderPass 通道
  var bloomPass = new THREE.BloomPass(2.5, 25, 0.1,1024);//新建 BloomPass 通道
  //新建 effectCopy 通道
  var effectCopy = new THREE.ShaderPass(THREE.CopyShader);
  effectCopy.renderToScreen = true;                      //渲染到屏幕
  composer = new THREE.EffectComposer(webGLRenderer);    //新建效果组合器
  composer.addPass(renderPass);                          //添加 RenderPass 通道
  composer.addPass(bloomPass);                           //添加 BloomPass 通道
  composer.addPass(effectCopy);                          //添加 effectCopy 通道
}
```

说明　需要注意的是，由于 BloomPass 通道中不能直接将渲染结果呈现到屏幕上，而 effectCopy 通道没有任何特殊效果，只是输出处理结果。所以此方法中增加了新建、添加 effectCopy 通道的相关代码。

12.3.4　DotScreenPass 通道

Three.js 引擎中的 DotScreenPass 通道在项目开发中也经常使用，其可以将若干个不同大小的斑点按照一定的对齐方式绘制到画面中，并且经过处理过的画面将变成黑白的，趣味感和复古感将大大提升。

DotScreenPass 通道中可以对 center、angle、scale 等属性进行修改，以此达到渲染需求。具体的属性和描述如表 12-8 所示。

表 12-8　　DotScreenPass 通道中的属性和描述

属　性	描　述
center	通过此属性可以调整点的偏移量
angle	通过此属性可以调整点的对齐方式
scale	通过该属性可以控制点的大小。scale 越小，则点越大

了解了 DotScreenPass 通道的基础知识后，可能读者还是不能很直观地了解到此通道的渲染效果。所以接下来对案例 Sample12_8 的运行效果进行展示，具体情况如图 12-10 所示。

说明　由于本案例中每个点所占的面积较小，所以 DotScreenPass 通道的渲染效果不是非常明显，有兴趣的读者可采用真机运行观察。

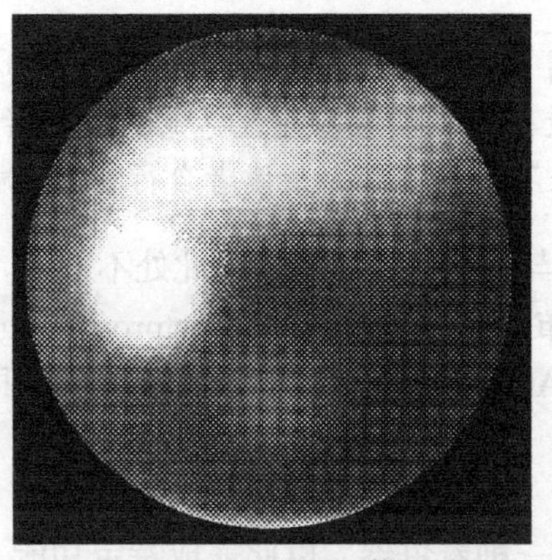
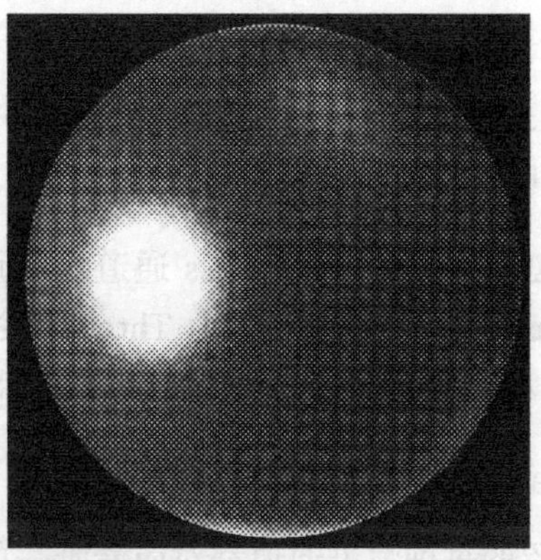

▲图 12-10 使用 DotScreenPass 通道渲染出的地球模型

本案例中创建、添加 DotScreenPass 通道的代码与前文非常相似，此处不再赘述。需要注意的是，DotScreenPass 通道依赖的文件为 Three.js 发布包中 example/js/postprocessing 目录下的 DotScreenPass.js 和 example/js/shaders 目录下的 DotScreenShader.js 文件，读者将其引入即可。

12.3.5 SSAOPass 通道

Three.js 引擎中的 SSAOPass 通道在渲染到纹理技术中是使用频率很高的。尤其在比较大的游戏场景中，使用 SSAO 通道进行渲染能大大增强场景的深度感和真实感，能让画面更细腻，让场景细节更加明显。

在 SSAOPass 通道中，可以对 renderToScreen、onlyA0、lumInfluence 等属性进行修改，一次满足开发人员的渲染需求。具体的属性和描述如表 12-9 所示。

表 12-9　　SSAOPass 通道的属性和描述

属　性	描　述
renderToScreen	是否渲染到屏幕
onlyA0	是否仅使用 AO 渲染
lumInfluence	亮度对遮挡的影响系数

了解了 SSAOPass 的基础知识后，可能读者还不是很了解此通道的渲染效果，接下来对案例 Sample12_9 的运行效果进行展示，具体情况如图 12-11 所示。

▲图 12-11 使用 SSAOPass 通道渲染前后的效果

> **说明**　通过图 12-11 可以看出，使用 SSAOPass 进行渲染后，场景的整体效果较之前更具有深度感和层次感，场景变得更细腻，让人感觉更加真实。由于灰度印刷的问题，因而图像可能看起来不是很清楚，请读者自行在 PC 端运行观察。

本案例创建和添加 SSAOPass 通道的代码与之前的非常相似，此处不赘述。需要注意的是，SSAOPass 通道的依赖文件为 Three.js 发布包中“examples/js/postprocessing”目录下的 SSAOPass.js 和“examples\js\shaders”下的 SSAOShader.js 文件，读者将其引入即可。

12.3.6　ShaderPass 通道

前面介绍的每种渲染通道都对应着唯一的一种着色器，以此完成特定功能。而 Three.js 中还有一种较为特殊的 ShaderPass 通道，由于该通道并没有渲染画面的功能，所以需要在新建渲染通道时编写合适的着色器并传入此渲染通道。

Three.js 引擎中带有实现各种效果的着色器，开发人员可以很方便地对其进行了解和应用，其中部分着色器的名称及效果如表 12-10 所示。

表 12-10　　Three.js 引擎中自带的着色器及效果

名　称	效　果
MirrorShader	为屏幕的某个部分创建镜面效果
HueStaturationShader	可改变颜色的色调和饱和度
VignetteShader	该着色器可以在图片中央的周围显示黑色边框
ColorCorrectionShader	可调整颜色的分布
BrightnessContrasShader	可以改变图片的亮度和对比度
ColorifyShader	可以在整个画面中添加某种颜色

> **说明**　篇幅有限，表 12-10 中仅对典型的几种着色器进行了介绍，有兴趣的读者可登录 Three.js 引擎的官方网站查看相关的文档和源码。

如果自带的着色器不能满足实际的开发需要，则还可自行开发出对应的着色器以完成特定效果的渲染。下面将通过案例 Sample12_10 对此通道进行详细介绍，渲染到纹理前后的运行效果如图 12-12 所示。

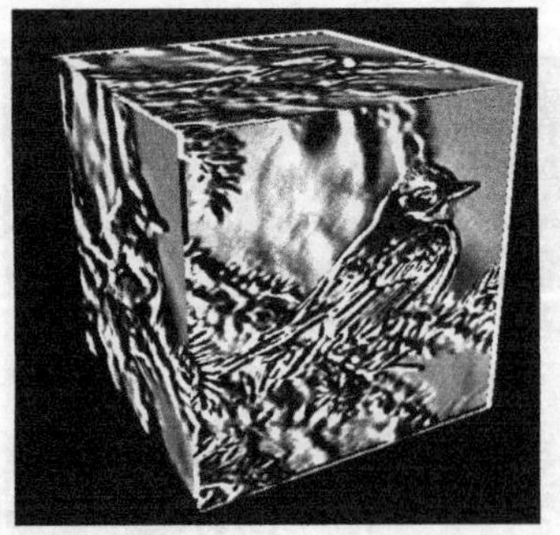

▲图 12-12　渲染到纹理前后的运行效果

通过图 12-12 可以看出，使用自定义着色器进行渲染到纹理后，整个画面失去了原本的颜色并且具有了浮雕效果，具有很强的艺术气息。看到本案例的运行效果后，接下来将开发步骤进行详细介绍。具体情况如下所示。

（1）进行自定义着色器部分的开发。其大体思路是将渲染到纹理之前的画面作为一张图片，然后使用实现浮雕效果的卷积进行数字图像处理操作，最终进行灰度化处理。其具体代码如下所示。

代码位置：随书源代码/第 12 章/Sample12_10/util 目录下的 custom-shader.js 文件。

```
1  THREE.CustomShader = {                                    //规定着色器的名称
2    uniforms: {                                             //定义着色器中用到的 uniforms 变量
3      "tDiffuse": {type: "t", value: null}, //将渲染到纹理之前的画面作为一张图片
4    },
5    vertexShader: [                                         //定义顶点着色器
6      "varying vec2 vUv;",                                  //UV 坐标数据
7      "void main() {",                                      //顶点着色器的 main 方法
8      "vUv = uv;",                                          //将 UV 坐标数据传入片元着色器
9      "gl_Position = projectionMatrix * modelViewMatrix * vec4( position, 1.0 );",
       //顶点位置
10     "}"
11   ].join("\n"),
12   fragmentShader: [                                       //定义顶点着色器
13     "precision mediump float;                             //给出默认的浮点精度",
14     "varying vec2 vUv;                                    //从顶点着色器传递过来的 UV 坐标",
15     "uniform sampler2D tDiffuse;                          //纹理内容数据",
16     "void main(){",                                       //片元着色器的 main 方法
17     //给出卷积内核中各个元素对应像素相对于待处理像素的纹理坐标偏移量"
18     "vec2 offset0=vec2(-1.0,-1.0);vec2 offset1=vec2(0.0,-1.0);",
19     "vec2 offset2=vec2(1.0,-1.0);vec2 offset3=vec2(-1.0,0.0);",
20     "vec2 offset4=vec2(0.0,0.0); vec2 offset5=vec2(1.0,0.0);",
21     "vec2 offset6=vec2(-1.0,1.0);vec2 offset7=vec2(0.0,1.0);",
22     "vec2 offset8=vec2(1.0,1.0);",
23     "const float scaleFactor = 1.0;                       //给出最终求和时的加权因子(为调整亮度)",
24     //卷积内核中各个位置的值"
25     "float kernelValue0 = 2.0; float kernelValue1 = 0.0; float kernelValue2 = 2.0;",
26     "float kernelValue3 = 0.0; float kernelValue4 = 0.0; float kernelValue5 = 0.0;",
27     "float kernelValue6 = 3.0; float kernelValue7 = 0.0; float kernelValue8 = -6.0;",
28     "vec4 sum;                                            //最终的颜色和",
29     //获取卷积内核中各个元素对应像素的颜色值"
30     "vec4 cTemp0,cTemp1,cTemp2,cTemp3,cTemp4,cTemp5,cTemp6,cTemp7,cTemp8;",
31     "cTemp0=texture2D(tDiffuse, vUv.st + offset0.xy/512.0);",
32     "cTemp1=texture2D(tDiffuse, vUv.st + offset1.xy/512.0);",
33     "cTemp2=texture2D(tDiffuse, vUv.st + offset2.xy/512.0);",
34     "cTemp3=texture2D(tDiffuse, vUv.st + offset3.xy/512.0);",
35     "cTemp4=texture2D(tDiffuse, vUv.st + offset4.xy/512.0);",
36     "cTemp5=texture2D(tDiffuse, vUv.st + offset5.xy/512.0);",
37     "cTemp6=texture2D(tDiffuse, vUv.st + offset6.xy/512.0);",
38     "cTemp7=texture2D(tDiffuse, vUv.st + offset7.xy/512.0);",
39     "cTemp8=texture2D(tDiffuse, vUv.st + offset8.xy/512.0);",
40     //颜色求和
41     "sum =kernelValue0*cTemp0+kernelValue1*cTemp1+kernelValue2*cTemp2+",
42     "kernelValue3*cTemp3+kernelValue4*cTemp4+kernelValue5*cTemp5+",
43     "kernelValue6*cTemp6+kernelValue7*cTemp7+kernelValue8*cTemp8;" ,
44     //进行灰度化处理
45     "float hd=(sum.r+sum.g+sum.b)/3.0;",
46     "gl_FragColor = vec4(hd) * scaleFactor; //进行亮度加权后将最终颜色传递给管线",
47     "}"
48   ].join("\n")
49 };
```

- 第 5~10 行为顶点着色器部分的相关代码。从中可以看出，它并没有特殊功能，只是计算出顶点位置后将 *UV* 坐标数据传入片元着色器中。
- 第 18~39 行为卷积计算的相关代码。其中第 25~27 行为实现浮雕效果的卷积内核。开发人员还可以更改卷积内核，开发出平滑过滤、边缘检测、锐化处理等高级特效。

- 第 41～43 行为对 9 个采样点进行卷积计算的相关代码。从中可以看出，其特殊的地方在于某一片元的颜色是由周围多个片元共同决定的。
- 第 44～47 行为进行灰度化处理的相关代码。其大体思路是对片元的 *R*、*G*、*B* 值求取平均值，并将计算结果赋值给此片元的各个颜色通道。

（2）开发完着色器部分后，就可以对 html 文件进行修改了。首先引入 custom-shader.js 文件，然后在创建 ShaderPass 通道时传入上面的着色器，最后向效果组合器中添加此通道，具体代码如下所示。

代码位置：随书源代码/第 12 章/Sample12_10 目录下的 Sample12_10.html 文件。

```
1   function addShaderPass(){//添加使用自定义着色器的 ShaderPass 通道
2     //新建 RenderPass 通道
3     var renderPass=new THREE.RenderPass(scene, camera);
4     //新建绑定自定义着色器的 ShaderPass 通道
5     var shaderPass=new THREE.ShaderPass(THREE. CustomShader );
6     //新建 effectCopy 通道
7     var effectCopy=new THREE.ShaderPass(THREE.CopyShader);
8     effectCopy.renderToScreen = true;                     //将结果呈现到屏幕上
9     composer = new THREE.EffectComposer(webGLRenderer); //新建效果组合器
10    composer.addPass(renderPass);                         //添加 RenderPass 通道
11    composer.addPass(shaderPass);                         //添加 ShaderPass 通道
12    composer.addPass(effectCopy);                         //添加 effectCopy 通道
13  }
```

说明 通过上面的代码可以看出，使用自定义着色器实现渲染到纹理时，只需将其名称传入 ShaderPass 通道即可，这与前面的方式十分类似。如果开发人员需要使用 Three.js 引擎中自带的着色器，则可直接用其名称替换掉第 5 行代码中的“THREE. CopyShader”，十分简便。

12.4 音频的处理与展示

在游戏中有很多背景音乐，合理地对音频进行处理，能增强游戏的真实感，同时也能极大增强玩家的体验。Three.js 引擎在对音频处理提供了丰富的接口，在本节将对 Three.js 引擎中音频的处理与展示进行详细介绍。

12.4.1 声音可视化

Three.js 中的声音可视化是以视觉为核心，以音乐为载体，为音乐提供直观的视觉呈现。通过对音乐数据的分析并结合开发需求，能实现酷炫的视觉效果。在本节案例中，16 个长方体跟随音乐的律动在 *y* 轴方向上进行缩放，效果如图 12-13 所示。

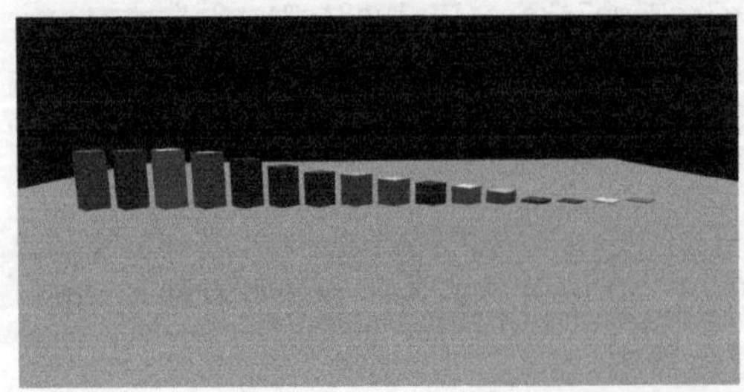
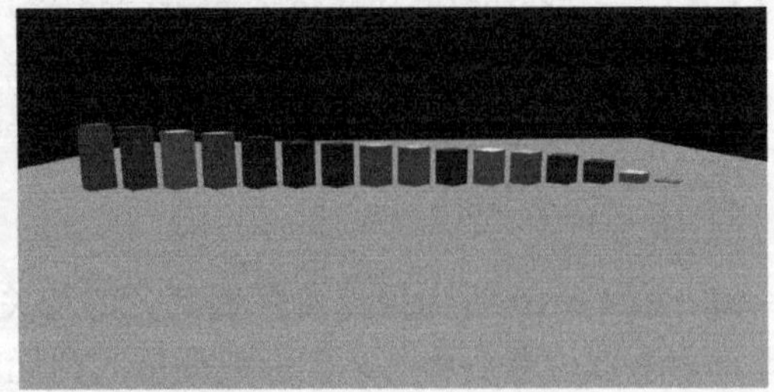

▲图 12-13　声音可视化案例运行效果

说明 通过图 12-13 可以看出，各个长方体的高度在变化，这是跟随音乐的律动而改变的。在运行此案例的时候，读者需要按照提示打开本地的音频文件，然后进行观察。

在看到本案例的运行效果以后，来看一下本案例的具体实现步骤。

（1）加载音频文件，然后创建音频加载对象、音频监听对象和创建音频对象，接下来获取音乐数据，根据此数组长度创建长方体，然后进行画面的渲染，具体代码如下。

代码位置：随书源代码/第 12 章/Sample12_11 目录下的 Sample12_11.html 文件。

```
1   var file;                                                     //文件对象
2   var fileUrl;                                                  //文件链接
3   ......//此省略了初始化场景中相关变量的代码，读者可自行查看随书源代码
4    function fileChange() {
5      file=document.getElementById("importFile").files[0]; //获取文件
6      fileUrl=URL.createObjectURL(file);                     //创建文件链接
7      document.getElementById("WebGL-output").style.display="block";
       //将渲染所用的 div 进行显示
8      document.getElementById("label1").style.display="none";//隐藏打开文件的标签
9      addAudio();                                              //加载音频文件
10   }
11  ......//此处省略了初始化场景的相关方法，读者可自行查看随书源代码
12   function addAudio() {
13     var audioLoder=new THREE.AudioLoader();                  //创建音频加载
14     var listener = new THREE.AudioListener();                //创建音频监听
15     var audio = new THREE.Audio( listener );                 //创建音频对象
16     audioLoder.load(fileUrl,function (audioBuffer ) {        //加载音频
17       audio.setBuffer( audioBuffer );                        //设置音频数据
18       audio.setLoop( true );                                 //音频循环
19       audio.play();                                          //音频播放
20     });
21     analyser = new THREE.AudioAnalyser( audio, fftSize ); //音频数据分析
22     misicDataArray=analyser.data;                            //指定音乐数组中的数据
23     for (var i=0;i<fftSize*0.5;i++){
24       tempGeometry[i]=new THREE.BoxGeometry( 12, misicDataArray[i]/4 ,12);
         //创建长方体
25       material=new THREE.MeshPhongMaterial({color: getColor()});
         //创建随机颜色的材质
26       mesh[i]=new THREE.Mesh(tempGeometry[i],material) ;//创建物体
27       mesh[i].position.x=20*i-160;                           //指定物体的 x 坐标
28       mesh[i].castShadow=true;                               //接受阴影
29       mesh[i].rotation.y= Math.PI/4;                         //指定绕 y 轴旋转的角度
30       scene.add(mesh[i]);                                    //将物体添加进场景
31     }
32     renderScene();                                           //进行渲染
33   }
```

- 第 1～10 行的功能为获取音频文件，创建文件链接和加载音频文件。当我们打开音频文件的时候，会调用 fileChange 方法，获取音频文件并创建链接，然后将渲染用 div 显示，隐藏打开音频文件时的提示信息。
- 第 12～31 行的功能为创建音频加载对象，音频加载监听以及音频对象，然后加载音频并对音频对象进行数据设置和播放设置，对音频进行分析，根据音频数据创建长方体。然后进行场景渲染，场景的渲染方法将在下面进行介绍。

（2）介绍渲染场景的方法。在此方法中主要通过更新音乐数据来更新物体在 y 轴上的缩放比例以及请求绘制下一帧画面，具体的代码如下。

代码位置：随书源代码/第 12 章/Sample12_11 目录下的 Sample12_11.html 文件。

```
function renderScene() {                          //渲染场景的方法
   analyser.getFrequencyData();                   //更新音乐数据
```

```
        misicDataArray=analyser.data;                          //更新音乐数据
        for (var i=0;i<fftSize*0.5;i++){                       //更改物体在 y 轴上的缩放比例
            if(misicDataArray[i]/4==0){                        //如果数据大小为 0
                misicDataArray[i]=4;}                          //数据大小为 4
            mesh[i].scale.y=misicDataArray[i]/4;               //更新物体 y 轴的缩放比例
            mesh[i].position.y=0;                              //指定物体的 y 坐标为 0
        }
        renderer.render( scene, camera );                      //渲染场景
        requestAnimationFrame(renderScene);                    //请求重新绘制场景
    }
```

说明 在渲染场景的方法中，主要是通过更新音乐数据来更新物体在 y 轴上的缩放比例，从而实现物体随音乐律动来改变高度的功能。然后进行场景渲染，并请求重新绘制场景。

12.4.2　声音与距离

游戏音效是游戏中的重要组成部分，其最大功用就是烘托气氛、表达情感，给玩家营造出身临其境的游戏环境。Three.js 引擎能够很好地处理游戏中的声音，并且能够根据摄像机位置与物体位置之间的距离来确定声音的大小。接下来，看一下本节案例的运行效果，效果如图 12-14 所示。

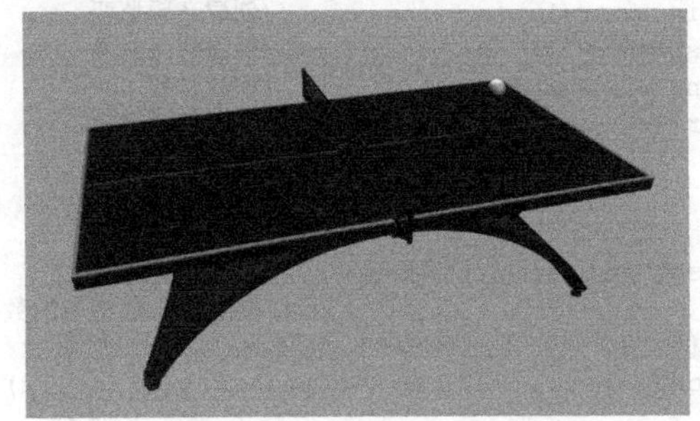

▲图 12-14　声音与距离的运行效果

说明 本案例中乒乓球运动后弹起的时候会发出声音。声音随着摄像机位置与乒乓球位置间距离的改变而改变，距离变小声音增大，距离变大声音减小，这真实地模拟出现实世界的情况。由于本案例与声音有关，所以请读者自行运行案例进行体验。

在看到本案例的运行效果后，看一下本案例的具体实现过程。

（1）单击界面之后对象加载音频及创建监听，然后进行场景的初始化（包括初始化场景中的基本组件，向场景中添加物体和光照，添加鼠标控制以及添加窗口变化监听），最后隐藏提示信息标签，具体实现代码如下。

代码位置：随书源代码/第 12 章/Sample12_12 目录下的 Sample12_12.html 文件。

```
var flag=true;                                                  //单击标志位
var audioLoader;                                                //音频加载对象
var listener;                                                   //音频监听
......//此处省略了其他变量的声明，请读者自行查阅随书源代码
document.addEventListener("mousedown",function (){ //窗口单击监听
    if(flag){                                                   //如果可以进行单击
        audioLoader = new THREE.AudioLoader();                  //创建音频加载对象
        listener = new THREE.AudioListener();                   //创建音频监听对象
        init();                                                 //初始化界面
```

```
10              document.getElementById("tip").hidden=true; //隐藏提示信息
11              flag=false;
12          }});
13      function init() {                                    //初始化界面
14          initScene();                                     //初始化场景的基本组件
15          addMesh();                                       //添加物体
16          addLight();                                      //添加光照
17          addControls();                                   //添加鼠标控制
18          document.getElementById("WebGL-output").appendChild(renderer.domElement);
19          window.addEventListener( 'resize', onWindowResize, false );//窗口变化监听
20      }
21      function initScene(){                                //初始化场景
22          scene = new THREE.Scene();                       //新建场景
23          renderer = new THREE.WebGLRenderer({ antialias: true } );
            //新建渲染器并关闭默认抗锯齿
24          renderer.setClearColor(new THREE.Color(0x000000));    //设置背景颜色
25          renderer.setSize(window.innerWidth, window.innerHeight);
            //设置渲染窗口的大小
26          renderer.shadowMap.enable=true;                       //设置接受阴影
27          renderer.shadowMap.type = THREE.PCFSoftShadowMap;     //设置阴影类型
28          camera = new THREE.PerspectiveCamera(60, window.innerWidth/window.inner
            Height, 0.1, 1000);
29          camera.position.z =20;                                //摄像机位置的 z 坐标
30          camera.position.y =15;                                //摄像机位置的 y 坐标
31          camera.add(listener);                                 //添加音频监听
32          camera.lookAt(new THREE.Vector3());                   //摄像机观察目标点
33      }
```

- 第 1～12 行中的代码声明了程序中的变量，包括音频加载对象、音频加载监听和单击标志位等，注册窗口单击监听。进入界面，单击当前窗口，触发单击事件。接下来创建音频加载对象和音频监听对象，并进行界面的初始化以及隐藏提示信息。
- 第 13～20 行的功能为初始化场景中的基本组件、添加物体，光照和鼠标控制，以及注册窗口变化监听并将渲染结果添加到网页元素中。其中添加光照和鼠标控制的代码与前面案例的相似，在此不再赘述。
- 第 21～33 行为初始化场景，创建摄像机、场景以及渲染器对象，设置摄像机的位置及观察目标的位置，并添加音频监听和设置阴影及阴影类型。在此方法中，最重要的就是给摄像机添加音频监听，这是模拟真实声音效果的前提。

> **提示** 单击界面之后才能进入场景，这是为了应对 Google Chrome 浏览器禁止声音自动播放策略的，我们只需与网页进行交互，便可以播放声音。

（2）看一下添加物体及加载音频方法的核心部分，包括加载音频，创建位置音频对象，设置音频数据，设置音频音量的大小和向场景中添加乒乓球。此外还有渲染场景的方法，此方法主要控制小球的运动以及在小球弹起时播放声音，具体代码如下。

代码位置：随书源代码/第 12 章/Sample12_12 目录下的 Sample12_12.html 文件。

```
function addMesh(){                                                //添加物体及加载音频
    ......//此处省略了向场景中添加乒乓球台模型的代码，读者可自行查阅随书源代码
    audioLoader.load( 'music/ping_pong.mp3', function ( buffer ){  //加载音频
        var ballGeometry = new THREE.SphereGeometry(0.5,20,20);    //创建球体
        var ballMaterial = new THREE.MeshLambertMaterial({color:0xffffff});
        //创建材质
        ball=new THREE.Mesh(ballGeometry,ballMaterial);            //创建网格对象
        ball.position.x = -10;                                     //球体的 x 坐标
        ball.position.y = 8.2;                                     //球体的 y 坐标
        ball.position.z = 0;                                       //球体的 z 坐标
        ball.castShadow=true;                                      //球体投射阴影
```

```
11          var audio = new THREE.PositionalAudio( listener );     //创建位置音频
12          audio.setBuffer( buffer );                             //设置音频数据
13          audio.setVolume(10);                                   //设置音频的音量
14          tempy=ball.position.y;                                 //记录当前时刻球体的 y 坐标
15          ball.userData.flag=false;                              //自定义播放标志位
16          ball.add( audio );                                     //向球体添加音频
17          scene.add(ball);});                                    //向场景添加球体
18      }
19      function renderScene() {                                   //渲染场景的方法
20          requestAnimationFrame(renderScene);                    //请求绘制下一帧画面
21          render();                                              //调用实际渲染场景的方法
22      }
23      function render() {                                        //实际渲染场景的方法
24          temp+=0.03;                                            //增加球体运动角度
25          tempy=ball.position.y;                                 //记录当前时刻球体的 y 坐标
26          ball.position.y=8.2+4*Math.abs(Math.sin(temp));        //改变球体的 y 坐标
27          ball.position.x=10*Math.cos(temp);                     //改变球体的 x 坐标
28          var audio = ball.children[ 0 ];                        //获取音频对象
29          if(ball.position.y<tempy){                             //如果球体 y 坐标小于记录的
            球体 y 坐标
30              ball.userData.flag=true;}                          //播放标志位为 true
31          else{ if(ball.userData.flag){                          //如果可以播放音频
32                  audio.play();                                  //播放音频
33                  ball.userData.flag=false;                      //播放标志位为 false
34              }}
35          renderer.render( scene, camera );                      //进行场景渲染
36      }
```

- 第 3～18 行的代码为加载音频，创建球体网格对象，设置球体的相关属性，创建位置音频对象，设置音频数据和向球体添加音频以及向场景中添加球体。通过向球体添加音频，可将音频对象和球体关联起来。通过改变播放标志位，可以控制音频播放。
- 第 19～36 行的代码为对场景进行渲染。在实际渲染场景的方法中，在当前球体的 y 坐标大于改变位置后球体的 y 坐标值时，物体处于下落状态，播放标志位为 true。反之，物体处于上升状态，音频播放一次，播放标志位为 false。这可避免重复播放。

12.5 杂项

前面介绍了 Three.js 中基本特效的使用，从中可以看到 Three.js 引擎的强大与便利。下面将介绍 Three.js 中一些绘制技巧以及应用实例。在大型场景的搭建中，若合理使用这些技巧，不仅会提高画面渲染速度，还能简化程序的开发。

12.5.1 任意剪裁平面

在实际场景的开发中，往往会有这样的需求，仅需绘制某一特定空间中的物体的一部分，而其他部分就像被切割掉一样，不需要绘制。这时候可以使用 Three.js 中的任意剪裁平面，其使用方法是先设置剪裁空间的平面数组，然后在绘制物体的材质中传入剪裁空间的平面数组。

下面通过一个简单的例子来介绍任意剪裁平面在实际中的应用，其运行效果如图 12-15 所示。本案例通过 Three.js 引擎绘制出贴上纹理的圆球，从而模拟地球及其内部结构，并通过任意剪裁平面技术来观察地球内部的结构。

看到本案例的运行效果后，下面将详细介绍本案例的开发。由于本案例中的大部分代码与前面案例中的相同，这里仅给出本案例中设置任意剪裁平面的代码，具体代码如下。

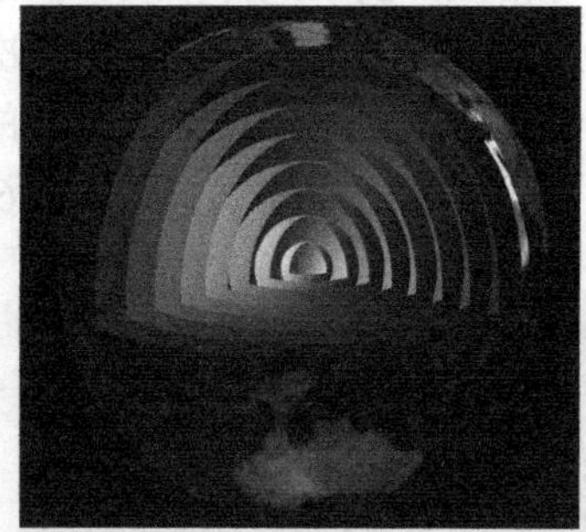

▲图 12-15 案例 Sample12_13 的运行效果

代码位置：随书源代码/第 12 章/Sample12_13 目录下的 Sample12_13.html。

```
1     ...//此处省略了定义变量的代码，读者可以查看源代码进行学习
2     var clipPlanes = [                                                   //定义剪裁平面
3           new THREE.Plane( new THREE.Vector3( 1, 0, 0 ), 0 ),     //设置 yOz 面
4           new THREE.Plane( new THREE.Vector3( 0, - 1, 0 ), 0 ), //设置 xOz 面
5           new THREE.Plane( new THREE.Vector3( 0, 0, - 1 ), 0 ), //设置 xOy 面
6     ];
7     ...//此处省略了初始化场景，添加灯光，设置标签等部分的代码，读者可自行查看随书源代码
8     function addGeometry(){//添加几何对象的方法
9        var texture=["","img/1.png","img/1.png","img/1.png","img/1.png","img/1.png
10       ","img/1.png","img/1.png","img/1.png","img/earth.png"]; //定义纹理数组
11       var myColor=["","#e8cd66","#e4c133","#ce9b32","#cd9a2f","#c98f24","#c3760a
12       ","#c34900", "#ae1601","#ffffff"];                              //定义颜色数组
13       group=new THREE.Group();                          //定义对象组合
14       for(var i=1;i<10;i++){                            //创建 10 个球体
15          var geometry = new THREE.SphereGeometry( i / 2, 48, 24 ); //创建球体
16          var material = new THREE.MeshLambertMaterial({             //定义材质
17             color: new THREE.Color( myColor[i] ),                  //设置颜色
18             side: THREE.DoubleSide,                     //设置球体内外双面纹理贴图
19             clippingPlanes: clipPlanes,                 //设置剪裁面
20             clipIntersection: true,                     //开启任意剪裁平面
21             map: THREE.ImageUtils.loadTexture(texture[i])  //设置纹理
22          });
23          group.add( new THREE.Mesh( geometry, material ) ); //将球体添加进对象组合
24       }
25       scene.add(group);                                           //将对象组合添加进场景
26    }
```

- 第 2～6 行代码中的 new THREE.Plane(normal : Vector3, constant : Float)方法为创建平面的方法，其中参数 normal 是一个三维向量，表示平面的法向量，默认值为(1,0,0)；参数 constant 是一个浮点型数，表示原点到平面的距离，默认值为 0。
- 第 8～26 行的代码创建了一个被剪裁掉 1/8 的地球模型，并且能够看到地球模型的内部结构。该地球模型绘制了 10 个半径依次增大的球，让处于里面的每一个球都贴上不同颜色的纹理，最外层的球贴上地球表面的纹理。最后就能模拟出地球和地心的效果。

提示 在上述代码中首先定义了平面数组，然后在创建球体的材质中开启任意剪裁平面。在绘制球体时，剪裁面法向量的负方向区域为剪裁区域，3 个剪裁面的法向量负方向组成了空间剪裁区域，最后绘制球体时位于空间剪裁区域内的部分将不可见。

12.5.2 单个物体的多个实例

在一些场景，尤其是则游戏场景中，某个物体可能会多次重复出现。如果场景中多次重

复的物体是 obj 等格式的模型文件，则多次重复加载无疑会严重降低场景的渲染速度。为了提高场景的渲染速度，可以使用单个物体多次绘制的方式来提高场景的渲染速度和流畅性。

下面将给出一个茶壶模型多次绘制场景的案例 Sample12_14，该场景由 500 个茶壶按照一定的组合搭建而成。其运行效果如图 12-16 所示。

▲图 12-16 案例 Sample12_14 的运行效果

看到本案例的运行效果后，介绍本案例的开发过程。本案例中的大部分代码与前面案例中的相同，这里不再详细介绍。下面仅给出本案例中多次绘制茶壶模型的代码，具体代码如下。

代码位置：随书源代码/第 12 章/Sample12_14 目录下的 Sample12_14.html。

```
function getColor(){                                          //随机创建十六进制颜色方法
    var colorElements = "0,1,2,3,4,5,6,7,8,9,a,b,c,d,e,f";//定义十六进制颜色字符串
    var colorArray = colorElements.split(","); //切分颜色字符串
    var color ="#";                                           //定义十六进制颜色的第一个字符
    for(var i =0;i<6;i++){
        color+=colorArray[Math.floor(Math.random()*16)];      //得到随机颜色值
    }
    return color;                                             //返回颜色值
}
function getPostion() {                                      //生成随机位置
    var postion=new THREE.Vector3();                         //定义空间点坐标
    postion.x=Math.random()*1000;                            //随机生成点的 x 值
    postion.y=Math.random()*1000;                            //随机生成点的 y 值
    postion.z=Math.random()*1000;                            //随机生成点的 z 值
    return postion;                                          //返回点坐标
}
function addMesh(){                                          //创建物体的方法
    var jsLoader=new THREE.JSONLoader();                     //定义 js 文件加载器
    jsLoader.load('obj/1.js',function (object) {             //加载茶壶模型的 js 文件
        object.computeBoundingBox();                         //设置茶壶模型的边界框
        geometrySize = object.boundingBox.getSize(); //获取茶壶模型尺寸值
        var objTemp=object.clone();                          //复制茶壶模型
        for ( var i = 0; i < meshCount; i ++ ) {             //将茶壶绘制 499 次
            material=new THREE.MeshLambertMaterial({color:getColor()});
            //材质随机颜色
            var object = new THREE.Mesh( objTemp, material );//创建茶壶物体对象
            object.rotation.set(Math.random()*Math.PI,Math.random()*//设置旋转角度
            Math.PI,Math.random()*Math.PI);
            object.position.set(getPostion().x,getPostion().y,getPostion().z);
            //设置位置
            object.material = material.clone();              //复制茶壶物体对象的材质
            scene.add( object );                             //将茶壶物体对象添加进场景
        }
        mesh=new THREE.Mesh(objTemp,material);               //创建原点处的茶壶对象
```

```
33            mesh.rotation.x=-Math.PI*0.5;                       //将茶壶绕 x 轴旋转 90°
34            scene.add(mesh);                                    //将茶壶添加进场景
35        })
36    }
```

- 第 1～9 行为随机生成十六进制颜色的方法。通过随机数方式随机地从表示颜色的字符数组中取值，然后组合成一个完整的颜色字符串，最后将颜色字符串返回。
- 第 10～16 行为随机生成茶壶初始位置点的方法。由于是用随机数乘以一个常数给出的 *x*、*y*、*z* 轴坐标，所以每一个点的位置都在边长等于该常数的正方体区域内。
- 第 17～36 行为创建茶壶物体的方法。首先定义 js 文件的加载器并加载茶壶模型文件，并将茶壶几何体进行复制，再用 for 循环方式来创建多个茶壶网格对象并添加到场景中，同时，在创建每个茶壶网格对象时设置了不同的旋转角度和初始位置点。

> **提示** 在模型加载完成之后，返回一个对象，它属于几何体对象，包含几何体的顶点数据、顶点索引数据、*UV* 坐标数据等信息。这时便可以不用反复加载模型文件以获取对象，直接一次加载后重复使用几何体对象去创建网格对象，即可实现单个物体的多次绘制。

12.5.3 高真实感的水面

开发一些游戏时，经常需要高真实感的水面，包括真实的水面波纹和真实的水面倒影等。在 Three.js 引擎中要想实现这种高真实的水面是非常简单的。Three.js 引擎提供了 Water 类，读者只需将 Water2.js 引入网页文件进行开发即可。

读者将 Water2.js 引入网页文件后，根据开发需求，设置相关属性便可开发出高真实感的水面。Water 类中可以进行设置的属性有 scale、flowDirection、color、reflectivity 等，对各个属性的描述如表 12-11 所示。

表 12-11　Water 类的属性和描述

属　性	描　述
scale	该属性定义的是纹理采样坐标的放大倍数
flowDirection	该属性控制的是水的流动方向
color	该属性可以控制水面的颜色
reflectivity	该属性定义的是水面反射影像的程度

在对 Water 类有了基本的了解后，接下来了解案例 Sample12_15 的运行效果，这将对读者了解 Three.js 引擎中高真实感水面的渲染效果有一定的帮助，效果如图 12-17 所示。

▲图 12-17　高真实感水面效果

> **说明** 通过图 12-17 可以看出，使用 Three.js 引擎提供的 Water 类开发的高真实感水面，真实地模拟了现实的水面，包括水面的波纹、水面的光照和水面的倒影等。由于灰度印刷，效果可能看起来并不明显，请读者运行案例进行观察。

看到本案例的运行效果之后，接下来对本案例的开发步骤进行详细介绍，具体情况如下所示。

（1）找到 Three.js 发布包中“\examples\js\objects”目录下的 Water2.js 文件，将其复制到项目的 util 目录下，并在 HTML 文件中引入。然后找到“examples\textures\water”目录下的 Water_1_M_Normal.jpg 和 Water_2_M_Normal.jpg 文件，将它们复制到项目的 img 目录下。

（2）完成上述操作后，将详细讲解本案例中的场景搭建，包括二十面体的创建、天空盒的加载和水面的搭建等。首先介绍的是场景的初始化，包括初始化场景基本组件、向场景中添加物体、向场景中添加天空盒、添加鼠标控制，以及添加窗口变化监听等，具体代码如下。

代码位置：随书源代码/第 12 章/Sample12_15 目录下的 Sample12_15.html 文件。

```
1    var water;                                                    //水面
2    var sphere;                                                   //球体
3    var sphereAngle=0;                                            /球运动的角度
4    ......//此处省略了声明其他变量的代码，读者可自行查看随书源代码
5    function init() {                                             //初始化场景
6        initScene();                                              //初始化场景的基本组建
7        addMesh();                                                //添加物体
8        setSkybox();                                              //添加天空盒
9        addLight();                                               //添加光源
10       addControls();                                            //添加鼠标控制
11       addSupport();                                             //添加 FPS 状态监测
12       renderScene();                                            //渲染场景
13       document.getElementById("WebGL-output").appendChild(renderer.domElement);
14       window.addEventListener( 'resize', onWindowResize, false ); //窗口变化监听
15   }
16   function addSupport() {                                       //添加 FPS 状态监测
17       stats=new Stats();                                        //创建状态监测对象
18       container.appendChild( stats.dom );
19   }
20   function addControls() {                                      //添加鼠标控制
21       var controls = new THREE.OrbitControls( camera, renderer.domElement );
         //添加鼠标控制
22       controls.enablePan = true;                                //是否可以平移
23       controls.enableZoom =true;                                //是否可以缩放
24       controls.maxPolarAngle = Math.PI*4/9;                     /控制角度
25   }
26   function initScene() {                                        //初始化场景的基本组件
27       scene = new THREE.Scene();                                //创建场景对象
28       container = document.getElementById( "container" );
29       renderer = new THREE.WebGLRenderer({ antialias: true } );//创建渲染器对象
30       renderer.setClearColor(new THREE.Color(0x979797));        //设置背景颜色
31       renderer.setSize(window.innerWidth, window.innerHeight); //设置渲染窗口的大小
32       camera = new THREE.PerspectiveCamera(90, window.innerWidth / window.
         innerHeight, 0.1, 5000);
33       camera.position.set(8,3,0);                               //设置摄像机位置
34       camera.lookAt( scene.position );                          //设置摄像机观察目标的位置
35   }
```

- 第 1～14 行为声明变量和初始化场景。初始化场景包括初始化场景的基本组件和向场景添加物体、天空盒、光照、鼠标控制和 FPS 状态监测以及渲染场景。其中，添加光照的代码与前面案例的相似，在此不在赘述。
- 第 16～19 行为添加鼠标控制以及 FPS 状态监测的代码。在添加鼠标控制方法中，

开启对场景平移和旋转的控制，并将旋转角度控制在一定范围内。

❑ 第26～35行为初始化场景的基本组件，包括创建场景对象、渲染器对象，设置背景颜色和渲染窗口的大小，创建摄像机并指定摄像机的位置和观察位置。

（3）介绍添加天空盒的方法，包括加载立方体纹理，创建立方体着色器对象，创建着色器材质，创建立方体几何对象和网格对象并将网格对象添加进场景，具体代码如下。

代码位置：随书源代码/第12章/Sample12_15目录下的Sample12_15.html文件。

```
function setSkybox() {                                          //添加天空盒
    var cubeTextureLoader = new THREE.CubeTextureLoader();//创建立方体纹理加载对象
    cubeTextureLoader.setPath( 'img/' );                        //设置加载路径
    var cubeMap = cubeTextureLoader.load( [
        'skycubemap_left.jpg', 'skycubemap_right.jpg',          //立方体左面和右面的图片
        'skycubemap_up.jpg', 'skycubemap_down.jpg',             //立方体上面和下面的图片
        'skycubemap_back.jpg', 'skycubemap_front.jpg',          //立方体后面和前面的图片
    ] );
    var cubeShader = THREE.ShaderLib[ 'cube' ];                 //创建立方体着色器对象
    cubeShader.uniforms[ 'tCube' ].value = cubeMap;             //传入立方体纹理
    var skyBoxMaterial = new THREE.ShaderMaterial( {            //创建着色器材质
        fragmentShader: cubeShader.fragmentShader,              //立方体片元着色器
        vertexShader: cubeShader.vertexShader,                  //立方体顶点着色器
        uniforms: cubeShader.uniforms,                          //立方体着色器的一致变量
        side: THREE.BackSide                                    //背面绘制
    } );
    var skyBoxGeometry = new THREE.BoxBufferGeometry(500, 500, 500);//创建立方体几何体
    var skyBox = new THREE.Mesh( skyBoxGeometry, skyBoxMaterial );//创建网格对象
    scene.add( skyBox );                                        //将天空盒添加进场景
}
```

说明 上面是向场景中添加天空盒的代码。首先需要创建立方体纹理加载对象，并加载天空盒的6张图片。接下来创建材质对象并将其传入立方体着色器、立方体纹理以及开启背面绘制。最后创建立方体几何体对象，创建天空盒网格对象以及将其添加进场景。

（4）介绍添加物体和渲染场景的方法。添加物体的方法包括向场景中添加二十面体，向场景中添加地板，向场景中添加水面以及设置水面的颜色、流动方向和水面反射程度等。渲染场景的方法主要是控制二十面体的运动并请求绘制下一帧画面，具体代码如下。

代码位置：随书源代码/第12章/Sample12_15目录下的Sample12_15.html文件。

```
function addMesh(){
    var geometry = new THREE.IcosahedronGeometry(2, 1 );    //创建一个二十面体
    for ( var i = 0, j = geometry.faces.length; i < j; i ++ ) {
        geometry.faces[ i ].color.setHex( Math.random() * 0xffffff );
        //对每个面随机指定颜色
    }
    var material = new THREE.MeshStandardMaterial( {           //创建材质
        vertexColors: THREE.FaceColors,                        //顶点颜色
        roughness: 0.0,                                        //粗糙度
        flatShading: true,                                     //平滑着色
    } );
    sphere = new THREE.Mesh( geometry, material );             //创建二十面体网格对象
    scene.add( sphere );                                       //向场景添加网格对象
    var groundGeometry = new THREE.PlaneBufferGeometry( 20, 20); //地板几何体
    var groundMaterial = new THREE.MeshStandardMaterial( { roughness: 0.8,
    metalness: 0.4 } );
    var ground = new THREE.Mesh( groundGeometry, groundMaterial );//创建地板网格对象
    ground.rotation.x = Math.PI * - 0.5;                       //绕x轴逆向旋转90°
    var textureLoader = new THREE.TextureLoader();             //创建纹理加载对象
    textureLoader.load( 'img/teture.png', function( map ) {
```

```
19          map.wrapS = THREE.RepeatWrapping;             //S 轴的纹理拉伸方式
20          map.wrapT = THREE.RepeatWrapping;             //T 轴的纹理拉伸方式
21          map.anisotropy =16;                           //最大各异向程度
22          map.repeat.set( 5, 5 );                       //S 轴和 y 轴的重复次数
23          groundMaterial.map = map;                     //传入纹理
24          scene.add( ground );                          //将地板网格对象添加进场景
25      } );
26      var waterGeometry = new THREE.PlaneBufferGeometry(20, 20);//创建水面几何体
27      water = new THREE.Water( waterGeometry, {                //创建水面网格对象
28          color: '#ffffff',                                    //水的颜色
29          scale: 0,                                            //纹理坐标放大倍数
30          flowDirection: new THREE.Vector2( 4, 4 ),            //流动方向
31          textureWidth: 1024,                                  //纹理宽度
32          textureHeight: 1024,                                 //纹理高度
33          reflectivity:0.5                                     //水面反射影像的程度
34      } );
35      water.position.y =1;                                     //水面的 y 坐标
36      water.rotation.x = Math.PI * - 0.5;                      //绕 x 轴逆向旋转 90°
37      scene.add( water );                                      //向场景中添加水面
38  }
39  function renderScene() {                                     //渲染场景的方法
40      requestAnimationFrame(renderScene);                      //请求绘制下一帧
41      render();
42  }
43  function render() {                                   //实际渲染的方法
44      sphere.position.y=2+3*Math.cos(sphereAngle);      //二十面体的运动，改变 y 轴坐标
45      sphereAngle+=0.02;                                //增加运动角度
46      stats.update();                                   //FPS 状态更新
47      renderer.render( scene, camera );                 //渲染场景
48  }
```

- 第 2～12 行为向场景添加二十面体的方法。在创建了二十面几何体后，遍历二十面体的各个面并分别赋予不同的颜色。接着创建材质并设置顶点颜色和粗糙程度以及是否平滑着色，然后创建二十面体网格对象并将其添加进场景。
- 第 13～25 行为向场景添加地板网格对象的代码。创建地板几何体后，创建纹理加载对象并加载纹理和设置纹理、*S* 轴和 *T* 轴的拉伸方式以及最大各异向程度等。在纹理加载完毕后，将地板网格对象添加进场景。
- 第 26～37 行代码为创建水面网格对象并将其添加进场景。在创建水面网格对象时，设置了水的颜色、纹理坐标放大倍数、流动方向，以及水面反射影像的程度等属性。
- 第 39～48 行为渲染场景的方法。在实际渲染场景的方法中，通过改变运动角度和改变二十面体的 y 坐标，可不断更新 FPS 的状态。

12.6 本章小结

本章更进一步介绍了 Three.js 的基础知识，包括粒子系统的开发，混合与雾效果的实现，音频的处理与展示，任意剪裁平面的设置，单个物体的多次绘制以及高真实水面的开发等。另外，本章还介绍了渲染到纹理的相关知识，这使读者可以方便地绘制出满意的画面，迅速提升 3D 开发能力。

第 13 章　Babylon.js 引擎

前面的章节向大家介绍了 Three.js 这个在 WebGL 开发中用途十分广泛的引擎，本章介绍一款基于 WebGL 和 JavaScript 的开源 3D 引擎——Babylon.js。Babylon.js 是基于 Web 平台的专业的 3D 游戏引擎，在国内外具有很高知名度。Babylon.js 出生于 2013 年夏天，由微软发布。

13.1 Babylon.js 概述

Babylon.js 是由 HTML5 和 WebGL 构建的 3D 游戏的完整 JavaScript 框架。与前面所介绍的 Three.js 引擎不同，Babylon.js 更倾向于基于 Web 进行游戏开发与碰撞检测。Babylon.js 为游戏开发者提供极大的便利，利用它只需要少量代码就可以创建出 3D 场景和碰撞检测等操作。

13.1.1 Babylon.js 简介

Babylon.js 与 Three.js 作为两个强大 WebGL 框架，使 Web 开发者能够更容易地利用强大的 WebGL3D 技术进行开发。但这两个引擎还是有很大区别的，Three.js 专注于 GPU 增强的 3D 图形和动画，而 Babylon.js 主要用于 Web 游戏的开发与碰撞检测等方面。

目前的 Babylon.js 已经支持 WebGL 2.0，具有更高品质的渲染效果。Babylon.js 支持 WebGL 2.0 的新特性包括多重渲染目标，顶点数组对象，一致缓冲区对象，遮挡查询和 3D 纹理等。到现在为止，相信读者已经对 Babylon.js 产生了浓厚的兴趣，下面来具体看一下 Babylon.js 的功能。

- ❑ 根据开发人员的需求可方便快捷地创建出 3D 图形。
- ❑ 为物体的渲染提供多种类型的纹理和材质。
- ❑ 自带强大的阴影计算功能，支持 PCF 和 PCSS 阴影算法。
- ❑ 对物理引擎进行封装，为 Web 游戏开发者提供了极大的便利。
- ❑ 支持多种格式的 3D 物体模型和骨骼动画，让 3D 场景更加丰富。
- ❑ 引擎中带有多种着色器，可以实现多种逼真的效果。

在正式学习 Babylon.js 的代码开发之前，读者有必要先了解开发前的准备步骤。

（1）登录其官网单击 DOWNLOAD 进入下载界面。根据需要选择开发组件和版本号以及是否进行压缩，然后下载 babylon.custom.js 文件。需要注意的是，Minified 版的文件适用于最终发布的程序，而 Unminified 版的文件适用于程序的开发调试，本书开发时使用的是 Unminified 版的文件。

（2）下载完成后，在 HTML 中将 babylon.custom.js 文件作为外部文件来引入，然后通过全局变量 Babylon 对引擎中的所有变量和方法进行操作，引入的代码如下。

```
<script type="text/javascript" src="bulid/babylon.custom.js"></script>
```

提示　Babylon.js 从 v3.0 版开始，支持使用 WebGL 1.0 和 WebGL 2.0 上下文进行渲染。默认情况下，引擎会尝试获取 WebGL 2.0 上下文。如果浏览器不支持 WebGL 2.0，则尝试获取 WebGL 1.0 上下文对像。Babylon.js 对 WebGL 的支持是透明的，在获取 BABYLON. Engine 对象后，可根据其 WebGLVersion 属性检测 WebGL 的版本。

13.1.2　Babylon.js 效果展示

13.1.1 节已经对 Babylon.js 的基本情况进行了介绍，相信读者已经对其有了一定的了解。为了能够更加直观地感受到 Babylon.js 的强大之处，本节将对现在市面上使用此引擎开发的优秀网页作品进行简单的介绍与展示。

下面几幅图（见图 13-1～图 13-4）就是作者看到的一些使用 Babylon.js 3D 引擎制作出的精美网页截图。

▲图 13-1　海盗奇航

▲图 13-2　模拟飞行

▲图 13-3　限制运输

▲图 13-4　3D 台球

通过上述截图可以看出，使用 Babylon.js 可以开发出酷炫、逼真的网页 3D 游戏，给用户带来强烈的视觉冲击。另外，Babylon.js 又具有封装度高、开发难度低等优势。相信随着引擎的不断更新，Babylon.js 引擎将大有作为。

提示　可能通过上面的插图难以体验到画面的精美，有兴趣的读者可以登录 Babylon.js 的官方网站体验各类优秀作品。

13.2　初识 Babylon.js 应用

13.1 节已经简单介绍了 Babylon.js 的基本情况，相信读者已经对其有了一定的认识。本节将给出一个简单的案例，详细介绍使用 Babylon.js 进行开发的基本步骤，提高读者对程序开发的理解，并进一步加强对 Babylon.js 的认识。本节案例的运行效果如图 13-5 所示。

看到本案例的效果图后，有兴趣的读者可在自己的设备上运行本案例。下面将讲解本案例的具体开发步骤。

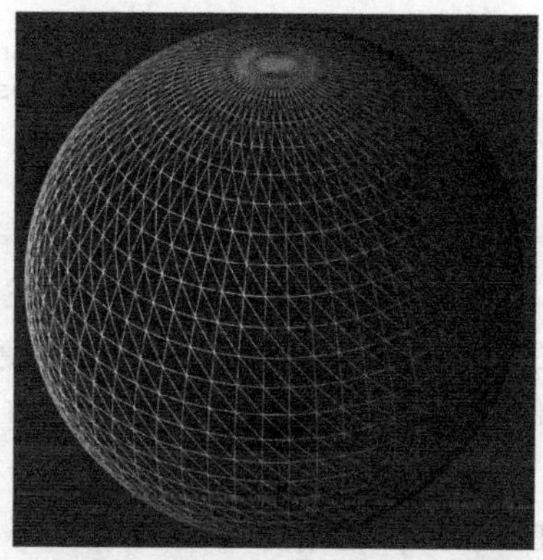

▲图 13-5　Sample13_1 案例运行效果

（1）在进行 Babylon.js 的代码开发之前，首先将下载的 babylon.custom.js 复制到项目目录中。本案例中将 babylon.custom.js 复制到名称为 build 的文件夹中以备开发使用。

（2）复制完成后，就可以进行代码的编写工作了。主要的思路是新建一个 HTML 文件，将 babylon.custom.js 作为外部文件来引入，之后通过编写 JavaScript 代码对整个项目进行操作。接下来，介绍本案例的开发，具体代码如下所示。

代码位置：随书源代码/第 13 章/Sample13_1 目录下的 Sample13_1.html。

```
<!DOCTYPE html>
<html>
    <head>
        <meta http-equiv="Content-Type" content="text/html; charset=utf-8" />
        <title>Babylon.js sample code</title>
        <script type="text/javascript" src="bulid/babylon.custom.js"></script>
        <style>
            ......//此处省略CSS样式的定义，请读者自行查看随书源代码
        </style>
    </head>
  <body>
    <span  id="fpsLabel">FPS</span>
    <span  id="versionLabel">Version</span>
    <canvas id="renderCanvas"></canvas>
    <script>
        var canvas = document.getElementById("renderCanvas"); //获取Canvas对象
        var engine = new BABYLON.Engine(canvas, true);   //获取Babylon引擎对象
        document.getElementById("versionLabel").innerHTML=
            ' Version <br>WebGL '+engine.webGLVersion;//获取引擎的WebGL版本
        var createScene = function () {                    //创建场景的方法
            var scene = new BABYLON.Scene(engine);         //创建场景对象
            var camera = new BABYLON.ArcRotateCamera("camera1",
                0, 0, 0, new BABYLON.Vector3(0, 0, 0), scene);//创建弧度旋转摄像机
            camera.setPosition(new BABYLON.Vector3(0,40,40));//设置摄像机的位置
            camera.attachControl(canvas, true);            //添加对Canvas的控制
            var light = new BABYLON.DirectionalLight("DirectionalLight",
                new BABYLON.Vector3(-1, -1, -1), scene); //创建平行光
            light.position=new BABYLON.Vector3(30,30,30);//设置阴影投射的位置
            var materialSphere1=new BABYLON.StandardMaterial("materialSphere1", scene);
            materialSphere1.wireframe = true;              //是否使用网格
            var sphere=BABYLON.MeshBuilder.CreateSphere("sphere", {diameter:
            30}, scene);//球体
            sphere.material=materialSphere1;               //设置球体的材质
            var angle=0;                                   //角度
            scene.onBeforeRenderObservable.add(()=>{       //渲染前的执行函数
                angle=angle+0.01;                          //增加角度
                sphere.rotation.set(0,angle,0);            //修改球体的旋转角度
            })
            return scene;};                                //返回场景对象
        var fpsLabel=document.getElementById('fpsLabel');//获取FPS标签的DOM对象
        var scene=createScene();                           //创建场景
        engine.runRenderLoop(function () {                 //启动渲染循环
            if (scene) {                                   //如果场景创建完成
                fpsLabel.innerHTML=' FPS <br> ${Math.floor(engine
```

```
                .getFps())}';
44              scene.render();                                  //渲染场景
45          }});
46          window.addEventListener("resize", function () {     //窗口变化监听
47              engine.resize();                                 //引擎重新设置窗口尺寸
48          });
49      </script>
50  </body>
51  </html>
```

- 第 1～14 行为网页开发中经常使用的一些标签。其功能为设置网页标题，显示页面的全屏效果，显示 FPS 和引擎使用的 WebGL 的版本以及将 build 目录下的 babylon.custom.js 作为外部文件引入案例中进行使用。
- 第 16～19 行的代码为获取 Canvas 的 DOM 对象、Babylon 的引擎对象和当前 Babylon.js 使用的 WebGL 版本。根据浏览器对 WebGL 的支持度不同，此处获取到的版本会有所不用。
- 第 20～38 行的代码为创建场景。主要包括创建场景对象和摄像机并添加控制，创建光源、材质、球体并指定其材质，以及在渲染之前修改球体的旋转角度。这些都是 Babylon.js 开发中必不可少的部分，后文将详细介绍。
- 第 39～51 行代码的功能为获取 FPS 标签对象，创建场景，启动渲染循环以进行场景的渲染以及 FPS 的更新。最后添加窗口变化监听，当窗口大小发生变化时，引擎会重新设置渲染窗口的大小，保证渲染出的画面不会变形。

13.3 Babylon.js 基本组件

13.2 节通过一个案例详细介绍了使用 Babylon.js 进行开发的主要框架，可能一部分读者会对案例中的具体代码感到疑惑。为了使读者的理解更加深入，本节分别对场景、摄像机、网格对象、材质以及光源等基本组件进行详细介绍。

13.3.1　场景

在前面的案例中，创建摄像机、网格对象和光源等组件的 API 都需传入 BABYLON.Scene（场景对象）。从中可以看出，场景就像是其他组件的容器。任何物体都必须将其添加到场景中才有可能被绘制。Babylon.js 中对场景进行操作的函数有很多，下面简要介绍几种操作函数，如表 13-1 所示。

表 13-1　Babylon.js 中的操作函数

函 数 名 称	函数的作用
Scene. getEngine()	获取与场景关联的引擎
Scene. getMeshByName()	根据名字获取场景中的网格对象
Scene. removeMesh()	删除场景网格对象列表中的网格对象
Scene. registerBeforeRender()	在每帧渲染之前注册一个函数

除了上述操作外，开发人员还可以直接对场景的 fogMode 和 fogColor 属性进行设置，从而为整个画面添加真实的雾化效果。举一个例子，如果需要在场景中添加白色的雾化效果，则只需在场景绘制前添加如下代码。

```
scene.fogMode = BABYLON.Scene.FOGMODE_EXP;                //雾的计算模式
scene.fogColor = new BABYLON.Color3(1,1, 1);              //雾的颜色
```

从上述代码可以看出，仅需要两行代码就能实现真实的雾化效果，可见 Babylon.js 功能的强大。了解了场景的基本知识后，下面通过一个案例让读者对 Babylon.js 的场景有更深入的理解，案例 Sample13_2 的运行效果如图 13-6 所示，关闭雾化的效果如图 13-7 所示。

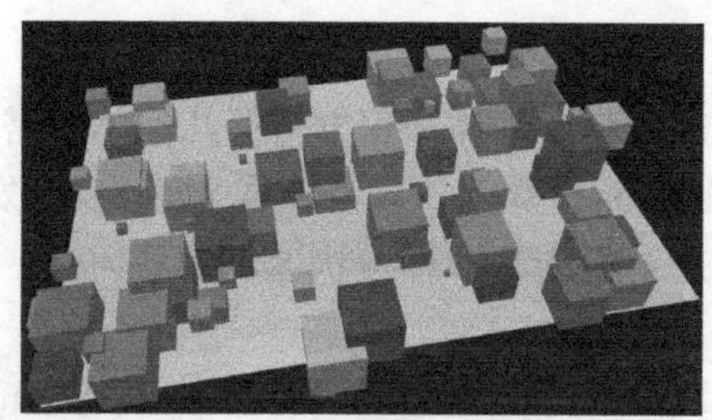

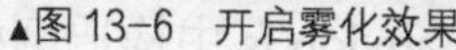

▲图 13-6　开启雾化效果

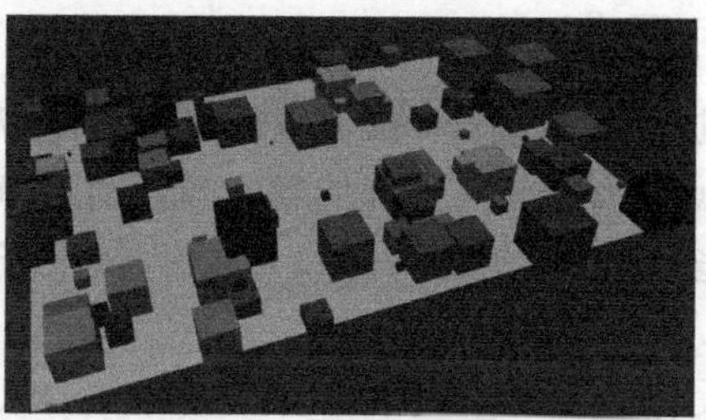

▲图 13-7　关闭雾化效果

本案例中，读者可通过单击屏幕使场景中的立方体数量减少。看到本案例的运行效果后，下面进行案例核心代码的开发，主要包括创建摄像机，光源和地面网格对象以及创建立方体网格对象并随机摆放，具体代码如下。

代码位置：随书源代码/第 13 章/Sample13_2 目录下的 Sample13_2.html。

```
1    var createScene = function () {                              //创建场景的方法
2            var scene = new BABYLON.Scene(engine);    //创建场景
3            var camera = new BABYLON.ArcRotateCamera("Camera", 3 * Math.PI / 2,
4                Math.PI / 8, 20, BABYLON.Vector3.Zero(), scene);//创建弧形旋转摄像机
5            camera.attachControl(canvas, true);                  //开启控制
6            camera.setTarget(BABYLON.Vector3.Zero());            //设置观察目标
7            var light = new BABYLON.HemisphericLight("light1", new BABYLON.
             Vector3(0, 1, 0), scene);
8            light.intensity = 0.7;                               //光照强度
9            scene.fogMode = BABYLON.Scene.FOGMODE_EXP;           //雾的计算方式
10           scene.fogColor = new BABYLON.Color3(1,1, 1);        //雾的颜色
11           scene.fogDensity = 0.008;                           //雾的浓度
12           var ground =BABYLON.MeshBuilder.CreateGround("gd",
13               {width: 60,height:40 ,subdivsions: 4}, scene);//创建地板网格对象
14           for(var i=0;i<100;i++) {
15              var size=5*Math.random();                        //随机确定尺寸
16              var meshMatrial=new BABYLON.StandardMaterial("meshMatrial",scene);
17              meshMatrial.diffuseColor=new BABYLON.Color3(
18                  Math.random(),Math.random(),Math.random())//随机设置漫反射颜色
19              var meshBox= BABYLON.MeshBuilder.CreateBox("box"+i,{size:size},
                scene);
20              meshBox.material=meshMatrial;                    //设置立方体的材质
21              meshBox.position.x=60*Math.random()-30;          //随机确定位置
22              meshBox.position.z=40*Math.random()-20;
23              meshBox.position.y=5*Math.random();              //使其高度不超过 5
24           }
25           var deleteNum=0;                                    //删除索引
26           window.addEventListener("click",()=>{               //屏幕单击监听
27               scene.removeMesh(scene.getMeshByName("box"+deleteNum),false)
                 //移除立方体
28               if(deleteNum>99){alert("立方体已经清空")} //立方体数量清空时弹出提示
29               deleteNum++;                                    //删除索引增加
30           });
31           return scene;                                       //返回场景对象
32       };
```

❑ 第 1～11 行代码的功能为创建场景和弧度旋转相机并开启控制，创建光源并指定强度，指定雾的计算方式并设置雾的颜色和浓度。读者若想去除雾化效果，需去掉第 8～10 行的代码。

- 第 12～32 行代码的功能为创建地板网格对象，并随机生成 100 个随机颜色的立方体网格对象。然后注册屏幕单击事件，根据删除索引获取要删除的立方体网格对象再将其删除。当删除所有的立方体网格对象后，会弹出立方体已经清空的提示。最后返回场景对象。

13.3.2　网格对象

通过前面的学习，读者应该认识到在 WebGL 中创建球体、正方体等几何体时需要自行给出顶点位置或者从外部加载，过程比较烦琐。Babylon.js 作为一款功能强大的 3D 开发引擎，自带了多种类型的网格对象。开发人员只需要调用对应的 API 即可快速创建几何体。

1. 基本网格对象

为了使读者对几何对象有更加深入的认识和理解。下面将介绍如何使用 Babylon.js 中自带的基本网格对象 API 创建网格对象。首先，需要了解在 Babylon.js 中构造网格对象的代码，代码如下所示。

```
var shape = BABYLON.MeshBuilder.CreateShape(name, options, scene);
```

Babylon.js 中自带的网格对象包括立方体、球体、圆柱体、曲面细分多边形等。在创建这些网格对象的时候，最大的不同就是 options 参数的不同。options 是一个参数数组，包含这个网格对象的构建信息。下面通过一个表格具体说明不同网格对象的 options 信息，具体情况如表 13-2 所示。

表 13-2　网格对象 options 参数说明

网 格 对 象	options 参数	options 参数说明
立方体	size，height，width，depth，faceColors，faceUV，updatable，sideOrientation	size 代表立方体每个边的尺寸，height、width、depth 代表立方体在 y、x、z 轴上的长度，faceColors 代表面的颜色，faceUV 是面的纹理坐标，updatable 代表是否更新
球体	segments，diameter，diameterX，diameterY，diameterZ，arc，slice，updatable，sideOrientation	segments 代表分段数，diameter 代表球体直径，diameterX 代表 x 轴直径，diameterY 代表 y 轴直径，diameterZ 代表 z 轴直径，arc、slice 分别代表纬度和经度的比例，updatable 代表是否更新
圆柱体	height，diameterTop，diameterBottom，diameter，tessellation，subdivisions，faceColors，faceUV，arc，updatable，sideOrientation，frontUVs，backUVs	height 代表圆柱体的高，diameterTop 代表圆柱体顶盖的直径，diameterBottom 代表圆柱的底面直径，diameter 代表上下两个面的直径，frontUVs、backUVs 代表正面和背面的纹理坐标
平面	size，width，height，updatable，sideOrientation，frontUVs，backUVs	size 代表平面尺寸，width、height 代表宽和高
曲面细分多边形	radius，tessellation，arc，updatable，sideOrientation	radius 代表半径，tessellation 代表细分数量
圆环结	radius，tube，radialSegments，tubularSegments，p，q，updatable，sideOrientation，frontUVs，backUVs	tube 代表管子厚度，radialSegment 和 tubular Segments 指横向和纵向的分段数，p 和 q 控制的是样式参数，一般可使用默认值
圆环	diameter，thickness，tessellation，updatable，sideOrientation，frontUVs，backUVs	diameter 代表圆环半径，thickness 代表圆环的厚度
地面	width，height，updatable，subdivisions	width 和 height 代表平面的宽和高，subdivisions 代表平面细分数

说明　表 13-2 所示为 Babylon.js 中自带的网格对象，由于网格对象的很多属性是相同的，所以在 options 参数说明中，省去了重复属性的说明。

仅通过上面的表格，读者很难做到熟练创建需要的几何对象。下面将通过一个简单的案例 Sample11_3 对各种几何对象的创建进行详细介绍。在介绍代码之前，首先对本案例的运行效果进行展示，其具体运行效果如图 13-8 所示。

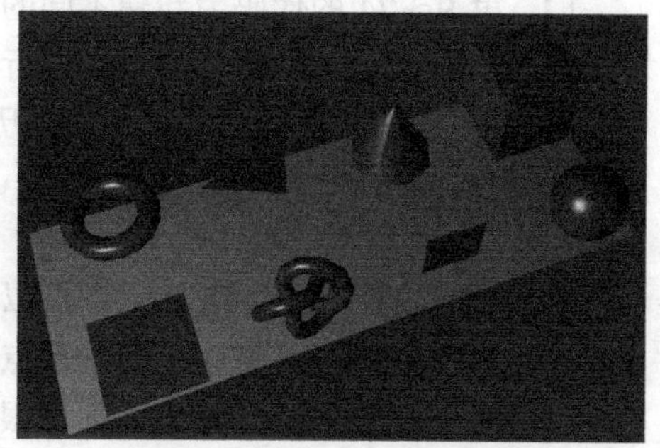

▲图 13-8　各种几何对象的外观

从图 13-8 中可以看出，利用 Babylon.js 引擎可以创建出多种网格对象，而且灵活性非常高。本案例的开发思路是保留 Sample13_3 中初始化渲染的相关代码，并把以多种几何体为基础创建的网格对象添加到场景中，具体代码如下。

代码位置：随书源代码/第 13 章/Sample13_3 目录下的 Sample13_3.html。

```
1   var createScene = function () {
2       var scene = new BABYLON.Scene(engine);              //创建场景和摄像机
3       var camera = new BABYLON.ArcRotateCamera("camera1", 0, 0, 0,
4           new BABYLON.Vector3(0, 0, -0), scene);          //创建摄像机
5       camera.setPosition(new BABYLON.Vector3(0,30,35));   //设置摄像机的位置
6       camera.attachControl(canvas, true);                 //开启摄像机控制
7       var light = new BABYLON.PointLight("light", new BABYLON.Vector3(30,30,20),
        scene);
8       light.intensity = 0.7;                              //设置光照强度
9       var meshArray=[];                                   //网格对象数组
10      meshArray.push(BABYLON.MeshBuilder.CreateBox("box",
11      {height:6,width:6,depth:6}, scene))                 //新建立方体
12      meshArray.push(BABYLON.MeshBuilder.CreateSphere("sphere",
13      {diameter: 5}, scene))                              //新建球体
14      meshArray.push(BABYLON.MeshBuilder.CreateCylinder("cone",
15         {diameterTop: 0,diameterBottom:6,height:5, tessellation: 8}, scene))
           //新建圆柱体
16      meshArray.push( BABYLON.MeshBuilder.CreatePlane("plane",
17         {width: 4,height:4,sideOrientation:BABYLON.Mesh.DOUBLESIDE}, scene))
           //新建平面
18      meshArray.push(BABYLON.MeshBuilder.CreateDisc("disc",
19         {radius:4,tessellation: 3,sideOrientation:BABYLON.Mesh.DOUBLESIDE}, scene))
20      meshArray.push(BABYLON.MeshBuilder.CreateTorusKnot("tk", {}, scene));
        //新建圆环结
21      meshArray.push(BABYLON.MeshBuilder.CreateTorus("torus",
22         {diameter:5,thickness:1.5}, scene));             //新建圆环
23      meshArray.push(BABYLON.MeshBuilder.CreateGround("gd",
24         {width: 6,height:6,subdivsions:4},scene));       //新建地面
25      var groundMaterial = new BABYLON.StandardMaterial("groundMaterial", scene);
26      var ground =BABYLON.MeshBuilder.CreateGround("gd",
27         {width: 40,height:15 ,subdivsions: 4}, scene);   //创建地板
28      ground.material = groundMaterial;                   //设置地板的材质
29      var meshMaterial=new BABYLON.StandardMaterial("meshMaterial",scene)
        //创建材质
30      for(var i=0;i<meshArray.length;i++){                //遍历网格对象数组
31          meshArray[i].material=meshMaterial;             //指定网格对象的材质
32          meshArray[i].material.diffuseColor=new BABYLON.Color3(1, Math.random
            (), Math.random());
33          meshArray[i].position.x=-16+Math.floor(i/2)*10;//指定网格对象的 x 位置
34          meshArray[i].position.y=4;                      //指定网格对象的 y 位置
35          meshArray[i].position.z=(i%2==0)?-4:6;          //指定网格对象的 z 位置
36      }
37      return scene;                                       //返回场景对象
38  };
```

- 第 1～8 行代码的功能为创建场景、摄像机和光照等基本组件。读者可能对摄像机和

光照的知识不熟悉，不要担心，这些知识将在下文进行详细介绍。

- 第 9～24 的代码为新建不同的网格对象，包括立方体、球体、圆柱体、圆环结和圆环等，然后将其放进网格对象数组进行管理，以及创建地板并指定地板的材质。
- 第 25～37 行代码的功能为遍历网格对象数组，指定各个网格对象的材质并设置材质的漫反射颜色，指定各网格对象的 x、y、z 坐标，最后返回场景对象。

2. 高度图网格对象

前面提到过灰度图地形技术，可以根据灰度图中各个像素的灰度值计算出地形的顶点坐标数据。在 Babylon.js 中，对这种技术进行了很好的封装，本节将通过一个简单的案例介绍在 Babylon.js 中如何实现灰度图技术，首先看一下案例 Sample13_4 的运行效果，如图 13-9 所示。

▲图 13-9　Sample13_4 案例的运行效果

看完本案例的运行效果后，下面介绍本案例的开发，主要包括创建材质并指定其漫反射和创建高度图网格对象并指定其材质。本案例的核心代码如下所示。

代码位置：随书源代码/第 13 章/Sample13_4 目录下的 Sample13_4.html。

```
//创建标准材质，并指定其漫反射纹理
var groundMaterial=new BABYLON.StandardMaterial("groudMaterial", scene);
groundMaterial.diffuseTexture=new BABYLON.Texture("textures/ground.jpg", scene)
//根据高度图创建网格对象，指定灰度图的宽度和高度以及细分数量，设置地形的最大高度
var ground = BABYLON.MeshBuilder.CreateGroundFromHeightMap("gdhm",
    "textures/default.png", {width:257, height :257, subdivisions:257,
    maxHeight: 128}, scene);
ground.material=groundMaterial;
```

说明　本段代码的功能为创建标准材质并指定其漫反射纹理，根据高度图创建网格对象并指定灰度图的宽度和高度以及细分数量，设置地形的最大高度，最后指定高度图网格对象的材质。整个案例开发的代码非常简短，可见 Babylon.js 引擎功能非常强大。

13.3.3　摄像机与控制

通过对前文 Three.js 的学习，读者已经了解到 Three.js 中正交投影相机和透视投影相机两种相机的特点。但在 Babylon.js 中摄像机更加专注于控制，主要有通用相机、弧度旋转相机和跟随相机等。本节将主要介绍这 3 种相机的应用与开发。

由于 Babylon.js 中相机的投影类型默认为透视投影，所以在开发中不免需要正交投影相机。其实，改变相机的类型简单，只需要指定相机的模式，具体代码如下。

```
camera.mode = BABYLON.Camera.ORTHOGRAPHIC_CAMERA;      //指定相机的类型
var ratio=window.innerHeight/window.innerWidth;        //计算屏幕宽高比
camera.orthoLeft=10;                                   //设置近平面的左侧边界
camera.orthoRight=-10;                                 //设置近平面的右侧边界
camera.orthoTop=10*ratio;                              //设置近平面的顶部边界
camera.orthoBottom=-10*ratio;                          //设置近平面的底部边界
```

提示　若读者对正交投影相机的知识和效果认识不深，可以查看前面的章节进行学习。本节将专注于相机的控制，不再具体说明两种相机的区别。

在 Babylon.js 中每种相机都有自己的控制特性，在程序中创建完摄像机对象后，若需开启对 Canvas 的控制则只需要添加如下代码。

```
camera.attachControl(canvas, true);          //添加对 Canvas 的控制
```

提示 第二个参数是可选的，默认为 false。如果为 false，则阻止对 Canvas 事件执行默认操作，设置为 true 时允许执行默认操作。

在了解了如何改变相机的投影类型和添加对 Canvas 的控制方法后，接下来，将详细讲解 Babylon.js 中通用相机、弧度旋转相机和跟随相机的控制，开发人员可以根据不同类型的相机，迅速实现对 Canvas 的控制。下面，对这 3 种相机进行介绍。

1. 通用相机

通用相机（UniversalCamera）是 Babylon.js 中的默认相机。在 PC 端，我们可以通过键盘和鼠标对其进行控制，键盘上的方向键可以控制相机的移动，鼠标可以以相机为原点旋转相机。在移动端能通过手指触摸进行控制。接下来，看一下案例 Sample13_5 的运行效果，如图 13-10 所示。

▲图 13-10 Sample13_5 案例的运行效果

说明 图 13-10 所示为通过鼠标旋转摄像机来观察场景中物体的运行效果，读者可自行运行案例体验摄像机的控制。

在看到案例的运行效果之后，接下来看一下本案例开发的核心代码，具体代码如下所示。

代码位置：随书源代码/第 13 章/Sample13_5 目录下的 Sample13_5.html。

```
1    var createScene = function () {                           //创建场景
2        var scene = new BABYLON.Scene(engine);                //获取场景对象
3        //创建通用相机，并指定相机的名字和位置
4        var camera = new BABYLON.UniversalCamera("camera", new BABYLON.Vector3(0,
         0, 5), scene);
5        camera.setTarget(BABYLON.Vector3.Zero());             //设置观察目标
6        camera.attachControl(canvas, true);                   //开启对 Canvas 的控制
7        //创建半球光源，并指明其名字和光线投射方向
8        var light = new BABYLON.HemisphericLight("light", new BABYLON.Vector3(0, 1,
         0), scene);
9        var material=new BABYLON.StandardMaterial("boxMaterial", scene);//创建材质
10       material.diffuseTexture=new BABYLON.Texture("textures/crate.png", scene);
         //设置漫反射纹理
11       var box1=BABYLON.MeshBuilder.CreateBox("box1", {height:3,width:3,depth:3},
         scene)
12       box1.position.set(-3,0,0);                            //设置立方体 1 的位置
13       box1.material=material;                               //设置立方体 1 的材质
14       var box2=box1.clone();                                //克隆网格对象
15       box2.position.set(3,0,0);                             //设置立方体 2 的位置
16       return scene;                                         //返回场景对象
17   };
```

- 第 1～6 行代码的功能为获取场景对象，创建通用相机并指定相机名字和位置，设置

相机的观察目标位置。这样就完成了场景和通用相机的创建。

- 第 7～16 行代码的功能为创建半球光源并指明其名字和光线投射的方向，创建材质并设置材质的漫反射纹理，创建两个立方体并放置在场景的不同位置。

> **提示** 本案例中的代码涉及 Babylon.js 纹理贴图的相关知识，Babylon.js 中纹理贴图的知识将在下面进行系统而详细的介绍。

2. 弧度旋转相机

弧度旋转相机（ArcRotateCamera）始终指向给定的目标位置，并且可以围绕该目标旋转，目标作为旋转中心。它可以用鼠标来控制，也可以用触摸事件来控制。Babylon.js 创建弧度旋转摄像机的代码如下。

```
var camera = new BABYLON.ArcRotateCamera(name, alpha, beta, radius, targetposition,
scene);
```

接下来，了解下弧度旋转相机中各个参数的具体含义，具体如表 13-3 所示。

表 13-3　　创建弧度旋转相机的参数及描述

参　数	描　述
name	相机的名字
alpha	相机的初始纵向旋转角度
beta	相机的初始横向旋转角度
radius	相机的旋转半径
position	相机的目标位置
scene	Babylon 场景对象

上面对弧度旋转相机的知识进行了简单介绍，接下来通过一个案例进行具体讲解。在进行案例代码讲解之前，先看一下案例 Sample13_6 的运行效果，如图 13-11 所示。

▲图 13-11　Sample13_6 案例的运行效果

在看到案例的运行效果后，接下来看一下本案例核心代码的开发过程，代码具体如下所示。

代码位置：随书源代码/第 13 章/Sample13_6 目录下的 Sample13_6.html。

```
var createScene = function () {//创建场景方法
    var scene = new BABYLON.Scene(engine);//创建场景
    //创建弧形旋转摄像机，并指定它的初始纵向旋转角度、初始横向旋转角度和旋转半径以及观察目标位置
    var camera = new BABYLON.ArcRotateCamera("Camera", 3 * Math.PI / 2,
    Math.PI / 8, 20, BABYLON.Vector3.Zero(), scene);
    camera.attachControl(canvas, true);    //添加控制
    camera.lowerRadiusLimit = 6;           //设置最低旋转半径
```

```
8       camera.upperRadiusLimit = 20;           //设置最高旋转半径
9       camera.useAutoRotationBehavior = true;  //设置自动旋转
10      //创建半球光源，并指定光源方向
11      var light = new BABYLON.HemisphericLight("hemi", new BABYLON.Vector3(0, 1,
        0), scene);
12      var material=new BABYLON.StandardMaterial("boxMaterial", scene);//创建材质
13      material.diffuseTexture=new BABYLON.Texture("textures/crate.png", scene);
        //设置漫反射纹理
14      var box1=BABYLON.MeshBuilder.CreateBox("box1", {height:3,width:3,depth:3},
        scene);
15      box1.position.set(3,0,0);               //设置立方体 1 的位置
16      box1.material=material;                 //设置立方体 1 的材质
17      var box2=box1.clone();                  //克隆立方体 1 的网格对象
18      box2.position.set(-3,0,0);              //设置立方体 2 的位置
19      return scene;                           //返回场景对象
20    }
```

- 第 1～9 行代码的功能为创建场景对象，创建弧形旋转相机并指定初始纵向旋转角度、初始横向旋转角度和旋转半径以及观察目标的位置，开启对 Canvas 的控制和设置相机的最低旋转半径、最高旋转半径和开启相机自动旋转。
- 第 10～19 行代码的功能为创建半球光源并指明其名字和光线投射方向，创建材质并设置材质的漫反射纹理和创建两个立方体并放置在场景的不同位置。

3. 跟随相机

跟随相机（FollowCamera）是跟随目标运动而改变位置的相机，当目标网格对象的位置发生变化时，相机会跟随目标网格对象改变位置。想要充分利用跟随相机，需要了解透彻它的各项属性。接下来，通过一个表格，向读者说明跟随相机的各个属性，具体如表 13-4 所示。

表 13-4　跟随相机的属性及描述

属　性	描　述
radius	相机与目标的距离
heightOffset	相机的高度偏移
rotationOffset	相机的旋转偏移
cameraAcceleration	相机的加速度
maxCameraSpeed	相机的最大速度
target	相机的观察目标

跟随相机的基本知识已经介绍完了，但如何为这些属性取合适的值，以此达到满意的效果仍是一个比较困难的问题。下面将通过一个简单的案例 Sample13_7 对跟随相机的使用及属性的设置进行说明，其运行效果如图 13-12 所示。

▲图 13-12　Sample13_7 案例的运行效果

说明　在图 13-12 中，通过建立包含大量白色立方体网格对象的粒子系统来显示带纹理贴图的立方体网格对象和跟随相机的运动。

在看完本案例的运行效果后，下面介绍本案例的核心代码。主要包括创建场景对象和跟随相机并设置，其相关属性和改变相机目标立方体的位置，具体代码如下。

代码位置：随书源代码/第 13 章/Sample13_7 目录下的 Sample13_7.html。

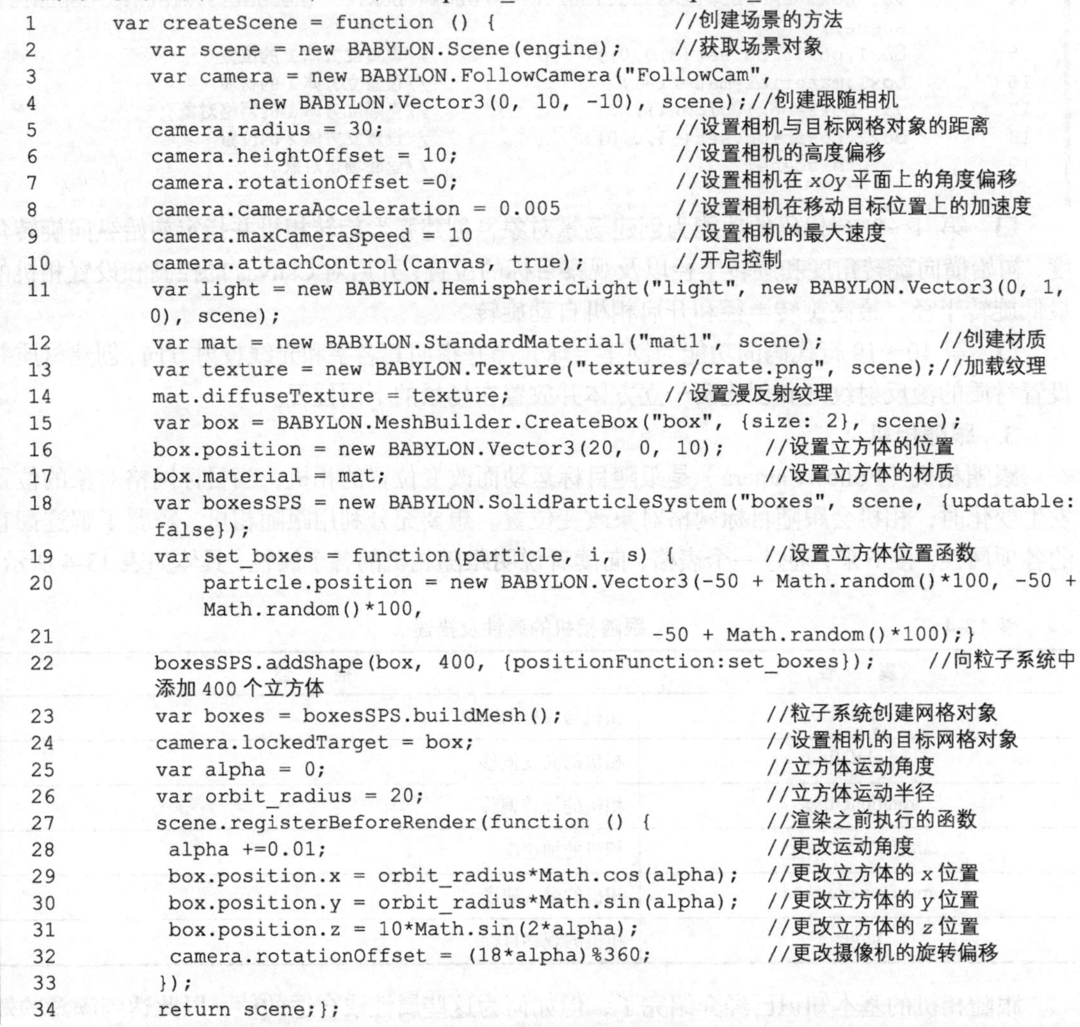

```
1    var createScene = function () {                        //创建场景的方法
2        var scene = new BABYLON.Scene(engine);              //获取场景对象
3        var camera = new BABYLON.FollowCamera("FollowCam",
4                new BABYLON.Vector3(0, 10, -10), scene);//创建跟随相机
5        camera.radius = 30;                                 //设置相机与目标网格对象的距离
6        camera.heightOffset = 10;                           //设置相机的高度偏移
7        camera.rotationOffset =0;                           //设置相机在 xOy 平面上的角度偏移
8        camera.cameraAcceleration = 0.005                   //设置相机在移动目标位置上的加速度
9        camera.maxCameraSpeed = 10                          //设置相机的最大速度
10       camera.attachControl(canvas, true);                 //开启控制
11       var light = new BABYLON.HemisphericLight("light", new BABYLON.Vector3(0, 1,
         0), scene);
12       var mat = new BABYLON.StandardMaterial("mat1", scene);        //创建材质
13       var texture = new BABYLON.Texture("textures/crate.png", scene);//加载纹理
14       mat.diffuseTexture = texture;                      //设置漫反射纹理
15       var box = BABYLON.MeshBuilder.CreateBox("box", {size: 2}, scene);
16       box.position = new BABYLON.Vector3(20, 0, 10);     //设置立方体的位置
17       box.material = mat;                                //设置立方体的材质
18       var boxesSPS = new BABYLON.SolidParticleSystem("boxes", scene, {updatable:
         false});
19       var set_boxes = function(particle, i, s) {         //设置立方体位置函数
20           particle.position = new BABYLON.Vector3(-50 + Math.random()*100, -50 +
             Math.random()*100,
21                                     -50 + Math.random()*100);}
22       boxesSPS.addShape(box, 400, {positionFunction:set_boxes});    //向粒子系统中
         添加 400 个立方体
23       var boxes = boxesSPS.buildMesh();                  //粒子系统创建网格对象
24       camera.lockedTarget = box;                         //设置相机的目标网格对象
25       var alpha = 0;                                     //立方体运动角度
26       var orbit_radius = 20;                             //立方体运动半径
27       scene.registerBeforeRender(function () {           //渲染之前执行的函数
28        alpha +=0.01;                                     //更改运动角度
29        box.position.x = orbit_radius*Math.cos(alpha);    //更改立方体的 x 位置
30        box.position.y = orbit_radius*Math.sin(alpha);    //更改立方体的 y 位置
31        box.position.z = 10*Math.sin(2*alpha);            //更改立方体的 z 位置
32        camera.rotationOffset = (18*alpha)%360;           //更改摄像机的旋转偏移
33       });
34       return scene;};
```

- 第 1～9 行代码的主要功能为获取场景对象和创建跟随相机，以及设置相机与目标网格对象的距离、相机的高度偏移、相机在 xOy 平面上的角度偏移和相机移动到目标位置的加速度。
- 第 10～16 行代码的主要功能为创建标准材质并设置它的漫反射纹理，创建立方体网格对象并设置它的位置和材质。
- 第 17～23 行代码的主要功能为创建粒子系统，向粒子系统中添加 400 个立方体网格对象并设置每个立方体网格对象的位置。粒子系统创建网格对象以及将跟随相机的观察目标指向带有纹理贴图的立方体网格对象。需在目标网格对象之后，指定跟随相机的目标时。
- 第 24～31 行的代码主要功能为不断改变立方体网格对象的位置使跟随相机跟随其运动，同时也要不断改变相机的旋转偏移，以呈现出更好的相机跟随效果。

提示 本案例涉及 Babylon.js 粒子系统的相关知识，读者可能有些不清楚，但不要担心，Babylon.js 粒子系统将在后面进行更具体的介绍。

13.3.4 光照与阴影

通过前面的介绍，相信大部分读者已经基本掌握了创建几何对象和设置摄像机的相关方法，但仅会这些基础操作是不够的。在实际的项目开发过程中，光照和阴影效果是提升画面整体品质的一个重要因素。本节将详细介绍 Babylon.js 中多种光源以及阴影效果的开发。

前面已经介绍了在 Three.js 中加入光照效果时，只需要简单调用 Three.js 提供的光源 API 即可。同样，Babylon.js 引擎中自带多种光源类型。开发人员可根据实际需要，选择出合适的光源类型添加到场景中。表 13-5 所示为光源的类型和描述。

表 13-5　　Babylon.js 提供的光源类型及描述

光源名称	描　述
PointLight（点光源）	此光源被放置在空间的某一点，它会向所有方向发射光线
DirectionalLight（平行光源）	此光源发出的光线可以近似认为是平行的
SpotLight（聚光灯光源）	此光源类似于手电筒和台灯等，会产生聚光效果
HemisphericLight（半球光）	此光源比较特殊，通常用来创建更加自然的室外光线

说明 表格中的前 3 种光源比较基础，只需要很少的设置就能模拟出不错的光照效果。半球光源具有很大的局限性，只有在特定的情况才会使用。本书篇幅有限，只对前 3 种光源进行介绍。

介绍完光源的知识后，接下来了解阴影效果的开发。在 Babylon.js 中，只需要调用 Babylon.js 提供的 API 就可实现阴影效果，但是根据浏览器对 WebGL 版本的支持和光源类型的不同，呈现的阴影效果会有很大的区别，后文将详细介绍。实现阴影效果只需添加如下代码。

```
var shadowGenerator = new BABYLON.ShadowGenerator(1024, light);//创建阴影计算对象
ground.receiveShadows = true;                                  //设置接受阴影的物体
shadowGenerator.getShadowMap().renderList.push(mesh);//将投射阴影的物体放入阴影计算
列表
```

提示 实现阴影效果的代码很简单，但要产生真实的阴影效果还是有很多问题需要解决的，例如阴影偏移和自身阴影问题，这需要对阴影计算对象的相关属性进行合理设置。

整体了解了 Babylon.js 中光照和阴影的知识后，下面将从光源角度出发，结合阴影效果实现向读者介绍光源的使用，以及如何解决阴影偏移和自身阴影等问题以实现更为真实的阴影效果。

1. 点光源

Babylon.js 引擎中的 PointLight（点光源）可以看作一个向所有方向都发射光线的点。使用时只需对点光源的位置和光线颜色等进行设置，操作十分简便，并且渲染效果较为真实，因此在项目开发中它的使用频率很高。

在使用 Babylon..js 引擎中的点光源进行项目开发时，不仅可以对光线颜色和光源位置等基本属性进行设置，还可以根据具体需求对光照强度和照射距离等进行调整。表 13-6 给出了点光源的相关属性及对应的描述。

表 13-6　　　　　　　　　　　点光源的相关属性及描述

属　性	描　述
diffuse（漫反射颜色）	点光源照射的光线颜色
intensity（强度）	光照强度，默认值为 1
range（范围）	光源能够照射的最大范围
position（位置）	光源所在位置

点光源的基本知识已经介绍完毕，但如何为这些属性选取合适的值，以搭配出满意的效果仍是一个比较困难的问题。下面将通过一个简单的案例 Sample13_8 对点光源的使用及属性的设置进行说明，其运行效果如图 13-13 所示。

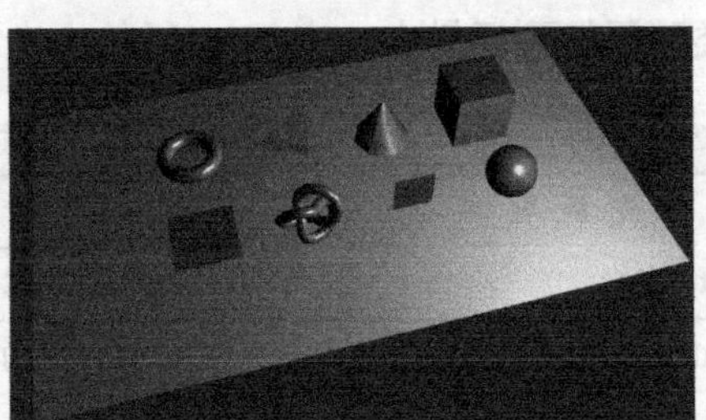

▲图 13-13　不同颜色点光源的渲染效果

由于点光源对阴影的支持不是很好，所以本案例中并未添加阴影效果。看到本案例的运行效果后，接下来讲解本案例中核心代码的开发，主要是点光源的创建及属性设置，具体代码如下。

代码位置：随书源代码/第 13 章/Sample13_8 目录下的 Sample13_8.html。

```
var createScene = function () {                                  //创建场景的方法
    var scene = new BABYLON.Scene(engine);                       //获取场景对象
    var camera = new BABYLON.ArcRotateCamera("camera1",
        0, 0, 0, new BABYLON.Vector3(0, 0, 0), scene);           //创建弧度旋转相机
    camera.setPosition(new BABYLON.Vector3(0,30,35));            //设置相机的位置
    camera.attachControl(canvas, true);                          //开启控制
    //创建点光源并指定位置
    var light = new BABYLON.PointLight("light", new BABYLON.Vector3(-20, 20, 20),
    scene);
    light.diffuse=new BABYLON.Color3(1, Math.random(), Math.random());
    light.range=100;                                             //设置光源的照射范围
    light.intensity=1.1;                                         //设置光源的强度
    ......//此处省略了向场景中添加网格对象的方法，读者可自行查看随书源代码
    return scene;                                                //返回场景对象
};
```

说明　此段代码的功能为创建场景和弧度旋转相机，设置相机位置并开启控制，创建点光源对象并指定点光源的位置、颜色、照射范围和光照强度。其中向场景添加网格对象的方法与前面案例中的网格对象代码相同，读者可自行查看随书源代码。

2. 聚光灯光源

Babylon.js 引擎中的聚光灯光源（SpotLight）是一种较为高级的光源，其可以发出锥形光线，并且可通过一些设置形成阴影，效果类似于生活中的手电筒和吊灯等。项目开发时使用聚光灯光源和阴影将极大地提高整个画面的立体感和真实性。

聚光灯由位置（position）、方向（direction）、角度（angle）和指数（exponent）定义。

这些值定义了从光源位置开始朝向该方向发射的光锥。弧度表示了聚光灯锥形光束的大小，指数定义了光线随距离（到达）衰减的速度。创建聚光灯需要添加如下代码。

```
var light = new BABYLON.SpotLight("spotLight",position,direction,angle,exponent,scene);
```

由于聚光灯光源可以很好地支持阴影投射，所以它的使用频率很高。如果开发人员需要在使用聚光灯光源时增加阴影效果，则需要创建阴影计算对象以及设置投射和接受阴影的物体。接下来，看一下案例 Sample13_9 的运行效果，如图 13-14 所示。

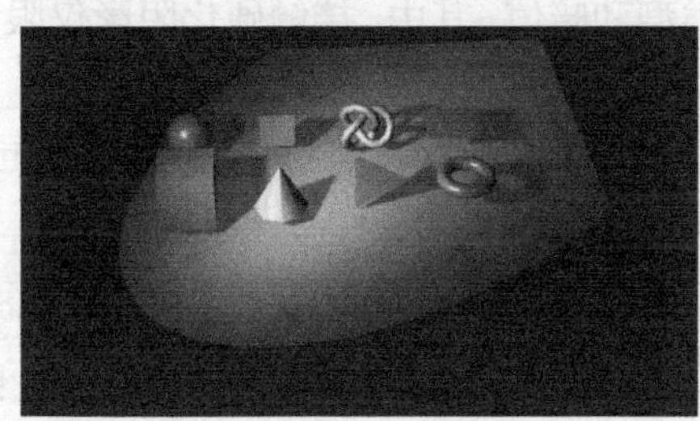
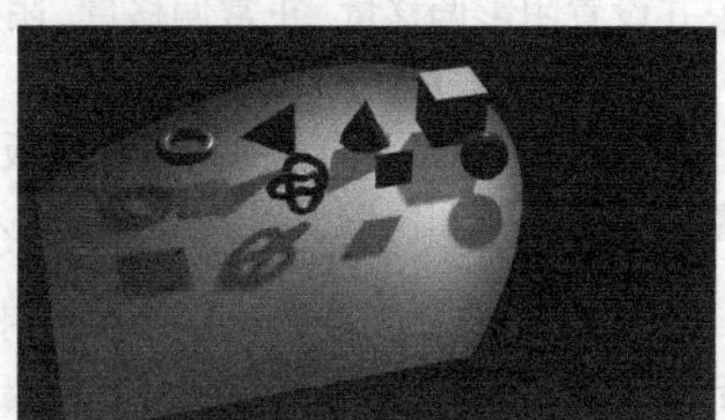

▲图 13-14　聚光灯光源及阴影效果

看完本案例的运行效果后，下面介绍本案例中核心代码的开发，主要包括聚光灯光源和阴影计算对象的创建，设置阴影的相关属性，消除自身阴影及阴影偏移。具体代码如下。

代码位置：随书源代码/第 13 章/Sample13_9 目录下的 Sample13_9.html。

```
var createScene = function () {                                    //创建场景
    var ambientColor=new BABYLON.Color3(0.2,0.2,0.2);  //地板环境色
    var scene = new BABYLON.Scene(engine);             //设置环境色
    scene.ambientColor=new BABYLON.Color3(1,1,1);      //设置场景环境色
    var camera = new BABYLON.ArcRotateCamera("Camera",
        0, 0.8, 90, BABYLON.Vector3.Zero(), scene);    //创建弧度旋转相机
    camera.lowerBetaLimit = 0.1;                       //设置相机最小的旋转角度
    camera.upperBetaLimit = (Math.PI / 2) * 0.9;       //设置相机最大的旋转角度
    camera.lowerRadiusLimit = 1;                       //设置相机最小的旋转半径
    camera.upperRadiusLimit = 150;                     //设置相机最大的旋转半径
    camera.attachControl(canvas, true);                //开启控制
    camera.setPosition(new BABYLON.Vector3(-20, 11, -20));//设置摄像机位置
    var light = new BABYLON.SpotLight("spotLight", new BABYLON.Vector3(-40, 40, -40),
        new BABYLON.Vector3(1, -1, 1), Math.PI / 5, 30, scene);//创建聚光灯光源
    light.position = new BABYLON.Vector3(-40, 40, -40);     //设置聚光灯位置
    light.shadowMaxZ = 100;                            //设置阴影投射的最远距离
    light.shadowMinZ = 10;                             //设置阴影投射的最近距离
    var shadowGenerator = new BABYLON.ShadowGenerator(1024, light);//创建阴影计算对象
    shadowGenerator.bias = 0.001;                      //设置阴影偏移量
    shadowGenerator.normalBias = 0.02;                 //设置正常偏移量
    shadowGenerator.useContactHardeningShadow = true; //开启接触硬化阴影
    shadowGenerator.contactHardeningLightSizeUVRatio = 0.05; //设置阴影的软化速度
    shadowGenerator.setDarkness(0.5);                  //设置暗值
    var meshArray=[];                                  //网格对象数组
    ......//此处省略了创建网格对象的代码，读者可自行查看随书源代码
    var groundMaterial = new BABYLON.StandardMaterial("groundMaterial", scene);
    //创建地板的材质
    groundMaterial.ambientColor=ambientColor;          //设置地板环境色
    var ground =BABYLON.MeshBuilder.CreateGround("gd", {width: 60,height:60 ,
    subdivsions: 4}, scene);
    ground.material=groundMaterial;                    //设置地板材质
    ground.receiveShadows = true;                      //设置地板接收阴影
    var meshMaterial=new BABYLON.StandardMaterial("meshMaterial",scene);//创建材质
    meshMaterial.ambientColor=ambientColor;            //设置材质的环境色
    for(var i=0;i<meshArray.length;i++){               //遍历网格对象数组
        shadowGenerator.getShadowMap().renderList.push(meshArray[7-i]);
        meshArray[i].material=meshMaterial;            //设置各个网格对象的材质
        meshArray[i].material.diffuseColor=new BABYLON.Color3(1, Math.random(),
        Math.random());
```

```
37          meshArray[i].position.x=-16+Math.floor(i/2)*10; //设置各个网格对象的 x 坐标
38          meshArray[i].position.y=4;                       //设置各个网格对象的 y 坐标
39          meshArray[i].position.z=(i%2==0)?-4:6;           //设置各个网格对象的 z 坐标
40      }}
```

- 第 1～12 行代码的功能为创建场景并设置场景的环境色，创建弧度旋转相机并设相机的最小旋转角度、最大旋转角度、最小旋转半径、最大旋转半径和位置以及开启相机控制。
- 第 13～23 行的功能为创建聚光灯光源并设置聚光灯光源的阴影投射范围，创建阴影计算对象并设置阴影偏移量、正常偏移量、阴影类型和暗值。其中，接触硬化阴影仅限 WebGL 2.0 中有。
- 第 24～39 行代码的功能为创建地板网格对象并设置其材质与位置，创建不同形状的网格对象并设置材质和位置，以及将它们放入阴影计算列表。

> **提示** 合理设置阴影计算对象的阴影偏移量能够减小自身阴影的影响，设置适当的正常偏移量能够解决阴影脱离网格对象的问题，设置不同值可以改变阴影的暗黑程度。

3. 平行光

Babylon.js 引擎中的平行光（DirectionalLight）可模拟距离很远的光源，其发出的光线都是相互平行的，并且也对阴影也有很好的支持，效果类似于生活中的阳光。平行光与聚光灯最大的区别在于，对于平行光照射的所有位置光照强度都相同。

平行光从指定方向发出，并具有无限的范围。平行光具有 direction（方向）、diffuse（颜色）和 intensity（强度）等属性。这里需要注意的是，平行光的 position（位置）属性指的是投射阴影的位置。接下来，看一下案例 Sample13_10 的运行效果，效果如图 13-15 所示。

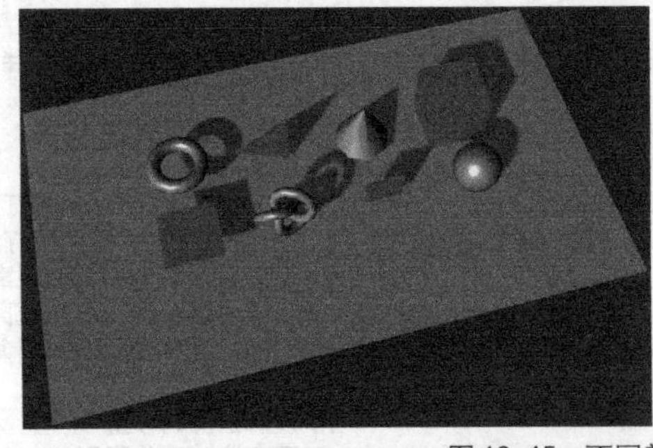
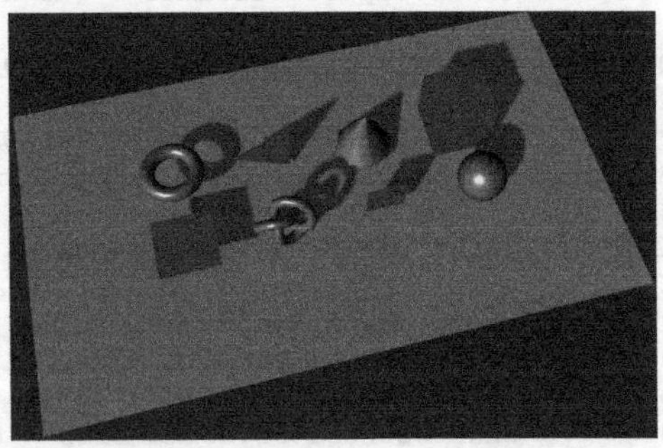

▲图 13-15　不同颜色平行光的渲染效果

在看完本案例的渲染效果后，介绍本案例的开发。本案例基于聚光灯光源案例并进行了部分改动，主要改动是平行光的创建及其属性的设置，具体代码如下。

代码位置：随书源代码/第 13 章/Sample13_10 目录下的 Sample13_10.html。

```
var createScene = function () {
    var scene = new BABYLON.Scene(engine);                    //创建场景
    var camera = new BABYLON.ArcRotateCamera("camera1",
        0, 0, 0, new BABYLON.Vector3(0, 0, 0), scene); //创建弧度旋转摄像机
    camera.setPosition(new BABYLON.Vector3(0,30,35));     //设置弧度旋转相机的位置
    camera.attachControl(canvas, true);                   //开启控制
    var light = new BABYLON.DirectionalLight("DirectionalLight",
        new BABYLON.Vector3(-1, -1, -1), scene);          //创建平行光并指定方向
    light.diffuse=new BABYLON.Color3(1, Math.random(), Math.random());
    //设置光的颜色
    light.position=new BABYLON.Vector3(30,30,30);         //设置阴影投放的位置
    light.shadowMaxZ = 100;                               //设置最大的投影距离
```

```
light.shadowMinZ = 10;                    //设置最小的投影距离
......//此处省略了阴影计算和创建网格对象的代码，读者可自行查看随书源代码
return scene;                             //返回场景对象
};
```

说明 此段代码的功能为创建场景对象和弧度旋转摄像机，并设置其位置以及开启相机控制，创建平行光并指定其方向、阴影投放位置和投影范围。创建平行光中的第二个参数为光源照射的方向。此外，需特别注意光源的 position 属性，其设置不当可能导致部分网格对象无法投射出阴影。

13.3.5 材质

通过前面的案例读者可以发现，对网格对象进行材质设置，网格对象才能更美观地呈现在场景中。材质决定了此网格的颜色、透明度等外观信息。Babylon.js 中提供的材质并不多，但是却更加灵活。本节将对 Babylon.js 中材质的属性和使用方法进行介绍。

1. 标准材质

首先，介绍 Babylon.js 中的标准材质（StandardMaterial）。标准材质允许在网格对象上覆盖颜色和纹理，并且需要光线才能看到。一种材质可以覆盖任意数量的网格对象。无论材质是颜色还是纹理，它对光线都有着不同的反应方式，下面通过表 13-7 进一步说明。

表 13-7 材质对光的反应方式及描述

反应方式	描述
Diffuse（漫反射）	在光线下观察材质的基本颜色或纹理
Specular（镜面反射）	通过光线给予材质的亮点部分
Emissive（自发光）	材料的颜色或纹理，就像自亮一样
Ambient（环境光）	由环境背景照明点亮材料的颜色或纹理

说明 上面的描述是材质对光的反应方式及说明。需要注意的有两点，一是漫反射和镜面反射的实现需要创建光源，二是环境颜色需要设置场景的环境色，从而提供背景照明。

了解了材质的一些基本知识后，读者可能还会有很多疑惑，下面通过一个较为复杂的案例进行详细的介绍，首先看一下案例 Sample13_11 的运行效果。

说明 案例 Sample13_11 中 4 个不同颜色的聚光灯从小球位置照射到地板，它们可以通过左右两侧的颜色选择框给地板材质设置漫反射颜色、镜面反射颜色、自发光颜色和环境光颜色。

图 13-16 所示为在不同场景环境色下地板设置为不同环境色的运行效果，读者可以运行案例将其更改为漫反射颜色、镜面反射颜色、自发光颜色和环境光颜色进行体验。展示完案例的运行效果后，接下来对案例的开发步骤进行详细介绍。

（1）搭建基本场景，创建 4 个球体网格对象和标准材质。在球体位置创建聚光灯，并根据聚光灯的颜色设置标准材质的颜色。然后设置 4 个球体的材质，最后创建地板网格对象，并设置其材质为标准材质，具体代码如下所示。

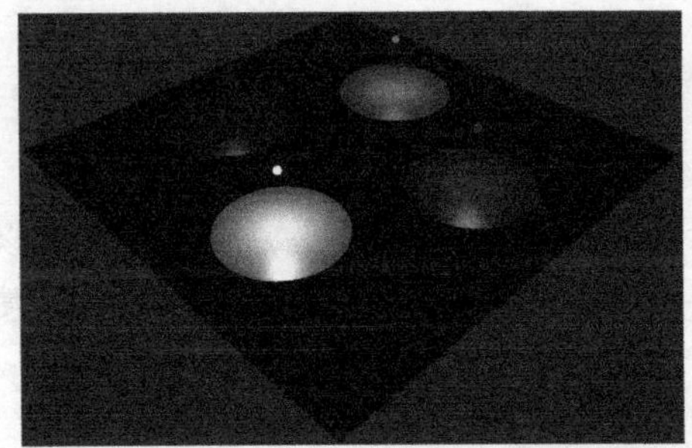

▲图 13-16 Sample13_11 案例的运行效果

代码位置：随书源代码/第 13 章/Sample13_11 目录下的 Sample13_11.html。

```
1   var canvas = document.getElementById("renderCanvas");     //获取 Canvas DOM 对象
2   var engine = new BABYLON.Engine(canvas, true);             //获取 Babylon 引擎对象
3   var createScene = function () {
4       var scene = new BABYLON.Scene(engine);                 //获取场景对象
5       var camera = new BABYLON.ArcRotateCamera("Camera",
6           -Math.PI / 2, 3 * Math.PI / 16, 15, BABYLON.Vector3.Zero(), scene);
            //创建弧度旋转相机
7       camera.attachControl(canvas, true);                    //开启相机控制
8       var redMat = new BABYLON.StandardMaterial("redMat", scene);  //创建标准材质
9       redMat.emissiveColor = new BABYLON.Color3(1, 0, 0);  //设置自发光颜色为红色
10      ......//此处省略创建其他球体标准材质的代码，读者可自行查看随书源代码
11      var sphereCenter=BABYLON.MeshBuilder.CreateSphere("sphere", {diameter: 0.0
        1}, scene);
12      var lightRed = new BABYLON.SpotLight("spotLight",
13          new BABYLON.Vector3(), new BABYLON.Vector3(0, -1, 0), Math.PI / 2, 1.5,
            scene);
14      lightRed.diffuse = new BABYLON.Color3(1, 0, 0);      //设置聚光灯颜色为红色
15      lightRed.position.set(3,2,3);                          //设置红色聚光灯的位置
16      lightRed.parent=sphereCenter;                          //将其父类属性指向中心球
17      ......//此处省略创建其他颜色聚光灯光源的代码，读者可自行查看随书源代码
18      var redSphere = BABYLON.MeshBuilder.CreateSphere("sphere", {diameter:
        0.25}, scene);
19      redSphere.material = redMat;                          //设置其材质
20      redSphere.position = lightRed.position;               //球体位置设为红色聚光灯的位置
21      redSphere.parent=sphereCenter;                        //将其父类属性指向中心球
22      ......//此处省略创建其他颜色球体网格对象的代码，读者可自行查看随书源代码
23      var groundMat = new BABYLON.StandardMaterial("groundMat", scene);
        //创建地板的标准材质
24      var ground = BABYLON.MeshBuilder.CreateGround("ground", {width: 15, height
        : 15}, scene);
25      ground.material = groundMat;                          //设置地板的材质
26      var angle=0;                                          //旋转角度
27      scene.onBeforeRenderObservable.add(()=>{              //场景渲染之前的执行函数
28          angle=angle+0.01;                                 //角度增加
29          sphereCenter.rotation.set(0,angle,0);
30      ......//此处省略 Babylon 中 GUI 界面的搭建和控制方法的代码，它将在下文进行详细介绍
31  }
```

- 第 1～6 行的功能为获取 Canvas DOM 对象、Babylon 引擎对象、场景对象，创建弧度旋转相机，开启相机控制。
- 第 7～25 行为创建 4 种标准材质并设置为自发光颜色。创建 4 种不同颜色的聚光灯光源，创建 4 种不同颜色的球体网格对象，将球体位置设置为对应颜色聚光灯光源的位置，将聚光灯和球体的父类属性都指向中心球，最后创建地板并设置其材质为标准材质。
- 第 26～31 行代码为不断旋转中心球，从而实现旋转聚光灯光源和球体网格对象。将聚光灯和球体的父类属性都指向中心球，此时中心球中包含聚光灯和球体。旋转中心球，就会同时旋转聚光灯光源和球体网格对象，读者可以将这个作为一个开发技巧积累下来。

（2）介绍 Babylon 中 GUI 界面的开发和控制方法的开发。GUI 界面主要包括全屏纹理、左右侧容器、单选框和颜色选择框的创建，控制方法主要包括开启场景的环境色，更改地板材质的漫反射颜色、镜面反射颜色、自发光颜色和环境颜色，具体代码如下。

代码位置：随书源代码/第 13 章/Sample13_11 目录下的 Sample13_11.html。

```
var advancedTexture = BABYLON.GUI.AdvancedDynamicTexture.CreateFullscreenUI("UI");
//全屏纹理
var sceneAmbientColorFlag=false;                          //场景环境色开启标志
var leftPanel= createPanel(advancedTexture,
    BABYLON.GUI.Control.VERTICAL_ALIGNMENT_CENTER,
        BABYLON.GUI.Control.HORIZONTAL_ALIGNMENT_LEFT);   //左侧面板
var senceCheckBox=createCheckbox(leftPanel,"开启场景环境颜色",
    BABYLON.GUI.Control.HORIZONTAL_ALIGNMENT_LEFT);       //创建单选框
senceCheckBox.onIsCheckedChangedObservable.add(function (value){//单选框控制方法
    sceneAmbientColorFlag=value;                         //更改场景环境色开启标志
    if(!sceneAmbientColorFlag) {                         //如果没开启
        scene.ambientColor=new BABYLON.Color3(0,0,0);}}) //场景环境色设置为黑色
var senceColorPicker=createColorPicker(leftPanel,false,"",
    scene.ambientColor,BABYLON.GUI.Control.HORIZONTAL_ALIGNMENfuT_CENTER);
senceColorPicker.onValueChangedObservable.add(function(value) {  //颜色改变事件
    if(sceneAmbientColorFlag) {                          //如果开启场景环境色
        scene.ambientColor.copyFrom(value);}});          //将场景环境色指定为选择的颜色值
......//此处省略其他颜色选择器的创建和控制方法的代码，读者可自行查看随书源代码
function createCheckbox(panel,text,horizontalAlignment) {  //创建单选框
    var checkbox = new BABYLON.GUI.Checkbox();           //新建单选框
    checkbox.width = "20px";                             //单选框的宽
    checkbox.height = "20px";                            //单选框的高
    checkbox.isChecked = false;                          //单选框的状态
    checkbox.color = "green";                            //单选框的颜色
    var header = BABYLON.GUI.Control.AddHeader(checkbox,text, "180px", {
    //给单选框添加文字头
        isHorizontal: true,
        controlFirst: true});
    header.height = "30px";                              //设置文字头的高度
    header.color = "white";                              //设置文字的颜色
    header.outlineWidth = "4px";                         //轮廓宽度
    header.outlineColor ="black";                        //轮廓颜色
    header.horizontalAlignment=horizontalAlignment;      //水平布局
    panel.addControl(header);                            //将文字头添加进面板
    return checkbox;}                                    //返回单选框对象
function createPanel(advancedTexture,verticalAlignment,horizontalAlignment) {
//创建面板
    var panel = new BABYLON.GUI.StackPanel();            //创建静态的面板
    panel.width = "200px";                               //面板的宽
    panel.verticalAlignment = verticalAlignment;         //面板的垂直布局
    panel.horizontalAlignment = horizontalAlignment;     //面板的水平布局
    advancedTexture.addControl(panel);                   //添加控制
    return panel;}                                       //返回面板
function createColorPicker(panel,usetext,text,defultColor,horizontalAlignment)
{//创建颜色控件
    if(usetext){                                         //如果使用文本控件
        var textBlock = new BABYLON.GUI.TextBlock();     //创建文本控件
        textBlock.text = text;                           //设置文本内容
        textBlock.color = "white";                       //设置文本颜色
        textBlock.height = "30px";                       //文本颜色
        panel.addControl(textBlock); }                   //面板中添加文本控件
    var picker = new BABYLON.GUI.ColorPicker();          //创建颜色控件
    picker.value =defultColor;                           //默认颜色
    picker.height = "150px";                             //颜色控件的高
    picker.width = "150px";                              //颜色控件的宽
    picker.horizontalAlignment =horizontalAlignment;     //水平布局方式
    panel.addControl(picker)                             //添加控制
    return picker;}                                      //返回颜色控件
```

- 第 1～18 行的功能为创建 GUI 全屏纹理、左右侧面板、单选框和颜色选择器，其中单选框添加状态改变事件，颜色选择器添加状态改变事件。单选框控制场景环境色的开启，颜色选择器会改变地板材质的环境颜色、漫反射颜色、自发光颜色和镜面颜色。
- 第 18～33 行为创建 GUI 单选框，设置单选框的宽度、高度、状态、颜色，并添加文字头说明单选框的作用。然后设置文字头的高度、文字颜色、轮廓宽度、轮廓颜色和水平布局方式，最后将文字头添加进面板和返回单选框对象。
- 第 34～40 行为创建面板，设置面板的宽度，垂直布局和水平布局方式，并添加进 GUI 全屏纹理，最后返回面板对象。
- 第 41～54 行为创建颜色控件，添加文本控件以及设置文本控件的内容、颜色和文本的高度，设置颜色控件的宽度、高度和水平布局方式，最后将颜色控件添加进面板并返回面板对象。

2. 着色器材质

为了进一步提升程序开发的灵活度，Babylon.js 引擎中自带了着色器材质（ShaderMaterial），它允许开发人员使用自定义的着色器进行渲染。通过该材质可以开发出很多酷炫的特效，对画面的提升有巨大作用。首先，需要了解在 Babylon.js 中如何使用着色器材质，代码如下所示。

```
var myShaderMaterial = new BABYLON.ShaderMaterial(name, scene, route, options);
```

虽然创建着色器材质的代码较为简短，但是还有很多需要了解的地方。下面将介绍此 API 中参数的含义，在此读者能了解 Babylon.js 加载着色器的方式，具体情况如下所示。

- name：一个字符串，命名着色器
- scene：要使用着色器的场景
- route：以 3 种方式中的一种加载着色器代码的路径，具体信息如表 13-8 所示
- options：包含属性的对象和包含用其名称作为字符串的字符数组

表 13-8　加载着色器的方式及说明

着色器加载方式	说　明
加载程序字符串	{vertex ： “custom” ， fragment ： “custom”} 与 BABYLON.Effect.ShadersStore [“customVertexShader”]和 BABYLON.Effect.ShadersStore [“customFragmentShader”]一起使用
加载<script>标签的内容	{vertexElement：“vertexShaderCode”，fragmentElement：“fragmentShaderCode”}与<script>标签中的着色器代码一起使用
加载着色器代码的外部文件	“./COMMON_NAME”与 index.html 文件夹中的外部文件 COMMON_NAME.vertex.fx 和 COMMON_NAME.fragment.fx 一起使用

在了解了 Babylon.js 中着色器材质的基本知识后，读者可能还是一头雾水，到底如何应用着色器材质开发出酷炫的效果？接下来通过一个简单的球形环境映射案例 Sample13_12 向读者展示着色器材质的效果，效果如图 13-17 所示。

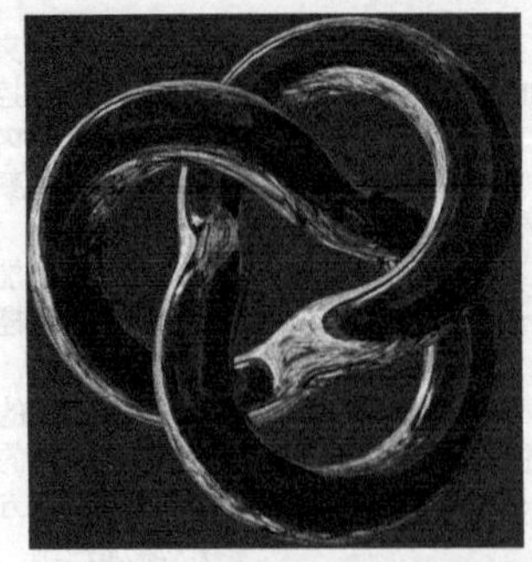
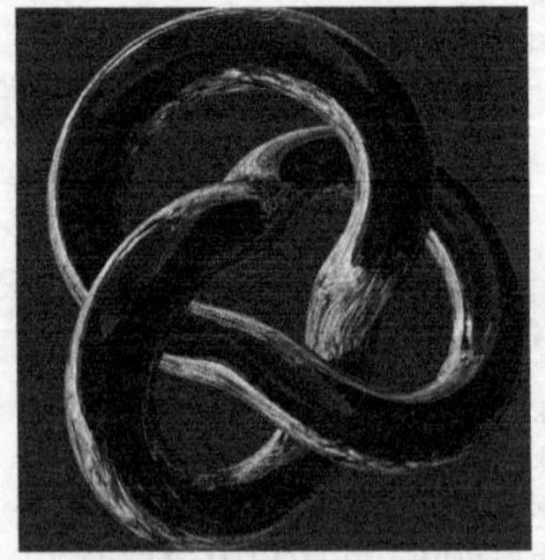

▲图 13-17　Sample13_12 案例的运行效果

通过图 13-17 可以看出，使用了着色器材质的圆环结出现了球形环境映射效果，画面更加酷炫。可见，着色器材质的功能还是十分强大的。看到本案例的运行效果后，详细介绍代码部分的开发，开发情况具体如下。

（1）介绍整个案例开发中的核心代码，主要包括创建着色器材质，将着色器材质应用到圆环结网格对象，并将计算所需的纹理送入 GPU 渲染管线。读者将在此步骤中了解使用着色器材质的基本过程，具体代码如下所示。

代码位置：随书源代码/第 13 章/Sample13_12 目录下的 Sample13_12.html。

```
var createScene = function() {                           //创建场景的函数
    var scene = new BABYLON.Scene(engine);               //创建场景
        var camera = new BABYLON.ArcRotateCamera("Camera",
        0, Math.PI / 2, 12, BABYLON.Vector3.Zero(), scene); //创建弧度旋转摄像机
    camera.attachControl(canvas, false);                 //设置摄像机的控制
    ......//此处省略顶点着色器和片元着色器的代码，它们将在下文进行详细介绍
    var shaderMaterial = new BABYLON.ShaderMaterial("shader", scene,{//创建着色器材质
        vertex: "custom",                                //着色器传入方式
        fragment: "custom",},{
            attributes: ["position", "normal"],         //attribute 变量
            uniforms: ["world", "worldView", "worldViewProjection", "view",
            "projection"]});
    var refTexture = new BABYLON.Texture("textures/ref.jpg", scene);
    //加载计算所需纹理
    refTexture.wrapU = BABYLON.Texture.CLAMP_ADDRESSMODE;  //设置 U 轴纹理拉伸方式
    refTexture.wrapV = BABYLON.Texture.CLAMP_ADDRESSMODE;  //设置 V 轴纹理拉伸方式
    shaderMaterial.setTexture("refSampler", refTexture);   //将纹理送入着色器
    shaderMaterial.backFaceCulling = false;                //材质关闭背面剪裁
    var mesh = BABYLON.Mesh.CreateTorusKnot("mesh", 2, 0.5, 128, 64, 2, 3, scene);
    //创建圆环结
    mesh.material = shaderMaterial;                     //将圆环结的材质设置为着色器材质
    var angle=0;                                        //旋转角度
    scene.onBeforeRenderObservable.add(()=>{            //渲染之前对应的函数
        angle=angle+0.01;                               //增加旋转角度
        mesh.rotation.set(0,angle,0);                   //修改圆环结的旋转角度
    })
    return scene;                                       //返回场景
}
```

说明 此段代码的作用主要是创建场景和弧度旋转摄像机，然后创建着色器材质，并且指定着色器传入方式，传入 attribute 变量和 uniform 变量。然后加载纹理，设置纹理 *UV* 轴的拉伸方式，关闭背面剪裁并将纹理送入 GPU 管线。最后将圆环结的材质设置为着色器材质，并不断旋转圆环结。本案例采用了加载程序中着色器字符串的方法，读者可以自行体验其他两种着色器加载方式。

（2）介绍着色器代码的开发，包括顶点着色器和片元着色器。在 Babylon.js 中编写着色器的方式与直接使用 WebGL 进行开发的大致相同。本案中的着色器代码具体如下所示。

代码位置：随书源代码/第 13 章/Sample13_12 目录下的 Sample13_12.html。

```
BABYLON.Effect.ShadersStore["customVertexShader"]= //顶点着色器
"in vec3 position;\r\n"+                          //顶点坐标
"in vec3 normal;\r\n"+                            //顶点法向量
"uniform mat4 worldViewProjection;\r\n"+          //总变换矩阵
"out vec4 vPosition;\r\n"+                        //输出片元着色器的顶点坐标
"out vec3 vNormal;\r\n"+                          //输出片元着色器的法向量
"void main() {\r\n"+
"    vec4 p = vec4( position, 1. );\r\n"+         //顶点坐标
"    vPosition = p;\r\n"+                         //顶点坐标传递给片元着色器
"    vNormal = normal;\r\n"+                      //法向量传递给片元着色器
"    gl_Position = worldViewProjection * p;\r\n"+ //根据总变换矩阵计算此次绘制的顶
    点位置
```

```
12    "}\r\n";
13    BABYLON.Effect.ShadersStore["customFragmentShader"]=  //片元着色器
14    "precision highp float;\r\n"+                         //浮点数精度
15    "uniform mat4 worldView;\r\n"+                         //视图矩阵
16    "in vec4 vPosition;\r\n"+                              //从顶点着色器接收的顶点坐标
17    "in vec3 vNormal;\r\n"+                                //从顶点着色器接收的法向量
18    "uniform sampler2D refSampler;\r\n"+                   //纹理数据
19    "void main()  {\r\n"+
20    "     vec3 e = normalize( vec3( worldView * vPosition) );\r\n"+    //将顶点坐标
      变换至相机坐标系下并单位化
21    "     vec3 n = normalize( worldView * vec4(vNormal, 0.0) ).xyz;\r\n"+//将法向量变
      换至相机坐标系下并单位化
22    "     vec3 r = reflect( e, n );\r\n"+                 //求反射向量
23    "     float m = 2. * sqrt(\r\n"+                     //求球形纹理的反射向量长度
24    "         pow( r.x, 2. ) +\r\n"+
25    "         pow( r.y, 2. ) +\r\n"+
26    "         pow( r.z + 1., 2. )\r\n"+
27    "     );\r\n"+
28    "     vec2 vN = r.xy / m + .5;\r\n"+          //单位化纹理的反射向量 xy 坐标并右移 0.5
29    "     vec3 base = texture2D( refSampler, vN).rgb;\r\n"+  //纹理采样
30    "     glFragColor = vec4( base, 1. );\r\n"+             //输出到片元的颜色
31    "}\r\n";
```

- ☐ 第 1～12 行为此程序的顶点着色器。其功能是根据总变换矩阵计算出每次绘制的顶点位置，并将顶点坐标和顶点法向量传递给片元着色器。
- ☐ 第 13～31 行为此程序的片元着色器。其功能是将顶点坐标和顶点法向量变化到摄像机坐标系，并求出顶点的反射向量，然后求出球形纹理上对应的反射向量，并计算出球形纹理的采样坐标，最后将纹理采样的颜色输出到片元。

13.4 模型加载

前面介绍了通过 Babylon.js 中自带的方法可以创建一些形状，相信大家都已经学会，但在实际开发中仅会这些是远远不够的。读者若是玩过一些 3D 游戏就会发现游戏中的模型大多数为不规则的顶点且为相当复杂的模型，这时便需要从外部资源中加载模型了。

本节便来学习如何加载这些复杂的模型与如何使加载的模型动起来（即骨骼动画的加载）。需要注意的是，Babylon.js 目前只支持将骨骼动画转换成 gltf 格式或者 Babylon 格式再进行导入，其他从外部加载进来的模型文件目前只支持 obj、stl、gltf 这 3 种三维文件格式，其中包括顶点、法向量、纹理信息等。

13.4.1 Babylon.js 中支持的模型文件格式

一般的三维文件格式的文件中所含内容都大同小异，有的文件只包含顶点信息，有的除了顶点之外还会包含材质信息，现在就看一下表 13-9 中所示的 Babylon.js 可以读取的几种三维文件的描述。

表 13-9　　Babylon.Js 支持的几种三维文件及其描述

格　式	描　述
Babylon	Babylon.js 有自己的文件格式，可以用它以声明的方式定义几乎所有的几何体和场景。但它并不是一种正式的格式。它容易使用，当想要复用复杂的几何体或场景时，它非常有用
OBJ 和 MTL	OBJ 是一种简单的三维文件格式，由 Wavefront 科技公司创建。它是使用最广泛的三维文件格式，用来定义对象的几何体。MTL 文件常同 OBJ 一起使用，在一个 MTL 文件中，对象的材质定义在 OBJ 文件中

续表

格　　式	描　　述
GLTF	GLTF 模型（文件拓展名是".gltf"）是一种非常通用的用于定义场景、模型以及动画的文件格式。在 GLTF 模型中不仅定义了基本的几何体和材质，还定义了静态模型、骨骼模型以及动画数据，甚至还可以定义着色器文件
STL	STL 是 StereoLithography（立体成型术）的缩写，广泛用于快速成型。三维打印机的模型文件通常都是 STL 文件的

上面介绍的这些格式在下面都会有介绍，现在将从表 13-9 中的第一种格式，Babylon.js 独有的格式——Babylon 开始学习。

1. 以 babylon 格式文件保存和加载

一般情况下，Babylon.js 引擎中的 Babylon 文件支持动态物体（骨骼动画等）以及静态物体的导入。静态物体的导入与接下来介绍的 obj 格式导入效果类似，本节介绍的是动态物体（即 Babylon 文件格式）的骨骼动画的导入及运行，图 13-18 所示为 Babylon 骨骼动画案例的运行效果。

▲图 13-18　Babylon 骨骼动画案例的运行效果

图 13-18 分别呈现了该模型走路和跑步的动画姿态，对比第 12 章中 FBX 格式的骨骼动画可以发现，Babylon 格式对于骨骼动画的支持和普通的骨骼动画格式别无二致。下面将对案例的开发进行详细介绍，具体步骤如下。

（1）详细介绍本案例中所使用的天空盒。天空盒的思想就是绘制一个大的立方体，然后将观察者放在立方体的中心，当相机移动时，这个立方体也跟着相机一起移动，这样相机就永远不会运动到场景的边缘。下面对添加天空盒的代码进行详细介绍，具体代码如下。

代码位置：随书源代码/第 13 章/Sample13_13/js 目录下的 util.js。

```
const createBoxSky=(scene,sphere)=>{
    let skybox = BABYLON.Mesh.CreateBox("skyBox", 2000.0, scene);//创建一个天空盒
    let skyboxMaterial = new BABYLON.StandardMaterial("skyBox", scene);
    //创建天空盒纹理
    skyboxMaterial.backFaceCulling = false;          //关闭背面剪裁
    skyboxMaterial.disableLighting = true;           //不接受任何光源
    skybox.material = skyboxMaterial;                //设置纹理
    skybox.infiniteDistance = true;                  //设置天空盒随相机移动
    skyboxMaterial.disableLighting = true;           //去除光照反射
    skyboxMaterial.reflectionTexture = new BABYLON.CubeTexture('pic/skyBox/skybox',
    scene);
    //加载纹理图片
    skyboxMaterial.reflectionTexture.coordinatesMode = BABYLON.Texture.SKYBOX_MODE;
    //设置纹理加载模式
}
```

> **提示** 在 pic/skyBox/skybox 目录中，必须找到 6 个天空的纹理，每一张贴图都对应于立方体的每个面。每张图片必须按照相对应的面来命名为：“skybox_nx.png”“skybox_ny.png”“skybox_nz.png”“skybox_px.png”“skybox_py.png”“skybox_pz.png”。

（2）介绍 Babylon 格式的 3D 模型的导入。本案例中需要介绍的是文件的导入方法以及骨骼动画阴影的创建以及设置方法。一个好的场景需要阴影才会显得更加真实，下面对文件的导入和阴影的添加进行详细介绍，具体代码如下。

代码位置：见随书中源代码/第 13 章/Sample13_13/js 目录下的 util.js。

```
1   const addMesh=(scene,directionLight)=>{        //添加物体方法
2       let meshArray=[];                          //新建物体数组
3       const shadowGenerator = new BABYLON.ShadowGenerator(1024, directionLight);
        //新建阴影
4       shadowGenerator.useBlurExponentialShadowMap = true;//设置为模糊指数阴影贴图模式
5       shadowGenerator.blurKernel = 32;                  //设置阴影内核大小
6       shadowGenerator.blurBoxOffset = 4.0;              //设置阴影偏移量
7       const animationArray=[];                          //新建动画数组
8       BABYLON.SceneLoader.ImportMesh("", "./model/", "dummy3.babylon", scene,
9           (Meshes, particleSystems, skeletons)=> {      //添加模型
10           let skeleton=skeletons[0];                   //获取动作
11           for(let tempMesh of Meshes)  {               //遍历模型
12               console.log('Meshes:${Meshes.length}||shadowGenerator:
                 ${shadowGenerator}${Date()}');
13               tempMesh.scaling=new BABYLON.Vector3(4.0,4.0,4.0);//设置缩放比
14               tempMesh.position=new BABYLON.Vector3(0,0,5);     //设置位置
15               tempMesh.receiveShadows=false;               //设置为不接受阴影投射
16               shadowGenerator.getShadowMap().renderList.push(tempMesh);}
                 /添加物体到阴影
17           skeleton.animationPropertiesOverride = new BABYLON.AnimationProperties
             Override();
18           skeleton.animationPropertiesOverride.enableBlending = true; //启用混合
19           skeleton.animationPropertiesOverride.blendingSpeed = 0.05;//设置动画步长
20           skeleton.animationPropertiesOverride.loopMode = 1;        //设置循环模式
21           animationArray.push(                            //将动作添加到数组中
22               skeleton.getAnimationRange("YBot_Idle"),    //获得静态动画
23               skeleton.getAnimationRange("YBot_Walk"),    //获得走路动画
24               skeleton.getAnimationRange('YBot_Run'),     //获得跑步动画
25               skeleton.getAnimationRange('YBot_LeftStrafeWalk'), //获得左走动画
26               skeleton.getAnimationRange('YBot_RightStrafeWalk'),); //获得右走动画
27           setInterval(()=>{                              //设置随机动作
28                   let random=Math.floor(Math.random()*5); //产生 0~4 之间的随机数
29                   scene.beginAnimation(skeleton, animationArray[random].//启动动画
30        from, animationArray[random].to, true);
31               },2000);});                                //设置循环时间
32        let planeMesh=new BABYLON.MeshBuilder.CreatePlane
33        ('plane_mesh',{size:100,sideOrientation:2,},scene);  //新建一个平面对象
34        planeMesh.position=new BABYLON.Vector3(0,0,0);       //设置平面位置
35        planeMesh.rotation.x=Math.PI/2;                      //设置旋转
36        let myMaterial = new BABYLON.StandardMaterial("myMaterial", scene);
          //新建纹理对象
37        myMaterial.diffuseTexture=new BABYLON.Texture("./pic/floor2.png", scene);
38        //设置纹理对象的散射纹理图为加载到的纹理图
39        planeMesh.material=myMaterial;                 //设置平面的纹理为纹理对象
40        planeMesh.receiveShadows=true;                 //设置平面接受阴影
41    }
```

- 第 1～7 行为对添加模型方法所需要的变量进行定义以及对于阴影变量的创建和设置，只有正确设置了变量，接下来对于整个场景的创建才会更有帮助。
- 第 8～16 行为导入模型到场景的方法。导入场景后对模型数组进行遍历，设置相关

属性。Babylon.js 引擎提供了 3 种导入模型到场景中的方法，这里选取了最常用的一种方法进行介绍。感兴趣的读者可以阅读官方文档进行了解和使用其他方法。

- 第 17～31 行为对导入模型的动画进行设置和介绍。首先获得导入模型的几个动画，并将它们放入动画数组中，然后通过一个计时器将几个动画进行随机循环。
- 第 32～41 行为对场景中的地面进行创建及纹理的设置。首先利用引擎所提供的方法创建平面，随后将纹理导入，最后设置纹理的相关属性。

> **提示** 本案例中省略了许多代码，其中包括场景的创建、摄像机的设置、光源的创建及设置等。省略的代码都为之前讲述过的，所以没有给出，感兴趣的读者可以查看随书源代码。

2. Babylon 格式插件的基本用法

Babylon 格式的插件几乎囊括了现在市面上主流的图形软件，这里就使用最广泛的 3ds Max 进行 Babylon 格式插件的导入及使用进行介绍，作者所使用的为 2015 版 3ds Max 软件。在讲述这些之前先来看一下图 13-19 所示的案例 Sample13_14 的运行效果。使用 Babylon 导出器导出 Babylon 模型并在 Babylon.js 中加载展示的效果。

▲图 13-19 使用导出器导出的模型案例运行效果

读者可以体会一下运行效果。现在来看一下在 3ds Max 中安装 Babylon 导出器的过程。在安装导出器前需要在自己计算机中安装好 3ds Max 与 BabylonJs 发布包，学习到现在相信读者已经下载好后者，前者读者自行安装即可。

（1）由于作者计算机为 Windows 系统，所以下面所讲为在 Windows 下如何安装 Babylon 导出器的过程，而在其他系统下的安装过程都大同小异，只要找到插件所需放置的目录就可以安装。首先从相关网站上下载拓展包。

（2）拓展包内部文件结构如图 13-20 所示，从图中可以看出，除了 3ds Max 软件外还有 Maya、Blender 等软件的相关工具。本案例中介绍的便是 3ds Max 软件中的 Babylon 导出器，复制 3ds Max 文件 Max2Babylon-1.2.16 压缩包里的文件。

名称	修改日期	类型	大小
3ds Max	2018/7/13 23:00	文件夹	
Blender	2018/7/13 23:00	文件夹	
Cheetah3d	2018/7/13 23:00	文件夹	
Maya	2018/7/13 23:00	文件夹	
SharedProjects	2018/7/13 23:00	文件夹	
Tools	2018/7/13 23:00	文件夹	
Unity	2018/7/13 23:00	文件夹	
.gitignore	2018/7/13 23:00	Git Ignore 源文件	3 KB
gulpfile.js	2018/7/13 23:00	JetBrains WebSt	1 KB
license.md	2018/7/13 23:00	Markdown 源文件	10 KB
package.json	2018/7/13 23:00	JSON 源文件	1 KB
readme.md	2018/7/13 23:00	Markdown 源文件	1 KB

▲图 13-20 导出器文件夹内容

（3）找到 3ds Max 安装目录下的 bin\assemblies 文件夹。找到 assemblies 文件夹后，将刚才复制的压缩包中的内容全部复制到 assemblies 文件夹，随后重新启动 3ds Max 软件。启动 3ds Max 软件后，可以看到图 13-21 所示的内容，在最右侧可以看到 Babylon 的标签，这说明插件安装成功。

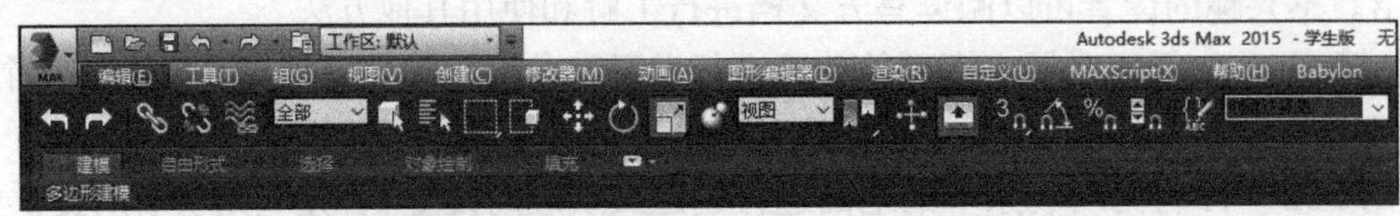

▲图 13-21　3ds Max 插件导入后界面

（4）单击导出的 Babylon 文件，会出现了图 13-22 所示的导出界面，从上到下依次为：导出文件的路径、导出文件的格式（包含 Babylon 及 gltf 格式）、导出纹理设置及模型的一些设置。单击导出便可以将 3ds Max 支持的文件格式导出为 Babylon 格式。

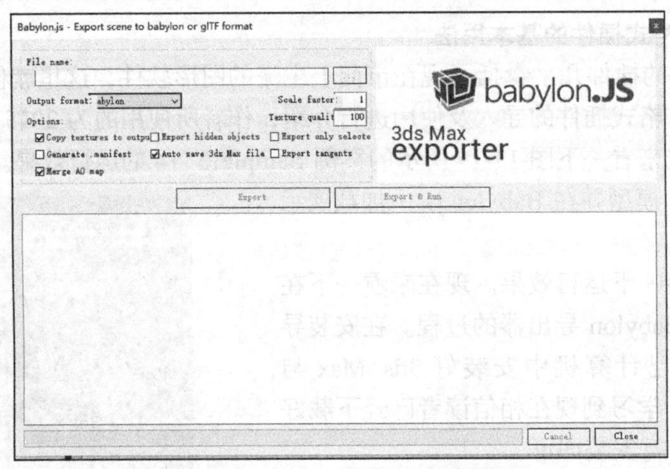

▲图 13-22　Babylon 导出插件的界面

将模型加载进 3ds Max 以后，将这个模型用 Babylon 导出器导出，导出文件中的 chair 模型在指定目录下。现在来看一下导出的这个 Babylon.js 能够理解的 Babylon 格式文件，文件的代码如下所示：

```
{"producer":{"name":"3dsmax","version":"5","exporter_version":"1.2.16","file":
"chair.babylon"},
"autoClear":true,"clearColor":[0.0,0.0,0.0],"ambientColor":[0.0,0.0,0.0],
"fogMode":0,"fogColor":null,"fogStart":0.0,"fogEnd":0.0,"fogDensity":0.0,
"gravity":[0.0,0.0,0.0],"physicsEngine":null,"physicsEnabled":false,
"physicsGravity":null,"lights":[{"direction":[0.0,1.0,0.0],"type":3,
"diffuse":[1.0,1.0,1.0],"specular":[1.0,1.0,1.0],"intensity":1.0,
"range":3.40282347E+38,"exponent":0.0,"angle":0.0,"groundColor":[0.0,0.0,0.0],"
"name":"Default light","id":"dd8ba0dd-dab4-48e7-a658-3e077fd83bd0",
"autoAnimate":false,"autoAnimateFrom":0,"autoAnimateTo":0,"autoAnimateLoop":false}],
"meshes":[{"materialId":"ed2859a7-892f-4762-9702-14a05fc11a23","isEnabled":true,
"isVisible":true,"pickable":false,"positions":[233.8316,96.8541,-419.211,],
"hasVertexAlpha":false,"indices":[0,1,2,3,4,5,,29452,29453],"checkCollisions":false,
"receiveShadows":true,"infiniteDistance":false,"billboardMode":0,"visibility":1.0,
"subMeshes":[{"materialIndex":0,"verticesStart":0,"verticesCount":29454,"index
Start":0,
"indexCount":29454}],"instances":null,"skeletonId":-1,"numBoneInfluencers":4,
"showBoundingBox":false,"showSubMeshesBoundingBox":false,"applyFog":true,
"alphaIndex":1000,
"physicsImpostor":0,"physicsMass":0.0,"physicsFriction":0.0,
"physicsRestitution":0.0,
"name":"对象 03","id":"8e1c1089-5aa2-403d-b112-7b7783ea4bf2",
"position":[0.0,0.0,0.0],"animations":[],"autoAnimate":true,
"autoAnimateFrom":0,"autoAnimateTo":100,"autoAnimateLoop":true}],
"sounds":[],"materials":[{"customType":"BABYLON.StandardMaterial",
```

```
"ambient":[0.588,0.588,0.588],"diffuse":[1.0,1.0,1.0],"specular":[0.0,0.0,0.0],
"emissive":[0.0,0.0,0.0],"specularPower":25.6,
"diffuseTexture":{"name":"0.jpg","level":1.0,"hasAlpha":true,
"getAlphaFromRGB":false,"coordinatesMode":0,"isCube":false,"uOffset":0.0,
"vOffset":0.0,
"uScale":1.0,"vScale":1.0,"uAng":0.0,"vAng":0.0,"wAng":0.0,"wrapU":1,"wrapV":1,
"coordinatesIndex":0,
"isRenderTarget":false,"renderTargetSize":0,"animations":[],"samplingMode":3},
"useLightmapAsShadowmap":false,"bumpTexture":null,"useSpecularOverAlpha":true,
"disableLighting":false,"useEmissiveAsIllumination":false,
"linkEmissiveWithDiffuse":true,"twoSidedLighting":false,"maxSimultaneousLights":4,
"useGlossinessFromSpecularMapAlpha":false,
"name":"Material #36","id":"ed2859a7-892f-4762-9702-14a05fc11a23",
"backFaceCulling":true,"wireframe":false,"alpha":1.0,"alphaMode":2}],
"workerCollisions":false,}
```

提示 这里展示了模型的 Babylon 格式，其中包含了几何信息与材质信息。需要注意的是，在材质中图片的位置为相对位置，本案例中材质所需的木纹图片与模型 Babylon 文件在一个文件夹下。这里提供的文件大都省略了关于顶点与面的数据，读者需要自行查阅这个文件。

13.4.2 资源管理器的使用

13.4.1 节介绍了 Babylon.js 所支持的 Babylon 特有格式的模型加载和 Babylon 格式导出插件在 3ds Max 的使用，其实在 Babylon.js 引擎中有一套规范的资源导入模式，即资源管理器的使用。资源管理器的创建方法如下所示。

```
let loader = new BABYLON.AssetsManager(scene);  //创建资源管理
```

资源管理器的作用是帮助开发人员加载多个资源，Babylon.js 引擎从 1.14 版开始引入了 AssetsManager 类。此类可将 3D 模型、图片以及二进制文件加载进场景。资源管理器提供了 4 种状态和 4 种回调函数，下面将通过表 13-10 对这些状态和回调函数进行介绍。

表 13-10 资源管理器中状态和回调函数的描述

状态和回调函数	描 述
INIT	在资源加载任务开始执行之前
RUNNING	当资源加载任务开始执行但尚未完成时
DONE	当资源加载任务成功完成执行时
ERROR	当资源加载任务失败时
onFinish	资源加载任务完成时回调该函数
onProgress	资源加载任务过程中回调该函数
onTaskSuccess	资源加载任务成功时回调该函数
onTaskError	资源加载任务出错时回调该函数

上面介绍了资源管理器的 4 种状态和 4 种回调函数，接下来通过加载 obj 格式的 3D 模型来对资源管理器进行详细介绍。obj 的加载会在下一节进行详细介绍，在此仅介绍与资源管理器相关的部分，具体代码如下。

代码位置：随书源代码/第 13 章/Sample13_14/js 目录下的 util.js。

```
let loader = new BABYLON.AssetsManager(scene);                //创建资源管理
    let  kjzTask = loader.addMeshTask("kjz obj", "","./obj/", "kjz.obj");
    //创建加载任务
    kjzTask.onSuccess = (task)=> {                           //任务加载成功
```

```
4       for(let mesh of task.loadedMeshes){                    //遍历加载的模型
5           mesh.position=new BABYLON.Vector3(20,0,0);//设置每个物体的位置
6           meshArray.push(mesh);}};                           //将模型放置到模型数组
7       kjzTask.onError = (task, message, exception)=> { //提示错误信息
8           console.log('kjzTask short error message:${message},specific error
            information:${exception}.');}
9       //打印错误信息
10      loader.onProgress = function(remainingCount, totalCount, lastFinishedTask)
        {   //资源管理器加载中
11          console.log('We are loading the scene.${remainingCount} out
12      of ${totalCount} items still need to be loaded.')};          //打印加载信息
13      loader.onFinish = function(tasks) {                   //资源管理器加载完成回调
14          console.log('Task loading completed.');};          //打印信息
15      loader.onTaskSuccess = function(tasks) {              //资源管理器加载成功回调
16          console.log('Task loading success.');};            //打印信息
17      loader.onTaskError = function(tasks) {                //资源管理器出错成功回调
18          console.log('Task loading error.');};              //打印信息
19      loader.load();                                         //开始所有任务
```

- 第 1～9 行为新建一个加载任务，并对加载完成后的模型进行相关处理。加载任务接收的 4 个参数分别为任务名称、模型目录、模型的具体地址、模型的具体名字。如果加载过程中出现错误，则会提示错误信息，错误信息包含两个参数，分别为简单提示和详细错误信息。
- 第 10～19 行为资源管理器中 4 种回调函数的使用。其中资源加载过程中回调函数的参数含义分别为未加载的数量、总共的加载数量、最后一个完成的任务。

13.4.3　导入三维格式文件

本章开头给出了 Babylon.js 可以支持的三维格式文件，11.4.2 节比较详细地介绍了 Babylon.js 引擎中资源管理器的使用。本节结合一些具体的案例对 Babylon.js 引擎所支持的其他 3D 格式的模型加载进行详细的介绍。

1. 加载 OBJ 与 MTL 模型

在第 12 章中介绍了有关 OBJ 及 MTL 的内容，在此就不再赘述。图 13-23 所示为加载了 OBJ 与 MTL 的模型，下半部分展示的乒乓球台模型是没有进行 *UV* 展开的 OBJ 和 MTL 模型，右上方的空间站模型是进行了 *UV* 展开了的 OBJ 与 MTL 模型。

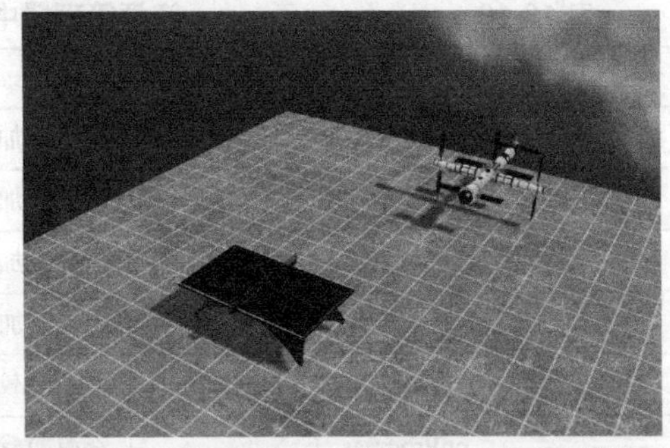

▲图 13-23　在 Babylon.js 中加载 OBJ 和 MTL 的模型

在建模软件中，制作好模型的材质，然后将材质导出为 MTL 文件比在程序中设置材质信息以达到图示效果要简便很多。设想一下如果真是由程序给出材质信息而达到这个效果的，想必大家肯定会望而生畏的。本案例具体的开发步骤如下。

（1）整个场景的开发包含场景的创建、引擎的创建、摄像机的设置、光照的设置、天空盒的导入、模型的加载、窗口变化的监听等。本部分介绍的便是场景的创建中的前半部分，以及场景、引擎、摄像机和光照的开发。

代码位置：随书源代码/第 13 章/Sample13_15 目录下的 Sample13_15.html。

```
window.addEventListener('DOMContentLoaded', ()=> {              //建立动作监听
        let canvas,engine,camera,scene;                          //建立对象
        const fpsLabel=document.getElementById('fpsLabel'); //获得 FPS 标签
        canvas = document.getElementById('renderCanvas');    //获得 Canvans
        engine = new BABYLON.Engine(canvas, true);          //建立 Babylon 引擎
```

```
6           BABYLON.Animation.AllowMatricesInterpolation = true; //允许动画功能
7           engine.enableOfflineSupport = false;            //关闭引擎支持的偏移量
8           let craeteScene=(camera)=>{                     //创建场景
9               const scene = new BABYLON.Scene(engine); //新建一个场景变量
10              scene.ambientColor = new BABYLON.Color3(1, 1, 1);//设置场景环境颜色
11              camera = new BABYLON.ArcRotateCamera("Camera",
12      -Math.PI/2, Math.PI/3, 30, BABYLON.Vector3.Zero(), scene);//在场景中添加摄像机
13              camera.attachControl(canvas, true);               //连接摄像机和场景
14              camera.lowerRadiusLimit = 5;                      //设置最小限度
15              camera.upperRadiusLimit =40;                      //设置最大限度
16              camera.wheelDeltaPercentage = 0.01;               //设置步长
17              const directionLight = new BABYLON.DirectionalLight
                ("DirectionalLight1",
18       new BABYLON.Vector3(0, -20.0, -40.0), scene);            //新建一个方向光源
19              directionLight.intensity=0.7;                     //设置光照强度
20              let hemLight = new BABYLON.HemisphericLight("HemiLight",
21      new BABYLON.Vector3(0, 1, 0), scene);                     //新建半球光源
22              hemLight.intensity=0.5;                           //设置光照强度
23              addMesh(scene,directionLight);                    //为场景添加物体
24              return scene;}                                    //返回一个场景对象
25          scene=craeteScene();                                  //获取场景对象
26          engine.runRenderLoop(()=> {                           //对场景进行循环渲染
27              scene.render();                                   //渲染的场景
28              fpsLabel.innerHTML=' FPS <br> 
29              ${Math.floor(engine.getFps())}';   });   //设置 FPS 显示
30          window.addEventListener("resize", ()=> {      //设置窗口大小的变化
31              engine.resize();                          //通过引擎对窗口进行变换
32      }); });
```

- 第 1~7 行为创建场景所需要的一些变量以及对 Babylon.js 引擎中相关对象的引用。一个场景中变量的创建和引用是很重要的，这些变量是创建场景的基础。
- 第 8~16 行为摄像机的创建和相关参数的设置。在一个 3D 场景中有了摄像机才能对整个场景有全面的认识。
- 第 17~24 行为光源的创建和设置。由于在 Babylon.js 引擎中没有环境光，因此在此用半球光模拟环境光的效果。其他代码为天空盒的添加和模型的添加，此处仅简单介绍添加的方法，13.4.4 节会有详细的代码介绍。
- 第 25~32 行为场景渲染的代码介绍。其中包括场景对象的获取、FPS 的监听、场景渲染方法的创建以及窗口大小变化的介绍。

> **提示** 在 MTL 中引用纹理文件时必须注意其路径，在 MTL 中使用相对路径引用纹理文件而不是绝对路径。并且在使用复杂的模型时必须检查材质的定义，并修改一些属性。

（2）场景中空间站模型已经添加了乒乓球台模型，在使用资源管理器的时候已经简单介绍过空间站模型的具体添加方法，下面介绍其他模型的具体添加方法、地面的添加，模型以及地面相关参数的设置。

代码位置：见随书中源代码/第 13 章/Sample13_15/js 目录下的 util.js。

```
addMesh=(scene,directionLight,engine)=>{                        //添加模型的方法
    let meshArray=[];                                           //模型数组
    const shadowGenerator = new BABYLON.ShadowGenerator(1024, directionLight);
    //新建阴影
    let loader = new BABYLON.AssetsManager(scene);              //创建资源管理
    let ppTask=loader.addMeshTask('pp obj','','./obj/','pp.obj'); //创建任务
    ppTask.onSuccess=(task)=>{                                  //任务成功回调
        for(let ppObj of task.loadedMeshes){                    //变量模型
            ppObj.scaling=new BABYLON.Vector3(30,30,30);        //设置缩放比
            ppObj.position=new BABYLON.Vector3(-20,0,0);        //设置位置
```

```
10              meshArray.push(ppObj);}}};                         //添加模型
11          ppTask.onError=(task,message,exception)=>{             //打印错误
12              console.log('ppTask short error message:${message},specific error
                information:${exception}.');};
13          setTimeout(()=>{                                       //创建计时器
14              for(let tempMesh of meshArray){                    //遍历数组
15                  tempMesh.receiveShadows=true;                  //接收阴影
16                  shadowGenerator.getShadowMap().renderList.push(te mpMesh);//添加模型
17                  shadowGenerator.useBlurExponentialShadowMap = true;//设置阴影模式
18                  shadowGenerator.blurBoxOffset = 2.0;}},1500);        //设置偏移量
19          let planeMesh=new BABYLON.MeshBuilder.CreatePlane
20          ('plane_mesh',{size:100,sideOrientation:2,},scene);      //新建一个平面对象
21          planeMesh.position=new BABYLON.Vector3(0,-2,0);          //设置平面位置
22          planeMesh.rotation.x=Math.PI/2;                          //设置旋转
23          let myMaterial = new BABYLON.StandardMaterial("myMaterial", scene);
            //新建纹理对象
24          let textureTask = loader.addTextureTask("image task", "./pic/floor2.png");
        //加载图片
25          textureTask.onSuccess = function(task) {          //资源加载成功
26              myMaterial.diffuseTexture=task.texture;//将纹理对象的散射纹理图加载到的纹理图
27              planeMesh.material=myMaterial;}               //设置平面的纹理为纹理对象
28          planeMesh.receiveShadows=true;                    //设置平面接收阴影
29          loader.load();                                    //开始所有任务
30      }
```

- 第 1～12 行为创建场景所需要的一些变量以及乒乓球台任务的创建，一个场景中创建变量和任务是很重要的。
- 第 13～18 行为添加模型进入阴影数组的具体代码。在 Babylon.js 引擎中需要将物体或者模型添加进阴影的列表中，这样才能显现出阴影的效果。
- 第 19～30 行为阴影显示以及平面设置的具体代码。在本案例中阴影投射到平面上，平面的相关设置也显得极为重要，此部分便是平面的创建以及相关设置。

2. 加载 GLTF 模型

GLTF 模型（文件拓展名是“.gltf”）是一种非常通用的用于定义场景、模型以及动画的文件格式。GLTF 模型中不仅定义了基本的几何体和材质，还定义了静态模型、骨骼模型以及动画数据，甚至还可以定义着色器文件。加载 GLTF 模型的运行效果如图 13-24 所示。

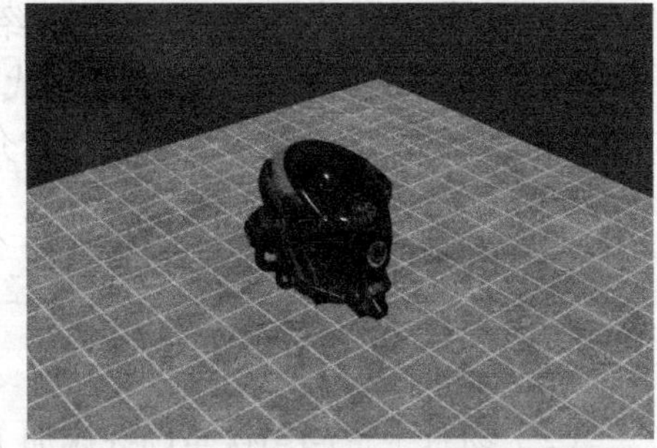

▲图 13-24　在 BabylonJs 中加载 GLTF 模型

与加载 OBJ 模型一样，加载 GLTF 模型时首先需要使用资源管理器。与其他类型的模型的主要区别为 GLTF 文件的数据存储格式为 Scene Graph（译为“场景图”），即将场景中的对象按照一定的规则（通常是空间关系）组织成一棵树，树上每个节点代表场景中的一个对象。所以在资源管理器加载 GLTF 模型后，需要遍历场景图，获取模型并添加到场景中。具体代码如下。

代码位置：见随书中源代码/第 13 章/Sample13_16/js 目录下的 util.js。

```
let  Task = loader.addMeshTask("tk_gltf", "","./model/", "DamagedHelmet.gltf");
//创建加载任务
    Task.onSuccess = (task)=> {                           //任务加载成功后
        for(let mesh of task.loadedMeshes){               //遍历加载到的模型
            mesh.position=new BABYLON.Vector3(0,2,0);  //设置每个物体的位置
            mesh.scaling=new BABYLON.Vector3(3.0,3.0,3.0); //设置缩放比
            meshArray.push(mesh); }};                       //将模型添加到数组
    Task.onError =  (task, message, exception)=> {          //提示简单的错误信息
```

```
        console.log('kjzTask short error message:${message},specific error information:${exception}.');
    }
```

提示 GLTF 模型与 OBJ 模型均采用 Babylon.js 引擎中资源管理器的加载方法，但区别在于加载目标的模型不一样，在此需注意加载模型的路径。

3. 加载 STL 模型

STL 为光固化立体造型术的缩写，是一种为快速原型制造技术服务的三维图形文件格式。STL 模型由多个三角形面片组成，每个三角形面片包括三角形各个定点的三维坐标及三角形面片的法向量。加载 STL 模型的运行效果如图 13-25 所示。

▲图 13-25 在 BabylonJs 中加载 STL 模型

与其他模型的加载方法相同，STL 模型的加载也是采用 Babylon.js 引擎中的资源管理器加载到场景中的。与其他模型加载不同的是，在加载上述模型时，需要关闭背面裁剪，这样该模型在场景中呈现出的效果以及模型的阴影才更符合实际需求，具体代码如下。

代码位置：随书源代码/第 13 章/Sample13_17/js 目录下的 util.js。

```
let  Task = loader.addMeshTask("ch_stl", "","./model/", "ch.STL"); //创建加载任务
    Task.onSuccess = (task)=> {                               //任务加载成功后
        for(let mesh of task.loadedMeshes){                   //遍历加载到的模型
            mesh.position=new BABYLON.Vector3(0,2,0);         //设置每个物体的位置
            mesh.scaling=new BABYLON.Vector3(3.0,3.0,3.0);//设置缩放比
            meshArray.push(mesh); }};                         //将模型添加到数组
    Task.onError =  (task, message, exception)=> {            //提示简单的错误信息
        console.log('kjzTask short error message:${message},specific error
        information:${exception}.');
    }
```

提示 使用资源管理器加载模型虽然可以快速地加载进入场景中，但是无法对加载到的模型进行更多的设置。本案例中需要创建一个空纹理，并将空纹理覆盖在已加载的模型上，再对纹理进行背面剪裁。这样模型的阴影才可以呈现出关闭背面剪裁后产生的正确效果。

13.5 纹理贴图

前面已经对 Babylon.js 引擎中自带的网格对象和材质进行了详细介绍，但由于在项目开发中往往对物体的外观有较高的要求，所以开发人员一般需要加载贴图，增加对物体细节部分的展示。本节将详细介绍使用贴图的方法及技巧。

13.5.1 使用纹理贴图

通过前面学习读者应该认识到，材质决定了物体的颜色及质感，而纹理贴图的实质是一系列颜色值。所以如果需要在 Babylon.js 中使用纹理贴图，那么只需将读取后的信息嵌入到材质中，再将此材质应用到几何对象。

提示 Babylon.js 支持 WebGL 2.0，可以使用非 2 的整数次方的贴图，但是考虑设备兼容性的问题，为了保证渲染效果，建议图片的长和宽是 2 的整数次方。

由于纹理在进行渲染时都需要放大或者缩小，所以要选择合适的纹理采样方式。在 Babylon.js 引擎中，开发人员可直接通过 Texture 的 samplingMode 属性对采样方式进行设置。采样组合方式较多，在此给出开发中常用的值，具体如表 13-11 所示。

表 13-11　　magFilter 和 minFiler 可选的属性

名　称	描　述
BABYLON.Texture.NEAREST_LINEAR	MAG 采用最近点采样，MIN 采用线性采样
BABYLON.Texture .NEAREST_NEAREST_MIPLINEAR	程序选择合适大小的 Mipmap，并使用线性采样方式

提示　这是在开发中常用到的几种组合方式，此外前面已经对上面几种采样方式的渲染效果和区别进行了详细介绍。此处篇幅有限，不再赘述，有兴趣的读者可自行实验，细致观察其区别。

下面将通过案例 Sample13_18 详细介绍纹理贴图的使用方法。本案例首先新建一个正方体，然后使用一张 256×256 像素的图片作为纹理贴图，渲染出一个十分真实的木质箱子，具体情况如图 13-26 所示。

▲图 13-26　使用纹理贴图的正方体

通过图 13-26 可以看出，使用纹理贴图的正方体表现出了木质质感，细节展示更为细致。由此可见，使用纹理贴图可在很大程度上提高画面质量。看到本案例的运行效果后，就可以详细介绍本案例的开发步骤了，具体步骤如下。

（1）为了使文件部署更加清晰，本案例新建了名称为“textures”的文件夹以存放纹理贴图。然后将名称为“box.jpg”的正方形纹理贴图存放在此目录下，以供后面使用。

（2）文件部署完毕后，进行本案例核心代码的介绍。主要是创建标准材质，加载纹理贴图并作为标准材质的漫反射纹理，具体代码如下所示。

代码位置：随书源代码/第 13 章/Sample13_18 目录下的 Sample13_18.html。

```
var mat = new BABYLON.StandardMaterial("mat", scene);                //创建标准材质
var texture = new BABYLON.Texture("textures/box.jpg", scene);       //加载纹理贴图
mat.diffuseTexture = texture;          //设置标准材质的漫反射纹理贴图
```

提示　BABYLON.Texture()为 Babylon.js 中加载纹理贴图的方法。只需向其中传入纹理贴图的路径和场景对象。由于本案例将纹理图放在 textures 目录下，所以要在参数部分增加“textures/”字段。读者在开发和学习时，要注意读取纹理贴图的路径是否正确。

13.5.2 使用法向贴图

法向贴图中包含的不再是颜色值，而是法向量数据。在实际开发中，如果模型的精度不够理想，则可以制作法向贴图应用到物体上，这样可以渲染出很多细节。与光源的合理搭配可以极大提升画面的真实感。

> **提示** 纹理贴图一般对图片的精度有较高的要求，非专业人员很难制作出高质量的图片。不过不用担心，现在市面上有很多 3D 模型共享的网站提供法向贴图的下载服务。有兴趣的读者可以自行搜索下载试验。

下面将通过案例 Sample13_19 详细介绍法向贴图的使用方法。本案例加载了一个 OBJ 格式的 3D 模型，并应用了纹理贴图和法向贴图，配合光源渲染出一个逼真的恐龙。在图 13-27 中左侧和右侧分别为使用法向贴图前后的运行效果图。

▲图 13-27 使用法向贴图的 3D 模型

通过图 13-27 可以看出，使用法向贴图的模型表现出了动物皮肤的质感，凹凸处对光的反射尤为细腻。可能仅通过图 13-27 所示的图片，不能细致地表现出渲染效果，有兴趣的读者可使用真机运行。看到本案例的运行效果后，详细介绍本案例的开发步骤，具体步骤如下。

（1）完成外部资源的准备。此部分包括将恐龙的 OBJ 模型放置在 model 目录下，将名为“konglong.jpg”的纹理贴图和名为“konglongn.jpg”的法向贴图放在 textures 目录下。图 13-28 展示了本案例中的纹理贴图和法向贴图。

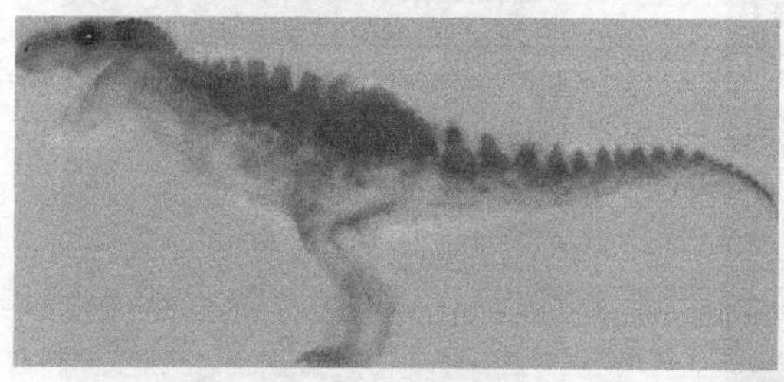
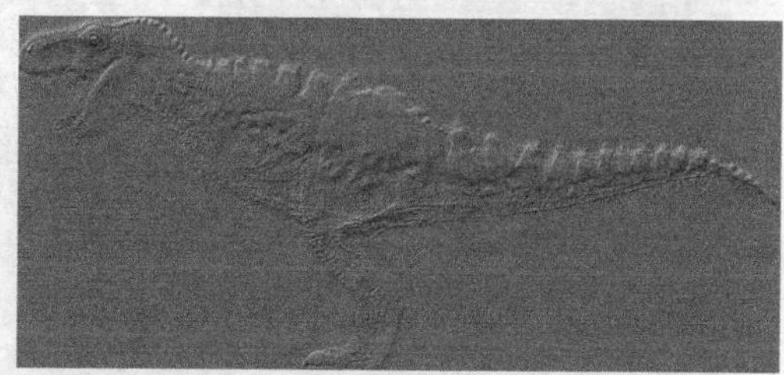

▲图 13-28 纹理贴图和法向贴图

（2）进行代码部分的开发。本案例主要在加载 OBJ 模型后，指定标准材质的纹理贴图和法向贴图，非常简单，具体代码如下。

代码位置：随书源代码/第 13 章/Sample13_19 目录下的 Sample13_19.html。

```
var pos = function (task)                                    //加载任务成功回调方法
   task.loadedMeshes.forEach(function (mesh) {               //遍历模型中的每一个网格对象
    mesh.material=new BABYLON.StandardMaterial("meshMaterial", scene);
    mesh.material.diffuseTexture=new BABYLON.Texture("textures/konglong.jpg",
    scene);//漫反射纹理
    mesh.material.bumpTexture=new BABYLON.Texture("textures/konglongn.jpg", scene);
    //法向纹理
    });};
```

提示　通过上面的代码可以发现，法向贴图的使用方法与纹理贴图十分相似，只需读取法向贴图中的相关数据，并赋值给材质对象的 bumpTexture 属性即可，操作十分简便。

13.5.3　使用光照贴图制作静态阴影

关于物体的阴影是一项计算量非常大的工作，如果不能对其进行高度优化，则很可能会使画面产生严重卡顿的现象。幸运的是，Babylon.js 引擎中可使用光照贴图创建出解析度很高的静态阴影，同时在很大程度上减小了硬件工作量。

光照贴图使用平展开的一套 *UV*，如同普通贴图所需的。光照贴图的尺寸可以灵活设置（比如 64×64 像素），这种方式提供了每像素的光照数据，本案例中采用的是 512 × 512 像素。一般来说，贴图尺寸越大，光照效果越细致。

提示　光照贴图的制作也非常简单，有兴趣的读者可下载安装 3ds Max 后“烘焙”出需要的光照贴图。若对渲染效果不满意，还可以根据需要在 Photoshop 软件中对贴图进行优化。

接下来了解一下案例 Sample13_20 的运行效果，这有利于读者对光照贴图有一个基本认识，具体如图 13-29 所示。

通过图 13-29 可以看出，茶壶与使用光照贴图生成的静态阴影十分吻合，真实感极强。并且在程序运行过程中也只会将光照贴图映射在地板上，省去了阴影实时计算的麻烦。看到本案例的运行效果后，接下来详细介绍开发步骤，具体情况如下。

（1）在 3ds Max 中“烘焙”出光照贴图，然后将其和纹理贴图放在 textures 目录下，以供后面使用。图 13-30 展示了本案例中的光照贴图。

▲图 13-29　使用光照贴图制作出的静态阴影

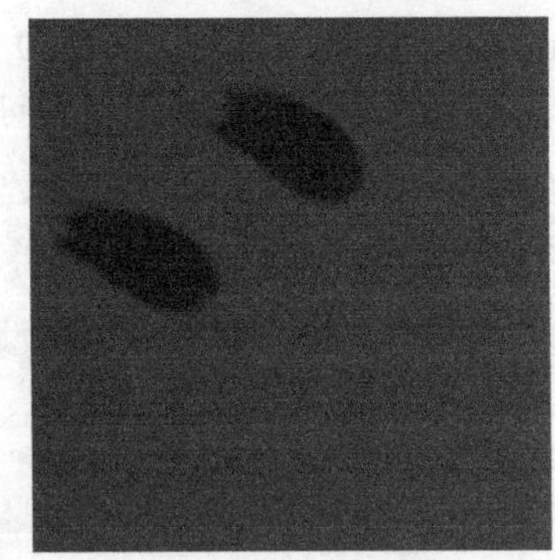

▲图 13-30　光照贴图

（2）介绍本案例开发的核心代码。这部分代码主要是读取光照贴图并设置地板材质中的 lightMap 属性和对茶壶模型位置合理摆放的代码，具体如下所示。

代码位置：随书源代码/第 13 章/Sample13_20 目录下的 Sample13_20.html。

```
var groundMaterial = new BABYLON.StandardMaterial("groundMaterial", scene); //创建标准材质
groundMaterial.diffuseTexture= new BABYLON.Texture("textures/floor-wood.jpg", scene);     //纹理贴图
groundMaterial.lightmapTexture =new BABYLON.Texture("textures/pm.png", scene); //光照贴图
var ground = BABYLON.Mesh.CreateGround("ground", 20, 20, 4, scene);  //创建地板
```

```
ground.material = groundMaterial;                                  //设置地板材质
var meshMaterial=new BABYLON.StandardMaterial("meshMaterial", scene); //模型材质
meshMaterial.diffuseTexture=new BABYLON.Texture("textures/ghxp.png", scene); //指定纹理
var pos = function (t) {                                           //加载任务成功回调方法
    t.loadedMeshes.forEach(function (m) {                          //遍历模型中的每个网格对象
         m.scaling.x=0.3;                                          //模型 x 方向上缩放因子为 0.3
         m.scaling.y=0.3;                                          //模型 y 方向上缩放因子为 0.3
         m.scaling.z=0.3;                                          //模型 z 方向上缩放因子为 0.3
         m.material=meshMaterial;                                  //设置模型的材质
         var mesh=m.clone();                                       //克隆模型
         mesh.position.set(3,0,4)                                  //设置克隆模型的位置
         m.position.set(-2,0,-1)                                   //移动初始的模型
    });};
```

说明 上面代码的功能主要是创建地板，加载纹理贴图并设置材质的漫反射纹理贴图和光照纹理贴图。在模型加载成功后，设置模型的缩放比例，克隆一个茶壶模型并将两个茶壶模型进行合理的摆放，最终达到真实光照的效果。

13.5.4 使用高光贴图

现实生活中有很多物体在光的照射下会表现出有特别明显的高亮区，而有些部分却几乎不会反光。如果开发人员要在程序中呈现这种物体，则可以使用一种特别简单、有效的方法——增加高光贴图，下面将对其进行详细介绍。

一般来说，在高光贴图中像素的颜色值越大（黑色最小、白色最大），物体表面对光线的反射能力就越强。在项目开发时，高光贴图通常与法线贴图一起使用，渲染出的物体将会十分真实。另外，还可以对材质的 specular 属性进行设置，指定高光区的颜色。高光贴图的运行效果如图 13-31 所示。

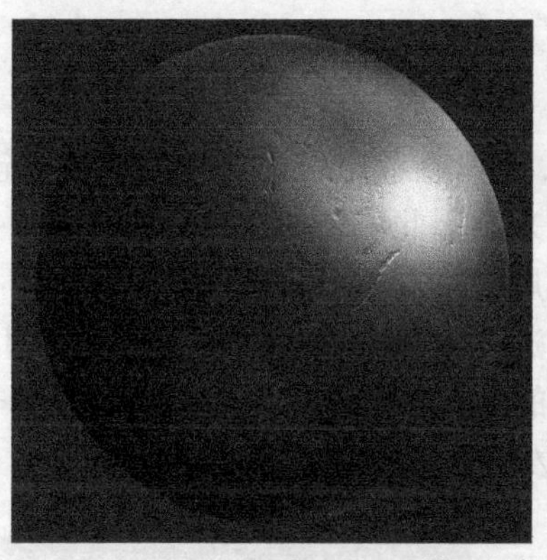

▲图 13-31 使用高光贴图制作出的地球模型

通过图 13-31 可以看出，地球模型中海洋部分的色彩比较明亮，对光线的反射能力很强，有明显的高光区。而陆地部分的颜色较为暗淡，几乎不反光，这非常贴近现实生活。看到本案例的运行效果后，接下来详细介绍开发步骤，具体情况如下。

（1）将地球模型的纹理贴图、法向贴图和高光贴图放置在 textures 目录下，以供后面使用。图 13-32 展示了本案例中的纹理贴图和高光贴图。

（2）介绍本案例中创建地球模型的 createEarth ()方法。此方法中主要增加了读取高光贴图并设置材质中 specularMap 属性的相关代码，最后指定材质的 specular 和 shininess 的属性值，具体代码如下所示。

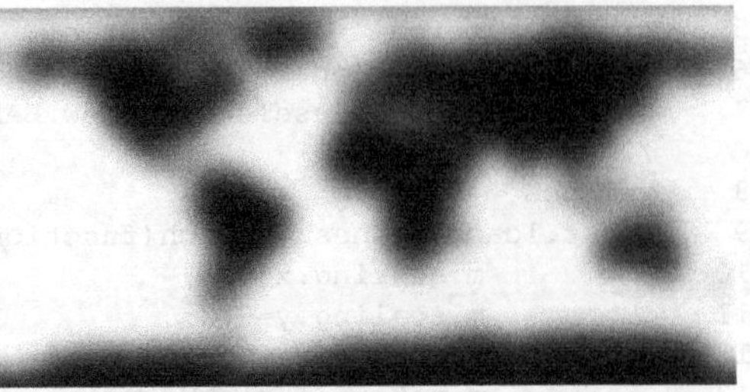

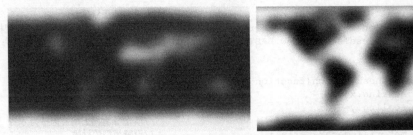

▲图 13-32　地球模型中的纹理贴图和高光贴图

代码位置：随书源代码/第 13 章/Sample13_21 目录下的 Sample13_21.html。

```
var light = new BABYLON.HemisphericLight("hemiLight", new BABYLON.Vector3(-1, 1, 0), scene);//光照
light.intensity=1.5;                                //设置光照强度
var sphereMaterial = new BABYLON.StandardMaterial("groundMaterial", scene);//创建材质
sphereMaterial.specularPower=10;                    //设置高光强度
sphereMaterial.diffuseTexture=new BABYLON.Texture("textures/Earth.png",scene, false,false);
sphereMaterial.specularTexture=new BABYLON.Texture("textures/EarthSpec.png", scene,false,false);
sphereMaterial.bumpTexture = new BABYLON.Texture("textures/EarthNormal.png", scene,false,false);
var sphere = BABYLON.MeshBuilder.CreateSphere("sphere", {diameter:10}, scene);//创建球体
sphere.material=sphereMaterial;                     //设置球体材质
```

说明　上述代码就是使用高光贴图的方法。主要是利用材质的 specularTexture 属性，并结合漫反射纹理和法向纹理贴图使程序渲染出更好的效果。此外，还能通过材质的 specularPower 属性进行高光强度的设置，读者可根据实际需求进行设置。

13.6 粒子系统

粒子系统是 3D 开发中不可缺少的一部分，通常在程序中用来模拟一些特定的模糊现象。由于这些现象用传统的渲染不能很好地表现出来，因此需要使用粒子系统模拟一些常见的现象，例如火焰、爆炸、烟尘、一些发光物体的尾部轨迹或抽象的视觉效果等。

Babylon.js 引擎提供了高真实感、高渲染速率和高管理性的粒子系统。图 13-33 所示为 Babylon.js 引擎开发的粒子碰撞与粒子正方体的效果，从图中可以看出其效果非常真实和酷炫。本节便来介绍一下在 Babylon.js 中如何开发粒子系统。

▲图 13-33　粒子效果

13.6.1 精灵与精灵动画

精灵（Sprites）是一种 2D 图像或者动画，我们可以使用它来显示带有 alpha 通道的图像。由于精灵始终面向摄像机，因此在游戏场景中，精灵的使用很常见。例如对于游戏场景中的森林，通常在离观测者较远的地方用精灵来代替树木模型，这样大大提高了画面的真实性。

精灵通常用于显示动画角色和粒子，以及模拟树木等 3D 复杂对象。在图 13-34 中可以看到由精灵构成的大量树木和精灵角色动画，树木实际上是精灵贴上了树木纹理，精灵角色动画是将角色动作的每帧制作成一幅序列图，然后加载序列图到精灵管理器中。

▲图 13-34　精灵树木和精灵角色动画

在了解了精灵的特点和案例的效果后，下面来看一下其开发过程。精灵角色动画的原理在前面已经介绍过，其本质就是加载一幅记录每帧画面中有角色动作的序列图来作为精灵的纹理，然后每帧显示序列图中相应的动作。本案例中角色动画序列如图 13-35 所示，其详细的代码开发过程如下。

▲图 13-35　角色动画序列

（1）本案例的主体文件为 Sample13_22.html，案例中的场景与逻辑都在其中。首先来看一下全局变量的生成和场景的初始化。全局变量包括了整个场景中的各个组成部分，场景的初始化渲染出了整个场景，其代码如下。

位置代码：随书源代码/第 13 章/Sample13_22 目录下的 Sample13_22.html。

```
<script>
    window.addEventListener('DOMContentLoaded', function() {
        var canvas = document.getElementById("renderCanvas");
        //从HTML中获取Canvas元素
        var engine = new BABYLON.Engine(canvas, true);  //加载Babylon 3D引擎
        var scene;                                      //场景
        var camera;                                     //相机
        var light;                                      //灯光
        var createScene = function() { //初始化场景方法
            scene = new BABYLON.Scene(engine);          //创建场景
            light = new BABYLON.PointLight("Point",
            new BABYLON.Vector3(5, 10, 5), scene);      //创建点光源
            camera = new BABYLON.ArcRotateCamera("Camera", 1, 0.8, 8,
            new BABYLON.Vector3(0, 0, 0), scene);       //创建摄像机
```

```
14              camera.attachControl(canvas, true);          //摄像机添加监听
15              createTree();                                 //创建精灵树木
16              createPeople();                               //创建精灵角色动画
17              scene.onPointerDown = function(evt) {         //场景单击监听
18                  var pickResult = scene.pickSprite(this.pointerX, this.pointerY);
                    //获取选中的精灵
19                  if (pickResult.hit) {                     //精灵被单击
20                      pickResult.pickedSprite.angle += 0.5; //精灵旋转
21              }};
22              return scene;                                 //返回场景
23          }
24          ...//此处省略了创建树木和创建人物角色的方法，在下文中会详细介绍
25          var scene = createScene();                        //创建场景
26          engine.runRenderLoop(function() {                 //循环渲染场景
27              scene.render();                               //渲染场景
28              fpsLabel.innerHTML = ' FPS <br> 
29              ${Math.floor(engine.getFps())}';              //显示 FPS
30          });
31          window.addEventListener("resize", function() {    //屏幕自适应监听
32              engine.resize();                              //屏幕尺寸自适应
33      });});
34  </script>
```

- 第 3～7 行声明了一些全局变量。其中包括 Canvas 画布、Babylon.js 引擎、场景、摄像机和灯光对象。这些对象对于整个 3D 场景画面的渲染是必不可少的，也便于创建场景和更新场景信息。
- 第 8～23 行为初始化场景的方法。创建了场景中的摄像机、灯光、树木和精灵角色动画等部分，场景中的摄像机是弧形摄像机，并且添加了摄像机监听。在最后第 19～24 行创建了精灵单击事件监听，单击精灵后，精灵发生旋转。
- 第 24～33 行为创建树木、精灵角色动画，以及场景渲染和屏幕自适应的方法。其中创建树木和人物角色的方法将会在下文详细介绍。场景渲染方法中还获取了整个场景的帧数，然后显示出来。

（2）看完场景初始化的方法后，接下来看一下场景中树木的开发。树木其实就是一个个精灵贴上了树木图片纹理，也就是一幅幅的 2D 图像。其代码如下所示。

位置代码：随书源代码/第 13 章/ Sample13_22 目录下的 Sample13_22.html。

```
var createTree = function() {                                        //创建精灵树木
    var spriteManagerTrees = new BABYLON.SpriteManager("treesManager",
    "pic/palm.png", 2000, 800, scene);                               //创建树木精灵管理器
    for (var i = 0; i < 2000; i++){                                  //在任意位置创建 2000 棵树
        var tree = new BABYLON.Sprite("tree", spriteManagerTrees); //创建精灵树木
        tree.position.x = Math.random() * 100 - 50;               //精灵树木随机的 x 坐标
        tree.position.z = Math.random() * 100 - 50;               //精灵树木随机的 y 坐标
        tree.isPickable = true;                                     //精灵树木可被拾取
        if (Math.round(Math.random() * 5) === 0) {                  //创建倒下的树
            tree.angle = Math.PI * 90 / 180;                        //设置精灵树木角度
            tree.position.y = -0.3;                                 //设置精灵树木的 y 坐标
    }}
    spriteManagerTrees.isPickable = true;                          //精灵管理器可被拾取
}
```

说明　Babylon.js 引擎中是通过精灵管理器 SpriteManager 来管理精灵的，其参数为名称、图片 URI、容量、精灵大小和场景。在上述代码中创建了一个容量为 2000、精灵大小为 800 的精灵管理器，然后通过循环方式创建 2000 个精灵，并随机让精灵角度发生变化。

（3）了解了精灵树木的开发后，介绍精灵角色动画的开发。精灵角色动画的开发实质上

与精灵树木的开发类似，只是精灵管理器的纹理图和精灵设置参数不同而已。下面来看具体代码的开发。

位置代码：见随书中源代码/第 13 章/ Sample13_22 目录下的 Sample13_22.html。

```
1   var createPeople = function() {                       //创建精灵角色动画
2       var spriteManagerPlayer = new BABYLON.SpriteManager("playerManager",
3       "pic/player.png", 2, 64, scene);                   //创建精灵角色动画管理器
4       var player = new BABYLON.Sprite("player", spriteManagerPlayer);
        //第一个精灵角色动画
5       player.playAnimation(0, 44, true, 100);            //播放动画
6       player.position.y = -0.3;                          //设置精灵的 y 坐标
7       player.size = 0.3;                                 //设置精灵大小
8       player.isPickable = true;                          //精灵可拾取
9       var player2 = new BABYLON.Sprite("player2", spriteManagerPlayer);
        //第二个精灵角色动画
10      player2.stopAnimation();                   //停止播放动画
11      player2.cellIndex = 3;                     //精灵显示特定的帧图像索引，例如第 4 幅图像
12      player2.position.y = -0.3;                 //设置精灵的 y 坐标
13      player2.position.x = 1;                    //设置精灵的 x 坐标
14      player2.size = 0.3;                        //精灵大小
15      player2.invertU = -1;                      //精灵方向
16      player2.isPickable = true;                 //精灵可拾取
17      spriteManagerPlayer.isPickable = true;     //精灵管理器可被拾取
18  }
```

- 第 1～8 行为创建第一个精灵角色动画。其中第 8 行中的 playAnimation()方法为精灵动画播放方法，该方法从序列图的第 0 帧动作播放到最后一帧（即第 44 帧动作），第三个参数可设置循环播放，最后一个参数设置了动画的播放间隔。
- 第 9～18 行为创建第二个精灵角色动画。该动画是暂停在某一帧的动作，第 14 行中的 stopAnimation()方法停止动画播放，第 15 行中精灵的 cellIndex 属性是让精灵动画暂停到角色动画序列图的特定帧数上。

经过前面的学习，相信读者已经初步认识到精灵的特点与作用了，也能用精灵开发出一些简单的场景与特效了。精灵的使用只是整个粒子系统的冰山一角，一些复杂酷炫的效果往往要用到功能更加强大的粒子系统来实现。

13.6.2 粒子与粒子系统

粒子通常是小精灵，用于模拟难以重现的现象，如火、烟、水，或抽象的视觉效果，如魔法闪光和仙尘。Babylon.js 引擎中的粒子是由粒子系统 ParticleSystem 来管理的，通过粒子系统的控制可以设置粒子的很多属性，例如颜色、大小、生命周期、发射方向和粒子速度等。

由于粒子是由粒子系统发射生成的，所以粒子特效的开发往往首先需要创建粒子系统，如图 13-36 所示。该场景中有一个正方体盒子粒子系统，粒子规律地从正方体盒子的两侧面发射扩散，正方体盒子沿着垂直于粒子发射面的轴来回转动。

在上述场景中粒子规律地从正方体盒子的两个侧面发射及运动，这就是通过粒子系统的调控来实现的，其中白色粒子光点是粒子贴上纹理图形成的。在了解了本案例的运行情况后，下面来看本案例的具体开发过程。

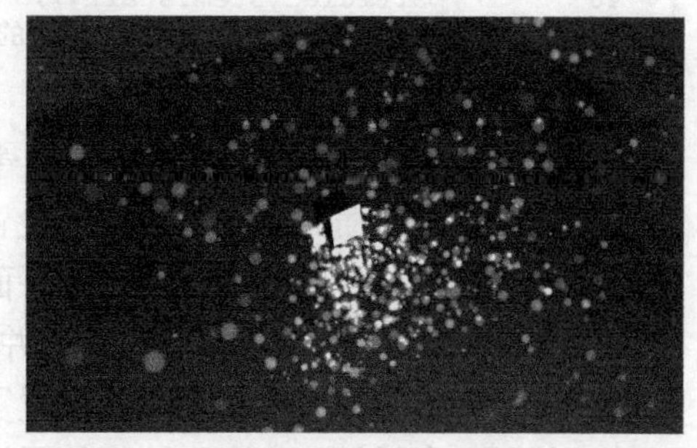

▲图 13-36 粒子发射

（1）由于声明变量和渲染场景等代码与前面类似，所以这里只给出重点部分，主要是介绍场景初始化的方法，其中包括创建粒子系统及设置其属

性，以及正方体盒子动画。下面先看粒子系统的开发，其详细代码如下所示。

位置代码：随书源代码/第 13 章/Sample13_23 目录下的 Sample13_23.html。

```
1   var createScene = function() {
2       scene = new BABYLON.Scene(engine);                //创建场景
3       light0 = new BABYLON.PointLight("Omni", new BABYLON.Vector3(0, 2, 8),
4       scene);                                           //创建点光源
5       camera = new BABYLON.ArcRotateCamera("ArcRotateCamera", 1, 0.8, 20,
6       new BABYLON.Vector3(0, 0, 0), scene);             //创建摄像机
7       camera.attachControl(canvas, true);               //摄像机添加监听
8       var fountain = BABYLON.Mesh.CreateBox("foutain", 1.0, scene);//创建正方体盒子
9       var ground = BABYLON.Mesh.CreatePlane("ground", 50.0, scene);//创建平面
10      ground.position = new BABYLON.Vector3(0, -10, 0);          //设置平面位置
11      ground.rotation = new BABYLON.Vector3(Math.PI / 2, 0, 0);//平面沿 x 轴旋转 90°
12      ground.material = new BABYLON.StandardMaterial("groundMat",
13      scene);                                                    //创建平面标准材质
14      ground.material.backFaceCulling = false;                   //设置背面剔除状态
15      ground.material.diffuseColor = new BABYLON.Color3(0.3, 0.3, 1);//漫反射颜色
16      particleSystem = new BABYLON.ParticleSystem("particles", 2000, scene);
        //创建粒子系统
17      particleSystem.particleTexture = new BABYLON.Texture("pic/flare.png",
18      scene);                                               //粒子系统纹理
19      particleSystem.emitter = fountain;                    //粒子系统发射器为盒子
20      particleSystem.minEmitBox = new BABYLON.Vector3(-1, 0, 0);//粒子发射器的最小范围
21      particleSystem.maxEmitBox = new BABYLON.Vector3(1, 0, 0); //粒子发射器的最大范围
22      //粒子发射器颜色在 color1 和 color2 之间随机
23      particleSystem.color1 = new BABYLON.Color4(0.7, 0.8, 1.0, 1.0); //颜色 1
24      particleSystem.color2 = new BABYLON.Color4(0.2, 0.5, 1.0, 1.0); //颜色 2
25      particleSystem.colorDead = new BABYLON.Color4(0, 0, 0.2, 0.0);//粒子消失颜色
26      //每个粒子的大小（随机在最小和最大之间）
27      particleSystem.minSize = 0.1;                         //最小尺寸
28      particleSystem.maxSize = 0.5;                         //最大尺寸
29      //每个粒子的生命时间（随机在最小和最大之间）
30      particleSystem.minLifeTime = 0.3;                     //最短时间
31      particleSystem.maxLifeTime = 1.5;                     //最长时间
32      particleSystem.emitRate = 1500;                       //每帧发射的最大粒子数
33      //混合模式：ONEONE，或 BrutMod 标准，或 ADD
34      particleSystem.blendMode = BABYLON.ParticleSystem.
35      BLENDMODE_ONEONE;                                     //混合模式
36      //给所有粒子设置重力。y 方向重力加速度值为-9.81
37      particleSystem.gravity = new BABYLON.Vector3(0, -9.81, 0); //粒子重力
38      //每个粒子发射后的方向 ，随机在方向 1 矢量和方向 2 矢量之间
39      particleSystem.direction1 = new BABYLON.Vector3(-7, 8, 3); //方向 1
40      particleSystem.direction2 = new BABYLON.Vector3(7, 8, -3); //方向 2
41      //角速度。（弧度值）
42      particleSystem.minAngularSpeed = 0;                        //最小角速度
43      particleSystem.maxAngularSpeed = Math.PI;                  //最大角速度
44      //粒子系统发射速度，即发射速度
45      particleSystem.minEmitPower = 1;                           //最小发射速度
46      particleSystem.maxEmitPower = 3;                           //最大发射速度
47      particleSystem.updateSpeed = 0.005;                        //粒子系统速度
48      particleSystem.start();                                    //启动粒子系统
49      ...//此处省略正方体盒子动画的代码，它将在下文详细介绍
50      return scene;
51  }
```

- 第 1～15 行为初始化场景，创建场景、点光源、摄像机、平面和正方体盒子等对象。其中平面对象的材质是标准材质，并设置了漫反射颜色。当白光照射到平面时，平面将会表现出反射颜色，其他颜色灯光照射时平面会显示其他混合颜色。
- 第 16～48 行为创建粒子系统并设置粒子系统的属性。粒子系统对象中的第二个参数设置了粒子系统的最大容量，然后设置了粒子系统的纹理、发射器形状、发射范围、颜色、尺寸、粒子生命时间、方向、速度等属性。通过设置不同的属性可以产生不同的粒子效果。

说明　粒子是通过粒子系统发射器发射的，粒子系统发射器有多种类型，这里使用了默认的盒子发射器。粒子系统发射器可以直接设置位置，也可以将其设置在物体上，这里将粒子系统发射器设置在正方体盒子处。关于粒子系统发射器的内容将会在下一节进一步介绍。

（2）在了解粒子系统的开发后，下面将介绍正方体盒子动画的开发，具体代码如下。

位置代码：随书源代码/第 13 章/Sample13_23 目录下的 Sample13_23.html。

```
var keys = [];                                                //存储动画播放信息数组
var animation = new BABYLON.Animation("animation", "rotation.x", 30,//创建动画对象
BABYLON.Animation.ANIMATIONTYPE_FLOAT,          //动画类型
BABYLON.Animation.ANIMATIONLOOPMODE_CYCLE);   //动画播放模式
keys.push({                                                   //在动画第 0 帧，盒子旋转角度为 0
    frame: 0,                                                 //动画初始帧数
    value: 0                                                  //物体初始角度
});
keys.push({                                                   //在动画第 50 帧，盒子旋转角度达到 180°
    frame: 50,                                                //动画中间帧数
    value: Math.PI                                            //物体旋转角度
});
keys.push({                                                   //在动画第 100 帧，盒子旋转角度回到 0
    frame: 100,                                               //动画结束帧数
    value: 0                                                  //物体最终角度
});
animation.setKeys(keys);                                      //将动画信息送入动画对象
fountain.animations.push(animation);                          //发射器盒子添加动画
scene.beginAnimation(fountain, 0, 100, true);//播放动画
```

说明　正方体盒子的旋转动画是通过创建动画对象来实现的。这里通过创建数组存储动画播放信息，到达特定帧数后物体执行对应的动作，然后将动画信息数组送入动画对象，并将动画对象添加正方体盒子中。最后播放动画，播放动画的方法将正方体盒子从第 0 帧播放到第 100 帧，并且循环播放。

13.6.3 粒子发射器

粒子系统的粒子发射器代表了粒子系统附着的网格和位置。粒子发射器的类型也是多样的，不同类型的粒子发射器发射粒子的效果也是不一样的。Babylon.js 引擎提供了多种类型的粒子发射器，这里介绍比较常用的 4 种类型，包括点发射器、盒子发射器、球形发射器和锥形发射器。

粒子系统默认的粒子发射器是盒子发射器，若想要使用其他类型的粒子发射器，需要设置粒子系统的发射器类型，下面结合案例 Sample13_24 将逐一介绍它们。

（1）点发射器：是在某一固定的位置点发射粒子，其发射的粒子方向可以自行设置，如图 13-37 所示。

创建点发射器时可以传入两个参数，分别为发射方向 1 和发射方向 2，也可以自行设置发射方向 1 和发射方向 2。代码如下所示。

```
var emittertype = particleSystem.createPointEmitter(new BABYLON.Vector3(-7, 8, 3),
new BABYLON.Vector3(7, 8, -3));
emittertype.direction1 = new BABYLON.Vector3(-5, 2, 1);        //设置方向 1
emittertype.direction2 = new BABYLON.Vector3(5, 2, 1);         //设置方向 2
```

（2）盒子发射器：是在一个盒子区域内的各个位置上生成粒子并发出粒子，其发射的粒子方向和范围可以自行设置，如图 13-38 所示。

▲图 13-37　点发射器

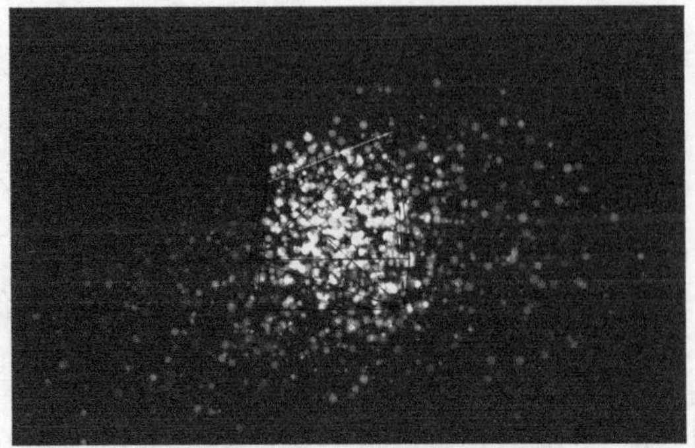

▲图 13-38　盒子发射器

创建盒子发射器时可以传入相应的参数，分别为发射方向 1、发射方向 2、最小发射范围和最大发射范围，代码如下所示。

```
emittertype = particleSystem.createBoxEmitter(new BABYLON.Vector3(-5, 2, 1),
new BABYLON.Vector3(5, 2, -1), new BABYLON.Vector3(-1, -2, -2.5),
new BABYLON.Vector3(1, 2, 2.5));
emittertype.direction1 = new BABYLON.Vector3(-5, 2, 1);    //设置方向 1
emittertype.direction2 = new BABYLON.Vector3(5, 2, 1);     //设置方向 2
emittertype.minEmitBox = new BABYLON.Vector3(-2, -3, -4); //设置最小发射范围
emittertype.maxEmitBox = new BABYLON.Vector3(2, 3, 4);     //设置最大发射范围
```

（3）球形发射器：球形发射器沿着球的整个空间区域发射粒子，其发射的粒子方向和范围可以自行设置，如图 13-39 所示。

创建球形发射器时可以传入相应的参数，分别为半径、方向 1 和方向 2。半径表示球体空间的范围大小，也可以设置球形发射器的发射范围和是否沿球表面发射，其代码如下。

```
emittertype = particleSystem.particleSystem.createDirectedSphereEmitter(1.2,
new BABYLON.Vector3(1, 1, 1), new BABYLON.Vector3(2, 8, 2));
emittertype.radiusRange = 1;
//发射范围：0 是球表面，1 是整个球
emittertype.radius = 3.4;                                          //设置球形半径
emittertype.direction1 = new BABYLON.Vector3(-5, 2, 1);           //设置方向 1
emittertype.direction2 = new BABYLON.Vector3(5, 2, -1);           //设置方向 2
```

（4）锥形发射器：沿着圆锥的整个空间区域发射粒子，其发射粒子的发射半径、高度和顶角大小都可自行设置，如图 13-40 所示。

▲图 13-39　球形发射器

▲图 13-40　锥形发射器

创建锥形发射器时传入的参数为半径和顶角角度。角度用弧度表示，也可以设置锥形发射器的半径、发射范围和高度发射范围。其代码如下。

```
emittertype = particleSystem.createConeEmitter(2, Math.PI/3);
emittertype.radiusRange = 1;     //粒子半径发射范围，0 表示仅在曲面上，而 1 表示沿半径
emittertype.heightRange = 1;     //粒子高度发射范围，0 表示仅在顶部表面上，而 1 表示在整个
高度上
```

```
emittertype.radius = 3.4;                    //设置锥形半径
emittertype.angle = Math.PI / 2;             //设置锥形顶角角度
```

粒子系统发射器的类型实际上不止上述 4 种，但掌握这几种常见的类型后，对粒子系统的开发会有很大的帮助。若想继续了解上述粒子发射器的开发过程，则可查看案例 Sample13_24。其中大部分代码在前面已经介绍，这里不再介绍。

13.6.4 粒子动画

前面已经介绍了精灵动画的原理，粒子系统中的粒子动画的原理也是大同小异，都是加载包括动画每一帧画面的纹理图，然后换帧播放。粒子效果如同动画播放一样，两者的区别只是代码的使用上略有不同。

下面来看一个具体案例，如图 13-41 所示，从图中可以看到这是通过粒子模拟的烟雾，并且烟雾随时间不断发生形态和透明度的变化，事实上这里使用了粒子动画。粒子系统中的每个粒子加载了烟雾从生成到消失过程中每一帧的纹理图，最后实现了烟雾的动态变化。

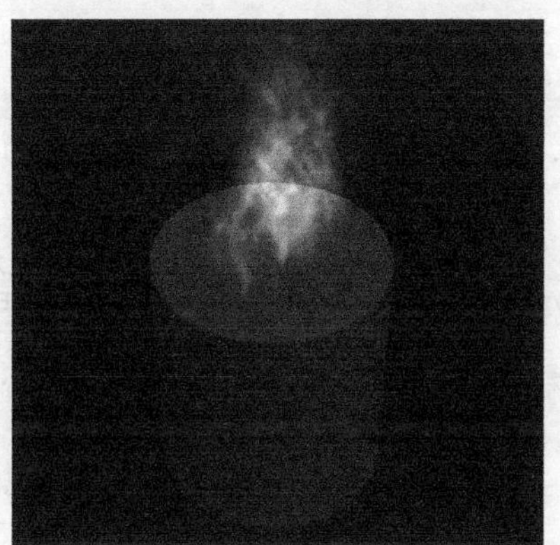

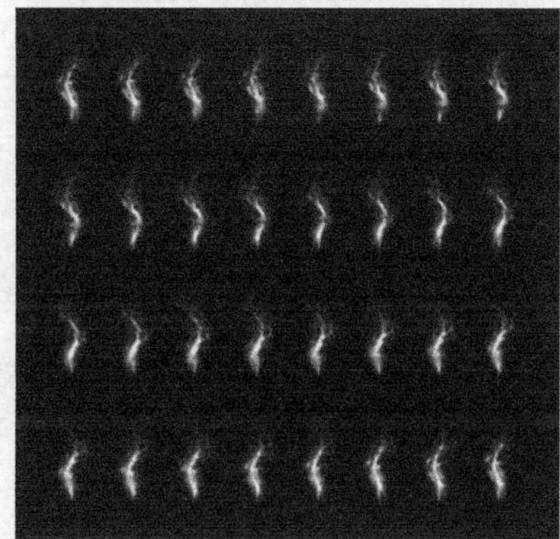

▲图 13-41　粒子模拟烟雾效果及烟雾动画纹理

在看到本案例的效果后，下面来看一下其开发过程。由于其场景和粒子系统的创建及属性的设置与上面类似，这里不再介绍，这里主要介绍粒子动画的开发。其代码开发如下所示。

位置代码：随书源代码/第 13 章/Sample13_25 目录下的 Sample13_25.html。

```
1    var particleSystem = new BABYLON.ParticleSystem("particles", 30, scene, null,
     true); //创建粒子系统
2    particleSystem.particleTexture = new BABYLON.Texture("pic/fog.png", scene, true,
3        false, BABYLON.Texture.TRILINEAR_SAMPLINGMODE);       //加载动画纹理套图
4    particleSystem.startSpriteCellID = 0;                     //从纹理套图的第 1 帧开始
5    particleSystem.endSpriteCellID = 31;                      //在纹理套图的最后一帧结束
6    particleSystem.spriteCellHeight = 256;                    //纹理套图中每一帧高度
7    particleSystem.spriteCellWidth = 128;                     //纹理套图中每一帧宽度
8    particleSystem.spriteCellChangeSpeed = 4;                 //动画循环的速度
```

> **说明**　粒子动画的播放是通过一系列的参数设置来控制的，设置不同的参数会得到不同的动画效果。其中第 8 和 9 行设置了播放动画每一帧的尺寸，它需要与动画纹理套图中每一帧画面的尺寸一致。第 10 行设置了动画的循环速度，即动画播放次数。

13.6.5 GPU 粒子

Babylon.js 在 WebGL 2.0 中可使用 GPU 粒子。常规粒子使用 CPU 执行动画，使用 GPU 粒子后，其渲染将在 GPU 中进行，由于不再涉及 CPU，因此可以提高粒子系统中活动粒子

▲图 13-42　GPU 粒子

的容量和渲染速率等。GPU 粒子几乎可以像常规粒子一样使用。

GPU 粒子与常规粒子并无太大区别，如图 13-42 所示。其中 GPU 活动粒子的数量高达几十万，其渲染速率和常规粒子相比则更快更流畅。下面来介绍 GPU 粒子的开发过程，代码如下所示。

位置代码：随书源代码/第 13 章/Sample13_26 目录下的 Sample13_26.html。

```
var createNewSystem = function() {
//创建 GPU 粒子系统
    if(particleSystem) {                        //如果粒子系统存在
        particleSystem.dispose();               //清除粒子系统，释放内存
    }
    if(useGPUVersion && BABYLON.GPUParticleSystem.IsSupported) { //使用 GPU 粒子
        particleSystem = new BABYLON.GPUParticleSystem("particles", {
            capacity: 1000000
        }, scene);                              //创建 GPU 粒子系统
        particleSystem.activeParticleCount = 200000; //存活粒子数量
    }else{
        particleSystem = new BABYLON.ParticleSystem("particles", 50000, scene);
        //创建粒子系统
    }
    particleSystem.emitRate = 10000;            //粒子系统发射率（每帧发射的最大粒子数）
    particleSystem.particleEmitterType = new BABYLON.SphereParticleEmitter(1);
    //球形发射器
    particleSystem.particleTexture = new BABYLON.Texture("pic/flare.png",
    scene); //粒子纹理
    particleSystem.maxLifeTime = 10;            //粒子系统中粒子的最大寿命
    particleSystem.minSize = 0.01;              //粒子系统中粒子的最小尺寸
    particleSystem.maxSize = 0.1;               //粒子系统中粒子的最大尺寸
    particleSystem.emitter = fountain;          //发射器在盒子上
    particleSystem.start();                     //粒子系统开始发射粒子
}
```

说明　GPU 粒子和常规粒子几乎共享所有的 API，因此在不支持 WebGL2.0 时，GPU 粒子会被默认为常规粒子。此外，GPU 粒子不支持子发射器。

13.6.6　固体颗粒系统

Babylon.js 引擎中的固体颗粒系统（SPS）是单个可更新的网格，其中每个固体颗粒只是这个网格中的单独部分或面。它可以缩放、旋转、平移、纹理、移动等。固体颗粒系统实际上也是一个粒子系统，但每个粒子都是一些网格几何体的副本。

固体颗粒系统可以看成由几何体等大型颗粒构成的粒子系统，但它没有粒子发射器、粒子物理性质和粒子回收器等。其用法也非常简单，首先创建固体颗粒系统（SPS），然后从 SPS 中添加粒子，最后构建 SPS 网格。

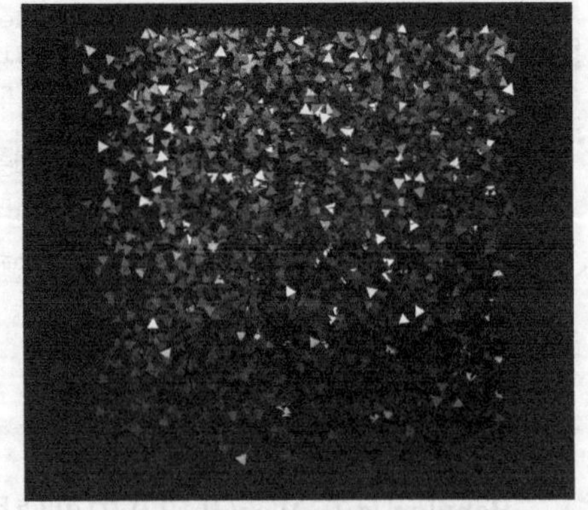
▲图 13-43　固体颗粒三角形系统

下面来看一个固体颗粒系统的例子，如图 13-43 所示。其中 SPS 中的每个粒子都是由三角形构成的，并且 SPS 的旋转有两层，一是每个粒子自身的旋转，

二是整个 SPS 的旋转。旋转使用固体颗粒系统特有的 API 来实现。下面来看具体的开发过程，代码如下。

位置代码：随书源代码/第 13 章/Sample13_27 目录下的 Sample13_27.html。

```
1     var nb = 20000;                                        //三角形数量
2     var fact = 30;                                         //粒子构成的正方体大小
3     var triangle = BABYLON.MeshBuilder.CreateDisc("t", { //固体粒子模型：三角形
4         tessellation: 3                                    //设置多边形边数
5     }, scene);
6     var SPS = new BABYLON.SolidParticleSystem('SPS', scene); //创建固体颗粒系统
7     SPS.addShape(triangle, nb);                            //添加模型三角形
8     var mesh = SPS.buildMesh();                            //获取 SPS 网格
9     triangle.dispose();                                    //释放模型三角形
10    var myPositionFunction = function(particle, i, s) {    //由 SPS 创建的自定义位置函数
11        particle.position.x = (Math.random() - 0.5) * fact; //粒子初始 x 坐标
12        particle.position.y = (Math.random() - 0.5) * fact; //粒子初始 y 坐标
13        particle.position.z = (Math.random() - 0.5) * fact; //粒子初始 z 坐标
14        particle.rotation.x = Math.random() * 3.15;         //粒子初始 x 轴的旋转角度
15        particle.rotation.y = Math.random() * 3.15;         //粒子初始 y 轴的旋转角度
16        particle.rotation.z = Math.random() * 1.5;          //粒子初始 z 轴的旋转角度
17        particle.color = new BABYLON.Color4(particle.position.x / fact + 0.5,
          //粒子初始颜色
18        particle.position.y /fact + 0.5, particle.position.z / fact + 0.5, 1.0);
19    };
20    SPS.initParticles = function() {                       //SPS 初始化函数
21      for (var p = 0; p < SPS.nbParticles; p++) {          //遍历 SPS 中的所有粒子
22          myPositionFunction(SPS.particles[p]);            //初始化每个粒子属性
23    }}
24    SPS.updateParticle = function(particle) {              //SPS 粒子更新函数
25        particle.rotation.x += particle.position.z / 100;  //粒子绕 x 轴旋转
26        particle.rotation.z += particle.position.x / 100;  //粒子绕 y 轴旋转
27    }
28    SPS.initParticles();                                   //SPS 初始化
29    SPS.setParticles();                                    //调用 updateParticle 函数来更新 SPS
30    SPS.computeParticleColor = false;                      //禁止粒子颜色属性更新
31    SPS.computeParticleTexture = false;                    //禁止粒子纹理更新
32    scene.registerBeforeRender(function() {                // SPS 网格动画在每帧渲染前调用函数
33        pl.position = camera.position;                     //光源位置始终在摄像机处
34        SPS.mesh.rotation.y += 0.01;                       //整个 SPS 粒子系统网格绕 y 轴旋转
35        SPS.setParticles();                                //SPS 更新
36    });
```

- 第 1～9 行为创建固体颗粒系统。首先创建颗粒三角形，然后将三角形和数量添加到 SPS 中，之后获取 SPS 网格并释放三角形模型。其中在创建三角形时，可以设置多边形的边数以得到不同的多边形。
- 第 10～35 行为固体颗粒系统自带的 API，包括 SPS 初始化、SPS 更新函数等。在 SPS 初始化时，每个粒子调用了自定义位置函数，最终粒子三角形分布在一个正方体上。在粒子更新函数中设置了每个粒子三角形的自转，最后在每帧渲染前调用函数中设置的 SPS 旋转。

13.7 物理引擎

前面已经对 Babylon.js 引擎的多个方面进行了详细介绍，相信读者学习到此处应该对 3D 场景的开发有了十分深刻的理解，但很多种情景会对物理仿真效果有很高的要求。如果仅有绚丽的画面，而缺乏物理模拟的真实性，那么用户体验将大打折扣。

对算法有一定了解的读者可能会想，物理仿真效果是否都可以由程序开发人员根据物理模拟来实现？答案是否定的。物理方面的知识过于复杂，如果程序开发人员直接实现物理仿

真过程，那么整个开发难度将大大增加。因此，本节将对 Babylon.js 引擎中的物理引擎部分进行详细介绍。

13.7.1　Babylon.js 中支持的物理引擎插件

Babylon.js 中有一个物理引擎插件系统，它允许开发人员将物理交互添加进场景中。与内部碰撞系统不同，物理引擎计算物体的动力学并模拟它们之间“真实”的相互作用。因此，如果两个物体发生碰撞，那么它们会相互“反弹”，这与现实世界中的效果几乎一样。

在 Babylon.js 引擎中是不可以直接实现物理效果的，开发人员必须导入所使用的物理引擎插件，当前 Babylon.js 版本所支持的物理引擎插件包括 Cannon.js、Oimo.js 以及 Energy.js（尚未公布）。

Babylon.js 物理插件系统允许开发人员使用完善的物理引擎并将它们集成到 Babylon.js 的渲染循环队列中，除了开发一些高级物理特效之外，开发人员完全不需要直接与物理引擎交互。每个引擎都有自己的功能和自身计算物理效果的方法。下面通过表 13-12 对 Cannon.js 和 Oimo.js 进行简单介绍。

表 13-12　BabylonJs 支持的物理引擎插件

名　称	描　述
Cannon.js	Cannon.js 是一款开源的 JavaScript 3D 物理引擎。与从 C ++移植到 JavaScript 的物理引擎库不同，Cannon.js 从一开始就用 JavaScript 编写。与 Ammo.js 相比，Cannon.js 更紧凑，更易于理解，在性能方面更强大，也更容易理解，但 Ammo.js 没有那么多功能。Cannon.js 支持以下形状：球体、平面、方框、圆柱体、凸多面体、粒子和高度场。它可以进行布料模拟
Oimo.js	Oimo.js 是一个用于 JavaScript 的轻量级 3D 物理引擎。这是 OimoPhysics 的完整 JavaScript 转换。最初由 Saharan 为 actionscript 3.0 创建，支持以下形状：球体、平面、方框、圆柱体

说明　在当前的 Babylon.js 版本（3.2.0）中 Babylon.js 引擎对于 Cannon.js 物理引擎的支持是最好的，对于 Oimo.js 物理引擎的支持还不是很完善，所以本节中的案例都是基于 Cannon.js 物理引擎开发的。

本节对 Babylon.js 引擎中所支持的物理引擎进行了简单的介绍，但是不够全面。非常幸运的是，Cannon.js 物理引擎与 Oimo.js 物理引擎都是开源项目，读者可以自行搜索获取更详细的信息，进行深入的学习和研究。

13.7.2　刚体的简单介绍

对物理引擎比较熟悉的读者应该知道，物理引擎实现物体的物理效果的原理都是一样的。物理引擎使用对象属性（动量、扭矩或者弹性）来模拟刚体行为，为物体添加刚体属性，通过赋予真实物理属性的方式来计算运动、旋转和碰撞反应。下面通过表 13-13 对 Babylon.js 支持的刚体类型进行简单介绍。

表 13-13　Babylon.js 支持的刚体类型

类　型	名　称
BABYLON.PhysicsImpostor.SphereImpostor	球体刚体
BABYLON.PhysicsImpostor.BoxImpostor	方盒刚体
BABYLON.PhysicsImpostor.PlaneImpostor	平面刚体
BABYLON.PhysicsImpostor.MeshImpostor	网格刚体

续表

类　型	名　称
BABYLON.PhysicsImpostor.CylinderImpostor	圆柱刚体
BABYLON.PhysicsImpostor.ParticleImpostor	粒子刚体
BABYLON.PhysicsImpostor.HeightmapImpostor	高度图刚体

说明 PhysicsImpostor 翻译为骗子、冒牌替代者。在物理引擎中，作者将其译为刚体。在为地面添加刚体类型时，建议使用 BoxImpostor 类型。

介绍完 PhysicsImpostor 的基本类型后，接下来通过表 13-14 来看一下 PhysicsImpostor 类型的参数及描述。

表 13-14　创建 PhysicsImpostor 类型时的参数及描述

参　数	数据类型	描　述
mass	number	质量，在创建地面时，质量为 0
friction	number	摩擦力
restitution	number	物体动量返回系数，范围是 0～1，系数为 1 时，物体将不会有能量损失
nativeOptions	any	是一个 JSON，具有所选物理插件的本机选项
ignoreParent	boolean	当使用 Babylon 的父系统时，物理引擎将使用复合系统。要避免使用复合系统，请将此标志设置为 true
disableBidirectionalTransformation	boolean	将禁用双向转换更新。设置此项将确保物理引擎忽略对网格位置和旋转所进行的更改（并且会稍微提高性能）

说明 在创建地面刚体时，其质量属性为 0。这里只是简单介绍了 PhysicsImpostor 类型的参数，读者可以自行搜索获取更详细的信息，进行深入的学习和研究。

介绍完 PhysicsImpostor 类型以及对应的参数及描述后，来看一下在场景中如何开启物理引擎。

```
var scene = new BABYLON.Scene(engine);                    //创建场景
var gravityVector = new BABYLON.Vector3(0,-9.81, 0); //初始化重力加速度
var physicsPlugin = new BABYLON.CannonJSPlugin();     //初始化物理引擎插件
scene.enablePhysics(gravityVector, physicsPlugin);    //启用物理引擎
```

说明 要想使用 Oimo.js 物理引擎，只需将 scene.enablePhysics()中的第二个参数更改为 new BABYLON.OimoJSPlugin()即可。

13.7.3　简单的物理场景

13.7.2 节简单介绍了 Babylon.js 支持的物理引擎，但是这与学会使用 Babylon.js 和 Cannon.js 联合开发物理场景的目的还相差甚远。下面作者将通过一系列案例来向读者介绍物理引擎开发的具体使用。本节通过一个简单的物理场景开发来向读者介绍物理场景开发的基本用法，案例运行效果如图 13-44 所示。

从运行效果图中可以看出，在空旷的地面上与空中掉落一些小球和箱子，并发生碰撞以及产生对应的碰撞效果。读者运行本案例，可以发现使用物理引擎开发的案例的运行效果非常真实，它与现实世界中的效果几乎一样。具体代码如下。

▲图 13-44　简单的物理场景

代码位置：随书源代码/第 13 章/Sample13_28 目录下的 Sample13_28.html。

```
1      scene.enablePhysics(new BABYLON.Vector3(0,-9.8,0),   //启用物理引擎
2            new BABYLON.CannonJSPlugin());
3      var y = 0;                                           //初始化物体初始高度变量
4      for (var index = 0; index < 50; index++) {           //利用 for 循环创建球体
5          var sphere = BABYLON.Mesh.CreateSphere("Sphere0", 16, 3, scene);//创建球体
6          sphere.material = sphereMaterial;                //设置球体材质
7          sphere.position = new BABYLON.Vector3(Math.random() * 20 - 10,//设置球体位置
8              y, Math.random() * 10 - 5);
9          shadowGenerator.addShadowCaster(sphere);          //添加球体阴影效果
10         sphere.physicsImpostor = new BABYLON.PhysicsImpostor //为球体创建刚体属性
11             (sphere, BABYLON.PhysicsImpostor.SphereImpostor, { mass: 1 }, scene);
12         y += 2;                                           //更新球体高度
13     }
14     for(let i=0;i<10;i++){                                //利用 for 循环创建木块
15         var box0 = BABYLON.Mesh.CreateBox("Box0", 3, scene); //创建木块
16         box0.position = new BABYLON.Vector3(Math.random() * 20 - 10,//设置木块初始位置
17             10+y, Math.random() * 10 - 5);
18         var materialWood = new BABYLON.StandardMaterial("wood", scene);//初始化木块材质
19         materialWood.diffuseTexture = new BABYLON.Texture("textures/box.png",
           scene);//加载木块纹理
20         materialWood.emissiveColor = new BABYLON.Color3(0.5, 0.5, 0.5);//设置木块材质颜色
21         box0.material = materialWood;                     //设置木块材质
22         box0.physicsImpostor = new BABYLON.PhysicsImpostor   //为木块创建刚体属性
23             (box0, BABYLON.PhysicsImpostor.BoxImpostor,
24             { mass: 2, friction: 0.4, restitution: 0.3 }, scene);
25         shadowGenerator.addShadowCaster(box0);            //添加木块阴影效果
26         y ++;                                             //更新木块高度
27         }
28     var ground = BABYLON.Mesh.CreateBox("Ground", 1, scene); //创建地面
29     ground.scaling = new BABYLON.Vector3(100, 1, 100);     //设置地面大小
30     ground.position.y = -5.0;                              //设置地面位置
31     ground.checkCollisions = true;                         //开启地面检测碰撞
32     ground.physicsImpostor = new BABYLON.PhysicsImpostor(ground, //为地面创建刚体属性
33     BABYLON.PhysicsImpostor.BoxImpostor, { mass: 0, friction: 0.5, restitution: 0.
7 }, scene);
```

❑ 第 1～13 行的功能是场景启用物理引擎，利用 for 循环创建球体，并为球体创建刚体属性，设置其高度。

❑ 第 14～27 行的功能是场景启用物理引擎，利用 for 循环创建木块，并为木块创建刚体属性，设置其高度及材质。

❑ 第 28～33 行的功能是创建地面，设置其位置，并为地面创建刚体属性。

13.7.4　爆炸效果实现

13.7.3 节简单介绍了 Babylon.js 引擎如何使用物理引擎实现简单的物理场景。在常见的游戏场景中，物体之间的碰撞效果是最基本的物理效果，但只有碰撞效果是远远不够的，

本节会介绍爆炸效果，添加了爆炸效果的场景的真实性会大大提高。案例运行效果如图 13-45 所示。

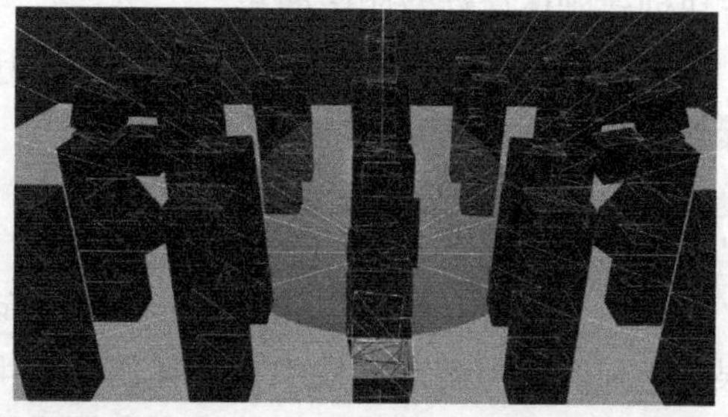

▲图 13-45 爆炸效果的实现

从运行效果图中可以看出，初始场景中摆放着一堆方块，某一时刻，在场景中心添加一个径向爆炸力，方块受爆炸影响，向四周飞去。在本案例中，作者在场景中添加了引擎查看调试器，便于读者观察爆炸效果。具体代码如下。

代码位置：随书源代码/第 13 章/Sample13_29 目录下的 Sample13_29.html。

```
var boxSize = 2;                         //初始化方块大小
var boxPadding = 4;                      //初始化方块之间间距
var minXY = -12;                         //初始化方块起始位置
var maxXY = 12;                          //初始化方块结束位置
var maxZ = 8;                            //初始化方块高度
var boxParams = { height: boxSize, width: boxSize, depth: boxSize };
//初始化方块大小
var boxImpostorParams = { mass: boxSize, restitution: 0, friction: 1 };
//初始化方块刚体属性
var boxMaterial = new BABYLON.StandardMaterial("boxMaterial");//初始化方块材质
boxMaterial.diffuseColor = new BABYLON.Color3(1, 0, 0);   //设置材质颜色
for (var x = minXY; x <= maxXY; x += boxSize + boxPadding) {
//利用 for 循环创建方块
    for (var z = minXY; z <= maxXY; z += boxSize + boxPadding) {
        for (var y = boxSize / 2; y <= maxZ; y += boxSize) {
            var boxName = "box:" + x + ',' + y + ',' + z;   //设置方块名称
            var box = BABYLON.MeshBuilder.CreateBox(boxName, boxParams, scene);
            //创建方块
            box.position = new BABYLON.Vector3(x, y, z);   //设置方块位置
            box.material = boxMaterial;                   //设置方块材质
            box.physicsImpostor = new BABYLON.PhysicsImpostor(box,
            //为方块添加刚体属性
            BABYLON.PhysicsImpostor.BoxImpostor, boxImpostorParams, scene);
            physicsViewer.showImpostor(box.physicsImpostor); } } }
            //为方块添加阴影效果
var origin = new BABYLON.Vector3(0, 0, 0);                 //初始化爆炸点位置
var radius = 8;                                            //初始化爆炸半径
var strength = 20;                                         //初始化爆炸强度
setTimeout(function (origin) {
    var event = physicsHelper.applyRadialExplosionImpulse(  //创建爆炸冲量
            origin,          //爆炸位置
            radius,          //爆炸强度
            strength,        //爆炸半径
            BABYLON.PhysicsRadialImpulseFalloff.Linear     //爆炸类型
    );
    var eventData = event.getData();                      //获取爆炸事件数据
    var debugData = showExplosionDebug(eventData);        //展示爆炸调试效果
    setTimeout(function (debugData) {
        hideExplosionDebug(debugData);                    //隐藏爆炸调试效果
        event.dispose();                                  //取消获取爆炸事件的数据
        }, 1500, debugData);
    }, 1000, origin);
```

- ❑ 第 1～9 行的功能是初始化方块属性。包括方块大小、位置、间距、材质等基本属性。
- ❑ 第 10～19 行的功能是利用 for 循环来创建方块，设置方块的位置、材质及名称，并为方块创建刚体属性及阴影效果。
- ❑ 第 20～36 行的功能是初始化爆炸冲量的属性，并创建爆炸冲量，展示爆炸效果及隐藏爆炸效果。

13.7.5　碰撞回调函数

13.7.4 节简单介绍了 Babylon.js 引擎如何使用物理引擎实现爆炸效果，从中可以看到其效果非常逼真。但游戏开发中有时在物体发生碰撞时，会有一些粒子特效或者动画等，这时便需要使用碰撞回调函数，本节就来介绍碰撞回调函数。案例运行效果如图 13-46 所示。

▲图 13-46　碰撞回调函数

从运行效果图可以看出，场景中有一个来回跳动的小球。当小球与地面发生碰撞时，小球的纹理会发生改变，这便是在碰撞回调函数中改变了小球纹理。当需要展示一些碰撞特效时，便可以使用碰撞回调函数。具体代码如下。

代码位置：随书源代码/第 13 章/Sample13_30 目录下的 Sample13_30.html。

```
let tex1 = new BABYLON.Texture("textures/amiga.jpg", scene);      //加载纹理
var tex2 = new BABYLON.Texture('textures/football.jpg',scene);    //加载纹理
let texs = [tex1,tex2];                                      //创建纹理数组
let i=0;                                                     //创建纹理变量
sphere.physicsImpostor.registerOnPhysicsCollide(             //球体调用碰撞回调函数
  ground.physicsImpostor,                                    //传入碰撞对象
  (main,collide)=>{                                          //回调函数
     i++;                                                    //增加纹理变量
     main.object.material.diffuseTexture = texs[i%2]; });  //更新小球纹理
```

说明　这里给出了重点的代码，它只是调用回调函数，简单改变小球的纹理贴图。感兴趣的读者可以查看随书源代码进一步学习。

13.7.6　为导入模型添加碰撞效果

13.7.5 节简单介绍了碰撞回调函数。在物理场景开发中，场景中简单的模型使用 Babylon.js 引擎自带的几何体来实现，但复杂的模型需要从外部导入模型。在场景中导入的模型也参与物理碰撞，本节便来介绍如何为导入的模型添加碰撞效果。案例运行效果如图 13-47 所示。

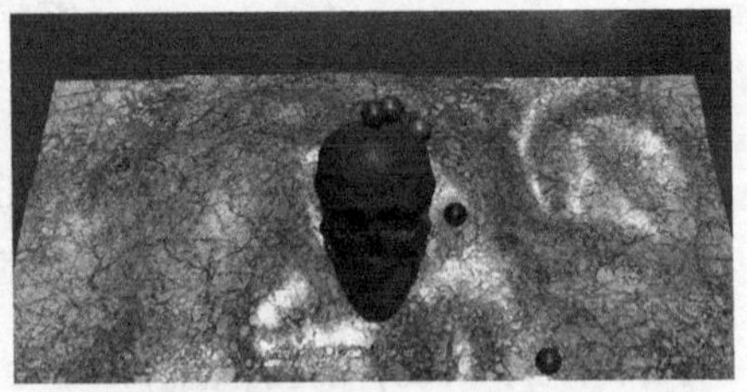

▲图 13-47　为导入模型添加碰撞效果

从运行效果图可以看出，场景中心添加了一个导入的骷髅头模型，小球不定时地从空中落下，并与骷髅头发生碰撞，当小球从骷髅头落后与带有斜度的高度图地面发生碰撞，为导入的模型添加碰撞效果。这是非常占用计算资源的，在使用时需要特别注意，具体代码如下。

代码位置：随书源代码/第 13 章/Sample13_31/js 目录下的 util.js。

```
1    const addMesh=(scene,directionLight)=>{                    //加载模型方法
2        let meshArray=[];                                      //创建网格数组
3        let loader = new BABYLON.AssetsManager(scene);         //创建资源管理
4        let  kjzTask = loader.addMeshTask("ch_gltf", "","./model/", "skull.babylon");
         //创建加载任务
5        kjzTask.onSuccess = (task)=> {                         //任务加载成功后
6            for(let mesh of task.loadedMeshes) {               //获取加载模型
7                mesh.position=new BABYLON.Vector3(0,2,0); //设置每个物体的位置
8                mesh.scaling=new BABYLON.Vector3(0.3,0.3,0.3); //设置物体的缩放比
9                meshArray.push(mesh);                          //添加进模型数组
10               mesh.physicsImpostor = new BABYLON.PhysicsImpostor   //添加刚体属性
11               (mesh,BABYLON.PhysicsImpostor.MeshImpostor,{mass:0},scene);
12          }};
13       let planeMesh = BABYLON.Mesh.CreateGroundFromHeightMap          //创建高度图
14            ("planeMesh", "pic/hightMap/default.png", 100, 100, 50, 0, 30, scene,
             false, function () {
15           planeMesh.physicsImpostor = new BABYLON.PhysicsImpostor //为高度图创建刚体
16               (planeMesh, BABYLON.PhysicsImpostor.HeightmapImpostor, { mass: 0 });
17       });
18       planeMesh.sideOrientation = 2;                         //设置高度图渲染面
19       planeMesh.position=new BABYLON.Vector3(0,-30,0);       //设置平面位置
20       planeMesh.rotation.x=-Math.PI/6;                       //设置旋转
21       let myMaterial = new BABYLON.StandardMaterial("myMaterial", scene);
         //新建纹理对象
22       let textureTask = loader.addTextureTask
23           ("image task", "./pic/hightMap/ground.jpg");       //加载图片
24       textureTask.onSuccess = function(task) {               //资源加载成功
25           myMaterial.diffuseTexture=task.texture; //将纹理对象的散射纹理图加载到纹理图
26           planeMesh.material=myMaterial;          //设置平面的纹理为纹理对象
27       }
28       planeMesh.receiveShadows=true;              //设置平面接受阴影
29       loader.load();                              //开始所有任务
30   }
31   const createSphere=(scene,time,spheres)=>{      //创建球体方法
32       let sphereMaterial = new BABYLON.StandardMaterial('material',scene);
         //创建球体材质
33       if(time%100==0&&time<600){                  //判断时间参数
34           let s = BABYLON.MeshBuilder.CreateSphere("s", {diameter: 3.0});//创建球体
35           sphereMaterial.diffuseColor = new BABYLON.Color3    //设置球体材质颜色
36               (Math.random(),Math.random(),Math.random());
37           s.material = sphereMaterial;            //设置球体材质
38           s.position.y = 50;                      //设置球体位置
39           s.physicsImpostor = new BABYLON.PhysicsImpostor    //为球体添加刚体属性
40               (s, BABYLON.PhysicsImpostor.SphereImpostor, {mass: 2.5});
41           spheres.push(s);}                                  //将球体添加进球体数组
42       else{
43           return;}
44       spheres.forEach(function(sphere) {                     //遍历球体数组
45           if(sphere.position.y < -35) {                      //判断球体当前位置
46               sphere.dispose();                              //释放当前球体对象
47           }});
48       spheres = spheres.filter(s => !s.isDisposed());        //更新球体数组
49   }
```

- 第 1～12 行是创建资源管理器，加载骷髅头模型，并设置模型的位置、大小及为模型添加刚体属性。

- 第 13～30 行是创建高度图，设置高度图的位置、材质贴图，并为高度图添加刚体属性。
- 第 31～48 行是创建球体，设置球体材质的颜色，为球体添加刚体属性，并将球体添加进球体数组，遍历球体数组，根据球体高度来释放球体，更新球体数组。

> **说明**　这里只给出了方法的源代码，并未给出调用函数的源代码，感兴趣的读者可自行查阅随书源代码。

13.7.7　关节的简介

本节我们来介绍物理引擎中另一个非常重要的概念关节。简单来说，关节是两个物体之间的约束，使用关节可以将两个物体以一定的方式约束在一起。合理地使用关节可以创造出有趣的运动，比如悬挂的物体、悬浮的布料等。下面通过表 13-15 对 Babylon.js 支持的关节类型进行简单介绍。

表 13-15　Babylon.js 支持的关节类型

类　型	名　称
BABYLON.PhysicsJoint.DistanceJoint	距离关节
BABYLON.PhysicsJoint.HingeJoint	铰链关节
BABYLON.PhysicsJoint.BallAndSocketJoint	球和插座关节
BABYLON.PhysicsJoint.WheelJoint	车轮关节
BABYLON.PhysicsJoint.SliderJoint	滑块关节
BABYLON.PhysicsJoint.Hinge2Joint	铰链 2 关节
BABYLON.PhysicsJoint.PointToPointJoint	点对点关节
BABYLON.PhysicsJoint.SpringJoint	弹簧关节

> **说明**　在 Babylon.js 引擎中提供了 3 个类来帮助创建关节，分别是 BABYLON.DistanceJoint、BABYLON.HingeJoint 以及 BABYLON.Hinge2Joint。

介绍完关节的基本类型后，接下来通过表 13-16 看一下创建关节类型的参数及描述。

表 13-16　创建关节类型时的参数及描述

参　数	数据类型	描　述
mainPivot	vector3	是约束，将连接到主网格上的点
connectedPivot	vector3	是连接约束，将连接到连接网格上的点
mainAxis	vector3	约束在其上工作的主对象的轴
connectedAxis	vector3	约束在其工作的连接对象的轴
collision	boolean	两个连接物体是否相互碰撞
nativeParams	any	在没有过滤器的情况下，传递给约束的其他参数

介绍完关节类型以及对应的参数及描述后，来看一下在场景中如何对两个刚体之间创建关节。

```
impostor.addJoint(otherImpostor, joint);                    //为刚体创建关节
impostor.createJoint(otherImpostor, jointType, jointData);  //为刚体创建关节
```

> **说明** 在 Babylon.js 中创建关节的步骤非常简单，只需要调用 impostor.addJoint()函数或者 impostor.createJoint()函数即可。

13.7.8 单摆运动的小球

13.7.7 节对关节的基本类型进行了简单介绍，这与学会使用关节类型来开发物理场景还相差甚远。本节通过开发一个单摆运动的小球来向读者简单介绍如何使用关节类型。案例运行效果如图 13-48 所示。

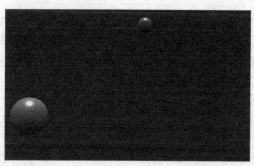

▲图 13-48 单摆运动的小球

从运行效果图可以看出，场景中存在一大一小两个球体，小球固定在场景上方，大球围绕小球进行单摆运动。在 Babylon.js 引擎中使用引擎提供的 BABYLON.DistanceJoint 帮助类可以创建距离关节对象，这是非常简单的，具体代码如下。

代码位置：随书源代码/第 13 章/Sample13_32 目录下的 Sample13_32.html。

```
1    sphere = BABYLON.Mesh.CreateSphere("sphere", 8, 2, scene);  //创建小球
2    sphere.position.y = 8;                                      //设置小球位置
3    sphere.material = new BABYLON.StandardMaterial("s-mat", scene); //设置小球材质
4    sphere1 = BABYLON.Mesh.CreateSphere("sphere1", 8,5, scene);  //创建大球
5    sphere1.position.y = -12;                                   //设置大球位置
6    sphere1.material = new BABYLON.StandardMaterial('');        //设置大球材质
7    sphere.physicsImpostor = new BABYLON.PhysicsImpostor        //为小球添加刚体属性
8        (sphere, BABYLON.PhysicsImpostor.SphereImpostor, { mass: 0, restitution:
         0.9 }, scene);
9    sphere1.physicsImpostor = new BABYLON.PhysicsImpostor       //为大球创建刚体属性
10       (sphere1, BABYLON.PhysicsImpostor.SphereImpostor, { mass: 1, restitution:
         0.9 }, scene);
11   var distanceJoint = new BABYLON.DistanceJoint({ maxDistance: 20 });//创建距离关节
12   sphere.physicsImpostor.addJoint(sphere1.physicsImpostor, distanceJoint);
     //为小球添加距离关节
13   sphere1.physicsImpostor.applyImpulse                        //为大球添加水平初始动量
14       (new BABYLON.Vector3(16, 0, 0), sphere1.getAbsolutePosition());
```

- 第 1～6 行是创建大球、小球，并设置其材质及位置。
- 第 7～13 行是为大球、小球分别创建刚体属性，为小球创建并添加关节属性。
- 第 14 行是为大球水平方向添加初始动量。

13.7.9 布料模拟

13.7.8 节通过单摆运动的小球对距离关节进行了简单的介绍，但这与熟练使用关节类型进行开发物理场景还相差甚远，本节便通过使用模拟布料来对距离关节对象进行进一步介绍。案例运行效果如图 13-49 所示。

▲图 13-49 布料模拟

从运行效果图可以看出，场景中悬挂着一块正方形花布，布料在前后摆动。运行本案例可以发现，使用距离关节模拟的布料非常真实。布料模拟的原理是为布料网格的顶点创建球形刚体，并在球体刚体之间添加距离关节。根据球体刚体位置的变换来更新布料顶点的数据。具体代码如下。

代码位置：随书源代码/第 13 章/Sample13_33 目录下的 Sample13_33.html。

```
var subdivisions = 25;                                    //创建布料细分数变量
var groundWidth = 20;                                     //创建布料宽度
var distanceBetweenPoints = groundWidth / subdivisions; //计算球体刚体距离
var clothMat = new BABYLON.StandardMaterial("texture3", scene); //创建布料材质
clothMat.diffuseTexture = new BABYLON.Texture("textures/leaves.jpg", scene); //加载布料材质纹理
clothMat.backFaceCulling = false;                         //关闭布料背面剪裁
var ground = BABYLON.Mesh.CreateGround                    //创建布料网格
      ("ground1", groundWidth, groundWidth, subdivisions-1, scene, true);
ground.material = clothMat;                               //设置布料材质
var positions = ground.getVerticesData(BABYLON.VertexBuffer.PositionKind); //获取布料网格顶点数据
var spheres = [];                                         //创建球体刚体数组
for (var i = 0; i < positions.length; i = i + 3) {        //遍历顶点数组
  var v = BABYLON.Vector3.FromArray(positions, i);        //获取顶点
  var s = BABYLON.MeshBuilder.CreateSphere("s"+i, {diameter:0.01},scene); //为顶点创建球体
  s.position.copyFrom(v);                                 //设置球体位置
  spheres.push(s);                                        //存入球体数组
 }
function createJoint(imp1, imp2) {                        //创建距离关节函数
  var joint = new BABYLON.DistanceJoint({                 //创建距离关节
        maxDistance: distanceBetweenPoints
  })
  imp1.addJoint(imp2, joint);                             //为球体添加距离刚体
}
spheres.forEach(function (point, idx) {                   //遍历球体数据并添加至距离关节
var mass = idx < subdivisions ? 0 : 1;                    //设置球体质量
point.physicsImpostor = new BABYLON.PhysicsImpostor //为球体创建刚体
      (point, BABYLON.PhysicsImpostor.ParticleImpostor, { mass: mass }, scene);
if (idx >= subdivisions) {                                //为刚体添加距离关节
  createJoint(point.physicsImpostor, spheres[idx - subdivisions].physicsImpostor);
if (idx % subdivisions) {                                 //为刚体添加距离关节
      createJoint(point.physicsImpostor, spheres[idx - 1].physicsImpostor);
 } }});
ground.registerBeforeRender(function () {                 //渲染前调用的方法
var positions = [];                                       //创建顶点位置数组
spheres.forEach(function (s) {                            //遍历球体数组
    positions.push(s.position.x, s.position.y, s.position.z); //获取球体位置
    });
    ground.updateVerticesData(BABYLON.VertexBuffer.PositionKind, positions); //更新球体位置
```

```
39        ground.refreshBoundingInfo();              //更新布料网格顶点数据
40    });
```

- 第 1～17 行的功能是创建布料网格并设置其着色器材质，关闭布料背面剪裁，并获取其顶点数据。然后根据顶点数据创建球体，并将球体添加至球体数组。
- 第 18～23 行的功能是添加距离关节函数。
- 第 24～32 行的功能是遍历球体数组，为球体创建刚体，并为球体添加距离关节。
- 第 33～40 行的功能是获取球体数组中球体位置数据，并根据该数据更新布料网格顶点数据。

13.8 渲染到纹理

Babylon.js 引擎中还提供了许多渲染效果以供开发人员使用，如 SSAO 渲染效果的实现、高亮渲染效果的实现等。开发人员可以利用渲染到纹理的技术很方便地在渲染出的画面中添加各种特效。本节将对这些渲染效果进行详细介绍。

13.8.1 SSAO 渲染效果的实现

Babylon.js 引擎中的 SSAO 是渲染到纹理技术中使用频率很高的一种渲染效果，尤其在比较大的游戏场景中。使用 SSAO 渲染方式进行渲染能大大增强场景的深度感和真实感，并且能让画面更细腻，让场景细节更加明显。

本节会对 WebGL1.0 以及 WebGL2.0 两种不同版本的 SSAO 渲染效果的开发案例进行详细介绍。在 WebGL1.0 的 SSAO 渲染效果中，可以对 fallOff、area、radius 等属性进行修改，一次满足开发人员的渲染需求。具体的属性和描述如表 13-17 所示。

表 13-17　　WebGL1.0 的 SSAO 渲染效果的属性和描述

属　性	描　述
fallOff	SSAO 中每个采样核心的反射衰减速率
area	SSAO 中每个采样核心的作用范围
radius	SSAO 中每个遮蔽因子的作用半径
totalStrength	SSAO 中每个采样核心的强度
base	SSAO 整体渲染效果的基础值

了解了 Babylon.js 引擎中 WebGL1.0 的 SSAO 渲染效果的基础知识之后，读者可能还不是很了解 WebGL1.0 的 SSAO 的具体渲染效果，所以接下来对案例 Sample13_34 的运行效果进行展示，具体效果如图 13-50 所示。

▲图 13-50　WebGL1.0 的 SSAO 渲染前后的效果

上面介绍了 Babylon.js 引擎中 WebGL1.0 的 SSAO 渲染效果，接下来介绍 Babylon.js 引擎中 WebGL2.0 的 SSAO 渲染效果。在 WebGL2.0 的 SSAO 渲染效果中，可以对 expensiveBlur、area、radius 等属性进行修改，一次满足开发人员的渲染需求。具体的属性和描述如表 13-18 所示。

表 13-18　　WebGL2.0 的 SSAO 渲染效果的属性和描述

属　性	描　述
expensiveBlur	SSAO 中是否采用拓展采样核心
samples	SSAO 中采样核心的数量
radius	SSAO 中每个遮蔽因子的作用半径
totalStrength	SSAO 中每个采样核心的强度

了解了 Babylon.js 引擎中 WebGL2.0 的 SSAO 渲染效果的基础知识之后，读者可能还不是很了解 WebGL2.0 的 SSAO 的具体渲染效果，所以接下来对案例 Sample13_34 的效果进行展示，具体效果如图 13-51 所示。

▲图 13–51　WebGL2.0 的 SSAO 渲染前后的效果

说明　通过图 13-51 可以看出，使用 SSAO 进行渲染后，场景的整体效果较之前更具有深度感和层次感，场景变得更细腻，让人感觉更加真实。由于灰度印刷的问题，因而画面可能看起来不是很清楚，此时请读者自行在 PC 端运行观察。

从不同的 WebGL 版本的 SSAO 渲染效果可以看到，无论使用哪个版本的渲染效果，采用 SSAO 后整体场景会显得更加真实和立体。上面介绍了 WebGL 不同版本的渲染效果，下面将详细介绍该案例的具体开发过程，具体步骤如下。

（1）整个场景的开发包含场景的创建、引擎的创建、摄像机的设置、光照的设置、天空盒的导入、模型的加载、SSAO 渲染效果方法的添加以及窗口变化的监听等。本部分介绍的便是场景里创建前半部分的开发。

代码位置：随书源代码/第 13 章/Sample13_34 目录下的 Sample13_34.html。

```
window.addEventListener('DOMContentLoaded', ()=> {                //建立动作监听
            let canvas,engine,camera,scene;                        //建立对象
            const fpsLabel=document.getElementById('fpsLabel'); //获得 FPS 标签
            canvas = document.getElementById('renderCanvas'); //获得 Canvans
            engine = new BABYLON.Engine(canvas, true);          //建立 Babylon 引擎
            BABYLON.Animation.AllowMatricesInterpolation = true; //允许动画功能
            engine.enableOfflineSupport = false;              //关闭引擎支持的偏移量
            let craeteScene=(camera)=>{                       //创建场景
                const scene = new BABYLON.Scene(engine);      //新建一个场景变量
                scene.ambientColor = new BABYLON.Color3(1, 1, 1); //设置场景环境色
```

```
11          camera = new BABYLON.ArcRotateCamera("Camera",
12     -Math.PI/2, Math.PI/3, 30, BABYLON.Vector3.Zero(), scene); //在场景中添加摄像机
13          camera.attachControl(canvas, true);              //连接摄像机和场景
14          camera.lowerRadiusLimit = 5;                     //设置最小限度
15          camera.upperRadiusLimit =40;                     //设置最大限度
16          camera.wheelDeltaPercentage = 0.01;              //设置步长
17          let hemLight = new BABYLON.HemisphericLight("HemiLight",
18     new BABYLON.Vector3(0, 1, 0), scene);            //新建半球光源
19          hemLight.intensity=0.3;                          //设置光照强度
20          addGUIandSSAO(scene,camera);                     //添加 SSAO
21          addMesh(scene,directionLight);                   //为场景添加物体
22          return scene;}                                   //返回一个场景对象
23       scene=craeteScene();                               //获取场景对象
24       engine.runRenderLoop(()=> {                        //通过引擎对场景进行循环渲染
25          scene.render();                                  //渲染的场景
26          fpsLabel.innerHTML=' FPS <br> 
27          ${Math.floor(engine.getFps())}'; });               //设置 FPS 显示
28       window.addEventListener("resize", ()=> {            //设置窗口大小变化
29          engine.resize();                                 //通过引擎对窗口进行变换
30  }); });
```

❑ 第 1～7 行为创建场景所需要的一些变量以及对 Babylon.js 引擎中相关对象的引用。一个场景中变量的创建和引用是很重要的，这些变量是创建场景的基础。

❑ 第 8～16 行为摄像机的创建和相关参数的设置。在一个 3D 场景中有了摄像机，才能对整个场景有全面的认识。

❑ 第 17～22 行为光源的创建和设置。由于在 Babylon.js 引擎中没有环境光，因此用半球光模拟环境光的效果。其他代码为天空盒的添加、模型的添加以及 SSAO 渲染方法的添加。此处仅简单介绍添加的方法，下一节会对此有详细的介绍。

❑ 第 23～30 行为场景渲染的代码介绍。其中包括场景对象的获取、FPS 的监听、场景渲染方法的创建以及窗口大小变化的介绍。

（2）对场景部分进行初始化后，开始使用 GUI 库对可视化操作界面的外观和业务逻辑进行设置。Babylon.js 引擎中的 GUI 使用 DynamicTexture 来生成功能全面的用户界面，该界面灵活且可以通过 GPU 来加速。具体代码如下所示。

代码位置：随书源代码/第 13 章/Sample13_34/js 目录下的 util.js。

```
let advancedTexture = BABYLON.GUI.AdvancedDynamicTexture.CreateFullscreenUI("ui");
......此处省略了 advancedTexture 的相关设置，感兴趣的读者可以查看随书源代码
let panel = new BABYLON.GUI.StackPanel();           //新建一个 panel 对象
......此处省略了 panel 的相关设置，感兴趣的读者可以查看随书源代码
advancedTexture.addControl(panel);     //将 panel 对象添加到 advancedTexture 中
let textblock = new BABYLON.GUI.TextBlock(); //新建一个 textblock 对象
......此处省略了 textblock 的相关设置，感兴趣的读者可以查看随书源代码
panel.addControl(textblock);                      //将 textblock 对象添加到 panel 中
let addRadio = (text, parent,index)=> {            //添加单选按钮的方法
    var button = new BABYLON.GUI.RadioButton();         //新建按钮对象
    ......此处省略了 button 的相关设置，感兴趣的读者可以查看随书源代码
    button.onPointerDownObservable.add(function() {//添加按钮的监听
      ......此处省略了按钮监听的相关设置，感兴趣的读者可以查看随书源代码
    });
    var header = BABYLON.GUI.Control.AddHeader(button, text,
    //新建一个 header 对象
        "300px", { isHorizontal: true, controlFirst: true });
    header.height = "50px";                        //设置 header 的高度
    header.children[1].onPointerDownObservable.add(()=> {          //添加监听
    button.isChecked = !button.isChecked;});//设置按钮的选中状态
    parent.addControl(header); }                   //将按钮添加到方法区中
    addRadio("在场景中开启 SSAO", panel,1);          //添加按钮
```

```
22          addRadio("不开启 SSAO", panel,2);                    //添加按钮
23          addRadio("仅开启 SSAO", panel,3);                    //添加按钮
```

- 第 1～8 行为对 GUI 的各种组件进行初始化及相关设置。由于空间有限，无法将所有的设置展示出来，感兴趣的读者可以查看随书源代码。
- 第 9～23 行为添加按钮的方法。这部分在本案例的整个 GUI 中是最为重要的部分，对于每个按钮的监听也在这部分。

13.8.2　Bloom 渲染效果的实现

如果在项目开发中需要渲染出较为明亮的场景，则除了调整光源的光照强度之外，开发人员还可以使用中 Babylon.js 引擎中自带的 Bloom 渲染对画面进行处理。处理后的画面中明亮区域将会变得更加明显，而较暗区域的亮度也会有很大提升。

Babylon.js 在创建 Bloom 渲染效果时，也需要向其中传入合适的值才能渲染出满意的画面。在 Bloom 渲染效果中可以设置的属性有 bloomKernel、bloomWeight、bloomThreshold、bloomScale 等，对各个属性的描述如表 13-19 所示。

表 13-19　　Bloom 渲染效果中的属性和描述

属　性	描　述
bloomKernel	该属性定义的是泛光效果的内核大小。如果该值太低，则方块化将会很严重
bloomWeight	该属性定义的是泛光效果的宽度。其值越高，明亮的区域越明显，较暗区域的亮度也会越高
bloomThreshold	该属性定义的是亮度的阈值，该值越大 Bloom 效果越不明显
bloomScale	该属性定义的是内核影响的范围大小，该值越大内核的影响范围越大

了解了 Bloom 渲染效果的基础知识后，接下来介绍案例 Sample13_35 的运行效果，这将对读者了解此渲染效果有一定帮助，具体如图 13-52 所示。

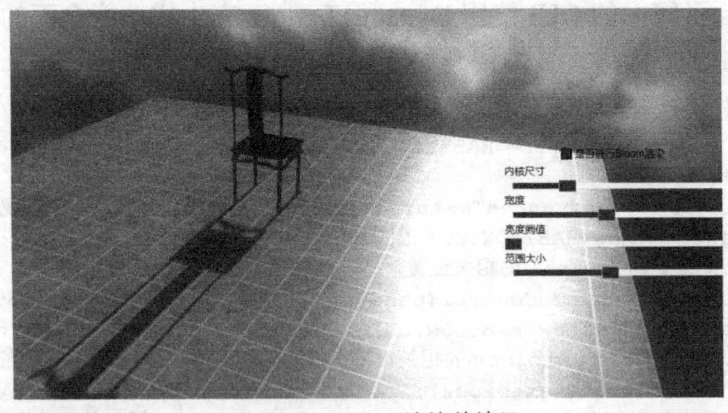

▲图 13-52　Bloom 渲染的效果

通过图 13-52 可以看出，使用 Bloom 渲染出的画面较之前相比更加欢快、明亮，并且画面会经过一定程度的模糊处理，让人有一种朦胧感。由于采用灰度印刷，画面可能看起来不是很清楚，请读者运行源代码进行观察。具体的代码如下所示

代码位置：随书源代码/第 13 章/Sample13_35/js 目录下的 util.js。

```
let pipeline = new BABYLON.DefaultRenderingPipeline("pipeline",true, scene,
cameraArry);
......此处省略了 GUI 的相关设置，感兴趣的读者可以查看随书源代码
addSlider("内核尺寸", function(value) {                 //添加内核尺寸的滑动条
    pipeline.bloomKernel = value;                      //设置变更数值
  }, pipeline.bloomKernel, 1, 500, panel);             //设置滑动范围
```

```
    addSlider("宽度", function(value) {               //添加宽度尺寸的滑动条
        pipeline.bloomWeight = value;                  //设置变更数值
    }, pipeline.bloomWeight, 0.0, 1.0,panel );         //设置滑动范围
    addSlider("亮度阈值", function(value) {            //添加亮度阈值的滑动条
        pipeline.bloomThreshold = value;               //设置变更数值
    }, pipeline.bloomThreshold, 0.0, 1.0,panel );//设置滑动范围
    addSlider("范围大小", function(value) {            //添加范围大小的滑动条
        pipeline.bloomScale = value;                   //设置变更数值
    }, pipeline.bloomScale, 0.1, 1.0,panel );          //设置滑动范围
```

说明 本案例以及接下来的案例均是由Babylon.js中后期渲染对象pipeline进行相关处理后实现的，它们可以达到各种不同的渲染效果。

13.8.3 颗粒渲染效果的实现

Babylon.js 引擎中的颗粒渲染效果在项目开发中也经常使用，其可以将若干相同的颗粒按照随机的对齐方式绘制到画面中，并且经过处理的画面将变成黑白的，趣味感和复古感将大大提升。

颗粒渲染效果中可以对 grainEnabled、intensity、animated 等属性进行修改，以此达到渲染需求。具体的属性和描述如表 13-20 所示。

表 13-20 颗粒渲染效果中的属性和描述

属　性	描　述
grainEnabled	该属性定义颗粒感渲染的开关
intensity	该属性定义的是泛光效果的强度。其值越高，颗粒感越明显
animated	该属性定义的是动画效果的实现，它将静态的颗粒感渲染效果变成变化的效果

了解了颗粒渲染效果的基础知识后，可能读者还是不能直观地了解颗粒渲染的效果。所以接下来将对案例 Sample13_36 的运行效果进行展示，具体情况如图 13-53 所示。

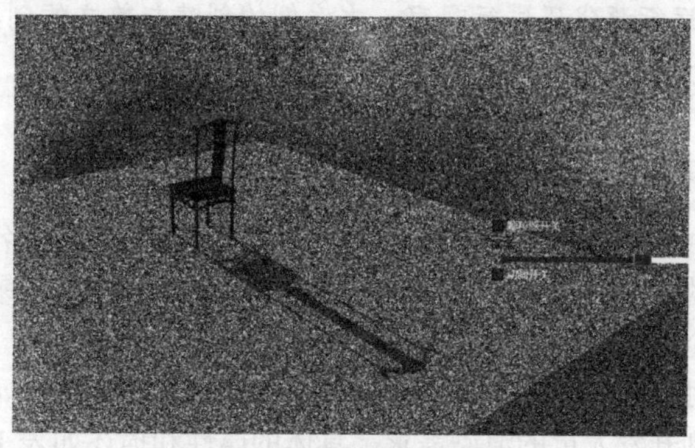

▲图 13-53 颗粒渲染的效果

说明 由于图 13-53 中的颗粒感渲染效果为静态图片，所以无法将动画效果下的颗粒渲染展现出来。读者可以运行源代码进行观察。本案例的创建与前文的创建十分类似，在此不再赘述。

13.8.4 色差渲染效果的实现

Babylon.js 引擎中的色差渲染效果在项目开发中也经常使用，其可以按照红黄蓝将场景

进行色差渲染，渲染后的场景看起来更加魔幻有趣。

色差渲染效果中可以对 chromaticAberrationEnabled、aberrationAmount、radialIntensity 等属性进行修改，以此达到渲染需求。具体的属性和描述如表 13-21 所示。

表 13-21　　色差渲染效果中的属性和描述

属　性	描　述
chromaticAberrationEnabled	该属性定义色差渲染的开关
aberrationAmount	该属性定义的是色差的差值
radialIntensity	该属性定义的是色差渲染效果的径向强度。其值越高，色差感越明显
direction	该属性定义色差渲染的方向

了解了色差渲染效果的基础知识后，可能读者还是不能直观地了解色差渲染的效果。所以接下来将对案例 Sample13_37 的运行效果进行展示，具体情况如图 13-54 所示。

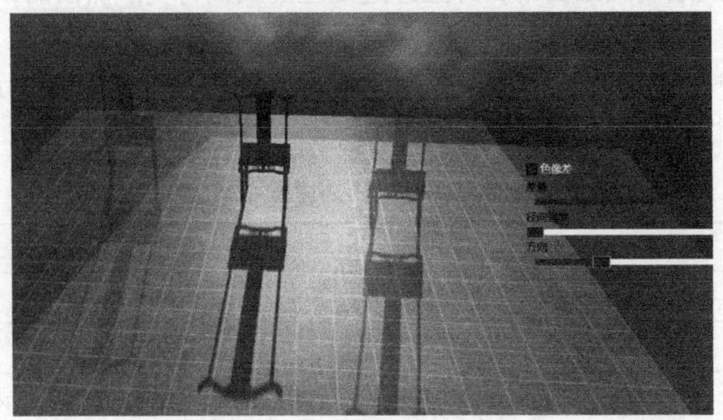

▲图 13-54　色差渲染的效果

说明　图 13-54 中仅展示了差值的变化，没有将其他属性的渲染效果展现出来。读者可以运行源代码进行观察。本案例的创建与前文的创建十分类似，在此不再赘述。

13.8.5　景深渲染效果的实现

Babylon.js 引擎中的景深渲染效果在项目开发中也经常使用。顾名思义景深就是可以将整个场景随着摄像机的推近或推远，物体变得模糊或者清晰。这种效果在游戏开发中用得很多，同时它也使得整个场景变得更加立体。

景深渲染效果中可以对 depthOfFieldEnabled、depthOfFieldBlurLevel、focusDistance 等属性进行修改，以此达到开发人员的渲染需求。具体的属性和描述如表 13-22 所示。

表 13-22　　景深渲染效果中的属性和描述

属　性	描　述
depthOfFieldEnabled	该属性定义景深渲染的开关
depthOfFieldBlurLevel	该属性定义是景深渲染的模糊程度
focusDistance	该属性定义景深渲染的焦距
fStop	该属性定义景深渲染的步长

了解了景深渲染效果的基础知识后，可能读者还是不能直观地了解景深渲染的效果。所以接下来将对案例 Sample13_38 的运行效果进行展示，具体情况如图 13-55 所示。

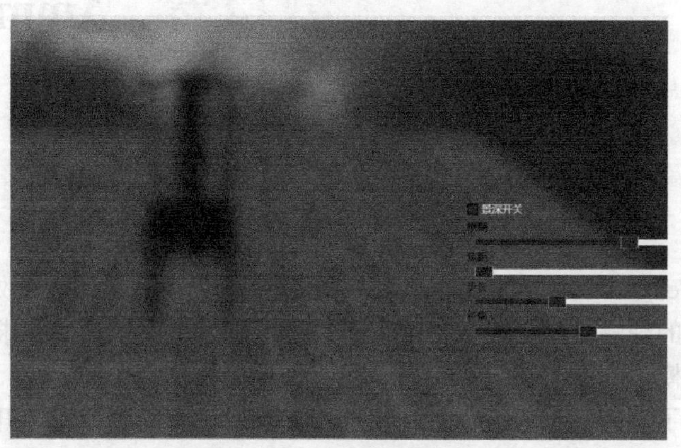

▲图 13-55 景深渲染的效果

说明 展示的是模糊的场景，在此观察的不是很清楚。读者可以运行源代码进行观察。本案例的创建与前文的创建十分类似，在此不再赘述。

13.9 本章小结

本章主要向读者介绍了 Babylon.js 引擎的基本知识，包括基本组件、各种贴图、加载模型以及骨骼动画、粒子系统、物理引擎等。另外，本章还介绍了渲染到纹理的相关知识，使读者可以方便地绘制出令人满意的效果，迅速提高 3D 开发能力。

第 14 章　Ammo 物理引擎

前面已经对 WebGL 的多个方面进行了详细介绍，相信读者学习到此处应该对 3D 场景的开发有了十分深刻的理解。但是很多种情景对物理仿真效果有很高的要求，如果仅有绚丽的画面，而缺乏物理模拟的真实性，则用户体验将大打折扣。

对算法有一定了解的读者可能会想，物理仿真效果是否可以由程序开发人员根据物理模型来实现？答案是否定的。物理方面的知识过于复杂，如果程序开发人员直接实现物理仿真过程，则整个开发难度将大大增加。因此，本章将对 Ammo 物理引擎进行深度剖析。

14.1 Ammo 物理引擎简介

对物理引擎比较熟悉的读者可能知道，目前市面上有 Havok、Physx、Bullet 等多个功能强大的物理引擎，其凭借出色的真实性和高效性占据了绝大部分的市场份额，在工业过程模拟和大型游戏开发中都有广泛应用。

> **说明**　Bullet 是一款开源的 3D 物理引擎，是 AMD 开放物理计划的成员之一。同时它也是一个跨平台的物理引擎，支持 Windows、Linux、Mac、Playstation3、Xbox360 以及 Nintendo Wii 等主流平台。

不得不说，Ammo 物理引擎作为 Bullet 的一个分支，同样具有其模拟的准确性和真实性等优点，因此它从一诞生就受到众多开发者的追捧和青睐，在市场中占据着一席之地。其具有的优点如下所示。

- 模拟效果真实：由于 Bullet 物理引擎已经过多年的实验，各个方面的算法都已经非常成熟，所以在程序开发中，模拟效果非常真实。由于 Ammo 也具有此优点，因此市面上常常出现模拟效果让人叹服的作品。
- 使用方便：开发人员在开发过程中如果要使用 Ammo 完成物理仿真，则只需要将对应的 ammo.js 文件放入项目目录中并引入即可，使用过程十分简单。
- 支持多类型模拟：作为一个较为完整的物理引擎，Ammo 不仅可以有助于实现碰撞检测、力学模拟，而且还会提供很多关节的实现，如铰链关节、滑动关节、六自由度关节等。
- 性能较好：Bullet 使用 C++语言开发，运行效率非常高。而 Ammo 则是 Bullet 转化为 JavaScript 语言的产品，它在保证功能足够强大的同时，可以保持较高的运行效率。

14.2 Ammo 中的常用类

俗话说得好“基础不牢，地动山摇”。学习新技术时，首先要弄清楚一些常用的 API，这样深入学习起来才更有效率。本节主要介绍一些在学习 Ammo 过程中必知必会的类及其对应的概念，其中主要包括三维向量类、变换类、刚体类、物理世界类以及各种碰撞形状类。

14.2.1 btVector3 类——三维向量类

btVector3 类的使用频率非常高，其对象可以表示速度、点、力等向量。它是由 3 个浮点类型的 *x*、*y*、*z* 变量组成的。其构造函数和常用的相关方法如表 14-1 所示。

表 14-1 btVector3 的构造函数和常用方法简介

方 法 名	含 义	属 性
btVector3()	btVector3 类的构造函数	构造函数
btVector3(x, y, z)	btVector3 类的构造函数，参数 *x* 表示向量的 *x* 坐标，参数 *y* 表示向量的 *y* 坐标，参数 *z* 表示向量的 *z* 坐标	构造函数
set X(x)	设置向量的 *x* 坐标值，参数为要设置的 *x* 坐标	方法
set Y(y)	设置向量的 *y* 坐标值，参数为要设置的 *y* 坐标	方法
set Z(z)	设置向量的 z 坐标值，参数为要设置的 *z* 坐标	方法
setValue(x, y , z)	设置向量的坐标，参数 *x* 为设置向量的 *x* 坐标，参数 *y* 为设置向量的 *y* 坐标，参数 *z* 为设置向量的 *z* 坐标	方法
normalize()	获取原向量规格化之后的向量	方法
dot(btVector3 v)	获取原向量与提供向量之间的点积，参数 *v* 为提供的向量，返回值为计算得到的点积	方法
op_mul(btVector3 v)	获取原向量与提供的浮点数间的乘积	方法
op_add(btVector3 v)	获取原向量与提供的向量之间的和	方法
op_sub(btVector3 v)	获取原向量与提供的向量之间的差	方法

14.2.2 btTransform 类——变换类

btTransform 类为变换类，表示刚体的变换，如平移、旋转等。它是由位置和方向组合而成的。位置坐标和方向向量可以进行坐标系变换，如位置坐标进行平移或者方向向量进行旋转等。其构造函数和常用的相关方法如表 14-2 所示。

表 14-2 btTransform 的构造函数和常用方法简介

方 法 名	含 义	属性
btTransform()	变换的构造函数	构造函数
btTransform(btQuaternion q, btVector3 v)	变换的构造函数。参数 *q* 表示变换旋转信息的四元数，参数 *v* 表示变换平移信息的向量	构造函数
setIdentity()	将当前变换对象设置为初始状态，即将旋转变换矩阵单位化，平移向量中 3 个维度的分量归零	方法
setOrigin(btVector3origin)	设置平移变换的向量，参数 origin 表示旋转变换的 3×3 矩阵	方法
setRotation(btQuaternionrotation)	设置当前变换对象的旋转变换数据，参数 rotation 表示存储旋转数据的四元数对象	方法
getOrigin()	获取变换的原点,返回值为获取的原点	方法
getRotation()	获取表示变换旋转信息的四元数，返回值为获取的四元数	方法
getBasis()	获取表示变换旋转信息的 3×3 矩阵，返回值为获取的矩阵	方法
setFromOpenGLMatrix(m)	设置变换矩阵，参数 *m* 为由旋转缩放矩阵和平移向量合成的 4×4 变换矩阵的首地址	方法

说明 表 14-2 中提到了 btQuaternion 类，该类表示的是四元数。所谓四元数是表示旋转的一个高效的数学模型。通过四元数可以对三维向量进行旋转变换，它使用起来十分方便和快捷。后面的案例中将经常使用到四元数，读者可以加以留意。

14.2.3　btRigidBody 类——刚体类

btRigidBody 类为刚体类，其对象用于存储刚体的一些属性信息，包括线速度、角速度、摩擦系数等。该类中封装了多种函数，其中包括设置和获取线速度、角速度、摩擦系数等一系列方法。其常用的相关方法如表 14-3 所示。

表 14-3　　btRigidBody 的构造函数和常用方法简介

方法名	含义	属性
btRigidBody(btRigidBodyConstructionInfo constructionInfo)	btRigidBody 类的构造函数，参数 constructionInfo 为刚体信息对象	构造函数
getCenterOfMassTransform()	获取重心的变换，返回值为获取的四元数	方法
setCenterOfMassTransform(btTransform xform)	设置刚体变换，参数 xform 表示需要变换的对象	方法
setDamping(lin_damping, ang_damping)	设置线性阻尼系数和角阻尼系数,参数 lin_damping 表示线性阻尼系数，参数 ang_damping 表示角阻尼系数	方法
getLinearVelocity()	获取线速度，返回值为获取的线速度向量	方法
getAngularVelocity()	获取角速度，返回值为获取的角速度向量	方法
setAngularFactor(btVector3 angularFactor)	获取角度因子，参数 angularFactor 表示要设置的角度因子	方法
getMotionState()	获取刚体形状，返回值为获取的形状指针	方法
applyCentralForce(btVector3 force)	应用中心力，参数 force 表示提供的力向量	方法
applyTorque(btVector3 torque)	应用转矩，参数 torque 表示要应用的刚体转矩	方法
applyForce(btVector3 force, btVector3 rel_pos)	应用力，参数 force 表示要应用的力,参数 rel_pos 表示施加力的位置	方法
applyCentralImpulse(btVector3 impulse)	应用中心冲量，参数 impulse 表示要应用的冲量	方法
applyTorqueImpulse(btVector3 torque)	应用转矩冲量，参数 torque 表示要应用的冲量	方法
applyImpulse(btVector3impulse, btVector3 rel_pos)	应用冲量，参数 impulse 表示要应用的冲量，参数 rel_pos 表示要施加冲量的位置坐标	方法

14.2.4　btDynamicsWorld 类——物理世界类

btDynamicsWorld 类为物理世界类，其有两个重要的子类。一个是 btDiscreteDynamicsWorld 类，表示离散物理世界；另一个是 btSimpleDynamicsWorld 类，一般用于测试，不经常使用。btDynamicsWorld 类中常用的方法如表 14-4 所示。

表 14-4　　btDynamicsWorld 的构造函数和常用方法简介

方法名	含义	属性
btDynamicsWorld(btDispatcher dispatcher,btBroadphaseInterface broadphase, btCollisionConfiguration)	物理世界类的构造函数。参数 dispatcher 表示碰撞检测算法分配器的引用，参数 pairCache 表示碰撞检测粗测算法的引用，参数 constraintSolver 表示约束解决器的引用，参数 collisionConfiguration 表示碰撞检测配置信息	构造函数

续表

方 法 名	含 义	属 性
stepSimulation(timeStep)	进行世界物理模拟，参数 timeStep 表示时间步进	方法
addConstraint(btTypedConstraint constraint)	在物理世界中添加约束，参数 constraint 表示约束的引用	方法
removeConstraint(btTypedConstrain t constraint)	在物理世界中删除约束，参数 constraint 表示指定约束的引用	方法
setGravity(gravity)	设置物理世界中的重力，参数 gravity 表示重力向量	方法
addRidgidBody(btRigidBody body)	在物理世界中添加刚体，参数 body 表示要添加的刚体	方法
removeRidgidBody(btRigidBody body)	删除物理世界中的刚体，参数 body 为要删除的刚体	方法
getNumConstraints()	获取物理世界中的约束总数，返回值为获取的总数	方法
getConstraint(index)	获取物理世界中的指定约束，参数 index 表示约束索引，返回值为指向对应约束的引用	方法
getNumCollosionObjects()	获取物理世界中碰撞物体的数量，返回值为获取的数量	方法
getCollisionObjectArray()	获取物理世界中碰撞物体的数组，返回值为获取的数组	方法
contactTest(btCollosionObject colObj, ContacrResultCallback resultCallback)	接触检测，参数 colObj 表示指向碰撞物体类的引用，参数 resultCallback 表示接触回调类的对象	方法

14.2.5 btDiscreteDynamicsWorld 类——离散物理世界类

btDiscreteDynamicsWorld 类表示离散物理世界类，实际开发时通常使用该类来创建物理世界对象。要通过特有的构造函数来创建该离散物理世界对象，并且需要给出碰撞检测算法分配器、碰撞检测粗测算法接口和碰撞检测配置信息。其构造函数和常用方法如表 14-5 所示。

表 14-5　　btDiscreteDynamicsWorld 的构造函数和常用方法简介

方 法 名	含 义	属 性
btDiscreteDynamicsWorld(btDispatcher dispatcher,btBroadphaseInterface pairCache,btConstraintSolver constraintSolver,btCollisionConfiguration collisionConfiguration)	离散物理世界的构造函数。参数 dispatcher 表示碰撞检测算法分配器的引用，参数 pairCache 表示碰撞检测粗测算法接口，参数 constraintSolver 表示约束解决器指针，参数 collisionConfiguration 表示碰撞检测配置信息	构造函数
btCollisionWorld getCollisionWorld()	获取当前物理世界的引用，返回值为获取的物理世界引用	方法

14.2.6 btSoftRigidDynamicsWorld 类——支持模拟软体的物理世界类

btSoftRigidDynamicsWorld 类可支持模拟软体，其继承了 btDiscreteDynamicsWorld 类。所谓软体是不具有固定形状，可像软布一样改变其本身形状的物体。实际开发时可通过向该物理世界类对象添加软体，从而模拟出现实的物理世界，具体情况如表 14-6 所示。

表 14-6　　btSoftRigidDynamicsWorld 的构造函数和常用方法简介

方 法 名	含 义	属 性
btSoftRigidDynamicsWorld(btDispatcher dispatcher, btBroadphaseInterface pairCache, btConstraintSolver constraintSolver, btCollisionConfiguration collisionConfiguration, btSoftBodySolver softBodySolver)	BtSoftRigidDynamicsWorld 为构造函数。参数 dispatcher 表示碰撞检测算法分配器的引用，参数 pairCache 表示碰撞检测粗测算法接口，参数 constraintSolver 表示约束解决器的引用，参数 conllisionConfiguration 表示碰撞检测配置信息	构造函数

续表

方法名	含义	属性
addSoftBody(btSoftBody body)	向物理世界添加软体，参数 body 表示软体指向的引用	方法
removeSoftBody(btSoftBody body)	从物理世界中删除指定软体，参数 body 表示指定软体的引用	方法

14.2.7 btCollisionShape 类——碰撞形状类

btCollisionShape 类表示碰撞形状类，所有的碰撞形状都直接或间接继承自此类。该类封装了一些判断碰撞形状类型的方法，如判断碰撞形状是否为凹多面体，判断碰撞形状是否为复合体等方法。其构造函数和常用方法如表 14-7 所示。

表 14-7 btCollisionShape 的构造函数和常用方法简介

方法名	含义	属性
btCollisionShape()	碰撞形状的构造函数	构造函数
setLocalScaling(btVector3 scaling)	设置缩放比，返回值为获取的缩放比例	方法
calculateLocalInertia(mass, btVector3 inertia)	计算惯性，参数 mass 表示质量，参数 inertia 表示惯性	方法
setMargin(margin)	设置碰撞形状的边缘数	方法
getMargin()	获取碰撞形状的边缘数	方法

14.2.8 btStaticPlaneShape 类——静态平面形状

btStaticPlaneShape 类表示静态平面形状类，该类的对象表示静态平面，如地面、屋顶、墙壁等。需要注意的是，在创建静态平面形状对象时，需要给出该平面的法向量。其构造函数和常用方法如表 14-8 所示。

表 14-8 btStaticPlaneShape 的构造函数和常用方法简介

方法名	含义	属性
btStaticPlaneShape(btVector3 planeNormal, planeConstant);	静态平面形状的构造函数。参数 planeNormal 表示平面的法向量，参数 planeConstant 表示平面形状的常量	构造函数
getPlaneNormal()	获取平面形状的法向量，返回值为获取的法向量	方法

14.2.9 btSphereShape 类——球体形状类

btSphereShape 类表示球体形状类，其对象表示一个球体。球形物体可以选择该类对象作为碰撞形状，如篮球、足球等，其构造函数及常用方法如表 14-9 所示。

表 14-9 btSphereShape 的构造函数和常用方法简介

方法名	含义	属性
btSphereShape (radius)	btSphereShape 类的构造函数。参数 radius 表示球体的半径	构造函数
setMargin(margin)	设置碰撞形状的边缘数	方法
getMargin()	获取碰撞形状的边缘数	方法

14.2.10 btBoxShape 类——长方体盒碰撞形状类

btBoxShape 类表示长方体盒碰撞形状类。该形状可用于盒子、箱子等规则物体的模拟，对于一些不规则的物体也可以采用盒子来模拟。其构造函数和常用方法如表 14-10 所示。

表 14-10　　btBoxShape 的构造函数和常用方法简介

方 法 名	含 义	属 性
btBoxShape(btVector3 boxHalfExtents)	btBoxShape 类的构造函数。参数 boxHalfExtents 表示立方体盒子的半区域	构造函数
setMargin(margin)	设置碰撞形状的边缘数	方法
getMargin()	获取碰撞形状边缘数	方法

14.2.11 btCylinderShape 类——圆柱形状类

btCylinderShape 类表示圆柱形状类，其对象表示一个圆柱形状，很多圆柱形状的物体（如很长的杆、石柱、金币等）都可以采用该类对象作为碰撞形状。其构造函数和常用方法如表 14-11 所示。

表 14-11　　btBoxShape 的构造函数和常用方法简介

方 法 名	含 义	属 性
btCylinderShape(btVector3 halfExtents)	btCylinderShape 类的构造函数。参数 halfExtents 表示圆柱的半区域	构造函数
getRadius()	获取圆柱的半径，返回值为获取的半径	方法

14.2.12 btCapsuleShape 类——胶囊形状类

btCapsuleShape 类表示胶囊形状类，其对象表示一个胶囊形状。比较细长的圆柱形物体（如旗杆、铅笔等）一般不直接采用圆柱形状而是采用胶囊形状。其构造函数和常用方法如表 14-12 所示。

表 14-12　　btCapsuleShape 的构造函数和常用方法简介

方 法 名	含 义	属 性
btCapsuleShape(float radius, float height)	btCylinderShape 类的构造函数。参数 radius 表示胶囊的半径，参数 height 表示胶囊的高度	构造函数
getRadius()	获取圆柱的半径，返回值为获取的半径	方法

14.2.13 btConeShape 类——圆锥形状类

btConeShape 类表示圆锥形状类，其对象表示一个圆锥物体。工地上的铅锤就可以通过创建该碰撞形状对象来模拟。其构造函数和常用方法如表 14-13 所示。

表 14-13　　btConeShape 的构造函数和常用方法简介

方 法 名	含 义	属 性
btConeShape(radius, height)	btConeShape 类的构造函数。参数 radius 表示圆锥的半径，参数 height 表示圆锥的高度	构造函数
getRadius()	获取圆锥的半径，返回值为获取的半径	方法

14.2.14 btCompoundShape 类——复合碰撞形状类

btCompoundShape 类表示复合碰撞形状类，其对象表示一个复合碰撞形状。开发人员可以通过创建多个单一形状对象，组合成一个复合碰撞形状对象。其构造函数和常用方法如

表 14-14 所示。

表 14-14 btCompoundShape 的构造函数和常用方法简介

方法名	含义	属性
btCompoundShape()	btCompoundShape 类的构造函数	构造函数
addChildShape(btTransform localTransform, btCollisionShape shape)	给组合体添加子形状，参数 localTransform 表示形状的变换，参数 shape 表示指向形状的引用	方法
removeChildShapeByIndex (childShapeindex)	从组合体中删除指定形状，参数 childShapeindex 表示此形状的索引值	方法
getNumChildShapes()	获取组合体中子形状的数量，返回值为获取的数量	方法
getChildShape(index)	获取组合体中的子形状，参数 index 表示子形状的索引值，返回值为指向子形状的引用	方法

本节对 Ammo 物理引擎中常用类的 API 进行了简单的介绍，但并不是很全面。幸运的是，Ammo 物理引擎是开源项目，读者在网络上可搜集更详细的信息，并对源代码进行深入的学习和研究。

14.3 简单的物理场景

14.2 节主要介绍了 Ammo 中的一些基本概念及 API，但这与学会使用 Ammo 物理引擎的开发还相差甚远。下面将通过一系列的小案例来向读者介绍 Ammo 引擎的具体使用方法，方便读者对该物理引擎的学习。本节将介绍在一个物理世界中有 27 个立方体木块掉落的案例。

14.3.1 案例运行效果

本节给出的是一个简单的物理场景案例。该案例演示的是，在一个空旷的地面上，有 27 个立方体木块掉落。读者可以在屏幕上滑动来调整摄像机，从而以不同的角度观察运行效果，如图 14-1 所示。

▲图 14-1 木箱掉落前后的效果

> **说明** 图 14-1 左侧为案例运行开始时的效果，27 个木块在不同的位置从上空掉落。图 14-1 右侧为木块下落之后，静止在地面时的效果，木块已经以不同的姿态静止了。

14.3.2 案例的基本结构

在介绍本案例之前，首先需要介绍本案例的框架结构。理解本案例的框架结构有助于读者对本案例的学习。下面的这些方法是十分重要的。

- initGraphics 方法

此方法为本案例中初始化各种信息的方法，其主要功能是创建摄像机、场景、渲染器以及初始化它们的参数。

- initPhysics 方法

此方法为本案例创建及初始化物理世界的方法。其主要功能包括创建物理世界，设置碰撞检测、边界信息和重力加速度。

- createObjects 方法

此方法为本案例创建物体的方法。其主要功能包括创建箱子和地面的材质、纹理、碰撞形状，以及创建它们的刚体。

- createRigidBody 方法

此方法为本案例创建物体刚体的方法。其主要功能包括创建刚体，设置惯性、运动状态对象、刚体信息、反弹系数、摩擦系数，最后将刚体添加进物理世界。

- updatePhysics 方法

此方法为本案例更新物理世界的方法。主要功能是根据时间更新加入物理世界中的物体位置。

14.3.3 介绍主要方法

了解了本案例的基本结构后，接下来将介绍本案例的具体开发。这里将对以后案例中频繁出现的方法进行介绍，具体方法如下。

（1）在介绍代码之前，需要先在案例中导入 Ammo 物理引擎的 JavaScript 文件。在 Github 上下载 Ammo 物理引擎的项目包，读者可登录 Github 的官网进行下载。

（2）下载完成之后，解压缩文件，将 ammo.js-master\builds\ammo.js 复制到本案例的 util 文件夹里，并在 example.html 文件中写入"<script type="text/javascript" src="util/ammo.js"></script>"以引入 Ammo，这样便完成了 Ammo 文件的导入。

（3）3D 场景初始化方法——initGraphics 方法。该方法为初始化绘制部分的相关代码，其中包括创建摄像机、场景、渲染器以及初始化相关参数，具体的代码如下所示。

代码位置：随书源代码/第 14 章/Sample14_1 目录下的 Sample14_1.html。

```
function initGraphics() {
  container = document.getElementById( 'container' );       //得到 div 对象
  scene = new THREE.Scene();                                 //新建场景
  camera = new THREE.PerspectiveCamera(45, window.innerWidth/
               window.innerHeight, 0.1, 1000);               //新建摄像机位置
  renderer = new THREE.WebGLRenderer();                      //新建渲染器
  renderer.setClearColor(new THREE.Color(0x000000));         //设置背景颜色
  renderer.setSize(window.innerWidth, window.innerHeight);   //设置渲染窗口大小
  camera.position.x = 0;                                     //设置摄像机位置
  camera.position.y = 20;
  camera.position.z = 20;
  camera.lookAt(scene.position);                             //设置摄像机焦点
  var axes = new THREE.AxisHelper(4);                        //新建坐标辅助工具
  scene.add(axes);                                           //将坐标辅助工具添加到场景中
  var pointLight = new THREE.PointLight("#ffffff");//创建聚光灯光源
  pointLight.position.set(50,50,50);                         //设置聚光灯光源位置
  scene.add(pointLight);                                     //将聚光灯光源添加到场景中
  container.appendChild( renderer.domElement );              //向 div 中加入子节点
}
```

说明 渲染器 renderer 的 domElement 元素表示渲染器中的画布，由于所有的渲染都是画在 domElement 上的，所以这里的 appendChild 表示将这个 domElement 挂接在 body 下面，这样渲染结果就能够在页面中显示了。

（4）介绍完初始化 3D 场景的方法之后，介绍初始化物理世界的相关代码。其中包括创建碰撞信息检测对象、碰撞检测粗测阶段的加速算法对象以及物理世界等部分。具体的代码如下所示。

代码位置：随书源代码/第 14 章/Sample14_1 目录下的 Sample14_1.html。

```
1   function initPhysics() {
2     collisionConfiguration = new Ammo.btDefaultCollisionConfiguration();
      //创建碰撞检测配置信息对象
3     dispatcher = new Ammo.btCollisionDispatcher( collisionConfiguration );
      //创建碰撞检测算法分配对象
4     var worldAabbMin = new Ammo.btVector3(-10000, -10000, -10000);
5     var worldAabbMax = new Ammo.btVector3(10000, 10000, 10000);
6     var maxProxies = 1024;                       //设置整个物理世界的边界信息
7     var overlappingPairCache=new Ammo.btAxisSweep3(worldAabbMin, worldAabbMax,
8         maxProxies);                             //创建碰撞检测粗测阶段的加速算法对象
9     var solver = new Ammo.btSequentialImpulseConstraintSolver(); //推动约束解决对象
10    dynamicsWorld = new Ammo.btDiscreteDynamicsWorld(dispatcher,
      overlappingPairCache, 13 solver,collisionConfiguration);    //创建物理世界对象
11    dynamicsWorld.setGravity(new Ammo.btVector3(0, -9.8, 0));   //设置重力加速度
12  }
```

- 第 1～3 行为创建碰撞检测算法分配对象的代码。其功能为扫描所有的碰撞检测对，并确定检测策略对应的合适算法。
- 第 4～10 行为创建物理世界对象的相关代码。在此过程中，需要给出整个物理世界的边界信息，并创建碰撞检测粗测阶段的加速算法对象和推动约束解决对象。
- 第 11 行为物理世界中设置重力加速度的代码。为了真实模拟现实世界，通常将 btVector3 中第二个参数（表示竖直方向下的重力加速度）设置为-9.8。

（5）初始化绘制部分和物理世界后，介绍创建刚体的 createRigidBody 方法。此方法接收网格体、碰撞形状、刚体质量、位置信息、旋转信息等，并将刚体与网格体进行绑定。具体的代码如下所示。

代码位置：随书源代码/第 14 章/Sample14_1 目录下的 Sample14_1.html。

```
function createRigidBody(threeObject,physicsShape,mass,pos,quat){
    var isDynamic = (mass != 0);                             //物体是否可以运动
    var localInertia = new Ammo.btVector3(0, 0, 0);          //惯性向量
    if(isDynamic){                                           //如果物体可以运动
        physicsShape.calculateLocalInertia(mass, localInertia);//计算惯性
    }
    var startTransform = new Ammo.btTransform();             //创建刚体的初始变换对象
    startTransform.setIdentity();                            //变换初始化
    threeObject.position.set(pos.x, pos.y, pos.z);           //设置网格体的位置
    startTransform.setOrigin(new Ammo.btVector3(pos.x,pos.y pos.z ) );//设置初始位置
    //创建刚体的运动状态对象
    var myMotionState = new Ammo.btDefaultMotionState(startTransform);
    var rbInfo = new Ammo.btRigidBodyConstructionInfo(mass, myMotionState,
        physicsShape, localInertia);                        //创建刚体信息对象
    var body = new Ammo.btRigidBody(rbInfo);                //创建刚体
    body.setRestitution(0.6);                               //设置反弹系数
    body.setFriction(0.8);                                  //设置摩擦系数
    threeObject.userData.physicsBody=body;                  //将刚体和网格体绑定
    scene.add(threeObject);                                 //将网格体添加到场景中
    dynamicsWorld.addRigidBody(body);                       //将刚体添加进物理世界
}
```

❑ 第 1～6 行为计算物体惯性的相关代码。如果程序开发人员需要创建一个静态刚体，则可以直接调用 createRigidBody 方法，将其 mass 参数设置为 0。

❑ 第 7～15 行为根据传入的位置，设置变换对象，并创建刚体的相关代码。需要注意的是，在 Ammo 物理引擎中，对刚体执行变换操作时应使用变换对象，其中可包括位置信息和旋转信息，这用起来十分方便。

（6）整个场景的网格对象和刚体都创建完毕后，开发更新数据的 updatePhysics 方法。此方法首先将遍历所有质量不为 0 的刚体，获取其世界坐标系下的变换对象，最后更新网格体的位置和旋转信息。具体代码如下。

代码位置：随书源代码/第 14 章/Sample14_1 目录下的 Sample14_1.html。

```
function updatePhysics(deltaTime){                       //更新网格体的位置和姿态的方法
  dynamicsWorld.stepSimulation(deltaTime,10);            //更新物理世界中的信息
  for (var i = 0; i <rigidBodies.length; i++){           //遍历所有网格对象
    var objThree = rigidBodies[i];                       //找到对应的网格体
    var objPhys = objThree.userData.physicsBody;         //获得网格体的刚体
    var ms = objPhys.getMotionState();                   //获得刚体的运动状态
    if (ms){                                             //如果获取信息成功
      ms.getWorldTransform(transform);                   //获取刚体在世界坐标系下的变换对象
      var p = transform.getOrigin();                     //获取变换对象的位置
      var q = transform.getRotation();                   //获取变换对象的旋转信息
      objThree.position.set(p.x(),p.y(),p.z());          //设置网格对象的位置
      objThree.quaternion.set(q.x(),q.y(),q.z(),q.w()); //设置网格对象的旋转信息
}}}
```

说明 从上面的代码可以看出，在此方法中首先要更新物理世界中的信息，然后遍历所有网格体，根据刚体的位置和旋转信息更新网格体。需要注意的是，在 Ammo 物理引擎中旋转信息是用四元数来表示的，有兴趣的读者可以自行查阅相关资料。

14.4 多种形状刚体的碰撞

14.3 节主要介绍了创建简单物理场景的过程，相信读者对该物理引擎有了一定的了解，但这还是远远不够的。接下来介绍的是物体下落的场景，与 14.3 节不同的是，这里封装了多种形状刚体（如圆锥、球、圆柱等物体），它们在下落时相互碰撞，以供读者学习和使用。

14.4.1 案例运行效果

本节给出的是一个各种物体下落场景的案例。本案例演示的是，在一个空旷的地面上，有圆锥、球体、圆柱体以及立方体形状的物体下落。单击屏幕则有一个立方体木块以一定的速度掉落。其运行效果如图 14-2 所示。

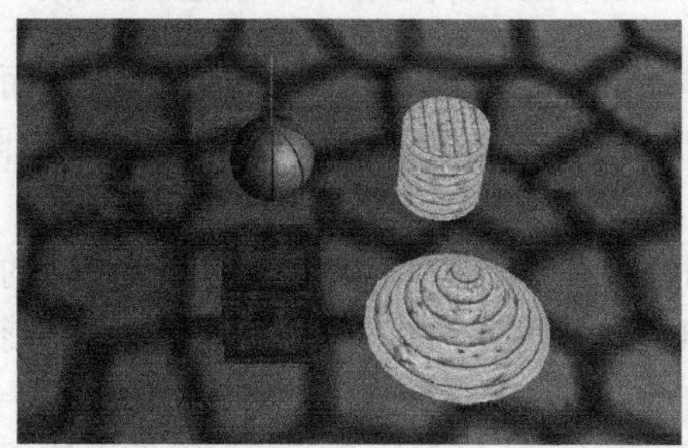
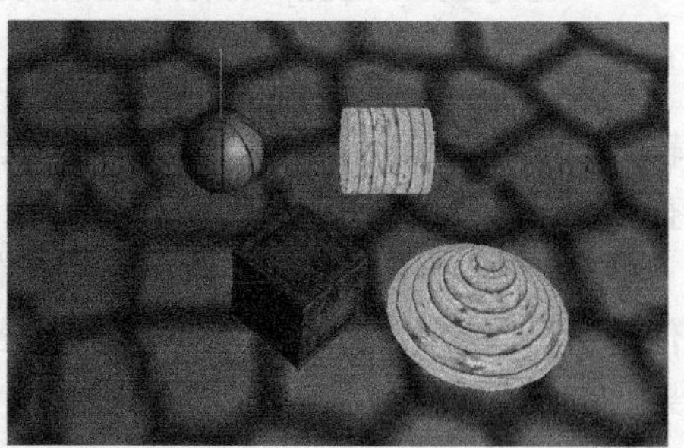

▲图 14-2 物体掉落前后的效果

> **说明** 图 14-2 的左侧为本案例刚开始的运行效果图，图 14-2 右侧展示的是物体掉落到地面后将会有不同程度的反弹。可能仅通过图片很难了解到运行效果的细节部分，有兴趣的读者可在真机上运行本案例。

14.4.2 案例开发过程

看到本案例的运行效果后，接下来就可以对开发步骤进行详细介绍了。本案例的大部分代码和前面介绍的都十分相似，由于本书篇幅有限，因此下面将仅给出具有代表性的代码部分。具体开发步骤如下所示。

（1）创建地面和各种物体的网格对象和刚体。下面将对本案例中的 createObjects 方法进行介绍，此方法的功能是读取相关的纹理贴图，创建物体的材质、网格对象和刚体等。具体代码如下所示。

代码位置：随书源代码/第 14 章/Sample14_2 目录下的 Sample14_2.html。

```
1   function createObjects(){
2     //创建地板的网格对象和刚体的相关代码
3     loader.load('textures/floor.jpg',function ( texture ){//读取地面的纹理图
4         texture.wrapS = THREE.RepeatWrapping;              //将 S 轴上的纹理设置为重复
5         texture.wrapT = THREE.RepeatWrapping;              //将 T 轴上的纹理设置为重复
6         texture.repeat.set(2,2);                           //设置纹理的重复次数
7         var planePos = new THREE.Vector3(-4,0,0);          //设置地面的位置
8         var planeQuat = new THREE.Quaternion(0,0,0,1);     //设置地面的旋转信息
9         var planeMaterial=new THREE.MeshBasicMaterial({map: texture});//创建基本材质
10        //创建地面的网格对象
11        plane=new THREE.Mesh(new THREE.PlaneGeometry(80, 80,4,4),planeMaterial);
12        plane.rotation.x = -0.5 * Math.PI;                 //设置地面的旋转信息
13        //创建地面的碰撞形状
14        var planeShape=new Ammo.btStaticPlaneShape(new Ammo.btVector3(0,1,0),0);
15        createRigidBody( plane, planeShape, 0 , planePos,planeQuat);//创建地面的刚体
16    });
17    //创建圆柱体的网格对象和刚体的相关代码
18    loader.load('textures/muwen.jpg',function ( texture ){ //读取木质纹理贴图
19      var Pos = new THREE.Vector3(4,5,0);                   //设置圆柱的位置
20      var Quat = new THREE.Quaternion(0,0,0,1);             //设置圆柱的旋转信息
21      var mass=10;                                          //设置圆柱的质量
22      var cylinderMaterial=new THREE.MeshBasicMaterial({map: texture});//创建基本材质
23      var cylinder=new THREE.Mesh( new THREE.CylinderGeometry(1, 1, 2,20,20),
24          cylinderMaterial );                               //创建圆柱的网格对象
25      //创建圆柱的碰撞形状
26      var cylinderShape=new Ammo.btCylinderShape(new Ammo.btVector3(1, 1, 1));
27      createRigidBody( cylinder, cylinderShape, mass, Pos, Quat );//创建圆柱的刚体
28      var conePos = new THREE.Vector3(4,5,4);               //设置圆锥的位置
29      var cone = new THREE.Mesh( new THREE.CylinderGeometry(0, 2, 2,20,20),
30          cylinderMaterial );                               //创建圆锥的网格对象
31      var coneShape=new Ammo.btConeShape(2,2,2);            //创建圆锥的碰撞形状
32      createRigidBody(cone,coneShape,mass,conePos,Quat);    //创建圆锥的刚体
33  });}
```

- 第 3～16 行为创建地面网格对象和刚体的相关方法。由于地面面积较大，而纹理图分辨率较低，所以需要将纹理设置为重复。关于纹理截取和重复的相关知识，此处不再赘述，读者可查阅相关图形学的资料。
- 第 17～32 行为读取木质纹理贴图并创建圆柱和圆锥的网格对象，以及刚体的相关代码。从代码中可以看出，创建刚体时需要网格对象、碰撞形状、质量、位置信息、旋转信息等。如果质量为 0，则表示刚体是静止的。

（2）创建完场景中各种形状的物体后，为了使展示效果更加全面，本案例中使用了鼠标

单击事件。运行本案例时，用户单击鼠标左键，场景中就会增加一个带有初始速度的箱体，下面将对此部分的代码进行详细介绍。

代码位置：随书源代码/第 14 章/Sample14_2 目录下的 Sample14_2.html。

```
document.onmousedown=function(event){              //鼠标单击事件
    var sx=2,sy=2,sz=2;                             //规定正方体箱子的边长
    mass=10;                                        //设置正方体箱子的质量
    var pos = new THREE.Vector3(0,10,20);           //正方体箱子的初始位置
    var quat = new THREE.Quaternion(0,0,0,1);//设置箱子的旋转信息
    //新建正方体箱子的网格对象
    var box=new THREE.Mesh( new THREE.BoxGeometry(sx,sy,sz,1,1,1), material );
    createRigidBody(box,shape,mass,pos,quat);//设置正方体箱子的刚体
    //箱子直线运动的速度 - Vx、Vy、Vz 3 个分量
    box.userData.physicsBody.setLinearVelocity(new Ammo.btVector3(0,2,-12));
};
```

说明

document.onmousedown 是浏览器中自带的鼠标单击事件，每当用户使用鼠标单击时，程序会自动触发此事件。本案例将此方法重写即可实现需要的效果。除此之外，还有很多自带事件，它们可以极大提高开发效率，有兴趣的读者可自行查阅相关资料。

14.5 旋转的陀螺

14.4 节主要介绍了各种形状的物体下落，作者对此进行了一定的封装。值得注意的是，上面提及到的各种物体都是单一形状，这在实际开发中是远远不够的。因此本节将通过旋转的陀螺案例来介绍复合碰撞形状的使用方法。

14.5.1 案例运行效果

本节给出的是一个旋转的陀螺案例。案例演示的是，在一个空旷的地面上，有一个复合而成的陀螺，开始时陀螺以一定速度旋转，单击屏幕有小球弹出，可以用小球射向陀螺使其停止旋转，它在转动一会儿后会自行停止旋转。运行效果如图 14-3 所示。

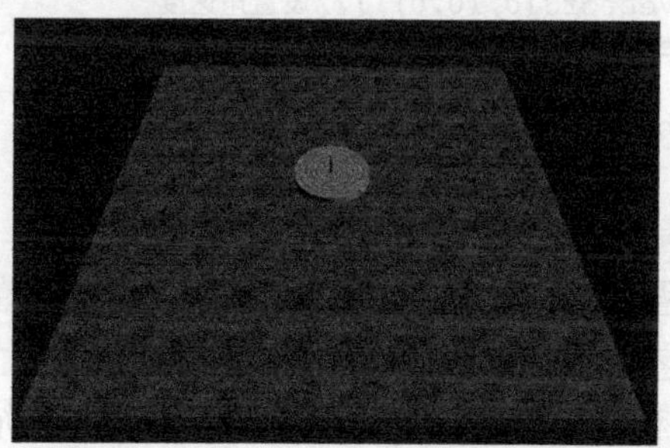
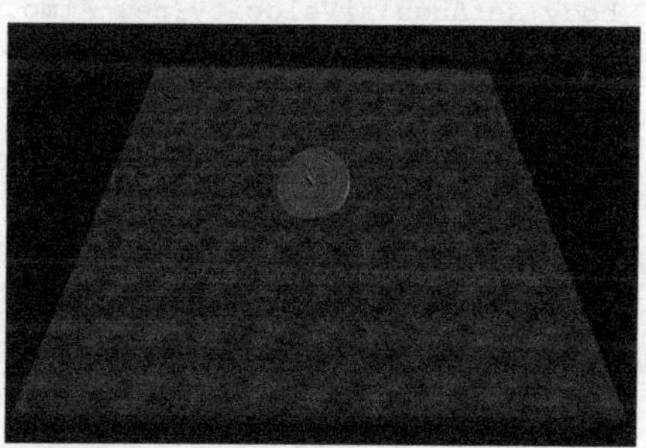

▲图 14-3　陀螺旋转的运行效果

说明

图 14-3 的左图所示为案例运行开始时陀螺正常旋转的情景，右图为案例运行一段时间后陀螺由于阻力慢慢停止旋转的情景。两幅图只是将陀螺开始旋转和停止时的状态显示出来，读者需要自行运行案例查看其旋转过程。

14.5.2 案例开发过程

顾名思义，复合碰撞形状提供的就是多个简单碰撞形状组合成一个整体的能力。本节给出的案例是将圆柱和胶囊组合而成的复合碰撞形状陀螺。下面来看一下陀螺物体的开发过程，

由于前面已经介绍过创建物理世界的方法，所以这里只介绍创建陀螺的过程。

代码位置：随书源代码/第 14 章/Sample14_3 目录下的 Sample14_3.html 文件。

```
1   var geometry =new THREE.Geometry();                                    //创建几何对象
2   var cylinder = new THREE.CylinderGeometry(0.15,0.15,3,20,1);  //创建圆柱几何对象
3   var cylinder1 = new THREE.CylinderGeometry(2.5,2.5,0.5,20,1); //创建陀螺转盘圆柱
4   var cylindermesh = new THREE.Mesh(cylinder,mat);               //创建陀螺支柱网格对象
5   var cylinder1mesh = new THREE.Mesh(cylinder1,mat);             //创建陀螺转盘网格对象
6   cylindermesh.position.set(0,0,0);                              //设置陀螺支柱位置
7   cylinder1mesh.position.set(0,0,0);                             //设置陀螺转盘位置
8   cylindermesh.updateMatrix();                                   //更新陀螺支柱的矩阵
9   cylinder1mesh.updateMatrix();                                  //更新陀螺转盘的矩阵
10  geometry.merge(cylinder,cylindermesh.matrix);                 //向组合体中添加陀螺支柱
11  geometry.merge(cylinder1,cylinder1mesh.matrix);               //向组合体中添加陀螺转盘
12  threeObject = new THREE.Mesh(geometry,mat);                   //创建陀螺组合体网格
13  threeObject.position.set(0,0,0);                              //设置陀螺位置
14  var pos = threeObject.position;                               //获得陀螺位置
15  var capshape = new Ammo.btCapsuleShape(0.15,2.7);             //创建胶囊体碰撞形状
16  //创建圆柱碰撞形状
17  var cyshape = new Ammo.btCylinderShape(new Ammo.btVector3(2.5,0.25,2.5));
18  var transform1 = new Ammo.btTransform();                      //创建变换对象
19  transform1.setIdentity();                                     //初始化变换对象矩阵
20  transform1.setOrigin( new Ammo.btVector3( 0, 0, 0 ) );        //设置变换对象矩阵
21  shape = new Ammo.btCompoundShape();                       //创建组合碰撞形状
22  shape.addChildShape(transform1,capshape);                 //向组合碰撞形状添加胶囊碰撞形状
23  shape.addChildShape(transform1,cyshape);                  //向组合碰撞形状添加圆柱碰撞形状
24  var mass = 10;                                            //创建质量变量
25  var localInertia = new Ammo.btVector3( 0, 0, 0 );//创建惯性向量
26  shape.calculateLocalInertia( mass, localInertia );  //计算惯性
27  var transform = new Ammo.btTransform();                 //创建变换对象
28  transform.setIdentity();                                //初始化变换对象
29  transform.setOrigin( new Ammo.btVector3( pos.x, pos.y, pos.z ) );
    //设置变换对象矩阵
30  var motionState = new Ammo.btDefaultMotionState( transform ); //刚体运动状态对象
31  var rbInfo =                                                   //创建刚体信息
32  new Ammo.btRigidBodyConstructionInfo( mass, motionState, shape, localInertia );
33  rbInfo.set_m_restitution(0.7);                          //设置恢复系数
34  rbInfo.set_m_friction(0.8);                             //设置摩擦系数
35  var body = new Ammo.btRigidBody( rbInfo );              //创建刚体
36  body.setCenterOfMassTransform(transform);               //设置中心点
37  body.setAngularVelocity(new Ammo.btVector3(0,10,0));//设置角速度
38  body.setLinearVelocity(new Ammo.btVector3(0,0,0.2));//设置线速度
39  body.setDamping(0.05,0.2);                              //设置阻尼
40  threeObject.userData.physicsBody = body;                //获得刚体对象
41  scene.add( threeObject );                               //向场景中添加陀螺
42  dynamicObjects.push( threeObject );                     //物理对象中添加陀螺
43  physicsWorld.addRigidBody( body );                      //物理世界中添加刚体
```

- 第 1～14 行为创建陀螺网格对象的过程。首先创建一个组合体几何对象，在创建两个圆柱网格对象后将它们组合到几何对象中，它们就是陀螺的转盘与支柱。
- 第 15～35 行为创建陀螺刚体对象的过程。前面已创建好网格对象，再创建陀螺的组合碰撞形状，通过它们来创建刚体。创建组合形状时是先创建一个圆柱碰撞形状与一个胶囊碰撞形状，然后将它们组合到 compoundshape 中。
- 第 36～43 行为创建好的陀螺刚体设置中心点、角速度、线速度、阻尼。最后将刚体添加到物理世界中，陀螺添加到场景中。

14.6 触发器——消失的木块

14.5 节介绍了旋转的陀螺案例，接下来介绍的是有关触发器的案例。开发人员可以通过

实现自定义的触发器，对特定物体的碰撞接触进行操控。下面将通过案例消失的木块对触发器部分进行探讨。

14.6.1 案例运行效果

本节给出的是一个消失的木块案例。案例演示的是，一个立方体箱子静止在地面上，一个篮球从空中掉落，当篮球与箱子发生碰撞接触时，木块会自动消失。具体的运行效果如图 14-4 所示。

▲图 14-4 碰撞前后的效果

说明 图 14-4 左侧为案例刚开始运行时的运行效果图，立方体箱子静止在地面上，篮球从空中开始掉落。图 14-4 右侧为小球刚接触箱子时的效果，箱子马上消失，小球最终掉落在地面上。

14.6.2 案例开发过程

看到本案例的运行效果后，开始对开发步骤进行详细介绍了。案例中的大部分代码与前面的十分相似，下面仅介绍具有代表性的代码，有兴趣的读者可以自行查阅随书源代码。

（1）介绍的是初始化物理世界的相关代码。此部分代码中重写碰撞回调方法，在其中加入了删除立方体木箱的网格对象和刚体的代码部分。具体的情况如下所示。

代码位置：随书源代码/第 14 章/Sample14_4 目录下的 Sample14_4.html 文件。

```
1   function initPhysics() {
2     collisionConfiguration = new Ammo.btDefaultCollisionConfiguration();
      //创建碰撞检测配置信息对象
3     dispatcher = new Ammo.btCollisionDispatcher( collisionConfiguration );
      //创建碰撞检测算法分配者
4     var broadphase = new Ammo.btDbvtBroadphase();
5     var sol = new Ammo.btSequentialImpulseConstraintSolver();   //推动约束解决器对象
6     dynamicsWorld = new Ammo.btDiscreteDynamicsWorld(dispatcher, broadphase,
7         sol,collisionConfiguration);                          //创建物理世界对象
8     dynamicsWorld.setGravity(new Ammo.btVector3(0,-10,0));    //设置重力加速度
9     resultCallback=new Ammo.ConcreteContactResultCallback();  //新建碰撞回调对象
10    resultCallback.addSingleResult=function(manifoldPoint,collisionObjectA,id0,index0,
11      collisionObjectB,id1,index1){                         //重写碰撞回调的方法
12        var manifold = Ammo.wrapPointer(manifoldPoint.ptr,Ammo.btManifoldPoint);
          //创建碰撞的包装体
13        dynamicsWorld.removeRigidBody(box.userData.physicsBody); //移除箱子的刚体
14        scene.remove(box);                                  //将箱子的网格对象从场景中移除
15  }}
```

❑ 第 2～8 行为初始化物理世界的相关代码。其中包括创建碰撞检测配置信息对象、碰撞检测算法分配者、碰撞分配器等。碰撞检测算法分配者对象的功能为扫描所有的碰撞检测

对，并确定检测策略对应的合适算法。

- 第 9～15 行为新建碰撞回调对象，并重写其中的碰撞回调方法。当物体发生碰撞时，程序会自动调用碰撞回调对象中的 addSingleResult 方法。

（2）重写完碰撞回调方法之后，接下来需要更新物理信息的 updatePhysics 方法。此方法中的大部分代码与前面案例的基本相同，只是增加在球体刚体上绑定碰撞检测对象的代码。具体情况如下所示。

代码位置：随书源代码/第 14 章/Sample14_4 目录下的 Sample14_4.html 文件。

```
1   function updatePhysics(deltaTime){                                //更新物理信息的方法
2       dynamicsWorld.contactTest(sphereBody,resultCallback);         //绑定碰撞检测对象
3       dynamicsWorld.stepSimulation(deltaTime,10);                   //更新物理世界
4       for ( var i = 0; i <rigidBodies.length; i++ ){              //遍历每个绘制对象
5           var objThree = rigidBodies[i];                            //得到当前绘制对象
6           var objPhys = objThree.userData.physicsBody;              //得到绘制对象的刚体
7           var ms = objPhys.getMotionState();                        //得到刚体的运动状态
8           If (ms) {                                                 //如果获取成功
9               ms.getWorldTransform(transform);         //得到刚体在世界坐标系下的变换
10              var p = transform.getOrigin();          //得到刚体的位置
11              var q = transform.getRotation();        //得到刚体的旋转信息
12              objThree.position.set(p.x(), p.y(), p.z());           //更新绘制对象的位置
13              objThree.quaternion.set(q.x(),q.y(),q.z(),q.w());//更新绘制对象的旋转信息
14  }}}
```

- 第 2 行为绑定碰撞检测对象的代码。在上面的步骤中新建了碰撞检测对象，并重写了其中的方法。要想使其生效，需要将其绑定在某个物体的刚体上。此刚体每次发生碰撞才会调用相关方法。
- 第 4～14 行为更新绘制对象位置的相关代码。首先遍历每一个绘制对象，以得到其刚体，然后根据刚体在世界坐标系下的变换，更新绘制对象的位置和旋转信息。

14.7 碰撞过滤——物体碰撞下落

14.6 节介绍了消失的木块，它主要向读者介绍的是碰撞触发器的使用，接下来介绍的是另一个关于碰撞过滤的案例。碰撞过滤是指实际开发中有时候需要使某两个特定的物体之间不发生碰撞。下面将详细介绍物体碰撞下落的案例。

14.7.1 案例运行效果

本节给出的是一个物体碰撞下落的案例。案例演示的是，在一个空旷的地面上，小球、圆锥、木块从不同的高度掉落，但是它们之间互不发生碰撞，只与地面发生碰撞。具体的运行效果如图 14-5 所示。

▲图 14-5　物体与地面碰撞前后的效果

说明 图 14-5 左侧为案例开始运行时的效果图，各个物体从不同的高度掉落，当掉落的物体相互接触时，彼此之间并不发生碰撞。图 14-5 右侧为物体全部静止在地面时的效果图，从效果图中可以明显观察出，圆锥与圆球发生了重叠。

14.7.2 案例开发过程

（1）介绍的是本案例中完成初始化工作的 init 方法。在此方法中需要增加计算碰撞掩码的相关代码，通过碰撞掩码可以表示出物体刚体的各种碰撞状态。详细的代码如下所示。

代码位置：随书源代码/第 14 章/Sample14_5 目录下的 Sample14_5.html 文件。

```
function init(){
    //此处省略了多个全局变量，有兴趣的读者可自行查阅随书源代码
    var COL_NOTHING = 0;                              //表示什么都不与它碰撞
    var COL_GROUND = BIT(1);                          //表示与地面碰撞
    var COL_CUBOID = BIT(2);                          //表示与木块碰撞
    var COL_CONE = BIT(4);                            //表示与圆锥体碰撞
    var COL_BALL = BIT(8);                            //表示与球碰撞
    //表示地面与立方体、圆锥、球碰撞
    var groundCollidesWith = COL_CUBOID | COL_CONE | COL_BALL;
    var cuboidCollidesWith = COL_GROUND;              //表示木块与地面碰撞
    var coneCollidesWith = COL_GROUND;                //表示圆锥与地面碰撞
    var ballCollidesWith = COL_GROUND;                //表示球与地面碰撞
    function BIT(x){                                  //进行左移操作的方法
        return 1<<x;                                  //将参数进行左移运算
}}
```

说明 Ammo 物理引擎中是通过掩码来决定两个物体是否能发生碰撞的，每个刚体中有两种掩码，分别为 myGroup 掩码和 collideMask 掩码。只有当两个刚体的 myGroup 与另一个物体的 collideMask 掩码进行“与”操作后都不为 0，才可以发生碰撞。

（2）相关的碰撞掩码计算完成后，接下来就可以创建场景中的各种物体了。本案例中的大部分代码与前文介绍的十分相似，它们只是添加到物理世界时有些不同。具体的代码如下所示。

代码位置：随书源代码/第 14 章/Sample14_5 目录下的 Sample14_5.html 文件。

```
function createObjects() {
  //创建立方体箱子的网格对象和刚体的相关代码
  loader.load('textures/box.jpg',function(texture){          //读取箱子的纹理贴图
    material = new THREE.MeshPhongMaterial({map:texture}); //创建材质
    var sx=2,sy=2,sz=2;mass=10;                             //设置边长和质量
    var pos = new THREE.Vector3(0,5,0);                    //箱子的位置
    var quat = new THREE.Quaternion(0,0,0,1);              //箱子的旋转信息
    shape = new Ammo.btBoxShape(new Ammo.btVector3(sx*0.5,sy*0.5,sz*0.5));
    //新建箱子的碰撞形状
    box=new THREE.Mesh(new THREE.BoxGeometry(sx,sy,sz,1,1,1),material);
    createRigidBody(box,shape,mass,pos,quat);               //创建箱子的刚体
    dynamicsWorld.removeRigidBody(box.userData.physicsBody); //移除刚体
    dynamicsWorld.addRigidBody(box.userData.physicsBody,COL_CUBOID,
        cuboidCollidesWith);                                //设置刚体的碰撞掩码
  });
  //创建球体的网格对象和刚体的相关代码
  loader.load('textures/basketball.png',function(texture){  //读取篮球的纹理贴图
    var SphereMaterial = new THREE.MeshPhongMaterial({map:texture});//创建材质
    var radius=1;mass=10;                                   //设置半径和质量
    var pos = new THREE.Vector3(0,2,0);                     //设置篮球的位置
    var quat = new THREE.Quaternion(0,0,0,1);               //设置篮球的旋转信息
```

```
22        var sphereShape = new Ammo.btSphereShape(radius);           //设置篮球的碰撞形状
23        Sphere=new THREE.Mesh(new THREE.SphereGeometry(radius,20,20),
24            SphereMaterial );                                        //新建篮球的网格对象
25        createRigidBody(Sphere,sphereShape,mass,pos,quat);          //创建篮球的刚体
26        dynamicsWorld.removeRigidBody(Sphere.userData.physicsBody);     //移除刚体
27        dynamicsWorld.addRigidBody(Sphere.userData.physicsBody,COL_BALL,
28            ballCollidesWith);                                       //设置刚体的碰撞掩码
29    });}
```

- 第 2～15 行为创建正方形箱子的相关代码。其中包括读取箱子纹理，创建正方体碰撞形状。前文已经对其进行了详细介绍，本书篇幅有限，不再赘述。
- 第 17～28 行为创建球体网格对象和刚体的相关代码。其中第 25～28 行为给刚体设置碰撞掩码并添加到物理世界中的代码。需要注意的是，首先应该将刚体在物理世界中移除，添加时将数据传进对应的方法中。

14.8 关节

本节将讲解 Ammo 物理引擎中的一个重要的概念：关节。简单来说，关节是两个物体之间的约束，其可以将两个物体以一定的方式约束在一起。合理地使用关节可以创造出有趣的运动，比如转动的齿轮、悬挂的物体以及蜘蛛等。

14.8.1 关节的父类——btTypedConstraint 类

首先需要介绍的是所有关节的父类——btTypedConstraint 类，了解该类有助于对关节有初步的认识。其他关节类都继承自该类，其封装了具体关节共用的方法。该类的构造函数和常用方法如表 14-15 所示。

表 14-15　　btTypedConstraint 的构造函数和常用方法简介

方法名	含义	属性
btTypedConstraint()	btTypedConstraint 类的构造函数	构造函数
getBreakingImpulseThreshold()	获取毁坏关节的最大冲量，返回值为获取的冲量值	方法
setBreakingImpulseThreshold(threshold)	设置毁坏关节的最大冲量，参数 threshold 表示要设置的冲量值	方法

14.8.2 铰链关节——btHingeConstraint 类

介绍完关节的父类 btTypedConstraint 类之后，接下来将介绍第一个具体的关节——铰链关节，它是仅有一个旋转自由度的关节，通过铰链约束限制相关刚体，使其仅能绕铰链轴旋转，其构造函数和常用方法如表 14-16 所示。

表 14-16　　btTypedConstraint 的构造函数和常用方法简介

方法名	含义	属性
btHingeConstraint (btRigidBody rbA, btRigidBody rbB,btVector3 pivotInA,btVector3 pivotInB,btVector3 axisInA,btVector3 axisInB, boolean useReferenceFrameA)	铰链关节的构造函数。参数 rbA 表示关节约束的第一个刚体，参数 rbB 表示关节约束的第二个刚体。参数 pivotInA 表示第一个刚体对应的中心点，参数 pivotInB 表示第二个刚体对应的中心点。参数 axisInA 表示第一个刚体的轴向量，参数 axisInB 表示第二个刚体的轴向量。参数 useReferenceFrameA 表示两个刚体与两个约束之间的对应关系，若其为 true，则 rbA 与 pivotInA 和 axisInA 对应，rbB 与 pivotInB 和 axisInB 对应，否则 rbA 与 pivotInB 和 axisInB 对应，rbB 与 pivotInA 和 axisInA 对应，其默认值为 false	构造函数

续表

方法名	含义	属性
btHingeConstraint (btRigidBody rbA,btVector3 pivotInA,btVector3 axisInA,boolean useReferenceFrameA)	铰链关节的构造函数。参数 rbA 表示关节约束的刚体，参数 pivotInA 表示刚体对应的中心点，参数 axisInA 表示刚体的轴向量，参数 useReferenceFrameA 表示 rbA 是否与 pivotInA 和 axisInA 对应，若其值为 true 表示对应，否则表示不对应，其默认值为 false	构造函数
btHingeConstraint (btRigidBody rbA,btRigidBody rbB,btTransform rbAFrame, btTransform rbBFrame, boolean useReferenceFrameA)	铰链关节的构造函数。参数 rbA 表示关节约束的第一个刚体，参数 rbB 表示关节约束的第二个刚体。参数 rbAFrame 表示第一个刚体的变换对象，参数 rbBFrame 表示第二个刚体的变换对象。参数 useReferenceFrameA 表示两个刚体与两个约束之间的对应关系，若其为 true，则 rbA 与 rbAFrame 对应，rbB 与 rbBFrame 对应；否则 rbA 与 rbBFrame 对应，rbB 与 rbAFrame 对应，其默认值为 false	构造函数
btHingeConstraint (btRigidBody rbA,btTransform rbAFrame, boolean useReferenceFrameA)	铰链关节的构造函数。参数 rbA 表示关节约束的刚体，参数 rbAFrame 表示刚体的变换对象，参数 useReferenceFrameA 表示 rbA 是否与 rbAFrame 对应，若其值为 true 表示对应，否则表示不对应，其默认值为 false	构造函数
enableAngularMotor(boolean enableMotor, targetVelocity, maxMotorImpulse)	启动电机。参数 enableMotor 为是否允许关节使用电机标志，若其为 true 表示开启，否则表示不开启。参数 targetVelocity 表示关节旋转的角速度，参数 maxMotorImpulse 表示关节电机的驱动力值	方法
setAngularOnly(bool angularOnly)	设置是否只开启角转动，参数 angularOnly 为 true 时表示开启，否则表示不开启	方法
enableMotor(boolean enableMotor)	设置是否开启电机，参数 enableMotor，为 true 时表示开启，否则表示不开启	方法
setMaxMotorImpulse(maxMotorImpulse)	设置电机的最大冲量，参数 maxMotorImpulse 表示要设置的最大冲量	方法

14.8.3 铰链关节的案例——球落门开

了解了铰链关节的概念和相关 API 后，这里将给出使用铰链关节开发球落门开的案例，以便读者能够正确使用铰链关节，同时也利于加深读者对铰链关节的理解。

1. 案例运行效果

该案例主要演示的是，在一个三维物理世界中，有诸多小球从上空掉落，掉落位置为没有屋顶的小屋。当球落下去后，门会在球的作用下自己打开。运行效果如图 14-6 所示。

▲图 14-6　小球掉落前后的效果

2. 案例开发过程

通过前面的运行效果图，读者可以对铰链关节建立起基本的认识。可能图片的展示效果较差，有兴趣的读者可使用真机运行，细致观察运行效果。看完本案例的效果后，接下来就对代码部分进行详细介绍，具体情况如下所示。

（1）创建铰链关节之前，首先需要创建小屋的木板和地面等组件。下面将对此案例中的 createObjects 方法进行详细介绍，其作用是创建各个组件的网格对象以及刚体对象，具体代码如下所示。

代码位置：随书源代码/第 14 章/Sample14_6 目录下的 Sample14_6.html 文件。

```
1   function createObjects(){
2     //创建地板的网格对象和刚体的相关代码
3     loader.load('textures/floor.jpg',function ( texture ){  //读取地面的纹理
4       texture.wrapS = THREE.RepeatWrapping;             //将纹理的 S 轴设为重复
5       texture.wrapT = THREE.RepeatWrapping;             //将纹理的 T 轴设为重复
6       texture.repeat.set(4,4);                          //设置纹理贴图中 S、T 轴的重复次数
7       var planePos = new THREE.Vector3(0,0,0);          //设置地面的位置
8       var planeQuat = new THREE.Quaternion(0,0,0,1); //设置地面的四元数
9       var planeMaterial=new THREE.MeshBasicMaterial({map: texture});//创建基本材质
10      plane=new THREE.Mesh(new THREE.PlaneGeometry(80,80,4,4),planeMaterial );
11      plane.rotation.x = -0.5 * Math.PI;                    //设置旋转信息
12      var planeShape=new Ammo.btStaticPlaneShape(new Ammo.btVector3(0, 1, 0), 0);
13      createRigidBody( plane, planeShape, 0 , planePos,planeQuat );//创建地面刚体
14    });
15    //创建球体的网格对象和刚体的相关代码
16    loader.load('textures/basketball.png',function(texture){          //读取球体纹理
17      var SphereMaterial=new THREE.MeshPhongMaterial({map:texture});//创建材质
18      var radius=1;                                              //设置球体的半径
19      var mass=10;                                                //设置球体的质量
20      //此处省略了设置球体位置的代码，有兴趣的读者可自行查阅相关代码
21      var quat = new THREE.Quaternion(0,0,0,1);                 //设置球体的旋转信息
22      var sphereShape = new Ammo.btSphereShape(radius);    //创建球体的碰撞形状
23      for(i=0;i<pos.length;i++){                   //遍历数组中的每一个位置
24        Sphere=new THREE.Mesh(new THREE.SphereGeometry(radius,20,20),
25            SphereMaterial );                                    //创建网格对象
26        createRigidBody( Sphere, sphereShape, mass, pos[i], quat );//创建球体的刚体
27      }
28      //此处省略了创建小屋和添加铰链的代码，下面将对其进行详细介绍
29  });}
```

- 第 3～13 行为读取地面纹理，创建地面刚体并将其添加到场景中的相关代码。需要注意的是，本案例中的地面面积比较大，而纹理图的分辨率又比较低，所以需要设置纹理的重复次数，否则地面会显得十分模糊。
- 第 16～26 行为创建多个球体的相关代码。由于创建的球体数量较多，所以可将各个球体的位置存入 pos 数组中，最后使用 for 循环语句创建出多个球体。

（2）完成球体和地面的创建工作后，就可以创建小屋周围的木板，并在前面两块木板上添加铰链关节了。由于很多代码在前文中已经详细介绍过，所以此处仅给出一些具有代表性的代码，具体情况如下所示。

代码位置：随书源代码/第 14 章/Sample14_6 目录下的 Sample14_6.html 文件。

```
function createObjects(){
  //此处省略了创建地板和球体的代码，上面已经对其进行了详细介绍
  loader.load('textures/wood_bin.jpg',function ( texture ){ //读取小屋的纹理
  var cubePos = new THREE.Vector3(0,2,-4);                        //小屋后面木板的位置
  var cubeQuat = new THREE.Quaternion(0,0,0,1);                  //设置木板的四元数
  var planeMaterial=new THREE.MeshBasicMaterial({map: texture}); //创建基本材质
  var cube_behind=new THREE.Mesh(new THREE.CubeGeometry(8, 4, 0.25,1,1,1),
      planeMaterial);                                              //创建网格对象
  cubeShape=new Ammo.btBoxShape(new Ammo.btVector3(4,2,0.125) );
  createRigidBody( cube_behind, cubeShape, 0 , cubePos,cubeQuat );//创建木板刚体
  //此处省略了创建小屋其余 3 个面的代码，其方法与上面的相似，所以不再赘述
```

```
12      //添加铰链的相关代码
13      var vAxis1 = new THREE.Vector3(1, 0, 0);          //设置旋转轴
14      //计算出绕 z 轴旋转 90° 的四元数
15      var q=new THREE.Quaternion().setFromAxisAngle(vAxis1, -Math.PI/2);
16      var Q = new Ammo.btQuaternion(q.x,q.y,q.z,q.w);  //创建 Ammo 中的四元数对象
17      var transformA = new Ammo.btTransform();        //创建变换对象(从约束到不动门的质心)
18      transformA.setIdentity();                       //初始化变换对象
19      transformA.setOrigin(new Ammo.btVector3(2,0,0)); //设置变换对象的平移信息
20      transformA.setRotation(Q);                      //设置变换对象的旋转信息
21      var transformB = new Ammo.btTransform();        //创建变换对象(从约束到运动门的质心)
22      transformB.setIdentity();                       //初始化变换对象
23      transformB.setOrigin( new Ammo.btVector3( -2, 0, 0) ); //设置变换对象的平移信息
24      transformB.setRotation(Q);                            //设置变换对象的旋转信息
25      var hinge1=newAmmo.btHingeConstraint(cube_roll.userData.physicsBody,
26          cube_front.userData.physicsBody,transformB,transformA,true);//创建约束
27      dynamicsWorld.addConstraint(hinge1,false);            //将铰链关节添加到物理世界中
28  });
```

- 第 2～11 行为创建小屋后面木板的相关代码。创建其他木板的方法与此基本相同，本书篇幅有限，不再赘述，有兴趣的读者可自行查阅源代码。
- 第 12～27 行为给小屋前面两块木板添加铰链的相关代码。其中左边的木板是固定的，而右面的木板是可以旋转的。需要注意的是，在创建约束时需要分别给出约束到两个门质心的变换对象，如果给出的数据不准确，则可能出现异常现象。

14.8.4 齿轮关节——btGearConstraint 类

介绍完铰链关节 btHingeConstraint 的知识点和案例之后，接下来介绍的是齿轮关节，齿轮关节模拟了现实物理世界中齿轮与齿轮之间转动的效果。其构造函数和常用方法如表 14-17 所示。

表 14-17　　btGearConstraint 的构造函数和常用方法简介

方 法 名	含 义	属 性
btGearConstraint(btRigidBody rbA,btRigidBody rbB, btVector3 axisInA,btVector3 axisInB, ratio)	齿轮关节的构造函数。参数 rbA 表示与关节关联的第一个刚体，参数 rbB 表示与关节关联的第二个刚体。参数 axisInA 表示第一个刚体的轴向量，参数 axisInB 表示第二个刚体的轴向量，参数 ratio 表示转动比例	构造函数
setAxisA(btVector3 axisA)	设置与关节关联的第一个刚体的轴向量，参数 axisA 表示要设置的轴向量	方法
setAxisB(btVector3 axisB)	设置与关节关联的第二个刚体的轴向量，参数 axisB 表示要设置的轴向量	方法
setRatio(ratio)	设置齿轮关节的传动比例，参数 ratio 表示要设置的比例	方法
getAxisA()	获取与关节关联的第一个刚体的轴向量，返回值为获取的轴向量	方法
getAxisB()	获取与关节关联的第二个刚体的轴向量，返回值为获取的轴向量	方法
getRatio()	获取齿轮关节的传动比例，返回值为获取的比例值	方法

14.8.5 齿轮关节的案例——转动的齿轮

了解了齿轮关节的概念和相关 API 后，这里将给出使用齿轮关节开发的案例转动的齿轮，以便于读者能够正确使用齿轮关节，同时也利于读者加深对齿轮关节的理解。

1. 案例运行效果

该案例主要演示的是，在一个三维物理世界中，有两个水平放置的圆盘和两个垂直放置的圆盘，两个垂直的圆盘有相同的角速度，其中一个垂直的圆盘在齿轮关节的约束下角速度

变慢，对应的水平圆盘也发生转动。其运行效果如图 14-7 及图 14-8 所示。

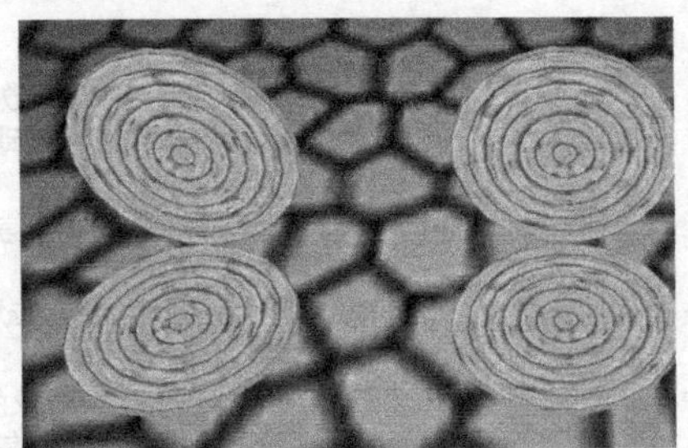

▲图 14-7 案例开始运行时的效果

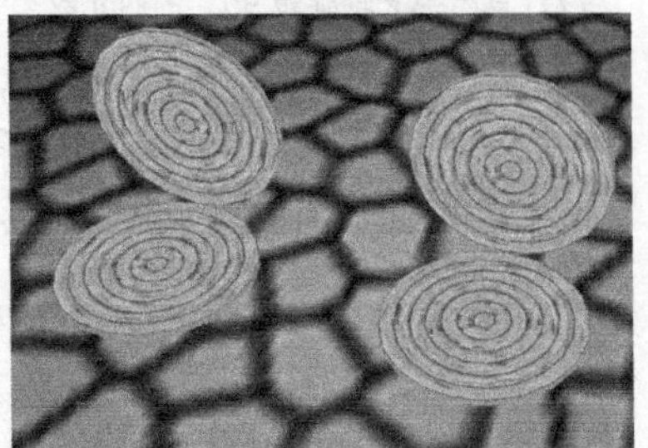

▲图 14-8 切换角度观察圆盘

说明 图 14-7 所示为案例运行开始时的效果图，位于图中较右侧的两个圆盘是添加了齿轮关节的。由于齿轮关节的约束，该水平圆盘会按照一定的角速度进行有规律的转动，而另一个水平圆盘由于没有添加齿轮关节所以不会有规律的转动。图 14-8 所示为切换角度后观察圆盘的效果图。由于图片不方便观察，所以读者可以使用浏览器观察其转动效果。

2. 案例开发过程

通过前面的运行效果图，读者可以对齿轮关节建立起基本的认识。看完本案例的效果后，接下来就对代码部分进行详细介绍了，具体情况如下所示。

（1）在创建齿轮关节之前，创建 4 个不同位置的齿轮和地面等组件。下面将对此案例中的 createObjects 方法进行详细介绍，其作用是创建各个组件的网格对象以及刚体对象，具体代码如下所示。

代码位置：随书源代码/第 14 章/Sample14_7 目录下的 Sample14_7.html 文件。

```
function createObjects(){
  //得到一个沿 x 轴旋转 90° 的四元数
  var qup=new THREE.Quaternion().setFromAxisAngle(
     new THREE.Vector3(1,0,0).normalize(),Math.PI/2);//创建绕 x 轴旋转 90° 的四元数
  var Quatup = new Ammo.btQuaternion(qup.x,qup.y,qup.z,qup.w);
  //创建地板的网格对象和刚体的相关代码
  loader.load('textures/floor.jpg',function ( texture ){
    var planePos=new THREE.Vector3(-4,0,0);                //设置地面位置
    var planeQuat=new Ammo.btQuaternion(0,0,0,1);          //设置旋转四元数
    var planeMaterial=new THREE.MeshBasicMaterial({map: texture});//创建基本材质
    plane=new THREE.Mesh( new THREE.PlaneGeometry(40,40,4,4),planeMaterial);
    //创建平面
    plane.rotation.x = -0.5 * Math.PI;                     //地面沿 x 轴旋转-90°
    var planeShape=new Ammo.btStaticPlaneShape(new Ammo.btVector3(0,1,0), 0);
    createRigidBody( plane, planeShape, 0 , planePos,planeQuat ); //创建地面刚体
  });
  //创建圆柱体圆盘的网格对象和刚体的相关代码
  loader.load('textures/muwen.jpg',function ( texture ){    //读取圆盘纹理
    //创建右侧底面圆盘的网格对象和刚体
    var cylinder_rdown_pos=new THREE.Vector3(0,0,0);          //设置右下侧圆盘的位置
    var cylinder_rdown_qua=new Ammo.btQuaternion(0,0,0,1);   //设置旋转四元数
    var mass = 6;                                             //设置球体质量
    var cylinderMaterial=new THREE.MeshBasicMaterial({map: texture});//创建基本材质
    var cylinder_rdown=new THREE.Mesh(
       new THREE.CylinderGeometry(3,3,0.2,20,20),cylinderMaterial );//创建网格对象
    //创建底面圆盘的碰撞形状
    var cylinderdown_Shape=new Ammo.btCylinderShape(new Ammo.btVector3(3,0.1,3));
    createRigidBody(cylinder_rdown,cylinderdown_Shape,mass,
           cylinder_rdown_pos,cylinder_rdown_qua);    //创建圆盘的刚体
```

```
29        //创建右侧上面圆盘的网格对象和刚体
30        var cylinder_rup = cylinder_rdown.clone();                 //复制右下侧圆盘
31        var cylinder_rup_pos = new THREE.Vector3(0,3,-3.3);      //设置右上侧圆盘位置
32        //创建圆盘的刚体
33        createRigidBody(cylinder_rup,cylinderdown_Shape,mass,cylinder_rup_pos,Quatup);
34        ……//此处省略了创建铰链关节，齿轮关节的代码，它们将在下一部分进行讲解
35    });}
```

- 第 2～6 行为通过转换得到一个以 x 轴为旋转轴，旋转 90° 的四元数。由于 Ammo 本身不提供将欧拉角转换成四元数的方法，所以使用 Three.js 的方法将欧拉角转换成四元数以供给下面的圆盘位置变换时使用。
- 第 7～29 行为创建地面和右下侧圆盘的网格模型、材质、碰撞形状，创建刚体，最后将其添加到物理世界中。
- 第 30～33 行是将右下侧圆盘进行复制，设置位置。创建刚体时使用前面的四元数将网格模型及其碰撞形状沿 x 轴旋转 90° ，创建出右上侧的圆盘，最后将其加到物理世界中。

（2）在创建完圆盘对象和地面对象后，接下来需要将右侧上下两个圆盘绑定到铰链关节，最后将右侧的圆盘绑定齿轮关节。具体代码如下所示。

代码位置：随书源代码/第 14 章/Sample14_7 目录下的 Smaple14_7.html 文件。

```
function createObjects(){
  //此处省略了部分代码，它已在上面讲解过，不再赘述
  //右侧下齿轮加上铰链
  cylinder_rdown.userData.physicsBody.setAngularVelocity(
        new Ammo.btVector3(0,3,0));                          //设置圆盘转动速度
  var hinge1=Ammo.btHingeConstraint(cylinder_rdown.userData.physicsBody,
        new Ammo.btVector3(0,1,0),new Ammo.btVector3(0,0,0));
  dynamicsWorld.addConstraint(hinge1,false);                 //将铰链关节对象添加到物理世界中
  //右侧上齿轮加上铰链
  var hinge2=Ammo.btHingeConstraint(cylinder_rup.userData.physicsBody,
        new Ammo.btVector3(0,0,1),new Ammo.btVector3(0,0,0));
  dynamicsWorld.addConstraint(hinge2,false);                //将铰链关节对象添加到物理世界中
  cylinder_rup.userData.physicsBody.setAngularVelocity(
        new Ammo.btVector3(0,0,3));                         //设置圆盘的转动速度
  var gear = new Ammo.btGearConstraint(cylinder_rdown.userData.physicsBody,
        cylinder_rup.userData.physicsBody,new Ammo.btVector3(0,1,0),
         new Ammo.btVector3(0,1,0));                        //将右侧上下齿轮绑定为齿轮关节
  dynamicsWorld.addConstraint(gear,false);                  //将齿轮关节对象添加到物理世界中
}
```

说明 此处将右侧上下两个圆盘分别绑定为铰链关节，这相当于确定了旋转轴。接下来给圆盘设定旋转速度，将绑定了铰链的两个圆盘加入齿轮关节，然后将铰链关节和齿轮关节加入物理世界之中。

14.8.6 点对点关节——btPoint2PointConstraint 类

介绍完铰链关节 btHingeConstraint 和齿轮关节 btGearConstraint 的相关知识点和案例之后，接下来就对点对点关节进行详细介绍了。此关节是为了模拟两个物体上某两个点呈现的连接效果，其构造函数和常用方法如表 14-18 所示。

表 14-18　　btTypedConstraint 的构造函数和常用方法简介

方 法 名	含 义	属 性
btPoint2PointConstraint(btRigidBody rbA, btRigidBody rbB, btVector3 pivotInA,btVector3 pivotInB)	创建点对点关节约束。参数 rbA 表示第一个刚体，参数 rbB 表示第二个刚体。参数 pivotInA 表示点对点关节在第一个刚体坐标系中的位置，参数 pivotInB 表示点对点关节在第二个刚体坐标系中的位置	构造函数

续表

方 法 名	含 义	属 性
btPoint2PointConstraint(btRigidBody rbA, btVector3 pivotInA)	创建点对点关节约束。参数 rbA 表示刚体，参数 pivotInA 表示点对点关节在刚体坐标系中的位置	构造函数
setPivotA(btVector3 pivotA)	设置关节在第一个刚体坐标系中的位置，参数 pivotA 表示要设置的位置	方法
setPivotB(btVector3 pivotB)	设置关节在第二个刚体坐标系中的位置，参数 pivotB 表示要设置的位置	方法
getPivotInA()	获取关节在第一个刚体坐标系中的位置，返回值为获取的位置坐标	方法
getPivotInB()	获取关节在第二个刚体坐标系中的位置，返回值为获取的位置坐标	方法

14.8.7 点对点关节的案例——悬挂的物体

了解了点对点关节的概念和相关 API 之后，将给出使用点对点关节开发的具体案例——悬挂的物体，以便读者能够正确认识和使用点对点关节，同时也利于读者加深理解，以便在实际的项目开发中做到游刃有余。

1. 案例运行效果

该案例主要演示的是，在一个三维物理世界中，圆锥上有一个横放着的圆柱，圆柱是固定在圆锥上的，在圆柱的两侧有两个木块在不停摆动。其运行效果如图 14-9 所示。

▲图 14-9　悬挂的物体上下摆动的效果

说明　图 14-9 左侧为案例开始运行时的效果图，圆柱固定在下面圆锥的上面，圆柱两侧固定了两个木块，左右两侧的木块在不停摆动。图 14-9 右侧为摆动幅度达到最大时的效果图，读者可通过真机细致观察案例中的细节。

2. 案例开发过程

（1）在添加点对点关节之前，首先需要创建出场景中各种物体的刚体对象。下面将给出本案例中 createObjects 方法的部分代码，详细介绍了创建左右两侧正方体的相关步骤，具体代码如下所示。

代码位置：随书源代码/第 14 章/Sample14_8 目录下的 Sample14_8.html 文件。

```
function createObjects() {                                          //创建场景中 3D 物体的方法
  //创建正方体的网格对象和刚体的相关代码
  loader.load('textures/box.jpg',function ( texture ){   //读取正方体的纹理贴图
     material = new THREE.MeshPhongMaterial({map:texture});     //创建基本材质
     var sx=2,sy=2,sz=2;                                           //规定正方体的边长
     var mass=4;                                                   //正方体的质量
     var pos_left = new THREE.Vector3(-10,5,1.5);                 //左边箱子的位置
     var quat = new THREE.Quaternion(0,0,0,1);                    //正方体的旋转信息
     //创建正方体的碰撞形状
```

```
    shape=new Ammo.btBoxShape(new Ammo.btVector3(sx*0.5,sy*0.5,sz*0.5));
    //创建出左边箱子的网格对象
    box_left=new THREE.Mesh(new THREE.BoxGeometry(sx,sy,sz,1,1,1),material);
    createRigidBody(box_left,shape,mass,pos_left,quat);  //创建左边箱子的刚体
    var pos_right = new THREE.Vector3(10,5,1.5);          //规定右边箱子的位置
    box_right = box_left.clone();                         //复制左边箱子的网格对象
    createRigidBody(box_right,shape,mass,pos_right,quat); //创建右边箱子的刚体
  });
//此处省略了创建圆柱体和点对点关节的相关代码，它们将在下文进行详细介绍
}
```

说明 通过上面的代码可以看出，创建两边箱子的网格对象和刚体的方式与前面介绍的十分相似，所以此处不再赘述。需要注意的是，如果想创建两个相同的网格对象，那么创建出一个后调用 **clone** 方法即可得到一个相同的对象，此方法非常方便。

（2）两侧的正方体箱子创建完毕后，开始创建横向的圆柱和下面的圆锥，最后分别在圆柱的中心和圆锥顶部、圆柱的两侧和箱子之间创建点对点关节。其具体代码如下所示。

代码位置：随书源代码/第 14 章/Sample14_8 目录下的 Sample14_8.html 文件。

```
1   function createObjects() {                                  //创建场景中 3D 物体的方法
2     loader.load('textures/muwen.jpg',function ( texture ){//读取木质纹理贴图
3      var Pos = new THREE.Vector3(0,6.5,0);                   //圆柱的位置
4      var quat = new THREE.Quaternion(0,0,0,1);                //新建四元数
5      var Quat =new THREE.Quaternion().setFromAxisAngle(new THREE.Vector3(0,0, 1).
6          normalize(), Math.PI/2);                              //绕 z 轴旋转 90° 的四元数
7      var mass=2;                                              //设置圆柱的质量
8      var cylinderMaterial=new THREE.MeshBasicMaterial({map: texture});//创建基本材质
9      cylinder=new THREE.Mesh( new THREE.CylinderGeometry(0.5, 0.5, 20,20,20),
10         cylinderMaterial );                                 //创建圆柱的网格对象
11     //创建圆柱的碰撞形状
12     var cylinderShape=new Ammo.btCylinderShape(new Ammo.btVector3(0.5, 10, 0.5));
13     createRigidBody( cylinder, cylinderShape,mass , Pos, Quat );//创建圆柱的刚体
14     var conePos = new THREE.Vector3(0,3,0);                 //设置圆锥的设置
15     //新建圆锥的网格对象
16     cone=new THREE.Mesh(new THREE.CylinderGeometry(0,2,6),cylinderMaterial);
17     var coneShape=new Ammo.btConeShape(2,6);                 //新建圆锥的碰撞形状
18     createRigidBody( cone, coneShape, 0, conePos, quat); //创建圆锥的刚体
19     //创建点对点关节对象
20     var btc_left = new Ammo.btPoint2PointConstraint(box_left.userData.physicsBody,
21         cylinder.userData.physicsBody,new Ammo.btVector3(0,1,0),
22         new Ammo.btVector3(-1.5,-9,0));              //在左侧箱子和圆柱之间创建点对点关节
23     dynamicsWorld.addConstraint(btc_left);         //将此关节添加到物理世界中
24     var btc = new Ammo.btPoint2PointConstraint(cylinder.userData.physicsBody,
25         cone.userData.physicsBody,new Ammo.btVector3(0,-0.5,0),
26         new Ammo.btVector3(0,3.5,0));                //在圆柱和圆锥之间创建点对点关节
27     dynamicsWorld.addConstraint(btc);               //将此关节添加到物理世界中
28     //创建点对点关节对象
29     var btc_right = new Ammo.btPoint2PointConstraint(box_right.userData.physicsBody,
30         cylinder.userData.physicsBody,new Ammo.btVector3(0,1,0),
31         new Ammo.btVector3(-1.5,9,0));               //在右侧箱子和圆柱之间创建点对点关节
32     dynamicsWorld.addConstraint(btc_right);         //将此关节添加到物理世界中
33   });}
```

- 第 2～13 行为设置圆柱的位置坐标和旋转信息，并创建其网格对象以及刚体的相关代码。需要注意的是，此圆柱的质量不要设置得太大或者太小，否则有可能会出现难以预测的现象。
- 第 14～18 行为设置圆锥的位置坐标和旋转信息，并创建其网格对象以及刚体的相关代码。由于本案例中需要将其固定作为支撑点，所以将其质量设置为 0。

- 第 20～32 行分别为在圆柱的中心和圆锥顶部、圆柱的两侧和箱子之间创建点对点关节的相关代码。创建完成后，还需要将这些关节添加到物理世界中。

14.8.8　滑动关节——btSliderConstraint 类

介绍完点对点关节 btPoint2PointConstraint 的知识点和案例之后，接下来介绍的是滑动关节。滑动关节模拟了两个物体之间呈出相对滑动的效果，该类封装了多种构造函数，可以通过不同的参数创建滑动关节。其构造函数和常用方法如表 14-19 所示。

表 14-19　btSliderConstraint 类的常用方法

方 法 名	含 义	属 性
btSliderConstraint(btRigidBody rbA, btRigidBody rbB,btTransform frameInA,btTransform frameInB,boolean useLinearReferenceFrameA)	滑动关节的构造函数。参数 rbA 表示第一个要添加约束的刚体，参数 rbB 表示第二个要添加约束的刚体。参数 frameInA 表示从约束位置到第一个刚体质心位置的变换对象，参数 frameInB 表示从约束位置到第二个刚体质心位置的变换对象。参数 useLinearReferenceFrameA 表示两个刚体与两个约束之间的对应关系，若其为 true，则 rbA 与 frameInA 对应，rbB 与 frameInB 对应，否则 rbA 与 frameInB 对应，rbB 与 frameInA 对应	构造函数
btSliderConstraint(btRigidBody rbB,btTransform frameInB, boolean useLinearReferenceFrameA)	滑动关节的构造函数。参数 rbB 表示要约束的刚体，参数 frameInB 表示从约束位置到刚体质心位置的变换对象，参数 useLinearReferenceFrameA 表示 rbB 是否与 frameInB 对应，若其值为 true 表示对应	构造函数
setLowerLinLimit(lowerLimit)	设置滑动距离的下限值，参数 lowerLimit 表示要设置的值	方法
setUpperLinLimit(upperLimit)	设置滑动距离的上限值，参数 upperLimit 表示要设置的值	方法
setLowerAngLimit(lowerAngLimit)	设置滑动关节转动角度的下限值，参数 lowerLimit 为要设置的下限值	方法
setUpperAngLimit(upperAngLimit)	设置滑动关节转动角度的上限值，参数 upperLimit 为要设置的上限值	方法

14.8.9　滑动关节的案例——6 个方向的物体滑动

在了解了滑动关节的概念和相关 API 之后，将给出使用滑动关节具体开发的案例——6 个方向的物体滑动，以便读者能够正确使用滑动关节。同时也利于加深读者对滑动关节的理解，从而使学习过程更加有趣。

1. 案例运行效果

该案例主要演示的是，在一个三维物理世界中有 3 个方向的木桩，在木桩的 6 个方向上分别有一个木块，当单击屏幕左侧时，木块向中心移动；当单击屏幕右侧时，木块会反向移动。其运行效果如图 14-10～图 14-13 所示。

▲图 14-10　正面观察效果

▲图 14-11　开始时的运行效果

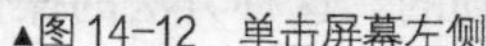

▲图 14-12　单击屏幕左侧

▲图 14-13　单击屏幕右侧

> **说明**　图 14-10 所示为正面观察木桩时的效果图。图 14-11 所示为案例开始运行时的效果图。图 14-12 所示为单击屏幕左侧时的效果图，所有木块向中心方向移动。图 14-13 所示为单击屏幕右侧时的效果图，所有木块向远离中心方向移动。

2. 案例开发过程

该案例与上面创建简单物理场景的案例相比只有少量的变化，其余部分并没有太大区别，这里就不再重复讲解相同的代码了。下面将对典型的代码部分和开发步骤进行详细介绍，具体开发步骤如下所示。

（1）看到本案例的运行效果后，接下来详细介绍本案例的开发步骤。首先将对本案例中的 createObjects 方法进行介绍。此方法的作用是创建各个箱子的刚体并创建滑动关节，该部分的具体代码如下所示。

代码位置：随书源代码/第 14 章/Sample14_9 目录下的 Sample14_9.html 文件。

```
function createObjects(){
  //创建立方体的网格对象和刚体的相关代码
  loader.load('textures/box.jpg',function ( texture ){            //读取箱子的纹理
    material = new THREE.MeshPhongMaterial({map:texture}); //创建基本材质
    var sx=2,sy=2,sz=2;                                           //规定箱子的边长
    var mass=4.5;                                                 //规定箱子的质量
    var pos_center = new THREE.Vector3(0,8,0);                    //规定中间箱子的位置
    var quat = new THREE.Quaternion(0,0,0,1);                     //中间箱子的旋转信息
    //根据箱子的边长，创建出箱子的碰撞形状
    shape=new Ammo.btBoxShape(new Ammo.btVector3(sx*0.5,sy*0.5,sz*0.5));
    box_center=new THREE.Mesh(new THREE.BoxGeometry(sx,sy,sz,1,1,1),
        material );                                              //创建中间箱子的网格对象
    createRigidBody(box_center,shape,0,pos_center,quat );//创建中心箱子的刚体
    var pos_top = new THREE.Vector3(0,14,0);                     //上方箱子的位置
    box_top = box_center.clone();                                //复制网格对象
    createRigidBody(box_top,shape,mass,pos_top,quat);           //创建上方箱子的刚体
    var transformA = new Ammo.btTransform();                     //新建变换 transformA
    transformA.setIdentity();                                    //初始化变换 transformA
    transformA.setOrigin( new Ammo.btVector3(0, 4, 0));         //设置节点位置
    var transformB = new Ammo.btTransform();                     //新建变换 transformB
    transformB.setIdentity();                                    //初始化变换 transformB
    var q= new THREE.Quaternion().setFromAxisAngle(new THREE.Vector3(0, 0, 1)
        .normalize(), Math.PI/2);                               //绕 z 轴旋转 90° 的四元数
    transformA.setRotation(new Ammo.btQuaternion(q.x,q.y,q.z,q.w));//设置旋转信息
    transformB.setRotation(new Ammo.btQuaternion(q.x,q.y,q.z,q.w));
    //在上方的箱子和中间的箱子之间创建一个滑动关节
    m_bsc_top = new Ammo.btSliderConstraint(box_center.userData.physicsBody,
        box_top.userData.physicsBody, transformA, transformB, true);
    dynamicsWorld.addConstraint(m_bsc_top);                     //将关节添加到物理世界中
    m_bsc_top.setLowerLinLimit(-3);                              //设置关节移动的最小距离
```

```
31        m_bsc_top.setUpperLinLimit(3);                        //设置关节移动的最大距离
32        //此处省略了创建其他箱子和滑动关节的相关代码，读者可自行查阅相关代码
33    });}
```

- 第 2～13 行为创建中心箱子的网格对象和刚体的相关代码。由于本案例需要周围几个箱子可以做靠近中间箱子的运动，这要求中间箱体是不动的，所以可将其质量设置为 0。
- 第 14～32 行为创建上方箱子的网格对象和刚体，并在两个箱子之间创建滑动关节的相关代码。创建滑动关节时最重要的是，计算滑动关节到两个箱子的变换对象。创建完成后，需要设置关节移动的范围，并将其添加到物理世界中。

（2）各个箱子的网格对象和刚体部分全创建完成后，接下来就可以创建木桩的网格对象了。本案例中的木桩其实是由一个圆柱经过旋转而得到的，这种方法的操作过程非常简单并且内存占用非常少。具体代码如下所示。

代码位置：随书源代码/第 14 章/Sample14_9 目录下的 Sample14_9.html 文件。

```
function createObjects(){
  //此处省略了创建箱子和滑动关节的代码，上文已经对其进行了详细介绍
  loader.load('textures/muwen.jpg',function ( texture ){      //读取木质纹理图
    var Pos = new THREE.Vector3(0,8,0);                  //设置圆柱的位置
    var quat = new THREE.Quaternion(0,0,0,1);            //设置圆柱的旋转信息
    var cylinderMaterial=new THREE.MeshBasicMaterial({map: texture});//创建基本材质
    cylinder=new THREE.Mesh( new THREE.CylinderGeometry(0.5, 0.5, 16,20,20),
        cylinderMaterial );                              //创建圆柱的网格对象
    cylinder.position.set(0,8,0);                        //设置圆柱的位置
    scene.add(cylinder);                                 //将圆柱添加到场景中
    cylinder1=cylinder.clone();                          //复制圆柱的网格对象
    cylinder1.rotation.x = Math.PI/2;                    //将圆柱的网格对象绕 x 轴旋转 90°
    scene.add(cylinder1);                                //将圆柱添加到场景中
    cylinder2=cylinder1.clone();                         //复制圆柱的网格对象
    cylinder2.rotation.z = Math.PI/2;                    //将圆柱的网格对象绕 z 轴旋转 90°
    scene.add(cylinder2);                                //将圆柱添加到场景中
  });}
```

说明　从上面的代码中可以看出，本案例中的木桩是由一个圆柱体绕 x 轴旋转 90°、绕 z 轴旋转 90° 之后得到的。如果对其外观较高，读者还可以在 3ds Max、Maya 等建模软件中建立模型，然后加载到程序中。

14.8.10　六自由度关节——btGeneric6DofConstraint 类

介绍完滑动关节 btSliderConstraint 的知识点和案例之后，接下来介绍的是六自由度关节。六自由度关节有 6 个不同的自由度，包括 3 个平移（滑动）自由度以及 3 个旋转自由度。它通常用来模拟骨骼关节以及机械结构。其构造函数和常用方法如表 14-20 所示。

表 14-20　btGeneric6DofConstraint 类的常用方法

方 法 名	含　义	属　性
btGeneric6DofConstraint(btRigidBody rbA, btRigidBody rbB, btTransform frameInA, btTransform frameInB, boolean useLinearFrameReferenceFrameA)	六自由度关节的构造函数。参数 rbA 表示第一个要添加约束的刚体，参数 rbB 表示第二个要添加约束的刚体。参数 frameInA 表示从约束位置到第一个刚体质心位置的变换对象，参数 frameInB 表示从约束位置到第二个刚体质心位置的变换对象，参数 useLinearReferenceFrameA 表示两个刚体与两个约束之间的对应关系，若其为 true，则 rbA 与 frameInA 对应，rbB 与 frameInB 对应，否则 rbA 与 frameInB 对应，rbB 与 frameInA 对应	构造函数
btGeneric6DofConstraint(btRigidBody rbB,btTransform frameInB,boolean useLinearFrameReferenceFrameB)	六自由度关节的构造函数。参数 rbB 表示要添加约束的刚体，参数 frameInB 表示从约束位置到刚体质心位置的变换对象，参数 useLinearReferenceFrameB 表示 rbB 是否与 frameInB 对应，若为 true 表示对应	构造函数

续表

方 法 名	含 义	属 性
setLinearLowerLimit(btVector3 linearLower)	设置六自由度关节的 3 个自由度（3 个轴）的滑动距离的下限	方法
setLinearUpperLimit(btVector3 linearUpper)	设置六自由度关节的 3 个自由度（3 个轴）的滑动距离的上限	方法
setAngularLowerLimit(btVector3 angularLower)	设置六自由度关节的 3 个自由度（3 个轴）的转动角的下限	方法
setAngularUpperLimit(btVector3 angularUpper)	设置六自由度关节的 3 个自由度（3 个轴）的转动角的上限	方法

14.8.11 六自由度关节的案例——掉落的蜘蛛

了解了六自由度关节的概念和相关 API 后，将给出使用六自由度关节开发的案例——掉落的蜘蛛，以便于读者能够正确使用六自由度关节，同时也利于加深读者对六自由度关节的理解。

1. 案例运行效果

该案例主要演示的是，在一个三维物理世界中，有一个蜘蛛从上掉落而下的过程，构成蜘蛛的是一些圆柱物体对象，圆柱物体之间都是由六自由度关节连接的。本案例的运行效果如图 14-14 所示。

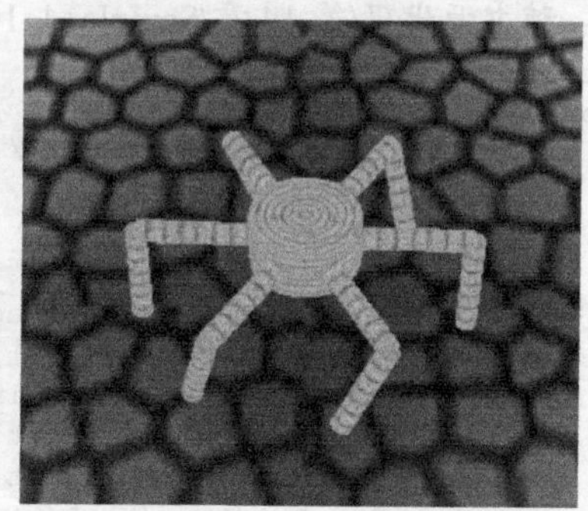

▲图 14-14 蜘蛛掉落时的效果

说明 图 14-14 左侧为案例运行时的效果图，蜘蛛正在空中掉落。图 14-14 右侧为蜘蛛掉落过程结束，几条腿支撑地面时的效果图，读者可以在真机上细致观察蜘蛛在这一过程中的腿部活动状态。

2. 案例开发过程

本案例中的蜘蛛是由 13 个圆柱刚体通过给各个刚体之间添加六自由度关节构建而成的。其中半径较大而高度较小的圆柱用来模拟蜘蛛的身体部分，每条腿用两根半径较小，长度较长的圆柱来模拟，下面将对其开发步骤进行详细介绍。

（1）在创建六自由度关节之前，首先创建蜘蛛头部和腿部的刚体。下面将对创建蜘蛛头部的代码进行详细介绍，其方式与前面介绍的十分相似，详细的代码部分如下所示。

代码位置：随书源代码/第 14 章/Sample14_10 目录下的 Sample14_10.html 文件。

```
function createObjects(){
    var quat = new Ammo.btQuaternion(0,0,0,1);              //中间刚体的旋转信息
    var positionOffset = new Ammo.btVector3(0,4,0);         //中间刚体的位置
    var fBodySize=1;                                        //中间刚体的半径
    var fLegLength=2;                                       //腿的长度
```

```
    var fForeLegLength=2;                                    //前腿的长度
    var NUM_LEGS=6;                                          //蜘蛛腿的数量
    var fHeight=4;                                           //中间刚体的高度
    var offset=new Ammo.btTransform();                       //新建变换对象
    offset.setIdentity();                                    //初始化变换对象
    offset.setOrigin(positionOffset);                        //设置变换对象的原点
    var vRoot =new Ammo.btVector3(0,fHeight+positionOffset.y(),0);//中间刚体的位置
    var transform = new Ammo.btTransform();                  //新建中间刚体的变换对象
    transform.setIdentity();                                 //变换对象初始化
    transform.setOrigin(vRoot);                              //给变换对象设置节点
    var cylinderMaterial=new THREE.MeshBasicMaterial({map: texture});//创建基本材质
    var cylinder = new THREE.Mesh( new THREE.CylinderGeometry(fBodySize,
         fBodySize, 1,20,20), cylinderMaterial );            //创建圆柱的网格对象
    var cylinderShape = new Ammo.btCylinderShape(new Ammo.btVector3(
         fBodySize, 0.5, fBodySize));                        //创建圆柱的碰撞形状
    rigid_zhong=createRigidBody(cylinder,cylinderShape,10,vRoot,quat );//创建刚体
    //此处省略了创建腿部刚体的代码，下文将对其进行详细介绍
}
```

说明　通过上面的代码可以看出，程序中规定了中间刚体的初始位置和旋转信息以及腿部刚体的几何信息等数据，这为之后创建的各部分刚体做好了准备。而创建蜘蛛头部的方法与前面介绍的十分相似，在这里就不再赘述。

（2）蜘蛛头部的刚体创建完成后，就可以创建腿部的刚体了。下面将对创建蜘蛛腿部刚体的代码进行详细介绍，其重点在于准确计算腿部的位置和旋转信息。具体的代码如下所示。

代码位置：随书源代码/第 14 章/Sample14_10 目录下的 Sample14_10.html 文件。

```
function createObjects(){
  for(var i=0;i<NUM_LEGS;i++){                               //对每条腿进行操作
    var fAngle = 2 * Math.PI * i / NUM_LEGS;                 //计算出每条腿的角度
    var fSin = Math.sin(fAngle);                             //计算其正弦值
    var fCos = Math.cos(fAngle);                             //计算其余弦值
    transform.setIdentity();                                 //初始化变换对象
    var vBoneOrigin =new Ammo.btVector3(fCos*(fBodySize+0.5*fLegLength),
        fHeight+positionOffset.y(), fSin*(fBodySize+0.5*fLegLength));//腿的位置
    transform.setOrigin(vBoneOrigin);                        //更新变换对象
    var xcha=vBoneOrigin.x()-vRoot.x();                      //计算腿和头部的 x 坐标差
    var ycha=vBoneOrigin.y()-vRoot.y();                      //计算腿和头部的 y 坐标差
    var zcha=vBoneOrigin.z()-vRoot.z();                      //计算腿和头部的 z 坐标差
    var cha = new Ammo.btVector3(xcha,ycha,zcha);
    var vToBone = normalize(cha);                            //对向量进行规格化
    var vAxis = cross(vToBone,new Ammo.btVector3(0,1,0));        //求叉积
    var vAxis1=new THREE.Vector3(vAxis.x(),vAxis.y(),vAxis.z()); //新建向量
    //绕 z 轴旋转 90° 的四元数
    var q= new THREE.Quaternion().setFromAxisAngle(vAxis1, Math.PI/2);
    var Q = new Ammo.btQuaternion(q.x,q.y,q.z,q.w);          //创建 Ammo 中的四元数
    transform.setRotation(Q);                                //设置变换对象中的旋转信息
    var leg_pos = new THREE.Vector3(fCos*(fBodySize+0.5*fLegLength),
        fHeight+positionOffset.y(),fSin*(fBodySize+0.5*fLegLength));//计算腿的位置
    var height_leg=new THREE.Mesh( new THREE.CylinderGeometry(0.2, 0.2,
        fLegLength,20,20), cylinderMaterial );               //创建腿的网格对象
    var cylinderShape=new Ammo.btCylinderShape(new Ammo.btVector3(0.2,
        fLegLength/2, 0.2));                                 //创建腿的碰撞形状
    rigid_heng.push(createRigidBody(height_leg,cylinderShape,10,
        transform.getOrigin(),transform.getRotation()));//创建腿部的刚体并放入数组
    transform.setIdentity();                                 //初始化变换对象
    transform.setOrigin(new Ammo.btVector3(fCos*(fBodySize+fLegLength),fHeight-0.5*
        fForeLegLength+positionOffset.y(), fSin*(fBodySize+fLegLength)));
    var leg_bottom =new THREE.Mesh( new THREE.CylinderGeometry(0.2, 0.2,
        fForeLegLength,20,20), cylinderMaterial);            //创建竖直方向上腿的网格对象
    var cylinderShape=new Ammo.btCylinderShape(new Ammo.btVector3(0.2,
        fForeLegLength/2, 0.2));                             //创建竖直方向上腿的碰撞形状
```

```
36          rigid_shu.push(createRigidBody(leg_bottom,cylinderShape,1,transform.getOrigin(),
37              transform.getRotation()));                  //创建竖直方向上腿的刚体
38        }
39        //此处省略了创建六自由度关节的代码，下文将对其进行详细介绍
40    }
```

- 第 2～13 行为计算每根横向腿的位置并计算出腿到头部的规格化向量。首先需要计算每条腿对应的正弦值和余弦值。然后根据腿的数量和长度分别计算出腿的世界坐标。
- 第 14～20 行为计算腿部旋转信息的相关代码。首先计算出各个腿到头部的向量，并将此向量与竖直向量进行叉积运算，求出的结果是腿部刚体的旋转轴，最后将旋转信息设置到变换对象中。
- 第 21～39 行为创建横向和竖直方向上腿部的相关代码。前面的步骤已经对位置和旋转数据进行了计算，此部分将根据结果创建对应的刚体部分并放入数组中。

（3）将各个腿放置在正确的位置后，就可以进行六自由度关节的创建了。创建此关节的关键在于准确计算出关节到两个刚体的变换对象。下面将对此部分进行详细介绍，具体代码如下所示。

代码位置：随书源代码/第 14 章/Sample14_10 目录下的 Sample14_10.html 文件。

```
1     function createObjects(){
2       //此处省略了创建腿部刚体的代码，上文已经对其进行了详细介绍
3       var useLinearReferenceFrameA = true;                    //对应关系标志
4       for (var i=0; i<NUM_LEGS; i++){                         //遍历所有的腿刚体
5         var  vAxis1 = new THREE.Vector3(0, 1, 0);             //设置旋转轴
6         var  fAngle = 2 * Math.PI * i / NUM_LEGS;             //计算角度
7         //绕 y 轴旋转 fAngle 度的四元数
8         var q= new THREE.Quaternion().setFromAxisAngle(vAxis1,-fAngle);
9         var Q = new Ammo.btQuaternion(q.x,q.y,q.z,q.w);       //新建 Ammo 中的四元数
10        var fSin = Math.sin(fAngle);                          //角度的正弦值
11        var fCos = Math.cos(fAngle);                          //角度的余弦值
12        var localA= new Ammo.btTransform();                   //新建变换对象 localA
13        var localB= new Ammo.btTransform();                   //新建变换对象 localB
14        var localC= new Ammo.btTransform();                   //新建变换对象 localC
15        localA.setIdentity();                                 //初始化变换对象 localA
16        localB.setIdentity();                                 //初始化变换对象 localB
17        localA.setRotation(Q);                                //设置旋转信息
18        localA.setOrigin(new Ammo.btVector3(fCos*fBodySize,0,fSin*fBodySize));
          //设置原点
19        var rigid_heng_tf = rigid_heng[i].getWorldTransform();  //得到腿部的变换对象
20        var rigid_zhong_tf = rigid_zhong.getWorldTransform();   //得到头部的变换对象
21        var result=multiply(inverse(rigid_heng_tf),rigid_zhong_tf);
22        localB = multiply(result,localA);                     //计算关节到腿的变换对象
23        var joint6DOF=new Ammo.btGeneric6DofConstraint(rigid_zhong,rigid_heng[i],
24            localA,localB,useLinearReferenceFrameA);          //创建六自由度关节对象
25        joint6DOF.setAngularLowerLimit(new Ammo.btVector3(0,
26            -1.1920928955078125e-7,0));                       //设置六自由度关节的转动角下限
27        joint6DOF.setAngularUpperLimit(new Ammo.btVector3(Math.PI*0.05,
28            1.1920928955078125e-7,Math.PI*0.05));             //设置六自由度关节的转动角上限
29        dynamicsWorld.addConstraint(joint6DOF,true);          //将关节对象添加到物理世界中
30    }}
```

- 第 1～22 行为计算六自由度关节到头部和腿部变换对象的相关代码。关节到头部的变换对象可直接给出对应的数据，非常简单。而关节到腿部的变换对象可由腿部的逆变换和头部变换对象的乘积与头部位置相乘而得到。
- 第 23～30 行为根据上面计算的数据创建出六自由度关节对象，并设置其转动角上限和下限的相关代码。设置完成后，还需要将此关节添加到物理世界中。

14.9 交通工具类的介绍

前面几节介绍的都是比较基本的碰撞体以及机械结构，现实世界中还有一些更加复杂的组合体，如各种汽车就是如此。通过学习前面的组合刚体，相信读者可以构造出一个汽车刚体，那么现在介绍的交通工具类有何作用呢？

一个完整的交通工具除了有刚体外它还有悬挂系统、转向系统等，有了这些交通工具才可以动起来，但单单靠自己来实现这些功能相当困难。幸运的是，物理引擎中为大家封装好一个完整的交通工具类，本节将具体介绍交通工具类的概念及案例开发。

14.9.1 交通工具类——btRaycastVehicle 类

顾名思义，交通工具类就是用于模拟现实世界中的交通工具（一般指的是四轮车），其包含所表示交通工具的车身刚体、有着 4 个车轮，支持前轮驱动或后轮驱动，支持车轮转向等。该类提供了添加车轮的方法、更新车轮的方法、设置车轮刹车等诸多重要的方法。其常用方法如表 14-21 所示。

表 14-21 btRaycastVehicle 类的常用方法

方 法 名	含 义	属性
void updateAction (btCollisionWorld collisionWorld,btScalar step)	更新交通工具。参数 collisionWorld 表示指向物理世界的指针，参数 step 表示步长	方法
btTransform getChassisWorldTransform()	获取交通工具的变换对象。返回值为获取的交通工具变换对象	方法
void updateVehicle(btScalar step)	更新交通工具。参数 step 表示更新的步长	方法
void resetSuspension()	重置悬挂系统的参数	方法
btScalar getSteeringValue(wheelindex)	获取操纵车轮的系数，参数 wheelindex 表示车轮索引值	方法
void setSteeringValue(steering,wheelindex)	设置操纵车轮系数的值。参数 steering 表示要设置的值，参数 wheelindex 表示要操纵的车轮	方法
void applyEngineForce(btScalar force,int wheelindex)	向车轮应用力，参数 force 表示力的大小，参数 wheel 表示要应用的车轮	方法
Void updateWheelTransform(wheelindex)	更新车轮的变换对象。参数 wheelindex 表示车轮索引值	方法
btWheelInfo&addWheel(btVector3 connectionPointCS0,btVector3 wheelDirectionCS0,btVector3 wheelAxleCS,btScalar suspensionRestLength,btScalar wheelRadius,btVehicleTuning tuning,bool isFrontWheel)	给交通工具添加车轮。参数 connectionPointCS0 表示车轮的连接点，参数 wheelDirectionCS0 表示车轮方向，参数 wheelAxleCS 表示车轮的轴向量，参数 suspensionRestLength 表示车轮悬挂系统在松弛态下的长度，参数 wheelRadius 表示车轮半径，参数 tuning 表示协调器，参数 isFrontWheel 表示是否添加驱动力，若其为 true 表示添加，否则表示不添加	方法
getNumWheels()	获取交通工具上的车轮总数。返回值为获取的总数	方法
btWheelInfo getWheelInfo(index)	获取交通工具上的车轮。参数 index 表示车轮索引，返回值为获取对象	方法
void setBrake(btScalar brake,Index)	设置刹车系数。参数 brake 表示要设置的刹车系数，参数 Index 表示车轮索引	方法
updateSuspension(btScalar deltaTime)	更新悬挂系统，参数 deltaTime 表示更新步长	方法

续表

方 法 名	含 义	属性
updateFriction(btScalar timeStep)	更新摩擦，参数 timeStep 表示更新步长	方法
btRigidBody getRigidBody()	获取交通工具的刚体，返回值为获取的刚体指针	方法
btVector3 getFowardVector()	获取交通工具的前进向量，返回值为获取的向量	方法
btScalar getCurrentSpeedKmHour()	获取交通工具的当前速度，返回值为获取的速度值	方法
void setCoordinateSystem(rightIndex,upIndex,forwardIndex)	设置坐标系统，参数 rightIndex 表示左方向上的索引，参数 upIndex 表示向上方向上的索引，参数 forwardIndex 表示前进方向上的索引	方法
getUserConstrainType()	获取关节类型，返回值为获取的关节类型	方法
void setUserConstraintType(userConstraintType)	设置关节类型，参数 userConstraintType 表示要设置的关节类型	方法
void setUserConstraintId(uid)	设置关节 id，参数 uid 表示要设置的关节 id	方法
getUserConstraintId()	获取关节 id，返回值为获取的关节 id	方法

14.9.2 交通工具的案例——移动的小车

了解了交通工具类的概念和相关 API 后，将给出使用交通工具类开发的案例——移动的小车，以便读者能够正确使用交通工具类。同时也利于加深读者对交通工具类的理解，并且能免增加读者使用交通工具开发的经验。

1. 案例运行效果

该案例主要演示的是，在一个三维物理世界中，有一辆小车停放在起伏不平的山地上，通过 W、S、A、D 按键来控制小车的前进、后退、左转、右转。按下 WA、WD、SA、SD 实现小车前进中左转、右转、后退中左转、右转。其运行效果如图 14-15 所示。

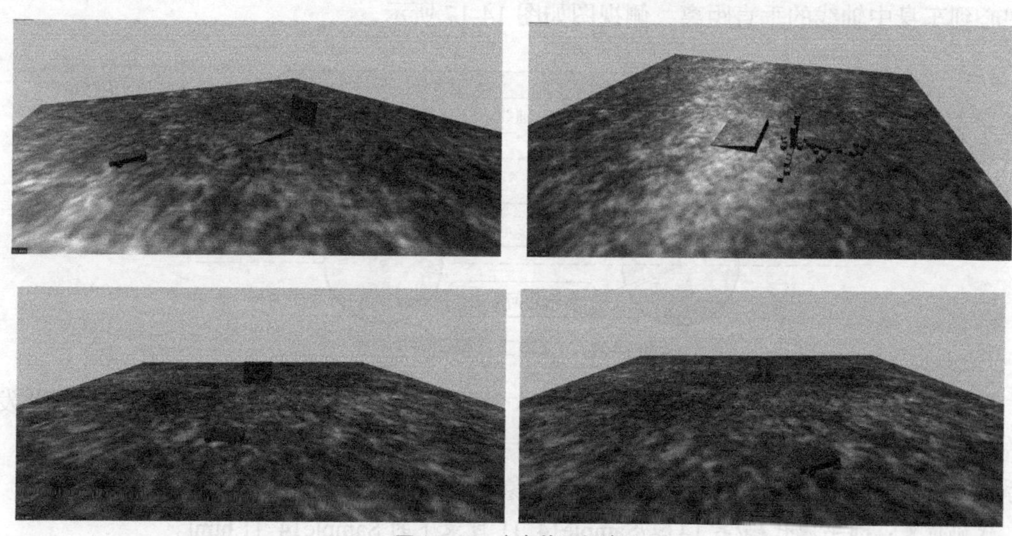

▲图 14-15 小车的运行效果

说明 图 14-15 第 1 行左侧为案例开始运行时的效果图，右侧为小车直行经过一个小坡飞起后将木箱撞倒后的效果图，第 2 行左侧为小车左转的效果图，第 2 行右侧为小车右转的效果图。

2. 案例开发过程

本案例代码中编写了创建车身刚体，添加两个前轮和后轮，小车前进、倒车、前进左右转弯和左右倒车等多种操控小车的方法，以及获取小车当前中心位置、更新小车等方法，具体开发步骤如下。

（1）读者需要了解一些关于交通工具参数的基本含义，下面给出了两幅图，分别为交通工具的俯视图及侧视图，以便读者更加直观地理解交通工具参数的一些参数，俯视图如图 14-16 所示。

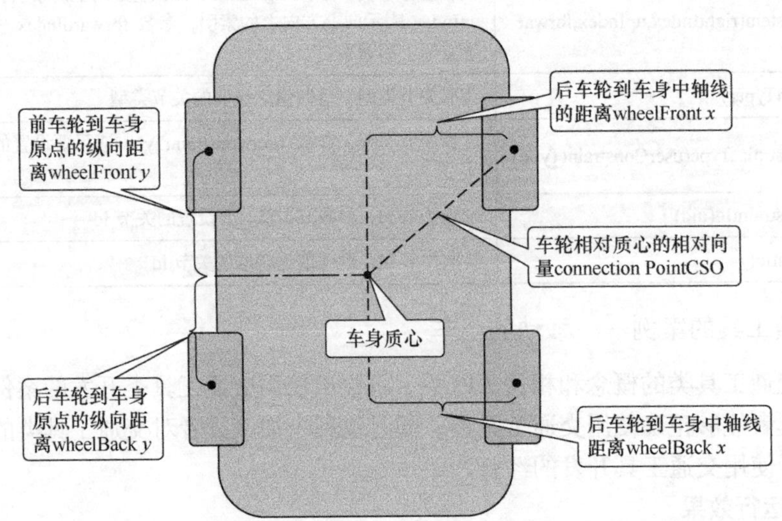

▲图 14-16　交通工具模型的俯视图

接下来给出的是小车的侧视图，从侧视图中可以直观地观察到小车车身的中轴线、车轮的几何中心、车轮半径以及车轮垂直方向的偏移量。其中车轮垂直方向的偏移量是指车轮几何中心到车身中轴线的垂直距离，侧视图如图 14-17 所示。

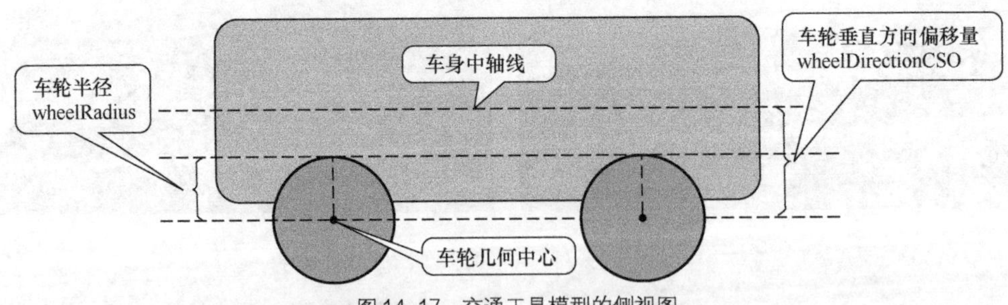

▲图 14-17　交通工具模型的侧视图

（2）在了解了交通工具中各个参数的基本含义后，接下来介绍本案例核心代码的开发。首先是创建小车的方法，主要包括所需的各个参数（如车身质量、车身半宽、车轮半径、阻尼系数、车轮摩擦系数等），创建车身刚体对象和车轮刚体对象等。具体代码如下。

代码位置：随书源代码/第 14 章/Sample14_11 目录下的 Sample14_11.html。

```
function createVehicle(pos, quat) {                    //创建车辆
    var chassisWidth = 1.8;                            //底盘宽度
    var chassisHeight = .6;                            //底盘高度
    var chassisLength = 4;                             //底盘长度
    var massVehicle = 800;                             //车身质量
    var wheelRadiusBack = .4;                          //后车轮圆柱体的半径
    var wheelWidthBack = .3;                           //后车轮圆柱体的长度
```

```
8        var wheelAxisPositionBack = -1;          //后车轮轴距离中轴线的位置
9        var wheelHalfTrackBack = 1;              //后车轮到车身原点的纵向距离
10       var wheelAxisHeightBack = .3;            //后车轮垂直方向偏移量
11       var wheelAxisFrontPosition = 1.7;        //前轮轴距离中轴线的位置
12       var wheelHalfTrackFront = 1;             //前车轮到车身原点的纵向距离
13       var wheelAxisHeightFront = .3;           //前车轮垂直方向偏移量
14       var wheelRadiusFront = .35;              //前车轮圆柱体半径
15       var wheelWidthFront = .2;                //前车轮圆柱体半径
16       var friction = 1000;                     //摩擦系数
17       var suspensionStiffness = 20.0;          //坚硬系数
18       var suspensionDamping = 2.3;             //阻尼系数
19       var suspensionCompression = 4.4;         //压缩系数
20       var suspensionRestLength = 0.6;          //悬浮高度
21       var rollInfluence = 0.2;                 //压力系数
22       var steeringIncrement = .04;             //转向增量
23       var steeringClamp = .5;                  //转向减速
24       var maxEngineForce = 2000;               //最大发动机力
25       var maxBreakingForce = 100;              //最大刹车力
26       var geometry = new Ammo.btBoxShape(new Ammo.btVector3(chassisWidth * .5,
27           chassisHeight * .5, chassisLength * .5));  //创建车身形状
28       var transform = new Ammo.btTransform();           //创建变换类
29       transform.setIdentity();                          //初始化变换类
30       transform.setOrigin(new Ammo.btVector3(pos.x, pos.y, pos.z));
         //设置变换对象的位置
31       transform.setRotation(new Ammo.btQuaternion(quat.x,
32           quat.y, quat.z, quat.w));                     //设置变换类的旋转位置
33       var motionState = new Ammo.btDefaultMotionState(transform);  //获取运动状态
34       var localInertia = new Ammo.btVector3(0, 0, 0);              //局部惯性
35       geometry.calculateLocalInertia(massVehicle, localInertia);   //计算局部惯性
36       var body = new Ammo.btRigidBody(new Ammo.btRigidBodyConstructionInfo(massVehicle,
37           motionState, geometry, localInertia));                   //创建小车底盘刚体
38       body.setActivationState(DISABLE_DEACTIVATION);               //设置激活状态
39       physicsWorld.addRigidBody(body);                             //将刚体添加进物理世界
40       var chassisMesh = createChassisMesh(chassisWidth, chassisHeight, chassisLength);
41       ......//此处省去添加车轮，添加控制和同步更新的代码，它们在下文将详细介绍
42       }
```

- 第 1～25 行声明了一部分参数，包括底盘大小、车轮大小、车轮位置、驱动力与制动力、车轮的摩擦系数、坚硬系数、阻尼系数与压缩系数等。
- 第 26～35 行为创建车身形状，创建变换类并初始化变化类，设置变换类对象的位置和旋转信息，最后计算车身的局部惯性。车身形状实际上是实例化一个长方体盒碰撞形状类。
- 第 36～40 行为创建小车底盘刚体，设置小车底盘刚体的激活状态，将小车刚体添加进物理世界，然后根据底盘的长、宽、高创建小车底盘网格对象。

（3）介绍创建小车的方法。这部分主要为创建交通类对象，之后根据车轮参数创建小车的前后车轮，然后为交通类对象添加 4 个车轮，具体代码如下。

代码位置：随书源代码/第 14 章/Sample14_11 目录下的 Sample14_11.html。

```
var engineForce = 0;                         //驱动力
var vehicleSteering = 0;                     //转向速度
var breakingForce = 0;                       //制动力
var tuning = new Ammo.btVehicleTuning();     //创建交通工具协调器
var rayCaster = new Ammo.btDefaultVehicleRaycaster(physicsWorld);
var vehicle = new Ammo.btRaycastVehicle(tuning, body, rayCaster);//创建交通类对象
vehicle.setCoordinateSystem(0, 1, 2);        //设置小车坐标系统
physicsWorld.addAction(vehicle);             //将交通工具添加进物理世界
var FRONT_LEFT = 0;                          //左前轮索引
var FRONT_RIGHT = 1;                         //右前轮索引
var BACK_LEFT = 2;                           //左后轮索引
var BACK_RIGHT = 3;                          //右后轮索引
var wheelMeshes = [];                        //车轮网格对象数组
var wheelDirectionCS0 = new Ammo.btVector3(0, -1, 0);  //车轮方向
```

```
15      var wheelAxleCS = new Ammo.btVector3(-1, 0, 0);         //车轮轴向量
16      function addWheel(isFront, pos, radius, width, index) {//添加车轮
17        var wheelInfo = vehicle.addWheel(                   //为车辆添加车轮
18              pos,                                          //车的连接点
19              wheelDirectionCS0,                            //车轮方向
20              wheelAxleCS,                                  //车轮的轴向量
21              suspensionRestLength,                         //车轮悬挂系统在松弛状态下的长度
22              radius,                                       //车轮半径
23              tuning,                                       //协调器
24              isFront);                                     //标识是否添加驱动力
25        wheelInfo.set_m_suspensionStiffness(suspensionStiffness);
          //设置车轮的坚硬系数
26        wheelInfo.set_m_wheelsDampingRelaxation(suspensionDamping);
          //设置车轮的阻尼系数
27        wheelInfo.set_m_wheelsDampingCompression(suspensionCompression);
          //设置压缩系数
28        wheelInfo.set_m_frictionSlip(friction);             //设置车轮的摩擦系数
29        wheelInfo.set_m_rollInfluence(rollInfluence);       //设置车轮的压力系数
30        wheelMeshes[index] = createWheelMesh(radius, width);
          //创建车轮网格对象并添加进数组
31      }
32      addWheel(true, new Ammo.btVector3(wheelHalfTrackFront, wheelAxisHeightFront,
33        wheelAxisFrontPosition), wheelRadiusFront, wheelWidthFront, FRONT_LEFT);
          //添加车轮
34      ......//此处省略添加其他车轮的方法，读者可以自行查看随书源代码
35      ......//此处省略控制和物理计算与渲染同步更新的代码，它们将在下文详细介绍
```

- 第 1～8 行的主要功能为新建驱动力、转向速度、制动力的变量，然后根据创建的交通工具协调器、底盘刚体、交通回调类对象创建交通类对象，最后设置小车交通类对象的坐标系统，并将小车交通类对象添加进物理世界。
- 第 9～32 行的主要功能为根据车轮索引、车轮方向、车轮轴向量、松弛长度等参数给小车交通类对象添加车轮，然后设置车轮的坚硬系数、阻尼系数、压缩系数等参数，之后将小车交通类对象的车轮添加进车轮网格对象数组。

（4）前两段代码已经讲述了如何创建交通工具与通过设置交通工具参数并将其添加进交通工具。此时交通工具类的主要代码基本已经完成，剩下前进、后退、拐弯、同步物理计算与渲染的方法还没有介绍，这里便来介绍一下，具体代码如下。

代码位置：随书源代码/第 14 章/Sample14_11 目录下的 Sample14_11.html。

```
function sync() {                                          //按键动作使物理计算与图形渲染同步
  var speed = vehicle.getCurrentSpeedKmHour();             //获取当前速度
  speedometer.innerHTML = (speed < 0 ? '(R) ' : '')
      + Math.abs(speed).toFixed(1) + ' km/h';              //显示当前速度
  breakingForce = 0;                                       //制动力
  engineForce = 0;                                         //驱动力
  if (actions.acceleration) {                              //如果当前处于加速状态（按下 W 键）
    if (speed < -1)                                        //当前速度小于-1
        breakingForce = maxBreakingForce;                  //设置制动力大小
    else
        engineForce = maxEngineForce;}                     //设置驱动力大小
  ......//此处省略其他按键的操作方法，读者可自行查看随书源代码
  vehicle.applyEngineForce(engineForce, BACK_LEFT);        //设置左后轮的驱动力
  vehicle.applyEngineForce(engineForce, BACK_RIGHT);       //设置右后轮的驱动力
  vehicle.setBrake(breakingForce / 2, FRONT_LEFT);         //设置左前轮的制动力
  vehicle.setBrake(breakingForce / 2, FRONT_RIGHT);        //设置右前轮的制动力
  vehicle.setBrake(breakingForce, BACK_LEFT);              //设置左后轮的制动力
  vehicle.setBrake(breakingForce, BACK_RIGHT);             //设置右后轮的制动力
  vehicle.setSteeringValue(vehicleSteering, FRONT_LEFT); //设置左前轮的转向速度
  vehicle.setSteeringValue(vehicleSteering, FRONT_RIGHT);//设置右前轮的转向速度
  var tm, p, q, i;                                       //定义变换、位置、旋转信息
  var n = vehicle.getNumWheels();                        //获取车轮数量
```

```
23          for (i = 0; i < n; i++) { //遍历车轮网格对象数组，同步物理计算和车轮的位置、旋转信息
24              vehicle.updateWheelTransform(i, true);          //更新车轮变换
25              tm = vehicle.getWheelTransformWS(i);             //获取车轮变换对象
26              p = tm.getOrigin();                              //获取变换位置
27              q = tm.getRotation();                            //获取四元数旋转
28              wheelMeshes[i].position.set(p.x(), p.y(), p.z());  //设置车轮的位置
29              wheelMeshes[i].quaternion.set(q.x(), q.y(), q.z(), q.w());}//设置车轮旋转
30          tm = vehicle.getChassisWorldTransform();             //获取车辆变换类对象
31          p = tm.getOrigin();                                  //获取变换位置
32          q = tm.getRotation();                                //获取旋转信息
33          chassisMesh.position.set(p.x(), p.y(), p.z());       //设置车身位置
34          chassisMesh.quaternion.set(q.x(), q.y(), q.z(), q.w());}//设置车身旋转
35      syncList.push(sync);}                                    //放入更新列表
```

- 第 1～11 行的功能为获取当前速度，声明制动力和驱动力变量，小车处于加速状态下是根据速度确定驱动力和制动力大小的。按下 W 键小车处于加速前进状态。这部分代码比较简单，读者可以自行查看随书源代码进行学习。
- 第 13～35 行为设置各个车轮的制动力和驱动力以及前车轮的转向角度，然后遍历车轮网格对象数组，同步物理计算和车轮网格对象的位置、旋转信息，最后同步物理计算和车身网格对象的位置、旋转信息。

说明　到此为止交通工具类的开发便基本完成了。本节只讲述了创建小车交通工具的部分代码，还有一些代码没有讲到，读者可自行学习。本例代码与前面小节的大致相同，交通工具类的实现这里已经给出，其余代码便不再赘述了。

14.10 软体

Ammo 物理引擎中还支持软体的创建，所谓软体不同于固定形状的刚体，其形状并非是固定不变的。例如现实物理世界中的绳索，绳索在不同状态下可以实现拉伸、弯曲等不同姿态；还有现实世界中的软布，它可以呈现上下波动等状态。

14.10.1 软体帮助类——btSoftBodyHelps 类

该类为软体帮助类，是创建软体时必须使用的类。该类提供了很多种创建软体的方法，而且软体的种类还互不相同。如果开发人员需要进行软体的开发，则首先需要查阅软体帮助类中对应部分的文档，其常用方法如表 14-22 所示。

表 14-22　btSoftBodyHelps 类的常用方法

方 法 名	含 义	属 性
CreateRope(btSoftBodyWorldInfo worldInfo, btVector3 from, btVector3 to, res, fixeds)	创建绳索软体的方法。参数 worldInfo 表示软体物体的世界信息，参数 from 表示绳索起点位置，参数 to 表示绳索终点位置，参数 res 表示绳索的恢复系数，参数 fixeds 表示坚硬系数	方法
CreatePatch(btSoftBodyWorldInfo worldInfo,btVector3 corner00,btVector3 corner10, btVector3 corner01, btVector3 corner11, resx, resy, fixeds, boolean gendiags)	创建软布的方法。参数 worldInfo 表示软体物体的世界信息，参数 corner00、corner10、corner01 和 corner11 表示软布 4 个角的 4 个坐标，参数 resx 表示顶点列数，参数 resy 表示顶点行数，参数 gendiags 表示软布四角是否固定，若其为 true 表示固定，否则表示不固定，一般取值为 true	方法
CreateEllipsoid(btSoftBodyWorldInfo worldInfo, btVector3 center, btVector3 radius, res)	创建球软体的方法。参数 worldInfo 表示软体物体的世界信息，参数 center 表示中心点坐标，参数 radius 表示半径，参数 res 表示恢复系数	方法

续表

方法名	含义	属性
CreateFromTriMesh(btSoftBodyWorldInfo worldInfo, vertices, triangles, ntriangles, boolean randomizeConstraints)	创建三角形网格软体的方法。参数 worldInfo 表示软体物体的世界信息，参数 vertices 表示顶点数组坐标，参数 triangles 表示顶点索引数组，参数 ntriangles 表示三角形总数	方法

提示 这里只是将帮助类中常用的方法罗列出来，可能很多读者仅通过上面的介绍，很难对软体有形象具体的了解。不过不必担心，后面的章节中将通过具体的案例对软体方面的知识进行细致而全面的介绍以帮助读者加深理解。

14.10.2　软布案例

了解了软体帮助类的相关 API 后，给出一个软布的案例，以便于读者能够正确创建软布，同时也利于读者加深对软体的理解。

1. 案例运行效果

该案例主要演示的是，在一个三维物理世界中，有一个木块从上掉落在一块晃动的软布上。当单击屏幕后，立方体木块会掉落至软布上。其运行效果如图 14-18 所示。

▲图 14-18　木块掉落到软布的效果图

说明 图 14-18 的左侧为案例开始运行时的效果图，软布在中间缓慢晃动，用户单击鼠标左边时木块从一定的高度向下掉落。图 14-18 的右侧为木块掉落至软布上的效果图。

2. 案例开发过程

前面已经对本案例的运行效果进行了详细介绍，相信读者已经对软布的外观和特点有了一定的认识。下面将对本案例的开发步骤进行介绍，具体步骤如下所示。

（1）本案例中初始化物理世界的设置与前面案例的十分相似，所以此处不再赘述。开发的重点应该放在设置软布的属性信息，软布的绘制和软布顶点的更新方法上。其具体代码如下所示。

代码位置：随书源代码/第 14 章/Sample14_12 目录下的 Sample14_12.html 文件。

```
createObjects() {
  ……//此处省略了对渲染进行初始化的代码，读者可自行查阅随书源代码
  var clothWidth = 4;                                    //软布的宽度
  var clothHeight = 3;                                   //软布的高度
  var clothNumSegmentsZ = clothWidth * 5;                //z 轴上的分割数
  var clothNumSegmentsY = clothHeight * 5;               //y 轴上的分割数
  var clothSegmentLengthZ=clothWidth/clothNumSegmentsZ;  //分割后 z 轴的段长
  var clothSegmentLengthY = clothHeight / clothNumSegmentsY; //分割后 y 轴的段长
  var clothPos = new THREE.Vector3( -3, 3, 2 );          //软布的位置
  var softBodyHelpers = new Ammo.btSoftBodyHelpers();    //软布的构造器
  var clothCorner00=newAmmo.btVector3(clothPos.x+clothHeight,
      clothPos.y, clothPos.z );                          //确定软布右上角的坐标
  var clothCorner01 = new Ammo.btVector3(clothPos.x+clothHeight,
      clothPos.y , clothPos.z - clothWidth );            //确定软布左上角的坐标
```

```
15      //确定软布右下角的坐标
16      var clothCorner10 = new Ammo.btVector3( clothPos.x, clothPos.y, clothPos.z );
17      var clothCorner11 = new Ammo.btVector3( clothPos.x, clothPos.y,
18          clothPos.z - clothWidth );                         //确定软布左下角的坐标
19      var clothSoftBody=softBodyHelpers.CreatePatch(physicsWorld.getWorldInfo(),
20      clothCorner00, clothCorner01, clothCorner10, clothCorner11, clothNumSegmentsZ + 1,
21          clothNumSegmentsY + 1, 0, true );                  //创建软布
22      var sbConfig = clothSoftBody.get_m_cfg();              //获得软布的设置信息
23      sbConfig.set_viterations( 10 );                        //设置迭代次数
24      sbConfig.set_piterations( 10);                         //设置迭代次数
25      clothSoftBody.setTotalMass( 0.9, false );              //设置软布的总重量
26      Ammo.castObject(clothSoftBody,Ammo.btCollisionObject ).
27          getCollisionShape().setMargin( margin * 3 );       //设置软布的边缘值
28      physicsWorld.addSoftBody( clothSoftBody, 1, -1 ); //将软布添加到物理世界中
29      cloth.userData.physicsBody = clothSoftBody;        //将创建出的软布与绘制对象绑定
30      clothSoftBody.setActivationState( 4 );             //将软布标注为运动
31      var influence = 0.5;
32      clothSoftBody.appendAnchor(0,dingDian_zuoshang.userData.physicsBody,false,
33          influence );                                       //在软布左上角设置锚点
34      clothSoftBody.appendAnchor(clothNumSegmentsZ,dingDian_youshang.userData.
35          physicsBody, false, influence );               //在软布右上角设置锚点
36      clothSoftBody.appendAnchor(335,dingDian_zuoxia.userData.physicsBody,
37          false, influence );                            //在软布左下角设置锚点
38      clothSoftBody.appendAnchor(315,dingDian_youxia.userData.physicsBody,false,
39          influence );                                   //在软布右下角设置锚点
40    }
```

- 第 3～8 行为确定软布长和宽的相关代码。由于一块软布实质上是由若干个点组成的，所以本案例把每个长度单位都用点平均分成 5 段，最后计算分割后的段长。如果程序开发时出现箱子从软布中间掉落的情况，那么可通过增加分割段数来解决。
- 第 10～28 行为根据上面的数据来计算长方形软布的 4 个顶点坐标，并创建软布的相关代码。软布创建完成后，还需要对其迭代次数、质量、边缘值等参数进行设置，最后将其添加到物理世界中。
- 第 31～39 行是给长方形软布中的 4 个顶点设置锚点的相关代码。锚点可将软布的某个点固定在确定的位置，本案例就是通过设置锚点来使软布飘浮在空中的。

（2）由于软布位置的更新方式与普通刚体有很大的不同，所以仅完成软布的创建过程是远远不够的，最主要的是要得到软布中各个节点的位置，并更新每个位置的顶点坐标。具体代码如下所示。

代码位置：随书源代码/第 14 章/Sample14_12 目录下的 Sample14_12.html 文件。

```
function updatePhysics( deltaTime ) {
  physicsWorld.stepSimulation( deltaTime, 10 );       //更新物理世界
  var softBody = cloth.userData.physicsBody;          //获得软布
  var clothPositions = cloth.geometry.attributes.position.array; //获取软布顶点位置
  var numVerts = clothPositions.length / 3;           //得到软布顶点数量
  var nodes = softBody.get_m_nodes();                 //获得软布的节点
  var indexFloat = 0;                                 //初始化索引
  for ( var i = 0; i < numVerts; i ++ ) {             //对顶点进行遍历
    var node = nodes.at( i );                         //找到第 i 个节点
    var nodePos = node.get_m_x();                     //找到此节点的位置
    clothPositions[ indexFloat++ ] = nodePos.x(); //更新此节点的 x 坐标
    clothPositions[ indexFloat++ ] = nodePos.y(); //更新此节点的 y 坐标
    clothPositions[ indexFloat++ ] = nodePos.z(); //更新此节点的 z 坐标
  }
  cloth.geometry.computeVertexNormals();              //重新计算法向量
  cloth.geometry.attributes.position.needsUpdate = true; //更新顶点位置
  cloth.geometry.attributes.normal.needsUpdate = true;   //更新法向量数据
  ……//此处省略了更新刚体位置的代码，读者可自行查阅随书源代码
}
```

- ❑ 第 2～14 行为获得软布的软体信息，并对所有顶点进行遍历，并且根据软体的顶点位置来更新绘制软体形状的相关代码。
- ❑ 第 15～17 行为重新计算法向量，并更新程序顶点位置和法向量数据。如果没有此步骤，那么程序还将使用之前的数据，所以这个过程是十分必要的。

14.10.3 三角形网格软体案例

了解了软布案例之后，这里将给出一个三角形网格软体的案例，以便于读者能够正确创建出三角形网格软体，同时也利于读者加深对软体的理解。

1. 案例运行效果

该案例主要演示的是，在一个三维物理世界中，圆环软体和软管软体从上方掉落至地面，两个软体分别与地面发生了相互碰撞。其运行效果如图 14-19 所示。

▲图 14-19 软体掉落在地面的效果

> **说明** 图 14-19 中展示了从案例开始运行到软体掉在地面上的整个过程。从上面的效果图中可以看出，软体与刚体有很大的不同，其具有非常强的弹性，在碰撞时会出现很明显的缓冲效果。这非常贴近现实世界。

2. 案例开发过程

前面已经对本案例的运行效果进行了详细介绍，相信读者已经对三角形网格软体的外观和特点有了一定的认识。下面将对本案例的开发步骤进行介绍，具体步骤如下所示。

（1）由于本案例中的圆环软体和软管软体都是从 obj 文件中读取出来的，所以首先要将两个模型的 obj 文件放在项目目录的 model 文件夹下，并在程序读取相关数据后进行软体的创建。具体代码如下所示。

代码位置：随书源代码/第 14 章/Sample14_13 目录下的 Sample14_13.html 文件。

```
function createObjects() {                              //在场景中创建物体的方法
  var manager = new THREE.LoadingManager();             //新建读取管理器
  var objLoader = new THREE.OBJLoader();                //新建 obj 文件加载器
  objLoader.load('model/yuanhuan.obj',function ( object ) { //读取圆环的 obj 文件
  object.position.set(0,3,0);                           //设置圆环在场景中的位置
  ruanguanGeometry = object.children[0].geometry;       //得到圆环的几何对象
  object.children[0].material.needsUpdate = true;       //更新圆环的材质
  ruanguanGeometry.translate( 5, 5, 0 );                //移动圆环的位置
  createSoftVolume( ruanguanGeometry,15,600);           //创建圆环的软体
  ……//此处省略了创建软管的代码，读者可自行查阅随书源代码
});}
```

> **说明** 上面的代码主要完成了使用 obj 加载器加载模型文件的相关操作，前面已经对此进行了详细介绍，对此不太熟悉的读者可自行查阅相关内容。

（2）可能很多读者对上面步骤中的 createSoftVolume 方法感到非常陌生，下面将对其进行详细介绍。此方法的作用是根据几何对象、质量、压力等创建软体部分，具体代码如下。

代码位置：随书源代码/第 14 章/Sample14_13 目录下的 Sample14_13.html 文件。

```
1   function createSoftVolume( bufferGeom, mass, pressure ){//创建软体的方法
2     processGeometry(bufferGeom);                       //对几何对象的数据进行重新组织
3     var volume=new THREE.Mesh(bufferGeom,new THREE.MeshPhongMaterial({
4           color: 0xFFFFFF } ) );                       //创建网格对象
5     volume.frustumCulled = false;                      //关闭视锥体剪裁
6     scene.add( volume );                               //将网格对象添加到场景中
7     textureLoader.load( "texture/colors.png", function( texture ) { //读取纹理贴图
8         volume.material.map = texture;                 //设置网格对象的纹理
9         volume.material.needsUpdate = true;            //更新网格对象的材质
10    });
11    var volumeSoftBody = softBodyHelpers.CreateFromTriMesh(physicsWorld.
12        getWorldInfo(),bufferGeom.ammoVertices,bufferGeom.ammoIndices,
13         bufferGeom.ammoIndices.length /3,true );       //创建软体
14    var sbConfig = volumeSoftBody.get_m_cfg();          //得到软体的控制器
15    sbConfig.set_viterations( 40 );                     //设置迭代次数
16    sbConfig.set_piterations( 40 );                     //设置迭代次数
17    sbConfig.set_collisions( 0x11 );                    //设置碰撞状态
18    sbConfig.set_kDF( 0.1 );                            //设置软体的摩擦力
19    sbConfig.set_kDP( 0.01 );                           //设置软体的阻尼
20    sbConfig.set_kPR( pressure );                       //设置软体的压力
21    volumeSoftBody.get_m_materials().at( 0 ).set_m_kLST( 0.9 ); //设置软体的硬度
22    volumeSoftBody.get_m_materials().at( 0 ).set_m_kAST( 0.9 );
23    volumeSoftBody.setTotalMass( mass, false )          //设置软体的质量
24    Ammo.castObject(volumeSoftBody,Ammo.btCollisionObject ).getCollisionShape().
25         setMargin( margin );                           //设置软体的边缘值
26    physicsWorld.addSoftBody( volumeSoftBody, 1, -1 );  //添加到物理世界
27    volume.userData.physicsBody=volumeSoftBody;         //将软体与网格对象绑定
28    volumeSoftBody.setActivationState( 4 );             //禁止将软体冻结
29    softBodies.push(volume);                            //将此软体放入数组中，方便管理
30  }
```

❑ 第 2 行为处理 BufferGeometry 对象的方法。在其中提取出创建软体所需要的顶点坐标数据和索引数据，下面将会对其进行详细介绍，此处不再赘述。

❑ 第 3～6 行为创建网格对象，并将其添加到场景中进行绘制的相关代码。

❑ 第 11～13 行为创建软体的相关代码。从中可以看出，创建软体时需要传入物理世界的信息、组织好的顶点坐标数据、顶点索引数据、顶点数量等。

❑ 第 14～23 行的功能为得到软体控制器，并对软体的碰撞状态、摩擦力、阻尼、压力、质量等各种属性进行设置。

（3）创建软体的基本步骤介绍完毕后，将会对几何对象的数据进行重新组织，并存储创建软体所需要的顶点坐标数组和顶点数组的 processGeometry 方法。具体的代码如下所示。

代码位置：随书源代码/第 14 章/Sample14_13 目录下的 Sample14_13.html 文件。

```
function processGeometry( bufGeometry ) {            //在几何对象中提取相关数据的方法
  //将 BufferGeometry 对象转换成 Geometry 类型
  var geometry = new THREE.Geometry().fromBufferGeometry( bufGeometry );
  //将 Geometry 中的相同顶点进行合并
  var vertsDiff = geometry.mergeVertices();
  //创建出带有索引数据的 BufferGeometry 对象
  var indexedBufferGeom = createIndexedBufferGeometryFromGeometry( geometry );
  mapIndices( bufGeometry,indexedBufferGeom);     //计算 bufGeometry 的索引数据
}
function createIndexedBufferGeometryFromGeometry( geometry ) {
  var numVertices = geometry.vertices.length;     //获得 Geometry 中的顶点数量
  var numFaces = geometry.faces.length;           //获得 Geometry 中的索引数量
  var bufferGeom = new THREE.BufferGeometry();//新建一个 BufferGeometry 对象
  var vertices = new Float32Array(numVertices* 3); //创建存储顶点坐标的数组
  //创建存储索引信息的数组
  var indices=new(numFaces*3>65535?Uint32Array:Uint16Array)(numFaces*3);
  for( var i = 0; i < numVertices; i++ ) {       //遍历每个顶点
    var p = geometry.vertices[ i ];              //找到此顶点的坐标
```

```
19        var i3 = i * 3;
20        vertices[ i3 ] = p.x;                    //将此顶点的 x 坐标放入下标为 i3 的位置
21        vertices[ i3 + 1 ] = p.y;                //将此顶点的 y 坐标放入下标为 i3+1 的位置
22        vertices[ i3 + 2 ] = p.z;                //将此顶点的 z 坐标放入下标为 i3+2 的位置
23     }
24     for ( var i = 0; i < numFaces; i++ ) {   //遍历每个面的信息
25        var f = geometry.faces[ i ];           //找到此面的索引值
26        var i3 = i * 3;
27        indices[ i3 ] = f.a;                    //将三角形第一个顶点的索引放在下标为 i3 的位置
28        indices[ i3 + 1 ] = f.b;                //将三角形第二个顶点的索引放在下标为 i3+1 的位置
29        indices[ i3 + 2 ] = f.c;                //将三角形第三个顶点的索引放在下标为 i3+2 的位置
30     }
31     bufferGeom.setIndex(new THREE.BufferAttribute(indices,1));      //设置索引数据
32     bufferGeom.addAttribute( 'position', new THREE.BufferAttribute( vertices, 3 ) );
33     return bufferGeom;          //返回处理好的 BufferGeometry 对象
34  }
35  function mapIndices( bufGeometry, indexedBufferGeom ) {//组织索引值的方法
36     var vertices=bufGeometry.attributes.position.array;//bufGeometry 的顶点坐标
37     var idxVertices = indexedBufferGeom.attributes.position.array;//获得索引数据
38     var indices = indexedBufferGeom.index.array; //获得 indexedBufferGeom 的索引数据
39     var numIdxVertices = idxVertices.length / 3; //得到 indexedBufferGeom 的顶点数量
40     var numVertices = vertices.length / 3;       //得到 bufGeometry 的顶点数量
41     bufGeometry.ammoVertices = idxVertices;      //放入顶点坐标
42     bufGeometry.ammoIndices = indices;           //放入索引信息
43     bufGeometry.ammoIndexAssociation = [];
44     for ( var i = 0; i < numIdxVertices; i++ ) {//遍历每个顶点
45        var association = [];                     //存储结果数组
46        bufGeometry.ammoIndexAssociation.push(association);
47        var i3 = i * 3;
48        for ( var j= 0; j < numVertices; j++ ) {  //遍历每个顶点
49           var j3 = j * 3;
50           if (isEqual( idxVertices[ i3 ],idxVertices[i3+1], idxVertices[i3+2],
51              vertices[j3],vertices[j3+1], vertices[j3+2])){ //如果找到了此顶点坐标
52                 association.push( j3 );             //将索引放入数组中
53  }}}}
```

- 第 1～9 行为在几何对象中提取相关数据的方法。首先将 BufferGeometry 对象转换成 Geometry 类型，并创建出带有索引数据的 BufferGeometry，根据此对象提取顶点坐标数据和索引数据。
- 第 10～34 行为根据 Geometry 对象创建带有索引数据的 BufferGeometry 对象的相关代码。Geometry 和 BufferGeometry 是 Three.js 3D 引擎中表示几何对象的两种方式，有兴趣的读者可以自行查阅官方文档，此处不再赘述。
- 第 35～53 行为根据 BufferGeometry 对象组织 Geometry 对象索引值的相关方法。组织完成后，将顶点坐标、索引数据等放入数组中，在创建软体部分的代码中作为参数来传入构造函数。

14.10.4　绳索软体案例

了解了三角形网格软体案例之后，这里将给出一个绳索软体的案例，以便于读者能够正确创建出绳索软体，同时也利于读者加深对软体的理解。

1. 案例运行效果

该案例主要演示的是在一个三维物理世界中，固定的木块捆绑着一段绳子，绳子的另一端绑着一个球体。球体在重力和绳子的影响下摇摆。其运行效果如图 14-20 所示。

> **说明**　图 14-20 左侧为案例开始运行时的效果图，固定的木块和球体之间连接一段绳子。图 14-20 右侧为木块摇摆至右侧时的效果图。读者从效果图中观察绳子时，绳子可能的动作不太明显，建议读者从真机中观察绳子摆动的效果。

▲图 14-20 小球在绳索作用下晃动的效果

2. 案例开发过程

前面已经对本案例的运行效果进行了详细介绍，相信读者已经对绳索软体的外观和特点有了一定的认识。下面将对本案例的开发步骤进行介绍，具体步骤如下所示。

（1）创建绳索之前，首先需要创建绳索上面固定的小正方体和下方的球体。下面将对小正方体和球体的创建进行详细介绍，具体代码如下所示。

代码位置：随书源代码/第 14 章/Sample14_14 目录下的 Sample14_14.html 文件。

```
1   function createObjects() {                                     //在场景中创建物体的方法
2     pos.set( -3, 6.6, 0 );                                       //正方体的位置
3     var start_point=createParalellepiped(0.1,0.1,0.1,0,pos,quat,new THREE.
4       MeshPhongMaterial({color: 0xFFFFFF}));//创建绳索上方的正方体
5     scene.add(start_point);                                      //将正方体添加到场景中
6     var ballMass = 1.2;                                          //球体的质量
7     var ballRadius = 0.6;                                        //设置球体的半径
8     ball=new THREE.Mesh(new THREE.SphereGeometry(ballRadius,20,20),new THREE.
9       MeshPhongMaterial({color:0x202020})); //创建球体的网格对象
10    var ballShape=new Ammo.btSphereShape(ballRadius);//新建球体的碰撞形状
11    ballShape.setMargin( margin );                               //设置球体的边缘值
12    pos.set( -3, 2, 0 );                                         //设置球体的位置
13    quat.set(0,0,0,1);                                           //设置球体的旋转
14    createRigidBody(ball,ballShape,ballMass,pos,quat);     //创建球体的刚体
15    ball.userData.physicsBody.setFriction( 0.5 );          //设置球体的摩擦力
16    ……//此处省略了创建绳索的代码，下面将对其进行详细介绍
17  }
18  function createParalellepiped(sx,sy,sz,mass,pos,quat,material) {//创建六面体的方法
19    var threeObject=new THREE.Mesh(new THREE.BoxGeometry( sx, sy, sz, 1, 1, 1 ),
20      material );                                                //创建六面体的网格对象
21    var shape=new Ammo.btBoxShape(new Ammo.btVector3(sx*0.5,sy*0.5,sz*0.5));
22    shape.setMargin( margin );                                   //设置碰撞形状的边缘值
23    createRigidBody( threeObject, shape, mass, pos, quat );//创建六面体的刚体
24    return threeObject;                                          //返回网格对象
25  }
```

- 第 2～5 行为创建绳索上方小正方体的网格对象及刚体的相关代码。
- 第 6～15 行为创建绳索下方的球体并设置摩擦力的相关代码。其方法与前面介绍的十分相似，此处不再赘述。
- 第 18～24 行为创建六面体的方法。在使用时需要向此方法中传入六面体的长度、宽度、高度、质量、位置、旋转四元数和材质信息。程序将创建出对应的网格对象和与之匹配的刚体，并将此网格对象返回。

（2）完成上面的准备工作后，接下来就可以进行绳索的创建工作了。在本案例中绳索是在 BufferGeometry 中存入绳索切分后的顶点坐标和索引数据，然后进行绘制。其详细代码如下。

代码位置：随书源代码/第 14 章/Sample14_14 目录下的 Sample14_14.html 文件。

```
function createObjects() {                                     //在场景中创建物体的方法
  ……//此处省略了创建小正方体和球体的代码，上文已经对其进行了详细介绍
  var ropeNumSegments = 10;                                    //绳索的分段数
  var ropeLength = 4;                                          //绳索的长度
  var ropeMass = 3;                                            //绳索的质量
  var ropePos = ball.position.clone();                         //绳索的位置
```

```
7       ropePos.y += ballRadius;
8       var segmentLength = ropeLength / ropeNumSegments;   //每段的长度
9       var ropeGeometry = new THREE.BufferGeometry();      //新建几何对象
10      var ropeMaterial = new THREE.LineBasicMaterial( { color: 0x000000 } );//线的材质
11      var ropePositions = [];                             //存放绳索中顶点坐标的数组
12      var ropeIndices = [];                               //存放绳索中索引的数组
13      for ( var i = 0; i < ropeNumSegments + 1; i++ ) { //遍历每个顶点
14          //将顶点坐标放入数组中
15          ropePositions.push( ropePos.x, ropePos.y + i * segmentLength, ropePos.z );
16      }
17      for ( var i = 0; i < ropeNumSegments; i++ ) {       //遍历每个线段
18          ropeIndices.push( i, i + 1 );                   //将对应的索引放入数组中
19      }
20      ropeGeometry.setIndex(new THREE.BufferAttribute(new Uint16Array(
21              ropeIndices),1));                           //设置 BufferGeometry 的索引值
22      ropeGeometry.addAttribute('position',new THREE.BufferAttribute(new Float32Array(
23              ropePositions),3));                         //设置 BufferGeometry 的顶点坐标
24      ropeGeometry.computeBoundingSphere();               //计算绳索的包围球
25      rope = new THREE.LineSegments(ropeGeometry,ropeMaterial);//新建线段的绘制对象
26      scene.add( rope );                                  //将线段添加到场景中
27      var softBodyHelpers = new Ammo.btSoftBodyHelpers();     //新建软体构造器
28      var ropeStart=new Ammo.btVector3(ropePos.x,ropePos.y,ropePos.z);//绳索起始点的位置
29      var ropeEnd = new Ammo.btVector3(ropePos.x, ropePos.y + ropeLength,
30              ropePos.z );                                //绳索结束点的位置
31      var ropeSoftBody = softBodyHelpers.CreateRope( physicsWorld.getWorldInfo(),
32              ropeStart, ropeEnd, ropeNumSegments - 1, 0 );   //创建绳索的物理部分
33      var sbConfig = ropeSoftBody.get_m_cfg();            //得到绳索的控制器
34      sbConfig.set_viterations(10);                       //设置迭代次数
35      sbConfig.set_piterations(10);
36      ropeSoftBody.setTotalMass( ropeMass, false );       //设置绳索的总质量
37      Ammo.castObject(ropeSoftBody,Ammo.btCollisionObject ).getCollisionShape().
38              setMargin( margin * 3 );                    //设置绳索的边缘值
39      physicsWorld.addSoftBody( ropeSoftBody, 1, -1 );   //将绳索添加到物理世界中
40      rope.userData.physicsBody = ropeSoftBody;           //将绳索的软体部分和绘制对象进行绑定
41      ropeSoftBody.setActivationState( 4 );               //防止冻结绳索软体
42      var influence = 1;
43      ropeSoftBody.appendAnchor( 0, ball.userData.physicsBody, true,
44                  influence );                            //将绳索和小球相连
45      ropeSoftBody.appendAnchor( ropeNumSegments, start_point.userData.
46              physicsBody, true, influence );             //将绳索和正方体相连
47  }
```

- 第 3～8 行规定了绳索的长度、质量和切分段数等信息。实际上，切分的段数越多，用来模拟的顶点数就越多，绳索就显得更加真实，但是效率会受到一定程度的影响。有兴趣的读者可自行更改代码进行验证。
- 第 9～26 行为创建绳索网格对象的相关代码。首先新建一个 BufferGeometry 对象，然后使用 for 循环语句计算出顶点坐标和索引值数据并存储在数组中，最后创建网格对象并将其添加到场景中进行绘制。
- 第 27～41 行为创建绳索软体的相关代码。首先创建软体构造器，并向构造器中传入物理世界的信息、绳索的起始点和结束点等信息。创建完成后设置其质量和边缘值并添加到物理世界中以进行计算。

14.11　本章小结

本章向读者介绍了 Ammo 物理引擎的大部分基础知识，并给出了简单易懂的案例，这些为读者认识 3D 物理引擎的大世界打下了良好的基础。虽然本章将 Ammo 物理引擎的大部分基础知识点进行了讲解，但是 Ammo 物理引擎博大精深，读者需要进一步细心研究和学习它的细节知识。

第 15 章　在线 3D 模型交互式编辑系统

随着 PC 计算能力的稳步提升以及浏览器兼容性的不断提高，越来越多优秀的网站出现在用户眼前。之前很多必须依赖 PC 客户端进行的操作，现在都可以直接在浏览器中完成。这种转变大大减少了软件对用户设备性能的要求，深受用户青睐。

本章介绍的内容是基于 WebGL 技术，结合 Three.js 3D 引擎开发的一款基于浏览器的软件，下面将对此进行详细介绍。相信通过本章的学习，读者将对基于浏览器的 3D 软件流程有更深入的了解和认识。

15.1 背景以及功能概述

本节将对本系统的开发背景进行详细介绍，并对其功能进行简要概述。读者通过对本节的学习，将会对本系统有一个简单的认知，明确了系统的开发思路以及直观了解了它所实现的功能和所要达到的各种效果。

15.1.1　开发背景概述

随着 3D 打印技术的兴起和工业 4.0 标准的发展，用户编辑 3D 模型的需求日益增加。但是目前市面只有 Autodesk 3ds Max、Pro ENGINEER Wildfire 等大型图形编辑软件，其图形界面如图 15-1 及图 15-2 所示。用户需要花费大量的时间去安装学习这些软件，使用过程非常烦琐。所以用户迫切需要一款使用简便的 3D 编辑软件。

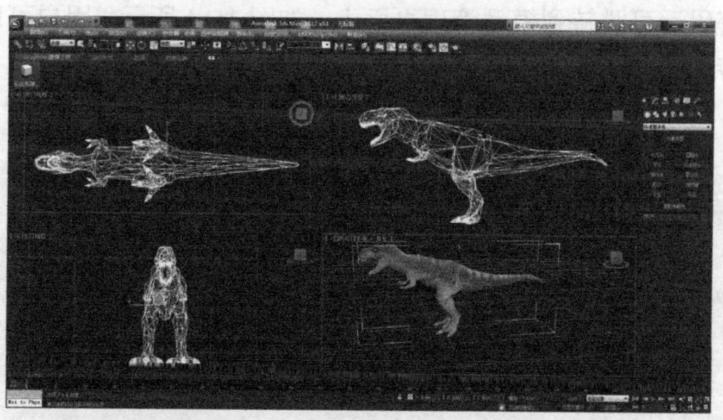

▲图 15-1　Autodesk 3ds Max 工作界面

随着 WebGL 技术的快速发展以及 PC 性能的稳步提升，基于此技术的应用和游戏如雨后春笋般涌现出来。由于此类项目可以直接在浏览器中对 3D 场景进行渲染，省去了安装客户端的步骤，同时也降低了对用户设备的要求，所以它们深受用户青睐。

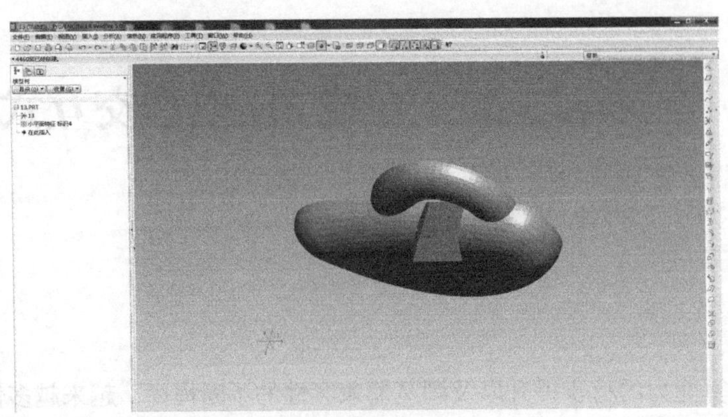

▲图 15-2　Pro ENGINEER Wildfire 工作界面

用户只需要在浏览器中登录本系统，不仅可以完成包括模型的平移、旋转、缩放等常用操作，还能对材质和纹理等进行编辑和修改。

说明　在线 3D 模型交互式编辑系统中使用扩展名为 mtl 的材质文件，此格式的文件中指定了模型的透明度、高光区尺寸以及镜面光强度等多种属性。由于修改材质文件可以方便地改变模型的外观特性，因此材质文件被广泛应用到 3D 游戏开发和各类 3D 渲染软件中。

在线 3D 模型交互式编辑系统还具有撤销和恢复功能。用户可以清楚地了解到自己对模型执行过的操作。如果对修改后的模型效果不满意，则直接多次单击撤销按钮，模型可恢复到初始状态。这样可以有效减小误操作对用户带来的不良影响。

15.1.2　系统功能简介

15.1.1 节简单地介绍了在线 3D 模型交互式编辑系统的开发背景，本节将对该系统的主要功能及用户界面进行简单的介绍，包括各个功能页面的展示，每个按钮的功能以及本系统中的流程。下面将以图文并茂的方式对其进行深入介绍。

（1）打开浏览器输入本系统的登录地址。首先进入的是登录界面，如图 15-3 所示。用户正确输入账号和密码后可跳转到模型管理页面上，如图 15-4 所示。用户可以在此页面中对模型和材质进行上传和管理，本系统支持 obj 和 stl 的模型格式。

▲图 15-3　登录页面

▲图 15-4　模型管理页面

（2）单击“模型文件”右侧的“选择上传”按钮即可上传 3D 模型文件，上传成功后如图 15-5 所示。接下来可选择对应的模型并上传材质和贴图。文件上传成功后，“模型管理”栏中对应模型下将出现材质信息，如图 15-6 所示。

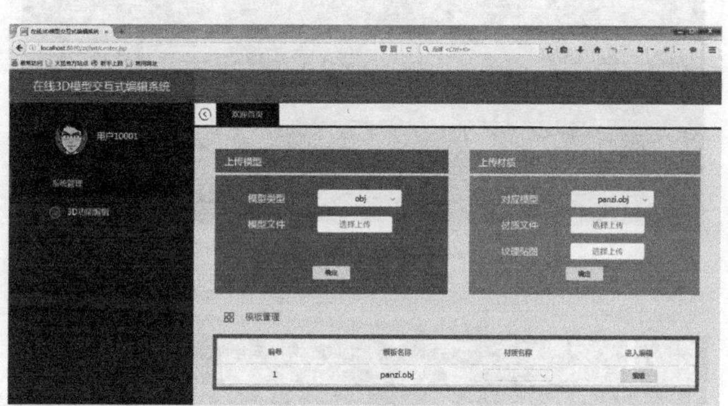

▲图 15-5　上传模型文件

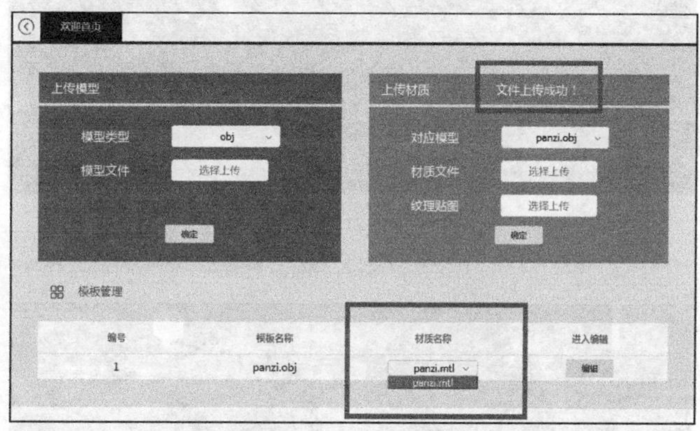

▲图 15-6　上传材质文件

（3）选择好对应的材质文件即可进入 3D 模型编辑页面，如图 15-7 所示。用户可在此页面中控制模型的平移、旋转、缩放等常用操作。如果用户需要细致观察某个剖面，则可单击右侧的“整体编辑栏”中的“剖切”按钮，系统可完成剖切，如图 15-8 所示。

（4）如果用户需要对模型中的某个顶点进行编辑，可以单击“线框模式”按钮。此时整个 3D 模型中的每个三角形面都用 3 条线段来表示，如图 15-9 所示。用户可以单击“点选”按钮后，单击需要进行编辑的顶点，即可通过可视化操作界面对此顶点进行编辑，如图 15-10 所示。

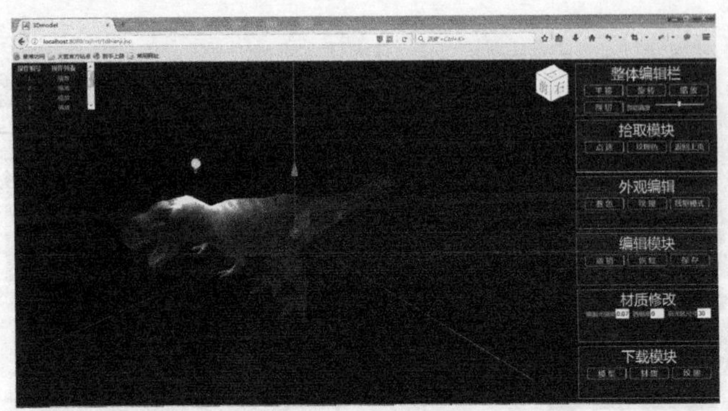

▲图 15-7　平移模型

▲图 15-8　开启剖切

▲图 15-9　开启线框模式

▲图 15-10　编辑顶点

（5）单击“纹理”按钮后，浏览器将跳转到纹理编辑页面。用户选择了画笔的粗细和颜色后，可在图片上对纹理图进行涂鸦，如图 15-11 所示。修改完成后，单击“保存纹理”按钮浏览器会将修改后的图片上传到服务器中，并跳转到 3D 模型编辑页面，如图 15-12 所示。

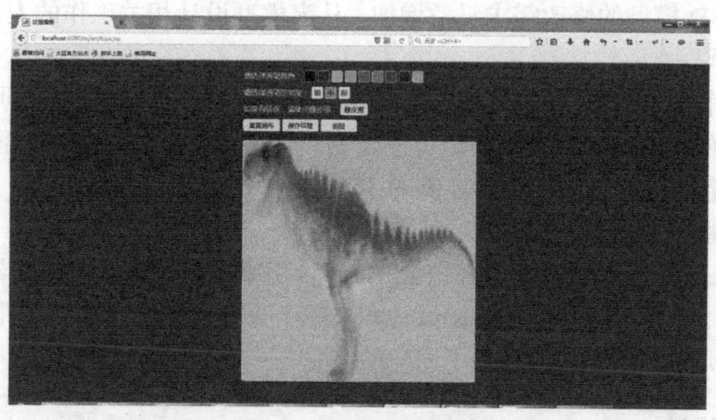

▲图 15-11　纹理编辑页面

▲图 15-12　上传纹理页面

15.2　系统的策划及准备工作

15.1 节介绍了本系统的开发背景和部分功能，本节主要对系统策划和开发前的一些准备工作进行介绍。开发之前进行细致的准备工作可以起到事半功倍的效果。准备工作大体上包括主体功能策划、UI 界面设计与美化及后台部署等，下面将对其进行介绍。

15.2.1　系统策划

本节将对本系统的具体策划工作进行简单的介绍。在日常的开发过程中，为了使将要开发的项目更加具体、细致和全面，需要有一个相对完善、详细的策划工作。读者在以后的实际开发工程中会对这有所体会，本系统的策划工作如下所示。

❑　系统类型

本系统是以 WebGL 作为开发工具，以 JavaScript 作为开发语言的一款运行在浏览器中，用于 3D 模型编辑的系统。系统中结合了 MySQL 数据库，保存了用户模型、材质及其他相关信息。用户无须安装任何插件即可完成 3D 模型的编辑工作。

❑　运行目标平台

运行平台为支持 WebGL 的浏览器。

❑　受众目标

本系统可运行在绝大部分浏览器上，无须安装任何插件，这降低了对用户设备的硬件需求。而且界面简洁美观，配合人性化的设计，极大提升了用户体验。放眼当前，3D 打印技术快速发展，这对 3D 模型的修改需求日益增加，从事模型设计相关工作的人都可使用本系统。

❑ 操作方式

本系统的操作十分简单。用户在模型管理页面可选择对应的模型和材质以进行上传。上传完成后，单击右下角的"编辑"按钮可进入 3D 模型编辑页面。编辑模型时，单击页面右侧的工具栏可开启对应的功能，页面左侧的 3D 场景中会显示当前状态。

❑ 呈现技术

本系统以 WebGL 为开发工具，并结合 Three.js 引擎中封装的相关着色器，将 3D 模型真实自然地呈现到用户面前。各个功能的设计和搭配十分人性化，这简化了用户的使用步骤。结合简洁美观的页面，它极大地提升了用户的体验。

15.2.2 数据库设计

开发一个系统之前，做好数据库的分析和设计是非常必要的。开发者需要根据软件的需求，在数据库管理系统上，设计数据库的结构和建立数据库。良好的数据库设计会使开发变得相对简单，后期开发工作能够很好进行下去，缩短开发周期。

该系统总共有 7 张表，包括模型操作历史表、操作类型表、材质信息表、模型信息表、模型类型表、纹理图信息表、用户信息表。用户在使用本系统时，进行的各种操作都将存储在对应表中。各表在数据库中的关系如图 15-13 所示。

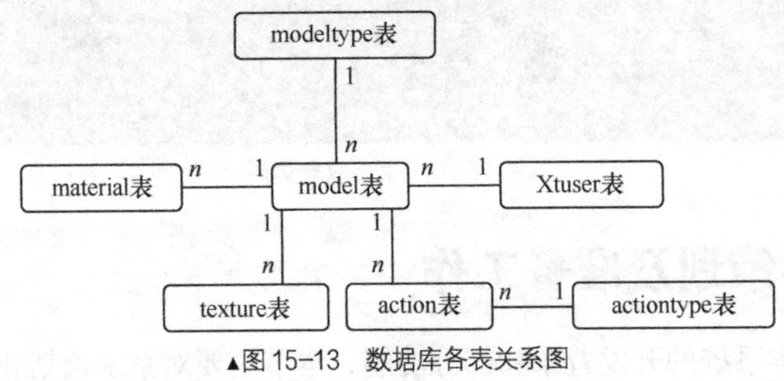

▲图 15-13 数据库各表关系图

下面将分别介绍模型操作历史表、操作类型表、材质信息表、模型信息表、模型类型表、纹理图信息表、用户信息表这 7 个表。这几个表有代表性的概括了本系统的大部分功能，而其他表格与这些表格都有一定的相似之处，在此就不一一介绍，详细内容请自行查看随书源代码。

❑ 模型操作历史表

表名为 action，用于管理用户对各个模型执行的历史操作。当用户对模型进行修改并单击保存后，对应的操作信息将会覆盖原来的内容。该表有 4 个字段，包含本次操作的 id、本次操作的类型、对应的模型 id、本次操作产生的矩阵。

❑ 操作类型表

表名为 actiontype，用于查询各个操作的类型信息。该表有 3 个字段，包含操作类型 id、操作的英文简写，以及中文简介。模型操作历史表中的各条信息就是以此为基础进行设计的。如果开发人员需要增加操作的种类，则需要在此表中添加对应信息。

❑ 材质信息表

表名为 material，存储本系统中所有的材质文件以及与模型的对应信息。该表有 3 个字段，分为材质文件 id、材质文件的名称以及对应的模型 id。当用户在管理界面中选择了材质并单击“编辑”按钮时，程序将在此表中查询对应的材质文件名称并进行加载。

- ❑ 模型信息表

表名为 model，用于管理本系统中的所有模型信息。该表有 4 个字段，包括模型 id，模型类型 id、用户 id、模型文件的名称。当用户完成登录并成功上传模型文件之后，程序会将模型信息及与用户的对应关系存储在此表中。

- ❑ 模型类型表

表名为 modeltype，用于管理软件中的模型类型信息。该表中有一共有 2 个字段，包含模型类型种类和此类模型对应的 id。由于本系统支持 stl 和 obj 两种类型的 3D 模型文件，所以需要在此表中添加两条数据。如果要增加其他类型的模型，还需要添加其他信息。

- ❑ 纹理图信息表

表名为 texture，用于管理用户上传的各个纹理图信息。该表有 3 个字段，包含纹理图 id、纹理图文件名以及对应的模型 id。当用户上传或者保存了修改的纹理图后，此表中的对应信息也会被更新。

- ❑ 用户信息表

表名为 xtuser，存储本系统中的所有用户信息。该表有 4 个字段，包含用户 id、系统登录密码、联系电话以及家庭住址等详细信息。以后在使用时，服务公司可在此表中查询各个用户的信息，从而收集意见，从而提供更好的服务。

15.3 系统架构

15.2 节对系统开发前的策划工作和准备工作进行了简单的介绍。本节将介绍本系统的整体架构，并对系统中的各个页面进行简单介绍。读者通过本节的学习可以对本系统的整体开发有一定的了解，并对本系统的开发过程更加熟悉。

15.3.1 类简介

为了使读者更好地理解各个脚本的作用，本系统中的所有脚本按照功能划分成 4 个模块进行介绍。每个模块都是由多个脚本相结合而组成的。下面将对各个模块中的脚本功能进行简要介绍，而对于各个脚本的详细代码将会在后面相继给出。

1. 服务器端代码

- ❑ 图片转换类 BASE64Util.java

此类负责将 Base64 格式的代码转换成图片，替换掉对应的纹理图，并存储在服务器端中。用户在纹理编辑页面中对模型纹理图进行编辑并保存后，网页文件会将此图片使用 Base64 格式进行转码，服务器则需要将对应数据进行解码并保存。

- ❑ 数据库管理 DBUtil.java

此类是后台开发的重点。一方面是数据库中保存着各个用户的登录信息，每个用户登录时都需要将登录信息与数据库中的内容进行核对，登录信息正确才能继续。另一方面，数据库中保存着模型、材质、贴图之间的对应关系，它们保证程序能够正确找到对应文件。

- ❑ 文件上传管理类 servletUpload.java

此类是管理文件上传的工具类，当用户上传模型文件或者材质文件时，网页端实际上是一个 form 表单。当表单提交到服务器时，此类需要解码对应的数据，并将对应的文件保存在项目目录下。最后将文件信息和对应关系保存在数据库中。

2. CSS 样式代码

定义网页元素外观样式的 3dbianji.css、uploadTex.css 等文件。

每个 CSS 文件都对应一个网页文件，其中存储着各个网页中多种标签的外观样式。本系统将此类文件从网页文件中分离出来，并存储在项目目录中的 CSS 文件夹中，从而使项目架构更加清晰，同时也在很大程度上降低了代码维护的成本。

3. 客户端逻辑脚本

❑ 矩阵管理脚本 MatrixManage.js

此脚本负责管理从服务器传来的模型操作矩阵。每次进行模型编辑时，服务器会将保存的模型修改记录及对应的矩阵发送到客户端。此脚本会查询每个操作的类型，并使用相应的矩阵计算修改后的模型位置。每次用户进行操作后，此脚本也会生成相应的记录。

❑ 材质管理脚本 MtlManage.js

此脚本负责管理模型的材质信息。当用户开启剖切功能或者改变透明度和高光区尺寸等属性时，此脚本会找到模型对应的材质对象，并且改变其中的属性。此时着色器中的数值也会相应改变，以此来显示修改后的模型状态，这十分方便快捷。

❑ 操作列表脚本 operateTable.js

当用户对模型位置、旋转角度、缩放比例等进行修改时，程序会记录下每次操作的信息和类别，并在页面的左上角进行显示。此脚本的作用就是在操作信息中提取操作类别，并将其添加到页面表格元素中，以方便用户撤销或者恢复，这使程序的交互更加友好。

❑ 纹理颜色拾取脚本 pickUpColor.js

如果当前系统处于纹理颜色拾取模式下，则此脚本开始运行。其作用是利用 Three.js3D 引擎中的射线组件，对鼠标按下的点进行拾取，从而得到此点的纹理坐标。然后使用 Canvas 中的取样函数在模型纹理图上进行颜色取样，最终将取样结果显示在网页上。

❑ 摄像机球形轨迹脚本 SphereControl.js

用户可能要对模型的四周进行细致观察，所以本系统中设计了摄像机的球形轨迹控制器。当用户拖动右上角的小正方体时，对应的仰角和旋转角都会发生改变。此脚本会实时改变摄像机的位置，并且当用户调节鼠标滑轮时，摄像机到物体的距离也会改变。

❑ 模型编辑辅助工具 TransformControls.js

用户在改变模型位置、旋转以及缩放时，很难进行精准操控。本系统中使用了此脚本，其作用是提供不同模式下的操作辅助工具，使用户可以通过拖曳方式进行操作，提高编辑精度。生成相应的变换矩阵存入矩阵管理脚本中，这进一步提升了用户体验。

4. 网页文件

❑ 登录页面文件 login.jsp

此文件定义了本系统登录页面的元素以及逻辑代码，是整个系统的入口。当用户登录本系统时，首先访问的是此页面文件，浏览器中显示登录窗口。此文件中的主要元素是一个表单，用户需要在其中输入用户名和密码，然后程序会跳转到 center.jsp 上。

❑ 中转页面文件 center.jsp

当用户提交了数据之后，程序会根据登录页面中的表单信息，到数据库中查询用户名和密码是否正确。如果不正确，浏览器将跳转到登录页面。如果正确，浏览器稍后将会跳转到模型管理页面。可以说此文件就是本系统的中转页面文件。

❑ 模型管理页面文件 uploadModel.jsp

登录成功之后，程序会跳转到模型管理界面。用户在此页面中首先需要选择模型的格式

（obj 或者 stl），然后选择对应的模型文件将此文件上传到服务器。接下来需要找到此模型对应的材质和纹理文件。上传成功之后，在模型管理列表中会显示相应的信息。

- 3D 模型编辑页面文件 3Dbianji.jsp

用户在模型管理页面中，单击对应模型右侧的“编辑”按钮跳转到 3D 模型编辑页面中。此页面的左侧会显示当前 3D 模型在场景中的状态，用户可通过各种辅助工具对模型进行修改。页面右侧为本系统的工具栏，它可实现撤销或者恢复功能。

- 纹理编辑页面文件 tuya.jsp

当用户单击 3D 模型编辑页面中的“纹理”按钮时，浏览器会跳转到纹理编辑页面。此页面可选择画笔的颜色和粗细，用户可直接在纹理图上进行修改。如果对修改后的效果不满意，还可以使用橡皮擦工具。单击保存按钮后，浏览器会跳转到纹理上传页面。

- 纹理上传页面文件 uploadTex.jsp

当浏览器跳转到纹理上传页面时，程序会将修改好的纹理贴图以 Base64 格式进行编码，并将对应的数据上传到服务器中。由于这一操作需要耗费较多的时间，所以上传时此页面会出现一个不断旋转的进度条。上传完成后，程序将跳转到 3D 模型编辑页面中。

15.3.2 系统架构简介

15.3.1 节中，已经简单介绍了系统中各个脚本的作用，本节将介绍系统的整体架构，使读者对本系统有更深入的理解。接下来将按照程序运行的顺序介绍各个脚本的作用以及系统的整体框架。希望读者能对本系统建立起较为清晰的认知，具体如图 15-14 所示。

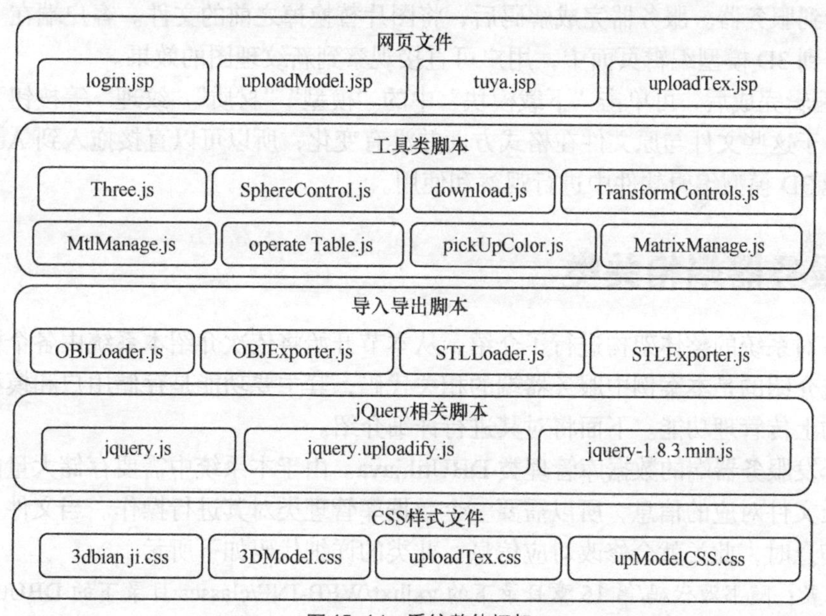

▲图 15-14 系统整体框架

（1）运行本系统后，首先会进入到登录页面，用户需要在此页面中输入用户名和密码。程序根据此信息到数据库中进行查询。如果相关数据不一致，则用户将继续留在登录页面。如果信息正确，则用户将自动跳转到模型管理页面中。

（2）在显示模型管理页面的“uploadModel.jsp”中设计了文件上传功能。首次登录的用户需要上传编辑的模型和材质文件。此过程中，用户需要选择模型文件的类型以及材质文件对应的纹理贴图。文件上传成功后，数据库将会存储文件的对应信息。

（3）模型上传成功后，模型管理列表中会显示模型列表。为了更加方便用户使用，本系统支持一个模型文件对应多个材质文件的方式。用户可找到需要编辑的模型，在材质文件选择框中选择使用的材质文件，单击“编辑”按钮，程序将跳转到 3D 模型编辑页面。

（4）3D 模型编辑页面是最复杂的一个页面，可以说它是本系统的核心。页面左上角的列表会显示用户的历史操作类型，页面左侧的 3D 场景可显示模型当前的状态和效果。用户还可以直接单击灯光标志并拖动来改变光源的位置，它操作起来非常方便。

（5）3D 模型编辑页面的右侧是工具栏部分。用户可选择工具栏中的对应按钮，然后在左侧的 3D 场景中拖动可视化辅助工具，从而实现平移、旋转、缩放等常用操作。另外，如果用户进行了误操作，则可直接单击工具栏中的“撤销”按钮，将模型置回退至上一状态。

（6）如果用户需要对模型中的单个顶点进行操作，则可先单击“线框模式”按钮，此时模型中的每个小三角形面都将使用 3 条直线来表示，这时画面中直线交叉的地方就是顶点位置。单击“点选”按钮后，用户可对某个顶点的位置进行修改和编辑。

（7）由于在 3D 场景中模型的材质往往直接决定着画面渲染的质量，所以本系统同样支持材质的编辑功能。用户在“材质编辑”工具栏中可直接修改材质文件的多种属性，左侧的 3D 场景将显示当前材质状态下材质的反光效果，它大大简化了材质编辑的步骤。

（8）本系统还支持对纹理图的编辑功能。单击“纹理”按钮，浏览器会跳转到纹理编辑页面中。用户可以在此页面中选择画笔的粗细和颜色，然后直接在纹理图上进行涂鸦。如果对修改的效果不满意，还可以使用橡皮擦在对应位置上进行处理，这种设计非常人性化。

（9）用户单击“保存”按钮后，程序将编辑好的纹理图使用 Base64 格式进行编码，并将此数据上传到服务器。服务器完成解码后，将图片替换掉之前的文件。客户端在上传完毕后会直接跳转到 3D 模型编辑页面中，用户可直接观察到新纹理图的效果。

（10）编辑完成后，可单击“下载模块”中的“模型”“材质”“纹理”等按钮下载编辑后的文件。由于这些文件与原文件在格式方面并没有变化，所以可以直接拖入到 Autodesk 3ds Max 或其他 3D 模型编辑软件中进行观察和使用。

15.4 服务器端相关类

15.3 节对系统的整体架构进行了介绍，从本节开始将依次介绍本系统中各个模块的开发过程。首先介绍的是本案例中服务器端的相关代码，其主要功能是存储用户和模型信息，并提供文件的上传管理功能。下面将对其进行详细介绍。

（1）开发服务器端的数据库管理类 DBUtil.java。由于本系统中需要存储大量的用户信息和模型材质文件对应的信息，所以需要一个数据库管理类对其进行操作。当文件上传后或者修改用户信息时，此类就会修改对应信息。此类的详细代码如下所示。

代码位置：随书源代码/第 15 章目录下的 zxjhxt/WEB-INF/classes 目录下的 DBUtil.java。

```
package com.bn.zxjhxt;                          //声明项目的包名
import java.util.*;                             //导入相关的工具文件
public class DBUtil{                            //声明数据库管理类
  private static String sDBDriver = "org.gjt.mm.mysql.Driver";//表示数据库类型的字符串
  private static String sConnStr = "jdbc:mysql://localhost/zxjhxt?useUnicode=true&
  characterEncoding=UTF-8";                           //数据库的地址及编码格式
  public static Connection getConnection() throws Exception{ //连接数据库的方法
    Class.forName(sDBDriver);                        //设置数据库类型
    Connection con = DriverManager.getConnection(sConnStr); //连接系统中的数据库
    return con;                                      //返回连接状态
```

```
11      }
12      public static boolean login(String uid,String pwd) { //用户登录的方法
13        Connection con=null;                             //数据库连接的对象
14        Statement st=null;                               //表示连接状态的对象
15        ResultSet rs=null;                               //存储查询结果的对象
16        boolean result=false;                            //是否登录成功的标志位
17        try{
18          con=getConnection();                           //尝试连接数据库
19          st=con.createStatement();                      //得到当前的连接状态
20          String sql="select * from xtuser where uid='"+uid+"' and pwd='"+pwd+"'";
            //查询用户名和密码
21          rs=st.executeQuery(sql);                       //得到数据库的查询结果
22          if(rs.next()){                                 //如果查询结果不为空
23            result=true;                                 //将对应的标志位置为 true
24        }}catch(Exception e){                            //如果在此过程中发生异常
25          e.printStackTrace();                           //在后台中进行打印
26        }finally{
27            try{rs.close();}catch(Exception e){e.printStackTrace();} //清除查询结果
28            try{st.close();}catch(Exception e){e.printStackTrace();} //清除连接状态
29            try{con.close();}catch(Exception e){e.printStackTrace();}
              //断开与数据库的连接
30        }
31        return result;                                   //返回查询结果
32      }
33    //此处省略了本类中的其他方法，下文中将对其进行详细介绍
34    }
```

- 第 4～6 行为声明数据库类型和位置，以及设置编码格式的相关代码。在连接数据库时，这是非常必要的操作。如果读者需要使用其他类型的数据库，要注意对此处进行修改，否则会使程序在运行时发生错误，或者出现其他异常情况。
- 第 7～11 行为服务器端程序与数据库进行连接的方法。大部分使用 Java 语言开发的项目在连接数据库时，方式与上文所示的基本一致。对此感到疑惑和陌生的读者可以自行查阅相关资料。
- 第 12～32 行为用户在登录时，服务器端程序在数据库中查询信息的方法。当用户在登录页面输入用户名和密码并提交后，程序会与数据库连接，并找到存储用户信息的表，对信息进行检索。最终将验证结果返回到客户端的页面中。

（2）介绍在服务器端的数据库管理类 DBUtil.java 中，查询指定用户的模型 id 及用户名列表的相关方法。此方法与上面介绍的登录信息查询方法基本一致，主要在模型管理页面中使用。在使用时，要注意先与数据库进行连接。详细代码如下。

代码位置：随书源代码/第 15 章目录下的 zxjhxt/WEB-INF/classes 目录下的 DBUtil.java。

```
//返回指定 id 用户的所有模型 id 及文件名列表的方法
public static List<String> getModelsOfSpecUser(String uid){
  Connection con=null;                               //数据库连接的对象
  Statement st=null;                                 //表示连接状态的对象
  ResultSet rs=null;                                 //存储查询结果的对象
  List<String> result=new ArrayList<String>();       //存储查询结果的列表
  try{
    con=getConnection();                             //尝试与数据库进行连接
    st=con.createStatement();                        //得到当前连接的信息
    String sql="select mid,filename from model where uid='"+uid+"'";
    //设置数据库中的检索语句
    rs=st.executeQuery(sql);                         //在数据库中执行检索
    while(rs.next()){                                //如果查询结果不为空
      String mid=rs.getString(1);                    //得到模型 id
      String filename=rs.getString(2);               //得到模型的文件名
      result.add(mid+"|"+filename);                  //将模型 id 和文件名添加到结果中
  }}catch(Exception e){                              //捕捉以上过程抛出的异常
    e.printStackTrace();                             //在后台打印异常信息
```

```
18      }finally{
19        try{rs.close();}catch(Exception e){e.printStackTrace();} //清除查询结果
20        try{st.close();}catch(Exception e){e.printStackTrace();} //清除连接状态
21        try{con.close();}catch(Exception e){e.printStackTrace();}//断开与数据库的连接
22      }
23      return result;                                        //返回查询结果
24    }
```

- 第 3～6 行为本方法中用来连接数据库存储结果的相关代码，其使用方法与上文中的基本一致。
- 第 8～15 行为与数据库进行连接并执行检索的相关代码。程序首先尝试与数据库进行连接，连接成功后在存储模型信息的表格中使用用户 id 进行查询。如果查询结果不为空，则将对应的模型 id 和模型文件名赋值给成员变量并存储。
- 第 16～22 行为清除查询结果并断开与数据库连接的相关代码。由于此过程非常容易出现异常情况，所以使用 try-catch 语句对异常进行处理。为了方便对异常进行处理，本系统使用 printStackTrace 方法在后台打印错误信息，它十分快速便捷。

（3）介绍更新纹理图信息的 uploadPic 方法。此方法主要服务于本系统中的纹理编辑功能。用户完成对纹理图的编辑并保存后，程序会将纹理图上传到服务器并保存。此方法的作用就是更新纹理图中的对应信息并保存。详细代码如下所示。

代码位置：随书源代码/第 15 章目录下的 zxjhxt/WEB-INF/classes 目录下的 DBUtil.java。

```
public static Object picLock=new Object();    //新建 Object 对象用来加锁
public static boolean uploadPic(String uid,int mid,String fname,String
picData){ //更新纹理图信息的方法
  Connection con=null;                          //用于数据库连接对象
  Statement st=null;                            //表示连接状态对象
  ResultSet rs=null;                            //存储查询结果的对象
  boolean result=false;                         //是否更新成功的标志位
  try{
    con=getConnection();                        //尝试与数据库进行连接
    st=con.createStatement();                   //得到当前连接的信息
    java.io.File dir=new java.io.File("../webapps/zxjhxt/model/"+uid);
    System.out.println(dir.getAbsoluteFile().getAbsolutePath());
    //打印用户目录的绝对路径
    if(!dir.exists()){                          //如果用户目录不存在
       dir.mkdir();                             //创建用户目录
    }
    dir=new java.io.File("../webapps/zxjhxt/model/"+uid+"/"+mid);
    //找到模型的对应目录
    if(!dir.exists()){                          //如果模型目录不存在
      dir.mkdir();                              //创建模型目录
    }
    synchronized(picLock){                      //为 Object 对象加锁
      String sql="select max(textureid) from texture";
      //在存储纹理图信息的表中查询最大的 id
      rs=st.executeQuery(sql);                  //在数据库中执行查询语句
      int currId=1;                             //表示当前纹理 id
      if(rs.next()){                            //遍历查询结果
        currId=rs.getInt(1)+1;                  //找到当前纹理图的最大 id 并加 1
      }
      sql="insert into texture values("+currId+",'"+fname+"',"+mid+")";
      //插入纹理图信息的语句
      int c=st.executeUpdate(sql);              //在数据库中执行以上语句
      boolean flag=BASE64Util.generateImage(picData,"../webapps/zxjhxt/model/"
      +uid+"/"+
        mid+"/"+fname);                         //使用 Base64 格式对纹理图进行解码
      if(c==1&&flag){                           //如果数据库更新成功并且解码正常
        result=true;                            //将对应的标志位置为 true
  }}}catch(Exception e){                        //捕获异常信息
```

```
33        e.printStackTrace();                           //在后台打印异常信息
34      }finally{
35        try{rs.close();}catch(Exception e){e.printStackTrace();} //清除查询结果
36        try{st.close();}catch(Exception e){e.printStackTrace();} //清除连接状态
37        try{con.close();}catch(Exception e){e.printStackTrace();}//返回查询结果
38      }
39      return result;                                   //返回操作的结果
40    }
```

❑ 第 1 行为创建 Object 类型对象的代码。更新纹理图时需要加锁此对象，处理完毕后此对象会被解锁。这种方法可以有效防止程序短时间内多次更新纹理，从而导致程序处理结果出现错误，对此不熟悉的读者可查询相关资料。

❑ 第 10～18 行为使用 Java 语言中的 File 对象查询用户目录和模型目录是否存在的相关代码。本系统中的每个用户资料都存储在一个名称为用户 id 的目录中，每个模型都对应一个子目录。此部分代码的功能是查询目录是否存在，不存在即创建。

❑ 第 19～31 行为更新数据库中纹理信息并保存纹理图的相关代码。首先程序将连接数据库，然后查询纹理信息表中的最大 id，找到它将此 id 加 1，数据库更新完毕后，服务器将使用 Base64 格式解码数据并覆盖。

（4）介绍本系统中支持文件上传的 servletUpload.java 文件。此文件负责接收客户端传来的模型文件和材质文件，并将其存储在服务器端的相应目录下以供使用。如果上传失败，则将返回对应的提示信息。具体的代码如下所示。

代码位置：随书源代码/第 15 章目录下的 zxjhxt/WEB-INF/classes 目录下的 servletUpload.java。

```
public class servletUpload extends HttpServlet {            //负责文件上传的类
  protected void doPost(HttpServletRequest request, HttpServletResponse response)
  throws
    ServletException, IOException{                          //处理 post 请求的方法
    int count=0;                    //上传文件的数量
    String type ="0";               //表示上传的是模型还是材质。1 代表模型，2 代表材质和贴图
    SmartUpload mySmartUpload = new SmartUpload();          //新建文件上传组件对象
    String prefix=null;                                     //上传文件的中文描述
    String dstPage=null;                                    //返回信息的网页地址
    try {
      mySmartUpload.initialize(this.getServletConfig(),request,response);
      //初始化上传组件
      mySmartUpload.upload();                               //开始上传
      String uid=mySmartUpload.getRequest().getParameter("uid");//获取当前用户 id
      java.io.File dir=new java.io.File("../webapps/zxjhxt/model/"+uid);
      //设置文件的保存路径
      if(!dir.exists()){                                    //如果此文件目录不存在
        dir.mkdir();                                        //在此文件目录中进行创建
      }
      String action=mySmartUpload.getRequest().getParameter("action");
      //获取网页传来的动作信息
      if(action.equals("uploadmodel")){                     //如果当前动作为上传模型
        prefix="模型";                                      //设置中文描述信息
        dstPage="uploadModel.jsp";                          //设置跳转的网页文件
        //获取上传模型的类型编号
        String modeltypeid=mySmartUpload.getRequest().getParameter("modeltypeid");
        com.jspsmart.upload.File f=mySmartUpload.getFiles().getFile(0);
        //得到上传的第一个文件
        prefix=prefix+f.getFileName();                      //将其文件名添加到描述中
        int modelId=DBUtil.addModel(uid,f.getFileName(),Integer.parseInt
        (modeltypeid));//更新数据库
        dir=new java.io.File("../webapps/zxjhxt/model/"+uid+"/"+modelId);
        //设置模型存放目录
        if(!dir.exists()){                                  //模型存放目录不存在
          dir.mkdir();                                      //则在此目录下直接创建
        }
```

```
30          count = mySmartUpload.save("../webapps/zxjhxt/model/"+uid+"/"+modelId);
            //保存模型文件
31          type = "model";         //设置文件类型
32        }else if(action.equals("uploadmaterial")){              //如果当前动作为上传材质
33          prefix="材质";          //设置此文件的中文描述
34          dstPage="uploadModel.jsp";         //设置稍后跳转的页面
35          String modelid=mySmartUpload.getRequest().getParameter("modelid");
            //获取对应模型 id
36          dir=new java.io.File("../webapps/zxjhxt/model/"+uid+"/"+modelid);
            //设置存储目录
37          if(!dir.exists()){                 //如果此目录不存在
38            dir.mkdir();                     //直接创建此目录
39          }
40          com.jspsmart.upload.File f=mySmartUpload.getFiles().getFile(0);
            //得到上传的第一个文件
41          prefix=prefix+f.getFileName();  //在中文描述中添加文件名
42          DBUtil.addMaterial(Integer.parseInt(modelid),f.getFileName());
            //更新数据库的材质信息
43          count = mySmartUpload.save("../webapps/zxjhxt/model/"+uid+"/"+modelid);
            //保存材质文件
44          type = "mtl";                      //设置文件类型
45        }
46        request.setAttribute("type",type); //将文件类型设置到信息对象中
47      }}catch (Exception e){                 //捕捉抛出的异常
48        request.setAttribute("msg",prefix+"文件上传失败！");      //更改中文描述
49        forward(dstPage,request,response);//将信息传到对应的网页中
50    }}}
```

- 第 2~8 行为新建 SmartUpload 文件后上传组件和其他变量的相关代码。其中 type 代表上传的文件类型，初始值为 0；当其值为 1 时代表模型文件；当其值为 2 时代表材质文件。上传完毕后，此属性将被发送到对应网页，用来确定信息的显示位置。
- 第 9～17 行为初始化上传组件并开始上传的相关代码。上一步已经创建了 SmartUpload 类型的组件，在上传之前需要调用 initialize 方法，对上传环境和上传参数进行初始化。然后调用其 upload 方法对文件进行上传操作。
- 第 18～45 行为判断当前操作并设置跳转页面的相关代码。首先程序获取 action 属性的值，判断当前上传的是模型文件还是材质文件。完成后，程序将判断文件存放目录是否存在，如果不存在则直接创建。最终更新数据库并保存文件。

15.5 模型编辑页面文件

15.4 节已经介绍了服务器端相关类的开发过程。在本系统的实际开发过程中，3D 模型编辑页面是难度最大，开发时间最长的一部分，其功能为读取对应的 3D 模型和材质文件，并提供编辑功能。为了加深读者的理解程度，本节将对其开发过程进行详细介绍。

（1）介绍 3D 模型编辑页面文件的基本框架。此文件中包含了多种基本的网页元素，当用户跳转到此页面时，程序要对后台传来的数据进行搜索和处理，并将其传递到下文中进行使用。下面将对此部分的相关代码进行详细介绍，具体情况如下所示。

代码位置：随书源代码/第 15 章目录下的 zxjhxt 目录下的 3dbianji.jsp。

```
<!DOCTYPE html>                              //声明文件格式
  <html lang="en">                           //声明网页使用中文
    <head>                                   //网页文件的头部
      <title>3Dmodel</title>                 //网页文件的标题
      <meta charset="GBK">                   //设置数据格式，保证数据正常显示
      <meta name="viewport" content="width=device-width, user-scalable=no,
      minimum-scale=1.0,
```

```
7          maximum-scale=1.0">                    //设置兼容的移动设备
8       <link href="css/3dbianji.css" rel="stylesheet" type="text/css"/>//引入CSS样式表
9       <script src="js/pickUpColor.js"></script>//引入颜色拾取脚本
10      ……//此处省略了引入的其他工具脚本， 有兴趣的读者可自行查阅源代码
11    </head>                                     //结束对网页文件头部的定义
12    <body>                                      //开始对网页文件主体的定义
13    <%
14      String local=(String)session.getAttribute("local");
        //通过 session 对象得到项目的 IP 地址
15      String upModelPage = local+"uploadModel.jsp";          //表示本网页的地址
16      String needUpdate = (String)session.getAttribute("needUpdate");
        //表示是否需要更新数据
17      if(needUpdate!=null&&needUpdate.equals("true")){      //如果需要更新数据
18        session.setAttribute("needUpdate","false"); //改变 session 对象的对应属性
19      }
20      String parentName = request.getParameter("parentPath");//得到模型目录的路径
21      String modelName = request.getParameter("modelName");  //得到模型的名称
22      String mtlName = request.getParameter("mtlName");      //得到材质信息
23      String mid=request.getParameter("mid");               //得到模型的 id 信息
24      if(mtlName!=null&&modelName!=null&&parentName!=null){
        //如果材质模型和路径信息都存在
25        session.setAttribute("sModelName",modelName);//将模型名字存放在 session 中
26        session.setAttribute("sMtlName",mtlName);     //将材质名字存放在 session 中
27        session.setAttribute("sParentName",parentName);//将父目录路径存放在session中
28        session.setAttribute("mid",mid);      //将模型 id 信息存放在 session 中
29      }
30      modelName = (String)session.getAttribute("sModelName");//得到模型的名字信息
31      mtlName = (String)session.getAttribute("sMtlName");     //得到材质的名字信息
32      parentName = (String)session.getAttribute("sParentName");
        //得到父目录的路径信息
33      mid = (String)session.getAttribute("mid");             //得到模型 id 信息
34      String fromPlace = request.getParameter("fromPlace");//代表发送数据的网页
35      if(fromPlace!=null&&fromPlace.equals("pageSlef")){ //如果数据从本页面中发送
36        String cmd=request.getParameter("cmd");           //得到用户的用户名
37        String getmid=request.getParameter("mid");        //得到模型 id
38         if(cmd!=null&&cmd.length()!=0&&getmid!=null&&mid.length()!=0){
           //如果用户名和模型 id 存在
39           DBUtil.refreshActionsOfModel(Integer.parseInt(getmid),cmd);
             //更新模型的动作
40      }}
41      if(mid!=null&&mid.length()!=0){                      //如果模型 id 不为空
42        List<String[]> actionList=DBUtil.getActionsOfModel(Integer.parseInt
          (mid));//查询模型动作
43        StringBuilder sb=new StringBuilder();           //存储模型动作信息
44        for(String[] sa:actionList){                    //遍历此模型的所有操作
45          for(String s:sa){
46            sb.append(s);              //将模型的操作添加到 StringBuilder 对象中
47            sb.append("|");            //使用"|"对操作代号进行分隔
48          }
49          sb.append("<#>");            使用"<#>"分隔多条操作信息
50    }} %>
```

- 第 1～11 行为定义网页文件头部的相关代码。其中包括声明网页格式、语言、网页标题、数据格式、CSS 使用样式以及对移动设备的支持等。这些都是在网页系统开发中必要的操作，如果缺少一些设置，很可能使网页显示异常。
- 第 14～33 行为获取用户名、密码、模型 id 以及模型存放目录等信息的相关代码。程序首先试图对从其他页面传来的数据进行检索。如果检索到相关信息，则存储到 session 对象中以便后续使用。否则，程序将直接从 session 对象中提取。
- 第 34～40 行为更新数据库中模型操作列表的相关代码。开始时判断发送数据的网页，如果数据是在本页面中发送的，则在 request 对象中得到用户名和模型 id，并刷新数据库中模型的操作列表，删除之前的所有操作记录。

❑ 第 41～49 行为查询模型动作列表的相关代码。首先调用 getActionsOfModel 方法得到模型的所有操作记录。然后新建 StringBuilder 类型的对象，遍历操作列表，将各个操作的历史信息用分隔符进行分隔，最后添加到此对象中。

（2）介绍 3D 模型编辑页面中使用到的多个全局变量。其中包括摄像机、3D 场景对象、3D 场景所占页面的宽高、3D 拾取组件以及表示各种功能开关的标志位。下面将 3dbianji.jsp 文件中出现的各个全局变量进行详细介绍，详细情况如下所示。

代码位置：随书源代码/第 15 章目录下的 zxjhxt 目录下的 3dbianji.jsp。

```
1   <script>
2     var isXianKuang = false;                //表示当前状态下是否开启线框模式的标志位
3     var isPickColor = false;                //表示当前状态下是否开启颜色拾取功能的标志位
4     var isPointSelectMode=false;            //表示是否开启点选的标志位
5     var isEnablePQ = false;                 //是否开启模型剖切的标志位
6     var matrixManage;                       //矩阵变换的管理对象
7     var mouse = new THREE.Vector2();        //存储鼠标单击到的页面坐标
8     var raycaster = new THREE.Raycaster();    //Three.js 引擎中的 3D 拾取组件
9     var exporter = new THREE.OBJExporter(); //将 3D 模型导出为 obj 格式的脚本
10    var mtlname = '<%=mtlName%>';             //存储材质文件路径的全局变量
11    var container;                            //代表 3D 场景视口的全局变量
12    var camera,scene,renderer,control;        //摄像机、场景、操作控制器等基本组件
13    var cubeScene = new THREE.Scene();        //使用正交摄像机的 3D 场景
14    var windowHalfX = window.innerWidth / 2;   //整个 3D 场景视口宽度的一半
15    var windowHalfY = window.innerHeight / 2; //整个 3D 场景视口高度的一半
16    var mainDivWidth = 0.8;                    //3D 模型编辑视口宽度占页面总宽度的比例
17    var divWidth;                         //3D 模型编辑视口的实际宽度
18    var loadMesh;                         //模型加载完成后的网格对象
19    var localPlane;                       //用来剖切模型的剪裁平面
20    var mtlManage;                        //用来管理材质信息的对象
21    var isPointInCube;                    //表示鼠标是否单击到 3D 模型的标志位
22    var ortRadius = 500;                  //正交投影摄像机的旋转半径
23    var radius = 500;                     //透视投影摄像机的旋转半径
24    var yj = 45;                          //摄像机的仰角
25    var degree = 45;                      //摄像机的朝向角
26    var ortCamera;                        //正交投影摄像机
27    var cube;                             //正交投影摄像机场景中的立方体对象
28    var selectPoint =new THREE.Object3D();//点选功能中使用的 3D 对象
29    selectPoint.name = "sPoint";          //设置 3D 对象的名称
30    var selectPointRaycaster = new THREE.Raycaster();          //拾取某个点的投射器
31    var img;                              //模型对应纹理图的引用
32    var nest_index;                       //选中点在 3D 模型中的索引
33    var modelType;                        //代表模型的类型
34    var lightSphere;                      //总与光源位置一致的灯光模型
35  </script>
```

❑ 第 2～4 行为是否开启线框模式和颜色拾取等功能的对应标志位。比如颜色拾取关闭时，与此相关的逻辑脚本将不会运行。当其功能开启时，脚本将会正常运行，并且在 3D 模型编辑页面中对应的按钮颜色也会显示为高亮效果。

❑ 第 5 行中的 matrixManage 主要负责矩阵的保存与操作。当用户进入 3D 模型编辑页面时，服务器将发送模型对应的历史操作。而此引用根据记录中的矩阵对原始模型进行复原，计算最终模型的位置和姿态信息，这是本系统中非常重要的一部分。

❑ 第 22～25 行为定义摄像机旋转半径、仰角和朝向角的相关代码。3D 模型编辑视口的右上角是一个控制摄像机旋转的立方体。此部分使用正交投影摄像机，而主场景中使用的是透视投影摄像机。两台摄像机的坐标在同一时刻是一致的。

（3）全局变量新建成功后，接下来就可以对 3D 场景进行初始化了。本页面文件中的 init 方法主要负责对摄像机、灯光、场景等基本组件进行初始化，并读取对应的 3D 模型和材质

文件。下面将对其进行详细介绍，具体的代码如下所示。

代码位置：随书源代码/第 15 章目录下的 zxjhxt 目录下的 3dbianji.jsp。

```
1    function init() {                              //初始化 3D 场景中各种组件的方法
2      container = document.getElementById('3Dbianji');    //找到表示 3D 场景视口的对象
3      document.body.appendChild(container);          //将其添加到网页文件中
4      divWidth = innerWidth* mainDivWidth;           //计算 3D 模型编辑视口的实际宽度
5      scene = new THREE.Scene();                     //新建 3D 场景对象
6      camera = new THREE.PerspectiveCamera(45,divWidth/window.innerHeight,1, 2000 );
       //新建摄像机
7      ortCamera = new THREE.OrthographicCamera(-1, 1, 1, -1, -200, 10000);
       //新建正交投影摄像机
8      var cy = Math.sin(yj*Math.PI/180) * radius;       //计算摄像机的 y 坐标
9      var cxz = Math.cos(yj*Math.PI/180) * radius;      //计算摄像机 x、z 方向的分量
10     var cx = Math.sin(degree*Math.PI/180)* cxz;      //计算摄像机的 x 坐标
11     var cz = Math.cos(degree*Math.PI/180)* cxz;      //计算摄像机的 z 坐标
12     camera.position.x = cx;                          //设置透视投影摄像机的 x 坐标
13     camera.position.y = cy;                          //设置透视投影摄像机的 y 坐标
14     camera.position.z = cz;                          //设置透视投影摄像机的 z 坐标
15     camera.lookAt(scene.position);                   //设置透视投影摄像机的聚焦点
16     ortCamera.position.x = cx;                       //设置正交投影摄像机的 x 坐标
17     ortCamera.position.y = cy;                       //设置正交投影摄像机的 y 坐标
18     ortCamera.position.z = cz;                       //设置正交投影摄像机的 z 坐标
19     ortCamera.lookAt(scene.position);                //设置正交投影摄像机的聚焦点
20     var axes = new THREE.AxisHelper(200);            //新建坐标辅助对象
21     scene.add(axes);                                 //将坐标辅助对象添加到场景中
22     var ambient = new THREE.AmbientLight( 0xffffff,0.5 );   //创建环境光
23     scene.add( ambient );                            //在场景中添加环境光
24     var light = new THREE.PointLight( 0xffffff, 5, 100 );
       //创建一个灯光颜色为白色的点光源
25     var geometry = new THREE.SphereGeometry(3,16,16);//创建拾取点光源的球形几何体
26     var material = new THREE.MeshBasicMaterial( {color: 0xffff00} );
       //新建黄色的基本材质
27     lightSphere = new THREE.Mesh( geometry, material );
       //创建拾取点光源的球形网格对象
28     lightSphere.add(light);                          //将点光源添加到场景中
29     lightSphere.position.set(50,50,50);              //设置点光源的初始位置
30     lightSphere.distance = 10000;                    //设置点光源的最远投射距离
31     lightSphere.name = "lightSphere";                //设置点光源的名称
32     lightSphere.decay = 0.001;                       //设置点光源的折损速率
33     var map = new THREE.TextureLoader().load( "xitongtu/sprite.png" );
       //读取光源精灵的纹理贴图
34     var material = new THREE.SpriteMaterial({map:map,color:0xffffff});
       //新建精灵的材质
35     var sprite = new THREE.Sprite( material );       //创建代表光源的精灵对象
36     sprite.scale.set(13,13,13);                      //设置精灵对象的尺寸
37     lightSphere.add( sprite );                       //将精灵和灯光对象绑定在一起
38     scene.add( lightSphere );                        //在场景中添加灯光对象
39     ……//此处省略了加载模型和材质文件的相关代码，下文将对其进行详细介绍
40   }
```

- 第 6～19 行为创建透视投影摄像机和正交投影摄像机，并计算其位置和焦点的相关代码。首先将其仰角和朝向角都设置为 45°，然后再根据旋转半径计算出两台摄像机的坐标。最后指定摄像机的焦点，下文将会继续对其进行介绍。
- 第 22～24 行为创建环境光和点光源的相关代码。首先使用 new TIIREE.AmbientLight 创建环境光，其第二个参数代表光照强度。由于本系统主要由点光源产生光影效果，所以需要适当降低环境光的强度，使画面产生一定层次感。
- 第 33～38 行为读取光源精灵贴图并将其和灯光绑定，最后添加到场景中的相关代码。为了使用户可以较为方便地改变点光源位置，本系统使用精灵对象与点光源进行绑定。精灵对象将一直正对摄像机，并且位置和点光源保持一致。

（4）光源添加成功后，就可以进行模型和材质文件的加载了。本系统中支持加载 obj 和 stl 格式的 3D 模型，其加载过程是异步的，这样可以有效减少读取过程中程序的等待时间，进一步提高用户体验。下面将对加载部分的代码进行详细介绍，具体情况如下。

代码位置：随书源代码/第 15 章目录下的 zxjhxt 目录下的 3dbianji.jsp。

```
1   var modelNamejs = '<%=modelName%>';                  //获得模型文件的名称
2   modelType=modelNamejs.split(".");                    //在文件的名称中使用"."
3   if(modelType[1]=='obj'){                             //判断模型文件是否为 obj 类型
4     var mtlLoader = new THREE.MTLLoader();             //新建材质的加载器
5     mtlLoader.setPath( '<%=parentName%>' );            //设置材质文件所在的路径
6     mtlLoader.load( '<%=mtlName%>', function( materials ) {    //读取材质文件
7     materials.preload();                               //材质文件加载完毕后进行下面的操作
8     mtlManage = new MtlManage(materials);              //新建材质的管理类
9     mtlManage.getInformation();                        //得到材质文件中的各种属性
10    initCanvas();                                      //初始化 Canvas 标签
11    var objLoader = new THREE.OBJLoader();             //新建 obj 文件的加载器
12    objLoader.setPath('<%=parentName%>');              //设置模型文件所在的目录
13    objLoader.setMaterials( materials );               //设置读取模型的材质
14    objLoader.load( '<%=modelName%>', function ( object ) {   //读取 obj 文件
15      matrixManage = new MatrixManage(object,ss);             //新建矩阵的管理类
16      matrixManage.goCurrent();                        //计算模型的最终位置和姿态
17      control = new THREE.TransformControls( camera, renderer.domElement,
        matrixManage);
18      control.setSpace( "world" );                     //设置控件改变的是模型的坐标
19      control.attach( object );                        //将空间与 3D 模型进行绑定
20      scene.add( control );                            //将空间添加到场景中
21      loadMesh = object;                               //将模型赋值给全局变量，方便之后的操作
22      scene.add( object );                             //向场景中添加模型
23      loadMesh.traverse( function ( child ) {          //遍历网格对象的子对象
24        if ( child instanceof THREE.Mesh ) {           //如果子对象属于网格对象
25          child.material.side = THREE.DoubleSide;   //关闭背面剪裁
26        }
27        pageOnLoad();                                  //将材质文件中的数据显示到页面上
28  });});});}else{                                      //如果模型为 stl 格式
29    var mtlLoader = new THREE.MTLLoader();             //新建材质的加载器
30    mtlLoader.setPath( '<%=parentName%>' );            //设置材质文件的目录
31    mtlLoader.load( '<%=mtlName%>', function( materials ) {    //读取材质文件
32    materials.preload();                               //材质文件加载完毕后进行下面的操作
33    mtlManage = new MtlManage(materials);              //新建材质的管理类
34    mtlManage.getInformation();                        //得到材质文件中的各种属性
35    var loader = new THREE.STLLoader();                //新建 stl 格式文件的加载器
36      loader.load( '<%=parentName%>' + '<%=modelName%>', function ( geometry ) {
37      bufferGeo = new THREE.BufferGeometry().fromGeometry(geometry);
        //转化成 BufferGeometry
38      loadMesh = new THREE.Mesh(bufferGeo, mtlManage.getMtl());
        //新建模型的网格对象
39      matrixManage = new MatrixManage(loadMesh,ss);           //新建矩阵的管理类
40      matrixManage.goCurrent();                               //计算模型的最终位置和姿态
41      control = new THREE.TransformControls( camera, renderer.domElement,
        matrixManage);
42      control.setSpace( "world" );                            //设置控件改变的是模型的坐标
43      control.attach( loadMesh );                             //将空间与 3D 模型进行绑定
44      scene.add( control );                                   //将空间添加到场景中
45      scene.add( loadMesh );                                  //将 3D 模型添加到场景中
46      pageOnLoad();                                           //将材质文件中的数据显示到页面上
47  });});}
```

- 第 1～2 行为获取当前模型文件类型的相关代码。首先得到此文件的名称，然后使用 split 方法对字符串进行切分，最后在切分结果中进行查询。检测其字符串为“obj”还是“stl”来判断此模型文件的类型，以便进行后面的加载操作。
- 第 3～28 行为加载 OBJ 模型文件的相关代码。加载之前需要先读取材质文件，在此

过程中要注意的是，必须将材质文件全部读取完毕之后再读取模型文件，否则可能部分材质信息会失效。而且要手动将材质的 side 属性设置为 DoubleSide。

- 第 29～46 行为加载 stl 模型文件的相关代码。与加载 OBJ 模型不同的是，stl 文件读取完毕后，在程序中是一个几何对象，开发人员需要将读取的材质信息组合成对应的材质对象，最终创建成网格对象后，才可以将其添加到场景中进行显示。

（5）由于本页面中既存在 3D 场景视口也存在 2D 工具栏部分，而用户可能会随时调整页面的大小和其他设置，所以这就需要程序能在不同页面大小的状态下，保证能正常显示。下面将对此部分的逻辑代码进行详细介绍，具体的代码如下所示。

代码位置：随书源代码/第 15 章目录下的 zxjhxt 目录下的 3dbianji.jsp。

```
function init() {
  ……//此处省略了加载模型的相关代码，上文已经对其进行了详细介绍，此处不再赘述
  renderer = new THREE.WebGLRenderer({antialias:true}); //新建渲染器对象
  renderer.setPixelRatio( window.devicePixelRatio );     //设置渲染器的像素纵横比
  renderer.setSize( window.innerWidth * mainDivWidth, window.innerHeight );
  //设置渲染器的尺寸
  renderer.localClippingEnabled = true;             //开启渲染器剪裁（与模型剖分功能有关）
  renderer.autoClear = false;                       //关闭渲染器的自动刷新功能
  container.addEventListener( 'mousedown', onDocumentMouseDown, false );
  //添加点选功能监听
  container.addEventListener( 'mousedown', onMouseDown, false );
  //改变模型顶点位置的监听
  container.addEventListener( 'mousedown', changeLight, false );
  //改变灯光位置的监听
  container.appendChild( renderer.domElement ); //将渲染结果呈现到页面上
  window.addEventListener( 'resize', onWindowResize, false );
  //增加页面大小变化时的监听
  addButtonListener();                              //添加工具栏中按钮的监听
  addCubeControl();                                 //控制摄像机旋转的方法
}
function changeLight(event){                        //改变点光源位置的方法
  mouse.x = ( event.clientX / renderer.domElement.clientWidth ) * 2 - 1;
  //计算射线的 x 坐标
  mouse.y = - ( event.clientY/renderer.domElement.clientHeight ) * 2 + 1;
  //计算射线的 y 坐标
  selectPointRaycaster.setFromCamera( mouse, camera );          //设置射线的位置
  var intersects = selectPointRaycaster.intersectObject( lightSphere,true);
  //使用射线进行投射
  if(intersects.length>0){                          //如果拾取到灯光对象
    control.attach(lightSphere);                    //将辅助工具与灯光对象进行绑定
    control.setMode("translate");                   //开启辅助工具的平移模式
}}
function onWindowResize() {                         //更新窗口大小的方法
  divWidth = mainDivWidth * window.innerWidth;  //更新渲染器的宽度
  camera.aspect = divWidth / window.innerHeight;//计算摄像机的长宽比
  camera.updateProjectionMatrix();                  //更新摄像机的透视投影矩阵
  renderer.setSize( divWidth, window.innerHeight );  //重新设置渲染器的尺寸
}
function animate() {                            //绘制 3D 画面的方法
  requestAnimationFrame( animate );             //请求绘制下一帧
  render();                                     //绘制每一帧的方法
}
function render() {                             //渲染每一帧的方法
  renderer.clear();                             //清除上一帧的画面信息
  renderer.setViewport(0, 0, divWidth, window.innerHeight);  //设置视口大小
  renderer.render(scene, camera);                            //绘制主场景
  renderer.clearDepth();                                     //清除深度缓冲
  renderer.setViewport(divWidth - 100, window.innerHeight - 100, 100, 100);
  //右上角的视口大小
```

```
41    renderer.render(cubeScene,ortCamera);                    //绘制右上角的正方体
42    }
```

- 第 3～14 行为设置渲染器和添加监听的相关代码。其中渲染器中的 antialias 方法表示是否开启抗锯齿化功能。为了提升渲染效率，Three.js 引擎默认是关闭此功能的。为了使画面质量更高，本系统中需要将此功能开启。
- 第 16～24 行为拾取点光源的监听方法。用户在单击 3D 场景的视口时，程序会对单击点的页面坐标进行转换，再根据摄像机和灯光的位置新建拾取组件，最终进行数学计算，从而判断是否拾取到点光源。当用户单击点光源时，辅助工具会与其绑定。
- 第 35～42 行为绘制每一帧画面的方法。由于本程序中实际是将两个 3D 场景同时绘制在一个视口下，所以上文将渲染器中的 autoClear 置为 false。绘制每个场景时，都需要先设置视口大小，然后使用 render 方法对其进行渲染。

15.6 管理脚本

15.5 节已经介绍了服务器端相关类以及 3D 模型编辑页面的开发过程。管理类在本系统中也是很重要的一部分，其主要负责模型位置姿态和材质属性的保存和更改。通过本节的学习，读者将了解如何快速开发出相关的管理脚本，具体情况如下。

15.6.1 矩阵管理脚本

首先要介绍的是矩阵管理脚本。用户每次进入 3D 编辑页面时，服务器将会把此模型的历史操作记录及相关矩阵传到客户端，而矩阵管理脚本的作用就是记录这些信息，并且根据这些信息对当前模型进行修改。下面将对其开发步骤进行详细介绍

（1）开发矩阵管理脚本的大体框架和相关变量。其中包括匹配数字的正则式、存放操作代码的英文简写与相关矩阵的数组、执行单条操作指令的方法，以及在计算过程中存储各种矩阵变换的变量。下面将对其进行详细介绍，具体代码如下。

代码位置：随书源代码/第 15 章目录下的 zxjhxt/ js 目录下的 MatrixManage.js。

```
function MatrixManage(Object,dataFromServer){ //矩阵的管理脚本
  loadMesh = Object;                          //读取 3D 模型
  var reOfFolat=/\-*[0-9]+\.*[0-9]*e*-*[0-9]*/g;      //匹配数字的正则表达式
  var reOfWord = /[a-z]+/g;                   //匹配英文的正则表达式
  this.Message = [];                          //存储从服务器传来的数据
  this.worldMatrix;                           //记录当前模型在世界坐标系下的矩阵
  this.operateName = [];                      //操作的中文名称
  this.historyMatrix = [];                    //存放模型的历史变换矩阵
  this.indexArray=[];                         //存放点平移时的点索引数组
  this.recoverIndex = [];                     //存放撤销操作的顶点索引
  this.recoverName = [];                      //存放撤销操作名称的数组
  this.recoverMatrix = [];                    //存放撤销操作矩阵的数组
  var tempArray=[];                           //存储临时用到的矩阵
  var oldScale = new THREE.Vector3();         //操作前物体的缩放比
  var changeScale = new THREE.Vector3();      //此次操作缩放比的改变值
  var parentRotationMatrix  = new THREE.Matrix4();  //模型在父节点坐标系下的四元数
  var worldRotationMatrix  = new THREE.Matrix4();   //表示世界坐标系的四元数
  var quaternion = new THREE.Quaternion();          //表示本次操作的四元数
  var quaternionXYZ = new THREE.Quaternion();  //表示当前模型在世界坐标系下的四元数
  var tempMatrix = new THREE.Matrix4();             //计算时用到的矩阵
  var tempQuaternion = new THREE.Quaternion(); //计算旋转时用到的四元数
  this.getHistoryMessage = function(){         //得到服务器传过来的历史记录
    var temp = [];                             //存储原始数据
    var data = [];                             //切分数据用到的数组
    temp = dataFromServer.split('<#>');        //此数组中最后会有一个空的元素
```

```
26      for(var i = 0; i<temp.length-1; i++){        //遍历每条历史记录
27          data = temp[i].split('|');                //使用"|"对数据进行切分
28          this.Message.push(data[1]+"|"+data[2]+"|");     //将数据存入对应的数组中
29   }}
30   this.produceString = function(){                      //将当前的变换信息生成字符串
31       var result = "";                               //初始化字符串
32       for(var i = 0; i<this.Message.length;i++){      //遍历数组中的每条数据
34          result = result+this.Message[i]+"<#>";         //使用"<#>"对数据进行切分
35      }
36      return result;                            //返回处理后的字符串结果
37   }
38   this.goCurrent = function(){                   //遍历并执行得到的信息
39    this.getHistoryMessage();                    //从服务器中得到历史信息
40    for(var i = 0; i < this.Message.length; i++){ //遍历历史数据
41        this.executeSingle(this.Message[i]);       //执行每一条历史记录
42 }}}
```

- 第 3～4 行为新建扫描历史信息用到的正则表达式的相关代码。首先程序会将服务器传来的信息进行切分，之后存入脚本的对应数组中，然后使用正则表达式匹配出其中的矩阵信息以及表示操作类型的英文简写，并将其分类处理，以供后面的操作使用。
- 第 5～13 行为新建多个数组的代码。每个数组对应一个功能，比如程序执行了平移操作，那么此脚本会将平移的英文简写存入 operateName 数组中，将平移操作用到的矩阵存入 historyMatrix 数组中，当执行撤销操作时，再从相应的数组中取出数据。
- 第 30～37 行为将当前操作信息组合成字符串的相关代码。程序会遍历 Message 数组中存储的历史信息，每两条信息之间使用“<#>”进行分隔。当用户单击工具栏中的“保存”按钮时，处理后的字符串会发送到服务器，替换掉先前的内容。

（2）上文介绍了矩阵管理脚本中接收和保存信息的相关步骤。相信读者已经对其开发过程有了一定的了解。下面将对此脚本中执行单条操作的方法进行介绍，主要包括对模型整体的平移、旋转、缩放以及改变模型中单个顶点位置的方法，其详细代码如下。

代码位置：随书源代码/第 15 章目录下的 zxjhxt/ js 目录下的 MatrixManage.js。

```
this.executeSingle = function(str){           //执行单条命令的方法
 var chineseName;                             //操作的中文说明
 var resule = str.match(reOfFolat);           //使用正则表达式对数据中的数字进行匹配
 var index;                                   //选中的点索引值
 if(resule.length===17){                      //如果此条操作为点移
   index = resule[0];                         //获取此点在网格对象中的索引
   resule = resule.splice(1,16);              //将剩下的数字切分出来
 }
 var matrix = new THREE.Matrix4();            //新建一个 4×4 的矩阵
 matrix.fromArray(resule);                    //将匹配出的数字设置到矩阵中
 var name = str.match(reOfWord);              //使用正则表达式对数据操作中的字母进行匹配
 if(name[0].localeCompare("tr")==0)  {        //如果此次操作为平移
   if(control!==undefined){                   //如果辅助工具已经加载完毕
     control.attach(loadMesh);                //将辅助工具与网格对象进行绑定
   }
   loadMesh.applyMatrix(matrix);              //直接使用物体的位置乘以平移矩阵
   loadMesh.updateMatrixWorld();              //更新物体的世界坐标矩阵
   chineseName = "平移";                      //将此操作的中文说明设置为"平移"
 }else if(name[0].localeCompare("ro")==0){         //如果此次操作为旋转
   if(control!==undefined){                   //如果辅助工具已经加载完毕
     control.attach(loadMesh);                //将辅助工具与网格对象进行绑定
   }
   //从模型父节点的世界坐标矩阵中将旋转信息提取出来
   if(loadMesh.parent!==null){parentRotationMatrix.extractRotation(loadMesh.parent.matrixWorld );}
   //将父节点的世界旋转矩阵中的逆矩阵转换成四元数
   tempQuaternion.setFromRotationMatrix(tempMatrix.getInverse(parentRotationMatrix ));
   //得到模型的世界坐标矩阵中的旋转信息
```

```
28      worldRotationMatrix.extractRotation( loadMesh.matrixWorld );
29      quaternion.setFromRotationMatrix( matrix ); //将传来的旋转矩阵转化成四元数
30      //将模型的世界旋转矩阵转化成四元数
31      quaternionXYZ.setFromRotationMatrix( worldRotationMatrix );
32      //将模型父节点的四元数乘以传来的旋转信息
33      tempQuaternion.multiplyQuaternions( tempQuaternion, quaternion );
34      //再乘以世界坐标系中的旋转四元数
35      tempQuaternion.multiplyQuaternions( tempQuaternion, quaternionXYZ );
36      loadMesh.quaternion.copy( tempQuaternion );    //设置模型的旋转四元数
37      loadMesh.updateMatrixWorld();                  //更新世界坐标矩阵
38      chineseName = "旋转";                          //将操作的中文说明设置为"旋转"
39    }else if(name[0].localeCompare("sc")==0){        //如果此次操作为缩放
40      oldScale.copy(loadMesh.scale);                 //获取物体当前的缩放系数
41      changeScale.set(matrix.elements[0],matrix.elements[5],matrix.elements[10]);
        //设置本次的缩放系数
42      loadMesh.scale.set(oldScale.x*changeScale.x,oldScale.y*changeScale.y,
        oldScale.z*
43          changeScale.z);                            //设置物体的缩放系数结果
44      chineseName = "缩放";                          //将操作的中文说明设置为"缩放"
45    }
46    //此处省略了处理点移的相关方法，下面将对其进行详细介绍
47  }
```

- 第 2～11 行为提取操作信息相关数据的相关代码。此过程使用正则表达式匹配出操作信息中的数字。模型整体的操作信息中只有 16 个数字，其代表操作使用到的矩阵。而在点移操作信息中除了矩阵信息还有顶点在网格对象中的索引。
- 第 12～18 行为对模型整体执行平移操作的相关代码。首先判断此条操作信息中的英文简写是否为“tr”，然后在程序中得到当前模型的位置信息，将其与平移操作的矩阵进行相乘，最终结果就是平移后的模型位置。
- 第 19～38 行为对模型整体执行旋转操作的相关代码。首先需要得到物体的父节点在世界坐标系下的旋转矩阵，然后将此矩阵的逆矩阵与物体的旋转信息进行相乘，最终将结果乘以旋转矩阵转换成的四元数，此过程较为复杂。
- 第 39～45 行为对模型整体执行缩放操作的相关代码。开始时需要得到物体当前的缩放系数，然后取出缩放矩阵中的第 1、6、11 个数字，其分别是物体 x 轴、y 轴、z 轴的缩放值，最后使用网格对象 scale 属性中的 set 方法进行设置。

（3）上文介绍了矩阵管理脚本中执行相应操作的相关代码。相信读者已经对模型整体的平移、旋转、缩放部分的代码有了一定认识。下面将对此脚本中执行点移操作的相关方法进行介绍，大体思路是得到点的索引，用户在拖动此点时更新它的位置，其详细代码如下。

代码位置：随书源代码/第 15 章目录下的 zxjhxt/ js 目录下的 MatrixManage.js。

```
if(name.localeCompare("pt")==0){                   //如果当前操作为点移
  var worldMatrix = new THREE.Matrix4();           //存储模型在世界坐标系下的矩阵
  worldMatrix.copy(loadMesh.matrixWorld);          //获取当前模型在世界坐标系下的矩阵
    if(loadMesh.children[0]!==undefined){          //如果模型为 obj 且读取完毕
     geoArray=loadMesh.children[0].geometry.getAttribute( 'position');
       //得到模型的顶点信息
    }else{                                         //如果模型为 obj 且读取完毕
     geoArray=loadMesh.geometry.getAttribute( 'position'); //得到模型的顶点信息
    }
    selectPoint_position = new THREE.Vector3(geoArray.getX(nest_index),
    geoArray.getY(nest_index),
         geoArray.getZ(nest_index));               //得到被选取的顶点位置
    selectPoint_position.applyMatrix4(worldMatrix);//得到当前顶点在世界坐标系下的位置
    var pointTrInverse = new THREE.Matrix4();  //用来执行点移操作的逆矩阵
    pointTrInverse.getInverse(matrix);          //得到点移操作的逆矩阵
    selectPoint_position.applyMatrix4(pointTrInverse);
    //将当前点的位置乘以点移操作的逆矩阵
```

```
15    var worldMatrixInverse = new THREE.Matrix4();     //存储世界坐标系下的逆矩阵
16    worldMatrixInverse.getInverse(loadMesh.matrixWorld);
      //得到模型在世界坐标系下的逆矩阵
17    selectPoint_position.applyMatrix4(worldMatrixInverse);
      //将当前点的位置乘以世界坐标系下的逆矩阵
18    if(loadMesh.children[0]!==undefined){        //如果模型为 obj 格式且已经加载完毕
19      loadMesh.children[0].geometry.getAttribute( 'position').setXYZ(nest_index
20      ,selectPoint_position.x,selectPoint_position.y,selectPoint_position.z);
        //更改模型顶点数组中的点位置
21      loadMesh.children[0].geometry.attributes.position.needsUpdate = true;
        //更新顶点信息
22    }else{                                      //如果模型为 stl 格式且已经加载完毕
23      loadMesh.geometry.getAttribute( 'position').setXYZ(nest_index,
        selectPoint_position.x,
24          selectPoint_position.y,selectPoint_position.z);
            //更改模型顶点数组中的点位置
25      loadMesh.geometry.attributes.position.needsUpdate = true; //更新顶点信息
26    }
27    selectPoint_position.applyMatrix4(worldMatrix);        //更新选中点的位置
28    selectPoint.position.set(selectPoint_position.x,selectPoint_position.y,
      selectPoint_position.z);
29    control.attach(selectPoint);                       //将辅助工具与选中点进行绑定
30    control.setIndex(nest_index);                      //设置选中点在模型中的索引
31    this.recoverIndex.push(this.indexArray[this.indexArray.length-1]);
      //将点的索引放入 recoverIndex 中
32    this.indexArray.splice(this.indexArray.length-1,1);
      //将点的索引从 indexArray 中删除
33  }
34  this.recoverName.push(this.operateName[this.operateName.length-1]);
    //保存操作的类型
35  this.recoverMatrix.push(this.historyMatrix[this.historyMatrix.length-1]);
    //保存此次操作的矩阵
36  this.operateName.splice(this.operateName.length-1,1);
    //将操作的类型从 operateName 中删除
37  this.historyMatrix.splice(this.historyMatrix.length-1,1);
    //将此次操作的矩阵从 historyMatrix 中删除
38  deleteResult();                                   //在页面操作列表中删除相关信息
39  loadMesh.updateMatrixWorld();                     //之后更新物体的世界坐标系
40  this.Message.splice(this.Message.length-1,1);     //在系统中把对应的信息删除掉
41 }
```

- 第 2～13 行为得到模型顶点信息的相关代码。首先通过 loadMesh.children[0]是否为空判断当前使用的模型格式，之后通过不同的代码获取存储模型顶点信息的数组。最后向方法中传入选中点的索引值来获取此点的位置信息。
- 第 12～26 行为更新此点在模型中位置的相关代码。为了使思路更加清晰，此处的变换是在世界坐标系中完成的。首先求出此顶点在世界坐标系下的位置，执行相应的平移操作之后，再乘以模型在世界坐标系下的逆矩阵，结果即为所求。
- 第 27～41 行为存储、删除相关操作信息的代码部分。其中数组 operateName 和 historyMatrix 用来存储已经执行了的操作信息。recoverName 和 recoverMatrix 用来存储执行过的操作信息，操作执行完毕后，要将对应信息进行操作。

（4）上文介绍了在矩阵管理脚本中执行相应操作的相关代码。本系统为了减少用户消除误操作所花费的时间，还设计了撤销功能。其大体思路是根据执行时的步骤，在撤销时求出对应矩阵的逆矩阵，再对模型的位置和缩放比进行改变。详细代码如下。

代码位置：随书源代码/第 15 章目录下的 zxjhxt/ js 目录下的 MatrixManage.js。

```
this.recover = function(){                       //对模型执行撤销操作的方法
  var chineseName;                               //操作的中文描述
  if(this.recoverName.length===0){               //如果 recoverName 数组中没有数据
    alert("您没有进行撤销操作");                  //不能进行撤销操作
```

```
5         return;                                    //直接从函数中跳出
6       }else{                                       //如果 recoverName 数组中有数据
7         name = this.recoverName[this.recoverName.length-1];
          //获取最后一次操作的英文简写
8         matrix = this.recoverMatrix[this.recoverMatrix.length-1];
          //获取最后一次操作的矩阵
9         if(name.localeCompare("tr")==0) {          //如果此次操作为平移
10          control.attach(loadMesh);                //将辅助工具与模型进行绑定
11          chineseName = "平移";                     //设置其中文描述为"平移"
12          loadMesh.applyMatrix(matrix);            //直接乘以平移矩阵
13          loadMesh.updateMatrixWorld();            //更新世界坐标矩阵
14        }else if(name.localeCompare("ro")==0){               //如果此次操作为旋转
15          control.attach(loadMesh);                          //将辅助工具与模型进行绑定
16          chineseName = "旋转";                               //设置其中文描述为"旋转"
17          //从模型父节点的世界坐标矩阵中将旋转信息提取出来
18          if(loadMesh.parent!==null) {                       //如果模型的父节点不为空
19            parentRotationMatrix.extractRotation(loadMesh.parent.matrixWorld );}
20            //将父节点的世界旋转矩阵中的逆矩阵转换成四元数
21            tempQuaternion.setFromRotationMatrix(tempMatrix.getInverse
              (parentRotationMatrix ));
22            //得到模型世界坐标矩阵中的旋转信息
23            worldRotationMatrix.extractRotation( loadMesh.matrixWorld );
24            quaternion.setFromRotationMatrix( matrix ); //将传来的旋转矩阵转化成四元数
25            //将模型的世界旋转矩阵转化成四元数
26            quaternionXYZ.setFromRotationMatrix( worldRotationMatrix );
27            //将模型父节点的四元数乘以传来的旋转信息
28            tempQuaternion.multiplyQuaternions( tempQuaternion, quaternion );
29            //再乘以世界坐标系下的旋转四元数
30            tempQuaternion.multiplyQuaternions( tempQuaternion, quaternionXYZ );
31            loadMesh.quaternion.copy( tempQuaternion ); //设置模型的旋转四元数
32            loadMesh.updateMatrixWorld();                //更新世界坐标矩阵
33          }else if(name.localeCompare("sc")==0){         //如果此次操作为缩放
34            control.attach(loadMesh);                    //将辅助工具与模型进行绑定
35            chineseName = "缩放";                         //设置其中文描述为"缩放"
36            oldScale.copy(loadMesh.scale);               //获取物体当前的缩放系数
37            //设置本次的缩放系数
38            changeScale.set(matrix.elements[0],matrix.elements[5],matrix.elements[10]);
39            loadMesh.scale.set(oldScale.x*changeScale.x,oldScale.y*changeScale.y,
              oldScale.z*
40            changeScale.z);                              //设置物体的缩放系数
41      }}}
```

- 第 7～13 行为对模型的平移操作执行撤销的相关代码。首先从 recoverMatrix 数组中取出平移矩阵的逆矩阵，然后直接将模型的位置与其相乘，结果为模型在执行平移操作之前的位置。这里需要注意的是，最终要更新模型在世界坐标系下的矩阵。
- 第 14～32 行为对模型的旋转操作执行撤销的相关代码。在此过程中需要将父节点的世界旋转矩阵的逆矩阵转换成四元数，然后将模型父节点的四元数乘以传来的旋转信息，再乘以世界坐标系下的旋转四元数，结果为模型最终的旋转信息。
- 第 33～41 行为对模型的平移操作执行撤销的相关代码。开始时要判断此次操作的英文简写是否为“sc”，判断是否对模型整体的执行缩放操作。然后将辅助工具与模型整体进行绑定，最终计算并设置缩放操作之前物体的缩放系数。

15.6.2　材质管理脚本

本系统对材质的修改编辑功能也十分强大，为了使程序的条理和框架更加清晰，方便以后的维护，此部分功能同样由一个管理脚本进行管理。其可以完成模型剖切、材质颜色、高光区尺寸、镜面光强度以及透明度的修改等多种功能。下面将详细介绍其开发过程。

（1）开发材质管理脚本的大体框架。其中包括材质管理器的构造函数，获得当前材质对象的方法，获得材质信息和纹理图名称的相关方法。完成上述功能时，只需要调用材质管理对象的对应方法即可，具体的代码如下所示。

代码位置：随书源代码/第 15 章目录下的 zxjhxt/ js 目录下的 MtlManage.js。

```
1    function MtlManage(material){                    //材质管理对象的构造函数
2      this.material = material;                      //指向读取后返回的材质
3      this.information = [];                         //存储当前的材质信息
4      this.localPlane = new THREE.Plane( new THREE.Vector3( 0, - 1, 0 ), 0.5 );
       //进行剖切的平面
5      this.output='';                                //存储材质文件的结果
6    }
7    MtlManage.prototype.getMtl = function(){                      //得到当前材质的方法
8      for(var mat in this.material.materials) {                   //遍历读取的材质信息
9        var material = this.material.materials[mat];              //找到当前使用的材质
10       material.side = THREE.DoubleSide;                         //设置材质为双面显示
11       return material;                                          //返回当前的材质对象
12   }}
13   MtlManage.prototype.getTextureName = function(){  //获取当前材质中纹理图名称的方法
14     var texturePath;                                         //存储纹理图名字的变量
15     for(var matName in this.material.materials) {            //遍历读取的材质信息
16       texturePath = this.material.materialsInfo[matName].map_kd;
         //导出模型贴图的名称
17       if(texturePath!==undefined){                           //如果此名称不为空
18         return texturePath;                                  //返回当前材质的名称
19   }}}
20   MtlManage.prototype.getInformation = function(){          //得到材质文件中各个属性的信息
21     for(var typeName in this.material.materialsInfo){  //遍历读取到的所有属性
22       //将当前信息存入到数组中以方便管理
23       this.information[typeName] = this.material.materialsInfo[typeName];
24   }};
25   MtlManage.prototype.setkd = function(r,g,b) {   //改变物体固有颜色的方法，范围为 0~1
26     for(var matName in this.material.materials) {//遍历读取的材质信息
27       var mat = this.material.materials[matName];//找到当前使用的材质对象
28       mat.color.r = r;                           //设置 R 通道的系数
29       mat.color.g = g;                           //设置 G 通道的系数
30       mat.color.b = b;                           //设置 B 通道的系数
31       mat.color.needsUpdate = true;              //更新材质信息
32   }};
33   MtlManage.prototype.getkd = function(){         //得到物体固有颜色的方法 范围为 0~1
34     var tempColor = new THREE.Vector3();         //代表物体固有颜色的变量
35     for(var matName in this.material.materials) {//遍历读取的材质信息
36       var mat = this.material.materials[matName];//找到当前使用的材质对象
37       if(mat.color!==undefined){                 //如果当前的颜色不为空
38         tempColor.x = mat.color.r;               //得到 R 通道的系数
39         tempColor.y = mat.color.g;               //得到 G 通道的系数
40         tempColor.z = mat.color.b;               //得到 B 通道的系数
41     }}
42     return tempColor;                            //返回当前颜色
43   };
```

- 第 1~6 行为材质管理对象的构造函数。其中 localPlane 为进行模型剖切的平面，创建时第一个参数为平面的法向量。如果开发人员想改变剖切平面的角度和姿态，只需要计算出此时的法向量并修改相关参数即可，它十分方便快捷。
- 第 7~12 行为获取当前材质对象的相关代码。obj 格式的文件加载完毕后，程序会直接返回一个网格对象。而 stl 文件读取完毕后，只返回一个几何对象，所以开发人员还需要自行创建材质对象，并将其和几何对象组合成网格对象。
- 第 25~43 行为设置和获取物体材质固有颜色的相关代码。首先遍历读取的材质信息并找到当前使用的材质对象。然后通过其 color 属性读取或者设置操作。其中 R、G、B 分别代表 3 个颜色通道的系数，设置完成后需要更新材质信息。

（2）开发材质管理脚本，设置材质中各种反射属性的相关代码，其中包括材质中的镜面光强度、模型的透明度、高光区尺寸等。用户在 3D 编辑页面中，只需要在对应的属性框中输入相应的数值，材质即可完成对应的改变。具体的代码如下所示。

代码位置：随书源代码/第 15 章目录下的 zxjhxt/ js 目录下的 MtlManage.js。

```
1     MtlManage.prototype.setks = function(r,g,b) { //改变物体镜面光强度的方法，范围为 0～1
2       for(var matName in this.material.materials) {//遍历读取的材质信息
3         var mat = this.material.materials[matName];//找到当前使用的材质
4         mat.specular.r = r;                        //设置镜面光的 R 通道系数
5         mat.specular.g = g;                        //设置镜面光的 G 通道系数
6         mat.specular.b = b;                        //设置镜面光的 B 通道系数
7         mat.needsUpdate = true;                    //更新材质信息
8     }};
9     MtlManage.prototype.getks = function(){              //获取物体镜面光强度的方法 范围为 0～1
10      var currentks;                                     //代表当前材质对光线的反射强度
11      for(var matName in this.material.materials) {      //遍历读取的材质信息
12        var mat = this.material.materials[matName];      //找到当前使用的材质
13        if(mat.specular.r!==undefined){                  //如果材质的 specular 属性不为空
14          currentks = mat.specular.r;                    //得到材质的镜面光强度数值
15      }}
16      return currentks;                                //返回材质的镜面光强度数值
17    };
18    MtlManage.prototype.setns = function(ns) {       //设置材质的高光区域大小的方法,取值范围
      为 0～1000
19      for(var matName in this.material.materials) {     //遍历读取的材质信息
20        var mat = this.material.materials[matName];     //找到当前使用的材质
21        mat.shininess = ns;                     //通过修改材质的 shininess 属性设置高光区域
22        mat.needsUpdate = true;                 //更新材质信息
23    }};
24    MtlManage.prototype.getns = function(){ //返回当前物体高光区域值的方法
25      var currentns;                                   //表示当前高光区域的值
26      for(var matName in this.material.materials) {      //对当前的材质信息进行遍历
27        var mat = this.material.materials[matName];      //找到当前使用的材质
28        if(mat.shininess!== undefined) {             //如果当前材质中 shininess 属性不为空
29          currentns= mat.shininess;                  //将其赋值给变量 ns
30      }}
31      return currentns;                              //返回当前物体的高光区域值
32    };
33    MtlManage.prototype.settr = function(tr) {       //设置材质透明度的方法
34      for(var matName in this.material.materials) {//遍历读取的材质信息
35        var mat = this.material.materials[matName];//找到当前使用的材质
36        mat.opacity = 1-tr;                        //根据透明度来计算不透明度并进行设置
37        mat.transparent = true;                    //开启材质的透明选项
38        mat.needsUpdate = true;                    //更新材质信息
39    }};
40    MtlManage.prototype.gettr = function(){          //获取材质透明度的方法
41      var currenttr;                                 //表示材质当前透明度
42      for(var matName in this.material.materials) {//遍历读取的材质信息
43        var mat = this.material.materials[matName];//找到当前使用的材质
44        if(mat.opacity!== undefined) {          //如果当前材质中的 shininess 属性不为空
45          currenttr = 1 - mat.opacity;          //根据透明度来计算不透明度并设置
46      }}
47      return currenttr;                         //返回获得的透明度
48    };
```

- 第 1～17 行为获取和设置物体镜面光强度的相关方法。镜面光一般可以代表实际物体表面的粗糙程度。物体越光滑，镜面光强度越大，反射的光线越强。此部分的代码与上面介绍的基本一致，不再赘述，读者可自行查阅相关资料。
- 第 18～32 行为通过修改材质的 shininess 属性设置高光区域尺寸的相关方法。高光区域尺寸也是材质中非常重要的一个属性。无论是游戏行业还是模型展示领域中，通常都可

以将此属性与镜面光强度相互配合，模拟出多种真实的质感。

- 第 33～48 行为获取和设置物体透明度的相关方法。其中需要注意的是，Three.js 引擎中为了提高渲染效率，默认关闭透明效果。所以在设置模型透明度时需要将其 transparent 置为 true，然后修改 transparent 属性的值，最终更新材质信息。

（3）开发材质管理脚本中开启和关闭模型剖切以及设置剖切高度的相关代码。前面的代码已经创建了用来剖切模型的平面。此部分只需要操作材质的对应属性，修改剖切平面的高度。具体的代码如下所示。

代码位置：随书源代码/第 15 章目录下的 zxjhxt/ js 目录下的 MtlManage.js。

```
1   MtlManage.prototype.enablePQ = function(){              //开启剖切的方法
2     for(var matName in this.material.materials) {         //遍历读取到的材质信息
3       var mat = this.material.materials[matName];         //获取当前的材质
4       mat.clippingPlanes = [this.localPlane];             //设置完成剖切的平面
5       mat.needsUpdate = true;                              //更新材质信息
6   }};
7     MtlManage.prototype.disEnablePQ = function(){          //关闭剖切的方法
8     for(var matName in this.material.materials) {         //遍历读取的材质信息
9       var mat = this.material.materials[matName];         //获取当前的材质
10      mat.clippingPlanes = null;   //将材质的clippingPlanes置为null，从而关闭剖切功能
11      mat.needsUpdate = true;      //更新材质信息
12  }};
13  MtlManage.prototype.setPQHeight = function(height) {        //设置剖切高度的方法
14    this.localPlane.constant = height;                     //改变剖切面的constant属性
15  };
16  MtlManage.prototype.getMtlName = function(){             //获取当前材质名称的方法
17    for(var matName in this.material.materials) {         //遍历读取到的材质信息
18      var mat = this.material.materials[matName];         //获取当前使用的材质
19      return mat.name;                                     //返回当前材质的名称
20  }}
21  MtlManage.prototype.toOne = function(str) {              //传入的是十六进制字符串
22    var temp = [];                                         //转换时用到的数组
23    var result = [];                                       //存放结果的数组
24    var colorArray = str.split('');                        //将字符串中的各个字符分开
25    temp["r"] = parseInt("0x"+colorArray[1] + colorArray[2])/256;//转换R通道的数值
26    temp["g"] = parseInt("0x"+colorArray[3] + colorArray[4])/256;//转换G通道的数值
27    temp["b"] = parseInt("0x"+colorArray[5] + colorArray[6])/256;//转换B通道的数值
28    result["r"] = temp["r"].toFixed(2);                    //将R通道的数值保留两位小数
29    result["g"] = temp["g"].toFixed(2);                    //将G通道的数值保留两位小数
30    result["b"] = temp["b"].toFixed(2);                    //将B通道的数值保留两位小数
31    return result;                                         //返回计算完成后的结果
32  };
```

- 第 1～12 行为开启和关闭剖切功能的相关方法。上文已经创建了用来剖切平面的 localPlane 变量，当需要开启剖切功能时，只需要获取当前材质，将 localPlane 赋值到其 clippingPlanes 属性上，并需要将其 needsUpdate 属性置为 true。
- 第 13～20 行为设置剖切高度和获取当前材质名称的方法。在设置剖切高度时，只需要找到 localPlane 变量，并修改其 constant 属性的值即可。而在获取材质名称时，需要找到当前使用的材质对象，并返回其 name 属性的值。
- 第 21～32 行为将表示颜色的十六进制字符串转变成 3 个数字的方法，这些数字分别代表 *R*、*G*、*B* 这 3 个色彩通道的系数。程序首先要使用 split 函数将字符串中的各个字符分开，然后使用 parseInt 函数将其转换成十进制，最后计算结果并返回。

（4）开发材质管理脚本，将当前材质中的各种属性导出为字符串的相关代码。首先需要找到当前使用的材质对象，然后遍历其各种属性值，最后在字符串中加入对应的字符，方便其他 3D 编辑软件的读取和使用。具体的代码如下所示。

代码位置：随书源代码/第 15 章目录下的 zxjhxt/ js 目录下的 MtlManage.js。

```
1   MtlManage.prototype.exportMtl=function(){        //将当前材质导出为字符串的方法
2     var temp;                                      //存储单个数字的变量
3     var tempVector = new THREE.Vector3();          //保存三维向量的变量
4     this.output="";                                //重置导出结果
5     for(var matName in this.material.materials) {            //遍历读取的材质信息
6       var mat = this.material.materials[matName];            //找到当前使用的材质对象
7       this.output = this.output + "newmtl " + mat.name+" \r\n";    //声明材质名称
8       this.output += "illum 4\r\n";                          //声明光照模型
9       tempVector = this.getkd();                             //得到物体固有的颜色
10      this.output += "kd " + tempVector.x +' '+tempVector.y+' '+tempVector.z+'
        \r\n';   //导出物体的颜色
11      temp = this.getks();                                   //得到物体的镜面光强度
12      temp = temp.toFixed(2);                                //将镜面光强度保留两位小数
13      this.output += "ks " + temp +' '+temp+' '+temp+' \r\n';//导出物体的反射光强度
14      temp = this.gettr();                                   //得到物体的透明度
15      this.output += "Tr " + temp +' \r\n';                  //导出物体的透明度
16      temp = this.getns();                                   //得到物体高光区的尺寸
17      this.output += "ns " + temp +" \r\n";                  //导出物体的高光区尺寸
18      var texturePath = this.material.materialsInfo[matName].map_kd;
        //获取模型贴图的路径
19      if(texturePath!==undefined){                           //如果贴图路径不为空
20          this.output += "map_kd " + texturePath;            //导出物体的贴图路径
21    }}
22    return this.output;                                      //返回导出的结果
23  }
```

- 第 2～4 行为新建用来存储单个数字和三维向量以及导出结果的变量。此方法中将获取到的信息存储在这些变量中。当所有信息都导出完毕后，程序会将字符串返回，并创建出扩展名为 mtl 的材质文件，以供用户下载和使用。
- 第 5～21 行为遍历材质的各种信息并导出为字符串的相关代码。首先需要在字符串中加入“newmtl”，后面的字符代表材质的名称。“illum”后面的数字代表了光照模型的类型。“kd”表示物体本身的颜色，其他属性不再一一介绍。

15.7 工具脚本

15.6 节中已经介绍了本系统中各个管理脚本的开发过程，本节将介绍各个工具脚本的开发步骤。工具脚本主要为颜色拾取脚本、旋转控制脚本、辅助修改器脚本。本节中将对本系统中使用的多种开发工具脚本的功能和开发过程进行详细介绍。

15.7.1 颜色拾取脚本

本系统具有纹理图中的颜色拾取功能，大体的开发思路是得到单击点对应的 *UV* 坐标，然后在纹理图的对应位置进行取样，并将取样结果返回到客户端中。为了使读者对其有更加深刻的印象，下面将对颜色拾取脚本的开发步骤进行详细介绍。

（1）开发颜色拾取脚本中的拾取部分。当用户单击 3D 编辑页面中的场景时，首先需要判断是否单击到了模型。如果单击到了模型，程序需要拾取模型中对应点的 *UV* 坐标，以供后面的操作。下面将对此部分代码进行详细介绍，具体代码如下。

代码位置：随书源代码/第 15 章目录下的 zxjhxt/ js 目录下的 pickUpColor.js。

```
function onDocumentMouseDown(event){            //颜色拾取的监听方法
  if(isPickColor){                              //如果当前用户打开了颜色拾取功能
    //进行坐标系的转化，x、y 的取值范围在 0~1 之间
    mouse.x = ( event.clientX / renderer.domElement.clientWidth ) * 2 - 1;
    //转换 x 坐标
```

```
5        mouse.y = - ( event.clientY / renderer.domElement.clientHeight ) * 2 + 1;
         //转换 y 坐标
6        raycaster.setFromCamera( mouse, camera );//将转换后的鼠标点和摄像机传进 raycaster 中
7        //使用 raycaster 进行投射，观察其是否与指定的 3D 物体相交
8        var intersects = raycaster.intersectObject( loadMesh,true);
9          if ( intersects.length > 0 ) {           //如果判断鼠标投射到了物体上
10           getColorOfImage(intersects[0].uv.x,intersects[0].uv.y,parentName+mtlManage.
11              getTextureName());                    //获得单击点的颜色值
12     }}}
13     function initCanvas(){                         //初始化 Canvas 标签的方法
14       var canvas = document.getElementById("myCanvas");   //通过 id 找到 Canvas 对象
15       if(canvas.getContext){                        //如果浏览器支持 Canvas
16         var ctx = canvas.getContext("2d");          //获取画布对象的上下文
17         img = new Image();                          //创建新的图片对象
18         img.src = parentName + mtlManage.getTextureName();  //指定纹理图片的 URL
19         img.onload = function(){                    //图片读取完毕时进行的操作
20           canvas.width = img.width;                 //图片的宽度赋值给 Canvas
21           canvas.height = img.height;               //图片的高度赋值给 Canvas
22           ctx.drawImage(img, 0, 0, img.width,img.height);//保持纹理图的大小不变并绘制
             在 Canvas 中
23     };}}
```

- 第 1～12 行为进行颜色拾取的监听方法。当用户单击 3D 场景时，程序会执行此方法。首先通过 isPickColor 的值判断当前是否开启了颜色拾取功能。如果处于开启状态，程序会拾取此点的 *UV* 坐标，并传入 getColorOfImage 方法中进行操作。
- 第 13～23 行为初始化 3D 编辑页面中 Canvas 对象的相关方法。首先在此脚本中通过 id 找到对应的 Canvas 对象，然后判断当前浏览器是否支持此标签，最终指定图片读取完毕后进行的操作。此过程中要注意，对图片的操作代码要写在 onload 中。

（2）详细介绍纹理采样的 getColorOfImage 方法。此方法的作用是接收到顶点的 *UV* 坐标，然后到 Canvas 对象中进行找到对应像素，采样完成后将颜色值转换成十六进制字符并返回。下面将对其进行详细介绍，代码如下所示。

代码位置：随书源代码/第 15 章目录下的 zxjhxt/ js 目录下的 pickUpColor.js。

```
1    function getColorOfImage(u,v,imagePath){       //传入 UV 坐标和纹理图的路径
2      var colorResult = "";                        //存放颜色信息的字符串
3      var canvas = document.getElementById("myCanvas");//根据 id 找到对应的 Canvas 标签
4       if(canvas.getContext){                      //获取画布对象的上下文
5         //获取对应的 CanvasRenderingContext2D 对象(画笔)
6         var ctx = canvas.getContext("2d");
8         //使用 Canvas 上下文的 getImageData 函数进行纹理采样
9         var imgdata = ctx.getImageData(Math.floor(img.width * u),Math.floor
          (img.height *(1-v)),1,1);
10        var R = convert(imgdata.data[0]);        //将 R 通道颜色值转换成十六进制
11        var G = convert(imgdata.data[1]);        //将 G 通道颜色值转换成十六进制
12        var B = convert(imgdata.data[2]);        //将 B 通道颜色值转换成十六进制
13        colorResult = "#"+R+G+B;                 //综合 3 个通道，得出最后的颜色值
14        //打印出对应点的采样结果
15        alert("您选取的点颜色值为: "+colorResult);     //使用 alert 函数呈现计算结果
16   };}
17   function convert(num){                      //将十进制数字转换成十六进制的方法
18     if(num<16){                               //如果数字小于 16
19       num=num.toString(16);                   //直接使用 toString 函数将其转换成十六进制
20       num="0"+num;                            //并在开头加"0"补齐
21     }else{                                    //如果此数字大于或者等于 16
22       num=num.toString(16);                   //直接使用 toString 函数将其转换成十六进制
23     }
24     return num;                               //返回转换完成的结果
25   }
```

- 第 1～16 行为根据 *UV* 坐标在 Canvas 对象中进行颜色取样的相关代码。程序首先需要接收顶点的 *UV* 坐标以及纹理图的路径，然后创建用来存放颜色信息的字符串，并使用

getImageData 函数进行颜色采样，最终返回计算结果。

- 第 17~25 行为将十进制数字转换成十六进制的方法。首先判断十进制数字是否小于 16。如果小于，则直接使用 toString 函数将其转换成十六进制。由于此时只有一位，而表示颜色通道的十六进制都有 6 位，所以要在前面用“0”补齐。

15.7.2 摄像机旋转脚本

本系统为了方便用户细致全面地观察模型效果，支持多种鼠标事件来控制摄像机的位置。用户可以操作滚轮，减小或者增大摄像机到场景中心的距离。用户也可以拖动右上角的小正方体来控制摄像机的位置。下面将对其操控脚本的开发进行介绍。

（1）介绍添加球形轨迹控制器的 addCubeControl 方法，在此方法中主要完成小正方体的初始化过程。另外还需要介绍小正方体的拾取方法，当用户单击小正方体时，将会记录相关数据，以供后面使用。具体的代码如下所示。

代码位置：随书源代码/第 15 章目录下的 zxjhxt/ js 目录下的 SphereControl.js。

```
function addCubeControl(){                                    //添加球形轨迹控制器的方法
  var cubeGeo = new THREE.CubeGeometry(1,1,1);               //新建正方体的方法
  var textLoader = new THREE.TextureLoader();                //新建纹理贴图的加载器
  var textureArray=[                                          //存放小正方体各个面的纹理贴图
    new THREE.MeshBasicMaterial({map:(new THREE.TextureLoader).load("xitongtu/0.jpg")}),
    new THREE.MeshBasicMaterial({map:(new THREE.TextureLoader).load("xitongtu/1.jpg")}),
    new THREE.MeshBasicMaterial({map:(new THREE.TextureLoader).load("xitongtu/2.jpg")}),
    new THREE.MeshBasicMaterial({map:(new THREE.TextureLoader).load("xitongtu/3.jpg")}),
    new THREE.MeshBasicMaterial({map:(new THREE.TextureLoader).load("xitongtu/4.jpg")}),
    new THREE.MeshBasicMaterial({map:(new THREE.TextureLoader).load("xitongtu/5.jpg")})
  ];                                                          //存放纹理贴图的数组
  var cubeMaterial = new THREE.MeshFaceMaterial(textureArray);//新建小正方体的材质
  cube = new THREE.Mesh(cubeGeo, cubeMaterial);  //生成正方体网格对象
  cubeScene.add(cube);                                        //将此网格对象添加到场景中
  renderer.domElement.addEventListener( 'mousedown', onSphereMouseDown,
        false );                                              //添加鼠标按下的监听
  renderer.domElement.addEventListener( 'mousemove', onSphereMousemove,
        false );                                              //添加鼠标移动的监听
  renderer.domElement.addEventListener( 'mouseup', onSphereMouseup , false);
  //添加鼠标抬起的监听
  renderer.domElement.addEventListener( 'mousewheel', onMouseWheel , false);
  //添加鼠标滚轮的监听
}
function onSphereMouseDown(event){                            //拾取小正方体的方法
  var Xmax = renderer.domElement.clientWidth, Xmin = Xmax-100;
  //确定正方体所在屏幕的区域
  var Ymax = 100, Ymin = Ymax-100;
  mouse.x = ( (event.clientX-Xmin) / 100 ) * 2 - 1;  //将鼠标按下后x坐标进行的转换
  mouse.y = - ( (event.clientY-Ymin) / 100 ) * 2 + 1;//将鼠标按下后y坐标进行的转换
  raycaster.setFromCamera( mouse, ortCamera );       //将转换后的鼠标点和摄像机传
  进raycaster中
  var intersects = raycaster.intersectObject( cube,true);
  //使用射线判断是否拾取到了正方体
  if ( intersects.length > 0 ) {        //如果判断鼠标已投射到正方体上
    pointdown.x = event.clientX;        //记录下当前鼠标单击到的x坐标
    pointdown.y = event.clientY;        //记录下当前鼠标单击到的y坐标
    prePointX = event.clientX;          //prePointX记录上次鼠标所在的x坐标
    prePointY = event.clientY;          //prePointY记录上次鼠标所在的y坐标
```

```
34        isPointInCube = true;          //更改对应的标志位
35    }}
```

❑ 第 2～14 行为读取小正方体各个面的贴图并创建小正方体网格对象的相关代码。首先在 textureArray 数组中存入小正方体各个面的贴图，然后创建面材质，并生成网格对象。需要注意的是，在使用面材质时，贴图数要与面数一致。

❑ 第 15～20 行为添加各种鼠标事件的相关代码，其中包括鼠标单击、移动以及鼠标滚轮滚动等事件。当用户在浏览器中进行某些鼠标操作时，程序将会自动调用绑定的方法。由于不同的浏览器兼容性不同，所以在实际开发时需要多加测试。

❑ 第 22～34 行为拾取小正方体的方法。当用户按下鼠标时，程序将会对对应的页面坐标进行转换，并使用 raycaster 组件进行拾取，判断鼠标是否投射到了小正方体上。接下来记录上次和当前鼠标单击到的坐标，最后改变对应的标志位。

（2）下面需要介绍的是在球形轨迹控制器中鼠标移动的监听方法。在此方法中会首先判断鼠标按下时是否单击到了小正方体。如果单击到了，将会根据鼠标移动的方向修改仰角和朝向角，并将此次的对应坐标存储起来，以便下次使用。具体的代码如下所示。

代码位置：随书源代码/第 15 章目录下的 zxjhxt/ js 目录下的 SphereControl.js。

```
function onSphereMousemove(event){                       //鼠标移动的监听方法
 if(isPointInCube){                                      //如果鼠标按下时单击到了小正方体
   currentX = event.clientX;                             //记录鼠标在页面上的 x 坐标
   currentY = event.clientY;                             //记录鼠标在页面上的 y 坐标
   var pointYcha = currentY - prePointY;                 //记录本次移动的在 y 轴上的距离
   var pointXCha = currentX - prePointX;                 //记录本次移动的在 x 轴上的距离
   var MAX_YJ = Math.PI/2*180;                           //设置最大仰角
   var MIN_YJ = -Math.PI/2*180;                          //设置最小仰角
   yj +=pointYcha;                                       //更新鼠标移动后的仰角
   degree = degree - pointXCha;                          //更新鼠标移动后的朝向角
   if(degree>=360){                                      //如果朝向角大于 360°
     degree=degree-360;                                  //将其减去 360°
   }else if(degree<=0){                                  //如果朝向角小于 360°
     degree=degree+360;                                  //将其加上 360°
   }
   var cy = Math.sin(yj*Math.PI/180) * radius;    //计算摄像机位置的 y 坐标
   var cxz = Math.cos(yj*Math.PI/180) * radius;   //计算摄像机位置中 x 轴、z 轴的分量
   var cx = Math.sin(degree*Math.PI/180)* cxz;    //计算摄像机位置的 x 坐标
   var cz = Math.cos(degree*Math.PI/180)* cxz;    //计算摄像机位置的 z 坐标
   var upY=Math.cos(yj*Math.PI/180);              //计算当前摄像机 up 向量的 y 轴分量
   var upXZ=Math.sin(yj*Math.PI/180);             //计算 up 向量中 x 轴、z 轴的分量
   var upX=-upXZ*Math.sin(degree*Math.PI/180);    //计算当前摄像机 up 向量的 x 轴分量
   var upZ=-upXZ*Math.cos(degree*Math.PI/180);    //计算当前摄像机 up 向量的 z 轴分量
   camera.up.x = upX;                        //设置透视投影摄像机 up 向量的 x 轴分量
   camera.up.y = upY;                        //设置透视投影摄像机 up 向量的 y 轴分量
   camera.up.z = upZ;                        //设置透视投影摄像机 up 向量的 z 轴分量
   ortCamera.position.x = cx;                //设置正交投影摄像机位置的 x 坐标
   ortCamera.position.y = cy;                //设置正交投影摄像机位置的 y 坐标
   ortCamera.position.z = cz;                //设置正交投影摄像机位置的 z 坐标
   ortCamera.up.x = upX;                     //设置正交投影摄像机 up 向量的 x 轴分量
   ortCamera.up.y = upY;                     //设置正交投影摄像机 up 向量的 y 轴分量
   ortCamera.up.z = upZ;                     //设置正交投影摄像机 up 向量的 z 轴分量
   ortCamera.lookAt(cubeScene.position);           //设置正交投影摄像机的焦点
   ortCamera.updateProjectionMatrix();             //更新投影矩阵
   camera.position.copy(ortCamera.position);      //更新透视投影摄像机的位置
   camera.lookAt(scene.position);                  //设置摄像机焦点
   camera.updateProjectionMatrix();                //更新透视投影矩阵
 }
 prePointX = currentX;                             //记录本次鼠标的 x 坐标
 prePointY = currentY;                             //记录本次鼠标的 y 坐标
}
```

- 第 2～15 行为更新摄像机的仰角和朝向角的相关代码。首先判断鼠标按下时，用户是否单击到了右上角的小正方体。如果单击到了，分别计算出鼠标在 *x* 轴和 *y* 轴的位移量。然后根据此值对朝向角和仰角进行修改和更新。
- 第 16～32 行为根据更新后的仰角和朝向角计算出摄像机位置和 up 向量的相关代码。首先根据仰角计算出摄像机位置的 *y* 坐标和 *x* 轴、*z* 轴的向量和。然后根据朝向角计算出摄像机位置的 *x*、*z* 坐标，相关的原理也较为简单。
- 第 33～37 行为设置两台摄像机焦点的相关代码。上面的代码中已经对摄像机位置和 up 向量进行了设置。另外，焦点也是摄像机对象中一个非常重要的属性。需要注意的是，最终要调用 updateProjectionMatrix 更新摄像机的投影矩阵。

（3）介绍球形轨迹控制器中鼠标滚轮滑动的监听方法。当用户滚动鼠标滑轮时，此方法将会被调用，通过事件中的相关参数判断滚轮滑动的方向，然后对摄像机到场景中心的距离进行修改。具体的代码如下所示。

代码位置：随书源代码/第 15 章目录下的 zxjhxt/ js 目录下的 SphereControl.js。

```
function onMouseWheel(event){                    //鼠标滚轮滑动触发的方法
  event.preventDefault();                        //阻止页面上下移动的事件
  event.stopPropagation();                       //不再派发事件
  if ( event.wheelDelta !== undefined ) {        //如果此事件的 wheelDelta 未定义
    delta = event.wheelDelta;                    //获取滚轮的数据
  } else if ( event.detail !== undefined ) {     //如果此事件的 detail 未定义
    delta = - event.detail;                      //获取滚轮的数据
  }
  if(delta>0){radius+=10;}else{radius-=10;}//根据滑动方向对半径进行修改
  var cy = Math.sin(yj*Math.PI/180) * radius;    //重新计算摄像机的 y 坐标
  var cxz = Math.cos(yj*Math.PI/180) * radius;   //重新计算摄像机 x 轴和 z 轴的向量和
  var cx = Math.sin(degree*Math.PI/180)* cxz;    //根据朝向角计算摄像机的 x 坐标
  var cz = Math.cos(degree*Math.PI/180)* cxz;    //根据朝向角计算摄像机的 z 坐标
  camera.position.x = cx;                        //设置摄像机的 x 坐标
  camera.position.y = cy;                        //设置摄像机的 y 坐标
  camera.position.z = cz;                        //设置摄像机的 z 坐标
}
function onSphereMouseup(event) {                //鼠标抬起后触发的事件
  isPointInCube= false;                          //将对应的标志位置为 false
}
```

提示　开发鼠标滚轮的相关方法时，一定要注意要先调用 preventDefault 方法，阻止页面上下移动。并且在各个浏览器中，判断鼠标滚轮滚动的方法也不同。比如在 IE 浏览器中需要使用 wheelDelta 进行判断，而 Firefox 浏览器中需要使用 detail 属性。

15.7.3　添加监听脚本

本系统的 3D 编辑页面中的功能较多，相关的逻辑操作较为复杂，为了使代码的逻辑更加清晰，特别将与监听相关的代码进行了整合，使它们在一起进行管理和操作。这进一步降低了日后更新和维护的成本。下面将对此部分代码的开发步骤进行介绍，具体步骤如下。

（1）介绍整体编辑栏中的监听方法，主要包括平移、旋转、缩放、剖切以及设置剖切高度等功能。其中主要逻辑是设置辅助工具的当前模式，更改对应的标志位以及更新剖面高度等。下面将对此部分代码进行介绍，具体情况如下所示。

代码位置：随书源代码/第 15 章目录下的 zxjhxt 目录下的 3dbianji.jsp。

```
function addButtonListener(){                              //为工具栏中的按钮添加监听的方法
  document.getElementById('transformBtn').addEventListener('click',function(){
```

```
  //找到工具栏中的平移按钮
3     control.attach(loadMesh);                       //将辅助工具与模型进行绑定
4     control.setMode( "translate" );                 //将辅助工具设置为平移模式
5     isPointSelectMode = false;                      //将点选模式的标志位置为 false
6   }, false);
7   document.getElementById('rotateBtn').addEventListener('click', function() {
  //找到工具栏中的旋转按钮
8     control.attach(loadMesh);                       //将辅助工具与模型进行绑定
9     control.setMode( "rotate" );                    //将辅助工具设置为旋转模式
10    isPointSelectMode = false;                      //将点选模式的标志位置为 false
11  }, false);
12  document.getElementById('scaleBtn').addEventListener('click', function() {
  //找到工具栏中的缩放按钮
13    control.attach(loadMesh);                       //将辅助工具与模型进行绑定
14    control.setMode( "scale" );                     //将辅助工具设置为缩放模式
15    isPointSelectMode = false;                      //将点选模式的标志位置为 false
16  }, false);
17  document.getElementById('pouqieBtn').addEventListener('click', function() {
  //找到工具栏中的剖切按钮
18    if(isEnablePQ==false) {                         //判断当前状态没有开启剖切功能
19     mtlManage.enablePQ();                          //关闭剖切功能
20      isEnablePQ = true;                            //将对应的标志位置为 true
21    }else{                                          //判断当前状态已经开启剖切功能
22     mtlManage.disEnablePQ();                       //开启剖切功能
23      isEnablePQ = false;                           //将对应的标志位置为 false
24    }
25    isPointSelectMode = false;                      //将点选模式的标志位置为 false
26  }, false);
27  document.getElementById("myRange").onchange = function(){
  //滑动框的值改变时触发的事件
28    var poqieOffset=document.getElementById("myRange").value;//获得当前滑动框的值
29    mtlManage.setPQHeight(poqieOffset);
      //将滑动框的值设置为剖切面的高度
30  };
31  document.getElementById('dianxuanBtn').addEventListener('click',function(){
  //找到工具栏中的点选按钮
32    control.setMode( "translate" );                 //将辅助工具设置为平移模式
33    isPointSelectMode = true;                       //将点选模式的标志位置为 false
34    container.addEventListener( 'mousedown', onMouseDown, false );
      //添加点选模式的监听
35  },false);
36  document.getElementById('yanseBtn').addEventListener('click', function() {
  //找到工具栏中的颜色按钮
37    if(modelType[1]=="stl"){                        //如果当前模型文件为 stl 格式
38     alert('stl 格式的 3D 模型不支持纹理');          //弹出对话框，反馈给用户
39     return ;                                       //使用 return 直接跳出
40    }
41    isPickColor=!isPickColor;                       //将点选模式的标志位置反
42  },false);
43    ……//此处省略了其他按钮的监听方法，下面将对其进行详细介绍
```

- 第 1～16 行为设置平移、旋转、缩放等功能监听方法的相关代码。document.getElementById 函数的作用是根据 id 找到对应的标签对象。addEventListener 为添加监听事件的方法，第一个参数为事件的类型，第二个参数为事件发生后调用的方法。

- 第 17～30 行为添加剖切功能进行监听的代码部分。首先需要判断当前是否开启了剖切功能，假如当前没有开启剖切，单击“剖切”按钮后，程序将把对应的标志位置反。而用户修改剖切高度时，会触发滑动条的 onchange 事件。

- 第 31～42 行为添加点选和颜色拾取功能进行监听的代码部分。需要注意的是，在点选监听中，需要调用辅助工具 setMode 方法，将其设置为平移模式。而在颜色拾取监听中，如果当前模型为 stl 格式，则其不具有纹理图，所以要从程序中跳出。

（2）介绍外观编辑栏中相关功能监听的代码，其中主要包括着色、纹理、线框模式等功能。为了提升用户体验，当用户开启线框模式时，对应的按钮会变为高亮。再次单击时，高亮取消。具体的代码如下所示。

代码位置：随书源代码/第 15 章目录下的 zxjhxt 目录下的 3dbianji.jsp。

```
1    function addButtonListener(){                          //为工具栏中的按钮添加监听的方法
2      ……//此处省略了部分监听方法的代码，上文已经对其进行介绍，此处不再赘述
3      document.getElementById('zhuoseBtn').addEventListener('click', function() {
4        document.getElementById('yanseban').click();//呈现颜色选择控件
5      },false);
6      document.getElementById('yanseban').onchange = function(){
       //给颜色选择控件添加监听
7        var currentColor = mtlManage.toOne(this.value);        //将当前的颜色值进行转换
8        mtlManage.setkd(currentColor.r,currentColor.g,currentColor.b);
         //设置模型的固有颜色
9      };
10     document.getElementById('wenliBtn').addEventListener('click', function() {
       //添加纹理修改的监听
11       if(modelType[1]=="stl"){                         //如果当前模型格式为 stl
12         alert('stl 格式的 3D 模型不支持纹理');              //弹出对话框，反馈信息
13         return ;                                       //直接跳出程序
14       }
15       var textureName = mtlManage.getTextureName();          //获取纹理图的名称
16       var textureP = parentName + textureName;               //获取纹理图的路径
17       document.getElementById('texturePath').value = textureP;
         //将纹理图的路径赋值给表单元素
18       document.getElementById('textureName').value =textureName;
         //将纹理图的名称赋值给表单元素
19       document.getElementById('textureSub').click();      //将表单信息提交给目标网页
20     },false);
21     document.getElementById('xiankuangBtn').addEventListener('click',function(){
       //线框模式的监听
22       loadMesh.traverse( function ( child ) {                  //遍历网格对象的子对象
23         if ( child instanceof THREE.Mesh ) {                 //如果子对象属于网格对象
24           child.material.wireframe = !child.material.wireframe;
             //将 wireframe 属性值置反
25       }});
26       isXianKuang = !isXianKuang;                             //将对应的标志位置反
27       if(isXianKuang == true){                                //如果当前开启了线框模式
28         document.getElementById('xiankuangBtn').style.backgroundColor="#409b93";
           //将按钮设置为高亮
29       }else{                                                  //如果没有开启线框模式
30         document.getElementById('xiankuangBtn').style.backgroundColor="#400071";
           //取消按钮的高亮
31     }},false);
32     document.getElementById('chexiaoBtn').addEventListener('click', function(){
       //撤销按钮的监听方法
33       matrixManage.goInverse();                  //调用矩阵管理脚本中的撤销方法
34       control.updatePosition();                  //更新辅助工具的位置
35     },false);
36     document.getElementById('huifuBtn').addEventListener('click', function(){
       //恢复按钮的监听方法
37       matrixManage.recover();                    //调用矩阵管理脚本中的恢复方法
38       control.updatePosition();                  //更新辅助工具的位置
39     },false);
40     document.getElementById('baocunBtn').addEventListener('click', function(){
       //保存按钮的监听方法
41       tj();                                      //将当前的矩阵信息上传到服务器
42     }, false);
43   }
```

- 第 1～8 行为添加颜色修改监听功能的相关代码。当单击“着色”按钮时，页面上将会显示颜色选择控件，用户可以在其中拾取所有颜色。单击“确定”按钮后，程序会将返回

的颜色值进行转换，并调用材质管理脚本的对应方法进行设置。

- 第 10～20 行为修改纹理时的相关代码。首先需要判断当前模型的格式。如果当前模型文件为 stl 格式，则直接跳出程序。否则需要将纹理图的名称以及路径等信息赋值给表单中的对应元素，最终提交到纹理编辑页面中进行处理。
- 第 30～39 行为执行撤销和恢复操作的相关代码。当用户单击“撤销”按钮或者“恢复”按钮时，程序将调用矩阵管理对象 matrixManage 中的对应方法。进行完相应的操作后，需要调用 updatePosition 方法更新辅助工具的位置。

（3）介绍材质编辑框中的监听方法，主要包括镜面光强度、透明度、高光区尺寸等相关属性的修改。当用户在属性编辑框中输入数值后，程序将会自动调用修改对应属性的方法，对模型材质进行修改。具体的代码如下所示。

代码位置：随书源代码/第 15 章目录下的 zxjhxt 目录下的 3dbianji.jsp。

```
1   document.getElementById('ksInput').onchange = function(){//设置修改镜面光强度的监听
2     if(this.value<0||this.value>1){                      //对用户输入的数值进行测试
3       alert("镜面光强度的取值范围为 0～1,请重新输入。");  //如果数值不符合要求，则弹出警告
4       return;                                            //直接从程序中跳出
5     }
6     var tempks = this.value;                             //获取镜面光强度输入框的值
7     mtlManage.setks(tempks,tempks,tempks);               //调用 setks 方法设置镜面光强度
8   }
9   document.getElementById('trInput').onchange = function(){   //修改透明度的监听
10    if(this.value<0||this.value>1){                      //对用户输入的数值进行测试
11      alert("透明度的取值范围为 0～1,请重新输入。");      //如果数值不符合要求，则弹出警告
12      return;                                            //直接从程序中跳出
13    }
14    var temptr = this.value;                             //获取透明度框的值
15    mtlManage.settr(temptr);                             //调用 settr 方法设置透明度
16  }
17  document.getElementById('nsInput').onchange = function(){ //修改高光区尺寸的监听
18    if(this.value<0||this.value>1000){                   //对用户输入的数值进行测试
19      alert("高光区的取值范围为 0～1000,请重新输入。");   //如果数值不符合要求，则弹出警告
20      return;                                            //直接从程序中跳出
21    }
22    var tempns = this.value;                             //获取高光区大小框的值
23    mtlManage.setns(tempns);                             //调用 setns 方法设置高光区尺寸
24  }
25  document.getElementById('downModelBtn').addEventListener('click', function(){
    //导出模型的监听
26    if(modelType[1]=="obj"){                             //如果当前模型为 obj
27      downloadFile(exportToObj(),'<%=modelName%>');//调用 obj 文件的导出方法
28    }else{                                               //如果当前模型为 stl
29      downloadFile(exportToSTL(),'<%=modelName%>');//调用 stl 文件的导出方法
30  }}, false);
31  document.getElementById('downMtlBtn').addEventListener('click', function() {
    //导出材质文件的监听
32    downloadFile(mtlManage.exportMtl(),'<%=mtlName%>');
      //调用 mtlManage 中导出材质的方法
33  }, false);
34  document.getElementById('downTuBtn').addEventListener('click', function() {
    //导出贴图文件的监听
35    if(modelType[1]=="stl"){                             //如果当前为 stl 文件
36      alert('stl 格式的 3D 模型不支持纹理');              //告知用户 stl 文件没有纹理图
37      return ;                                           //直接从程序中跳出
38    }
39    exportCanvasAsPNG('myCanvas',mtlManage.getTextureName());//将 Canvas 导出成图片
40  }, false);
```

- 第 1～24 行为修改材质对应属性时程序调用的相关方法。当用户在输入框内输入某一数值后，程序应该首先对数值内容进行测试，判断其是否在取值范围内。然后调用材质管

理对象 mtlManage 中的相应方法，设置对应属性。

- 第 25～30 行为导出模型的相关代码。首先需要判断当前模型文件的类型。如果当前模型文件为 obj 格式，程序将调用 OBJExporter.js 文件中的导出方法，将当前模型导出成 obj 文件，并用之前的文件名来命名，提示用户下载和查看。
- 第 34～40 行为导出纹理图的相关代码。上文已经介绍到，3D 模型编辑页面中使用 Canvas 标签存储当前的纹理图。当用户单击到纹理导出按钮时，程序会将 Canvas 中的内容转化成 image 对象，以二进制进行编码，提示用户进行下载。

15.8 模型导出脚本

上文已经对本系统中服务器端相关类、管理脚本、工具脚本等进行了详细介绍，相信读者已经对本系统的开发步骤和过程有了一定的了解。当用户单击模型导出时，程序会将模型以指定格式进行排列，下面将对模型导出脚本进行详细介绍。

15.8.1 obj 文件导出脚本

首先需要介绍的是 obj 文件的导出脚本，此脚本中主要包括导出网格对象和导出场景中的直线两部分代码。首先需要声明 obj 导出脚本中用到的一些临时变量，接下来按照 obj 文件的格式，对网格对象的数据进行排列和整理，具体情况如下。

（1）在详细介绍 obj 格式导出脚本中的具体方法之前，需要了解此脚本中的大体框架。首先声明导出对象的构造函数，并新建部分变量，以供后续使用。然后声明将网格对象导出成 obj 文件格式字符串的 parse 方法，具体代码如下所示。

代码位置：随书源代码/第 15 章目录下的 zxjhxt/util 目录下的 OBJExporter.js。

```
THREE.OBJExporter = function () {};                 //导出对象的构造函数
THREE.OBJExporter.prototype = {                     //导出对象的具体方法
  constructor: THREE.OBJExporter,                   //指定导出对象的构造函数
  parse: function ( object ) {                      //将网格对象导出为字符串数据的方法
    this.mtlname = mtlname;                         //存储材质的名称
    var output = '';                                //导出结果
    var indexVertex = 0;                            //初始化顶点坐标索引
    var indexVertexUvs = 0;                         //初始化顶点纹理坐标索引
    var indexNormals = 0;                           //初始化法向量索引
    var vertex = new THREE.Vector3();               //存储顶点坐标
    var normal = new THREE.Vector3();               //存储法向量
    var uv = new THREE.Vector2();                   //存储顶点纹理坐标
    var i, j, l, m, face = [];                      //导出过程中使用到的一些变量
    var parseMesh = function ( mesh ) {             //将网格对象导出成字符串的方法
      var nbVertex = 0;                             //记录网格对象的顶点数量
      var nbNormals = 0;                            //记录网格对象的法线数量
      var nbVertexUvs = 0;                          //记录网格对象的 UV 坐标
      var geometry = mesh.geometry;                 //得到网格对象中的几何信息
      var normalMatrixWorld = new THREE.Matrix3();      //新建一个 3×3 的矩阵
      if ( geometry instanceof THREE.Geometry ) {
      //如果网格对象中的几何对象属于 Geometry 类型
        //将网格对象转换成 BufferGeometry 类型
        geometry = new THREE.BufferGeometry().setFromObject( mesh );
      }
      //如果网格对象中的几何对象属于 BufferGeometry 类型
      if ( geometry instanceof THREE.BufferGeometry ) {
        var vertices = geometry.getAttribute( 'position' );
        //得到几何对象中的顶点坐标数据
        var normals = geometry.getAttribute( 'normal' );
        //得到几何对象中的法向量数据
```

```
28          var uvs = geometry.getAttribute( 'uv' );       //得到几何对象中的纹理坐标数据
29          var indices = geometry.getIndex();             //得到顶点索引数据
30          output += 'mtllib '+this.mtlname+'\r\n';      //导出模型使用的材质名称
31          if( vertices !== undefined ) {                 //如果顶点坐标数据不为空
32            for ( i = 0, l = vertices.count; i < l; i ++, nbVertex++ ) {
             //遍历所有的顶点信息
33              vertex.x = vertices.getX( i );             //得到顶点的 x 坐标
34              vertex.y = vertices.getY( i );             //得到顶点的 y 坐标
35              vertex.z = vertices.getZ( i );             //得到顶点的 z 坐标
36              vertex.applyMatrix4( mesh.matrixWorld );
                //计算每个顶点在世界坐标下的坐标
37              output += 'v ' + vertex.x + ' ' + vertex.y + ' '+ vertex.z + '\r\n';
                //将此坐标输出到结果中
38          }}
39          ……//此处省略了导出 UV 坐标和法向量的相关代码，下面对此将进行详细介绍
40    }}
```

- 第 1～13 行为指定导出对象的构造器，并创建导出过程中各个变量的相关代码。其中包括存储模型顶点的坐标位置、纹理坐标、法向量信息的数量和具体数据等各种变量。parse 方法为将网格对象导出为字符串数据的方法，它在此脚本中非常重要。
- 第 14～23 行为将网格对象信息转化为字符串的相关代码。其中变量 nbVertex、nbNormals、nbVertexUvs 分别用来记录网格对象中的顶点坐标、纹理坐标、法向量对应的数量。此过程中需要将 Geometry 对象转换成 BufferGeometry 类型。
- 第 24～38 行为记录网格对象中顶点坐标数据的相关代码。首先使用网格对象的 getAttribute 函数得到顶点坐标、纹理坐标、法向量和顶点索引等数据。然后使用 for 循环将对应的数据按顺序依次添加到字符串结果中。

（2）了解了导出模型脚本的大体框架后，接下来详细介绍在此脚本中导出网格对象方法的代码部分。上面的代码已经得到了模型最终的顶点位置，接下来程序将获取并计算模型的纹理坐标和法向量等信息，具体的代码如下所示。

代码位置：随书源代码/第 15 章目录下的 zxjhxt/util 目录下的 OBJExporter.js。

```
var parseMesh = function ( mesh ) {                //将网格对象导出为字符串数据的方法
  ……//此处省略了导出顶点坐标的相关代码，上文已经对其进行了详细介绍，此处不再赘述
  if( uvs !== undefined ) {                        //如果顶点的纹理坐标不为空
    for ( i = 0, l = uvs.count; i < l; i ++, nbVertexUvs++ ) {
    //遍历所有的顶点纹理坐标
      uv.x = uvs.getX( i );                        //得到纹理坐标的第一个值
      uv.y = uvs.getY( i )     ;                   //得到纹理坐标的第二个值
      output += 'vt ' + uv.x.toFixed(3) + ' ' + uv.y.toFixed(3) +'\r\n';
      //将此纹理坐标输出到结果中
  }}
  if( normals !== undefined ) {                    //如果法向量坐标不为空
    normalMatrixWorld.getNormalMatrix( mesh.matrixWorld );
    //得到网格对象的法向量矩阵
    for ( i = 0, l = normals.count; i < l; i ++, nbNormals++ ) {
    //遍历所有的法向量信息
      normal.x = normals.getX( i );       //得到法向量的 x 分量
      normal.y = normals.getY( i );       //得到法向量的 y 分量
      normal.z = normals.getZ( i );       //得到法向量的 z 分量
      normal.applyMatrix3( normalMatrixWorld ); //模型自身法向量乘以法向量矩阵
      //将计算出的法向量数据整理到结果中
      output += 'vn ' + normal.x.toFixed(2) + ' ' + normal.y.toFixed(2) + ' '
      + normal.z.toFixed(2) + ' \r\n';
  }}
  output +="g default \r\n";                       //设置使用的材质
  output +="usemtl "+mtlManage.getMtlName()+"\r\n";//设置本模型使用的材质名称
  if( indices !== null ) {                         //如果顶点索引不为空
    for ( i = 0, l = indices.count; i < l; i += 3 ) {//遍历顶点索引
      for( m = 0; m < 3; m ++ ){
```

```
24              j = indices.getX( i + m ) + 1;          //遍历时得到顶点索引
25              //将每一个三角形面片中每个顶点的索引、纹理坐标索引和法向量索引输出到结果中
26              face[m]=(indexVertex+j)+'/'+(uvs?(indexVertexUvs+j):'')+'/'+
                (indexNormals+j);
27            }
28            output += 'f ' + face.join( ' ' ) + "\r\n";   //输出模型的面信息
29        }} else {                                        //如果顶点索引为空
30          for ( i = 0, l = vertices.count; i < l; i += 3 ) { //遍历每个顶点坐标
31            for( m= 0; m < 3; m ++ ){
32              j = i +m + 1;
33             //将每一个三角形面片中每个顶点的索引、纹理坐标索引和法向量索引输出到结果中
34              face[m]=(indexVertex+j)+'/'+(uvs?(indexVertexUvs+j):'')+'/'+
                (indexNormals+j);
35            }
36            output += 'f ' + face.join( ' ' ) + "\r\n";     //输出模型的面信息
37      }}} else {
38        //如果几何对象为 Geometry 类型则弹出警告
39        console.warn( 'THREE.OBJExporter.parseMesh(): geometry type unsupported',
          geometry );
40      }
41      indexVertex += nbVertex;                            //更新顶点坐标索引
42      indexVertexUvs += nbVertexUvs;                      //更新顶点纹理坐标索引
43      indexNormals += nbNormals;                          //更新顶点法向量索引
44    };
```

- 第 3～8 行为导出模型纹理坐标的相关代码。首先判断存储纹理坐标数据的 uvs 数组是否为空。如果不为空，则按顺序依次将数组中的数据加入字符串结果中。为了兼顾内存和精度，程序将把纹理坐标保留 3 位小数。
- 第 9～18 行为获得和计算模型法向量信息的相关代码。首先调用 getNormalMatrix 方法得到模型法向量在世界坐标系下的变换矩阵，然后遍历模型中的初始法向量，最后将两者进行相乘，结果就是模型编辑之后的法向量信息。
- 第 21～36 行为将模型中的各种信息按照面索引进行排列的相关代码。首先判断网格对象中的 indices 属性是否为空。如果不为空，则程序将按照顺序依次导出各个点的信息。否则，程序将按照索引顺序对数据进行导出。

（3）详细介绍此脚本中导出线模型的代码部分。此部分的代码与上文中的基本一致，只是由于线模型与普通网格对象的组织结构有些差异，所以程序在处理数据的过程中需要有一些变动和修改，具体的代码如下所示。

代码位置：随书源代码/第 15 章目录下的 zxjhxt/util 目录下的 OBJExporter.js。

```
var parseLine = function( line ) {                    //导出线模型的方法
  var nbVertex = 0;                                   //记录线模型的顶点数量
  var geometry = line.geometry;                       //得到线模型的几何对象
  var type = line.type;                               //设置模型类型
  if ( geometry instanceof THREE.Geometry ) {//如果几何对象属于 Geometry 类型
    geometry = new THREE.BufferGeometry().setFromObject( line );
    //将其转换成 BufferGeometry()类型
  }
  if ( geometry instanceof THREE.BufferGeometry ) {
  //如果几何对象属于 BufferGeometry 类型
    var vertices = geometry.getAttribute( 'position' );  //得到线模型的顶点坐标
    var indices = geometry.getIndex();               //得到模型的索引信息
    output += 'o ' + line.name + ' \r\n';            //输出模型的名字
    if( vertices !== undefined ) {                   //如果顶点坐标不为空
      for ( i = 0, l = vertices.count; i < l; i ++, nbVertex++ ) {
      //遍历每一个顶点
        vertex.x = vertices.getX( i );               //得到顶点的 x 坐标
        vertex.y = vertices.getY( i );               //得到顶点的 y 坐标
        vertex.z = vertices.getZ( i );               //得到顶点的 z 坐标
        vertex.applyMatrix4( line.matrixWorld ); //将顶点变换到世界坐标系下
```

```
18          output += 'v ' + vertex.x + ' ' + vertex.y + ' ' + vertex.z + '\r\n';
            //将顶点坐标添加到结果中
19      }}
20      if (type === 'Line') {                         //如果模型类型为 Line
21        output += 'l ';                              //在 obj 文件中用"l"表示线
22        for ( j = 1, l = vertices.count; j <= l; j++ ) { //遍历线模型中的顶点坐标
23            output += ( indexVertex + j ) + ' ';     //输出到最终结果中
24        }
25        output += '\r\n';                            //在结果中加入换行符
26      }
27      if ( type === 'LineSegments' ) {               //如果模型类型为 LineSegments
28        for (j=1,k=j+1,l=vertices.count;j<l;j+=2,k=j+1){     //遍历顶点坐标信息
29          output += 'l ' + ( indexVertex + j ) + ' ' + ( indexVertex + k ) +
            '\r\n';     //输出顶点坐标信息
30    }}} else {
31      //如果线模型为 Geometry 类型则弹出警告
32      console.warn('THREE.OBJExporter.parseLine(): geometry type unsupported',
        geometry );
33    }
34        indexVertex += nbVertex;                     //更新顶点坐标索引
35    };
36    object.traverse( function  ( child ) {           //遍历模型中的子对象
37      if ( child instanceof THREE.Mesh ) {           //如果子对象为网格类型
38        parseMesh( child );                          //则执行 parseMesh 方法进行导出
39      }
40      if ( child instanceof THREE.Line ) {           //如果子对象为 Line 类型
41        parseLine( child );                          //则执行 parseLine 方法进行导出
42    }});
```

❑ 第 2～7 行为进行线模型类型转换的相关代码。首先判断当前的线模型是否属于 THREE.Geometry 类型，如果符合条件，则调用 setFromObject 函数将其转换成 BufferGeometry 类型。这两种类型各有优缺点，开发人员可自行选择。

❑ 第 8～19 行为获取和计算线模型顶点坐标数据的相关代码。开始时调用 getAttribute 方法获得线模型中各个顶点的坐标位置，然后获得模型在世界坐标系下的变换矩阵，两者相乘后程序将结果依次保存在对应的数组中。

❑ 第 20～30 行为根据线模型类型导出具体数据的相关代码。首先访问线模型的 type 属性，其共有两种属性值——LineSegments 和 Line。一般来说 LineSegments 用起来更加自由，只是对开发人员的要求更高一些。

15.8.2 stl 文件导出脚本

由于随着 3D 打印技术的不断发展，其标准模型格式 stl 也被应用到越来越广的领域里，所以本系统中同样也增加了对 stl 文件的支持。下面将对 stl 文件的导出脚本以及其文件格式等相关信息进行详细介绍。详细的开发步骤如下所示。

（1）介绍 stl 文件导出脚本的大体框架，其中包括导出对象的构造函数，获取模型原始数据的过程，最终结果的计算步骤以及导出为字符串的相关代码。下面将对 stl 文件导出脚本的相关方法进行详细介绍，具体的代码如下所示。

代码位置：随书源代码/第 15 章目录下的 zxjhxt/util 目录下的 STLExporter.js。

```
THREE.STLExporter = function () {};                //stl 导出对象的构造函数
THREE.STLExporter.prototype = {                    //stl 导出对象的方法
  constructor: THREE.STLExporter,                  //声明 stl 导出对象的构造函数
  parse: ( function () {                           //将 stl 模型导出为字符串的方法
    var vector = new THREE.Vector3();              //新建一个三维坐标对象
    var normalMatrixWorld = new THREE.Matrix3();   //新建一个 3×3 的矩阵
    function num2e(num){                           //将数字转化成科学计数法的方法
      num = num.toExponential(6);                  //保留 6 位有效数字
```

```
        var arrayNumber = num.split("e");              //使用"e"将对应数据进行切分
        arrayNumber[1]=arrayNumber[1].replace('+','+00');  //在"+"后面加入"00"
        arrayNumber[1]=arrayNumber[1].replace('-','-00');  //在"-"后面加入"00"
        num = arrayNumber[0]+'e'+arrayNumber[1];     //将数据进行组合
        return num;                                  //返回处理后的结果
      }
      return function parse( object ) {              //将 stl 网格对象组织成字符串的方法
        var output = '';                             //初始化字符串
        output += 'solid exported\n';                //加入 stl 文件的开头
        ……//此处省略了导出 stl 格式数据的详细代码，下文将对其进行详细介绍
    }}}
```

提示　为了使 stl 文件中的数据形式较为统一，大多数都是使用科学计数法进行表示。所以本程序中将计算出的最终结果保留了 6 位有效数字，并使用标准的科学计数法进行表示。处理完毕后返回对应的字符串，生成以原模型名称命名的文件。

（2）接着介绍的是将 stl 文件中数据转化成字符串的相关方法，其具体代码如下。

代码位置：随书源代码/第 15 章目录下的 zxjhxt/util 目录下的 STLExporter.js。

```
1    function parse( object ) {                     //将 stl 文件中的数据转化成字符串的相关方法
2      var output = '';                             //存储结果字符串的变量
3      output += 'solid exported\n';                //stl 文件开头的字符
4      if ( object instanceof THREE.Mesh ) {        //判断需要导出的模型是否属于网格对象
5        var geometry = object.geometry;            //得到几何对象
6        var matrixWorld = object.matrixWorld;  //获取在世界坐标系下的矩阵
7        if (geometry instanceof THREE.Geometry){        //判断是否属于几何对象
8          var vertices = geometry.vertices;             //获取几何对象的顶点坐标数据
9          var faces = geometry.faces;                   //获取几何对象的面信息
10         normalMatrixWorld.getNormalMatrix( matrixWorld );//得到模型中法向量的变换矩阵
11         for ( var i = 0, l = faces.length; i < l; i ++ ) { //遍历其中的每个三角形面
12           var face = faces[ i ];                      //获取当前的三角形面
13           vector.copy( face.normal ).applyMatrix3( normalMatrixWorld ).
             normalize();//计算最终法向量
14           output+='facet normal'+num2e(vector.x)+''+num2e(vector.y)+''+num2e
             (vector.z)+'\n';
15           output += '    outer loop\n';               //结束对法向量的定义
16           var indices = [ face.a, face.b, face.c ];      //创建此面的索引
17           for ( var j = 0; j < 3; j ++ ) {               //遍历 3 个索引对应的面
18             vector.copy( vertices[ indices[ j ] ] ).applyMatrix4( matrixWorld );
               //计算这些顶点数据
19             output += 'vertex'+num2e(vector.x)+''+num2e(vector.y)+''+num2e
               (vector.z)+'\n';
20           }
21           output += '      endloop\n';              //结束对顶点坐标的定义
22           output += '    endfacet\n';               //结束对此三角形面的定义
23     }}}
24     output += 'endsolid exported\n';              //stl 文件结尾的字符串
25     return output;                                //返回处理好的字符串
26   }
```

- 第 4～10 行为获取模型的顶点坐标数据以及面索引数据的相关代码。程序先要判断需要导出的模型是否为网格对象，然后通过其 Geometry 属性获取几何对象。最终分别通过 vertices 和 faces 属性获取顶点坐标数据和面索引数据。
- 第 11～19 行为计算模型最终顶点位置和法向量的相关代码。此过程中需要对面索引进行遍历，将模型中的顶点乘以模型在世界坐标系下的变换矩阵，并将结果添加到字符串中。对于 stl 文件格式不熟悉的读者可以自行查阅相关资料。

15.9 辅助工具脚本

对模型整体进行修改时，用户可以使用平移、旋转、缩放等多种辅助工具。用户可以拖动其中的某个轴实现单独修改模型在此轴的位置，而且还可以拖动某些半透明的色块，自由地对模型进行编辑。本节将会对辅助工具脚本的开发过程进行详细介绍。

15.9.1 初始化相关脚本

在详细介绍辅助工具的详细代码之前，首先要对其进行初始化。主要包括定义基本框架，并将其大体分成控制部分和拾取部分。在进行初始化的过程中，要新建多种网格对象，分别用来控制和拾取。下面将对初始化相关脚本的开发步骤进行介绍。

（1）需要开发的是辅助工具脚本中的大体框架，其中包括定义辅助工具的方法，设置辅助工具的材质信息，初始化辅助工具，将辅助工具添加到场景中的相关代码。下面将对辅助工具脚本中的代码部分进行详细介绍，具体情况如下所示。

代码位置：随书源代码/第 15 章目录下的 zxjhxt/util 目录下的 TransformControls.js。

```
 function () {                                          //定义辅助工具的方法
  'use strict';                                         //进入 JavaScript 的严格模式
  var GizmoMaterial = function ( parameters ) {//辅助工具的材质对象
    THREE.MeshBasicMaterial.call( this );              //继承 THREE.MeshBasicMaterial 类
    this.depthTest = false;                             //深度检测是否开启的标志位
    this.depthWrite = false;                            //写入深度信息的标志位
    this.side = THREE.FrontSide;                        //开启背面剪裁
    this.transparent = true;                            //开启透明功能
    this.setValues( parameters );                       //设置材质的多个参数
    this.oldColor = this.color.clone();                //设置材质的颜色信息
    this.oldOpacity = this.opacity;                    //设置材质的透明度
    this.highlight = function( highlighted ) {//辅助工具高亮的方法
    if ( highlighted ) {                               //如果当前辅助工具需要高亮
      this.color.setRGB( 1, 1, 0 );                    //设置材质的颜色信息
      this.opacity = 1;                                //将材质设置为不透明
     } else {                                          //如果当前辅助工具不需要高亮
      this.color.copy( this.oldColor );                //设置非高亮状态下的颜色
      this.opacity = this.oldOpacity;                  //设置非高亮状态下的透明度
   }}};
  GizmoMaterial.prototype=Object.create(THREE.MeshBasicMaterial.prototype);
  //继承基本材质的属性
  GizmoMaterial.prototype.constructor = GizmoMaterial;      //声明此材质的构造器
  THREE.TransformGizmo = function (){                  //平移状态下辅助工具的定义
    var scope = this;                                  //定义变量作用域
    this.init = function () {                          //初始化辅助工具的方法
      THREE.Object3D.call( this );                     //继承 THREE.Object3D 类
      this.handles = new THREE.Object3D();             //辅助工具的控制部分
      this.pickers = new THREE.Object3D();             //辅助工具的拾取部分
      this.planes = new THREE.Object3D();              //辅助工具的面信息
      this.add( this.handles );                        //添加辅助工具的控制部分
      this.add( this.pickers );                        //添加辅助工具的拾取部分
      this.add( this.planes );                         //添加辅助工具的面信息
      var planeGeometry = new THREE.PlaneBufferGeometry(50,50,2,2);
      //新建平面几何对象
      var planeMaterial = new THREE.MeshBasicMaterial({visible:false,side:
      THREE.DoubleSide});
      var planes = {                                   //辅助工具中的面信息
        "XY": new THREE.Mesh( planeGeometry, planeMaterial ),
        //xOy 轴所在平面的网格对象
        "YZ": new THREE.Mesh( planeGeometry, planeMaterial ),
        //yOz 轴所在平面的网格对象
```

```
37        "XZ": new THREE.Mesh( planeGeometry, planeMaterial ),
          //xOz 轴所在平面的网格对象
38        "XYZE": new THREE.Mesh( planeGeometry, planeMaterial )};
39      this.activePlane = planes[ "XYZE" ];                //设置默认拾取到的平面
40      planes[ "YZ" ].rotation.set( 0, Math.PI / 2, 0 );   //设置 y、z 轴所在平面的
      旋转信息
41      planes[ "XZ" ].rotation.set( - Math.PI / 2, 0, 0 ); //设置 x、z 轴所在平面的
      旋转信息
42      for ( var i in planes ) {                           //遍历数组中的每个平面
43        planes[ i ].name = i;                             //设置平面的名称
44        this.planes.add( planes[ i ] );                   //将平面添加到场景中
45        this.planes[ i ] = planes[ i ];                   //设置当前的平面
46      }
47      //……此处省略了向场景中添加辅助工具的方法，下面将对其进行详细介绍
48    }}}
```

- 第 1~2 行为设置立即执行函数以及进入 JavaScript 语言严格模式的相关代码。立即执行函数的基本结构为（function(){……//执行的代码部分}）。当在网页文件中引入此文件后，程序会立即执行此函数，不明白的读者可自行查阅相关资料。
- 第 3~19 行为定义辅助工具材质的相关代码。在此部分代码中首先使用 THREE.MeshBasicMaterial.call(this)语句继承 Three.js 引擎中的基本材质类，然后设置透明度、颜色、背面剪裁、深度检测等相关属性。
- 第 22~46 行为定义变量作用域和并初始化的相关代码。JavaScript 中变量的作用域与其他语言中的有很大的不同，程序中使用“var scope = this”语句进行设置，在其他方法中使用本作用域的变量时，可直接使用“scope.变量名”进行调用。

（2）需要开发的是在辅助工具脚本中设置平面位置和旋转角度，将辅助工具标记成高亮以及重置方法的相关代码。此部分的方式与上文介绍的基本相同。下面将对辅助工具脚本中的代码进行详细介绍，具体情况如下所示。

代码位置：随书源代码/第 15 章目录下的 zxjhxt/util 目录下的 TransformControls.js。

```
var setupGizmos = function( gizmoMap, parent ) { //向父节点中添加 3D 物体的方法
  for ( var name in gizmoMap ) {                 //遍历 3D 物体的数组
    for ( i = gizmoMap[ name ].length; i --; ) { //使用 for 循环
      var object = gizmoMap[ name ][ i ][ 0 ];   //获取 3D 物体的对象
      var position = gizmoMap[ name ][ i ][ 1 ]; //获取 3D 物体的位置
      var rotation = gizmoMap[ name ][ i ][ 2 ]; //获取 3D 物体的旋转信息
      object.name = name;                        //设置 3D 物体的名称
      if (position)object.position.set(position[0],position[1],position[2]);
      //设置 3D 物体的位置
      if (rotation)object.rotation.set(rotation[ 0 ],rotation[1],rotation[2]);
      //设置 3D 物体的旋转信息
      parent.add( object );                      //将 3D 物体添加到父节点中
}}};
setupGizmos( this.handleGizmos, this.handles );  //添加用来控制的组件
setupGizmos( this.pickerGizmos, this.pickers );  //添加用来控制的组件
this.traverse( function ( child ) {              //遍历辅助工具中的子对象
  if ( child instanceof THREE.Mesh ) {           //判断是否属于网格对象
    child.updateMatrix();                        //更新矩阵信息
    var tempGeometry = child.geometry.clone();   //得到几何对象
    tempGeometry.applyMatrix( child.matrix );    //使用矩阵更新当前位置
    child.geometry = tempGeometry;               //重新设置几何对象
    child.position.set( 0, 0, 0 );               //重新设置子对象的位置
    child.rotation.set( 0, 0, 0 );               //重新设置子对象的旋转信息
    child.scale.set( 1, 1, 1 );                  //重新设置子对象的缩放系数
}} );};
this.highlight = function ( axis ) {             //辅助工具高亮的方法
  this.traverse( function( child ) {             //遍历其中的子对象
    if ( child.material && child.material.highlight ) {
    //如果子对象的材质存在且需要高亮
```

```
27      if ( child.name === axis ) {                    //如果当前子对象为移动轴
28        child.material.highlight( true );             //将其材质设置为高亮
29      } else {                                        //如果当前子对象不为移动轴
30        child.material.highlight( false );            //将其材质设置取消高亮
31  }}});};};
32  THREE.TransformGizmo.prototype = Object.create( THREE.Object3D.prototype );
    //继承 Object3D 类
33  THREE.TransformGizmo.prototype.constructor = THREE.TransformGizmo;
    //指定辅助工具的构造器
34  THREE.TransformGizmo.prototype.update = function ( rotation, eye ) {
    //更新辅助工具位置的方法
35    var vec1 = new THREE.Vector3( 0, 0, 0 );      //新建位置在原点的向量
36    var vec2 = new THREE.Vector3( 0, 1, 0 );      //新建方向为 y 轴正方向的向量
37    var lookAtMatrix = new THREE.Matrix4();       //存储摄像机的投影矩阵
38    this.traverse( function( child ) {            //遍历其中的子对象
39      if ( child.name.search( "E" ) !== - 1 ) {   //如果名称中没有"E"字符
40        child.quaternion.setFromRotationMatrix(lookAtMatrix.lookAt(eye,vec1,vec2));
          //设置旋转信息
41      }else if( child.name.search( "X" ) !== - 1 || child.name.search
        ( "Y" ) !== - 1 ||
42        child.name.search( "Z" ) !== - 1 ) {  //如果其中有"X""Y""Z"中的任何一个字符
43        child.quaternion.setFromEuler( rotation );  //直接设置其旋转信息
44  }});};
```

- 第 1～11 行为向父节点中添加 3D 物体的方法。首先遍历 3D 物体的数组，使用 for 循环获取 3D 物体的对象、位置、旋转信息等相关数据，然后设置其名称、位置、旋转信息。最终需要使用 add 方法将此物体添加到父节点中。
- 第 13～23 行为重置辅助工具位置的相关代码。traverse 是遍历子对象的方法，后面的 function 是需要对子对象执行操作的代码部分，对此不熟悉的读者可以自行查阅相关资料。程序将重新指定几何对象并初始化位置和旋转信息。
- 第 24～31 行为定义辅助工具中某个轴高亮的方法。需要判断辅助工具中的子对象名称是否为“axis”，如果是，则使用 child.material.highlight(true)语句使其产生高亮状态。这样可以很好地告知用户是否选中了辅助工具。

（3）需要开发的是在辅助工具脚本中平移模式下的相关代码。其中包括定义辅助工具中的轴和平面的 3D 模型，各个部分的位置信息以及平移状态下的逻辑代码。下面将对辅助工具脚本中的代码进行详细介绍，具体情况如下所示。

代码位置：随书源代码/第 15 章目录下的 zxjhxt/util 目录下的 TransformControls.js。

```
THREE.TransformGizmoTranslate = function () {   //辅助工具在平移状态下的逻辑代码
  THREE.TransformGizmo.call( this );            //继承辅助工具材质类
  var arrowGeometry = new THREE.Geometry();     //新建拖拉轴的几何对象
  var mesh = new THREE.Mesh(new THREE.CylinderGeometry(0,0.05,0.2,12,1,false));
  //创建网格对象
  mesh.position.y = 0.5;                        //设置网格对象的 y 坐标
  mesh.updateMatrix();                          //更新网格对象的矩阵信息
  arrowGeometry.merge(mesh.geometry,mesh.matrix);//将网格对象合并到轴对象中
  var lineXGeometry = new THREE.BufferGeometry();//新建 x 轴的几何对象
  lineXGeometry.addAttribute( 'position', new THREE.Float32Attribute( [ 0, 0,
  0, 1, 0, 0 ], 3 ) );
  var lineYGeometry = new THREE.BufferGeometry();//新建 y 轴的几何对象
  lineYGeometry.addAttribute( 'position', new THREE.Float32Attribute( [ 0, 0,
  0, 0, 1, 0 ], 3 ) );
   var lineZGeometry = new THREE.BufferGeometry();//新建 z 轴的几何对象
  lineZGeometry.addAttribute( 'position', new THREE.Float32Attribute( [ 0, 0,
  0, 0, 0, 1 ], 3 ) );
  this.handleGizmos = {                         //辅助工具的控制部分
    X: [                                        //在 x 轴上的箭头形状
      [ new THREE.Mesh( arrowGeometry, new GizmoMaterial( { color: 0xff0000 } ) ),
      [ 0.5, 0, 0 ], [ 0, 0, - Math.PI / 2 ] ],  //设置颜色位置及旋转角度等
```

```
18          [ new THREE.Line( lineXGeometry, new GizmoLineMaterial( { color: 0xff0000
            } ) ) ]],
19        Y: [                                          //在 y 轴上的箭头形状
20          [ new THREE.Mesh( arrowGeometry, new GizmoMaterial( { color: 0x00ff00
            } ) ), [ 0, 0.5, 0 ] ],
21          [ new THREE.Line( lineYGeometry, new GizmoLineMaterial( { color:
            0x00ff00 } ) ) ]],
22        Z: [                                          //在 z 轴上的箭头形状
23          [ new THREE.Mesh(arrowGeometry,new GizmoMaterial({color:0x0000ff})),
          [0,0,0.5],
24            [Math.PI/2,0, 0 ] ],          //设置颜色位置及旋转角度等
25          [ new THREE.Line( lineZGeometry, new GizmoLineMaterial( { color:
          0x0000ff } ) ) ]],
26        XYZ: [                                        //设置网格对象中心处的小四棱锥
27          [ new THREE.Mesh( new THREE.OctahedronGeometry( 0.1, 0 ),
          new GizmoMaterial( {
28          color: 0xffffff, opacity: 0.25 } ) ), [ 0, 0, 0 ], [ 0, 0, 0 ] ]],
          //设置颜色位置及旋转角度等
29        XY: [                                         //设置 xy 轴所在平面的信息
30          [new THREE.Mesh(new THREE.PlaneBufferGeometry(0.29,0.29),
          new GizmoMaterial({color:
31            0xffff00, opacity: 0.25 } ) ), [ 0.15, 0.15, 0 ] ]],
            //设置平面颜色位置及旋转角度等
32        YZ: [                                         //设置 yz 轴所在平面的信息
33          [new THREE.Mesh(new THREE.PlaneBufferGeometry(0.29,0.29), new
          GizmoMaterial({color:
34             0x00ffff, opacity: 0.25 })), [ 0, 0.15, 0.15 ], [ 0, Math.PI / 2, 0 ] ]],
35        XZ: [                                         //设置 yz 轴所在平面的信息
36          [ new THREE.Mesh(new THREE.PlaneBufferGeometry(0.29,0.29),
          new GizmoMaterial({color:
37            0xff00ff, opacity: 0.25 } ) ), [ 0.15, 0, 0.15 ], [ - Math.PI / 2, 0,
            0 ]]]
38      };
39      //……此处省略了定义辅助工具拾取部分的相关代码，有兴趣的读者可自行查阅相关代码
40    }
```

- 第 2～13 行为在平移状态下初始化辅助工具的代码部分。首先继承上文介绍的 TransformGizmo 类，并创建 arrowGeometry 对象，以保存相关几何对象的信息，最后分别创建在 x、y、z 轴上的几何对象并添加到 arrowGeometry 中。
- 第 15～24 行为定义 x、y、z 轴上拖拉轴的相关代码。需要说明的是，拖拉轴并不是单独的一个整体，而是由一个圆锥形状的网格对象和一条直线组合而成的。编辑模型时，用户只需要拖动就能单独修改 3D 模型在某个轴上的坐标。
- 第 29～39 行为在平移状态下对平面对象设置辅助工具的相关代码。在此过程中需要创建 PlaneBufferGeometry 对象，并设置其颜色、透明度、位置及旋转信息等。用户单击这些平面可自由改变 3D 模型整体的位置。

（4）需要开发的是在辅助工具脚本中旋转模式下的相关代码。其中包括定义旋转各个轴的网格对象以及外观、控制、拾取部分的信息，大体思路与上文基本相同。下面将对此辅助工具脚本中的代码进行详细介绍，具体情况如下所示。

代码位置：随书源代码/第 15 章目录下的 zxjhxt/util 目录下的 TransformControls.js。

```
THREE.TransformGizmoRotate = function () {    //定义辅助工具在旋转模式下的方法
  THREE.TransformGizmo.call( this );          //继承 THREE.TransformGizmo 类
  var CircleGeometry = function ( radius, facing, arc ) {//组织辅助工具的几何对象
    var geometry = new THREE.BufferGeometry();          //新建一个 BufferGeometry 对象
    var vertices = [];                                  //存放顶点坐标的数组
    arc = arc ? arc : 1;                                //半圆的数量
    for ( var i = 0; i <= 64 * arc; ++ i ) {            //使用 for 循环添加顶点位置
```

```
8          if ( facing === 'x' ) vertices.push( 0, Math.cos( i / 32 * Math.PI ) * radius, Math.sin( i / 32 *
9             Math.PI ) * radius );       //如果面是 x 轴上的切面，则使用公式计算各个顶点
10         if ( facing === 'y' ) vertices.push( Math.cos( i / 32 * Math.PI ) * radius, 0,Math.sin( i / 32 *
11            Math.PI ) * radius );       //如果面是 y 轴上的切面，则使用公式计算各个顶点
12         if ( facing === 'z' ) vertices.push( Math.sin( i / 32 * Math.PI ) * radius,Math.cos( i / 32 *
13            Math.PI ) * radius, 0 );   //如果面是 z 轴上的切面，则使用公式计算各个顶点
14       }
15       geometry.addAttribute( 'position', new THREE.Float32Attribute(vertices,3)); //设置模型的位置
16       return geometry;                     //返回设置好的几何对象
17     };
18     this.handleGizmos = {
19       ……//此处省略了设置辅助工具外观的具体代码，有兴趣的读者可自行查阅相关代码
20     };
21     this.pickerGizmos = {                  //拾取的网格对象
22       X: [                                 //创建 x 轴上用来拾取的网格对象
23        [ new THREE.Mesh( new THREE.TorusBufferGeometry( 1, 0.12, 4, 12, Math.PI ), pickerMaterial ),
24        [ 0, 0, 0 ], [ 0, - Math.PI / 2, - Math.PI / 2 ] ]],
25       Y: [                                 //创建 y 轴上用来拾取的网格对象
26       [ new THREE.Mesh( new THREE.TorusBufferGeometry( 1, 0.12, 4, 12, Math.PI ), pickerMaterial )
27       , [ 0, 0, 0 ], [ Math.PI / 2, 0, 0 ] ]],
28       Z: [                                 //创建 z 轴上用来拾取的网格对象
29       [ new THREE.Mesh( new THREE.TorusBufferGeometry( 1, 0.12, 4, 12, Math.PI ), pickerMaterial ),
30       [ 0, 0, 0 ], [ 0, 0, - Math.PI / 2 ] ]],
31       E: [],                  //辅助工具在旋转模式下只支持 3 个方向的编辑，所以数组为空
32       XYZE: [[ new THREE.Mesh()]]
33     };
34     this.setActivePlane = function ( axis ) {          //设置当前旋转的轴
35       if ( axis === "E" ) this.activePlane = this.planes[ "XYZE" ];
36       if ( axis === "X" ) this.activePlane = this.planes[ "YZ" ]; //如果当前绕 x 轴旋转
37       if ( axis === "Y" ) this.activePlane = this.planes[ "XZ" ]; //如果当前绕 y 轴旋转
38       if ( axis === "Z" ) this.activePlane = this.planes[ "XY" ]; //如果当前绕 z 轴旋转
39     };
```

- 第 1～17 行为设置辅助工具在旋转状态下网格对象的相关代码。与上文介绍的基本一致，旋转模式下的辅助工具依然继承了 TransformGizmo 类。与此不同的是，其顶点坐标数据是根据相关公式使用 for 循环依次添加到数组中的。
- 第 21～33 行为设置辅助工具拾取网格对象的相关代码。由于此部分与外观几何对象不同，这里显示用到的轴非常细，因此很难拾取到。所以在此部分中，程序使用 TorusBufferGeometry 类并给出位置和旋转信息，创建各个轴上的拾取部分，
- 第 34～39 行为设置当前旋转轴的相关代码。当鼠标指针落在辅助工具的某个轴上时，其对应的 axis 会被赋值成对应的轴名称。因此程序中需要通过其值来判断轴的位置，然后才能设置当前的旋转面。具体部分将在下文进行讲解。

（5）介绍完辅助工具在旋转模式下的初始化代码后，接下来介绍更新辅助工具位置的相关代码。此部分代码主要包括设置控制和拾取的网格对象，以及更新位置用到的数学运算方法。下面将对其 update 方法进行详细介绍，具体情况如下所示。

代码位置：随书源代码/第 15 章目录下的 zxjhxt/util 目录下的 TransformControls.js。

```
this.update = function ( rotation, eye2 ) {          //更新辅助工具中旋转角度的方法
  THREE.TransformGizmo.prototype.update.apply(this,arguments);//继承TransformGizmo类
```

```
3    var group = {                                        //存放控制部分和拾取部分的对象
4      handles: this[ "handles" ],                        //设置辅助工具的控制部分
5      pickers: this[ "pickers" ],                        //设置辅助工具的拾取部分
6    };
7    var tempMatrix = new THREE.Matrix4();                //存放变换矩阵的临时变量
8    var worldRotation=new THREE.Euler(0,0,1);//存放欧拉角的变量
9    var tempQuaternion = new THREE.Quaternion();//存放四元数的变量
10   var unitX = new THREE.Vector3( 1, 0, 0 );            //方向为 x 轴的单位向量
11   var unitY = new THREE.Vector3( 0, 1, 0 );            //方向为 y 轴的单位向量
12   var unitZ = new THREE.Vector3( 0, 0, 1 );            //方向为 z 轴的单位向量
13   var quaternionX = new THREE.Quaternion();            //绕 x 轴旋转的四元数
14   var quaternionY = new THREE.Quaternion();            //绕 y 轴旋转的四元数
15   var quaternionZ = new THREE.Quaternion();            //绕 z 轴旋转的四元数
16   var eye = eye2.clone();                              //得到当前摄像机到物体间的向量
17   worldRotation.copy( this.planes[ "XY" ].rotation );      //得到物体当前的旋转矩阵
18   tempQuaternion.setFromEuler( worldRotation );        //将物体的旋转信息转换成四元数
19   tempMatrix.makeRotationFromQuaternion(tempQuaternion).getInverse(tempMatrix);
     //当前的旋转矩阵
20   eye.applyMatrix4( tempMatrix );                      //更新摄像机到物体间的向量
21   this.traverse( function( child ) {                   //遍历辅助工具的子对象
22     tempQuaternion.setFromEuler(worldRotation);//得到物体在世界坐标系下的旋转四元数
23     if ( child.name === "X" ) {                        //如果当前为绕 x 轴旋转
24       quaternionX.setFromAxisAngle(unitX,Math.atan2 -eye.y,eye.z));
         //更新 quaternionX 的值
25       tempQuaternion.multiplyQuaternions(tempQuaternion,quaternionX);
         //计算物体的旋转四元数
26       child.quaternion.copy( tempQuaternion );         //将计算结果赋值给物体
27     }
28     if ( child.name === "Y" ) {                        //如果当前为绕 y 轴旋转
29       quaternionY.setFromAxisAngle(unitY,Math.atan2(eye.x,eye.z));
         //更新 quaternionY 的值
30       tempQuaternion.multiplyQuaternions(tempQuaternion,quaternionY);
         //计算物体的旋转四元数
31       child.quaternion.copy( tempQuaternion );         //将计算结果赋值给物体
32     }
33     if ( child.name === "Z" ) {                        //如果当前为绕 z 轴旋转
34       quaternionZ.setFromAxisAngle(unitZ, Math.atan2(eye.y,eye.x ));
         //更新 quaternionZ 的值
35       tempQuaternion.multiplyQuaternions(tempQuaternion,quaternionZ);
         //计算物体的旋转四元数
36       child.quaternion.copy( tempQuaternion );         //将计算结果赋值给物体
37   }});};
```

- 第 1～6 行为继承 TransformGizmo 类，并设置辅助工具中控制部分和拾取部分的相关代码。首先使用 apply 函数继承 TransformGizmo 类，更新位置和旋转信息的 update 方法，然后在 group 对象中存放上文中初始化的 handles 和 pickers 部分。
- 第 7～16 行新建了变换过程中使用到的各种变量。包括存放变换矩阵、物体在世界坐标系下的旋转四元数、对应欧拉角等变量。在此部分中每个轴的旋转角度都用一个四元数来表示，并要得到摄像机到原点的向量信息。
- 第 17～37 行为更新辅助工具旋转信息的相关代码。首先得到物体当前在世界坐标系下的旋转矩阵，然后对辅助工具中的子节点进行遍历，判断此次的旋转轴，最终计算表示此轴旋转信息的四元数，并将此四元数赋值到子对象中。

15.9.2　监听相关脚本

上文已经介绍了辅助工具中初始化的相关脚本，接下来介绍对各种鼠标事件进行监听的相关脚本，主要包括鼠标的按键按下、抬起、移动等多种常规事件。辅助工具的每种模式都对应一套单独的监听逻辑。下面将对其开发过程进行详细介绍。

（1）需要开发的是鼠标按下的监听逻辑。当用户单击到辅助工具后，程序需要判断具体单击到的子节点，并获取当前 3D 模型的各种位置和旋转信息。如果 3D 模型有父节点，还需要得到父节点在世界坐标系下的旋转缩放信息。具体情况如下。

代码位置：随书源代码/第 15 章目录下的 zxjhxt/util 目录下的 TransformControls.js。

```
1   function onPointerDown( event ) {       //鼠标按下的监听方法
2     if ( scope.object === undefined || _dragging === true || ( event.button !==
    undefined
3     && event.button !== 0 )) return;//如果当前绑定的模型为空或者没有点击按钮，直接返回
4     var pointer=event.changedTouches?event.changedTouches[ 0 ]:event;//获取当前单击点
5     if ( pointer.button === 0 || pointer.button === undefined ){//如果单击点不为空
6       var intersect=intersectObjects(pointer,_gizmo[_mode].pickers.children);
      //对辅助工具进行拾取
7       if ( intersect ) {                    //如果当前单击到辅助工具
8         isIntersect = true;                 //更改对应的标志位
9         event.preventDefault();             //取消默认事件的绑定
10        event.stopPropagation();            //防止事件向上传递
11        scope.dispatchEvent( mouseDownEvent ); //取消对另外一个鼠标按下脚本的绑定
12        scope.axis = intersect.object.name;    //更改当前选中轴的名称
13        scope.update();                        //更新辅助工具的位置
14        eye.copy(camPosition).sub(worldPosition).normalize(); //摄像机到物体的向量
15        _gizmo[ _mode ].setActivePlane( scope.axis, eye ); //设置当前修改的面对象
16        var planeIntersect = intersectObjects(pointer, [_gizmo[_mode].activePlane]);
        //对各个面进行拾取
17        if ( planeIntersect ) {                       //如果选中了辅助工具的某个面
18          oldPosition.copy( scope.object.position ); //记录当前 3D 模型的位置
19          pointDownPosition.copy(scope.object.position ); //记录当前 3D 模型的位置
20          oldScale.copy( scope.object.scale );            //记录当前 3D 模型的缩放比
21          pointDownScale.copy(scope.object.scale);        //记录当前 3D 模型的缩放比
22          oldRotationMatrix.extractRotation( scope.object.matrix );
          //记录当前 3D 模型的矩阵
23          worldRotationMatrix.extractRotation(scope.object.matrixWorld);
          //3D 模型在世界坐标系下的矩阵
24          pointDownQuat.copy(     scope.object.quaternion );//记录当前 3D 模型的四元数
25          quatSingle.set(0,0,0,1);                        //初始化单位四元数
26          if(scope.object.parent!==null){                 //如果 3D 模型有父节点
27            //得到模型父节点在世界坐标系下的旋转矩阵
28            parentRotationMatrix.extractRotation( scope.object.parent.matrixWorld );
29            //得到模型父节点在世界坐标系下的逆矩阵
30            parentScale.setFromMatrixScale(tempMatrix.getInverse(scope.object.
            parent.matrixWorld));
31          }
32          offset.copy( planeIntersect.point );    //记录本次单击的坐标
33    }}}
34    _dragging = true;                            //更新对应的标志位
35  }
```

- 第 1～13 行为更新辅助工具位置的相关代码。程序会对单击点进行检测，如果用户按下的点不在 3D 场景中，此方法会直接跳出。否则程序将对辅助工具的各个轴进行拾取，拾取成功后会更新 scope.axis 的值，以供后续使用。
- 第 16～25 行为记录当前 3D 模型中各种信息的相关代码，其中包括模型的位置、缩放比、当前矩阵、旋转四元数等。在此方法中如果想要得到上文中的 object 对象，则需要首先找到其作用域，然后使用“作用域.object”进行调用。
- 第 26～35 行为找到 3D 模型父节点相关信息的代码。程序会通过 scope.object.parent 是否为空来判断其是否有父节点，如果父节点存在，则程序会得到其在世界坐标系下的旋转矩阵和缩放矩阵，并更新对应的标志位。

（2）需要开发的是鼠标移动的监听逻辑。上文已经介绍了在鼠标按下时，程序的相关逻辑代码。鼠标移动时首先需要判断当前左键是否处于按下状态，然后根据按下时获取的相关

信息对模型进行修改。具体的代码如下所示。

代码位置：随书源代码/第 15 章目录下的 zxjhxt/util 目录下的 TransformControls.js。

```
1    function onPointerMove( event ) {          //鼠标移动的监听方法
2      if(scope.object===undefined||scope.axis===null||_dragging===false||(event.
       button!==undefined&&
3        event.button !== 0 ) ) return;          //如果没有拾取到任何轴或者左键没有按下
4      var pointer=event.changedTouches?event.changedTouches[ 0 ]:event;
       //得到当前点坐标
5      var planeIntersect=intersectObjects(pointer,[_gizmo[_mode].activePlane]);
       //拾取辅助工具中的面
6      if ( planeIntersect === false ) return;  //如果拾取不到任何面
7      event.preventDefault();                   //取消默认绑定的事件
8      event.stopPropagation();                  //阻止事件向上传递
9      point.copy(planeIntersect.point);         //得到拾取点的 3D 坐标
10     if ( _mode === "translate" ) {            //如果当前为平移模式
11       point.sub( offset );                    //单击点到场景原点的向量
12       point.multiply( parentScale );          //乘以父节点的缩放系数
13       if(scope.object.name=="sPoint"){        //如果当前为点选模式
14         this.isPoint = true;                  //更改对应的标志位
15       }
16       if ( scope.space === "world" || scope.axis.search( "XYZ" ) !== - 1 ) {
         //如果当前轴名称中包含"XYZ"
17         if ( scope.axis.search( "X" ) === - 1 ) point.x = 0;
           //如果当前轴名称中不包含"X"
18         if ( scope.axis.search( "Y" ) === - 1 ) point.y = 0;
           //如果当前轴名称中不包含"Y"
19         if ( scope.axis.search( "Z" ) === - 1 ) point.z = 0;
           //如果当前轴名称中不包含"Z"
20         point.applyMatrix4(tempMatrix.getInverse(parentRotationMatrix));
           //得到父节点旋转矩阵的逆矩阵
21         scope.object.position.copy(oldPosition);     //得到模型当前的位置
22         scope.object.position.add(point);            //更新模型的位置信息
23     }} else if (_mode==="scale"){                    //如果当前为缩放模式
24         point.sub( offset );                         //单击点到场景原点的向量
25         point.multiply( parentScale );               //乘以父节点的缩放系数
26         if ( scope.axis === "XYZ" ) {                //如果选中轴为中心的立方体
27             scale =1+((point.y)/Math.max(oldScale.x,oldScale.y,oldScale.z)/100);
               //重新计算缩放比例
28             scope.object.scale.x = oldScale.x * scale;   //重新设置 x 轴上的缩放系数
29             scope.object.scale.y = oldScale.y * scale;   //重新设置 y 轴上的缩放系数
30             scope.object.scale.z = oldScale.z * scale;   //重新设置 z 轴上的缩放系数
31         }else {                                          //如果选中轴为单个轴
32           point.applyMatrix4(tempMatrix.getInverse(worldRotationMatrix));
             //得到父节点旋转矩阵的逆矩阵
33           //根据选中的轴修改对应轴的缩放系数
34           if (scope.axis==="X")scope.object.scale.x=oldScale.x*(1+point.x/
             oldScale.x/100);
35           if (scope.axis==="Y")scope.object.scale.y=oldScale.y*(1+point.y/
             oldScale.y/100);
36           if (scope.axis==="Z")scope.object.scale.z=oldScale.z*(1+point.z/
             oldScale.z/100 );
37     }}
```

- 第 1～9 行为得到拾取点 3D 坐标的相关代码。程序会根据相关的标志位判断当前鼠标左键是否被按下，如果没有按下，程序将直接返回。否则程序会调用 intersectObjects 函数，对辅助工具中的面进行拾取，并记录对应点的位置。
- 第 10～23 行为辅助工具在平移模式下的逻辑代码。开始时需要计算单击点到场景原点的向量，并乘以父节点的缩放系数。在此过程中还需要判断当前是点选模式还是整体编辑模式，确定相应的标志位，最后更新模型的位置坐标。
- 第 24～37 行为辅助工具在缩放模式下的逻辑代码。此部分与平移状态下的思路大体相同。当用户单击辅助工具中心的立方体并进行拖动时，模型在各个轴的缩放系数都会发生改变。如果选中的只是单一轴，则此轴对应的系数会被修改。

（3）介绍完平移和缩放模式下的代码后，接下来开发的是在旋转模式下鼠标移动的监听逻辑。此部分代码的思路与上文中的基本一致，只是其中加入了较为复杂的矩阵变换运算。下面将对其进行详细介绍。

代码位置：随书源代码/第 15 章目录下的 zxjhxt/util 目录下的 TransformControls.js。

```
if ( _mode === "rotate" ) {                                    //如果当前辅助工具处于旋转模式
  point.sub( worldPosition );                                  //单击点到模型的向量
  point.multiply( parentScale );                               //乘以父节点的缩放系数
  tempVector.copy( offset ).sub( worldPosition );//单击点到场景原点的向量
  tempVector.multiply( parentScale );                          //乘以父节点的缩放系数
  if ( scope.axis === "E" ){                                   //如果旋转轴为垂直屏幕的向量
    point.applyMatrix4(tempMatrix.getInverse(lookAtMatrix));
    //单击点到模型的向量乘以投影矩阵的逆矩阵
    //单击点到场景原点的向量乘以投影矩阵的逆矩阵
    tempVector.applyMatrix4(tempMatrix.getInverse(lookAtMatrix));
    //重新计算物体的旋转信息
    rotation.set(Math.atan2(point.z,point.y),Math.atan2(point.x,point.z),
    Math.atan2(point.y,point.x));
    offsetRotation.set(Math.atan2(tempVector.z,tempVector.y),Math.atan2
    (tempVector.x,
      tempVector.z), Math.atan2( tempVector.y, tempVector.x ) );
    //得到父节点的旋转矩阵并将其转换成四元数
    tempQuaternion.setFromRotationMatrix( tempMatrix.getInverse
    ( parentRotationMatrix ));
    quaternionE.setFromAxisAngle( eye, rotation.z - offsetRotation.z );
    //设置此次旋转的四元数信息
    quaternionXYZ.setFromRotationMatrix( worldRotationMatrix );
    //得到世界坐标系下的旋转矩阵
    tempQuaternion.multiplyQuaternions( tempQuaternion, quaternionE );
    //更新物体的旋转四元数
    tempQuaternion.multiplyQuaternions( tempQuaternion, quaternionXYZ );
    scope.object.quaternion.copy( tempQuaternion );
  } else if ( scope.space === "world" ) {                       //如果旋转轴为 x、y、z 中的一个
    //设置当前的旋转四元数
    rotation.set(Math.atan2(point.z,point.y),Math.atan2(point.x,point.z),
    Math.atan2(point.y,point.x));
    offsetRotation.set(Math.atan2(tempVector.z,tempVector.y),Math.atan2
    (tempVector.x,tempVector.z),
      Math.atan2( tempVector.y, tempVector.x ) );
    //得到父节点的旋转矩阵并将其转换成四元数
    tempQuaternion.setFromRotationMatrix( tempMatrix.getInverse
    ( parentRotationMatrix ) );
    quaternionX.setFromAxisAngle(unitX,rotation.x-offsetRotation.x);
    //计算绕 x 轴旋转的四元数
    quaternionY.setFromAxisAngle(unitY,rotation.y-offsetRotation.y);
    //计算绕 y 轴旋转的四元数
    quaternionZ.setFromAxisAngle(unitZ,rotation.z-offsetRotation.z);
    //计算绕 z 轴旋转的四元数
    quaternionXYZ.setFromRotationMatrix(worldRotationMatrix);
    //得到模型在世界坐标系下的旋转矩阵
    if ( scope.axis === "X" ){                                 //如果当前旋转轴为 x 轴
      tempQuaternion.multiplyQuaternions(tempQuaternion,quaternionX);
      //乘以绕 x 轴旋转的四元数
      quatSingle.copy(quaternionX);                            //记录本次的旋转四元数
    }
    if ( scope.axis === "Y" ){                                 //如果当前旋转轴为 y 轴
      tempQuaternion.multiplyQuaternions(tempQuaternion, quaternionY );
      //乘以绕 y 轴旋转的四元数
      quatSingle.multiplyQuaternions( quatSingle, quaternionY );
      //乘以绕 y 轴旋转的四元数
```

```
39        quatSingle.copy(quaternionY);              //记录本次的旋转四元数
40      }
41      if ( scope.axis === "Z" ){                   //如果当前旋转轴为 z 轴
42        tempQuaternion.multiplyQuaternions( tempQuaternion, quaternionZ );
          //乘以绕 z 轴旋转的四元数
43        quatSingle.copy(quaternionZ);              //记录本次的旋转四元数
44      }
45      tempQuaternion.multiplyQuaternions(tempQuaternion,quaternionXYZ);
        //最终乘以原始的四元数
46      scope.object.quaternion.copy( tempQuaternion );     //赋值计算结果
47    }}
```

- 第 1～20 行是以垂直屏幕向量为旋转轴的逻辑代码。首先单击点到模型的向量和单击点到场景中心的向量，然后分别乘以模型父节点的缩放矩阵和投影矩阵的逆矩阵。之后重新计算物体的旋转信息并更新物体的旋转四元数。
- 第 21～30 行为计算绕 *x*、*y*、*z* 轴中某一个轴旋转的相关代码。在此过程中需要计算出当前的旋转四元数，得到父节点的矩阵并将其转化成四元数。然后分别计算出模型绕每个轴的旋转四元数以及模型在世界坐标系下的旋转矩阵。
- 第 32～46 行为确定当前的旋转轴，并更新模型旋转四元数的相关代码。程序会根据 scope.axis 的值判断当前的旋转轴，然后将 tempQuaternion 乘以对应轴上的旋转四元数，最终与 quaternionXYZ 相乘，将结果赋值给当前模型。

（4）介绍完辅助工具在各个模式下的逻辑代码后，接下来开发的是鼠标抬起后本系统执行的对应方法。在此过程中主要是计算此次操作中模型的位置和旋转的变换量，并将其变换矩阵存入对应脚本中。下面将对其进行详细介绍。

代码位置：随书源代码/第 15 章目录下的 zxjhxt/util 目录下的 TransformControls.js。

```
function onPointerUp( event ) {                   //鼠标抬起时的业务逻辑
  event.preventDefault();                         //取消默认绑定的事件
  if ( event.button !== undefined && event.button !== 0 ) return;
  //如果没有单击到 3D 场景直接返回
    if ( _dragging && ( scope.axis !== null ) ) { //如果单击鼠标左键且拾取到某个轴
     mouseUpEvent.mode = _mode;                   //设置当前辅助工具的模式
     scope.dispatchEvent( mouseUpEvent );         //取消对应的事件绑定
    }
    this.isPoint = false;                         //是否处于点选模式的标志位
    if( isIntersect == true){                     //如果鼠标单击拾取到模型
       pointUpPosition.copy(scope.object.position );//鼠标抬起时记录物体的位置
       isIntersect = false;                       //将对应的标志位置为 false
     if(_mode === "translate"&&scope.object.name!=="sPoint"&&scope.object.name!==
       "lightSphere"){                            //如果当前为整体平移模式
       positionCha.set(pointUpPosition.x-pointDownPosition.x,pointUpPosition.
       y-pointDownPosition.y,
         pointUpPosition.z-pointDownPosition.z);//计算出模型现在与原来在世界坐标系的差
       matrixManager.noteHistory("tr|1,0,0,0, 0,1,0,0, 0,0,1,0,"+positionCha.
       x+","+positionCha.y+","
         +positionCha.z+",1|");                   //生成对应的平移矩阵并存入管理脚本中
      }
     if(_mode === "translate"&&scope.object.name=="sPoint"){//如果当前为点选平移模式
       positionCha.set(pointUpPosition.x-pointDownPosition.x,pointUpPosition.
       y-pointDownPosition.y,
         pointUpPosition.z-pointDownPosition.z);
         //计算出模型现在与原来在世界坐标系中的差
       matrixManager.noteHistory("pt|"+scope.index+",1,0,0,0, 0,1,0,0,0,0,1,0,"
       +positionCha.x+","+
         positionCha.y+","+positionCha.z+",1|");//生成对应的平移矩阵并存入管理脚本中
       scope.isPointChange = true;
      }
      if(_mode === "scale"){                      //如果当前为缩放模式
       pointUpScale.copy(scope.object.scale);    //记录当前的缩放值
```

```
28          scaleCha.set(pointUpScale.x/pointDownScale.x,pointUpScale.y/pointDownScale.y,
29            pointUpScale.z/pointDownScale.z);         //记录本次缩放的倍数
30          matrixManager.noteHistory("sc|"+scaleCha.x+",0,0,0,0,"+scaleCha.y+",0,0,
            0,0,"+scaleCha.z+",0,
31            0,0,0,1|");                          //生成对应的缩放矩阵并放入管理脚本中
32        }
33        if(_mode === "rotate"){                  //如果当前为旋转模式
34          rotateMatrix.identity();               //初始化旋转矩阵
35          rotateMatrix.makeRotationFromQuaternion(quatSingle);
            //将本次旋转的四元数转换成旋转矩阵
36          rotateMatrix.toArray(ary,0);           //将旋转矩阵放入数组中
37          var str="ro|"+ary[0]+","+ary[1]+","+ary[2]+","+ary[3]+","+ary[4]+",
            "+ary[5]+","+ary[6]+","+ary[7]+
38            ","+ary[8]+","+ary[9]+","+ary[10]+","+ary[11]+","+ary[12]+","+ary[13]+
              ","+ary[14]
39            +","+ary[15]+"|";                    //生成对应的旋转信息
40        matrixManager.noteHistory(str);          //将旋转信息存入管理脚本
41  }}
42      _dragging = false;                         //将表示是否拾取到物体的标志位置为 false
43  }
```

❑ 第 12～25 行为在点选平移和模型整体平移模式下，鼠标抬起后的业务逻辑。程序在鼠标的按键按下和抬起时分别记录模型当前的位置，然后计算出此次的平移量，最后组合出此次平移的平移矩阵，并存入矩阵管理对象 matrixManager 中。

❑ 第 26～32 行为在缩放模式下，鼠标按键抬起后的业务逻辑。鼠标按键抬起后会记录当前模型的缩放系数，然后分别计算 *x*、*y*、*z* 轴上相对于之前的缩放系数。最终将其分别放置在矩阵中的第 1、6、11 个位置上，并保存在矩阵管理对象中。

❑ 第 33～42 行为辅助工具在旋转模式下，鼠标抬起后的对应代码。程序会将旋转矩阵初始化，并将本次获取的旋转四元数转换成旋转矩阵。需要注意的是，Three.js 引擎中自带 toArray 方法可将矩阵保存在对应的数组中。这非常方便。

15.10 系统的优化与改进

至此，本案例的开发部分已经介绍完毕。本系统使用 WebGL 进行开发，使用 JavaScript 作为开发语言。作者在开发过程中已经注意到，如果需要加载的模型非常大，则可能会出现加载时间过长的情况，从而影响用户体验，所以本系统还是有一定改进空间的。

❑ 系统界面的改进

本系统中各个页面使用的图片和设置已经较为精美，有兴趣的读者可以更换图片或者网页样式以达到满意的效果。另外，由于在 WebGL 中可以自行开发着色器，所以有兴趣的读者可以自行开发出渲染效果更加酷炫的着色器，从而使模型有好的效果。

❑ 性能的进一步优化

虽然在系统开发中，已经对性能优化做了一部分工作，但是本系统的开发还存在某些未知错误，这在所难免。在性能比较优异的 PC 设备上，它可以更加优异地运行，但是在一些低端机器上则未必能够达到预期的效果，还需要进一步优化。

❑ 细节处理的优化

虽然作者已经对此应用进行了很多细节上的处理与优化，但还是有些细节需要优化。各种界面的按钮应该设计得更人性化，以进一步提升用户体验。另外，各个页面中按钮和标签都已经使用 CSS 进行修饰，读者也可以对其进行处理。

□ 纹理编辑功能的优化

本系统已经设计了纹理编辑功能，但这是类似于涂鸦的简单功能。由于有时用户可能需要对纹理图进行更加复杂的处理和美化，所以本系统中还可以增加一些常用的图片美化处理功能，从而减少用户编辑纹理图的时间，进一步提升用户体验。

□ 增强兼容性

由于本系统使用 WebGL 进行开发，所以可以运行在大部分 PC 设备的浏览器上。由于有些用户使用的浏览器过于老旧，对 HTML5 标准中的部分标签兼容性较差，甚至无法运行。所以未来可能会使用一些兼容性较好的技术对本系统进行优化和改进。

15.11 本章小结

本章详细介绍了在线 3D 模型交互式编辑系统的整体架构，以及各个脚本的详细代码。在此过程中还对矩阵计算、导出模块和辅助工具的开发步骤进行了讲解。相信大部分读者通过对本章的学习，对基于 WebGL 的项目开发和 Three.js 3D 引擎的使用都有了比较深入的认识。